U0300093

DIANGONG SHOUCE

电工手册

万英 主编

中国电力出版社
CHINA ELECTRIC POWER PRESS

内 容 提 要

《电工手册》（第二版）是为了适应新时代的发展需要，更好地满足广大电工及相关电气技术人员的需求而编写的，较之《电工手册》（第一版）具有更强的实用性、时新性及更好的阅读体验。

本手册精选了最常用、最关键、最经典的实用技术资料，主要介绍了电工常用基础知识、常用电工材料、电工测量仪表、常用电子元器件与实用电路、低压电器、变压器与高压电器、室内配线与电气照明、交流电动机与直流电动机、电动机基本电气控制线路、电动工具、可编程序控制器、变频器、小型发电设备、电气安全技术等方面的知识、技术和维修资料。

图书在版编目（CIP）数据

电工手册 / 万英主编 . —2 版 . —北京：中国电力出版社，2020.8（2022.9 重印）

ISBN 978-7-5198-1077-1

Ⅰ. ①电… Ⅱ. ①万… Ⅲ. ①电工—技术手册 Ⅳ. ① TM-62

中国版本图书馆 CIP 数据核字（2020）第 053304 号

出版发行：中国电力出版社
地　　址：北京市东城区北京站西街 19 号（邮政编码 100005）
网　　址：http://www.cepp.sgcc.com.cn
责任编辑：刘　炽（010-63412395）　李耀阳
责任校对：黄　蓓　朱丽芳　常燕昆
装帧设计：赵姗姗
责任印制：杨晓东

印　　刷：三河市万龙印装有限公司
版　　次：2013 年 8 月第一版　2020 年 8 月第二版
印　　次：2022 年 9 月北京第六次印刷
开　　本：880 毫米 ×1230 毫米　32 开本
印　　张：32.5
字　　数：826 千字
印　　数：9001—10000 册
定　　价：128.00 元

版权专有 侵权必究

本书如有印装质量问题，我社营销中心负责退换

前 言

《电工手册》自2013年编写出版发行以来，深受广大电工和电气技术人员的欢迎，已多次重印。随着电工技术日新月异的迅猛发展，国际间的技术交流也日益增多，尤其是近年来，高、精、尖的电气新产品、新材料、新技术、新工艺以及新概念等在不断地涌现。为了适应新时代的发展需要，更好地满足广大电工和电气技术人员的需求，特对本手册进行修订编写工作。

《电工手册》（第二版）继续保持了第一版简明实用的编写原则，从生产第一线的实际需要出发，按多数电工技术人员对资料使用、查找频率的高低，精选了最常用、最关键、最经典的实用资料，并在内容上做了进一步的梳理，对有些已显陈旧的内容和已淘汰产品做了删减、压缩和更新，新增了一些常用的、热门的、迫切需要的电工知识，从而使修订后的手册更加充分地反映了电工行业的新技术、新产品。

《电工手册》（第二版）重点突出地介绍了电工识图基础知识、电工常用计算、电工常用工具及使用、常用电子元器件与实用电路、电动机基本电气控制线路、电动工具、可编程序控制器应用实例、变频器应用实例、小型发电设备等内容，力求体现以下鲜明特点：一是选材立足常用、实用、精细；二是分类明确、结构合理、文字叙述言简意赅、查阅方便；三是既有理论知识和速查速算，又有实用技术和基本技能操作；四是将电工与电子技术有机结合，让读者体会到在机电一体化时代两者的相互融合，以满足电工技术人员的各种需要，使之具有更强的实用性、时新性及更好的阅读体验。

本手册由万英主编，参加编写的还有王毅、郭积余、龚忠光、林琼等。此外，在编写过程中，编者还得到了龚云兰、方圆、王秀琼、李继陶、付东晓、林琳、吴大平、黄惠珍、郭涛、黄辉、汪子龙、吴晨筠、林惠仙、陈再见等同志的帮助和支持，在此向他们表示衷心感谢。编者还参阅了近年来出版的一些电工类书籍、刊物以及互联网上的电工电子类资料，在此对这些作者表示衷心感谢。

由于本手册涉及电工领域的许多方面，限于作者的水平，书中难免存在不妥之处，在此恳请广大读者和有关专家提出宝贵意见并批评指正。

编　者

目　录

第一章

电工常用基础知识

第一节　电工常用基本名词解释

电量：物体所带净电荷量的多少，电荷有正、负电荷之分。电量用字母 Q 表示，单位为库仑（C）。

电流：导体内电荷在电场力的作用下，有规则的定向移动叫做电流。一般规定正电荷的移动方向为电流的正方向。电流用字母 I 表示，单位为安培（A）。

电流强度：衡量电流强弱的物理量。单位时间内通过导体截面积的电量即为电流强度。电流强度用字母 I 表示，习惯上简称为电流。

电位：在电场中，单位正电荷从某点移到参考点时，电场力所做的功，称为某点对参考点的电位，也称电动势。理论上常把“无限远”处作为电位的参考点，实际上取地球表面为电位的参考点。电位的单位为伏特（V）。

电压：电路中两点之间的电位差称为电压。电压用字母 U 表示，单位为伏特（V）。

电路：电气元器件按照一定的方式组合构成的电流通路。

电动势：用来维持电源内部使正电荷从低电位（负极）移到高电位（正极）的非静电力作用。电动势用字母 E 表示，单位为伏特（V）。

电阻：导体能导电，同时对电流通过有阻碍作用，这种阻碍电流通过的能力称为电阻。电阻用字母 R 表示，单位为欧姆（Ω）。

电阻率：衡量物体导电性能好坏的一个物理量，又称电阻系数，其数值是指长度为1m、截面积为1mm^{2}的均匀导体在温度为20℃时所具有的电阻值。电阻率用字母ρ表示，单位为欧米或欧毫米（Ω·m或Ω·mm）。

电阻温度系数：表示物质的电阻受温度影响大小的物理量，其数值等于温度每升高1℃时，导体电阻的变动值与原有电阻的比值。电阻温度系数用字母α表示，单位为每度（℃$^{-1}$）。

电导：物体传导电流的能力称为电导，电阻值的倒数就是电导。电导用字母G表示，单位为西门子（S）。

电导率：衡量物质导电性能好坏的物理量，又称电导系数，其数值为电阻率的倒数。电导率用字母γ表示，单位为西每米（S/m）。

直流电：大小和方向不随时间变化的电流或电压。

交流电：大小和方向随时间周期性变化的电流或电压。

正弦交流电：随时间按正弦函数规律变化的交流电。

非正弦交流电：随时间不按正弦函数规律变化的交流电。

脉动直流电：大小随时间变化而方向不变的电流或电压。

频率：交流电方向在单位时间内改变的次数。频率用字母f表示，单位为赫兹（Hz）。

周期：交流电完成一次完整的重复变化所需要的时间。周期用字母T表示，单位为秒（s）。

瞬时值：交流电在任一瞬间的量值。瞬时值用小写字母表示，如i、u、e分别表示电流、电压及电动势的瞬时值。

最大值：交流电在一周期中出现的最大值。最大值用带下标m的大写字母表示，如I_m、U_m、E_m分别表示电流、电压及电动势的最大值。

有效值：交流电的有效值就是与它的热效应相当的直流值，即交流电通过某一电阻负载经过一定时间所产生的热量，与某一直流电通过同一电阻在同一时间所产生的热量相等，则该直流电的数值即称为交流电的有效值。有效值用大写字母表示，

如 I、U、E 分别表示电流、电压及电动势的有效值。

平均值：某段时间内流过电路的总电荷与该段时间的比值，正弦交流电的平均值通常指正半周内的平均值。

自感：当闭合回路中的电流发生变化时，由这个变化电流所产生的穿过回路本身的磁通随之发生变化，这在回路中将产生感应电动势，这种现象称为自感现象，感应的电动势称为自感电动势。穿过回路所包围面积的磁通与产生此磁通的电流之间的比例系数，称为回路的自感系数，简称自感，其数值等于单位时间内，电流变化一个单位时由自感引起的电动势。自感用字母 L 表示，单位为亨利（H）。

互感：两只相邻线圈，当任一线圈中的电流发生变化时，则在另一只线圈中产生感应电动势，这种电磁感应现象叫互感，由此产生的感应电动势称为互感电动势。互感用字母 M 表示，单位为亨利（H）。

电感：自感与互感的统称。

电容：凡是用绝缘介质隔开的两个导体就构成了一个电容器。两个极板在单位电压作用下，每一极板上所储存的电荷量称为该电容器的电容。电容用字母 C 表示，单位为法拉（F）。

感抗：交流电流过具有电感的电路时，电感有阻碍其流过的作用，这种作用称为感抗。感抗用 X_L 表示，单位为欧姆（Ω）。

容抗：交流电流过具有电容的电路时，电容有阻碍其流过的作用，这种作用称为容抗。容抗用 X_C 表示，单位为欧姆（Ω）。

阻抗：交流电流过具有电阻、电感、电容的电路时，会受到阻碍作用，这种作用称为阻抗。阻抗用字母 Z 表示，单位为欧姆（Ω）。

电功：电流所做的功称为电功。电功用字母 W 表示，单位为焦耳（J）或千瓦时（kW·h）。

电功率：单位时间（1s）电流所做的功称为电功率。电功

率用字母 P 表示，单位为瓦（W）或千瓦（kW）。

瞬时功率：交流电路中任一瞬间的功率称为瞬时功率。瞬时功率用字母 P 表示，单位为瓦（W）或千瓦（kW）。

有功功率：交流电路中交流电瞬时功率在一个周期内的平均值，是电路中电阻部分消耗的功率。有功功率用字母 P 表示，$P=UI\cos\varphi=S\cos\varphi$，单位为瓦（W）或千瓦（kW）。

无功功率：在具有电感或电容的电路中，与电源交换能量的速率的振幅值称为无功功率。在半周期的时间里，电源的能量转换成磁场（或电场）的能量储存起来，而在另外半周期的时间里，又把储存在磁场（或电场）的能量释放出来送还电源，它只与电源进行能量交换而没有消耗能量。无功功率用字母 Q 表示，$Q=UI\ \sin\varphi=S\sin\varphi$，单位为乏（var）或千乏（kvar）。

视在功率（容量）：在具有电阻和电抗的电路中，电压和电流有效值的乘积称为视在功率。视在功率用字母 S 表示，即 $S=UI$，单位为伏安（V·A）或千伏安（kV·A）。

功率因数：有功功率与视在功率的比值称为功率因数，用 $\cos\varphi$ 表示。

效率：能量在转换或传递的过程中总要消耗一部分，即输出小于输入，输出能量与输入能量的比值称为效率，用字母 η 表示。

功率因数补偿：为了提高功率因数，在电路中加一电容性负载（如补偿电容器），这就是功率因数补偿。

磁场：由运动电荷或电流产生的一种特殊物质，对处在磁铁或载流导体周围空间的其他磁性物质或载流导体将产生力的作用。

电磁场：彼此联系的交变电场和交变磁场的总称。

磁感应强度（磁通密度）：表示磁场大小与方向的基本物理量，其方向即是磁场的方向。当正电荷在磁场中运动，其运动方向与磁场方向垂直时，则单位正电荷以单位速度运动时所受到的磁场作用力，即为磁感应强度的大小。磁感应强度用字母

B 表示，单位为特斯拉（T）。

磁通：磁感应强度与垂直于磁场方向的面积的乘积。磁通用字母 Φ 表示，单位为韦伯（Wb）。

磁场强度：表示磁场大小与方向的物理量，磁场强度的闭合线积分等于该闭合线所包围的宏观传导电流的代数和，与导磁场物质无关。磁场强度用字母 H 表示，单位为安每米（A/m）。

磁阻：磁路对磁通所起的阻碍作用。磁阻用字母 R_m 表示，单位为每亨（H^{-1}）。

磁导率：衡量物质导磁性能的系数。磁导率用字母 μ 表示，单位为亨每米（H/m）。

相对磁导率：任一物质的磁导率 μ 与真空磁导率 μ_0 之比值。相对磁导率用字母 μ_r 表示。

电磁力：载流导体在外磁场中将受到力的作用，这种力称为电磁力。电磁力用字母 F 表示，单位为牛顿（N）。

磁畴：铁磁物质的磁性是由电子的自旋引起的，这些电子自旋作用自发形成的很小的磁化区称为磁畴。

磁滞：铁磁体在反复磁化的过程中，其磁感应强度的变化总是滞后于磁场强度的变化，这种现象称为磁滞。

磁滞损耗：在交变磁化过程中，磁畴反复改变方向，使得铁磁体内的分子热运动加剧，消耗一定的能量并转变为热能，这种能量损耗称为磁滞损耗。

剩磁：处在磁场中的铁磁物质失去磁场后仍会保持一定的磁性，称为剩磁。

磁滞回线：当磁化磁场周期性变化时，铁磁体中的磁感应强度与磁场强度是一条对称于原点的闭合曲线，称为磁滞回线。

涡流：处在变化磁场中的导电物质内部将产生感应电流，用于反抗磁通的变化，这种感应电流称为涡流。

介质损耗：处于交变电场中的电介质因反复极化而产生的能量损耗，以及因漏电流而引起的能量损耗的总和称为介质损耗。

电场：在带电体周围空间存在的一种对置于其中的电荷有力的作用的特殊物质称为电场，固定不动的带电体周围的电场称为静电场。

静电感应：将一个带电体移近另一导体，使这个导体产生电荷，或在电场作用下引起导体上正、负电荷分离的现象称为静电感应。

电场强度：表示电场强弱的物理量，数值上等于单位正电荷在该点处所受的作用力大小，方向是正电荷受力的方向。电场强度用字母 E 表示，单位为伏每米（V/m）。

击穿：电介质在电场的作用下发生剧烈放电或导电的现象称为击穿。

绝缘强度：又称为击穿电场强度，电介质不被击穿所能承受的极限电场强度。

介电常数：表示物质绝缘特性的一个系数。介电常数用字母 ε 表示，单位为法每米（F/m）。

相对介电常数：任一物质的介电常数 ε 与真空介电常数 ε_0 的比值称为相对介电常数。相对介电常数用字母 ε_r 表示，无单位。

导体：内部的带电质点能够自由移动的物体。

绝缘体：又称为电介质，电导率很小的物体称为绝缘体，如玻璃、云母等。

半导体：导电性能介于导体与绝缘体之间的物体称为半导体，如硅、锗等。

电流的热效应：当电流通过导体时，由于导体电阻会产生功率损耗并转换成热能，这种效应称为电流的热效应，如电炉就是利用了这一原理。

电流的磁效应：电流在其周围的空间产生磁场，当载流导体处于该磁场中时，将受到力的作用，这种效应称为电流的磁效应，如电动机、电磁测量仪表等都利用了这一原理。

电流的化学效应：电流通过盐类、碱类和酸类的溶液，使其分解而将电能转换成化学能或其他形式的能量，这种作用称为电流的化学效应，如电镀就是利用了这一原理。

电磁感应：当环链着一导体的磁通发生变化时，导体内就会产生电动势，这种现象称为电磁感应，电磁感应产生的电动势称为感应电动势，变压器就是利用电磁感应的原理制成的。

趋肤效应：电流密度值在靠近导体表面处比中心处大的现象称为趋肤效应，交变电流频率越高，趋肤效应越明显，深槽笼型异步电动机就是利用这一原理来改善启动性能的。

热电效应：将两根不同的金属导线的两端分别连接起来，形成一闭合回路，若在其一端加热，另一端冷却，闭合回路中将产生电流；此外，在一段均匀导体上如有很高的温差存在时，导线两端会有电动势出现，这种现象称为热电效应，工业上测高温用的热电式仪表就是利用这一原理制成的。

光电效应：光线被物质吸收而产生电的效应称为光电效应，工业上的太阳能电池、光电管等都是利用了这一原理。

压电效应：对石英、酒石酸钾钠等晶体的表面施加压力，在两个受力面上将产生异性电荷，形成电位差，反之这些晶体处于交变的电场内将产生振动，这种现象称为压电效应。

三相制：由三个频率相同、幅值相等、相邻相位差为 120°的交流电组成的电路系统。

三相三线制：不引出中性线（零线）的星形或三角形接法的交流电，只有三条相线（火线）。

三相四线制：引出中性线的星形接法的三相交流电。

相电压：三相交流电的相线与中性线之间的电压。

相电流：发电机或负载每相的电流。

线电压：相线与相线之间的电压。

线电流：通过相线上的电流。

中性线：自中性点引出的导线，又称零线。

保护接地：将电气设备的金属外壳与接地体连接。

保护接零：将电气设备的金属外壳与供电变压器中性线连接。

工作接地：能使电路或电气设备正常运行的接地，如变压器低压侧中性点的接地。

重复接地：在三相四线制中性点接地的低压电力系统中，零线的一处或多处通过接地装置与大地连接。

第二节　电工基本公式及定律

一、直流电路基本公式

电路就是电流所流经的路径，电路分为直流电路与交流电路，但两者的组成基本相同，直流电路中流动的是直流电流，交流电路中流动的是交流电流。一个完整的电路由电源、负载、控制和保护装置及连接导线等4部分组成，电路中的负载是将电能转换成其他形式能量的装置，负载可分为电阻元件、电感元件和电容元件3种。

1. 导体电阻与电导

导体电阻值 R 的大小与它的长度 L 成正比，与横截面积 S 成反比，此外还与导体的材料有关，表示为

$$R = \rho \frac{L}{S} \tag{1-1}$$

式中　R——导体电阻（Ω）；

ρ——导体电阻率（Ω·m）；

L——导体的长度（m）；

S——导体的横截面积（m^2）。

对于纯电阻线路，电导 G（单位为S）与电阻 R 的关系为

$$G = \frac{1}{R} \tag{1-2}$$

2. 电阻的温度特性与电阻温度系数

不同温度时的电阻值表示为

$$R_2 = R_1[1 + \alpha(t_2 - t_1)] \tag{1-3}$$

式中　R_2——温度为 t_2 时导体的电阻（Ω）；

R_1——温度为 t_1 时导体的电阻（Ω）；

α——电阻温度系数（℃$^{-1}$）。

一般金属导体的电阻值随温度升高而增加，物理学中通常把每升高 1℃时，电阻的变动值与原来电阻值的比值称为电阻温度系数（单位为℃$^{-1}$），表示为

$$\alpha=\frac{R_2-R_1}{R_1(t_2-t_1)} \tag{1-4}$$

3. 电阻器的串联

几个电阻器互相连接起来，中间没有分叉，这时通过每个电阻器的电流都相同，这种连接方式称为串联，如图 1-1 所示。

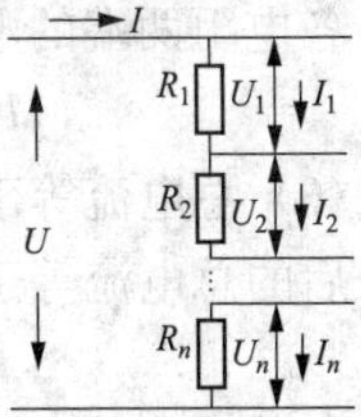

电阻器串联电路有以下特点：

（1）总电阻等于各电阻值之和。当有 n 只电阻器串联以后，串联后的总电阻就等于各电阻值之和，即

$$R_\Sigma=R_1+R_2+\cdots+R_n \tag{1-5}$$

图 1-1　电阻器的串联

（2）总电压等于各段电压之和。当有 n 只电阻器串联以后，串联后的总电压就等于各段电压之和，即

$$U_\Sigma=U_1+U_2+\cdots+U_n \tag{1-6}$$

（3）各支路电流等于总电流。当有 n 只电阻器串联以后，串联后的电路各支路电流相等，并等于总电流，即

$$I_\Sigma=I_1=I_2=\cdots=I_n=I \tag{1-7}$$

4. 电阻器的并联

几个电阻器接在相同的两点之间，其两端的电压相同，这种连接方式称为并联，如图 1-2 所示。

电阻器并联电路有以下特点：

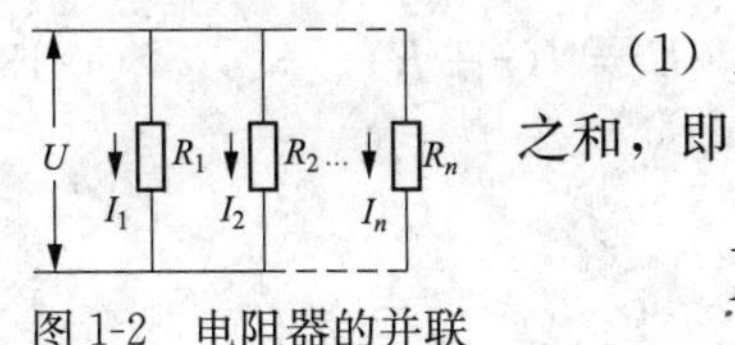

图 1-2　电阻器的并联

（1）总电阻的倒数等于各电阻倒数之和，即

$$\frac{1}{R_\Sigma}=\frac{1}{R_1}+\frac{1}{R_2}+\cdots+\frac{1}{R_n} \tag{1-8}$$

由此可见，并联电路的总电阻 R_Σ 比各并联电阻 R_1、R_2、…、R_n 中的任何一个都要小。这一规律有时在实际工作中是比较有用的，例如，在修理电器时，发现某一电阻器阻值太大，要将其阻值减小一些，这时只要在原电阻器的两端再并联上一个合适的电阻器就可以了。

在特殊情况下，当 n 个相同的电阻器（如 R_1）并联时，其等效总电阻值（即并联后的总电阻）为

$$R_\Sigma=\frac{R_1}{n} \tag{1-9}$$

（2）电阻器两端电压等于外加电压。当有 n 只电阻器并联时，各电阻两端的电压相等，并等于外加电压，即

$$U_\Sigma=U_1=U_2=\cdots=U_n=U \tag{1-10}$$

（3）总电流等于各支路电流之和。当有 n 只电阻器并联时，并联后的总电流等于各支路电流之和，即

$$I_\Sigma=I_1+I_2+\cdots+I_n \tag{1-11}$$

5．电阻器的混联

既有电阻器串联又有电阻器并联的电路称为电阻器混联电路，如图 1-3 所示。一般情况下，可以通过等效概念逐步化简，最后得到一个等效电阻，即

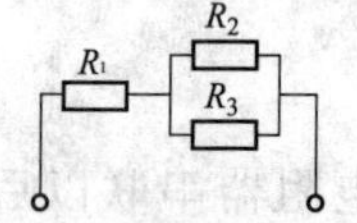

图 1-3　电阻器的混联

$$\begin{aligned}R_\Sigma&=R_1+R_2/\!/R_3\\&=R_1+\frac{R_2R_3}{R_2+R_3}\end{aligned} \tag{1-12}$$

6．电动势、电位及电压

（1）电动势。电源内存在的“电源力”将单位正电荷从负极移到正极所做的功，称为电动势，其方向由负极指向正极。电动势表示为

$$E=\frac{W_\mathrm{S}}{q}\quad 或\quad E=I(r+R) \tag{1-13}$$

式中　E——电动势（V）；

W_S——电源力做的功（J）；

q——电量（C）；

I——电流（A）；

r——电源内阻（Ω）；

R——电路外阻（Ω）。

（2）电位。在电路中，a 点的电位等于单位正电荷从 a 点移到参考点（零电位）时，电场力所做的功。电位只有大小，没有方向，其数值是针对参考点而言的，可以是正、负或零电位。电位表示为

$$V=\frac{W_{ao}}{q} \tag{1-14}$$

式中 V——电位（V）；

W_{ao}——电场力做的功（J）；

q——电量（C）。

（3）电压（电位差）。在电路中，将单位正电荷由 a 点移动到 b 点时，电场力所做的功 W_{ab}，称为 a 点到 b 点的电压，又称 a、b 两点的电位差，其方向规定由高电位点指向低电位点。电压（电位差）表示为

$$U_{ab}=V_a-V_b=\frac{W_{ab}}{q} \quad \text{或} \quad E=\frac{U_{ab}}{L} \tag{1-15}$$

式中 U_{ab}——a、b 两点的电位差（V）；

W_{ab}——电场力做的功（J）；

E——电场强度（V/m）；

L——正电荷由 a 点移动到 b 点的距离（m）；

q——电量（C）。

注意事项：①电动势和电压是绝对值，与零电位选择无关；而电位是相对值，与零电位的选择有关。②电压比较时的描述，应当说高电压和低电压。③交流电压有瞬时值、最大值、平均值和有效值之分，常说的交流 220V、380V 是有效值。④电压损失和电压降落的区别为：在直流网络中是一致的，在交流网络中，由于电流、电压不同，相角及线路电抗的影响，而引起电压降落。线路两端电压的几何差称为电压降落。

7. 电功、电功率及电热效应

（1）电功。负载所消耗的热能、光能、机械能等形式的能，就是电流通过负载所做的功，简称电功。电流在一段电路上所做的电功，与这段电路两端的电压 U、流过电路的电流 I 以及通电时间 t 成正比，即

$$W = UIt \tag{1-16}$$

式中 W——电功（J）；

U——电压（V）；

I——电流（A）；

t——时间（s）。

若把 $U=IR$ 或 $I=U/R$ 代入上式，可得

$$W = I^2Rt \quad 或 \quad W = \frac{U^2}{R}t \tag{1-17}$$

上述 3 个公式可根据不同的条件灵活选用。

（2）电功率。单位时间内所消耗的电能，即电流在 1s 内所做的电功称为电功率。电功率表示为

$$P = \frac{W}{t} = UI = I^2R = \frac{U^2}{R} \tag{1-18}$$

式中 W——电功（J）；

t——时间（s）；

P——电功率（W）。

若 W 用 kW·h 作单位，1kW·h（1 度电）$=3.6\times10^6$J，t 用 h 作单位，则 P 的单位为 kW。

（3）电热效应。电流通过导体会产生热量，这种现象称为电流热效应。热量表示为

$$Q = I^2Rt(\text{J}) \quad 或 \quad Q = 0.24I^2Rt(\text{cal}) \tag{1-19}$$

式中 Q——热量（J 或 cal）；

I——电流（A）；

R——导体电阻（Ω）；

t——时间（s）；

0.24——热功当量，即 1 焦耳（J）的功相当于 0.24 卡（cal）的热量。

二、直流电路基本定律

1. 部分电路欧姆定律

欧姆定律是表示电路中电压、电流及电阻 3 个基本物理量之间的关系的定律。部分电路欧姆定律适用于电路中不含电源电动势，仅用端电压 U 表示电路中的电源的电路，如图 1-4 所示。部分电路欧姆定律可表述为：一段电路上的电流 I 与这段电路两端的电压 U 成正比，与这段电路的电阻 R 成反比，表示为

$$I=\frac{U}{R} \tag{1-20}$$

式中 I——电路的电流（A）；

R——负载电阻或电路的电阻（Ω）；

U——端电压或电阻 R 两端的电压（V）。

应用式（1-20）不仅可以计算电流，也可以计算电压及电阻，即 $U=IR$、$R=\frac{U}{I}$。只要知道其中的 2 个量，带入公式即可求出第 3 个量。

2. 全电路欧姆定律

全电路欧姆定律适用于电路中含有电源电动势的闭合回路，如图 1-5 所示。全电路欧姆定律可表述为：闭合回路中的电流与电源的电动势成正比，与电路中的内阻和外阻之和成反比，表示为

$$I=\frac{E}{R_0+R+R_1} \tag{1-21}$$

式中 I——电路的电流（A）；

E——电源电动势（V）；

R_0——电源内阻（Ω）；

R——负载电阻（Ω）；

R_1——回路导线电阻（Ω）。

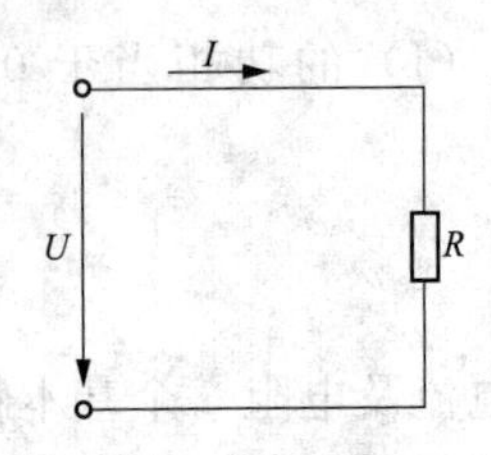

图 1-4　部分电路欧姆定律电路

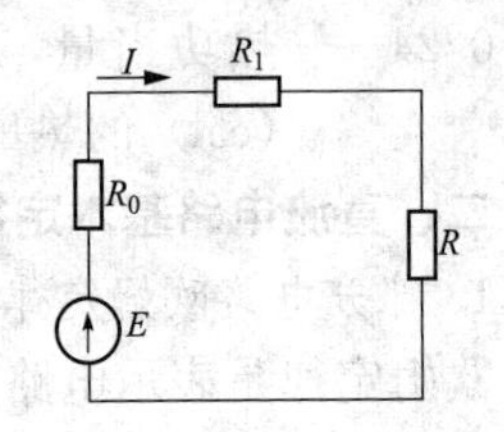

图 1-5　全电路欧姆定律电路

3. 基尔霍夫第一定律（电流定律）

欧姆定律多用于简单电路的计算，但许多实际电路较为复杂，为了确定电路每一支路的电流或某两点间的电压，需要应用基尔霍夫定律。

基尔霍夫第一定律（电流定律）的说明如图 1-6 所示，图中 A 是复杂电路中的某个节点，I_1、I_2 是流向节点的两个支路电流，I_3、I_4 是从节点流出的两个支路电流。基尔霍夫第一定律可表述为：电路中流入任意一个节点的电流总和等于流出这个节点电流的总和。若把流出节点的电流取正数，流入节点的电流取负数，基尔霍夫第一定律可表示为

$$\sum I=0 \quad 或 \quad \sum I=I_3+I_4-I_1-I_2=0 \qquad (1\text{-}22)$$

4. 基尔霍夫第二定律（电压定律）

基尔霍夫第二定律（电压定律）的说明如图 1-7 所示，它可表述为：任何一个闭合回路中，所有电压的代数和为零。基尔霍夫第二定律可表示为

$$\sum U=0 \quad 或 \quad \sum U=U_{ab}+U_{bc}+U_{cd}+U_{de}+U_{ea}$$
$$=E_1+U_{bc}-E_2+U_{de}+U_{ea}=0 \qquad (1\text{-}23)$$

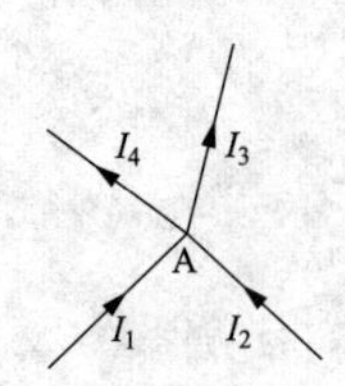

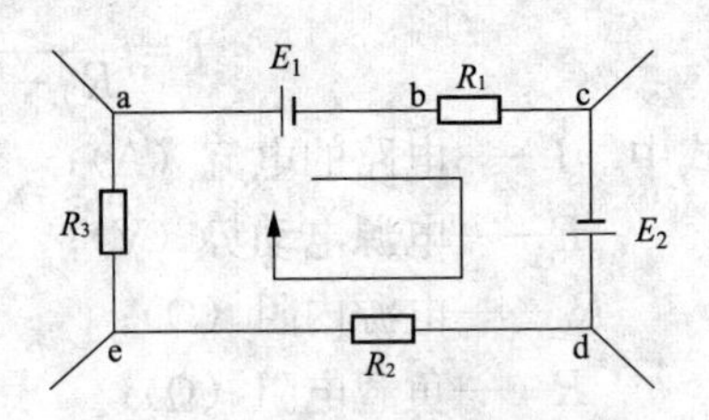

图 1-6　基尔霍夫第一定律说明　　图 1-7　基尔霍夫第二定律说明

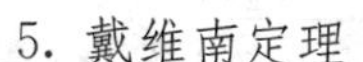

5. 戴维南定理

戴维南定理又称等效电源定理，它把一个有源二端线性网络简化为一个具有电动势 E 的理想电源和阻值为 R_0 的内阻串联的等效电源，如图 1-8 所示。等效电源的电动势 E 就是有源二端网络的开路电压 U，即把负载断开后，a、b 两端之间的电压。等效电源的内阻 R_0 等于有源二端线性网络中所有电源均除去后所得到的无源网络 a、b 两端之间的等效电阻。经过这样处理后，计算通过负载电阻 R_L 上的电流变得很简便，即

$$I=\frac{E}{R_0+R_L} \tag{1-24}$$

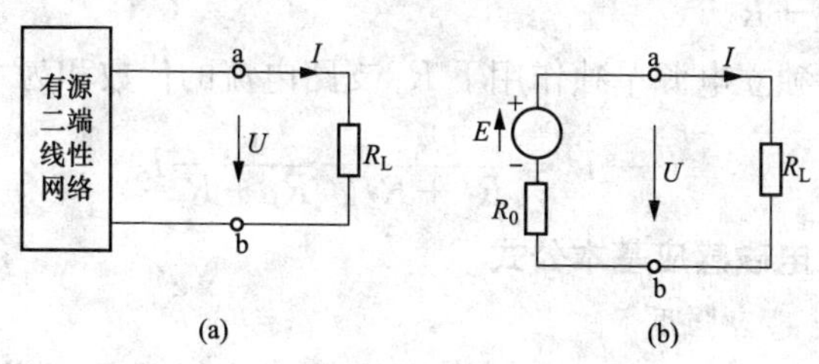

图 1-8 戴维南定理说明

(a) 有源二端线性网络；(b) 等效电路

6. 叠加定理

叠加定理可表述为：在线性电路中，有两个或两个以上的独立电源作用时，则任意支路的电流或电压，都可以认为是电路中各个电源单独作用而其他电源不作用时，在该支路中产生的各电流分量或电压分量的代数和。

叠加定理的说明如图 1-9 所示，图 1-9 (a) 是一个混合电源电路，电路中流过 R_2 支路的电流 I 可以认为是 (b)、(c) 两个图中 I'、I''的叠加。

(1) 图 1-9 (b) 是电压源 U_s 单独作用下的情况，此情况下电流源的作用为零（相当于开路），U_s 单独作用下 R_2 支路电流为 $I'=\dfrac{U_s}{R_1+R_2}$。

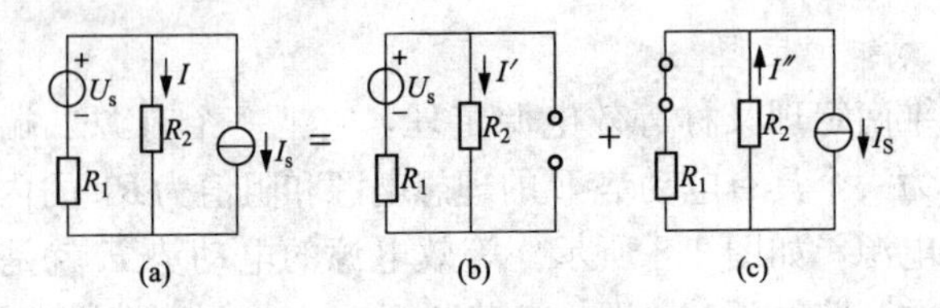

图 1-9　叠加定理说明

（a）混合电源电路；（b）单独电压源电路；（c）单独电流源电路

（2）图 1-9（c）是电流源 I_S 单独作用下的情况，此情况下电压源的作用为零（相当于短路），I_S 单独作用下 R_2 支路电流为 $I''=\dfrac{R_1}{R_1+R_2}I_S$。

所有独立电源单独作用下 R_2 支路电流的代数和为

$$I'-I''=\frac{U_S}{R_1+R_2}-\frac{R_1}{R_1+R_2}I_S \tag{1-25}$$

三、电磁感应基本公式

1. 磁感应强度

磁场的强弱用垂直穿过某截面的磁力线总数（磁通量）Φ 表示，而把单位面积内通过的磁通量称为磁感应强度，用 B 表示，其大小为

$$B=\frac{\Phi}{S} \tag{1-26}$$

式中　B——磁感应强度（T）；

Φ——磁通量（Wb）；

S——与磁场方向垂直的平面面积（m^2）。

2. 磁场强度

磁场中每一点的磁感应强度与同一磁导率的比值称为该点的磁场强度，用 H 表示，其大小为

$$H=\frac{B}{\mu}=\frac{B}{\mu_0\mu_r} \tag{1-27}$$

式中　H——磁场强度（A/m）；

B——磁感应强度（T）；

μ——磁导率（H/m）；

μ_r——相对磁导率（H/m）；

μ_0——真空磁导率（$\mu_0=4\pi\times10^{-7}$H/m）。

3. 电磁力

通电导体在磁场中受到力的作用，该作用力就称为电磁力，用字母 F 表示，其大小为

$$F = BLI\sin\alpha \tag{1-28}$$

式中 F——电磁力（N）；

B——磁感应强度（T）；

I——通电导体的电流（A）；

L——通电导体在磁场中的有效长度（m）；

α——通电导体与磁感应强度 B 之间的夹角（°）。

4. 感应电动势

当直导体在磁场中作切割磁力线的运动时，或者当与线圈回路相交链的磁通发生变化时，导体或线圈就产生感应电动势，这两种产生感应电动势的本质相同，只是在不同的条件下产生的。感应电动势用字母 E 表示，其大小为

$$\text{直导体}\quad E = BLV\sin\alpha \tag{1-29}$$

$$\text{线圈}\quad E = 4.44fN\Phi_m \tag{1-30}$$

式中 E——感应电动势（V）；

B——磁感应强度（T）；

L——直导体在磁场中的有效长度（m）；

V——直导体切割磁力线的运动速度（m/s）；

α——导体运动方向与磁感应强度 B 之间的夹角（°）；

f——电源频率（Hz）；

N——线圈匝数或回路数；

Φ_m——磁通最大值（Wb）。

四、电磁感应基本定律

1. 右手螺旋定则

通电导体周围存在着磁场，磁场方向由右手螺旋定则判定。

对于载流长直导线，以右手大拇指代表导线中的电流方向，弯曲的其余四指则表示磁场方向，如图 1-10（a）所示。

对于载流螺线管，则弯曲的四指方向表示螺线管中的电流方向，而大拇指所指的方向则表示螺线管内部的磁场方向，如图 1-10（b）所示。

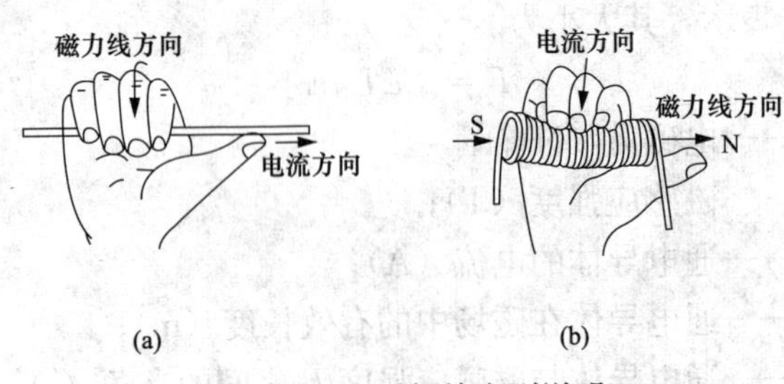

图 1-10　右手螺旋定则说明

（a）载流长直导线；（b）载流螺线管

2. 左手定则

通电导体在磁场中受到电磁力的作用，所受电磁力的方向由左手定则判定，如图 1-11 所示：伸开左手，让磁感应强度 B 的方向穿入手心，即正对 N 极，伸直的四指与大拇指垂直且指向电流方向，则大拇指指向通电导体受电磁力的方向。

3. 右手定则

当直导体在磁场中作切割磁力线的运动时，导体内将产生感应电动势，感应电动势的方向由右手定则判定，如图 1-12 所示：

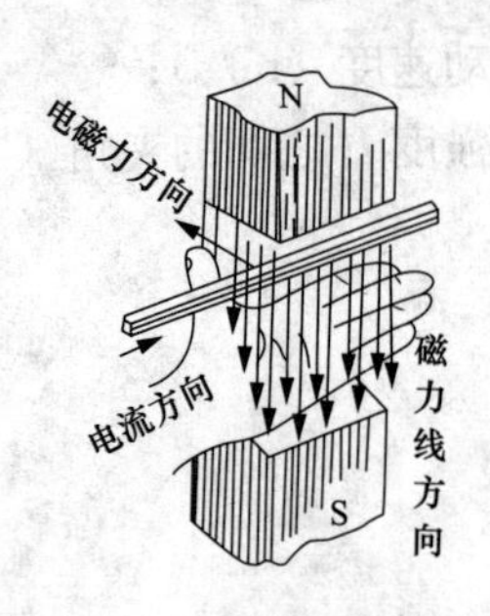

图 1-11　左手定则说明

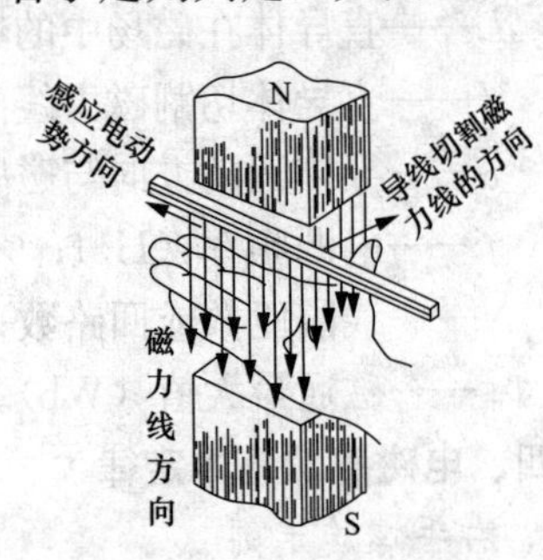

图 1-12　右手定则说明

伸开右手，让磁感应强度 B 的方向穿入手心，即正对 N 极，大拇指与四指垂直且指向导体运动的方向，则伸直的四指指向产生感应电动势的方向。

4. 楞次定律和感应电流定律

楞次定律：又称电磁惯性定律，闭合回路中，感应电流具有确定的方向，由它所产生的磁通量总是去补偿（或反抗）引起感应电流的磁通量的变化。

感应电流定律：磁通量的变化而感生电流，则所感生的电流必将产生反作用阻碍这个变化。感应电流越大，反作用也越大；感应电流越小，反作用也越小；感应电流为零，反作用也为零。

五、电容和电感基本公式

1. 电容量

电容器可以储存电能，具有充电、放电以及隔直流、通交流的特性。被介质隔离的两个导体（极板）在一定电压的作用下所容纳的电荷量称为该电容器的电容，用字母 C 表示，其大小为

$$C = \frac{q}{U} \tag{1-31}$$

式中 C——电容（F）；

q——每一极板上的电荷量（C）；

U——两极板间的电压（V）。

如果电容器两极板间的电压为 1V，每一极板上的电荷量是 1C 时，则该电容器的电容就等于 1F。法（F）是很大的电容单位，工程上常用微法（μF）或皮法（pF）等较小的单位来表示电容，它们之间的关系为

$$1\text{F} = 10^{6}\mu\text{F} = 10^{12}\text{pF} \tag{1-32}$$

2. 电容器储存能量

电容器是一种以电场形式储存能量的无源元件，在有需要的时候，电容器能够把储存的电场能量释放出来。电容器储存

的能量用字母 W_C 表示，其大小为

$$W_C = \frac{1}{2}CU^2 \tag{1-33}$$

式中 W_C——电容器储存的能量（J）；

U——电容器两端电压（V）；

C——电容（F）。

当电容器两端电压增高时，储存电场能量增大，此时电容器从电源吸收能量（充电）；当电容器两端电压降低时，储存电场能量减小，此时电容器向电源释放能量（放电）。

3. 电容器串联

几只电容器接成一个无分支电路的连接方式称为电容器的串联，电容分别为 C_1 和 C_2 的两只电容器的串联电路如图 1-13 所示。

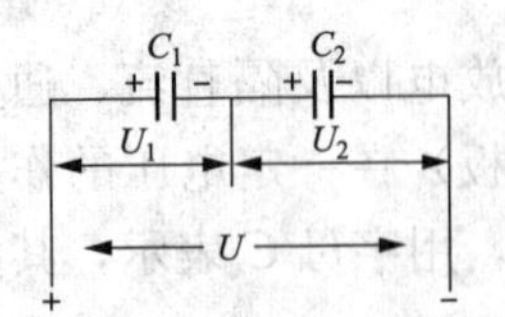

图 1-13 电容器串联电路

电容器串联电路有以下特点：

（1）电容器串联电路中的总电压等于各个电容器电压之和，即

$$U = U_1 + U_2 \tag{1-34}$$

（2）电容器串联电路中的总电容为

$$\frac{1}{C_\Sigma} = \frac{1}{C_1} + \frac{1}{C_2} \quad 或 \quad C_\Sigma = \frac{C_1C_2}{C_1 + C_2} \tag{1-35}$$

若两只电容器的容量相等，即 $C_1 = C_2$，则

$$C_\Sigma = \frac{C_1}{2} = \frac{C_2}{2} \tag{1-36}$$

同理可推出，当 n 个电容均为 C_0 的电容器串联时，总电容为

$$C_\Sigma = \frac{C_0}{n} \tag{1-37}$$

4. 电容器并联

几只电容器接在同一对节点间的连接方式称为电容器的并联，电容分别为 C_1 和 C_2 的两只电容器的并联电路如图 1-14 所示，电容器并联电路有以下特点：

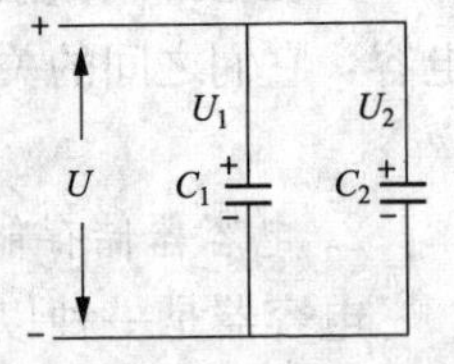

图 1-14 电容器并联电路

（1）电容器并联电路中的总电容等于各个电容之和，即

$$C_{\Sigma}=C_1+C_2 \tag{1-38}$$

（2）电容器并联电路中的各个电容器的电压相等，即

$$U=U_1=U_2 \tag{1-39}$$

5. 电感

电感器是能够把电能转化为磁能而存储起来的元件，具有阻交流、通直流、阻高频、通低频（滤波）的特性。电感也称自感系数，是表示电感元件自感应能力的一个物理量，用字母L表示，其大小为

$$L=\frac{\psi}{I} \tag{1-40}$$

式中 L——电感（H）；

ψ——线圈所产生的磁链（Wb）；

I——通过线圈的电流（A）。

一个线圈通以1A电流，线圈中的磁链正好是1Wb，此线圈的电感就是1H。亨（H）是很大的电感单位，工程上常用毫亨（mH）或微亨（μH）等较小的单位来表示电感，它们之间的关系为

$$1H=10^3mH=10^6\mu H \tag{1-41}$$

6. 电感器储存能量

电感器是一种以磁场形式储存能量的无源元件，在有需要的时候，电感器能够把储存的磁场能量释放出来。电感器储存的能量用字母W_L表示，其大小为

$$W_L=\frac{1}{2}LI^2 \tag{1-42}$$

式中 W_L——电感器储存能量（J）；

L——电感（H）；

I——通过线圈的电流（A）。

当电感器电流增大时，储存磁场能量增大，此时电能转换为磁能，电感器从电源吸收能量；当电感器电流减小时，储存

磁场能量减小，此时磁能转换为电能，电感器向电源释放能量。

7. 电感器串联

几只电感器接成一个无分支电路的连接方式称为电容器的串联，电感分别为 L_1 和 L_2 的两只电感器的串联电路如图 1-15 所示。

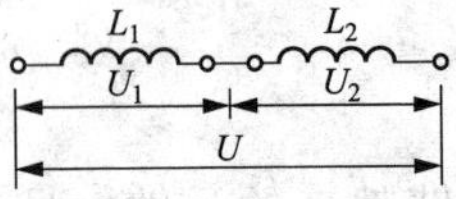

图 1-15　电感串联电路

电感器串联电路有以下特点：

（1）电感器串联电路中的总电压等于各个电感器电压之和，即

$$U=U_1+U_2 \tag{1-43}$$

（2）电感器串联电路中的总电感等于各个电感之和，即

$$L_{\Sigma}=L_1+L_2 \tag{1-44}$$

8. 电感器并联

几只电感器接在同一对节点间的连接方式称为电感器的并联，电感分别为 L_1 和 L_2 的两只电感器的并联电路如图 1-16 所示。

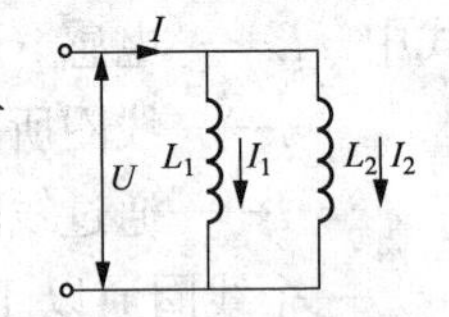

图 1-16　电感并联电路

电感器并联电路有以下特点：

（1）电感器并联电路中的总电感为

$$\frac{1}{L_{\Sigma}}=\frac{1}{L_1}+\frac{1}{L_2} \quad 或 \quad L_{\Sigma}=\frac{L_1L_2}{L_1+L_2} \tag{1-45}$$

（2）电感器并联电路中的总电流等于各个电感器电流之和，即

$$I=I_1+I_2 \tag{1-46}$$

六、交流电路基本计算公式

交流电路和直流电路的基本特性是一样的，但由于交流电的电流、电压和电动势的大小和方向不断随时间变化，故而会发生一些与直流电不一样的现象和规律。

1. 交流电周期、频率、角频率

（1）周期。交流电完成一次周期性变化所需的时间称为周期，其计算公式为

$$T=\frac{1}{f}=\frac{2\pi}{\omega} \tag{1-47}$$

式中 T——周期（s）；

f——频率（Hz）；

ω——角频率（rad/s）。

（2）频率。单位时间（1s）内交流电流变化所完成的循环（或周期）称为频率（单位为 Hz），其计算公式为

$$f = \frac{1}{T} = \frac{\omega}{2\pi} \tag{1-48}$$

（3）角频率。又称角速度，它表示了交流电每秒变化的弧度数（单位为 rad/s），其计算公式为

$$\omega = 2\pi f = \frac{2\pi}{T} \tag{1-49}$$

2. 正弦交流电电流、电压、电动势

（1）电流瞬时值、最大值、有效值、平均值。

正弦交流电在任一瞬间的电流称为正弦交流电的电流瞬时值，其计算公式为

$$i = I_{max}\sin(\omega t + \varphi) \tag{1-50}$$

式中 I_{max}——电流最大值（A）；

t——时间（s）；

ω——角频率（rad/s）；

φ——初相位或初相角，简称初相，在电工学中，用度（°）作为相位的单位。

正弦交流电电流瞬时值中的最大值（或振幅）称为正弦交流电电流的最大值或振幅值，其计算公式为

$$I_{max} = \sqrt{2}I = 1.414I \tag{1-51}$$

式中 I——电流有效值（A）。

正弦交流电电流有效值等于它最大值的 0.707 倍，其计算公式为

$$I = \frac{I_{max}}{\sqrt{2}} = 0.707I_{max} \tag{1-52}$$

正弦交流电电流半个周期的平均值称为正弦交流电电流的

平均值，其计算公式为

$$I_{av}=\frac{2}{\pi}I_{max}=0.637I_{max} \tag{1-53}$$

（2）电压瞬时值、最大值、有效值、平均值。

正弦交流电在任一瞬间的电压称为正弦交流电的电压瞬时值，其计算公式为

$$u=U_{max}\sin(\omega t+\varphi) \tag{1-54}$$

式中 U_{max}——电压最大值（V）。

正弦交流电电压瞬时值中的最大值（或振幅）称为正弦交流电电压的最大值或振幅值，其计算公式为

$$U_{max}=\sqrt{2}U=1.414U \tag{1-55}$$

式中 U——电压有效值（V）。

正弦交流电电压有效值等于它最大值的 0.707 倍，其计算公式为

$$U=\frac{U_{max}}{\sqrt{2}}=0.707U_{max} \tag{1-56}$$

正弦交流电电压半个周期的平均值称为正弦交流电电压的平均值，其计算公式为

$$U_{av}=\frac{2}{\pi}U_{max}=0.637U_{max} \tag{1-57}$$

（3）电动势瞬时值、最大值、有效值、平均值。

正弦交流电在任一瞬间的电动势称为正弦交流电的电动势瞬时值，其计算公式为

$$e=E_{max}\sin(\omega t+\varphi) \tag{1-58}$$

式中 E_{max}——电动势最大值（V）。

正弦交流电电动势瞬时值中的最大值（或振幅）称为正弦交流电电动势的最大值或振幅值，其计算公式为

$$E_{max}=\sqrt{2}E=1.414E \tag{1-59}$$

式中 E——电动势有效值（V）。

正弦交流电电动势有效值等于它最大值的 0.707 倍，其计

算公式为

$$E=\frac{E_{max}}{\sqrt{2}}=0.707E_{max} \quad (1\text{-}60)$$

正弦交流电电动势半个周期的平均值称为正弦交流电电动势的平均值，其计算公式为

$$E_{av}=\frac{2}{\pi}E_{max}=0.637E_{max} \quad (1\text{-}61)$$

3. 交流纯电阻电路

纯电阻电路就是除电源外只有电阻元件的电路，如图 1-17 所示，其特性如下。

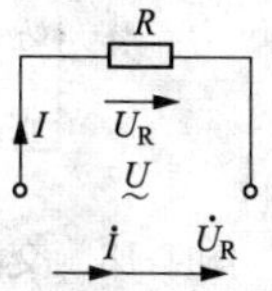

电阻器上的电流与电压相位关系：同相位；

功率因数角：$\varphi=0$；

功率因数：$\cos\varphi=1$；

图 1-17 交流纯电阻电路

阻抗：$Z_R=R$；

电流与电压数量关系：$I=\frac{U_R}{Z_R}=\frac{U_R}{R}$；

电阻器的有功功率：$P_R=U_R I\cos\varphi=U_R I=I^2R=\frac{U_R^2}{R}$；

电阻器的无功功率：$Q_R=U_R I\sin\varphi=0$。

4. 交流纯电感电路

纯电感电路就是除电源外只有电感元件的电路，如图 1-18 所示，其特性如下。

电感器上的电流与电压相位关系：电感器上的电压超前电流 90°；

功率因数角：$\varphi=\frac{\pi}{2}$；

功率因数：$\cos\varphi=0$；

感抗：$X_L=\omega L=2\pi fL$；

电流与电压数量关系：$I=\frac{U_L}{X_L}=\frac{U_L}{\omega L}=\frac{U_L}{2\pi fL}$；

电感器的有功功率：$P_L = U_L I\cos\varphi = 0$；

电感器的无功功率：$Q_L = U_L I\sin\varphi = U_L I = I^2 X_L = I^2 \omega L$。

5. 交流纯电容电路

纯电容电路就是除电源外只有电容元件的电路，如图 1-19 所示。其特性如下。

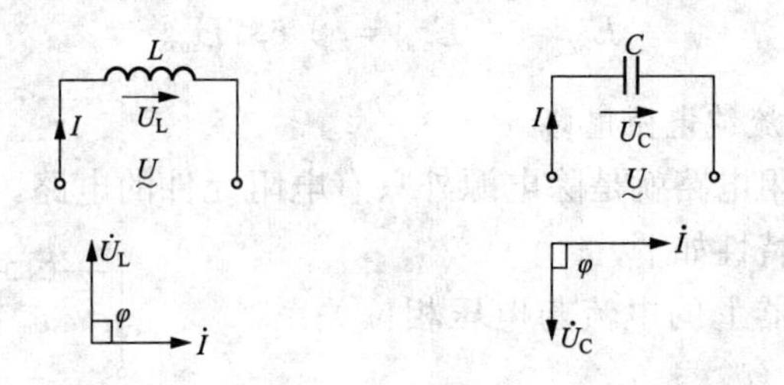

图 1-18　交流纯电感电路　　图 1-19　交流纯电容电路

电容器上的电流与电压相位关系：电容器上的电流超前电压 90°；

功率因数角：$\varphi = \frac{\pi}{2}$；

功率因数：$\cos\varphi = 0$；

容抗：$X_C = \frac{1}{\omega C} = \frac{1}{2\pi f C}$；

电流与电压数量关系：$I = \frac{U_C}{X_C} = 2\pi f C U_C$；

电容器的有功功率：$P_C = U_C I\cos\varphi = 0$；

电容器的无功功率：$Q_C = U_C I\sin\varphi = U_C I = I^2 X_C = \frac{I^2}{\omega C}$。

6. 交流电阻、电感串联电路

交流电路中除电源外只有电阻、电感两个元件串联的电路如图 1-20 所示，其特性如下。

电流与电压相位关系：电源电压超前电流 φ 角；

总阻抗：$Z = \sqrt{R^2 + X_L^2}$；

电阻 R 上的电压：$U_R = IR$；

电感 L 上的电压：$U_L = IX_L$；

总电压：$U = IZ = I\sqrt{R^2 + X_L^2} = \sqrt{U_R^2 + U_L^2}$；

电路的有功功率：$P = U_R I = UI\cos\varphi$；

电路的无功功率：$Q = U_L I = UI\sin\varphi$；

电路的视在功率：$S = UI = \sqrt{P^2 + Q^2}$；

功率因数：$\cos\varphi = \dfrac{R}{Z} = \dfrac{U_R}{U} = \dfrac{P}{S}$。

7. 交流电阻、电容串联电路

交流电路中除电源外只有电阻、电容两个元件串联的电路如图 1-21 所示，其特性如下。

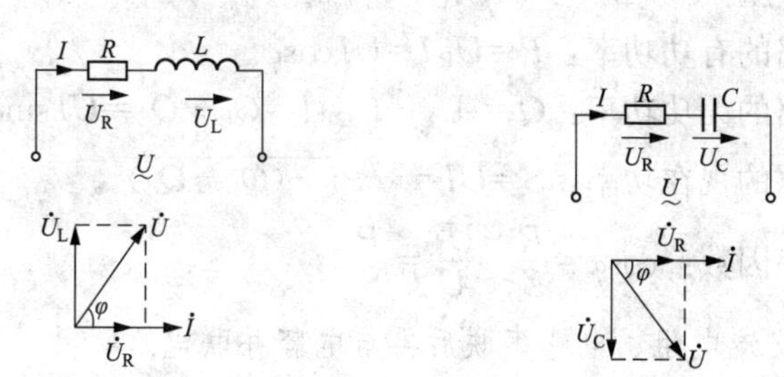

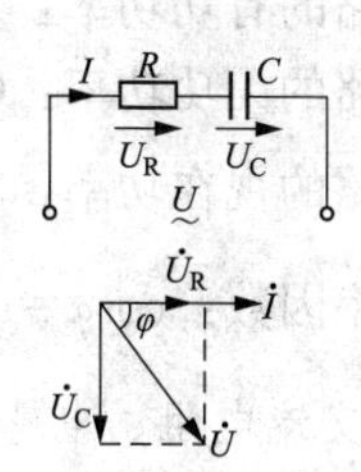

图 1-20 交流电阻、电感串联电路　图 1-21 交流电阻、电容串联电路

电流与电压相位关系：电源电压滞后电流 φ 角；

总阻抗：$Z = \sqrt{R^2 + X_C^2}$；

电阻 R 上的电压：$U_R = IR$；

电容 C 上的电压：$U_C = IX_C$；

总电压：$U = IZ = I\sqrt{R^2 + X_C^2} = \sqrt{U_R^2 + U_C^2}$；

电路的有功功率：$P = U_R I = UI\cos\varphi$；

电路的无功功率：$Q = U_C I = UI\sin\varphi$；

电路的视在功率：$S = UI = \sqrt{P^2 + Q^2}$；

功率因数：$\cos\varphi = \dfrac{R}{Z} = \dfrac{U_R}{U} = \dfrac{P}{S}$。

8. 交流电阻、电容、电感串联电路

交流电路中除电源外只有电阻、电容、电感三个元件串联的电路如图 1-22 所示，其特性如下。

电流与电压相位关系：

（1）当 $X_L > X_C$ 时，电路呈电感性，电源电压超前电流 φ 角；

（2）当 $X_L < X_C$ 时，电路呈电容性，电源电压滞后电流 φ 角；

（3）当 $X_L = X_C$ 时，电路呈电阻性，电源电压与电流同相位。

总阻抗：$Z=\sqrt{R^2+(X_L X_C)^2}$。

电阻 R 上的电压：$U_R = IR$。

电容 C 上的电压：$U_L = IX_C$。

电感 L 上的电压：$U_L = IX_L$。

总电压：$U=IZ=I\sqrt{R^2+(X_L-X_C)^2}=\sqrt{U_R^2+(U_L-U_C)^2}$。

电路的有功功率：$P=U_R I=UI\cos\varphi$。

电路的无功功率：$Q=(U_L-U_C)I=Q_L-Q_C=UI\sin\varphi$。

电路的视在功率：$S=UI=\sqrt{P^2+(Q_L-Q_C)^2}$。

功率因数：$\cos\varphi=\dfrac{R}{Z}=\dfrac{U_R}{U}=\dfrac{P}{S}$。

9. 交流电阻、电感串联后再与电容并联电路

交流电路中除电源外只有电阻、电感两个元件串联后再与电容并联的电路如图 1-23 所示，其特性如下。

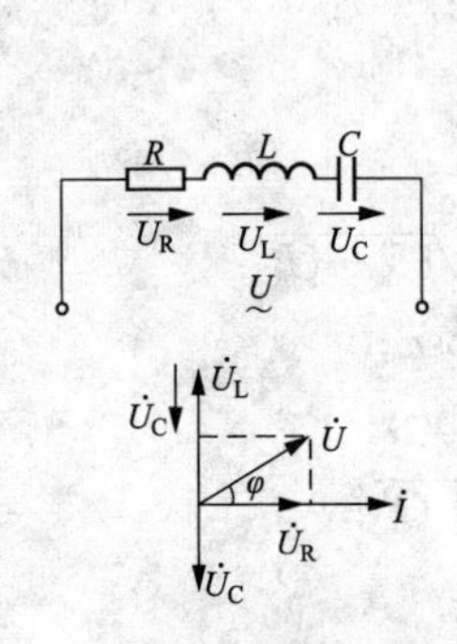

图 1-22　交流电阻、电容、电感串联电路

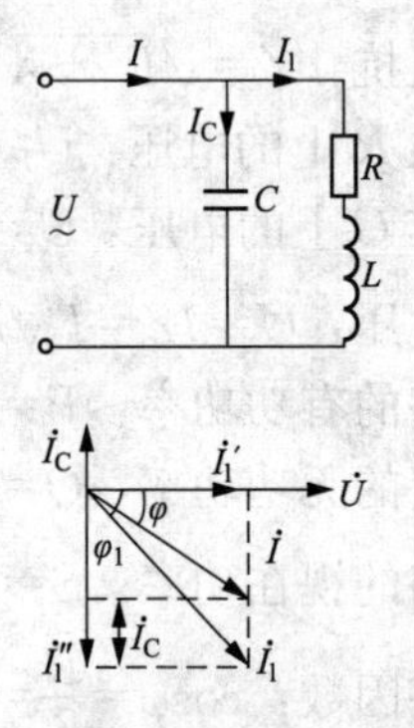

图 1-23　交流电阻、电感串联后再与电容并联电路

电阻、电感支路电流：$I_1=\dfrac{U}{\sqrt{R^2+X_L^2}}=\sqrt{I_1''^2+I_1'^2}$。

式中 I_1'——I_1 中与端电压 U 同相的分量；

I_1''——I_1 中与端电压 U 垂直的分量。

电容支路电流：$I_C=\dfrac{U}{X_C}=\omega CU$。

总电流：$I=I_1+I_C=\sqrt{I_C^2+I_1^2+2I_1I_C\cos(\varphi_1-\varphi)}$。

功率因数：$\cos\varphi=\dfrac{I_1\cos\varphi_1}{I}$。

式中 $\cos\varphi_1$——未并联电容前电阻、电感支路的功率因数；

$\cos\varphi$——并联电容后的功率因数。

10. 交流三相负载星形联结

三相交流电是指 3 个频率和幅值相同、相位差 1/3 周期的正弦交流电，由三相交流电构成的电路称为三相交流电路，负载在三相交流电路中有两种联结方式，即星形（Y）联结和三角形（△）联结。

三相负载星形联结电路如图 1-24 所示，三相电源线 L1、L2、L3 之间的电压称为线电压（U_L），流过三相电源线的电流称为线电流（I_L），三相电源线与中性线 N 之间的电压称为相电压（U_{ph}），流过每相负载的电流称为相电流（I_{ph}），它们的特性如下。

线电流等于相电流：$I_L=I_{ph}$。

在三相四线制中，当三相电源对称时，具有以下特性：

线电压与相电压数量关系：$U_L=\sqrt{3}U_{ph}$。

三相总有功功率：$P=3U_{ph}I_{ph}\cos\varphi=\sqrt{3}U_LI_L\cos\varphi$。

三相总无功功率：$Q=3U_{ph}I_{ph}\sin\varphi=\sqrt{3}U_LI_L\sin\varphi$。

三相总视在功率：$S=3U_{ph}I_{ph}=\sqrt{3}U_LI_L$。

功率因数：$\cos\varphi=\dfrac{P}{S}$。

式中 φ——相电压与相电流的相位差。

11. 交流三相负载三角形联结

三相负载三角形联结电路如图 1-25 所示，其特性如下。

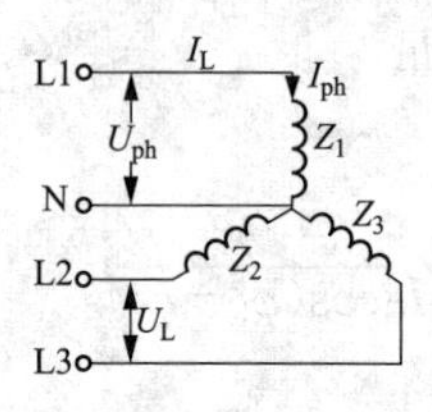

图 1-24　交流三相负载星形联结

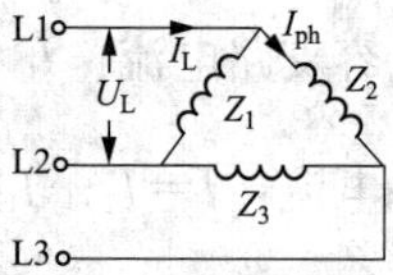

图 1-25　交流三相负载三角形联结

线电压等于相电压：$U_L=U_{ph}$。

当三相电源与三相负载均对称时，具有以下特性：

线电流与相电流数量关系：$I_L=\sqrt{3}I_{ph}$。

三相总有功功率：$P=3U_{ph}I_{ph}\cos\varphi=\sqrt{3}U_LI_L\cos\varphi$。

三相总无功功率：$Q=3U_{ph}I_{ph}\sin\varphi=\sqrt{3}U_LI_L\sin\varphi$。

三相总视在功率：$S=3U_{ph}I_{ph}=\sqrt{3}U_LI_L$。

功率因数：$\cos\varphi=\dfrac{P}{S}$。

式中　φ——相电压与相电流的相位差。

第三节　电工常用计量单位及换算

电工常用计量单位及换算见表 1-1，其中电工量名称及符号摘自国家标准 GB/T 3102—1993《量和单位》中电工常用的部分，电工量的符号一律采用斜体字母。

表 1-1　　　电工常用计量单位及换算

电工量		电工量的单位		换算或说明
名称	符号	名称	符号	
长度	l，L	米	m	1km=1000m

续表

电工量		电工量的单位		换算或说明
名称	符号	名称	符号	
宽度 高度 厚度 半径 直径 距离	b，B h，H d，δ r，R d，D s，S	分米 厘米 毫米 微米	dm cm mm μm	1m＝10dm 1dm＝10cm 1cm＝10mm 1mm＝1000μm
面积	$A(S)$	平方米	m^2	
体积	V	立方米 升 毫升	m^3 L mL	$1L=10^{-3}m^3$ $1mL=10^{-3}L$
平面角	α，β， γ，φ， θ等	弧度 度 分 秒	rad ° ′ ″	“度”应优先使用，十进制小数，其符号标于数字之后，如15.27°
立体角	Ω，ω	球面度	sr	
时间	t	日 ［小］时 分 秒	d h min s	1d＝24h＝86400s 1h＝60min＝3600s 1min＝60s
旋转速度	n	转每分	r/min	
角速度	ω	弧度每秒	rad/s	
角加速度	α	弧度每二次方秒	rad/s^2	
速度	v	米每秒	m/s	
加速度	α	米每二次方秒	m/s^2	
质量	m	吨 千克 ［公斤］	t kg	1t＝1000kg 人民生活和贸易中，质量习惯称为重量，但不推荐这种说法
周期	T	秒	s	$T=\frac{1}{f}$

续表

电工量		电工量的单位		换算或说明
名称	符号	名称	符号	
频率	f	赫［兹］ 千赫［兹］ 兆赫［兹］	Hz kHz MHz	1MHz=10^3kHz 1kHz=10^3Hz $f=\frac{1}{T}$
角频率	ω	弧度每秒	rad/s	$\omega=2\pi f$
密度	ρ	千克每立方米 吨每立方米 千克每升	kg/m^3 t/m^3 kg/L	1t/m^3=1000kg/m^3 1kg/L=1000kg/m^3 $\rho=\frac{m}{V}$
力	F $W(P, G)$	牛［顿］	N	1N=1kg·m/s^2
力矩 转矩 力偶矩	M M, T M	牛［顿］米	N·m	
压力 压强 正应力 切（剪）应力	p p σ τ	帕［斯卡］	Pa	1Pa=1N/m^2 1MPa=1N/mm^2
功 能［量］ 热，热量	$W(A)$ E Q	焦［耳］ 电子伏 千瓦时 卡	J eV kW·h cal	1J=1N·m 1kW·h=3.6MJ 1eV≈1.6021892×10^{-19}J
功率	P	瓦［特］ 千瓦［特］	W kW	1W=1J/s
［有功］功率 无功功率 视在功率 （表观功率）	P Q, P_q S, P_s	瓦［特］ 乏 伏安	W var V·A	var 暂可继续使用 V·A 暂可继续使用
电流	$I, i,$ $I_m, \dot{I}$ 或 $\vec{I}$	安［培］	A	I—直流电或交流电有效值 i—交流电瞬时值 I_m—交流电振幅 $\dot{I}$—相量

续表

电工量		电工量的单位		换算或说明
名称	符号	名称	符号	
电荷［量］	$Q(q)$	库［仑］	C	1C=1A·s
电场强度	E	伏（特）/米 牛顿/库伦		矢量， 1V/m=1N/C
电位（电势） 电位差 （电势差）， 电压 电动势	V，φ $U(V)$， u，U_m $\vec{U}$ E	伏［特］	V	1V=1W/A μ—瞬时值 U_m—振幅 $\vec{U}$—相量
电容	C	法［拉］ 微法［拉］ 皮法［拉］	F μF pF	1F=1C/V
介电常数 （电容率）	ε_0，ε， ε_r	法［拉］每米	F/m	ε_0—真空介电常数， $\varepsilon_0=8.85\times10^{-12}$F/m ε—介电常数 ε_r—相对介电常数， $\varepsilon_r=\varepsilon/\varepsilon_0$
电阻	R	欧［姆］	Ω	1Ω=1V/A
电阻率	ρ	欧［姆］米	Ω·m	
电导	G	西［门子］	S	1S=1A/V
电导率	γ，σ	西［门子］ 每米	S/m	
自感 互感	L M，L_{12}	亨［利］	H	1H=1Wb/A
磁通［量］	Φ	韦［伯］	Wb	1Wb=1V·s 1Mx≈10^{-8}Wb
磁通［量］ 密度，磁 感应强度	B	特［斯拉］	T	1T=1Wb/m^2
磁场强度	H	安［培］每米	A/m	

续表

电工量		电工量的单位		换算或说明
名称	符号	名称	符号	
磁导率	μ_0，μ，μ_r	亨［利］每米	H/m	μ_0—真空磁导率 μ_r—相对磁导率 1H/m＝1Wb/(A·m)＝1V·s/(A·m)
磁阻	R_m	每亨［利］	H^{-1}	$1H^{-1}=1A/Wb$
热力学温度 摄氏温度	T，θ t，θ	开［尔文］ 摄氏度	K ℃	当表示温度间隔或温差时： 1K＝1℃
发光强度	$I[I_v]$	坎［德拉］	cd	
光通量	$\phi[\phi_v]$	流［明］	lm	1lm＝1cd·sr
［光］亮度	$L[L_v]$	坎［德拉］每平方米	cd/m^2	
［光］照度	$E[E_v]$	勒［克斯］	lx	$1lx=1lm/m^2$
级差，声压级 声强级 声功率级	L_p L_I L_W［L_p］	分贝	dB	当 $20lg(P/P_0)=1$ 时的声压级为1dB 当 $10lg(P/P_0)=1$ 时的声功率级为1dB

第四节　电工常用电气设备图形符号和文字符号

一、常用电气设备图形符号和文字符号

1. 电气设备图形符号

电气图用图形符号是表示一个设备或电气元件的图形、标记或字符，它是绘制电气图的工程语言，是电工技术文件中的象形文字，是构成电气图的基本单元。因此，正确、熟练地理解、绘制和识别各种电气图形符号是绘制和识图的基础。

国际上多数发达国家统一将 IEC 617 作为依据来制订图形符号，我国于 1984 年、1985 年采用 IEC 617—1983 发布了

GB/T 4728—1984～1985《电气图用图形符号》系列标准，并于 1987 年发出《在全国电气领域推行电气图用图形符号国家标准的通知》。电气图用图形符号的发布和实施，使我国电气领域信息交流的工程语言与国际通用语言协调一致，为我国电气技术文件与国际接轨创造了重要条件。

为了满足不断发展的科学技术的需要，国际电工委员会于 1996 年又修订并出版了 IEC 617 的新标准。我国于 1996～2000 年又采用 IEC 617—1996 并修订发布了 GB/T 4728—1996～2000《电气简图用图形符号》的系列标准，标准的电气简图用图形符号已完全与发达国家一致。若使用国家标准未规定的图形符号，可根据实际需要，按突出特征、结构简单、便于识别的原则进行设计，但需要报国家标准局备案。当采用其他来源的符号或代号时，必须在图解和文件上说明其含义。

2. 电气设备文字符号

图形符号提供了设备或电气元件的共同符号，为了更明确地区分不同的设备或电气元件以及不同功能的设备或电气元件，还必须在图形符号旁标注相应的文字符号。文字符号是表示电气设备、装置、电气元件的名称、功能、状态和特征的字符代码，用以区别各元器件、部件、组件等的名称、功能、状态、特征、相互关系、安装位置等，适用于电气技术领域中的技术文件的编制，与图形符号组合使用，以派生新的图形符号。

文字符号的制订是以国际电工委员会（IEC）规定的标准作为依据，我国在 1987 年发布了 GB/T 7159—1987《电气技术中的文字符号制订通则》系列标准。文字符号通常由基本文字符号、辅助文字符号和数字组成，它可以用单一的字母代码或数字代码来表达，也可以用字母与数字组合的方式来表达。基本文字符号主要表示电气设备、装置和电气元件的种类名称，分为单字母符号和双字母符号，单字母符号应优先采用，当不能满足要求时，才可使用双字母符号。辅助文字符号主要表示电气设备、装置和电气元件以及线路的功能、状态和特征，通常用2位以上英文字母构成，一般不能超过3位字母，允许采用其第一位字母进行组合，也可采用缩略语或约定俗成的习惯用法构成。

3. 常用电气设备图形符号和文字符号

根据《电气简图用图形符号》和《电气技术中的文字符号制订通则》系列标准，现摘录部分常用的电气设备图形符号和文字符号见表1-2。

表1-2　常用电气设备图形符号和文字符号

名称	新图形符号	旧图形符号	文字符号	说明
直流	⎓	—	DC	电压可标注在符号右边，系统类型可标注在左边。例如：2/M⎓220/110V表示电压220/110V两线带中间线的直流系统
交流	～	～	AC	频率值或频率范围可标注在符号的右边
交直流	≂	≂	AC DC	
接地一般符号	⏚	⏚	E	
接机壳或接底板	或	或	MM	图中的影线（即三斜线）如果不存在不明确的情况则可以完全或部分省略。如果图中的影线被省略则表示机壳或底板的线条应加粗
等电位	▽		CC	
故障	↯			指明假定故障位置

续表

名称	新图形符号	旧图形符号	文字符号	说明
闪络、击穿				
导线的 T 形连接	或			
导线的多线连接	或	或		导线的双重连接
电阻器一般符号			R	矩形的长宽比约为 3∶1
电容器一般符号			C	
极性电容器	+	+	G	电解电容
半导体二极管一般符号			VD	
光敏二极管			VD	具有非对称导电性的光电器件
稳压二极管			VZ	
单向晶闸管			V	
PNP 型半导体晶体管			VT	
NPN 型半导体晶体管			VT	
电压表	V	V	PV	
电流表	A	A	PA	
扬声器一般符号			B	

续表

名称	新图形符号	旧图形符号	文字符号	说明
灯的一般符号		照明灯 信号灯	H	如要求指示颜色，则在靠近符号处标下列代码： 红 RD 黄 YE 绿 GN 蓝 BU 白 WH 如果要求指示灯类型，则在靠近符号处标出下列代码： N_e 氖 X_e 氙 N_a 钠 H_g 汞 I 碘 IN 白炽 EL 电发光 FL 荧光 IR 红外线 UV 紫外线 LED 发光二极管
熔断器一般符号			FU	
多极开关一般符号（多线表示）			QS	
隔离开关			QS	
负荷开关（负荷隔离开关）			QL	
具有自动释放的负荷开关			QL	

续表

名称	新图形符号	旧图形符号	文字符号	说明
断路器			QF	
三相断路器	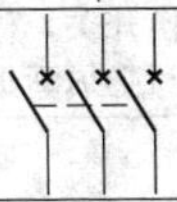	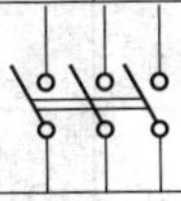	QF	
操作器件一般符号	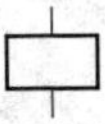	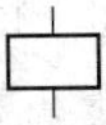	K	
通电延时时间断电器线圈	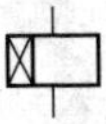	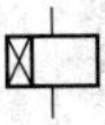	KT	
断电延时时间继电器线圈		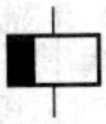	KT	
交流继电器线圈	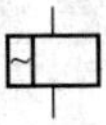 ~	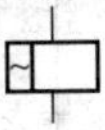 ~	KA	
过电流继电器线圈	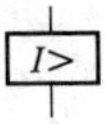 $I>$	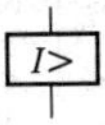 $I>$	KI	
欠电压继电器线圈	 $U<$	 $U<$	KV	
热断电器的热元件	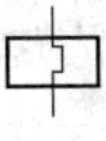		FR	
动合（常开）触头		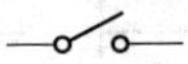	KM KA	在许多情况下，也可作为一般开关符号使用。 注意，动触点必须偏向左边，且动触点与静触点是断开的
动断（常闭）触头		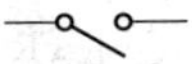	KM KA	注意，动静触点必须偏向右边，且动静触点在图形符号上是连接的

续表

名称	新图形符号	旧图形符号	文字符号	说明
中间断开的双向触头			Q	中间断开的双向转换触点，该触点具有三个位置，常用于表示具有断开位置的切换开关，注意表示节点的小圆必须画出
延时闭合瞬时断开触头（或通电延时闭合触头）		或	KT	
延时断开瞬时闭合触头（或通电延时断开触头）		或	KT	
瞬时闭合延时断开触头（或断电延时断开触头）		或	KT	
瞬时断开延时闭合触头（或断电延时闭合触头）		或	KT	
动合（常开）按钮			SB	无保持功能
动断（常闭）按钮			SB	无保持功能
限位开关动合触头		或	SQ	
限位开关动断触头		或	SQ	
热断电器的触头		或	FR	

续表

名称	新图形符号	旧图形符号	文字符号	说明
手动开关一般符号	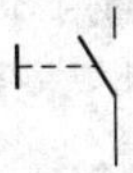		Q	
旋转开关（或旋钮开关）	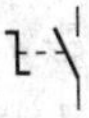		SB	具有动合触点但无自动复位的旋转开关
速度断电器常开触头			KS	
压力断电器常开触头	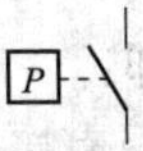 P		KP	
温度断电器常开触头	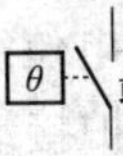 θ 或 t° 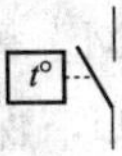	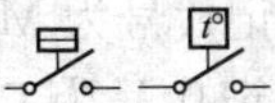 t°	KT	
三相笼型异步电动机	 M 3~		M	
三相绕线转子异步电动机	 M 3~	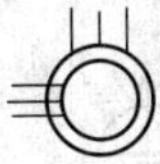	MR	
串励直流电动机	 M	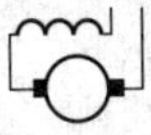	MS	
并励直流电动机	 M	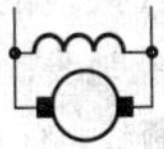	MD	
他励直流电动机	 M		MB	

二、电源及电气设备接线端的标记

标记是表明特征的记号，在电工电气电路图中得到了大量地采用。标记一般较醒目、简单、易识别，比文字说明效果更好，所以应用很广泛。

1. 交流电源的标记

交流电源接线端的标记有专门的标记方法，即：交流电源第 1 相标记代号为 U 或 L1 或 A，交流电源第 2 相标记代号为 V 或 L2 或 B，交流电源第 3 相标记代号为 W 或 L3 或 C，交流电源中性线标记代号为 N。

2. 直流电源的标记

直流电源接线端的标记有专门的标记方法，即：直流电源正极标记代号为 L_+ 或＋，直流电源负极标记代号为 L_- 或－，直流电源中间线标记代号为 M。

3. 电气接地的标记

电气接地的标记有专门的标记方法，即：一般接地线标记代号为 E，保护接地线标记代号为 PE，无噪声接地线标记代号为 TE，接机壳或接底板线标记代号为 MM，等电位线标记代号为 CC，不接地的保护导线标记代号为 PU，保护接地线和中性线共用线标记代号为 PEN，部分电气接地的图形符号如图 1-26 所示。

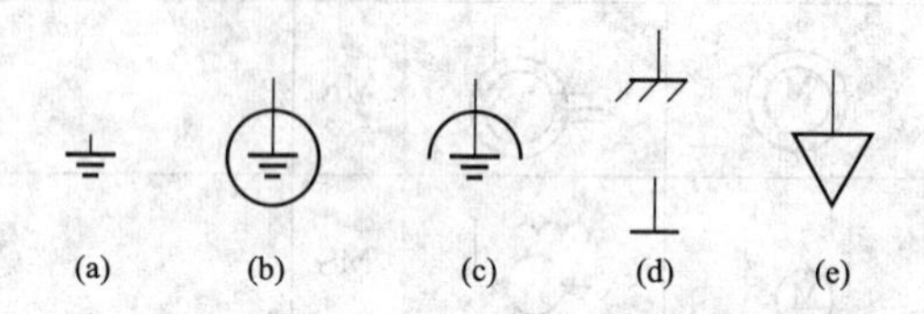

图 1-26　部分电气接地的图形符号

(a) 一般接地线；(b) 保护接地线；(c) 无噪声接地线；(d) 接机壳或接底板线；(e) 等电位线

第五节　电工常用计算

一、低压电器计算

1. 交流接触器选择计算

交流接触器吸引线圈电压由控制电路电压确定，主触头额定电流由下面的经验公式计算。

$$I_{CN}=\frac{P_N\times10^3}{KU_N} \tag{1-62}$$

式中 I_{CN}——主触头额定电流（A）；

P_N——被控制的电动机额定功率（kW）；

U_N——电动机的额定电压（V）；

K——常数，一般取1～1.4。

实际选择时，接触器的主触头额定电流大于上式计算值。对于频繁启动、正反转工作的电动机，为了防止接触器主触头的烧蚀和过早损坏，应将其主触头额定电流降级使用。

2. 热继电器选择计算

热继电器额定电流值＝(0.95～1.05)×电动机额定电流，即

$$I_{KRN}=(0.95\sim1.05)I_{MN} \tag{1-63}$$

3. 刀开关选择计算

刀开关额定电流≥3×电动机的额定电流，即

$$I_{QKN}\geqslant3\times I_{MN} \tag{1-64}$$

4. 组合开关选择计算

组合开关额定电流＝(1.5～2.5)×电动机额定电流，即

$$I_{SN}=(1.5\sim2.5)\times I_{MN} \tag{1-65}$$

5. 熔断器选择计算

（1）电阻性负载。

$$I_{FV}=I_N \tag{1-66}$$

式中 I_{FV}——熔体的额定电流（A）；

I_N——负载的额定电流（A）。

（2）单台电动机长期工作。

$$I_{FV}=(1.5\sim2.5)I_N \tag{1-67}$$

式中 I_N——单台电动机的额定电流（A）。

1.5～2.5——系数，轻载及启动时间短时，取系数为1.5；负载较重及启动时间长时，取系数为2.5。

（3）多台电动机长期共用一个熔断器：

$$I_{FV} \geqslant (1.5 \sim 2.5) I_{Nmax} + \sum I_N \tag{1-68}$$

式中 I_{Nmax}——容量最大的一台电动机的额定电流（A）；

$\sum I_N$——除容量最大的电动机之外，其余电动机额定电流之和（A）；

1.5～2.5——系数，轻载及启动时间短时取系数为1.5，负载较重及启动时间长时取系数为2.5。

（4）频繁启动的电动机：

$$I_{FV} \geqslant (3 \sim 3.5) I_N \tag{1-69}$$

6．断路器选择计算

（1）断路器的额定电压≥控制线路的额定电压，即

$$U_{QFN} \geqslant U_{LN} \tag{1-70}$$

（2）断路器主触头额定电流≥瞬时（或短时）脱扣器的额定电流，即

$$I_{QFN} \geqslant I_{rN} \tag{1-71}$$

二、变压器计算

1．控制变压器选择计算

（1）变压比由控制电路要求决定。

（2）变压器容量通过以下两方面计算选用。

1）各控制电器同时工作。

$$S_T \geqslant K_T \sum P \tag{1-72}$$

式中 S_T——变压器容量（V·A）；

K_T——变压器容量的储备系数，一般取1.1～1.25；

$\sum P$——控制电路各电器吸持功率之和（W）。

2）各控制电器不同时工作。

$$S_T \geqslant 0.6 \sum P_1 + 0.25 \sum P_2 + 0.125 K_L \sum P_3 \tag{1-73}$$

式中 $\sum P_1$——先吸合工作的电器吸持功率之和（W）；

$\sum P_2$——所有同时启动的电器在启动时所需要的功率之和（W）；

$\sum P_3$——所有电磁铁在启动时所需要的功率之和（W）；

K_L——系数，$K_L=0.7\sim1$。

2. 变压器效率计算

变压器的输出功率与输入功率之比，称为变压器的效率，其计算公式为

$$\eta=\frac{P_2}{P_1}\times100\% \tag{1-74}$$

式中 η——变压器的效率；

P_1——输入功率（kW）；

P_2——输出功率（kW）。

3. 变压器功率损失计算

变压器的输入功率与输出功率之差，称为变压器的功率损失，其计算公式为

$$P_1-P_2=\Delta P_{ti}+\Delta P_{to} \tag{1-75}$$

式中 P_1——输入功率（kW）；

P_2——输出功率（kW）；

ΔP_{ti}——变压器铁损，指变压器的空载损耗，包括磁滞损耗和涡流损耗；

ΔP_{to}——变压器铜损，指变压器的负载损耗，主要是负载电流通过绕组时在电阻上的损耗。

当电压一定时，铁损为常数，通常打印在变压器铭牌上，而铜损与电流有关，其计算公式为

$$\Delta P_{to}=I_1^2R_1+I_2^2R_2 \tag{1-76}$$

式中 I_1——高压侧电流；

R_1——高压绕组电阻；

I_2——低压侧电流；

R_2——低压绕组电阻。

4. 变压器利用率计算

变压器的利用率是指变压器实际最高负荷与其额定容量之比，其计算公式为

$$K=\frac{T_1}{T_2}\times100\% \tag{1-77}$$

式中　K——变压器的利用率；

T_1——变压器实际最高负荷（kW）；

T_2——变压器额定容量（kV·A）。

三、电动机计算

1. 电动机主电路的电流计算

主电路电流等于用电设备的负载电流，其计算公式为

$$I_1 = I_2 = \frac{P}{\sqrt{3}U_N \eta \cos\varphi} \tag{1-78}$$

式中　I_1——主电路电流（A）；

I_2——三相电动机线电流（A）；

P——计算负载的有功功率（W）；

U_N——电动机额定电压（V）；

$\cos\varphi$——平均功率因数，通常取0.65～0.8；

η——电动机效率，通常取0.8。

2. 电动机控制电路的电流计算

控制电路电流主要是电器线圈通电电流，其中分为启动电流 I_{ST} 和吸持电流 I_X，其计算公式为

$$I_{ST} = \frac{P_{ST}}{U_N} \tag{1-79}$$

$$I_X = \frac{P_X}{U_N} \tag{1-80}$$

式中　I_{ST}——线圈启动电流（A）；

P_{ST}——线圈启动功率（W），可在产品目录中查得；

U_N——电器线圈的额定电压（V）；

I_X——线圈吸持电流（A）；

P_X——线圈吸持功率（W），可在产品目录中查得。

3. 电动机额定转矩计算

电动机额定转矩计算公式为

$$M = 9555\frac{P}{n} \tag{1-81}$$

式中　M——电动机额定转矩（N·m）；

P——电动机额定功率（kW）；

n——电动机转速（r/min）；

9555——换算系数。

4. 电动机非额定电压下输出功率计算

三相异步电动机非额定电压下输出功率计算公式为

$$P = P_N \sqrt{\frac{I_1^2 + I_N^2}{I_N'^2 - I_0'^2}} \quad (1\text{-}82)$$

$$I_N' = \sqrt{\left(\frac{U}{U_N}\right)^2 (I_N^2 - I_0^2) + I_0'^2} \quad (1\text{-}83)$$

式中 P——电动机非额定电压下的输出功率（kW）；

P_N——电动机铭牌上的额定功率（kW）；

I_N——电动机铭牌上的额定电流（A）；

U_N——电动机铭牌上的额定电压（V）；

U——电源实际电压（V）；

I_0——在电源额定电压时的空载电流（A）；

I_1——在电源实际电压时用钳形电流表测得的负载电流（A）；

I_N'——额定电流换算到电源实际电压时的电流（A）；

I_0'——在电源实际电压时用钳形电流表测得的空载电流（A）。

5. 电动机能耗制动直流电压和电流计算

三相异步电动机能耗制动直流电压 U_Z 和电流 I_Z 可按以下公式计算：

$$U_Z = I_Z R = K_1 I_X R \quad (1\text{-}84)$$

$$I_Z = K_1 I_X \quad (1\text{-}85)$$

式中 I_X——电动机仅带有传动装置时的电流，该值接近空载电流值；

R——电动机 3 根进线中任意 2 根进线之间的电阻值，可用万用表测得；

K_1——系数，一般取 3.5～5。

6. 异步电动机转差率计算

根据异步电动机的工作原理，转子转动的基本条件是定子旋转磁场必须切割转子绕组，从而使转子绕组获得电磁转矩而旋转。由于转子和旋转磁场的转向相同，所以转子的转速一定要小于旋转磁场的转速。如果转速相等，转子绕组与旋转磁场之间就没有相对运动，也就不能切割磁力线而产生转矩，转子也就不能转动。因此，异步电动机的异步指的就是转子与旋转磁场的转速不同步。

旋转磁场的转速 n 与转子转速 n' 之差，称为转速差，转差率 S 是转速差与旋转磁场转速之比，用百分数表示，即

$$S=\frac{n-n'}{n}\times 100\% \tag{1-86}$$

常用电动机在额定负载时，S 应在 1.5%～6%，电动机功率越大，效率越高，转差率越小。

7. 电动机转速计算

三相异步电动机旋转磁场的转速叫做同步转速，其大小取决于电源频率和电动机的磁极对数，三者之间的关系可用下式表示，即

$$n=60\frac{f}{P} \tag{1-87}$$

式中 n——旋转磁场的转速（r/min）；

f——电动机工作电源频率（Hz）；

P——电动机磁极对数，如两极 $P=1$，四级 $P=2$。

四、用电设备负载计算

1. 长期工作制负载计算

（1）长期工作制电动机的功率 P_S，是指其铭牌上的额定功率 P_N（单位为 kW），即

$$P_S=P_N \tag{1-88}$$

（2）电炉变压器的设备容量 P_S，是指额定功率因数时的额定容量（单位为 kV·A），即

$$P_S = S_N \cos\varphi \quad (1\text{-}89)$$

式中 S_N——电炉变压器的额定视在容量（kV·A）；

$\cos\varphi$——电炉变压器的额定功率因数。

（3）整流设备的容量 P_S，是整流设备输出的额定直流电压和电流的乘积（单位为 kV·A），即

$$P_S = U_Z I_Z \quad (1\text{-}90)$$

2. 反复短时工作制负载计算

（1）对吊车用电动机，要统一换算到暂载率 JC=25%时的额定功率。若 JC≠25%则需要进行换算，其计算公式为

$$P_N = \sqrt{\frac{JC}{JC_{25}}} \times P'_N \quad (1\text{-}91)$$

式中 P_N——换算到 JC=25%时电动机的功率（kW）；

P'_N——换算前电动机铭牌额定功率（kW）；

JC——铭牌暂载率（计算中用小数形式）；

JC_{25}——25%时的暂载率（计算中用 0.25）。

（2）对电焊机设备要统一换算到 JC=100%时的额定功率。若 JC≠100%需要进行换算，其计算公式为

$$P_N = \sqrt{\frac{JC}{JC_{100}}} \times P'_N \quad (1\text{-}92)$$

式中 P_N——换算到 JC=100%时电动机的功率（kW）；

P'_N——换算前电动机铭牌额定功率（kW）；

JC——铭牌暂载率（计算中用小数形式）；

JC_{100}——100%时的暂载率（计算中用 1.00）。

3. 民用住宅电气负载计算

采用单位建筑面积法确定民用住宅电气负载时，可按以下方法来进行耗电量的估算。

（1）具有电热水器住宅耗电量的估算公式为

$$P = P_1 S = 20S \quad (1\text{-}93)$$

（2）具有电炊器具住宅耗电量的估算公式为

$$P = P_2 S = 30S \tag{1-94}$$

（3）具有电炊具、又有空调住宅耗电量的估算公式为

$$P = P_3 S = 90S \tag{1-95}$$

式中　P——计算负载（W）；

P_1、P_2、P_3——单位面积耗电量（W/m^2）；

S——总建筑面积（m^2）。

4. 照明设备负载计算

白炽灯、碘钨灯：$P_S = P_N$；

荧光灯：$P_S = 1.2P_N$；

高压汞灯、高压钠灯：$P_S = 1.1P_N$。

式中　P_S——照明设备功率（W）；

P_N——照明设备铭牌功率（W）。

五、电工线材计算

1. 线材质量计算

电气工作者有时在施工现场要估算某电工线材的质量，但又无资料可查，若能记住以下一些简单估算公式，则可带来极大的方便。

（1）圆铜单芯线质量估算。此估算法算得的千米质量的最大误差不超过 0.6%。

$$m = 7d^2 \tag{1-96}$$

式中　m——每千米线材的质量（kg/km）；

d——线材直径（mm）。

（2）圆铝单芯线质量估算。此估算法算得的千米质量的最大误差不超过 3.6%。

$$m = 2.12d^2 \tag{1-97}$$

（3）单股镀锌铁线质量估算。此估算法算得的千米质量的误差极小。

$$m = 6.13d^2 \tag{1-98}$$

（4）镀锌钢绞线或硬铜绞线质量估算。此估算法算得的千米质量的最大误差不超过 8.6%（镀锌钢绞线）和 3.6%（硬铜

绞线）。

$$m = 9S \quad (1\text{-}99)$$

式中 m——每千米线材的质量（kg/km）；

S——线材截面积（mm^2）。

（5）钢芯铝绞线质量估算。此估算法算得的千米质量的最大误差不超过9%。

$$m = 4S \quad (1\text{-}100)$$

（6）铝绞线质量估算。此估算法算得的千米质量的最大误差不超过1.86%。

$$m = 2.73S \quad (1\text{-}101)$$

2.线圈导线的代用计算

线圈导线由于某种原因，如当时缺少该种导线规格而又急等使用时，往往采用2根或3根导线并绕后代用。导线代用的原则就是选用导线的截面积必须等于或接近原导线的截面积，若用规格不同的导线并绕，则按实际根数的截面积换算。

（1）2根同规格的代用1根时的导线直径计算：

$$d_2 = 0.707d_1 \quad (1\text{-}102)$$

（2）3根同规格的代用1根时的导线直径计算：

$$d_3 = 0.577d_1 \quad (1\text{-}103)$$

式中 d_1——原导线直径；

d_2、d_3——代换导线直径。

六、常用计算口诀

1.车间设备电流的计算口诀

（1）冷床50，热床75，电热120，其余150；

（2）台数少时，两台倍数；

（3）几个车间，再乘0.8。

口诀说明：

① 口诀指出车间内不同性质的工艺设备，每100kW设备容量的相应估算电流（A）。设备容量统计时不必分单相、三相、千瓦或千伏安等，可以统统看成千瓦而相加。对于一些辅助用

电设备，如卫生通风机、照明以及吊车等允许忽略，因为它们参加与否，影响不大。

②“冷床50”指一般车床、刨床等冷加工的机床，每100kW设备容量估算电流负载约50A。

③“热床75”指锻、冲压等热加工的机床，每100kW设备容量估算电流负载约75A。

④“电热120”指电阻炉等电热设备，也可包括电镀等整流设备，每100kW设备容量估算电流负载约120A。

⑤“其余150”指压缩机、水泵等长期运转的设备，每100kW设备容量估算电流负载约150A。

⑥当干线上用电设备台数很少时，按（1）中的方法算出的数值偏小，甚至小于其中某一台的电流。这时，可取其中最大两台容量的千瓦数加倍，作为估算的电流负载，即

$$I=(P_{\max(1)}+P_{\max(2)})\times 2 \tag{1-104}$$

⑦当一条干线供两个及两个以上的车间时，可将各车间估算出的电流负载相加后，再乘0.8，即为这条干线上的电流负载。

2. 用电设备电流的计算口诀

(1) 三相电动机加倍；

(2) 电热、照明加半；

(3) 单相千瓦，电流四安半；

(4) 单相380，电流两安半。

口诀说明：

①口诀指出在380/220V三相四线制系统中的电气设备，每1kW设备功率的相应估算电流（A）。

②“三相电动机加倍”指在380V三相时，电动机（功率因数0.8左右）每1kW的电流约为2A，即“千瓦数加倍（乘2）”就是电流（A）。

③“电热、照明加半”指三相380V的电热设备及以白炽灯为主的三相四线制基本平衡的电路中，每1kW的电气设备电流

为1.5安，即“千瓦数加半（乘1.5）”就是电流（A）。

④“单相千瓦，电流四安半”指所有单相220V用电设备以及电热和照明设备，每1kW的电气设备电流约为4.5A，即“千瓦数乘四安半（乘4.5）”就是电流（A）。

⑤“单相380，电流两安半”指所有380V单相用电设备（两条线都接到相线上），每1kW的电气设备电流约为2.5A，即“千瓦数乘两安半（乘2.5）”就是电流（A）。

3. 导线载流量的计算口诀

(1) 10下5；

(2) 100上2；

(3) 25、35，43界；

(4) 70、95，两倍半；

(5) 穿管温度八九折，裸线加一半，铜线升级算。

口诀说明：

① 口诀是以铝芯绝缘线、明敷在环境温度25℃的条件为准，若条件不同，口诀另有说明。

② 口诀指出铝芯绝缘线载流量（A）可以按截面积数（mm^2）的多少倍来计算。

③“10下5”指截面积10以下，载流量都是截面积数的5倍。

④“100上2”指截面积100以上，载流量都是截面积数的2倍。

⑤“25、35，43界”指截面积25与35是载流量为截面积数的4倍和3倍的分界处。

⑥“70、95，两倍半”指截面积70、95则载流量为截面积数的2.5倍。

⑦“穿管温度八九折”指导线若是穿管敷设（包括槽板等敷设，即导线加有保护套层，不明露的）在计算后再打八折（乘0.8），若环境温度超过25℃，应在计算后再打九折（乘0.9）。

⑧“裸线加一半”指同样截面积的铝芯绝缘线与铝裸线比较，铝裸线载流量在计算后再加大一半（乘1.5）。

⑨“铜线升级算”指可将铜芯绝缘线的截面积按截面积排列顺序（国标）提升一级后，再按相应的铝芯绝缘线条件计算。

4. 电动机保护设备的计算口诀

(1) 开关启动，千瓦乘6；

(2) 熔体保护，千瓦乘4。

口诀说明：

① 口诀指出电动机所配开关、熔体的电流（A）与电动机容量（kW）的倍数关系。

②“开关启动，千瓦乘6”指小型电动机（10kW以下），当启动不频繁时，可用铁壳开关（或其他有保护罩的开关）直接启动，铁壳开关的容量（A）应为电动机千瓦数的6倍左右才安全。对于不是用来直接启动电动机的开关，容量不必按6倍考虑，而是可以小些。

③“熔体保护，千瓦乘4”指电动机通常采用熔断器作为短路保护，但熔断器中的熔体电流又要考虑避开电动机启动时的大电流，因此一般熔体电流可按电动机千瓦数的4倍选择。

5. 电动机配线的计算口诀

(1) 2.5加3，4加4；

(2) 6后加6，25后加5；

(3) 百二导线配百数。

口诀说明：

① 口诀根据电动机容量（kW）直接决定所配支路导线截面积的大小，指出铝芯绝缘线各种截面积所配电动机容量（kW）的加数关系。

②“2.5加3”表示截面积为$2.5mm^2$的铝芯绝缘线穿管敷设，最大可配备2.5+3=5.5（kW）的电动机。

③“4加4”表示截面积为$4mm^2$的铝芯绝缘线穿管敷设，最大可配备4+4=8（kW）的电动机。

④“6后加6”表示截面积从$6mm^2$开始及以后的铝芯绝缘

线穿管敷设，最大可配备电动机的容量（kW）＝截面积数＋6，即 6mm² 可配 12kW，10mm² 可配 16kW，16mm² 可配 22kW。

⑤“25 后加 5”表示截面积从 25mm² 开始及以后的铝芯绝缘线穿管敷设，最大可配备电动机的容量（kW）加数由 6 改变为 5。

⑥“百二导线配百数”表示截面积 120mm² 的铝芯绝缘线穿管敷设，只能配 100kW 的电动机，不再以加大的关系来配电动机的容量。

第六节　电工常用工具及使用

一、低压验电器

低压验电器又称试电笔、测电笔，简称电笔，是电工随身携带的常用的电气安全专用工具，主要是用来检验低压电气设备和线路是否带电，其检测电压为 60～500V。电笔有氖管发光指示式和数字显示式两种，其外形分为笔形、改锥形和数字显示式等多种，如图 1-27 所示。

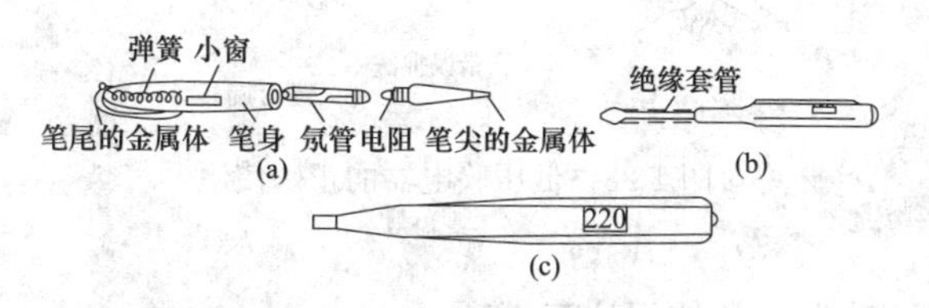

图 1-27　低压验电器

（a）笔形；（b）改锥形；（c）数字显示式

氖管发光指示式电笔由氖管、电阻（2MΩ）、弹簧、笔身和笔尖等构成。使用时，人手触及笔尾的金属体，笔尖触及被测物体，低压验电器的正确使用如图 1-28 所示。只要被测带电体与大地之间存在大于 60V 的电位差，电笔中的氖管就会发光。电压高则发光强，电压低则发光弱。

数字显示式测电笔笔体带有液晶显示屏（LED）和两个轻触按键，其检测电压范围为12～250V，可以直观读取测试电压数字（分12、36、55、110和220V五段显示）。使用时，测电笔金属前端接触被检测体，当轻按直接测量按键时，液晶显示屏最后的数值为所测电压值（未至高端显示值的70%时，显示低端值），当轻按感应测量按键时，若被检测体带电的话，液晶显示屏将显示高压符号。

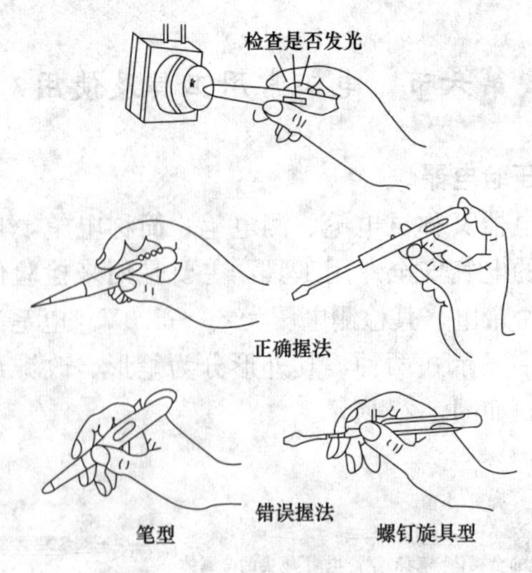

图1-28 低压验电器的正确使用

低压验电器的使用注意事项：

（1）使用前，先检查验电器内部有无柱形电阻，尤其是借来的、别人借后归还的或长期未使用的电笔。若无电阻，严禁使用，否则将发生触电事故。

（2）使用前，要在已确认有电的电源上检查验电器是否正常发光。

（3）测试时，手指一定要触及验电器尾部的金属体，但严禁触及验电器前端的金属探头。

（4）不得随便拔掉或损坏验电器金属部位的绝缘套保护管，防止在探测电源时，手指误碰金属探头，造成触电伤害事故的发生。

（5）电笔在明亮光线下使用时，不易看清氖管是否发光，应注意避光观察判断，避免误判。

（6）切忌将电笔的金属探头同时触及两个带电体或带电体与金属外壳，以免造成短路。

（7）在昏暗的环境下，不宜使用数字显示式测电笔。

二、高压验电器

高压验电器又称高压测电器、高压测电棒，是变电站常用的最基本的安全用具，主要是用来检查对地电压在 500V 以上（如 10kV 等）的高压线路和电力设备是否带电，是保证在全部停电或部分停电的电气设备上工作人员安全的重要技术措施之一。

高压验电器的结构如图 1-29 所示，它由指示器和支持器两部分组成。指示器是用绝缘材料制成的空心管子，管内装有氖管和电容器，管子上端装有金属制成的金属钩。支持器是由绝缘杆、紧固螺钉、保护环、手柄等组成。高压验电器具有各部分连接牢固、可靠、指示器密封完好、标志完整、绝缘杆表面清洁、光滑、携带方便、验电灵敏度高、不受强电场干扰等特点。

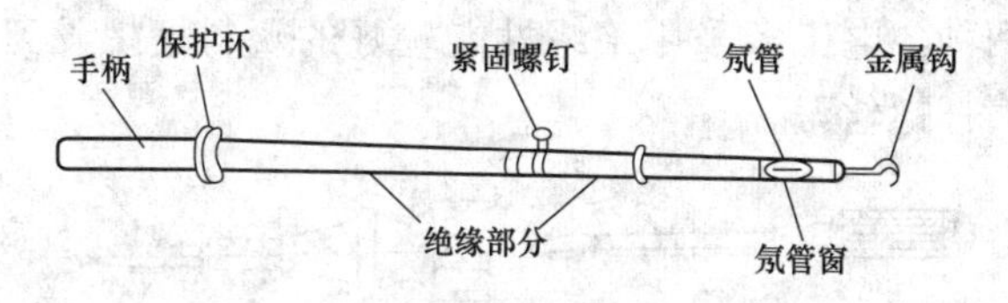

图 1-29　高压验电器

高压验电器一般以辉光作为指示信号，新式高压验电器也有靠音响或语言作为指示，当金属钩接近或接触带电设备时，它们都是通过验电器对地杂散电容中的电流来作出设备带电的指示。在实际应用中投入使用的高压验电器必须是经电气试验合格的产品，且必须定期试验，确保其性能良好。

高压验电器的使用注意事项：

（1）使用前，一定要进行测试，只有证明验电器确实良好后，才可使用。

（2）验电时，必须穿戴符合耐压要求的绝缘手套、绝缘鞋，手握部分不得超过保护环。

（3）验电时，不可一人单独操作，身旁应有专人监护。人体各部位与带电体之间要保持一定的安全距离，如电压为10kV时，安全距离在0.7m以上。

（4）验电时，让验电器顶端的金属工作触头逐渐靠近带电部分，若氖泡发光或发出音响报警信号，说明线路有高压电；若氖泡不亮，说明线路无高压电。

（5）室外验电只能在气候良好的情况下进行，在雨、雪、雾天和湿度较高时，禁止验电。

（6）验电过程必须精神集中，不能做与验电无关的事，如接打手机等，以免错验或漏验。

三、螺钉旋具

螺钉旋具俗称螺丝刀、改锥或起子，是用来紧固或拆卸螺钉的工具。螺丝刀的式样和规格很多，头部形状可分为一字形（平口）和十字形（十字口）两种，如图1-30所示。握柄有木质和塑料两种，电工多采用绝缘性能较好的塑料柄螺丝刀，禁用穿心金属杆螺丝刀。

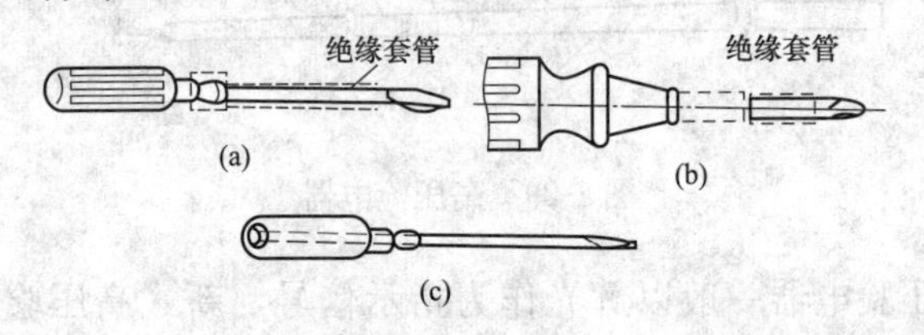

图1-30　螺丝刀

（a）一字形螺丝刀；（b）十字形螺丝刀；（c）穿心金属杆螺丝刀

一字形螺丝刀是用来紧固和拆卸一字槽螺钉，其规格用握柄以外的刀杆长度表示，常用的有 50、100、150、200、300、400mm 等规格，电工必备的是 50mm 和 150mm 两种。十字形螺丝刀是用来紧固和拆卸十字槽螺钉，常用的规格有 4 种，即Ⅰ、Ⅱ、Ⅲ、Ⅳ号，它们分别适用于直径为 2.0～2.5mm、3.0～5.0mm、6.0～8.0mm、10.0～12.0mm 的螺钉。

除了以上两种螺丝刀外，还有一种多用途的组合螺丝刀，其柄部和刀体可以分开，刀体部含有 3 种不同尺寸的一字形刀体、两种号码（Ⅰ号和Ⅱ号）的十字形刀体和一只钢钻。根据不同的需要，柄部套上不同规格的刀体即可使用，换上钢钻后，还可作为钻子使用。

螺钉旋具的使用注意事项：

（1）电工不可使用穿心金属杆螺丝刀，否则很容易造成触电事故。

（2）使用螺丝刀时，刀口与螺丝槽口应相适应，不能以大代小，也不能以小代大。

（3）使用螺丝刀旋动带电的螺丝时，手不得触及螺丝刀的金属部位，以免触电。

（4）螺丝刀的金属杆部位应套上绝缘管，以防使用时碰及附近带电体和人体皮肤，造成事故。

四、电工钳

电工钳常用的有钢丝钳、尖嘴钳、斜口钳、剥线钳等几种，其外形如图 1-31 所示。

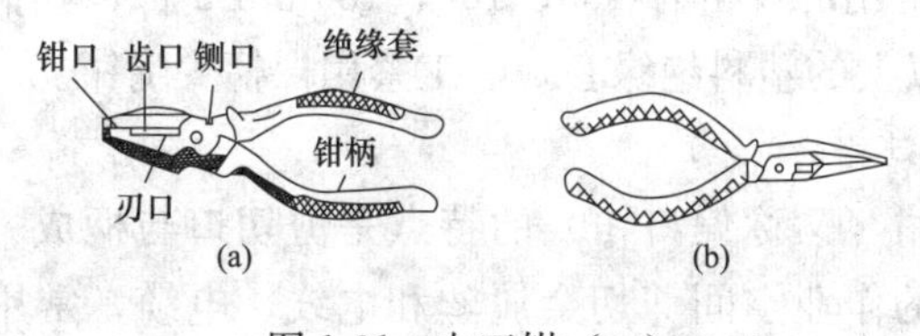

图 1-31　电工钳（一）

（a）钢丝钳；（b）尖嘴钳

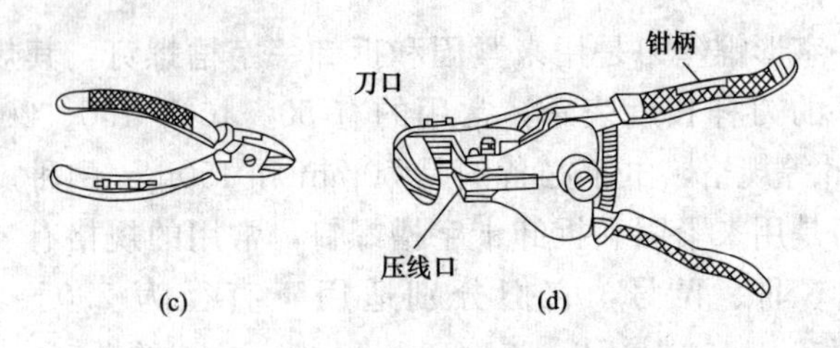

图 1-31　电工钳（二）
(c) 斜口钳；(d) 剥线钳

1. 钢丝钳

钢丝钳又叫老虎钳，主要用途是夹持导线、剪切金属丝或折断金属薄片。钢丝钳规格以全长表示，常用的规格有 150、175、200mm 3 种。其柄部都套有耐压大于 500V 的塑料绝缘套，电工禁用裸柄钢丝钳。钢丝钳由钳头和手柄两部分组成，钳头有钳口、齿口、刃口和铡口 4 个部分，功能较多。其中钳口用来弯绞或钳夹导线线头，齿口用来紧固或拧松螺母，刃口用来剪切导线或削导线绝缘层，铡口用来剪切导线线芯、铜丝等较硬的金属。

2. 尖嘴钳

尖嘴钳的头部尖细，是电工（尤其是内线电工）、仪表及电信器材等装配工常用的钳形工具之一，适用于在狭小的工作空间作业。尖嘴钳分带刃口和不带刃口两种，其主要用途是剪切线径较细的单股与多股导线、给单股导线接头弯圈、剥塑料绝缘层、夹持较小的螺钉、垫圈、电子元件等。尖嘴钳规格以全长表示，常用的规格有 130、160、180mm 3 种，其柄部套有耐压 500V 以上的塑料绝缘套，电工禁用裸柄尖嘴钳。

3. 斜口钳

斜口钳（又称偏口钳）的特点是剪切口与柄成一角度，适用于狭小的作业空间剪切金属丝和电线、电缆，常用来剪切元器件多余的引线，还常用来代替一般剪刀剪切绝缘套管、尼龙扎线卡等。斜口钳规格以全长表示，常用的规格有 130、160、

180、200mm 4 种，其绝缘柄的耐压强度为 1000V，电工禁用裸柄斜口钳。

4. 剥线钳

剥线钳是用来剥除小直径导线绝缘层的专用工具，适用于塑料、橡胶绝缘电线、电缆芯线的剥皮，是内线电工及电动机修理、仪器仪表电工常用的工具之一。剥线钳由刀口、几个半径不同的压线口和钳柄组成，钳柄上套有额定工作电压 500V 的绝缘套管。剥线钳规格以全长表示，常用的规格有 140、160、180mm 3 种。剥线钳使用时，将导线放人相应的压线口中（压线口要比导线直径稍大，以免损伤导线），然后用力捏钳柄后再松开，导线的绝缘层即被割破并拉开，同时自动弹出。

五、电工刀

电工刀是电工在安装与维修过程中用来剖切电线、电缆的绝缘层、切割木台缺口、削制木桩、木枕、切割绳索等的专用工具，它还可以用于削制木榫、竹榫等。由于电工刀柄部无绝缘保护，所以它不能削剥带电导线，以免触电。

电工刀有普通型（一用）和多用型（二用、三用）两种，其外形如图 1-32 所示。普通型电工刀由刀片、刀刃、刀把、刀挂等构成，与通常的小刀相似，但较粗大，具有结构简单、使用方便、功能多样等特点。不用时，把刀片收缩到刀把内，刀把上还设有防止刀片退弹的保护钮。多用型的还有可收式的锯片和锥针，用以剖锯电线槽板、塑料管及锥钻木螺钉的底孔等。

使用电工刀时，应将刃口朝外剖切。剖削导线绝缘层时，应使刀面与导线成小于 45°倾角，以免剖伤导线。对双芯护套线的外层绝缘的剥削，可以用刀刃对准两芯线的中间部位，把导线一剖为二。电工刀的刀刃部分要磨得锋利才好剥削电线，但不可太锋利，太锋利容易削伤线芯，磨得太钝则无法剥削绝缘层。

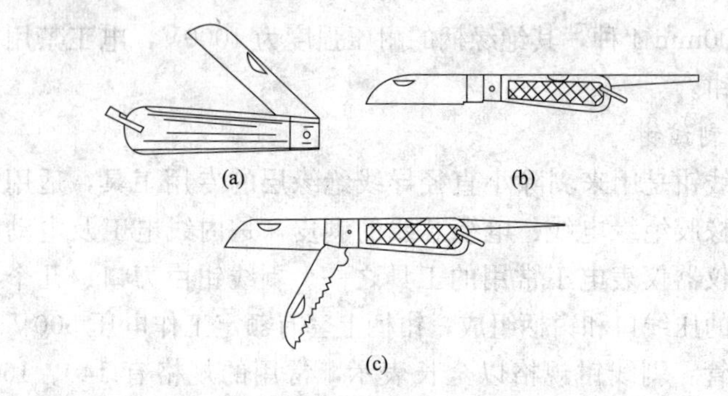

图 1-32 电工刀

（a）普通型；（b）二用型；（c）三用型

六、活扳手

活扳手是一种专门用于紧固和拆卸螺母的工具，它由头部（包括活扳唇、呆扳唇、扳口、蜗轮、轴销）和手柄组成，扳口的开口宽度可以通过蜗轮在一定范围内调节，其外形如图 1-33 所示。活扳手规格以长度乘以最大开口宽度表示，常用规格有 150mm×19mm（6 英寸）、200mm×24mm（8 英寸）、250mm×30mm（10 英寸）、300mm×36mm（12 英寸）4 种。

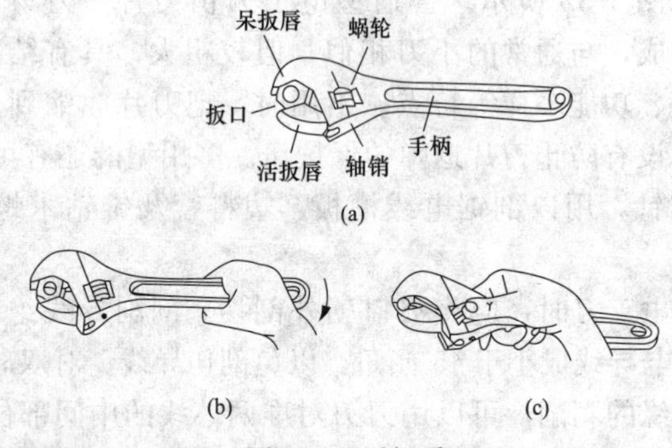

图 1-33 活扳手

（a）构造；（b）扳动大螺母；（c）扳动小螺母

活扳手的使用注意事项：

（1）扳动较大的螺母时手应握在手柄的尾部，扳动较小的螺母时，手可握在接近头部的位置，且用拇指调节和稳定蜗轮。

（2）只能正向用力，不能反向用力，以免扳裂活络扳唇，也不可用钢管接长来增大扳拧力矩。

（3）活扳手不可当作撬棒或手锤使用。

七、手锯

手锯是一种锯割工具，由锯弓和锯条组成，用于对原材料及工件进行分割处理，其外形如图 1-34 所示。锯弓的作用是绷紧锯条，分固定式和可调式两种，常见的为可调式。锯条是一种有锯齿的薄钢条，根据锯齿齿距的大小，分为粗齿、中齿和细齿 3 种，长度有 200、250、300mm 3 种规格，其中使用最多的为 300mm 的锯条。

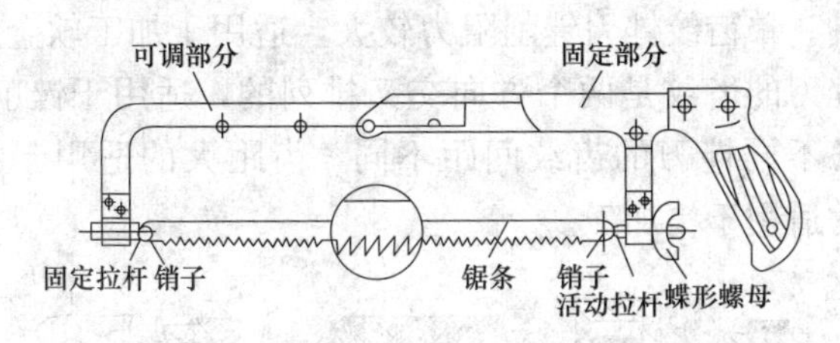

图 1-34　手锯

锯割是用手锯对金属材料进行分割的一种加工方法，锯割前应根据所锯材料选择锯条。通常锯割材料较软或锯缝较长时，应选用粗齿锯条；锯割材料较硬或为薄板料、管料时，应选用细齿锯条。安装锯条时锯齿的齿尖要向前，锯条的绷紧程度要调整适当。锯条拉得太紧，锯条在锯割时会因极小的倾斜受阻而崩断；锯条太松，容易弯曲，影响锯缝平直度，甚至会因扭曲弯形而折断。

锯割时，右手满握锯弓手柄，左手扶持锯弓另一端。锯割压力和推力主要由右手控制，左手主要起引导和扶正锯弓的作用。由于锯割是靠推进过程完成的，因此手锯在回程时不要施加压力，可趁势收回。起锯时锯条与工件的夹角一般取 10°左右，为了使起锯平稳和准确，可用手指挡住锯条，以保证正确的起锯位置，同时轻轻地来回拖动手锯，使工件出现正确的锯缝。

锯割过程应充分利用锯条长度，拉送速度不要过快，应有节奏地进行，速度以每分钟来回 20～40 次为宜。锯割软材料速度可快些，锯割硬材料应慢些，必要时可加矿物油或乳化液冷却。锯弓有直线和上下摆动两种运动形式，除锯割钢管和薄板用直线运动外，其余的锯割，一般都用上下摆动的运动方式，这样比较省力。

八、锉刀

锉刀是对工件表面或孔进行较精密的锉削加工的工具，其外形如图 1-35 所示。锉刀的工作面有齿纹，齿纹有单齿纹和双齿纹两种。单齿纹锉刀锉削阻力较大，适用于加工软金属材料。双齿纹锉刀的齿纹是两个方向交叉排列的，适用于锉削硬脆金属材料。不同锉刀的齿纹间距不同，齿距大的适用于粗加工，齿距小的适用于精加工。

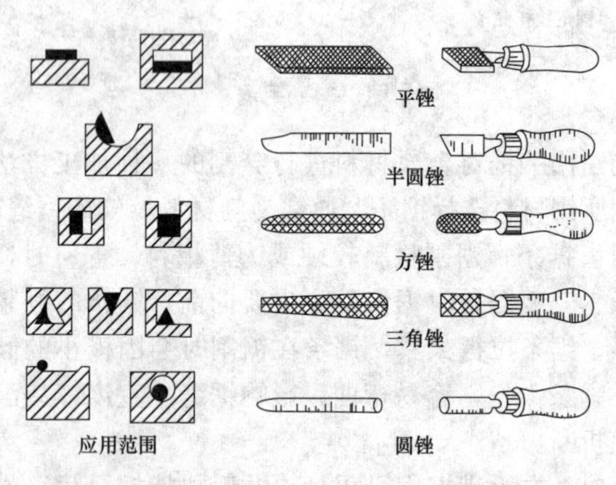

图 1-35　锉刀

锉刀的规格以齿纹间距和锉刀长度来表示。齿纹间距用锉纹号表示，分别为 1～5 号，锉纹号越小，锉齿越粗。锉刀长度

(自锉梢端至锉肩之间的距离) 有 100～150mm、200～300mm、350～450mm 等几种规格。

通常把锉刀分为 3 类，使用时按用途来选择。①普通锉刀：这是应用最广的锉刀，按其断面形状分为平锉（又称板锉，主要用于锉平面、外圆面和凸弧面)、方锉（锉方孔、长方孔和窄平面)、三角锉（锉内角、三角孔和平面)、半圆锉（锉凹弧面、平面)、圆锉（锉圆孔、半径较小的凹弧面和椭圆面）等多种。②特种锉刀：用于加工具有特殊表面形状的工件，其断面形状与加工工件表面形状相适应。③什锦锉刀：又称整形锉，主要是用来修整工件精细的部位。什锦锉的长度为 120～180mm，每套由 5～12 件各种形式的锉刀组成，可根据不同的使用要求，选用适当规格的什锦锉。

锉削是用锉刀对工件表面进行切削加工的一种方法。锉削通常在錾削、锯割之后，或零部件装配和修理时进行，它可以对工件进行粗精加工。锉刀粗细的选择，取决于工件加工余量的大小、加工精度和表面粗糙度的高低，以及材料的性质等。加工余量大，表面粗糙度低的，选用粗锉刀；加工面长的选用长锉刀。

锉削时，用右手握锉刀柄，柄端顶着掌心，大拇指放在柄的上方，其余手指满握锉刀柄。身体的重心要落在左脚上，左膝随锉削的往复运动而屈伸，左手的肘部要适当抬起。在向前推进时由右手控制推力的大小，同时两手都要施加相应的压力，以保证在锉削过程中保持锉刀的平衡和发挥锉削力量。操作者可以站立或坐着锉削。站立要自然，坐着时凳子高度要合适。总之，锉削姿势要以便于观察工件、发挥锉削力量为准。

九、錾子

錾子又称扁铲，是錾削金属的工具，用于对金属材料进行凿、刻、旋、削等加工。它通常是用碳素钢制作成金属杆状，由錾口、柄部和錾项构成。錾口一端有锐刃，需经淬火和回火的热处理，錾顶不准淬火，不准有裂纹和毛刺。

錾子一般可分为扁錾、窄錾和油槽錾，其外形如图 1-36 所示。扁錾切削刃较长，切削部分扁平，一般用于平面錾削和切断材料及去除毛坯表面的毛刺、飞边和凸缘，应用最广。窄錾切削刃较短，且刃的两侧面向柄部逐渐变狭窄，以保证在錾削槽时两侧不会被工件卡住，一般用于錾槽及将板料切割成曲线。油槽錾切削刃制造成圆弧形且很短，切削部分制成弯曲形状，一般用于錾削油槽。

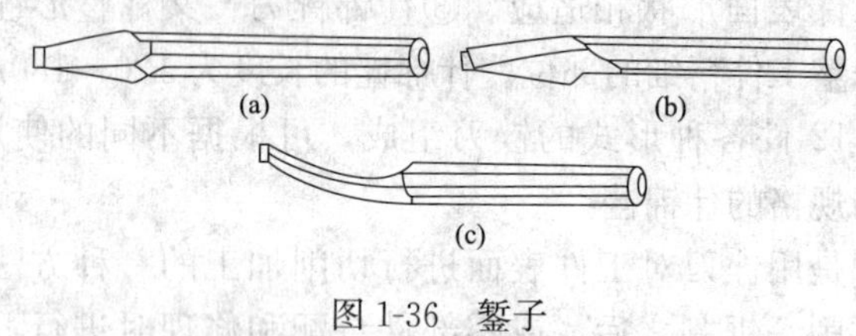

图 1-36　錾子
（a）扁錾；（b）窄錾；（c）油槽錾

錾削是用手锤敲击錾子对工件进行切削加工的一种方法，常用来清除金属表面的凸缘、毛刺、分割材料、錾削成凹槽等。进行操作时，錾子用左手握持，錾子尾部露出 15～25mm，若尾部露出过长或握得太紧，锤击时容易打在手上。

握持方法有 3 种：

（1）正握法：适用于在平面上进行錾削，錾削时，要保持錾子的后刀面与工件之间有 5°～8°的夹角。如夹角太大，錾子切入工件太多，加工面不易平整；反之夹角太小，錾子打滑，不易切入工件。

（2）反握法：手背朝向工件，手指自然捏住錾身，用于少錾削量或侧面的錾削。

（3）立握法：是保持錾子与工件相垂直的一种握法，用于垂直錾切工件，如在铁砧上錾断材料。

手锤用右手握持，虎口对准锤头的方位，以便施力，木柄的尾部露出 15～30mm。挥锤方法有腕挥、肘挥和臂挥 3

种。一般情况下，錾削开始用腕挥，用力大时用肘挥或臂挥。右手锤击时，应稳、准、狠一下一下有节奏准确地进行，不可过于着急，否则会影响錾削质量，而且容易疲劳和打手。

錾子的使用注意事项：

(1) 錾削时，应从工作侧面的尖角处轻轻起錾，錾开缺口后再全刃工作，否则，錾子容易弹开或打滑。

(2) 錾削快到尽头时（大约距离尽头 10mm 处），必须掉头錾去余下的部分，尤其对于脆性材料，如铸铁、青铜之类更应如此，否则尽头处会崩裂。

(3) 为防止锤子从錾子端头滑脱时打在手上，可在錾柄握手处上方套一个泡沫橡胶垫，这是简易有效的保护装置。

(4) 为防止飞屑或碎块伤人，作业者应戴护目镜，工作台上应放置钢网护板。

(5) 錾尖应略带球面形，如有飞边卷刺应及时修整，以保证锤击力通过錾中心线。

十、凿子

电工常用的凿子有圆榫凿、小扁凿、大扁凿和长凿等几种，其外形如图 1-37 所示。圆榫凿一般用于在混凝土结构的建筑物上凿木塞孔，电工常用的圆榫凿有 16 号和 18 号两种，前者可凿直径约 8mm 的木塞孔，后者可凿直径约 6mm 的木塞孔。小扁凿一般用来在砖墙上凿方形孔，电工常用凿口宽约 12mm 的小扁凿。大扁凿一般用来凿角钢支架撑脚等的埋设孔穴，电工常用凿口宽约 16mm 的大扁凿。中碳圆钢制成的长凿一般用来在混凝土墙上凿通孔，无缝钢管制成的长凿一般用来在砖墙上凿通孔，常用长凿的直径有 19、25、30mm 3 种，其长度则有 300、400、500mm 等多种。使用凿子凿孔时，用左手握住凿子，右手挥锤敲击，随凿随转，并经常拔出凿身，使灰沙、碎砖及时排出，以免凿身涨塞在孔中。

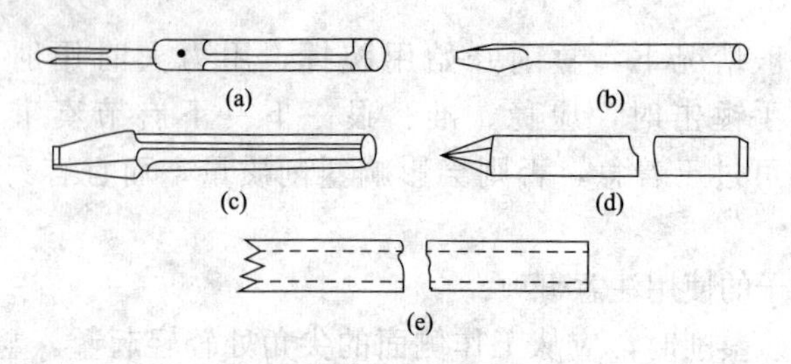

图 1-37　凿子

（a）圆榫凿；（b）小扁凿；（c）大扁凿；
（d）在混凝土上凿孔用的长凿；（e）在砖墙上凿孔用的长凿

十一、脚扣

脚扣又称铁脚，是电工套在鞋上攀登不同规格的钢筋混凝土杆或木质杆的理想工具，利用脚扣登杆速度快、省力，深受电工的喜欢。脚扣一般采用高强度无缝铁管制成弧形，经过热处理后，具有重量轻、强度高、韧性好、可调性好、轻便灵活、安全可靠、携带方便等优点，它利用杠杆作用，借助人体自身重量，使另一侧紧扣在电线杆上，产生较大的摩擦力，从而使人易于攀登。

脚扣由弧形扣环和脚套组成，分为木杆脚扣和钢筋混凝土杆脚扣两种，其外形如图 1-38 所示。木杆脚扣的弧形扣环上开

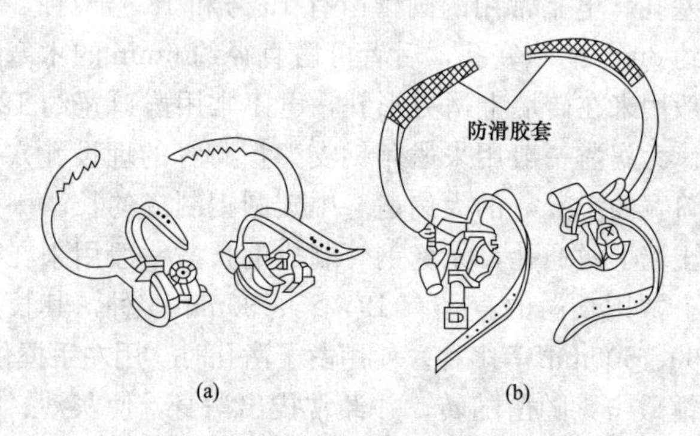

图 1-38　脚扣

（a）木杆脚扣；（b）钢筋混凝土杆脚扣

有铁齿，攀爬时可以咬住杆体，而钢筋混凝土杆脚扣的弧形扣环上包扎有交叉斜纹的橡胶皮，以增加脚扣与钢筋混凝土杆之间的摩擦力。

用脚扣登高时，臀部要往后拉，尽量远离电杆，两手臂要伸直，用两手掌一上一下抱（托）着电杆，使整个身体成为弓形，两腿和电杆保持较大夹角，手脚上下交替往上爬，这样就不至于滑下来。初次上杆时往往会用两个手臂去抱电杆，臀部靠近电杆，身体直挺挺的，和电杆呈平行状态，这样脚扣就扣不住电杆，很容易滑下来。

在到达作业位置以后，臀部仍然要往后拉、两腿也仍然要和电杆保持较大的夹角，保险带要兜住臀部稍上一点儿，不能兜在腰部，以利身体后倾。身体和电杆至少（始终）保持30°以上夹角，防止滑下来。

脚扣使用前应检查是否符合下列规定：①脚扣的形式应与电杆的材质相适应，禁止用木杆脚扣上电杆。②脚扣的尺寸应与杆径相适应，禁止“大脚”扣上“小杆”。③检查脚扣有无摔过，开口过大或过小、歪扭、变形者不得继续使用。④脚扣的小爪应活动灵活，且螺栓无松脱，胶皮无磨损。⑤脚扣上的胶皮层应无老化、平滑、脱落、磨损、断裂等现象。⑥脚扣上的皮带孔眼应无豁裂、严重磨损或断裂。⑦脚扣的踏板与铁管焊接应无开焊及断裂现象。⑧脚扣的静拉力试验不应小于1000N，试验周期为半年一次。

脚扣的使用注意事项：

（1）脚扣在使用前，必须对其进行单腿冲击试验，方法是将脚扣卡在离地面30cm左右的电线杆上，单脚站立于脚扣上，用最大力量猛踩，检查脚扣的机械强度是否完好可靠，扣环是否变形和损伤，防滑胶皮是否可靠。

（2）使用脚扣攀登时，必须全过程系安全带。

（3）登杆前应将脚扣登板的皮带系牢，登杆过程中应根据杆径粗细随时调整脚扣尺寸。

（4）在攀登锥形杆时，要根据杆径调整脚扣至合适位置，使用脚扣防滑胶皮可靠的紧贴于电杆表面。

（5）特殊天气使用脚扣和登高板应采取防滑措施，严禁从高处往下扔摔脚扣。

十二、登高板

登高板又称踏板，也是电工常用的登杆工具。登高板的优点是在电杆上工作时站立平稳，身体比较灵活，上身伸展幅度较大，能在电杆上长时间工作，缺点是上下杆速度比脚扣慢，也比较累。初学登杆时要认真领会登杆要领，多练习，只有熟练掌握方法以后才能登杆作业。

登高板由脚板、绳索、铁钩组成，其外形如图 1-39 所示。脚板由坚硬的木板制成，大小约为 640mm×80mm×25mm；绳

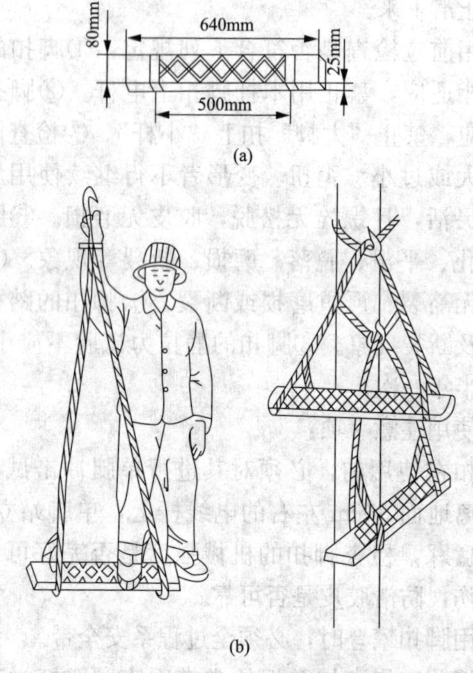

图 1-39 登高板

（a）踏板规格；（b）踏板吊绳长度

索为 16mm 多股白棕绳或尼龙绳，绳两端系结在脚板两头的扎结槽内，绳顶端系结铁挂钩，绳的长度应与使用者的身材相适应，一般在一人一手长左右。脚板和绳索均应能承受 3000N 的重力。

登杆时，先将一只登高板背在身上（钩子朝电杆面，木板朝人体背面），另一只登高板钩挂在电杆上，右手收紧绳子并抓紧板上两根绳子，左手压紧踩板左边绳内侧端部，而后右脚跨上踏板，两手两脚同时用力，使人体上升。当人体上升到一定高度时，左脚上板绞紧左边绳，待人体站稳后，才可在电杆上挂另一只踏板，重复前面步骤，依次交替进行完成登杆工作。

下杆时，先把上一只踏板取下（钩口朝上），钩挂到现用的踏板下方，右手握住上一只踏板左边绳，抽出左腿，下滑至适当位置登杆，同时左手握住下一只踏板的挂钩（钩口朝上），将其放到适当的位置，双手下滑，同时右脚下上一只踏板、踩下一只踏板，依次交替进行完成下杆工作。

登高板的使用注意事项：

（1）要掌握正确的挂钩方法，钩柄贴住电杆而钩口朝上，在人体未踏上踏板前必须用右手大拇指顶住钩口，以防钩口受棕绳活动而改变朝向，人体踏上踏板后，方可松开右手。

（2）登高板使用前应仔细检查，脚踏板不得有裂纹、变形或腐朽，钩子心形环完整，绳索无断股或霉变。绳扣接头每绳股连续插花应不少于 4 道，绳扣与踏板间应套接紧密。

（3）踏板挂钩时必须正挂（勾口向外、向上），切勿反勾，以免造成脱钩事故。

（4）登杆前，应先将踏板勾挂好使踏板离地面 15～20cm，用人体作冲击载荷试验，检查踏板有无下滑、是否可靠。

十三、安全带

安全带是电工登高作业时防止坠落伤害的安全用具，国家规定在 2m 以上的平台或外悬空作业时必须使用安全带。安全带由腰带、腰绳、保险绳和金属挂钩组成，其外形如图 1-40 所示。

安全带的带和绳部分使用锦纶、维纶、蚕丝料等制成，金属挂钩使用普通碳素钢制成，它们具有重量轻、耐磨、耐腐蚀、吸水率低和耐高温、抗老化等特点。

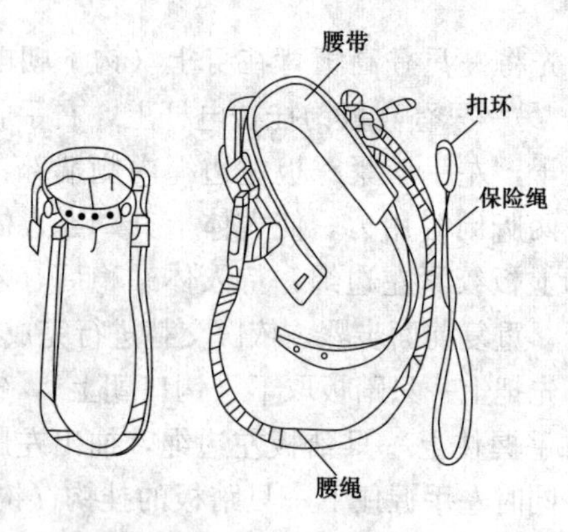

图 1-40　安全带

安全带的使用注意事项：

（1）安全带使用期一般为 3～5 年，发现异常应提前报废。

（2）安全带的腰带和保险绳应有足够的机械强度，材质应有耐磨性，卡环（钩）应具有保险装置。保险绳使用长度在 3m 以上的应加装缓冲器。

（3）使用安全带前应进行外观检查：组件完整、无短缺、无伤残破损；绳索、腰带无脆裂、断股或扭结；金属配件无裂纹、焊接无缺陷、无严重锈蚀；挂钩的钩舌咬口平整不错位，保险装置完整可靠；铆钉无明显偏位，表面平整。

（4）安全带使用时，应扎在臀部而不应扎在腰部。

（5）登杆后，安全带应拴在紧固可靠之处，禁止系在横担、拉板、杆顶、棱角锋利部位以及即将要撤换的部位或部件上。

（6）安全带要高挂和平行拴挂，严禁低挂高用。安全带拴好后，应首先将钩环扣好并将保险装置闭锁，才能作业。登上杆后的全部作业都不允许将安全带解开。

第七节 电工识图基础知识

一、电气控制电路图的基本组成

电气控制系统是把各种电气设备和电气元件按一定要求连接在一起的一个整体，而电气控制电路就是把工作电源、控制装置（如开关电器等）和负载（用电设备或用电器）等用导线连接起来，形成从电源的一端到另一端的闭合回路。根据电气控制电路的功能和作用不同，电路的形式也各不相同，但各种电气控制电路都有着共同规律和特点。所以，只要了解了电气控制电路共同特点和各种电气图形与文字符号，就有了识读电气控制电路图的基础。

电气控制电路图是描述电气控制系统工作原理的电气图，它是根据电气设备的工作原理，按照一定的技术规则，用特定的图形符号、文字符号以及数字标号来表达电气控制系统中各设备、装置、电气元件间的工作关系或连接关系的一种简图。简图并不是指内容简单，而是指形式的简化，是相对于严格按几何尺寸、绝对位置等绘制的机械图而言的。完整的电气控制图包含电气控制电路图、电气设备安装图（含电气安装接线图和电气元件布置图），它具有阐述电路的工作原理，描述电气产品的构成和功能，指导各种电气设备和电气电路的安装接线、运行、维护和管理的作用，是沟通电气设计人员、安装人员和操作人员的工程语言，是进行技术交流不可缺少的重要手段。

电气控制电路图一般由主电路和辅助电路两个部分组成，实现对电力拖动系统的启动、正运转、反运转、制动和调速等运行项目的控制，以满足拖动系统的保护、生产工艺要求以及生产加工自动化。由于各种生产机械的加工对象和生产工艺要求不同，电气控制电路图就不同，有比较简单的，也有相当复杂的，但复杂的电气控制电路图，也都是由一些比较简单的基本环节按照需要组合而成的。

二、电气控制电路图的分类

对于用电设备来说，电气控制电路图主要是主电路图和控制电路图；对于供配电设备来说，主要是一次回路电路图和二次回路电路图。但要表示清楚一项电气工程或一种电气设备的功能、用途、工作原理、安装和使用方法等，光有这两种图是不够的。电气控制电路图的种类很多，下面分别介绍常用的几种。

1. 概略图

概略图过去又称系统图或框图，在1998年实施的国家标准GB/T 6988—1997中，已将系统图或框图统一称为概略图。概略图是由电气符号或带注释的框组成的一种简图，常用来概略表示系统、分系统、成套装置、部件、设备、软件等基本组成部分的主要特征和功能，如整个工程或其中某一项目的供电方式和电能输送关系，也可表示某一装置或设备各主要组成部分的连接关系，当用来表示在过程流动路线中所包含的非电气装置时，又可称为流程图。

概略图采用电气符号（以矩形框符号为主）或带注释的框来表示，通常采用单线表示法，可作为教学、操作和维修的基本文件。①矩形框符号：由于概略图是在较高层次上描述对象，故可用矩形框符号表示元器件、设备等的组成及其功能，矩形框中的限定符号分别表示各单元功能；②带注释的框：在无法用适当的矩形框符号和图形符号的情况下，可以使用带注释的框。注释内容可以是文字或符号加文字，也可以是框的名称或表示该框的功能及工作原理以及标注工作状态、参数等。

2. 电路图

电路图又称电气原理图，在电气控制电路图中应用最多，它具有结构简单、层次分明、便于研究和理解设备的工作原理、便于分析和计算电路的特性及参数等优点，还可为测试和寻找故障提供信息，为编制接线图、安装和维修提供依据，所以无论在设计部门还是生产现场都得到了广泛的应用。

电路图的绘制是以电路的工作原理以及阅读和分析控制电路简单、清晰、方便为原则，以国家统一规定的电气图形符号和文字符号作为标准，采用电气元件展开的形式，按工作顺序从上而下或从左到右排列，将电源、负载及控制电器用代表导线的实线连接起来而绘制成的一种简图，它详细表示了电路、设备或成套装置的全部组成和连接关系，而不反映其实际位置、大小、形状和安装方式。

按照电路图所描述的对象和表示的工作原理，电路图可分为以下3种：

（1）电力系统电路图。电力系统电路图分为主电路图（又称主接线图或一次电路图）和副电路图（又称二次接线图或二次电路图）。主电路图是把电气设备或电气元件如隔离开关、断路器、互感器、避雷器、电力电容器、变压器、母线等（统称为一次设备）按一定顺序连接起来，绘制成汇集和分配电能的电路图。为了保证一次设备安全可靠地运行及操作方便，必须对其进行控制、提示、检测和保护，这就需要许多附属设备，这些设备统称为二次设备，将表示二次设备的图形符号按一定顺序绘制而成的电路图，称为副电路图。

（2）生产机械电气控制电路图。对电动机及其他用电装置的供电和运行方式进行控制的电气图，称为生产机械电气控制电路图，它一般分为主电路和辅助电路两部分。主电路是指电源向电动机或其他用电装置供电所通过的电路，电路的电流较大，一般包括电源、开关、熔断器、接触器主触点、电力电子器件和负载（如电动机、电灯）等。辅助电路是给主电路发出控制指令信号的电路，包括控制电路、照明电路、信号电路和保护电路等，电路的电流较小，主要由继电器或接触器的线圈、触点、按钮、照明灯、信号灯及控制变压器等电气元件组成。

（3）电子电路图。电子电路图又可分为电力电子电路图和电子电器（无触点电子电路）图，是用于描述或反映由电子元件组成的设备或装置中各电子元器件的电气连接或工作原理的电气图。由于它直接体现了电子电路的结构和工作原理，因此可以帮助人们识别图纸上所画的各种电路元件符号以及它们之间的连接方式，以便于了解电路的实际工作，一般用在设计和分析电路中。

3. 电气安装接线图

电气安装接线图又称为电气装配图，它是根据电气设备和电器元件的实际结构和安装情况绘制出的一种简图，主要用于表示电气装置内部元件之间及其外部其他装置之间的实际位置、接线方式、接线部位的形状及特征，供安装接线、线路检查、线路维修和故障处理时使用。

4. 电气平面图

电气平面图是表示电气工程项目的电气设备、装置和线路的平面布置图，它一般是在建筑平面图的基础上绘制出来的。常见的电气平面图有供电线路平面图、变配电站平面图、电力平面图、照明平面图、弱电系统平面图、防雷与接地平面图等。

5. 设备布置图

设备布置图表示各种设备和装置的布置形式、安装方式以及相互之间的尺寸关系，通常由平面图、主面图、断面图、剖面图等组成，它按三视图原理绘制，与一般机械图没有大的区别。

6. 设备元件和材料表

设备元件和材料表就是把成套装置、设备、装置中各组成部分和相应数据列成表格，来表示各组成部分的名称、型号、规格和数量等，便于读图者阅读、了解各元器件在装置中的作用和功能，从而读懂装置的工作原理。

7. 产品使用说明书上的电气图

生产厂家往往随产品使用说明书附上电气图，供用户了解该产品的组成和工作过程及注意事项，以达到正确使用、维护和检修的目的。

8. 其他电气图

上述电气控制电路图是常用的主要类型，但这并不意味着所有的电气设备或装置都应具备这些图纸，通常表达的对象、目的和用途的不同，所需电气图的种类和数量也不一样。对于简单的装置，可把电路图和电气安装接线图合二为一，对于较为复杂的成套装置或设备应分解为几个系统，每个系统也有以上各种类型图。有的甚至为了便于制造或装置的技术保密，往往还绘制有局部的大样图、印刷电路板图、功能图、流程图、逻辑图等。总之，电气控制电路图作为一种工程语言，在表达清晰的前提下，越简单越好。

三、电气控制电路图的特点

电气控制电路图与机械图、建筑图及其他专业的技术图相比有着本质的区别，主要用来表示电气与系统或装置的关系，所以具有独特的一面，其主要特点有：

1. 简洁性

简洁是电气控制电路图的主要表现特点，图中采用标准的图形符号、文字符号、带注释的方框或者简化外形表示系统或设备中各组成部分之间相互关系及其连接关系，而没有必要画出电气元器件的外形结构、具体位置和尺寸。

2. 清晰性

电气元器件和连接线是电气控制电路图的主要组成元素，因此无论概略图、电路图、还是接线图及平面图等都是以电气元器件和连接线作为描述的主要对象。电气元器件和连接线有多种不同的描述方式，如元器件可采用集中表示法、半集中表示法、分散表示法等，连接线可采用多线表示、单线表示和混合表示等，从而构成了电气控制电路图的多样性。

3. 独特性

一个电气系统或装置通常由许多电气元件、组件构成，这些电气元件、组件或者功能模块称为项目，电气控制电路图可由若干个项目构成，且附带下列特性：

（1）项目一般由简单的图形符号表示，在相应的图形符号旁标注文字符号、数字编号。

（2）为了区别相同的设备，通常将设备编号和文字符号一起构成项目代号。

（3）按功能和电流流向表示各装置、设备及电气元件的相互位置和连接顺序。

（4）电气元件或组件没有投影关系，不标注尺寸。

（5）电气元件都是按自然状态绘制，所谓“自然状态”，就是电气元件和设备的可动部分表示为非激励（未通电、未受外力作用）或不工作的状态或位置，如接触器线圈未得电，因而其触头在还未动作的位置；断路器、负荷开关等在断开位置。

4. 多样性

（1）布局的多样性。电气控制电路图的布局可依据电路图所表达的内容而定，对于电路图、概略图应采用功能布局法，图中各元件按照元件动作顺序和功能作用，从上而下，从左到右进行布局，它只考虑元件之间的功能关系，而不考虑元件的实际位置，因此设备的工作原理和操作过程较为突出；而对于接线图、平面布置图则要考虑元件的实际位置，所以应采用位置布局法。

（2）描述的多样性。对于一个电气系统中，各种电气设备和装置之间，从不同角度、不同侧面去考虑，存在着不同的关系，因此电气控制电路图可采用不同的描述方法，如从能量流、逻辑流、信息流、功能流等进行描述，故构成了电路图的多样性。

1）能量流——电能的流向和传递；

2）信息流——信号的流向和传递；

3）逻辑流——相互间的逻辑关系；

4）功能流——相互间的功能关系。

概略图、电路图、框图、接线图就是描述能量流和信息流的电气控制电路图；逻辑图是描述逻辑流的电气控制电路图；辅助说明的功能表图、程序框图描述的是功能流。

四、电气控制电路图的绘制规则

电气控制电路的主电路是电气控制电路中强电流通过的部

分，是由电动机以及与它相连接的电气元件（如组合开关、接触器的主触头、热继电器的热元件、熔断器等）所组成，电路图一般比较简单，电气元件数量较少。辅助电路是电气控制电路中弱电流通过的部分，包括控制电路、照明电路、信号电路及保护电路，是由按钮、接触器、继电器的吸引线圈和辅助触头以及热继电器的触头等组成，电路图比主电路要复杂，电气元件也较多。在电气控制电路图中，主电路图与辅助电路图是相辅相成的，其控制作用实际上是由辅助电路控制主电路。对于不太复杂的电气控制电路图，主电路和辅助电路可绘制在同一图上。

1. 主电路和辅助电路的绘制规则

（1）电气控制电路图可水平或垂直布置。水平布置时，电源线垂直画，其他电路水平画，控制电路中的耗能元件（如线圈、电磁铁、信号灯等）画在电路的最右端。垂直布置时，电源线水平画，其他电路垂直画，控制电路中的耗能元件画在电路的最下端。

（2）当电路垂直（或水平）布置时，电源电路一般画成水平（或垂直）线，三相交流电源相序 L1、L2、L3 由上到下（或由左到右）依次排列画出，中线 N 和保护地线 PE 画在相线之下（或之右）。直流电源则按正端在上（或在左）、负端在下（或在右）画出，电源开关要水平（或垂直）画出。

（3）主电路，即每个受电的动力装置（如电动机）及保护电器（如熔断器、热继电器的热元件等）应垂直电源线画出。主电路可用单线表示，也可用多线表示。

（4）控制电路和信号电路应垂直（或水平）画在两条或几条水平（或垂直）电源线之间。电器的线圈、信号灯等耗能元件直接与下方（或右方）PE 水平（或垂直）线连接，而控制触点连接在上方（或左方）水平（或垂直）电源线与耗能元件之间。

（5）无论主电路还是辅助电路，均应按功能布置，各电气元件一般应按生产设备动作的先后顺序从上到下或从左到右依次排列，可水平布置或垂直布置。看图时，要掌握控制电路编排上的特点，也要一列列或一行行地进行分析。

（6）绘制电路图时，应尽可能减少线条和避免线条交叉，对有直接电联系的交叉导线连接点，要用小黑圆点表示。

2. 电气元件的绘制规则

（1）电气控制电路图涉及大量的电气元件（如接触器、继电器开关、熔断器等），为了表达控制系统的设计意图，便于分析系统工作原理，安装、调试和检修控制系统，在绘制电气控制电路图时所有电气元件不画出实际外形图，而采用统一的图形符号和文字符号来表示。

（2）在电气控制电路图中，同一电气元件的不同部分（如线圈、触头）分散在图中，如接触器主触头画在主电路，接触器线圈和辅助触头画在控制电路中，为了表示是同一电气元件，要在电气元件的不同部分使用同一文字符号来标明。对于几个同类电气元件，在表示名称的文字符号后的下标加上一个数字序号，以此来区别，如KM1、KM2等。

（3）在机床电气控制电路的不同工作阶段，各个控制电器的工作状态是不同的，各控制电器的众多触头有时断开、有时闭合，而在电气控制电路图中只能表示一种情况。为了不造成混乱，特作如下规定：所有电器的可动部分均以“自然状态”画出，所谓“自然状态”是指各种电器在没有通电和没有外力作用时的状态。

3. 不同功能模块的绘制规则

（1）具有循环运动的机械设备，应在电气控制电路图上绘出工作循环图，转换开关、行程开关等应绘出动作程序及触头工作状态表。

（2）由若干电气元件组成的具有特定功能的环节，可用虚线框围起来，并标注出环节的主要作用，如速度调节器、电流继电器等。

(3) 对于电路和电气元件完全相同并重复出现的环节，可以只绘出其中一个环节的完整电路，其余相同环节可用虚线方框表示，并标明该环节的文字符号或环节的名称，该环节与其他环节之间的连线可在虚线方框外面绘出。

(4) 对于外购的成套电气装置，如稳压电源、电子放大器、晶体管、时间继电器等，应将其详细电路与参数绘制和标注在电气控制电路图上。

五、电工识图的基本要求与思路

1. 电工识图的基本要求

(1) 应遵循从易到难、从简单到复杂的原则。一般来讲，复杂的电气控制电路图，都是由一些比较简单的基本环节按照需要组合而成的，如照明电路比生产机械控制电路简单，电动机主电路比控制电路简单。因此识图应从简单的电路图开始，搞清每一个电气符号的含义，明确每一个电气元件的作用，理解电路的工作原理，为看复杂电路图打下基础。

(2) 应具备坚实的理论基础知识。复杂的电气控制电路图分析起来是比较困难的，因此要求读者应具备电工、电子技术的基础知识以及丰富的实践经验。电气控制电路图由各种电器元件、设备、装置等组成，如电子电路中的电阻、电容、各种晶体管等。对于高低压电路中的变压器、隔离开关、断路器、互感器、熔断器以及继电器、接触器、控制开关等，读者只有了解了这些电气元件的性能、结构、原理、相互控制关系以及在整个电路中的地位和作用，才能准确、迅速地看懂电路图，进而分析电路，理解图纸所包含的内容。而这些都是建立在电工、电子技术理论基础之上的，因此，具备必要的电工学、电子技术基础知识是十分重要的。

(3) 应熟记图形符号和文字符号。电气控制电路图中的图形符号和文字符号很多，要做到熟记会用，可先记住各专业共用的图形符号，然后逐步扩大，掌握更多的符号，就能读懂不同专业的电路图。

（4）应掌握各类电路图的典型电路。典型电路一般是最常见、最常用的基本电路，如异步电动机中的启动、制动、正（反）转控制电路，行程限位控制电路，电子电路中的整流电路和放大电路等，都是典型电路。不管多么复杂的电路，都是由典型电路派生而来的，或者是由若干个典型电路组合而成的。掌握熟悉各种典型电路，有利于更好地理解复杂电路，较快地分清主次环节，抓住主要内容，从而看懂较复杂的电路图。

（5）应了解各类电路图的绘制特点。各类电路图都有其各自的绘制方法和绘制特点，了解电路图的主要特点及绘制电路图的规则，并利用其规律，就能提高看图效率。

（6）应了解涉及电路图的有关标准和规程。看电路图的主要目的是指导实际的工作。有些技术要求在有关的国家标准或技术规程、技术规范中已做了明确的规定，因而在读电路图时，必须了解这些相关标准、规程、规范，才能真正读懂图。

2. 电工识图的思路

（1）分析主电路。从主电路入手，根据每台电动机和执行电器的控制要求去分析各电动机和执行电器的控制内容，包括电动机启动、转向控制、调速、制动等基本控制电路。

（2）化整为零，分析控制电路。根据主电路中各电动机和执行电器的控制要求，逐一找出控制电路中的控制环节，将控制电路化整为零，按功能不同划分成若干个局部控制电路来进行分析。如果控制电路较复杂，则可先排除照明、显示等与控制关系不密切的电路，以便集中精力进行分析。

（3）分析信号、显示电路与照明电路。控制电路中执行元件的工作状态显示、电源显示、参数测定、故障报警以及照明电路等部分，很多是由控制电路中的元件来控制的，因此还要回过头来对照控制电路对这部分进行分析。

（4）分析联锁与保护环节。生产机械对于安全性、可靠性有很高的要求，要实现这些要求，除了合理地选择拖动、控制方案以外，还在控制电路中设置了一系列电气保护和必要的电气联锁。在电气控制电路图的分析过程中，电气联锁与电气保护环节是一个重要内容，不能遗漏。

(5) 分析特殊控制环节。在某些控制电路中，还设置了一些与主电路、控制电路关系不密切、相对独立的某些特殊环节，如产品计数装置、自动检测系统、晶闸管触发电路、自动调温装置等。这些环节往往自成一个小系统，在看图分析时可灵活运用所学过的电子技术、变流技术、自控系统、检测与转换等知识逐一进行分析。

(6) 集零为整，总体检查。经过化整为零、逐步分析每一局部电路的工作原理以及各部分之间的控制关系后，还必须用集零为整的方法，检查整个控制电路，看是否有遗漏。特别要从整体角度去进一步检查和理解各控制环节之间的联系，以达到清楚地理解电路图中每一个电气元件的作用、工作过程及主要参数。

六、电工识图的方法与步骤

电气控制电路图以主电路和控制电路为主要部分，主电路一般为执行元件及其附加元件所在的电路，控制电路为控制元件和信号元件所组成的电路，主要用来控制主电路工作。看电路图一般是先看主电路，再看控制电路，并用控制电路的各分支路去研究主电路的控制程序。下面所介绍的识图方法和步骤，只是一般的通用方法，实践时只有通过具体线路的分析和不断总结，才能逐步掌握识图技巧，进而提高识图能力。

1. 看主电路的步骤

(1) 看清主电路中的用电设备。用电设备指消耗电能的用电器具或电气设备，如电动机、变压器等。看主电路图首先要看清楚有几个用电设备，以及它们的类别、用途、接线方式和一些不同的要求等。

1) 类别：有交流电动机（异步电动机、同步电动机）、直流电动机等，一般生产机械中所用的电动机以交流笼型异步电动机为主。

2）用途：有的电动机是带动油泵或水泵的；有的是带动塔轮再传到机械上，如传动脱谷机、碾米机、铡草机等。

3）接线：有的电动机是Y（星）形接线或YY（双星）形接线，有的电动机是△（三角）形接线，有的电动机是Y/△（星/三角）形即Y形启动、△形运行接线。

4）运行要求：有的电动机要求始终一个速度；有的电动机则要求具有两种速度（低速和高速）；还有的电动机是多速运转的；也有的电动机有几种顺向转速和一种反向转速，顺向做功，反向走空车等。对启动方式、正反转、调速和制动的要求，以及各台电动机之间是否相互有制约的关系，还可通过控制电路来分析。

（2）要弄清楚用电设备是用什么电气元件控制。控制电气设备的方法很多，有的直接用开关控制，有的用各种启动器控制，有的用接触器或继电器控制。

（3）了解主电路中所用的控制电器及保护电器。前者是指除常规接触器以外的其他电气元件，如电源开关（转换开关及断路器）、万能转换开关等；后者是指短路保护器件及过载保护器件，如断路器中电磁脱扣器及热过载脱扣器，熔断器、热继电器及过电流继电器等元件。一般来说，对主电路作如上内容的分析以后，即可分析控制电路。

（4）看电源。要了解电源电压等级，是380V还是220V；是从母线汇流排供电还是配电屏供电，还是从发电机组接出来的。一般生产机械所用电源通常均是三相、380V、50Hz的交流电源，对需采用直流电源的设备，往往都是采用直流发电机供电或采用整流装置供电。随着电子技术的发展，特别是大功率整流管及晶闸管的出现，一般情况下都由整流装置来获得直流电。

2. 看控制电路的步骤

由于存在着各种不同类型的生产机械设备，它们对电力拖动也提出了各不相同的要求，表现在电路图上有各种不相同的控制电路。因此要说明如何分析控制电路，就只能介绍方法和步骤。

（1）看电源。首先看清电源的种类，是交流的还是直流的；其次，要看清控制电路的电源是从何处接入及其电压等级。一般是从主电路的两条相线上接来，其电压为单相380V；也有从主电路的一条相线和零线上接来，电压为单相220V；此外，也可以从专用隔离电源变压器接来，电压有127、110、36、6.3V等。变压器的一端应接地，各二次绕组的一端也应接在一起并接地。控制电路为直流时，直流电源可从整流器、发电机组或放大器上接来，其电压一般为24、12、6、4.5、3V等。控制电路中的一切电器元件的线圈额定电压必须与控制电路电源电压一致，否则，电压低时，电器元件不动作；电压高时，则会把电器元件线圈烧坏。

（2）了解控制电路中所采用的各种继电器、接触器的用途。如采用了一些特殊结构的继电器，还应了解它们的动作原理，只有这样，才能理解它们在电路中如何动作和具有何种用途。

（3）根据控制电路来研究主电路的动作情况。分析了上面这些内容再结合主电路中的要求，就可以分析控制电路的动作过程。

控制电路总是按动作顺序画在两条水平线或两条垂直线之间的，因此，可从左到右或从上到下来进行分析。对复杂的控制电路，在电路中整个控制电路构成一条大支路，这条大支路又分成几条独立的小支路，每条小支路控制一个用电器或一个动作。当某条小支路形成闭合回路并有电流流过时，在支路中的电气元件（接触器或继电器）则动作，把用电设备接入或切除电源。在控制电路中一般靠按钮或转换开关把电路接通。对于控制电路的分析必须随时结合主电路的动作要求来进行，只有全面了解主电路对控制电路的要求以后，才能真正掌握控制电路的动作原理，不可孤立地看待各部分的动作原理，而应注意各个动作之间是否有互相制约的关系，如电动机正、反转之间应设有联锁等。

（4）研究电气元件之间的相互关系。电路中的一切电气元件都不是孤立存在的，而是相互联系、相互制约的，这种互相控制的关系有时表现在一条支路中，有时表现在几条支路中。

（5）研究其他电气设备和电气元件，如整流设备、照明灯等。对于这些电气设备和电气元件，只要知道它们的线路走向、电路的来龙去脉就行了。

第二章

常用电工材料

第一节　电工材料的电阻率

在电气工程技术领域中，材料占有重要的地位。没有相应的材料，即使是原理上可行的技术和产品，也都无法实现。如今电工材料的品种很多，新材料的出现常能带来技术上的重大进展，这给电气工作者在选材时增加了难度。因此，只有掌握更多的电工材料知识，才能正确选材、用材。电工材料是电工领域应用的各类材料的统称，包括电工常用的三大材料：导电材料、绝缘材料、磁性材料。电气工程上常将电工材料按用途分类或按电阻率分类，通常导体的电阻率为 $10^{-8}\sim10^{-5}\ \Omega\cdot m$，绝缘体的电阻率为 $10^{7}\Omega\cdot m$ 以上，半导体的电阻率在导体和绝缘体之间，常用电工材料的电阻率见表 2-1，供选用时参考。

表 2-1　　常用电工材料的电阻率

名称	电阻率/(Ω·m)	名称	电阻率/(Ω·m)
银	1.6×10^{-8}	铍	5.9×10^{-8}①
铜	1.7×10^{-8}	锌	6.1×10^{-8}
金	2.3×10^{-8}	铅	2.08×10^{-7}
铝	2.9×10^{-8}	铜镍合金	3.3×10^{-7}
硬铝	3.35×10^{-8}	锑	4.05×10^{-7}
镁	4.4×10^{-8}	白铜	4.2×10^{-7}
锰	5.0×10^{-8}	锰镍铜合金	4.3×10^{-7}
钨	5.3×10^{-8}	高锰镍铜	4.5×10^{-7}
钼	5.4×10^{-8}	钛	4.7×10^{-7}②

续表

名称	电阻率/(Ω·m)	名称	电阻率/(Ω·m)
康铜	4.9×10^{-7}	铬	1.31×10^{-7}
伍德合金	5.2×10^{-7}①	青铜	1.8×10^{-7}
汞	9.58×10^{-7}	硅	1.1×10^{-3}①
铋	1.19×10^{-6}	石棉	1.0×10^{6}
石墨	8.0×10^{-6}	电木	1.0×10^{9}
碳	1.376×10^{-5}	云母（片）	1.0×10^{13}
铱	6.3×10^{-8}	瓷	2.0×10^{13}
镍	7.0×10^{-8}	火漆	5.0×10^{13}
镉	7.6×10^{-8}	虫胶	1.0×10^{14}
黄铜	8.0×10^{-8}	松香	1.0×10^{14}
钴	9.7×10^{-8}	聚苯乙烯	1.0×10^{15}
铁	1.0×10^{-7}	硫	1.0×10^{15}
钯	1.07×10^{-7}	硬橡胶	1.0×10^{16}
铂	1.11×10^{-7}	石蜡	3.0×10^{16}
锡	1.13×10^{-7}		

注 表列数据，对于金属是指在温度为18～20℃时纯金属及合金的电阻率，对于绝缘体是指在温度为18～20℃时电阻率的近似值。

① 温度在0℃时的电阻率。

② 温度在25℃时的电阻率。

第二节 导 电 材 料

导电材料的用途是输送和传导电能，它也是制造各种电器的主要材料之一。用作导电材料的金属，应具有高的导电性、足够的机械强度、耐氧化、耐腐蚀、易于加工和易于焊接等特性。常用的导电材料金属有金、银，铜、铝、铁、钨、锡等，其中铜、铝、铁主要用于架空线路、室内布线用的各种电线和电缆，以及在电机、电器、变压器等电气设备中作为导电部件使用的电磁线、触头、接触片及母线、梯排和软接线等；金、银的导电性能很好，但价格较贵，只用于特殊场合；钨的熔点较高，主要用于制作灯丝；锡的熔点低，主要用于制作导线的接头焊料和熔丝。

一、裸导线

裸导线是没有绝缘层的电线，包括圆单线、绞线、型线及软接线四大类，主要用于电力户外架空、室内汇流排和开关箱、交通、通信工程及电机、变压器和电器制造等。

对裸导线的性能要求，主要是应具有良好的导电性能和物理、机械性能。其物理、机械性能，对于不同用途的产品有着不同的具体的要求，一般应具有较高的机械强度、足够的硬度、较好的柔软性和良好的弯曲性能，且耐振动、耐腐蚀，以及蠕变较小等性能。

常用裸导线的型号、特性及用途见表 2-2。

表 2-2　　常用裸导线的型号、特性及用途

类别	名称	型号	特性	主要用途
圆单线	硬圆铜线 软圆铜线	TY TR	硬线的抗拉强度比软线大 1 倍，半硬线有一定的抗拉强度和延伸率，软线的延伸率高	硬线主要用于架空导线，半硬线、软线主要用于电线、电缆及电磁线的线芯，也用于其他电器制品
	硬圆铝线 半硬圆铝线 软圆铝线	LY LYB LR		
	铝合金圆线	HL（AL-Mg-Si） HL_2（AL-Mg）	具有比纯铝线高的抗拉强度	硬线用于架空导线，软线用于电线、电缆线芯
	铜包钢圆线	GTA GTB GTYD	有较高的抗拉强度，耐蚀性与铜和铝相近	用于架空导线，通信用载波避雷线，大跨越导线和高温电线线芯
	铝包钢圆线	GL		
	镀锌铁线	—	抗拉强度大	农村通信线路架空导线
绞线	铜绞线	TJ	钢芯铝绞线的抗拉强度（拉断力）比铝绞线大 1 倍，导电性、机械性能良好	用于低压或高压架空输电线，铜绞线用量很少
	铝绞线	LJ		
	钢芯铝绞线	LGJ		

续表

类别	名称	型号	特性	主要用途
软接线	铜电刷线	TS TSX TSR TSXR	柔软、耐振动、耐弯曲	用作电刷连接线
	铜软绞线	TJR TJR-1 TJR-2 TJR-3 TJR-4	柔软，其中 TJR-4 特别柔软	用作引出线、接地线、整流器和晶闸管的引出线
	软铜编织线	TYZ TRZX-1 TYZX TRZ-2 TRZ-1 TRZX-2	柔软	用作小型电炉和电气设备的连接线
		QC		汽车拖拉机蓄电池连接线
	铜天线	TT TTR	—	通信架空收发天线
型线	硬扁铜线	TBY	铜、铝扁线和母线的机械特性与圆线相同。母线、扁线的结构形状均为矩形	铜、铝扁线主要用于制造电机、电器的线圈。铜、铝母线主要用作汇流，也可用于其他电器制品
	软扁铜线	TBR		
	硬扁铝线	LBY		
	半硬扁铝线	LBBY		
	软扁铝线	LBR		
	硬铜母线	TMY		
	软铜母线	TMR		
	硬铝母线	LMY		
	软铝母线	LMR		
	硬铜带	TDY	编织成带	通信电缆线芯外导体
	软铜带	TDR		
	空心扁铜线	TBRK	导电同时兼作冷却水通道	用于水内冷电机机、变压器及感应电炉等作绕组和线圈
	空心扁铝线	LBRK		
	梯形铜排	TPT	银铜合金排具有比铜更好的耐磨性、较高的机械强度和硬度	用于直流电机的换向器片
	梯形银铜排	TYPT		
	异形银铜排	TYPT-1		
	铜电车线	TCY TCG	—	用作电气运输架空线路，电气化铁路、厂矿电机车及城市电车架空线路
	钢铝电车线	GLCA GLCB		
	铝合金电车线	HLC(Al-Mg)		

1. 圆单线

圆单线包括圆铜单线、镀锡圆铜软单线、圆铝单线、圆铝合金单线、圆铜包钢单线和圆铝包钢单线，其中圆铜单线、圆铝单线最为常用。

(1) 圆铜单线。圆铜单线可作为架空绞线及绝缘电线、电缆的导电线芯材料，也可作为电器产品的原材料，部分大规格的圆铜单线可单独作为电力及通信架空线路的输电线使用。圆铜单线按其柔软性可分为硬圆铜单线（TY）和软圆铜单线（TR）两种。

圆铜单线的规格见表2-3，圆铜单线的电气性能参数见表2-4。

表2-3　圆铜单线的规格　单位：mm

直径	允许偏差	直径	允许偏差
0.020～0.025	±0.002	1.01～2.50	±0.02
0.030～0.100	±0.003	2.5～3.50	±0.03
0.110～0.250	±0.005	3.51～4.50	±0.04
0.26～0.700	±0.010	4.51～6.00	±0.05
0.710～1.000	±0.015		

表2-4　圆铜单线的电气性能参数

直径/mm	电阻率/(20℃，Ω·mm²/m)		电阻温度系数 α_{20}/(1/℃)	
	TY	TR	TY	TR
≤1.00	≤0.0181	≤0.01748	0.00385	0.00395
1.01～6.00	≤0.0179			

(2) 圆铝单线。圆铝单线在很大程度上取代了圆铜单线作为各类电工产品的导电材料，如作为架空铝绞线、各种铝芯电线、电缆、铝电磁线及其他电器制品的原材料。按各类电工产品对铝导体柔软性能的不同要求，圆铝单线按不同的韧炼工艺分为硬圆铝单线（LY）、半硬圆铝单线（LYB）及软圆铝单线（LR）3种。

圆铝单线的规格见表2-5，圆铝单线的电气性能参数见表2-6。

表 2-5　　圆铝单线的规格　　单位：mm

直径	允许偏差	直径	允许偏差
0.06～0.100	±0.003	1.01～2.50	±0.02
0.110～0.250	±0.005	2.51～3.50	±0.03
0.260～0.700	±0.010	3.51～4.50	±0.04
0.710～1.000	±0.015	4.51～6.00	±0.05

表 2-6　　圆铝单线的电气性能参数

型号	电阻率/（20℃，Ω·mm^2/m）	电阻温度系数 α_{20}/（1/℃）
硬圆铝单纯（LY）	⩽0.090	0.00403
半硬圆铝单线（LYB）	⩽0.0283	0.00410
软圆铝单线（LR）	⩽0.0283	0.00410

2. 绞线

绞线是由多股单线绞合而成的导线，其目的是改善使用性能，就其结构而言可分为铝绞线、钢芯铝绞线、硬铜绞线和铝合金绞线，其中铝绞线、钢芯铝绞线最为常用，绞线的结构如图 2-1 所示。

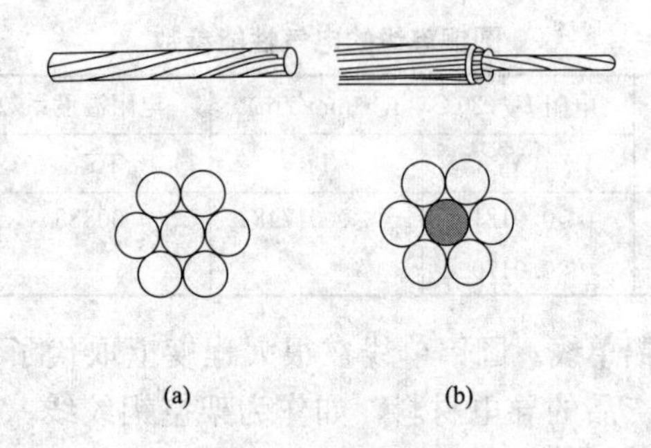

图 2-1　绞线的结构

（a）铝绞线；（b）钢芯铝绞线

（1）铝绞线。铝绞线因其抗拉强度较低，一般用于工矿企业和农村短距离低压电力线路上。

铝绞线（LJ）的技术数据见表 2-7。

表 2-7　　　　铝绞线（LJ）的技术数据

标称截面积/mm²	实际截面积/mm²	根数/（直径/mm）	计算直径/mm	最大直流电阻/(20℃，Ω/km)	拉断力/N	弹性系数/（N/mm²）	热膨胀系数×10^{-6}/（1/℃）	单位质量/(kg/km)
10	10.10	3/2.07	4.46	2.896	1600	60000	23.0	27.6
16	15.89	7/1.70	5.10	1.847	2520	60000	23.0	43.5
25	24.71	7/2.12	6.36	1.188	4000	60000	23.0	67.6
35	34.36	7/2.50	7.50	0.854	5500	60000	23.0	94.0
50	49.48	7/3.00	9.00	0.593	7400	60000	23.0	135
70	69.29	7/3.55	10.65	0.424	9800	60000	23.0	190
95	93.27	19/2.50	12.50	0.317	15000	57000	23.0	257
95(1)	94.23	7/4.14	12.42	0.311	13140	60000	23.0	258
120	116.99	19/2.80	14.00	0.253	17500	57000	23.0	323
150	148.07	19/3.15	15.75	0.200	22060	57000	23.0	409
185	182.80	19/3.50	17.50	0.165	27300	57000	23.0	504
240	236.38	19/3.98	19.90	0.125	33100	57000	23.0	652
300	297.57	37/3.20	22.40	0.0996	45000	57000	23.0	882
400	397.83	37/3.70	25.90	0.0745	56000	57000	23.0	1099
500	498.07	37/4.14	28.98	0.0595	70000	57000	23.0	1376
600	603.78	61/3.55	31.95	0.0491	80000	55000	23.0	1669

（2）钢芯铝绞线。钢芯铝绞线广泛应用于各种电压等级的电力传输线路，抗拉强度较大。为适合不同用途的要求，除了钢芯铝绞线（LGJ）外，还有轻型钢芯铝绞线（LGJQ）及加强型钢芯铝绞线（LGJJ）等品种。

钢芯铝绞线、轻型钢芯铝绞线和加强型钢芯铝绞线的技术数据分别见表 2-8～表 2-10。

表 2-8　钢芯铝绞线（LGJ）的技术数据

标称截面积/mm^2	实际截面积/mm^2		铝钢截面积比	根数/（直径/mm）		计算直径/mm		直流电阻/（20℃，Ω/km）	拉断力/N	弹性系数/（N/mm^2）	热膨胀系数×10^{-6}/（1/℃）	单位质量/（kg/km）
	铝	钢		铝	钢	电线	钢芯					
10	10.60	1.77	6.0	6/1.50	1/1.5	4.50	1.5	2.774	3600	78000	19.1	42.9
16	15.27	2.54	6.0	6/1.80	1/1.8	5.40	1.8	1.926	5200	78000	19.1	61.7
25	22.81	3.80	6.0	6/2.20	1/2.2	6.60	2.2	1.289	7800	78000	19.1	92.2
35	36.95	6.16	6.0	6/2.80	1/2.8	8.40	2.8	0.796	11700	78000	19.1	149
50	48.26	8.04	6.0	6/3.20	1/3.2	9.60	3.2	0.609	15200	78000	19.1	195
70	68.05	11.34	6.0	6/3.80	1/3.8	11.40	3.8	0.432	21000	78000	19.1	275
95	94.23	17.81	5.3	28/2.07	7/1.8	13.68	5.4	0.315	34300	80000	18.8	401
95(1)	94.23	17.81	5.3	7/4.14	7/1.8	13.68	5.4	0.312	32500	80000	18.8	398
120	116.34	21.99	5.3	28/2.30	7/2.0	15.20	6.0	0.255	42300	80000	18.8	495
120(1)	116.33	21.99	5.3	7/4.60	7/2.0	15.20	6.0	0.253	40200	80000	18.8	492
150	140.76	26.61	5.3	28/2.53	7/2.2	16.72	6.6	0.211	50000	80000	18.8	599
185	182.40	34.36	5.3	28/2.88	7/2.5	19.02	7.5	0.163	65000	80000	18.8	774
240	228.01	43.10	5.3	28/3.22	7/2.8	21.28	8.4	0.130	77100	80000	18.8	969
300	317.52	56.69	5.3	28/3.80	19/2.0	25.20	10.0	0.0935	11000	80000	18.8	1348
400	382.4	72.22	5.3	28/4.17	19/2.2	27.68	11.0	0.0788	132000	80000	18.8	1626

表 2-9 轻型钢芯铝绞线（LGJQ）的技术数据

标称截面积/mm^2	实际截面积/mm^2		铝钢截面积比	根数/(直径/mm)		计算直径/mm		最大直流电阻/(20℃，Ω/km)	拉断力/N	弹性系数/(N/mm^2)	热膨胀系数×10^{-6}/(1/℃)	单位质量/(kg/km)
	铝	钢		铝	钢	电线	钢芯					
150	143.58	17.81	8.0	24/2.76	7/1.8	16.44	5.4	0.207	41000	74000	19.8	537
185	176.50	21.99	8.0	24/3.06	7/2.0	18.24	6.0	0.168	51000	74000	19.8	661
240	253.88	31.67	8.0	24/3.67	7/2.4	21.88	7.2	0.117	70000	74000	19.8	951
300	297.84	37.16	8.0	54/2.65	7/2.6	23.70	7.8	0.0997	85000	74000	19.8	1116
300（1）	298.58	37.16	8.0	24/3.98	7/2.6	23.72	7.8	0.0994	82000	74000	19.8	1117
400	97.12	49.48	8.0	54/3.06	7/3.0	27.36	9.0	0.0748	110000	74000	19.8	1487
400（1）	398.86	49.48	8.0	24/4.60	7/3.0	27.40	9.0	0.0744	106000	74000	19.8	1491
500	478.81	59.69	8.0	54/3.36	19/2.0	30.16	10.0	0.0620	136000	74000	19.8	1795
600	580.61	72.22	8.0	54/3.70	19/2.2	33.20	11.0	0.0511	160000	74000	19.8	2175
700	692.23	85.95	8.0	54/4.04	19/2.4	36.24	12.0	0.0429	190000	74000	19.8	2595

表 2-10 加强型钢芯铝绞线（LGJJ）的技术数据

标称截面积/mm^2	实际截面积/mm^2		铝钢截面积比	根数/(直径/mm)		计算直径/mm		最大直流电阻/(20℃，Ω/km)	拉断力/N	弹性系数/(N/mm^2)	热膨胀系数×10^{-6}/(1/℃)	单位质量/(kg/km)
	铝	钢		铝	钢	电线	钢芯					
150	147.26	34.36	4.3	30/2.50	7/2.5	17.50	7.5	0.202	61000	83000	18.2	677
185	184.23	43.10	4.3	30/2.80	7/2.8	19.60	8.4	0.161	71000	83000	18.2	850
240	241.27	56.30	4.3	30/3.20	7/3.2	22.40	9.6	0.123	93000	83000	18.2	1110
300	317.35	72.22	4.4	30/3.67	19/2.2	25.68	11.0	0.0937	123000	82000	18.3	1446
400	409.72	93.27	4.4	30/4.17	19/2.5	29.18	12.5	0.0726	160000	82000	18.3	1868

3. 软接线

软接线是指质地柔软的铜绞线和编织线，它由多股铜线或镀锡铜线铰制而成，主要用于需要耐振动和耐弯曲的场合。常用的软接线有铜电刷线、裸铜天线、裸铜软绞线及铜编织线。

软接线的品种、型号、截面积规格及主要用途见表 2-11。

表 2-11　软接线的品种、型号、截面积规格及主要用途

产品名称	型号	截面积规格/mm²	主要用途
裸铜电刷线	TS	0.3～16	供电机、电器线路连接用
软裸铜电刷线	TSR	0.16～2.5	
纤维编织铜电刷线	TSX	0.3～16	
纤维编织软铜电刷线	TSXR	1.0～2.5	
硬铜天线	TT	1.0～25	供通信架空天线用
软铜天线	TTR	1.0～25	
裸铜软绞线	TRJ	10～500	供移动电器设备连接之用
	TRJ-1	25～500	供移动电器设备连接之用
	TRJ-2	0.1～1.0	供无线电设备内部连接线用
	TRJ-3	6～50	供要求较柔软的电器设备连接线用
	TRJ-4	1.0～50	供要求特别柔软的电器设备连接线用
硬裸铜编织线	TYZ	4～185	供移动电器设备连接线用
软裸铜编织线	TRZ-1	5～50	
硬裸铜镀锡编织线	TRZ-2	4～35	
软裸铜镀锡编织线	TYZX	4～185	
	TRZX-1	5～50	
	TRZX-2	4～35	
软铜编织蓄电池线	QC	16～43	供汽车、拖拉机蓄电池接线用

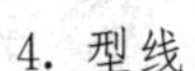

4. 型线

根据不同的使用要求，常把导线的截面加工成各种形状，称为型线。常用的型线品种有扁铝线、铝母线、扁铜线、铜母线及铜带、梯形铜排、异形铜排及异形铜带、空心导线和电车线等多种。

型线的品种、型号、基本规格及主要用途见表 2-12。

表 2-12　型线的品种、型号、基本规格及主要用途

品种	型号	基本规格	主要用途
硬扁铝线 半硬扁铝线 软扁铝线	LBY LBBY LBR	厚 0.80～7.1mm 宽 2.00～35.5mm	用于电机、电器、安装配电设备及其他电工方面
硬铝母线 软铝母线	LMY LMR	厚 4.0～31.5mm 宽 16～125mm	
硬扁铜线 软扁铜线	TBY TBR	厚 0.80～7.1mm 宽 2.00～35.5mm	用于电机、电器、安装配电设备及其他电工方面
硬铜带 软铜带	TDY TDR	厚 1.00～3.55mm 宽 9.0～100mm	
硬铜母线 软铜母线	TMY TMR	厚 4.0～31.5mm 宽 16.0～125mm	
梯形铜排	TRT	宽 3～18mm， 高 10～150mm	用于制作电机换向器整流片、大型水轮机发电机绕组
银铜梯形排	TYPT	宽≤18mm， 高≤145mm	
七边形铜排	TMR-2	截面积 355～600mm^2	
换向器用异形银铜排	TYPT-1	厚 30mm， 宽 5.64～9.26mm	
触头铜排 接触头 异形铜带	TPC TPC-1 TDR-1	宽 18～36mm， 高 6mm 宽 22～30mm， 高 7～9.5mm	用于制作电气开关触头
空心铝导线 空心铜导线	LBRK TBRK	宽 8.5～22.5mm， 高 1.5～14mm 宽 5～18mm， 高 5～18mm	用于水内冷电机、变压器作绕组线圈

续表

品种	型号	基本规格	主要用途
圆形铜电车线 双沟形电车线	TCY TCG	截面积 30～65mm² 截面积 65～100mm²	用于电气运输系统架空接触线
双沟形钢铝电车线	GLCA GLCB	截面积 100/215mm² 截面积 80/173mm²	

二、绝缘电线

通常电工使用的绝缘电线多为绝缘硬电线和绝缘软电线。固定敷设用的电线为线芯根数比较少的绝缘硬电线，硬电线未经退火处理，抗拉强度大；移动使用的电线要求比较柔软，所以采用线芯根数比较多的绝缘软电线，软电线经过退火处理，抗拉强度较差。绝缘电线的线芯有铜芯和铝芯之分，电线的绝缘有橡皮与塑料（聚氯乙烯）绝缘之分，它们可分为橡皮绝缘电线、聚氯乙烯绝缘电线、聚氯乙烯绝缘软电线、农用地下直埋铝芯塑料绝缘电线、丁腈聚氯乙烯复合物绝缘软电线和聚氯乙烯绝缘丁腈复合物护套屏蔽软电线等。

绝缘电线型号中字母的含义见表 2-13，其型号、名称及主要用途见表 2-14。

表 2-13　　绝缘电线型号中字母的含义

分类代号或用途		绝缘		护套		派生	
符号	意义	符号	意义	符号	意义	符号	意义
A	安装线缆	V	聚氯乙烯	V	聚氯乙烯	P	屏蔽
B	布电线	F	氟塑料	H	橡套	R	软
F	飞机用低压线	Y	聚乙烯	B	编织套	S	双绞
Y	一般工业移动电器用线	X	橡皮	L	腊克	B	平行
T	天线	ST	天然丝	N	尼龙套	D	带形
HR	电话软线	SE	双丝包	SK	尼龙丝	T	特种
HP	配线	VZ	阻燃聚氯乙烯	VZ	阻燃聚氯乙烯	P1	缠绕屏蔽

表 2-14 绝缘电线的型号、名称及主要用途

型号	名称	主要用途
BV	铜芯聚氯乙烯绝缘电线	适用于各种交流、直流电器装置，电工仪器、仪表，电信设备，动力及照明线路固定敷设用
BLV	铝芯聚氯乙烯绝缘电线	
BVR	铜芯聚氯乙烯绝缘软电线	
BVV	铜芯聚氯乙烯绝缘护套圆形电线	
BLVV	铝芯聚氯乙烯绝缘护套圆形电线	
BVVB	铜芯聚氯乙烯绝缘护套平型电线	
BLVVB	铝芯聚氯乙烯绝缘护套平型电线	
RV	铜芯聚氯乙烯绝缘软线	用于各种交流、直流电器，电工仪器，家用电器，小型电动工具，动力及照明装置的连接
RVB	铜芯聚氯乙烯绝缘平型软线	
RVS	铜芯聚氯乙烯绝缘绞型软线	
RVV	铜芯聚氯乙烯绝缘护套圆形软线	
RVVB	铜芯聚氯乙烯绝缘护套平型软线	
BX	铜芯橡皮线	用于交流 500V 及以下，或直流 1000V 及以下的电气设备及照明装置用
BLX	铝芯橡皮线	
BXR	铜芯橡皮软线	
BXF	铜芯氯丁橡皮线	
BLXF	铝芯氯丁橡皮线	
AV	铜芯聚氯乙烯绝缘安装电线	适用于交流额定电压 300/500V 及以下的电器、仪表和电子设备及自动化装置
AV−105	铜芯耐热 105℃聚氯乙烯绝缘安装电线	
AVR	铜芯聚氯乙烯绝缘安装软电线	
AVR−105	铜芯耐热 105℃聚氯乙烯绝缘安装软电线	
AVRB	铜芯聚氯乙烯绝缘安装平型软电线	
AVRS	铜芯聚氯乙烯绝缘安装绞型软电线	
AVVR	铜芯聚氯乙烯绝缘聚氯乙烯护套安装软电线	
AVP	铜芯聚氯乙烯绝缘屏蔽电线	适用于 300/500V 及以下的电器、仪表、电子设备自动化装置
AVP−105	铜芯耐热 105℃聚氯乙烯绝缘屏蔽电线	
RVP	铜芯聚氯乙烯绝缘屏蔽软电线	
RVP−105	铜芯耐热 105℃聚氯乙烯绝缘屏蔽软电线	
RVVP	铜芯聚氯乙烯绝缘屏蔽聚氯乙烯护套软电线	
RVVP1	铜芯聚氯乙烯绝缘缠绕屏蔽聚氯乙烯护套软电线	

续表

型号	名称	主要用途
RFB	铜芯复合物绝缘平型软线	用于交流 250V 或直流 500V 及以下的各种日用电器、照明灯座等设备的连接
RFS	铜芯复合物绝缘绞型软线	
NLV	铝芯农用地下直埋聚氯乙烯绝缘线	用于农村地下直埋敷设，供交流 500V 及以下或直流 1000V 及以下的电气设备和照明装置的配电线路用
NLVV	铝芯农用地下直埋聚氯乙烯绝缘聚氯乙烯护套线	
NLYV	铝芯农用地下直埋聚乙烯绝缘聚氯乙烯护套线	

1. 绝缘硬电线

（1）橡皮绝缘硬电线。橡皮绝缘硬电线广泛应用于交流电压 500V、直流电压 1000V 及以下的各种电器、仪器仪表、电信设备、动力线路及照明线路，作固定敷设用。橡皮绝缘硬电线的绝缘主要采用天然丁苯橡皮和氯丁橡皮，若采用天然丁苯橡皮，则另需采用棉纱、玻璃纤维或合成纤维浸渍沥青作为机械保护及防老化护套；若采用氯丁橡皮，一般不采用护套，只是在机械防护要求较高的场合如用作移动的电源引接线或直埋于土壤中或灰浆里时才采用橡皮护套。

橡皮绝缘硬电线（BX、BLX）的技术数据见表 2-15。

表 2-15　橡皮绝缘硬电线（BX、BLX）的技术数据

标称截面积/mm^2	电线线芯结构		电线最大外径/mm				绝缘厚度/mm	参考载流量/A	
	单线直径/mm	根数	单芯	双芯	三芯	四芯		BLX	BX
0.75	0.97	1	4.4	—	—	—	1.0	—	13
1.00	1.13	1	4.5	8.7	9.2	10.1	1.0	—	17
1.50	1.37	1	4.8	9.2	9.7	10.7	1.0	15	20
2.50	1.76	1	5.2	10.0	10.7	11.7	1.0	21	28
4.00	2.24	1	5.8	11.1	11.8	13.0	1.0	28	37
6.00	2.73	1	6.3	12.2	13.0	14.3	1.0	36	46
10.00	1.33	7	8.1	15.8	16.9	18.7	1.2	51	69

续表

标称截面积/mm²	电线线芯结构		电线最大外径/mm				绝缘厚度/mm	参考载流量/A	
	单线直径/mm	根数	单芯	双芯	三芯	四芯		BLX	BX
16.00	1.70	7	9.4	18.3	19.5	21.7	1.2	69	92
25.00	2.12	7	11.2	21.9	23.5	26.1	1.4	92	120
35.00	2.50	7	12.4	14.4	26.2	29.1	1.4	115	148
50.00	1.83	19	14.7	28.9	31.0	34.6	1.6	143	185
70.00	2.14	19	16.4	32.3	34.7	38.7	1.6	185	230
95.00	2.50	19	19.5	38.5	41.4	46.1	1.8	225	290
120.00	2.00	37	20.2	38.9	42.9	47.8	1.8	270	388
150.00	2.24	37	22.3	—	—	—	2.0	310	400
240.00	2.24	61	27.9	—	—	—	2.4	445	580
300.00	2.50	61	30.8	—	—	—	2.6	520	670
400.00	2.85	61	34.5	—	—	—	2.8	630	820
500.00	2.62	91	38.2	—	—	—	3.0	740	950

(2) 聚氯乙烯绝缘硬电线。聚氯乙烯绝缘硬电线适用于交流额定电压450/750V及以下的动力装置的固定敷设，它已逐步取代橡皮绝缘硬电线。聚氯乙烯绝缘硬电线的绝缘主要采用普通聚氯乙烯和耐热聚氯乙烯，电线长期允许工作温度不超过70℃（BV-105型不超过105℃），电线敷设温度不低于0℃。

聚氯乙烯绝缘硬电线（BV、BLV）的技术数据见表2-16。

表2-16 聚氯乙烯绝缘硬电线（BV、BLV）的技术数据

标称截面积/mm²	电线线芯结构		绝缘厚度/mm	电线最大外径/mm		参考载流量/A			
						BV		BLV	
	根数	单线直径/mm		单芯	双芯	单芯	双芯	单芯	双芯
1.0	1	1.13	0.7	2.8	2.8×5.6	20	16	15	12
1.5	1	1.37	0.7	3.0	3.0×6.0	25	21	19	16
2.5	1	1.74	0.8	3.7	3.7×7.4	34	26	26	22
4.0	1	2.24	0.8	4.2	4.2×8.4	45	38	35	29
6.0	1	2.73	0.9	5.0	5.0×10.0	56	47	43	36
8.0	7	1.20	0.9	5.6	5.6×11.2	70	59	54	45
10.0	7	1.33	1.0	5.6	6.6×13.2	85	96	66	56

续表

标称截面积/mm²	电线线芯结构		绝缘厚度/mm	电线最大外径/mm		参考载流量/A			
						BV		BLV	
	根数	单线直径/mm		单芯	双芯	单芯	双芯	单芯	双芯
16.0	7	1.70	1.0	7.8	—	113	96	87	73
25.0	7	2.12	1.2	9.6	—	146	123	112	95
35.0	7	2.50	1.2	10.0	—	180	151	139	117
50.0	19	1.83	1.4	13.1	—	225	188	173	145
75.0	19	2.14	1.4	14.9	—	287	240	220	185
95.0	19	2.50	1.6	17.3	—	350	294	254	214

2. 绝缘软电线

橡皮绝缘、聚氯乙烯绝缘软电线适用于各种使用交、直流电的移动式电器、小型电动工具、电工仪表、电信设备及自动化装置的连接，其特点是柔软、可经受多次弯曲、外径小而质量轻，在日用电器的电源线及照明灯头线中得到广泛应用，但聚氯乙烯绝缘软电线已逐步替代橡皮绝缘软电线。

绝缘软电线线芯采用铜导体，绝缘层采用橡皮、聚氯乙烯及复合物等，护套有橡皮和聚氯乙烯两种，绝缘软电线长期允许工作温度不超过70℃（RV-105型不超过105℃）。聚氯乙烯绝缘和护套软线可在野外一般环境下作轻型的移动式电源线或信号控制线使用，在较恶劣的环境条件下，应选用橡皮护套软电缆或野外控制电缆。

橡皮绝缘软电线（BXR）的技术数据见表2-17，聚氯乙烯绝缘软电线（BVR、BLVR）的技术数据见表2-18，聚氯乙烯绝缘软电线（RVB、RVS）的技术数据见表2-19。

表2-17　橡皮绝缘软电线（BXR）的技术数据

标称截面积/mm²	电线线芯结构		绝缘标称厚度/mm	电线最大外径/mm	参考载流量/A
	单线直径/mm	根数			
0.75	0.37	3	1.0	4.5	13
1.00	0.43	7	1.0	4.7	17

续表

标称截面积/mm²	电线线芯结构		绝缘标称厚度/mm	电线最大外径/mm	参考载流量/A
	单线直径/mm	根数			
1.50	0.52	7	1.0	5.0	20
2.50	0.41	19	1.0	5.6	28
4.00	0.52	19	1.0	6.2	37
6.00	0.64	19	1.0	6.8	46
10.00	0.82	19	1.2	8.2	69
16.00	0.64	49	1.2	10.1	92
25.00	0.58	98	1.4	12.6	120
35.00	0.58	133	1.4	13.8	148
50.00	0.68	133	1.6	15.8	185
70.00	0.68	189	1.6	18.4	230
95.00	0.68	259	1.8	21.4	290
120.00	0.76	259	1.8	22.2	355
150.00	0.74	336	2.0	24.9	400
185.00	0.75	427	2.2	27.3	475
240.00	0.85	427	2.4	30.8	580

表 2-18　聚氯乙烯绝缘软电线（BVR、BLVR）的技术数据

标称截面积/mm²	电线线芯结构		绝缘厚度/mm	电线最大外径/mm		参考载流量/A			
						BVR		BLVR	
	根数	单线直径/mm		单芯	双芯	单芯	双芯	单芯	双芯
1.0	7	0.43	0.7	3.0	3.0×6.0	20	16	15	12
1.5	7	0.52	0.7	3.3	3.3×6.6	25	21	19	16
2.5	19	0.41	0.8	4.0	4.0×8.0	34	26	26	22
4.0	19	0.52	0.8	4.6	4.6×9.2	45	38	35	29
6.0	19	0.64	0.9	5.5	5.5×11.0	56	47	43	36
8.0	19	0.74	0.9	5.7	5.7×11.4	70	59	54	45
10.0	49	0.52	1.0	6.7	6.7×13.4	85	72	66	56
16.0	49	0.64	1.0	8.5	—	113	96	87	73
25.0	98	0.58	1.2	11.1	—	146	123	112	96
36.0	133	0.58	1.2	12.2	—	180	151	139	117
50.0	133	0.68	1.4	14.3	—	225	188	173	145

表 2-19　聚氯乙烯绝缘软电线（RVB、RVS）的技术数据

标称截面积/mm²	电线线芯结构		绝缘厚度/mm	参考载流量/A	电线最大外径/mm	
	芯数×根数	单线直径/mm			RVS（单芯）	RVB（双芯）
0.20	2×12	0.15	0.6	4	4.0	2.0×4.0
0.30	2×16	0.15	0.6	6	4.0	2.1×4.2
0.40	2×23	0.15	0.6	8	4.6	2.3×4.6
0.50	2×28	0.15	0.6	10	4.8	2.4×4.8
0.75	2×32	0.15	0.7	13	5.8	2.9×5.8
1.00	2×42	0.20	0.7	20	6.2	3.1×6.2
1.50	2×48	0.20	0.7	25	6.8	3.4×6.8
2.00	2×64	0.20	0.8	30	8.2	4.1×8.2
2.50	2×77	0.20	0.8	34	9.0	4.5×9.0

3. 绝缘屏蔽电线

绝缘屏蔽电线是在绝缘电线或绝缘软电线的绝缘外面包绕了一层金属箔或编织了一层金属丝，以减少外界电磁波对绝缘电线内电流的干扰，同时也可减少绝缘电线内电流产生的电磁场对外界的影响，它广泛应用于要求防止相互干扰的各种电器、仪表、电信设备、计算机、电子仪器、自动化装置及电声广播等线路中。绝缘屏蔽电线的导电线芯多采用铜导体，多芯电线也可采用各芯单独屏蔽。有的导电线芯采用镀锡铜芯，屏蔽层多采用镀锡铜丝编织或绕包，有的用细圆铜线或扁铜线单层绞制，也有用铝箔和聚酯薄膜复合带纵包，兼有绝缘和屏蔽双重作用。

聚氯乙烯绝缘屏蔽硬电线（BVP、BVP-105）的技术数据见表 2-20，聚氯乙烯绝缘屏蔽软电线（RVP、RVP-105）的技术数据见表 2-21。

表 2-20　聚氯乙烯绝缘屏蔽硬电线（BVP、BVP-105）的技术数据

导线截面积/mm²	根数/（直径/mm）	绝缘厚度/mm	电线最大外径/mm		
			单芯	双芯	双芯椭圆
0.03	1/0.20	0.25	1.3	2.1	1.3×2.1
0.06	1/0.30	0.3	1.5	2.5	1.5×2.5

续表

导线截面积/mm²	根数/(直径/mm)	绝缘厚度/mm	电线最大外径/mm		
			单芯	双芯	双芯椭圆
0.12	1/0.40	0.3	1.7	2.8	1.7×2.8
0.2	1/0.50	0.4	2.0	3.4	2.0×3.4
0.3	1/0.60	0.4	2.1	3.6	2.1×3.6
0.4	1/0.70	0.4	2.2	4.1	2.2×4.1
0.5	1/0.80	0.5	2.5	4.8	2.5×4.8
0.75	7/0.97	0.6	3.2	5.6	3.2×5.6

表 2-21 聚氯乙烯绝缘屏蔽软电线（RVP、RVP-105）的技术数据

导线截面积/mm²	根数/(直径/mm)	绝缘厚度/mm	电线最大外径/mm		
			单芯	双芯	双芯椭圆
0.03	7/0.07	0.3	1.4	2.3	1.4×2.3
0.06	7/0.10	0.4	1.8	3.0	1.8×3.0
0.12	7/0.15	0.4	1.9	3.3	1.9×3.3
0.2	12/0.15	0.4	2.1	3.7	2.1×3.7
0.3	16/0.15	0.5	2.4	4.6	2.4×4.6
0.4	23/0.15	0.5	2.9	5.0	2.9×5.0
0.5	28/0.15	0.5	3.0	5.2	3.0×5.2
0.75	42/0.15	0.6	3.5	6.2	3.5×6.2
1	32/0.20	0.6	3.7	6.6	3.7×6.6
1.5	48/0.20	0.6	4.0	7.2	4.0×7.2

三、电磁线

电磁线又称绕组线，是在导电金属外包覆绝缘层制成的专门用于实现电能与磁能互相转换的导线，常用于制造电机、变压器及电器线圈。

电磁线所用导电线芯多数为铜和铝，有的也用高强度的铝合金线和在高温（220℃）下工作抗氧化性好的复合金属，如镍包铜线等。线芯常制成圆形、扁形、带状和箔片等型材。电磁线的绝缘层材料，主要采用天然材料（绝缘纸、植物油、天然丝等）、有机合成高分子化合物（缩醛、聚酯、聚氨酯、聚酯亚胺树脂等）和无机材料（玻璃丝、氧化铝膜、陶瓷等）。天然材料大部分已被有机合成材料和无机材料所代替，也会采用复合绝缘材料（如聚酯漆包、聚氨酯漆包等）和组合绝缘材料（如油浸渍纸包、浸漆玻璃丝包等）。根据包覆绝缘层材料的耐温性能，电磁线分为不同耐热等级，即Y级（90℃）、A级（105℃）、E级（120℃）、B级（130℃）、F级（155℃）、H级（180℃）及C级（180℃以上）。

电磁线按绝缘特点和用途分为漆包线、绕包线、无机绝缘电磁线和特种电磁线四大类。电磁线的选用主要考虑耐热等级、击穿强度、导线截面积（载流量）和工作环境是否湿潮、有无腐蚀物质等，特殊场合要用专用电磁线。

电磁线型号编制方法见表2-22。

表2-22　电磁线型号编制方法

绝缘层			导体			派生
绝缘漆	绝缘纤维	其他绝缘层	绝缘特征	导体材料	导体特征	
Q油性漆 QA聚氨酯漆 QG硅有机漆 QH环氧漆 QQ缩醛漆 QXY聚酰胺亚胺漆 QZ聚酯漆 QZY聚酯亚胺漆	M棉纱 SB玻璃丝 SR人造丝 ST天然丝 Z纸	V聚氯乙烯 VM氧化膜	B编织 C醇酸胶黏漆浸渍漆 E双层 G硅有机胶黏浸渍漆 J加厚 F耐自冷剂	L铝 TWC无磁性铜	B扁线 D带（箔） J绞制 R柔软	—1薄漆层 —2厚漆层 —3特厚漆层

1. 漆包线

电工产品所用漆包线的绝缘层是漆膜，是在导电线芯上涂覆绝缘漆后经烘干形成的，其特点是漆膜均匀、光滑，便于线圈的绕制；漆膜较薄，有利于提高空间因数（线圈中导体总截面与该线圈的横截面之比）。漆包线广泛应用于中小型或微型电工产品中。

漆包线的名称、型号、特点及主要用途见表2-23，其中圆线规格以线芯直径表示，扁线规格以线芯窄边a及宽边b的长度表示。

表 2-23　漆包线的名称、型号、特点及主要用途

分类	名称	型号	规格范围/mm	特点			主要用途
				耐热等级	优点	局限性	
油性漆包线	油性漆包圆铜线	Q	0.02～2.50	A	漆膜均匀，介质损耗角正切小	耐刮性差，耐溶剂性差（对使用的浸渍漆应注意）	中高频线圈及仪表、电器的线圈
缩醛漆包线	缩醛漆包圆铜线	QQ-1 QQ-2	0.02～2.50	E	优良的抗热冲击性、耐刮性、耐水性能	漆膜受卷绕应力易产生裂纹（浸渍前须在120℃左右加热1h以上，以消除应力）	普通中小电机、微电机绕组和油浸变压器的线圈，电器、仪表用线圈
	缩醛漆包圆铝线	QQL-1 QQL-2	0.06～2.50				
	彩色缩醛漆包圆铜线	QQS-1 QQS-2	0.02～2.50				
	缩醛漆包扁铜线	QQB	a边0.8～5.6 b边2.0～18.0				
	缩醛漆包扁铝线	QQLB	a边0.8～5.6 b边2.0～18.0				
聚氨酯漆包线	聚氨酯漆包圆铜线 彩色聚氨酯漆包圆铜线	QA-1 QA-2	0.015～1.00	E	在调频条件下，介质损耗角正切小；可以直接焊接，不用刮去漆膜；着色性好，可制成不同颜色漆包线，在接头时便于识别	较好的抗热冲击性，但过负载性能差	要求Q值稳定的高频线圈和仪表用的细微线圈

续表

分类	名称	型号	规格范围/mm	特点			主要用途
				耐热等级	优点	局限性	
环氧漆包线	环氧漆包圆铜线	QH-1 QH-2	0.06～2.50	E	优良的耐水解性、耐潮性、耐酸碱腐蚀性和耐油性能	弹性差、耐刮性较差，对含氯绝缘油相容性差，不适用于高速自动绕线工艺	耐化学药品腐蚀、耐潮湿电机绕组，油浸变压器的线圈
聚酯漆包线	聚酯漆包圆铜线	QZ-1 QZ-2	0.02～2.50	B	在干燥或潮湿条件下具有优良的耐电压击穿性能和软化击穿性能，抗热冲击性尚可	耐水解性差，与聚氯乙烯、氯丁橡胶等含氯高分子化合物不相溶	普通中小电机的绕组、干式变压器和电器、仪表的线圈
	聚酯漆包圆铝线	QZL-1 QZL-2	0.06～2.50				
	彩色聚酯漆包圆铜线	QZS-1 QZS-2	0.06～2.50				
	聚酯漆包扁铜线	QZB	a边0.8～5.6 b边2.0～18.0				
	聚酯漆包扁铝线	QZLB	a边0.8～5.6 b边2.0～18.0				
聚酯亚胺漆包线	聚酯亚胺漆包圆铜线	QZY-1 QZY-2	0.06～2.50	F	在干燥和潮湿环境下，耐电压击穿性能优，良好的抗热冲击性能、软化击穿性能	在含水密封系统中易水解；与聚氯乙烯、氯丁橡胶等含高分子化合物不相溶	高温电机和制冷装置中电机的绕组、干式变压器和电器、仪表的线圈
	聚酯亚胺漆包扁铜线	QZYB	a边0.8～5.6 b边2.0～18.0				

2. 绕包线

绕包线是用天然丝、玻璃丝、绝缘纸或合成薄膜等紧密绕包在裸导线芯（或漆包线）上形成绝缘层的电磁线。除薄膜绝缘层外，其他如玻璃丝等须经胶黏绝缘漆的浸渍处理，以提高其电性能、机械性能和防潮性能。除少数天然丝外，一般绕包线的特点是：绝缘层是组合绝缘，比漆包线的漆膜层要厚一些，电性能较高，能较好地承受过负荷，一般应用于大中型电工产品中；薄膜绝缘绕包线则具有更高的机械性能和电性能，用于大中型电机设备中。

绕包线的名称、型号、特点及主要用途见表 2-24，其中圆线规格以线芯直径表示，扁线规格以线芯窄边 a 及宽边 b 的长度表示。

表 2-24　　绕包线的名称、型号、特点及主要用途

类别	产品名称	型号	耐热等级	规格范围/mm	产品特点	主要用途
纸包线	纸包圆铜钱	Z	A	1.0～5.60	在油浸变压器中作绕组，耐电压击穿性能优、价廉	适用于变压器绕组
	纸包圆铝线	ZL				
	纸包扁铜线	ZB		a 边 0.9～5.60 b 边 2.0～18.0		
	纸包扁铝线	ZLB				
玻璃丝包线及玻璃丝包漆包线	双玻璃丝包圆铜线	SBEC	B	0.25～6.0	过负载性、耐电晕性优；玻璃丝包漆包线耐潮湿性好	适用于电机、电器产品中的绕组
	双玻璃丝包圆铝线	SBELC				
	双玻璃丝包扁铜线	SBECB		a 边 0.9～5.60 b 边 2.0～18.0		
	双玻璃丝包扁铝线	SBELCB				
	单玻璃丝包聚酯漆包扁铜线	QZSBCB				
	单玻璃丝包聚酯漆包扁铝线	QZSBLCB				
	双玻璃丝包聚酯漆包扁铜线	QZSBECB				
	双玻璃丝包聚酯漆包扁铝线	QZSBELCB				

续表

类别	产品名称	型号	耐热等级	规格范围/mm	产品特点	主要用途
玻璃丝包线及玻璃丝包漆包线	单玻璃丝包聚酯漆包圆铜线	QZSBC	B	0.53～2.50	过负载性、耐电晕性优；玻璃丝包漆包线耐潮湿性好	适用于电机、电器产品中的绕组
	硅有机漆双玻璃丝包圆铜线	SBEG	H	a边 0.9～5.60 b边 2.0～18.0	过负载性、耐电晕性、耐潮性优	适用于电机、电器产品中的绕组
	硅有机漆双玻璃丝包扁铜线	SBEGB				
丝包线	双丝包圆铜线	SE	A	0.05～2.50	绝缘层的机械强度较好，油性漆包线的介质损耗角小，丝包漆包线的电性能优	适用于仪表、电信设备的线圈和采矿电缆的线芯等
	单丝包油性漆包圆铜线	SQ				
	单丝包聚酯漆包圆铜线	SQZ				
	双丝包油性漆包圆铜线	SEQ				
	双丝包聚酯漆包圆铜线	SEQZ				
薄膜绕包线	聚酯亚胺薄膜绕包圆铜线	Y	C	2.5～6.0 a边 2.0～5.6 b边 2.0～16.0	优良的耐热性和低温性、耐辐射性，在高温下电压击穿性能好，与玻璃丝包线相比槽满率较高	适用于电机、电器产品中的绕组
	聚酯亚胺薄膜绕包扁铜线	YB				
	玻璃丝包聚酯薄膜绕包扁铜线	—	E	a边 1.12～5.6 b边 2.0～15.0	良好的耐电压击穿性能，绝缘层的机械强度高	

3. 无机绝缘电磁线

电工产品中使用的无机绝缘电磁线是采用无机材料（如陶瓷、氧化铝膜）作为绝缘层，但单一的无机绝缘层常有微孔存在，会影响电性能等，故一般常用有机绝缘漆浸渍后经烘干填实微孔。无机绝缘电磁线的特点是耐高温、耐辐射，主要用于在高温或有辐射环境中工作的电工设备中。

无机绝缘电磁线有氧化膜铝带（箔）和陶瓷绝缘线两种。氧化膜铝带（箔）绝缘电磁线是用阳极氧化法在铝带（箔）表面上生成一层致密的氧化铝（Al_2O_3）膜而成，用氧化膜铝带（箔）绕制线圈可提高空间因数和线圈的热传导性能，未经绝缘密封的氧化膜铝带，一般加热到350℃时，其击穿电压可保持在180～220kV。陶瓷绝缘电磁线是在导线上浸涂玻璃浆后，经烘炉烧结而成的，可在500℃高温环境下长期使用，在此温度下，铜线将氧化，故线芯一般要采用镀镍铜线、镍包铜线或不锈钢包铜线为导体。陶瓷绝缘电磁线有极好的耐辐射性能，适宜在高能物理、宇航等领域中应用。

无机绝缘电磁线的名称、型号、特点及主要用途见表2-25，其中圆线规格以线芯直径表示，扁线规格以线芯窄边a及宽边b的长度表示。

表2-25　无机绝缘电磁线的名称、型号、特点及主要用途

类别	产品名称	型号	规格范围/mm	产品特点	主要用途
氧化膜线和铝带	氧化膜圆铝线	YML YMLC	0.05～5.0	（1）不用绝缘漆封闭的氧化膜铝线，长期使用温度可达240℃以上； （2）槽满率高； （3）质量小； （4）耐辐射性好	起重电磁铁、高温制动器、干式变压器绕组，并用于需耐辐射场合
	氧化膜扁铝线	YMLB YMLBC	a边1.0～4.0 b边2.5～6.30		
	氧化膜铝带（箔）	YMLD	厚0.08～1.00 宽20～900		

续表

类别	产品名称	型号	规格范围/mm	产品特点	主要用途
陶瓷绝缘线	陶瓷绝缘线	TC	0.06～0.50	(1) 耐高温性能优，长期工作温度可达500℃；(2) 耐化学腐蚀性优；(3) 耐辐射性优	用于高温及有辐射的场合

4. 特种电磁线

特种电磁线是为了适应在高温、超低温、高湿度、强磁场或高频辐射等特殊环境下工作的仪器、仪表和其他电工产品的特殊要求而制造的具有特殊绝缘层电磁线，要求其绝缘结构和机电性能适应这些特殊环境的要求，保证具有良好的效果。

特种电磁线的名称、型号、特点及主要用途见表 2-26，其中圆线规格以线芯直径表示，扁线规格以线芯窄边 a 及宽边 b 的长度表示。

表 2-26　特种电磁线的名称、型号、特点及主要用途

类别	产品名称	型号	耐热等级	规格范围	产品特点	主要用途
高频绕组线	单丝包高频绕组线	SQJ	Y	由多根漆包线绞制成线芯	(1) Q值大；(2) 由多根漆包线组成，柔软性好，可降低趋肤效应；(3) 如采用聚氨酯漆包线有直焊性	要求Q值稳定和介质损耗角小的仪表电器线圈
	双丝包高频绕组线	SEQJ				
中频绕组线	玻璃丝包中频绕组线	QZJBSB	B H	宽 2.1～8.0mm 高 2.8～12.5mm	(1) 由多根漆包线组成，柔软性好，可降低趋肤效应 (2) 嵌线工艺简单	用于1000～8000Hz的中频变频机绕组

续表

类别	产品名称	型号	耐热等级	规格范围	产品特点	主要用途
换位导线	换位导线	QQLBH	A	a边1.56～3.82mm b边4.7～10.8mm	(1) 简化绕制线圈工艺； (2) 无循环电流，线圈内的涡流损耗小； (3) 比纸包线槽满率高	大型变压器绕组
塑料绝缘绕组线	聚氯乙烯绝缘潜水电机绕组线	QQV	Y	线芯截面积0.6～11.0mm²	耐水性能较好	潜水电机绕组
	聚氯乙烯绝缘尼龙护套湿式潜水电机绕组线	—	Y	线芯截面积0.5～7.5mm²	(1) 耐水性能良好； (2) 护套具有较高的机械强度	

四、电力电缆

电力电缆是一种既有绝缘层又有保护层的特殊导线，应用在电力系统中传输或分配较大功率的电能，根据电力系统电压等级的不同，生产有不同电压等级的电力电缆。

1. 电力电缆的结构

电力电缆的结构包括缆芯、绝缘层和保护层3部分，如图2-2所示。缆芯起传导电流作用，一般由多股铜或铝线绞合而成，这样的电缆比较柔软，缆芯断面有圆形、半圆形、扇形等多种。绝缘层有油浸纸绝缘、塑料绝缘、橡胶绝缘等几种，作用是使缆芯之间、缆芯与保护层之间互相隔开，互相绝缘。保护层分内护层和外护层，内护层有铅包、铝包、聚氯乙烯包及橡胶套等几种，用以保护绝缘层；外护层分沥青麻护层、钢带铠装护层、钢丝铠装护层等，用以保护电缆在运输、敷设和运行过程中不受外界机械损伤。

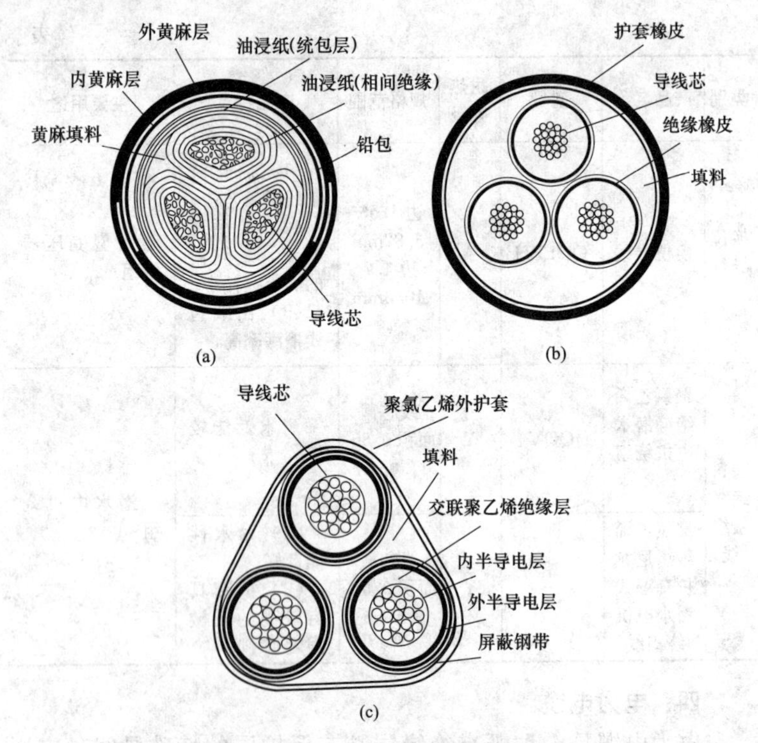

图 2-2　电力电缆结构

（a）三芯油浸纸绝缘电力电缆断面；（b）三芯橡皮绝缘电力电缆断面；（c）三芯交联聚乙烯绝缘电力电缆断面

此外，为了使绝缘层和电缆导体有较好接触，消除因导体表面的不光滑而引起的导体表面电场强度的增加，在导体表面包一层金属化纸或半导体金属化纸用作内屏蔽。为了使绝缘层与金属护套有较好的接触，在绝缘层外表面也包一层金属化纸用作外屏蔽。

所有单芯电缆及多芯电缆且其缆芯截面积在 $16mm^2$ 以下时为圆形缆芯，截面积在 $25mm^2$ 及以上时为半圆形或扇形缆芯。采用扇形缆芯可以使电缆外径较圆形缆芯时小，从而增强了绝缘，降低了外部保护性金属（铅皮、铠装）的消耗量，同时散热也比较好。

2. 电力电缆的型号及规格

每一个电力电缆型号表示着一种电力电缆的结构，同时也表明这种电力电缆的使用场合和某些特征，我国电力电缆产品型号中字母及数字的含义见表 2-27。

表 2-27　　电力电缆型号中字母及数字的含义

类别 (根据绝缘材料)	导体	内护层	特征	外护套
V—聚氯乙烯塑料	L—铝芯	H—橡套	CY—充油	0—相应的裸外护层 1—一层防腐、麻外护套
X—橡皮	T—铜芯	HF—非燃性橡套	D—不滴油	2—二级防腐、钢带铠装、钢带加强层 3—单层细钢丝铠装
XD—丁基橡皮		L—铝包	F—分相	4—双层细钢丝铠装 5—单层粗钢丝铠装 6—双层粗钢丝铠装
Y—聚乙烯		Q—铅包	P—贫油、干绝缘	11—防腐护层 12—钢带 20—裸钢带铠装
YJ—交联聚乙烯		V—聚氯乙烯护套	P—屏蔽	29—双层钢带铠装外加聚氯乙烯护套 30—裸细钢丝铠装
Z—纸		Y—聚乙烯护套	Z—直流	39—细钢丝铠装外加聚氯乙烯护套 120—裸钢带铠装有防腐层
		F—氯丁胶	C—滤尘用	

注　代表铜芯的字母 T 一般省略不写。

我国 35kV 及以下的中、低压电力电缆缆芯截面积标称值为：2.5、4、6、10、16、25、35、50、70、95、120、150、185、240、300、400、500、625、800mm²，国内与国外的截面积标称值等级不尽相同，工厂企业常用的是 240mm² 及以下截面积的电力电缆。

(1) 油浸纸绝缘电力电缆产品规格。额定工作电压为 1～35kV，缆芯数为 1～4 芯，单芯的截面积为 2.5～800mm²，多芯的截面积为 2.5～400mm²。油浸纸绝缘电力电缆广泛应用于交流电压的输配电网中，作为传输或分配电能之用，也可用于直流，其工作电压可提高 1 倍。油浸纸绝缘电力电缆的品种及敷设场合见表 2-28。

表 2-28　　油浸纸绝缘电力电缆的品种及敷设场合

品种	单芯和多芯统包型		分相铅包型		外护层各类	敷设场合
	铝芯	铜芯	铝芯	铜芯		
油浸纸绝缘铅包电力电缆	ZLQ	ZQ	—	—	裸铅护套	敷设在室内，隧道及沟管中，对电缆应没有机械外力作用，对铅护套应有中性环境
	ZLQ1	ZQ1	—	—	麻被层	同 ZLQ，但可用于有腐蚀的环境
	ZLQ2	ZQ2	ZLQF2	ZQF2	钢带铠装，外麻被	直埋于土壤中，能承受机械外力，不能承受大的拉力
	ZLQ20	ZQ20	ZLQF20	ZQF20	裸钢带铠装	敷设在室内、隧道及沟管中，其余同 ZLQ2
	ZLQ3	ZQ3	—	—	细钢丝铠装，外麻被	敷设在土壤中，能承受机械外力，并能承受相当的拉力
	ZLQ30	ZQ30	—	—	裸细钢丝铠装	敷设在室内及矿井中，其余同 ZLQ3
	ZLQ5	ZQ5	ZLQF5	ZQF5	粗钢丝铠装，外麻被	敷设在水中，能承受较大的拉力
油浸纸滴干绝缘铅包电力电缆	ZLQP2	ZQP2	ZLQPF2	ZQPF2	钢带铠装，外麻被	用于一定范围内的垂直或高落差敷设
	ZLQP20	ZQP20	ZLQPF20	ZQPF20	裸钢带铠装	
	ZLQP3	ZQP3	—	—	细钢丝铠装，外麻被	
	ZLQP30	ZQP30	—	—	裸细钢丝铠装	
	ZLQP5	ZQP5	ZLQPF5	ZQPF5	粗钢丝铠装，外麻被	

续表

品种	单芯和多芯统包型		分相铅包型		外护层各类	敷设场合
	铝芯	铜芯	铝芯	铜芯		
油浸纸绝缘铝包电力电缆	ZLL	ZL	—	—	裸铝护套	敷设在室内，隧道及沟管中，对电缆应没有机械外力，对铝护套应有中性环境
	ZLL11	ZL11	—	—	一级防腐麻被层	同 ZLL，但可用于对铝护套有腐蚀的环境
油浸纸绝缘铝包电力电缆	ZLL12	ZL12	—	—	一级防腐钢带铠装，外麻被	直埋于对铝护层有腐蚀的土壤中，能承受较大机械外力，但不能承受拉力
	ZLL120	ZL120	—	—	一级防腐裸钢带铠装	敷设在对铝护层有腐蚀的室内、隧道及沟管中，其余同 ZLL12
	ZLL13	ZL13	—	—	一级防腐细钢丝铠装，外麻被	敷设在对铝护层有腐蚀的土壤和水中，能承受机械外力和相当的拉力
	ZLL130	ZL130	—	—	一级防腐裸细钢丝铠装	敷设在对铝护层有腐蚀的室内、隧道及沟管中，其余同 ZLL13
	ZLL15	ZL15	—	—	一级防腐粗钢丝铠装，外麻被	敷设在对铝护层有腐蚀的水中，能承受较大的拉力
	ZLL22	ZL22	—	—	二级防腐钢带铠装，外麻被	敷设在对铝护层和钢带或钢丝均有严重腐蚀的环境中，其余分别同 ZLL12、ZLL13、ZLL15
	ZLL23	ZL23	—	—	二级防腐细钢丝铠装，外麻被	
	ZLL25	ZL25	—	—	二级防腐粗钢丝铠装，外麻被	

（2）橡皮绝缘电力电缆产品规格。额定工作电压0.5～6kV，缆芯数为1～4芯，单芯的截面积为1.0～500mm²，多芯的截面积为1.5～185mm²。橡皮绝缘电力电缆广泛应用于定期移动的场合，作固定敷设使用，氯丁橡胶和聚氯乙烯护套都可用于要求非燃和不延燃的场合。橡皮绝缘电力电缆的品种及敷设场合见表2-29。

表2-29　橡皮绝缘电力电缆的品种及敷设场合

品种	型号		外护层种类	敷设场合
	铝芯	铜芯		
橡皮绝缘铅包电力电缆	XLQ	XQ	无外护层	敷设在室内、隧道及沟管中，不能承受机械外力和振动，对铅层应有中性环境
	XLQ2	XQ2	钢带铠装，外麻被	直埋敷设在土壤中，能承受机械外力，不能承受大的拉力
	XLQ20	XQ20	裸钢带铠装	敷设在室内、隧道及沟管中，其余同XLQ2
橡皮绝缘聚氯乙烯护套电力电缆	XLV	XV	无外护层	敷设在室内、隧道及沟管中，不能承受机械外力
	XLV29	XV29	钢带铠装	敷设在地下，能承受一定机械外力作用，但不能承受大的拉力
橡皮绝缘氯丁橡套电力电缆	XLF	XF	无外护层	敷设于要求防燃烧的场合，其余同XLV

（3）交联聚乙烯绝缘电力电缆产品规格。额定工作电压为6、10、20及35kV，缆芯数为1～3芯，单芯的截面积为16～500mm²，三芯的为16～240mm²。交联聚乙烯绝缘电力电缆的特点是其绝缘层采用交联聚乙烯，交联聚乙烯是聚乙烯在高能射线（如γ射线、α射线、电子射线等）或交联剂的作用下，使其大分子之间生成交联，可提高其耐热等性能，它广泛应用于交流电压的输配电网中，作传输电能之用，无敷设位差的限制，

可替代油浸纸绝缘电力电缆，还可用于定期移动的固定敷设场合，除具有较高的耐热性能外，且有良好的耐寒性能。交联聚乙烯绝缘电力电缆的品种及敷设场合见表 2-30。

表 2-30 交联聚乙烯绝缘电力电缆的品种及敷设场合

型号		名称	敷设场合
铜芯	铝芯		
YJV	YJLV	交联聚乙烯绝缘聚氯乙烯护套电力电缆	敷设在室内外、隧道内（须固定在托架上）、混凝土管组或电缆沟中，允许在松散土壤中直埋，电缆不能承受机械外力作用，但可经受一定的敷设牵引
YJVF	YJLVF	交联聚乙烯绝缘分相聚氯乙烯护套电力电缆	同 YJV、YJLV 型
YJV29	YJLV29	交联聚乙烯绝缘聚氯乙烯护套内钢带铠装电力电缆	敷设在地下，电缆能承受机械外力作用，但不能承受大的拉力
YJV30	YJLV30	交联聚乙烯绝缘聚氯乙烯护套裸细钢丝铠装电力电缆	敷设在室内、隧道内及矿井中，电缆能承受机械外力作用，并能承受相当的拉力
YJV39	YJLV39	交联聚乙烯绝缘聚氯乙烯护套内细钢丝铠装电力电缆	敷设在水中或具有落差较大的土壤中，电缆能承受相当的拉力
YJV50	YJLV50	交联聚乙烯绝缘聚氯乙烯护套裸粗钢丝电力电缆	敷设在室内、隧道内及矿井中，电缆能承受机械外力作用，并能承受较大的拉力
YJV59	YJLV59	交联聚乙烯绝缘聚氯乙烯护套内粗钢丝铠装电力电缆	敷设在水中，电缆能承受较大的拉力

（4）聚氯乙烯绝缘电力电缆产品规格。额定工作电压为 1～6kV，缆芯数为 1～4 芯，单芯截面积为 1～800mm²，多芯的截

面积为 1～300mm²。聚氯乙烯绝缘电力电缆结构与交联聚乙烯绝缘电力电缆基本相同，广泛应用于交流 6kV 及以下电压等级的电力线路中，作为固定敷设、传输电能的干线及支线电缆，其工作温度不超过 65℃，没有敷设位差的限制。聚氯乙烯绝缘电力电缆的品种及敷设场合见表 2-31。

表 2-31　聚氯乙烯绝缘电力电缆的品种及敷设场合

型号		护层种类	敷设场合
铝芯	铜芯		
VLV	VV	聚氯乙烯护套，无铠装层	敷设在室内、隧道及沟管中，不能承受机械外力作用
VLV29	VV29	内钢带铠装，聚氯乙烯护套	直埋敷设在土壤中，能承受机械外力，不能承受大的拉力
VLV30	VV30	聚氯乙烯护套，裸细钢丝铠装	敷设在室内、矿井中，能承受机械外力和相当的拉力
VLV39	VV39	内细钢丝铠装，聚氯乙烯护套	敷设在水中，能承受相当的拉力
VLV50	VV50	聚氯乙烯护套，裸粗钢丝铠装	敷设在室内、矿井中，能承受较大的拉力
VLV59	VV59	内粗钢丝铠装，聚氯乙烯护套	敷设在水中，能承受较大的拉力

3. 电力电缆的选用

（1）导体材料选择。电力电缆一般采用铝线芯，濒临海边及有严重盐雾地区的架空线路，可采用防腐型钢芯铝绞线。下列场合应采用铜芯电力电缆：

1）需要确保长期运行中连接可靠的回路，如重要电源、重要的操作回路及二次回路、电机的励磁、移动设备的线路及剧烈振动场合的线路。

2）对铝有严重腐蚀而对铜腐蚀轻微的场合。

3）对爆炸危险环境或火灾危险环境有特殊要求的场合。

4）特别重要的公共建筑物。

5）高温设备旁。

6）应急系统，包括消防设施的线路。

此外还有经全面技术经济分析确认宜用铜芯电力电缆的场所，如高层建筑、大中型计算机房、重要的公共建筑等。

（2）电缆芯数的选择。

1）电压1kV及以下的三相四线制低压配电系统，若第4芯为PEN线时，应采用4芯型电缆而不得采用3芯电缆加单芯电缆组合成一回路的方式。当PE线作为专用而与带电导体N线分开时，则应用5芯电缆。若无5芯电缆时可用4芯电缆加单芯电缆电线捆扎组合的方式，PE线也可利用电缆的护套、屏蔽层、铠装等金属外护层等。分支单相回路带PE线时应采用3芯电缆。如果是三相三线制系统，则采用4芯电缆，第4芯为PE线。

2）在3～35kV交流系统中应采用3芯电缆。

3）在水下或重要的较长线路中，为避免或减少中间接头，或单芯电缆比多芯电缆有更好的综合技术经济性时，可选用单芯电缆，但应注意用于交流系统的单芯电缆不得采用钢带铠装，应采用经隔磁处理的钢丝铠装电缆。

（3）绝缘材料及护套的选择。

1）塑料绝缘电线。优点是绝缘性能良好，制造工艺简便，价格较低，无论明敷或穿管都可取代橡皮绝缘线，从而节约大量橡胶和棉纱。缺点是对气候适应性能较差，低温时变硬发脆，高温或日光照射下增塑剂容易挥发而使绝缘老化加快。因此，在未具备有效隔热措施的高温环境、日光经常照射或严寒地方，宜选择相应的特殊型塑料电线。为满足一旦着火燃烧时的低烟、低毒要求，在高层建筑及特殊重要公共设施等人流密集场所不宜选用普通型塑料绝缘电线。

2）橡皮绝缘电线。根据玻璃丝或棉纱原料的货源情况配置编织层材料，型号不再区分而统一用BLX表示。

3）氯丁橡皮绝缘电线。由于其产量日益增多，导线截面积35mm^{2}以下的普通橡皮线有被氯丁橡皮绝缘电线取代的趋势。

它的特点是耐油性能好、不易霉、不延燃、适应气候性能好、光老化过程缓慢，老化时间约为普通橡皮绝缘电线的两倍，因此适宜在室外敷设。由于其绝缘层机械强度比普通橡皮线弱，因此不推荐用于穿管敷设。

4）架空绝缘电缆。该电缆使用日益广泛，耐光老化性能较优，主要用于地下水位高的地方、有化学腐蚀液体溢流的场所、工厂区外需电缆数量不多又不便埋地下的区域，对城镇配电线路改建尤为适宜。

5）黏性浸渍纸绝缘电力电缆。优点是允许运行温度较高，介质损耗低，耐电压强度高，使用寿命长。缺点是绝缘材料弯曲性能差，不能在低温时敷设，否则易损伤绝缘。其按浸渍方式分，有普通油浸纸绝缘、滴干型油浸纸绝缘和不滴流浸渍纸绝缘 3 种。由于绝缘层内油的流淌，普通油浸纸绝缘电缆敷设的水平高差仅允许 5～20m，滴干绝缘电缆可允许水平高差 100～300m，不滴流电缆则无高差限制。油浸纸绝缘电力电缆有铅、铝两种护套，铅护套质软、韧性好、不影响电缆的弯曲性能、化学性能稳定、熔点低，便于加工制造，但它价贵质重，且膨胀系数小于浸渍纸，线芯发热时电缆内部产生的应力可能使铅包变形。

6）聚氯乙烯绝缘及护套电力电缆。简称全塑电缆或塑料电缆，有 1kV 及 6kV 两级。主要优点是制造工艺简便，没有敷设高差限制，重量轻，弯曲性能好，接头制作简便，耐捆，耐酸碱腐蚀，不延燃，具有内铠装结构，使钢带或钢丝免受腐蚀，价格便宜。因此可以在很大范围内代替油浸纸绝缘电缆、滴干绝缘和不滴流浸渍纸绝缘电缆，尤其在线路高差较大或敷设在桥架、槽盒内以及在含有酸、碱等化学性腐蚀土质中直埋时，宜选用塑料电缆。

聚氯乙烯绝缘电力电缆的缺点是绝缘电阻较油浸纸绝缘电缆低，介质损耗较高，因此对 6kV 重要回路，不宜使用。在含有苯及苯胺类、酮类、吡啶、甲醇、乙醇、乙醛等化学剂的土质中或在含有三氯乙烯、三氯甲烷、四氯化碳、二硫化碳、醋酸酐、冰醋酸的环境中也不宜使用。

7）橡皮绝缘电力电缆。弯曲性能较好，能够在严寒气候下敷设，特别适用于敷设线路水平高差大或垂直敷设的场合。它不仅适用于固定敷设的线路，也可用于定期移动的固定敷设线路。移动式电气设备的供电回路应采用橡皮绝缘橡皮护套软电缆（简称橡套软电缆），有屏蔽要求的回路（如煤矿采掘工作面供电电缆）应具有分相屏蔽。普通橡胶遇到油类及其化合物时，很快就被损坏，因此在可能经常被油浸泡的场所，宜使用耐油型橡胶护套电缆。

普通橡胶耐热性能差，允许运行温度较低，故对于高温环境又有柔软性要求的回路，宜选用乙丙橡胶绝缘电缆。乙丙橡胶绝缘电缆具有较优异的电气、机械特性，即使在潮湿环境下也具有良好的耐高温性能，线芯长期允许工作温度可达90℃。

8）交联聚乙烯绝缘聚氯乙烯护套电力电缆。性能优良，结构简单，制造方便，外径小，质量轻，载流量大，敷设方便，除不受高差限制外，其终端和接头方便，完全可以代替纸绝缘电缆。对于1kV电压等级及6～35kV电压等级的非重要回路电缆，可采用“非干式交联”工艺制作的电缆。交联聚乙烯绝缘聚氯乙烯护套电缆还可敷设于水下，但应选用具有防水层构造的。

9）金属护套矿物绝缘电缆。电缆耐高温，外护层为铜或铝，绝缘为氧化镁，适用于钢铁工业、发电厂、油库、高层建筑、核电站、采油平台、冷库等交流额定电压500V（直流电压1000V）及以下的高温、高湿、易燃、易爆环境。它的长期工作环境温度可达250～400℃，是理想的耐高温电缆。但此电缆价格十分昂贵，限制了它的广泛使用。

（4）铠装选择。电缆外护层及铠装的选择应根据电缆敷设的方式、环境条件而定，不同敷设地点的选用原则如下：

1）直埋地敷设。在土壤可能发生位移的地段，如流沙、回填土及大型建筑物、构筑物附近，应选用能承受机械张力的钢丝铠装电缆，或采取预留长度、用板桩或排桩加固土壤等措施，以减少或消除因土壤位移而作用在电缆上的应力。塑料电缆直埋地敷设时，当使用中可能承受较大压力或存在机械损伤危险时，应选用钢带铠装。电缆金属套或铠装外面应具塑料防腐蚀外套。当位于盐碱、沼泽，或在含有腐蚀性的矿渣回填土中时，应具有增强防护性的外护套。

2）水下敷设。敷设于通航河道、激流河道或被冲刷河岸、海湾处，宜采用钢丝铠装。在河滩宽度小于100m、不通航的小河或沟渠底部，且河床或沟底稳定的场合，可采用钢带铠装。但钢丝、钢带外面均需具有耐腐蚀的塑料或纤维外被层。

3）导管或排管中敷设。此时宜选用塑料外护套或加强型铅包护套的电缆。

4）空气中敷设。在支持档距大于400mm，可能承受机械损伤时，或在防鼠害、蚁害要求较高的场所，如地下铁道等，应采用铠装电缆。也有工厂生产防白蚁型聚氯乙烯护套电线、电缆，它的规格、电气性能、机械物理性能与普通型同类产品相同。无防鼠、蚁害要求时，可不采用铠装。

（5）电缆截面积的选择。电线、电缆截面积选择应满足允许温升、电压损失、机械强度等要求。对于电缆线路还应校验其热稳定，较长距离的大电流回路或35kV及以上的输电线路应校验经济电流密度，以达到安全运行、降低能耗、减少运行费用的目的。同一供电回路需要多根电缆并联时，宜选择相同缆芯截面积。

电缆截面积的选择，首先按经济电流密度初选，然后按其他条件进行校验。经济电流密度是经过各种经济技术比较得出最合理的导线单位截面积的电流值，它常作为新建线路选择导线截面的依据，也可作为运行线路经济与否的判断标准。按经济电流密度选择导线截面所用的输送容量，应考虑线路投入运行后5～10年电力系统的发展规划，在计算中必须采用经常重复出现的最大负荷。

1）按温升校验截面积。为保证电线、电缆的实际工作温度不超过允许值，电线、电缆按发热条件的允许长期工作电流（以下简称载流量），不应小于线路的工作电流。电缆通过不同散热条件地段，其对应的缆芯工作温度会有差异，除重要回路或水下外，电缆一般可按最恶劣散热条件地段（长度大于 5m）来选择截面积。

2）按电压损耗校验截面积。线路传输电压损耗不得超过10%。

3）按机械强度校校验截面积。不准使用单股导线，导线截面积不得小于 $35mm^2$，铝材以外材料的导体截面积不得小于 $16mm^2$。

4）按电晕条件校验截面积。降低消耗电能，弱化对附近通信设备的干扰。

五、通信电缆和通信光缆

通信电缆是传输电话、电报、电视、广播、传真、数据和其他电信信息的电缆，由一对以上相互绝缘的导线绞合而成。通信电缆与架空明线相比，具有通信容量大、传输稳定性高、保密性好、少受自然条件和外部干扰影响等优点。

通信光缆在我国近年来发展迅速，前景可观，有着长远的发展价值，其传输衰减小、传输频带宽、重量轻、外径小，又不受电磁场干扰，因此通信光缆已逐渐替代了通信电缆。

1. 通信电缆

公共通信网中所使用的通信电缆，按使用场合不同可分为三大类：①市内通信电缆，一般都是对称电缆，传输音频信息，适用于市内和近距离通信；②长途对称电缆，用于几十千米到上千千米距离通信；③同轴（干线）通信电缆，用于几百千米以上距离，传输频率可达几十 MHz。

市内通信电缆的结构主要由芯线、绝缘材料、线对组成、缆芯、护层及铠装等组成，如图 2-3 所示，其主要品种和规格见表 2-32。

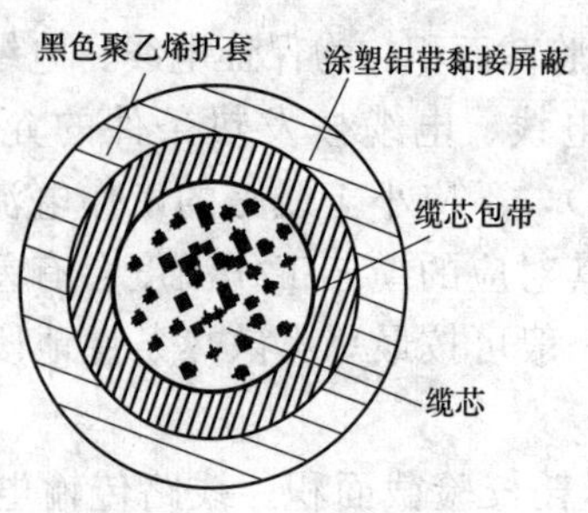

图 2-3 通信电缆的结构

表 2-32 通信电缆的主要品种和规格

类别	型号	电缆种类	导线直径/mm	标称对数或组数	线芯绝缘	线对绞合	缆芯绞合	护层
市内通信电缆	HQ	铜芯纸绝缘对绞市内通信电缆	0.4、0.5、0.6、0.7	5～1800（对）	空气—纸	对绞	同心式或单位式	铅套
	HYA	铜芯聚烯烃绝缘挡潮层聚乙烯护套市内通信电缆	0.32、0.4、0.5、0.6、0.8	10～3600（对）	聚乙烯（PE）或聚丙烯（PP）	对绞	同心式或单位式	LAP
长途对称通信电缆	HEQ	铜芯纸绝缘星绞铅套高频对称电缆	1.2	1、3、4、7（组）	空气—纸	星绞	层绞式	铅套
	HYFQ HYFL	泡沫聚乙烯绝缘金属套高低频对称电缆	0.9、1.2	高频：3、4；低频：4～11（组）	泡沫聚乙烯（PEE）	星绞	层绞式	铅或铝套
同轴（干线）通信电缆	HOQ HOL	小同轴综合通信电缆（1.2/4.4mm）	1.2/4.4	4、8（对）	聚乙烯鱼泡	—	层绞式	铅或铝套
	HOQ HOL	同轴综合通信电缆（2.6/9.5mm）	2.6/9.5	4、8（对）	聚乙烯垫片	—	层绞式	铅或铝套

续表

类别	型号	电缆种类	导线直径/mm	标称对数或组数	线芯绝缘	线对绞合	缆芯绞合	护层
局用配线通信电缆	HJVV	聚氯乙烯局用电缆	0.5	12～105（芯）	聚氯乙烯（PVC）	对绞，3芯绞合	层绞式	PVC
	HPVV	聚氯乙烯配线电缆	0.5	5～300（对）	聚氯乙烯	对绞	层绞式	PVC

（1）芯线。芯线是用来传输电信号的，要求具有良好的导电性能、足够的柔软性和机械强度，同时还要求便于加工、敷设和使用。芯线的材质为电解软圆铜线（TR），铜线的线径主要有0.32、0.4、0.5、0.6、0.8mm。

（2）绝缘材料。绝缘材料应具有较高的绝缘电阻、低的介电常数、低的传输损耗，并有一定的耐电压水平，既要满足线路传输特性的要求，又要考虑经济性，因此绝缘材料往往包含着空气，以减小传输损耗，又有足够稳定性和均匀性。绝缘材料主要采用高密度的聚乙烯、聚丙烯或乙烯-丙烯共聚物等高分子聚合物，称为聚烯烃塑料，空气-纸绝缘已趋向淘汰。

（3）线对组成。电缆线路为双线回路，因此必须构成线对。为了减少线对之间的电磁耦合，提高线对之间的抗干扰能力，便于电缆弯曲和增强电缆结构的稳定性，线对（或4线组）应当进行扭绞。通常线对由2根结构相同的绝缘导线组成，将其以对绞或星绞方式绞合并对称于线对纵向轴线，如图2-4所示。

市内通信电缆通常由若干个对绞或星绞构成，国内较多采用对绞方式。对绞方式是由2根不同颜色的绝缘线芯均匀绞合而成的线对。成品的市内通信电缆中，线对的绞合节距（一个扭绞周期的长度）应不大于155mm，每一基本单位（25对、10对）中，所有线对的绞合

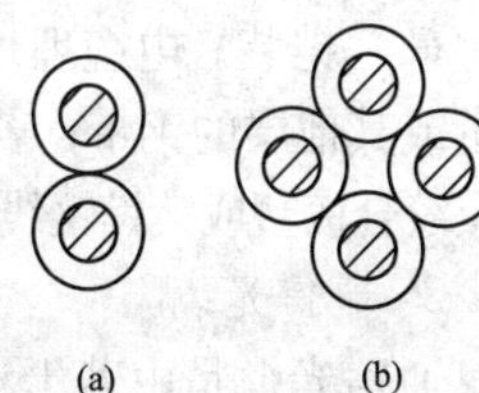

图2-4 线对组成的方式
（a）对绞方式；（b）星绞方式

节距应各不相同，绞合质量会直接影响电缆的串音特性。星绞方式是由 4 根不同颜色的绝缘线芯均匀绞合而成。

（4）缆芯。芯线扭绞成对后，再将若干对按一定规律绞合成为缆芯。市内通信电缆通常采用全色谱对绞单位式缆芯，以方便接续、配线和安装电话。全色谱对绞单位式缆芯的单位束可根据单位束内线对的多少，将这些单位束分为基本单位（25 对，代号为 U）和超单位（50 对，代号为 S；100 对，代号为 SD；150 对，代号为 SC；200 对，代号为 SB），然后再将若干个单位束分层绞合，如图 2-5 所示。

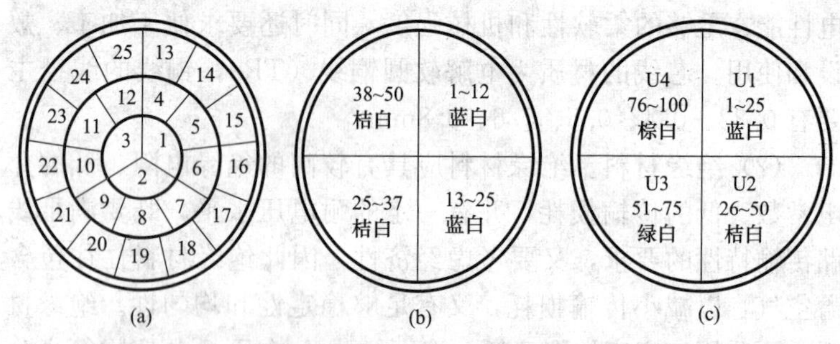

图 2-5　缆芯的 U、S、SD 单位

（a）U 单位；（b）S 单位；（c）SD 单位

（5）护层。通信电缆护层起机械保护、防化学腐蚀、防潮及屏蔽电磁场等作用。护层包括护套（内护套）和外护套。因敷设环境、力学性能和电气性能要求不同，护层可分为铅护套、铝护套、焊接钢管护套及聚乙烯金属（铝或钢）黏结综合护层（又称挡潮层聚乙烯护套或 LAP 护层）。

（6）铠装。电缆埋地敷设时，为防止外力损伤，需绕包镀锌钢带或其他层的钢带；若敷设于水底或需要承受拉力的场合下，电缆应绞合镀塑或镀锌钢线，以增加抗拉强度，这些统称为铠装层。

2. 通信光缆

通信光缆是由若干根光纤（一般从几芯到上千芯）构成的缆芯和外护层所组成，主要用于公共通信网、专用通信网、通信设备和采用类似技术的装置中，将逐步成为未来通信网络的主体。通信光缆有层绞式光缆（4～144 芯）、中心管式光缆（4～12 芯）、骨架式光缆（4～1000 芯）。

通信光缆的名称、型号和适用场所见表 2-33。

表 2-33　　通信光缆的名称、型号和适用场所

<table>
<tr><th>型号</th><th>名称</th><th>适用场所</th></tr>
<tr><td>GYSA</td><td>金属加强构件松套层绞式铝聚乙烯黏结护套通信光缆</td><td rowspan="5">架空、管道或隧道等固定敷设</td></tr>
<tr><td>GYSTA</td><td>金属加强构件松套层绞填充式铝聚乙烯黏结护套通信光缆</td></tr>
<tr><td>GYGTA</td><td>金属加强构件骨架填充式铝聚乙烯黏结护套通信光缆</td></tr>
<tr><td>GYDGTA</td><td>金属加强构件光纤带骨架填充式铝聚乙烯黏结护套通信光缆</td></tr>
<tr><td>GYSTS</td><td>金属加强构件松套层绞填充式钢聚乙烯黏结护套通信光缆</td></tr>
<tr><td>GYXTW</td><td>金属加强构件中心管填充式夹带钢丝聚乙烯黏结护套通信光缆</td><td rowspan="2">架空、管道或隧道等固定敷设</td></tr>
<tr><td>GYSTY$_{53}$</td><td>金属加强构件松套层绞填充式聚乙烯内套皱纹钢带铠装聚乙烯套通信光缆</td></tr>
<tr><td>GYSTA$_{53}$</td><td>金属加强构件松套层绞填充式铝聚乙烯黏结护套皱纹钢带铠装聚乙烯套通信光缆</td><td rowspan="2">直埋、架空、管道或隧道等固定敷设</td></tr>
<tr><td>GYGTA$_{53}$</td><td>金属加强构件骨架填充式铝聚乙烯黏结护套皱纹钢带铠装聚乙烯套通信光缆</td></tr>
<tr><td>GYSTA$_{33}$</td><td>金属加强构件松套层绞式铝聚乙烯黏结护套细圆钢丝铠装聚乙烯套通信光缆</td><td>水下、竖井或直埋等固定敷设</td></tr>
<tr><td>GYSL$_{03}$</td><td>金属加强构件松套层绞式铝套聚乙烯通信光缆</td><td rowspan="2">直埋、管道或隧道等固定敷设</td></tr>
<tr><td>GYSL$_{23}$</td><td>金属加强构件松套层绞式铝套钢带铠装聚乙烯套通信光缆</td></tr>
<tr><td>GYSL$_{33}$</td><td>金属加强构件松套层绞式铝套细圆钢丝铠装聚乙烯套通信光缆</td><td>水下、竖井或直埋等固定敷设</td></tr>
<tr><td>GYFSV</td><td>非金属加强松件松套层绞式聚氯乙烯套通信光缆</td><td>有强电磁干扰的架空或室内固定敷设</td></tr>
</table>

续表

型号	名称	适用场所
GYFSTY	非金属加强构件松套层绞填充式聚乙烯套通信光缆	有强电磁干扰的架空或管道固定敷设
GYFJV	非金属加强构件紧套层绞式聚氯乙烯套通信光缆	有强电磁干扰的架空或室内固定敷设

通信光缆的缆芯位于光缆的中心，是光缆的主体，其作用是妥善安置光纤，使光纤在一定的外力作用下仍然能够保持优良传输性能。光纤是光信号的传输通道，是通信光缆的关键材料。光纤由纤芯、包层、涂敷层及外套组成，是一个多层介质结构的对称圆柱体。纤芯的主体是二氧化硅，里面掺有微量的其他材料，用以提高材料的光折射率。纤芯外面有包层，包层与纤芯有不同的光折射率。纤芯的光折射率较高，用以保证光信号主要在纤芯里进行传输。包层外面是一层涂料，主要用来增加光纤的机械强度，以使光纤不受外来损害。光纤的最外层是外套，也是起保护作用的。

通信光缆常用的护套属于半密封性的黏结护套，它由双面涂塑的铝带（PAP）或钢带（PSP）在缆芯外部包黏而成。护套除了为缆芯提供机械保护外，还可阻止潮气或水进入缆芯。PAP 护套的光缆可以直接敷设于管道或架空安装，而 PSP 护套的光缆可用于直埋敷设。当然，还有更好的全密封金属护套，但制作成本较高。外护层（外护套）为光缆护套提供进一步的保护，称为铠装。通常在直埋、爬坡、水底等场合下需要对光缆加装铠装。铠装的种类包括涂塑钢带、不锈钢带、单层钢丝、双层钢丝等，有时还使用尼龙铠装，在铠装层外还需要加上外被层以避免金属铠装受到腐蚀。

第三节 特殊导电材料

特殊导电材料除了具备普通导电材料传导电流的作用之外，还兼有其他特殊功能，如用于制作熔体材料、电碳制品、电阻合金、电热合金、热电偶、热双金属片、电触头等。

一、常用熔体材料

熔体材料是一种最简单方便、价格低廉的保护电器材料，一般由熔点低、易熔断、导电性能好、不易氧化的金属材料制成丝状或片状，使用十分广泛，主要用于电路短路、过载和限温保护等。熔体材料分为两类：一类由铅锡合金和锌等低熔点金属制成，由于熔点低不易灭弧，一般用在小电流的电路中；另一类由银、铜等高熔点金属制成，灭弧容易，一般用在大电流电路中。常用熔体材料的品种、特征及用途见表 2-34，常用熔丝规格及技术数据见表 2-35。

表 2-34 常用熔体材料的品种、特征及用途

材料名称	熔点温度/℃	性能特点	用途
铅锑熔丝	180～300	属低熔点材料，熔体分断能力不高，特点是有热惯性	用于照明及其他中小容量电气设备保护
铅锡熔丝	180～300		
铅熔丝	327.5		
锡熔丝	232		
锌熔片	419		
铋铅锡镉汞合金丝	20～200	同上	电热设备过热保护
银熔丝	961	属高熔点材料，熔体分断能力高，特点是热惯性小或无热惯性	一般用于大电流或快速熔断保护
铜熔丝	1083		
铜锡熔丝	800 以上		
钨熔丝		分断电流小	通信设备与测量仪表

表 2-35　　常用熔丝规格及技术数据

种类	直径/mm	额定电流/A	熔断电流/A
青铅合金丝（铅锑熔丝）	0.08	0.25	0.5
	0.15	0.5	1.0
	0.2	0.75	1.5
	0.22	0.8	1.6
	0.28	1	2.0
	0.29	1.05	2.1
	0.36	1.25	2.5
	0.40	1.5	3.0
	0.46	1.85	3.7
	0.50	2	4.0
	0.54	2.25	4.5
	0.60	2.5	5.0
	0.71	3	6.0
	0.94	5	10.0
	1.16	6	12.0
	1.26	8	16.0
	1.51	10	20.0
	1.66	11	22.0
	1.75	12.5	15.0
	1.98	15	30.0
	2.38	20	40.0
	2.78	25	50.0
	3.14	30	60.0
	3.81	40	80.0
	4.12	45	90.0
	4.44	50	100.0
	4.91	60	120.0
	5.24	70	140.0
铅锡合金丝	0.508	2	3.0
	0.559	2.3	3.5
	0.61	2.6	4.0
	0.71	3.3	5.0
	0.813	4.1	6.0
	0.915	4.8	7.0
	1.22	7	10.0
	1.63	11	16.0
	1.83	13	19.0
	2.03	15	22.0
	2.34	18	27.0
	2.65	22	32.0
	2.95	26	37.0
	3.26	30	44.0
铜丝	0.23	4.3	8.6
	0.25	4.9	9.8
	0.27	5.5	11.0
	0.32	6.8	13.5
	0.37	8.6	17.0
	0.46	11	22.0
	0.56	15	30.0
	0.71	21	41.0
	0.80	26	53.0
	0.91	31	62.0
	1.02	37	73.0
	1.22	49	98.0
	1.42	63	125.0
	1.63	78	156.0
	1.83	96	191.0
	2.03	115	229.0

① 铅锑熔丝的熔断电流约为额定电流的 2 倍。

② 铅锡合金丝的熔断电流是指 2min 内熔断所需的电流。

③ 铜丝熔断电流是指 1min 内熔断所需电流。

二、电阻合金

电阻合金是制造电阻元件的重要材料，它具有温度系数小、稳定性好、机械强度高等特点，可制成粉、线、箔、片、带、棒、管等形状，表面还可覆盖绝缘层，广泛应用于电机、电器、仪器仪表及电子工业等领域。电阻合金主要有康铜、新型康铜、锰铜、镍铜及铁铬铝合金等，它们可作为加热元件，将电能转化为热能，主要用于制造精密电阻器和热工仪表的电阻元件。

1. 康铜电阻合金

康铜电阻合金以铜、镍为主要成分，其使用温度不大于500℃，它具有较低的电阻温度系数、较高的电阻系数及良好的抗氧化性和机械加工性能，能承受长时间振动，一般用作启动、分流、调节电阻器和仪器仪表中可变电阻等。康铜合金的规格及标称电阻值见表2-36。

表 2-36　　康铜合金的规格及标称电阻值

线径/mm		截面积/mm^2	电阻值/(Ω/m)		标称质量/(g/m)
标称值	允差		标称值	允差	
0.020	±0.002	0.000314	1528	±10%	0.0028
0.022		0.000380	1263		0.0034
0.025		0.000491	978		0.0044
0.028		0.000616	780		0.0055
0.032	±0.003	0.000804	597	±8%	0.0071
0.036		0.001018	472		0.0090
0.040		0.001257	382		0.0112
0.045		0.001590	302		0.0141
0.050		0.001963	244		0.0174
0.056		0.002463	195		0.0219
0.063		0.003117	154		0.0277
0.071		0.003959	121		0.0352
0.080		0.005027	95.5		0.0446
0.090		0.006362	75.5		0.0565
0.100		0.007854	61.1		0.0697

续表

线径/mm		截面积/mm²	电阻值/(Ω/m)		标称质量/(g/m)
标称值	允差		标称值	允差	
0.112		0.009852	48.7		0.0875
0.125		0.01227	39.1		0.109
0.140		0.01539	31.2		0.137
0.150		0.01767	27.2		0.157
0.160	±0.005	0.02011	23.9	±7%	0.179
0.170		0.02270	21.1		0.202
0.180		0.02545	18.9		0.226
0.190		0.02835	16.9		0.252
0.200		0.03142	15.3		0.279
0.212		0.03530	13.6		0.313
0.224	±0.005	0.03941	12.2	±6%	0.350
0.250		0.04909	9.78		0.436
0.280		0.06158	7.80		0.547
0.315		0.07793	6.16		0.692
0.355		0.09898	4.85		0.879
0.400	±0.010	0.1257	3.82	5%	1.12
0.450		0.1590	3.02		1.41
0.500		0.1963	2.44		1.74
0.560		0.2463	1.95		2.19
0.630		0.3117	1.54		2.77
0.710		0.3959	1.21		3.52
0.750		0.4418	1.09		3.92
0.800	±0.015	0.5027	0.955	±4%	4.46
0.850		0.5674	0.846		5.04
0.900		0.6362	0.755		5.65
0.950		0.7088	0.677		6.29
1.000		0.7854	0.611		6.97

续表

线径/mm		截面积/mm²	电阻值/(Ω/m)		标称质量/(g/m)
标称值	允差		标称值	允差	
1.060	±0.020	0.8825	0.544	±4%	7.84
1.120		0.9852	0.487		8.75
1.180		1.094	0.439		9.71
1.250		1.227	0.391		10.9
1.320		1.368	0.351		12.2
1.400		1.539	0.312		13.7
1.500		1.767	0.272		15.7
1.600		2.011	0.239		17.9
1.700	±0.025	2.270	0.211	±4%	20.2
1.800		2.545	0.189		22.6
1.900		2.835	0.169		25.2
2.000		3.142	0.153		27.9
2.120		3.530	0.136		31.3
2.240	±0.030	3.941	0.122	±4%	35.0
2.360		4.374	0.110		38.8
2.500		4.909	0.0978		43.6
2.650		5.515	0.0870		49.0
2.800		6.158	0.0780		54.7
3.000		7.069	0.0679		62.8
3.150	±0.035	7.793	0.0616	±4%	69.2
3.350		8.814	0.0545		78.3
3.550		9.898	0.0485		87.9
3.750		11.04	0.0435		98.1
4.000		12.57	0.0382		112
4.250		14.19	0.0338		126
4.500		15.90	0.0302		141
4.750	±0.040	17.72	0.0271	±4%	157
5.000		19.63	0.0244		174

续表

线径/mm		截面积/mm²	电阻值/(Ω/m)		标称质量/(g/m)
标称值	允差		标称值	允差	
5.300	±0.050	22.06	0.0218	±4%	196
5.600		24.63	0.0195		219
6.000	±0.060	28.27	0.0170	±4%	251
6.300		31.17	0.0154		277

2. 新型康铜电阻合金

新型康铜电阻合金以铜、锰为主要成分，不含镍，其使用温度不大于500℃，性能与康铜基本相似，价格比康铜低廉，可代替康铜用于制造各种变阻器和电阻元件，应用广泛。新型康铜合金的规格及标称电阻值等见表2-37。

表2-37 新型康铜合金的规格及标称电阻值

线径/mm		截面积/mm²	电阻值		标称质量/(g/m)
标称值	允差		标称值/(Ω/m)	允差/%	
0.315	±0.010	0.07793	6.29	±7	0.6234
0.355		0.09898	4.95		0.7918
0.400		0.1257	3.90		1.005
0.45		0.1590	3.08		1.272
0.50	+0.01 −0.02	0.1963	2.50		1.571
0.56		0.2463	1.99		1.970
0.63		0.3117	1.57		2.494
0.71		0.3959	1.24		3.167
0.75		0.4418	1.11		3.534
0.80		0.5027	0.975		4.021
0.85		0.5674	0.864		4.540
0.90	±0.02	0.6362	0.770		5.089
0.95		0.7088	0.691		5.671

续表

线径/mm		截面积/mm²	电阻值		标称质量/(g/m)
标称值	允差		标称值/(Ω/m)	允差/%	
1.00	±0.02	0.7854	0.624	±6	6.283
1.06		0.8825	0.555		7.060
1.12		0.9352	0.497		7.882
1.18		1.093	0.443		8.749
1.25		1.227	0.399		9.817
1.32		1.368	0.358		10.95
1.40		1.539	0.318		12.32
1.50		1.767	0.277		14.14
1.60		2.011	0.244		16.08
1.70	+0.02 −0.03	2.270	0.216		18.16
1.80		2.545	0.193		20.36
1.90		2.835	0.173		22.68
2.00		3.142	0.156		25.13
2.12		3.530	0.139	±5	28.24
2.24	±0.03	3.941	0.124		31.53
2.36		4.374	0.112		34.99
2.50		4.909	0.0998		39.27
2.65		5.515	0.0888		44.12
2.80		6.158	0.0796		49.26
3.00		7.069	0.0693		56.55
3.15	+0.03 −0.04	7.793	0.0629		62.34
3.35		8.814	0.0556		70.51
3.55		9.898	0.0495		79.18
3.75		11.04	0.0444		88.36
4.00		12.57	0.0390		100.5
4.25		14.18	0.0346		113.5
4.50		15.90	0.0308		127.2

续表

线径/mm		截面积/mm^2	电阻值		标称质量/(g/m)
标称值	允差		标称值/(Ω/m)	允差/%	
4.75	±0.04	17.72	0.0276	±4	141.8
5.00		19.63	0.0250		157.1
5.30		22.06	0.0222		176.5
5.60		24.63	0.0199		197.2
6.00		26.27	0.0186		226.2
6.30	±0.05	31.17	0.0157		249.4
6.70		35.26	0.0139		282.1
7.10		39.59	0.0124		316.7
7.50		44.18	0.0111		353.4
8.00		50.27	0.00975		402.1

3. 锰铜电阻合金

锰铜电阻合金以铜、锰、镍为主要成分，具有较高的电阻系数、很小的电阻温度系数及优良的电阻长期稳定性，主要用来制造电桥、电位差计、标准电阻和分流器等仪器仪表中的电阻元件。电工仪器用锰铜合金按电阻温度系数的大小可分为 1 级（电阻温度系数小）、2 级（电阻温度系数中）、3 级（电阻温度系数大）；分流器用锰铜合金可分为 F1（成分为铜、锰、硅）和 F2（成分为铜、锰、镍）两种，其中 F1 适用于准确度较高的分流器。锰铜合金的规格及标称电阻值见表 2-38。

表 2-38　　锰铜合金的规格及标称电阻值

标称线径/mm	截面积/mm^2	标称质量/(g/m)			标称电阻/(Ω/m)		
		锰铜 1、2、3 级	F1 锰铜	F2 锰铜	锰铜 1、2、3 级	F1 锰铜	F2 锰铜
0.450	0.1590	1.34	1.38	1.34	2.96	2.20	2.77
0.500	0.1963	1.66	1.71	1.65	2.39	1.78	2.24
0.560	0.2463	2.08	2.14	2.07	1.91	1.42	1.79

续表

标称线径/mm	截面积/mm²	标称质量/(g/m)			标称电阻/(Ω/m)		
		锰铜1、2、3级	F1锰铜	F2锰铜	锰铜1、2、3级	F1锰铜	F2锰铜
0.630	0.3117	2.63	2.71	2.62	1.51	1.12	1.41
0.710	0.3959	3.34	3.44	3.33	1.19	0.884	1.11
0.750	0.4418	3.73	3.84	3.71	1.06	0.792	0.966
0.800	0.5027	4.24	4.37	4.22	0.935	0.696	0.875
0.850	0.5674	4.79	4.94	4.77	0.828	0.617	0.775
0.900	0.6362	5.37	5.53	5.34	0.739	0.550	0.692
0.950	0.7088	5.98	6.17	5.95	0.663	0.494	0.621
1.000	0.7854	6.63	6.83	6.60	0.598	0.446	0.560
1.060	0.8825	7.54	7.68	7.41	0.533	0.397	0.499
1.120	0.9852	8.32	8.57	8.28	0.477	0.355	0.447
1.180	1.094	9.23	9.51	9.19	0.430	0.320	0.402
1.250	1.227	10.4	10.7	10.3	0.383	0.285	0.359
1.320	1.368	11.5	11.9	11.5	0.343	0.256	0.322
1.400	1.539	13.0	13.4	12.9	0.305	0.227	0.286
1.500	1.767	14.9	15.4	14.8	0.266	0.198	0.249
1.600	2.011	17.0	17.5	16.9	0.234	0.174	0.219
1.700	2.270	19.2	19.7	19.1	0.207	0.154	0.194
1.800	2.545	21.5	22.1	21.4	0.185	0.138	0.173
1.900	2.835	23.9	24.7	23.8	0.166	0.123	0.155
2.000	3.142	26.5	27.3	26.4	0.150	0.111	0.140
2.120	3.530	29.8	30.7	29.7	0.133	0.0992	0.125
2.240	3.941	33.3	34.3	33.1	0.119	0.0888	0.112
2.360	4.374	36.9	38.1	36.7	0.107	0.0800	0.101
2.500	4.909	41.4	42.7	41.2	0.0957	0.0713	0.0896
2.650	5.515	46.6	48.0	46.3	0.0852	0.0635	0.0798
2.800	6.158	52.0	53.6	51.7	0.0763	0.0568	0.0715
3.000	7.069	59.7	61.5	59.4	0.0665	0.0495	0.0622
3.150	7.793	65.8	67.8	65.5	0.0603	0.0449	0.0565
3.350	8.814	74.4	76.7	74.0	0.0533	0.0397	0.0499

续表

标称线径/mm	截面积/mm²	标称质量/(g/m)			标称电阻/(Ω/m)		
		锰铜1、2、3级	F1锰铜	F2锰铜	锰铜1、2、3级	F1锰铜	F2锰铜
3.550	9.898	83.5	86.1	83.1	0.0475	0.0354	0.0445
3.750	11.04	93.2	96.1	92.8	0.0426	0.0317	0.0398
4.000	12.57	106	109	106	0.0374	0.0279	0.0350
4.250	14.19	120	123	119	0.0331	0.0247	0.0310
4.500	15.90	134	138	134	0.0296	0.0220	0.0277
4.750	17.72	150	154	149	0.0265	0.0198	0.0248
5.000	19.63	166	171	165	0.0239	0.0178	0.0224
5.300	22.06	186	192	185	0.0213	0.0159	0.0199
5.600	24.63	208	214	207	0.0191	0.0142	0.0179
6.000	28.27	239	246	238	0.0166	0.0124	0.0156
6.300	31.17	263	271	262	0.0151	0.0112	0.0141

4. 镍铬、镍铬铁及铁铬铝合金

镍铬、镍铬铁及铁铬铝合金的电阻率比康铜和新康铜大，温度系数很小，长时间耐高温，抗氧化性能好，适宜在大功率的电动机启动、调速、制动用的变阻器中及电阻式加热仪器和电炉中作为电阻元件应用。镍铬合金的规格及电阻值见表 2-39。

表 2-39　　镍铬合金的规格及电阻值

直径/mm	截面积/mm²	每米电阻值/(Ω/m)	每千克长度/(m/kg)
0.025	0.000491	2242.6	248575.6
0.03	0.000706	1556.9	172613.1
0.04	0.001256	875.79	97094.9
0.05	0.001962	560.50	62140.7
0.06	0.002826	389.24	43153.2
0.07	0.003846	286.01	31708.5
0.08	0.005024	218.94	24273.7
0.09	0.006358	173.01	19180.7
0.10	0.007850	140.12	15535.1
0.12	0.0011304	97.310	10788.3

续表

直径/mm	截面积/mm²	每米电阻值/(Ω/m)	每千克长度/(m/kg)
0.13	0.0013266	82.918	9192.7
0.14	0.015386	71.493	7926.1
0.15	0.017662	62.278	6904.5
0.16	0.020096	54.737	6068.4
0.17	0.022686	48.486	5375.4
0.18	0.025434	43.249	4794.8
0.19	0.028338	38.816	4303.8
0.20	0.0314	35.009	3883.7
0.023	0.04152	26.489	2936.7
0.25	0.04906	22.426	2485.7
0.27	0.05722	19.223	2131.0
0.28	0.06154	17.873	1981.5
0.30	0.07065	15.569	1726.1
0.32	0.08038	13.684	1517.1
0.35	0.09616	11.438	1268.1
0.37	0.10746	10.235	1134.7
0.38	0.11335	9.7041	1075.8
0.40	0.1256	8.7579	970.94
0.45	0.1589	6.9199	767.18
0.50	0.1962	5.6050	621.40
0.55	0.2374	4.6322	513.55
0.60	0.2826	3.8924	431.53
0.70	0.3846	2.8601	317.08
0.80	0.5024	2.1894	242.73
0.90	0.6358	1.7301	191.80
1.00	0.785	1.4012	155.35
1.20	1.1304	0.9731	107.88
1.40	1.5386	0.7149	79.26
1.60	2.0096	0.5473	60.68
1.80	2.5434	0.4324	47.94
2.00	3.1415	0.3500	38.83
2.30	4.1526	0.2648	29.36
2.60	5.3066	0.2072	22.98
3.00	7.065	0.1556	17.26
3.20	8.038	0.1368	15.17
3.50	9.616	0.1143	12.68

续表

直径/mm	截面积/mm²	每米电阻值/(Ω/m)	每千克长度/(m/kg)
4.00	12.56	0.0875	9.70
4.50	15.89	0.0691	7.67
5.00	19.62	0.0560	6.21
5.50	23.74	0.0463	5.13
6.00	28.26	0.0389	4.31
6.50	33.16	0.0331	3.64
7.00	38.46	0.0286	3.17
8.00	50.24	0.0218	2.42

三、电碳制品

电碳制品具有良好的导电性及优越的电接触性能，它虽然电导率低，但其具有化学性质稳定、熔点高、摩擦系数低、机械强度适中、电接触性能优越等优点，因此广泛应用于滑动接触的各种电机电刷、电力机车和无轨电车的碳滑板和碳滑块、大功率开关及继电器设备的各种碳触头、弧光照明及电弧炉的各种碳棒以及干电池和电解池的各种碳电极等。

1. 电机用电刷

电机用电刷是电机的换向器或集电环上用于传导电流的滑动接触件，主要用石墨制成，其特点是接触性能好、对换向器和集电环的磨损小、不易出现对电机有危害的火花、噪声小、电功率损耗小、机械损耗小及使用寿命长等。按其原材料和制造工艺的不同，常用的电刷可分为如下 3 种：

(1) 石墨电刷（S 系列）。以天然石墨为主要原材料，并加入沥青或树脂、煤焦油等黏合而成，具有良好的润滑性能和集流性能、质地较软、可承受较大的电流密度，主要用于负载均匀、运行平稳的中小型直流电机和高速汽轮发电机的集电环。

(2) 电化石墨电刷（D 系列）。由天然石墨、焦炭和炭黑等各种碳素粉末材料组成，经 2500℃高温处理，使各种碳素材料转化为微晶形人造石墨，具有优异的换向性能和自润滑性能，且耐磨性好，主要用于各类负载变化大的交直流电机的集电环。

电化石墨电刷分为D1系列（石墨基电化石墨）、D2系列（焦炭基电化石墨）和D3系列（炭黑基电化石墨）。

（3）金属石墨电刷（J系列）。由金属粉末和石墨混合制成，金属粉末可为电解铜粉、银粉、锡粉、铅粉。它既具有石墨的润滑性又有金属的高导电性，主要用于低负荷和换向要求不高的低电压、大电流、转速较低的电机的集电环。金属石墨电刷分为J1系列（不含黏结剂的铜石墨电刷）、J2系列（含黏结剂的铜石墨电刷）、J3系列（银石墨电刷）。

电机用电刷的型号、特征和主要应用范围见表2-40。

表2-40　电机用电刷的型号、特征和主要应用范围

类别	型号	基本特征	主要应用范围
石墨电刷	S3	硬度较低，润滑性较好	换向正常、负荷均匀、电压为80～120V的直流电机
	S6	多孔、软质石墨电刷，硬度低	汽轮发电机的集电环，80～230V的直流电机
电化石墨电刷	D104	硬度低，润滑性好，换向性能好	一般用于0.4～200kW直流电机，充电用直流发电机，轧钢用直流发电机，汽轮发电机、绕线转子异步电动机集电环，电焊直流发电机等
	D172	润滑性好，摩擦系数低，换向性能好	大型汽轮发电机的集电环，励磁机，水轮发电机的集电环，换向正常的直流电机
	D202	硬度和机械强度较高，润滑性好，耐冲击振动	电力机车用牵引电动机，电压为120～400V的直流发电机
	D207	硬度和机械强度较高，润滑性好，换向性能好	大型轧钢直流电机，矿用直流电机
	D213	硬度和机械强度较D214高	汽车、拖拉机的发电机，具有机械振动的牵引电动机
	D214 D215	硬度和机械强度较高，润滑、换向性能好	汽轮发电机的励磁机，换向困难、电压在200V以上的带有冲击性负荷的直流电机，如牵引电动机，轧钢电动机

续表

类别	型号	基本特征	主要应用范围
电化石墨电刷	D252	硬度中等，换向性能好	换向困难、电压为120～440V的直流电机，牵引电动机，汽轮发电机的励磁机
	D308 D309	质地硬，电阻系数较高，换向性能好	换向困难的直流牵引电动机，角速度较高的小型直流电机，以及电机扩大机
	D373		电力机车用直流牵引电动机
	D374	多孔，电阻系数高，换向性能好	换向困难的高速直流电机，牵引电动机，汽轮发电机的励磁机，轧钢电动机
	D479		换向困难的直流电机
金属石墨电刷	J101 J102 J164	高含铜量，电阻系数小，允许电流密度大	低电压、大电流直流发电机，如：电解、电镀、充电用直流发电机，绕线转子异步电动机的集电环
	J104 J104A		低电压、大电流直流发电机，汽车、拖拉机用发电机
	J201	中含铜量，电阻系数较高含铜量电刷大，允许电流密度较大	电压在60V以下的低电压、大电流直流发电机，如：汽车发电机，直流电焊机，绕线转子异步电动机的集电环
	J204		电压在40V以下的低电压、大电流直流电机，汽车辅助电动机，绕线转子异步电动机的集电环
	J205		电压在60V以下的直流发电机，汽车、拖拉机用直流启动电动机，绕线转子异步电动机的集电环
	J206		电压为25～80V的小型直流电机
	J203 J220	低含铜量，与高、中含铜量电刷相比，电阻系数较大，允许电流密度较小	电压在80V以下的大电流充电发电机，小型牵引电动机，绕线转子异步电动机的集电环

2. 碳滑板和碳滑块

碳滑板和碳滑块具有导电好、自润滑性好、不与金属导线沾黏、接触电阻稳定以及切断接触时不易出现气体放电等特点，用于电力机车和无轨电车作为从接触网引入电能的滑动接触件，用它取代金属滑板和金属滑块，具有如下优点：

（1）它在接触网导线的磨面滑动摩擦时产生一层碳润滑膜，不用外涂润滑油就可减少导线的磨损，延长导线使用寿命，减轻维护和更换工作。

（2）它能在弯曲度大、隧道长、气候恶劣、坡度大的电气化铁道上长期工作。

（3）使用碳滑板能大大减少接触电弧，减轻导线和滑板的烧伤，并减少电弧对无线电波的干扰。

3. 碳棒

碳在高温下直接升华为气体，并在燃烧时发射出强光，故碳棒用作电弧放电的电极能产生很高的温度和发光强度。碳棒的品种按用途和使用特点可分为照明碳棒、碳弧气刨碳棒、光谱碳棒及电池用碳棒等。

（1）照明碳棒。用照明碳棒为电极的弧光灯，是照明设备中发光强度最高的一种。弧光灯可使用直流或交流电源，在相等的电流强度下，交流电弧的光通量比直流电弧的小25％～50％，直流电弧更接近于点光源。照明碳棒按用途可分为电影放映碳棒、高色温摄影碳棒、紫外线型和阳光型碳棒、照相制版碳棒等。

1）电影放映碳棒。用于电影放映机的直流弧光灯，是一种高光强的弧光碳棒，芯料是氟化铈，它具有足够的亮度、燃烧时稳定性好、燃烧速度低、保持干燥、在燃烧时不易引起电弧喷射等。为了增加导电性和降低燃烧速度，在碳棒外壳还镀上一层薄铜。

2）高色温摄影碳棒。用于拍摄影片的照明弧光灯，是一种高光强弧光碳棒，光强而色白，能发出近似太阳光的光谱，照射距离远，燃烧噪声小，对它的要求与电影放映碳棒基本相同。

3）紫外线型和阳光型碳棒。用于橡胶、塑料、油漆和颜料等进行人工老化试验时用的弧光灯，这两种碳棒的芯料中都含有钾盐。紫外线型碳棒用于封闭式交流弧光灯，弧光呈蓝紫色，含有丰富的紫外线光谱。阳光型碳棒用于非封闭式直流弧光灯，发出近似太阳光的光谱。

4）照相制版碳棒。用于照相制版作业晒版用的各种交流弧光灯，点燃时两电极间的球状自炽气体产生强烈的弧光，成为点状光源，光强而色白，色温近似太阳光，弧光稳定，燃烧速度慢，发光效率高。

（2）碳弧气刨碳棒。碳弧气刨碳棒应用于碳弧气刨工艺，它可以进行挑焊根、焊缝返修时刨除缺陷、金属部件开坡口、刨除和修整铸件的冒口和铸疤、切割金属、钻孔以及拆除焊接件和铆接件等作业，它具有加工效率高、质量高、操作方便、设备简单等优点。

（3）光谱碳棒。光谱碳棒用作光谱分析用的摄谱仪的碳电极，具有纯度高、杂质含量低、不影响分析精度、机械强度高以及导电性和热稳定性好等特点。

（4）电池用碳棒。电池用碳棒通常用作电池或电池组的阳极，它具有导电性和化学稳定性好等特性。

第四节　绝　缘　材　料

绝缘材料又称电介质，是指在直流电压作用下，不导电或导电极微的物质，其电阻率一般大于$10^{10}\Omega\cdot cm$。绝缘材料的主要作用是在电气设备中用来将不同电位的带电导体隔离开来，使电流能按一定的路径流通，还可起着机械支撑和固定，以及灭弧、散热、储能、防潮、防霉或改善电场的电位分布和保护导体的作用。因此，要求绝缘材料有尽可能高的绝缘电阻、耐热性、耐潮性，还需要一定的机械强度。

一、绝缘材料的分类

绝缘材料种类繁多，通常可根据其不同特征进行分类。

1. 按材料的化学成分分类

(1) 无机绝缘材料。云母、石棉、玻璃、陶瓷、大理石等。当前，为了解决云母原矿加工成片云母制品时利用率过低的问题，采用了新工艺将碎云母制成了粉云母纸，它的出现将云母综合利用和电气绝缘材料的基材向前推进了一大步；玻璃纤维布的出现，使纤维的耐热等级大大提高；陶瓷品种的发展满足了高机械强度、高温度和高介电常数的要求。

(2) 有机绝缘材料。虫胶、树脂、橡胶、棉纱、纸、丝绸等。大多用于制造绝缘漆、绕组导线的绝缘物等。

(3) 混合绝缘材料。塑料、电木、有机玻璃等。大多用作电器的底座、外壳等。

2. 按材料的物理状态分类

绝缘材料常按其聚集状态可分为固体、液体和气体，其中固体绝缘材料应用最广，液体和气体绝缘材料一般不能起力学上的支撑作用，所以较少单独使用。

(1) 气体绝缘材料。空气、氮气、二氧化碳、六氟化硫等。气体绝缘材料的特点是电导率、介电常数和介质损耗均较低，且击穿强度比液体和固体绝缘材料也低很多，但击穿后能自行恢复绝缘状态，具有自愈性。

(2) 液体绝缘材料。矿物油（变压器油、断路器油、电缆油）、合成油（硅油）、植物油等。液体绝缘材料一般用来替代空气，填充电气设备中的空间或浸渍设备绝缘结构中的孔隙。除了绝缘作用外，它还可以起散热或灭弧作用。

(3) 固体绝缘材料。绝缘漆、胶、纸、云母、棉纱、塑料、沥青、矿物油、橡胶、石棉、陶瓷等。固体绝缘材料可以分为天然材料（采用天然材料）和合成材料（采用高分子材料），由于高分子材料与相应的天然材料有着更为优异的介电性能、力学性能和耐高温性能，能满足多种使用场合的要求，因此在绝缘材料中占有重要地位。常用高分子材料有聚乙烯、聚苯乙烯、聚丙烯、聚四氯乙烯、聚酯、不饱和聚酯、环氧树脂、有机硅树脂等。

3. 按材料的耐热等级分类

绝缘材料的使用寿命，受温度、湿度、机械振动等各种因素影响，在长期使用条件下，还会发生老化。为了使绝缘材料获得最经济的使用寿命，特按其在正常运行条件下容许的最高工作温度进行分级，称为耐热等级。绝缘材料的耐热等级和允许最高温度见表 2-41。

表 2-41　绝缘材料的耐热等级和允许最高温度

等级代号	耐热等级	允许最高温度/℃	绝缘材料
0	Y	90	天然纤维材料及制品，如纺织品、纸板、木材等，以及以醋酸纤维和聚酰胺为基础的纤维制品及塑料
1	A	105	用油和树脂浸渍过的 Y 级材料、漆包线、漆布、漆丝的绝缘、层压木板等
2	E	120	玻璃布、油性树脂漆、环氧、树脂、胶纸板、聚酯薄板和 A 级材料的复合物
3	B	130	聚酯薄膜、云母制品、玻璃纤维、石棉等制品，聚酯漆等
4	F	155	用耐油有机树脂或漆黏合、浸渍的云母、石棉、玻璃丝制品、复合硅有机聚酯漆等
5	H	180	加厚的 F 级材料、复合云母、有机硅云母制品、硅有机漆、复合薄膜等
6	C	>180	用有机黏合剂及浸渍剂的无机物，如石英、石棉、云母、玻璃和电瓷材料等

二、绝缘气体

常用的绝缘气体有空气、六氟化硫（SF_6）和氟利昂（freon）

等，主要用于电气绝缘、冷却、散热和灭弧等，在电机、仪表、变压器、电缆、断路器等设备中得到广泛应用。

1. 空气

空气的液化温度低，击穿后有自恢复性，电气和物理性能稳定，在电气开关中广泛应用空气作为绝缘介质。空气的物理性能和电气性能见表 2-42。

表 2-42　　空气的物理性能和电气性能

序号	性能名称	单位	数值
1	密度（20℃，1 个大气压）	g/L	1.166
2	黏度	Pa·s	1.81×10^{-5}
3	热膨胀系数（0～100℃）	1/K	3.76×10^{-3}
4	导热系数（30℃）	W/(m·K)	2.4×10^{-2}
5	绝热指数		1.4
6	定压比热（25℃，1 个大气压）	J/(kg·K)	1.77×10^{3}
7	电阻率	Ω·m	10^{18}
8	介质损耗角正切		10^{-4}～10^{-6}
9	相对介电系数 1 个大气压 20 个大气压 40 个大气压		1.00058 1.01108 1.0218
10	直流击穿强度	kV/cm	33

2. 六氟化硫

六氟化硫是一种无色、无臭、不燃烧、不爆炸、电负性很强的惰性气体，具有较高的热稳定性和化学稳定性，在 1500℃时，不与水、酸、碱、卤素、氧、氢、碳、银、铜和绝缘材料等作用，500℃时仍不分解。它具有良好的绝缘性能和灭弧性能，在均匀电场中，其击穿强度为空气和氮的 2.3 倍，在不均匀电场中约为 3 倍。在 3～4 个标准大气压（atm，1atm≈1.01×10^{5}Pa）下，其击穿强度与 1 个标准大气压（atm）下的变压器油相似。在单断口的灭弧室中，其灭弧能力约为空气的 100 倍，也远比压缩空气强。六氟化硫气体可用于全封闭组合电器、电力变压器、电缆、电容器、避雷器和高压套管等作绝缘介质，也可与氮或二氧化碳混合用作绝缘介质，以降低成本。六氟化硫的物理性能见表 2-43。

表 2-43　　六氟化硫的物理性能

序号	性能名称		单位	数值
1	密度（20℃）	1 个大气压 2 个大气压 6 个大气压 11 个大气压 16 个大气压	g/L	6.25 12.3 38.2 75.6 119
2	临界状态	温度 压力 密度	℃ N/cm^2 g/cm^3	45.55 383.5 0.730
3	黏度（30℃，1 个大气压）		Pa·s	1.54×10^{-5}
4	导热系数（30℃）		W/(m·K)	1.4×10^{-2}
5	绝缘指数			1.07
6	定压比热（25℃，1 个大气压）		J/(kg·K)	665.87
7	蒸发热	−40℃ 0℃ 40℃	J/g	17976 12600 4200
8	在油中的可溶性		cm^3/cm^3	0.297
9	在水中的可溶性		cm^3/cm^3	0.001
10	相对介电系数（25℃，1 个大气压）			1.002

3. 氟利昂

氟利昂是氟化碳烃衍生物的总称，其分子中除氟原子外，还常引入氯、溴、氢等原子。氟利昂的种类较多，其型号命名规则为：R×××或 F×××，其中 R 表示制冷剂，F 表示氟代烃，“×”表示数字或字母，第 1 个数字等于碳原子数减 1（如果是 0 就省略），第 2 个数字等于氢原子数加 1，第 3 个数字等于氟原子数目，氯原子数目不列。常用的 F 型氟利昂气体的特性见表 2-44。

表 2-44 常用的 F 型氟利昂气体的特性

名称	分子式	击穿电压比（对 N_2）	沸点/℃	临界温度/℃	临界压力/Pa
F12	CCl_2F_2	2.4～2.5	−29.8	112.0	5346.1
F14	CF_4	1.1～1.25	−128.8	−47.3	4492.8
F113	$CCl_2F-CClF_2$	2.6	47.6	214.1	4332.9
F16	C_2F_6	1.8	−78.3	24.3	4332.9
F218	C_3F_8	2.0～2.2	−37.8	70.5	3532.9
FC318	C_4F_8	2.3～2.8	−6.04	115.3	3559.6

（1）R12。在常温下无毒、无臭、不燃、不爆。在常态下，它是惰性气体，但在电弧放电的作用下会生成有毒的腐蚀性分解物，侵蚀金属和绝缘材料，击穿强度与绝缘油相当，可用作电气绝缘介质和冷冻机的冷媒。

（2）R218、R14、R16。它们的特性类似，其击穿强度和沸点随分子量增大而升高。其中 R218 是无毒、不燃、热稳定性比六氟化硫好的气体，可用于工作温度较高的电器中作绝缘介质，其击穿强度和六氟化硫大致相同，但受电弧放电作用时，会产生分解物，侵蚀金属和绝缘材料。

（3）R113。沸点高，常温下为液体，不燃，可用它和发热体直接接触而汽化，作为某些电工设备的冷却兼绝缘用的沸腾冷却剂。气态 R113 的击穿强度和六氟化硫大致相同，一般用于电解和电气化铁道用的整流器。

三、绝缘油

用作绝缘介质的油类材料主要有矿物油、合成油两大类，少数场合也有精制蓖麻油。绝缘油主要用在变压器、油断路器、电容器和电缆等电工产品中，起到绝缘、冷却、浸渍和填充作用，在油断路器中还起到灭弧作用，在电容器中还起到储能作用。

绝缘油共同的特点是：电气性能好、闪点高、凝固点低；在氧、高温、高电场作用下性能稳定；无毒，对结构材料不腐蚀；除变压器油外，其他设备用油的黏度小，且不随温度而明显变化；油断路器用油灭弧性能好，在电弧作用下分解碳粒少；电容器用油的相对介电系数较大。

1. 矿物油

矿物油按其用途分为变压器油、油断路器油、电容器油等，其主要性能及用途见表 2-45。

表 2-45　　矿物油的主要性能及用途

名称	质量指标		凝固点不高于/℃	主要用途
	透明度（+5℃）	绝缘强度/（kV/cm）		
变压器油 10 号 20 号 （DB-10） （DB-25）	透明	160～180 180～210	−10 −25	用于变压器及油断路器中，起绝缘和散热作用
45 号变压器油 （DB-45）	透明	—	−45	
45 号开关油 （DV-45）	透明	—	−45	在低温工作下的油断路器中起绝缘、排热和灭弧用
电容器油 1 号 2 号 （DD-1） （DD-2）	透明	200	−45	在电力工业、电信工业、电容器上作绝缘用

矿物油在储存、运输和运行过程中，会被污染和老化，必须随时进行监督与维护，并采取防止老化的措施，以保证电工设备的安全运行，延长检修周期。防止油老化的措施有：加强散热以降低油温；用氮或薄膜使油与空气隔绝；添加抗氧化剂；防止日光照射；采用热虹吸过滤器，使油连续再生等。运行中必须经常对油的性能进行检查与测定，当油不符合标准时，则需进行净化和再生。

2. 合成油

合成油是化学合成的绝缘油，常用的有十二烷基苯、硅油、聚异丁烯和三氯联苯等，其主要性能见表 2-46。

表 2-46 合成油的主要性能

序号	性能名称	十二烷基苯	硅油			聚异丁烯（电容器用）	三氯联苯
			甲基硅油	苯甲基硅油	乙基硅油		
1	相对密度 20℃	0.8627～0.8647	0.930～0.975①	1.01～1.08①	0.95～1.06	0.86	1.370②
2	折光率 n_D^{20}	1.480～1.495	1.390～1.410①	1.460～1.495①	—	—	1.6272
3	运动黏度/(m^2/s) 20℃ 50℃	6.5～8.5 3.0～4.0	9～1050① —	100～200① —	8～550 —	13820 97（100)℃	— —
	恩氏黏度（°E）90℃	—	—	—	—	—	1.145
4	闪点（开口)/℃	125～133②	155～300	280～300	110～250	165～175	173
5	凝固点/℃	−69～−65	−65～−50	−45～−40	<−60	−10	−23
6	酸值/(mg/g)(以 KOH 计) 115℃96h 老化后	0.004～0.008 0.004～0.008	— —	— —	<0.01 —	0.3 —	0.0025 —
7	电阻率/(Ω·cm) 常态 100℃	— —	>10^{14} —	>10^{14} —	>2.5×10^{13} >1.0×10^{13}	10^{17} 10^{14}（125℃）	— 8×10^{12}
8	介质损耗角正切常态 100℃ 115℃ 90h 老化后	— 5×10^{-4}～1×10^{-3} 7×10^{-4}～1×10^{-3}	<3.0×10^{-4} — —	<3.0×10^{-4} — —	<3.0×10^{-4} — <8.0×10^{-4} —	(1～9)×10^{-5} 10^{-4} (125℃)	— 3×10^{-3}～8×10^{-3} (90℃)
9	相对介电系数 常态 125℃	— —	>2.6 —	2.6～2.8 —	2.35～2.65 —	2.15～2.3 2.0～2.1	5.6 5.0（89℃）
10	击穿强度/(kV/cm)	240	150～180	>180	150～180		59.3③

① 25℃时测得。
② 闭口法。
③ 在 60℃测得。

（1）十二烷基苯。具有很好的热稳定性和介电稳定性，其原始和老化后的介质损耗角正切值都很小，击穿强度较高，在强电场作用下，不但不放出气体，而且还能吸气。用它与纸组成的组合绝缘比矿物油的工作场强高，特别适用于自容式充油电缆。十二烷基苯的衍生物如硝化十二烷基苯、乙酰化十二烷基苯的相对介电系数较大，其他性能与十二烷基苯相近，主要用作电容器浸渍介质。

（2）硅油。耐热性能好，闪点高，不易燃烧，长期工作温度可达200℃，对酸、碱、盐的作用稳定，不腐蚀金属，黏度随温度的变化很小，能耐电晕、耐电弧，在较宽的频率范围（10^3～10^8Hz）和温度范围（－40～110℃）内，相对介电系数和介质损耗角正切值几乎不变，硅油还具有挥发性小、凝固点低、导热性好、无毒、疏水等特点。

（3）聚异丁烯。在高温下的电气性能好，相对介电系数随温度的变化很小，在很宽的温度和频率范围内介质损耗角正切值很低，在电场作用下抗析气性比矿物油好。不同聚合度的聚异丁烯分别用作电容器、钢管充油电缆和压力电缆的浸渍介质。

（4）三氯联苯。相对介电系数大，化学稳定性和抗析气性好，可用于电容器。三氯联苯有毒，高温时，对金属和有机材料的腐蚀性较大，使用时应有严密的防毒措施。三氯联苯用于直流电场时需加稳定剂。

3. 精制蓖麻油

精制蓖麻油的主要成分是蓖麻酸甘油酯，它的相对介电系数比较大，无毒，不易燃，耐电弧，击穿时无碳粒；但锡对精制蓖麻油的热老化有明显的催化作用。其相对介电系数和介质损耗角正切值随频率的变化很大，且黏度大，难于精制，仅用于标准电容器绝缘。

四、绝缘漆

绝缘漆主要是以合成树脂或天然树脂等为漆基（成膜物质），与某些辅助材料，如溶剂、稀释剂、填料和颜料等混合而成的。绝缘漆按用途可分为浸渍漆、漆包线漆、覆盖漆、硅钢片漆和防电晕漆等。

1. 浸渍漆

浸渍漆分为有溶剂漆和无溶剂漆两大类，主要用于浸渍电机、电器线圈和绝缘零件，以填充其间隙和微孔，固化后能在其表面形成连续平整的漆膜，并使线圈结成一个整体，提高绝缘结构的耐潮、导热、击穿强度和机械强度等性能。浸渍漆的基本特点是：黏度低，固体含量高，便于浸透；固化快，干燥性好，黏结力强，有热弹性，固化后能承受电机运转时的离心力；具有较高的电气性能，较好的耐潮性、耐热性、耐油性和化学稳定性，对导体和其他材料的相容性好。

（1）有溶剂浸渍漆。具有渗透性好、储存期长、使用方便等特点，但浸渍和烘焙时间长，固化慢，溶剂挥发会造成浪费与污染。它的品种很多，以醇酸类漆和环氧类漆应用最为广泛。常用有溶剂浸渍漆的性能及用途见表2-47。

表2-47　　常用有溶剂浸渍漆的性能及用途

名称	型号	溶剂	干燥时间范围/h	耐热等级	性能及用途
油改性醇酸漆	1030	200号溶剂汽油	1.5～2（105℃）	B	耐油性和弹性好，用于浸渍在油中工作的线圈和绝缘零部件
丁基酚醛醇酸漆	1031	二甲苯和200号溶剂汽油	<2（120℃）	B	耐潮性好、内干性好、机械强度高，用于浸渍线圈，适应湿热环境
三聚氰胺醇酸漆	1032 A30-1	二甲苯和200号溶剂汽油	1.5～2（105℃）	B	耐潮性好、内干性好、耐油性好、机械强度较高、耐电弧，用于浸渍在湿热环境下使用的线圈
环氧酯漆	1033 H30-2	二甲苯和丁醇	1～2（120℃）	B	耐潮，耐热性好、内干性好、黏结力强、机械强度高，用于湿热环境下工作的线圈的浸渍
聚酯浸渍漆	155 Z30-2	二甲苯和丁醇	1～3（130℃）	F	耐热与电气性能较好、黏结力强，用于浸渍F级电机和电器线圈

续表

名称	型号	溶剂	干燥时间范围/h	耐热等级	性能及用途
有机硅浸渍漆	1053 W30-1	二甲苯	1.5～2 （200℃）	H	耐热性能与电气性能较好，烘干温度高，用于浸渍 H 级电动机和电器线圈及绝缘零部件

（2）无溶剂浸渍漆。由合成树脂、固化剂和活性稀释剂等组成的，其特点是固化快，黏度随温度变化大，流动性和浸透性好，绝缘整体性好，固化过程挥发物少，应用它可提高绝缘结构的导热性能和耐潮性能，降低材料消耗，改善劳动条件，缩短生产周期。常用无溶剂浸渍漆的性能及用途见表 2-48。

表 2-48　　常用无溶剂浸渍漆的性能及用途

品种		胶化时间范围/min	存储稳定性/月	耐热等级	性能及用途
环氧聚酯无溶剂漆 1034		6～12 （120℃）	24	B	固化快，挥发物少、耐霉性差，用于滴浸小型低压电机或电器线圈
聚丁二烯环氧聚酯无溶剂漆		10～20 （140℃）	6	B	固化快，挥发物少、黏度低、耐热性较 1034 高，存储稳定性好，用于沉浸小型低压电机或电器线圈
环氧无溶剂漆	110	—	4	B	黏度低、击穿强度高、存储稳定性好，用于浸渍小型低压电机、电器线圈
环氧无溶剂漆	9102	14～17 （130℃）	24h	B	挥发物少、体电阻高，用于滴浸小型低压电机、电器线圈
环氧无溶剂漆	111	8～12 （120℃）	30h	B	黏度低、固化快、击穿强度高，用于浸渍小型低压电机、电器线圈
环氧无溶剂漆	594	5～10 （200℃）	12	B	黏度低、体电阻高、存储稳定性好，用于整浸中型高压电机、电器线圈
不饱和聚酯无溶剂漆 319-2		180 （155℃）	6	F	黏度较低、电气性能较好、存储稳定性好，用于浸渍小型 F 级电机、电器线圈

2. 漆包线漆

漆包线漆主要用于导线的涂覆绝缘制成漆包线，用作电机、电器线圈的电磁线。漆包线漆具有良好的涂覆性，漆膜附着力强，柔软而富有耐挠曲性，并有一定的耐磨性和弹性，漆膜表面光滑，有足够的电气性能、耐热性和耐溶剂性，对导体无腐蚀作用。常用漆包线漆的性能及用途见表 2-49。

表 2-49　　常用漆包线漆的性能及用途

品种	耐热等级	性能及用途
油性漆	A	耐潮性好，涂线工艺性好，高频下介质损耗小，耐溶性、耐刮和耐热性差。用于涂制在潮湿环境下使用的中高频电器、仪表或通信仪器的漆包线
缩醛漆	E	漆膜具有耐水性、耐油性、耐冲击性、耐刮性好。用于涂制高强度漆包线
自黏性漆	E-B	这一类漆包线嵌线后经热烘即能黏合为一整体，不需浸漆。用于涂制中小型电机、电器、仪表的漆包线，以及无支撑线圈用漆包线
自黏直焊漆	E	有直焊性，这一类漆包线嵌线后经热烘即能黏合为一整体，无需浸漆，但耐过负载能力差。用于涂制微型电机、仪表、无线电元件，以及无支撑线圈用漆包线
聚氨酯漆	E	着色性好，有直焊性，高频下介质损耗小，但过载性差。用于涂制要求 Q 值稳定的中高频小型线圈和仪表、电视用漆包线
环氧漆	E	漆膜耐油、耐潮、耐碱、耐腐蚀、耐水解性好，但耐刮性、弹性及对含氯绝缘油相溶性差。用于涂制油浸变压器、化工电器和潮湿环境下工作的电机漆包线
聚酯漆	B	漆膜耐热、耐刮、耐溶剂性较好，耐电压和耐软化击穿性好，但耐碱、耐热冲击性和耐水解性较差，与含氯高聚物（如聚氯乙烯、氯丁橡胶）不相溶。用于涂制中小型电机，电器，仪表、干式变压器等用漆包线

3. 覆盖漆

覆盖漆用于涂覆经浸漆处理的线圈和绝缘零部件，在其表面形成漆膜，作为绝缘保护层，以防止机械损伤和受大气、润滑油、化学药品等的侵蚀，提高表面放电电压。它具有干燥快、附着力强、漆膜坚硬、机械强度高以及耐潮、耐油、耐腐蚀等特性。覆盖漆的干燥方式有晾干和烘干两种，同一树脂的晾干漆较烘干漆的性能差，贮存不稳定，但适于用作大型电气设备或不宜烘焙的部件的覆盖漆。

覆盖漆分为磁漆和清漆两种，含有填料和颜料的称磁漆，不含填料和颜料的称清漆，同一树脂的磁漆比清漆的漆膜硬度大，导热、耐热和耐电弧性好，但其他性能稍差。磁漆多用于线圈和金属表面涂覆，清漆多用于绝缘零部件表面和电器内表面的涂覆。常用覆盖漆的性能及用途见表 2-50。

表 2-50　　常用覆盖漆的性能及用途

名称	型号	耐热等级	性能及用途
晾干醇酸漆	1231 C31-1	B	晾干或低温干燥，漆膜的弹性、电气性能、耐气候性和耐油性较好。用于覆盖电器或绝缘零部件
晾干醇酸灰磁漆	1321 C32-9	B	晾干或低温干燥，漆膜的硬度较高，耐电弧性和耐油性好。用于覆盖电动机、电器或绝缘零部件
醇酸灰磁漆	1320 C32-8	B	烘焙干燥，漆膜坚硬，机械强度高。耐电弧性和耐油性好。用于覆盖电机、电器线圈
晾干环氧酯漆	9120 H31-3	B	晾干或低温干燥，干燥快，漆膜附着力好，耐潮、耐油、耐气候性好，有弹性，可用于覆盖湿热地区用电器线圈、绝缘零部件
环氧酯灰磁漆	163 H31-4	B	烘焙干燥，漆膜硬度大，耐潮，耐霉、耐油性好，可用于覆盖湿热地区用电动机、电器线圈

4. 硅钢片漆

硅钢片漆用于涂覆硅钢片表面作为片间绝缘，以降低电机、电器等铁芯的涡流损耗，增强防锈和耐腐蚀等能力，涂覆漆后需经高温短时烘干。其特点是涂层薄，附着力强，漆膜坚硬、光滑、厚度均匀，并有良好的耐油性、耐潮性和电气性能。常用硅钢片漆的性能及用途见表 2-51。

表 2-51　　常用硅钢片漆的性能及用途

名称	型号	干燥时间范围/min	耐热等级	性能及用途
油性漆	1611	11～12 (210±2)℃	A	在400～500℃高温下干燥快，漆膜厚薄均匀，耐油，硬度高。用于涂覆一般用途的小型电机、电器的硅钢片
醇酸漆	9161 5364	2～12 (160±2)℃	B	在300～350℃下干燥快，漆膜有较好的耐热性和抗电弧性。用于涂覆一般电机、电器用硅钢片，但不宜涂覆磷酸盐处理硅钢片
环氧酚醛漆	H52-1 E-9114	15～40 (180±2)℃	F	在300～350℃下干燥快，漆膜附着力强，有较好的耐热性，耐潮性、耐腐蚀性和电气性能。用于涂覆大型电机、电器用硅钢片，且适宜涂覆磷酸处理硅钢片和其他硅钢片
有机硅漆	947S W35-1	≈15 (200±2)℃	H	漆膜有优良的耐热性和电气性能。用于高温电机、电器用硅钢片，但不宜涂覆磷酸盐处理硅钢片
聚酰胺酰亚胺漆	PAI-Q	≈10 (150±2)℃	H	漆膜附着力强，耐热性高，有优越的耐溶剂性、漆的涂覆工艺和干燥性好。用于涂覆高温电机、电器用各种规格硅钢片

5. 防电晕漆

防电晕漆一般由绝缘清漆和金属导体粉末（如炭黑、石墨、碳化硅等）混合而成，有时还加有填料，主要用作高压线圈防电晕的涂层，具有电阻率稳定、附着力和耐磨性好、干燥速度快、储存稳定性好等特性。防电晕漆可单独涂在线圈表面，也可涂在石棉带、玻璃布带上，再包扎在线圈外层或涂在玻璃布带上与主绝缘一起成型。防电晕漆分为低电阻漆和高电阻漆两类，低电阻防电晕漆用于大型高压电机槽部，高电阻防电晕漆用于大型高压电机线圈的端部。常用防电晕漆的性能见表2-52。

表 2-52　　常用防电晕漆的性能

名称	型号	组成	干燥时间(20℃)/h	耐热等级	性能
醇酸防电晕漆	1233 1234	油改性醇酸树脂漆、乙炔黑、立德粉、干燥剂	6～8	B	漆膜耐油，比较坚硬，可用于室温干燥

续表

名称	型号	组成	干燥时间(20℃)/h	耐热等级	性能
环氧防电晕漆	1235	环氧树脂漆、石墨、炭黑。使用时添加651聚酰胺树脂	—	B	漆膜附着力强、硬度高、可用于室温固化

五、绝缘胶

绝缘胶可分为电器浇注胶和电缆浇注胶，它与无溶剂漆相似，一般加有填料，其特点是适形性和整体性好，可提高产品耐潮、导热和电气性能，浇注的工艺装备简单，易于实现自动化生产，广泛应用于浇注20kV及以下电流互感器、10kV及以下电压互感器、某些干式变压器、船用变压器、电缆终端和连接盒、密封电子元件和零部件等。

1. 电器浇注胶

电器浇注胶由树脂加固化剂和其他添加剂构成，其配制配方和固化工艺，应根据结构、外形、几何尺寸、技术条件和使用环境而定，它所用的树脂要求具有黏度小、流动性好、收缩率小、挥发物少、固化快、低压成型性好，并有足够的电气、机械性能和化学稳定性等特性。环氧树脂基本上符合要求，所以环氧树脂电器浇注胶的应用最为广泛。环氧树脂电器浇注胶的理化性能及特性见表2-53。

表2-53　环氧树脂电器浇注胶的理化性能及特性

环氧树脂型号	环氧值①(当量/100g)	熔点/℃	软化点②/℃	特性
E-51(618)	0.48～0.54	—	—	双酚A型环氧树脂，黏度低，使用方便
E-42(634)	0.38～0.45	—	12～27	双酚A型环氧树脂，黏度稍高于618，收缩率较小，是常用的浇注树脂
E-35(637)	0.3～0.4	—	20～35	双酚A型环氧树脂，黏度稍高于634

续表

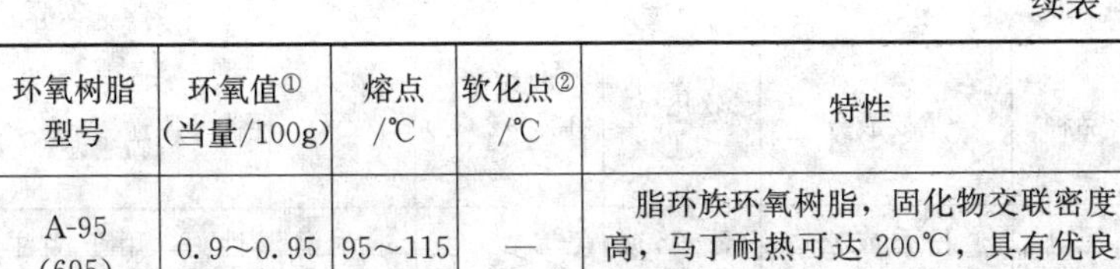

环氧树脂型号	环氧值[①]（当量/100g）	熔点/℃	软化点[②]/℃	特性
A-95（695）	0.9～0.95	95～115	—	脂环族环氧树脂，固化物交联密度高，马丁耐热可达 200℃，具有优良的抗电弧型
V-17（2000）	0.16～0.19	—	—	环氧化聚丁二烯树脂，耐热性好
H-75（6201）	0.61～0.64	—	—	脂环族环氧树脂，黏度低，工艺性好，可进行室温固化，热膨胀系数小，耐沸水
W-95（300，400）	1～1.03	55	—	脂环族环氧树脂，固化物机械强度优于双酚 A 型环氧树脂，延伸性好，耐热性高

① 用盐酸吡啶法。
② 用水银法。

环氧树脂电器浇注胶常用的固化剂有酸酐类和胺类。酸酐类固化剂的特点是毒性小，固化时挥发物少，电气、力学、耐热性能较好等，固化时不易产生应力开裂，特别是液体酸酐使用方便，应用较广。胺类固化剂的特点是固化速度快、毒性大、胶的使用期短、固化时易产生应力开裂，应用较少，实际应用时需加以技术处理。

2. 电缆浇注胶

电缆浇注胶用来浇注电缆的中间盒和终端盒，常用的有松香酯型、沥青型和环氧树脂型。电缆浇注胶的性能及用途见表 2-54。

表 2-54　　电缆浇注胶的性能及用途

品种	主要成分	软化点/℃	收缩率（150→20℃）/%	性能及用途
环氧电缆胶	环氧树脂、石英粉、聚酰胺树脂	—	—	密封性好，电气、机械性能高，用于浇注户内 10kV 及以下电缆终端，且体积小，结构简单

续表

品种	主要成分	软化点/℃	收缩率(150→20℃)/%	性能及用途
黑电缆胶	松香或松香甘油酯、机油	65～75或85～95	≤9	耐潮湿性好，用于浇注10kV及以下电缆连接盒和终端
黄电缆胶	石油沥青或石油沥青、机油	40～50	≤8	抗冻裂性好，电气性能较好，用于浇注10kV及以上的电缆连接盒和终端

六、绝缘纸品

绝缘纸品是指用植物纤维、合成纤维或玻璃纤维制成的绝缘纸、绝缘纸板、绝缘纸管等，是电缆、变压器、电力电容器等产品的关键材料，也是层压制品、复合制品、云母制品等绝缘材料的基材和补强材料。通常把标重小于225g/m^{2}的称为绝缘纸，把大于225g/m^{2}的称为绝缘纸板。

1. 绝缘纸

绝缘纸是电绝缘用纸的总称，主要有植物纤维纸和合成纤维纸两类，可用作电缆、线圈等各项电器设备的绝缘材料，除具有良好的绝缘性能和机械强度外，还各有其特点。

（1）植物纤维纸。植物纤维纸按用途可分为电缆纸、电话纸、电容器纸和青壳纸，植物纤维纸的性能及用途见表2-55。

表2-55　植物纤维纸的性能及用途

产品名称	型号	耐热等级/℃	主要性能和用途
电话纸	DH-40 DH-50 DH-70	Y（90）	坚实、不易破裂。用于$\phi<0.4$mm的漆包线的层件绝缘。专供电信电缆绝缘
电缆纸	DL-08 DL-12 DL-17	Y（90）	柔顺，耐拉力强。用于$\phi>0.4$mm漆包线的层间绝缘、低压绕组的绝缘。电缆专用
电容器纸	A类 B类	Y（90）	薄、耐压较高，用于$\phi<0.3$mm漆包线的层间绝缘。电容器专用
青壳纸	DK-50/50 DK-75/25	Y（90）	坚实耐磨。用于电动机线包、仪表衬垫绝缘，简易骨架

1）电缆纸。包括低压电缆纸（通称电缆纸）、高压电缆纸和绝缘皱纹纸，低压电缆纸主要用作35kV及以下的电力电缆、控制电缆和通信电缆的绝缘。

2）电话纸。主要用于通信电缆的绝缘，也可作为云母箔的补强材料用于电机绝缘。

3）电容器纸。特点是紧度大、纸薄而偏差小。按使用要求分为A类和B类，A类用于电子线路电容器，B类用于电力电容器，都是用作极间介质。B类中BD型纸在60～120℃时的介质损耗角正切值较低，可提高电力电容器的运行温度。

4）青壳纸。是青色薄型电绝缘纸的俗称，由木质纤维或掺入棉纤维的混合制浆，经一定的工艺制造而成。青壳纸是具有良好的机械强度、较高的电气强度、产品表面平整光滑、富有韧性，广泛用于电机、电器、仪表等设备中作绝缘材料。

（2）合成纤维纸。合成纤维纸按纤维类别可分为聚酯纤维纸、聚酰胺纤维纸、聚砜酰胺纤维纸和噁二唑纤维纸，后3种为耐高温合成纤维纸。聚酯纤维纸一般与聚酯薄膜制成复合品，用于B级电机槽绝缘。耐高温合成纤维纸有聚酰胺纤维纸、聚砜酰胺纤维纸和噁二唑纤维纸，它们常与聚酯薄膜、聚酰亚胺薄膜组合成复合制品，主要用于F级和H级绝缘电机的槽绝缘和导线的换位绝缘。合成纤维纸的性能及用途见表2-56。

表2-56　　合成纤维纸的性能及用途

性能项目		聚酰胺纤维纸（芳香族）	聚砜酰胺纤维纸（芳香族）	噁二唑纤维纸	聚酯纤维纸
厚度/mm		0.08～0.09	0.15±0.015	0.16±0.01	0.08～0.09
密度/(g/cm³)		0.09±0.02	0.92	1.03	
定量/(g/m³)		70～80	158.4	169	28～32
抗张力/N	纵向	>40	96	107.4	12～18
	横向	>20	74.2	76.6	12～18
体积电阻率/(Ω·cm)	常态	1×10^{15}	2.6×10^{16}	2.2×10^{15}	—

续表

性能项目		聚酰胺纤维纸（芳香族）	聚砜酰胺纤维纸（芳香族）	噁二唑纤维纸	聚酯纤维纸
击穿强度/(kV/mm)	常态	14	22	20	—
	在变压器油中	—	34	27	

2. 绝缘纸板

绝缘纸板由木质纤维或掺有棉纤维的混合纸浆经抄纸、轧光制成，可分为50/50型和100/100型两种。掺有棉纤维的纸板抗张强度和吸油量较高，可用作空气中和不高于90℃的变压器油中的绝缘材料和结构保护材料。50/50型纸板的组成中木质纤维和棉纤维各占一半，有良好的抗弯曲性和耐热性，适于用作电机、电器绝缘和结构保护材料，以及耐振绝缘零部件等。100/100型纸板不掺棉纤维（全部木质纤维），有薄型和厚型两种。其中薄型纸板厚度小于500μm，通称青壳纸或黄壳纸，与聚酯薄膜制成复合制品，用作E级电机的槽绝缘，也可用作绕线间绝缘保护层。厚型纸板可制作某些绝缘零件和用作保护层。绝缘纸板的性能参数见表2-57。

表2-57　绝缘纸板的性能参数

性能项目			50/50型	100/100型
紧度/(g/cm³)	厚度0.1～0.4mm		—	1.15～1.2
	0.1～0.5mm		1.20～1.25	—
	≥0.5mm		—	1.00～1.15
抗张强度/(N/cm²)	厚度0.1～0.5mm	纵向	12000～16000	9000～14000
		横向	3500～4000	3500～4000
	经往复弯折100次后	纵向	7200～9000	6750～8000
击穿强度/(kV/mm)	纵向弯折一次后		＞13 9～14	11～15 8～14

七、浸渍纤维制品

浸渍纤维制品是以绝缘纤维制品为底材浸以绝缘漆制成，

主要有漆布（绸）、漆管和绑扎带3类。浸渍纤维制品的底材有棉布、棉纤维管、薄绸、玻璃纤维（布）等，浸渍用的绝缘漆主要有油性漆、醇酸漆、聚氨酯漆、环氧树脂漆等。

绝缘漆布是由天然纤维或合成纤维纺织成布料，再浸以不同的绝缘漆，烘干后使用，可以作为电机、电器的垫衬和线圈的绝缘。绝缘漆管又称为绝缘套管，是由相应的纤维管浸以不同的绝缘漆经烘干而成的，常用来作为电机、电器及电工设备的引出线和连接线的外套绝缘。绑扎带又称无纬带，是将玻璃纤维经硅烷处理，然后浸以树脂，再制成带状。按所用树脂种类的不同，分为聚酯型、环氧型等几类，它主要用来代替无磁性合金钢丝，以绑扎电机转子绕组的端部或变压器铁芯。常用浸渍纤维制品的性能及用途见表2-58。

表2-58　　常用浸渍纤维制品的性能及用途

名称	型号	耐热等级	性能及用途
油性漆布（黄漆布）	2010	A	柔软性好，不耐油，用于一般电机、电器的衬垫或线圈绝缘
	2012	A	耐油性好，用于在变压器油或汽油气侵蚀的环境中工作的电机、电器的衬垫或线圈绝缘
油性漆绸（黄漆绸）	2210	A	具有较好的电气性能和良好的柔软性。2210用于电机、电器薄层衬垫或线圈绝缘；2212耐油性好，用于在变压器油或汽油气侵蚀的环境中工作的电机、电器的薄层衬垫或线圈绝缘
	2212		
油性玻璃漆布（黄玻璃漆布）	2412	E	耐热性较2010、2012漆布好，用于一般电机、电器的衬垫和线圈绝缘、以及在油中工作的变压器、电器的线圈绝缘
沥青醇酸玻璃漆布	2430	B	耐潮性较好，耐苯和耐变压器油性差。用于一般电机、电器的衬垫和线圈绝缘
醇酸玻璃漆布	2432	B	耐油性较好，具有一定的防霉性，用于油浸变压器、油断路器等线圈绝缘
醇酸玻璃-聚酯交织漆布	2432-1		

续表

名称	型号	耐热等级	性能及用途
环氧玻璃漆布	2433	B	良好的耐化学药品腐蚀性和耐湿热性、较高的机械性能和电气性能，用于化工电机、电器槽绝缘、衬垫和线圈绝缘
环氧玻璃-聚酯交织漆布	2433-1		
有机硅玻璃漆布	2450	H	较高的耐热性、良好的柔软性、耐霉、耐油和耐寒性好，用于H级电机、电器的衬垫和线圈绝缘
油性漆管	2710	A	良好的电气性能和弹性，耐热性、耐潮性、耐霉性差，用于电机，电器和仪表等设备引出线和连接线绝缘
油性玻璃漆管	2714	E	
聚氯乙烯玻璃漆管	2715	A	良好的柔软性、弹性、电气性能和耐化学腐蚀性，用于电机、电器、仪表、无线电装置的布线绝缘和机械保护
醇酸玻璃漆管	2730	B	良好的电气性能和机械性能，耐油性和耐热性好，弹性稍差。可代替油性漆管作电机、电器、仪表等设备引出线和接线绝缘
硅橡胶玻璃丝管	2751	H	弹性好，耐热性和耐寒性好，电气性能和机械性能良好，用于−60～180℃工作的电机、电器和仪表等设备的引出线和连接线绝缘
聚酯玻璃纤维绑扎带	2830	B	较高的拉伸强度，用于直流电机转子和变压器铁芯等的绑扎
聚酰亚胺玻璃纤维绑扎带	2850	H	较高的拉伸强度，用于直流电机电枢绕组、异步电机转子和变压器铁芯等的绑扎

八、电工薄膜及绝缘胶带

1. 电工薄膜

电工薄膜通常是指使用于电工领域的厚度在0.006～0.5mm的薄片材料，其特点是厚度薄、柔软、耐潮，电气性能和机械性能好，主要用作电机、电器线圈和电线、电缆的包扎绝缘及作为电容器介质。电工常用的薄膜主要有以下9种，其主要性能及用途见表2-59。

表 2-59　　电工常用薄膜的主要性能及用途

名称	耐热等级	厚度范围/mm	常态击穿强度/(kV/mm)	常态体积电阻率/(Ω·m)	用途
聚丙烯薄膜	—	0.006～0.02	>180	$10^{13}\sim15^{15}$	用于电容器介质
聚酯薄膜	E	0.006～0.10	130～230	$10^{14}\sim10^{15}$	用于低压电机、电器线圈匝间、端部包扎绝缘，衬垫绝缘，电磁线绕包绝缘，E机电机槽绝缘和电容器介质
聚萘酯薄膜	F	0.02～0.10	>210	10^{14}	用于F级电动机槽绝缘、导线绕包绝缘和线圈端部绝缘
芳香族聚酰胺薄膜	H	0.03～0.06	90～130	$10^{11}\sim10^{12}$	用于F、H级电机槽绝缘
聚酰亚胺薄膜	C	0.03～0.06	100～190	$10^{13}\sim10^{14}$	用于H级电机、微电机槽绝缘，电机、电器绕组和起重电磁铁外包绝缘及导线绕包绝缘
聚四氟乙烯薄膜	C	0.01～0.10	>60(直流)	$10^{14}\sim10^{15}$	用于工作温度为－60～250℃的电容器介质，电器、仪表、无线电装置的层间衬垫绝缘和耐热电磁铁、安装线、耐油电缆、耐热导线绝缘
		0.04～0.12	>50(直流)	$>10^{14}$	
		0.02～0.50	>40(直流)	$10^{13}\sim10^{14}$	
全氟乙丙烯薄膜	C	0.01～0.50	196	$10^{16}\sim10^{17}$	用于电线、同轴电缆的包覆层和印制电路板
聚苯乙烯薄膜	Y以下	0.02～0.10	>110	10^{15}	用于高频电信电缆绝缘和电容器介质
聚乙烯薄膜	Y以下	0.02～0.20	>40	10^{15}	用于电信电缆绝缘及工作温度不超过70℃的电缆绝缘护层

（1）聚丙烯薄膜。比其他薄膜都轻，可拉伸成0.006mm或更薄的材料，具有较高的电气性能、机械性能和化学稳定性，介质损耗比电容器纸小，击穿强度比纸高近10倍，采用它与电容器纸组合介质的电力电容器比单纯采用纸介质的体积小、质量轻。

（2）聚酯薄膜。具有较高的抗张强度、较高的电阻和击穿强度，耐有机溶剂好，但易醇解和水解，耐碱性和耐电晕性差，工作温度为－60～120℃。

（3）聚萘酯薄膜。耐热性比聚酯薄膜好，弹性模数高，断裂伸长率小，在高温下易水解，但水解速度比聚酯薄膜慢，耐酸、耐碱、耐芳香胺比聚酯薄膜好，耐气候性优良。

（4）聚酰胺薄膜。耐溶剂好，熔点高，具有一定的电气性能和机械性能；耐变压器油的性能好，在80℃的变压器油中浸1000h后，薄膜只有轻度的卷曲，但耐潮性稍差。

（5）聚酰亚胺薄膜。具有优异的耐高温和耐深冷性能，使用温度范围为－269～400℃，可长时间在250℃下使用，在400℃中可工作数小时，超过800℃时则炭化，但不燃烧；在液氦温度下能保持柔软性；能耐所有的有机溶剂和酸，但不耐强碱，也不宜在油中使用；有较好的耐磨、耐电弧、耐高能辐照等特性。

（6）聚四氟乙烯薄膜。具有很高的耐热性和耐寒性，可在－250～250℃工作，超过300℃时性能下降；有优良的电气性能和化学稳定性，但置于某些卤化胺及芳香族碳氢化合物中有轻微的溶胀现象，碱金属和氟元素在高温下对它有明显的腐蚀作用；介质损耗小，在很宽的温度和频率范围内变化极微；在电弧作用下不炭化；在高温下抗张强度下降幅度较大、延伸率增大；低温时抗张强度上升、延伸率降低。使用时需采用特殊黏合剂黏结。

（7）全氟乙丙烯薄膜。具有优良的高频特性，介质损耗小，且受温度、频率变化的影响小；吸湿性小；化学稳定性与聚四氟乙烯薄膜相似；机械性能较差，抗张强度比聚四氟乙烯好；在高温高压下能自黏或与其他材料黏结；工作温度为－250～200℃。

（8）聚苯乙烯薄膜。是非极性电介质，有良好的电气性能，介质损耗小，而且在很宽的温度和频率范围内变化不大；但耐热性和柔软性差，较脆，抗冲击和抗撕裂强度低。

（9）聚乙烯薄膜。机械性能和耐热性较差，长期工作温度为70℃，可用作通信电缆绝缘和电力电缆护层等。

2. 绝缘胶带

绝缘胶带是在常温或在一定温度和压力下能自粘成型的带状材料，包括薄膜绝缘胶带、织物绝缘胶带和无底材绝缘胶带3大类。绝缘胶带的绝缘性能好、使用方便，适用于电机电器线圈绝缘、包扎固定等。

薄膜绝缘胶带是在薄膜的一面或两面涂以胶黏剂，经烘焙切带而成，它所用的胶黏剂耐热性一般应与薄膜材料相匹配。织物绝缘胶带是以无碱玻璃布或棉布为底材涂以胶黏剂，经烘焙切带而成。无底材绝缘胶带是由硅橡胶或丁基橡胶和填料、硫化剂等经混炼、挤压而成。常用绝缘胶带的主要性能及用途见表2-60。

表2-60　常用绝缘胶带的主要性能及用途

名称	厚度/mm	耐热等级	性能及用途
聚酯薄膜胶带	0.005～0.17	E～B	耐热性较好，机械强度高，可用作半导元件密封绝缘，电机线圈绝缘和对地绝缘
环氧玻璃胶带	0.17	B	电气性能和机械性能较高，供作变压器铁心绑扎材料和电机绕组绑扎
有机硅玻璃胶带6350	0.15	H	有较高的耐热性、耐寒性和耐潮性，以及较好的电气性能和机械性能，可用于H级电机电器线圈绝缘和导线连接绝缘
自黏性硅橡胶三角带	—	H	具有耐热、耐潮、抗振动、耐化学腐蚀等特性，但抗张强度较低，适用于高压电机线圈绝缘。使用时要保持清洁才能粘牢

续表

名称	厚度/mm	耐热等级	性能及用途
自黏性丁基橡胶带	—	H	有硫化型和非硫化型两种，胶带弹性好，伸缩性大，包扎紧密性好，主要用于电力电缆连接和端头包扎绝缘
聚酰亚胺薄膜胶带 J-6250	0.045～0.07	H	电气性能和机械性能较高，耐热性优良，但成形温度较高（180～200℃），适于作H级电机线圈绝缘和槽绝缘

第五节　磁　性　材　料

磁性材料就是指铁磁性物质，为电工三大材料之一，是电机、电器、变压器、机械仪表及电磁铁等的主要材料。为获得高的磁感应强度和系统的磁能，要求磁性材料具有较高的磁导率和低的损耗，以及较好的加工性能。磁性材料的某些特殊性能还可用于特殊场合，例如具有直角磁滞回线的材料可以用作磁记忆材料；某些磁性材料在磁场强度变化时其几何尺寸也发生变化，称为磁致伸缩材料，可用于超声发生器和接收器及机电换能器中，用以测量海洋深度、探测材料的缺陷等。

磁性材料按其磁化特性和应用不同可分为软磁性材料和硬磁性材料（永磁材料）两大类，软磁性材料用于交变磁场，而硬磁性材料用于静态磁场。按材料组成可分成金属和非金属两种，金属型材料有铁、镍、钴及合金，非金属型材料有铁氧体，它具有磁畴结构，能自发磁化而具有铁磁性。铁氧体的铁耗（磁滞回线和涡电流造成的损耗）在高频下特别小，故适用于在高频中做磁性材料。

一、软磁性材料

软磁性材料是磁滞回线形状窄而陡的铁磁材料，主要特点是磁导率高、剩磁很小、矫顽力小，磁滞现象不严重、电阻率大、涡流损耗小，因而它是一种既容易磁化也容易去磁的材料，所以绕制在软磁性材料的线圈中通过较小的电流时，能够在线圈内部产生很强的磁感应强度和磁通，当电流为零时，磁性又能基本消失。软磁性材料的品种主要有电工纯铁、硅钢片、铁镍合金、铁铝合金、软磁铁氧体等，主要用作变压器、电机和各种电器的铁芯，在交流磁场中充当导磁回路。软磁性材料的主要特点及用途见表 2-61。

表 2-61　　软磁性材料的主要特点及用途

品种	主要特点	用途
电工纯铁（牌号 DT）	含碳量在 0.04%以下，饱和磁感应强度高，冷加工性好，但电阻率低，铁损高，故不能用在交流磁场中。有磁时效现象	一般用于直流磁场
硅钢片（牌号有 DR、RW 或 DQ）	铁中加入 0.8%～4.5%的硅，就是硅钢。它和电工纯铁相比，电阻率增高，铁损降低，磁时效基本消除，但导热系数降低，硬度提高，脆性增大。适于在强磁场条件下使用	用于电机、变压器、继电器、互感器、开关等产品的铁芯
铁镍合金（牌号 1J50、1J51 等）	和其他软磁材料相比，磁导率高，矫顽力低，但对应力比较敏感，在弱磁场下，磁滞损耗相当低，电阻率又比硅钢片高，故高频特性好	用于频率在 1MHz 以下弱磁场中工作的器件，如电视机、精密仪器用特种变压器等
铁铝合金（牌号 1J12 等）	和铁镍合金相比，电阻率高，密度小，但磁导率低，随着含铝量增加（超过 10%），硬度和脆性增大，塑性变差	用于在弱磁场和中等磁场下工作的器件，如微电机、音频变压器、脉冲变压器、磁放大器等
软磁铁氧体（牌号 R100 等）	属非金属磁化材料，烧结体，电阻率非常高，高频时具有较高的磁导率，但饱和磁感应强度低，温度稳定性也较差	用于高频或较高频率范围内的电磁元件（磁心、磁棒、高频变压器等）

1. 电工纯铁

金属铁具有饱和磁感应强度高、磁导率高和矫顽力低的特性，它的纯度愈高，磁性能愈好，但制备高纯度的铁工艺复杂，成本较高，因此，在工程技术上广泛采用的是电工纯铁。在冶炼电工纯铁时，加入适量的铝或硅铝，以削弱碳、氮、氧等杂质对磁性的有害影响。在电器、电信及仪表中使用的磁性元件一般采用厚度不大于4mm的热轧或冷轧纯铁薄板或截面积不大于250mm²的热轧、冷轧、热锻纯铁材。电工纯铁加工成磁性元件后，必须进行退火处理，以消除应力和提高磁性能。

2. 硅钢片

硅钢片是在铁中加入0.8%～4.5%硅的一种软磁材料，铁中加入硅后，可以提高电阻率，并有助于分离有害杂质、提高磁导率、降低矫顽力和铁损，但硬度和脆性增高、导热系数降低，对机械加工和散热不利。硅钢片按制造工艺分热轧和冷轧两种，而冷轧又有取向和无取向之分。电机工业工作频率低，涡流损耗小，使用的硅钢片厚度为0.35～0.50mm，电信工业工作频率高，涡流损耗大，使用的硅钢片厚度为0.05～0.20mm。硅钢片在冲剪、叠装或卷绕铁芯过程中，都会产生应力，使磁性能退化。在某些情况下，要采用退火处理以消除应力和恢复原磁性。

3. 铁镍合金

铁镍合金是在铁中加入36%～81%的镍，经真空冶炼而成的铁磁材料，俗称坡莫合金，是仪器、仪表工业中常用的一种高级软磁材料。铁镍合金含有稀有金属镍，成本较高，多制成小功率的磁性元件，它具有独特的性能，在弱磁场下有极高的磁导率和很低的矫顽力；但电阻率不高，饱和磁感应强度较低，宜在直流及低频（1MHz以下）的弱磁场中使用。

铁镍合金加工性好，可制作形状复杂、尺寸精确的元件。应力对铁镍合金有着极其密切的影响，在进行冲剪、弯曲、拉伸以及碾压、装叠、卷绕等工艺过程中，或者受到冲击、振动和碰撞时，铁镍合金将产生不规则的内应力，会产生塑性变形，从而使磁导率下降、矫顽力增大，故需进行退火处理，以消除内应力，使其磁性恢复到最佳状态。经热处理后的铁镍合金磁性元件，对应力更加敏感，因此必须轻拿轻放，小心保管，不能碰压或冲击；绕线时，不能直接绕在该磁性元件上，应该装盒绕制，避免应力再生，防止磁性能变劣。

4. 铁铝合金

铁铝合金是以铁和铝（6%～15%）为主要组成成分，具有电阻率高、密度小、硬度高、耐磨性好、抗振动和抗冲击性能好的特性，用它制成的器件涡流损耗小、重量轻，在某些场合可以代替铁镍合金使用。但含铝量超过10%时，铁铝合金变脆，塑性降低，加工困难。铁铝合金制成的磁性元件必须进行高温退火，以提高磁性。

5. 软磁铁氧体

铁氧体是复合氧化物烧结体，是一种用陶瓷工艺制作的非金属磁性材料，与金属软磁材料相比，具有较高的电阻率，在高频磁场中使用，涡流损耗小；但其饱和磁感应强度低，温度稳定性较差，适于制造高频或较高频范围的电磁元件。

二、硬磁性材料

硬磁性材料（永磁材料）是指磁滞回线形状宽而厚的铁磁材料，主要特点是剩磁很大、矫顽力大，磁滞现象严重，若将所加磁化磁场去掉以后，仍能在较长时间内保持强而稳定的磁性。可见，硬磁性材料能储存一定的恒磁能，并作为磁源用在磁路中，能在一定的空间内提供恒定的磁场。硬磁性材料的品种主要有高碳钢、铝镍钴合金、铁氧体、稀土钴和塑性变形等，主要用来制作永磁体，广泛应用于测量仪表、扬声器、永磁发电机及通信装置中。硬磁性材料的种类及用途见表2-62。

表2-62　　硬磁性材料的种类及用途

<table>
<tr><th colspan="3">硬磁材料品种</th><th>用途举例</th></tr>
<tr><td rowspan="4">铝镍钴合金</td><td rowspan="3">铸造铝镍钴</td><td>铝镍钴13</td><td>转速表、绝缘电阻表、电能表、微电机、汽车发电机</td></tr>
<tr><td>铝镍钴20
铝镍钴32</td><td>话筒、万用表、电能表、电流、电压表、记录仪、消防泵磁电机</td></tr>
<tr><td>铝镍钴40</td><td>扬声器、记录仪、示波器</td></tr>
<tr><td colspan="2">粉末绕结铝镍钴
铝镍钴9
铝镍钴25</td><td>汽车电流表、曝光表、电器触头、受话器、直流电机、钳形表、直流继电器</td></tr>
</table>

续表

硬磁材料品种	用途举例
铁氧体硬磁材料	仪表阻尼元件、扬声器、电话机、微电机、磁性软水处理
稀土钴硬磁材料	行波管、小型电机、副励磁机、拾音器精密仪表、医疗设备、电子手表
塑性变形硬磁材料	里程表、罗盘仪、计量仪表、微电机、继电器

1. 高碳钢

最初的硬磁性材料是以淬火钢为主的高碳钢（含碳量0.60%～1.70%），其磁导率较高，矫顽力低，易被磁化，剩磁较小，成形性能好，可以进行冲、压、弯、钻等切削加工，材料可制成片、丝、管、棒等，使用方便，价格低。但由于其组织结构不稳定，因而存在磁性随时间及环境而变化的缺点。高碳钢是一种性能较差的硬磁性材料，因此很少使用，当添加合金元素铬、钴、钨等形成铬钢、钴钢、钨钢以后，磁性能大为提高。

2. 铝镍钴合金

（1）铸造铝镍钴。用铸造方法制成的硬磁材料，它具有剩磁大、磁感应温度系数小和居里温度高、组织结构稳定等特性，其矫顽力和最大磁能积在硬磁材料中达到中等以上的水平，是电机工业中应用很广的一种硬磁材料。

（2）粉末烧结铝镍钴。用粉末冶金方法制成的硬磁材料，它不产生铸造缺陷，表面光洁，不需磨削加工，密度小，原料消耗低，但磁性能略低，宜用作体积小或要求工作磁通均匀性高的微电机、继电器等的永磁体。

3. 铁氧体

硬磁材料铁氧体的矫顽力很高，回复磁导率较小，密度小，电阻率大，其最大磁能积小，但最大回复磁能积却较大，故宜用作为在动态条件下工作的仪表电机、磁疗器械和电声部件等的永磁体，而不宜用于测量仪表中。

4. 稀土钴

硬磁材料稀土钴是由部分稀土金属和钴形成的一种金属间的化合物，常见的有钐钴、镨钴、镨钐钴、混合稀土钴以及铈钴铜等，它们具有优异的磁性能，其矫顽力和最大磁能积均高于其他硬磁材料，适于作为传感器、助听器等的微型或薄片状永磁体。

5. 塑性变形

硬磁材料塑性变形主要有永磁钢（碳钢、钨铬钢等）、铁钴钼合金、铁钴钒合金、铂钴合金、铜镍铁合金和铁铬钴合金等，它经过适当热处理后，具有良好的塑性和机械加工性，可制成板、带、棒及线材或其他形状，一般用作里程表、微电机等有特殊要求的微型永磁体。

第三章

电工测量仪表

第一节　电工测量仪表基本知识

一、电工测量仪表的分类

常用电工测量仪表种类繁多，而且新型测量仪表不断出现。常用的电工测量仪表有电压表、电流表、功率表、电能表、万用表、钳形表、兆欧表等，主要用于测量电压、电流、功率、电能等基本电量和电阻、电感、电容等电气参数。

常用电工测量仪表有两大类：一类是模拟式仪表，又称为直读式指示仪表或指示仪表，它采用指针、光点或计数机构显示测量值，其输出量是模拟量，测量时在仪表标尺或表盘上直接读出被测量值；另一类是数字式仪表，它采用逻辑电路，其输出量是数字量，测量时把被测的模拟量转换成数字量后直接显示数字。

指示仪表是电工使用最多的仪表，它有下面几种类型：

(1) 按照仪表的工作原理，可分为磁电系、电磁系、电动系、感应系、整流系、电子系等。

(2) 按仪表的工作电流，可分为直流式、交流式、交直流两用式。

(3) 按照仪表的测量对象，可分为电流表（安培表、毫安表、微安表等)、电压表（伏特表、毫伏表等)、功率表（瓦特表)、欧姆表、频率表、相位表、电能表、兆欧表以及万用表等。

(4) 按照仪表的准确度等级，可分为 0.1 级、0.2 级、0.5 级、1.0 级、1.5 级、2.5 级、5.0 级共 7 个级别，数字越小的等级，其准确度越高。精密标准仪表的准确度为0.1级、0.2级，电气工作试验用的仪表准确度为0.5级、1.0级，配电盘用仪表的准确度为1.5级、2.5级、5.0级。

（5）按照安装和使用性质，可分为安装式和便携式两种。安装式仪表通常是固定安装在开关板或电气装置屏（柜）的面板上，过载能力较强，准确度等级较低；便携式仪表便于携带，使用方便。

（6）按仪表对电磁的防御能力，可分为Ⅰ、Ⅱ、Ⅲ、Ⅳ共4个等级。Ⅰ级仪表在外磁场或外电场的影响下，允许其指示值与实际值偏差不超过±0.5%；Ⅱ级仪表允许偏差±1.0%；Ⅲ级仪表允许偏差±2.5%；Ⅳ级仪表允许偏差±5.0%。

（7）按仪表的使用条件，可分为A、B、C共3组。

二、电工测量仪表的面板符号

不同种类的电工测量仪表具有不同的技术特性，在电工测量仪表的刻度盘或面板上，通常用各种不同的符号来说明仪表的各种技术性能。电工测量仪表的面板标记应包括：测量对象的单位、电源种类、仪表工作原理的系别、准确度等级、使用条件组别、工作位置、绝缘强度试验电压的大小、仪表型号以及各种额定值等。电工测量仪表的面板符号及含义见表3-1。

表3-1 电工测量仪表的面板符号及含义

符号	含义	符号	含义
⏚	接地用端钮（螺钉或螺杆）	⎓	直流
		∿	交流
⌒	调零器	≂	直流和交流
止	止动器		热电系仪表（带接触式热变换器和磁电系测量机构）
↑	止动方向		
+	正端钮	—	负端钮
$\frac{U_1}{U_2}=\frac{3000}{100}$	接电压互感器3000∶100V	⋇	公共端钮（多量限仪表和复用电表）

续表

符号	含义
～	交流端钮
R_d	定值导线
$\frac{I_1}{I_2}=\frac{500}{5}$	接电流互感器500∶5A
	整流系仪表（带半导体整流器和磁电系测量机构）
	磁电系仪表
×	磁电系比率表
	电磁系仪表
Ⅱ Ⅱ	Ⅱ级防外磁场及电场
Ⅲ Ⅲ	Ⅲ级防外磁场及电场
Ⅳ Ⅳ	Ⅳ级防外磁场及电场
不标注	A组仪表（工作环境温度为0～40℃）
B	B组仪器（工作环境温度为－20～50℃）
C	C组仪表（工作环境温度为－40～60℃）
0	不进行绝缘强度试验
	三相交流
$U_{max}=1.5U_H$	最大允许电压为额定值1.5倍

符号	含义
$I_{max}=2I_H$	最大允许电流为额定值的2倍
	电子管变换器
R	附加电阻器
75mV	外附定值分流器75mV
7.5mA	外附定值电阻器7.5mA
	电磁系比率表
	电动系仪表
	电动系比率表
	铁磁电动系仪表
	铁磁电动系比率表
	感应系仪表
	静电系仪表
	振簧系仪表
	Ⅰ级防外磁场（如磁电系）
	Ⅱ级防外电场（如静电系）
☆	绝缘强度试验电压为500V
2	绝缘强度试验电压为2kV
⊥	标度尺位置为垂直的

续表

符号	含义	符号	含义
⊓	标度尺位置为水平的	∨（1.5）	以标度尺长度百分数表示的准确度等级，如1.5级
∠60°	标度尺位置与水平面倾斜成一个角度，如60°		
1.5	以标度尺量限百分数表示的准确度等级，如1.5级	⓵.5（圆圈内1.5）	以指示值的百分数表示的准确度等级，如1.5级

第二节　指针式电流表与电压表

电流表用来测量电路中通过的电流大小，根据量程的不同可分为微安表、毫安表、安培表、千安表等，根据所测电流性质可分为直流电流表、交流电流表、交直流两用电流表。电压表用来测量电路中任两点的电压大小，根据量程的不同可分为毫伏表、伏特表、千伏表等，根据所测电压性质可分为直流电压表和交流电压表。

一、电流表与电压表的结构

电流表和电压表的测量机构及工作原理基本相同，不同点是电流表内阻很小，而电压表的内阻很大。测量直流的仪表常选用磁电系仪表，测量交流的仪表常选用电磁系仪表，一些准确度较高的直流或交流仪表有时也采用电动系仪表。指针式电流表与电压表外形如图 3-1 所示。

用电磁系测量机构构成电流表时，固定线圈用粗导线绕制，对多量程电流表，常把线圈分段绕制，然后通过这些线圈的串并联来改变电流表的量程。用电磁系测量机构串联不同的附加电阻，即可构成不同量程的电压表。用电动系测量机构构成电流表时，将其固定线圈与可动线圈串联或并联，量程的改变是通过改变固定线圈的连接方式和动圈的分流电阻来实现。将电动系测量机构的固定线圈与可动线圈串联后再和附加电阻串联，即可构成不同的电压表。

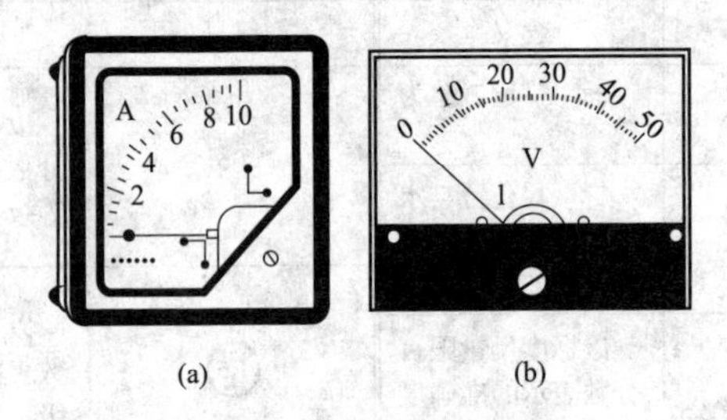

图 3-1 指针式电流表与电压表外形

(a) 电流表；(b) 电压表

二、电流与电压的测量

根据被测电路的电压高低和电流大小不同，测量方法分为两种，直接测量和带分流器、倍压器（直流）或互感器（交流）测量。

1. 电流的测量

测量电流时，电流表串入测量电路。

(1) 直流电流的测量。测量直流小电流时，电流表直接串入被测电路，如图 3-2 (a) 所示；测量直流大电流时，一般用外加附加电阻的方法，如图 3-2 (b) 所示。如果没有配套的定值分流器，则附加电阻的大小可按式 (3-1) 计算：

$$R_{\mathrm{F}}=\frac{R_{\mathrm{i}}}{n-1} \tag{3-1}$$

式中 R_{F}——并联的分流电阻值；

R_{i}——原电流表的内阻；

n——扩大后电流表的量程与电流表原来的量程的比值。

(2) 交流电流的测量。测量交流低压小电流时，电流表也是直接串入被测电路，如图 3-3 (a) 所示，而测量交流高压或低压大电流时需使用电流互感器。电流互感器的一次绕组（初级绕组）串入被测电路，二次绕组（次级绕组）接电流表，电流表的读数乘以互感器的变流比，即为被测电路的电流，如图 3-3 (b)～(d) 所示。

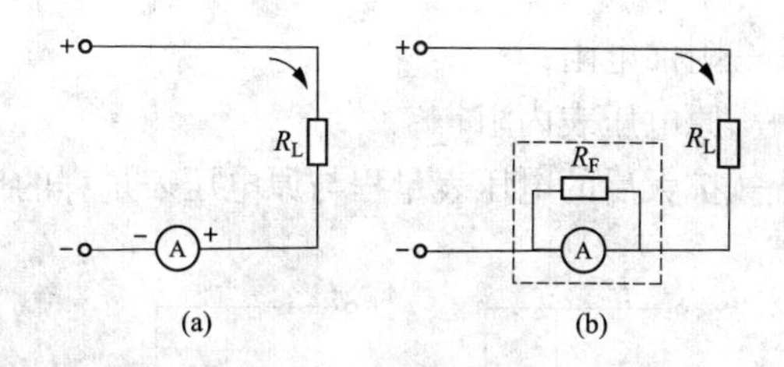

图 3-2 直流电流的测量

(a) 直接串入被测电路；(b) 外加附加电阻

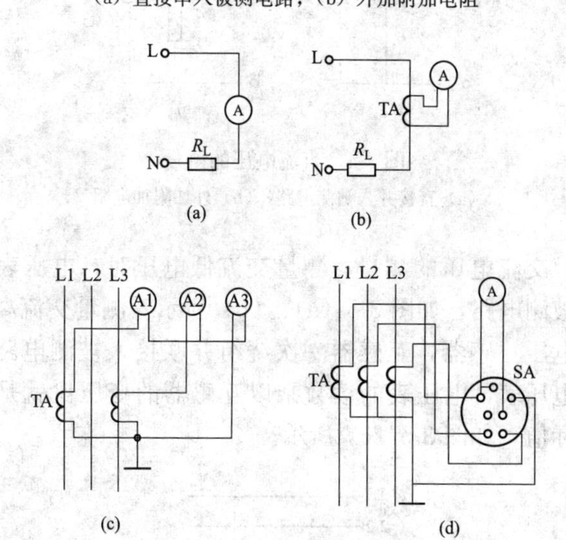

图 3-3 交流电流的测量

(a) 直接串入被测电路；(b) 经电流互感器接入；(c) 两互感器、三表测量三相电流；

(d) 三互感器、一表、一转换开关测量三相电流

TA—电流互感器；SA—电流换相开关

2. 电压的测量

测量电压时，电压表并联接入被测电路。

(1) 直流电压的测量。测量直流低电压时，电压表直接并入被测电路，如图 3-4 (a) 所示。高电压的测量可采用外加附加电阻的方法，如图 3-4 (b) 所示。如果没有配套的定值分压器，则附加电阻的大小可按式 (3-2) 计算：

$$R_F = (n_v - 1)R_i \tag{3-2}$$

式中　R_F——附加电阻；

R_i——原电压表内阻；

n_v——扩大后的电压表量程与原电压表量程的比值。

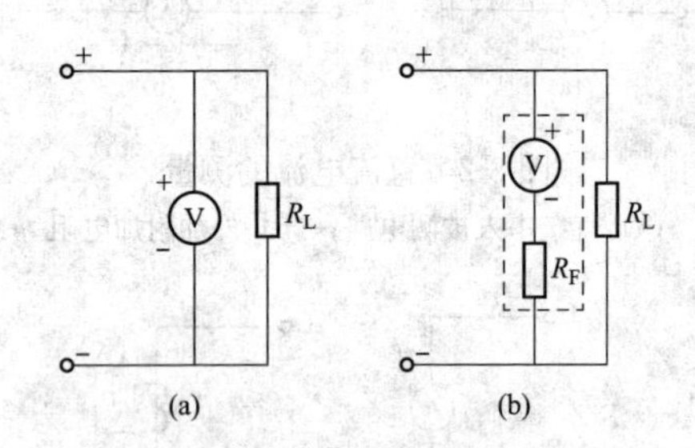

图 3-4　直流电压的测量

（a）直接并入被测电路；（b）外加附加电阻

（2）交流电压的测量。测量交流低电压时，电压表也是直接并入被测电路，如图 3-5（a）、（b）所示。测量交流高电压则要接入电压互感器，互感器一次绕组并联接入被测电路，二次绕组接电压表，电压表的读数乘以互感器的变压比就是被测电压的实际值，如图 3-5（c）所示。

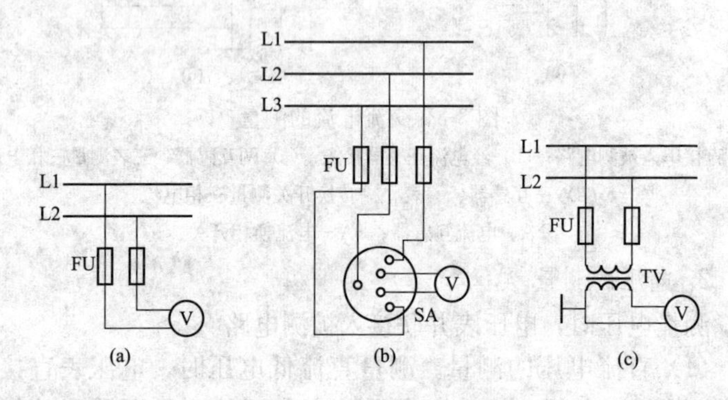

图 3-5　交流电压的测量

（a）直接并入被测电路；（b）通过换相开关直接测量三相电压；

（c）通过互感器接入被测电路

TV—电压互感器；SA—电压换相开关

三、电流表与电压表使用注意事项

电流表和电压表的测量机构基本相同，但在测量线路中的连接有所不同。因此，在选择和使用电流表和电压表时应注意以下事项：

（1）类型的选择。在直流电流和电压的测量中主要用磁电式测量机构的仪表，在交流电流和电压的测量中常用电磁式和铁磁电动式测量机构的仪表，而电动式测量机构的仪表常用于交流电流和电压的精密测量。

（2）准确度的选择。仪表的准确度选择要从测量要求的实际出发，不能选得过高。通常将 0.1 级和 0.2 级仪表作为标准表选用；0.5 级和 1.0 级仪表作为实验室测量选用；1.5 级以下的仪表一般作为工程测量选用。

（3）量程的选择。正确估计被测量的数值范围，合理地选择量程，一般是被测量的指示值大于仪表最大量程的 2/3，而又不能超过最大量程。

（4）内阻的选择。为了减小测量误差，测量电流时，应尽可能选用内阻小的电流表。测量电压时，应尽可能选用内阻大的电压表。

（5）正确接线。测量电流时，电流表应与被测电路串联；测量电压时，电压表应与被测电路并联。测量直流电流和电压时，必须注意仪表的极性与被测物理量的极性一致。

（6）高电压、大电流的测量。测量高电压或大电流时，必须采用电压互感器或电流互感器。电压表和电流表的量程应与互感器二次侧的额定值相符，一般电压为 100V，电流为 5A。

（7）量程的扩大。当电路中的被测量超过仪表的量程时，可外附分流器或分压器，其准确度等级应与仪表的准确度等级相符。

（8）测量前，应注意仪表的机械零点是否在零刻度上，如果不在零刻度上，应予以调整。

（9）仪表的使用环境要符合要求，要远离磁场，读数时应使视线与标度尺平面垂直。

第三节　钳形电流表

钳形电流表是一种可以在不断开被测电路的情况下，随时测量正在运行的电气线路中安培级以上的电流的便携式仪表，测量范围可达几百安培，但其测量准确度不高，通常为 2.5 级或 5.0 级，一般广泛应用于低压系统，如用来测试三相异步电动机的三相电流是否正常、测量照明线路的电流平衡程度等。

一、钳形电流表的结构及工作原理

常用钳形电流表按结构原理的不同，可分为交流钳形电流表（互感器式）、交直流两用（电磁式）钳形电流表及多用钳形电流表。交流钳形电流表只能测量交流电流，其实质上是由在带整流装置的磁电系电流表的基础上再加上一个“穿芯式”电流互感器组成的，其结构及外形如图 3-6 所示。

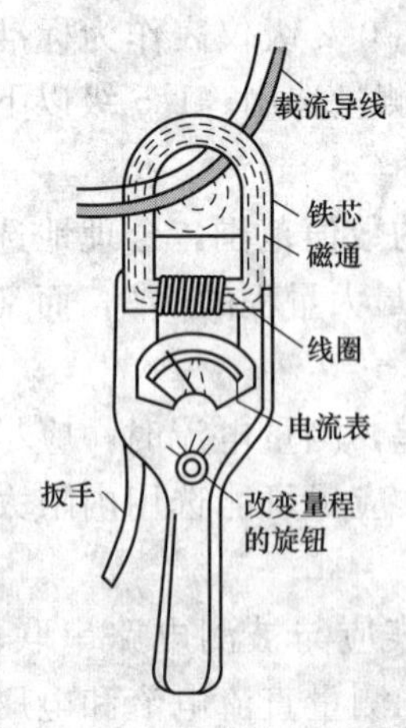

图 3-6　交流钳形电流表结构及外形

交流钳形表的铁芯呈钳口形，测量时，用手握紧扳手，电流互感器的铁芯就会张开，把被测电流的导线卡入张开的钳口，它就成为互感器的一次绕组。然后松开扳手，互感器铁芯闭合。这时，在闭合的铁芯中产生交变磁通，使绕在铁芯上的二次绕组产生感应电流，则与二次绕组相连的电流表的指针将发生偏转，从而测出被测导线中的电流值。

交直流两用钳形电流表可以测量交、直流电流，其外形结构与交流钳形表相似，也具有钳形铁芯，铁芯缺口中央为可动铁片，但没有电流互感器。当被测载流导线穿过钳形铁芯时，在铁芯中产生磁场，使可动铁片被磁化并产生电磁力，驱动可动部分带动指针偏转，指示出被测电流的数值。

多用钳形电流表是由钳形电流互感器和测量仪表两个独立部分组成，当两部分组合起来时，就是一个钳形电流表，将钳形互感器拔出，便可单独作为万用表使用。国内外生产一种钳形电流表（尤其是数字式产品）还在电流测量功能的基础上附加了其他参数的测量功能，如电压测量、功率测量、电阻测量等。

二、常用钳形电流表的型号规格

常用钳形电流表的型号规格见表 3-2。

表 3-2　常用钳形电流表的型号规格

名称	型号	原理结构	准确度等级	量程
交直流两用钳形电流表	MG20	电磁式	5.0	0～100A，0～200A，0～300A，0～400A，0～500A，0～600A
	MG21	电磁式	5.0	0～75A，0～1000A，0～1500A
交流钳形电流电压表	MG24	互感器式	2.5	0～5～25～50A（0～300～600V） 0～5～50～280A（0～300～600V）

三、钳形电流表使用注意事项

（1）测量前，应检查仪表指针是否在零位，若不在零位，则应调到零位。同时应对被测电流进行粗略估计，选择适当的量程。如果被测电流无法估计，则应先把钳形电流表置于最高挡，然后逐步下调切换，直至指针指在刻度的中间段为止。

（2）应注意钳形电流表的电压等级，不得将低压表用于测量高压电路的电流。

（3）每次只能测量一根导线的电流，被测导线应置于铁芯中央，否则误差将很大（大于 5%）。

（4）当导线置入时，若发现有振动或碰撞声，应重新开启钳口，直到没有噪声再读取电流值。测量大电流后，如果立即测量小电流，应开启钳口数次，以消除铁芯中的剩磁。

（5）在测量过程中不得切换量程，以免造成二次回路瞬间开路，感应出高电压而击穿绝缘。必须切换量程时，应先将钳口打开。

（6）在读数困难的场所测量时．可先用制动器锁住指针，然后到读数方便的地点读取电流值。

（7）测量时，如果附近有其他载流导线，所测值会受载流导线的影响而产生误差。此时，应将钳口置于远离其他导线的一侧。

（8）有电压测量挡的钳形电流表，电流和电压要分开测量，不得同时测量。

（9）测量5A以下电流时，为获得较为准确的读数，若条件许可，可将导线多绕几圈后置入测量，此时实际电流值为钳形表的读数除以所绕导线圈数。

（10）测量时应戴绝缘手套，站在绝缘垫上，身体各部位应与带电体保持安全距离（不小于0.1m），预防人身触电。

（11）严禁测量裸导线电流，严禁雷雨天气在户外使用。

（12）每次测量后，应把电流量程的切换开关置于最高挡位，以免下次使用时，因未选择合适量程进行测量而损坏仪表。

第四节　功　率　表

功率表又称瓦特表，是用于直流电路和交流电路中测量电功率的仪表，电功率包括有功功率、无功功率和视在功率，当未做特殊说明时，功率表一般是指测量有功功率的仪表。

一、功率表的结构及工作原理

常用的功率表多采用电动系和铁磁电动系结构，现在还有采用电子变换器式结构的功率表，如钳形功率表和数字式交流多功能表。电动系功率表由电动系测量机构和附加电阻构成，测量机构主要由固定线圈和可动线圈组成，其内部结构及外形如图3-7所示。

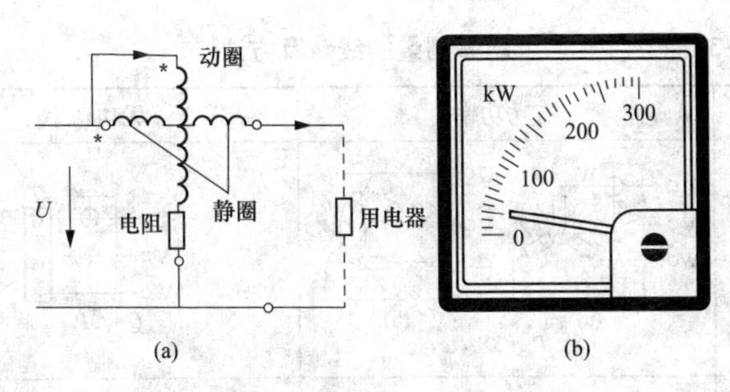

图 3-7 功率表内部结构及外形

(a) 内部结构；(b) 外形

固定线圈和负载串联，反映负载的电流，称为功率表的电流线圈；可动线圈与表内附加电阻串联后，再与负载并联，反映负载的电压，称为功率表的电压线圈。功率表指针的偏转角度与负载电流、电压都有关，和功率成正比，从而可实现功率的测量，且标度尺刻度是均匀的。

功率表的量程有功率量程、电压量程、电流量程，便携式功率表一般都制成多量程的。功率量程由电流量程和电压量程所决定，因此功率量程的扩大是通过电流量程和电压量程的扩大来实现的。电流量程的扩大，一般是通过改变两个固定电流线圈的连接方式而实现。当两个电流线圈串联时电流量程为 I，两个电流线圈并联时为 $2I$。电压量程的扩大是靠改变可动电压线圈所串联的附加电阻来实现的。

二、功率测量的线路及方法

功率测量主要包括直流功率、交流（单相、三相）有功功率的测量，由于直流功率等于电压和电流的简单乘积，实际测量中，一般采用电压表和电流表替代。功率表在实际应用中，针对单相交流负载可按照功率表的基本接线进行，对于三相交流负载可分解为单相交流负载进行测量，如果条件允许还可以采用二表法、三表法测量三相负载功率。功率表不仅能测量有功功率，如果适当改变其接线方式，还能用来测量无功功率。功率测量的线路及方法见表 3-3。

表 3-3　　　　　　功率测量的线路及方法

方法	有功功率	无功功率
一表法	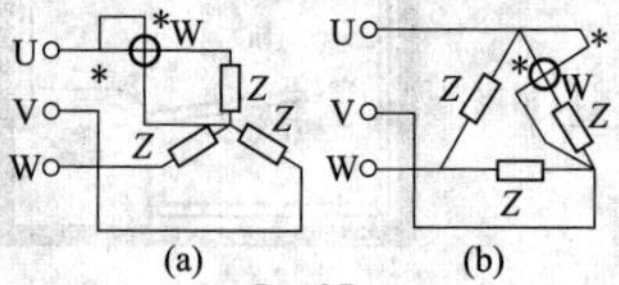 (a)　(b) $P_{总}=3P_{测}$	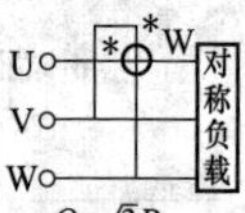 对称负载 $Q=\sqrt{3}P_{测}$
二表法	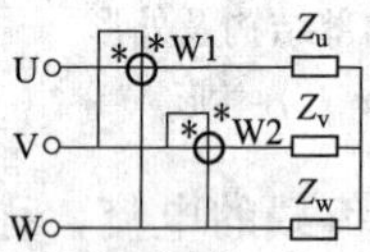 $P_{总}=P_1+P_2$	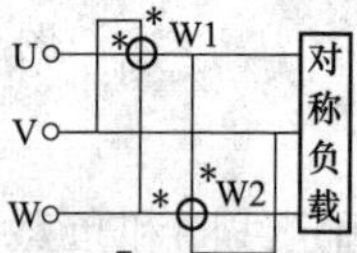 对称负载 $Q=\frac{\sqrt{3}}{2}(P_1+P_2)$
三表法	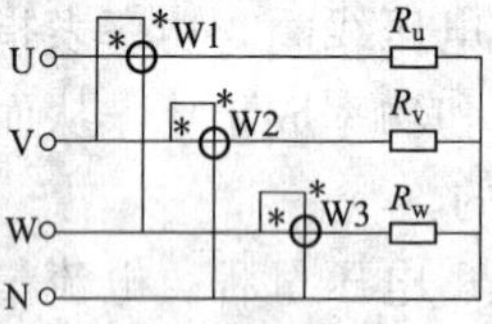 $P_{总}=P_1+P_2+P_3$	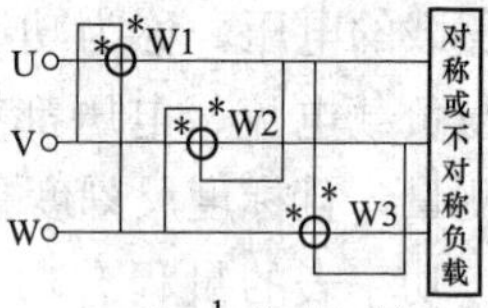 对称或不对称负载 $Q=\frac{1}{\sqrt{3}}(P_1+P_2+P_3)$

三、功率表使用注意事项

（1）功率表在使用过程中应水平放置。

（2）功率表指针如不在零位，可利用表盖上零位调整器调整。

（3）测量时，如遇功率表指针反向偏转，应改变功率表面板上的“+”“−”换向开关极性，切忌互换电压接线，以免产生测量误差。

（4）功率表与其他指示仪表不同，指针偏转大小只表明功率值，并不显示仪表本身是否过载。有时指针偏转虽未达到满度，但只要电压或电流之一超过该表的量程就会损坏仪表。故在使用功率表时，通常需接入电压表和电流表进行监控。

（5）功率表所测功率值包括了其本身电流线圈的功率损耗，所以在做准确测量时，应从测得的功率值中减去电流线圈消耗的功率，所得结果才是负载准确消耗的功率。

第五节 电　能　表

电能表又称电度表、千瓦时表，是用来测量电能的仪表，它不仅能反映功率的大小，而且还能反映出电能随时间增长积累的总和。电能的测量可分为直流电能的测量和交流电能的测量，现在常说的电能表主要是指测量交流有功的电能表。

一、电能表的结构及工作原理

电能表按结构和功能不同可分为感应式电能表、电子式电能表、复费率电能表、预付费电能表和多功能电能表等。

1. 感应式电能表的结构及工作原理

感应式电能表主要由驱动元件、转动元件、制动元件和积算机构组成。驱动元件由电流元件和电压元件组成，用来产生转动力矩；铝制圆盘和固定铝盘的转轴构成转动元件；制动元件为永久磁铁，用来在铝盘转动时产生制动力矩；积算机构用来计算铝盘的转数，以达到累计电能的目的。感应式电能表的特点是受外界磁场影响小，过载能力强，但是铝盘上的涡流受电流频率和环境温度的影响明显，准确度不高，大多为 2.0 级。

新一代 D86 系列感应式电能表是全国联合设计的产品，它具有宽负荷（过载能力为额定电流的 4 倍，如 5A 的表可以用到 20A)、长寿命（寿命长达 10～15 年)、高灵敏度（启动电流小）等特点。D86 系列感应式电能表（单相）内部结构及外形如图 3-8 所示。

(1) 转动力矩产生的原理。当电能表接入电路时，电压线圈的两端加上电源电压，电流线圈通过负载电流，此时电压线圈产生的主磁通在铝盘中感生涡流，电流线圈产生的两个主磁通（因穿过铝盘两次）也在铝盘中感生两个涡流。由于穿过铝盘的 3 个主磁通（1 个电压主磁通，2 个大小相等、方向相反的电流主磁通）在相位上、空间上都有差异，因此它们与 3 个涡流相互作用后即产生转动力矩，其大小与负载消耗的有功功率成正比。在转动力矩的驱动下，铝盘开始逆时针旋转，并带动积算机构累计电能。

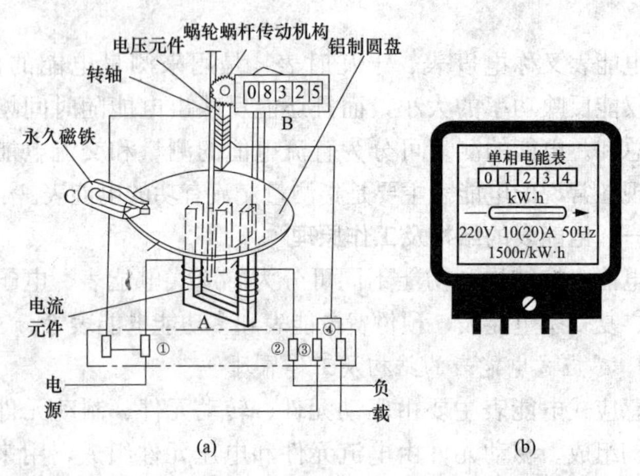

图 3-8　D86 系列感应式电能表（单相）内部结构及外形
(a) 内部结构；(b) 外形

(2) 制动力矩产生的原理。铝盘转动如果没有制动力矩的作用，则铝盘的转速将不断增大，不能达到测量电能的目的，制动元件（永久磁铁）的作用就是要使铝盘产生一个制动力矩。当铝盘转动时，铝盘切割永久磁铁的磁力线而产生涡流，该涡流与永久磁铁的磁通相互作用后即产生制动力矩，它与转动力矩的方向相反。铝盘转动越快，产生的涡流越大，制动力矩也越大。当电磁转动力矩与制动力矩相等时，铝盘匀速转动。铝盘的转速称为变换系数，变换系数的倒数称为标称常数，即铝盘转一圈所需要的电能数。因此，只要知道铝盘的转数就能知道用电量的大小。

2. 电子式电能表的结构及工作原理

感应式电能表功能单一，准确度低，磨损件多，已不能满足电力事业发展的需要。近年来，电子式电能表已逐渐取代感应式电能表。电子式电能表具有防窃电能力强、计量精度高、负荷特性较好、误差曲线平直、功率因数补偿性能较强、自身功耗低，计量参数灵活性好、派生功能多等优点，特别是单片机的应用给电子式电能表注入了新的活力。多费率电能表、预付费电能表和多功能电能表等都是在电子式电能表的测量单元基础上，增加了相应的功能后构成的专用功能电能表。

电子式电能表采用具有乘法功能的模拟乘法器或数字乘法器电路测量电功率，输出对应的脉冲或数字，然后对其进行瞬时累加，即得到消耗的电能。由于数字乘法器的技术优势，线性度、准确度、稳定性和抗干扰能力等方面都优于模拟乘法器，因此现在使用的电能测量芯片都采用数字式乘法器电路。

电子式电能表内部结构及外形如图 3-9 所示，线路的电流和电压分别由端子 V_{1A}、V_{1B}和 V_{2A}、V_{2B}输入采样信号，专用电路芯片 AD7755 完成 A/D 转换和乘法运算，得到正比于电路功率消耗的脉冲系列，由 F_1、F_2 端子输出到计数器进行累加计算，显示出所消耗的电能。

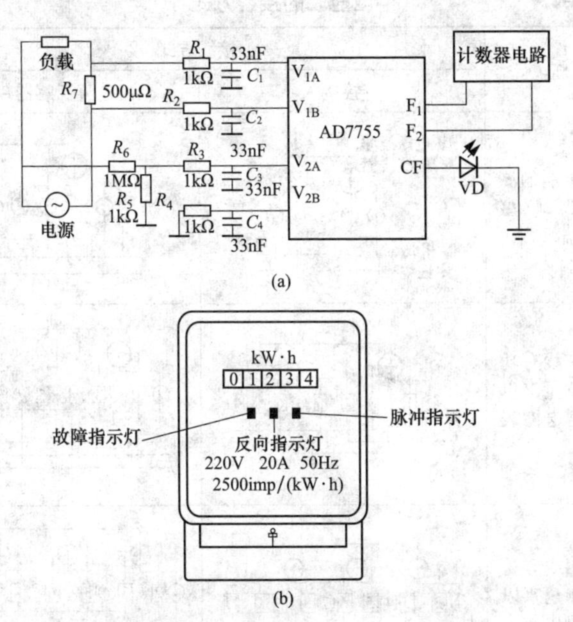

图 3-9 电子式电能表内部结构及外形

（a）内部结构；（b）外形

二、电能表的接线

电能表的接线原则与功率表的接线原则相同。接线时，要根据说明书上的要求和接线图，把进线与出线接到接线盒的相应接线片上。另外，对三相电能表，要注意电源的相序。需配用互感器时，应尽量与该电能表配用的规定互感器一致，否则，读数要进行换算。

电能表的接线规则：电流线圈与被测电路串联，电压线圈与被测电路并联，且电源端钮必须接电源一方。根据负荷大小接线有两种方式，即直接接入式和经电流互感器接入式，其两种接线方式的具体接法见表 3-4。电能表常用的是直接接入式接线，又称交叉式接线或跳入式接线，当负载电流过大，没有适当的电能表可满足其要求时，应当采用经电流互感器接入式接线。

表 3-4　　　　电能表的接线方式

名称	接线方式	
	直接接入	经电流互感器接入
单相电能的测量（以 DD862 型电能表为例）	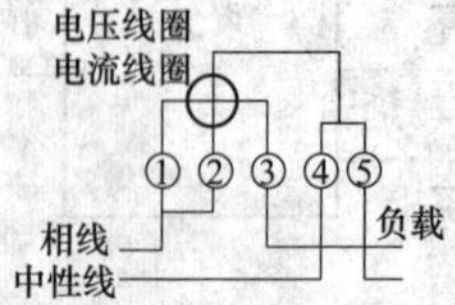 电压线圈 电流线圈 ①②③④⑤ 相线 中性线 负载	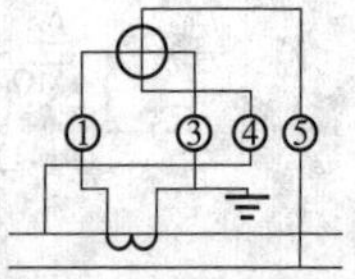 ① ③④⑤
三相三线有功电能的测量（以 DS862 型电能表为例）	②1 3 4 5⑦6 8 U V W	②1 3 4 5⑦6 8 U V W
三相四线有功电能的测量（以 DT862 型电能表为例）	①2 3④5 6⑦8 9 10 11 U V W N	①2 3④5 6⑦8 9 10 11 U V W N

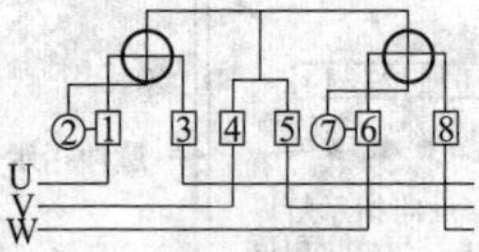

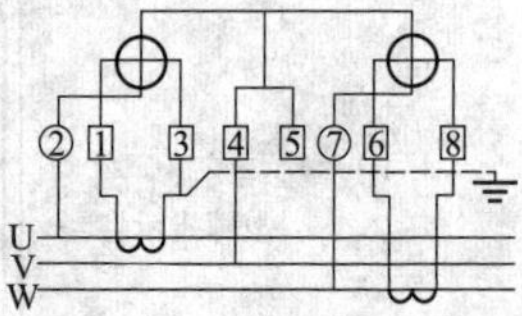

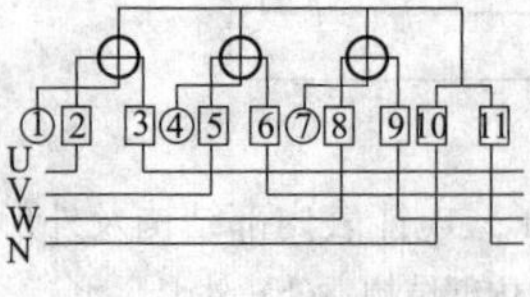

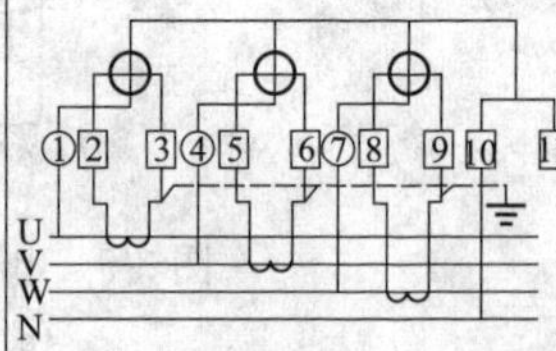

续表

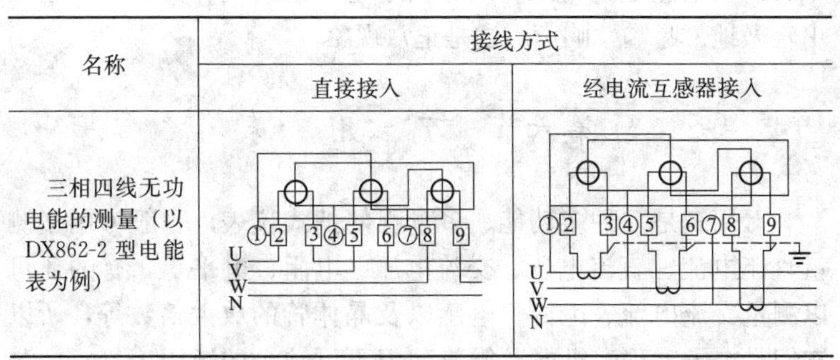

名称	接线方式	
	直接接入	经电流互感器接入
三相四线无功电能的测量（以DX862-2型电能表为例）	①2 3④5 6⑦8 9 U V W N	①2 3④5 6⑦8 9 U V W N

三、电能表使用注意事项

(1) 注意电能表的工作环境。电能表应安装在清洁、干燥的场所，周围不能有腐蚀性或可燃性气体，不能有大量的灰尘，不能靠近强磁场，与热力管线应保持0.5m以上的距离。

(2) 明装电能表距地面应在1.8～2.2m之间，暗装应不低于1.4m，装于立式盘和成套开关柜时，不应低于0.7m。电能表应固定在牢固的表板或支架上，不能有振动。安装位置应便于抄表、检查和试验。

(3) 电能表应垂直安装，垂直偏差不应大于2°。

(4) 电能表铭牌上标注的额定电压应与电源电压相同。

(5) 电能表铭牌上标注的额定电流应等于或略大于负荷电流。有些电能表的实际使用电流，可达额定电流的2倍（俗称二倍表）或可达额定电流的4倍（俗称四倍表）。例如：铭牌上标注有“220V、3（6）A”，就是二倍表，虽然它的额定电流为3A，但是可以长期使用的允许最大电流为6A，在0.3A（满足准确度的负荷电流下限，取3A×10%）以上至6A都能准确计量。铭牌上标注有“220V、5（20）A”，就是四倍表，虽然它的额定电流为5A，但是可以长期使用的允许最大电流为20A，在0.5A（5A×10%）以上至20A都能准确计量。

(6) 用户发现电能表有异常现象时，不得私自拆卸，必须通知电力部门进行处理。

（7）电能表正常工作时，由于电磁感应的作用，有时会发出轻微地“嗡嗡”响声，这是正常现象。

第六节　万　用　表

万用表是一种多功能、多量程便携式仪表，一般可用于测量直流电流、直流电压、交流电压、电阻、电平等，有的还可以测量交流电流、电容、电感以及晶体管的放大倍数等，所以它们是电子工程、机电及维修部门不可缺少的通用工具。按测量原理和显示方式不同，万用表分为指针式万用表和数字式万用表。前者价廉，可连续观察被测量的动态变化；后者灵敏度、准确度、功能都比前者强，但价格较贵。

一、指针式万用表

1. 指针式万用表的结构

虽然指针式万用表的型号、外观各种各样，但其构成原理和线路基本上是相同的，都是由表头、测量电路、转换开关三大部分组成。表头一般采用灵敏度、准确度都很高的磁电式直流微安表，其指针满偏电流为10～200μA，表头本身的准确度为0.5级，构成万用表后准确度为1.0～5.0级。测量电路是万用表的核心，一般由线绕电阻、碳膜电阻、电位器以及整流元件等组成。转换开关是用来选择不同的被测量和不同量程的切换器件，一般采用多层、多刀、多掷波段开关。

500型指针式万用表使用非常广泛，它表盘大、刻度简洁清晰、坚固耐用，其生产历史较长，性能稳定，许多维修资料中所标注的电阻、电压参考值都标明是用500型指针式万用表测得的。但该万用表采用两只旋钮交替选择量程和挡位，操作不便且容易搞错，且外形不够美观，略显笨重，比较适合在固定场合使用。500型指针式万用表外形如图3-10所示。

2. 指针式万用表的使用方法

（1）直流电流的测量。用万用表测量直流电流时，首先将转授开关旋到标有“mA”或“μA”的适当量程上。一般万用表的最大电流量程在1A以内，如果要测量较大电流，则必须并接分流电阻。测量直流电流时，将黑表笔（表的负端）接到电源的负极，红表笔（表的正端）接到负载的一个端头上，负载的另一端接到电源的正极，即表头与负载串联。测量时要特别注意，由于万用表的内阻较小，切勿将两支表笔直接触及电源的两极，否则，表头将烧坏。

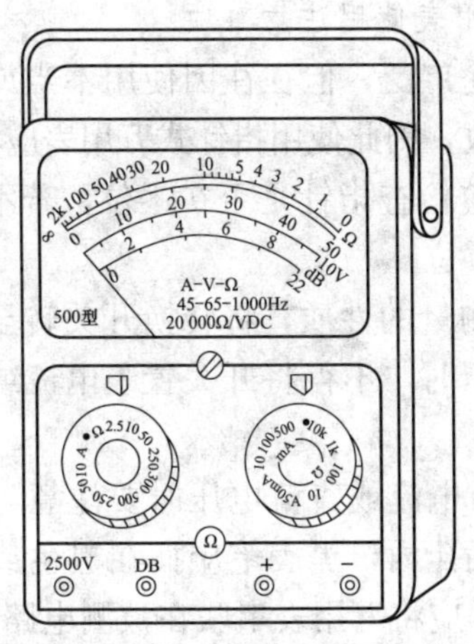

图3-10 500型指针式万用表外形

（2）交流电压的测量。测量前，先将转换开关旋到标有“V”处，并将开关置于适当量程挡。然后将红表笔插入万用表上标有“+”的插孔内，黑表笔插入标有“−”的插孔内，手握红表笔和黑表笔的绝缘部位，先用黑表笔触及一相带电体，再用红表笔触及另一相带电体或中性线。读取电压读数后，两支表笔脱离带电体。

（3）直流电压的测量。测量方法与交流电压基本相同，区别在于直流电压有正、负端之分。测量时，黑表笔应与电源的负极接触，红表笔应与电源的正极接触。如果分不清电源的正、负极，则可选用较大量程挡，将两只表笔快速接触一下测量点，观察表针的摆动，即可找出电压的正、负端。

（4）电阻的测量。为了测量各种阻值的电阻，并使读数准确，万用表都设有多挡倍率，通常有 $R\times1$、$R\times10$、$R\times100$、$R\times1K$，有的还设有 $R\times10K$、$R\times100K$ 等。测量前，将万用表的转换开关旋到标有“Ω”的适当倍率位置上，然后将红、黑两表笔部短接，同时转动调零旋钮，把指针调到电阻标度尺的“0”刻线上。再将两支表笔分别触及电阻的两端，将读数乘以倍率数即为所测电阻值。

3. 指针式万用表使用注意事项

万用表的用途广泛，但往往因使用不当或疏忽大意造成测量误差或损坏事故，因此使用指针式万用表应注意以下几点：

（1）使用前应检查指针是否在零位，若不在零位，应先调零，使指针回到零位。

（2）根据被测量的性质，将转换开关转至相应的位置。特别要注意测量电压时，不得将开关置于电流或电阻挡，否则会烧坏万用表。

（3）测量直流电流或直流电压时要注意，红表笔应插在红色或有“+”的插孔内，黑表笔应插在黑色或有“−”的插孔内。测量电流时，应将万用表串联在被测电路中。测量电压时，应将万用表并联在被测电路中。若预先不知被测量的大小，为避免量程选得过小而损坏万用表，应选择最大量程预测，然后再选择合适的量程，以减小测量误差。

（4）万用表标度盘上各条标度尺代表不同的测量种类。测量时根据所选的测量种类及量程，在对应的标度尺上读数，并乘以倍率即为所测数值。

（5）测量电阻前及每次更换倍率挡，都应先调零，才能进行测量。若指针调不到零位，应换上新的电池。

（6）电阻挡的标度尺最左边是“∞”（无穷大），最右边是“0”，由于数值越大，刻度越密，读数的准确度就越低，因此选择倍率时应使指针偏转在刻度较稀处，以便准确读取数值，一般以偏转在标度尺的中间附近为好。

(7) 测量电阻时，应切断电路的电源，被测电阻至少有一端与电路断开。

(8) 在测量较高电压和较大电流时，不得带电转动万用表上的旋钮，以保证人身安全。

(9) 万用表使用完毕，应将转换开关置于交流电压最高挡，以免他人误用，损坏万用表。若长期不用，应将表内电池取出，以防电池损坏后腐蚀其他元件。

二、数字式万用表

1. 数字式万用表的结构

数字式万用表是综合了电子技术和微计算机技术的仪表，它采用运算放大器和集成电路，通过模数转换，将被测量通过液晶显示屏直接显示。它与指针式万用表相比具有体积小、重量轻、测量范围广、测量功能多、读数直观、测量速度快、测量精度高、灵敏度高，过载能力强等优点，在电工测量中应用较广泛。数字式万用表根据灵敏度或显示位数的不同，分为中低档型、普及型和高档专用型等。

普及型 DT-830 是使用较广的一种 $3\frac{1}{2}$ 位（最大显示值为 ±1999）数字式万用表，它具有测量精度高、显示直观、可靠性好、功能全、体积小、自动调零和显示极性、超量程显示、低压指示等优点，另外还装有快速熔丝管过流保护电路和过压保护元件。该数字万用表采用 9V 叠层电池供电，总电流约为 2.5mA，整机功耗为 17.5～25MW，工作温度为 0～40℃，环境相对湿度不大于 80%，时钟脉冲频率为 40kHz，测量周期为 0.4s，测量速率为 2.5 次/s。普及型 DT—830 数字式万用表外形如图 3-11 所示。

数字式万用表也是由表头、测量线路、转换开关三大部分组成。表头一般由一只 A/D 转换芯片、外围元件、液晶显示器组成，万用表的精度受表头的影响。测量线路是用来把各种被测量转换到适合表头测量的微小直流电流或电压的电路，它由交流→直流电流转换器、交流→直流电压转换器、电阻→直流电压转换器等部件组成。转换开关一般是一个圆形拨盘，在其周围分别标有功能和量程，用来选择各种不同的测量线路，以满足不同的测量种类和不同的量程。

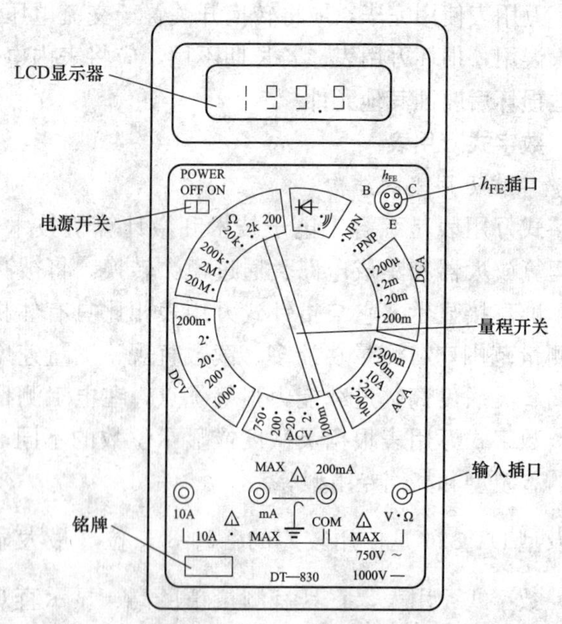

图 3-11　普及型 DT—830 数字式万用表外形

2. 数字式万用表的使用方法

（1）电阻挡使用。数字式万用表测量电阻时，在任何挡位都无需调零。红表笔插“V/Ω”插孔，黑表笔插“COM”插孔，功能转换开关旋至 Ω 挡相应的量程，无输入时（如开路）显示屏显示“1”。如果被测电阻超出所选择量程的最大值，显示屏显示“1”，此时应选择更高的量程。对于大于 1MΩ 的电阻，要过几秒钟读数才能稳定，这是正常现象。

（2）直流电压挡使用。红表笔插“V/Ω”插孔，黑表笔插“COM”插孔，功能转换开关旋至与被测直流电压相应的量程（量程选用与指针式万用表相同）。当被测电压极性接反时，数值前面会显示“－”，此时不必调换表笔重测。如果只显示“1”，表示被测电压超过了该量程的最高值，应选用更高的量程。注意：不要测量1000V以上的电压，否则易损坏万用表内部电路。

（3）交流电压挡使用。红表笔插“V/Ω”插孔，黑表笔插“COM”插孔，功能转换开关旋至与被测交流电压相应的量程，其他方法与测直流电压基本相同。注意：不要测量700V以上的电压，否则易损坏万用表内部电路。

（4）直流电流挡使用。黑表笔插“COM”插孔，测量电流的最大值不超过200mA时，红表笔插“mA”插孔，测量电流的最大值超过200mA时，红表笔插“10A”插孔。将功能转换开关旋至与被测直流电流相应的量程，两表笔串联在被测电路中，便可进行测量。

（5）交流电流挡使用。功能转换开关旋至交流电流相应的量程，其他方法与测直流电流的基本相同。

（6）二极管挡使用。将功能转换开关旋至标有二极管符号的挡位上，红、黑表笔分别接二极管两端。如果显示“1”（溢出），表示所测为二极管的反向压降，交换表笔再测量，这时显示的数值为二极管的正向压降值（单位为V），红表笔所接的一端为正极，另一端则为负极。

3. 数字式万用表使用注意事项

数字式万用表属于精密电子仪器，尽管有比较完善的保护电路和较强的过载能力，使用时仍应力求避免误操作，使用时应注意以下几个方面：

（1）数字式万用表具有自动转换并显示极性功能，测量直流电压时表笔与被测电路并联不必考虑正、负极性。

（2）如无法估计被测电压大小，应选择最高量程试测一下，再根据情况选择合适的量程。若测量时显示屏只显示“1”，其他位消隐，则说明仪表已过载，应选择更高的量程。

（3）误用“ACV”挡测直流电压，或用“DCV”挡测交流电压时，会显示“000”或在低位上显示出现跳数现象，后者因外界干扰信号的输入引起，属于正常现象。

（4）测量电流时，一定要注意将两表笔串接在被测电路的两端，不必考虑极性，因数字式万用表可自动转换并显示电流极性。

（5）输入电流超过 200mA，而万用表未设置“2A”挡时，应将红表笔插入“10A”或“20A”插孔。该插孔一般未加保护电路，要求测量大电流的时间不得超过 10～15s，以免分流电阻发热后阻值改变，影响测量准确性。

（6）严禁在带电的情况下测量电阻，也不允许直接测量电池的内阻，因为这相当于给万用表加了一个输入电压，不仅使测量结果失去意义，而且容易损坏万用表。

（7）数字式万用表电阻挡所提供的测试电流较小，测二极管正向电阻时要比用指针式万用表测得的值高出几倍，甚至几十倍，这是正常现象。此时可改用二极管挡测 PN 结的正向压降，以获得准确结果。

（8）用 200MΩ 挡测量高阻值时，测量的结果应减去表笔短路时显示的数值。如表笔短路时，显示屏上会显示一位或两位数字，假设为 20MΩ。当测高电阻时显示为 120MΩ，则实际值为 120－20＝100MΩ。

（9）用 200Ω 电阻挡测低阻时，应先将两表笔短路，测出两表笔引线电阻（一般为 0.1～0.3Ω），再把测量结果减去此值，才是实际值。对于 2kΩ～20MΩ 挡，表笔引线电阻可忽略不计。

（10）当数字式万用表出现显示不准或显示值跳变异常情况时，可先检查表内电池是否失效，若电池良好，则表内电路有故障。

第七节　绝缘电阻表

绝缘电阻表又称兆欧表或摇表，是专门用来测量电气线路和各种电气设备绝缘电阻的便携式仪表，具有体积小、重量轻、携带使用方便等特点，其测量单位为兆欧（MΩ）。

一、绝缘电阻表的结构

绝缘电阻表主要由手摇发电机和表头两大部分组成，其外形如图 3-12 所示。老式的手摇发电机都为动圈式发电机，它可以直接输出直流高压。生产的以动磁式交流发电机为多，它要经过倍压整流才能供给测量线路使用。发电机电压等级一般有500V、1kV、2.5kV 和 5kV 四种，现在还有用 220V 电压作电源或用电池作电源的绝缘电阻表。表头是由磁电式流比计组成，流比计中有两个夹角为 60°左右的线圈，其中一个是电压线圈，并在电压的两端，另一个是电流线圈，串在测量回路中。表头指针的偏转角度取决于两个线圈中的电流比，不同的偏转角度代表不同的电阻值。

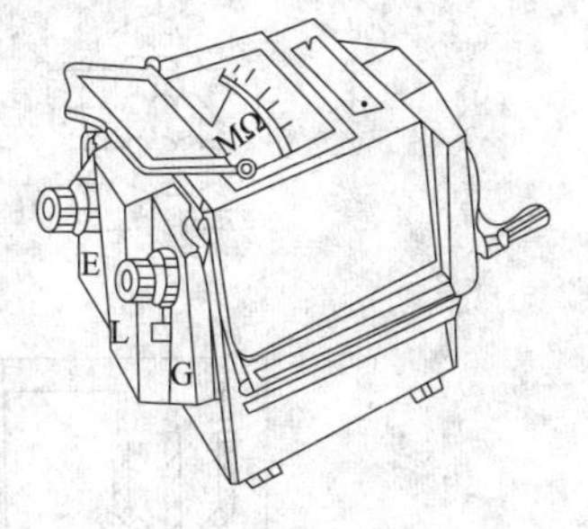

图 3-12　绝缘电阻表外形

二、绝缘电阻表的使用方法

1. 测量前的准备及检查

（1）测量前必须切断被测设备的电源，还必须将带电体短接进行放电。

（2）擦拭干净被测物的表面。

（3）把绝缘电阻表放在平稳的地方，先让绝缘电阻表两测试端开路，摇动绝缘电阻表手柄至额定转速（120r/min），绝缘电阻表指针应指在“∞”；再把绝缘电阻表两测试端短接，轻摇发电机手柄，指针应指在“0”，这两步骤都必须达到要求，否则必须进行调整。调整无效，则必须另换绝缘电阻表。

2. 接线与测量

（1）接线。绝缘电阻表上有 3 个接线柱，其接线方法如图 3-13 所示。“线”（L）接线柱，测量时与被测物和大地绝缘的导体部分相接；“地”（E）接线柱，测量时与被测物的外壳相接；“保护”（G）接线柱，一般测量时不用，只有被测物表面严重漏电时才与被测物的保护屏蔽环相接。

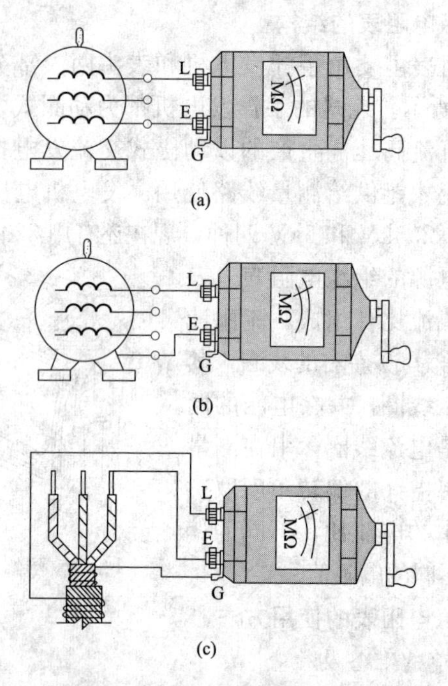

图 3-13 绝缘电阻表测量接线

（a）测量绕组间绝缘电阻；（b）测量绕组对机壳的绝缘电阻；（c）测量线缆芯线对外绝缘层的绝缘电阻

（2）测量。接好连线后，摇动发电机手柄，并平稳地达到 120r/min，待指针稳定后读取数据。

（3）测量完毕，应先用导线将两测量端短接放电，然后才能动手拆除测试导线。

三、绝缘电阻表使用注意事项

（1）测量前应正确地选表。一般测量低压电气设备的绝缘电阻时，应使用 500V 电压等级的绝缘电阻表，不能用高电压等级的绝缘电阻表，否则可能造成设备绝缘被击穿。测量额定电压为 500V 以上的电气设备的绝缘电阻时，应选用 1kV 或

2.5kV 电压等级的绝缘电阻表，不能用低电压等级的绝缘电阻表，否则会因为电压偏低而影响测量的准确性。测量绝缘子、母线及隔离开关应选用 2.5～5kV 电压等级的绝缘电阻表。

（2）测量前必须将被测设备的电源全部切断，不得带电摇测，特别是电容性电气设备，在测试前还应充分对地放电，测试完毕后也应立即对被测设备放电。在测量中禁止他人接触被测设备，以防触电。

（3）绝缘电阻表的测试线必须采用绝缘良好的两根单芯多股软线，最好使用表计专用测量线，不应使用绞形绝缘软线。测量时测量线要分开，不可互绞。

（4）绝缘电阻表在使用时，应水平放置，且应远离强磁场，操作人员要与带电部位保持安全距离。

（5）测量时顺时针摇动摇把，要均匀用力，逐渐使转速达到 120r/min（以听到表内“嗒嗒”声为准），待指针基本稳定后即可读数，一般读取 1min 后的稳定值。

（6）在测量有电容的设备或线路的绝缘电阻时，读取数值后应先将绝缘电阻表线路接线端钮 L 的连线断开后，再减速停止转动，以防止被测试设备向绝缘电阻表反充电而损坏仪表。

第八节 接地电阻测量仪

接地电阻测量仪又称接地摇表，是用于测量各种电气设备接地装置的接地电阻值的便携式仪表，广泛用于电力、邮电、铁路、通信、矿山等部门测量各种装置的接地电阻，还可以测量土壤电阻率和一般低阻值的电阻。

一、接地电阻测量仪的结构

接地电阻测量仪由手摇发电机、电流互感器、调节电位器及检流计等组成，其外形与绝缘电阻表相似，如图 3-14 所示。接地电阻测量仪全部密封在铝合金铸造的外壳内，并附带有两根探针，一根是电位探针，另一根是电流探针。表面上有两个旋钮，一个

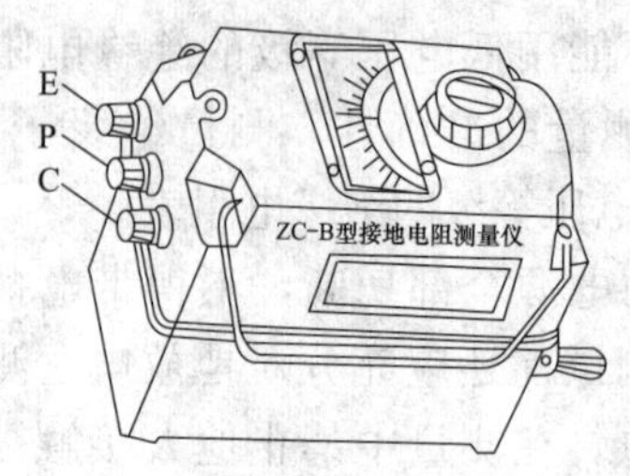

图 3-14　接地电阻测量仪外形

用于改变测量倍率，一个用于测量时调节读数盘。手摇发电机的规定摇速是 120r/min。

接地电阻测量仪分为三接线柱和四接线柱两种，测量电极有接地极 E、电压辅助电极 P 和电流辅助电极 C。三接线柱（E、P、C）的适用于直接测量各种接地装置的接地电阻；四接线柱（C1、C2、P1、P2）的可测量土壤的电阻率，如果把四接线柱中的 C2、P2 连在一起使用，则就成了三接线柱（连接点相当于 E 接线柱）。

二、接地电阻测量仪的使用方法

接地电阻的测量方法有多种，应依据测量的需要与特定产品的要求选择，常用接地电阻测量仪测量接地电阻的方法如图 3-15 所示。测量前，应先把被测接地装置的接地引下线断开，然后进行测量。图中 E 为被测接地极，两个辅助电极插入土壤的深度约 0.5m，第一辅助电极 P（电位探针）与待测接地电位探针电极之间的距离约 20m，第二辅助电极 C（电流探针）与待测接地极之间距离约 40m。一边手慢慢转动摇把，另一边手调节倍率和读数盘，当检流计指针指示在零位时，此时表面刻度盘的指示值与倍率的乘积就是所测接地电阻值。

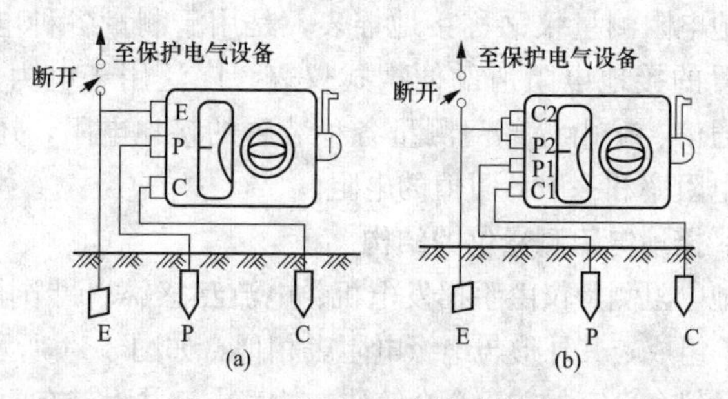

图 3-15　接地电阻测量仪接线

（a）三接线柱接线；（b）四接线柱接线

接地电阻测量仪测量土壤电阻率时，各极棒打入地下的深度不应超过极棒间距口的 1/20，用四接线柱接地电阻测量仪测量土壤电阻率的接线如图 3-16 所示，土壤电阻率为

$$\rho = 2\pi aR \tag{3-3}$$

式中 ρ——土壤电阻率（Ω·cm）；

a——探针间距离（cm）；

R——接地电阻测量仪所测的值（Ω）。

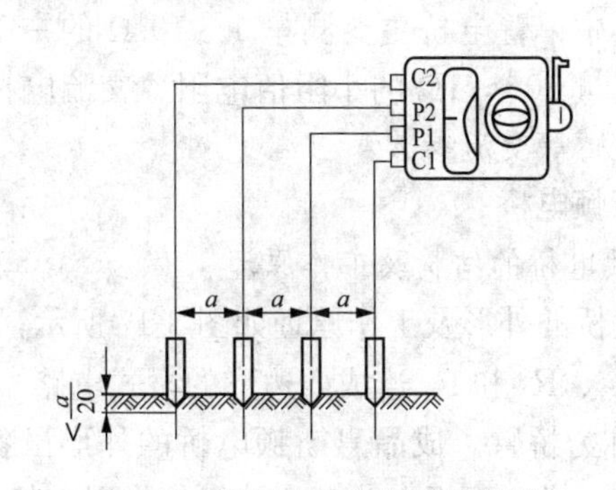

图 3-16 测量土壤电阻率的接线

三、接地电阻测量仪使用注意事项

（1）被测设备的电源必须断开。

（2）所有接地接线柱、引线接头都要进行清洁处理，保证接触良好。

（3）测量仪要水平放置，检流计指针要先调整至零位。倍率挡应先调在较大的挡位，测量中根据指针的偏转情况，再作适当调节。

（4）若检流计灵敏度不够，则沿电压探针 P 和电流探针 C 处注水，使其湿润；若灵敏度太高，则可减小电压探针插入土壤的深度。

（5）存放时应将仪表的接线柱短接，防止在开路状态下摇动摇把，造成仪表损坏。

第九节 直 流 电 桥

电桥是一种比较式测量仪器，它利用比较法测量电路参数，其灵敏度和准确度都较高，广泛应用于电磁测量中。电桥可分为直流电桥和交流电桥两大类，直流电桥又可分为单臂电桥（惠斯顿电桥）和双臂电桥（开尔文电桥）。直流电桥主要用于测量电阻，其中单臂电桥主要测量 $1\sim10^{6}\Omega$ 的中阻值电阻，双臂电桥主要测量 $10^{-6}\sim1\Omega$ 的小阻值电阻。交流电桥可以测量电阻、电容、电感等交流参数。

一、惠斯顿电桥

1．惠斯顿电桥的结构及工作原理

惠斯顿电桥的外形及工作原理如图 3-17 所示，待测电阻 R_X 与标准电阻 R_2、R_3 和 R_4 连成四边形的桥式电路，4 个支路 ac、cb、bd、da 称为桥臂。成品惠斯顿电桥的外形虽各不相同，但内部结构基本一样，面板上的各个旋钮的作用也基本相同。

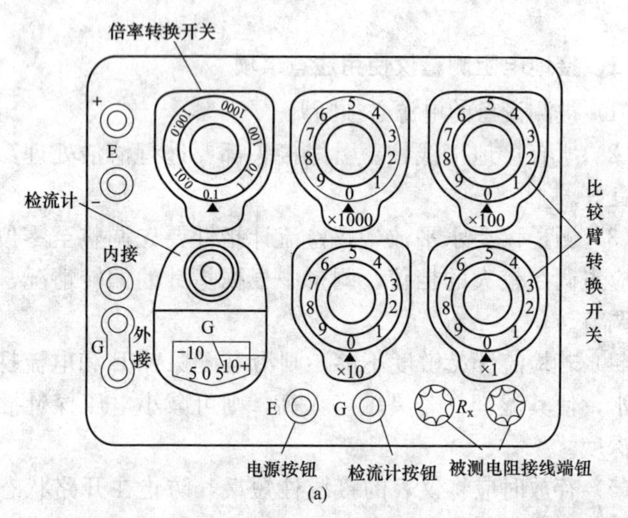

图 3-17 惠斯顿电桥（一）

（a）外形

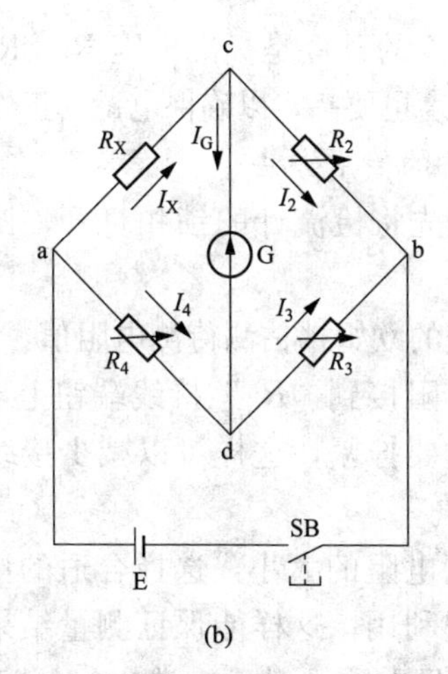

图 3-17 惠斯顿电桥（二）

（b）工作原理

当电源接通后，调节电桥的一个或几个桥臂的电阻，使检流计的指针指示为零，即达到电桥平衡。电桥平衡时，$I_G=0$，即 c 点和 d 点的电位相等，则

$$U_{ac}=U_{ad} \quad 得 \quad I_XR_X=I_4R_4 \tag{3-4}$$

$$U_{cb}=U_{db} \quad 得 \quad I_2R_2=I_3R_3 \tag{3-5}$$

将两式相除，即

$$\frac{I_XR_X}{I_2R_2}=\frac{I_4R_4}{I_3R_3} \tag{3-6}$$

由于 $I_G=0$，所以 $I_X=I_2$，$I_4=I_3$，代入式（3-6），得

$$R_X=\frac{R_2}{R_3}R_4 \tag{3-7}$$

式（3-7）中，R_2/R_3 称为电桥的比率臂，其比值 R_2/R_3 常配成各种固定的比例，构成仪表上的×0.001、×0.01、×0.1、×1、×10、×100、×1000 各挡。R_4 称为比较臂，一般为可调电阻，供测量时调节，使检流计指零。在测量时，可根据待测电阻的估计值选择一定的比率臂，然后调节比较臂使电桥平衡，则比较臂的数值乘以比率臂的倍数，就是待测电阻的数值。由此可见，

提高电桥测量准确度的条件是标准电阻 R_2、R_3、R_4 的准确度要高，检流计的灵敏度也要高，以确保电桥真正处于平衡状态。

2. 惠斯顿电桥的使用方法

（1）使用前应先将检流计的锁扣打开，调节调零器把指针调到零位。

（2）用万用表的欧姆挡估测待测电阻值，得出估计值。

（3）将待测电阻接到“R_X”接线端钮上，接线要采用较粗较短的导线，接头要拧紧，这样可以减少接线电阻和接触电阻对测量结果的影响。

（4）根据待测电阻的大小，选择合适的比率臂，要求比较臂的 4 个挡都能被利用，这样能保证测量结果的有效数字。如待测电阻 R_X 只有几十欧姆时，应选用×0.01 的比率臂；待测电阻约为几百欧姆时，应选用×0.1 的比率臂。

（5）先接通电源，再按下检流计按钮，若发现检流计指针向“+”方向偏转，则需增加比较臂电阻，若指针向“−”方向偏转，则需减少比较臂的电阻。如此反复调节比较臂电阻，直到检流计指针指到零位上，电桥平衡为止。调节过程中，不要把检流计按钮按死，只有调到接近平衡时，才按死按钮进行细调，以免指针猛烈撞击而损坏。

（6）电桥平衡时，先断开检流计按钮，再断开电源按钮。然后读出比较臂和比率臂的数值，即

$$待测电阻值 = 比率臂倍率 \times 比较臂读数$$

（7）测量完毕，拆下待测电阻，将检流计的锁扣锁上，防止搬动过程中损坏检流计。

（8）若使用外接电源，其电压应按规定选择，过高会损坏电桥，过低会降低灵敏度。若使用外接检流计，应将内附的检流计用短路片短接，将外接检流计接至“外接”接线端钮上。

二、开尔文电桥

1. 开尔文电桥的结构及工作原理

惠斯顿电桥测量小电阻时，由于连接导线的电阻和接触电阻的

影响，会造成很大的误差，因此测量小电阻时要用开尔文电桥。开尔文电桥适用于测量低阻值电阻（1Ω以下），如短导线电阻、分流器电阻、大中型电机和变压器绕组的电阻、开关的接触电阻等。

开尔文电桥的外形及工作原理如图 3-18 所示，待测电阻 R_X 和标准电阻 R_4 串联后组成电桥的一个臂，而标准电阻 R_N 和 R_3 串联后组成了与其相对应的另一个臂，它相当于单电桥的比较臂，另外 R_X 与 R_N 之间用一根电阻为 r 的粗导线连接。为了消除接线电阻和接触电阻的影响，待测电阻 R_X 要同时接在 4 个端钮上，其中 P1、P2 称为电压端钮，C1、C2 称为电流端钮，所以 R_X 要做成 4 端引线形式，如图 3-19 所示。

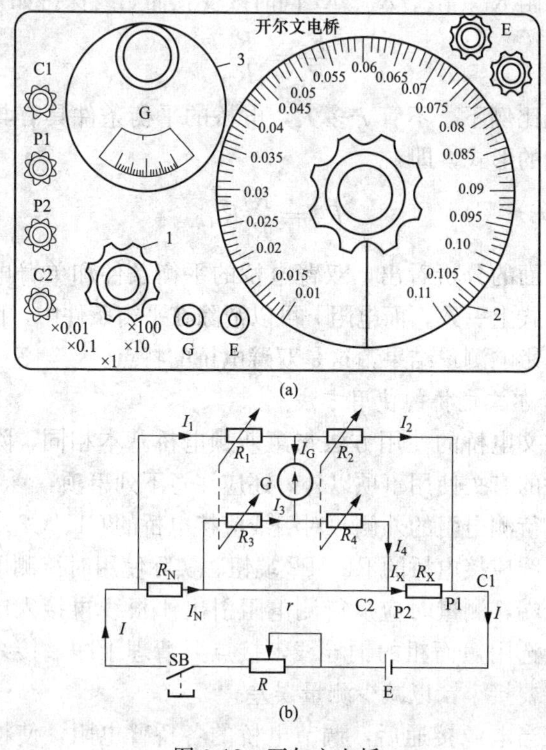

图 3-18 开尔文电桥

（a）外形；（b）工作原理

1—倍率旋钮；2—标准电阻读数盘；3—检流计

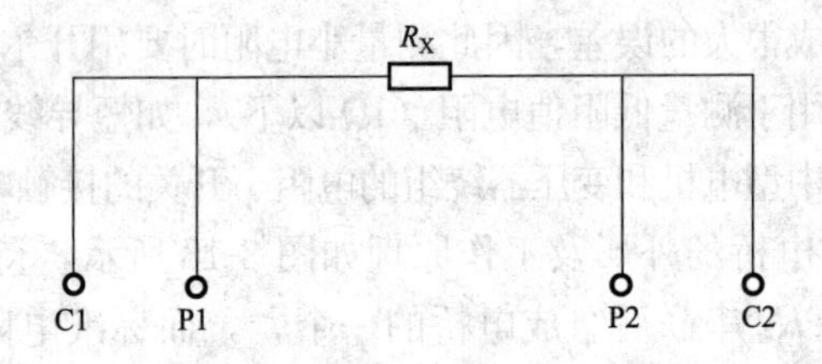

图 3-19　待测电阻引线形式

电阻 R_1、R_2、R_3、R_4 都是阻值不低于 10Ω 的标准电阻，R 是限流电阻。为了使待测电阻 R_X 的值便于计算及消除 r 对测量结果的影响，在调节双臂电阻时采用了机械联动的同步调节机构，使电阻 R_1、R_2、R_3、R_4 同时改变，而始终保持如下比例：

$$\frac{R_3}{R_1}=\frac{R_4}{R_2} \tag{3-8}$$

在此比例下，不管 r 多大，电桥的平衡条件具有与惠斯顿电桥相同的形式，即

$$R_X=\frac{R_2}{R_1}R_N \tag{3-9}$$

从上面的分析看出，双臂电桥的平衡条件和单臂电桥的平衡条件形式上一致，而电阻 r 可以消除在平衡条件中，因此 r 的大小并不影响测量结果，这是双臂电桥的特点。

2. 开尔文电桥的使用方法

开尔文电桥的使用方法与惠斯顿电桥基本相同，除遵守惠斯顿电桥的有关使用事项以外，还应注意下列事项：

（1）待测电阻的外侧一对引线应接电桥的 C1、C2 端钮，内侧一对引线应接电桥的 P1、P2 端钮。实际使用时待测电阻往往只有两个端，测量时应从待测电阻引出 4 根线再接入电桥。接线要尽量选用短而粗的铜导线，接点要清理干净，接线间不得绞合，并要接牢，以减少测量误差。

（2）当电源接通后，调节电桥的各桥臂电阻，使检流计的指针指示为零，即达到电桥平衡。电桥平衡后，用已知电阻值（即调节盘读数）乘以倍率就是待测电阻的阻值，即

待测电阻值＝倍率×调节盘读数

（3）测量时工作电流很大，电源要尽量采用较大容量的低压电源，一般电压在2～4V。若采用电池作电源，则操作要快，以免耗电过多，测量结束后应立即关断电源。

第十节 晶体管毫伏表

一、晶体管毫伏表的工作原理

晶体管毫伏表是专门用来测量低频交流电压的仪表，其刻度指示为正弦波的有效值，具有灵敏度高、量程大、输入阻抗高等优点。

晶体管毫伏表根据频率测量范围的要求，可分为检波放大式和放大检波式两种。检波放大式的特点是被测电压加到仪表输入端后，先检波，后放大。由于检波后得到的电压是直流，因此具有宽广的频率响应而被广泛地用于超高频毫伏表，但是被测电压未经放大就检波，在测量小电压时受外界的干扰影响较大，因此只能作伏特表使用，如DYC—5型、DA—22型、HFJ—8型等。放大检波式的特点是被测电压先作交流放大，检波置于最后，使在大信号检波时产生良好的指示线性，同时便于对微弱电压的测量，因此可作毫伏表使用，如DY—5型、DYF—5型等。

晶体管毫伏表由高阻分压器、射极输出器、低阻分压器、放大电路、检波电路、指示器和电源供给电路等几部分组成，其外形如图3-20所示。当被测信号输入后，先经高阻分压器衰减，接入射极输出器，利用射极输出器高输入阻抗和低输出阻抗的特性，分别与前级高阻分压器和后级低阻分压器相匹配。被测信号电压经分压电路后，保持一定的大小送到放大电路进行电压放大。信号经放大电路后，加到检波电路进行检波，将被测正弦交流信号的电压转换成相应大小的直流电流，随后推动直流微安表指针偏转显示读数。

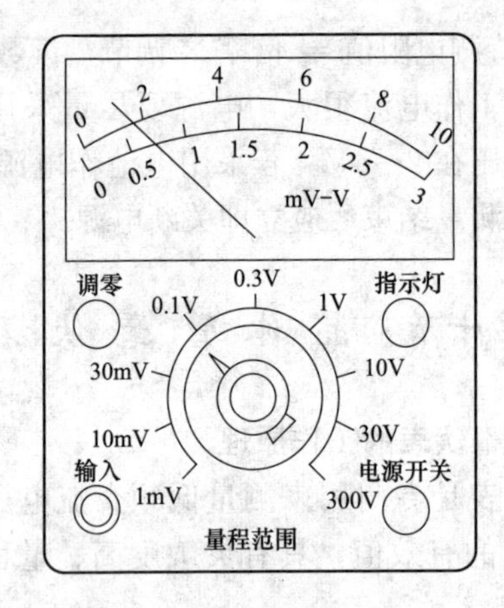

图 3-20　晶体管毫伏表外形

二、晶体管毫伏表的使用方法

（1）接通电源开关。

（2）待电压指针来回摆动数次后，将红、黑测试线短路，然后转动调零电位器，将指针调整到零位。

（3）根据被测信号的大小，选择适当的量程。在不知被测电压大小情况下，可先选在最高量程（300V）进行测试。

（4）将毫伏表接入被测电路，与被测电路并联。连接电路时，被测电路的公共地端应与毫伏表的接地线相连。连接时先接上地线，然后接另一端；测量完毕时，则应先断开不接地的一端，然后断开地线，以避免在较高灵敏度挡级（毫伏挡）时，因人手触及输入端而使表头指针过载打坏。

（5）根据毫伏表的大约指示值再选择电压测量范围挡，使读数精度最高，然后根据表面指示值读出读数。

（6）测试线短路时，指针稍有噪声偏转（1mV 挡不大于满度值的 2%）是正常的。

（7）所测交流电压中的直流分量不得大于 300V。

（8）由于仪器灵敏度较高，接地点必须良好。

（9）使用高灵敏度量程挡（例如 100mV 以下各挡）在未进

行测量时应将输入端短路，以免外来干扰使指针超出满刻度。

（10）仪器应经常保持清洁，并放置于干燥通风的环境中。

（11）长期不使用时应经常通电，使仪器依靠自身发出的热量驱赶机内潮气，并能使电容器处于良好状态。

（12）搬运过程中应当小心轻放，以免损坏表头造成精度下降。

第四章

常用电子元器件与实用电路

第一节　固定电阻、电容和电感

一、固定电阻

1. 固定电阻外形及特点

固定电阻是一种在电子电路中应用最多的元件，它在电路中可以用作分压器、分流器和负载电阻。固定电阻可按电阻体材料、用途、结构形状及引出线等分类，常用固定电阻外形及符号如图4-1所示，常用固定电阻的特点见表4-1，供选用时参考。电阻值的基本单位为Ω（欧姆），常用单位为kΩ（千欧）、MΩ（兆欧），其换算关系为

$$1k\Omega = 10^3\Omega \quad 1M\Omega = 10^3 k\Omega = 10^6\Omega \tag{4-1}$$

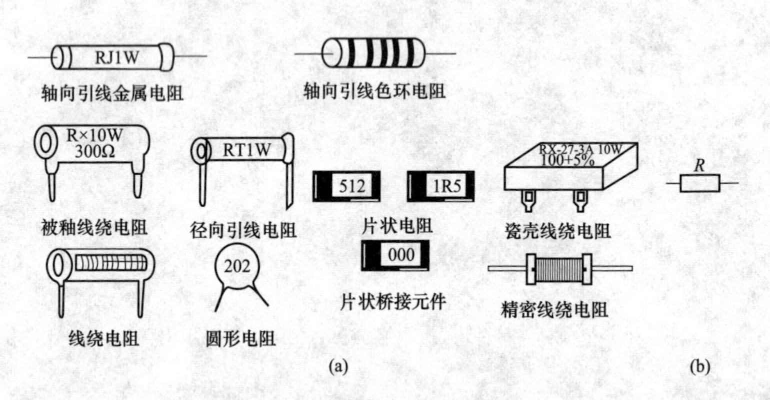

图4-1　常用固定电阻外形及符号
（a）外形；（b）符号

表 4-1 常用固定电阻的特点

名称（代号）	制造特点	性能特点
碳膜电阻（RT）	高温下有机化合物（烷、苯等碳氢化合物）分解产生的碳沉积在陶瓷基体表面	阻值范围宽，稳定性好，受电压、频率影响小，脉冲负载稳定性好，温度系数不大（为负值）。价格便宜，产量大
金属膜电阻（RJ）	通过真空蒸发或阴极溅射沉积在陶瓷基体表面上一层很薄的金属膜或合金膜。阻值大小由螺纹疏密程度决定（通过机械加工）	阻值精度高，稳定性好，噪声小；温度系数小，工作范围宽，耐高温，超负载稳定性好，体积小。价格高，脉冲负载稳定性差
合成膜电阻（RH）	导电合成物悬浮涂在基体表面，经固化而成	耐高温，阻值大，噪声大，价格低。线性不好，高频特性差
合成实心电阻器（RS）	俗称炭质电阻。炭黑或石墨等导电材料、黏结剂、填充料混合后，压制而成	可靠性高，价格低，常用于高可靠性的场合。精度低，稳定性差，噪声大，高频性能差，受潮湿和高温影响大
金属玻璃釉电阻（RI）	金属或金属氧化物粉末与玻璃釉粉末按一定比例混合后，用有机黏结剂制成浆料，用丝网法印刷在基片上，再经烧结而成	又称金属陶瓷电阻器或厚膜电阻器。阻值范围宽，电阻温度系数小，耐潮湿、高温
片状电阻（RI）	高可靠的钌系玻璃釉浆料经高温烧结而成，特殊要求的可覆一层保护玻璃。电极采用银钯合金浆料	体积小，质量小，是玻璃釉电阻的一种形式。阻值范围宽，精度高，稳定性好，高频性能佳
线绕电阻（RX）	由高阻率的合金线绕在绝缘骨架上而制成，骨架有陶瓷、胶木等。阻值可固定或可变	阻值精度高，稳定性好，抗氧化、耐热、耐腐蚀，温度系数小且温度范围宽，机械强度高，功率大。高频性能差

2. 固定电阻的规格及标注

(1) 固定电阻标称阻值与允许偏差。为了便于固定电阻的大规模生产，国家规定出一系列阻值作为电阻的标称阻值。一般电阻的实际阻值不可能做到与其标称阻值完全一样，两者存在偏差，最大允许偏差阻值除以该电阻标称阻值的百分数，称为电阻偏（误）差。普通电阻偏差分为±5%、±10%、±20%共3种，用Ⅰ、Ⅱ、Ⅲ表示。精密电阻的偏差分为±2%、±1%、±0.5%，用0.2、0.1、0.05表示。

（2）固定电阻规格标注。

1）直标法。即先标上标称值，后面跟上误差等级，如2.2kΩⅠ（偏差为±5%）、4.7kΩⅡ（偏差为±10%）等。

2）代号表示法。阻值一般直接标注在电阻上（黑底白字），通常用3~4位数表示，最后1位表示阻值倍率，其余表示阻值有效数字。如203表示阻值$=20\times10^{3}\Omega=20k\Omega$，4501表示阻值$=450\times10^{1}\Omega=4.5k\Omega$。当阻值小于10Ω时，以×R×表示，将R看作小数点，如2R2表示2.2Ω，R22表示0.22Ω。

3）阻值色标法。色标法是国际通用的表示法，即将电阻类别及其主要参数的数值用相应的颜色（色环或色点）标在电阻上。一般精密电阻色环为5环，普通电阻为4环。电阻阻值色环表示法如图4-2所示，其电阻环色、数值对照见表4-2和表4-3。由此可得，图4-2（a）所示电阻阻值为2MΩ，允许偏差为5%；图4-2（b）所示电阻阻值为40.6kΩ，允许偏差为0.5%。

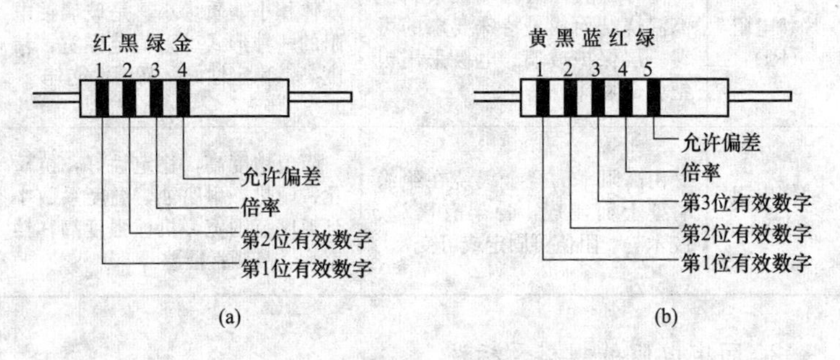

图4-2　电阻阻值色环表示法
（a）四色环表示法；（b）五色环表示法

表 4-2　　四色环电阻环色、数值对照

色环颜色	第 1 色环	第 2 色环	第 3 色环	第 4 色环
	第 1 位数	第 2 位数	前 2 位数后加零的个数	误差范围
黑	—	0	$\times10^{0}$	—
棕	1	1	$\times10^{1}$	—
红	2	2	$\times10^{2}$	—
橙	3	3	$\times10^{3}$	—
黄	4	4	$\times10^{4}$	—
绿	5	5	$\times10^{5}$	—
蓝	6	6	$\times10^{6}$	—
紫	7	7	$\times10^{7}$	—
灰	8	8	$\times10^{8}$	—
白	9	9	$\times10^{9}$	—
金	—	—	$\times10^{-1}$	±5%
银	—	—	$\times10^{-2}$	±10%
无色	—	—	—	±20%

表 4-3　　五色环电阻环色、数值对照

色环颜色	第 1 色环	第 2 色环	第 3 色环	第 4 色环	第 5 色环
	第 1 位数	第 2 位数	第 3 位数	第 3 位数后加零的个数	误差范围
黑		0	0	$\times10^{0}$	—
棕	1	1	1	$\times10^{1}$	±1%
红	2	2	2	$\times10^{2}$	±2%
橙	3	3	3	$\times10^{3}$	—
黄	4	4	4	$\times10^{4}$	—
绿	5	5	5	$\times10^{5}$	±0.5%
蓝	6	6	6	$\times10^{6}$	±0.25%
紫	7	7	7	$\times10^{7}$	±0.1%
灰	8	8	8	$\times10^{8}$	—
白	9	9	9	$\times10^{9}$	—
金	—	—	—	$\times10^{-1}$	—
银	—	—	—	$\times10^{-2}$	—

在识别色环时应注意，靠近电阻一端的为第1色环，也就是电阻阻值的第1位有效数字，其余有效数字沿着电阻体以此类推。若色环均匀分布在电阻体上，则色环顺序可用如下方法识别：由于金、银色环在阻值有效数字中没有含义，只有允许偏差，因此，金色和银色环必定为最后色环。有时4条色环的电阻只标有3条色环，其原因是允许偏差为±20%时，表示此值的这条色环颜色就是电阻本身的颜色，这种表示法仅用于普通电阻。

二、固定电容

1. 固定电容外形及特点

固定电容是一种能储存电荷或电场能量的元件，它由两块金属（电）极板，中间夹一层绝缘材料（如云母、空气、电解质等）构成，其应用范围及数量仅次于固定电阻。固定电容所用绝缘材料不同，构成电容的种类也不同，常用无极性固定电容外形及符号如图4-3所示，常用有极性固定电容外形及符号如图4-4所示，常用固定电容的型号、特点及用途见表4-4。电容量的基本单位为F（法拉），常用单位为mF（毫法）、μF（微法）、nF（纳法）、pF（皮法），它们与F的换算关系为

$$1\text{mF}=10^{-3}\text{F} \quad 1\mu\text{F}=10^{-6}\text{F} \quad 1\text{nF}=10^{-9}\text{F} \quad 1\text{pF}=10^{-12}\text{F}$$

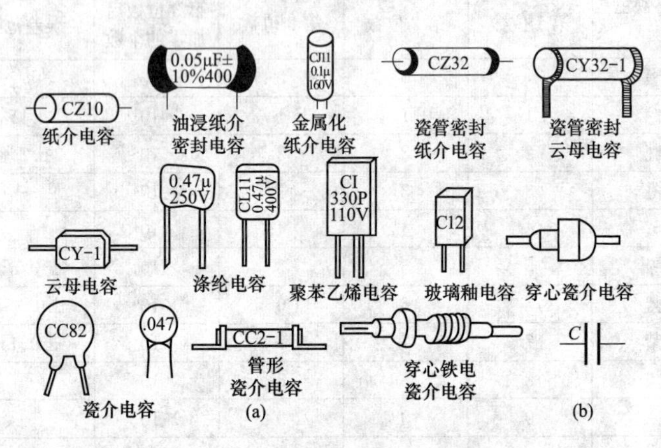

图4-3 常用无极性固定电容外形及符号

（a）外形；（b）符号

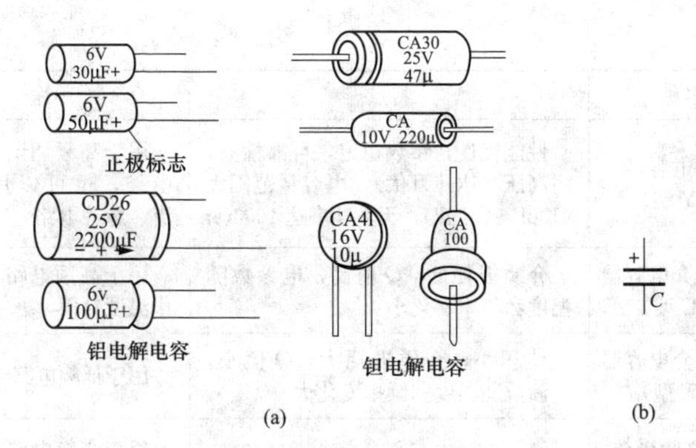

图 4-4 常用有极性固定电容外形及符号

(a) 外形；(b) 符号

表 4-4 常用固定电容的型号、特点及用途

名称	特点	用途
纸介质电容器（CZ10 型）	电容量范围大（几百皮法～几十微法），工作电压高（630V～30kV），成本低，稳定性差，介质损耗大	用于直流、低频电路
金属化纸介质电容器（CJ11 型）	同纸介电容器，体积小，质量小，工作频率小于几十千赫兹，介质损耗随频率的升高而急剧增加	用于自动化仪表、无线电接收、家用电器等多种设备
聚酯薄膜电容器（涤纶电容器）（CL11 型）	电容量大，体积小，耐热性好（120～130℃），Q 值不高，介质损耗随频率的升高而急剧增加	用于直流和脉冲电路等
聚苯乙烯薄膜电容器（CI 型）	绝缘电阻大，Q 值高，电容量的精度高，电参数随温度和频率变化小，体积大，工作温度低于 70℃	用于高频电路、滤波、均衡电路及测量设备
聚丙烯薄膜电容器（CBB 型）	同聚苯乙烯薄膜电容器，但体积小，工作温度高于 100℃，温度系数小，稳定性略差	用于交流耦合、滤波电路
聚四氟乙烯电容器（CBF 型）	Q 值高，耐热性好，工作温度范围为－150～200℃，电参数随温度和频率变化小，耐腐蚀，成本高	用于高温、高绝缘、高频的场合

续表

名称	特点	用途
云母电容器（CY型）	性能优良，参数稳定，可靠性高，耐高压（达几万伏），电容量范围大（10pF～0.1μF），无功功率达1000var	用于高频调谐、放大电路，也可以用于交流、脉冲电路
Ⅰ型瓷介电容器（CC型）	介质损耗低，Q值高，电参数随温度和频率变化小	用于高频电路，可以作温度补偿
Ⅱ型瓷介电容器（CT型）	体积小，介质损耗大，Q值小，电参数随温度和频率变化大	用于低频电路
圆片高频瓷介电容器（CC1、CC01型）	同Ⅰ型瓷介电容器，耐压达63～500V，电容量范围达1～680pF	用于高频电路，可以作温度补偿及交流耦合、旁路
超高频瓷介电容器（CC10型）	同Ⅰ型瓷介电容器，工作频率达500MHz，绝缘电阻大于10^4MΩ	用于超高频电路
无引线高频瓷介电容器（CC11型）	同Ⅰ型瓷介电容器，电容量范围为3～39pF，介质损耗低，电容量稳定	用于无线电接收及其高频调谐
高压高功率瓷介电容器（CC82、CT82型）	CC82介质损耗低，Q值高，绝缘电阻大；CT82介质损耗大，Q值小，绝缘电阻小，耐压达2.5kV	用于高电压场合
圆片低频瓷介电容器（CT1型）	同Ⅱ型瓷介电容器，介质损耗大，Q值小，工作电压为63～250V，电容量范围为330～4700pF	用于低频电路交流耦合、旁路、滤波
叠片瓷介电容器（CCTD型）	介质损耗大，Q值小，工作电压250V，电容量范围为470pF～33nF，体积小，稳定性高	用于低频电路交流耦合、旁路、滤波
方形叠片瓷介电容器（CCFD型）	同叠片瓷介电容器	用于低频电路交流耦合、旁路、滤波
独石瓷介电容器（CC4D、CT4D型）	CC4D介质损耗低，Q值高，工作电压为40V；CT4D介质损耗大，Q值小，工作电压为40～100V，电容量范围100pF～0.1μF	用于调谐电路、交流耦合、旁路、温度补偿

续表

名称	特点	用途
穿心瓷介电容器（CC52、CC53、CT52、CT53型）	介质损耗较低，Q值较高，工作电压为63～160V，电容量范围为2～1500pF	用于无线电设备的调谐电路、高低频旁路、滤波
玻璃釉电容器（CI12、CI13、CI14型）	CI12、CI13介质损耗大，CI14介质损耗较低，稳定性较云母电容器差，但较瓷介电容器好	CI12、CI13用于直流和脉冲电路，CI14用于高频旁路、耦合电路
铝电解电容器（CD型）	有正负极性和无极性两种，介质损耗大，电容量大，可达2000μF，工作电压为6～450V，精度差，温度范围窄，频率特性差，价格低	用于电源滤波、低频旁路、低频耦合、退耦电路
钽电解电容器（CA型）	有正负极性和无极性两种，体积小，介质损耗较大，温度范围宽，频率特性好，可靠性和稳定性较好，电容量范围为0.01～1500μF，工作电压为6.3～160V，漏电小，绝缘电阻大	用于高档电子设备和电子产品中的定时、分频电路

2. 固定电容的规格及标注

(1) 固定电容标称容量与允许偏差。与固定电阻一样，固定电容也是由国家规定出一系列的标称值作为固定电容的标称容量。固定电容的额定工作电压（耐压）是指电容在规定温度下长期可靠工作而不被击穿的最大直流电压或交流电压的有效值，其范围为1.6～500V。通常用字母表示允许偏差（%），如B(±0.1)、C(±0.25)、D(±0.5)、F(±1)、G(±2)、J(±5)、K(±10)、M(±20)、N(±30) 等。

(2) 固定电容规格标注。

1) 直标法。在电容的外表标出其电容量，10^4pF以上用μF作单位，10^4pF以下用pF作单位。pF为最小标注单位，标注时常直接标出数值，而不写单位。标注中的小数点用R表示，如470就是470pF，R56μF就是0.56μF。

2) 数码表示法。这是一种常用的方法，一般用3位数表示容量，前2位数字为电容标称容量的有效数字，第3位数字表示有效数字后面0的个数，单位是pF，如102表示1000pF，

224 表示 22×10^4pF。但有一个特殊情况，即当第 3 位数字用“9”表示时，用有效数字乘上 10^{-1} 表示电容容量，如 229 表示 22×10^{-1}pF（即 2.2pF）。

注意，采用数码表示法与直标法读取电容量时容易混淆，其区别方法为：一般来说直标法的第 3 位通常为 0，而数码表示法第 3 位则不为 0。

3）字母表示法。字母表示法是国际电工协会（IEC）推荐的标注方法，用 p、n、μ、m 分别表示 pF、nF、μF、mF，用 2～4 个数字和一个字母表示电容容量，字母前为容量整数，字母后为容量小数，如 p10 表示 0.1pF，33n2 表示 33.2nF。

4）允许偏差字母表示法。用字母表示允许偏差（%），例如 152M 表示电容容量为 1500pF，偏差为±20%。

三、固定电感

1. 固定电感外形及特点

固定电感按线圈内部填充材料的不同，可分为空心线圈、铁芯线圈和磁芯线圈 3 种。按用途的不同，可分为普通电感和专用电感两类，普通电感又可分为立式普通电感、卧式普通电感、片状电感及印制电感。常用固定电感外形、特点及符号见表 4-5。电感基本单位为 H（亨利），常用单位为 mH（毫亨）、μH（微亨），它们与 H 的换算关系为

$$1\text{H} = 10^3\text{mH} = 10^6\mu\text{H} \tag{4-2}$$

表 4-5　　常用固定电感外形、特点及符号

固定电感外形	固定电感名称	特点	符号
密绕法　脱胎法　间绕法　蜂房法	空心线圈	用导线绕制在纸筒、胶木筒、塑料筒上或绕制后脱胎而成，线圈中间不另加介质材料	L

续表

固定电感外形	固定电感名称	特点	符号
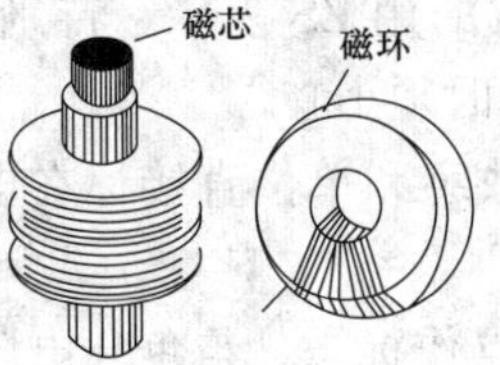 磁芯 磁环	磁芯线圈	用导线在磁芯或磁环上绕制，或在空心线圈中插入磁芯而成	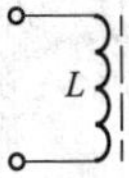 L
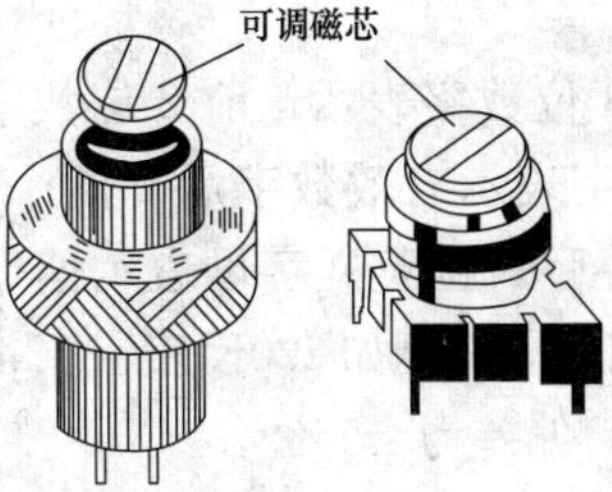 可调磁芯	可调磁芯线圈	在空心线圈中插入可调磁芯而成	 L
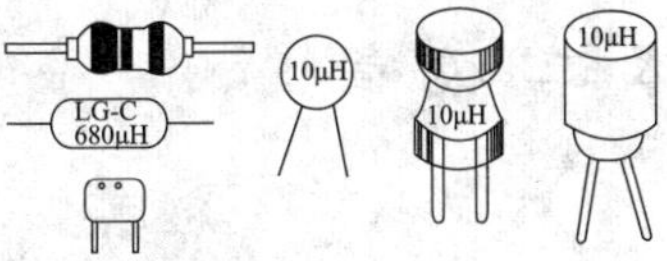 10μH LG-C 680μH 10μH 10μH	色码电感	是一种带磁芯的小型固定电感	 L
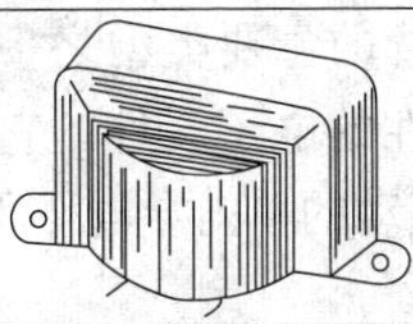	铁芯线圈	在空心线圈中插入硅钢片而成	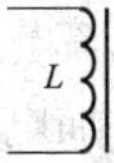 L
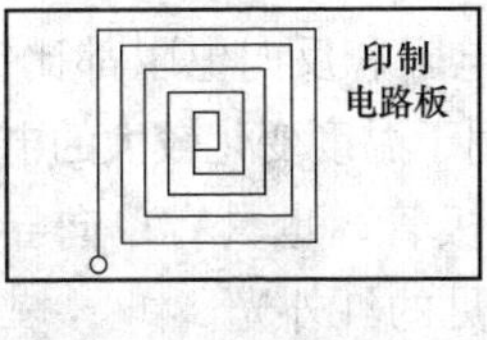 印制电路板	印制电感	直接制作在印刷电路板上（按线圈参数的要求设计匝数、大小和线宽）	

2. 固定电感的规格及标注

电感命名还没有统一规定，多半是根据特定的功能制作，因此大多是非标准元件，如扼流圈、偏转线圈、振荡线圈等。对于固定电感，不少厂家采用LG作为型号字头，其中L表示主称电感，G表示固定；也有用LF作为型号字头，表示低频电感。扼流圈型号字头有的用ZL，有的用ZS表示。特别指出，个别厂家用LG表示高频电感，选用时须小心。

（1）直标法。电感量标称值用数字和单位直接标在电感器的表面，单位为μH或mH。

（2）色点标志法。电感量用色点作标志，与色环电阻标示的含义相同，单位为μH。

（3）数码表示法。通常采用3位数字表示，前2位数字表示电感量的有效数字，第3位数字表示有效数字后0的个数，小数点用R表示，单位为μH，最后一位英文字母表示偏差范围，其对应的偏差范围与固定电容相同。例如220K表示22μH，偏差为±10%；8R2J表示8.2μH，偏差为±5%。

第二节　晶体二极管

一、晶体二极管基础知识

晶体二极管简称二极管，是晶体管的主要类型之一，是一种电流与电压（即伏安特性）呈非线性的电子元件。它具有按照外加电压的方向，使电流流动或不流动的单向导电性质。

1. 晶体二极管分类

（1）锗二极管。一般适用于小信号高频电路，作检波及限幅。

（2）硅二极管。其管压降、正向电阻和反向电阻都比锗二极管大，但反向电流比锗二极管小，适用于温度变化较大的电路。

（3）砷化镓二极管。又称发光二极管，也具有单向导电性。正向导通时会发出可见光或肉眼看不见的红外光。

（4）点接触型二极管。其优点是等效电容较小，工作频率可高达102～105MHz；缺点是PN结的面积小，允许通过的电流不大，通常在100mA以下。它适用于小电流整流和高频电路。

(5) 面接触型二极管。其优点是允许通过的正向电流较大，可达数百安，甚至达千安以上；缺点是等效电容较大，工作频率较低，一般在100kHz以下。它适用于低频电路，通常用作整流管。

(6) 平面型二极管。按PN结面积大小不同，又可分为结面积小的二极管（用作脉冲数字电路中的开关管）和结面积大的二极管（可通过较大的电流，用作大功率整流管）。

(7) 整流二极管。用于不同功率的整流。

(8) 检波二极管。用于高频电路检波及限幅等。

(9) 稳压二极管。用于各种稳压电路。

(10) 变容二极管。是一种可控电抗元件，接到LC振荡回路中构成调频电路。

(11) 双基极二极管（单结晶体管，简称单结管）。主要用于各种张弛振荡电路、定时电压读出电路，其优点是温度稳定性好、频率易调等。

(12) 开关二极管。用于脉冲电路及开关电路。

(13) 阻尼二极管。是一种高频高压整流二极管，在电视机行扫描电路中作阻尼和升压、整流用。

(14) 硅堆、高压硅堆（又称硅柱、高压硅柱）。是一种硅高频高压整流二极管，能耐几千伏甚至上万伏的高压，常用于电视机中作高频高压整流器件。

(15) 其他。如TVP二极管（瞬时电压抑制二极管）、隧道二极管、光敏二极管、压敏二极管、磁敏二极管、温敏二极管等。

2. 晶体二极管结构

一个简单的晶体二极管是由一个PN结外加上两个电极引线及外壳构成的，PN结通常采用半导体材料，如锗（Ge）、硅（Si）、砷化镓（GaAs）等，由P区引出的电极称为阳（正）极，由N区引出的电极称为阴（负）极，如图4-5所示。常见的二极管有塑料封装和金属封装，大功率二极管多采用金属封装，并且用螺帽固定在散热器上。

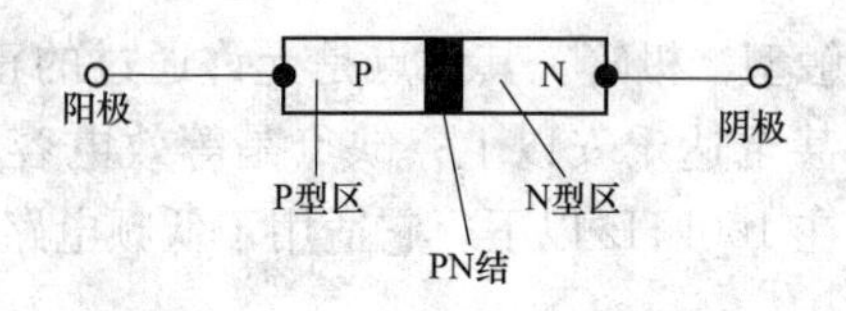

图 4-5　晶体二极管的结构

3. 晶体二极管特性

晶体二极管最重要的特性就是具有单向导电性，在电路中，一般情况下只允许电流从正极流向负极，而不允许电流从负极流向正极。

（1）正向特性。在电子电路中，将二极管的正极接在高电位端，负极接在低电位端，二极管就会导通，这种连接方式，称为正向偏置。二极管导通后，其电压与电流不是线性关系，所以二极管是非线性半导体器件。

必须说明，当加在二极管两端的正向电压很小时，二极管仍然不能导通，流过二极管的正向电流十分微弱。只有当正向电压达到某一数值（锗管约为 0.1V，硅管约为 0.5V，称门槛电压或死区电压）以后，二极管才能真正导通。导通后二极管两端的电压称为正向压降，其大小基本上保持不变（锗管约为 0.3V，硅管约为 0.7V）。

（2）反向特性。在电子电路中，将二极管的正极接在低电位端，负极接在高电位端，此时二极管中几乎没有电流流过，二极管处于截止状态，这种连接方式，称为反向偏置。二极管处于反向偏置时，仍然会有微弱的反向电流流过二极管，称为漏电流。当二极管两端的反向电压增大到某一数值时，反向电流会急剧增大，二极管将失去单向导电特性，这种状态称为二极管的击穿。

4. 晶体二极管作用

晶体二极管具有重量轻、体积小、寿命长、耗电省等优点，在电路中应用十分广泛，主要用作整流、检波、稳压、变容、续流、限幅、信号隔离、钳位保护、开关等。

（1）整流作用。利用二极管单向导电性，可以把方向交替变化的交流电变换成单一方向的直流电。

（2）开关作用。二极管在正向电压作用下电阻很小，处于导通状态，相当于一只接通的开关。在反向电压作用下，电阻很大，处于截止状态，如同一只断开的开关。利用二极管的开关特性，可以组成各种逻辑电路。

（3）限幅作用。二极管正向导通后，它的正向压降基本保持不变（硅管为0.7V，锗管为0.3V）。利用这一特性，在电路中作为限幅元件，可以把信号幅度限制在一定范围内。

（4）检波作用。在收音机中从输入信号中取出调制信号，起检波作用。

5. 晶体二极管的主要性能参数

（1）直流电阻 R_D。指二极管两端所加直流电压 U_D 与流过它的直流电流 I_D 的比值，即 $R_D=U_D/I_D$。二极管的 R_D 不是恒定值，正向的 R_D 随电流增大而减小，反向的 R_D 随电压增大而增大。

（2）最大整流电流 I_F。指二极管所能允许通过的最大（极限）正向电流，在实际应用中，通过二极管的最大正向电流不能超过 I_F，否则二极管易被烧坏。

（3）最大反向工作电压 U_{RM}。指二极管使用时，允许加在其两端的最大反向电压，超过此值时二极管易被击穿。U_{RM}通常取反向击穿电压的1/2～2/3。

（4）反向电流 I_R。指二极管工作在反向电压下，流过它的未被击穿时的反向电流，I_R 越小，二极管的质量越好。I_R 与周围温度有关，因此，在使用时应注意 I_R 的温度条件。

（5）最大工作频率 f_M。指二极管正常工作时的极限频率，与结电容有关。当回路中的工作频率超过 f_M 时，二极管的单向导电性能变坏。这是因为，当加在二极管两端电压的频率过高时，信号直接从结电容通过，破坏了PN结的单向导电性。

（6）反向恢复时间 t_τ。指在规定的条件下，从二极管外加反向电压的瞬间开始，到反向电流下降到最大反向电流的10%所需要的时间间隔，它是作为电子开关的二极管需考虑的参数。

6. 晶体二极管型号标注

国产二极管的型号标注分为5个部分，第1部分用数字“2”表示，称为晶体二极管。第2部分用字母表示二极管的材料与极性，如A——N型锗管、B——P型锗管、C——N型硅管、D——P型硅管等。第3部分用字母表示二极管的类别，如A——高频大功率管、K——开关管、P——普通管、W——稳压管、Z——整流管等。第4部分用数字表示序号，第5部分用字母表示二极管的规格号（可省略），这些见厂家提供的相关产品手册。

进口晶体二极管的型号标注常见的有美国产品1N4001、1N4004、1N4148等，凡是“1N”开头的二极管都是美国制造或以美国专利在其他国家制造，后面的数字表示在美国电子工业协会登记的顺序号。日本产品1S1885、1S92等，凡是“1S”开头的二极管都是日本制造，后面的数字表示在日本电子工业协会登记的顺序号，顺序号数字越大，产品越新。

二、整流二极管

1. 整流二极管特性

整流二极管主要用于整流电路，即把交流电变换成脉动的直流电。由于整流电路工作频率较低，而通过的电流较大，所以整流二极管一般为硅或锗材料制成的面接触型的二极管。其特点是工作频率低、允许通过的正向电流大、反向击穿电压高、允许的工作温度高。整流二极管不仅有硅管和锗管之分，而且还有低频和高频、大功率和小（中）功率之分。

硅整流二极管具有良好的温度特性及耐压性能，故在电子装置中应用远比锗整流二极管多。选用整流二极管时，若无特殊需要，一般宜选用硅整流二极管。低频整流二极管也称普通整流管，主要用在频率为50Hz、100Hz的电源（全波）整流电路及频率低于几百赫兹的低频电路。高频整流二极管亦称快恢复整流管，主要用在频率较高的电路，如电视机行输出和开关电源电路。

国产整流二极管有2DZ系列、2CZ系列等。近年来，各种塑料封装的硅整流二极管大量上市，其体积小、性能好、价格低，已取代国产2CZ系列整流二极管。塑封整流二极管典型产品有1N4001～1N4007（1A）、1N5391～1N5399（1.5A）、1N5400～1N5408（3A），靠近色环（通常为白色）的引脚为负极。除了塑封整流管之外，还有玻璃封装整流管，其工作电流较小，如进口的1N3074～1N3081型玻璃封装整流管的额定整流电流200mA，最高反向工作电压150～600V。整流二极管在电路中常用字母VD表示，其外形及符号如图4-6所示。

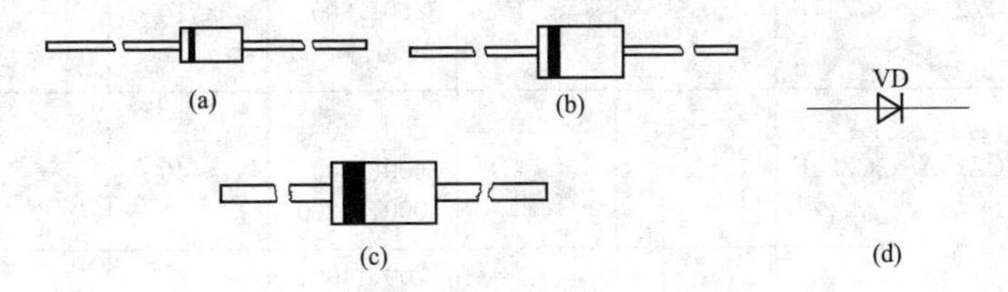

图4-6 塑封整流二极管外形及符号

(a) 1N4001～1N4007；(b) 1N5391～1N5399；(c) 1N5400～1N5408；(d) 符号

2. 整流二极管的主要技术数据

国产整流二极管的主要技术数据见表4-6，进口整流二极管的主要技术数据见表4-7。

表4-6　　国产整流二极管的主要技术数据

型号	正向平均整流电流/A	正向压降/V	最高反向工作电压/V	反向电流/μA	反向恢复时间/μs
2CGA～2CGF	0.025	≤1	200、400、600、800、1000、1200	≤5	≤2
2CP6A～2CP6F	0.1	≤1	100、200、300、400、600、800	≤20	—

续表

型号	正向平均整流电流/A	正向压降/V	最高反向工作电压/V	反向电流/μA	反向恢复时间/μs
2CP10～2CP20、2CP20A	0.1	≤1.5	25、50、100、150、200、250、300、350、400、500、600、800	≤5	—
2CZG80、2CZG84、2CZG85	0.3、0.5、0.5	≤1	200～1600	≤10	≤1
2CZ21A～2CZ21F	0.3	≤1	200、400、600、800、1000、1200	≤10	—
2CZ20A～2CZ20F	1	≤1	200、400、600、800、1000、1200、	≤10	—
2DGC～2DGK	0.01	≤2	200、400、600、800、1000、1200、1500、1800、2000	≤4	≤1.25
2DG05C～2DG05K	0.5	≤2	200～1600	≤10	≤1

表 4-7　　进口整流二极管的主要技术数据

型号	最高反向工作电压/V	正向整流电流/A	正向压降/V	反向电流/μA	代用型号
1N4001/A	50	1	≤1	≤10	2CZ11K
1N4002A	100	1	≤1	≤10	2CZ11A
1N4003A	200	1	≤1	≤10	2CZ11B
1N4004/A	400	1	≤1	≤10	2CZ11D
1N4005	600	1	≤1	≤10	2CZ11F
1N4006	800	1	≤1	≤10	2CZ11H
1N4007	1000	1	≤1	≤10	2CZ11F
1N5391	50	1.5	≤1	≤10	2CZ86B

续表

型号	最高反向工作电压/V	正向整流电流/A	正向压降/V	反向电流/μA	代用型号
1N5392	100	1.5	≤1	≤10	2CZ86C
1N5393	200	1.5	≤1	≤10	2CZ86D
1N5394	300	1.5	≤1	≤10	2CZ86E
1N5395	400	1.5	≤1	≤10	2CZ86F
1N5396	500	1.5	≤1	≤10	2CZ86G
1N5397	600	1.5	≤1	≤10	2CZ86H
1N5398	800	1.5	≤1	≤10	2CZ86J
1N5399	1000	1.5	≤1	≤10	2CZ86K
1N5400	50	3	≤1.2	≤10	2CZ12、2CZ56B
1N5401	100	3	≤1.2	≤10	2CZ12A、2CZ56C
1N5402	200	3	≤1.2	≤10	2CZ12C、2CZ56D
1N5403	300	3	≤1.2	≤10	2CZ12D、2CZ56E
1N5404	400	3	≤1.2	≤10	2CZ12E、2CZ56F
1N5405	500	3	≤1.2	≤10	2CZ12F、2CZ56G
1N5406	600	3	≤1.2	≤10	2CZ12G、2CZ56H
1N5407	800	3	≤1.2	≤10	2CZ12H、2CZ56J
1N5408	1000	3	≤1.2	≤10	2CZ12I、2CZ56K
1S1553	70	0.1	≤1.4	≤5	2CZ82C
1S1555	35	0.1	≤1.4	≤5	2CZ82B
1S1886	200	1	≤1.2	≤10	1N4003～1N4007
1S1886A	200	0.2	≤1	≤10	2CZ83D
1S1887	400	1	≤1.2	≤10	1N4005～1N4007
1SR35－100A	100	1	≤1.1	≤10	1N4002～1N4007
1SR35－200A	200	1	≤1.1	≤10	1N4003～1N4007
1SR35－400A	400	1	≤1.1	≤10	1N4004～1N4007
1SR139－100	100	1	≤1.1	≤10	1N4002～1N4007
1SR139－200	200	1	≤1.1	≤10	1N4003～1N4007
1SR139－600	600	1	≤1.1	≤10	1N4005～1N4007

三、稳压二极管

1. 稳压二极管特性

稳压二极管又称齐纳二极管，是一种工作于反向击穿状态下，具有稳压特性的半导体元件，主要用来稳定直流电压，也有用于开关电路、浪涌保护电路、偏置电路和直流电平偏移电路等。稳压二极管外形及符号如图4-7所示。

稳压二极管正向特性和普通二极管相似，而反向特性则不同。若在其两端加上反向电压，在被击穿前，其反向特性和普通二极管一样。但击穿后，反向特性表现为在极小的电压变化范围内，其电流在较大的范围内变化，即稳压二极管反向击穿后，尽管流过的电流变化很大，但其两端的电压却基本保持不变，稳压二极管就是利用这种反向特性达到稳压的目的。只要反向电流限制在一定范围内，稳压二极管虽击穿却不损坏。

稳压二极管有低压、高压两种，低压管的稳定电压在40V以下，高压管的稳定电压最高可达200V。由于硅管的热稳定性好，所以一般稳压二极管都为硅管。稳压二极管的封装形式有塑料封装和金属封装，应用较多的是塑料封装，其规格齐全（稳定电压为2.4～200V）、稳压性能好、体积小、价格低，最大功耗有0.5W、1.5W两种。常用的稳压二极管有国产2CW、2DW（其中2DW7A～2DW7C型为精密稳压二极管）等系列，进口有1N46、1N47、1N52、1N59等系列。稳压二极管在电路中常用字母VZ表示，其外形及符号如图4-7所示。

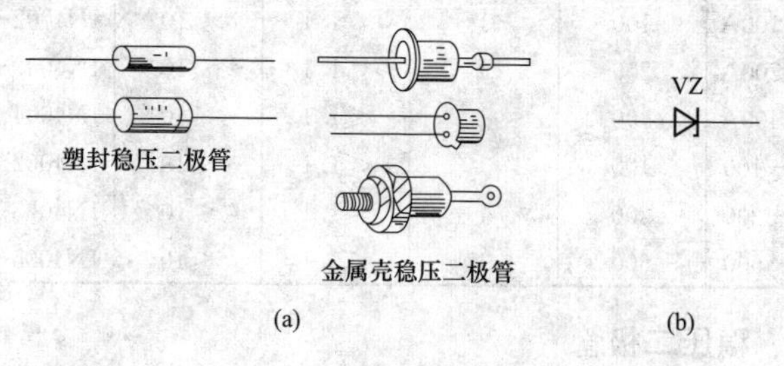

图4-7　稳压二极管外形及符号

（a）外形；（b）符号

精密稳压二极管 2DW7A～2DW7C 型（新型号为 2DW230～236），它具有良好的温度补偿作用，稳定性能佳，常用于精密电子稳压电路中。精密稳压二极管属三端元件，它由两个 PN 结背靠背反向串联而成。工作时一个反向击穿，起稳压管作用，另一个正向导通，起温度补偿作用。由于管压降随温度的变化特性正好相反，所以两者能起到互补的作用，以获得良好的温度稳定性。因此，精密稳压二极管的稳压值是稳压管电压和二极管正向压降之和。

精密稳压二极管的外形及符号如图 4-8 所示。使用时 1 脚接电源正极，2 脚接电源的负极，3 脚备用（通常不用），只有当 1 脚或 2 脚中有一个脚损坏后，才用 3 脚，且应接电源负极，此时作一般稳压二极管使用。

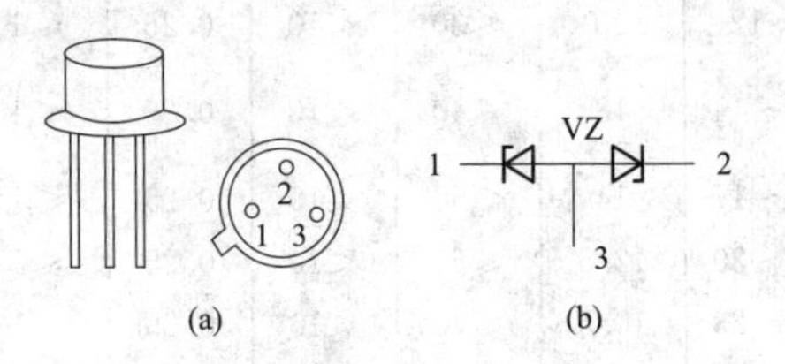

图 4-8　精密稳压二极管外形及符号

（a）外形；（b）符号

2. 稳压二极管的主要技术数据

2CW 系列稳压二极管的主要技术数据见表 4-8，2DW 系列稳压二极管的主要技术数据见表 4-9，1N4000 系列稳压二极管的主要技术数据见表 4-10。

表 4-8　　2CW 系列稳压二极管的主要技术数据

型号	稳压范围/V	最大稳定电流/mA	动态电阻/Ω	反向电流/μA	耗散功率/W	正向压降/V	代换型号
2CW1	7～8.5	23	≤12	<10	0.28	≤1	—
2CW2	8～9.5	29	≤18	<10	0.28	≤1	—
2CW3	9～10.5	26	≤25	<10	0.28	≤1	—

续表

型号	稳压范围/V	最大稳定电流/mA	动态电阻/Ω	反向电流/μA	耗散功率/W	正向压降/V	代换型号
2CW4	10～12	23	≤30	<10	0.28	≤1	—
2CW5	11.5～14	20	≤35	<10	0.28	≤1	—
2CW7	2.5～3.5	71	≤80	<10	0.25	≤1	2CW51
2CW7A	3.2～4.5	55	≤70	≤10	0.25	≤1	2CW52
2CW7B	4～5.5	45	≤50	<10	0.25	≤1	2CW53
2CW7C	5～6.5	38	≤30	<10	0.25	≤1	2CW54
2CW7D	6～7.5	38	≤15	<10	0.25	≤1	2CW54
2CW7E	7～8.5	29	≤15	<10	0.25	≤1	2CW56
2CW7F	8～9.5	26	≤20	<10	0.25	≤1	2CW57
2CW7G	9～10.5	23	≤25	<10	0.25	≤1	2CW58
2CW7H	10～12	20	≤30	<10	0.25	≤1	2CW59
2CW7I	11.5～14	18	≤40	<10	0.25	≤1	2CW60、2CW61
2CW7J	13.5～17	14	≤50	<10	0.25	≤1	2CW62
2CW7K	16.5～20	12.5	≤60	<10	0.25	≤1	2CW63
2CW7L	19.5～23	10.5	≤70	<10	0.25	≤1	2CW64
2CW7M	22.5～26	9.5	≤85	<10	0.25	≤1	2CW65
2CW7N	25.5～30	8	≤100	<10	0.25	≤1	2CW66
2CW9	1～2.5	100	≤30	≤10	0.25	≤1	2CW50
2CW10	2～3.5	70	≤5	≤10	0.25	≤1	2CW51
2CW11	3.2～4.5	55	≤70	≤2	0.25	≤1	2CW52
2CW12	4～5.5	45	≤50	≤1	0.25	≤1	2CW53
2CW13	5～6.5	38	≤30	≤0.5	0.25	≤1	2CW54
2CW14	6～7.5	33	≤10	≤0.5	0.25	≤1	2CW55
2CW15	7～8.5	29	≤10	≤0.5	0.25	≤1	2CW56
2CW16	8～9.5	26	≤10	≤0.5	0.25	≤1	2CW57
2CW17	9～10.5	23	≤20	≤0.5	0.25	≤1	2CW58
2CW18	10～12	20	≤25	≤0.5	0.25	≤1	2CW59
2CW19	11.5～14	17	≤35	≤0.5	0.25	≤1	2CW60（11.5～12.5V）、2CW61（12.2～14V）

续表

型号	稳压范围/V	最大稳定电流/mA	动态电阻/Ω	反向电流/μA	耗散功率/W	正向压降/V	代换型号
2CW20	13.5～17	14	≤45	≤0.5	0.25	≤1	2CW62
2CW20A	16.5～20.5	12	≤50	≤0.5	0.25	≤1	2CW63（16～19V）、2CW64（18～21V）
2CW20B	20～24.5	10	≤60	≤0.5	0.25	≤1	2CW65
2CW20C	23～28	9	≤70	≤1	0.25	≤1	2CW66（23～26V）、2CW67（25～28V）
2CW20D	27～30	8	≤80	≤1	0.25	≤1	2CW68
2CW21	3～4.5	220	≤40	≤1	1	≤1	2CW102
2CW21A	4～4.5	180	≤30	≤1	1	≤1	2CW103
2CW21B	5～6.5	150	≤15	≤0.5	1	≤1	2CW104
2CW21C	6～7.5	130	≤7	≤0.5	1	≤1	2CW105
2CW21D	7～8.5	115	≤5	≤0.5	1	≤1	2CW106
2CW21E	8～9.5	105	≤7	≤0.5	1	≤1	2CW107
2CW21F	9～10.5	95	≤9	≤0.5	1	≤1	2CW108
2CW21G	10～12	80	≤12	≤0.5	1	≤1	2CW109
2CW21H	11.5～14	70	≤16	≤0.5	1	≤1	2CW110
2CW21I	13.5～17	55	≤20	≤0.5	1	≤1	2CW111
2CW21J	16～20.5	45	≤26	≤0.5	1	≤1	2CW112
2CW21K	19～24.5	40	≤32	≤0.5	1	≤1	2CW113
2CW21L	23～29.5	34	≤38	≤0.5	1	≤1	2CW114
2CW21M	27～34.5	29	≤48	≤0.5	1	≤1	2CW115
2CW21N	32～40	25	≤60	≤0.5	1	≤1	2CW116
2CW21P	1～2.5	400	≤15	≤10	1	≤1	2CW100
2CW21S	2～3.5	280	≤41	≤10	1	≤1	2CW101
2CW22	3.2～4.5	660	≤20	≤1	3	≤1	2CW130
2CW22A	4～5.5	540	≤15	≤0.5	3	≤1	2CW131
2CW22B	5～6.5	460	≤12	≤0.5	3	≤1	2CW132

续表

型号	稳压范围/V	最大稳定电流/mA	动态电阻/Ω	反向电流/μA	耗散功率/W	正向压降/V	代换型号
2CW22C	6～7.5	400	≤6	≤0.5	3	≤1	2CW133
2CW22D	7～8.5	350	≤4	≤0.5	3	≤1	2CW134
2CW22E	8～9.5	315	≤5	≤0.5	3	≤1	2CW135
2CW22F	9～10.5	280	≤7	≤0.5	3	≤1	2CW136
2CW22G	10～12	250	≤10	≤0.5	3	≤1	2CW137
2CW22H	11.5～14	210	≤12	≤0.5	3	≤1	2CW138
2CW22I	13.5～17	175	≤16	≤0.5	3	≤1	2CW139
2CW22J	16～20.5	145	≤22	≤0.5	3	≤1	2CW140
2CW22K	19～24.5	120	≤26	≤0.5	3	≤1	2CW141
2CW22L	23～29.5	100	≤32	≤0.5	3	≤1	2CW142
2CW22M	27～34.5	86	≤38	≤0.5	3	≤1	2CW143
2CW22N	32～40	75	≤48	≤0.5	3	≤1	2CW144

表 4-9　　2DW 系列稳压二极管的主要技术数据

<table>
<tr><th>型号</th><th>耗散功率/W</th><th>最大稳定电流/mA</th><th>稳压范围/V</th><th>反向电流/μA</th><th>正向压降/V</th></tr>
<tr><td>2DW50</td><td rowspan="9">1</td><td>22</td><td>38～45</td><td rowspan="15">≤0.5</td><td rowspan="15">≤1</td></tr>
<tr><td>2DW51</td><td>18</td><td>42～55</td></tr>
<tr><td>2DW52</td><td>15</td><td>52～65</td></tr>
<tr><td>2DW53</td><td>13</td><td>62～75</td></tr>
<tr><td>2DW54</td><td>11</td><td>70～85</td></tr>
<tr><td>2DW55</td><td>10</td><td>80～95</td></tr>
<tr><td>2DW56</td><td>9</td><td>90～110</td></tr>
<tr><td>2DW57</td><td>8</td><td>100～120</td></tr>
<tr><td>2DW58</td><td>7</td><td>110～130</td></tr>
<tr><td>2DW59</td><td rowspan="6">1</td><td rowspan="3">6</td><td>120～145</td></tr>
<tr><td>2DW60</td><td>135～155</td></tr>
<tr><td>2DW61</td><td>145～165</td></tr>
<tr><td>2DW62</td><td rowspan="3">5</td><td>155～175</td></tr>
<tr><td>2DW63</td><td>165～190</td></tr>
<tr><td>2DW64</td><td>180～200</td></tr>
</table>

续表

型号	耗散功率/W	最大稳定电流/mA	稳压范围/V	反向电流/μA	正向压降/V
2DW80	3	65	38～45	≤0.5	≤1
2DW81		50	42～55		
2DW82		45	52～65		
2DW83		40	62～75		
2DW84		35	70～85		
2DW85		30	80～95		
2DW86		25	90～110		
2DW87			100～120		
2DW88		20	110～130		
2DW89			120～145		
2DW90		19	135～155		
2DW91		18	145～165		
2DW92		17	155～175		
2DW93		15	165～190		
2DW94		14	180～200		

表 4-10　　1N4000 系列稳压二极管的主要技术数据

型号	稳压范围/V	标称额定电压/V	稳定电流/mA	动态电阻/Ω	耗散功率/W
1N4614	1.7～1.9	1.8	120	1200	0.25
1N4615	1.9～2.1	2	110	1250	0.25
1N4616	2.1～2.3	2.2	100	1300	0.25
1N4617	2.3～2.5	2.4	95	1400	0.25
1N4618	2.6～2.8	2.7	90	1500	0.25
1N4619	2.98～3.2	3	85	1600	0.25
1N4620	3.1～3.4	3.3	80	1650	0.25
1N4621	3.4～3.8	3.6	75	1700	0.25
1N4622	3.7～4.1	3.9	70	1650	0.25
1N4623	4.1～4.5	4.3	65	1600	0.25
1N4624	4.5～4.9	4.7	60	1550	0.25
1N4625	4.9～5.3	5.1	55	1500	0.25

续表

型号	稳压范围/V	标称额定电压/V	稳定电流/mA	动态电阻/Ω	耗散功率/W
1N4626	5.3～5.9	5.6	50	1400	0.25
1N4627	5.9～6.3	6.2	45	1200	0.25
1N4099	6.3～7.1	6.8	40	200	0.25
1N4100	7.1～7.9	7.5	31.8	200	0.25
1N4101	7.8～8.6	8.2	29	200	0.25
1N4102	8.3～9.1	8.7	27.4	200	0.25
1N4103	8.6～9.6	9.1	26.2	200	0.25
1N4104	9.5～10.5	10	24.8	200	0.25
1N4105	10.5～11.6	11	21.6	200	0.25
1N4106	11.4～12.6	12	20.4	200	0.25
1N4107	12.4～13.7	13	19	200	0.25
1N4108	13.3～14.7	14	17.5	200	0.25
1N4109	14.3～15.8	15	16.5	100	0.25
1N4110	15.2～16.8	16	15.4	100	0.25
1N4111	16.2～17.9	17	14.3	100	0.25
1N4112	17.1～18.9	18	13.2	100	0.25
1N4113	18～20	19	12.5	150	0.25
1N4114	19～21	20	11.9	150	0.25
1N4115	20.9～23.1	22	10.8	150	0.25
1N4116	22.8～25.2	24	9.9	150	0.25
1N4117	23.8～26.3	25	9.5	150	0.25
1N4118	25.7～28.4	27	8.8	150	0.25
1N4119	26.6～29.4	28	8.5	200	0.25
1N4120	28.5～31.5	30	7.9	200	0.25
1N4121	31.4～34.7	33	7.2	200	0.25
1N4122	34.2～37.8	36	6.6	200	0.25
1N4123	37～41	39	6.1	260	0.25
1N4124	39.9～41.1	42	5.5	250	0.25
1N4125	44.7～49.4	47	5.1	250	0.25
1N4126	48.5～53.6	51	4.6	300	0.25

续表

型号	稳压范围/V	标称额定电压/V	稳定电流/mA	动态电阻/Ω	耗散功率/W
1N4127	53.2～58.8	56	4.2	300	0.25
1N4128	57～63	60	4	400	0.25
1N4129	58.9～65.1	62	3.8	500	0.25
1N4130	64.6～71.4	68	3.5	700	0.25
1N4131	71.3～78.6	75	3.1	700	0.25
1N4132	77.9～86.1	82	2.9	800	0.25
1N4133	82.7～91.4	87	2.7	1000	0.25
1N4134	86.5～93.6	91	2.6	1200	0.25
1N4135	95～105	100	2.3	1500	0.25

四、发光二极管

1. 发光二极管特性

发光二极管是一种能将电能转化为光能的半导体电子元件，它采用半导体材料砷化镓、磷砷化镓等制作，用这些材料制成的PN结有两个特点：一是正向导通压降大，二是电能会转换成光能。发光二极管正常工作时正向导通压降约为1.5～2.5V，工作电流一般为几毫安至几十毫安，其电流大小与发光的亮度近似成正比，但不得超过极限工作电流值。

发光二极管发出的光颜色主要取决于半导体的材料，但也与掺杂有关，不同的材料和不同的杂质会发出不同波长的光线。发出的光颜色有红色（波长650～700nm）、绿色（波长555～570nm）、黄色（波长577～597nm）、蓝色（波长440～485nm）、琥珀色（波长630～650nm）、橙色（波长610～630nm）等多种，还有看不见的红外光等。

发光二极管属于冷光源，它具有亮度高、发光响应速度快、单色性好、功耗低、体积小、寿命长、使用灵活、抗振动及抗冲击能力强，且能与数字集成电路相匹配等优点，广泛应用于各种电子设备中作指示灯或者组成文字或数字显示，如收音机音量（电平）指示、调谐指示、电源指示、报警器指示、显示板等，随着超高亮度发光二极管的出现，还可用作照明、装饰、户外广告牌等。

2. 发光二极管型号标注

国产发光二极管型号标注采用部标命名方法为 FG①②③④⑤，其中 FG 表示“发光”；①表示制作材料，用数字表示（1——磷砷化镓、2——砷铝化镓、3——磷化镓、4——砷化镓）；②表示发光颜色，用数字表示（1——红色、2——橙色、3——黄色、4——绿色、5——蓝色、6——变色）；③表示封装形式，用数字表示（1——无色透明、2——无色散射、3——有色透明、4——有色散射透明）；④表示外壳形状，用数字表示（0——圆形、1——方形、2——符号形、3——三角形、4——长方形、5——组合形、6——特殊形）；⑤用数字表示产品序号。

3. 发光二极管种类

发光二极管的种类很多，包括单色发光二极管、高亮度发光二极管、变色发光二极管、电压控制型发光二极管、闪烁发光二极管、红外发光二极管以及负阻发光二极管等，其外形有圆形、长方形、三角形等多种。

（1）单色发光二极管。单色发光二极管实际上就是我们经常用到的普通发光二极管，通电后只能发出单一颜色的亮光。由于使用的半导体材料不同，所以发光的强度也不同，通常有普通单色发光二极管（磷化镓、磷砷化镓）、高亮度单色发光二极管（砷铝化镓）和超高亮度单色发光二极管（磷铟砷化镓）3 种。它们都具有单色性好、体积小、工作电压低、工作电流小、发光均匀稳定、响应速度快、高频特性好、寿命长、功耗低等优点，可用直流、交流、脉冲等电源驱动点亮，使用时需串接合适的限流电阻。

高亮度和超高亮单色发光二极管发光效率高（为普通发光二极管的几倍至几十倍），低功耗（正向电流仅 0.3～2mA，正向压降 1.8～2.3V）。由于其外形与普通单色发光二极管相同，管壳上又无标记，因而从外表上很难识别，但价格却相差数倍。

常用的国产单色发光二极管有 2EF（国标型号）系列、FG

（部标型号）系列和 BT（厂标型号）系列，常用的进口单色发光二极管有 SLR 系列和 SLC 系列等。单色发光二极管多采用透明或半透明环氧树脂封装，并且利用环氧树脂构成透镜，起放大和聚焦作用。这类二极管引线较长或金属壳靠近凸起标志的一侧为正极，若将管子置于明亮处，从侧面仔细观察管内两引线形状，较小的是正极，较大的是负极。单色发光二极管的外形有圆形、方形和异形等，圆形二极管外径有 1、2、3、4、5、8、10、12、15、20mm 等规格。单色发光二极管在电路中用字母 LED 表示，其外形及符号如图 4-9 所示。

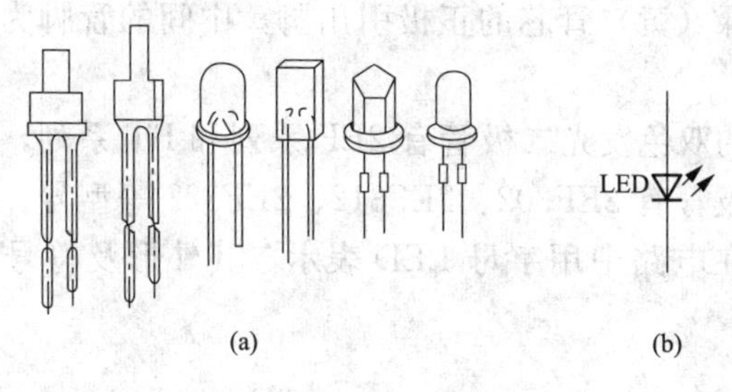

图 4-9 单色发光二极管外形及符号
（a）外形；（b）符号

（2）变色发光二极管。变色发光二极管是只用一只发光二极管就能变换发出几种颜色光的发光二极管，它可分为双色发光二极管、三色发光二极管和多色（有红、蓝、绿、白四种颜色）发光二极管，其引脚数量有二端、三端、四端和六端。变色发光二极管多用于电子装置、电子玩具、仪器设备等作为不同状态指示或发出多种警告信号。国产典型产品有“红＋绿＝橙”“红＋黄＝桔红”“黄＋绿＝浅绿”等，进口产品有三色（红、黄、绿）、四色（红、橙、黄、绿）、七色（红、橙、黄、绿、蓝、靛、紫）等。

红、绿、橙三变色发光二极管将两只不同颜色的单色发光二极管管芯封装在同一壳体内，发光面通常为无色（或白色）散射式，内部的两只 LED 一般采用共阴极接法，即负极连在一起作为公共阴极K，R是发红光管LED1的正极，G是发绿光管LED2的正极。单独驱动LED1时发红光，驱动LED2时发绿光，同时驱动时发出复合光（橙光）。

常用变色发光二极管的管脚识别方法是：对于有3根引线脚的变色发光二极管，如果管脚排布呈三角形，则将管脚对准自己，从管壳凸出块开始，按顺时针方向，依次为红管芯的正极引出脚、绿（黄）管芯的正极引出脚，公共负极引出脚。如果管脚呈一字排列，其左右两边的管脚分别为红、绿（黄）管芯的正极引出脚，并且管脚引线稍长的为红管芯的正极引出脚，稍短的为绿（黄）管芯的正极引出脚，中间的管脚为公共负极引出脚。

常用的双色发光二极管有2EF系列和BT系列，常用的三色发光二极管有2EF302、2EF312、2EF322等型号。三变色发光二极管在电路中用字母LED表示，其外形及符号如图4-10所示。

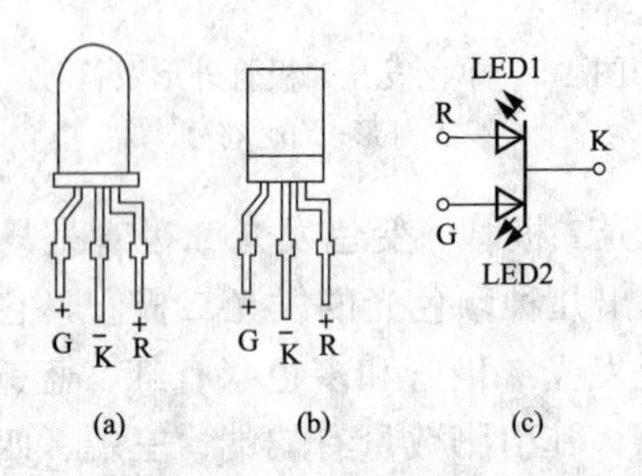

图4-10　三变色发光二极管外形及符号

（a）圆形；（b）长方形；（c）符号

（3）电压型发光二极管。一般发光二极管属于电流型器件，使用时必须加限流电阻才能正常发光，这给设计与安装带来不便，而电压型发光二极管（BTV）解决了上述问题。电压型发光二极管外形与单色发光二极管一样，但管子内串联一个限流电阻，使用时只要加上额定电压即可正常发光。电压型发光二极管标称电压有5、9、12、15、18、24V共6种，发光颜色有红、黄、绿等。电压型发光二极管在电路中用字母 LED 表示，其外形及符号如图 4-11 所示。

（4）闪烁发光二极管。闪烁发光二极管是一种由 CMOS 集成电路和普通发光二极管组成的特殊发光二极管，属于集成一体化复合器件，它在无外接单稳态电路、双稳态电路及无稳态多谐振荡器的情况下可自行闪光，所以又把它叫做自闪式发光二极管。

闪烁发光二极管内部有一片 CMOS 集成电路（IC），内含振荡器、分频器、缓冲驱动器。使用时，无需再外设振荡等电路，因此它接线简单、使用方便。IC 和发光二极管相连后，再用环氧树脂封装。当接通 3～5V 直流电源后，IC 按设定好的程序工作。先是振荡器起振，产生一个高频振荡信号，该信号经多级分频后，获得一个 1.3～5.2Hz 中的某一个固定频率信号，再由缓冲驱动器进行电流放大，输出足够大的驱动电流使 LED 发光并闪烁，发光颜色有红、橙、黄、绿等几种，闪烁的频率为每秒 3～5 次。闪烁发光二极管可用于制作光报警器（如温度、压力及液位报警器）、欠压和超压指示、节日彩灯、电子胸花及车辆转向指示等。

闪烁发光二极管外形与单色发光二极管一样，但从侧面可看到管芯内部有两个基本对称的电极，其中一个电极的上面有一个小黑块——CMOS 集成电路。一般来说，电极附有小黑块的引出脚是正极。闪烁发光二极管的两个引脚，一种是长引线为正极（国产），另一种是短引线为正极（进口），使用时应注意。闪烁发光二极管在电路中常用字母 BTS（S 表示闪烁）表示，其外形及符号如图 4-12 所示。

国产闪烁发光二极管典型产品型号有 BTS 314058（红）、BTS 324058（橙）、BTS 334058（黄）、BTS 344058（绿），电源电压一般为 3～5V，部分产品为 3～4.5V。它们的极限参数值是相同的，即最大功耗为 200MW，最大正向电压为 7V，最大正向电流为 45mA，工作温度为－40～＋85℃，储存温度为－55～＋100℃。

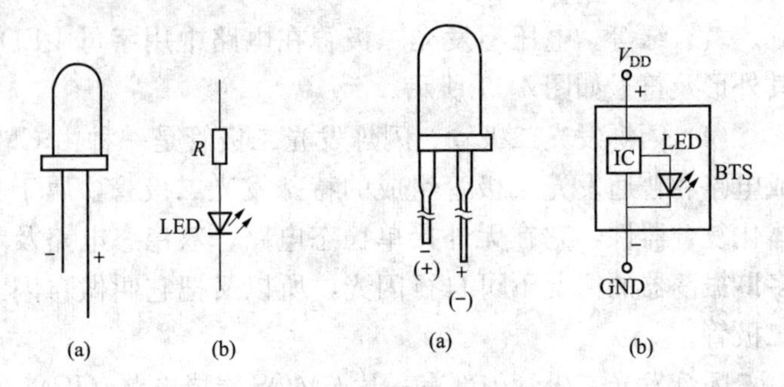

图 4-11　电压型发光二极管外形及符号
（a）外形；（b）符号

图 4-12　闪烁发光二极管外形及符号
（a）外形；（b）符号

（5）红外发光二极管。红外发光二极管也称为红外发射二极管，是一种能把电能转换成红外光的元件，它的结构及外形与普通发光二极管相近，只是使用的半导体材料不同。红外发光二极管的发光波长主要在人眼看不见的红外波段（850～940nm），工作电流与光输出的线性较好，使用简便且寿命长，广泛应用于红外线遥控装置中的发射电路，如彩电、音响装置、空调器、电风扇、游戏机、投币机、红外线摄像头、电子仪表、各种安防设备以及各类红外遥控器等。

红外发光二极管发射红外线去控制相应的受控装置时，其控制的距离与发射功率成正比。为了增加控制距离，红外发光二极管常工作于脉冲状态，因为脉动光（调制光）的有效传送距离与脉冲的峰值电流成正比，所以只需尽量提高峰值电流，就能增加红外光的发射距离。

常见的红外发光二极管，其功率分为小功率（1～10mW）、中功率（20～50mW）和大功率（50～100mW 以上）三大类，使用不同功率的红外发光二极管时，应配置相应功率的驱动管。红外发光二极管工作正向压降 1.1～1.4V，工作电流小于 20mA，为了适应不同的工作电压，回路中串有限流电阻。小功率红外发光二极管为顶射式，还有侧射式及轴向式，大多采用全塑型、陶瓷型及树脂型封装。若在使用环境和用途上要求严格的话，应使用陶瓷型封装。树脂封装又分无色透明、黑色和淡蓝色树脂封装三种形式，通常采用折射率较大的环氧树脂，以提高发光效率。

国产红外发光二极管外径有2、3、5、8mm，其中3mm和5mm最为常用。常用的型号有SIR（320ST3、481ST3、56SB3）系列、SIM（192ST、20SB、22ST）系列、PLT（462T3、463SB）系列、GL（2、5、5S、8）系列、TLN（104、107）系列、HIR（405B、405C）系列、HG（301、、306、410、311S、312S）系列和PH303、SE303等。红外发光二极管在电路中用字母LED表示，其外形及符号如图4-13所示。

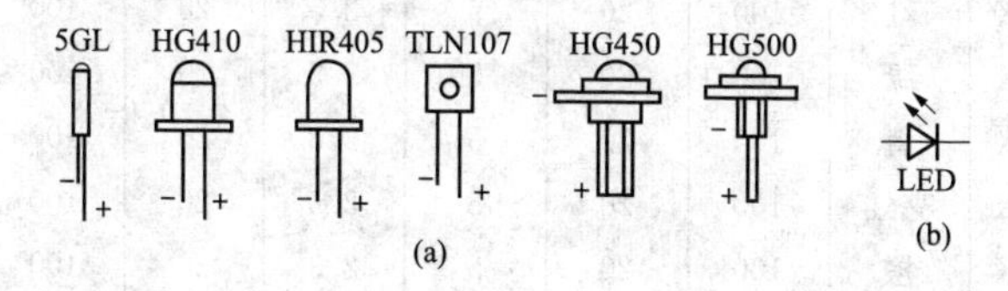

图4-13　红外发光二极管外形及符号

（a）外形；（b）符号

4. 发光二极管的主要技术数据

BT系列发光二极管的主要技术数据见表4-11，FG系列发光二极管的主要技术数据见表4-12。

表4-11　　BT系列发光二极管的主要技术数据

型号	颜色	极限参数			电参数			
					正向压降		反向电流	
		最大功耗/mW	最大正向电流/mA	最大反向电压/V	max/V	正向电流/mA	max/μA	反向电压/V
BT111-X	红	100	20	5	1.9	20	100	5
BT112-X	红	100	20	5	2.5	20	100	5
BT113-X	绿	100	20	5	2.5	20	100	5
BT114-X	黄	100	20	5	2.3	20	100	5
BT116-X	亮红	100	20	5	2.5	20	100	5
BT117-X	橙	100	20	5	2.3	20	100	5

续表

型号	颜色	极限参数			电参数			
					正向压降		反向电流	
		最大功耗/mW	最大正向电流/mA	最大反向电压/V	max/V	正向电流/mA	max/μA	反向电压/V
BT311-X	红	100	20	5	1.9	20	100	5
BT312-X	红	100	20	5	2.5	20	100	5
BT313-X	绿	100	20	5	2.5	20	100	5
BT314-X	黄	100	20	5	2.3	20	100	5
BT316-X	亮红	100	20	5	2.5	20	100	5
BT317-X	橙	100	20	5	2.3	20	100	5
BT412-X	红	100	20	5	2.5	20	100	5
BT413-X	绿	100	20	5	2.5	20	100	5
BT414-X	黄	100	20	5	2.3	20	100	5
BT416-X	亮红	100	20	5	2.5	20	100	5
BT417-X	橙	100	20	5	2.3	20	100	5
BT613-X	绿	100	20	5	2.5	20	100	5
BT616-X	亮红	100	20	5	2.5	20	100	5
BT712	红	100	20	5	2.5	20	100	5
BT713	绿	100	20	5	2.5	20	100	5
BT714	黄	100	20	5	2.3	20	100	5
BT716	亮红	100	20	5	2.5	20	100	5
BT717	橙	100	20	5	2.3	20	100	5
BT813-X	绿	100	20	5	2.5	20	100	5
BT814-X	黄	100	20	5	2.3	20	100	5
BT816-X	亮红	100	20	5	2.5	20	100	5
BT817-X	橙	100	20	5	2.3	20	100	5
BT1013-X	绿	100	20	5	2.5	20	100	5
BT1014-X	黄	100	20	5	2.3	20	100	5
BT1016-X	亮红	100	20	5	2.5	20	100	5
BT1017-X	橙	100	20	5	2.3	20	100	5
BT4513C	绿	100	20	5	2.5	20	100	5
BT4516C	亮红	100	20	5	2.5	20	100	5
BT4517C	橙	100	20	5	2.5	20	100	5

表 4-12　　FG 系列发光二极管的主要技术数据

型号	最大功耗/mW	最大正向电流/mA	反向电压/V	正向压降/V	发光波长/nm	颜色
FG114001	60	30				
FG114002	100	50				
FG114003	250	120				
FG114004						
FG114006			≥5	≤2	650	红色
FG114007	60	30				
FG114101						
FG114602						
FG114501						
FG314001	60	30				
FG314002						
FG314003	250	120				
FG314004						
FG314006			≥5	≤2.5	700	红色
FG314007	60	30				
FG314101						
FG314602						
FG314501						
FG344001	60	30				
FG344002	75	35				
FG344003	250	120				
FG344004						
FG344006			≥5	≤2.5	565	绿色
FG344007	60					
FG344101						
FG344602						
FG344501						

续表

型号	最大功耗/mW	最大正向电流/mA	反向电压/V	正向压降/V	发光波长/nm	颜色
FG334001	60	30	≥5	≤2.5	585	黄色
FG334002						
FG334003	250	120				
FG334004	60	30				
FG334006						
FG334007						
FG334101						
FG334602						
FG334501						

第三节　晶　体　管

一、晶体管基础知识

晶体管又称半导体三极管或双极型晶体管，它具有结构牢固、寿命长、体积小、耗电小等优点，是各种电子设备的关键器件，应用十分广泛。晶体管能把微弱的电信号放大，推动负载（喇叭、显像管、继电器、仪表等）工作，又能工作于开关状态，显示出“0”和“1”两个数码，是构成数字集成电路的基础。

1. 晶体管的分类

(1) 按材料不同，可分为锗晶体管（增益大、频率特性好，一般用于低频电子电路）与硅晶体管（反向漏电流小、耐压高，能在较高的温度下工作并能承受较大的功率损耗）两种；

(2) 按功率不同，可分为小功率晶体管（集电极最大允许耗散功率 P_{CM}≤0.3W）、中功率晶体管（0.3W≤P_{CM}≤1W）及大功率晶体管（P_{CM}≥1W）三种；

（3）按用途不同，可分为放大晶体管（主要起放大电流或其他参数作用）与开关晶体管（主要用于中、高速脉冲开关电路）两种；

（4）按工作频率不同，可分为低频晶体管、高频晶体管和超高频晶体管。

2. 晶体管的结构及外形

晶体管也是由 P 型半导体和 N 型半导体构成的，其工作原理也是基于 PN 结的单向导电性。晶体管内部有 2 个 PN 结和 3 个电极，2 个 PN 结分别称作发射结和集电结，它把整块半导体基片分成 3 部分，中间部分是基区，两侧部分是发射区和集电区，3 个电极分别叫发射极（E 极）、基极（B 极）和集电极（C 极）。晶体管在电路中常用字母 VT 表示，其结构及符号如图 4-14 所示。

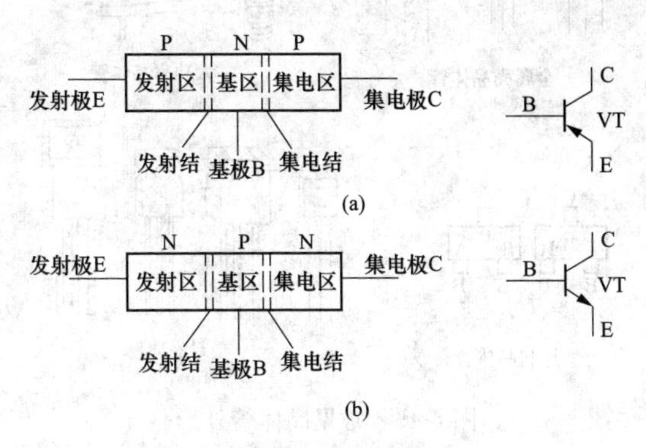

图 4-14　晶体管结构及符号

（a）PNP 型；（b）NPN 型

按晶体管内部半导体排列顺序的不同，晶体管可分为 PNP 管和 NPN 管两大类，这两类晶体管的电压极性和电流方向是相反的。PNP 型晶体管发射极 E 箭头朝内，表示电流从发射极流向集电极；NPN 型晶体管发射极 E 箭头朝外，表示电流从集电极流向发射极。国产硅晶体管多数为 NPN 型，锗晶体管多数为 PNP 型。

晶体管大多采用塑料或陶瓷、金属等封装，几种常见晶体管的外形如图 4-15 所示。国产晶体管的型号标注依照部标命名，第 1 位用数字 3 表示，第 2 位用字母表示（A、C 表示 PNP 管，B、D 表示 NPN 管），其余可参照晶体二极管。常用的进口晶体管型号是 9011～9018 等系列（韩国），其中 9011、9013、9014、9016、9017、9018 为 NPN 型晶体管，9012、9015 为 PNP 型晶体管，9016、9018 为高频晶体管，9012、9013 为功率放大晶体管。除此之外，市场上还有中外合资企业生产的 2SA～2SD 系列晶体管及美国进口的 2N（后面的数字表示登记序号）系列晶体管。

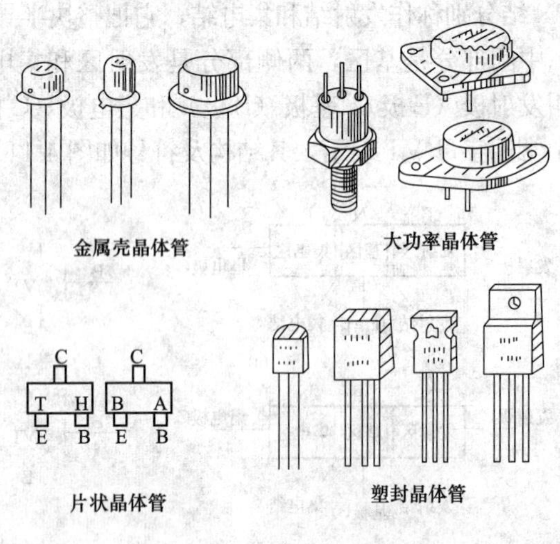

图 4-15　常见晶体管外形

3. 晶体管的主要作用

晶体管除了具有电流放大作用外，还具有电子开关和稳压的作用，若与其他元件配合还可以构成振荡器等，是电子电路的核心元件。

（1）电流放大作用。晶体管最基本的作用是电流放大作用，它可以把微弱的电信号变成具有一定强度的信号。当给晶体管的基极注入一个微小的电流时，可以在它的集电极上得到一个放大的集电极电流。这就是晶体管的电流放大作用，所以晶体管是电流控制型器件。

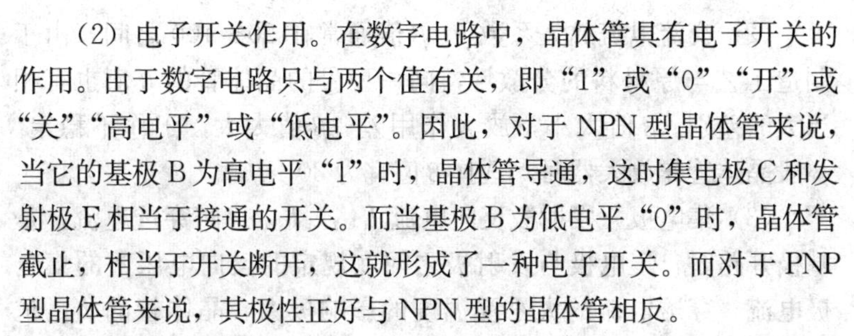

（2）电子开关作用。在数字电路中，晶体管具有电子开关的作用。由于数字电路只与两个值有关，即“1”或“0”“开”或“关”“高电平”或“低电平”。因此，对于NPN型晶体管来说，当它的基极B为高电平“1”时，晶体管导通，这时集电极C和发射极E相当于接通的开关。而当基极B为低电平“0”时，晶体管截止，相当于开关断开，这就形成了一种电子开关。而对于PNP型晶体管来说，其极性正好与NPN型的晶体管相反。

4. 晶体管的工作状态

晶体管在电路中有各种接法，但工作状态只有3种：放大状态、饱和状态和截止状态。晶体管要起放大作用，就应当处于放大状态；晶体管要起开关作用，就应当处于饱和状态或截止状态。

（1）放大状态。晶体管发射极接正向电压（正偏），集电极接反向电压（反偏）。若同时满足这两个条件，晶体管就处于放大状态。这时基极电流对集电极电流起着控制作用，使晶体管具有电流放大作用。

（2）饱和状态。晶体管发射极接正向电压（正偏），集电极也接正向电压（正偏）。若同时满足这两个条件，晶体管就处于饱和状态。这时集电极电流不再随着基极电流的增大而增大，而是处于某一定值附近不变，晶体管失去了电流放大作用，集电极和发射极之间相当于开关的导通状态。

（3）截止状态。晶体管发射极接反向电压（反偏），集电极也接反向电压（反偏）。若同时满足这两个条件，晶体管就处于截止状态。这时基极电流、集电极电流和发射极电流都为零，晶体管失去了电流放大作用，集电极和发射极之间相当于开关的断开状态。

二、晶体管的主要性能参数及技术数据

1. 晶体管的主要性能参数

（1）直流电流放大倍数 h_{FE}。是指在共发射极电路中，无变化信号输入的情况下晶体管 I_C 与 I_B 的比值，即 $h_{FE}=I_C/I_B$。

（2）交流电流放大系数β。β值通常在20～100之间，由于制造工艺与原材料的分散性，同一型号的晶体管的β值也有相当大的差别。β值太小，放大作用差；β值太大，工作不稳定。一般晶体管作放大器时，选择β值宜为30～100。

（3）集电极—发射极反向电流I_{CEO}。I_{CEO}也叫穿透电流，是基极开路时，集电极与发射极之间在规定的反向电压下的集电极电流。穿透电流的大小受温度的影响极大。晶体管的I_{CEO}越小，性能越好。

（4）集电极—发射极反向击穿电压BU_{CEO}。BU_{CEO}是基极开路时，允许加在集电极与发射极之间的最大反向电压。集电极与发射极之间的实际电压U_{CE}超过BU_{CEO}时，会产生很大的集电极电流，造成永久性的损坏。BU_{CEO}的大小与温度也有关系。晶体管的BU_{CEO}越大，性能越好。

（5）集电极—发射极饱和电压U_{CES}。U_{CES}是晶体管工作在饱和状态下的集电极与发射极之间的压降，下标S代表饱和。

（6）集电极—基极击穿电压BU_{CBO}。BU_{CBO}是发射极开路时，允许加在集电极和基极之间的最大电压。通常情况下，集电极和基极之间的电压不能超过BU_{CBO}。

（7）集电极最大允许电流I_{CM}。当晶体管集电极的实际电流超过I_{CM}时，β值将下降到额定值的2/3以下，影响晶体管在电路中的放大质量。

（8）集电极最大允许功耗P_{CM}。它等于集电极电流I_{CM}与加在集电极与发射极之间的电压U_{CE}的乘积。晶体管使用时的实际功耗P_C大于P_{CM}时，会使管芯温度急剧升高，性能下降，严重时会烧坏晶体管。将晶体管装在散热器上可以提高I_{CM}值，从而提高P_{CM}值。

2. 晶体管的主要技术数据

国产硅NPN小功率晶体管的主要技术数据见表4-13，国产硅PNP小功率晶体管的主要技术数据见表4-14，国产硅NPN低频大功率晶体管的主要技术数据见表4-15，进口晶体管的主要技术数据见表4-16。

表 4-13　国产硅 NPN 小功率晶体管的主要技术数据

型号	P_{CM}/mW	I_{CM}/mA	BU_{CEO}/V	I_{CEO}/μA
3DG100A/B/C D/E	—	—	≥20，30	≤0.01
3DG101A/B/C D/E/F	100	20	≥15，20，30	≤0.1
3DG102A/B C/D				
3DG103A/B C/D			≥20，30	
3DG110，111A/B/C D/E/F	300	50	≥15，30，45	
3DG112A/B C/D			≥20，30	
3DG120，121A/B/C D/E/F	500	700	≥30，45	≤0.01
3DG122A/B C/D				≤0.2
3DG123A/B C	500	50	≥20，30	≤0.5
3DG130A/B C/D	700	50	≥30，45	≤1
3DG131A/B/C		100	≥20，30，40	≤0.5
3DG132A/B		200	≥25，35	
3DG140A/B/C	—	15	—	—
3DG141A/B/C				
3DG142A/B/C	100		≥10	I_{CBO}≤1
3DG143A/B/C		20		—
3DG144A/B/C				
3DG145A/B/C	100	20	≥10	I_{CBO}≤0.1
3DG146A/B/C				
3DG148A/B/C		15		
3DG149A/B		20		

续表

<table>
<tr><th colspan="2">型号</th><th>P_{CM}/mW</th><th>I_{CM}/mA</th><th>BU_{CEO}/V</th><th>I_{CEO}/μA</th></tr>
<tr><td colspan="2">3DG152A/B/C</td><td rowspan="3">200</td><td rowspan="3">30</td><td>≥15</td><td rowspan="5">I_{CBO}≤0.1</td></tr>
<tr><td colspan="2">3DG153A/B/C/D</td><td rowspan="4">≥10</td></tr>
<tr><td colspan="2">3DG155A/B/C</td></tr>
<tr><td colspan="2">3DG154A/B/C</td><td rowspan="2">700</td><td>50</td></tr>
<tr><td colspan="2">3DG156A/B/C</td><td>150</td></tr>
<tr><td>3DG202</td><td>A</td><td rowspan="4">100</td><td rowspan="3">20</td><td>≥15</td><td>≤0.5</td></tr>
<tr><td>3DG201</td><td>B</td><td>≥20</td><td>≤0.1</td></tr>
<tr><td>3DG202</td><td>C</td><td>≥25</td><td>≤0.1</td></tr>
<tr><td colspan="2">3DG204A/B</td><td>10</td><td>≥15，25</td><td>≤0.5</td></tr>
</table>

表 4-14　国产硅 PNP 小功率晶体管的主要技术数据

<table>
<tr><th>型号</th><th>P_{CM}/mW</th><th>I_{CM}/mA</th><th>BU_{CEO}/V</th><th>U_{CES}/V</th></tr>
<tr><td>3CG100A/B/C</td><td rowspan="2">100</td><td rowspan="2">300</td><td rowspan="2">≥15/25/45</td><td>≤0.3</td></tr>
<tr><td>3CG101A/B/C</td><td>≤0.8</td></tr>
<tr><td>3CG102A/B/C</td><td rowspan="2">150</td><td rowspan="2">20</td><td>≥12/15</td><td>≤0.6</td></tr>
<tr><td>3CG103A/B/C</td><td>≥15</td><td>—</td></tr>
<tr><td>3CG110A/B/C</td><td rowspan="5">300</td><td rowspan="4">50</td><td rowspan="3">≥15/30/45</td><td rowspan="3">≤0.5</td></tr>
<tr><td>3CG111A/B/C</td></tr>
<tr><td>3CG112A/B/C</td></tr>
<tr><td>3CG113A/B/C</td><td rowspan="2">≥15</td><td rowspan="2">≤0.3</td></tr>
<tr><td>3CG114A/B/C</td><td>40</td></tr>
<tr><td rowspan="2">3CG120A/B/C
3CG121A/B/C
3CG122A/B/C</td><td rowspan="2">500</td><td rowspan="2">100</td><td>≥15/30/45</td><td>≤0.5</td></tr>
<tr><td>≥15/25/45</td><td>≤0.3</td></tr>
<tr><td>3CG130A/B/C
3CG131A/B/C</td><td rowspan="2">700</td><td>300</td><td>≥15/30/45</td><td>≤0.6</td></tr>
<tr><td>3CG132A/B/C</td><td>120</td><td>≥12</td><td>≤0.9</td></tr>
</table>

表 4-15　国产硅 NPN 低频大功率晶体管的主要技术数据

型号		P_{CM}/W	I_{CM}/A	BU_{CEO}/V	I_{CEO}/mA
3DD100	A～E	20	≥50	A≥100～E ≥300 每挡升 50	≤0.2
3DD101		50			≤2
3DD102					
3DD103			≥3	A～E 200～800	≤0.4
3DD104					
3DD151/152	A～G	≤5	≥1	A≥50 B≥80 C≥150	≤1
3DD153/154		≤10	≥1.5		
3DD155/156		≤20	≥2		
3DD157/158		≤30	≥3	D≥200 E≥250 F≥300 G≥400	≤1.2
3DD159～161		≤50	≥5		
3DD162，163		≤75	≥7.5		
3DD164～166		≤100	≥10		≤2
3DD200	—	30	3	≥100	0.5（I_{CBO}）
3DD201	A、B	50	8	≥150	
3DD202		50	3	≥150/160	—
3DD203	—	10	1	≥60	≤0.5
3DD204		30	3		
3DD205	A、B	15	1.5	≥100/150	≤0.5
3DD206	—	25		≥400	—
3DD207		30	3	≥30	≤0.1
3DD208		50		≥300	

表 4-16　进口晶体管的主要技术数据

索引	型号	反压 U_{BEO}/V	电流 I_{CM}/A	功率 P_{CM}/W	类型
90	9011	50	0.03	0.4	NPN
	9012	50	0.5	0.6	PNP
	9013	50	0.5	0.6	NPN
	9014	50	0.1	0.4	NPN
	9015	50	0.1	0.4	PNP
	9018	50	0.05	0.4	NPN

续表

索引	型号	反压 U_{BEO}/V	电流 I_{CM}/A	功率 P_{CM}/W	类型
2N	2N2222	60	0.8	0.5	NPN
	2N2369	40	0.5	0.3	NPN
	2N2907	60	0.6	0.4	NPN
	2N3440	450	1	1	NPN
	2N5401	160	0.6	0.6	PNP
	2N5551	160	0.6	0.6	NPN
2SA	2SA1013R	160	1	0.9	PNP
	2SA1015R	50	0.15	0.4	PNP
	2SA1018	150	0.07	0.75	PNP
	2SA1020	50	2	0.9	PNP
	2SA1123	150	0.05	0.75	PNP
	2SA1162	50	0.15	0.15	PNP
	2SA1175H	50	0.1	0.3	PNP
	2SA1266Y	50	0.15	0.4	PNP
	2SA1299	50	0.5	0.3	PNP
	2SA1300	20	2	0.7	PNP
	2SA309A	25	0.1	0.3	PNP
	2SA390	35	0.5	0.3	PNP
	2SA1444	100	1.5	2	PNP
	2SA1785	400	1	1	PNP
	2SA562T	30	0.4	0.3	PNP
	2SA564A	25	0.1	0.25	PNP
	2SA608F	30	0.1	0.25	PNP
	2SA673	50	0.5	0.4	PNP
	2SA720-Q	50	0.5	0.4	PNP
	2SA778AK	180	0.05	0.2	PNP
	2SA904	90	0.05	0.2	PNP
	2SA933S	50	0.1	0.9	PNP
	2SA940	150	1.5	1.5	PNP
	2SA950Y	150	0.8	0.6	PNP
	2SA966Y	30	1.5	0.9	PNP

续表

索引	型号	反压U_{BEO}/V	电流I_{CM}/A	功率P_{CM}/W	类型
2SB	2SB1013A	30	0.5	0.3	PNP
	2SB1238	80	0.7	1	PNP
	2SB1240	40	2	1	PNP
	2SB1243	40	3	1	PNP
	2SB1375	60	3	2	PNP
	2SB564A	45	0.05	0.25	PNP
	2SB642-R	60	0.2	0.4	PNP
	2SB647	120	1	0.9	PNP
	2SB649	180	1.5	1	PNP
	2SB734	60	1	1	PNP
	2SB774T	30	0.01	0.25	PNP
	2SB882	60	—	1.7	PNP
2SC	2SC1008	80	0.7	0.8	NPN
	2SC1047	30	0.015	0.15	NPN
	2SC1213D	50	0.5	0.4	NPN
	2SC1214C	50	0.5	0.6	NPN
	2SC1222	60	0.1	0.25	NPN
	2SC1317-R	30	0.5	0.4	NPN
	2SC1360	50	0.05	0.5	NPN
	2SC1514	300	0.1	1.25	NPN
	2SC1569	300	0.15	1.5	NPN
	2SC1573A	250	0.07	0.6	NPN
	2SC1627Y	80	0.3	0.6	NPN
	2SC1674	30	0.02	0.1	NPN
	2SC1685	30	0.1	0.25	NPN
	2SC1685Q	30	0.1	0.25	NPN
	2SC1740	50	0.3	0.3	NPN
	2SC1815Y	60	0.15	0.4	NPN
	2SC1846	45	1	1.2	NPN
	2SC1855	20	0.02	0.25	NPN
	2SC1875	50	0.15	0.4	NPN

续表

索引	型号	反压 U_{BEO}/V	电流 I_{CM}/A	功率 P_{CM}/W	类型
2SC	2SC1890A	120	0.05	0.3	NPN
	2SC1906	30	0.05	0.3	NPN
	2SC1923	40	0.02	0.1	NPN
	2SC1959	30	0.4	0.5	NPN
	2SC2068	70	0.2	0.62	NPN
	2SC2120Y	30	0.8	0.6	NPN
	2SC2188	45	0.05	0.6	NPN
	2SC2216	50	0.05	0.3	NPN
	2SC2229	200	0.05	0.8	NPN
	2SC2236	30	1.5	0.9	NPN
	2SC2258	250	0.1	1	NPN
	2SC227	300	0.1	0.75	NPN
	2SC2271N	300	0.1	0.75	NPN
	2SC237	20	0.015	0.2	NPN
	2SC2377C	30	0.15	0.2	NPN
	2SC2383Y	160	1	0.9	NPN
	2SC2482	150	0.1	0.9	NPN
	2SC2570A	25	0.07	0.6	NPN
	2SC2610	300	0.1	0.8	NPN
	2SC2611	300	0.1	1.25	NPN
	2SC2636Y	30	0.05	0.4	NPN
	2SC2655Y	60	2	0.9	NPN
	2SC2717	35	0.8	7.5	NPN
	2SC2785	60	0.1	0.3	NPN
	2SC2389	30	0.1	0.1	NPN
	2SC2878	50	0.3	0.4	NPN
	2SC304CD	60	0.5	0.8	NPN
	2SC3063	300	0.1	1.2	NPN
	2SC3114	60	0.15	0.2	NPN
	2SC198G	60	0.15	0.4	NPN
	2SC3265Y	30	0.8	0.2	NPN

续表

索引	型号	反压 U_{BEO}/V	电流 I_{CM}/A	功率 P_{CM}/W	类型
2SC	2SC3271	300	0.1	5	NPN
	2SC3279	30	2	0.75	NPN
	2SC3328	80	2	0.9	NPN
	2SC3355	20	0.15	0.6	NPN
	2SC3358	20	0.15	0.25	NPN
	2SC3399	50	0.1	0.3	NPN
	2SC3402	50	0.1	0.3	NPN
	2SC3413C	40	0.1	0.5	NPN
	2SC3595	30	0.5	1.2	NPN
	2SC380	35	0.03	0.25	NPN
	2SC3807	30	2	1.2	NPN
	2SC383	20	0.05	0.2	NPN
	2SC388A	20	0.02	0.2	NPN
	2SC3953	120	0.2	1.3	NPN
	2SC403	50	0.1	0.1	NPN
	2SC4038	50	0.1	0.3	NPN
	2SC458D	30	0.1	0.2	NPN
	2SC536F	40	0.1	0.25	NPN
	2SC752G	40	0.2	0.2	NPN
	2SC815	60	0.2	0.25	NPN
	2SC828	45	0.05	0.25	NPN
	2SC900	30	0.03	0.25	NPN
	2SC945	50	0.1	0.25	NPN
2SD	2SD1010	50	0.05	0.3	NPN
	2SD1246	30	2	0.75	NPN
	2SD1302	25	0.5	0.5	NPN
	2SD1640	120	2	1.2	NPN（达林顿）
	2SD1847	50	1	1	NPN（低噪）
	2SD1930	100	2	1.2	NPN（达林顿）

续表

索引	型号	反压 U_{BEO}/V	电流 I_{CM}/A	功率 P_{CM}/W	类型
2SD	2SD1978	120	1.5	1	NPN（达林顿）
	2SD1993	50	0.1	0.4	NPN
	2SD1994	60	1	1	NPN
	2SD1997	40	3	1.5	NPN
	2SD2008	80	1	1.5	NPN
	2SD2012	60	3	2	NPN
	2SD2036	60	1	1.2	NPN
	2SD2388	90	3	1.2	NPN（达林顿）
	2SD400	25	1	0.75	NPN
	2SD415	120	0.8	5	NPN
	2SD438	500	1	0.75	NPN
	2SD601AR	60	0.1	0.2	NPN
	2SD667	120	1	0.9	NPN（达林顿）
	2SD669	180	1.5	1	NPN
	2SD773	20	2	1	NPN
	2SD774	100	1	1	NPN
	2SD787	20	2	0.9	NPN
	2SD788	20	2	0.9	NPN
	2SD789	100	1	0.9	NPN
	2SD965	40	5	0.75	NPN
	2SD966	60	5	1	NPN
	2SD973	30	1	1	NPN
BC	BC307	50	2	0.3	PNP
	BC327	50	0.8	0.6	PNP
	BC337	50	0.8	0.6	NPN
	BC338	50	0.8	0.6	NPN
	BC546	80	0.2	0.5	NPN
	BC547	50	0.2	0.5	NPN
	BC348B	30	0.2	0.5	NPN
	BC636	45	1	0.8	NPN
BF	BF324	30	0.26	0.25	PNP
DTC	DTC124ES	50	0.1	0.25	NPN
DTC	DTC124ES	50	0.1	0.25	PNP

续表

索引	型号	反压 U_{BEO}/V	电流 I_{CM}/A	功率 P_{CM}/W	类型
RN	RN1204	50	0.1	0.3	NPN
TIP	TIP102	100	8	2	NPN
UN	UN4111	50	0.1	0.25	PNP
	UN4211	50	0.1	0.25	NPN
	UN4212	50	0.1	0.25	NPN
	UN4213	50	0.1	0.25	NPN

三、达林顿晶体管

1. 达林顿晶体管特性

达林顿晶体管采用复合连接方式，将两只或更多只晶体管的集电极连在一起，而将第一只晶体管的发射极直接耦合到第二只晶体管的基极，依次级联而成，最后引出 E、B、C 电极。达林顿晶体管的放大倍数是各晶体管放大倍数的乘积，因此其放大倍数可达数千。

达林顿晶体管主要有普通达林顿晶体管和大功率达林顿晶体管两种。普通达林顿晶体管电流增益极高，所以当温度升高时，前级晶体管的基极漏电流将被逐级放大，造成整体热稳定性变差。当环境温度较高、漏电严重时，晶体管可能会误导通。普通达林顿晶体管内部无保护电路，功率通常在 2W 以下。大功率达林顿晶体管在普通达林顿晶体管的基础上增加了由续流二极管和泄放电阻组成的保护电路，用于克服普通达林顿晶体管误导通的不足。

普通达林顿晶体管一般采用塑料封装，其外形及内部电路如图 4-16 所示。大功率达林顿晶体管采用金属封装，其外形及内部电路如图 4-17 所示。

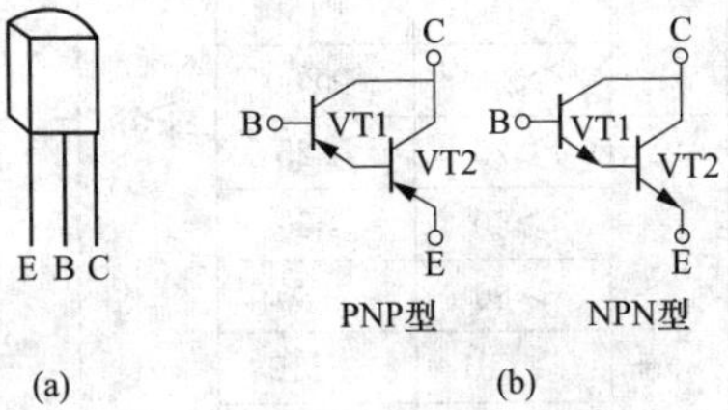

E B C

C B VT1 VT2 E PNP型

C B VT1 VT2 E NPN型

(a) (b)

图 4-16 普通达林顿晶体管外形及内部电路

(a) 外形；(b) 内部电路

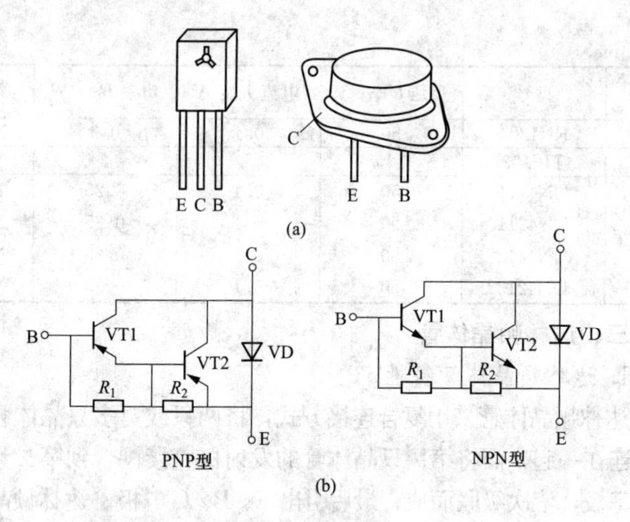

图 4-17　大功率达林顿晶体管外形及内部电路

（a）外形；（b）内部电路

2. 达林顿晶体管的主要技术数据

达林顿晶体管的主要技术数据见表 4-17。

表 4-17　　达林顿晶体管的主要技术数据

<table>
<tr><th colspan="2">型号</th><th>P_{CM}/W</th><th>I_{CM}/A</th><th>BU_{CBO}/V</th><th>BU_{CEO}/V</th><th>BU_{EBO}/V</th><th>I_{CEO}/mA</th><th>U_{CES}/V</th><th>h_{FE}</th></tr>
<tr><td rowspan="6">YZ21</td><td>A</td><td rowspan="6">20</td><td rowspan="6">5</td><td>≥25</td><td>≥25</td><td rowspan="12">≥3</td><td rowspan="6">2</td><td rowspan="12">≤2</td><td rowspan="12">≥500</td></tr>
<tr><td>B</td><td>≥50</td><td>≥50</td></tr>
<tr><td>C</td><td>≥80</td><td>≥80</td></tr>
<tr><td>D</td><td>≥110</td><td>≥110</td></tr>
<tr><td>E</td><td>≥150</td><td>≥150</td></tr>
<tr><td>F</td><td>≥200</td><td>≥200</td></tr>
<tr><td rowspan="6">YZ23</td><td>A</td><td rowspan="6">30</td><td rowspan="6">10</td><td>≥25</td><td>≥25</td><td rowspan="6">3</td></tr>
<tr><td>B</td><td>≥50</td><td>≥50</td></tr>
<tr><td>C</td><td>≥80</td><td>≥80</td></tr>
<tr><td>D</td><td>≥110</td><td>≥110</td></tr>
<tr><td>E</td><td>≥150</td><td>≥150</td></tr>
<tr><td>F</td><td>≥200</td><td>≥200</td></tr>
</table>

续表

型号		P_{CM}/W	I_{CM}/A	BU_{CBO}/V	BU_{CEO}/V	BU_{EBO}/V	I_{CEO}/mA	U_{CES}/V	h_{FE}
YZ31	A	20	5	≥25	≥25	≥3	1.5	≤2.5	≥500
	B			≥50	≥50				
	C			≥80	≥80				
	D			≥110	≥110				
	E			≥150	≥150				
	F			≥200	≥200				
YZ33	A	50	10	≥25	≥25		2		
	B			≥50	≥50				
	C			≥80	≥80				
	D			≥110	≥110				
	E			≥150	≥150				
	F			≥200	≥200				

四、场效应晶体管

1. 场效应晶体管分类

场效应晶体管（FET）是用半导体材料制成的一种电压控制型器件（晶体管为电流控制型器件），它利用改变电场来控制半导体中的多数载流子运动，以达到控制固体材料导电能力的效果，即用输入栅极电压信号的大小来控制沟道输出电流的大小，故称其为场效应。

场效应晶体管类型较多，按结构可分为结型场效应晶体管（JFET）和绝缘栅场效应晶体管（IGFET）两大类，其中绝缘栅型也称为金属—氧化物—半导体场效应晶体管（MOS）。按导电沟道可分为N型沟道（导电沟道为N型）和P型沟道（导电沟道为P型）两大类。按导电方式可分为耗尽型和增强型，结型场效应晶体管均为耗尽型，绝缘栅场效应晶体管既有耗尽型也有增强型。耗尽型是指零栅压时，场效应管内已存在沟道，而增强型只有在栅偏压达到一定值时，才出现沟道。

2. 场效应晶体管的特性及作用

场效应晶体管是特殊类型的晶体管，在电子电路中起着不可替代的作用。它具有输入电阻高（$10^8 \sim 10^9\Omega$）、开关速度快、调频特性好、热稳定性好、功率增益大、噪声小、功耗低、安全工作区域宽、无二次击穿现象、体积小、工艺简单、易于集成、器件特性便于控制等优点，广泛应用于电子设备中。

场效应晶体管与普通晶体管类似，可工作于导通、放大、截止三种状态。它特别适用于高灵敏、低噪声的低频电子电路，常用作线性放大器的缓冲区、模拟开关及恒流源等，可代替晶体管和功率晶体管，是制造大规模和超大规模集成电路的主要有源器件，其不足之处是工作频率尚不够高。由于场效应晶体管的输入阻抗很高，因此非常适合用作阻抗变换，常用于多级放大器的输入级阻抗变换。利用场效应晶体管的沟道电阻随栅-源极反向电压控制的特性，还可以用作可变电阻、电子开关等。

3. 结型场效应晶体管的结构

与晶体管的 NPN 型和 PNP 型相对应，结型场效应晶体管也有 N 沟道（载流子流通的通道）和 P 沟道之分，它们均为耗尽型。结型场效应晶体管也有 3 个电极，即栅极（G）、漏极（D）、源极（S），分别与晶体管的基极、集电极和发射极相对应，其结构如图 4-18 所示。

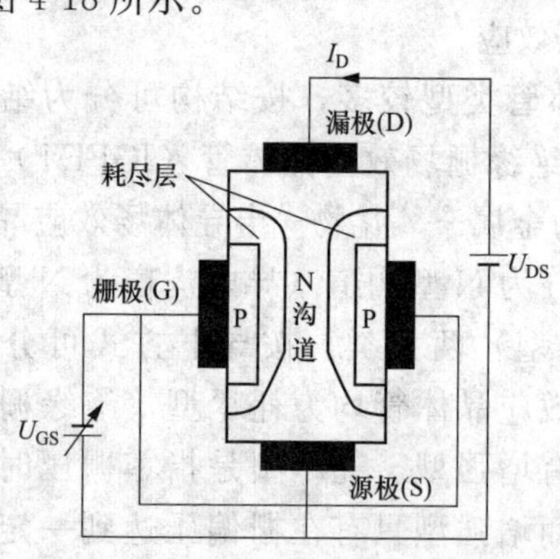

图 4-18　结型场效应晶体管的结构

N沟道结型场效应晶体管是在一块N型硅半导体材料的两侧，采用扩散法制成两个P型区，从而构成两个PN结（又称耗尽层），在两个PN结的中间形成一个导电沟道（N沟道），然后将两个P型区连通在一起形成一个电极，称为栅极G，再从N型硅半导体材料的上下两端分别引出两个电极，称为漏极D和源极S。若中间采用的是P型硅半导体材料，两侧是N型区，则就成为P沟道结型场效应晶体管。

结型场效应晶体管在电路中常用字母VT表示，其外形、引脚排列及符号如图4-19所示。图中4个引脚的是双栅结型场效应晶体管或带有屏蔽极（B）的结型场效应晶体管，电路符号中栅极的箭头方向是由P型区指向N型区，由此可识别是N沟道还是P沟道。

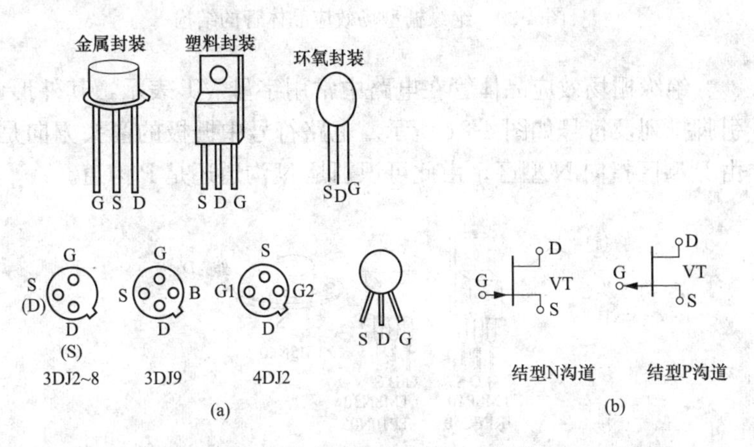

图4-19 结型场效应晶体管外形、引脚排列及符号

（a）外形及引脚排列；（b）符号

4. 绝缘栅场效应晶体管的结构

绝缘栅场效应晶体管有两种结构形式，即N沟道型和P沟道型，无论是什么沟道，它们又分为增强型和耗尽型两种，绝缘栅场效应晶体管的特点是栅极（G）与导电沟道之间存在绝缘层，故称绝缘栅，其结构如图4-20所示。N沟道增强型绝缘栅

场效应晶体管是用一块杂质浓度较低的P型薄硅片作为衬底，通过扩散法在其顶部形成两个相距很近的高掺杂N型区，分别作为源极S和漏极D。然后在P型衬底平面利用氧化工艺覆盖一层极薄的二氧化硅（SiO_2）作为绝缘层，使两个N型区隔绝起来，并在该绝缘层上引出电极作为栅极G。

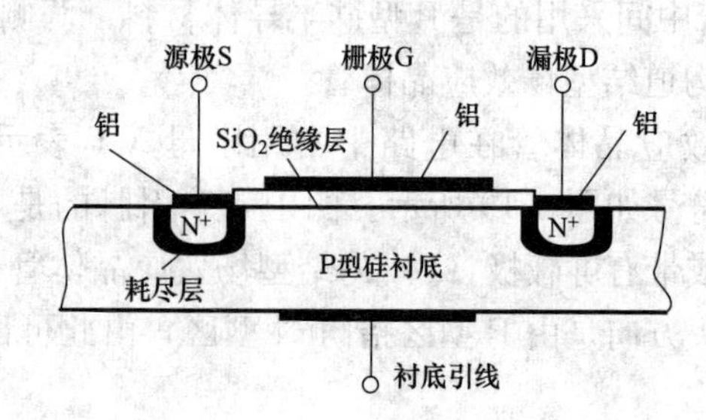

图4-20　绝缘栅型场效应晶体管的结构

绝缘栅场效应晶体管在电路中常用字母VT表示，其外形、引脚排列及符号如图4-21所示。电路符号中栅极的箭头方向是由P型区指向N型区，由此可识别是N沟道还是P沟道。

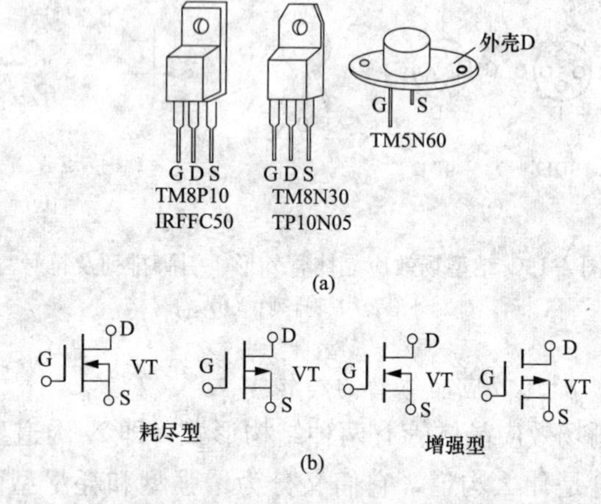

图4-21　绝缘栅场效应晶体管外形、引脚排列及符号

(a) 外形及引脚排列；(b) 符号

5. 场效应晶体管的型号标注

国产场效应晶体管的型号标注有两种方法，第1种方法是用3①②③表示，①表示沟道（D——N沟道，C——P沟道），②表示类型（J——结型场效应晶体管，O——绝缘栅场效应晶体管），③表示型号的序号（数字），例如3DJ6、3CO1等。第2种方法是用CS①②③表示，CS表示场效应晶体管，①②表示型号的序号（数字），③表示同一型号中的不同规格（英文字母），例如CS14A、CS45G等。

进口场效应晶体管的型号很多，大都是按各生产厂家自己的命名方式进行标注，如常用的结型场效应晶体管有2SK××系列、2SJ11～2SJ16、2N4868、2N4393等，绝缘栅场效应晶体管有3SK××系列、IRF×××系列、MT（或MM、MH、MP）×N××系列等。

6. 场效应晶体管的主要性能参数及技术数据

（1）场效应晶体管的主要性能参数：

1）夹断电压U_{P}。指当U_{DS}为某一固定数值（如10V），使I_{D}等于某一微小电流时（如50μA），栅极上所加的偏压U_{GS}的大小。

2）饱和漏极电流I_{DSS}。指当栅-源极之间的电压等于零（$U_{GS}=0$），而漏-源极之间的电压大于夹断电压时（$U_{DS}>U_{P}$），漏极电流的大小。

3）开启电压U_{T}。指当U_{DS}一定时，使I_{D}到达某一个数值时所需的最小U_{GS}，是管子从不导通到导通的U_{GS}临界值。

4）正向跨导G_{m}。指漏极电流的变化量与引起这个变化的栅-源电压变化量之比，即$G_{m}=\Delta I_{D}/\Delta U_{GS}$（$U_{DS}=$常数），单位为$\mu$s或ms，它反映了场效应晶体管的放大能力。

5）漏-源击穿电压$U_{(BR)DS}$。指漏-源极间所能承受的最大电压，也称漏-源耐压值，即漏极饱和电流I_{D}开始上升进入击穿区时对应的U_{DS}。

6）栅-源击穿电压$U_{(BR)GS}$。指栅-源极间所能承受的最大电压，超过此电压值，则场效应晶体管产生击穿损坏现象。

7）最大耗散功率 P_{DM}。指漏-源击穿电压 $U_{(BR)DS}$ 与漏极电流 I_D 的乘积，即 $P_{DM}=U_{(BR)DS}\times I_D$，是场效应晶体管所能消耗的最大功率值。超过此值，场效应晶体管很容易温升过高而损坏。

（2）场效应晶体管的主要技术数据：

结型场效应晶体管的主要技术数据（耗尽型）见表 4-18，N 沟道绝缘栅场效应晶体管的主要技术数据（耗尽型）见表 4-19。

表 4-18　N 沟道结型场效应晶体管的主要技术数据（耗尽型）

<table>
<tr><th colspan="2">型号</th><th>饱和漏源电流/mA</th><th>夹断电压/V</th><th>正向跨导/mS</th><th>高频（低频）噪声/dB</th><th>最大耗散功率/mW</th><th>最大漏源电流/mA</th><th>主要用途</th></tr>
<tr><td>3DJ2</td><td>D/E/F
G/H</td><td rowspan="3">D<0.35
E0.3～1.2
F1～3.5
G3～6.5
H6～10</td><td><|−4|
<|−9|</td><td rowspan="2">≥2</td><td>≤5</td><td rowspan="4">100</td><td rowspan="4">15</td><td>高频放大、斩波等电路</td></tr>
<tr><td>3DJ4</td><td>D/E/F
G/H</td><td><|−3|
<|−6|</td><td>≤30</td><td>低频低噪声线性放大</td></tr>
<tr><td>3DJ6</td><td>D/E/F
G/H</td><td><|−4|
<|−9|</td><td>>1</td><td>—</td><td rowspan="2">低频低噪声线性放大、30MHz 高频放大</td></tr>
<tr><td>3DJ7</td><td>D/E/F
G/H/I/
J</td><td>H10～18
I17～25
J24～35
K35～70</td><td><|−4|
<|−9|</td><td>>3</td><td>—</td></tr>
<tr><td>3DJ8</td><td>F/G/H
I/J/K</td><td>H10～18
I17～25
J24～35
K35～70</td><td><|−9|</td><td>≥6</td><td>≤5</td><td>100</td><td>15</td><td>高频高跨导，放大、阻抗变换</td></tr>
</table>

表 4-19　　N 沟道绝缘栅场效应晶体管的主要技术数据（耗尽型）

型号		饱和漏源电流/mA	夹断电压/V	正向跨导/mS	最大耗散功率/mW	最大漏源电压/V	主要用途
3DO1	D/E F/G H	<0.35，0.3～1.2 1～3.5，3～6.5 6～10	<|−9|	≥1	100	20	30MHz 放大
3DO2	D E/F G/H	<0.35， <1.2，1～3.5 3～11，10～25		≥4	25	12～20	400MHz 高频放大
3DO4	D/E/F G/H/I	I 为 10～15 余 同 3DOI		≥2	100	20	100MHz 高频放大
4DO2F-B 4DO2G-B		1～2 3～10	|−2| |−3|	≥7	80	16	高频双栅管，用于电视机、收录机高频头

第四节　晶　闸　管

晶闸管（SCR）的全称为晶体闸流管，是一种大功率半导体器件，除有和硅晶体二极管相同的单向导电特性外，还具有比硅整流元件更为可贵的可控性。晶闸管只有导通和关断两种状态，能以毫安级电流控制大功率的机电设备，功率放大倍数高达几十万倍；反应极快，在微秒级内导通、关断，且运行无触点，无火花，无噪声，效率高，成本低。晶闸管的不足之处是热容量小、静态及动态的过载能力较差，容易损坏，控制电路较复杂，并且容易受干扰而误导通，因此必须重视晶闸管的保护。

晶闸管主要有单向晶闸管、双向晶闸管、可关断晶闸管、光控晶闸管等，它们在家用电器、电子测量仪器和工业自动化设备中应用广泛，可用于可控直流电源、交流调压开关、无触点继电器，以及变频、调速、控温、控湿、稳压等电路。

一、单向晶闸管

1. 单向晶闸管的结构及外形

单向晶闸管是一种 PNPN 四层功率半导体器件，具有 3 个 PN 结，并引出 3 个电极。其中，第一层 P 型半导体引出的电极叫阳极 A，第三层 P 型半导体引出的电极叫控制极（或称门极）G，第四层 N 型半导体引出的电极叫阴极 K。单向晶闸管在电路中常用字母 VS 表示，其内部结构及符号如图 4-22 所示。

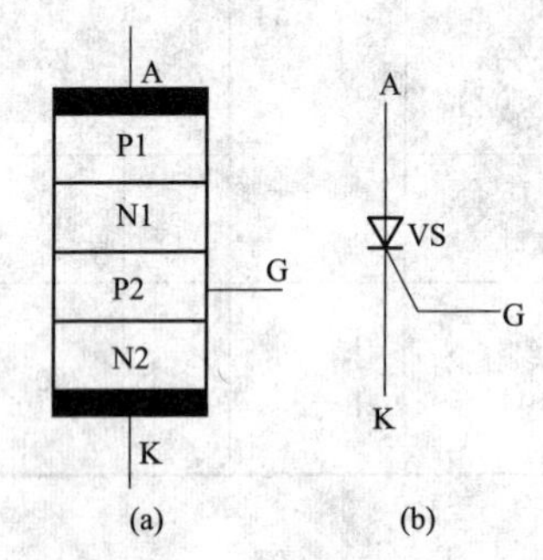

图 4-22　单向晶闸管的内部结构及符号

（a）内部结构；（b）符号

单向晶闸管种类很多，按功率大小，可分为小功率、中功率和大功率 3 种，一般从外观上即可进行识别：小功率管多采用塑封或金属壳封装，中功率管控制极管脚比阴极管脚细，阳极带有螺栓，大功率管控制极上带有金属编织套，像一条辫子。一般额定电流小于 200A 的多为螺栓型晶闸管，大于 200A 的多为平板型晶闸管，常见单向晶闸管外形如图 4-23 所示。

2. 单向晶闸管的特性及作用

单向晶闸管与晶体二极管一样具有单向导电性，关键是多了一个控制极 G，这就使它具有与晶体二极管完全不同的工作特性及作用。

（1）单向晶闸管特性：

1）正向阻断特性。当单向晶闸管阳极和阴极间加上正向电压，控制极悬空时，此时只有很小的电流流过，此电流称为正向漏电流。这时，单向晶闸管阳极和阴极间表现出很大的电阻，晶闸管处于正向阻断状态。当正向电压增加到某一数值时（称正向转折电压），正向漏电流突然增大，晶闸管由阻断状态突然导通。晶闸管导通后，即可以通过很大的电流。当有控制信号时，正向转折电压会下降，转折电压随控制极电流的增大而减小。

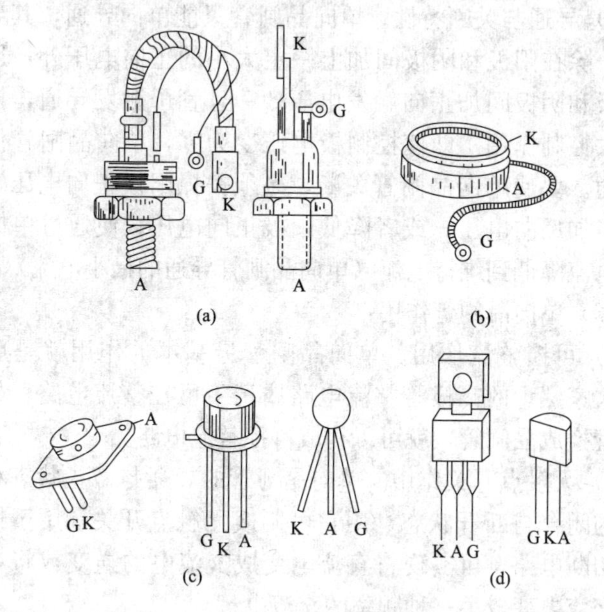

图 4-23 常见单向晶闸管外形

(a) 螺栓型；(b) 平板型；(c) 金属壳封装型；(d) 塑料封装型

以这方法使晶闸管导通称为“硬导通”，多次“硬导通”会损坏管子，因此，正常工作时，不允许晶闸管的阳极和阴极间的正向电压高于正向转折电压。

2）导通工作特性。单向晶闸管导通后，内阻很小，管压降很低（1V 左右）。此时，外加电压几乎全部降在外电路负载上，而且负载电流较大。

3）反向阻断特性。当单向晶闸管阳极和阴极间加上反向电压，控制极悬空时，此时只有很小的电流流过，此电流称为反向漏电流。这时，晶闸管处于反向阻断状态。当反向电压增加到某一数值时（称反向击穿电压），反向漏电流突然增大，晶闸管由阻断状态突然导通。若不加以限制，管子可能烧毁，造成永久性损坏。正常工作时，外加反向电压要小于反向击穿电压，这样才能保证管子安全可靠地工作。

4）导通与关断特性。单向晶闸管只能单向导通，其导通条件是：除在阳极和阴极间加上一定大小的正向电压外，还要在控制极和阴极间加正向触发电压。一旦管子触发导通，控制极即失去控制作用，即使控制极电压变为零，单向晶闸管仍然保持导通。要使单向晶闸管关断，必须去掉阳极正向电压，或者给阳极加反向电压，或者降低阳极正向电压，使通过单向晶闸管的电流降低到维持电流（单向晶闸管导通的最小电流）以下。

（2）单向晶闸管作用：

1）可控整流作用。单向晶闸管最基本的作用就是可控整流，大家熟悉的二极管整流电路属于不可控整流电路，如果把二极管换成晶闸管，就可以构成可控整流电路。

2）无触点开关作用。单向晶闸管的导通与截止状态相当于开关的闭合与断开状态，用它可制成无触点开关，用于快速接通或切断电路，可实现将直流电变成交流电的逆变或将一种频率的交流电变成另一种频率的交流电。

3）功率放大作用。单向晶闸管功率放大倍数很高，可以用微小的信号功率对大功率的电源进行变换和控制，在脉冲数字电路中可作为功率开关使用。

3. 单向晶闸管型号标注

国产单向晶闸管的型号标注常用 3CT①②和 KP①②表示，其中 3 代表 3 个电极，C 代表 N 型硅材料，T 代表可控器件，K 代表闸流特牲，P 代表单向型（S——双向型，K——快速型），①用数字表示晶闸管的额定通态电流系列（如 1——1A、5——5A 等，以此类推），②用数字表示重复峰值电压等级（如 1——

100V、2——200V 等，以此类推）。国产单向晶闸管的常用型号有 3CT101～107、3CT021～064 和 KP1～1000 等。

进口单向晶闸管的型号很多，大都是按各生产厂家自己的命名方式进行标注，如常用的日本产品有 SFOR1～3、SF1～5、CR2AM、CR02AM、CR03AM、SF2SF3、CW12、CMS2B、CMS3B、MC21C、M23C 等，美国产品有 MCR100、2N6564、2N6565 等。

二、双向晶闸管

1. 双向晶闸管的结构及外形

双向晶闸管是在单向晶闸管的基础上发展起来的，其发展方向是高电压、大电流。双向晶闸管不仅能代替两只反极性并联的单向晶闸管，而且只有一个控制极，仅需一个触发电路，是比较理想的交流开关器件。尽管从形式上可将双向晶闸管看成是两只单向晶闸管的组合，但实际上它是由 7 只晶体管和多只电阻构成的 NPNPN 五层功率集成器件，它具有 4 个 PN 结，也引出 3 个电极。由于双向晶闸管可以双向导通，故控制极 G 以外的两个电极统称为主电极，分别用 T1、T2 表示，而不再分阳极或阴极。由于主电极的结构是对称的（都从 N 层引出），因此把与控制极相近的叫做第一电极 T1，另一个叫做第二电极 T2。双向晶闸管在电路中常用字母 VS 表示，其内部结构及符号如图 4-24 所示。

小功率双向晶闸管一般采用塑料封装，有的还自带金属小散热片，其中间引脚为主电极 T2，该极与自带金属小散热片相连。大功率双向晶闸管大多采用金属封装，有螺栓式和平板式，金属封装的外壳为主电极 T2，螺栓式的通常螺栓一端为主电极 T2，较细的引出线端为控制极 G，较粗的引出线端为主电极 T1。常见双向晶闸管外形如图 4-25 所示。

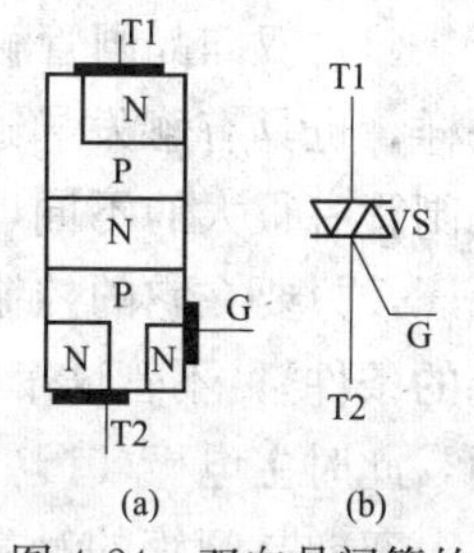

图 4-24 双向晶闸管的内部结构及符号
（a）内部结构；（b）符号

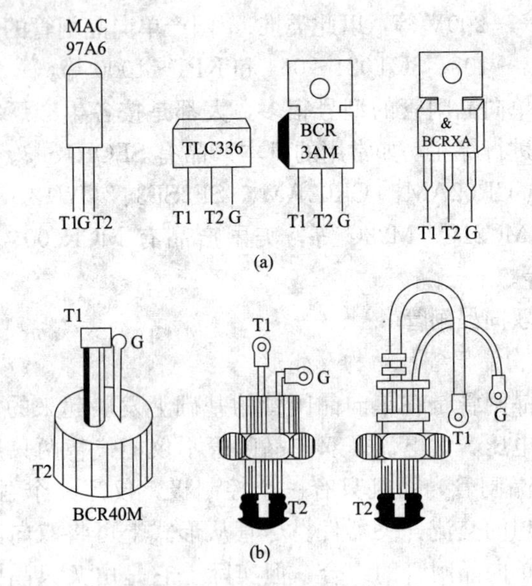

图 4-25 常见双向晶闸管外形

(a) 小功率；(b) 大功率

2. 双向晶闸管的特性及作用

双向晶闸管具有对称的正、反向伏安特性曲线，于是两个方向均可轮流导通和关断，它广泛应用于交流调压、交流电机调速、直流电机调速和换向、防爆交流开关、调光等电路，还可用于固态继电器和固态接触器中。

(1) 双向晶闸管触发导通特性。双向晶闸管与单向晶闸管一样，也具有触发导通特性。不过，它的触发控制特性与单向晶闸管有很大的不同，这就是无论在主电极间接入何种极性的电压，只要在它的控制极上加上一个触发电压（满足其触发电流的条件），不管这个电压是什么极性，都可以使双向晶闸管导通，此时主电极 T1、T2 间压降也约为 1V。

双向晶闸管的触发电路通常有两类：一类是双向晶闸管用于调节电压、电流的场合，此时要求触发电路能改变双向晶闸管的导通角大小，可采用单结晶体管或双向触发二极管组成的触发电路；另一类是双向晶闸管用于交流无触点开关的场合，此时双向晶闸管仅需开通和关闭，无需改变其导通角，因此触发电路简单，一般用一只限流电阻直接用交流信号触发。

（2）双向晶闸管关断特性。双向晶闸管一旦导通，即使失去触发电压，也能继续保持导通状态。只有当主电极 T1、T2 电流减小到维持电流以下或 T1、T2 间的电压极性改变且没有触发电压时，双向晶闸管才关断。关断后，只有重新施加触发电压，方可再次导通。

3. 双向晶闸管型号标注

国产双向晶闸管的型号标注常用 3CTS××和 KS××表示，其中 S 代表双向型，其余与单向晶闸管的含义相同。国产双向晶闸管早期用 3CTS××标注较多，现在用 KS××标注较多，常用的型号有 3CTS1～5 和 KS5A～200A 等。

进口双向晶闸管的型号很多，大都是按各生产厂家自己的命名方式进行标注，如常用的荷兰产品有 BT131—600D、BT134—600E、BT136—600E、BT138—600E、BT139—600E、美国产品有 2N6069A～6075A、2N6342～6345、日本产品有 SMOR5、SM8、FSM3B、BCR1AM ～ 12AM、BCR8KM、BCR08AM、FSM6B、FSM10B、BCM1AM、BCM3AM 等。

三、晶闸管的主要性能参数及技术数据

1. 晶闸管的主要性能参数

（1）断态正向重复峰值电压 U_{DRM} 及断态反向重复峰值电压 U_{RRM}。断态是指阳极和阴极之间或者主电极 T1 和 T2 之间处在非导通状态。U_{DRM} 和 U_{RRM} 就是在断态下，允许重复加在阳极和阴极之间或者主电极 T1 和 T2 之间的最大正向或反向电压。超过这个电压，控制极即使没有脉冲电压 U_{GK}，也会自行导通，这样控制极失去了控制作用。通常取 U_{DRM} 和 U_{RRM} 中较小的一个值为晶闸管的额定电压，在选用时，额定电压要留有一定余量。

（2）额定通态平均电流 I_T。I_T 是晶闸管在规定的环境温度和散热条件下允许通过 50Hz 正弦半波电流的平均值，实际电流超过 I_T，晶闸管温升就会提高，性能下降。

（3）通态平均电压 U_T。晶闸管导通状态下阳极和阴极之间或者主电极 T1 和 T2 之间的电压，U_T 越小越好。

（4）维持电流 I_H。即维持晶闸管导通状态所需要的最小阳极电流，实际阳极电流小于 I_H 时，晶闸管自动从导通状态回到阻断状态。

（5）控制极触发电流 I_{GT} 及控制极触发电压 U_{GT}。他指阳极和阴极之间或者主电极 T1 和 T2 之间加上 6V 直流电压时，使得晶闸管导通所需要控制极的最小直流电流及最小直流电压。I_{GT} 或 U_{GT} 越大，对控制极触发信号的功率要求越高。

（6）断态重复平均电流 I_{DR}。指在额定结温下，控制极开路时，对应于断态重复峰值电压的平均漏电流。

2. 晶闸管的主要技术数据

3CT 型小功率晶闸管的主要技术数据见表 4-20，3CT 型整流晶闸管的主要技术数据见表 4-21，KP 型整流晶闸管的主要技术数据见表 4-22，3CT 型快速晶闸管的主要技术数据见表 4-23，KK 型快速晶闸管的主要技术数据见表 4-24，3CTS 型双向晶闸管的主要技术数据见表 4-25，KS 型双向晶闸管的主要技术数据见表 4-26。

表 4-20　3CT 型小功率晶闸管的主要技术数据

型号	通态平均电流/A	断态反向重复峰值电压/V	断态重复平均电流/mA	控制极触发电流/mA	控制极触发电压/V	维持电流/mA	主要用途
3CT011～014	0.05	20～400	≤0.01	0.01～5	≤1.5	0.4～10	用于无触点开关和脉冲电路
3CT021～024	0.1	20～1k	≤0.05	0.01～10		0.4～20	
3CT031～034	0.2			0.01～15		0.4～30	
3CT014～044	0.3		≤0.01	0.01～20	≤2	—	
3CT051～054	0.5		≤0.25	0.05～20		0.5～30	
3CT061～064	1		≤0.5	0.01～30		0.8～30	

表 4-21　　3CT 型整流晶闸管的主要技术数据

型号	通态平均电流/A	断态反向重复峰值电压/V	断态重复平均电流/mA	控制极触发电流/mA	控制极触发电压/V	维持电流/mA	主要用途
3CT101	1	50～200	≤1	3～30	≤2.5	<30	用于整流、逆变、电机、调速、无触点开关及自动控制等方面
3CT102，103	3.5			5～70	≤3.5	<50	
3CT104，105	10，20			5～100		<100	
3CT106，107	30，50		≤2	8～150		<200	
3CT100A，200A	100，200	50～200	≤4	10～250	≤4	<200	用于整流、逆变、电机、调速、无触点开关及自动控制等方面
3CT300A，400A	300，400		≤8	20～3000	≤5	—	
3CT500A	500						
3CT600A，800A	600，800		≤9	30～350			
3CT1000A	1000		≤10	40～400			

表 4-22　　KP 型整流晶闸管的主要技术数据

型号	通态平均电流/A	通态峰值电压/V	断态/反向重复峰值电压/V	断态/反向重复峰值电流/mA	控制极触发电流/mA	控制极触发电压/V	断态电压临界上升率/(V/μs)
KP5A	5	<2.2	100～200	≤6	5～45	≤2	50～80
KP20A	20	<2.2	1000～2000	≤8	5～80	≤2	
KP50A	50	<2.4	100～2400	≤12	5～150	≤2.5	100～1000
KP200	200	<2.6	100～3000	≤15	5～200	≤2.5	
KP300	300	<2.6	100～3000	≤20	15～250	≤2.5	100～1000
KP500	500	<2.6	100～3000	≤25	15～250	≤3	
KP1000A	1000	<2.6	100～3000	≤30	15～300	≤3	
KP2000A	2000	<2.6	100～3000	≤40	15～300	≤3	
KP3000A	3000	<2.6	100～3000	≤40	15～300	≤3	

表 4-23　　3CT 型快速晶闸管的主要技术数据

型号	通态平均电流/A	断态/反向重复峰值电压/V	断态重复平均电流/mA	控制极触发电流/mA	控制极触发电压/V	维持电流/mA	主要用途
3CT1KA-E	0.05	A≥50 B≥100 ⋮ K≥1000 级差 100	≤0.01	0.05～1.5	≤1.5	0.4～8	用于脉冲电路和无触点开关等
3CT2KA-G	0.1		≤0.05	0.05～7	≤3	≤20	
3CT3KA-I	0.2		≤0.1	0.1～7		≤25	
3CT4KA-I	0.5		≤0.25	0.15～10		≤30	
3CT5KA-K	1		≤0.5	0.15～15			
3CT6KA-K	2		≤1	0.5～20		≤40	

表 4-24　　KK 型快速晶闸管的主要技术数据

型号	通态平均电流/A	通态峰值电压/V	断态/反向重复峰值电压/V	断态/反向重复峰值电流/mA	控制极触发电流/mA	控制极触发电压/V	断态电压临界上升率/(V/μs)
KK50A	50	≤3.0	100～2000	≤10	15～150	≤2	100～2000
KK200A	200	≤3.0	100～2000	≤15	30～200	≤2.5	100～2000
KK300A	300	≤3.0	100～2000	≤25	30～250	≤3	100～2000
KK500A	500	≤3.0	100～2000	≤30	30～250	≤3	100～2000
KK800A	800	≤3.0	100～2000	≤35	30～250	≤3	100～2000
KK1000A	1000	≤3.0	100～2000	≤35	30～250	≤3	100～2000
KK1500A	1500	≤3.0	100～2000	≤40	30～250	≤3	100～2000
KK2000A	2000	≤3.0	100～2000	≤40	30～250	≤3	100～2000
KK2500A	2500	≤3.0	100～2000	≤40	30～250	≤3	100～2000

表 4-25　　3CTS 型双向晶闸管的主要技术数据

型号	通态平均电流/A	断态/反向重复峰值电压/V	断态重复平均电流/mA	控制极触发电流/mA	控制极触发电压/V	维持电流/mA	主要用途
3CTS1A～D	1	A≥100 B≥300 C≥400 D≥500	≤0.75	2～25	<3	—	用于交流无触点开关，交流源自动控制，交流调压及调光、调速等装置
3CTS2	2		≤1	—			
3CTS3A～D	3			3～30			
3CTS4	4			—			
3CTS5A～D	5		≤1.5	5～40			
3CTS8A～D	8		≤2	5～50			

续表

型号	通态平均电流/A	断态/反向重复峰值电压/V	断态重复平均电流/mA	控制极触发电流/mA	控制极触发电压/V	维持电流/mA	主要用途
3CTS20	20	50～200	≤10	5～200	≤3	≤60	用于交流无触点开关，交流源自动控制，交流调压及调光、调速等装置
3CTS50	50	50～2k	≤10	≤150	≤3	≤60	
3CTS200	200	100～2k	≤20	10～400	≤4	<120	
3CTS400	400		≤25	20～400			
3CTS500	500						

表 4-26　　KS 型双向晶闸管的主要技术数据

型号	通态平均电流/A	通态峰值电压/V	断态/反向重复峰值电压/V	断态/反向重复峰值电流/mA	控制极触发电流/mA	控制极触发电压/V	断态电压临界上升率/(V/μs)
KS5A	5	≤2.4	100～200	≤5	15～50	≤2.5	50～1000
KS50A	50	≤2.4	100～200	≤10	5～150	≤2.5	50～1000
KS200A	200	≤2.6	100～200	≤15	15～250	≤2.5	50～1000
KS500A	500	≤2.6	100～200	≤20	15～250	≤3.5	50～1000
KS800A	800	≤2.6	100～200	≤40	15～250	≤4	50～1000

第五节　光电耦合器

一、光电耦合器基础知识

光电耦合器（OC）亦称光电隔离器或光耦合器，简称光耦，是以光为媒介来传输电信号的一种“电-光-电”转换器件，已成为种类最多、用途最广的光电器件之一。光电耦合器具有信号单向传输、输入端与输出端完全实现电气隔离、抗干扰能力强、传输效率高、容易与逻辑电路配合、寿命长、体积小、耐冲击、响应速度快及无触点等优点，广泛用于电平转换、信号隔离、级间隔离、驱动电路、开关电路、斩波器、多谐振荡器、脉冲放大电路、数字仪表、远距离信号传输、脉冲放大电路、固态继电器及微机接口等。

1. 光电耦合器分类

光电耦合器主要有通用型（有无基极引线和有基极引线两种）、达林顿型、高速型、光集成电路型、光纤型、光敏晶闸管型（有单向晶闸管和双向晶闸管两种）、光敏场效应管型等，在不同的场合可采用不同种类的光电耦合器。其中，通用型属于中速光电耦合器，其电流传输比为25%～300%。达林顿型光电耦合器的速度较低，而电流传输比可达100%～5000%。高速型光电耦合器具有速度快、输出线性好等优点。光集成电路型属于高速光电耦合器，电流传输比较大。光纤型光电耦合器能够耐高压，其绝缘电压值超过10^4V。光敏晶闸管型属于大功率输出的光电耦合器，内含单向或双向晶闸管。光敏场效应管型光电耦合器的特点是速度快，交、直流两用。

2. 光电耦合器结构

光电耦合器由发光器和受光器两部分组成，并将其共同封入一个密闭的壳内，彼此间用透明绝缘体隔离，发光器的引脚为输入端，受光器的引脚为输出端。当输入端加电信号时发光器发出光线，受光器接受光照后产生光电流输出，控制受控器件（如放大器、继电器等），实现“电-光-电”转换。大多数发光器是采用砷化镓红外发光二极管，受光器是采用硅光电二极管、硅光电晶体管、光触发晶闸管等，这是因为峰值波长900～940nm的砷化镓红外发光二极管能与硅光电器件的响应峰值波长相吻合，可获得较高的信号传输效率。

通常光电耦合器的外形有两种，一种是双向同轴的结构，另一种是集成电路双列直插式结构，其外形及符号如图4-26所示。使用最多的是集成电路双列直插式结构，其引脚个数有4、6、8、12、16、24等多种。光电耦合器的封装形式有同轴型、双列直插型、TO封装型、扁平封装型、贴片封装型、光纤传输型等，但经常用到的封装形式是双列直插型、扁平封装型和贴片封装型。

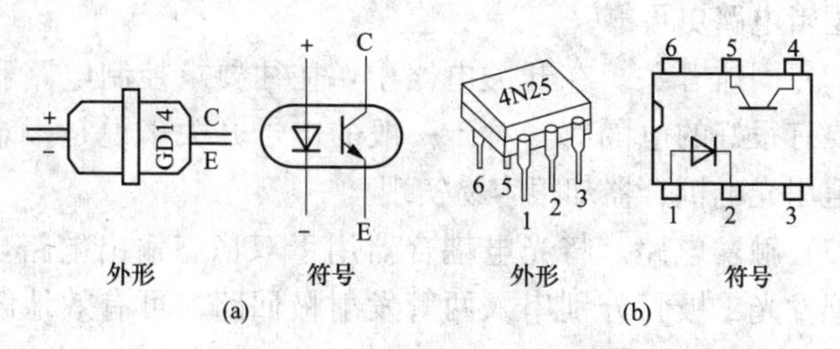

图 4-26　光电耦合器外形及符号

（a）双向同轴；（b）双列直插

3. 光电耦合器特性

光电耦合器的主要特性是输入端和输出端之间绝缘，其绝缘电阻一般都大于 $10^{10}\Omega$，耐压一般可超过 1.5kV，有的甚至可以达到 10kV 以上。由于光电耦合器的外壳是密封的，它不受外部光的影响，加上内部光传输的单向性，所以光源信号从输入端传输到光接收器时不会出现反馈现象，其输出信号也不会影响输入端，故能够很好地消除噪声。另外输入端和输出端之间的极间电容极小（仅几皮法），因此能够很好地抑制电路性耦合产生的电磁干扰。

光电耦合器信号传输特性分为非线性和线性两种，非线性光电耦合器的电流传输特性曲线是非线性的，在直流输入电流较小时，非线性失真尤为严重，因此这类光电耦合器只能传输数字（开关）信号，不适合传输模拟信号。近年来问世的线性光电耦合器的电流传输特性曲线具有良好的线性度，特别是在传输小信号时，其交流电流传输比很接近直流电流传输比，因此它适合传输连续变化的模拟电压或模拟电流信号，这使其应用领域大为拓宽。

4. 光电耦合器作用

由于光电耦合器种类繁多，结构独特，优点突出，因而应用十分广泛，主要应用在以下场合：

（1）逻辑电路。光电耦合器可以构成各种逻辑电路，由于光电耦合器的抗干扰性能和隔离性能比晶体管好，因此由它构成的逻辑电路更可靠。

（2）固体开关。在开关电路中，往往要求控制电路和开关之间要有很好的电隔离，对于一般的电子开关来说是很难做到的，但用光电耦合器却很容易实现。

（3）触发电路。将光电耦合器用于双稳态输出电路，由于可以把发光二极管分别串入两管发射极回路，可有效地解决输出与负载隔离的问题。

（4）脉冲放大电路。光电耦合器应用于数字电路，可以将脉冲信号进行放大。

（5）线性电路。线性光电耦合器应用于线性电路中，具有较高的线性度以及优良的电隔离性能。

（6）开关电源。利用线性光电耦合器可构成光耦反馈电路，通过调节控制端电流来改变占空比，达到精密稳压的目的。

（7）特殊场合。光电耦合器还可应用于高压控制、取代变压器、代替触点继电器以及用于 A/D 电路等多种场合。

5. 光电耦合器型号标注

光电耦合器型号的命名还没有统一的标准，只有生产商自定的厂标。国产光电耦合器产品型号有双向同轴的 GD 系列、GO 系列和双列直插的 GH 系列等。

进口光电耦合器产品型号有美国的 6N 系列、K 系列、4N 系列等，日本的 PS 系列、PC 系列、TLP 系列等。国内应用十分普遍的光电耦合器型号是双列直插四脚线性光耦 PC817A～C、PC111、TLP521 等、双列直插六脚线性光耦 TLP632、TLP532、PC614、PC714、PS2031 等、双列直插六脚非线性光耦 4N25、4N26、4N35、4N36 等。

二、光电耦合器的主要性能参数及技术数据

1. 光电耦合器的主要性能参数

（1）输入电流 I_F。是指输入端发光二极管的连续输入电流。

(2) $U_{CE(SAT)}$。是在规定的发光二极管正向电流和规定的光敏晶体管的集电极电流值下，集电极与发射极之间的饱和电压。

(3) BU_{CEO}。是基极开路时，集电极与发射极之间的最大允许电压。

(4) BU_{CBO}。是发射极开路时，集电极与基极之间的最大允许电压。

(5) 光电流导通（上升）时间 t_{ON}。是在规定的集电极电压、负载电阻及环境温度下，由于光脉冲的作用，使得光电流从响应曲线的10%上升到90%的响应时间。

(6) 光电流截止（下降）时间 t_{OFF}。是在规定的集电极电压、负载电阻及环境温度下，由于光脉冲的消失，使得光电流从响应曲线的90%下降到10%的响应时间。

(7) 隔离冲击电压 U_{ISO}。是表示输入与输出之间绝缘介质的耐压能力。

(8) 电流传输比 C_{TR}。是表示光电耦合器传输信号能力的重要参数，通常用直流电流传输比来表示。当输出端工作电压保持恒定时，输出端电流与输入端发光二极管正向工作电流之比为电流传输比。

(9) 极间耐压 U_{IO}。指光电耦合器的输入端与输出端之间的绝缘耐压值，当发光器件与受光器件的距离较大时，其极间耐压值就高，反之就低。

(10) 极间电容 C_{IO}。指光电耦合器的输入端与输出端之间的分布电容，一般为几皮法。

(11) 隔离阻抗 R_{IO}。指光电耦合器的输入端与输出端之间的绝缘电阻值，其值可达 $10^{12}\Omega$ 以上。

(12) 传输延迟时间 t_{PHL}、t_{PLH}。从输入脉冲前沿幅度的50%到输出脉冲电平下降到1.5V时所需时间为传输延迟时间 t_{PHL}：从输入脉冲后沿幅度的50%到输出脉冲电平上升到1.5V时所需时间为传输延迟时间 t_{PLH}。

2. 光电耦合器的主要技术数据

GD系列光电耦合器的主要技术数据见表4-27，GO系列光电耦合器的主要技术数据见表4-28，4N系列光电耦合器的主要技术数据见表4-29。

表4-27　GD系列光电耦合器的主要技术数据

型号	输入特征			输出特征			传输特征		
	最大工作电流/mA	正向压降/V	反向耐压/V	暗电流/μA	光电流/μA	最高工作电压/V	传输比/%	隔离阻抗/Ω	极间耐压/V
GD211A	50	1.3	5	0.1	25～50	30	0.25～0.5	10^{11}	500
GD211					50～75		0.5～0.75		
GD212					75～100		0.75～1.0		
GD213					100～150		1.0～2.0		
GD214					150～200		1.5～2.0		
GD215					200～300		2.0～3.0		
GD311	50	≤1.3	>5	≤0.1	1～2	25	10～20	10^{11}	500
GD312					2～4		20～40		
GD313					4～6		40～60		
GD314					6～8		60～80		
GD315					8～10		80～100		
GD316					10～12		100～120		
GD317					12～15		120～150		
GD318					15以上		150以上		
GD321					1～2		10～20		
GD322					2～4		20～40		
GD323					4～6		40～60		
GD324					6～8		60～80		
GD325					8～10		80～100		
GD326					10～12		100～120		
GD327					12～15		120～150		
GD328					15以上		150以上		

表 4-28　　GO 系列光电耦合器的主要技术数据

<table>
<tr><th colspan="2" rowspan="2">型号</th><th rowspan="2">输入电流/mA</th><th rowspan="2">工作电压/V</th><th rowspan="2">输出高电压/V</th><th rowspan="2">输出低电压/V</th><th colspan="2">选通端电流</th><th colspan="2">传输延迟时间</th><th rowspan="2">电源电流 f_{CC}/mA</th></tr>
<tr><th>$I_{E(O)}$/mA</th><th>$I_{E(I)}$/mA</th><th>t_{PLH}/μs</th><th>t_{PHL}/μs</th></tr>
<tr><td rowspan="3">GO710</td><td>A</td><td rowspan="3">15</td><td rowspan="12">5</td><td rowspan="6"></td><td rowspan="12">0.6</td><td rowspan="3">−20</td><td rowspan="12">−1</td><td>5</td><td>5</td><td rowspan="12">7</td></tr>
<tr><td>B</td><td>1.5</td><td>1.5</td></tr>
<tr><td>C</td><td>0.8</td><td>0.8</td></tr>
<tr><td rowspan="3">GO711</td><td>A</td><td rowspan="3">1.5</td><td rowspan="3">−2</td><td>5</td><td>5</td></tr>
<tr><td>B</td><td>1.5</td><td>1.5</td></tr>
<tr><td>C</td><td>0.8</td><td>0.8</td></tr>
<tr><td rowspan="3">GO712</td><td>A</td><td rowspan="3">15</td><td rowspan="3">2.4</td><td rowspan="3">−20</td><td>5</td><td>5</td></tr>
<tr><td>B</td><td>1.5</td><td>1.5</td></tr>
<tr><td>C</td><td>0.8</td><td>0.8</td></tr>
<tr><td rowspan="3">GO713</td><td>A</td><td rowspan="3">3</td><td rowspan="3"></td><td rowspan="3">−2</td><td>10</td><td>10</td></tr>
<tr><td>B</td><td>5</td><td>5</td></tr>
<tr><td>C</td><td>3</td><td>3</td></tr>
</table>

表 4-29　　4N 系列光电耦合器的主要技术数据

型号	C_{TR}/%	BU_{CEO}/V	BU_{CBO}/V	$U_{CE(sat)}$/V	t_{ON}/t_{OFF}/μs	U_{ISO}/kV
4N25	≥20	30	70	0.5	—	5.3
4N26	≥20	30	70	0.5	—	5.3
4N27	≥10	30	70	0.5	—	5.3
4N28	≥10	30	70	0.5	—	5.3
4N35	≥100	30	70	0.3	10/10	5.3
4N36	≥100	30	70	0.3	10/10	5.3
4N37	≥100	30	70	0.3	10/10	5.3

第六节　集　成　电　路

一、集成电路基础知识

集成电路英文缩写为 IC（Integrated Circuits），是将晶体管、二极管、电阻、电感及电容等电子元件，按电路结构的要求，利用不同的加工技术制作在一块硅晶片上，并按一定的功能连接成相应的电路，然后封装。与分立元件相比，集成电路由于其元件密度高，生产工艺先进，因此具有体积小、重量轻、功耗小、外部连线少等优点，可取代传统的分立元件电路，广泛应用于家用电器、电子计算机、航空、卫星、雷达等电子设备中。

集成电路品种繁多、功能各异。按功能分类有数字集成电路、模拟集成电路、接口集成电路、特殊集成电路，按集成度分类有小规模集成电路（SSI，每芯片集成 $10\sim10^2$ 个器件）、中规模集成电路（MSI，每芯片集成 $10^2\sim10^3$ 个器件）、大规模集成电路（LSI，每芯片集成 $10^3\sim10^5$ 个器件）、超大规模集成电路（VLSI，每芯片集成 $10^5\sim10^7$ 个器件）、特大规模集成电路（ULSI，每芯片集成 10^7 个器件以上）。

集成电路封装有圆形封装、扁平封装（表面安装）、双列直插和单列直插封装、软封装及大规模集成电路封装等多种，常用集成电路外形如图 4-27 所示。集成电路在电路中符号较复杂，变化较多，通常只能表达有几根引脚，常用集成电路符号如图 4-28 所示。在检修、更换集成电路时，往往需要在集成电路实物上找到相应的引脚，此时可查相关资料识别集成电路的引脚，也可按表 4-30 提供的方法进行识别。

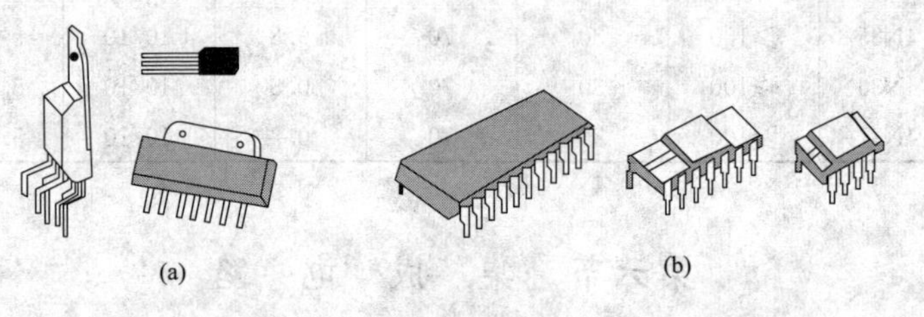

图 4-27　常用集成电路外形（一）

（a）单列；（b）双列直插

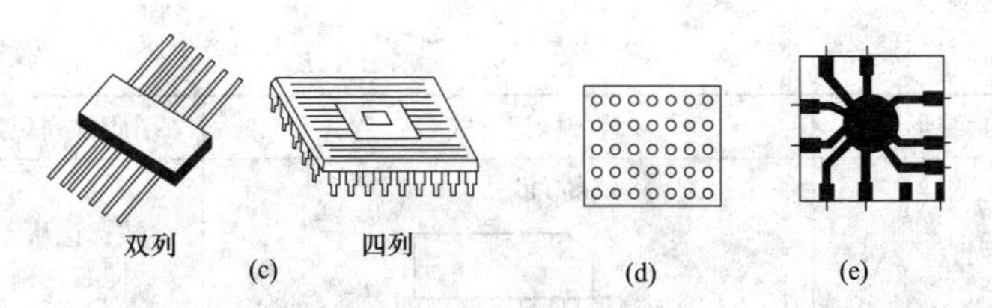

图 4-27 常用集成电路外形（二）

（c）扁平；（d）栅格阵列；（e）软封装

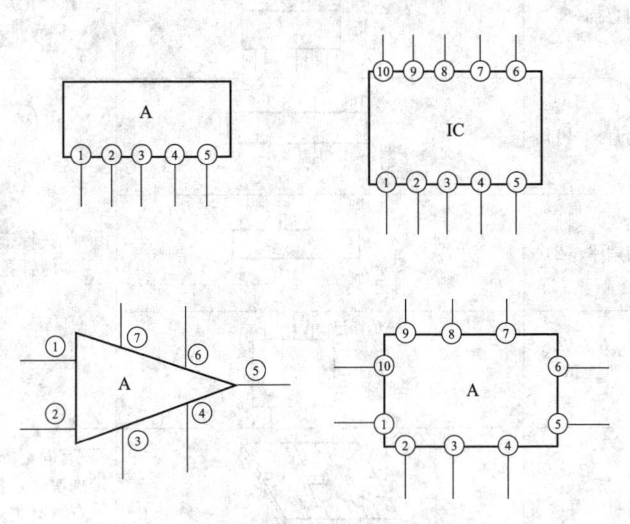

图 4-28 常用集成电路符号

表 4-30 集成电路引脚识别

封装形式	标记形式	引脚排列规则
单列直插（1）	竖条标记 1 10	按标记从左向右排列
单列直插（2）	圆点标记 1 10	
单列直插（3）	半圆标记 1 10	

续表

封装形式	标记形式	引脚排列规则
单列直插（4）	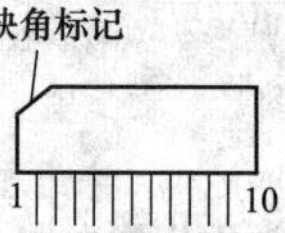 缺角标记 1 10	按标记从左向右排列
单列直插（5）	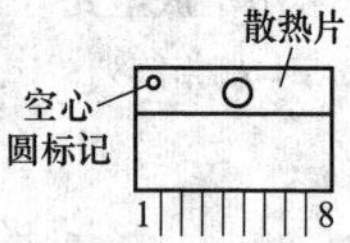 散热片 空心圆标记 1 8	按标记从左向右排列
双列直插（1）	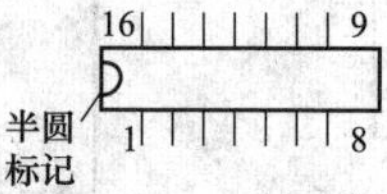 16 9 半圆标记 1 8	按标记逆时针排列
双列扁平（2）	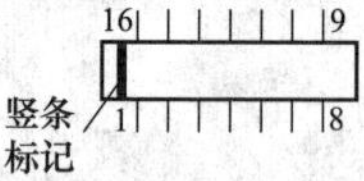 16 9 竖条标记 1 8	
四列直插	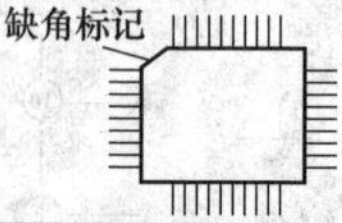 缺角标记	
软封装	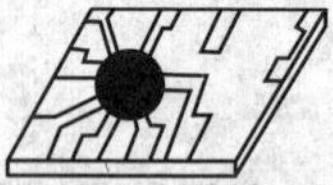	没有固定的引脚排列次序，使用时查看有关资料

二、集成稳压器

集成稳压器又叫集成稳压电路，其功能是当输入电压或负荷发生变化时，能使输出电压保持不变。现在国际上集成稳压器的品种已有数百多个，常见的有三端固定集成稳压器、三端可调式集成稳压器、固定式低压差集成稳压器、三端并联可调基准稳压器等。

1. 三端固定集成稳压器

（1）三端固定集成稳压器特性。三端固定集成稳压器是一种典型的串联调整式稳压器，它采用了线性集成电路的通用线路理论和技术，将启动、取样、基准、比较放大和调整电路以及过流、过压和过热等保护电路全部都制作在一块硅晶片上，其工作原理与分立元器件构成的串联调整式稳压器电路完全相同。三端固定集成稳压器只有三个引出端子，即电压输入端、电压输出端和公共接地端，因而它具有外接元件少、安装调试方便、稳压精度高、性能稳定、价格低廉等优点，现已成为集成稳压器的主流产品，得到了广泛的应用。

三端固定集成稳压器包含78××和79××两大系列，78××系列是三端固定正压输出稳压器，79××系列是三端固定负压输出稳压器，其中××表示固定电压输出的数值。两大系列的稳压器外形相同，但管脚排列顺序不同，对于金属封装的78××系列稳压器，金属外壳为公共地端，而同样封装的79××系列稳压器，金属外壳是负电压输入端。对于塑料封装的稳压器，使用时一般要加装散热片。三端固定集成稳压器外形及引脚排列如图 4-29 所示，使用时应对照封装外形图，引脚不能接错。

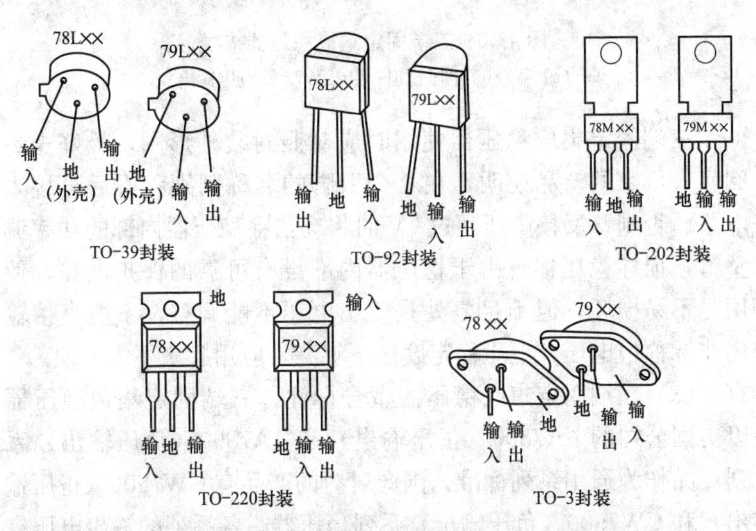

图 4-29　三端固定集成稳压器外形及引脚排列

（2）三端固定集成稳压器接线。三端固定集成稳压器两大系列的典型接线电路如图 4-30 所示。图中稳压器输入端 U_i 接整流滤波电路的输出电压，输出端 U_O 接负载，公共端接输入、输出端的公共连接点。为了使稳压器工作更加稳定和改善瞬变响应，在输入、输出端与公共端之间分别并联陶瓷或钽电容 C_1（0.33μF）和 C_2（0.1μF）。C_1 用来防止稳压电路的自激振荡，并抑制高频干扰。C_2 用来改善负载的瞬变响应，并抑制高频干扰稳压电路的自激振荡。C_3（几十皮法）为电解电容，并联在稳压器的输出端，用来进一步减小输出电压的纹波。VD 是保护二极管，当输入端对地短路时，给 C_3 一个放电的通路，防止 C_3 两端电压击穿稳压器内部电路。

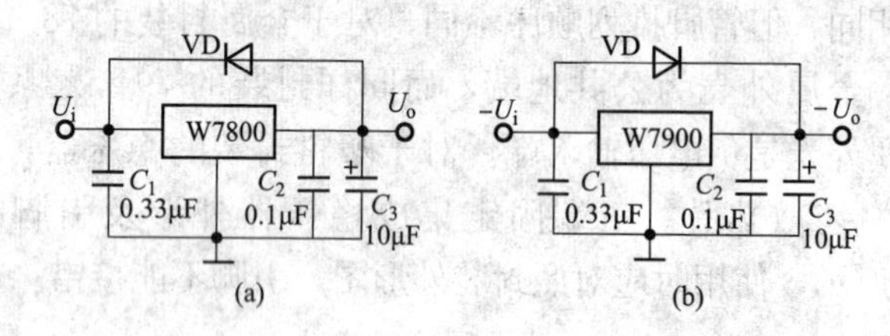

图 4-30　三端固定集成稳压器接线

（a）W7800 正压输出；（b）W7900 负压输出

三端固定集成稳压器使用时应对照封装外形图，最好先参阅生产厂家的产品说明，在 3 个引脚的名称判别无误后再接入电路。否则，反接电压超过 7V 时将会击穿稳压器内部的功率调整管，损坏稳压器。由于稳压器内部设有可靠的保护电路，使用时不易损坏，但不足之处是输出电压不能调整，不能直接输出非标称值电压，电压稳定度还不够高，应用起来不太方便。

（3）三端固定集成稳压器型号标注。三端固定集成稳压器以美国公司的 μA7800（正压输出）和 μA7900（负压输出）系列产品作为通用系列标准，国产对应的产品有 CW7800（正压输出）和 CW7900（负压输出）系列稳压器。各系列的输出电压有 5、6、7、8、9、10、12、15、18、20 和 24V 共 11 个档次。输出电流有 5A（CW78H、CW79H）、3A（CW78T、CW79T）、1.5A（CW7800、CW7900）、0.5A（CW78M、CW79M）、

0.1A（CW78L、CW79L）共5个档次。

2. 三端可调集成稳压器

（1）三端可调集成稳压器特性。三端可调式集成稳压器是在三端固定式集成稳压器的基础上发展起来的，它从内部电路设计到集成化工艺方面都采用了先进的技术，性能指标有很大的提高，特别是电压稳定度比前者提高了一个数量级。它不仅保留了固定集成稳压器的优点，而且还弥补了固定式输出电压不可调的缺点，输出电压可在1.25～37V或－1.25～－37V之间连续可调。三端可调集成稳压器具有全过载保护功能，包括限流、过热和安全区域的保护，同时还具有稳压精度高、输出纹波小、价格便宜等优点，适合用于制作实验室电源及多种供电方式的直流稳压电源，也可以设计成固定式来代替三端固定式稳压器，以进一步改善稳压性能，现已成为生产量大、应用面很广的产品。

三端可调集成稳压器分正压输出和负压输出两种，国产主要型号CW317（正压输出）、CW337（正压输出），它们与美国产品LM317、LM337的技术标准相近）。其中CW317输出电压1.2～37V连续可调，CW337输出电压－1.2～－37V连续可调，输出电流有0.1A、0.5A、1A、1.5A、10A等。

三端可调集成稳压器外形及引脚排列如图4-31所示，图中U_i、U_O、ADJ分别为输入端、输出端、调整端。调整端用于外接取样电阻分压器，以实现输出电压可调。该稳压器不像传统的稳压器那样具有公共接地端，而是采用一种悬浮式电路结构，即整个稳压器跨接在输入端和输出端之间，工作时相当于处在悬浮状态。

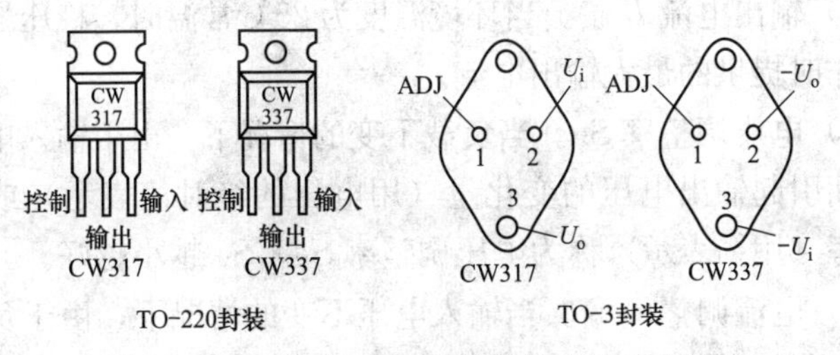

图4-31 三端可调集成稳压器外形及引脚排列

（2）三端可调集成稳压器接线。三端可调集成稳压器的典型接线电路如图4-32所示。稳压器的输入电流几乎全部流到输出端，流到公共端的电流非常小，因此可以用少量的外部元件方便地组成精密可调的稳压电路，应用更为灵活。使用时只需改变外接两只电阻（R_1、R_2）的阻值比，就可对输出电压进行调整，从而获得所需的稳定电压。这种稳压器可以几个并联使用，在保证原有稳压精度下使输出电流得到扩展（可达10A）。

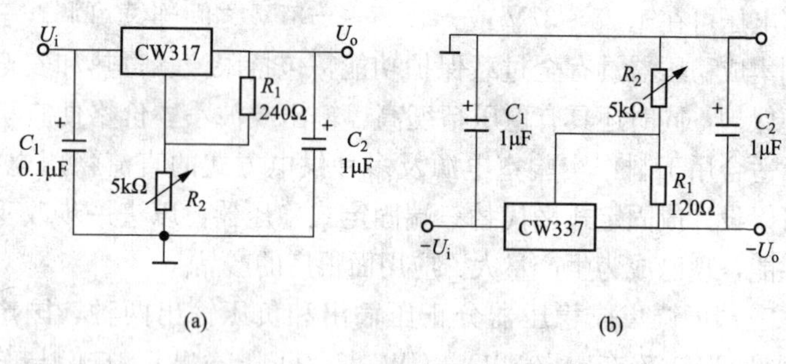

图4-32 三端可调集成稳压器接线

（a）CW317正压输出；（b）CW337负压输出

3. 集成稳压器的主要性能参数及技术数据

（1）集成稳压器的主要性能参数：

1）输入电压U_I。从输入端输入的电压要在U_{Imin}～U_{Imax}范围之内，稳压器才能正常工作，输出电压才能稳定。

2）输出电压U_O。稳压器正常工作时，从输出端输出的电压。

3）输出电流I_{Omax}。当环境温度为25℃常温时，稳压器在正常工作时提供的最大输出电流。

4）电压调整率S_V。当负载不变的情况下，由于输入电压的变化而引起输出电压的变化量（用电压的绝对值表示）或相对变化率（用%表示）称为电压调整率S_V，S_V越小越好。

5）电流调整率S_I。当输入电压不变的情况下，由于负载电流的变化而引起输出电压的变化量（用电压的绝对值表示）或相对变化率（用%表示）称为电流调整率 S_I，S_I 也是越小越好。

6）输出电压温漂 S_T。表示工作温度变化时，输出电压的稳定性。

7）纹波抑制比 S_R。表示输入端引入交流纹波电压的抑制能力。

（2）集成稳压器的主要技术数据。三端固定集成稳压器的主要技术数据见表 4-31，三端可调正压输出集成稳压器的主要技术数据见表 4-32，三端可调负压输出集成稳压器的主要技术数据见表 4-33。

表 4-31　三端固定集成稳压器的主要技术数据

<table>
<tr><th colspan="2">型号</th><th rowspan="2">U_o/V</th><th rowspan="2">S_R/dB</th><th rowspan="2">I_{OM}/mA</th><th rowspan="2">U_I/V</th><th rowspan="2">S_V/mV</th><th rowspan="2">S_I/mV</th><th rowspan="2">S_T/(mV/℃)</th></tr>
<tr><th>正输出</th><th>负输出</th></tr>
<tr><td>CW78L05</td><td>CW79L05</td><td rowspan="4">5</td><td rowspan="4">63</td><td>100</td><td>7～30</td><td>200</td><td>60</td><td rowspan="4">1</td></tr>
<tr><td>CW78M05</td><td>CW79M05</td><td>500</td><td>7～35</td><td rowspan="2">100</td><td rowspan="2">100</td></tr>
<tr><td>CW7805</td><td>CW7905</td><td rowspan="2">1500</td><td rowspan="2">7～35</td></tr>
<tr><td>CW340-5</td><td>CW320-5</td><td>50</td><td>50</td></tr>
<tr><td>CW7806</td><td>CW7906</td><td rowspan="3">6</td><td rowspan="3">61</td><td>1500</td><td rowspan="3">8～35</td><td rowspan="2">120</td><td rowspan="2">120</td><td rowspan="3">1</td></tr>
<tr><td>CW78L06</td><td>CW79L06</td><td>100</td></tr>
<tr><td>CW78M06</td><td>CW79M06</td><td>500</td><td>200</td><td>60</td></tr>
<tr><td>CW78L09</td><td>CW79L09</td><td rowspan="3">9</td><td rowspan="3">58</td><td>100</td><td rowspan="3">11～35</td><td>200</td><td>90</td><td rowspan="3">1.2</td></tr>
<tr><td>CW78M09</td><td>CW79M09</td><td>500</td><td rowspan="2">120</td><td rowspan="2">120</td></tr>
<tr><td>CW7809</td><td>CW7909</td><td>1500</td></tr>
<tr><td>CW78L12</td><td>CW79L12</td><td rowspan="5">12</td><td rowspan="5">55</td><td>100</td><td rowspan="5">17～35</td><td rowspan="5">120</td><td rowspan="5">120</td><td rowspan="5">1.2</td></tr>
<tr><td>CW78M12</td><td>CW79M12</td><td>500</td></tr>
<tr><td>CW7812</td><td>CW7912</td><td rowspan="3">1500</td></tr>
<tr><td>CW340-12</td><td>CW320-12</td></tr>
<tr><td>CW140-12</td><td>CW120-12</td></tr>
<tr><td>CW78L15</td><td>CW79L15</td><td rowspan="5">15</td><td rowspan="5">53</td><td>100</td><td rowspan="5">17～35</td><td>200</td><td rowspan="5">150</td><td rowspan="5">1.2</td></tr>
<tr><td>CW78M15</td><td>CW79M15</td><td>500</td><td>150</td></tr>
<tr><td>CW7815</td><td>CW7915</td><td rowspan="3">1500</td><td rowspan="3">150</td></tr>
<tr><td>CW340-15</td><td>CW320-15</td></tr>
<tr><td>CW140-15</td><td>CW120-15</td></tr>
</table>

续表

型号		U_o/V	S_R/dB	I_{OM}/mA	U_I/V	S_V/mV	S_I/mV	S_T/(mV/℃)
正输出	负输出							
CW78L18	CW79L18	18	52	100	20～35	200	180	1.8
CW78M18	CW79M18			500		180		
CW7818	CW7918			1500		180		
CW78L24	CW79L24	24	49	100	26～40	200	240	2.4
CW78M24	CW79M24	—	—	500	—	240	—	—
CW7824	CW7924			1500		240		
CW340-24	—							
CW140-24	—							

表 4-32　三端可调正压输出集成稳压器的主要技术数据

型号	I_{OMAX}/mA	U_o/V	U_I/V	S_V/%	S_I/%	S_R/dB
CW117/217	1500	1.2～37	4～40	0.02	0.1	80
CW317				0.04		
CW117L/217L	100				0.3	
CW217L					0.5	
CW117M/217M	500				0.1	
CW317M						
CW105/205/305	45	4.5～40	8.5～50	0.03	0.1	—
CW723	100	2～37	9.5～40	0.1	0.3	—
CW138/238	5000	1.2～32	4～45	0.02	0.3	—
CW338				0.04		
CW150/250	3000	1.2～32	4～45	0.02	0.3	—
CW350				0.04		
CW200B	2000	—	—	0.1	0.3	54
CW300C				0.05	0.05	60

表 4-33　三端可调负压输出集成稳压器的主要技术数据

型号	I_{OMAX}/mA	U_o/V	U_I/V	S_V/%	S_I/%	S_R/dB
CW104/204	25	0～−50	−8～−50	0.056	0.1	—
CW304		0～−40	−8～−40			

续表

型号	I_{OMAX}/mA	U_o/V	U_I/V	S_V/%	S_I/%	S_R/dB
CW137L/237L/337L	100			0.01		
CW137M/237M/337M	500	−1.2～−37	−4～40	0.02	0.1	70
CW137/237/337	1500					
CW1463	600	−3.8～−32	−9～−35	0.015	0.05	—
CW1453		−3.6～37	−8.5～−40	0.03		
CW1511/3511	50	−2～−37	−9.5～−40	0.01	0.03	—

三、集成运算放大器

集成运算放大器，简称集成运放，又称计算放大器（因为它能完成信号的计算功能）或差动放大器（因为它有两个输入端），它是采用半导体集成工艺制造的一种由多级直接耦合放大电路组成的高增益模拟集成电路。

集成运算放大器可以取代分立器件，成为电子电路的组成单元，它具有输入电阻高（几十千欧至几百兆欧）、输出电阻低（几十欧）、电压放大倍数大（十万倍以上）、共模抑制比高（高达 60～170dB）及零点漂移低等优点，已经广泛应用于计算机、自动控制、精密测量、通信、信号处理以及电源等电子技术应用的所有领域，可构成加法器、比例放大器、电压跟随器、比较器、积分器、振荡器、有源滤波器等，可以非常方便地完成信号放大、信号运算（加、减、乘、除、对数、反对数、平方、开方）、信号处理（滤波、调制）以及波形的产生和变换等。

1. 集成运算放大器分类

集成运算放大器按性能特点可分为通用型和专用型两大类。通用型就是以通用为目的而设计的，主要特点是价格低廉、产品量大面广，其性能指标能满足一般性使用，是应用最为广泛的集成运算放大器。专用型就是专门为适应某些特殊需要而设计的，主要特点是在某些单项指标达到比较高的要求，适用于某些特殊的电子设备。

通用型集成运算放大器典型产品有通用Ⅰ型 μA709（国产FC3）、通用Ⅱ型 μA741（国产 F007 或 5G24）、通用Ⅲ型 AD508（国产 4E325）、通用Ⅳ型 HA2900（国产 LF356）等。专用型集成运算放大器典型产品有高阻型（LF356、LF355、LF347、AD549、OPA128、CA3130、CA3140 等）、低温漂型（OP—07、OP—27、AD508、ICL7650 等）、高速型（LM318、FX318、μA715、EL2030C、AD8001A 等）、低功耗型（μPC253、F011、TL—022C、TL—060C、OP90G、LP324 等）、高压型（F1536，BG315，F143 等）、功率型（TDA2007、LM1875、OPA541、μA791 等）、高精度型（LM308、F308、OP07、OP177 等）。根据集成运算放大器内部的单元数量，可分为单运放（TL081、LM318、NE5539 等）、双运放（TL082、LM158、NE5532、μPC4072/4 等）、四运放（LM324、TL084、LF347 等）。

2. 集成运算放大器结构

集成运算放大器内部电路结构非常复杂，通常是将几十个甚至上百个的晶体管和少量电阻以及个别小电容集成在一块 P 型硅晶半导体材料上，以构成输入级、中间放大级、输出级及偏置电流源等，其结构框图如图 4-33 所示。集成运算放大器在电路中常用字母 A 或 N 表示，其外形及符号如图 4-34 所示。

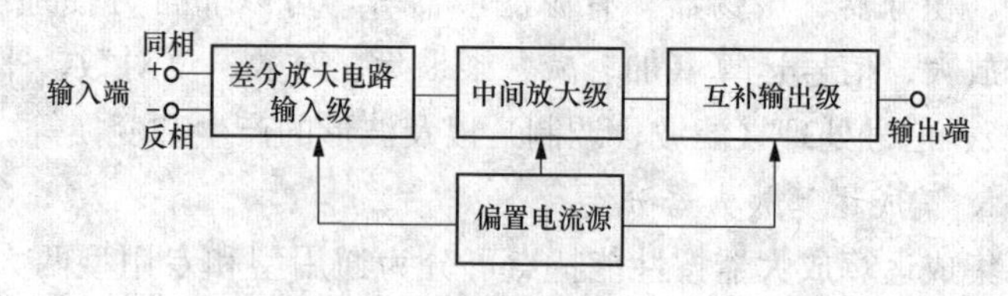

图 4-33 集成运算放大器内部电路结构框图

（1）输入级。使用高性能的差分放大电路，要求输入阻抗高、零点漂移小，必须对共模信号有很强的抑制力，采用双端输入、双端输出的形式。

(2) 中间放大级。一般由共发射极组成多级耦合放大电路，主要用于高增益的电压放大，提供足够大的电压与电流，以保证运放的运算精度。输出级与负载相连，要求输出阻抗低，带负载能力强。

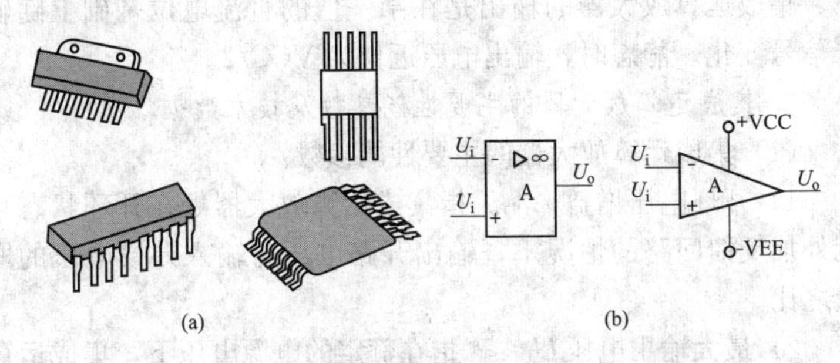

图 4-34 集成运算放大器外形及符号

(a) 外形；(b) 符号

(3) 输出级。为了提高电路驱动负载的能力，一般采用由 PNP 和 NPN 两种极性的晶体管或复合管组成互补对称输出级电路，以提供大的输出电压或电流。

(4) 偏置电流源。一般由各种恒流源电路组成，给上述各级电路提供稳定合适的偏置电流，以稳定工作点，此外电路还备有过流保护电路。

集成运算放大器符号中有两个输入端 (U_i) 和一个输出端 (U_o)，其中标有“＋”的为同相输入端（输出电压的相位与该输入电压的相位相同)，标有“－”的为反相输入端（输出电压的相位与该输入电压的相位相反)。还有两个电源端，即正电源端（＋VCC 或＋VDD）和负电源端（－VEE 或－VSS)。“▷”表示信号的传输方向，“∞”表示理想的开环电压放大倍数。

集成运算放大器有两种电源供给方式，而不同的电源供给方式对输入信号的要求是不同的。集成运算放大器大多采用对称双电源供电方式，在这种方式下，正与负电源分别接于集成运放的＋VCC 和－VEE 管脚上，把信号源直接接到集成运放的输入脚上，而输出电压的振幅可达到正负对称电源电压。另一种单电源供电方式是将集成运算放大器的－VEE 管脚连接到地上，此时为了保证集成运算放大器内部单元电路具有合适的静态工作点，输入端一定要加入某一值的直流电位。在这种方式下，集成运算放大器的输出是在某一值的直流电位基础上随输入信号变化。静态时，输出电压近似为 VCC/2。

3. 集成运算放大器的主要性能参数及技术数据

（1）集成运算放大器的主要性能参数：

1）开环电压增益 A_{OD}。指集成运算放大器处在开环状态且无外加反馈回路的情况下，输出开路电压与输入差模电压的增量之比。

2）最大输出电压 U_{OPP}。指在额定的电源电压下，集成运算放大器的最大不失真输出电压的峰—峰值。

3）开环输入电阻 R_{id}。指开环和输入差模信号时，输入电压变化与引起的输入电流变化之比，它反映了集成运算放大器输入端向信号源索取电流的大小，要求越大越好。

4）开环输出电阻 R_{od}。指开环和输入差模信号时，输出电压变化与引起的输出电流变化之比，它反映了集成运算放大器在输出信号时的带负载能力。

5）共模抑制比 K_{CMR}。指集成运算放大器对共模输入信号（通常是干扰信号）的抑制能力，其值越大越好，理想值为无穷大。

6）转换速率 S_R。又称压摆率，它表示集成运算放大器输入为大信号时输出电压随时间的最大变化率，其值越大，集成运算放大器的高频性能越好。

7）输入偏置电流 I_{IB}。指集成运算放大器输出为零电位（或某一指定电位）时，流入两输入端电流的平均值。

（2）集成运算放大器的主要技术数据。常用集成运算放大器的主要技术数据见表 4-34。

表 4-34　　常用集成运算放大器的主要技术数据

型号	类型	电源电压/V	开环电压增益/dB	输入偏置电流/A	转换速率/(V/μs)	输出电压/V
709	单运放	±5～±18	94	300n	0.25	±13
741		±5～±18	106	80n	0.5	±13
CA3130		±3～±8	110	5p	10	13
CA3140		±2～±18	100	5p	9	13
CA3160		±5～±16	110	5p	10	13.3
LF351		±5～±18	110	50p	13	±13.5
LF355		±4～±18	106	30p	5	±13
747	双运放	±7～±18	106	80n	0.5	±13
1456		±2.5～±18	104	200n	0.5	±13
LF353		±5～±18	110	50p	13	±13.5
NE5512		±1.5～±16	100	8n	1	—
OP-207		±3～±18	—	7n	0.2	±13
OP-227		±3～±18	—	±80n	2.8	±13
TL08		±3～±18	—	30p	13	±13.5
LF347	四运放	±5～±18	110	50p	13	±13.5
LM124		3～32	100	45n	—	28
LM224		3～32	100	45n	—	28
LM324		3～32	100	45n	—	28
LM348		±10～±18	96	30n	0.6	28
MC3403		±3～±36	—	—	0.6	±13.5
NE5514		±16	90	8n	1	—
TL084		±3～±18	106	30p	13	±13.5

四、TTL 数字集成电路

TTL（Transistor—Transistor—Logic）电路全称晶体管—晶体管—逻辑电路，是以双极型晶体管作为开关元件的一种性能优良的逻辑门电路，因其输入级和输出级都采用三极管而得名。TTL 数字集成电路分类的基本单元是具有与非功能的逻辑电路，它可组成各种功能的单元电路，如门电路、编译码器、触发器、计数器、寄存器等，它们具有工作速度高、驱动能力强、结构简单、可靠性高、抗干扰能力强、品种丰富、互换性强、微型化等优点，是应用最广泛的集成电路之一。其不足之处是功耗较大、集成度低，随着集成度的不断提高，已有能实现各种较复杂逻辑功能的单块集成电路。

1. TTL 数字集成电路分类

（1）标准型 7400 系列（标准 TTL）。早期产品，因其内部结构简单，故特性不理想，虽然仍在使用，但正逐步被淘汰。

（2）高速型 74H00 系列（HTTL）。是 7400 系列的改进型，特点是速度较快、输出较强，但静态功耗较高，使用得越来越少。

（3）低功率型 74L00 系列（LTTL）。是 7400 系列的改进型，特点是静态功耗较低，但速度慢，正逐步退出市场。

（4）肖特基型 74S00 系列（STTL）。主要是采用了肖特基二极管和肖特基晶体管，改善了切换速度，其特点是速度较高，但功耗较大、品种较少，是应用较多的产品之一。

（5）低功率肖特基型 74LS00 系列（LSTTL）。这是现代 TTL 的主要应用产品系列，其主要特点是功耗低、品种多、价格便宜、性价比高，在中小规模逻辑电路中应用非常普遍。

（6）先进低功率肖特基型 74ALS00 系列（ALSTTL）。这是 74LS00 系列的改进型，其特点是速度比 74LS00 系列提高了一倍以上，功耗降低了一半左右，已成为 LS 系列的更新换代产品，但它价格较高。

（7）先进肖特基型 74AS00 系列（ASTTL）。这是 74S00 系列的改进型，其特点是速度比 74S00 系列提高近一倍，功耗降低一半，它与 74ALS00 系列共同成为市场的主要标准产品。

（8）快速型 74F00 系列（FAST）。这是有别于肖特基型的高速 TTL 产品，性能介于 ALS 和 AS 之间，已成为 TTL 的主流产品之一。

TTL 数字集成电路有 54 系列（军用）和 74 系列（民用）两种，一般工业设备和消费类电子产品多用后者。对于同一功能编号（尾数相同）的各系列TTL数字集成电路，它们的引脚排列与逻辑功能完全相同，比如7404、74LS04、74AS04、74F04、74ALS04等各集成电路的引脚排列与逻辑功能完全一致，但它们在电路的速度和功耗方面存在着明显的差别。

2. TTL数字集成电路结构

TTL数字集成电路的基本结构是一个多输入端的与非门电路，它由输入级、倒相级、输出级3部分组成，如图4-35所示。输入级由多发射极晶体管VT1、R_1，VD1、VD2、VD3构成，多发射极晶体管的每一个发射极都能各自独立地形成正向偏置的发射结，并可促使晶体管进入放大或饱和区。VD1、VD2、VD3为输入端的钳位二极管，作用是限制输入端出现的负极性干扰脉冲，以保护多发射极晶体管VT1。倒相级由晶体管VT2、R_2、R_3构成，通过VT2的集电极和发射极提供两个相位相反的信号，以满足输出级互补工作的要求。输出级由VT3、VT4、VD4、R_4构成推挽式互补输出电路（又称图腾式输出），当VT3导通时，VT4和VD4截止；反之VT3截止时，VT4和VD4导通，VD4的作用是当VT4饱和导通时，VT3能够可靠地截止。

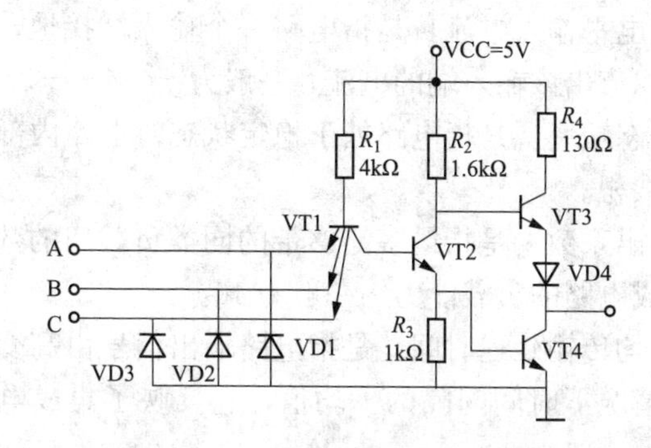

图4-35 TTL数字集成电路结构

当电源电压VCC=+5V时，A、B、C输入端信号的高电平为3.4V，低电平为0.2V，PN结的开启电压为0.7V。当A、

B、C 输入端任一端为低电平时，VT1 的发射结都将正向偏置而导通，VT2 将截止，结果将导致输出为高电平。只有当 A、B、C 输入端全部为高电平时，VT1 将转入倒置放大状态，VT2 和 VT4 均饱和导通，输出为低电平。TTL 数字集成电路为正逻辑电路，当输入端输入低电平时，输出端即为高电平；当输入端全部输入高电平时，输出端为低电平，实现了与非逻辑功能。

3. TTL 数字集成电路的主要性能参数及技术数据

(1) TTL 数字集成电路的主要性能参数：

1) 输入高电平。是指保证电路输出为低电平时输入高电平的下限值，一般为 2.0V。

2) 输入低电平。是指保证电路输出为高电平时输入低电平的上限值，一般为 0.8V。

3) 输出高电平。是指电路输出为高电平时的下限值，一般为 2.4～2.5V。

4) 输出低电平。是指电路输出为低电平时的上限值，一般为 0.4～0.5V。

5) 高电平输入电流。是指电路一个输入端接高电平，其他输入端接地时，从输入端流进电路的电流，一般为 20～50μA。

6) 低电平输入电流。是指电路一个输入端接地，其他输入端开路时，流出该输入端的电流，一般为－0.4～－2.0mA。

7) 静态功率。是指电路处于稳定状态时电路内部电流和电源电压的乘积。

8) 扇出系数。是指最多能够带的同类负载门的数目，该参数表示集成电路的负载能力，一般为 10。

9) 平均传输延迟时间。是指电路输出信号由高变低或由低变高两种情况下时间间隔的平均值，它反映了集成电路开关速度的高低，一般为 3～15ns。

10) 最高工作频率。是指电路允许的最高工作频率。

(2) TTL 数字集成电路的主要技术数据。TTL 数字集成电路的主要技术数据见表 4-35。

表 4-35　　TTL 数字集成电路的主要技术数据

参数	标准 TTL	HTTL	LTTL	STTL	LSTTL	ASTTL	ALSTTL	FAST
平均传输延时时间 t_{pd}/(ns/门)	10	6	33	3	9.5	1.5	4	2
平均功耗 $\overline{P}_D$/(MW/门)	10	22	1	19	2	8.0	1	4
功耗速度乘积 $\overline{P}_D \times t_{pd}$/PJ	100	132	33	57	19	12	4	8
最高工作频率 f_{max}/MHz	35	50	3	125	45	200	80	130
高电平输入电流 I_{Ih}/μA	40 (U_I=2.7V)	50	20	50	20	50 (U_I=2.7V)	20	20
低电平输入电流 I_{IL}/mA	−1.6	−2	−0.18	−2	−0.36	−2	−0.2	−0.6
高电平输出电流 I_{OH}/μA	−400	−500	−200	−1000	−400	−1000	−400	−1000
低电平输出电流 I_{OL}/mA	16	20	3.6	20	8	20	8	20
输出高电平 u_{OH}/V	2.4～3.4	2.4～3.4	2.4～3.4	2.7～3.4	2.7～3.4	2.7～3.4	2.7～3.4	2.7～3.4
输出低电平 u_{OL}/V	0.2～0.4	0.4	0.2～0.3	0.35～0.5	0.35～0.5	0.35～0.5	0.35～0.5	0.35～0.5
输入箝位电压 u_{IK}/V	1.5	1.5	—	1.2	1.5	1.2	1.5	1.2
输出短路电流 I_{OS}/mA	−18～−55	−40～−100	−3～−15	−40～−100	−40	−40～−100	−40	−40～−100

五、CMOS数字集成电路

CMOS数字集成电路是互补金属氧化物半导体数字集成电路的简称，它是在TTL数字集成电路问世之后开发出的第二种数字集成电路器件，这里的“C”表示互补的意思，“MOS”表示由绝缘栅场效应管构成。CMOS数字集成电路具有制造工艺比较简单、成品率较高、功耗低、集成度高、工作电压范围宽、抗干扰能力强等特点，广泛应用于大规模集成电路、微处理器、单片机、超大规模存储器件、可编程逻辑（PLD）器件及其他数字逻辑电路中。从发展趋势看，由于制造工艺的不断改进，CMOS电路的工作速度已经达到或接近TTL电路的水平，其中功耗、噪声容限、扇出系数等参数优于TTL，有可能超越TTL而成为占主导地位的器件。其不足之处是耐静电能力差，有“自锁效应”，影响电路正常工作。

1. CMOS数字集成电路分类

（1）标准型CC4000/4500系列。该系列主要特点是工作电源电压范围宽（3～18V）、功耗最小、工作速度较低、品种多、价格低廉，是CMOS数字集成电路的主要应用产品。

（2）高速型74HC（HCT）系列。该系列突出优点是功耗低、速度高，平均传输延迟时间小于10ns，最高工作频率可达50MHz，电源电压范围74HC系列为2～6V，74HCT系列为4.5～5.5V。74HCT系列与TTL器件（74LS系列）电压完全兼容，只要最后3位数字相同，则两种器件的逻辑功能、外形尺寸、引脚排列顺序也完全相同，这样就为以CMOS产品（74HCT系列）代替TTL产品（74LS系列）提供了方便。

（3）先进高速型74AC（ACT）系列。该系列的工作频率得到了进一步的提高，同时保持了CMOS超低功耗的特点，电源电压范围74AC系列为1.5～5.5V，74ACT系列为4.5～5.5V。74ACT系列与TTL器件（74AS系列）电压完全兼容，只要最后3位数字相同，则两种器件的逻辑功能、外形尺寸、引脚排列顺序也完全相同，这样就为以CMOS产品（74ACT系列）代替 TTL 产品（74AS 系列）提供了方便。

2. CMOS 数字集成电路结构

CMOS 数字集成电路由增强型绝缘栅场效应晶体管（MOS）组成，其基本单元是由一个 NMOS 管（N 沟道 MOS 管）和一个 PMOS 管（P 沟道 MOS 管）组成的反相器电路，它以推挽形式工作，可实现一定的逻辑功能，其电路结构如图 4-36 所示。由于两个 MOS 管栅极工作电压极性相反，故若将两管栅极相连作为输入端，两个漏极相连作为输出端，两个管子正好互为负载，处于互补工作状态。当输入为低电平（U_i=VSS）时，PMOS 管导通，NMOS 管截止，输出为高电平；当输入为高电平（U_i=VDD）时，PMOS 管截止、NMOS 管导通，输出为低电平。由此可知，CMOS 反相器的两个管子总是一管导通，另一管截止，输入与输出之间存在着“非”的逻辑关系。

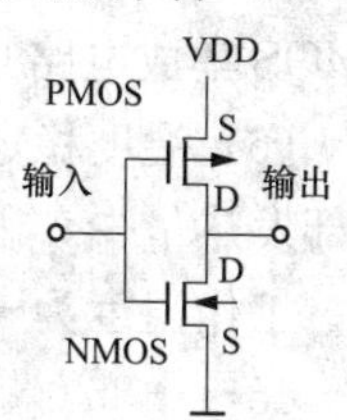

图 4-36 CMOS 数字集成电路结构

3. CMOS 数字集成电路特性

（1）功耗。CMOS 数字集成电路采用了互补结构的场效应管，电路静态功耗理论上为零，但实际上由于存在漏电流，故尚有微量静态功耗。一般小规模集成电路的静态功耗$<10\mu W$，动态功耗（在 1MHz 工作频率时）也仅为几兆瓦，而 TTL 数字集成电路的平均功耗为 10mW。

（2）工作电压范围。CMOS 数字集成电路供电简单，供电电源体积小，基本上不需稳压。国产 CC4000 系列的集成电路，可在 3～18V 电压下正常工作。

（3）逻辑摆幅。CMOS 数字集成电路在空载时，输出高电平 $U_{OH}\geqslant$(VDD－0.05V)，输出低电平 $U_{OL}\leqslant$0.05V。因此，CMOS 数字集成电路的电压利用系数在各类集成电路中指标是较高的。

（4）抗干扰能力。CMOS 数字集成电路的电压噪声容限为电源电压的 45%，且高电平与低电平的噪声容限基本相等。

（5）输入阻抗。CMOS数字集成电路的输入端一般都是由处于反向偏置的保护二极管和串联电阻构成的保护网络，在正常工作电压范围内，等效输入阻抗高达$10^3 \sim 10^{11}\Omega$，因此，CMOS集成电路几乎不消耗驱动电路的功率。

（6）温度稳定性能。由于CMOS数字集成电路的功耗很低，内部发热量少，因而温度特性非常好。一般陶瓷金属封装的电路，工作温度为－55～＋125℃，塑料封装的电路工作温度范围为－45～＋85℃。

（7）扇出能力。扇出能力是用电路输出端所能驱动的输入端数目来表示的，当在低频工作时，如不考虑速度，CMOS数字集成电路的一个输出端可驱动同类型50个以上的输入端。

（8）抗辐射能力。CMOS集成电路中的基本器件是MOS晶体管，各种射线、辐射对其导电性能的影响都有限，因而特别适用于制作航天及核试验设备。

（9）接口。因为CMOS数字集成电路的输入阻抗高和输出摆幅大，所以接口方便，易于被其他电路所驱动，也容易驱动其他类型的电路或器件。

（10）自锁效应。自锁效应又称闩锁效应、可控硅效应，是CMOS数字集成电路的特有现象，它是由器件内部的绝缘栅场效应管的结构形成了双结型寄生晶闸管引起的。该效应会在低电压下导致大电流，这不仅能造成电路功能的混乱，而且还会使电源和地线间短路，引起器件的永久性损坏。

4. CMOS数字集成电路的主要性能参数及技术数据

（1）CMOS数字集成电路的主要性能参数。可参阅TTL数字集成电路的主要性能参数。

（2）CMOS数字集成电路的主要技术数据。基本型CC4000系列CMOS数字集成电路的主要技术数据见表4-36，高速型74HC/54HC系列CMOS数字集成电路的主要技术数据见表4-37。

表 4-36　　标准型 CC4000 系列 CMOS 数字集成电路的主要技术数据

参数名称	符号	单位	测试条件			CC4002 CC4025 CC4001 CC4012 CC4023 CC4011		CC4069	
			U_o(V)	U_i(V)	VDD(V)	最小值	最大值	最小值	最大值
输入高电平电压	U_{IH}	V	0.5/4.5		5	3.5		4	
			1/9		10	7		8	
			1.5/13.5		15	11		12.5	
输入低电平电压	U_{IL}	V	0.5/4.5		5		1.5		1.0
			1/9		10		3		2.0
			1.5/13.5		15		4		2.5
输出高电平电压	U_{OH}	V		0/5	5	4.95		4.95	
				0/10	10	9.95		9.95	
				0/15	15	14.95		14.95	
输出低电平电压	U_{OL}	V		0/5	5		0.05		0.05
				0/10	10		0.05		0.05
				0/15	15		0.05		0.05
输入电流	I_i	μA		0/18	18		±0.1		±0.1
输出高电平电流	I_{OH}	mA	4.6	0/5	5	−0.51		−0.51	
			9.5	0/10	10	−1.3		−1.3	
			13.5	0/15	15	−3.4		−3.4	
输出低电平电流	I_{OL}	mA	0.4	0/5	5	0.51		0.51	
			0.5	0/10	10	1.3		1.3	
			1.5	0/15	15	3.4		3.4	
传输延迟时间	t_{PHL} t_{PLH}	ns			5		250		110
					10		120		60
					15		90		50
转换时间	t_{THL} t_{TLH}	ns			5		200		200
					10		100		100
					15		80		80
输入电容	C_2	pF					7.5		15

表 4-37　高速型 74HC/54HC 系列 CMOS 数字集成电路的主要技术数据

参数	VCC (V)	测试条件				规范值					
						54/74HC 25℃		74HC −40～85℃		54HC −55～125℃	
						最小	最大	最小	最大	最小	最大
输入高电平电压 U_{IH}/V	2.0					1.5		1.5		1.5	
	4.5					3.15		3.15		3.15	
	6.0					4.2		4.2		4.2	
输入低电平电压 U_{IL}/V	2.0						0.3		0.3		0.3
	4.5						0.9		0.9		0.9
	6.0						1.2		1.2		1.2
输出高电平电压 U_{OH}/V		U_I	I_O								
			标准	总线	单位						
	2.0	U_{IH} 或 U_{IL}	−20.0	−20.0	μA	1.9		1.9		1.9	
	4.5		−20.0	−20.0	μA	4.4		4.4		4.4	
	6.0		−20.0	−20.0	μA	5.9		5.9		5.9	
	4.5		−4.0	−6.0	mA	3.76		3.76		3.7	
	6.0		−5.2	−7.8	mA	5.26		5.26		5.2	
输出低电平电压 U_{OL}/V		U_{IH} 或 U_{IL}	20.0	20.0	μA		0.1		0.1		0.1
			20.0	20.0	μA		0.1		0.1		0.1
			20.0	20.0	μA		0.1		0.1		0.1
			4.0	6.0	mA		0.32		0.37		0.4
			5.2	7.8	mA		0.32		0.37		0.4
输入漏电流 I_I/μA	6.0	U_I=VCC 或 GND					±0.1		±1.0		±1.0
模拟开关截止态电流（每路）$I_{S(off)}$/μA	6.0	U_I=U_{IH}或U_{IL} $\|U_S\|$=VCC 或 VCC−VEE					±0.1		±1.0		±1.0
三态输出电流（截止态）I_{OZ}/μA	6.0	U_I=U_{IH}或U_{IL} U_O=VCC 或 GND					±0.5		±5.0		±1.0

续表

参数		VCC (V)	测试条件	规范值					
				54/74HC 25℃		74HC −40～85℃		54HC −55～125℃	
				最小	最大	最小	最大	最小	最大
静态 SSI 电源 F. F 电流 MSI	I_{CC}/μA	6.0 6.0 6.0	U_I=VCC 或 GND I_O=0		2.0 4.0 8.0		20.0 40.0 80.0		40.0 80.0 160.0

六、555 时基集成电路

555 时基集成电路是一种将模拟电路与数字电路巧妙结合在一起的中规模组合集成电路，能够产生精确的时间延迟和振荡。它刚出现时是用来取代体积大、定时精度差的机械式热延迟继电器等，故也称为 555 定时器。后来人们发现这种电路凭借着数模结合的优势，其应用远远超出原设计的使用范围。555 时基集成电路具有设计新颖、构思奇巧、电路功能灵活、延时范围极广（几微秒至几小时）、计时精度高、温度稳定度佳、电源适应范围大、价格低廉、使用方便、工作可靠、寿命长、体积小、驱动电流大等优点，广泛应用于脉冲波形的产生与变换、电子控制、电子检测、仪器仪表、家用电器、音响报警、电子玩具等几乎电子技术的各个领域，只要外接几个阻容元件就可组成精度较高的多谐振荡器、单稳态触发器、施密特触发器、脉宽调制器等。

1. 555 时基集成电路分类

(1) TTL 型（双极型）。TTL 型是采用双极性工艺制作，内部元件采用的是晶体管，其特点是电源电压为 4.5～16V、电路静态电流约为 10mA、输出电流为 100～200mA、定时精度为 1%，适用于负载较重的场合，能直接驱动继电器、小电机、扬声器等低阻抗负载，还可方便地与 TTL 电路、集成运算放大器及晶体管电路接口。TTL 型的产品后 3 位标注 555 或 556，国产的代表型号为 CB555、5G1555、CD555 等，国外的代表型号为 NE555、LM555、A555 等。

（2）CMOS 型（单极型）。CMOS 型是采用单极性工艺制作，内部元件采用的是场效应管，其特点是电源电压为 3～18V、电路静态电流约为 0.12mA、输出电流为 5～20mA、定时精度为 2%，适用于负载较轻的场合，驱动大电流负载需外接功放三极管。CMOS 型的产品后 4 位标注 7555 或 7556，国产的代表型号为 CB7555、CC7555、5G7555、CH7555 等，国外的代表型号为 ICM7555 等。

（3）单时基电路。在一块集成芯片中只有一个时基电路，采用双列直插 8 脚塑脂封装，产品型号后 3 位标注 555。

（4）双时基电路。在一块集成芯片中包含有两个完全相同、又各自独立的时基电路，采用双列直插 14 脚塑脂封装，产品型号后 3 位标注 556。

（5）四时基电路。在一块集成芯片中包含有四个完全相同、又各自独立的时基电路，采用双列直插 16 脚塑脂封装，其中电源、接地和复位引脚共用，放电与阈值引脚合并为同一个引脚，产品型号后 3 位标注 558。

2. 555 时基集成电路结构

TTL 型和 CMOS 型 555 时基集成电路的内部电路尽管不同，但都是由分压器、比较器、RS 触发器、输出级和放电开关等组成，其工作原理、外部特性也都相似，这两种类型的内部电路结构如图 4-37 所示，其外形及引脚排列如图 4-38 所示。

（1）分压器。分压器由 3 个误差极小的 5kΩ（或 100kΩ）电阻串联组成（555 由此得名），其上端 VCC（8 端）接电源，下端接地（1 端），作用是将电源电压 VCC 分压后分别为两个比较器 A1、A2 提供基准门限电压，精度极高。

（2）比较器。比较器由两个集成运算放大器 A1（反相）、A2（同相）构成，其作用是将输入电压和分压器形成的基准电压进行比较，把比较的结果用高电平“1”或低电平“0”两种状态在其输出端表现出来。当高电平触发端（6 脚）的触发电平大于$\frac{2}{3}$VCC 时，比较器 A1 的输出为低电平，反之输出为高电平。当低电平触发端（2 脚）的触发电平略小于$\frac{1}{3}$VCC 时，比较器 A2 的输出为低电平，反之输出为高电平。

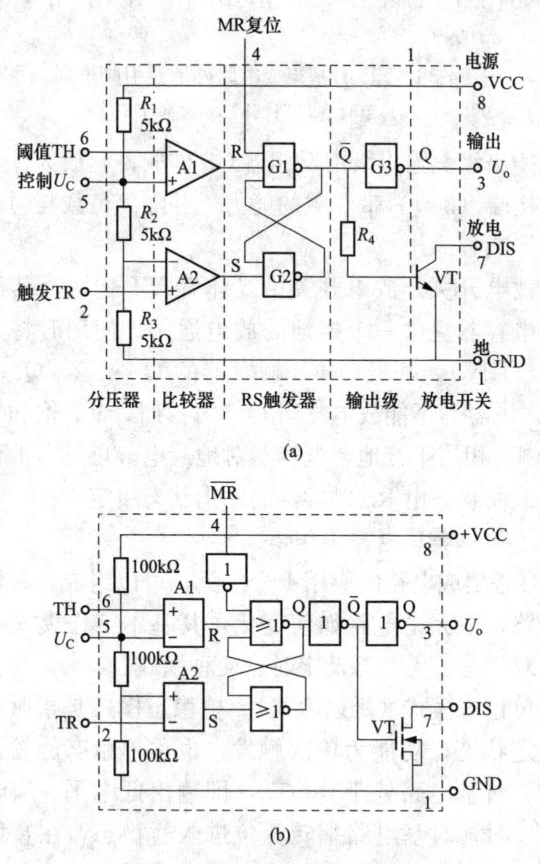

图 4-37　555 时基集成电路结构

(a) TTL 型；(b) CMOS 型

（3）RS 触发器。RS 触发器由两个与非门 G1、G2 交叉构成，比较器 A1 和 A2 的输出端就是 RS 触发器的输入端 R 和 S。因此，RS 触发器的输出状态受 6 脚和 2 脚的输入电平控制。

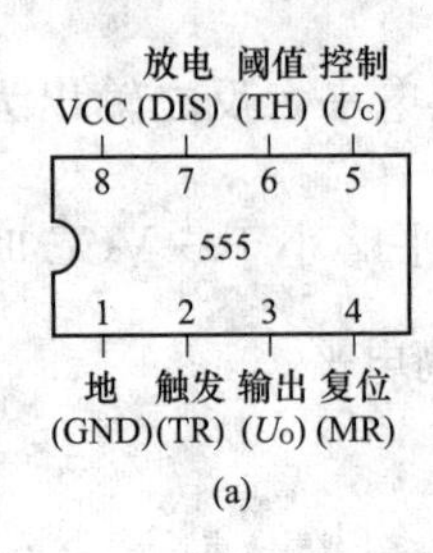

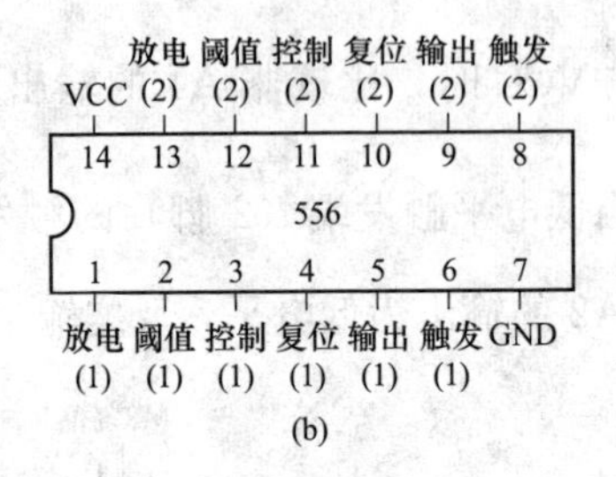

图 4-38　555 时基集成电路外形及引脚排列

（a）单时基 555；（b）双时基 556

（4）输出级。输出级由反相器 G3 构成，起放大作用，以提高电路输出端（3 脚）带负载的能力，并隔离负载与时基集成电路之间的影响。

（5）放电开关。放电开关由晶体管 VT 构成，其作用是为外接定时电容器提供一个接地的放电通路。使用时将其集电极接放电端（7 脚），基极接 RS 触发器的 Q 端。当 Q＝“0”时，VT 截止，电容器不能放电。当 Q＝“1”时，VT 饱和导通，放电端（7 脚）相当于接地，电容器对地放电。可见 VT 作为放电开关，其通断状态由 RS 触发器的输出状态决定。

3. 555 时基集成电路工作模式

555 时基集成电路的应用十分广泛，可以组成各种性能稳定的实用电路，但无论电路如何变化，其基本工作模式不外乎为单稳态、双稳态、无稳态及定时这 4 种模式。

（1）单稳态模式（延迟模式）。单稳态模式是指时基电路只有一个稳定状态，功能为单次触发，也称单稳态触发器。在稳定状态时，时基电路处于复位态，即输出低电平。当电路受到低电平触发时，时基电路翻转置位进入暂稳态，在暂稳态时间内，输出高电平，经过一段延迟后，电路可自动返回稳态。它适用于并不总是需要连续重复波，有时只需要电路在一定长度时间内工作的场合，应用范围包括定时器、脉冲丢失检测、反弹跳开关、轻触开关、分频器、电容测量、脉冲宽度调制（PWM）等。

（2）双稳态模式（施密特触发器模式）。双稳态模式是指时基电路有两个输入端和两个输出端的电路，它的输出端有两个稳定状态，即置位态和复位态。这种输出状态是由输入状态、输出端原来的状态和RS触发器自身的性能来决定的。在DIS引脚空置且不外接电容的情况下，时基电路以类似于一个RS触发器的方式工作，常被用于比较器、锁存器、反相器、方波输出及整形等。

（3）无稳态模式（自激多谐振荡器模式）。无稳态模式是指时基电路没有固定的稳定状态，输出端交替出现高电平与低电平，时基电路以振荡器的方式工作，输出波形为矩形波。由于矩形波的高次谐波十分丰富，所以无稳态模式又称为自激多谐振荡器模式，常被用于频闪灯、脉冲发生器、逻辑电路时钟、音调发生器、脉冲位置调制（PPM）等电路中。如果使用热敏电阻作为定时电阻，时基电路可构成温度传感器，其输出信号的频率由温度决定。

（4）定时模式。定时模式实质上是单稳态模式的一种变形，由于在应用电路中使用得较为广泛，可以作为一种基本工作模式。定时模式主要用于定时或延时电路中，其稳态时 V_O＝“0”，暂稳态时 V_O＝“1”，输出脉冲的宽度等于暂稳态持续的时间，而此时间取决于外接电阻和电容的大小。

七、语音集成电路

语音集成电路是近年来出现并获得迅猛发展的新颖电子器件，它无需磁带和机械传动装置，即能较简单地实现语音的存储和还原功能。语音集成电路已形成了系列化，大致可分为语音合成集成电路、语音录放集成电路及语音识别集成电路三大系列。

语音集成电路是一种大规模CMOS数字集成电路，它可以向外输出固定存储的乐曲、声响或简短语句，它具有价格便宜、体积小、功耗低、无磨损、抗干扰能力强、电路结构简单、工作稳定可靠、外围元件少、掉电不失语音、寿命长、音质好、工作电压范围宽（3～6V）等特点，在电子贺卡、音乐门铃、玩具、报时电子钟、电话机及报警装置中得到广泛应用。

1. 语音集成电路分类

（1）短时长型。短时长型语音集成电路有10、20、40、80、170s等，常用型号有WTC系列、ISD1700系列和NY3系列等。

（2）长时长型。长时长型语音集成电路有340、500、1000、2000s以上等，常用型号有WTC系列、ISD4000、NY5系列等。

（3）长短通用型。长短通用型语音集成电路时长为3～640s，常用型号有WTC020系列、NY3系列、NY4系列、NY5系列等。

（4）单通道（单音片）型。单通道型语音集成电路在同一时间内只能发出一种音乐或语音，是一种最基本的音乐集成电路，它应用场合广，价格极其低廉，其典型产品为动物叫声等。

（5）双通道（双音片）型。双通道型语音集成电路在同一时间内可以通过两个通道同时发出音乐和语音，其典型产品为圣诞音乐等系列。

（6）三通道以上型。三通道以上型语音集成电路又称为和弦语音集成电路，常说的4和弦语音集成电路就是指四通道的语音集成电路。

（7）双列或单列直插封装（硬封装）型。双列或单列直插封装型语音集成电路采用普通集成电路的封装形式，易于检测和更换，通常引脚数有8脚、14脚、16脚等，每个引脚都有不同的功能。引脚越多，语音集成电路的体积越大，电路功能也越强，价格也就越高。

（8）印刷板封装（软封装）型。印刷板封装型语音集成电路是采用抗光线干扰的黑色环氧树脂（黑膏）将集成电路直接封装在印刷电路板上，并由铜箔取代各引脚，分布在印刷电路板四周。此封装形式电路工艺简单、生产周期短、成本较低、可以多次修复以及有利于保护音乐集成电路和引脚的接线，是消费类语音集成电路普遍采用的封装形式。

（9）晶体管封装型。晶体管封装型语音集成电路是储存单首音乐的3引脚集成电路，外形与普通塑封晶体管（如9013）相似，所以也称为语音晶体管。它的3个引脚排成一列，即电源正极、电源负极、音乐输出级，另外自身还带有一块金属散热片。

2. 语音集成电路结构

语音集成电路有许多系列，在控制功能上也各不相同，但它们的基本电路结构和工作原理大都是相同的。语音集成电路一般由控制电路、振荡电路、曲调存储器（ROM）、音阶发生器、节拍发生器、音色发生器、音色和节拍选择器、前置放大器等几个部分组成，内部电路结构如图4-39所示，其外形及引脚排列如图4-40所示。

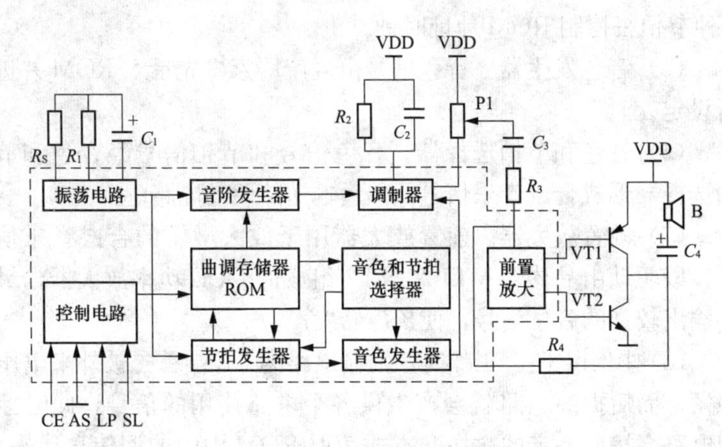

图4-39 语音集成电路结构

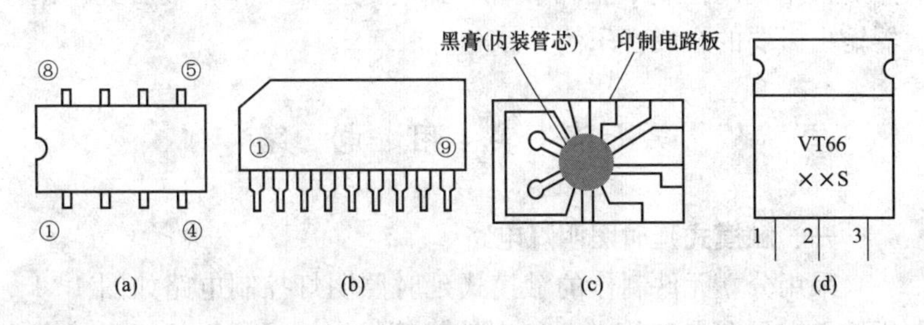

图4-40 语音集成电路外形及引脚排列

（a）双列直插型；（b）单列直插型；（c）印刷板型；（d）晶体管型

（1）振荡电路。振荡电路由外接电阻R_S、R_1、C_1构成一个完整的振荡器，可产生50～120kHz的振荡电压信号，配合节拍发生器为整个电路协调工作提供时间基准。

（2）曲调存储器（ROM）。曲调存储器是语音集成电路的核心部分，里面按顺序储存着乐曲的音阶、节拍等信息。存储容量有64字3位和512字7位，其中4位用于控制音阶发生器，3位用于控制节拍发生器，同时也提供自停信号。

（3）音阶发生器。音阶发生器用于产生乐曲的基音信号，内部分频电路按ROM的数据分配产生不同的音调频率。

（4）节拍发生器。节拍发生器按ROM的数据分配，可提供8种节拍去控制ROM地址时钟。

（5）音色发生器。音色信号由生产厂家事先录入ROM并进行设定。

（6）音色和节拍选择器。音色信号和节拍信号经音色和节拍选择器形成合成音乐信号，然后输送给驱动电路。

（7）前置放大器。前置放大器用于放大微弱的合成音乐信号，以驱动由晶体管VT1和VT2组成的OCL功率放大器，最终输出较强的音乐信号，使扬声器发声。

（8）控制电路。工作时，控制电路的CE端首先被外来电压触发，而后振荡电路就会产生供各个电路使用的信号，此时控制电路会按照一定的次序和方式读取ROM中的曲调信息代码，然后根据代码控制节拍器和音阶器使之协调工作，最后经调制器输出微弱的合成音乐信号。

第七节　实　用　电　路

一、触摸式延时照明灯电路

采用分立元件制作的触摸式延时照明灯控制电路如图4-41所示，它具有电路简单、稳定性好等优点，可用作门灯或楼道内照明控制。

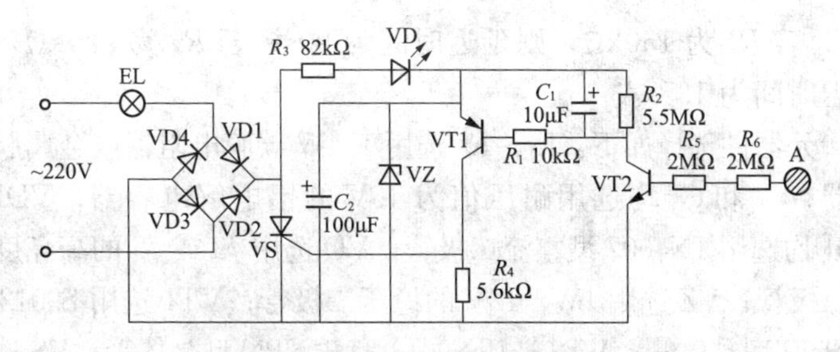

图 4-41　触摸式延时照明灯电路

该触摸式延时照明灯控制电路由电源电路和控制电路组成，电源电路由整流二极管 VD1～VD4、电阻器 R_3、发光二极管 VD、稳压二极管 VZ 等组成。控制电路由触摸电极 A、电阻器 R_6、R_5、晶体管 VT1、VT2 和晶闸管 VS 等组成。

接通电源后，交流 220V 电压经 VD1～VD4 整流、R_3 限流及 VZ 稳压后，产生＋12V 电压，供给控制电路。此时，晶体管 VT1、VT2 及晶闸管 VS 均处于截止状态，流过照明灯 EL 中的电流仅有 2mA 左右，不足以使 EL 点亮。

当用手触摸金属片 A 时，人体感应信号经电阻器 R_5、R_6 加至 VT2 的基极，使 VT2 导通。VT2 导通后，其集电极电压降低，使 VT1 也导通。VT1 导通后，其集电极输出触发高电平，使晶闸管 VS 受触发而导通，照明灯 EL 点亮。

在 VT2 导通瞬间，电容器 C_1 通过 VT2 集电极与发射极（C、E 极之间）并接在＋12V 两端，使 C_1 上迅速充满约 12V 左右的电压，照明灯 EL 点亮。人手离开金属片 A 后，VT2 虽然截止，但 C_1 上所充电压通过电阻器 R_1 向 VT1 的发射结（B、E 极之间）放电，使 VT1 仍维持导通，所以照明灯 EL 仍能持续发光。当电容器 C_1 放电结束后，VT1 截止，使晶闸管 VS 也截止，照明灯 EL 熄灭。

发光二极管 VD 串联在＋12V 电源电路中，可以作为夜间指示灯，指示金属片的位置。

R_1、R_2 和 C_1 的数值决定着照明灯的延迟时间，可通过改变 R_1 的阻值来改变延迟时间。若 R_1 为 100kΩ，则延迟时间为

60s；若 R_1 为 150kΩ，则延迟时间为 90s；若 R_1 为 220kΩ，则延迟时间为 135s。

元器件选择如下：R_1～R_6 选用 1/4W 碳膜电阻器或金属膜电阻器；C_1 和 C_2 均选用耐压值为 16V 的铝电解电容器；VD1～VD4 均选用 1N4007 型整流二极管；VD 选用 $\phi3$ 或 $\phi5$ 的高亮度发光二极管；VZ 选用 1W、12V 的稳压二极管；VT1 选用 S9012 型硅 PNP 型晶体管；VT2 选用 S9013 型硅 NPN 型晶体管；VS 选用 MCR100—6 型晶闸管。

二、四段触摸调光电路

由专用的四段触摸调光集成芯片构成的调光电路如图 4-42 所示，图中 IC（HT7713）为 CMOS 器件，功耗低，抗干扰能力强。IC 的①脚为触摸控制端；②脚为反馈控制端，用于控制①脚的输入电流；③脚为控制外部双向晶闸管的输出端；④脚为电源地端；⑤脚为市电工频选择端，悬空 60Hz，接地 50Hz；⑥脚为内部时钟振荡器的外接电阻端；⑦脚为过零信号同步输入端；⑧脚为电源正端。

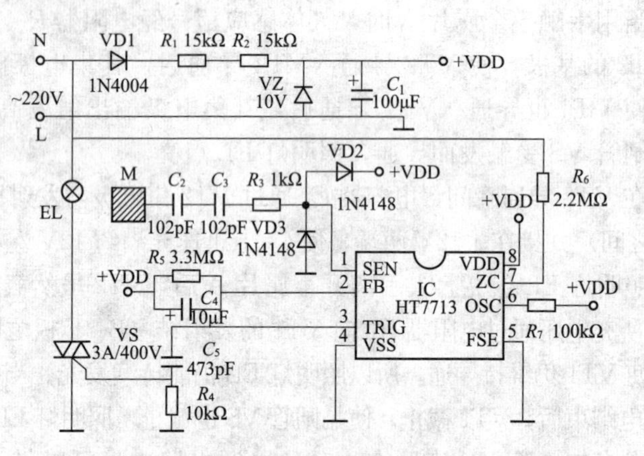

图 4-42　四段触摸调光电路

IC 电源直接由市电 220V 经 R_1、R_2 降压，VD1 整流，VZ 稳压，C_1 滤波获得的直流 10V 提供。C_2、C_3、R_3、VD2、

VD3、R_5、C_4 构成触摸控制电路。VD2、VD3 起钳位作用，以提高抗干扰能力。每触摸一次触摸控制端 M（金属片），照明灯 EL 即按照微光→弱光→中光→强光→关→微光……的顺序变化。过零同步信号由 R_6 直接从市电上获得。R_5、C_4 构成触摸控制信号的负反馈网络，以保护 IC。

白炽灯 EL 的功率由双向晶闸管的容量决定。C_2、C_3 的总和应小于 1200pF，R_6 的阻值必须在 1MΩ 以上，否则 IC 易被高压击毁。

三、大功率流水式彩灯电路

大功率流水式彩灯电路如图 4-43 所示，它具有线路元件少、功率大、可同时点亮 60 只 20W 彩灯的特点，可在剧院、舞厅或其他建筑物上使用，灯光呈追逐式闪动。

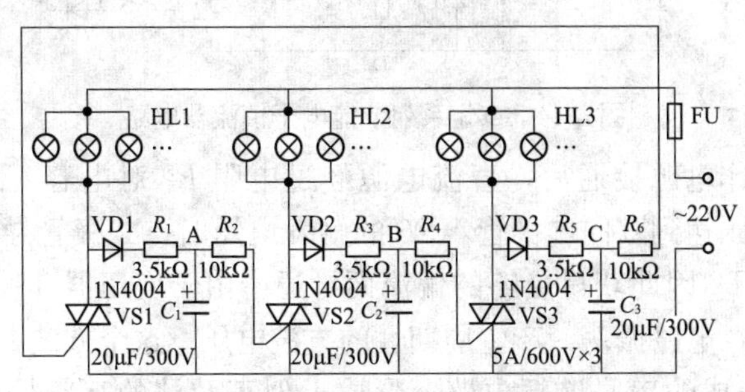

图 4-43 大功率流水式彩灯电路

VS1～VS3 组成相同的 3 个单元电路。接通电源后，电源通过 HL1、VD1、R_1 对 C_1 充电，使 A 点电位升高。同理，B、C 点电位也逐渐升高。某一双向晶闸管会先触发导通，如 C 点电位升高，使 VS1 先触发导通，HL1 灯亮，电容 C_3 经电阻 R_6 向 VS1 放电，C 点电位下降，而电容 C_1 继续充电，A 点电位升高。一段时间后，VS2 导通，HL2 灯亮，VS1 截止。这时电容 C_1 经 R_2 向 VS2 放电，A 点电位下降，而 C_2 继续充电，B 点电位升高。一段时间后，VS3 导通，VD3 灯亮，VS2 截止。这样，灯泡按次序轮流发光，产生流水式效果。若灯泡亮灭时间不符合流水式要求，可适当调整 C_1、C_2、C_3 的容量。

四、电子镇流器电路

DZJ 系列节能电子镇流器电路如图 4-44 所示，图中二极管 VD1～VD4 和电容器 C_1 对交流电进行整流滤波，提供直流电压。电阻 R_1、电容 C_4、二极管 VD5、晶体管 VT1、VT2，双孔磁芯变压器 T1 等元件构成高频振荡开关电路。

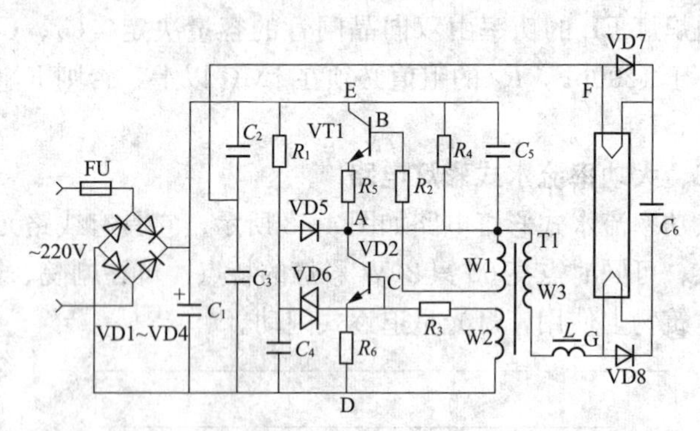

图 4-44　DZJ 系列节能电子镇流器电路

工作电源接通后，直流电源经过电阻 R_1 对电容 C_4 充电，充电电压达到双向二极管 VD6 的触发电压时，二极管导通，晶体管 VT2 因此获得足够的偏流而导通。由于变压器 T1 的正反馈作用，电路振荡，产生周期性的方波电压。这个方波电压经 L 和 C_6 组成的串联谐振电路，形成近似正弦波的高频振荡电压（30～60kHz），这个高频振荡电压可以使得荧光灯管启辉。

荧光灯管启辉后，电感 L 起镇流作用，电流大部分通过灯管形成回路，C_6 通过较小的电流对灯丝进行辅助加热。电容 C_2、C_3 起隔直作用，二极管 VD7、VD8 限制灯丝电压，防止灯管过早发黑，延长灯管使用寿命。谐振电路的谐振频率主要由 L 和 C_6 决定，C_5 与线圈绕组 W3 也有一定影响。

DZJ 系列节能电子镇流器的元件参数见表 4-38，变压器 T1 和电感 L 均为自制。T1 的绕组用单芯绝缘导线绕制在双孔磁芯上而成，绕组数据见表 4-39。L 的绕组用高强度漆包线绕在 E 形磁芯上，经浸漆烘干而成，绕组数据见表 4-40。

表 4-38　　**DZJ 系列节能电子镇流器的元件参数**

功率/W	R_1/MΩ	R_2	R_3	R_4	R_5，R_6	C_1	C_2	C_3	C_4	C_5	C_6	T_1	L	VD1～VD4	VD6	VD5	VD7，VD8	VT1，VT2	备注
40	1	6.8Ω 1/8W	6.8Ω 1/8W	510kΩ 1/8W	0	10μF 350V	0.1μF 160V	0.1μF 160V	0.1μF 160V	4700pF 400V	0.01μF 630V	1367/—19	136/—2	1N4007 1N4004	1S2093	1N4004	1N4004	BU406	变压器L自制件
30	1	6.8Ω 1/8W	6.8Ω 1/8W	510kΩ 1/8W	1Ω 1/8W	10μF 350V	0.1μF 160V	0.1μF 160V	0.1μF 63V	4700pF 400V	0.01μF 630V	1367/—19	136/—2	1N4007 1N4004	1S2093	1N4004	1N4004	BU406	
20	1	6.8Ω 1/8W	6.8Ω 1/8W	510kΩ 1/8W	2.2Ω 1/8W	4.7μF 350V	0.1μF 160V	0.1μF 160V	0.1μF 63V	4700pF 400V	0.01μF 400V	1367/—19	136/—2	1N4007 1N4004	1S2093	1N4004	1N4004	C2298	
15	1	6.8Ω 1/8W	6.8Ω 1/8W	510kΩ 1/8W	3.3Ω 1/8W	4.7μF 350V	0.1μF 160V	0.1μF 160V	0.1μF 63V	4700pF 400V	0.01μF 400V	1367/—19	136/—2	1N4007 1N4004	1S2093	1N4004	1N4004	C2298	
13	1	2.2Ω	2.2Ω	1MΩ	2.2Ω 1/8W	4.7μF 350V	0.033μF 400V	—	0.1μF 63V	1000pF 400V	2200pF 800V	1367/—19	E5	1N4007 1N4004	1S2093	1N4004	1N4004	C2298	

① R_5～R_6 为 VT1、VT2 发射极附加调试电阻。

② 变压器 T1、L 磁体均用 MX-2000 材料压制，T1 为双孔磁体。

③ T1、L 均自制。

④ E_5 代表磁心型号。

表 4-39　　T1 绕组数据

系列	N_1/匝	N_2/匝	N_3/匝	线规/mm
40W	5	5	4	0.12
30W	4	4	4	
20W	5	5	5	
50W、13W	5	5	7	

表 4-40　　L 绕组数据

系列	N/匝	线规
40W、30W 20W、15W	120	0.35mm 高强度漆包线
13W	300	0.2mm 高强度漆包线

五、交流稳压电源电路

某一交流稳压电源电路如图 4-45 所示，它主要由整流调节电路和电压取样比较电路两部分组成，其特点是在电网电压波动的情况下，能自动改变晶闸管的导通角，从而维持输出交流电压的稳定。

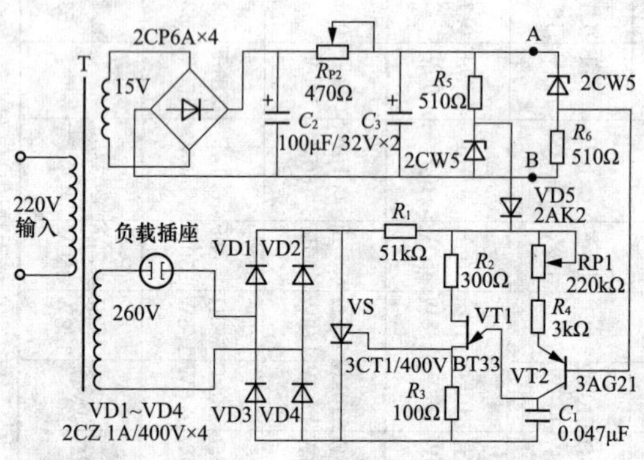

图 4-45　交流稳压电源电路

电网电压升压后，经 VD1～VD4 整流后加到晶闸管 VS 的阴、阳极之间，这个全波脉动直流电压经 R_1 降压后供触发电路使用。触发电路是由单结晶体管 VT1、晶体管 VT2 和 C_1、R_4、R_{P1} 组成的张弛振荡器，当 R_3 上形成的正脉冲使 VS 导通后，其阴极与阳极之间的压降很小，使触发电路不能工作。电网电压过零时晶闸管截止，等到下一次产生的脉冲使其又导通，如此循环。

改变 VT2 的导通内阻，可以改变 C_1 的充电速度，进而可以改变晶闸管导通角的大小，以达到调整电压的目的。当电网电压升高时，VT2 内阻变大，电容 C_1 充电速度变低，晶闸管导通角变小，输出电压减小。反之，当电网电压下降时，电容 C_1 充电速度加快，晶闸管导通角变大，输出电压增加。

调试时，输入端接调压器，接上负载，先使变压器 T 的一次侧电压为 220V，调节 R_{P2} 使 $U_{AB}=3.5V$，再调节 R_{P1}，使负载上电压为 220V。再调节变压器 T 的一次侧电压为 250V 或更高，看负载上的电压是否为 220V。若偏高，可适当调节 R_{P1}。VD1～VD4 选用耐压值大于 400V 的二极管，VT2 选用 3AG21，且 β＞100，VT1 选用 BT33。

六、直流稳压电源电路

输出电压从 3～120V 范围内可调的直流稳压电源电路如图 4-46 所示，其主要技术指标如下：输出电压为 3～120V 连续可调；输出电流为 0～1A；电网调整率不大于 0.01％；输出电阻不大于 0.05Ω；电网电压为 220V×(1±10％)。

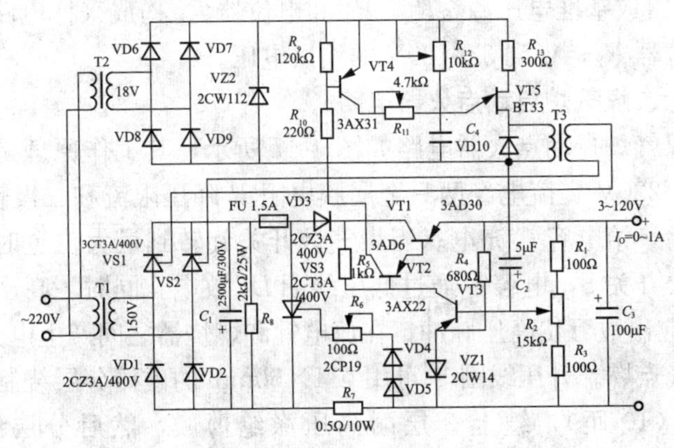

图 4-46　3～120V 连续可调直流稳压电源电路

主回路中的整流器是由晶闸管 VS1、VS2 和二极管 VD1、VD2 组成桥式整流线路，由电容器 C_1 作为平滑滤波，电阻 R_8 是 C_1 的泄放电阻。晶闸管 VS1、VS2 的导通程度受稳压电源输出调节支配的移相电路控制，移相控制采用了单结晶体管振荡电路，可实现 3～120V 的范围调节。由变压器 T2、整流二极管 VD6～VD9 及稳压管 VZ2 组成的电源电路提供与交流电网电压同步的梯形波，其幅度为 15V，通过 R_{13} 作用于单结晶体管 VT5 的第二基极上。

晶体管 VT4 及电阻 R_9、R_{10}、R_{11} 组成反馈控制支路，R_{10} 接复合调整管 VT1、VT2 的集电极上。调节电位器 R_2 可随意改变所要求的输出电压，相应地改变了调整管 VT1、VT2 的集—射极间的电压 ΔU_{CE}。该电压变化量通过反馈支路，改变了单结晶体管 VT5 的射极回路里的 RC 时间常数，使单结晶体管振荡器的振荡周期随之改变。这样，高压电源也可以采用低耐压的晶体管作为调整管，以降低成本。另外，在低电压输出时，调整管的管压降较小，可以提高电源的效率。

晶闸管 VS3、二极管 VD4、VD5 及电阻 R_6、R_7 组成过电流保护电路，当负载电流过大时，R_7 两端的电压触发 VS3 导通，使调整管不受过载电流的冲击。VT3 是比较放大器，VZ1 和 R_4 组成基准电压源，R_1、R_3 和电位器 R_2 构成采样电路，调节电位器 R_2，得到 3～120V 的输出电压。

七、煤气炉自动点火器电路

煤气炉自动点火器电路如图 4-47 所示，其工作原理是电容放电。220V 交流电经两只金属膜电阻 R 降压限流和二极管 VD 整流后，给电容 C 充电。当煤气炉开关旋转到最大位置时，接通点火开关 S，电容 C 通过低压线圈 L_1 放电。同时，高压线圈 L_2 感应出数万伏高压脉冲，在放电针和燃烧器之间产生电火花，将煤气点燃。升压线圈 T 可用 $\phi11\times60$mm 的磁棒分层绕制，先绕 L_1（10 匝），缠上 3 层耐高压涤纶薄膜，然后分层绕 L_2（2000 匝），层间加涤纶薄膜绝缘。

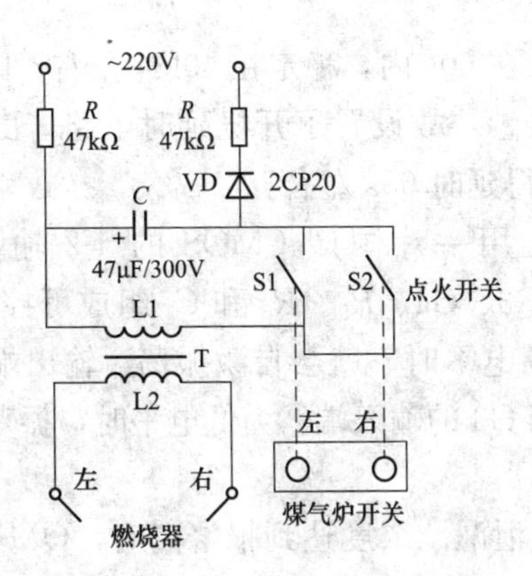

图 4-47　煤气炉自动点火器电路

八、煤气报警器电路

煤气报警器电路如图 4-48 所示，图中的气敏元件 QM-N10 是半导体气体传感器，其参数为响应时间小于 10s，恢复时间小于 60s，热丝电压 5V±0.5V，加热功率小于 0.5W。气敏元件的 f-f 之间是热丝，热丝对进入的空气进行加热，如果空气是洁净的，A-A 之间的电阻为几十千欧。当空气中含有煤气、液化气等可燃性气体，并且超过一定的浓度时，A-A 之间的电阻急剧下降。

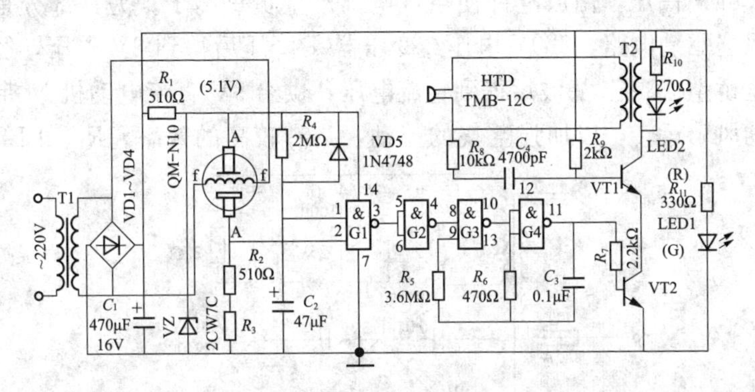

图 4-48　煤气报警器电路

QM-N10 的 A-A 之间的电阻与送电时间也有关系，刚开始通电时，其电阻值随时间急剧下降到数百欧，然后会缓慢增加并且趋于稳定，在60s内，稳定在40kΩ左右。因此，为了防止刚开机时的误报警，故设置了开机延时电路，由R_4、C_2组成，通常调节R_4使得延时60s左右。

G1～G4使用一片国产CMOS的4-2输入与非门芯片CC4011，其中G3、G4、R_5、R_6和C_3组成可控振荡器，当G3的输入端⑧为高电平时，就会自激振荡，输出端⑩输出100Hz的方波信号。当G3的输入端⑧为低电平时，振荡器不振荡，没有方波信号输出。

当发生煤气泄漏、浓度达到报警点时，QM-N10的A-A之间的电阻急剧下降，G1的两个输入端①、②都是高电平，输出端③就是低电平，G2的输出端④为高电平，G3的输入端⑧为高电平，振荡器开始振荡，经VT1、VT2使蜂鸣器HTD发声、LED2（红色）闪光而报警。

九、负氧离子发生器电路

负氧离子发生器电路如图4-49所示，该电路由两部分组成。一部分是高压发生器电路，将220V电压经变压器T升压得到640V电压，再经过C_2～C_5、VD1～VD4倍压整流后得到约1.5kV高压，由放电针使空气电离产生负氧离子。另一部分是风扇驱动电路，220V电压经变压器T降压后得到8V电压，经全桥整流、C_1滤波后得到直流电压，供给9V直流电动机M带动风扇运转，以加强空气的流动，具有较高的效率。R_1、LED

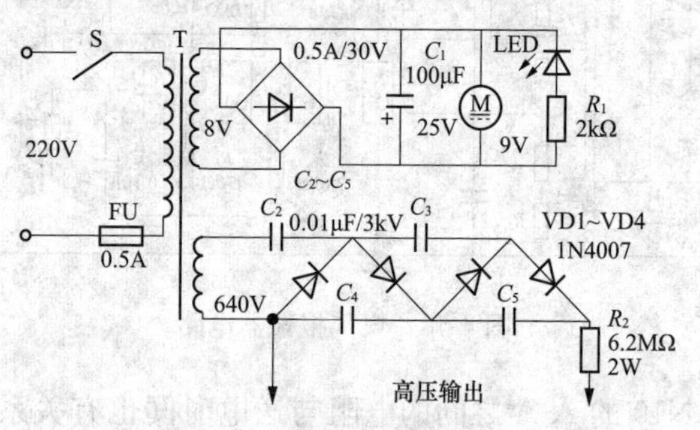

图4-49　负氧离子发生器电路

作为电源指示用。T 选用一次侧为 220V、二次侧为 8V 和 640V 左右的电源变压器；全桥选用 0.5A、30V；C_2～C_5 的耐压值应大于 3kV；M 选用 9V 直流电动机。

十、电子按摩器电路

电子按摩器对促进血液循环、刺激神经纤维、解除人体疲劳，以及治疗软组织损伤、腰腿痛和肩周炎等，均有一定的作用。电子按摩器电路如图 4-50 所示，它由低频振荡、声控音频放大及功率开关脉冲输出部分组成，其频率调节范围宽，输出脉冲强度大，制作简单。

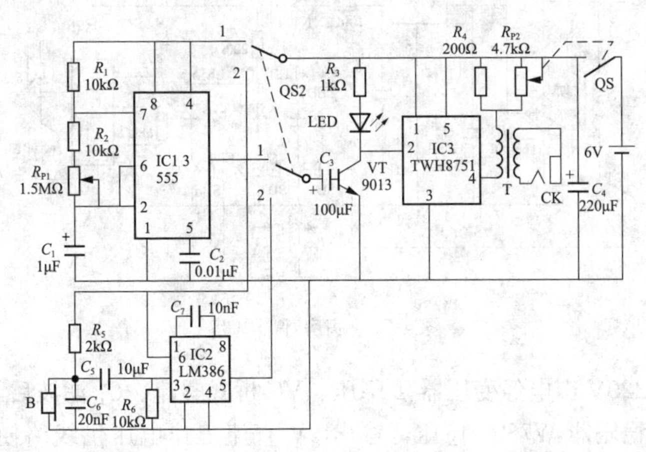

图 4-50 电子按摩器电路

当转换开关 QS2 置于“1”（内接）时，由 555 时基集成电路 IC1 组成低频振荡器，其产生的振荡信号由 IC1 的③脚输出；当 QS2 置于“2”（外接）时，由受话器 B 拾取的外界环境声响，经 IC2（LM386）音频功率放大器放大后，由 IC2 的⑤脚输出。IC1 的③脚或 IC2 的⑤脚输出的振荡信号，触发晶体管 VT 导通或截止，控制了开关器件 IC3（TWH8751）的②脚电平的高低，也就决定了 IC3 的④脚输出脉冲的性质。

再经升压变压器 T 升压，通过插入 CK 插孔的双金属电极，输出强劲的脉冲电流，便能对人体的有关部位进行按摩、电麻及镇痛。调节 R_{P1} 可使振荡频率在 0.5～100Hz 范围内变化，并可由 LED 闪烁显示。调节 R_{P2} 可改变输出脉冲的强弱。T 可采用晶体管收音机的输出变压器，但一次侧、二次侧应调换使用，可获得 100～180V 的针状脉冲输出。

十一、病房呼叫电路

一种简易、实用且成本低的病房呼叫电路如图 4-51 所示，它装于病房中，患者可及时通知医护人员病房和床位号，以便医护人员及时前往处理。

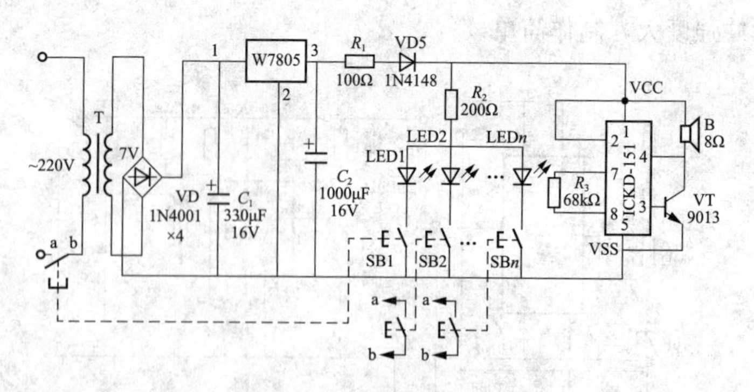

图 4-51 病房呼叫电路

220V 市电经变压器 T 降压、VC 桥式整流、C_1 滤波后，经三端稳压器 W7805 稳压，输出 5V 直流工作电压供线路使用。发光二极管 LED1～LEDn 是装在病房值班室的显示灯，每个发光二极管代表一个病号的床位。按钮开关 SB1～SB*n* 为每个病号床头上的按钮，分别控制 LED1～LED*n* 的报警灯，即不管哪一个按钮接通，它所控制的发光二极管均亮。同时音乐 IC（KD—151）的 VCC 端将获得 3V 电压，IC 产生的振荡信号经晶体管 VT 放大后，扬声器 B（阻抗 8Ω）即发出报警声。

变压器 T 的额定功率应大于 4.2W。按钮开关 SB 型号为 AN4。若想长时间报警，则可将按钮开关换成普通钮子开关（型号 KNX）。若发光二极管的亮度不够理想，可适当减小 R_2 的阻值。

十二、红外自动冲水器电路

红外自动冲水器电路如图 4-52 所示，它由发射和接收两部分组成，两部分的电源相同，都由 220V 交流电源经阻容降压，二极管半波整流，电感、电容滤波后，提供直流工作电压。不过接收部分用二极管稳压，使控制信号更加稳定。

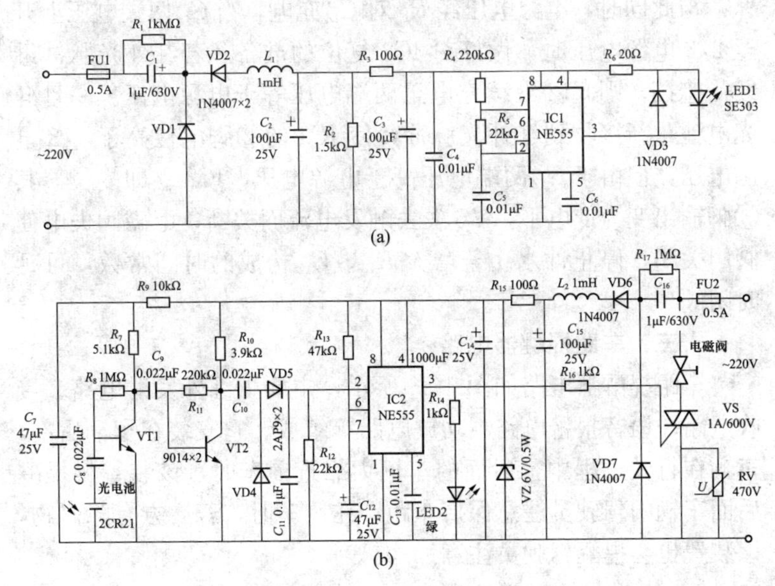

图 4-52　红外自动冲水器电路

(a) 发射电路；(b) 接收电路

图 4-52（a）是发射电路部分，IC1 及其外围阻容元件构成占空比约 91%、频率约 540Hz 的自激多谐振荡器，振荡信号由 IC1 的③脚输出驱动红外发射管 LED1 向外发射光脉冲信号。

图 4-39（b）是接收电路部分，光电转换元件为硅光电池。红外光脉冲经硅光电池转换为电信号，通过晶体管 VT1、VT2 构成的两级放大器放大，经 VD4、VD5 检波后作为 IC2 的②脚的触发电压。

IC2、R13、C12 构成单稳态电路。当有红外光脉冲时，IC2 的②脚电位高于 1/3 电源电压，单稳态电路处于稳定状态，其

③脚输出低电平，控制线路不动作。当红外光脉冲被遮断时，IC2 的②脚电压为 0（低于 1/3 电源电压），故 IC2 被触发进入暂稳态，其③脚变为高电平，一路驱动发光二极管 LED2 点亮指示工作状态；另一路经 R_{16} 触发双向晶闸管 VS 导通，电磁阀得电，打开阀门冲水。

与此同时，电源电压经 R_{13} 对 C_{12} 充电，当 C_{12} 两端电压上升至 2/3 电源电压时，做好对 IC2 复位的准备。若红外光脉冲继续受遮挡，则 C12 继续充电至两端电压等于电源电压。一旦硅光电池重新接收到红外光脉冲，使 IC2 的②脚电位高于 1/3 电源电压，但由于 C_{12} 两端电压高于电源电压，IC2 立即复位，其③脚输出变为低电平，VS 失去触发电流而关断，电磁阀失电使阀门关闭，停止冲水。若增大 R_{13}、C_{12} 构成的时间常数，可延时闭阀。

十三、车距提醒器电路

车距提醒器电路如图 4-53 所示，主要由红外发射电路、接收电路、语音报警电路、功放电路等组成。它安装在车辆后部，车辆在行驶过程中，后面的车辆太靠近前车时，该装置将提醒后面车辆的驾驶员注意保持车距。在倒车时，若后方有障碍物，该装置也会提醒驾驶员注意。

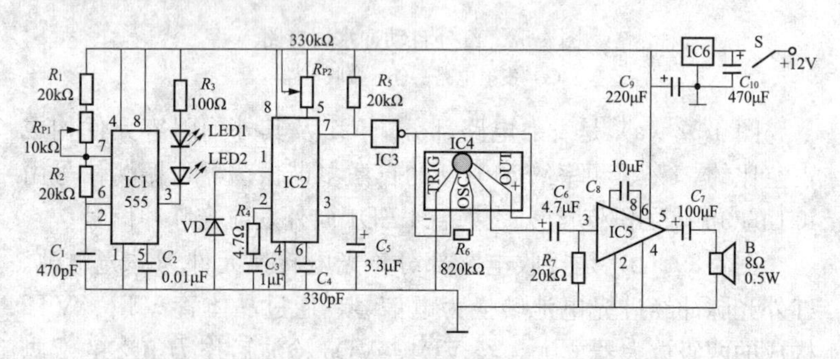

图 4-53　车距提醒器电路

红外发射电路由 IC1 构成的多谐振荡器组成，调节电位器 RP1 使振荡频率为 40kHz，红外发射管 LED1、LED2 将该信号向外发射。

红外接收由IC2完成，当红外接收管VD收到反射回来的红外脉冲时，IC2的⑦脚输出低电平，经IC3反相后，使IC4得电，输出语音信号，送到功率放大集成电路IC5的③脚，经功率放大后由⑤脚输出，通过扬声器发出报警声。当无障碍物反射时，VD收不到信号，IC2的⑦脚输出高电平，经IC3反相后，使IC4不得电，扬声器无报警声。

元器件选择如下：IC1选用555时基集成电路；IC2选用CX20106或KA2184红外接收集成电路；IC3选用六反相器集成电路4069；IC4选用语音集成电路HFC5212；IC5选用LM386音频功率放大电路；IC6选用三端集成稳压器7806；LED1、LED2选用TLN104；VD选用TLP104。

第五章

低 压 电 器

第一节 低压电器的基础知识

一、低压电器分类

低压电器是指工作于交流 50Hz 或 60Hz、额定电压在 1200V 及以下或直流电压在 1500V 及以下电路中的电器，它广泛应用于电力输配电系统、电气传动和自动控制设备中，起着开关、控制、保护与调节作用。低压电器虽然品种与型号繁多，但归纳起来可将其分为以下几类：

(1) 按照低压电器在电气线路中所处的地位和作用，可分为低压配电电器和低压控制电器。低压配电电器主要用于电力网系统中，如隔离开关、刀开关、自动转换开关、熔断器、断路器等，对配电电器的主要技术要求是分断能力强、限流效果好、动态稳定和热稳定性高。低压控制电器主要用于电力拖动和自动控制系统中，如接触器、控制继电器、电磁铁、启动器、电阻器、变阻器、主令电器等，对控制电器的主要技术要求是具有适当的转换能力、工作频率高、电器件寿命和机械件寿命长等。

(2) 按照动作方式可分为自动切换电器和非自动切换电器。自动切换电器在完成接通、分断或启动、反向以及停止等动作时，依靠其本身参数的变化或外来信号而自动进行工作；非自动切换电器主要依靠外力直接操作来进行切换等动作。

(3) 按照使用环境可分为常用低压电器和特殊环境条件下使用的低压电器。

二、低压电器的使用类别

低压电器的使用类别决定了低压电器的用途，其使用类别代号及典型负载见表 5-1。

表 5-1　　低压电器的使用类别代号及典型负载

电流种类	使用类别代号	典型负载
交流	AC-1	无感或低感负载、电阻炉
	AC-2	绕线型感应电动机的启动、分断
	AC-3	鼠笼型感应电动机的启动、运转中分断
	AC-4	鼠笼型感应电动机的启动、反接制动或反向运转、点动
	AC-5a	放电灯的通断
	AC-5b	白炽灯的通断
	AC-6a	变压器的通断
	AC-6b	电容器组的通断
	AC-7a	家用电器和类似用途的低感负载
	AC-7b	家用的电动机负载
	AC-8a	具有手动复位过载脱扣器密封制冷压缩机中的电动机控制
	AC-8b	具有自动复位过载脱扣器的密封制冷压缩机中的电动机控制
	AC-12	控制电阻负载和光耦合器隔离的固态负载
	AC-21	控制变压器隔离的固态负载
	AC-14	控制小容量电磁铁负载
	AC-15	控制交流电磁铁负载
	AC-20	空载条件下闭合和断开电路
	AC-21	通断电阻负载，包括通断适中的过载
	AC-22	通断电阻电感混合负载，包括通断适中的过载
	AC-23	通断电动机负载或其他高电感负载

续表

电流种类	使用类别代号	典型负载
直流	DC-1	无感或低感负载，电阻炉
	DC-3	并励电动机的启动、反接制动或反向运转、点动，电动机在动态中分断
	DC-5	串励电动机的启动、反接制动或反向运转、点动，电动机在动态中分断
	DC-6	白炽灯的通断
	DC-12	控制电阻负载和光耦合器隔离的固态负载
	DC-13	控制直流电磁铁
	DC-14	控制电路中有经济电阻的直流电磁铁负载
	DC-20	空载条件下闭合和断开电路
	DC-21	通断电阻负载，包括通断适中的过载
	DC-22	通断电阻电感混合负载，包括通断适中的过载（例如并励电动机）
	DC-23	通断高电感负载（例如串励电动机）

三、低压电器的品种

低压电器的品种及主要用途见表5-2。

表5-2　低压电器的品种及主要用途

名称	品种	主要用途
刀开关	负荷开关 开关板用刀开关 熔断器式刀开关	主要用于隔离电压、也可以接通与分断电流
转换开关	组合开关 换向开关	主要用于两种以上电源或负载的转换和通断电路
熔断器	有填料熔断器 无填料熔断器 快速熔断器 自复熔断器	主要用于线路或电器设备的过载和短路保护
接触器	直流接触器 交流接触器	主要用于远距离频繁启动或控制的电动机电路中的正常接通和断开

续表

名称	品种	主要用途
控制继电器	电压继电器、电流继电器、时间继电器、中间继电器	主要用于控制电路中的控制或保护
启动器	磁力启动器 减压启动器	主要用于电动机的控制和保护
主令电器	按钮、限位开关、微动开关、万能转换开关	主要用于控制回路的接通与断开
电阻器	铁基合金电阻	主要用于改变电路的电压或将电能转换为热能
变阻器	励磁变阻器、启动变阻器、频敏变阻器	主要用于发电机电压调节和电动机的减压启动及调速
电磁铁	制动电磁铁、牵引电磁铁、起重电磁铁	主要用于起重、操纵或牵引机械装置
控制器	凸轮控制器 平面控制器	主要用于电气控制回路中转换控制回路或励磁回路，实现对电动机的控制

第二节　低压刀开关

一、胶盖瓷底刀开关

胶盖瓷底刀开关又称开启式负荷开关，具有结构简单、价格低廉、使用维修方便等优点，主要用作分支路的配电开关和电阻、照明回路的控制开关，也可用于控制小容量电动机的非频繁启动和停止。

胶盖瓷底刀开关的外形及结构如图 5-1 所示，由胶盖、瓷底座、静触头、动触头及熔丝等组成。由于开关内部装设了熔丝，当其控制的电路发生短路故障时，可以通过熔丝的熔断而迅速切断故障电路。这种开关没有专门的灭弧装置，拉闸、合闸时操作人员应站在开关的一侧，动作必须迅速，以免电弧烧坏触头和灼伤操作人员。

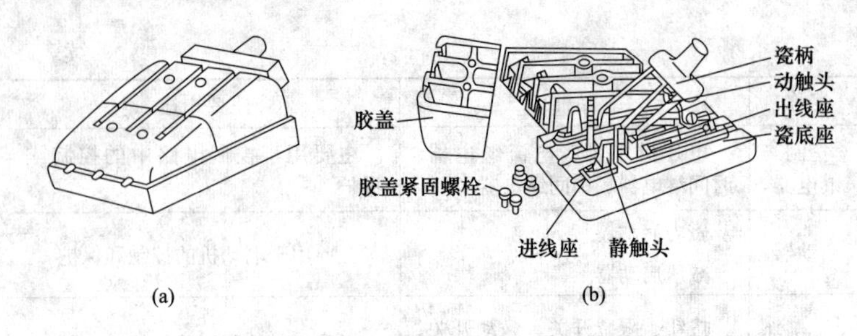

图 5-1　胶盖瓷底刀开关的外形及结构
（a）外形；（b）结构

胶盖瓷底刀开关应垂直安装在控制屏和开关板上，进线座应在上方。接线时不要将进线座和出线座接反，以免在更换熔丝时发生触电事故。更换熔丝必须在闸刀拉下断开的情况下进行，而且应选用与原熔丝规格相同的新熔丝。

胶盖瓷底刀开关用于照明电路时，可选用额定电压 250V、额定电流等于或大于电路最大工作电流的二极开关；用于小容量电动机的直接启动时，可选用额定电压为 380V 或 500V、额定电流等于或大于电动机 3 倍额定电流的三极开关。HK2 系列胶盖瓷底刀开关的技术数据见表 5-3。

表 5-3　　HK2 系列胶盖瓷底刀开关的技术数据

额定电流/A	极数	额定电压/V	控制电动机功率/kW	熔体线径/mm	熔体材料	熔体短路分断能力/A	开关最大分断能力/A
10	2	250	1.1	0.25	纯铜丝	500	20
15			1.5	0.41		500	30
30			3.0	0.56		1000	60
15	3	380	2.2	0.45		500	30
30			4.0	0.71		1000	60
60			5.5	1.12		1500	120

二、开关板用刀开关

开关板用刀开关主要用于低压配电装置的开关板式开关柜或动力箱中。带有灭弧室的刀开关可用于不频繁地手动接通和分断交、直流电路；不带灭弧室的刀开关不可切断带有电流的电路，仅作隔离开关用。

开关板用刀开关的适用范围：中央手柄操作式单投和双投刀开关，仅作隔离开关用，主要用于磁力站；侧面操作手柄式刀开关，主要用于动力箱中；中央正面杠杆操动机构刀开关主要用于正面操作、后面维修的开关柜中，操动机构装在正前方；侧方正面杠杆操动机构刀开关主要用于正面两侧操作、前面维修的开关柜中，操动机构可以在柜的两侧安装。HD 和 HS 系列开关板用刀开关外形如图 5-2 所示，其技术数据见表 5-4。

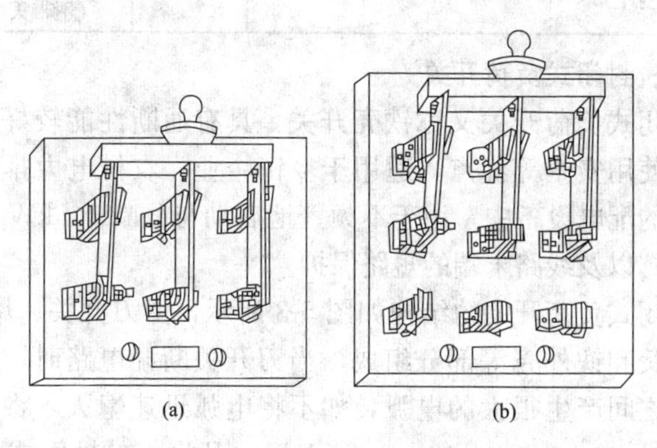

图 5-2　HD 和 HS 系列开关板用刀开关外形

(a) HD 系列；(b) HS 系列

表 5-4　　HD 和 HS 系列开关板用刀开关的技术数据

<table>
<tr><th>型号</th><th>额定电流/A</th><th>极数</th><th>转换方式</th><th>结构形式</th></tr>
<tr><td>HD10-□/□9</td><td>40</td><td>1、2、3</td><td>单投</td><td>中央手柄操作式</td></tr>
<tr><td>HD11-□/□8</td><td>100、200、400</td><td rowspan="3">1、2、3</td><td rowspan="2">单投</td><td rowspan="3">中央手柄操作式</td></tr>
<tr><td>HD11-□/□9</td><td rowspan="2">100、200、400
600、1000</td></tr>
<tr><td>HS11-□/□8</td><td>双投</td></tr>
<tr><td>HD12-□/□1</td><td rowspan="2">100、200、400
600、1000</td><td rowspan="2">1、2、3</td><td>单投</td><td rowspan="2">侧方正面杠杆操作式（带灭弧罩）</td></tr>
<tr><td>HS12-□/□1</td><td>双投</td></tr>
<tr><td>HD12-□/□0</td><td rowspan="2">100、200、400
600、1000、1500</td><td rowspan="2">1、2、3</td><td>单投</td><td rowspan="2">侧方正面杠杆操作式（不带灭弧罩）</td></tr>
<tr><td>HS12-□/□0</td><td>双投</td></tr>
</table>

续表

型号	额定电流/A	极数	转换方式	结构形式
HD13-□/□1	100、200、400 600、1000	1、2、3	单投	中央正面杠杆操作式（带灭弧罩）
HS13-□/□1			双投	
HD13-□/□0	100、200、400 600、1000、1500	1、2、3	单投	中央正面 杠杆操作式 （不带灭弧罩）
HS13-□/□0	100、200、400 600、1000		双投	
HD14-□/□31	100、200 400、600	3	单投	侧面手柄操作式 （带灭弧罩）
HD14-□/□30				侧面手柄操作式 （不带灭弧罩）

三、封闭式负荷开关

封闭式负荷开关又称铁壳开关，具有通断性能较好、操作方便和使用安全等优点，适用于乡镇企业、农村电力排灌和照明线路的配电设备中，用于不频繁地启动与分断 1.5kW 及以下电动机，以及线路末端的短路保护。

封闭式负荷开关的结构如图 5-3 所示，由刀开关、熔断器、速断弹簧和铁外壳等部分组成。当刀开关断开电路时，刀开关与夹座之间产生很大的电弧，如不将电弧迅速熄灭，将会烧坏刀刃。因此，在封闭式负荷开关的手柄转轴与底座之间装有一个速断弹簧。当扳动手柄分闸或合闸时，开始阶段只拉伸了弹簧，刀开关并不移动。当转轴转到一定角度时，弹簧就使闸刀快速从夹座中拉开或快速嵌入夹座，很快熄灭电弧。封闭式负荷开关内装有熔断器，作短路保护用。为了保证用电安全，铁壳上装有机械联锁装置，当箱盖打开时不能合闸，合闸后箱盖不能打开。

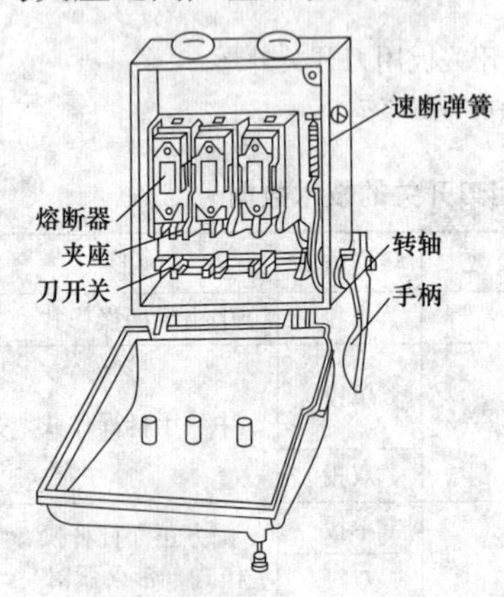

图 5-3　封闭式负荷开关的结构

封闭式负荷开关有 HH3、HH4、HH10、HH11 等系列，其中 HH3 系列没有速断弹簧，其他系列均有速断弹簧，故分闸、合闸速度与手柄操作速度无关。另外在刀开关触头处装有窄缝灭弧罩，有利于熄灭电弧。HH3 系列封闭式负荷开关的技术数据见表 5-5，HH4 系列封闭式负荷开关的技术数据见表 5-6。

表 5-5　HH3 系列封闭式负荷开关的技术数据

型号	额定电压/V	额定电流/A	极数	熔体额定电流/A	熔体材料	熔体直径/mm	外壳材料
HH3-15/2	250	15	2	6 10 15	纯铜丝	0.26 0.35 0.46	
HH3-15/3	440	15	3	6 10 15	纯铜丝	0.26 0.35 0.46	钢板
HH3-30/2	250	30	2	20 25 30	纯铜丝	0.65 0.71 0.81	
HH3-30/3	440	30	3	20 25 30	纯铜丝	0.65 0.71 0.81	
HH3-60/2	250	60	2	40 50 60	纯铜丝	1.02 1.22 1.32	钢板
HH3-60/3	440	60	3	40 50 60	纯铜丝	1.02 1.22 1.32	
HH3-100/2	250	100	2	80 100	纯铜丝	1.62 1.81	
HH3-100/3	440	100	3	80 100	纯铜丝	1.62 1.81	钢板
HH3-200/3	250	200	3	200	纯铜片	—	
HH3-200/3	440	200	3	200	纯铜片	—	

表 5-6　　HH4 系列封闭式负荷开关的技术数据

型号	额定电压/V	额定电流/A	极数	熔体额定电流/A	熔体材料	熔体直径/mm	外壳材料
HH4-15/2	380	15	2	6 10 15	软铅丝	1.08 1.25 1.98	钢板
HH4-15/3		15	3	6 10 15	软铅丝	1.08 1.25 1.98	
HH4-30/2		30	2	20 25 30	纯铜丝	0.61 0.71 0.80	
HH4-30/3		30	3	20 25 30	纯铜丝	0.61 0.71 0.80	
HH4-60/2	380	60	2	40 50 60	纯铜丝	0.92 1.07 1.20	钢板
HH4-60/3		60	3	40 50 60	纯铜丝	0.92 1.07 1.20	
HH4-100/3	440	100	3	60 80 100	RT10 系列熔断器	熔管额定电流同开关额定电流	钢板
HH4-200/3		200	3	100 150 200			

四、低压刀开关的选择

1. 开关板用刀开关的选择

（1）结构形式的选择。根据它在线路中的作用和它在成套配电装置中的安装位置来确定其结构形式。

若仅用来隔离电源，只需选用不带灭弧罩的产品；如用来分断负载，就应选用带灭弧罩，而且是通过杠杆来操作的产品。中央手柄式开关板用刀开关不能切断负荷电流，其他形式的可切断一定的负荷电流，但必须选带灭弧罩的刀开关。此外，还应根据是正面操作还是侧面操作，是直接操作还是杠杆传动，是板前接线还是板后接线来选择结构形式。

（2）额定电流的选择。开关板用刀开关的额定电流，一般应等于或大于所关断电路中的各个负载额定电流的总和。

若负载是电动机，则必须考虑电动机的启动电流为额定电流的 4～7 倍，故应选用额定电流大一级的开关板用刀开关。此外，还要考虑电路中可能出现的最大短路峰值电流是否在该额定电流等级所对应的电动稳定性峰值电流以下，如有超过，就应当选用额定电流更大一级的开关板用刀开关。

2. 开启式和封闭式负荷开关的选择

（1）用于照明或电热电路。负荷开关的额定电流等于或大于被控制电路中各负载额定电流之和。

（2）用于电动机电路。开启式负荷开关的额定电流一般可为电动机额定电流的 3 倍；封闭式负荷开关的额定电流一般可为电动机额定电流的 1.5 倍。

（3）熔体的选择：

1）对于变压器、电热器和照明电路，熔体的额定电流宜等于或稍大于实际负荷电流。

2）对于配电线路，熔体的额定电流宜等于或略微小于线路的安全电流。

3）对于电动机，熔体的额定电流一般取电动机额定电流的 1.5～2.5 倍。

第三节 熔断器

熔断器是一种最简单的保护电器，串接在被保护的电路中，当线路或电气设备的电流超过熔断器规定值时，熔体产生的热量使自身熔化而切断电路，起到保护作用。熔断器结构简单、体积小、重量轻、维护简单、价格低廉，所以在强电或弱电系统中都获得了广泛的应用。

一、瓷插式熔断器

瓷插式熔断器也称插入式熔断器，具有结构简单、价格低廉、更换熔体方便等优点，广泛应用于照明和小容量电动机的短路保护。当电流超过 2 倍额定电流时，熔体可在 1h 内熔断，能起一定的过载保护作用。

瓷插式熔断器由瓷底、瓷盖、动静触头及熔体组成，其外形结构及符号如图 5-4 所示。电源线及负载线分别接在瓷座两端的静触头上，瓷座中间有一空腔，与瓷盖凸起部分构成灭弧室。额定电流为 60A 及以上的熔断器在灭弧室中还垫有帮助灭弧的编织石棉。瓷插式熔断器只有在瓷盖拔出后才能更换熔体，所以比较安全。RC1A 系列瓷插式熔断器的技术数据见表 5-7。

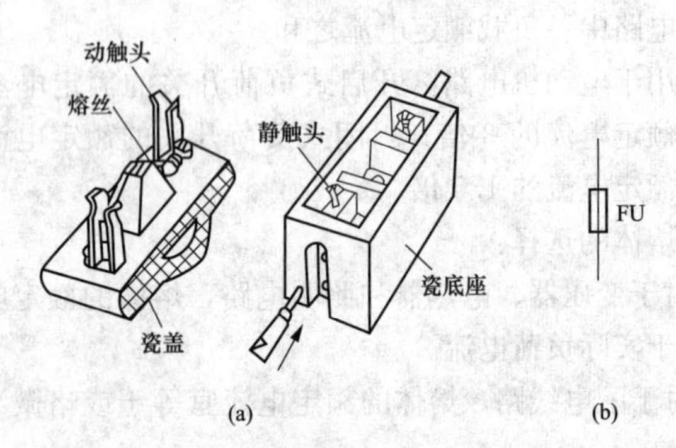

图 5-4　瓷插式熔断器外形结构及符号

(a) 外形结构；(b) 符号

表 5-7　　RC1A 系列瓷插式熔断器的技术数据

熔断器额定电流/A	熔体额定电流/A	熔体材料	熔体直径或厚度/mm	极限分断能力/A	交流电路功率因数 cosφ
5	1、2	软铅丝	φ0.52	250	0.8
	3、5		φ0.71		

续表

熔断器额定电流/A	熔体额定电流/A	熔体材料	熔体直径或厚度/mm	极限分断能力/A	交流电路功率因数 $\cos\varphi$
10	2	软铅丝	ϕ0.52	500	0.8
	4		ϕ0.82		
	6		ϕ1.08		
	10		ϕ1.25		
15	12、15		ϕ1.98		
30	20	铜丝	ϕ0.61	1500	0.7
	25		ϕ0.71		
	30		ϕ0.80		
60	40	铜丝	ϕ0.92	3000	0.6
	50		ϕ1.07		
	60		ϕ1.20		
100	80		ϕ1.55		
	100		ϕ1.80		
200	120	变截面冲制铜片	0.2		
	150		0.4		
	200		0.6		

二、螺旋式熔断器

螺旋式熔断器作为过载及短路保护元件，具有断流能力大、体积小、更换熔体方便、安全可靠和熔体熔断后能显示等特点，主要用于控制箱、配电箱及振动较大的场合，其主要装配尺寸符合 IEC 标准，能配用进出口设备。

螺旋式熔断器外形及结构如图 5-5 所示，主要由瓷帽、熔管、瓷套、上接线端、下接线端和底座等组成。这种熔断器的特点是在其熔管内，除装有熔体外，还填满了石英砂，以增强熔断器的灭弧能力。在熔管上盖中有一熔断指示器，当熔体熔断时指示器弹出，通过瓷帽上的玻璃窗口可以看见。使用螺旋式熔断器时必须注意，用电设备的连接线应接到金属螺旋壳的上接线端，电源线应接到底座的下接线端。这样，更换熔丝时金属螺旋壳上不会带电，以保证用电安全。RL1 系列螺旋式熔断器的技术数据见表 5-8。

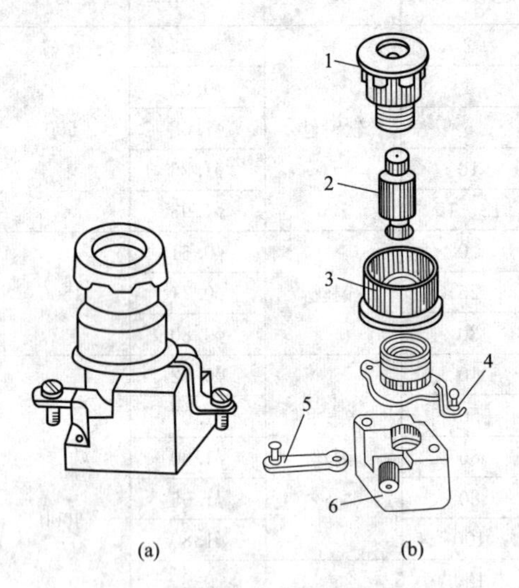

图 5-5　螺旋式熔断器外形及结构

(a) 外形；(b) 结构

1—瓷帽；2—熔管；3—瓷套；4—上接线端；5—下接线端；6—底座

表 5-8　　RL1 系列螺旋式熔断器的技术数据

产品型号	额定电压/V	熔体额定电流等级/A	极限分断电流/kA	交流电路功率因数 cosφ	外形尺寸/mm			质量/kg	用途
					宽	高	深		
RL1-15	380	2、4、5、6、10、15	25	0.35	38	62	63	0.13	适用于交流 50Hz、电压 380V、电流至 200A 的线路中作为电气设备短路或过载的保护元件
RL1-60		20、25、30、35、40、50、60			55	77	78	0.31	
RL1-100		60、80、100	50	0.25	82	113	118	0.88	

三、有填料封闭管式熔断器

有填料封闭管式熔断器具有断流能力强、保护特性好、使用安全、带有醒目的熔断指示器等优点，主要用于具有高短路电流的电力网或配电装置中，作为电缆、导线、电动机、变压器以及其他电气设备的短路保护和电缆、导线的过载保护。其缺点是熔体不能更换，熔体熔断后要更换熔管，经济性较差。

RT0 系列有填料封闭管式熔断器外形及结构如图 5-6 所示，由熔管和底座两部分组成。熔管包括管体、熔体、指示器、触刀、盖板和石英砂。管体是一个由高频电磁制成的波状方管，具有耐热性强、机械强度高等特点，管内装有工作熔体和指示器熔体。指示器为一机械装置，指示器熔体是一个与工作熔体并联的康铜丝，在工作熔体熔断后立即烧断，使红色指示件弹出，给出工作熔体已断的信号。工作熔体采用网状薄紫铜片，有提高分断能力的变截面和增加时限的锡桥，从而获得较好的短路保护和过载保护性能。熔断器内充满石英砂填料，石英砂主要用来冷却电弧，使产生的电弧迅速熄灭。RT0 系列有填料封闭管式熔断器的技术数据见表 5-9。

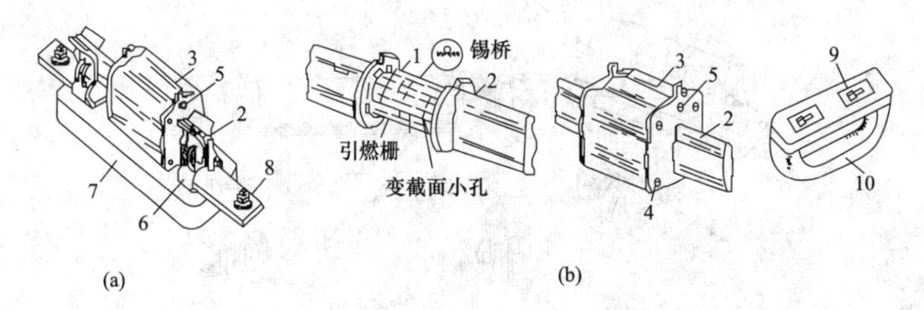

图 5-6 RT0 系列有填料封闭管式熔断器外形及结构

(a) 外形；(b) 结构

1—工作熔体（栅状）；2—触刀；3—瓷熔管；4—盖板；5—熔断指示器；6—弹性触头；7—底座；8—接线端；9—扣眼；10—操作手柄

表 5-9　RT0 系列有填料封闭管式熔断器的技术数据

型号	熔管额定电压/V	熔管额定电流/A	熔体额定电流等级/A	短路分断能力
RT0-50	交流 660 380 直流 440	50	5、10、15、20、30、40、50	50kA cosφ=0.1～0.2
RT0-100		100	30、40、50、60、80、100	
RT0-200		200	80、100、120、150、200	
RT0-400		400	150、200、250、300、350、400	
RT0-600		600	350、400、450、500、550、600	
RT0-1000	交流 380 直流 440	1000	700、800、900、1000	

四、无填料封闭管式熔断器

无填料封闭管式熔断器具有断流能力强、保护特性好、更换熔体方便、运行安全可靠等优点，适用于交流 50Hz、额定电压为 380V 或直流额定电压 440V 及以下电压等级的动力线路和成套配电设备中做短路保护或连续过载保护。

RM10 系列无填料封闭管式熔断器外形及结构如图 5-7 所示，主要由熔管、熔体及夹座组成，为可拆卸式。熔管的结构

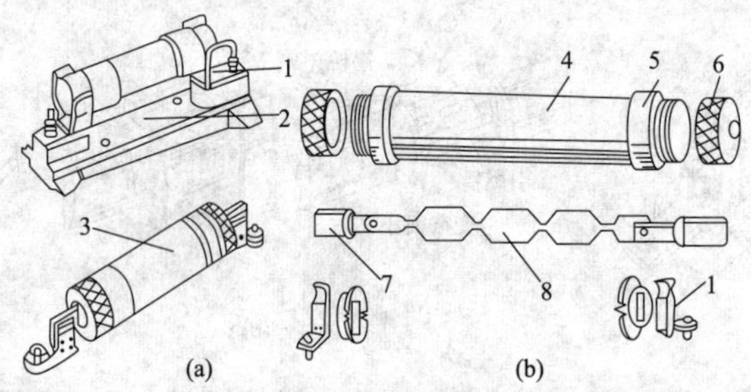

图 5-7　RM10 系列无填料封闭管式熔断器外形及结构

(a) 外形；(b) 结构

1—夹座；2—底座；3—熔管；4—钢纸管；5—黄铜管；6—黄铜帽；7—触刀；8—熔体

形式有两种：15A 和 60A 熔断器的熔管由钢纸管、黄铜套和黄铜帽等组成；100A 及以上的熔断器熔管由钢纸管、黄铜套、黄铜帽、触刀等组成。熔体由变截面锌片制成，中间有几处狭窄部分，当短路电流流过熔体时，首先在狭窄处熔断，熔管在电弧的高温作用下，分解出大量气体，使管内压力迅速增大，很快将电弧熄灭。RM10 系列无填料封闭管式熔断器的技术数据见表 5-10。

表 5-10 RM10 系列无填料封闭管式熔断器的技术数据

型号	额定电压/V	熔管额定电流/A	熔体额定电流等级/A	极限分断能力/A
RM10-15	220、380、500	15	6、10、15	1200
RM10-60		60	15、20、25、35、45、60	3500
RM10-100		100	60、80、100	10000
RM10-200		200	100、125、160、200	10000
RM10-350		350	200、225、260、300、350	10000
RM10-600		600	350、430、500、600	12000
RM10-1000		1000	600、700、850、1000	12000

五、熔断器的选择

1. 熔断器种类的选择

根据负载的保护特性和短路电流的大小来选择熔断器的类型。例如，电动机过载保护用的熔断器采用具有锌质熔体和铅锡合金熔体的熔断器。对于车间配电网路的保护熔断器，如果短路电流较大，就要选用分断能力大的熔断器，有时甚至还需要选用有限流作用的熔断器，如 RT0 系列熔断器。在经常发生故障的地方，应考虑选用“可拆式”熔断器，如 RC1A、RL1、RM10 等系列产品。

2. 熔体额定电流的选择

在选择和计算熔体电流时，应考虑负载情况，一般可将负载划为两类：一类是有冲击电流的负载，如电动机；另一类是比较平稳的负载，如一般照明电路。

（1）对于电炉、照明等阻性负载电路的短路保护，熔体的额定电流应稍大于或等于负载的额定电流。对于装在电能表出线上的熔断器，其熔体额定电流应按0.9～1倍电能表额定电流来选择。

（2）对于电动机负载，因为启动电流较大，一般可按下列公式计算：

1）对于一台电动机负载的短路保护：

$$熔体额定电流 \geqslant (1.5 \sim 2.5) 电动机额定电流$$

式中（1.5～2.5）视负载性质和启动方式不同而选取。当轻载启动、启动次数少、时间短或降压启动时，取小值；当重载启动、启动频繁、启动时间长或全压启动时，取大值。

2）对于多台电动机负载的短路保护：

$$熔体额定电流 \geqslant (1.5 \sim 2.5) 最大电动机额定电流 + 其余电动机的计算负荷电流$$

3. 熔断器熔管额定电流的确定

熔断器熔管的额定电流必须大于或等于所装熔体的额定电流。

4. 熔断器额定电压的选择

熔断器的额定电压必须大于或等于线路的工作电压。

5. 熔断器上下级配合

为满足选择性保护的要求，应注意上下级间的配合。选择熔体时，应顾及其特性曲线的误差范围，使得下一级（支路）熔断器的全部分断时间较上级（主电路）熔断器熔体加热到熔化温度的时间为小。一般要求上一级熔断器的熔断时间至少是下一级的3倍。为了保证动作的选择性，当上下级采用同一型号熔断器时，其电流等级以相差两级为宜。若上下级采用不同型号的熔断器，则应根据保护特性上给出的熔断时间选取。

第四节 低压断路器

一、低压断路器的特性及工作原理

1. 低压断路器的特性

低压断路器又称自动空气开关或自动开关，它相当于刀开关、熔断器、热继电器和欠电压继电器的组合，可用来保护交直流低压电网内电气设备，使之免受过电流、逆电流、短路和欠电压等不正常情况的危害，同时也可用于不频繁启动电动机，以及操作或转换电路。

低压断路器具有保护功能多、操作方便、工作可靠、动作值可调、分断能力高、安全等优点，特别是保护动作后，不需要更换零部件，因此在各种动力线路中和机床设备获得广泛应用。采用微处理器技术制造的断路器称为电子式断路器，它具有可调精度高的电子脱扣器、分断能力强、飞弧短、抗振动等特点，是逐渐取代电磁式断路器的更新换代产品。

低压断路器按结构形式可分为塑壳式（又称装置式）和框架式（又称万能式）两类，其外形及符号如图 5-8 所示。塑壳式低压断路器既可作配电网络保护开关，又可作电子电气设备、照明、电热器具等的控制开关，框架式低压断路器主要用作配电网络的开关。

2. 低压断路器的结构及工作原理

低压断路器的形式各种各样，但其基本结构和工作原理大体相同，主要由触头、操动机构、脱扣器和灭弧装置等组成，其内部结构如图 5-9 所示。操动机构分为直接手柄操作、杠杆操作、电磁铁操作和电动机驱动 4 种。脱扣器有电磁脱扣器、热脱扣器、复式脱扣器、欠电压脱扣器、分励脱扣器等类型，当线路正常工作时，电磁脱扣器中的线圈所产生的吸力不能将其衔铁吸合，如果线路发生短路和产生较大过电流时，电磁脱扣器的吸力增加，将衔铁吸合，并撞击杠杆，把搭钩顶上去，锁链脱扣，被主弹簧拉回，切断主触头。如果线路上电压下降或失去电压时，欠电压脱扣器的吸力减小或消失，衔铁被弹簧拉开，撞击杠杆，也能把搭钩顶开，切断主触头。如果线路出现过载，过载电流流过发热元件，使双金属片受热弯曲，将杠杆顶开，切断主触头。

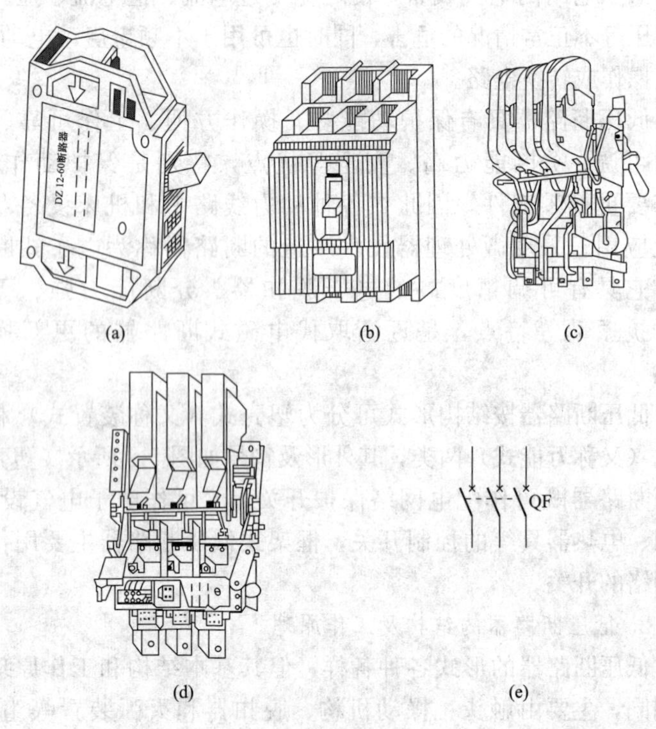

图 5-8　低压断路器外形及符号

(a) DZ12-60 塑壳式；(b) DZ10 塑壳式；

(c) DW10 框架式；(d) DW16 框架式；(e) 符号

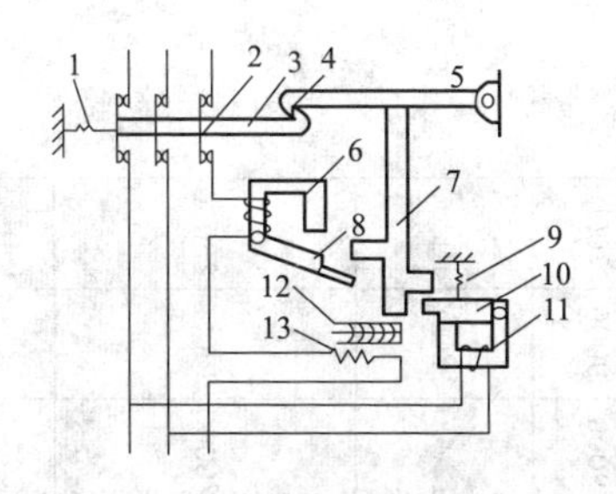

图 5-9　低压断路器内部结构

1—主弹簧；2—主触头 3 对；3—锁链；4—搭钩；5—轴；6—电磁脱扣器；7—杠杆；8—电磁脱扣器衔铁；9—弹簧；10—欠电压脱扣器衔铁；11—欠电压脱扣器；12—双金属片；13—热元件

二、塑壳式低压断路器常用系列

塑壳式低压断路器曾称为装置式断路器，其所有零部件均装于一塑料的外壳中。这种断路器与框架式断路器相比，具有结构紧凑、体积小、操作简便和安全等特点，但其分断能力和容量（600A 以下）低于框架式断路器，保护和操作方式较少，有些可以维修，有些不能维修，常用于配电支路末端，用作配电网络的保护及电动机、照明电路的控制。

塑壳式低压断路器多为非选择型，其操作方式多为手动，主要有扳动式和按键式两种。对于大容量断路器的操动机构采用储能式，而小容量断路器多采用非储能式。塑壳式低压断路器可以装设电磁脱扣器、热脱扣器，也可以增加欠电压（失压）脱扣器、分励脱扣器以及电动机操动机构等。

近年来我国生产的塑壳式低压断路器常见的型号有 DZ10 系列、DZ15 系列、DZ20 系列、DZ47 系列，其技术性能有较大提高，逐渐取代早期产品 DZ1 系列、DZ3 系列、DZ5 系列、DZ9 系列。

（1）DZ10 系列塑壳式低压断路器。适用于交流 50Hz、500V 以下或直流 220V 及以下线路中，作不频繁接通和分断线路用。DZ10 系列塑壳式低压断路器的技术数据见表 5-11。

表 5-11　　DZ10 系列塑壳式低压断路器的技术数据

型号	额定电压/V	级数	复式脱扣器 额定电流/A	复式脱扣器 瞬间动作整定电流/A		电磁脱扣器 额定电流/A	电磁脱扣器 瞬间动作整定电流/A		极限分断电流/A 直流 220V	极限分断电流/A 交流 380V	极限分断电流/A 交流 500V	允许切断次数
DZ10-100	直流 220 交流 500	2、3	15	10 I_N	150	15	$10I_N$	150	7000	7000	6000	2
			20		200	20		200				
			25		250	25		250	9000	9000	7000	
			30		300	30		300				
			40		400	40		400				
			50		500	50		500	12000	12000	10000	
			60		600	100	$(6\sim10)I_N$	600～1000				
			80		800							
			100		1000							
DZ10-250			100	$(5\sim10)I_N$	500～1000	250	$(2\sim6)I_N$	500～1500	20000	30000	25000	
			120	$(4\sim10)I_N$	480～1200		$(2\sim6)I_N$	500～1500				
			140	$(3\sim10)I_N$	420～1400	250	$(2.5\sim8)I_N$	625～2000				
			170		510～1700							
			200		600～2000		$(3\sim10)I_N$	750～2500				
			250		750～2500							
DZ10-600			200	$(3\sim10)I_N$	600～2000	400	$(2\sim7)I_N$	800～2800	25000	50000	40000	
			250		750～2500							
			300		900～3000			800～2800				
			350		1050～3500	600	$(2.5\sim8)I_N$	1500～4800				
			400		1200～4000							
			500	$(3\sim10)I_N$	1500～5000	600	$(3\sim10)I_N$	1800～6000				
			600		1800～6000							

注　1. 极限分断电流指峰值、直流以二极切断，交流以二极或三极切断。交流 $\cos\varphi\geqslant0.5$，直流 $T=0.01s$。

2. 表中 I_N 指脱扣器的额定电流。

（2）DZ15 系列塑壳式低压断路器。该系列产品的操动机构具有明显的快合、快分功能，触头选用内氯化法的银氧化锌触头材料，接触电阻小，耐磨，抗熔焊，长延时脱扣器采用有阻尼液压式脱扣器，可提供较理想的反时限保护特性。它适用于交流 50Hz、额定工作电压至 380V、额定电流至 100A 的电路，作过载、短路保护用，并可作为线路的不频繁转换及电动机的不频繁启动用。DZ15 系列塑壳式低压断路器的技术数据见表 5-12。

表 5-12　DZ15 系列塑壳式低压断路器的技术数据

<table>
<tr><td>型号</td><td colspan="2">DZ15-40</td><td colspan="2">DZ15-63（100）</td></tr>
<tr><td>额定电压/V</td><td colspan="4">AC380/220</td></tr>
<tr><td>额定电流/A</td><td colspan="2">40</td><td colspan="2">63（100）</td></tr>
<tr><td>极数</td><td colspan="4">1、2、3、4</td></tr>
<tr><td>脱扣器额定电流/A</td><td colspan="2">6、10、16、20、25、32、40</td><td colspan="2">10、16、20、25、32、40、50、63、（80、100）</td></tr>
<tr><td rowspan="4">过电流脱扣器特性</td><td>$1.05I_N$</td><td colspan="2">1h 内不脱扣</td><td>冷态</td></tr>
<tr><td>$1.3I_N$</td><td colspan="2">1h 内脱扣</td><td>热态</td></tr>
<tr><td>$3.0I_N$</td><td colspan="2">可返回时间≥2s</td><td>冷态</td></tr>
<tr><td>$10I_N$</td><td colspan="2">≤0.2s 脱扣</td><td>冷态</td></tr>
</table>

（3）DZ20 系列塑壳式低压断路器。该系列产品可分为配电用和保护电动机用两种，极数有二极、三极，接线方式有板前式和板后式之分，按额定极限短路分断能力分为一般型（Y 型）、较高型（J 型）、高级型（G 型）以及经济型（C 型）。J 型是在 Y 型基础上，将触头结构改进，使开关在短路情况下机构动作之前动触头能迅速断开，以提高断路能力。G 型是在 Y 型基础上，改进触头系统，使开关通过大短路电流时接入斥力限流系统，改善灭弧性能。C 型可全面取代 DZ10 系列产品。适用

于交流 50Hz、额定工作电压至 380V、额定电流至 200A 的电路中，可作为电动机保护用，也可在正常条件下作为线路的不频繁转换及电动机的不频繁启动用。DZ20 系列塑壳式低压断路器的技术数据见表 5-13。

表 5-13　DZ20 系列塑壳式低压断路器的技术数据

<table>
<tr><th rowspan="2">型号</th><th rowspan="2">极数</th><th rowspan="2">额定电流/A</th><th rowspan="2">脱扣器额定电流/A</th><th rowspan="2">欠压脱扣器/V</th><th colspan="3">外形尺寸/mm</th></tr>
<tr><th>长</th><th>宽</th><th>高</th></tr>
<tr><td>DZ20Y-100/22□□□
DZ20Y-100/23□□□</td><td>2</td><td rowspan="6">100</td><td rowspan="6">16、20、32、40、50、63、80、100</td><td rowspan="6">交流 100、220、380、直流 24、48、110、220</td><td rowspan="4">218.5</td><td rowspan="4">105</td><td rowspan="4">103</td></tr>
<tr><td>DZ20Y-100/32□□□
DZ20Y-100/33□□□</td><td>3</td></tr>
<tr><td>DZ20J-100/22□□□
DZ20J-100/23□□□</td><td>2</td></tr>
<tr><td>DZ20J-100/32□□□
DZ20J-100/33□□□</td><td>3</td></tr>
<tr><td>DZ20G-100/22□□□
DZ20G-100/23□□□</td><td>2</td><td rowspan="2">218.5</td><td rowspan="2">105</td><td rowspan="2">156.5</td></tr>
<tr><td>DZ20G-100/32□□□
DZ20G-100/33□□□</td><td>3</td></tr>
<tr><td>DZ20Y-200/22□□□
DZ20Y-200/23□□□</td><td>2</td><td rowspan="6">200
(225)</td><td rowspan="6">100、125、160、180、200、225</td><td rowspan="6">交流 110、220、380 直流 24、48、110、220</td><td rowspan="4">402</td><td rowspan="4">116.5</td><td rowspan="4">142</td></tr>
<tr><td>DZ20Y-200/32□□□
DZ20Y-200/33□□□</td><td>3</td></tr>
<tr><td>DZ20J-200/22□□□
DZ20J-200/23□□□</td><td>2</td></tr>
<tr><td>DZ20J-200/32□□□
DZ20J-200/33□□□</td><td>3</td></tr>
<tr><td>DZ20G-200/22□□□
DZ20G-200/23□□□</td><td>2</td><td rowspan="2">402</td><td rowspan="2">116.5</td><td rowspan="2">227</td></tr>
<tr><td>DZ20G-200/32□□□
DZ20G-200/33□□□</td><td>3</td></tr>
</table>

续表

型号	极数	额定电流/A	脱扣器额定电流/A	欠压脱扣器/V	外形尺寸/mm		
					长	宽	高
DZ20Y-400/22□□□ DZ20Y-400/23□□□	2	400	200、250、315、350、400	交流110、220、380 直流24、48、110、220	391	155	149.5
DZ20Y-400/32□□□ DZ20Y-400/33□□□	3						
DZ20J-400/22□□□ DZ20J-400/23□□□	2						147
DZ20J-400/32□□□ DZ20J-400/33□□□	3						
DZ20G-400/22□□□ DZ20G-400/23□□□	2				391	155	247
DZ20G-400/32□□□ DZ20G-400/33□□□	3						
DZ20Y-630/22□□□ DZ20Y-630/23□□□	2	630	400、500、630	交流110、220、380 直流24、48、110、220	367	210	180
DZ20Y-630/32□□□ DZ20Y-630/33□□□	3						
DZ20J-630/22□□□ DZ20J-630/23□□□	2				455	212	216
DZ20J-630/32□□□ DZ20J-630/33□□□	3						
DZ20G-800/22□□□ DZ20G-800/23□□□	2	800	500、630、700、800		468	212	317
DZ20G-800/32□□□ DZ20G-800/33□□□	3						
DZ20Y-1250/22□□□ DZ20Y-1250/23□□□	2	1250	630、700、800、1000、1250	交流110、220、380 直流24、48、110、220	559	212	216
DZ20Y-1250/32□□□ DZ20Y-1250/33□□□	3						

注 1. DZ20-200、400、630、1250 有电动操作，型号加“P”字，电动操作电压为交流 50Hz，200V 或 380V。

2. 板前接线或板后接线订货时注明。

三、框架式低压断路器常用系列

框架式低压断路器曾称为万能式断路器，一般都有一个钢制的框架，所有的零部件、（包括触头系统、脱扣器等）均安装在框架内。这种断路器容量大、易维修、分断能力高、热稳定性较好，主要用于交流电压380V的低压配电系统中，用于过载、短路及欠电压保护。

框架式低压断路器用在交流电路时，其额定电流等级有200、400、600、1000、1500、2500、4000A，保护特性有选择型和非选择型两类。用在直流电路时，其额定电流等级为600～6000A，并有快速型（保护硅整流设备）和一般型（保护一般直流设备）。用在电动机保护时，其额定电流等级为60～600A，可以直接启动或间接启动交流电动机。

DW10系列是我国框架式低压断路器的第一代产品，其技术指标较低，性能只达到50年代的水平，市场占有率约20%～30%，现已逐步淘汰。DW15系列、DW17系列、DW913系列、DW914系列是我国更新换代的第二代产品，性能已达80年代初的水平，市场占有率约50%～60%。第三代框架式低压断路器又称智能型框架式低压断路器，我国开发的起步时间较晚，其代表产品为DW45系列，性能已达90年代初的水平，市场占有率约5%～10%。

（1）DW15和DW15C系列框架式低压断路器。立体布置式，具有三段保护特性，可以对电网作选择性保护。DW15C系列是抽屉式低压断路器，由低压断路器主体（经改装的DW15低压断路器）和抽屉座组成；隔离触刀、二次回路动触头系统、接地触头系统、支承导轨等零件均固定在断路器本体上。适用于交流50Hz，额定工作电压至1140V，额定电流至4000A的陆上和煤矿井下配电网络，用来分配电能，用作线路、电源设备以及电动机的过载、欠电压和短路保护，并可在正常条件下作线路不频繁转换及电动机不频繁启动用。DW15和DW15C系列框架式低压断路器的技术数据见表5-14。

表 5-14　　DW15 和 DW15C 系列框架式低压断路器的技术数据

型号			DW15-200 DW15C-200	DW15-400 DW15C-400	DW15-630 DW15C-630	DW15-1000 DW15-1600	DW15-2500	DW15-4000
壳架等级额定电流/A			200	400	630	1000 1600	2500	4000
断路器额定电流/A		热式	100、160、200	315、400	315、400、630	630、800、1000、1600	1600、2000、2500	2500、3000、4000
		半导体式	100、200	200、400	315、400、630	630、800、1000、1600	1600、2000、2500	2500、3000、4000
额定短路通断能力/kA	瞬时	AC380V	20	25	30	40	60	80
		AC660V	10	15	20	—	—	—
		AC1140V	—	10	12	—	—	—
	短延时	AC380V	4	8	12.6	30	40	60
		AC660V	4	8	10	—	—	—
机械寿命/抽屉机械寿命/次			20000/200	10000/200	10000/200	5000	5000	4000
AC380V 电寿命/次		配用电	2000	1000	1000	500	500	500
		保护电动机用	4000	2000	2000	—		

（2）DW17（ME）系列框架式低压断路器。引进德国的产品，采用立体式的积木结构，总体结构分固定连接式和抽屉式两种。接线方式有垂直进出线、水平进出线。操作方式有手动操作、直接电动操作、预储能操作。过电流脱扣器由瞬时、长延时和短延时脱扣器组成，可根据使用要求进行组合，以实现一段、二段和三段保护。适用于交流 50Hz、电压 380V（ME630、ME1000、ME1600 的电压可提高到 1000V）、电流至 4000A 的配电网络中，用来分配电能和保护线路及电源设备的过载、欠电压和短路，在正常的工作条件下可作为线路的不频繁转换使用。DW17（ME）系列框架式低压断路器的技术数据见表 5-15。

（3）DW914（AH）系列框架式低压断路器。引进日本的产品，具有高断流容量和高电动稳定性，有固定式和抽屉式两种结构，多种过电流保护装置，合闸操作方式多样化。适用于交流 50Hz 或 60Hz、660V 及以下，直流 440V 及以下的船用和一般工业电力线路中，作为过载、欠电压及短路保护，以及在正常工作条件下供线路不频繁转换使用。DW914（AH）系列框架式低压断路器的技术数据见表 5-16。

（4）DW45 系列智能型框架式低压断路器。具有过载长延时反时限、短延时反时限、短延时定时限、瞬动功能，可由用户自行设定，组成所需要的保护特性；单相接地保护特性；整定电流 I_r 显示、动作电流显示；检测主回路电流；过载报警、过热保护；微机自诊断；可试验脱扣器的动作特性；可带有通信接口，在 1km 内通过微机对断路器实行遥控、遥调、遥测和遥信。适用于交流 50Hz，额定电压 380V、660V，额定电流为 630～3200A 的配电系统中，主要用来分配电能和保护线路及电源设备免受过载、欠电压、短路、单相接地等故障的危害。DW45 系列智能型框架式低压断路器的技术数据见表 5-17，其脱扣器的整定范围和动作特性见表 5-18。

表 5-15　**DW17（ME）系列框架式低压断路器的技术数据**

断路器结构尺寸等级	原型号	额定电流/A	额定分断能力/kA						额定通断能力（交流峰值）/kA		额定短时耐受电流（1s）/kA	机械寿命×10^4/次	电寿命/次
			交流（有效值）			直流							
			380V	660V	$\cos\varphi$	220V	440V	T	380V	660V			
结构尺寸1	ME630	630	50		0.25	40	30	15ms	105		30	2①	1000
	ME800	800											
	ME1000	1000									50		
	ME1250	1250											
	ME1600	1600											
	ME1605	1900											
结构尺寸2	ME2000	2000	80		0.2	60		15ms	180		80	1	500
	ME2500	2500											
	ME2505	2900											
结构尺寸3	ME3200	3200											
	ME3205	3900											
结构尺寸4	ME4000	4000	100	80	0.2	80		15ms	220	180	100	0.3	150
	ME4005	5000											

① 具有预储能电动机传动的 ME630～1605 断路器的机械寿命为 1×10^4 次。

表 5-16　　DW914（AH）系列框架式低压断路器的技术数据

型号	额定工作电压/V	额定电流/A	脱扣器额定电流（一般工业用）/A	额定短路电流有效值（kA）/额定接通值峰值（kA）				机械寿命/次	电寿命/次	飞弧距离①/mm
				瞬时			短延时			
				~660V	~380V	~250V	~500V			
DW914-600	AC600、500、440、380	630	100、160、250、400、630	—	42/88.2	40/40	22/46.2	5000	1000	65（380V）115（500V）135（660V）
DW914-1000		1000	250、400、630、800、100	—	50/105		30/63	3000	500	
DW914-1600		1600	200、250、400、500、630、800、1000、1250、1600	30/63	65/143			1000	100	
DW914-2000		2000	500、800、1250、2000				35/80.5	900		140（380V）170（660V）
DW914-2000G					70/154					
DW914-3200	DC440、250	3200	2000、3200	50/105	65/143					170（380V）260（660V）
DW914-3200G					85/187					
DW914-4000		4000	4000		120/264		42/88.2			

① 飞弧距离电子脱扣器顶部以上的飞弧距离。

表 5-17　DW45 系列智能型框架式低压断路器的技术数据

壳架等级额定电流 I_{nm}/A	额定电流/A	额定极限短路分断能力 I_{CU}/kA		额定运行短路分断能力 I_{Cs}/kA		额定短时耐受电流 I_{CW}/(kA，1s)	电寿命/机械寿命/次
		380V	660V	380V	660V	6	
2000	630、800、1000、1250、1600、2000	65/80	40/50	40/50	30/40	50	500/1000
3200	2000、2500、3200	80/100	50/65	50/65	40/50	60	

注　1. 50kA 及以下时，$\cos\varphi=0.25$；65kA 及以上时，$\cos\varphi=0.2$。
2. 分子为标准型技术指标，分母为高分断 H 型技术指标。

表 5-18　DW45 系列智能型框架式低压断路器的整定范围和动作特性

<table>
<tr><td rowspan="2">脱扣器</td><td rowspan="2">整定范围</td><td colspan="7">动作特性</td></tr>
<tr><td>电流</td><td colspan="6">动作时间</td></tr>
<tr><td rowspan="4">长延时</td><td rowspan="4">(0.4～1)I_N</td><td>1.05I_{r1}</td><td colspan="6">>2h 不动作</td></tr>
<tr><td>1.3I_{r1}</td><td colspan="6"><1h 动作</td></tr>
<tr><td>1.5I_{r1}</td><td>15s</td><td>30s</td><td>60s</td><td>120s</td><td>240s</td><td>480s</td></tr>
<tr><td>2.0I_{r1}</td><td>8.4s</td><td>16.9s</td><td>33.7s</td><td>67.5s</td><td>135s</td><td>270s</td></tr>
<tr><td rowspan="2">短延时</td><td rowspan="2">(0.4～15)I_N</td><td colspan="2">延时时间（s）</td><td>0.1</td><td colspan="2">0.2</td><td>0.3</td><td>0.4</td></tr>
<tr><td colspan="2">可返回时间（s）</td><td>0.06</td><td colspan="2">0.14</td><td>0.23</td><td>0.35</td></tr>
<tr><td>瞬时</td><td>10I_N～50kA</td><td colspan="7">—</td></tr>
<tr><td>接地故障</td><td>(0.2～0.8)I_N</td><td colspan="7">定时限、与短延时相同</td></tr>
</table>

注　I_{r1} 为长延时脱扣器的整定电流。

四、小型低压断路器常用系列

小型低压断路器具有以下特点：动作可靠性高，所有运动零件均定位在两块金属板之间，因而其动作与模塑外壳不可避免的收缩无关；多级断路器由单极断路器拼装构成，并具有与单极断路器相同的限流特性；同步性好，多极断路器极与极之间通断与脱扣的偶联确保所有极的触头总处于同一通断位置。小型低压断路器瞬时脱扣电流类型有 B 型（3～5 倍额定电流时脱扣）、C 型（5～10 倍额定电流时脱扣）、D 型（10～14 倍额定电流时脱扣）3 种，一般照明可以选 B 型或 C 型（选 C 型更多，属于常用），动力设备或小功率电动机可以选 D 型。

（1）DZ30-32 小型低压断路器。适用于交流 50Hz、额定电压 250V 以下的单相线路，对电气线路的过载和短路进行保护，是民用住宅领域最为理想的配电保护开关。DZ30-32 小型低压断路器的技术数据见表 5-19。

表 5-19　　DZ30—32 小型低压断路器的技术数据

项目	参数
额定工作电压/V	250
极数	1+N
额定电流/A	32
脱扣器额定电流/A	6、10、16、20、25、32

（2）DZ12-60 小型低压断路器。适用于宾馆、公寓、高层建筑、广场、航空港、火车站和工商企业等单位的交流 50Hz、单相至 240V、三相至 415V 及以下的照明线路，作为线路的过载、短路保护以及线路转换开关用。DZ12-60 小型低压断路器的技术数据见表 5-20。

表 5-20　　DZ12—60 小型低压断路器的技术数据

型号	极数	脱扣器额定电流/A	外形尺寸/mm		
			长	宽	高
DZ12-60	1	6、10、15、20、30、40、50、60	113	25	77.5
	2	15、20、30、40、50、60	113	50	77.5
	3		113	75	77.5

（3）DZ47（C45）系列小型低压断路器。法国进入中国市场的早期产品，产品进入市场后大受欢迎，但价格很高，其系列有 C45、C45N、C45AD。DZ47 是国内设计的小型低压断路器，与 C45 大小类似，功能相近，可以互相取代。适用于交流 50Hz、额定电压 415V 及以下、额定电流 60A 的电路中，主要用于现代建筑物的电气线路及设备的过载、短路保护，也适用

于线路的不频繁操作及隔离。DZ47、C45 系列小型低压断路器的技术数据见表 5-21。

表 5-21 DZ47、C45 系列小型低压断路器的技术数据

型号	极数	额定电压/V	额定电流/A	短路分断能力/A	瞬时脱扣电流类型	安装方式
DZ47B	1、2、3	240/415	5、10、15、20、25、32	3000	B	安装轨式
DZ47C	1、2、3、4		1、3、5、10、15、20、25、32、40、50、60	6000（1～40A）4000（50、60A）	C	
DZ47D			1、3、5、10、15、20、25、32、40	4000	D	
DZ47-100	3		63、80、100	10000	C 或 D	

型号	额定电压/V	额定电流/A	极数	额定分断能力/A	短路通断能力/A	瞬时动作电流/A	电寿命/万次	机械寿命/万次
C45	220、240	5、10、15、20、25、32	2、3	6000	3000	（4～7）I_N	0.6	2
	380、415			5000				
C45N	220、240	1	2、3、4	20000	6000			
	380、415			10000				
	220、240	3、5		20000				
	380、415			8000				
	220、240	10、15、20、25、32、40		16000				
	380、415			8000				
	220、240	50		10000	4000			
	380、415			6000				
	220、240	60		10000				
	380、415			5000				
C45AD	220、240 380、415	1、3、5、10、15、20、25、32、40	1	6000	4000	（10～14）I_N		

注 I_N 为额定电流。

（4）其他常用小型低压断路器。各种常用小型低压断路器的技术数据见表 5-22。

表 5-22　各种常用小型低压断路器的技术数据

型号	极数	额定电压/V	额定电流/A	短路分断能力/A	瞬时动作电流/A	安装方式
PX200C	1、2、3、4	240/415	6、10、16、20、25、32、40、50、63	6000	$(4\sim7)I_N$	安装轨式
DZ12		120/220	15、20、30、40、50、60	5000/3000	$(20\sim100)I_N$	压板式 插入式
DZX19-63	1、2、3、4	220/380	10、20、32、40、50、63	6000/10000	$(10\sim50)I_N$	插入式
E4CB	1、2、3	交流 250/450 直流 40 及以下	6、10、16、20、25、32、40、50、63	8000	$(7\sim10)I_N$ $(I_N\leqslant40A)$ $(4\sim7)I_N$ $(I_N>40A)$ $(10\sim14)I_N$ （直流）	安装轨式
DZ126-63	1、2、3、4	230/400	6～63	6000/10000	$(3\sim20)I_N$	安装轨式
DZ126-100			80～100		$(5\sim10)I_N$	
XA10	1、2、3、4	220/380	6～63	4500/6000	$(5\sim10)I_N$	安装轨式
MC、MD	1、2、3、4	230/400	0.5～63	6000	$(5\sim10)I_N$ （MC、NM） $(10\sim20)I_N$ （MD）	安装轨式
NM			80～100	10000		
NC-100	1、2、3、4	240/415	63～125	6000/10000	$(7\sim10)I_N$ $(10\sim14)I_N$	安装轨式
S200	1、2、3、4	230/400	0.5～63	6000/10000	$(3\sim5)I_N$	安装轨式
5SX	1、2、3、4	230/400	0.3～125	6000/10000	$(2\sim20)I_N$	安装轨式
L7 LH LS1N	1、2、3、4	230/400	0.5～63 50～125 2～32	10000 2500 4500/6000	$(3\sim20)I_N$ $(5\sim10)I_N$ $(3\sim10)I_N$	安装轨式
S060	1、2、3、4	220/380	6、11、16、20、25、32、40	3000	$(3.5\sim6)I_N$ 或 $(8\sim14)I_N$	安装轨式

注　I_N 为额定电流。

五、漏电低压断路器常用系列

随着家用电器的增多，由于绝缘不良引起漏电时，因泄漏电流小，不能使其保护装置（熔断器、断路器）动作，这样漏电设备外露的可导电部分长期带电，增加了触电危险，漏电低压断路器就是针对这种情况发展起来的。漏电低压断路器按保护功能分为两类：一类是带过电流保护的，它除具备漏电保护功能外，还兼有过载和短路保护功能，使用这种开关，电路上一般不需要配用熔断器；另一类是不带过流保护的，在使用时还需要配用相应的过流保护装置（如熔断器）。

漏电低压断路器的工作原理如图 5-10 所示，图中 TA 是零序电流互感器，YA 是极化电磁铁，Y 是低压断路器的脱扣装置，Rx 和 SB 是检验支路，按动按钮可以检测断路器的动作性能。零序电流互感器的铁芯须用高磁导率材料制作，极化电磁铁采用常闭式铁芯，应具有较高的灵敏度和准确度。若在图中零序电流互感器的后方加装上电子放大环节或开关电路，以上部分则构成电子式电流动作型漏电低压断路器。电流动作型漏电低压断路器正常运行时，各相电流的向量和为零，零序电流互感器的二次侧没有输出；当发生漏电或人体触电事故时，在零序电流互感器的二次侧线圈有零序电流通过（因故障电流通过大地返回变压器的中性点），漏电脱扣器中有电流通过；当电流达到整定值时，使脱扣机构动作，主开关跳闸，切断故障电路，从而起到保护作用。

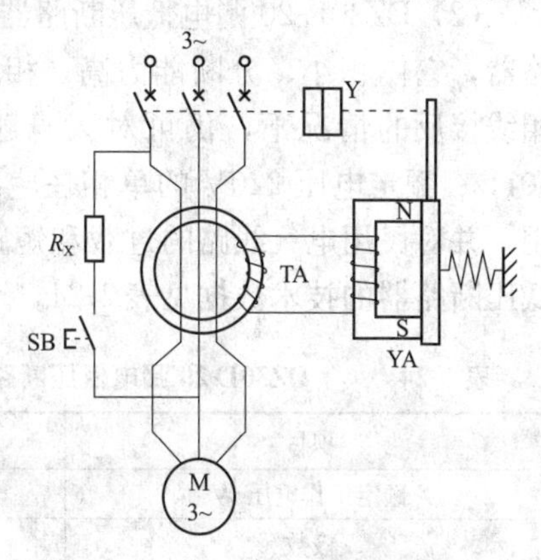

图 5-10　漏电低压断路器的工作原理

（1）DZ12LE-60 漏电低压断路器。为电流动作型电子式漏电低压断路器，由高导磁材料制造的零序电流互感器、电子组件板、漏电脱扣器和DZ12断路器组成。适用于交流50Hz、单相240V、三相415V、额定电流至60A的电路中，主要作为人身触电和设备漏电保护用，并可用于线路的过载及短路保护。DZ12LE-60漏电低压断路器的技术数据见表5-23。

表5-23　　DZ12LE-60漏电低压断路器的技术数据

型号		DZ12LE-60							
额定电压/V		220				380			
额定电流/A		60							
极数		1+N、2				2、3、3+N			
脱扣器额定电流/A		6、10、15、20、25、30、40、50、60				6、10、15、20、25、30、40、50、60			
额定漏电动作电流/mA		30	50	75	100	30	50	75	100
额定漏电不动作电流/mA		15	25	40	50	15	25	40	50
漏电动作时间/s		＜0.1							
外形尺寸/mm	长	93							
	宽	50（单极二线）；75（二极二线）；100（三极四线）							
	高	77.5							

（2）DZ30L-20漏电低压断路器。为电流动作型漏电低压断路器，它体积小、分断能力高；相线、中性线可同时切断；在相线接反的情况下，仍可对人身触电进行保护。适用于交流50Hz、额定电压220V的单相住宅线路中，作为人身触电保护用，并对民用电气线路的过载和短路进行保护。DZ30L-20漏电低压断路器的技术数据见表5-24。

表5-24　　DZ30L-20漏电低压断路器的技术数据

项目	参数
额定工作电压/V	220
极数	1+N
额定电流/A	20

续表

<table>
<tr><th colspan="2">项目</th><th>参数</th></tr>
<tr><td colspan="2">脱扣器额定电流/A</td><td>6、10、16、20</td></tr>
<tr><td colspan="2">额定漏电动作电流/mA</td><td>30</td></tr>
<tr><td colspan="2">额定漏电不动作电流/mA</td><td>15</td></tr>
<tr><td colspan="2">漏电动作时间/s</td><td>≤0.1</td></tr>
<tr><td rowspan="3">外形尺寸/mm</td><td>长</td><td>79</td></tr>
<tr><td>宽</td><td>36</td></tr>
<tr><td>高</td><td>71</td></tr>
</table>

（3）DZ20LE 系列漏电低压断路器。为电流动作型漏电低压断路器，主要由零序电流互感器、电流控制漏电脱扣器及带有过载和短路保护的 DZ20 型低压断路器组成，全部零部件安装在一个塑料外壳中。适用于交流 50Hz、额定电压 380V、额定电流至 400A 的电路中，可作为人身触电和设备漏电保护用，并可用于线路的不频繁转换及电动机的不频繁启动。DZ20LE 系列漏电低压断路器的技术数据见表 5-25。

表 5-25　DZ20LE 系列漏电低压断路器的技术数据

<table>
<tr><th colspan="2">型号</th><th colspan="3">DZ20LE-160</th><th colspan="3">DZ20LE-250</th><th colspan="4">DZ20LE-400</th></tr>
<tr><td colspan="2">额定电压/V</td><td colspan="10">380</td></tr>
<tr><td colspan="2">额定电流/A</td><td colspan="3">160</td><td colspan="3">250</td><td colspan="4">400</td></tr>
<tr><td colspan="2">极数</td><td colspan="3">4</td><td colspan="3">4</td><td colspan="4">4</td></tr>
<tr><td colspan="2">脱扣额定电流/A</td><td colspan="3">80、100、120、140、160</td><td colspan="3">120、160、180、200、250</td><td colspan="4">200、250、300、350、400</td></tr>
<tr><td colspan="2">额定漏电动作电流/mA</td><td>50</td><td>100</td><td>200</td><td>100</td><td>200</td><td>300</td><td>100</td><td>200</td><td>300</td><td>500</td></tr>
<tr><td colspan="2">额定漏电不动作电流/mA</td><td>25</td><td>50</td><td>100</td><td>50</td><td>100</td><td>150</td><td>50</td><td>100</td><td>150</td><td>250</td></tr>
<tr><td colspan="2">漏电动作时间/s</td><td colspan="10">≤0.1</td></tr>
<tr><td rowspan="3">外形尺寸/mm</td><td>长</td><td colspan="3">225</td><td colspan="3">277</td><td colspan="4">363</td></tr>
<tr><td>宽</td><td colspan="3">145</td><td colspan="3">145</td><td colspan="4">206</td></tr>
<tr><td>高</td><td colspan="3">105</td><td colspan="3">138</td><td colspan="4">146</td></tr>
</table>

六、低压断路器的选用

在选用断路器时，首先应根据应用场合选择合适的类型，然后再确定具体的规格参数。

1. 低压断路器类型的选用

（1）用于配电线路保护。配电线路用低压断路器作为电源总开关和负载支路开关，在配电线路中分配电能，并对线路中的电线电缆与变压器等提供保护。因此，配电线路用低压断路器的额定电流较大，短路分断能力要求较高，通常可选用框架式低压断路器。

（2）用于电动机保护。采用刀开关、负荷开关、组合开关、接触器、电磁启动器来控制的电动机，其短路保护若采用熔断器，则当其某一相熔断后会导致电动机缺相运行，易导致电动机损坏。如果选择低压断路器来控制和保护电动机，由于低压断路器本身具有短路保护能力，故不需要再借助熔断器作短路保护，由此可消除电动机缺相运行的隐患，同时也能提高线路运行的安全性与可靠性。电动机保护用低压断路器多选择塑壳式断路器。

（3）用于家用。家用低压断路器是指民用照明或用来保护配电系统的断路器。照明线路的容量一般都不大，通常选择塑壳式断路器作为保护装置，主要用来控制照明线路在正常条件下的接通与分断，并提供过载与短路保护。较流行的家用低压断路器为小型塑壳断路器，如 DZ47 系列、C45 系列，住宅建筑、办公楼均采用这一类低压断路器。

2. 低压断路器规格参数的选用

（1）选用的低压断路器的要求：①额定电压和额定电流应不小于线路正常的工作电压和计算负载电流；②额定短路通断能力应不小于线路可能出现的最大短路电流，一般按有效值计算；③线路末端单相对地短路电流不小于 1.25 倍低压断路器瞬时（或短延时）脱扣器额定电流；④欠电压脱扣器额定电压等于线路额定电压；⑤分励脱扣器额定电压等于控制电源电压。

(2) 电动机保护用低压断路器长延时电流整定值等于电动机额定电流。对保护笼型电动机的低压断路器，瞬时整定电流应等于 8～15 倍电动机额定电流；对于保护绕线转子电动机的低压断路器，瞬时整定电流应等于 3～6 倍电动机额定电流。

(3) 6 倍长延时电流整定值的可返回时间应不小于电动机实际启动时间。按启动时负载的轻重，可选用返回时间为 1、3、5、8、15s 中的一挡。

(4) 照明、生活用导线保护低压断路器应具有长延时过电流脱扣器，脱扣器的电流整定值等于或略小于线路的计算负载电流，而瞬时过电流脱扣器动作整定值应等于 6～20 倍线路计算负载电流。

第五节　接　触　器

一、接触器的结构及工作原理

接触器是控制系统中最基本的元器件，是一种利用电磁、液压或气动原理通过远距离（或就近）频繁地接通和断开交、直流主回路和大容量控制电路的控制电器，它具有结构紧凑、动作快、操作频率高、性能稳定、使用安全、工作可靠、维修方便、控制容量大、寿命长、能远距离操作以及欠电压、零电压保护等优点，主要用作电动机的主控开关，也可用作小型发电机、电热设备、电焊机和电容器组等各种设备的主控开关，广泛应用在低压配电系统、电力拖动和自动控制系统中。

接触器的种类繁多，可以有多种不同的分类方法：按操动方式可分为电磁式、液压式、气动式接触器等；按电流种类可分为交流、直流接触器；按灭弧介质可分为空气式、油浸式、真空式接触器等；按主触头的极数可分为单极、二极、三极接触器等。应用最广泛的是空气电磁式有触头的交流接触器和直流接触器。

交、直流接触器的结构主要由电磁系统、触头系统、灭弧装置等组成，其结构及符号如图 5-11 所示。交流接触器是根据电磁原理工作的，当电磁线圈接通控制电源后，线圈产生磁场，使静铁芯产生较大的吸引力，以克服弹簧的作用力，将动铁芯吸合，固定在动铁芯上的动断、动合触头相继断开和闭合。当电磁线圈失去控制电压或控制电压降低到一定值后，静铁芯产

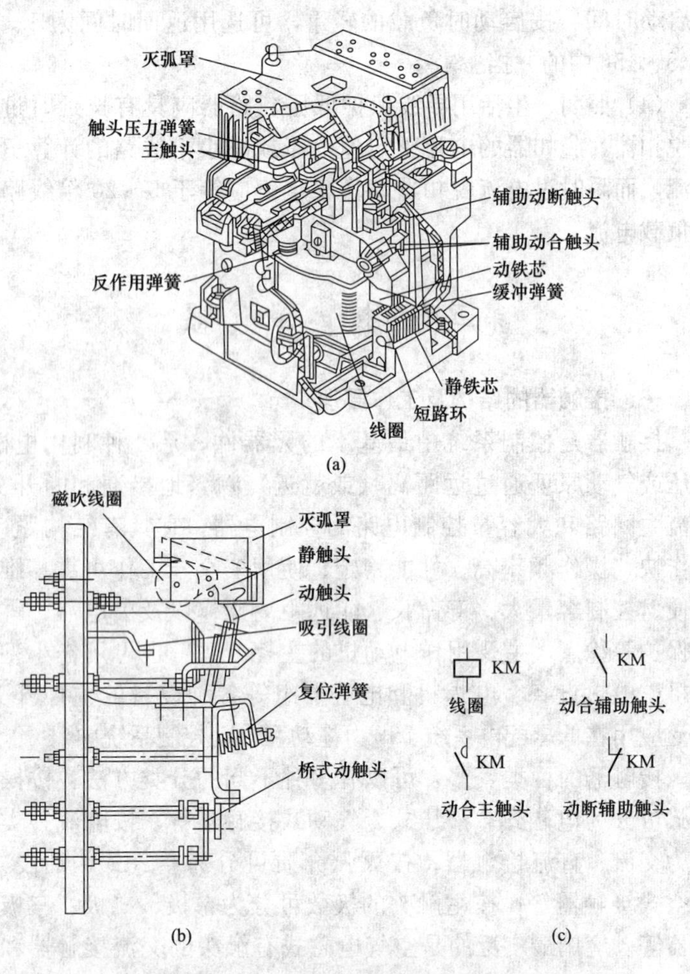

图 5-11　交、直流接触器结构及符号

（a）交流接触器结构；（b）直流接触器结构；（c）符号

生的吸力消失或减弱，动铁芯在反作用弹簧的作用下回复原先位置，固定在动铁芯上的各种触头也恢复到原先状态。主触头额定电流在10A以上的交流接触器都有灭弧装置，对于小电流常采用双断口触点灭弧、电动力灭弧、相间弧板隔弧及陶土灭弧罩灭弧，对于大电流常采用纵缝灭弧罩及栅片灭弧。

直流接触器是在交流接触器的基础上派生的，因此，它的结构和工作原理与交流接触器基本相同，不同之处在于交流接触器的吸引线圈由交流电源供电，直流接触器的吸引线圈由直流电源供电。另外由于通入直流接触器线圈是直流电，而直流电是没有瞬时值的，故在任意时刻有效值都是相等的，没有过零点，因此衔铁上不用加装防止振动声音过大的金属短路环。由于直流电弧比交流电弧难以熄灭，故直流接触器常采用磁吹式灭弧装置灭弧。

我国生产的交流接触器常用的有大容量CJ10、CJ12，CJ20和小容量CJX1，CJX2等系列及其派生系列，引进生产技术生产的交流接触器常用的有B系列和3TB系列，直流接触器有CZ18、CZ21、CZ22、CZ10、CZT20和CZ2等系列，部分交流接触器外形如图5-12所示。

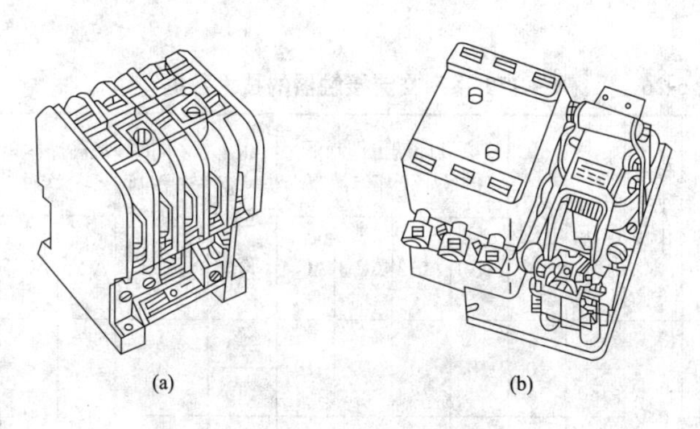

(a) (b)

图5-12 部分交流接触器外形（一）

(a) CJ10—10；(b) CJ10—60

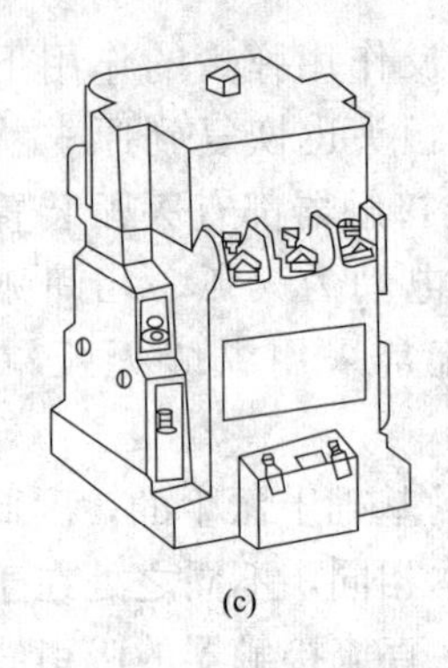

(c)

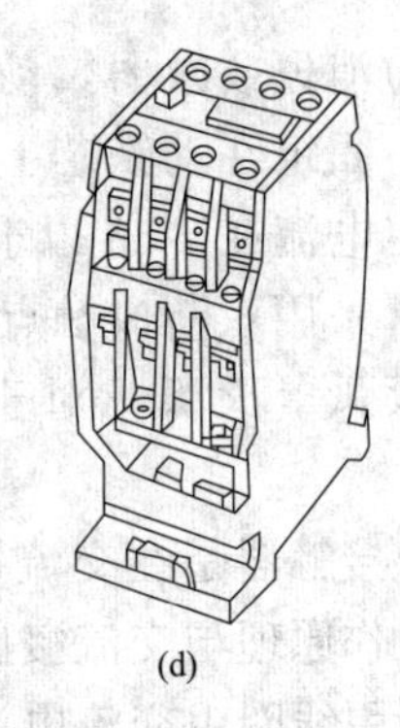

(d)

图 5-12　部分交流接触器外形（二）

(c) CJ20—40；(d) $\frac{3TB}{3TF}$

二、交流接触器常用系列

(1) CJT1 系列交流接触器。可全面替代 CJ0、CJ9、CJ10 等系列淘汰产品，适用于交流 50Hz、电压至 380V、额定工作电流为 10～150A 的电力线路，供远距离接通和分断电路之用，可频繁地启动和断开正常运转中的交流电动机，并可与热继电器或电子式保护装置组合成电磁启动器，以保护可能发生过载的电路。CJT1 系列交流接触器的技术数据见表 5-26。

表 5-26　　CJT1 系列交流接触器的技术数据

型号	额定绝缘电压/V	额定工作电压/V	额定发热电流/A	断续周期工作制下的额定工作电流/A				AC-3 时额定功率/kW	不间断工作制下的额定工作电流/A	最高操作频率/(次/h)		线圈工作电压范围
				AC-1	AC-2	AC-3	AC-4			AC-3	AC-4	
CJT1-10	380	220	10	10	10	10	10	2.4	10	600	300	(85%～110%) U_e
		380						4				
CJT1-20		220	20	20	20	20	20	5.8	20			
		380						10				

续表

型号	额定绝缘电压/V	额定工作电压/V	额定发热电流/A	断续周期工作制下的额定工作电流/A				AC-3时额定功率/kW	不间断工作制下的额定工作电流/A	最高操作频率/(次/h)		线圈工作电压范围
				AC-1	AC-2	AC-3	AC-4			AC-3	AC-4	
CJT1-40	380	220	40	40	40	40	40	11	40	600	300	(85%～110%) U_e
		380						20				
CJT1-60		220	60	60	60	60	60	17	60			
		380						30				
CJT1-100		220	100	100	100	100	100	28	100			
		380						50				
CJT1-150		220	150	150	150	150	150	43	150		120	
		380						75				

(2) CJ12 系列交流接触器。适用于交流 50Hz、电压至 380V、电流至 600A 的电力线路，供远距离接通与分断线路用，并适用于频繁地启动、停止及反转交流电动机，也用于冶金、轧钢及起重等电器设备中。CJ12 系列交流接触器的技术数据见表 5-27。

表 5-27　　CJ12 系列交流接触器的技术数据

型号	额定电流 I_N/A	极数	控制电动机最大功率/kW	$\cos\varphi=0.35$ 时接通与分断电流/A		操作频率/(次/h)		电寿命 AC-2 类/万次	机械寿命/万次	10s 热稳定电流/A	动稳定电流（峰值）/A
				接通 100 次	分断 20 次	额定电容量时	短时降低容量时				
CJ12-100	100	2、3、4	50	$12I_N$	$10I_N$	600	2000	15	300	$\geqslant 7I_N$	$\geqslant 20I_N$
CJ12-150	150		75			600	2000				
CJ12-250	250		125	$10I_N$	$8I_N$	600	2000				
CJ12-400	400		200			300	1200	10	200		
CJ12-600	600		300			300	1200				

注　1. 表中机械寿命次数为 3 极产品的，2 极产品为 100 万次，4 极产品为 10 万次，5 极产品为 10 万次。
2. 额定电压为 380V。

（3）CJ20 系列交流接触器。具有较高的分断能力和高抗熔焊性能、耐电磨损性能，电寿命高，可全面替代 CJ0、CJ9、CJ10 等系列淘汰产品，并可部分取代 CJ12 系列产品。适用于交流 50Hz、电压至 660V（其中个别等级可至 1140V），电流至 630A 的电力线路，供远距离接通与分断线路及频繁地启动和控制电机，并可与热继电器或电子式保护装置组成电磁启动器，保护可能发生过载的电路。CJ20 系列交流接触器的技术数据见表 5-28。

表 5-28　　CJ20 系列交流接触器的技术数据

型号 CJ20-	额定绝缘电压/V	额定工作电压/V	额定发热电流/A	断续周期工作制下的额定工作电流/A				AC-3 使用类别下的额定控制功率/kW	不间断工作制下的额定工作电流/A	AC-3 操作频率/(次/h)
				AC-1	AC-2	AC-3	AC-4			
	660	220			—	10	10	2.2		600
10		380	10	10		10	10	4	10	
		660				5.2	5.2	4		
		220				16	16	4.5		
16		380	16	16		16	16	7.5	16	
		660				13	13	11		
		220				25	25	5.5		
25		380	32	32		25	25	11	32	
		660				14.5	14.5	13		
		220				40	40	11		
40		380	55	55		40	40	22	55	
		660				25	25	22		
	660	220		80	63	63	63	18		600
63		380	80	80	63	63	63	30	80	
		660		80	40	40	40	35		
		220			100	100	100	28		
100		380	125	125	100	100	100	50	125	
		660			63	63	63	50		
		220			160	160	160	48		
160		380	200	200	160	160	160	85	200	
		660			100	100	100	85		

续表

型号 CJ20-	额定绝缘电压/V	额定工作电压/V	额定发热电流/A	断续周期工作制下的额定工作电流/A				AC-3使用类别下的额定控制功率/kW	不间断工作制下的额定工作电流/A	AC-3操作频率/(次/h)
				AC-1	AC-2	AC-3	AC-4			
160/11	1140	1140	200	200	80	80	80	85	200	300
250		220	315	315	250	250	250	80	315	
		380			250	250	250	132		
250/06		660	315	315	200	200	200	190	315	
		220			400	400	400	115		
400	660	380	400	400	400	400	400	200	400	300
		660			250	250	250	200		
		220			630	630	630	175		
630		380	630	630	630	630	630	300	630	
		660			400	400	400	300		
630/11	1140	1140	630	630	400	400	400	400	630	120

（4）B系列交流接触器。引进德国原BBC公司全套制造技术生产的产品，具有结构紧凑，系列性强、可带多种附件（辅助触头、延时器和机械联锁）、带有安全防护罩、安全性和可靠性较高的特点，可全面替代CJ0、CJ9、CJ10等系列淘汰产品。适用于交流50～60Hz、额定电压至660V、额定电流至475A的电力线路，供远距离接通和分断电力线路或频繁地控制交流电动机，并常与T系列热继电器组成电磁启动器。B系列交流接触器的技术数据见表5-29。

表5-29　B系列交流接触器的技术数据

型号	额定发热电流/A	额定电流/A		控制功率/kW		电寿命 380V		机械寿命/(10^6次)	AC3操作频率/(次/h)	线圈吸持功率/W
		380V	660V	380V	660V	AC-3	AC-4			
B9	16	8.5	3.5	4	3					2.2
B12	20	11.5	4.9	5.5	4	1×10^6	4×10^4	10	600	2.2
B16	25	15.5	6.7	7.5	5.5					2.2

续表

型号	额定发热电流/A	额定电流/A		控制功率/kW		电寿命 380V		机械寿命/(10^6次)	AC3操作频率/(次/h)	线圈吸持功率/W
		380V	660V	380V	660V	AC-3	AC-4			
B25	40	22	13	11	11	1×10^6	4×10^4	10	600	3
B30	45	30	17.5	15	15					3
B37	45	37	21	18.5	18.5					5
B45	60	44	25	22	22					5
B65	80	65	45	33	40					8
B85	100	85	55	45	50		3×10^4			8
B105	140	105	82	55	75		2×10^4	6	400	9
B170	230	170	118	90	110					15
B250	300	245	170	132	160					16
B370	400	370	268	200	250					12
B460	600	475	337	250	315		1×10^4	—	300	—

注 最高工作电压为660V。

（5）3TB系列交流接触器。引进德国西门子公司技术生产的产品，具有安全性能好、导电部件不外露、体积小、重量轻、灭弧罩材料采用不饱和树脂（耐弧性好、不会碎裂）、飞弧距离小、触头磨损小、电寿命高、工作可靠、损耗少、噪声小、操作频率和控制容量高的特点。适用于交流50～60Hz、电压至660V以下、电流至630A的电力线路，供远距离接通和分断及频繁地启动和控制交流电动机之用，也可用于闭合和断开电容负载、照明负载、电阻负载和部分直流负载，并常与热继电器组成磁力启动器。3TB系列交流接触器的技术数据见表5-30。

表5-30　3TB系列交流接触器的技术数据

型号	额定电压/V	额定电流/A	吸引线圈电压/V	外形尺寸/mm		
				长	宽	高
3TB46	220、380、415、500、660	45	交流：50Hz时为24～500、60Hz时为29～600；直流：24～230、110～575	115	114	123
3TB47		63		127	131	140

续表

型号	额定电压/V	额定电流/A	吸引线圈电压/V	外形尺寸/mm		
				长	宽	高
3TB48	220、380、415、500、660	75	交流：50Hz时为24～500、60Hz时为29～600；直流：24～230、110～575	127	131	140
3TB50		110		141	150	146
3TB52		170		162	180	185
3TB54		250		172	200	198
3TB56		400		187	200	222
3TB58		630		—	—	—

三、直流接触器常用系列

(1) CZ0系列直流接触器。主要用于冶金、机床等电气设备中，供远距离接通和分断额定参数下的直流电力线路以及直流电动机的频繁启动、停止、可逆运行或反接制动。CZ0系列直流接触器的技术数据见表5-31。

表5-31　CZ0系列直流接触器的技术数据

型号	额定电压/V	额定电流/A	灭弧线圈额定电流/A	吸引线圈电压/V	主触头数量		辅助触头		
							数量		发热电流/A
					动合	动断	动合	动断	
CZ0-40/20	440	40	1.5、2.5、5、10、20、40	24、48、110、220	2	—	2	2	5
CZ0-40/02					—	2			
CZ0-100/10		100	100		1	—			
CZ0-100/01					—	1			
CZ0-100/20					2	—			
CZ0-150/10		150	150		1	—			
CZ0-150/01					—	1			
CZ0-150/20					2	—			
CZ0-250/10		250	250		1	—	可以在5动合、1动断与5动断、1动合之间任意选择		10
CZ0-250/01					—	1			
CZ0-250/20					2	—			
CZ0-400/10		400	400		1	—			
CZ0-400/01					—	1			
CZ0-400/20					2	—			
CZ0-600/10		600	600		1	—			
CZ0-600/01					—	1			

（2）CZ18 系列直流接触器。适用于远距离接通与分断直流电力线路及直流电动机的频繁启动、停止、可逆运行或反接制动。CZ18 系列直流接触器的技术数据见表 5-32。

表 5-32　　CZ18 系列直流接触器的技术数据

型号	额定电流/A	操作频率/(次/h)				辅助触头			机械寿命/次	电寿命/次
		DC-2	DC-3	DC-4	DC-5	动合	动断	额定电流/A		
CZ18-40/10	40	1200	1200	600	600	2	2	6	500×10^4	50×10^4
CZ18-40/20										
CZ18-80/10	80									
CZ18-80/20										

注　额定电压为 440V。

（3）CZ28 系列直流接触器。适用于额定工作电压 750V 或 1000V、额定工作电流为 25～4000A 的电力系统，供远距离频繁地接通与分断直流电力线路及直流电动机的频繁启动、停止、可逆运行或反接制动。CZ28 系列直流接触器的技术数据见表 5-33。

表 5-33　　CZ28 系列直流接触器的技术数据

型号	额定绝缘电压/V	额定工作电压/V	额定工作电流/A			电寿命/(10^4次)		机械寿命/(10^4次)
			DC-1	DC-3	不间断	DC-3	DC-5	
CZ28-25	1000	440、750	25	25	25	1.5	1.0	500
CZ28-40			40	40	40			
CZ28-63			63	63	63			
CZ28-100			100	100	100			
CZ28-160			160	160	160	1.0	0.8	300
CZ28-315			315	315	315			
CZ28-630			630	630	630			
CZ28-1000			1000	1000	1000			

续表

型号	额定绝缘电压/V	额定工作电压/V	额定工作电流/A			电寿命/(10^4次)		机械寿命/(10^4次)
			DC-1	DC-3	不间断	DC-3	DC-5	
CZ28-1600	1000	750	1600	1600	1600	0.6	0.6	30
		1000		1250				
CZ28-2500		750	2500	2500	2500			
		1000		2000				
CZ28-4000		750	4000	4000	4000			
		1000		3150				

四、接触器的选用

由于使用场合及控制对象不一样，加之接触器工作条件与繁重程度的不同，为了尽可能经济、正确地使用接触器，必须对控制对象的工作情况以及接触器性能有一全面的了解。接触器铭牌上所规定的电压、电流以及控制功率等数据是在某一使用条件下的额定数据，而电气设备实际使用时的工作条件是千差万别的，故在选用接触器时必须根据实际使用条件正确选用。

1. 接触器类别的选择

低压接触器产品系列是根据使用类别设计的，选择类别时应根据控制负载实际工作任务的繁重程度综合考虑。交流接触器的使用类别有5类，它们的适用范围如下：

（1）AC-0类。该类交流接触器用于微电感性或电阻性负载，接通和分断额定电压和额定电流。

（2）AC-1类。该类交流接触器用于启动和断开运转中的绕线转子电动机。在额定电压下，接通和分断2.5倍额定电流。

（3）AC-2类。该类交流接触器用于启动、反接制动、反向接通与断开运转中的绕线转子电动机。在额定电压下，接通和分断2.5倍额定电流。

（4）AC-3类。该类交流接触器用于启动和断开运转中的笼型异步电动机。在额定电压下接通6倍额定电流，在0.17倍额定电压下断开额定电压。

（5）AC-4 类。该类交流接触器用于启动、反接制动、反向接通与断开笼型异步电动机。在额定电压下接通和分断 6 倍额定电流。

一般任务型的典型机械有压缩机、泵类、通风机、阀门、升降机、传送带、电梯、离心机、搅拌机、冲床、剪床、空调机等，它们常选择 CJ10 系列或 CJ20 系列低压接触器。

重任务型的典型机械有工作母机（车、钻、铣、磨）、升降设备、轧机辅助设备、卷扬机、绞盘、离心机、破碎机等，它们常选择 CJ10Z 系列低压接触器，但应降低容量使用，以满足电寿命的要求。当电动机控制功率超过 20KW 时，宜选用 CJ20 系列低压接触器；对于大、中容量的绕线转子式电动机，则可选用 CJ12 系列低压接触器。

特重任务型的典型设备有印刷机、拉丝机、镗床、港口起重设备等，虽然这类设备数量少，但均用于较为重要的部门，它们常选择 CJ10Z 系列、CJ12 系列低压接触器。但选择时应特别注意，务必使接触器的电寿命达到较高的数值，并满足使用要求。

2. 接触器额定电流的选择

交流接触器的额定电流是指主触头的额定电流，应大于或等于电动机及其他负载的额定电流，其计算公式为

$$I_N \geqslant \frac{P_N}{K \times U_N} \tag{5-1}$$

式中 I_N——接触器主触头额定电流（A）；

P_N——电动机额定功率（W）；

K——经验常数，通常在 1～1.4 之间选择；

U_N——电动机额定工作电压（V）。

当接触器作为电动机的频繁启动或反接制动时，其接通电流很大，故应将接触器的额定电流降一级使用。

3. 接触器操作频率的选择

交流接触器的操作频率是指接触器每小时通断的次数，当

通断电流较大及通断频率过高时，会引起触头过热，甚至熔焊。操作频率超过规定值，应选用额定电流大一级的接触器。

4. 接触器额定电压的选择

交流接触器的额定电压是指主触头的额定电压，电压等级有36、110、220、380V等，选用时，其主触头额定电压应大于或等于所控制电路的额定电压。

5. 接触器线圈额定电压的选择

交流接触器线圈的额定电压不一定等于主触头的额定电压，对于同一系列、同一容量等级的接触器，其线圈的额定电压有多种规格，故应指明线圈的额定电压。在通常情况下，线圈的额定电压应和控制回路的电压相同。

当线路简单、使用电器较少时，为了省掉控制变压器可直接选用380V或220V电压的线圈。如线路较复杂，使用电器较多（超过5个）或不太安全的场所，可选用24、36、48、110或127V电压的线圈。另外，还要注意线圈的电压是直流还是交流，要求与控制回路的电压匹配。

6. 接触器触头数量的选择

交流接触器触点的数量应能满足控制线路的要求。各类接触器触头数量不同，交流接触器的主触头有3组（主动合触头），一般有4组辅助触头（2组动合、2组动断），最多可达到6组（3组动合、3组动断）。当辅助触头数量不能满足要求时，可用增加中间继电器的方法来解决。

第六节 继 电 器

一、继电器的特性

继电器是一种自动动作的控制电器，当其输入电压、电流、频率等电量或温度、压力、转速等非电量并达到规定值时，继电器动作，接通或分断小电流电路和电器的控制元件，从而达到控制、保护、调节、传输的目的，它广泛用于电力拖动控制、电力系统保护及各类遥控、通信系统中。在电气控制领域中，凡是需要逻辑控制的场合，几乎都需要使用继电器。

继电器的种类很多，按其在电力拖动自动控制系统中的作用可分为控制继电器（中间继电器、时间继电器、速度继电器等）和保护继电器（热继电器、欠压继电器、过流继电器）；按输入信号的性质可分为电压继电器、电流继电器、中间继电器、时间继电器、温度继电器和热继电器等；按工作原理又分为电磁式继电器、热继电器、电动式继电器、晶体管式继电器等。

继电器的基本结构由感测部件、中间部件和执行部件 3 大部分组成，其工作过程是：感测部件把感测到的各种物理量传递给中间部件，并将该物理量与原先整定值进行比较，当大于或小于该整定值时，中间部件输出信号，使执行部件接通或断开控制电路。继电器的触头只流过很小的电流，一般不需要灭弧装置。继电器一般不直接控制主电路，而是通过接触器或其他电器对主电路进行控制，因此同接触器相比较，继电器的触头断流容量较小，一般不需要灭弧装置，但对继电器动作的准确性要求较高，因此继电器结构较简单、体积较小。

二、中间继电器

1. 中间继电器的结构及工作原理

中间继电器即辅助继电器，借助它可以在其他继电器的触头数量或触头容量不够时来扩大它们的触头数或增大触头容量，起到中间转换（传递、放大、翻转、分路和记忆等）的作用。从本质上来看，中间继电器也是电压继电器，仅触头数量较多而已，它适用于交流电压至 380V 及直流电压至 220V 的控制电路，主要用于传递多个信号和同时控制多个电路，也可以直接控制小容量电动机或其他电气执行元件。中间继电器种类很多，而且除专门的中间继电器外，额定电流较小的接触器（5A）也常被用作中间继电器。将多个中间继电器组合起来，还能构成各种逻辑运算与计数功能的线路。

中间继电器的结构与小容量直动式交流接触器相似，也是由电磁系统和触头系统组成，不同的是中间继电器的触头容量较小（其额定电流一般为5A），各触点的额定电流相同，无主、辅触点之分，其结构及符号如图5-13所示。中间继电器的工作原理是：当某一输入量（如电压、电流、温度、速度、压力等）达到预定数值时，继电器发生动作改变控制电路的工作状态，从而实现既定的控制或保护的目的。在此过程中，继电器主要起了传递信号的作用。

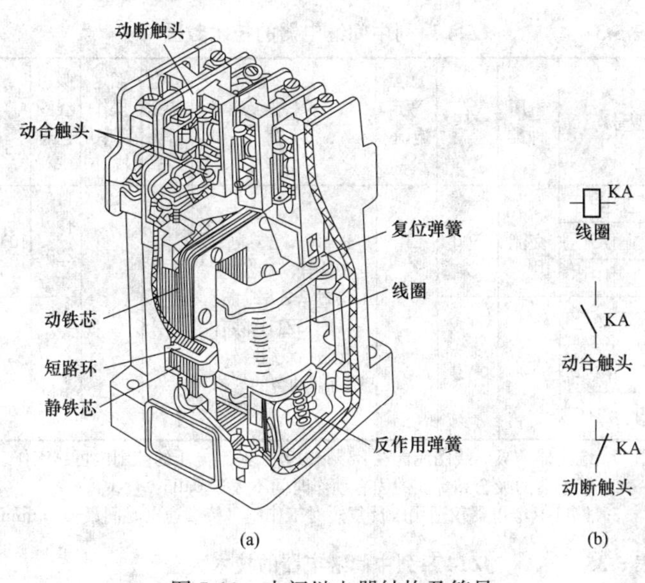

图5-13　中间继电器结构及符号

（a）结构；（b）符号

2. 中间继电器常用系列

常用的中间继电器有JZ7、JZ15、JZ17、JZ18等系列，其中JZ18系列是新型中间继电器的典型产品。新型中间继电器大都采用卡轨安装，安装和拆卸方便。触头闭合过程中，动、静触头间有一段滑擦、滚压过程，可以有效地清除触头表面的各种生成膜及尘埃，减小了接触电阻，提高了接触的可靠性。输出触头的组合型式多样，有的还可加装辅助触头组。插座型式多样，方便用户选择。有的还装有防尘罩，或采用密封结构，提高了可靠性。

（1）JZ11、JZ14 和 JZ15 系列中间继电器。适用于交流 50Hz、电压 500V 及以下、直流电压 440V 及以下的控制电路，用来增加信号大小及数量。JZ11 系列中间继电器的技术数据见表 5-34，JZ14 系列中间继电器的技术数据见表 5-35，JZ15 系列中间继电器的技术数据见表 5-36。

表 5-34　JZ11 系列中间继电器的技术数据

型号	电压种类	触点电压/V	触点额定电流/A	触点组合	通电持续率/%	额定操作频率/(次/h)	吸引线圈电压/V	吸引线圈消耗功率
JZ11-□□J/□	交流	500	5	6 动合，2 动断；4 动合，4 动断；2 动合，6 动断（对于 JZ11P 除有上述触点组合外，还有 8 动合的规格）	60	2000	110、127、220、380	10V·A
JZ11-□□JS/□								
JZ11-□□JP/□								
JZ11-□□Z/□	直流	400					12、24、48、110、220	7.5W
JZ11-□□ZS/□								
JZ11-□□ZP/□								

注　1. 继电器的吸引线圈应能在 85%～105%额定电压的范围内可靠工作。
2. 继电器的吸合和释放的固有动作时间不大于 0.05s。
3. JZ11-P 继电器仅适用于反复短时工作制（持续通电时间最长为 6min）。

表 5-35　JZ14 系列中间继电器的技术数据

型号	电压种类	触点电压/V	触点额定电流/A	触点组合	额定操作频率/(次/h)	通电持续率/%	吸引线圈电压/V	吸引线圈消耗功率
JZ14-□□J/Z	交流	380	5	6 动合，2 动断 4 动合，4 动断 2 动合，6 动断	2000	40	110、127、220、380	10V·A
JZ14-□□Z/□	直流	220					24、48、110、220	7W

注　1. 继电器热态吸合电压应不大于 85%吸引线圈电压，冷态释放电压应大于 5%吸引线圈电压。
2. 继电器的吸合和释放的固有动作时间不大于 0.05s。

表 5-36　　JZ15 系列中间继电器的技术数据

<table>
<tr><th>型号</th><th>电压种类</th><th>触点电压/V</th><th>触点额定电流/A</th><th>触点组合</th><th>额定操作频率/(次/h)</th><th>通电持续率/%</th><th>吸引线圈电压/V</th><th>吸引线圈消耗功率</th></tr>
<tr><td>JZ15-□□J/□</td><td>交流</td><td>380</td><td>10</td><td rowspan="2">6 动合，2 动断
4 动合，4 动断
2 动合，6 动断</td><td rowspan="2">1200</td><td rowspan="2">40</td><td>36、127、220、380</td><td>启动 65V·A
吸持 11V·A</td></tr>
<tr><td>JZ15-□□Z/□</td><td>直流</td><td>220</td><td>10</td><td>24、48、110、220</td><td>11W</td></tr>
</table>

注　1. 继电器的热态吸合电压不大于 85%吸引线圈电压；冷态释放电压不小于 5%吸引线圈电压。

2. 继电器的吸合和释放的固有动作时间不大于 0.05s。

(2) JZ18 系列中间继电器。适用于交流 50Hz、电压 380V 及以下、直流电压 220V 及以下的控制电路，用来增加信号大小及数量。该系列中间继电器额定控制功率为交流 300VA、直流 60W，额定工作电流交流 380V 时 0.79A、直流 220V 时 0.27A。JZ18 系列中间继电器克服了中间继电器早期产品通常存在体积大、耗银多、寿命短及使用可靠性低等缺点，并具有以下几个特点：

1) 输出触头组合形式多样。可提供 4 个触头、6 个触头及 8 个触头等 14 种触头组合。

2) 采用组合结构、装拆方便、通用性强。它采用由继电器主体和附加触头组件组合而成，两者靠惯性防脱锁扣机构扣牢。这种防脱锁扣机构固定可靠，受冲击与振动的影响很小。用手按下扣钩时，又可很容易地把附加触头组件卸下。

3) 直流电寿命高。常用的中间继电器由于结构和零件材料选用上的问题，直流电寿命只能达到 6×10^4 次，而 JZ18 型的触头为桥式双断点结构，触头又采用耐磨耐电弧的银镍合金与铜的复合材料，用银量仅为同类产品的 1/7，有关零件又选用了热变形温度较高的工程塑料，有利于提高电寿命，电寿命可达 100×10^4 次以上。

4）触头接触可靠性高。在触头组件的触头支持件上均设有斜槽，使触头闭合过程中动、静触头间有一段滑擦，当接触斑点上的附加膜被压碎后，可有效地清除触头表面的各种生成膜及尘埃，减小了接触电阻，从而大大地降低了触头接触的故障率，提高了接触的可靠性。

5）耐振动能力较强。对继电器中的附加触头组件的结构进行了一些改进，零件数量较少，并使耐振动能力有所提高。

三、热继电器

1. 热继电器的结构及工作原理

热继电器是利用电流通过发热元件时使双金属片弯曲而推动执行机构动作的自动控制电器，它结构简单、体积小、价格低、保护特性好，常与接触器配合使用，主要用于电动机的过载、断相及其他电气设备发热状态的控制，有些型号的热继电器还具有断相及电流不平衡的保护。热继电器的种类较多，常见的有双金属片式、热敏电阻式和易熔合金式 3 种。

（1）双金属片式。利用由两种膨胀系数不同的金属（通常为锰镍和铜板）碾压制成的双金属片受热弯曲去推动杠杆，从而带动触头动作。

（2）热敏电阻式。利用电阻值随温度变化而变化的特性制成的热继电器。

（3）易熔合金式。利用过载电流的热量使易熔合金达到某一温度值时，合金熔化而使继电器动作。

在上述 3 种热继电器中，双金属片式热继电器因结构简单、体积小、成本低以及在选择合适的热元件的基础上能得到良好的反时限特性（指动作时间随电流的增大而减小的性能）等优点，应用最为广泛。双金属片式热继电器主要由双金属片、加热元件、动作机构、触头系统、整定调整装置、复位按钮和温度补偿元件等组成，其结构及符号如图 5-14 所示。

双金属片式热继电器的工作原理是：正常情况下，负载电流不超过热元件的额定电流，故产生的热量不足以使双金属片发生很大的弯曲变形，电路处于接通状态。当负载电流超过其整定电流 1.2 倍时，双金属片受热膨胀而弯曲变形，从而推动动作机构断开热继电器的动断触头，切断控制电路，使负载脱离电源，起到过载保护作用。若要给负载恢复供电，一般需经 0.5min，待双金属片冷却并恢复原状后，按下复位按钮，使热继电器的动断触头闭合即可。

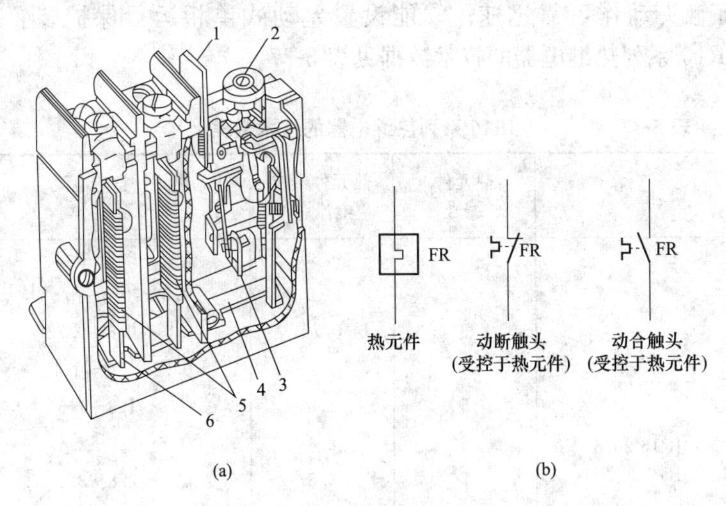

图 5-14 双金属片式热继电器结构及符号

(a) 结构；(b) 符号

1—复位按钮；2—电流调节旋钮；3—触头；4—推杆；

5—加热元件；6—双金属片

2. 热继电器常用系列

常用的热继电器主要有 JR0、JR5、JR9、JR10、JR14、JR15、JR16、JR20 及 JRS 系列，其中以 JR16 及 JR20 系列应用最多，且 JR20 系列是我国生产的新产品，JRS 系列是三相双金属片式，为直接插接组合式安装。此外，引进技术生产的热继电器有 T 系列、3UA 系列等。

(1) JR16 系列热继电器。适用于长期工作制或间断工作制的一般交流电动机的过载保护，并能在三相电流严重不平衡时起保护作用。该系列热继电器是一种带有差动式单相运转保护装置的产品，全部采用三相式结构，并分为带断相保护装置和不带断相保护装置两种型式。其结构特点是：①有电流调节凸轮，用以调节整定电流；②有温度补偿装置，用以保证动作特性在－30～＋40℃的周围介质温度范围内基本不变；③有复位调节螺钉，用以调节复位方式；④有弓簧式瞬跳机构，用以保证触头动作可靠迅速；⑤能设置差动式单相运行保护装置。JR16 系列热继电器的技术数据见表 5-37。

表 5-37　　JR16 系列热继电器的技术数据

型号	热元件编号	热元件额定电流/A	热元件整定电流调节范围/A
JR16-20/3 JR16-20/3D	1	0.35	0.25～0.3～0.35
	2	0.5	0.32～0.4～0.5
	3	0.72	0.45～0.6～0.72
	4	1.1	0.68～0.9～1.1
	5	1.6	1.0～1.3～1.6
	6	2.4	1.5～2.0～2.4
	7	3.5	2.2～2.8～3.5
	8	5.0	3.2～4.0～5.0
	9	7.2	4.5～6.0～7.2
	10	11.0	6.8～9.0～11.0
	11	16.0	10.0～13.0～16.0
	12	22.0	14.0～18.0～22.0
JR16-60/3 JR16-60/3D	13	22.0	14.0～18.0～22.0
	14	32.0	20.0～26.0～32.0
	15	45.0	28.0～36.0～45.0
	16	63.0	40.0～50.0～63.0
JR16-150/3 JR16-150/3D	17	63.0	40.0～50.0～63.0
	18	85.0	53.0～70.0～85.0
	19	120.0	75.0～100.0～120.0
	20	160.0	100.0～130.0～160.0

（2）JR20 系列热继电器。它适用于交流 50Hz、主电路电压至 660V、电流至 160A 的电力线路，作为三相感应电动机的过载和断相保护。该系列热继电器采用立体布置式结构，动作机构采用拉簧式翻转速动型，全系列通用，可以获得良好的瞬间跳跃特性。除具有过载保护、断相保护、温度补偿以及手动和自动复位功能外，还具有脱扣动作灵活、脱扣动作指示以及断开检验按钮等功能。JR20 系列热继电器的技术数据见表 5-38。

表 5-38　　JR20 系列热继电器的技术数据

型号	整定电流范围/A	相配的交流接触器	特征	外形尺寸/mm		
				长	宽	高
JR20-10	0.1～0.13～0.15、0.15～0.19～0.23、0.23～0.29～0.35、0.35～0.44～0.53、0.53～0.67～0.8、0.8～1～1.2、1.2～1.5～1.8、1.8～2.2～2.6、2.6～3.2～3.8、3.2～4～4.8、4～5～6、5～6～7、6～7.2～8.4、7.2～8.6～10、8.6～10～11.6	CJ20-10	基本型	77.5	44	101
			L	70	44	101
JR20-16	3.6～4.5～5.4、5.4～6.7～8、8～10～12、10～12～14、12～15～16、14～16～18	CJ20-16	基本型	78	44	10
			L	70	44	101
JR20-25	7.8～9.7～11.6、11.6～14.3～17、17～21～25、21～25～29	CJ20-25	基本型	82.5	47.5	101
			L	70	44	101
JR20-63	16～20～24、24～30～36、32～40～47、40～47～55、47～55～62、55～63～71	CJ20-40、63	基本型	90	64、70	117
			L	80	65	117
JR20-160	33～40～47、47～55～63、63～74～84、74～86～98、85～100～115、100～115～130、115～132～150、130～150～170、144～160～176	CJ20-100、160	基本型	100	104、108	152

（3）JRS8（T）系列热继电器。适用于交流 50Hz 或 60Hz、额定电压至 660V、额定电流至 500A 的电力线路，用于三相感应电动机的过载和断相保护。该系列热继电器是由德国 BBC 公司引进的产品，其用途与 JR16 系列热继电器相同，它具有很多优点，如性能稳定、体积小、重量轻、安装方便（与主电路采用导电杆插接式连接，基座与安装板可以卡装，也可以用螺钉连接），有手动和自动两种复位方式，具有温度补偿装置，使保护特性免受周围环境温度变化的影响，并可与 CJX8（B）系列交流接触器配套组成 MSB 系列磁力启动器。但有部分品种（JRS8—16）由于采用摩擦式机构，制造精度和材料选用以及性能调整要求均较高。JRS8（T）系列热继电器的技术数据见表 5-39。

表 5-39　JRS8（T）系列热继电器的技术数据

型号	额定工作电流/A	额定电流调节范围/A	外形尺寸/mm		
			长	宽	高
JRS8（T)-16	16	0.11～0.16、0.14～0.21、0.19～0.29、0.27～0.4、0.35～0.52、0.42～0.63、0.55～0.83、0.7～1、0.9～1.3、1.1～1.5、1.3～1.8、1.5～2.1、1.7～2.4、2.1～3、2.7～4、3.4～4.5、4～6、5.2～7.5、6.3～9、7.5～11、9～13、12～17.6	Z：64 F：78	Z：44 F：44	Z：79 F：90
JRS8（T)-25	25	0.1～0.16、0.16～0.25、0.25～0.4、0.4～0.63、0.63～1、1～1.4、1.3～1.8、1.7～2.4、2.2～3.1、2.8～4、3.5～5、4.5～6.5、6～8.5、7.5～11、10～14、13～19、18～25、24～32	Z：91 F：110	Z：44 F：45	Z：95 F：107
JRS8（T)-45	45	0.28～0.4、0.35～0.52、0.45～0.63、0.55～0.83、0.7～1、0.86～1.3、1.1～1.6、1.4～2.1、1.8～2.5、2.2～3.3、2.8～4、3.5～5.2、4.5～6.3、5.5～8.3、7～10、8.6～13、11～16、14～21、18～27、25～35、30～45	Z：77 F：64	Z：62 F：62	Z：87 F：87

续表

型号	额定工作电流/A	额定电流调节范围/A	外形尺寸/mm		
			长	宽	高
JRS8（T）-85	85	6～10、8～14、12～20、17～29、25～40、35～55、45～70、60～100	Z：113 F：113	Z：82 F：82	Z：124 F：124
JRS8（T）-105	105	27～42、36～52、45～63、57～82、70～105、80～115	Z：110 F：122	Z：88 F：96	Z：137 F：137
JRS8（T）-170	170	90～130、110～160、140～200	Z：117 F：134	Z：110 F：193	Z：164 F：164
JRS8（T）-250	250	100～160、160～250、250～400	Z：148 F：136	Z：193 F：193	Z：164 F：164
JRS8（T）-370	370	100～160、160～250、250～400、310～500			

（4）3UA 系列热继电器。适用于交流 50Hz 或 60Hz，电压至 660V，电流 0.1～630A 的电力系统中，供三相交流异步电动机作过载和断相保护用。该系列热继电器是由德国西门子公司引进的产品，均带有过载和断相保护，整定电流可以调节，且大部分热元件的整定电流为交叉式重叠排列，便于用户选用。红色测试按钮可断开动断触头的功能，具有温度补偿装置，使保护特性免受周围环境温度变化的影响，具有独立、插入接触器和导轨等安装方式。3UA 系列热继电器的技术数据见表 5-40。

表 5-40　　3UA 系列热继电器的技术数据

产品型号	电流类型及频率	额定工作电压/V	额定绝缘电压/V	额定工作电流/A	额定电流范围/A	脱扣等级	附件
3UA50	DC 或 AC50～400Hz	690	690	14.5	0.1～14.5	10A	3UX1418
3UA52				25	0.1～2519		3UX1420
3UA54				36	4～367		3UX1420
3UA55				45	0.1～45		3UX1425
3UA58				88	16～88		—
3UA59		1000	1000	63	0.1～63		3UX1421

续表

产品型号	电流类型及频率	额定工作电压/V	额定绝缘电压/V	额定工作电流/A	额定电流范围/A	脱扣等级	附件
3UA60	DC或AC50～400Hz	1000	1000	135	55～135	10A	3UX1424
3UA61				150	55～150		—
3UA62				180	55～180		—
3UA66	AC：50～400Hz			400	80～400		—
3UA68				630	320～630		—

3. 热继电器的选用

热继电器选择的是否得当，决定了它能否可靠地对电动机进行过载保护，应按电动机的工作环境要求、启动情况、负载性质等方面综合考虑。

(1) 原则上按被保护电动机的额定电流选择热继电器。一般应使热继电器的额定电流接近或略大于电动机的额定电流，即热继电器的额定电流为电动机额定电流的0.95～1.05倍。但对于过载能力较差的电动机，应选热继电器的额定电流为电动机额定电流的60%～80%。当电动机因带负载启动而启动时间较长，或电动机的负载是冲击性的负载（如冲床等）时，则热继电器的整定电流应稍大于电动机的额定电流。

(2) 在非频繁启动的场合，必须保证热继电器在电动机启动过程中不致误动作。通常在电动机启动电流为其额定电流的6倍、启动时间不超过6s的情况下，只要很少连续启动，就可按电动机的额定电流来选择热继电器。

(3) 断相保护用热继电器在选用时，星形联接的电动机一般采用两相结构的热继电器，而三角形联接的电动机，若热继电器的热元件接于电动机的每相绕组中，则选用三相结构的热继电器。若发热元件接于三角形联接电动机的电源进线中，则应选择带断相保护装置的三相结构热继电器。

(4) 双金属片式热继电器一般用于轻载、不频繁启动电动机的过载保护。对比较重要的、容量大的电动机，可考虑选用电子式热继电器进行保护。也可用过电流继电器（延时动作型的）作其过载和短路保护。因为热元件受热变形需要时间，故热继电器不能作短路保护。

四、时间继电器

1. 时间继电器的结构及工作原理

时间继电器是具有延时功能的继电器，它利用电磁或机械动作原理，将输入信号经过一定的延时后，执行部分才会动作并输出信号，进而操纵控制电路。它作为辅助元件，广泛应用于生产过程中按时间原则制定的工艺程序。时间继电器的种类很多，主要有电动式、空气阻尼式、电子式等，其延时方式均有通电延时型和断电延时型两种。

(1) 电动式时间继电器。由同步电动机带动，经过齿轮转动而获得延时动作，其延时精度高，延时范围宽（0.4s～72h），但结构复杂、价格昂贵。

(2) 空气阻尼式时间继电器。又称气囊式时间继电器，是交流电路中应用较广泛的时间继电器。该时间继电器主要由电磁系统、触头和延时机构等组成，其外形及结构如图 5-15 所示。这种继电器是利用空气通过小孔节流的原理来获得延时动作的，它结构简单、调整简便、工作可靠、价格较低，延时范围较大（0.4～180s），更换一只线圈便可用于直流电路，易构成通电延时和断电延时型，使用较为广泛。但其延时精度较低，一般使用在要求不高的场合。

空气阻尼式时间继电器的工作原理是：当线圈通电时，衔铁及固定在它上面的托板被铁芯线圈吸引而下落，使瞬时动作触头接通或断开，这时固定在活塞上的撞块因失去托板的支撑也向下运动。但是活塞杆和杠杆不能同时跟着衔铁一起下落，因为活塞杆的上端连着气室中的橡皮膜，当活塞杆在释放弹簧的作用下开始向下运动时，橡皮膜随之向下凹，上面空气室的空气变得稀薄而使活塞杆受到阻尼作用而缓慢下降。

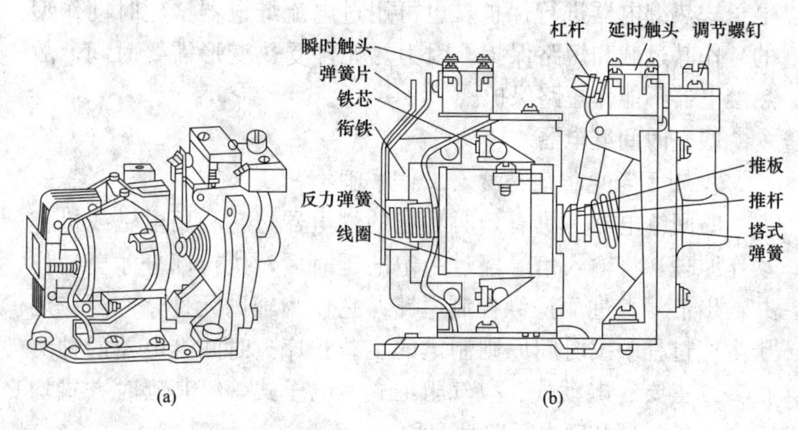

图 5-15　空气阻尼式时间继电器外形及结构
（a）外形；（b）结构

经过一定的时间后，活塞杆下降到一定位置，才能触动微动开关的推杆而使它的动合触头闭合、动断触头断开。从线圈通电到延时触头完成动作，这段时间就是继电器的延时时间。延时时间的长短，可以用螺钉调节空气室进气孔的大小来改变，即橡皮膜运动的快慢与空气的阻力有关，进气量多，延时时间就短，反之延时时间就长。吸引线圈断电后，继电器依靠恢复弹簧的作用而复原，空气经出气孔被迅速排出。

（3）电子式时间继电器。采用电子元件制成的时间继电器，具有体积小、精度高、延时范围较宽（0.1s～1h）、调节方便、消耗功率小、寿命长等优点，广泛应用于自动控制系统。电子式时间继电器又分为数字式和阻容式两种，数字式时间继电器采用集成电路控制，数字按键开关预置时间，由脉冲频率决定延时长短，它不但延时长，而且精度极高，但线路复杂，主要用于长时间延时（可达几小时到十几小时）场合。阻容式时间继电器利用 RC 电路充放电原理构成延时电路，是用量最大的时间继电器。电子式时间继电器（阻容式）的外形、底座及基本电路如图 5-16 所示，该时间继电器与底座间有尼龙锁扣锚紧，在拔出时间继电器本体前要先扳开尼龙锁扣，然后缓慢地拔出时间继电器。

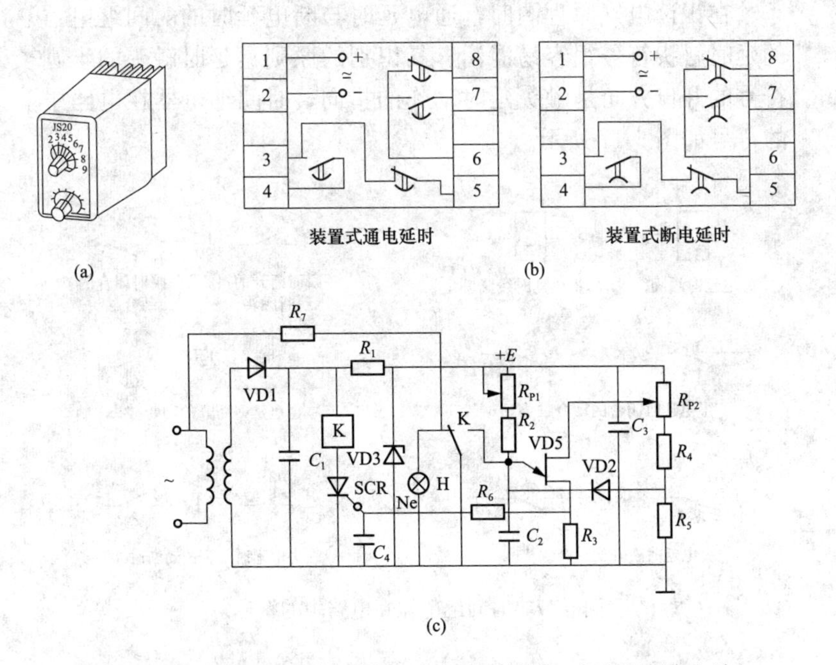

图 5-16 电子式时间继电器（阻容式）外形、底座及基本电路

（a）外形；（b）底座；（b）基本电路

电子式时间继电器（阻容式）电路的工作原理是：接通电源后，经二极管 VD1 整流、电容器 C_1 滤波以及稳压管 VD3 稳压的直流电压，通过 R_{P2}、R_4、VD2 向电容器 C_2 以极小的时间常数快速充电。同时，也通过 R_{P1} 和 R_2 向电容器 C_2 充电。C_2 上电压在相当于 U_{R5} 预充电电压的基础上按指数规律逐渐升高。当此电压大于单结晶体管 VD5 的峰点电压 U_P 时，单结晶体管

导通，输出脉冲电压触发晶闸管 SCR。SCR 导通后使继电器 K 吸合，其触点除用来接通或分断外电路外，另一副常开触点将 C_2 短路，使之迅速放电。同时氖指示灯泡 H 起辉。切断电源时，K 释放，电路恢复原始状态，等待下次动作。调节 R_{P1} 和 R_{P2} 就可在 0.1s～1h 范围内调整延时时间。

在识读电气原理图时，通电延时与断电延时的时间继电器的延时触头符号很容易混淆，其识别的原则是延时触头的半圆符号的开口方向是触头延时动作的指向，时间继电器在电路中的符号如图 5-17 所示。

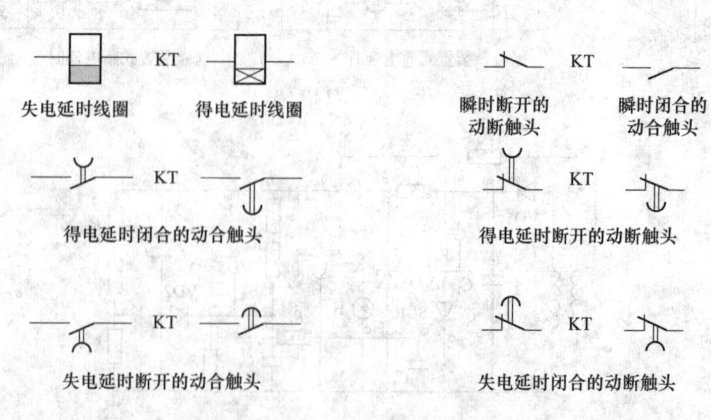

图 5-17　时间继电器在电路中的符号

2. 时间继电器常用系列

（1）JS23 系列空气阻尼式时间继电器。全国推广的统一设计的产品，具有延时精度高、体积小、重量轻、调节方便、容易安装等特点，适用于交流电压至 660V 的控制电路，用于取代 JS7、JS16 等系列。该系列时间继电器采用积木式结构，由塔式弹性气囊空气延时头（LA2—D 或 LA3—D）及中间继电器 CA2—DN/122 组合而成，可采用卡轨安装与螺钉安装。它是以粉末冶金片为空气过滤器，通过调节带有延时刻度的旋钮，改变空气室锥形气道的吸入路程，从而气量也随之变化，达到连续改变延时值的目的。JS23 系列空气阻尼式时间继电器的技术数据见表 5-41。

表 5-41 JS23 系列空气阻尼式时间继电器的技术数据

<table>
<tr><td colspan="2">额定工作电压/V</td><td colspan="6">AC 380、DC 220</td></tr>
<tr><td colspan="2">额定工作电流/A</td><td colspan="6">AC380V 时，0.79；DC 220V 时，瞬动 0.27</td></tr>
<tr><td rowspan="9">触头对数及组合</td><td rowspan="3">型号</td><td colspan="4">延时触头数量</td><td colspan="2" rowspan="2">瞬动触头数量</td></tr>
<tr><td colspan="2">通电延时</td><td colspan="2">断电延时</td></tr>
<tr><td>动合</td><td>动断</td><td>动合</td><td>动断</td><td>动合</td><td>动断</td></tr>
<tr><td>JS23-1□/□</td><td>1</td><td>1</td><td>—</td><td>—</td><td>4</td><td>0</td></tr>
<tr><td>JS23-2□/□</td><td>1</td><td>1</td><td>—</td><td>—</td><td>3</td><td>1</td></tr>
<tr><td>JS23-3□/□</td><td>1</td><td>1</td><td>—</td><td>—</td><td>2</td><td>2</td></tr>
<tr><td>JS23-4□/□</td><td>—</td><td>—</td><td>1</td><td>1</td><td>4</td><td>0</td></tr>
<tr><td>JS23-5□/□</td><td>—</td><td>—</td><td>1</td><td>1</td><td>3</td><td>1</td></tr>
<tr><td>JS23-6□/□</td><td>—</td><td>—</td><td>1</td><td>1</td><td>2</td><td>2</td></tr>
<tr><td colspan="2">延时范围</td><td colspan="6">0.2～30s，10～180s</td></tr>
<tr><td colspan="2">线圈额定电压/V</td><td colspan="6">AC110、220、380</td></tr>
<tr><td colspan="2">电寿命</td><td colspan="6">瞬动触头：100 万次（交、直流）
延时触头：交流 100 万次、直流 50 万次</td></tr>
<tr><td colspan="2">操作频率/(次/h)</td><td colspan="6">1200</td></tr>
<tr><td colspan="2">安装方式</td><td colspan="6">卡轨安装式、螺钉安装式</td></tr>
</table>

（2）JS20 系列电子式时间继电器。全国推广的统一设计产品，具有通用性强、系列性强、工作稳定可靠、精度高、延时范围广、输出触头容量大等特点，适用于交流电压 380V 及以下或直流 110V 及以下的控制电路。该系列时间继电器配有保护式外壳，全部元件装在印制电路板上，然后与插座用螺钉紧固，装入塑料壳中。外壳表面装有铭牌，其上有延时刻度，并有延时调节旋钮。它有装置式和面板式两种型式，装置式配有带接线端子的胶木底座，通过它与继电器本体部分连接，然后用底座上的两只尼龙锁扣锚紧。面板式采用的是通用的 8 大脚插座，可直接安装在控制台的面板上。JS20 系列电子式时间继电器的技术数据见表 5-42。

表 5-42　JS20 系列电子式时间继电器的技术数据

型号	延时触头		瞬动触头	额定工作电压/V	安装方式	延时整定方式	延时范围/s
	通电延时	断电延时					
JS20-□/00	2	—	—	交流 36 110 127 220 380 直流 24 48 110	装置式	无波段开关	通电延时 1、5、10、30、60、120、180、240、300、600、900 断电延时 1、5、10、30、60、120、180
JS20-□/01	2	—	—		面板式		
JS20-□/02	2	—	—		外接式		
JS20-□/03	1	—	1		装置式带瞬动触头		
JS20-□/04	1	—	1		面板式带瞬动触头		
JS20-□/05	1	—	1		外接式带瞬动触头		
JS20-□/10	2	—	—	交流 36 110 127 220 380 直流 24 48 110	装置式	带波段开关	通电延时 1、5、10、30、60、120、180、240、300、600、900 断电延时 1、5、10、30、60、120、180
JS20-□/11	2	—	—		面板式		
JS20-□/12	2	—	—		外接式		
JS20-□/13	1	—	1		装置式带瞬动触头		
JS20-□/14	1	—	1		面板式带瞬动触头		
JS20-□/15	1	—	1		外接式带瞬动触头		
JS20-□/00	—	2	—		装置式	无波段开关	
JS20-□/01	—	2	—		面板式		
JS20-□/02	—	2	—		外接式		

3. 时间继电器的选用

每一种时间继电器都有其特点，通常应根据使用目的及要求其发挥的作用来选择具有相应特点的时间继电器。

（1）类型选择。在延时要求不太高的场合，一般采用价格较低的空气阻尼式时间继电器；反之，如对延时要求较高，应采用电动式或电子式时间继电器。

（2）延时方式的选择。时间继电器有通电延时和断电延时两种，应根据控制线路的要求来选择哪一种延时方式的时间继电器。

（3）线圈电压的选择。根据控制线路电压来选择时间继电器吸引线圈的电压。

（4）复位时间的选择。时间继电器动作后需要一定的复位时间，复位时间应比固有动作时间稍长一些，否则可能增加延时误差甚至不能产生延时。在要求组成重复延时电路和操作频繁的场合，更应考虑这一点。

（5）根据电源参数选择。要注意电源参数变化的影响，在电源电压波动大的场合，采用空气阻尼式或电动式时间继电器比采用电子式好，而在电源频率波动大的场合，不宜采用电动式时间继电器。

（6）根据环境温度选择。在温度变化较大处，则不宜采用空气阻尼式和电子式时间继电器。

第七节　主　令　电　器

主令电器是一种在自动控制系统中通过控制接触器、继电器或其他电器线圈来发布命令和信号的电器，其功能是切断或接通控制电路，以发出命令或信号，改变电路工作状态，从而实现对电力传动系统或生产过程的自动控制。根据被控制线路的多少和电流的大小，主令电器可以直接控制，也可以通过中间继电器进行间接控制。主令电器所转换的电路是控制电路，因此其触头工作电流很小。主令电器的类型有按钮开关、行程开关、微动开关、接近开关、万能转换开关和主令控制器等，应用非常广泛。其中微动开关、行程开关在结构上很相似，主令控制器的结构则与万能转换开关相似。

一、按钮开关

1. 按钮开关的结构及工作原理

按钮开关是一种短时接通或断开小电流电路的手动控制电

器，它一般情况下不直接控制主电路的通断，而是在控制电路中发出启动或停止等指令，以远距离控制接触器、继电器等电器线圈电流的接通和断开，再由它们去控制主电路。按钮开关也可用于电气联锁，可以说按钮开关是操作人员和控制装置之间的中间环节。

按钮开关按触头的结构可分为停止（动断）、启动（动合）、复合（动断和动合组合）按钮开关；按结构形式可分为按钮式、紧急式、钥匙式、扳把式、指示灯式按钮开关；按使用场所可分为开启式、防水式、防爆式、防腐式控制按钮开关。部分按钮开关外形如图 5-18 所示。

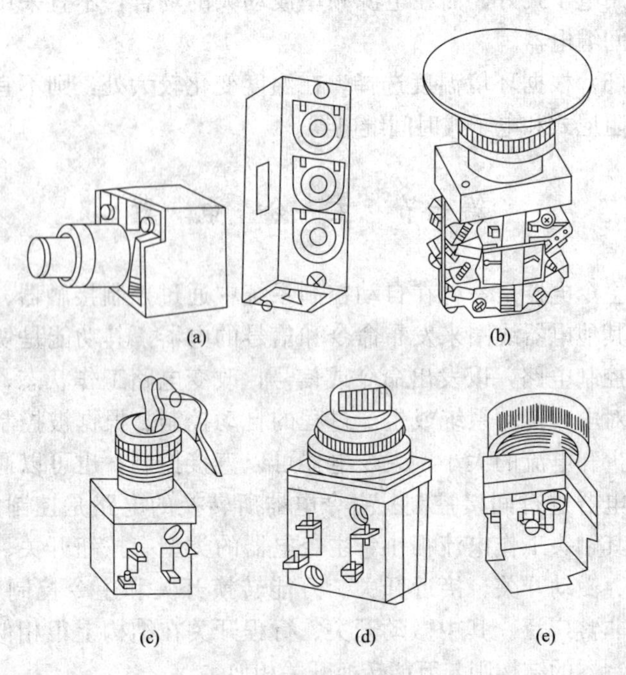

图 5-18　部分按钮开关外形

（a）按钮式；（b）紧急式；（c）钥匙式；

（d）扳把式；（e）指示灯式

按钮开关一般由按钮帽、复位弹簧、桥式动触头、静触头、接线柱和外壳组成，其结构及符号如图 5-19 所示。按钮开关触头有动合（常开）触头、动断（常闭）触头及组合触头（常开、常闭组合为一体的按钮），触头工作电流较小，通常不超过 5A。按钮颜色有红、绿、黑、黄、白等，动作形式有按钮式、钥匙式、扳把式等。当操作人员按下按钮帽时，桥式动触头向下运动，动断（常闭）静触头首先断开，继而动合（常开）静触头闭合。当操作人员松开按钮后，在复位弹簧的作用下，桥式动触头又向上运动，恢复到原来位置。在复位过程中，先是动合触头分断，然后是动断触头闭合。

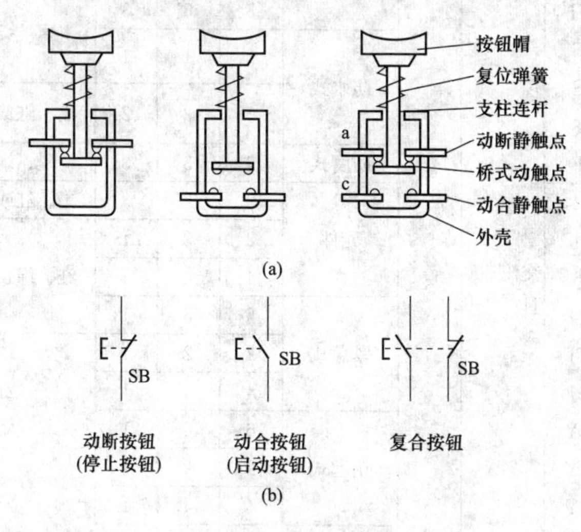

图 5-19　按钮开关结构及符号

（a）结构；（b）符号

2. 按钮开关的技术数据

常用的按钮开关有 LA10、LA18、LA19、LA20 及新产品 LA25 等系列，引进产品有 LAY3、LAY4、PBC 等系列，另外还具有防尘、防溅作用的 LA30 系列以及性能更全的 LA101 系列，部分 LA 系列按钮开关的技术数据见表 5-43。

表 5-43　　LA 系列按钮开关的技术数据

型号	电压/V	电流/A	结构形式	触头对数		按钮	
				动合	动断	钮数	颜色
LA2 LA10-1	交流 500 直流 440	5	元件	1	1	1	黑、绿、红
LA10-1K			开启式	1	1	1	黑、绿、红
LA10-2K				2	2	2	黑、红或绿、红
LA10-3K				3	3	3	黑、绿、红
LA10-1H			保护式	1	1	1	
LA10-2H				2	2	2	黑、红或绿、红
LA10-3H				3	3	3	黑、绿、红
LA10-1S			防水式	1	1	1	
LA10-2S LA10-3S				2	2	2	黑、红或绿、红
LA10-2F			防腐式	3	3	3	黑、绿、红
LA18-22			元件	2	2	2	黑、红或绿、红
LA18-44				2	2	1	红、绿、黑、白
LA18-66				4	4	1	
LA18-22J			紧急式	6	6	1	
LA18-44J				2	2	1	红
LA18-66J				4	4	1	
LA18-22Y			钥匙式	6	6	1	
LA18-44Y				2	2	1	金属
LA18-66Y				4	4	1	
LA18-22X2			旋钮二位置	6	6	1	
LA18-22X3			旋钮三位置	2	2	1	黑
LA18-44X			旋钮式	2	2	1	
LA18-66X				4 6	4 6	1	
LA19-11			元件	1	1	1	红、绿、黄、蓝、白、红
LA19-11J			紧急式				
LA19-11D			带指示灯				
LA19-11DJ			带灯紧急式				

续表

型号	电压/V	电流/A	结构形式	触头对数		按钮	
				动合	动断	钮数	颜色
LA20-11	交流 500 直流 440	5	元件	1	1	1	红、绿、黄、蓝、白、红
LA20-11J			紧急式				
LA20-11D			带指示灯				
LA20-11DJ			带灯紧急式				
LA20-22			元件式	2	2	1	
LA20-22J			紧急式				
LA20-22D			带指示灯				
LA20-22DJ			带灯紧急式				
LA20-2K			开启式			2	白、红或绿、红
LA20-3K				3	3	3	白、红、绿
LA20-2H			保护式	2	2	2	白、红或绿、红
LA20-3H				3	3	3	白、红、绿
LAY1-11	交流 380 直流 220	5	平按钮	1	1	1	红、黄、绿、黑
LAY1-01				0	1	1	
LAY1-10				1	0	1	
LAY1-22				2	2	2	
LAY1-02				0	2	2	
LAY1-20				2	0	2	
LAY1-12				1	2	2	
LAY1-21				2	1	2	
LAY1-33				3	3	3	
LAY1-03				0	3	3	
LAY1-30				3	0	3	
LAY1-13				1	3	3	
LAY1-31				3	1	3	
LAY1-23				2	3	3	
LAY1-32				3	2	3	
LAY1-44				4	4	4	
LAY1-04				0	4	4	

续表

型号	电压/V	电流/A	结构形式	触头对数		按钮	
				动合	动断	钮数	颜色
LAY1-40	交流 380 直流 220	5	平按钮	4	0	4	红、黄、绿、黑
LAY1-14				1	4	4	
LAY1-41				4	1	4	
LAY1-24				2	4	4	
LAY1-42				4	2	4	
LAY1-34				3	4	4	
LAY1-43				4	3	4	
LAY1-01DJ/2			带灯紧急式	0	1	1	红
LAY1-02DJ/2				0	2	2	
LAY1-03DJ/2				0	3	3	
LAY1-04DJ/2	交流 380 直流 220	5	带灯紧急式	0	4	4	红
LAY1-01DJ/3				0	1	1	
LAY1-02DJ/3				0	2	2	
LAY1-03DJ/3				0	3	3	
LAY1-04DJ/3				0	4	4	

型号	按钮形式	触头对数	操作频率/(次/h)	电寿命/(10^4次)	机械寿命/(10^4次)
LA25-1 LA25-1J LA25-1D LA25-1X LA25-1Y	平钮 蘑菇钮 带灯钮 旋钮 钥匙钮 平钮 蘑菇钮 带灯钮 旋钮	1	1200	交流 50 直流 25	100
			120	交流 10 直流 10	10
LA25-2 LA25-2J LA25-2D LA25-2X LA25-2Y		2	1200	交流 50 直流 25	100
			120	10	10
LA25-3 LA25-3J LA25-3D LA25-3X LA25-3Y		3	1200	交流 50 直流 25	100
			120	10	10

续表

<table>
<tr><th>型号</th><th>按钮形式</th><th>触头对数</th><th>操作频率/(次/h)</th><th>电寿命/(10^4次)</th><th>机械寿命/(10^4次)</th></tr>
<tr><td rowspan="6">LA25-4
LA25-4J
LA25-4D
LA25-4X
LA25-4Y
LA25-5
LA25-5J
LA25-5D
LA25-5X
LA25-5Y
LA25-6
LA25-6J
LA25-6D
LA25-6X
LA25-6Y</td><td rowspan="6">钥匙钮
平钮
蘑菇钮
带灯钮
旋钮
钥匙钮</td><td rowspan="2">4</td><td>1200</td><td>交流 50
直流 25</td><td>100</td></tr>
<tr><td>120</td><td>10</td><td>10</td></tr>
<tr><td rowspan="2">5</td><td>1200</td><td>交流 50
直流 25</td><td>100</td></tr>
<tr><td>120</td><td>10</td><td>10</td></tr>
<tr><td rowspan="2">6</td><td>1200</td><td>交流 50
直流 25</td><td>100</td></tr>
<tr><td>120</td><td>10</td><td>10</td></tr>
</table>

注 额定发热电流为 10A；额定电压、电流：交流 220V、4.5A，直流 220V、0.3A。

二、行程开关

1. 行程开关的结构及工作原理

行程开关又称限位开关或位置开关，它的作用与按钮开关相同，能将机械的位移信号转变为电气信号，只是其触头的动作不是靠手按动，而是利用生产设备某些运动部件的机械位移来碰撞其按钮或滚轮，使触头动作，以完成对某个电路的接通或分断的控制，从而控制机械动作或程序执行。如果将行程开关装设在工作机械的终点，以限制其行程，就称为限位开关或称终点开关。

行程开关由操动机构、基座、外壳、开关芯子组成，其结构及符号如图 5-20 所示。操动机构与挡铁碰触从而触发开关芯子动作；基座一般用塑料压制，用于安装固定、保护开关芯子不受外部因素影响；外壳有金属和塑料两种，壳内装有 1 对动合触头和 1 对动断触头；开关芯子是核心部件，它根据操动机构的动作实现对电路的接通与分断。

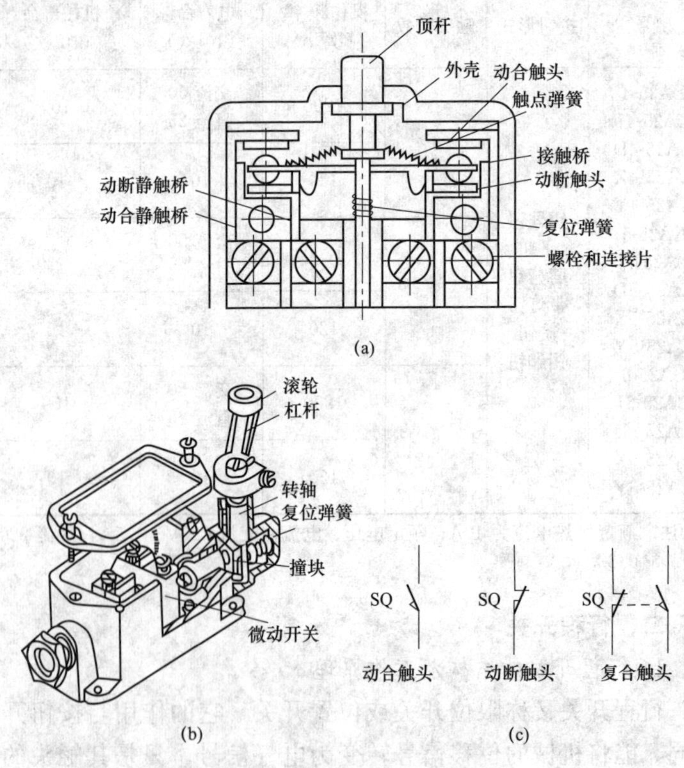

图 5-20　行程开关结构及符号

(a) 按钮式结构；(b) 滚轮式结构；(c) 符号

按钮式行程开关的工作原理：当外力向下碰压顶杆时，顶杆向下运动，压紧弹簧，使其贮存一定能量。当顶杆运动到一定位置时，弹簧的弹力改变方向，贮存的能量得以释放，迫使接触桥（动触头）向上急弹，与动断静触头分断，继而与动合静触头接通，完成了跳跃式快速换接。当外力消除后，在复位弹簧的作用下，顶杆上升，动触头又向下跳跃，恢复原位。

滚轮式行程开关的工作原理：当装在运动机械上的挡铁压

到行程开关的滚轮上时，行程开关的杠杆连同转轴、凸轮一起转动，推动撞块压入，使其动断触头断开、动合触头闭合以切换电路；当滚轮上的挡铁移开后，复位弹簧就使行程开关的各部件恢复到原始位置。单轮旋转式行程开关能自动复位，而双轮旋转式行程开关不能自动复位，它是依靠运动机械反向移动时，挡铁碰撞另一滚轮将其复位。

2. 行程开关的技术数据

一般用途的行程开关，主要用于机床、自动生产线及其他生产机械的限位和程序控制，常用型号有 LX19、LXK3、JLXK1、XCK、3SE3、LXZ1、DTH、LX10、LX31、LXW5 等系列。起重设备用的行程开关，主要用于限制起重机及各种冶金辅助设备的行程，常用型号有 LX22、LX33、LX36 等系列。LX10 系列行程开关的技术数据见表 5-44，LX19 系列行程开关的技术数据见表 5-45，JLXK1 系列行程开关的技术数据见表 5-46，LX33 系列行程开关的技术数据见表 5-47。

表 5-44　　LX10 系列行程开关的技术数据

型号	额定电流/A	额定电压/V	操动机构	应用范围	外形尺寸/mm			用途
					长	宽	高	
LX10-11	10	交、直流 380V 或 220V	直形尺杆式	惯性大的平移机构	190	140	128	用于电力传动装置中，作为转换控制线路之用，在各种起重机、冶金及水利设备机构上作终点开关或行程开关
LX10-12								
LX10-21			滚子叉式		190	140	98	
LX10-22								
LX10-31			钢索荷重式	限制提升机构的行程	215	153	130	
LX10-32								
LX10-41			三位置叉式	3 个操作位置的平移机构	190	132	95	
LX10-42								
LX10-51			直形尺杆荷重式	速度不大的平移机构	218	144	136	
LX10-52								
LX10-61			双臂滚子尺杆式	速度较大的平移机构	190	168	100	
LX10-62								

表 5-45　　LX19 系列行程开关的技术数据

型号	动作力/N	动作行程或角度	控制容量	额定发热电流/A	外形尺寸/mm			用途
					长	宽	高	
LX19-K	<1	2～3.5mm	交流 300V·A；直流：20W	5	38	35	15	适用于交流 50Hz、电压至 380V，直流电压至 200V 的控制电路中，控制运动机构的行程和变换其运动方向或速度
LX19-011	<1.5	2～4mm			88	53	35	
LX19-111 LX19-121 LX19-131	<2	≤30°			128	52	54	
LX19-212 LX19-222 LX19-232	<2	≤60°			136	52	54	

表 5-46　　JLXK1 系列行程开关的技术数据

型号	电压/V	电流/A	结构形式	触头对数		工作行程	超行程
				动合	动断		
JLXK1-111	500	5	单轮防护式	1	1	12°～15°	≤35°
JLXK1-211			双轮防护式			≈45°	≤45°
JLXK1-311			直动防护式			1～3mm	2～4mm
JLXK1-411			直动滚轮防护式			1～3mm	2～4mm

表 5-47　　LX33 系列行程开关的技术数据

型号	额定电流/A	防护等级	操动机构	外形尺寸/mm			用途
				长	宽	高	
LX33-1	10	IP44	杆式	185	175	160	适于交流 50Hz、电压 380V，直流电压至 220V 的控制电路中，将机械信号转换为电信号
LX33-2			叉式	235	170	160	
LX33-3			重锤式	260	160	155	
LX33-4			旋转式	265	170	178	

3. 行程开关的选用

（1）根据安装环境来选择行程开关的防护形式是开启式还是防护式。

（2）根据控制对象来选择行程开关的种类。当生产机械运动速度不是太快时，通常选用一般用途的行程开关。而当生产机械行程通过的路径上不宜装设按钮式行程开关时，应选用滚轮式的行程开关。

（3）根据生产机械与行程开关的传力与位移关系来选择行程开关的头部结构形式（即操作方式）。

第八节 启 动 器

一、启动器的工作原理及类型

异步电动机是电力拖动中最常见的电动机，电动机的启动方法可分为全压启动和减压启动。由于大容量异步电动机的启动电流很大，可达几百安培，这样大的电流不仅对线路有很大的影响，会造成线路电压的下降，使电动机转矩减小，甚至启动困难，而且还会影响同一供电网络中其他设备的正常工作，所以大容量电动机的启动不允许直接启动，而应采用减压启动。

电动机的减压启动，是依据降低启动电压可以减小启动电流的原理，其方法是利用一定的设备先行降低加在电动机定子绕组上的电压，待电动机启动后且转速达到一定时，再将电压恢复到额定值运行，以达到降低启动电流的目的。由于电动机的转矩与电压的平方成正比，所以减压启动使电动机的启动转矩也大为降低，因此减压启动只适用于对启动转矩要求不高或空载、轻载的机械设备。

电动机的启动广泛采用带有各种保护作用的启动器定型产品，除少数手动启动器外，大多数是由接触器、热继电器和按钮开关等电器按一定方式组合而成的自动启动器，它具有过载、失电压保护等功能。电动机启动器的类型和用途见表5-48。

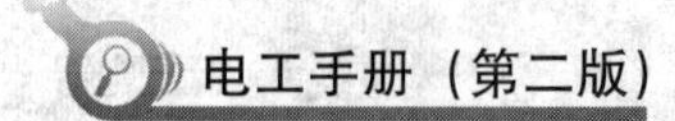

表 5-48　　电动机启动器的类型和用途

类型			主要系统型号	用途
全压直接启动器		电磁	QC25 QC27	供三相笼型异步电动机远距离频繁直接启动、停止及可逆转换，具有过载、断相和失压保护作用
		手动	QS5、 QS6、 QZ610	供三相笼型异步电动机远不频繁地直接启动、停止、可具有过载、断相和失压保护作用，尤其适宜农村使用
减压启动器	星-三角启动器	自动	QX3 QJX2 （LC3-D）	供三相笼型异步电动机做星-三角启动及停止用，具有过载、断相和失压保护作用，能自动地将定子绕组由星形联结转化为三角形
		手动	QX1	供三相笼型异步电动机做星-三角启动及停止用
	自耦减压启动器	自动	JJ1 XJ01	供三相笼型异步电动机做下频繁地降压启动及停止用、并具有过载、断相和失压保护作用
		手动	QJ3、QJ10、 QJ10D	
	电抗减压启动器		—	供三相笼型异步电动机降压启动用。由于启动时电抗器有降压作用，因此减少了启动电流
	电阻减压启动器		QJ7	供三相笼型异步电动机或小容量直流电动机降压启动用。由于启动时电阻元件有降压作用，因此减少了启动电流
	延边三角形启动器		XJ1	供三相笼型异步电动机做延边三角形启动，具有过载、断相和失压保护作用。在启动过程中，将电动机绕组接成延边三角形，启动完毕时自动转换接成三角形

二、电磁启动器

电磁启动器又称磁力启动器，主要由接触器和热继电器两部分组成，其结构如图 5-21 所示。接触器用于闭合与切断电路，当电源电压太低或突然停电时，能自动切断电路；热继电器对电动机过载及断相起保护作用。电磁启动器主要用于就地或远距离频繁控制三相笼型异步电动机的直接启动、停止与可逆转换，并且具有过载、断相及失电压保护功能。当将熔断器与电磁启动器串接使用时，还具有短路保护功能。

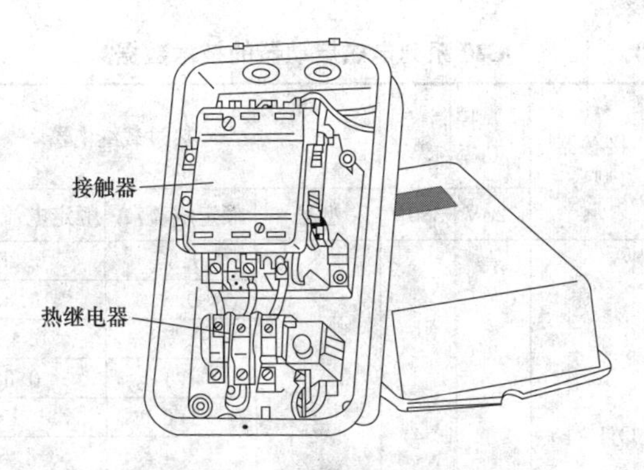

图 5-21 电磁启动器结构

电磁启动器按防护形式可分为开启式（不带外壳）和保护式（带外壳）电磁启动器；按电动机的运行方式可分为可逆的和不可逆的电磁启动器；按有无过载保护，可分为带热继电器和不带热继电器的电磁启动器等。通常根据电动机额定电压、额定容量及可逆式或不可逆的要求来选择电磁启动器。

常用的电磁启动器有 QC10、QC12、QC17、QC20 等系列，还有引进德国 BBC 公司技术生产的 MSB 系列电磁启动器，它由 B 系列交流接触器与 T 系列热继电器组成。QC10 系列电磁启动器的技术数据见表 5-49，QC20 系列电磁启动器的技术数据见表 5-50，MSB 系列电磁启动器的技术数据见表 5-51。

表 5-49 QC10 系列电磁启动器的技术数据

型号	额定电流/A	吸引线圈电压/V	控制电动机最大功率/kW			热元件额定电流/A
			220V	380V	500V	
QC10-2	10	36 110 127 222 380	2.2	4	4	0.35、0.5、0.72、1.1、1.6、2.4、3.5、5、7.2、11
QC10-3	20		5.5	10	10	11、16、24
QC10-4	40		11	20	26	24、33、45
QC10-5	60		17	30	40	50、72、100
QC10-6	100		29	50	—	50、72、100
QC10-7	150		47	75	—	110、150

表 5-50　　　　QC20 系列电磁启动器的技术数据

启动器型号	接触器型号	控制功率/kW		热过载继电器		
		220V	380V	型号	额定电流/A	额定电流调节范围/A
QC20-2	QJ10-10	2.2	4	JR16-20/3	0.35	0.25～0.35
					0.5	0.35～0.5
					0.72	0.45～0.72
					1.1	0.68～1.1
					1.6	1～1.6
					2.4	1.5～2.4
					3.5	2.2～3.5
					5	3.2～5
					7.2	4.5～7.2
					11	6.8～11
QC20-3	QJ10-20	5.5	10		11	6.8～11
					16	10～16
					22	14～22
QC20-4	CJ10-40	11	20	JR16-60/3	22	14～22
					32	20～32
					45	28～45
QC20-5	CJ10-60	17	30		45	28～45
					63	40～63
QC20-6	CJ10-100	30	50	JR16-150/3	85	53～85
					120	75～120
QC20-7	CJ10-150	45	75		120	72～120
					160	100～160

表 5-51　　　　MSB 系列电磁启动器的技术数据

型号	额定工作电流/A				不同额定工作电压下的最大控制功率/kW	
	主触头		辅助触头	热过载继电器的动合触头		
	380V	660V	380V	380V	220V	380、500、660V
MSB(QCX8)9	8.5	3.5	1.2	2	2.2	4
MSB(QCX8)12	11.5	4.9			3	5.5
MSB(QCX8)16	15.5	6.7			4	7.5
MSB(QCX8)25	22	13			6.5	11

续表

型号	额定工作电流/A				不同额定工作电压下的最大控制功率/kW	
	主触头		辅助触头	热过载继电器的动合触头		
	380V	660V	380V	380V	220V	380、500、660V
MSB(QCX8)30	30	17.5	1.2	2	9	15
MSB(QCX8)37	37	21			11	18.5
MSB(QCX8)45	44	25			13	22
MSB(QCX8)65	65	45			18.5	40
MSB(QCX8)85	85	85			25	50

三、星-三角启动器

大容量电动机在正常运行时，其定子绕组通常是三角形联结。当进行启动时，可将定子绕组临时接成星形联结，使加在每相绕组上的电压由 380V 降为 220V。待电动机接近额定转速时，再将定子绕组恢复成三角形联结，使电动机在额定电压 380V 下运行，这种启动方法称为星-三角减压启动。凡在正常运行时定子绕组作三角形联结的电动机，均可采用星-三角启动器进行减压启动，来达到减小启动电流的目的。由于星-三角减压启动时，启动转矩只有全电压启动时的 1/3，故只适用于电动机功率为 13～55kW 的轻载或空载的启动。

星-三角启动器有手动式和自动式两类，其结构如图 5-22 所示。手动星-三角启动器不带任何保护，因此要与断路器、熔断器等配合使用。当电动机因失电压停转后，应立即将手柄扳到停止位置上，以免电压恢复时电动机自行全电压启动。自动星-三角启动器主要由接触器、热继电器、时间继电器组成，能自动控制电动机定子绕组的星-三角联结换接，并具有过载和失电压保护功能。手动星-三角启动器有 QX1、QX2 系列产品，自动星-三角启动器有 QX3、QX4 系列产品。QX1 和 QX2 系列星-三角启动器的技术数据见表 5-52，QX3 系列星-三角启动器的技术数据见表 5-53，QX4 系列星-三角启动器的技术数据见表 5-54。

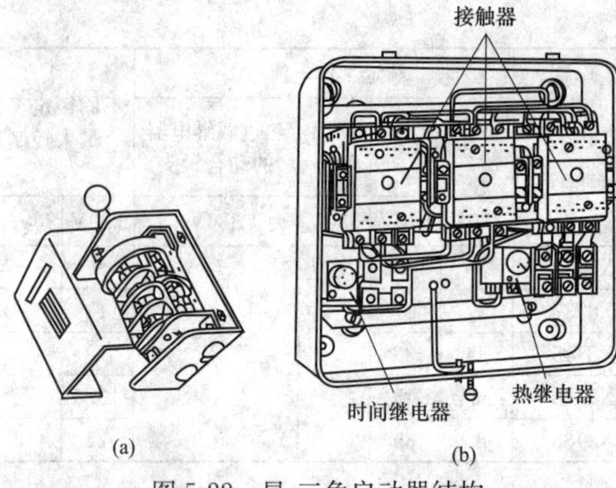

图 5-22 星-三角启动器结构
(a) 手动式；(b) 自动式

表 5-52 QX1、QX2 系列星-三角启动器的技术数据

型号	额定电流/A	额定电动机最大功率/kW		操作频率(次/h)	正常操作接通能力			正常操作分断能力		
		220V	380V		电压/V	电流/A	cosφ ≥	电压/V	电流/A	cosφ ≥
QX1-13	16	7.5	13	30	380	4×16	0.4	380×0.25	16	0.4
QX1-30	40	17	30	30	380	4×40	0.4	380×0.25	40	0.4
QX1-13N/4.5	11	—	4.5	30	380	6×11	0.4	380×0.16	11	0.4
QX2-13	16	—	13	30	—	—	—	—	—	—
QX2-30	40	—	30	30	—	—	—	—	—	—

注 额定电压 380V；防护形式为开启与保护。

表 5-53 QX3 系列星-三角启动器的技术数据

型号	控制电动机最大功率/kW			热元件额定电流/A	热继电器整定电流调节范围/A	吸引线圈电压/V		延时时间整定范围/s
	220V	380V	500V			50Hz	60Hz	
QX3-13/K QX3-13/H	7.5	13	13	11 16 22	6.8～11 10～16 14～22	220 380 500	220 380 400	4～16
QX3-30/K QX3-30/H	17	30	30	32 40	20～32 28～45			

表 5-54　　QX4 系列星-三角启动器的技术数据

型号	控制电动机最大功率/kW	额定电流/A	热元件整定电流近似值/A	时间继电器整定近似值/s
QX4-17	13	26	15	11
	17	33	19	13
QX4-30	22	42.5	25	15
	30	58	34	17
QX4-55	40	77	45	20
	55	105	61	24
QX4-75	75	142	85	30
QX4-125	125	260	100～160	14～60

四、自耦减压启动器

自耦减压启动器又称补偿启动器，是一种利用自耦变压器降低电动机启动电压的控制电器，它常用于电动机空载或轻载启动，对容量较大或者启动转矩要求较高的电动机可采用自耦减压启动。启动时，利用自耦变压器降低电动机定子绕组的端电压。当转速接近额定转速时，切除自耦变压器，将电动机直接接入电源全电压正常运行。

自耦减压启动器由自耦变压器、接触器、操动机构、保护元件和箱体等部分组成，其结构如图 5-23 所示。自耦变压器、保护元件和操动机构均装在箱体的上部，自耦变压器的高压边接电源，低压边接电动机，并且有几个分接头，分别是电源电压的 40％、65％和 80％，可以根据电动机启动时的负载大小选择不同的启动电压。由于电压比不同，可获得不同的启动转矩。保护元件有过载保护与欠电压保护，过载保护采用带断相保护的热继电器，欠电压保护采用欠电压脱扣器。操动机构包括操作手柄、主轴和机械联锁装置等。

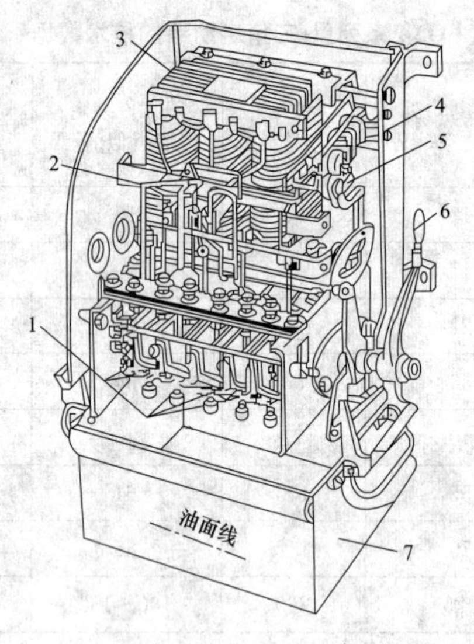

图 5-23　自耦减压启动器结构

1—启动静触头；2—热断电器；3—自耦变压器；
4—失压保护装置；5—停止按钮；
6—操纵手柄；7—油箱

自耦减压启动器常用的有手动 QJ3 系列充油式、手动 QJ10 系列空气式、自动 XJ01 系列等产品。手动 QJ3 系列充油式适用于功率至 75kW 的电动机作不频繁减压启动及停止用，它的接触系统浸在油箱里，自耦变压器的绕组上备有额定电压的 65％、80％两组抽头，出厂时一般接在 65％的抽头上，如需要较大的启动转矩，可改接在 80％的抽头上。自动 XJ01 系列为箱式防护结构，内有自耦变压器、交流接触器、智能数显电动机保护器等，对于功率 75kW 及以下的电动机采用自动控制方式，80kW 及以上的电动机具有手动、自动两种控制方式。智能数显电动机保护器在 0～240s 内可以自动调节启动时间，并有过载、断相及失电压保护。QJ3、QJ10 系列自耦减压启动器的技术数据见表 5-55。

表 5-55 QJ3、QJ10 系列自耦减压启动器的技术数据

型号	可控制电动机最大功率/kW			额定电流[1]/A			热继电器整定电流/A			最大启动时间/s
	220V	380V	440V	220V	380V	440V	220V	380V	440V	
QJ3-10	—	10	10	—	22	19	—	25	25	30
QJ3-14	8	14	14	29	30	26	40	40	40	30
QJ3-17	10	17	17	37	38	33	40	40	40	40
QJ3-20	11	20	20	40	43	36	45	45	45	40
QJ3-22	14	22	22	51	48	42	63	63	63	40
QJ3-28	15	28	28	54	59	51	63	63	63	40
QJ3-30	—	30	30	—	63	56	—	63	63	40
QJ3-40	20	40	40	72	85	74	85	85	85	60
QJ3-45	25	45	45	91	100	86	120	120	120	60
QJ3-55	30	55	55	108	120	104	160	160	160	60
QJ3-75	40	75	75	145	145	125	160	160	160	60
QJ10-10	—	10	—	—	20.7	—	—	20.7	—	30
QJ10-13	—	13	—	—	25.7	—	—	25.7	—	30
QJ10-17	—	17	—	—	34	—	—	34	—	40
QJ10-20	—	20	—	—	43	—	—	43	—	40
QJ10-30	—	30	—	—	58	—	—	58	—	40
QJ10-40	—	40	—	—	77	—	—	77	—	60
QJ10-55	—	55	—	—	105	—	—	105	—	60
QJ10-75	—	75	—	—	142	—	—	142	—	60

① 对于 QJ3 型，是指触头额定工作电流；对于 QJ10 型，是指电动机额定电流。

五、软启动器

软启动器又称为晶闸管电动机软启动器、固态电子式软启动器，是采用晶闸管为主要器件、以计算机为主要控制核心的新颖电动机启动装置，它可连续无级地改变加在电动机上的电压，达到减小启动电流和启动转矩以实现电动机的软启动。软启动器集软启动、软停机（附带）、轻载节能、多种保护功能于一体，具有智能化程度高、保护功能多、转矩可调、负载适应性强、电流冲击小、节能显著、寿命长、体积小、重量轻、免维护等优点，从根本上解决了传统的星-三角减压启动、电抗器减压启动、自耦变压器减压启动等硬启动带来的诸多弊端，可广泛应用于功率7.5～800kW的长期轻载瞬间满载的电动机、风机、水泵、输送压缩机等。

1. 软启动器的基本组成

最基本的软启动器由三相晶闸管交流调压电路、电源同步检测、电流检测、触发延迟角控制和调节、触发脉冲形成和隔离放大、计算机控制系统组成，如图5-24所示。在此基础上，为了丰富软启动器的操控功能，还需要附加外接信号输入和输出电路、显示和操作环节、通信环节等。

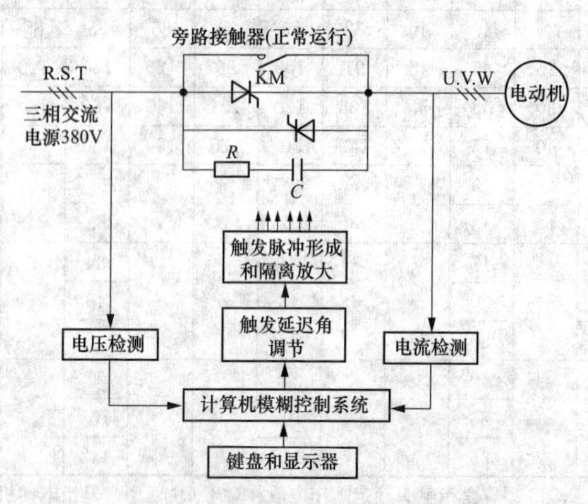

图5-24　软启动器的基本组成

（1）三相晶闸管调压电路。三相电路中每相电路都由两只晶闸管反并联构成，启动结束后，软启动器自动用旁路接触器取代已完成任务的晶闸管，为电动机提供正常运行的额定电压。晶闸管过电流、过电压能力很差，因此增设了阻容吸收网络作为保护措施。

（2）电源同步检测。一方面将三相电源电压的大小信号送入计算机，经A/D处理后作为故障检测、过电压和欠电压保护、电压显示等的依据；另一方面，将三相电源的模拟电压转变为方波信号，作为触发三相晶闸管的相位信号与同步信号。

(3) 电流检测。一方面通过电流互感器检测电动机的三相电流，将电流信息送入计算机中，作为过电流保护、电流显示等的依据；另一方面同步检测电流的相位信号。

(4) 触发脉冲形成和隔离放大。晶闸管触发电路采用集成芯片组成的智能型电动机启动装置触发器，它包含了同步检测电路、锯齿波形成电路、功率放大电路、偏移电压、移相电压及锯齿波电压综合比较放大电路。

(5) 触发延迟角控制和调节。由来自同步变压器的电压信号经电压比较器、光电隔离、功率驱动后送入计算机控制晶闸管触发脉冲相位，使其能与主回路电压相位精确可调。

(6) 计算机控制系统。在电动机的软启动过程中，计算机输出数值量经 D/A 转换后送晶闸管的触发控制电路，通过定时调节 D/A 转换的数字量大小实现晶闸管的移相控制，使晶闸管的导通角从设定的初始值开始按一定速率增大，并通过对启动电流的采样值和限定值进行比较和修正，直到晶闸管全部导通，投入正常运行。投入正常运行后，计算机对电动机的工作电流进行监控，可进行断相、过电压、过电流等各种保护。

2. 软启动器的工作原理

软启动器采用三相反并联晶闸管作为交流调压器，将其接入电源和电动机定子绕组之间，这种电路如同三相桥式全控整流电路。使用软启动器启动电动机时，晶闸管的输出电压逐渐增加，电动机逐渐加速，直到晶闸管全导通。待电动机达到额定转速时，启动过程结束，软启动器自动用旁路接触器取代已完成任务的晶闸管，电动机工作在额定电压的机械特性上，从而达到了平滑启动、降低启动电流的目的，并避免了启动过电流而跳闸。

软启动器同时还提供软停机功能，软停机与软启动过程相反，电压逐渐降低，转速逐渐下降到零，避免了自由停机引起的转矩冲击。旁路接触器可以降低晶闸管的热损耗，延长软启动器的使用寿命，提高其工作效率，同时又使电网避免了谐波污染。

3. 软启动器的接线方法

不同品牌及型号的软启动器接线方法有所差别，现以西安西普电力电子有限公司生产的 STR 数字式电动机软启动器为例，其接线方法如图 5-25 所示。软启动器也可采用外部控制方法对电动机进行启动与停止控制，利用 RUN 和 COM 的闭合或断开作为启动与停止信号。若按①接线，停机为自由停机；若按②接线，停机为软停机。

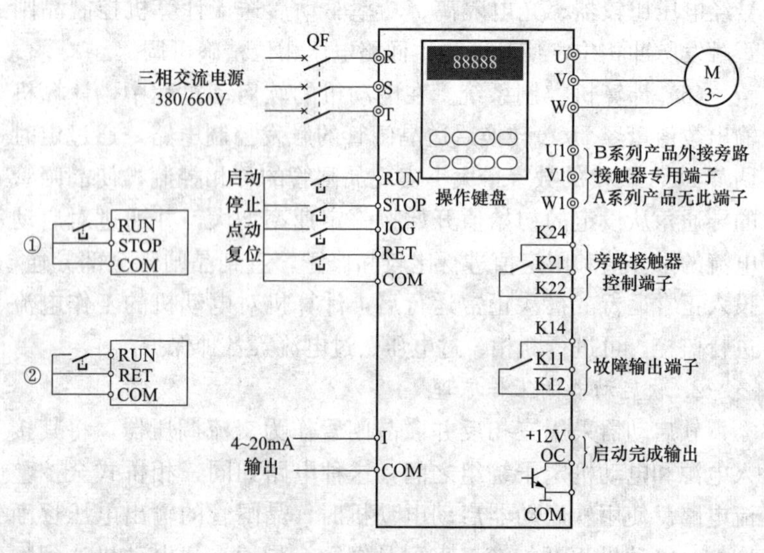

图 5-25　软启动器的接线方法

4. 软启动器的使用注意事项

（1）软启动器的安装和维护需要由合格的专业人员进行。

（2）软启动器的输入端接通电源后，禁止接触软启动器的输出端，否则会有触电危险。

（3）严禁将功率因数补偿电容放在软启动器的输出侧，否则将损坏软启动器中的晶闸管功率器件，且在启动期间不能切换电容。

（4）不得用绝缘电阻表测量软启动器输入与输出间的绝缘电阻，否则可能因过电压而损坏软启动器的晶闸管和控制板。

（5）不得将软启动器主电路的输入端子与输出端子接反，否则将导致软启动器非预期的动作，可能损坏软启动器和电动机。

（6）如果要求电动机可逆运行，可以在进线侧装一个反转接触器，注意不要装在软启动器输出侧。

（7）绕线转子型电动机在转子串入适当的启动电阻后，软启动器也可以用来启动绕线转子型电动机，当电动机达到全速并且稳定后，启动电阻应该立即切除，减小功率损耗。

（8）使用旁路接触器时，启动电路相序应与旁路电路相序一致，不允许改变相序，否则旁路切换时将发生相间短路，使低压断路器跳闸甚至损坏设备。

（9）软启动器本身没有短路保护，为了保护其中的晶闸管，应该采用快速熔断器，其规格应根据软启动器的额定电流来选择。

（10）软启动器对电动机制动停机时，由于晶闸管不导通，电动机的输入电压为0V，但在电动机与电源之间并没有形成电气隔离，因此在检修电动机或线路时，必须切断供电电源。为此，应在软启动器与电源之间增设低压断路器。

（11）软启动器内置有多种保护功能（如失速及堵转测试、相间平衡、欠载保护、欠电压保护、过电压保护等），具体应用时应根据实际需要通过编辑来选择保护功能或使某些保护功能失效。

（12）软启动器的使用环境要求比较高，应做好通风散热工作，安装时应在其上、下方留出一定空间，使将功率模块的热量能通过空气散出。当软启动器的额定电流较大时，要采用鼓风机降温。

第六章

变压器与高压电器

第一节　变压器的基本知识

变压器是一种将交流电压、电流变换成另一个或几个同频率的交流电压、电流的电气设备，它广泛应用于电力、电信和自动控制系统中。

一、变压器的工作原理

变压器主要由磁路系统、电路系统和冷却系统构成。变压器内的部件称为器身，其中包括构成磁路的铁芯、构成电路的绕组和附属的绝缘、冷却系统。铁芯由彼此绝缘的硅钢片叠积（或卷绕）后装上拉板或拉螺杆、夹件等附件制成，铁芯的截面一般有单极矩形截面、多级外接圆形截面和多级椭圆形截面 3 种形式；绕组一般由绝缘件和绝缘导线制成；冷却系统一般由变压器油、油箱、联管、散热器或冷却器构成。

变压器工作原理是基于法拉第电磁感应定律将某一种电压、电流、相数的电能转变成另一种电压、电流、相数的电能，它具有电压变换、电流变换、阻抗变换和电气隔离的功能。现在以单相双绕组变压器为例说明其工作原理，其原理如图 6-1 所示。

1. 电压变换原理

在单相变压器中，闭合的铁芯上有两组绕组，与电源相接的绕组称一次绕组（旧称初级绕组、原边绕组），匝数通常用 N_1 表示；输出电能的绕组称作二次绕组（旧称次级绕组、副边绕组），匝数通常用 N_2 表示。在二次绕组开路情况下，一次绕

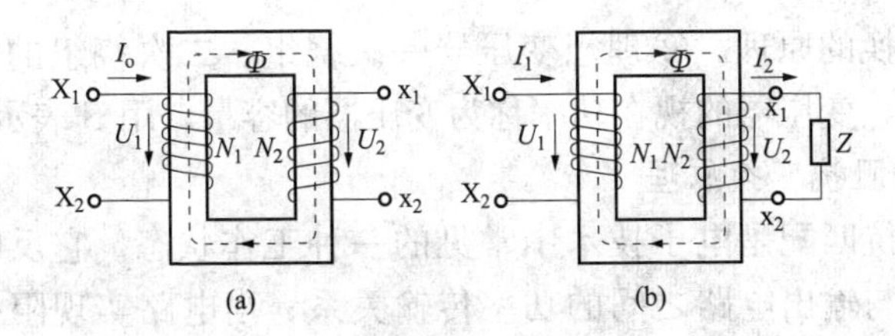

图 6-1 单相变压器的工作原理
(a) 空载运行；(b) 负载运行

组接上有效值为 U_1 的交流电压后，有空载电流 I_0 通过，它产生的交变磁通也穿过二次绕组。根据法拉第电磁感应定律，二次绕组两端感应产生一个交变电压，其有效值设为 U_2。在不计变压器铜损（绕组的热损耗）和铁损（铁芯和励磁的损耗）的情况下，U_1、U_2 分别为

$$U_1 = 4.44 f N_1 \Phi_m \tag{6-1}$$

$$U_2 = 4.44 f N_2 \Phi_m \tag{6-2}$$

式中，f 为交流电频率，Φ_m 为铁芯中最大磁通量，由此得

$$\frac{U_1}{U_2} = \frac{N_1}{N_2} = K \tag{6-3}$$

式（6-3）表明，在空载情况下，变压器一次绕组、二次绕组的电压比与变压器一、二次绕组的匝数成正比，这就是变压器电压变换的原理。K 称为变比，$K>1$ 的为降压变压器，$K<1$ 的为升压变压器，$K=1$ 的为隔离变压器。

2. 电流变换原理

当二次绕组接上负载 Z，二次绕组便有电流 I_2 通过，一次绕组电流也从空载电流 I_0 增大为 I_1。不计变压器的铜损和铁损（视为理想变压器），输入功率 I_1U_1 和输出功率 I_2U_2 近似相等，即：

$$I_1U_1 = I_2U_2 \quad 或 \quad \frac{I_1}{I_2} = \frac{U_2}{U_1} = \frac{1}{K} \tag{6-4}$$

式（6-4）表明：①一次绕组所通过的电流有效值与二次绕组所通过的电流有效值之比等于变比 K 的倒数，这就是变压器

电流变换的原理。②理想变压器一次绕组、二次绕组的视在功率相等，变压器的视在功率称为变压器的容量，用 S 表示。

3. 阻抗变换原理

阻抗匹配是电子技术中常见的一种工作状态，它反映了输入电路与输出电路之间的功率传输关系。当电路实现阻抗匹配时，将获得最大的功率传输。当电路阻抗失配时，不但得不到最大的功率传输，还可能对电路产生损害。变压器有变换阻抗的功能，在阻抗匹配中可发挥作用。

当变压器视为理想变压器时，假设其一次绕组的阻抗为 Z_1，二次绕组的负载阻抗为 Z_2，则有

$$Z_1 = \frac{U_1}{I_1} \tag{6-5}$$

$$Z_2 = \frac{U_2}{I_2} \tag{6-6}$$

$$U_1 = KU_2 \tag{6-7}$$

$$I_1 = \frac{I_2}{K} \tag{6-8}$$

联立可得：

$$Z_1 = K^2 Z_2 \tag{6-9}$$

式（6-9）表明，当二次绕组接上一个阻抗为 Z_2 的负载时，相当于变压器的一次绕组接上一个等效阻抗为 K^2Z_2 的负载，这就是变压器阻抗变换的原理。实际上电源和负载的阻抗都是给定的，一般情况下是不匹配的。为此，若将变压器的变比 K 按上式来进行设计，在变压器进行耦合时，就可以实现阻抗匹配。

二、变压器的分类

1. 按用途分类

（1）电力变压器：用于输配电系统的升电压、降电压。

（2）仪用变压器：如电压互感器、电流互感器等，用于测量仪表和继电保护装置。

（3）试验变压器：能产生高电压，对电气设备进行高电压耐压试验。

（4）特种变压器：如电炉变压器（炼钢、炼电石或炼合

金)、整流变压器(牵引、传动、电解或高压整流)、矿用变压器(一般型或防爆型)、中频淬火变压器(中频加热设备)、电信变压器(电信调幅)、电焊变压器(电焊)等。

2. 按容量分类

(1) 中小型变压器:电压在35kV以下,容量在10~6300kVA的变压器。

(2) 大型变压器:电压在63~110kV,容量在6300~63000kVA的变压器。

(3) 特大型变压器:电压在220kV以上,容量在31500~360000kVA的变压器。

3. 按相数分类

(1) 单相变压器:用于单相负荷。

(2) 三相变压器:用于三相系统的升电压、降电压。

4. 按绕组数量分类

(1) 双绕组变压器:有高电压绕组和低电压绕组的变压器,用于连接电力系统中的两个电压等级。

(2) 三绕组变压器:有高电压绕组、中电压绕组和低电压绕组的变压器,用于电力系统区域变电站中,连接三个电压等级。

(3) 自耦变压器:用于连接不同电压的电力系统,也可作为普通的升电压或降电压变压器。

5. 按变压器的调压方式分类

可分为无励磁调压变压器和有载调压变压器。

6. 按变压器的冷却介质分类

(1) 干式变压器:依靠空气对流进行自然冷却或增加风机冷却,多用于高层建筑、高速收费站点用电及局部照明、电子线路等小容量变压器。

(2) 油浸式变压器:依靠油作冷却介质,如油浸自冷、油浸风冷、油浸水冷、强迫油循环等,适用于城乡、工矿企业变电站用变压器。

7. 按铁芯结构分类

（1）芯式变压器：用于高电压的电力变压器。

（2）壳式变压器：用于大电流的特殊变压器。

8. 按导线材料分类

可分为铜导线变压器、铝导线变压器和半铜半铝导线变压器。

三、变压器的额定值

（1）额定容量 S_N(V·A)。指在额定使用条件下，变压器加以额定电压、额定频率时二次绕组允许输出的最大视在功率。

（2）一次绕组的额定电压 U_{1N}(V)。指根据变压器的绝缘强度和容许发热规定的在一次绕组上应加的电压值。

（3）二次绕组的额定电压 U_{2N}(V)。指一次绕组电压为额定值时，二次绕组两端的空载电压值。通常在铭牌上以 U_{1N}/U_{2N} 形式表示，例如，铭牌标注 380V/36V，则 U_{1N} 为 380V，U_{2N} 为 36V。

（4）一次绕组的额定电流 I_{1N}(A)。指根据变压器容许发热而规定的、在一次绕组中长期容许通过的最大电流值。

（5）二次绕组的额定电流 I_{2N}(A)。指根据变压器容许发热而规定的、在二次绕组中长期容许通过的最大电流值。

（6）额定频率 f(Hz)。指加在变压器一次绕组上的电压的允许频率，我国规定的标准频率（工频）为 50Hz。

（7）温升（℃）。指变压器在额定运行情况时，允许超出周围环境温度的数值，它由变压器所用绝缘材料的等级决定。

（8）阻抗电压（$\%U_N$）。又称为短路电压，用占额定电压的百分比表示，表征变压器铜损的大小。变压器二次绕组在短路条件下，让一次绕组缓慢升高电压，当二次绕组产生的短路电流等于其额定电流时的一次侧电压与额定电压的比值百分数。

（9）联结组标号。指三相变压器每相（一、二次）绕组的极性关系和联结方式，三相电力变压器通常采用 Yyn 联结方式。

四、变压器的联结组标号

变压器绕组的联结组标号是根据高、低压绕组的接线方法和对应的线电压之间的相位关系，用时钟表示法画出高、低压线电压的矢量图，即为变压器的联结组标号。联结组标号的表示方法：把电力变压器高压绕组的电压矢量作为时钟的长针，并必须把长针固定在 0（12）上，而把低压绕组相对应的电压矢量作为时钟的短针，短针指在几点钟的位置上，就以这个钟点作为这个联结组标号。

单相变压器除了内部绕组的连接外，没有绕组之间的连接，所以其联结符号用英文字母 I 表示。三相变压器的三相绕组可连接成星形、三角形和曲折形，对于高压绕组分别用英文字母 Y、D 和 Z 表示，对于中、低压绕组分别用英文字母 y、d 和 z 表示，有中性点引出时则用 YN 和 yn 表示。我国规定双绕组三相变压器的标准联结组标号为 Yyn0，Yy0，YNy0，Yd11 和 YNd11 共 5 种，见表 6-1。

表 6-1　　　　三相变压器联结组标号

联结组标号	绕组接线图	矢量图		适用场合
		高压	低压	
Yyn0 (Y/Y_0-12)	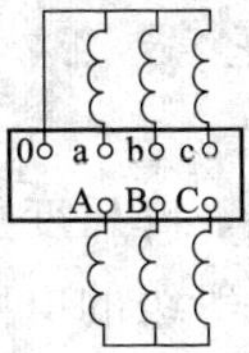	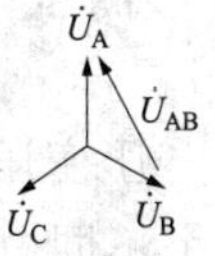	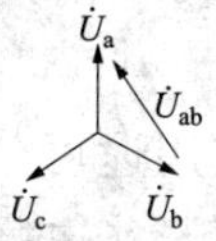	三相四线制供电，用于同时有动力负载和照明负载的场合
Yy0(Y/Y-12)	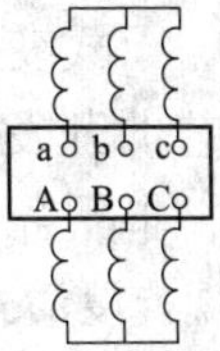	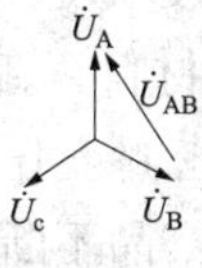	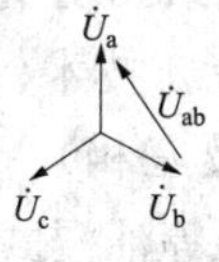	三相动力负载
YNy0 (Y_0/Y-12)	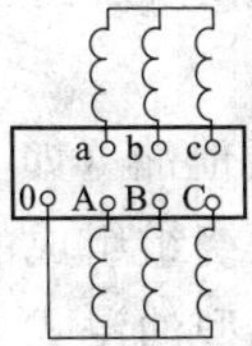	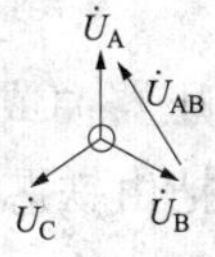	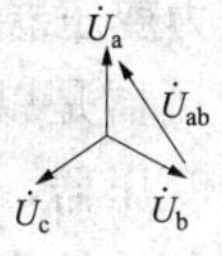	高压中性点需接地，而低压供给三相动力负载的场合

续表

联结组标号	绕组接线图	矢量图		适用场合
		高压	低压	
Yd11 （Y/D-11）	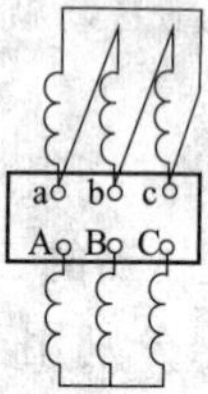	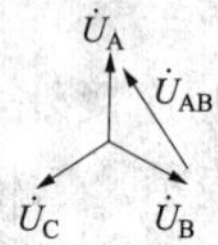	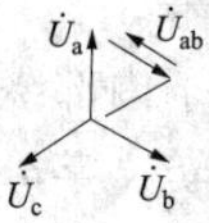	一次侧接小于35kV的高压，二次侧接大于400V的低压
YNd11 （Y0/D-11）	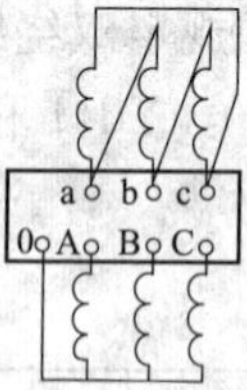	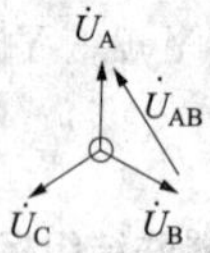	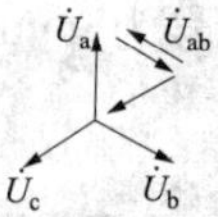	高压需中性点接地的电力系统

第二节　电 力 变 压 器

电力变压器按用途可分为升压变压器、降压变压器、配电变压器、联络变压器（连接几个不同电压等级的电网用）和厂用变压器等；按相数可分为单相变压器、三相变压器和多相变压器等；按冷却方式可分为油浸式变压器、干式变压器和充气式变压器等。随着新技术、新材料、新工艺的开发应用，卷铁芯变压器（单相及三相）、全密封变压器、非晶合金铁芯变压器、地埋式变压器等油浸式新产品不断涌现，浸渍式空气绝缘、树脂绝缘浇筑式和绕包绝缘等干式变压器生产规模也在不断扩大。

一、油浸式电力变压器

油浸式电力变压器是以变压器油或其他油（如β油）作为冷却及绝缘介质的变压器，并把由铁芯及绕组组成的器身置于一个盛满变压器油的油箱中。国内中、小型油浸式电力变压器的产品主要有 S7、SL7、SZ7、SZL7 系列和 10KV 级 S8、S9 系列，35KV 级 S9 系列也有不少厂家生产，其中 S7、SL7、SZ7 和 SZL7 系列是全国统一设计的第一代节能电力变压器。

1. S9 和新 S9 系列低损耗电力变压器

S9 系列为 1985 年全国统一设计的 10kV 级第二代节能电力变压器，它全面取代 SL7 和 S7 系列电力变压器。S9 系列与 SL7 和 S7 系列比较，其空载损耗降低 8%左右、负载损耗降低 25%左右，处于国内技术经济指标领先地位。1992 年沈阳变压器研究所按照 S9 的性能参数，对 S9 结构做了较大调整和改进，开发出新 S9 系列低损耗节能型电力变压器，其主要特点是节能效果明显，运行可靠性高，其主要技术经济指标达到国际同类产品水平，从而使新 S9 替代了 S9 系列。S9 系列低损耗电力变压器的技术数据见表 6-2，新 S9 系列低损耗电力变压器的技术数据见表 6-3。

表 6-2　　S9 系列低损耗电力变压器的技术数据

额定容量/(kV·A)	额定电压/kV		阻抗电压/(% U_N)	联结组标号	空载损耗/kW	负载损耗/kW	空载电流/(% I_N)
	高压	低压					
50	35	0.4	6.5	Yyn0	0.21	1.22	2.80
100					0.30	2.03	2.60
125					0.34	2.40	2.50
160					0.38	2.90	2.40
200					0.44	3.40	2.20
250					0.51	4.00	2.00
315					0.61	4.80	2.00
400					0.74	5.80	1.90
500					0.86	7.00	1.90
630					1.04	8.30	1.80
800					1.23	9.90	1.50
1000					1.44	12.15	1.40
1250					1.76	14.67	1.20
1600					2.21	17.55	1.10

续表

额定容量/(kV·A)	额定电压/kV		阻抗电压/(%U_N)	联结组标号	空载损耗/kW	负载损耗/kW	空载电流/(%I_N)
	高压	低压					
800	35	3.15	6.5	Yd11	1.23	9.90	1.50
1000					1.44	12.15	1.40
1250		6.3			1.76	14.67	1.30
1600	38.5				2.12	17.55	1.20
2000		10.5			2.72	17.82	1.10
2500					3.20	20.70	1.10
3150	35	3.15	7		3.80	24.30	1.00
4000		6.3			4.52	28.80	1.00
5000	38.5				5.40	33.03	0.90
6300		10.5	7.5		6.56	36.90	0.90
8000	35	3.15		YNd11	9.20	40.50	0.80
10000		3.3			10.88	47.70	0.80
12500		6.3	8		12.80	56.70	0.70
16000	38.5				15.20	69.30	0.70
20000		6.6			18.00	83.70	0.70
25000		10.5			21.28	99.00	0.60
31500		11			25.28	118.80	0.60

表 6-3　新 S9 系列低损耗电力变压器的技术数据

额定容量/(kV·A)	额定电压			联结组标号	空载损耗/W	负载损耗/W	空载电流/(%I_N)	阻抗电压/(%U_N)	质量/kg		
	高压/kV	高压分接范围	低压/kV						器身	油	总质量
10	6 6.3 10 10.5 11	±%5	0.4	Yyn0				4			
20					95	450	2.2		115	6	235
30					130	600	2.1		150	70	295
50					170	870	2.0		210	85	390
63					200	1040	1.9		245	95	450
80					250	1250	1.8		290	105	515
100					290	1500	1.6		315	115	560
125					340	1800	1.5		380	135	655

续表

额定容量/(kV·A)	额定电压			联结组标号	空载损耗/W	负载损耗/W	空载电流/(%I_N)	阻抗电压/(%U_N)	质量/kg		
	高压/kV	高压分接范围	低压/kV						器身	油	总质量
160	6 6.3 10 10.5 11	±%5	0.4	Yyn0	400	2200	1.4	4	455	150	775
200					480	2600	1.3		540	165	895
250					560	3050	1.2		665	205	1105
315					670	3500	1.1		765	220	1245
400					800	4300	1.0		925	290	1530
500					960	5150	1.0	4.5	1085	315	1755
630					1200	6200	0.9		1345	425	2195
800					1400	7500	0.8		1565	470	2560
1000					1700	10300	0.7		1705	545	3065
1250					1950	12000	0.6		2035	640	3430
1600					2400	14500	0.6		2420	755	4180

2. S11 系列全密封式电力变压器

S11 系列全密封式电力变压器是以 S9 性能数据为基础，负载损耗值不变、空载损耗下调 30%的派生系列，节能效果显著，其叠铁芯和卷铁芯两大系列产品同时被推向市场，在工业比较发达国家已普遍采用，近年来在我国也有较快的发展。全密封式电力变压器采用波纹式油箱、全密封结构，延缓了变压器油的老化，在寿命期内无需中途吊心检查、换油。S11-M 系列卷铁芯全密封式电力变压器的技术数据见表 6-4，S11-M 系列叠铁芯全密封式电力变压器的技术数据见表 6-5。

表 6-4　S11-M 系列卷铁芯全密封式电力变压器的技术数据

型号	额定容量/(kV·A)	额定电压			联结组标号	空载损耗/W	负载损耗/W	空载电流/(%I_N)	阻抗电压/(%U_N)
		高压/kV	高压分接范围	低压/kV					
S11-M-30/10	30	6 6.3 6.6 10 10.5 11	±5% ±2×2.5%	0.4	Yyn0	90	600	0.6	4
S11-M-50/10	50					115	870	0.6	
S11-M-63/10	63					110	1040	0.57	
S11-M-80/10	80					175	1250	0.54	

续表

型号	额定容量/(kV·A)	额定电压			联结组标号	空载损耗/W	负载损耗/W	空载电流/(%I_N)	阻抗电压/(%U_N)
		高压/kV	高压分接范围	低压/kV					
S11-M-100/10	100	6 6.3 6.6 10 10.5 11	±5% ±2×2.5%	0.4	Yyn0	200	1500	0.48	4
S11-M-125/10	125					235	1800	0.45	
S11-M-160/10	160					280	2200	0.42	
S11-M-200/10	200					335	2600	0.39	
S11-M-250/10	250					390	3050	0.36	
S11-M-315/10	315					465	3650	0.33	
S11-M-400/10	400					560	4300	0.3	
S11-M-500/10	500					670	5100	0.3	
S11-M-630/10	630					840	6200	0.27	4.5
S11-M-800/10	800					980	7500	0.24	

表 6-5 S11-M 系列叠铁芯全密封式电力变压器的技术数据

额定容量/(kV·A)	额定电压			联结组标号	阻抗电压/(%U_N)	空载电流/(%I_N)	损耗/W		质量/kg		
	高压/kV	高压分接范围	低压/kV				空载	负载	器身	油	总质量
30	10	±5%	0.4	Yyn0	4.0	2.1	100	600	160	85	355
50						2.0	130	870	225	100	450
63						1.9	150	1040	260	105	490
80						1.8	180	1250	305	115	555
100						1.6	200	1500	360	125	630
125						1.5	240	1800	415	135	710
160						1.4	280	2200	385	155	825
200						1.3	340	2600	570	170	935
250						1.2	400	3050	700	200	1130
315						1.1	480	3650	800	225	1295
400						1.0	570	4300	970	260	1590
500						1.0	680	5100	1130	285	1840
630					4.5	0.9	810	6200	1385	430	2340
800						0.8	980	7500	1640	500	2750
1000						0.7	1150	10300	1780	560	3110
1250						0.6	1360	12800	2115	630	3630
1600						0.6	1640	14500	2600	750	4410

3. SH11 系列非晶合金电力变压器

非晶合金电力变压器是一种低损耗、高能效的电力变压器，能完全替代新 S9 系列电力变压器。随着城市电网的不断发展，新材料和新工艺的应用，非晶合金电力变压器具有广阔的发展前景。非晶合金电力变压器以铁基非晶合金金属作为铁芯，该合金是一种新型节能材料，主要是以铁、镍、钴、铬、锰等金属为合金基，并加入少量的硼、碳、硅、磷等金属元素制成的，它具有良好的铁磁性，其磁化及消磁均较一般磁性材料容易。因此，非晶合金电力变压器的铁损要比采用硅钢片作为铁芯的新 S9 电力变压器低 70%～80%。SH11 系列非晶合金电力变压器的技术数据见表 6-6。

表 6-6　SH11 系列非晶合金电力变压器的技术数据

型号	损耗/kW		阻抗电压/(%U_N)	空载电流/(%I_N)	质量/kg			外形尺寸/(mm×mm×mm)
	空载	负载			器身	油	总质量	
SH11-100/10	0.08	1.50	4	0.9	480	155	755	1240×585×955
SH11-125/10	0.09	1.80		0.8	560	170	860	1300×655×1005
SH11-160/10	0.13	2.20		0.7	635	210	995	1315×690×1075
SH11-200/10	0.14	2.60		0.6	750	260	1150	1405×740×1095
SH11-250/10	0.16	3.05		0.6	855	280	1335	1500×805×1125
SH11-315/10	0.19	3.65		0.5	1020	300	1550	1615×875×1165
SH11-400/10	0.23	4.30		0.5	1285	415	2010	1720×940×1200
SH11-500/10	0.27	5.10		0.4	1565	485	2350	1845×1015×1235
SH11-630/10	0.32	6.20	4.5	0.4	1865	560	2825	1955×1105×1275
SH11-800/10	0.39	7.50		0.4	2070	610	3100	2065×1185×1295
SH11-1000/10	0.45	10.30		0.3	2370	705	2815	2155×1260×1335
SH11-1250/10	0.55	12.80		0.3	2455	790	3250	2240×1330×1350
SH11-1600/10	0.66	14.50		0.3	2830	915	3700	2305×1450×1455

4. 单相电力变压器

在三相电力系统中，一般应用三相电力变压器，当容量过大且受运输条件限制时，也可以应用 3 台单相电力变压器组成三相电力变压器组。我国部分城市照明和居民用电已开始采用单相供电方式，其性能和技术特点如下：

（1）单相电力变压器的结构简单，在使用同等材料的情况下，同等容量的单相比三相空载损耗小，能够更好地适应节能降耗的需要。

（2）单相电力变压器制作体积小，架设方便，这使得高压线路可进一步接近负荷点，从而缩小了低压供电半径，起到降低低压配电网络损耗的作用。

（3）单相电力变压器工程造价相对节省，高压分支线路可实现两线架设、低压线路可实现两线或三线架设。因此，采用单相电力变压器供电，可节省大量电线，跌落式熔断器、避雷器、支架金具等材料。

（4）单相电力变压器适合小容量密布点的供电方式，客观上会大大增加用户的数量，因此在统计意义上更利于供电可靠性系数的提高。

我国对单相电力变压器的技术参数和要求也做了明确的规定，其适用标准见表6-7。

表6-7　单相电力变压器的适用标准

额定容量/(kV·A)	额定电压			联结组标号	损耗/W		空载电流/(% I_N)	阻抗电压/(% U_N)
	高压/kV	高压分接范围/%	低压/kV		空载	负载		
5	6 6.3 10 10.5 11	±5 ±2×2.5	2×(0.22～0.24) 或0.22～0.24	Ii0 Ii6	35	145	4.00	3.5
10					55	260	3.50	
16					65	365	3.20	
20					80	430	3.00	
30					100	625	2.80	
40					125	775	2.50	
50					150	950	2.30	
63					180	1135	2.10	
80					200	1400	2.00	

续表

额定容量/(kV·A)	额定电压			联结组标号	损耗/W		空载电流/(%I_N)	阻抗电压/(%U_N)
	高压/kV	高压分接范围/(%)	低压/kV		空载	负载		
100	6 6.3 10 10.5 11	±5 ±2×2.5	2×(0.22～0.24) 或 0.22～0.24	Ii0 Ii6	240	1650	1.90	3.5
125					285	1950	1.80	
160					365	2365	1.70	

二、干式电力变压器

干式电力变压器是以空气或其他气体（如 SF6 等）作为冷却介质直接冷却的变压器，并把铁芯和绕组用环氧树脂浇注包封起来。干式电力变压器的器身结构与油浸式电力变压器基本相仿，但其铁芯和绕组都不浸在任何绝缘液体之中，所有绝缘部件要经防潮处理，铁芯零件要经过防锈处理。国内干式电力变压器发展迅速，主要是 SC（环氧树脂浇注式）、SG（敞开通风式）系列产品，它具有难燃、防尘、耐潮、局部放电量小、耐雷电性能好等优点，广泛应用于工业与民用建筑中安全防火要求较高的场合。

1. 浸渍绝缘干式电力变压器

浸渍绝缘干式电力变压器为敞开通风式，具有防潮、防火和安全等特点，无需特殊模具和工装，制造成本低，受到了普遍欢迎。该变压器低压一般为箔式绕组，高压为层式结构，导线绝缘为玻璃丝或诺美纸（Nomex）。绕组不用模子浇筑，不需浇筑设备，只用普通绕线机绕制。该变压器广泛采用 H 级绝缘材料和无溶剂浸渍漆，经真空或真空压力浸渍，从而具有较强承受短路的能力和耐高温性能。SG10 系列浸渍绝缘干式电力变压器的技术数据见表 6-8。

表 6-8　SG10 系列浸渍绝缘干式电力变压器的技术数据

额定容量/(kV·A)	额定电压		损耗/kW		空载电流/(%I_N)	阻抗电压/(%U_N)	质量/kg
	高压/kV	低压/V	空载	负载(145℃)			
100	11 10.5 10 6.6 6.3 6	400	0.40	1.88	2.4	4	520
125			0.48	2.13	2.0		650
160			0.56	2.55	1.8		740
200			0.62	3.10	1.8		850
250	11 10.5 10 6.6 6.3 6	400	0.72	3.60	1.8		1005
315			0.88	4.60	1.8		1270
400			0.94	5.40	1.8		1465
500			1.16	6.60	1.8		1730
630	11 10.5 10 6.6 6.3 6	400	1.35	7.90	1.6	6	1840
800			1.52	9.50	1.6		2170
1000			1.76	11.40	1.3		2390
1250			2.08	12.50	1.3		2990
1600			2.44	13.90	1.3		3830
2000			3.32	17.50	1.2		4380
2500			4.00	20.30	1.2		4930

2. 环氧树脂绝缘干式电力变压器

环氧树脂绝缘干式电力变压器的工艺特点就是必须使用模具和专用浇筑设备，在真空状态下使线圈浇筑成型。该变压器的高压绕组为分段层式结构，低压绕组为线绕或箔绕，环氧树脂真空浸渍式浇注，加热固化成型。环氧树脂浇注分为厚绝缘有填料和薄绝缘有填料及无填料 3 种浇注类型，有填料树脂浇筑绕组，就是在树脂中加入石英粉作为填料，使树脂机械强度增加，膨胀系数减小，导热性能提高，降低成本，且绕组外观较好。SC 系列环氧树脂绝缘干式电力变压器的技术数据见表 6-9。

表 6-9　SC 系列环氧树脂绝缘干式电力变压器的技术数据

型号	额定容量/(kV·A)	额定电压/kV		联结组标号	空载损耗/kW	空载电流/(%I_N)	负载损耗/kW		阻抗电压/(%U_N)		质量/kg	外形尺寸/(mm×mm×mm)
		高压	低压				100℃	120℃	100℃	120℃		
SC-30/10	30	10	0.4		0.24	3.2	0.78	—	4	—	310	850×520×740
SC-50/10	50	10	0.4		0.34	2.8	1.1	—	4	—	425	910×650×840
SC-80/10	80	10	0.4		0.46	2.6	1.52	—	4	—	550	950×650×895
SC-100/10	100	10	0.4	Yyn0 Dyn11	0.53	2.4	1.74	—	4	—	645	1000×650×970
SC-125/10	125	10	0.4		0.63	2.2	2.04	—	4	—	765	1050×650×970
SC-160/10	160	10	0.4		0.74	2.2	2.35		4		870	1050×650×1175
SC-200/10	200	10	0.4		0.86	2.0	2.79	—	4	—	1050	1100×650×1215
SC-250/10	250	10	0.4		1.00	2.0	—	3.240	—	4	1215	1160×650×1235
SC-315/10	315	10	0.4		1.20	1.8	—	4.080	—	4	1480	1280×760×1420
SC-400/10	400	10	0.4		1.35	1.8	—	4.690	—	4	1815	1320×760×1470
SC-500/10	500	10	0.4		1.60	1.8	—	5.740	—	4	1995	1340×760×1550
SC-630/10	630	10	0.4		1.85	1.6	—	6.910	—	4	2260	1370×780×1580
SC-800/10	800	10	0.4	Yyn0 Dyn11	2.10	1.6	—	8.780	—	6	2850	1520×780×1650
SC-1000/10	1000	10	0.4		2.45	1.4	—	9.560	—	6	3340	1560×940×1790
SC-1250/10	1250	10	0.4		2.90	1.4	—	10.295	—	6	3900	1670×940×2040
SC-1600/10	1600	10	0.4		3.40	1.4	—	12.315	—	6	4865	1780×1190×2100
SC-2000/10	2000	10	0.4		4.60	1.2	—	14.835	—	6	5990	1880×1190×2090
SC-2500/10	2500	10	0.4		5.50	1.2	—	17.275	—	6	7100	1980×1190×2180

三、电力变压器的运行

1. 电力变压器运行前的检查

电力变压器运行前应核对变压器的铭牌数据，检查铭牌电压与线路电压是否一致；检查变压器外壳接地保护装置是否完好，绝缘电阻和接地电阻是否符合要求，防雷保护设备是否良好；检查各处的连接线是否牢靠；检查油面是否正常，有无渗漏油现象，呼吸孔是否通气；检查无载调压开关、高低压熔断器的安装是否正确，熔丝是否符合要求；检查引线及高低压套管是否完好，螺栓是否松动。

2. 电力变压器运行注意事项

（1）变压器运行第一个月内应先后取油样 5 次进行油击穿试验，如击穿电压下降 15%以上，则油应进行处理；如下降 30%以上，则变压器必须重新干燥。

（2）油浸式电力变压器运行中的允许温度可按上层油温来检查，上层油温上升允许值应遵守制造厂的规定，但最高油温度不得超过 95℃。为避免变压器老化过快，上层油温不宜经常超过 85℃。

（3）变压器在额定容量下，电压最大值不超过该运行分接额定电压的 5%时可连续运行。

（4）变压器允许的短路电流不得超过额定电流的 25 倍，短路电流通过的时间不应超过 2s。

（5）变压器在运行时，应经常检查各温度指示及油面指示装置和保护装置（如气体继电器等），以保证其动作可靠，并经常检查各法兰及密封处有无漏油。

（6）运行中的变压器油，每年至少进行一次耐压试验。如发现油中水分不断增高或含量较大并有杂质及沉淀时，则应作耐压试验并进行过滤。油的绝缘性能降低过甚，则需检查变压器内有无故障，如果正常负载下变压器油温骤然增加，必须检查其原因，如不能排除故障，则应停止运行，再将器身吊出作彻底检查，以便及早发现问题进行修理。

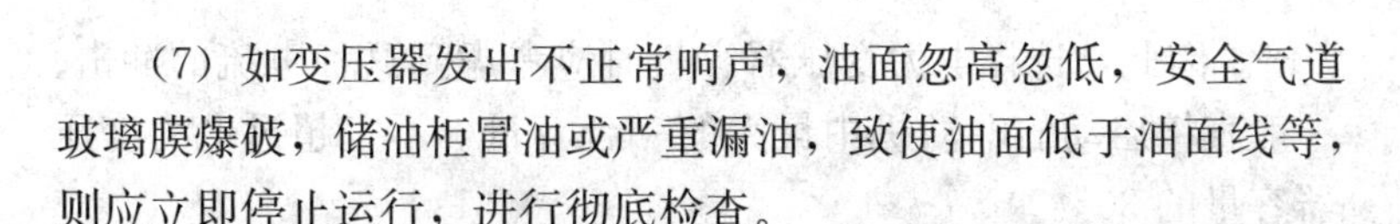

（7）如变压器发出不正常响声，油面忽高忽低，安全气道玻璃膜爆破，储油柜冒油或严重漏油，致使油面低于油面线等，则应立即停止运行，进行彻底检查。

（8）变压器经常过负载或短路，则应每年吊心检查一次。

四、电力变压器容量选择

电力变压器容量的选择很重要，如果容量选小了，会使变压器经常过载运行，甚至会烧毁变压器；如果容量选大了，会使变压器得不到充分利用，不仅会增加设备投资，还会使功率因数变低，增大线路和变压器本身损耗，效率降低。如何合理地选择电力变压器容量的大小，做到经济、合理的运行，应该从以下几方面考虑：

（1）明确近几年发展规划及生产特征，根据发展情况及生产的季节性，确定用电设备的增、减容量，从而确定是一次性投入大容量的电力变压器，还是分批增加电力变压器的台数，或者根据季节投入或报停电力变压器，做到经济上的合理。

（2）由于许多用户根据生产性质的需要，安装了自备发电机，这就要求根据用户负荷大小和发电设备的需求容量，合理地选择电力变压器容量，做到搭配合理。

（3）选择电力变压器容量一般应根据用户用电设备的容量、性质和使用时间来确定所需的负荷量，在正常运行时，应使电力变压器承受的用电负荷为电力变压器额定容量的75％～90％。因此，根据用电设备各自的同时率和效率的不同，电力变压器容量一般按下式计算

$$\text{电力变压器容量}=\frac{\text{用电设备总容量}\times\text{同时率}}{\text{用电设备功率因数}\times\text{用电设备效率}}$$

其中，同时率为同一时间投入运行的设备实际容量与用电设备总容量的比值，一般为0.7左右；用电设备功率因数一般为0.8～0.9；用电设备效率一般为0.85～0.9。

（4）选择电力变压器容量时还应注意：一般用电设备的启动电流与额定电流不同，如电动机的启动电流为额定电流的4～

7倍。因此，选择电力变压器容量时应考虑到这种电流的冲击。一般直接启动的电动机中最大的一台容量，不宜超过电力变压器容量的30%。

第三节 特种变压器

一、小型电源变压器

小型电源变压器几乎在所有的电子产品中都要用到，其功能是功率传送、电压变换和绝缘隔离。根据输出容量的大小，小型电源变压器可以分为几挡：10kVA以上为大容量；10～0.5kVA为中容量；0.5kVA～25VA为小容量；25VA以下为微容量。输出容量不同，小型电源变压器的设计也不一样。

1. 小型电源变压器的种类

小型电源变压器主要有照明变压器、控制变压器、隔离变压器等，它适用于交流50～60Hz，电压至660V的电路中，广泛用于冶金、机械、电子、轻纺、化工、交通运输、林业等部门，用作机床等机械设备的控制电器的电源或低压安全照明。

（1）照明变压器。属于可移动式变压器，即在运行中或接有电源时，可以从一个地方移到另一个地方，主要用于机床等低于动力电压的照明灯具的供电电源，也可用于需要相应电压的其他场合。

（2）控制变压器。它属于固定式变压器，在运行中不能轻易移动，主要用作向机床、信号电路、连锁装置等控制电路供电的电源。

（3）隔离变压器。隔离变压器分安全隔离变压器和一般隔离变压器两种。

安全隔离变压器是指为特低电压电路提供电源的隔离变压器，它适用于使用安全特低电压的设备（如玩具、电铃、手持式电动工具及手提灯等）供电的场合。

一般隔离变压器是指一次绕组与二次绕组在电气上彼此可

靠隔离的变压器，用以避免偶然同时接触带电体（其中包括因绝缘损坏而可能带电的金属结构部件）和地所带来的危险，适用于按照安装规程要求将某一电路的某些部分或某些手持式电动工具（如电动剃须刀、便携式电动工具、剪草机等）与配电线路隔离的场合。一般隔离变压器可作为手持式电动工具的电源装置，带有接地屏的隔离变压器还可作为电子设备、测试仪器、无线电通信设备等的隔离电源装置。

2. 小型电源变压器的结构

小型电源变压器一般均为干式变压器，它主要由铁芯、绕组、固定支架、绝缘骨架及绝缘物等组成，如图 6-2 所示。

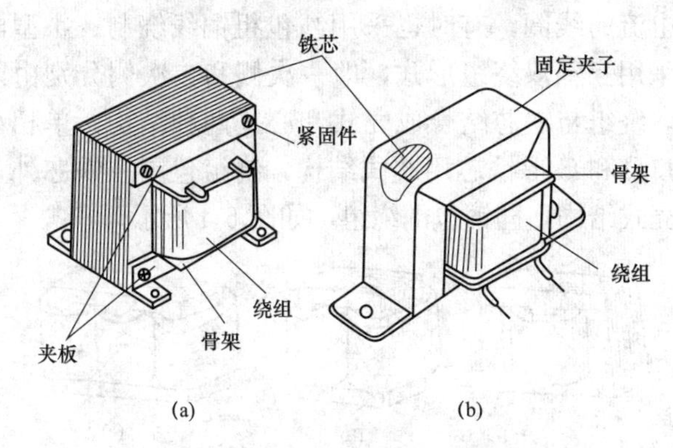

图 6-2 小型电源变压器结构
(a) 夹板固定式；(b) 夹子固定式

(1) 铁芯。常见小型电源变压器的铁芯有 E 形、口形、C 形（分 CD 和 ED 形）和 F 形等，如图 6-3 所示。E 形和 F 形多用在小容量电源变压器上，口形多用在大容量电源变压器上，是使用得最多的铁芯。C 型多用在电子设备、仪器仪表及家用电器上，具有重量轻、体积小、漏磁小、损耗低和温升低等优点。各种类型的铁芯都是用一定形状的厚度为 0.35～0.5mm 的高导磁薄硅钢片冲制（E 形、口形、F 形）或绕制（C 形）而成。

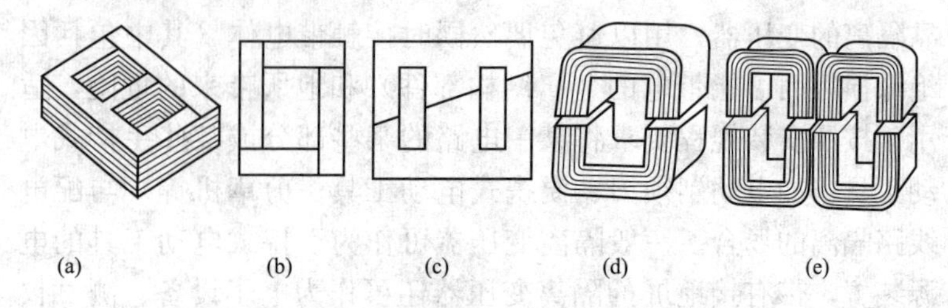

图 6-3　小型电源变压器铁芯结构

（a）E形；（b）口形；（c）F形；（d）CD形；（e）ED形

（2）绕组。小容量电源变压器的绕组一般都采用漆包线绕制，因为它有良好的绝缘，占用体积较小，价格也便宜。对于低压大电流的线圈，有时也采用纱包粗铜线绕制。小型电源变压器都采用互感双绕组形式，即一次侧和二次侧分别由两个绕组构成，绕组与铁芯结合成壳式和心式两种结构。单相小型变压器，口形和C形铁芯用芯式结构，绕组包围在铁芯外；其他铁芯为壳式结构，硅钢包围绕组，如图 6-4 所示。

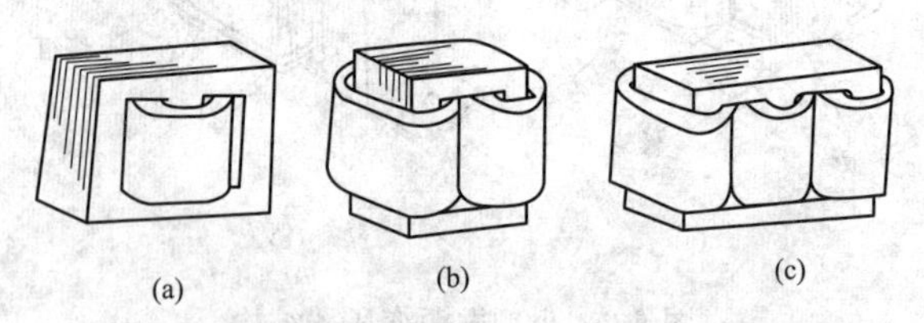

图 6-4　小型电源变压器绕组结构

（a）单相壳式；（b）单相芯式；（c）三相芯式

（3）固定支架。固定支架用来固定和支承变压器，支架的材料为铁板或铝板，支架的形状和固定方式根据铁芯的形状和功率大小而定。

（4）绝缘骨架。绝缘骨架上绕有绕组，为使线圈与铁芯之间绝缘，骨架一般都由塑料压制而成，也可以用胶合板及胶木化纤维板制作。

（5）绝缘物。为了使变压器有足够的绝缘强度，绕组各层间均垫有薄的绝缘材料，如电容器纸、黄蜡绸等，在某些需要高绝缘的场合还可使用聚酯薄膜和聚四氟乙烯薄膜等。

3. 小型电源变压器的技术数据

BK系列小型电源变压器的技术数据见表6-10。

表6-10 BK系列小型电源变压器的技术数据

额定输出容量/(kV·A)	额定电源电压/V	额定输出电压/V	空载损耗/W	负载损耗/W	空载电流/(%I_N)	阻抗电压/(%U_N)
25	127 220 220/380 380 660	6 12 24 36 110 127 220 380	1.0	3.0	50	12.0
50			2.0	5.0	40	10.0
63			2.1	6.3	40	10.0
100			3.0	10.0	30	10.0
160(150)			4.0	13.5	25	9.0
200			5.0	15.0	22	7.5
250			6.0	18.0	22	7.2
315(300)			7.0	20.0	23	6.7
400			8.0	24.0	25	6.0
500			10.0	26.0	20	5.1
630			11.5	29.0	19	4.0
800			13.0	32.0	16	4.0
1000			15.0	35.0	12	3.5
1250			18.0	41.0	12	3.3
1600			20.0	48.0	11	3.0
2000			23.0	55.0	9	2.8
2500			26.0	65.0	9	2.6
3150(3000)			30.0	75.0	8	2.6
4000			39.0	89.0	7	2.6
5000			48.0	99.6	7	2.1

二、自耦变压器

根据自感现象制成的自感变压器，也称为自耦变压器。自耦变压器的特点是一次侧、二次侧绕组之间不仅有磁耦的联系，而且有电的直接联系。自耦变压器比普通变压器节省材料、降低成本、缩小变压器体积和减轻重量，有利于大型变压器的运输和安装。自耦变压器有降压的，也有升压的，还有既可降压又可升压的。实验室中广泛使用的单相自耦变压器，输入电压为 220V，输出电压可在 0～250V 之间调整。三相自耦变压器的应用也非常广泛，不仅应用于电力供电系统中，还应用于大容量的异步电动机启动过程中，启动补偿器就是三相自耦变压器。

自耦变压器与普通变压器相似，也是由铁芯和一次侧、二次侧绕组组成，所不同的是一次侧、二次侧绕组共用一个线圈，如果绕组中间的抽头做成可滑动接触的就构成一个电压可调的自耦变压器。常见的 TDG 系列自耦变压器的外形及电路如图 6-5 所示，其技术数据见表 6-11。

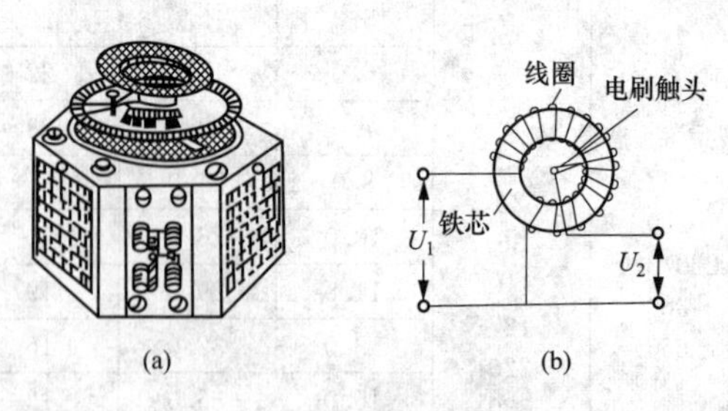

图 6-5　自耦变压器的外形及电路

(a) 外形；(b) 电路

表 6-11　　自耦变压器的技术数据

型号	输出容量/(kV·A)	输入电压/V	输出电压/V	输出电流/A	损耗/W	外形尺寸 长×宽×高/(mm×mm×mm)	质量/kg
TDGC2-0.2/0.5	0.2	220	0～250	0.8	10	130×115×125	2.4
TDGC2-0.2/0.5	0.5			2	23	150×132×136	3.3
TDGC2-0.7/0.5	0.7	220	0～100 0～250	7	—	210×195×125	13.5
TDGC2-0.75/0.5	0.75	75～84	0～84	9	—	210×195×235	14

续表

型号	输出容量/(kV·A)	输入电压/V	输出电压/V	输出电流/A	损耗/W	外形尺寸 长×宽×高/(mm×mm×mm)	质量/kg
TDGC2-1/0.5	1	220	0～250	4	35	207×182×160	6.1
TDGC2-2/0.5	2			8	57	207×182×190	8.5
TDGC2-3/0.5	3			12	73	235×210×198	11
TDGC2-4/0.5	4			16	85	272×245×248	12.5
TDGC2-5/0.5	5			20	97.5	272×245×248	15.5
TDGC2-7/0.5	7			28	121	358×320×262	26.5
TDGC2-10/0.5	10			40	173	358×320×262	28.8
TDGC2-15/0.5	15			60	283	395×320×505	53
TDGC2-20/0.5	20			80	367	395×320×505	59
TDGC2-30/0.5	30			120	561	395×320×730	88.5
TSGC2-3/0.5	3	380	0～430	4	105	207×182×450	19
TSGC2-6/0.5	6			8	171	207×182×557	25.5
TSGC2-9/0.5	9			12	219	235×210×567	33.5
TSGC2-12/0.5	12			16	255	272×245×680	45
TSGC2-15/0.5	15			20	292.5	272×245×680	50
TSGC2-20/0.5	20			27	338	350×320×730	77.4
TSGC2-30/0.5	30			40	519		83

三、电压互感器

电压互感器又称仪用变压器，是一种将电力系统的高电压变成标准的低电压（通常为 100V 或 $100\sqrt{3}$V）的特殊变压器，供电压表和电度表对电路进行测量，通常作为测量仪表、继电保护装置和指示电路的电源。电压互感器二次侧通常采用量程为 100V 或 $100\sqrt{3}$V 的标准电压表，与电压互感器配套使用，可将一次侧的电压直接在二次侧的电压表中读出。

户内安装的电压互感器有油浸式和环氧树脂浇注干式两种，其外形如图 6-6 所示，接线如图 6-7 所示。电压互感器实际上是一个带铁芯的变压器，主要由一次绕组、二次绕组、铁芯和绝缘物组成。一次绕组匝数较多，二次绕组匝数较少，改变一次或二次绕组的匝数，可以产生不同的一次电压与二次电压比。接线时，一次绕组并联在高压电路中，二次绕组与测量仪表、继电保护装置和指示电路等并联。

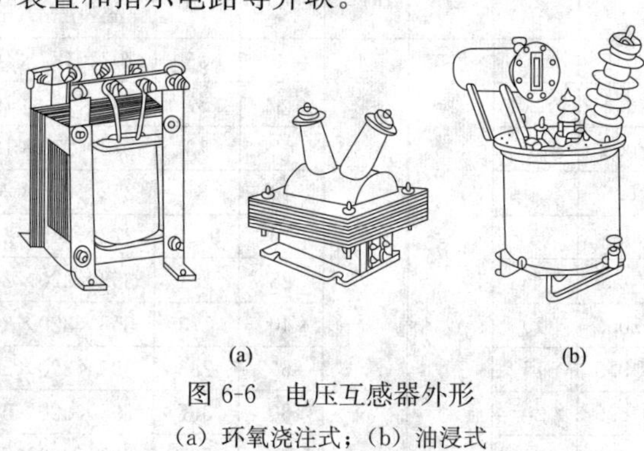

图 6-6　电压互感器外形

(a) 环氧浇注式；(b) 油浸式

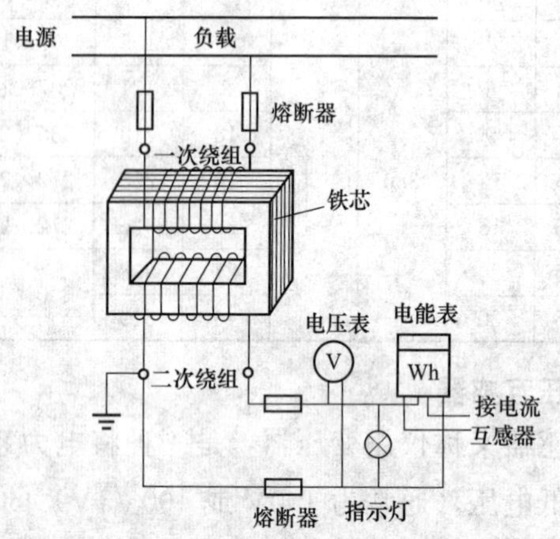

图 6-7　电压互感器接线

电压互感器额定电压等级有 6000V/100V、10000V/100V 等，其中 6000V、10000V 表示待测电路的最高电压，100V 表示配用的电压表量程。必须注意的是，运行中的电压互感器二次侧不允许短路，否则会烧毁二次侧绕组。为防止短路，在电压互感器的一次侧和二次侧都要装有熔断器。此外，电压互感器的二次侧绕组和外壳应可靠接地，以免电压互感器的绝缘被击穿时发生危险。电压互感器的技术数据见表 6-12。

表 6-12　　　　电压互感器的技术数据

型号	额定电压/V			额定负荷/(V·A)			极限负荷/(V·A)	外形尺寸/mm			质量/kg
	一次绕组	二次绕组	剩余电压绕组	0.5级	1级	3级		长	宽	高	
JDZ6-3、6、10	3000	100	—	25	40	100	200	181	173	235	18.5
	6000			50	80	200	400	214	188	274	
	10000							214	200	302	
JDZX6-3、6、10	$3000/\sqrt{3}$	$100/\sqrt{3}$	100/3	25	40	100	200	181	173	254	19.2
	$6000/\sqrt{3}$			50	80	200	400	214	188	280	
	$10000/\sqrt{3}$							214	200	302	
JD6-35	35000	100	—	150	250	500	1000	970	520	1142	143
JDX6-35	$35000/\sqrt{3}$	$100/\sqrt{3}$	100/3	150	250	500	1000	520	490	1285	126

电压互感器的安装和使用注意事项如下：

（1）电压互感器的一次侧、二次侧必须装设熔断器，以防止短路烧毁互感器或影响一次电路正常运行。

（2）电压互感器连接时，一次侧、二次侧极性要一致，如接反可能发生事故。

（3）电压互感器铁芯和二次侧绕组的一端要可靠接地，防止互感器绝缘击穿时一次侧高压窜入二次侧，危及人身和设备安全。

四、电流互感器

电流互感器又称仪用变流器，是一种将高压供电系统中的电流或低压供电系统中的大电流变换成低压标准小电流（通常为5A或1A）的特殊变压器，用于测量仪表、继电保护装置和指示电路供电。电流互感器二次侧通常采用量程为5A或1A的标准电流表，与电流互感器配套使用，可将一次侧的电流直接在二次侧的电流表中读出。

常用的低压电流互感器有双绕组式和穿心式两种，其外形如图6-8所示，接线如图6-9所示。双绕组式电流互感器准确度较高，与电度表配合进行用电量计量。穿心式电流互感器准确度较低，与电流表配合进行电路运行情况（电流）监测。电流互感器一次绕组匝数很少，甚至只有一匝，导线很粗，直接串接在电路中通过大电流；二次绕组匝数很多（匝数由变流比决定），用来接电流表。接线时，一次绕组串联在电力线路中，二次绕组接测量仪表、继电保护装置及指示电路等。

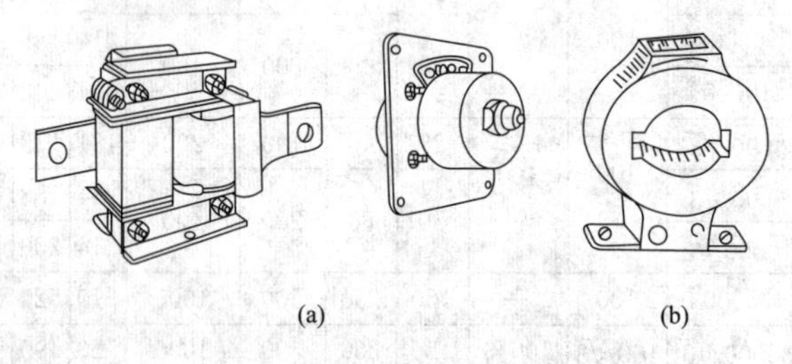

图 6-8　电流互感器外形

（a）双绕组式；（b）穿心式

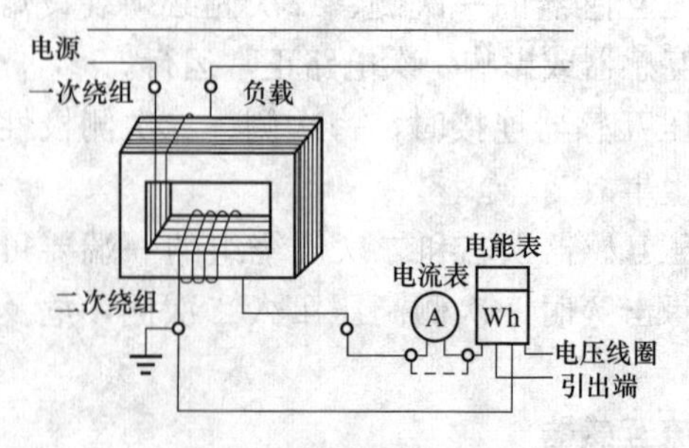

图 6-9　电流互感器接线

电流互感器额定电流等级有 100A/5A、500A/5A、2000A/5A 等，其中 100A、500A、2000A 表示待测电路的最高电流，5A 表示配用的电流表量程。必须注意的是，运行中的电流互感器二次绕组绝不允许开路，否则会在二次绕组两端产生高压，烧毁电流互感器甚至危及人身安全。因此，电流互感器在运行时，若需在二次侧拆装仪表，必须先将二次侧短路才能进行。而且，在二次侧不允许装设熔断器或闸刀开关。电流互感器的技术数据见表 6-13。

表 6-13　　　　　　电流互感器的技术数据

产品型号	额定电流比/A	二次绕组组合	准确度等级及额定输出/(V·A)			保护级		额定短时热电流/kA	额定动稳定电流/kA	质量/kg
			0.5	1	3	额定输出/(V·A)	准确度等级及准确限值系数			
LQJ-10	5/5	0.5/3 1/3 0.5/10P	10	10	15	15	10P 10	0.45	1.1	15.2
	10/5							0.9	2.3	
	15/5							1.4	3.4	
	20/5							1.5	4.5	
	30/5							2.7	6.8	
	40/5							3.6	9	
	50/5							4.5	11.3	
	75/5							6.5	16.9	
	100/5							9	22.5	
	150/5							13.5	35.8	
	200/5							15	45	
	300/5							27	67.5	
	400/5							36	90	
LQJC-10	150/5	0.5/10P 1/10P	10	15	—	15	10P	13.5	35.8	15.5
	200/5							15	45	
	300/5							27	67.5	
	400/5							36	90	
LFZ1-10	5/5	0.5/10P 1/10P	10	15	15	15	10P 10	0.5	0.8	10
	10/5							0.9	1.6	
	15/5							1.4	2.4	
	20/5							1.8	3.2	
	30/5							2.7	4.8	
	40/5							3.6	6.4	
	50/5							4.5	8	
	75/5							3.8	12	
	100/5							9	16	
	150/5							14	24	
	200/5							18	32	
	300/5							27	48	
	400/5							36	64	

续表

产品型号	额定电流比/A	二次绕组组合	准确度等级及额定输出/(V·A)			保护级		额定短时热电流/kA	额定动稳定电流/kA	质量/kg
			0.5	1	3	额定输出/(V·A)	准确度等级及准确限值系数			
LFZJ1-10	20/5	0.5/10P 1/10P	20	20	—	30	10P10	2.4	4.3	19
	30/5							3.6	6.5	
	40/5							4.8	8.6	
	50/5							6.0	10.8	
	75/5							9.0	16.2	
	100/5							12	21.5	
	150/5							18	32.3	
	200/5							24	43	

电流互感器的安装和使用注意事项如下：

（1）双绕组电流互感器一次绕组标识为 L1、L2，二次绕组标识为 K1、K2。穿心式电流互感器没有一次绕组，只有二次绕组 K1、K2。

（2）电流互感器二次绕组不准开路，否则二次绕组会出现危险的高电压，电流互感器会发热烧毁，造成事故。

（3）接线时应注意互感器的极性，如电度表经电流互感器接线时应遵循：

1）将电流互感器的二次绕组标有“K1”或“＋”的接线端子接电度表电流线圈的进线端子，标有“K2”或“－”的接线端子与电度表的出线端子连接，不可接反。

2）电流互感器的一次绕组标有“L1”或“＋”的接线端子应接电源进线，标有“L2”或“－”的接线端子应接出线。

3）电流互感器二次绕组的“K2”或“－”接线端子、外壳和铁芯必须可靠接地。

五、交流弧焊变压器

交流弧焊变压器又称交流弧焊机，实际上是一台具有陡降外特性的特殊降压变压器，其外形如图 6-10 所示。为了保证其陡降外特性及交流电弧的稳定燃烧，在交流弧焊变压器中应有较大的感抗，而获得感抗的方法是增加交流弧焊变压器自身的漏感或在变压器的二次回路中串联电抗器。同时，为了满足焊接电流大小变化的需要，交流弧焊变压器的感抗应是可调的（如变动铁芯或转动绕组的位置等）。

图 6-10 交流弧焊变压器外形

1. 交流弧焊变压器的工作原理

交流弧焊变压器的工作原理如图 6-11 所示。变压器的二次绕组 N_2 与电抗器绕组 N_3 串联，铁芯有一段是活动的，可通过摇把调节，以改变磁路气隙的大小。上部铁芯有气隙，其磁阻较下部大得多，当二次绕组开路，$I_2=0$，绕组 N_3 中无电流也无感应电动势，输出端电压等于 N_2 中感应电动势 U_2。当二次绕组接通，电弧电流 I_2 通过 N_3，要降落一部分电压，使输出端电压 $U_2'<U_2$，I_2 越大，U_2'下降越明显，因此交流弧焊变压器具有输出电压随电流增大而陡降的特点。

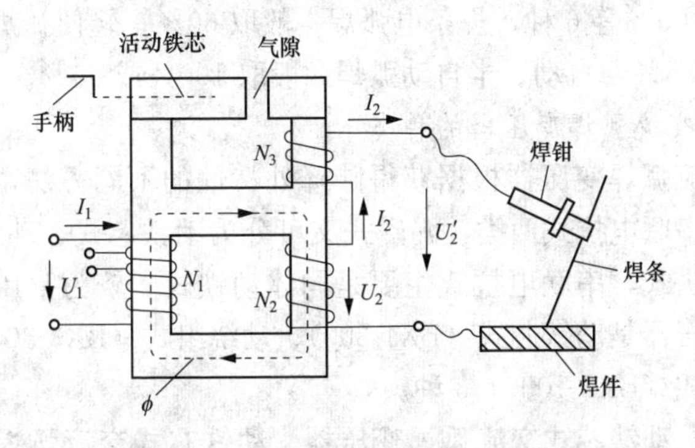

图 6-11 交流弧焊变压器的工作原理

交流弧焊变压器空载时有适当的引弧电压（60～75V），以利于起弧。开始焊接时，焊条接触工件的瞬间，二次绕组短路，电压下降为零，以限制短路电流不至于无限增大而烧毁变压器。

当焊条离开工件约 5mm 时，焊条与工件间便产生电弧。在电弧稳定燃烧的过程中，高温熔化焊条和工件金属，对工件实现焊接。此时焊条与工件间电压比空载时低很多（约 30V），以满足维持电弧（简称维弧）的需要。要停止焊接，只需把焊条与工件间的距离拉长，电弧随即熄灭。另外，根据焊件的厚薄和焊条的粗细，需要不同的起弧电压、维弧电压和电流，此可通过摇转摇把改变铁芯气隙大小，或改变一次绕组的中间抽头来实现。

2. 交流弧焊变压器的主要规格

交流弧焊变压器的主要规格是额定电流及负载持续率，为简便起见，一般焊接变压器型号后面的数字就是额定电流，如型号 BX1-300 后面的数字“300”就表示额定焊接电流为 300A，只要实际焊接电流小于这个值就可以。负载持续率用 FS 表示，其含义为

$$负载持续率(FS) = \frac{工作时间}{工作时间 + 息弧时间} \times 100\%$$

交流弧焊变压器的负载持续率有 15%、25%、40%、60%、80%、100%等 6 种，焊条电弧焊一般取 60%，轻便弧焊一般取 15%或 25%，自动、半自动弧焊一般取 100%或 60%。

3. 交流弧焊变压器的种类

交流弧焊变压器根据获得陡降外特性的不同方法，分为漏磁式和串联电抗式两类，漏磁式又可分为动铁芯式、动绕组式、变换抽头式，串联电抗式主要是同体动铁式。较为常用的交流弧焊变压器是动铁芯式（BX1-300）、动绕组式（BX3-300）和同体动铁式（BX2-1000）3 种。

（1）动铁芯式交流弧焊变压器。动铁芯式交流弧焊变压器结构如图 6-12 所示，a、b、c 为三个铁芯柱，中间 c 铁芯可通过摇转手柄内外移动。调换二次绕组接线板上连接片的位置，可实现电流粗调节。内外移动活动铁芯 c 可实现电流细调节。这种交流弧焊变压器结构简单、体积小、重量轻、价廉。在焊接

电流较小时有较高的空载电压，且引弧容易，维弧稳定，但大电流时损耗较大，易震动，维弧不稳定，故适宜小电流焊接。BX1 动铁芯式交流弧焊变压器的技术数据见表 6-14。

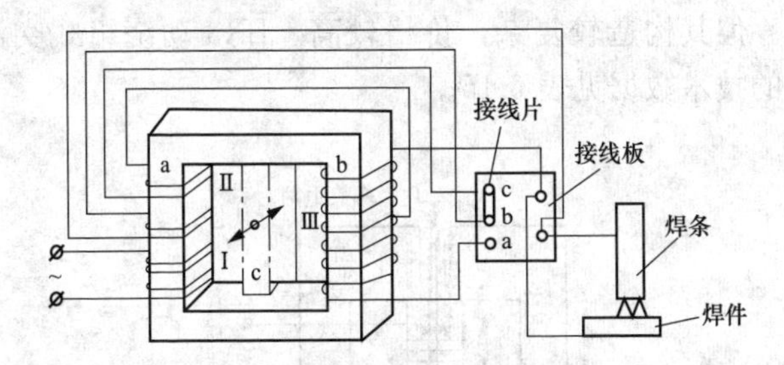

图 6-12　动铁芯式交流弧焊变压器结构

表 6-14　　BX1 动铁芯式交流弧焊变压器的技术数据

型号	额定输入容量/(kV·A)	工作电压/V	空载电压/V	额定焊接电流/A	焊接电流调节范围/A	负载持续率/%
BX1-160	13.5	22～28	80	160	40～192	60
BX1-200	17	21.6～28	80	200	40～200	60
BX1-250	20.5	22.5～32	78	250	62.5～300	60
BX1-400	31.4	24～36	77	400	100～480	60
BX1-120	6	21.2～25	50	120	60～120	20
BX1-125	6.25	25	50	125	50～125	20
BX1-300	24.5	32	78	300	75～360	60
BX1-315	—	32.6	78	315	60～315	60
BX1-500	42	20～44	80	500	80～750	60
BX1-630	56	24～44	80	630	110～780	60
BX1-1000	77	44	75	1000	300～1200	60
BX1-1600	148	44	89	1600	400～1800	60
BX1-500Y	40	40	70	500	85～600	60
BX1J-250	20.5	30	78.5	250	35～320	60
BX1J-300	25	32	78	300	75～300	40
BX1J-500	42	40	78	500	100～650	60

（2）动绕组式交流弧焊变压器。动绕组式交流弧焊变压器结构如图 6-13 所示，通过摇转手柄，使二次绕组沿铁芯上下移

动，改变一次，二次绕组的耦合来调节焊接电流。这种交流弧焊变压器由于没有活动铁芯，故没有铁芯工作时发出的振动噪声，且电弧稳定，在小电流焊接时特点尤为明显，因此受到焊工欢迎。但其构造较复杂，价格较高。BX3 动绕组式交流弧焊变压器的技术数据见表 6-15。

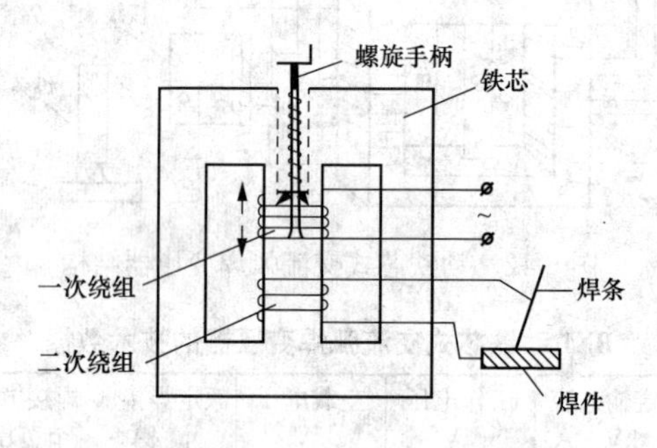

图 6-13　动绕组式交流弧焊变压器结构

表 6-15　BX3 动绕组式交流弧焊变压器的技术数据

型号	额定输入容量/(kV·A)	工作电压/V	空载电压/V	额定焊接电流/A	焊接电流调节范围/A	负载持续率/%	备注
BX3-160	11.8	26.4	70～78	160	25～250	60	—
BX3-250	18.4	30	70～78	250	40～370	60	
BX3-400	29.1	36	70～75	400	50～510	60	
BX3-120-1	7 9	25	70 75	120	20～160	60	—
BX3-200	14.7	28	70/78	200	30～300	60	
BX3-300	23.4	32	70/78	300	40～300	60	
BX3-400	35.6	26	80～88	400	60～500	60	
BX3-500	38	40	70/75	500	60～655	60	
BX3-500Y	45	40	80	500	50～600	60	具有远控功能
BX3-300FJ	22	32	78	300	40～370	60	具有防触电功能
BX3-500FJ	36.8	44	78	500	68～610	60	

(3) 同体动铁式交流弧焊变压器。同体动铁式交流弧焊变压器结构如图 6-14 所示，摇转手柄可改变活动铁芯和固定铁芯的间隙，又可改变感抗的大小，以调节焊接电流的大小。这种交流弧焊变压器体积大而笨重，宜固定使用，适宜大电流焊接。BX2 同体动铁式交流弧焊变压器的技术数据见表 6-16。

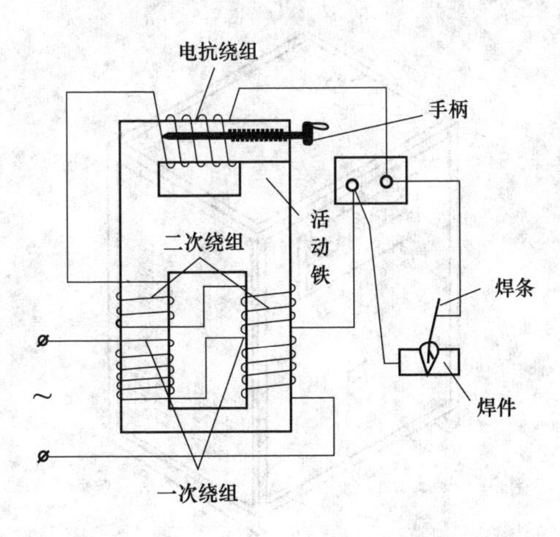

图 6-14　同体动铁式交流弧焊变压器结构

表 6-16　BX2 同体动铁式交流弧焊变压器的技术数据

型号	额定输入容量/(kV・A)	电源电压/V	工作电压/V	空载电压/V	额定焊接电流/A	焊接电流调节范围/A	负载持续率/%
BX2-1000	76	220/380	42	69～78	1000	400～1200	60
BX2-2000	170	380	50	72～84	2000	800～2200	50

六、电炉变压器

工业上使用的金属材料和化工原材料很多是用电炉冶炼生产出来的，而电炉在工作过程中，所需的电源是由电炉变压器供给的。一般来说，通过普通降压变压器得到的电流较小，而电炉变压器可得到更大的工作电流，因此在各种金属冶炼、矿石冶炼、热处理、制取合金、电渣回炉中都要用到电炉变压器。电炉变压器外形如图 6-15 所示，其高压边额定电压多数为 10kV 或 35kV，个别的为 110kV，并配有无载或有载调压开关实现大范围调压，低压边电压低（数十至数百伏），工作电流大（数千至数万安）。

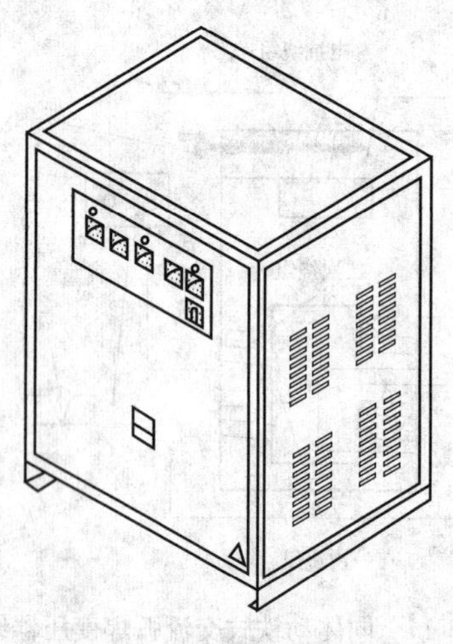

图 6-15　电炉变压器外形

小容量的电炉变压器均为干式、带箱壳、自然冷却；中等容量的电炉变压器为油浸自冷式；大容量的电炉变压器为强迫油循环水冷式。另外，由于电炉在冶炼中，炉料倒塌时易造成极间短路，产生大电流，所以要求电炉变压器的阻抗电压较大（10％或更大），有的还要在高压边串联电抗器限流，以限制短路电流值不超过额定电流的 3～4 倍。电炉熔炼需要大功率，因此电炉变压器允许有 20％的短时间过载能力。电炉变压器通常均为户内装置，有载调压电炉变压器的技术数据见表 6-17。

表 6-17　　有载调压电炉变压器的技术数据

<table>
<tr><th rowspan="2">额定容量/(kV·A)</th><th rowspan="2">一次电压/kV</th><th colspan="2">二次电压/V</th><th rowspan="2">二次级电压差/V</th><th rowspan="2">额定二次电流/A</th><th rowspan="2">调压级数</th><th rowspan="2">短路阻抗/%</th><th rowspan="2">联结组标号</th><th rowspan="2">冷却方式</th></tr>
<tr><th>恒功率</th><th>恒电流</th></tr>
<tr><td>10000</td><td rowspan="3">35
66</td><td>280～240</td><td>240～100</td><td>10</td><td>24056</td><td rowspan="10">19（前5级恒功率输出，后14级恒电流输出）</td><td rowspan="3">7～8</td><td rowspan="10">Dd0
Yd11
YNd11</td><td rowspan="10">OFWF
或
OFAF</td></tr>
<tr><td>12500</td><td>314～270</td><td>270～116</td><td>11</td><td>26729</td></tr>
<tr><td>16000</td><td>353～305</td><td>305～137</td><td>12</td><td>30287</td></tr>
<tr><td>20000</td><td rowspan="7">35
66
110</td><td>392～340</td><td>340～158</td><td>13</td><td>33962</td><td rowspan="7">6～7
(35kV 级)
7.5～8.5
(66、110kV级)</td></tr>
<tr><td>25000</td><td>436～380</td><td>380～184</td><td>14</td><td>37984</td></tr>
<tr><td>31500</td><td>489～425</td><td>425～201</td><td>16</td><td>42792</td></tr>
<tr><td>40000</td><td>547～475</td><td>475～223</td><td>18</td><td>48619</td></tr>
<tr><td>50000</td><td>610～530</td><td>530～250</td><td>20</td><td>54467</td></tr>
<tr><td>63000</td><td>673～585</td><td>585～277</td><td>22</td><td>62176</td></tr>
<tr><td>80000</td><td>760～660</td><td>660～310</td><td>25</td><td>69982</td></tr>
</table>

七、整流变压器

整流变压器是整流设备中重要的组成部分（属于干式变压器），它和各种整流装置组成整流电路系统。为实现把交流电源变为直流电源，整流变压器首先将交流电网的电压变换成一定大小及相数的交流电压，再经过整流装置（整流器）得到直流电源，并输出给直流拖动设备。为了使整流后的直流电源更为平直，整流变压器的二次侧绕组通常不少于三相，有的要接成六相（两套三相半波整流并联而成）或十二相（由△/△联结和△/Y联结两套三相桥式整流电路叠加而成）。整流变压器用途很广，几乎绝大部分工业用的直流电源大部分都是由交流电网通过整流变压器与整流设备而得到的，主要用于充电、电镀、电解、电焊、电火花加工、电化学加工、等离子加工、电影放映、高压整流、电磁控制保护、直流励磁、电力传动等。

整流变压器设计的基本原则与普通电力变压器相同，但是，它与普通电力变压器相比又有不同的特点：

(1) 普通电力变压器的负载一般都是恒定阻抗，因此输出电流与电源电压的波形一样，都是正弦波，而且一次侧和二次侧的视在功率相等。由于整流器的整流作用，整流变压器的各相整流元件只在一周期内的部分时间轮流导通，所以它的二次侧电流是非正弦波形，于是二次侧电流便含有直流分量，而一次侧电流不含直流分量。整流变压器视在功率比直流输出功率要大，而且二次侧视在功率（型式容量）比一次侧的视在功率（额定容量）也大（桥式整流电路除外），这是因为一次侧、二次侧通电时间不同。

（2）当整流器发生逆弧（如汞弧整流器）或击穿（如半导体整流器）时，变压器中就流过很大的短路电流，于是会产生比普通电力变压器大 1.4～1.8 倍的电动力。为此，要求整流变压器阻抗设计得大些以限制短路电流，因而它的外形较为矮胖，其绕组和铁芯等结构的机械强度也需要加强。

（3）整流变压器由于非正弦电流引起较大的漏抗压降，因此它的直流电压输出外特性较软，在设计时要选择适当的接法和补偿方法。

（4）整流变压器二次侧可能产生异常的过电压，因此要加强绝缘。

整流变压器通常为户内空气自冷式，整流变压器的技术数据见表 6-18。

表 6-18　　　　整流变压器的技术数据

输入额定电压/kV	0.22、0.38、0.66、3.0、3.15、6.0、6.3、10.0、10.5、35、38.5
型式容量/(kV·A)	0.5、1、2、5、10、20、30、40、50、63、80、100、125、160、200、250、315、400、500、630、800、1000、1250、1600、2000、2500、3150、4000、5000、6300、8000、10000、12500、16000
配套整流器直流输出电压/V	6、12、18、24、36、48、60、72、90、100、115、125、160、200、230、250、315、400、500、630、800、1000、1250、1600、2500、3150
配套整流器直流输出电流/A	5、10、15、20、30、40、50、60、80、100、200、300、500、1000、3150、6300、12500、16000、25000、31500、40000、50000、63000、80000、100000

八、矿用变压器

矿用变压器分为矿用隔爆变压器和矿用电力变压器。

1. 矿用隔爆变压器

矿用隔爆变压器用于矿井中有爆炸危险的场所，这种变压器多制成干式，箱壳的全部接合面均按隔爆要求制作。矿用隔爆变压器的容量通常有4kV·A和2.5kV·A两种，专为电钻、照明、信号等设备供电。变压器的电源进线是电缆通过出线套引出的，一次侧的电压有380V、660V两种，二次侧的电压一般为133V。矿用隔爆变压器容量在100kV·A以上通常为H级绝缘，可与隔爆型开关箱组合成隔爆型成套移动变电站，其输出电压有400V、690V和1200V，以满足矿井用电设备的需要。矿用隔爆变压器的技术数据见表6-19。

表6-19　　矿用隔爆变压器的技术数据

<table>
<tr><th rowspan="2">额定容量/kV·A</th><th colspan="2">空载损耗/kW</th><th colspan="2">负载损耗/kW(100℃)</th><th colspan="2">空载电流/(%I_N)</th><th rowspan="2">阻抗电压/(%U_N)</th><th rowspan="2">联结组标号</th><th rowspan="2">绕组绝缘耐热等级</th></tr>
<tr><th>组Ⅰ</th><th>组Ⅱ</th><th>组Ⅰ</th><th>组Ⅱ</th><th>组Ⅰ</th><th>组Ⅱ</th></tr>
<tr><td>50</td><td>0.34</td><td>0.39</td><td>0.87</td><td>0.96</td><td>2.8</td><td>3.0</td><td rowspan="11">4</td><td rowspan="14">Yy0
Yd11</td><td rowspan="14">B</td></tr>
<tr><td>63</td><td>0.40</td><td>0.45</td><td>1.0</td><td>1.12</td><td>2.2</td><td>2.5</td></tr>
<tr><td>80</td><td>0.46</td><td>0.52</td><td>1.2</td><td>1.25</td><td>2.2</td><td>2.5</td></tr>
<tr><td>100</td><td>0.53</td><td>0.62</td><td>1.44</td><td>1.60</td><td>2.2</td><td>2.5</td></tr>
<tr><td>125</td><td>0.63</td><td>0.73</td><td>1.70</td><td>1.87</td><td>2.2</td><td>2.5</td></tr>
<tr><td>160</td><td>0.74</td><td>0.86</td><td>2.05</td><td>2.15</td><td>2.2</td><td>2.5</td></tr>
<tr><td>200</td><td>0.86</td><td>0.97</td><td>2.4</td><td>2.59</td><td>2.2</td><td>2.5</td></tr>
<tr><td>250</td><td>1.00</td><td>1.15</td><td>2.85</td><td>3.03</td><td>1.8</td><td>2.0</td></tr>
<tr><td>315</td><td>1.20</td><td>1.36</td><td>3.40</td><td>3.58</td><td>1.8</td><td>2.0</td></tr>
<tr><td>400</td><td>1.35</td><td>1.60</td><td>4.0</td><td>4.30</td><td>1.8</td><td>2.0</td></tr>
<tr><td>500</td><td>1.60</td><td>1.85</td><td>4.80</td><td>5.34</td><td>1.8</td><td>2.0</td></tr>
<tr><td>630</td><td>1.85</td><td>2.10</td><td>5.60</td><td>6.22</td><td>1.8</td><td>2.0</td><td>5</td></tr>
<tr><td>800</td><td>2.10</td><td>2.40</td><td>6.85</td><td>8.10</td><td>1.3</td><td>1.5</td><td rowspan="2">6</td></tr>
<tr><td>1000</td><td>2.45</td><td>2.80</td><td>8.05</td><td>9.94</td><td>1.3</td><td>1.5</td></tr>
</table>

2. 矿用电力变压器

矿用电力变压器可用于有煤尘和瓦斯但无爆炸危险的场所，供电力拖动和照明等用。这种变压器多制成油浸式，其内部结构和工作原理与普通油浸式电力变压器相同，主要区别在于外壳和进出线装置。矿用电力变压器结构坚固，外形低矮，上部不装储油柜，油箱内气体经放气阀进出，且油箱内留有适当空间，以防通气孔阻塞时油箱内产生过大的压力。矿用电力变压器的高电压、低电压进出线都采用电缆接线盒，盒中灌注绝缘胶。矿用电力变压器的容量有50kV·A、100kV·A、180kV·A、320kV·A等几种，在一次侧设有无励磁调压，调压范围为±5%；二次侧引出6个端子，可以Y/△联结，得到690V/400V或1200V/690V电压。矿用电力变压器的技术数据见表6-20。

表6-20　　矿用电力变压器的技术数据

额定容量/(kV·A)	空载损耗/kW		负载损耗/kW	空载电流/(% I_N)	阻抗电压/(% U_N)	联结组标号
	组Ⅰ		组Ⅱ			
50	0.19	0.19	1.15	2.5	4	Yy0 Yd11
63	0.22	0.22	1.4	2.4		
80	0.25	0.27	1.65	2.2		
100	0.29	0.32	2.0	2.1		
125	0.34	0.37	2.45	2.0		
160	0.39	0.46	2.85	1.9		
200	0.47	0.54	3.4	1.8		
250	0.57	0.64	4.0	1.7		
315	0.68	0.76	4.8	1.6		
400	0.81	0.92	5.8	1.5		
500	0.97	1.08	6.9	1.4		
630	1.15	1.30	8.1	1.3	4.5	
800	1.40	1.54	9.9	1.2		
1000	1.65	1.80	11.6	1.1		

九、试验变压器

试验变压器在电气工厂、发电站、电业部门和科研单位等应用十分广泛，是不可缺少的试验设备。通过采用试验变压器可以对各种电工产品、电气元件、绝缘子、套管和绝缘材料等进行工频电压下绝缘强度实验，以鉴别内部绝缘性能的可靠性。试验变压器的一次侧电压为220V、380V、3kV、6kV和10kV等，二次侧电压为50～2200kV或更高，电流为0.1～1A，特殊的可达4A。为了保障使用者的安全，在高电压、低电压之间通常安装一层由金属箔片制造的接地屏蔽层。试验变压器一般制成单相，二次侧绕组首末端绝缘水平不同，连续运行时间在1h以下，可单台使用也可由几台试验变压器串联使用。试验变压器的技术数据见表6-21。

表6-21　　试验变压器的技术数据

型号	容量/(kV·A)	一次电压/V	二次电压/kV	空载损耗/W	短路损耗/W	阻抗电压/(%U_N)	空载电流/(%I_N)
YDJ-5/10	5	220	10				
YDJ-5/50	5	220	50	200	180	9	8.5
YDJ-10/100	10	380	100	325	450	7.5	9.6
YDJ-25/100	25	380	100	325	923	10.8	13.8
YDJ-25/150	25	380	150	326	801	9.5	11.8
YDJ-50/150	50	380	150	880	1478	8.4	16
YDJ-100/150	100	380	150	1190	3150	9.7	11.5

第四节　高 压 断 路 器

高压断路器是变配电设备中最重要、最复杂的一种，它既能切换正常负载，又可排除短路故障，承担着控制和保护的双重任务。大部分断路器具有完善的灭弧装置和高速的传动机构，能进行快速自动重合闸操作，在排除线路临时性故障后，能及时地恢复正常运行。

一、高压断路器的分类

根据灭弧介质的不同，高压断路器可分为以下 6 种：

（1）油断路器：利用触头间产生的电弧使油分解所产生的气体的冷却作用将电弧熄灭，它有多油断路器和少油断路器两种。其中，多油断路器的油既作灭弧介质又作绝缘介质，而少油断路器的油仅作灭弧介质。

（2）压缩空气断路器：利用压缩空气强烈地吹弧，使电弧冷却，并清除弧道内的残余游离气体，当电流过零时，使电弧熄灭。压缩空气还可用来维持分闸及合闸状态下的绝缘。

（3）真空断路器：真空是指气体压力在 1.3×10^{-9} Pa 以下气体稀薄的空间，这个空间内绝缘强度很高，易于熄弧，真空断路器就是利用真空的高绝缘强度来熄灭电弧和作为绝缘的。

（4）六氟化硫（SF_6）断路器：六氟化硫具有比空气强 100 倍的灭弧能力。利用六氟化硫做介质，能大量吸收电弧能量，使电弧收缩并迅速冷却，最终熄灭。

（5）电磁断路器：利用磁场作用，使电弧移动至灭弧格栅内，并强烈地游离，致使电弧熄灭。

（6）自产气式断路器：利用固体介质在电弧作用下分解出的大量气体，来进行气吹灭弧。

二、高压断路器的基本参数

（1）额定电压。指断路器长期工作的标准电压，单位为 kV。国家标准规定，断路器的额定电压有 3、6、10、20（15）、35、60、110、220、330、500kV 等。

（2）额定电流。指断路器允许连续长期通过的最大电流，单位为 A。国家标准规定，断路器的额定电流有 200、400、630（1000）、1250、1600（1500）、2000、3150、4000、5000、8000、10000、12500、16000、20000A 等。

（3）额定开断电流。指在额定电压下，断路器能保证可靠开断的最大短路电流，单位为 kA。当断路器在低于额定电压的电网中工作时，其开断电流可增大，但受灭弧室机械强度的限制，开断电流的最大值称为极限开断电流。

（4）额定断流容量。指断路器在三相电路中，额定电压下能断开的最大短路容量，单位为MV·A，它等于$\sqrt{3}$倍额定电压（kV）与额定开断电流（kA）的乘积。

（5）关合电流。指断路器能可靠关合的电流最大峰值，单位为kA，它等于额定开断电流的2.55倍。

（6）动稳定电流。指断路器在合闸状态下或关合瞬间，允许通过的电流最大峰值，单位为kA，也称为极限通过电流。

（7）热稳定电流。指断路器处于合闸状态下，在一定的持续时间内所允许通过电流的最大周期分量有效值，单位为kA。国家标准规定，断路器的额定热稳定电流等于额定开断电流，持续时间为2s或4s。

（8）分闸时间。指从发出跳闸信号起到三相电弧完全熄灭时所经过的时间，单位为s，一般分闸时间为0.06～0.12s，分闸时间小于0.06s的断路器称为快速断路器。

（9）合闸时间。指断路器处于分闸位置时，从接到合闸命令起到各相合闸触点均接触上为止的这段时间，单位为s，一般合闸时间大于分闸时间。

三、常用高压断路器的结构及技术数据

1. 多油断路器

多油断路器的油不仅作为灭弧介质，还作为断路器各相导电部分间和导电部分与接地的油箱之间的绝缘介质，因此用油量多，体积大，110kV和220kV多油断路器已淘汰。我国仅在60kV及以下还少量使用一些多油断路器，可见到的有DW5-10、DW11-10、DW6-35、DW8-35和DW13-35型等产品。

DW8-35型多油断路器采用三相分箱结构，每相单独装在一个椭圆形的油箱内，三相油箱共装在一个用角钢制成的铁架上，三相用一个操动机构通过水平连杆和垂直拉杆进行操作，其单相结构如图6-16所示。由于它采用了高强度新型灭弧室和新型

触头结构，提高了断路能力（额定开断电流达 31.5kA）。同时其结构紧凑，体积小，用油量少，延长了检修周期，是 35kV 多油断路器的新产品系列。DW8-35 型多油断路器的技术数据见表 6-22。

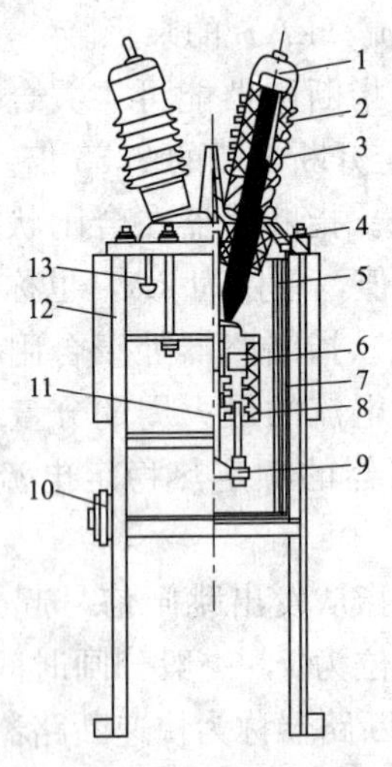

图 6-16　DW8-35 型多油断路器单相结构

1—出线导电杆；2—瓷套管；3—电容式套管；4—电流互感器；5—绝缘隔板；6—静触头；7—油箱；8—灭弧室；9—动触杆；10—油箱升降机构；11—动触头提升杆；12—支架；13—油面指示器

表 6-22　　DW8-35 型多油断路器的技术数据

额定电压/kV	最高工作电压/kV	额定电流/A	额定断流容量/(MV·A)	额定开断电流/kA	动稳定电流峰值/kA	4s 热稳定电流，有效值/kA	自动重合闸无电流间隔时间/s
35	40.5	1000	1000	16.5	41	16.5	0.5

固有分闸时间/s	固有合闸时间/s	质量/kg		直流合闸线圈		直流分闸线圈	
		带机构（无油）	油	电压/V	电流/A	电压/V	电流/A
≤0.07	≤0.3	≈1470	≈380	110/220	163/81.5	110/220 24/48	5/2.5 37/18.5

2. 少油断路器

少油断路器的油只作灭弧或兼作断口间的绝缘，载流部分的绝缘则利用空气和陶瓷绝缘材料或有机绝缘材料，所以用油量少、结构简单、尺寸小、质量轻、耗费材料少、制造方便，它广泛应用于高压、超高压电力系统及工矿企业电气设备中。

SN10-10 型少油断路器结构如图 6-17 所示。断路器在合闸时，操动机构通过传动拐臂连杆把力传到框架的拐臂上，通过主轴推动 3 根绝缘拉杆使三相动触头杆向上做直线运动，最后插入静触头中。此时主轴拐臂碰上并压缩合闸缓冲器，直至合闸最终位置时，由操动机构扣住，使断路器保持在合闸位置。在这一过程的同时，框架的主轴上另有挂住分闸弹簧的拐臂，将分闸弹簧拉伸，使分闸弹簧贮能。

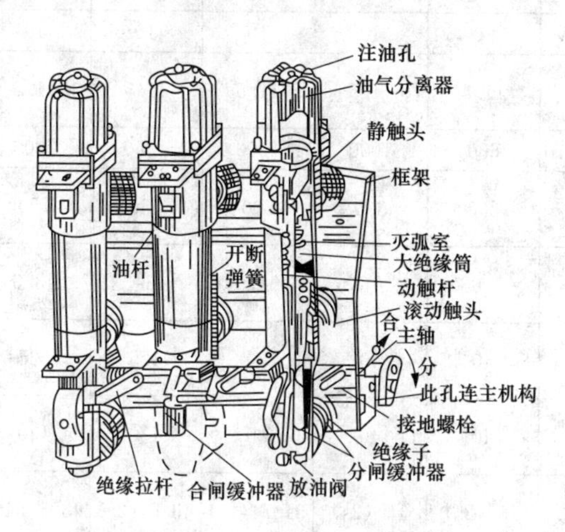

图 6-17　SN10-10 型少油断路器结构

断路器在分闸时，操动机构由电动或手动脱扣，由于分闸弹簧及合闸缓冲器弹簧力的作用，使框架的主轴转动，带动绝缘拉杆等环节，使动触杆向下运动。分闸至一定位置，动触杆底部的分闸缓冲器开始阻尼，使动触杆运动速度逐渐减慢，最后由于分闸弹簧预拉力的作用，框架的主轴拐臂紧靠在分闸定位件上，使断路器保持在分闸位置。

断路器采用纵横吹油和机械吹油联合作用的灭弧室，对于灭弧很有利。分闸时，随着动触头杆的向下运动，分别打开3个横向吹弧道和2个纵向油囊口，油和气体的混合体吹冷电弧，在灭弧室里同时形成附加油流射向电弧，在两者的作用下使电弧熄灭，而油气上升到断路器顶部的双层旋转式油气分离器处被冷却，气体由排气孔排出，油返回油箱。SN10-10型少油断路器的技术数据见表6-23。

表6-23　SN10-10型少油断路器的技术数据

型号	SN10-10Ⅰ		SN10-10Ⅱ		SN10-10Ⅲ	
	SN10-10/630-16	SN10-10/1000-16	SN10-10/1000-31.5	SN10-10/1250-43.3	SN10-10/2000-43.3	SN10-10/3000-43.3
额定电压/kV	10	10	10	10	10	10
最高工作电压/kV	11.5	11.5	11.5	11.5	11.5	11.5
额定电流/A	630	1000	1000	1250	2000	3000
额定开断容量/(MV·A)	300	300	500	750	750	750
额定开断电流/kA	16	16	31.5	43.3	43.3	43.3
最大关合电流峰值/kA	40	40	80	125	125	125
极限通过电流峰值/kA	40	40	80	130	130	130
热稳定电流/kA	16（2s）	16（2s）	31.5（2s）	43.5（2s）	43.5（4s）	43.5（4s）
合闸时间/s	≤0.2	≤0.2	≤0.2	≤0.2	≤0.2	≤0.2
固有分闸时间/s	≤0.06	≤0.06	≤0.06	≤0.06	≤0.06	≤0.06
机械寿命/次	2000	2000	2000	1050	1050	1050
断路器净重/kg	100	100	120	135	170	190
三相油重/kg	6	6	8	9	13	13
配用机构型号	CD 10Ⅰ	CD 10Ⅰ	CD 10Ⅱ	CD 10Ⅱ	CD 10Ⅲ	CD 10Ⅲ

3. 真空断路器

真空断路器具有结构简单、体积小、占用面积小、无噪声、无污染、寿命长、熄弧快、无爆炸、无火灾危险、可以频繁操作、不需要经常检修等特点，多用于35kV及以下作配电网络或电缆线路中的配电开关。由于它能频繁操作，可作为控制、保护电弧炼钢炉变压器、保护大型硅整流装置、分合电容器组等用。由于它熄弧动作快，当作为分合感性负荷时易于产生过电压，因此可增加耐压高于线路的RC阻容吸收回路。

ZW32-12户外真空断路器结构如图6-18所示，它为全新的小型化设计，具有全封闭结构，采用独特的真空灭弧室封装技术，密封性能好、防潮、防凝露，适用于高温潮湿地区。断路器配用弹簧储能操动机构，可手动操作、电动操作和遥控分合闸操作。根据用户要求，可与相应的控制器配合组成交流高压真空自动重合器、自动分段器，自备操作电源，是实现配电网自动化的理想设备。

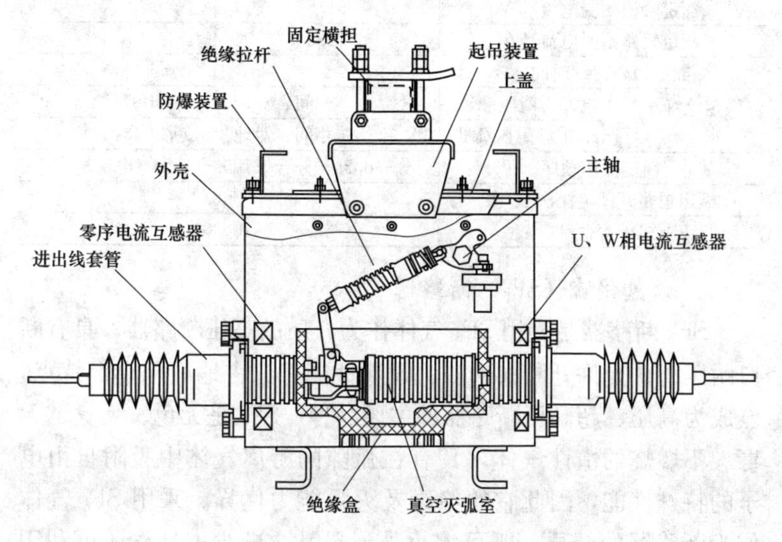

图6-18　ZW32-12户外真空断路器结构

真空灭弧室的所有灭弧零件都密封在一个绝缘容器内，容器外壳由硬质玻璃或矾土陶瓷做成，动触杆和动触头的密封靠金属波纹管实现，波纹管一般由不锈钢制成，在动、静触头外面装有金属屏蔽罩。当断路器分合闸时，电弧在触头电极蒸发出来的金属蒸汽中形成，而灭弧室内的气体压力在10～4mm汞柱以下（真空）。在这种气体稀薄的空间，电弧迅速扩散，很易熄灭。真空灭弧室是一个不可拆卸的整体，用户不能自行更换真空管上的零件，若因真空度下降或其他原因不能使用时，必须更换整个真空灭弧室。ZW32-12户外真空断路器的技术数据见表6-24。

表6-24　ZW32-12户外真空断路器的技术数据

产品型号		ZW32-12/T400-12.5	ZW32-12/T630-20
额定电压/kV		12	
额定电流/A		400	630
额定短路开断电流/kA		12.5	16，20
额定短路关合电流（峰值）/kA		31.50	40，50
额定峰值耐受电流/kA		31.5	40，50
额定短路耐受电流/kA		12.5	16，20
额定短路持续时间/s		4	—
额定绝缘水平	雷电冲击耐压/kV	相间、对地75，断口85	
	1min工频耐压/kV	相间、对地42，断口48	
额定操作顺序		分—0.3s—分合—180s—分合（电动机构）	
额定短路开断电流次数/次		30	
机械寿命/次		10000	

4. 六氟化硫（SF_6）断路器

SF_6断路器是利用SF_6气体作为介质的高压断路器，具有断口耐压高、允许开断次数多、开断性能好、占地面积小等特点，已成为高压、超高压断路器的主要品种。SF_6是无色、无臭、无毒、不燃烧的惰性气体，具有在弧隙的游离气体中吸附自由电子的特殊性能，因此它的绝缘及灭弧能力优异。采用SF_6气体作为断路器的介质，既可缩小外形尺寸、减少占地，还可利用简单的灭弧结构达到很大的开断能力。此外，电弧在SF_6气体中燃烧时电弧电压特别低，燃烧时间短，断路器每次开断后，触头烧损小，因此，它不仅适于频繁操作的情况，也延长了检修周期。但其电气性能受电场均匀程度、水分、杂质等影响特别大，所以该断路器对 SF_6 气体质量、断路器密封及元件结构要求严格。

SF_6 断路器有绝缘子支柱式、落地罐式两种结构形式。LW2-220绝缘子支柱式的结构如图 6-19 所示，它与其他户外高压断路器相似，灭弧装置在支柱瓷套的顶部，由绝缘杆操作。其优点是系列性好，以不同个数的标准灭弧单元与支柱瓷套，可组成不同电压等级的断路器。LW-220 落地罐式结构如图 6-20 所示，它类似于箱式多油断路器，灭弧系统以绝缘件支撑在接地金属罐的中心，借助于套管引线，这种结构抗振性好，便于加装电流互感器，但系列性较差。

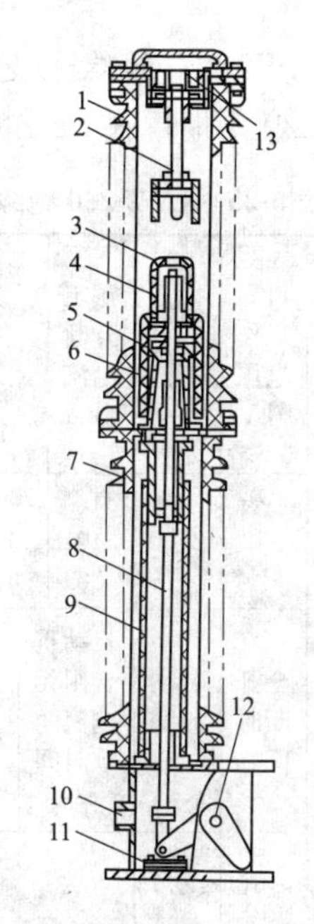

图 6-19 LW2-220 绝缘子支柱式 SF_6 断路器结构

1—灭弧室瓷管；2—静触头；3—喷口；4—动触头；5—气缸；6—压气活塞；7—支柱瓷管；8—操作杆；9—绝缘套筒；10—充（放）气孔；11—缓冲定位装置；12—联动轴；13—过滤口

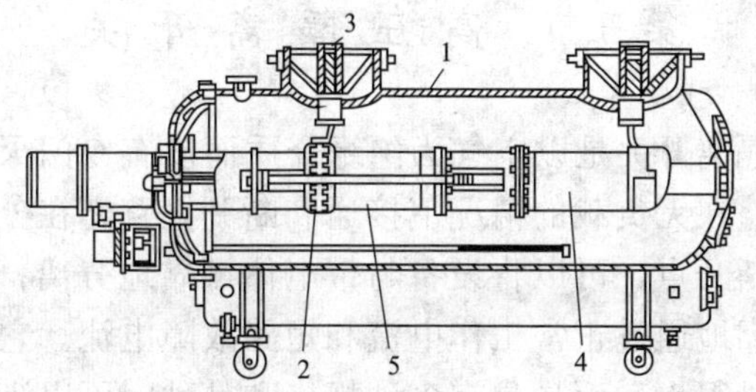

图 6-20 LW-220 落地罐式 SF_6 断路器结构

1—钢筒外壳；2—芯柱；3—引线端子；4、5—灭弧室

LW2-220 绝缘子支柱式 SF_6 断路器的技术数据见表 6-25，LW-220 落地罐式 SF_6 断路器的技术数据见表 6-26。

表 6-25　LW2-220 绝缘子支柱式 SF_6 断路器的技术数据

额定电压/kV	最高工作电压/kV	额定电流/A	额定开断电流/kA	额定关合电流（峰值）/kA	额定动稳定电流（峰值）/kA	3s 热稳定电流/kA	近区故障开断电流	
							开断电流与额定短路开断电流 40kA、50kA 的百分比/%	开断电流与额定短路开断电流 31.5kA 的百分比/%
220	252	2500	31.5 40 50	80 100 125	80 100 125	31.5 40 50	90 75 60	90 75 60

固有分闸时间/s	全开断时间/s	合闸时间/s	自动重合闸无电流间歇时间/s	20℃时 SF_6 气体额定压力/MPa	20℃时液压机构额定工作压力/MPa	液体机构油泵电动机额定电压/V	液体机构分合闸控制线圈额定电压/V	断路器每相（连操动机构）质量/kg
≤0.03	≤0.05	≤0.15	0.3	0.6	17	AC 380 DC 220	DC 220 DC 110	1600

表 6-26　LW-220 落地罐式 SF_6 断路器的技术数据

额定电压/kV	最高工作电压/kV	额定电流/A	额定开断电流/kA	3s 热稳定电流/kA	动稳定电流峰值/kA	单相充 SF_6 气体质量/kg	额定充气压力（断路器本体，20℃）/MPa	三相断路器总质量/kg
220	252	1600	40	40	100	97	0.58～0.60	15000

第五节　高压隔离开关

高压隔离开关是以空气为绝缘介质而没有专门灭弧装置的开关设备，在无负载的情况下接通和断开电路。在分闸状态时有明显的断开点，可以将设备与带电体可靠地分离；在合闸状态时能可靠地通过正常工作电流和短路故障电流。它在配电装置中的用量很大，而且具有多种规格和品种，可以满足配电装置在不同接线和不同场地条件下的要求。

一、高压隔离开关的用途及分类

1. 高压隔离开关的用途

(1) 检修和分段隔离。高压隔离开关在分闸后有明显可见的断口，在正常电压或规定的过电压下可将高压电气设备与带电的电网隔离，以保证工作人员检修的安全。

(2) 倒换母线。在高压隔离开关断口两端等电位的条件下常配合断路器协同操作，投入备用母线或旁路母线以及改变运行方式。

(3) 分合空载电路。高压隔离开关可接通和断开以下电力变压器的空载电流：电压6kV、容量180kV·A及以下；电压10kV、容量320kV·A及以下；电压35kV、容量1000kV·A及以下；电压110kV、容量3200kV·A及以下。

(4) 自动快速隔离。高压隔离开关可接通和断开电压互感器电路、避雷器电路、充电电容的空载线路（电流不超过5A)、空载电缆线路（电压为10kV、长度为5km及以下)；空载架空线路（电压为35kV、长度为10km及以下)。

2. 高压隔离开关的分类

高压隔离开关按安装地点可分为户内式和户外式；按极数可分为单极式和三极式；按闸刀运动方式可分为水平旋转式、垂直旋转式、摆动式和插入式；按绝缘支柱数目可分为单柱式、双柱式和三柱式；按操动机构可分为手动式、电动式、气动式和液压式；高压隔离开关还有不带接地闸刀式和带接地闸刀式。

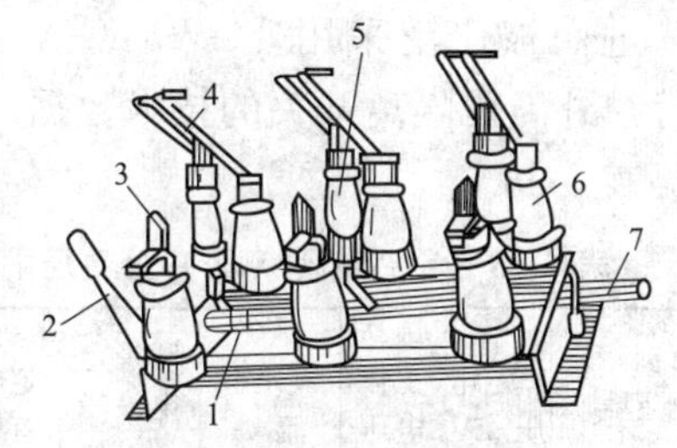

图6-21 GN2-10型户内高压隔离开关结构

1—拉杆；2—转动杠杆；3—静触头；4—动触头；5—拉杆绝缘子；6—支持绝缘子；7—转动轴

二、常用高压隔离开关的结构及技术数据

1. GN2-10型户内高压隔离开关

GN2-10型户内高压隔离开关结构如图6-21所示，其

拉合操作是由操动机构与轴上的操作杆传动来完成，动触头由两片刀片做成，合闸时两触头紧密接触，因此能长期通过负荷电流，在电路发生短路时应具有足够的电动力稳定度和热稳定度。GN2-10 型户内高压隔离开关的技术数据见表 6-27。

表 6-27　　GN2-10 型户内高压隔离开关的技术数据

型号	额定电压/kV	额定电流/A	极限通过电流/kA		5s 热稳定电流/kA	配用操动机构型号	不带机构的质量/kg
			峰值	有效值			
GN2-10/2000	10	2000	85	50	36(10s)	CS6-2	80
GN2-10/3000	10	3000	100	60	50(10s)	CS7	91

2. GW5 型 V 形户外高压隔离开关

户外高压隔离开关经常遭受风、雨、灰尘等的侵袭，工作条件较差，因此它对户外高压隔离开关的要求较高，一般应具有一定的破冰能力和较高的机械强度。GW5 型 V 形户外高压隔离开关结构如图 6-22 所示，它布置紧凑、体积小、质量轻、破冰雪能力强、电动力稳定度高、指标先进而被广泛采用。GW5 型 V 形户外高压隔离开关的技术数据见表 6-28。

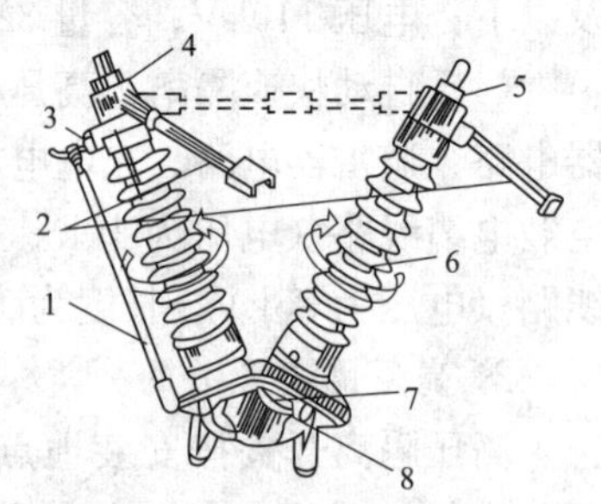

图 6-22　GW5 型 V 形户外高压隔离开关结构

1—接地刀开关；2—主刀开关；3—接地静触头；4—出线座；5—导电带；6—绝缘子；7—轴承座；8—伞齿轮

表 6-28　　GW5 型 V 形户外高压隔离开关的技术数据

型号	额定电压/kV	最高工作电压/kV	额定电流/A	动稳定电流峰值/kA	4s 热稳定电流有效值/kA	操动机构型号		接地类别	单极质量/kg
						主刀开关	接地刀开关		
GW5-35 ⅡD(W)	35	40.5	630 1000 1250 1600 2000	50 80 100	20 31.5 40	CS17-G 或 CJ2-XG	CS17-G	不接地，单、双接地	—

续表

型号	额定电压/kV	最高工作电压/kV	额定电流/A	动稳定电流峰值/kA	4s热稳定电流有效值/kA	操动机构型号		接地类别	单极质量/kg
						主刀开关	接地刀开关		
GW5-35ⅡK(W)	35	40.5	630 1000 1250	50 80	20 31.5	CS1-XG	—	不接地	—
GW5-35DD(W)	35	40.5	630 1250 1250	50 80 80	20 31.5 31.5	CS17	—	单、双接地	
GW5-35ⅡD(W)	35	40.5	630 1250 1600 2000	80 80 80 80	20 31.5 31.5 31.5	CS-G CS17-G	—	不接地，单、双接地	90 100 120 120
GW5-35D(W)Ⅱ	35	40.5	630 1000 1250	50 50 50	20 20 20	CS17 CJ□	—	不接地，单、双接地	—
GW5-35G	35	40.5	630 1000 1250	50 50 50	16 16 16	CS17	—	不接地	90 90 90

第六节 高压负荷开关

高压负荷开关结构上与高压隔离开关相似，它在断路状态下也具有明显可见的断口，触头上设有简单的灭弧装置，故可以切断和接通负荷电流或规定的过负荷电流，也可以切断或接通变压器空载电流和线路电容充电电流，但它的灭弧能力有限，不能切断短路电流。高压负荷开关应与高压熔断器串联配合使用，由熔断器作短路保护。由于高压负荷开关额定电流和开断容量较小，因此一般在功率不大和不太重要的高压配电装置中，用以代替价格昂贵的高压断路器，并使操作维护变得简单。

一、高压负荷开关的分类

高压负荷开关按装设地点可分为户内式和户外式；按灭弧方式可分为油浸式、产气式、压气式、真空负荷开关和 SF_6 负荷开关；按操作方式可分为分相操作方式和三相同时操作方式；按操动机构可分为手力操动机构、电磁操动机构和手力贮能操动机构。我国主要生产压气式、产气式和油浸式高压负荷开关。

二、常用高压负荷开关的结构及技术数据

1. FN2-10 户内型压气式高压负荷开关

FN2-10 户内型压气式高压负荷开关结构（合闸时）如图 6-23 所示，它具有气缸和活塞以备压气。分闸时，操动机构脱扣，在分闸弹簧的作用下，主轴顺时针旋转，一方面通过曲柄滑块机构使活塞移动将气体压缩，另一方面通过两套四连杆机构组成的传动系统，使主闸刀先打开，然后推动灭弧闸刀使弧触头打开，气缸中的压缩空气通过喷口吹灭电弧。若喷口用有机纤维材料制成，则电弧燃烧时分解出来的气体也具有强烈的纵吹作用，加速电弧的熄灭。合闸时，操动机构通过主轴及传动系统，使闸刀和同时顺时针旋转，弧触头先闭合，主轴继续转动，使主触头随后闭合。在合闸过程中，分闸弹簧同时储能。FN2-10 户内型压气式高压负荷开关的技术数据见表 6-29。

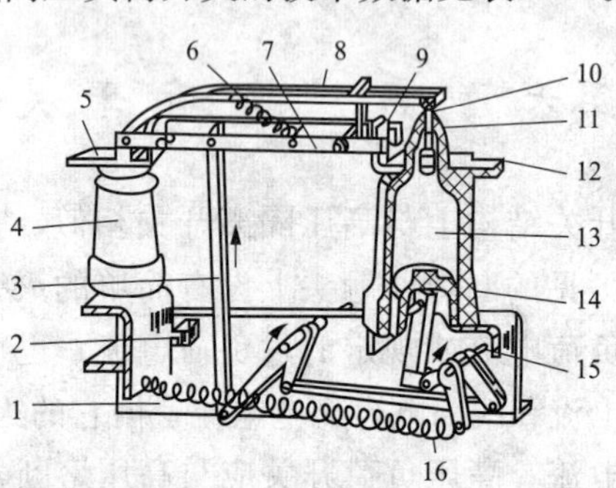

图 6-23 FN2-10 户内型压气式高压负荷开关结构（合闸时）

1—框架；2—分闸缓冲器；3—绝缘拉杆；4—支柱绝缘子；5—出线板；6—弹簧；7—主刀开关；8—灭弧刀开关；9—主静触头；10—弧触头；11—喷口；12—出线板；13—气缸；14—活塞；15—主轴；16—分闸弹簧

表 6-29　FN2-10 户内型压气式高压负荷开关的技术数据

型号	额定电压/kV	额定电流/A	额定开断容量/(MV·A)	最大开断电流/A		极限通过电流峰值/kA	热稳定电流/kA	允许关合电流峰值/kA	操动机构型号
				6kV	10kV				
FN2-10 FN2-10R	10	400	25	2500	1200	25	8.5 (5s)	—	CS4、 CS4-T

2. FW2-10G 户外型油浸式高压负荷开关

FW2-10G 户外型油浸式高压负荷开关结构（分闸时）如图 6-24 所示，它是三相共箱油浸结构。合闸时，操动机构带动主轴转动，通过摇杆滑块机构的传动系统，使提升杆带动触头向上运动直至合闸位置。与此同时，分闸弹簧及触头弹簧也被压缩储能。分闸时，操动机构脱扣，在分闸弹簧、触头弹簧及运动部件本身重力的联合作用下，动触头迅速向下运动，动、静触头间产生的电弧在油中被冷却并熄灭。

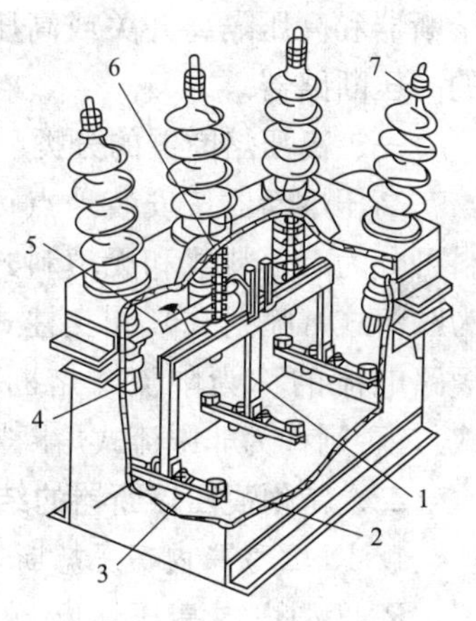

图 6-24　FW2-10G 户外型油浸式高压负荷开关结构（分闸时）
1—提升杆；2—动触头；3—触头弹簧；4—静触头；5—主轴；6—分闸弹簧；7—接线端子

FW2-10G 户外型油浸式高压负荷开关的技术数据见表 6-30。

表 6-30　FW2-10G 户外型油浸式高压负荷开关的技术数据

型号	额定电压/kV	额定电流/A	最大开断电流/A	极限通过电流峰值/kA	热稳定电流/kA	允许关合电流峰值/kA	额定开断容量/(MV·A)	操动机构型号
FW2-10G	10	100	1500	14	7.8(5s)	—	—	—
		200			7.8(5s)			
		400			12.7(5s)			

第七节　高 压 熔 断 器

高压熔断器用以保护电气装置免受过电流而引起的损坏，由于其价格便宜、结构简单、维护方便，在6～35kV电力系统中广泛应用。在不太重要而又允许长时间停电的线路中，高压熔断器和高压隔离开关或高压负荷开关配合使用可代替价格高的高压断路器。

一、高压熔断器的分类

高压熔断器按安装地点可分为户内式和户外式；按有无填料可分为有填料式和无填料式；户外式高压熔断器按结构可分为跌落式（喷射式）和支柱式；短路冲击电流到达之前能切断短路电流的称为限流式熔断器（户内高压熔断器全部为限流式），否则称为非限流式熔断器。

二、常用高压熔断器的结构及技术数据

1. RN2型户内高压熔断器

RN2型户内高压熔断器是限流式高压熔断器，其结构如图6-25所示。该熔断器熔管中充有石英砂，当短路电流通过熔体时，熔体立即熔化蒸发，金属蒸汽向周围喷溅，渗入到石英砂间隙中并附着在石英砂细粒上，使间隙中去游离加强，电弧电阻迅速增加，电流随之急剧减小，熄灭电弧。由于这种石英砂熔断器在断开短路电流时可以使电路中的最大电流远小于冲击短路电流，具有明显的限流作用，所以称之为限流式熔断器，它具有相当大的断流能力，应用很普遍。该熔断器的熔体是绕在陶管芯上的熔丝，由3级不同截

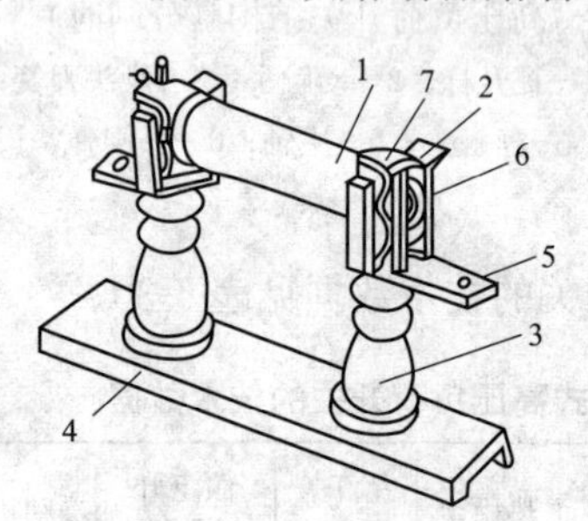

图6-25　RN2型户内高压熔断器结构

1—熔管；2—管帽；3—绝缘子；4—底座；5—接线座；6—熔体指示器；7—接触头

面的康铜丝组成，可以限制灭弧时产生的过电压幅值。它没有熔断指示器，熔体熔断时可根据接于电压互感器二次电路中的电压表读数消失来判定。RN2 型户内高压熔断器的技术数据见表 6-31。

表 6-31　　RN2 型户内高压熔断器的技术数据

型号	额定电压/kV	最高工作电压/kV	额定电流/A	额定开断容量/(MV·A)	最大开断电流/kA	熔体电阻/Ω	质量/kg
RN2-6	6	6.9	0.5	1000	—	93	5.6
	3	3.5		500	100		
RN2-10	6	6.9	0.5	1000	85	93	5.6
	10	11.5		1000	50		
RN2-20	20	23	0.5	1000	30	—	12.2
RN2-35	35	40.5	0.5	1000	17	315	15.6

2. RW3 型户外跌落式高压熔断器

RW3 型户外跌落式高压熔断器的结构如图 6-26 所示，其熔体管由环氧玻璃钢或层卷纸板组成，内壁衬以红钢纸或桑皮纸，做成消弧管。熔体穿过熔管，一端固定在下端，另一端拉紧上面的压板，由抵舌抵住压板，维持通路状态。当熔体熔断时，熔体对压板的拉紧力消失，压板转动，上触头从鸭嘴罩抵舌上滑落，熔断器靠自身重力绕轴跌落。同时，熔管内的电弧使空气受热膨胀，从管两端冲出管外，电弧受气流吹动而熄灭。熔管内所

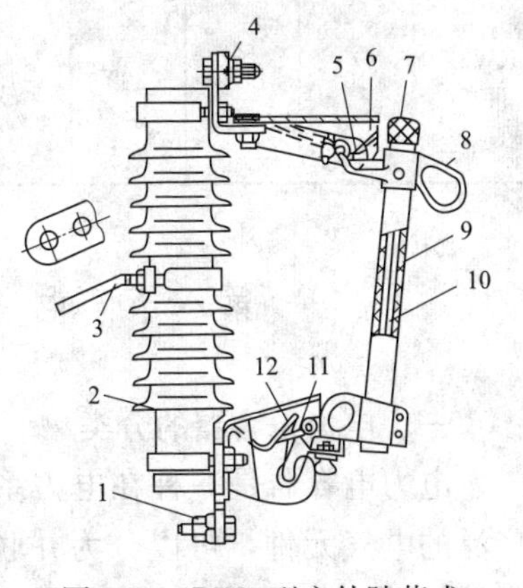

图 6-26　RW3 型户外跌落式高压熔断器结构

1—下接线端；2—绝缘子；3—固定安装板；4—上接线端；5—上静触头；6—上动触头；7—管帽；8—操作环；9—熔管（外层为酚醛纸管或环氧玻璃布管，内套消弧管）；10—熔体；11—下动触头；12—下静触头

衬消弧管可避免电弧与熔管直接接触，同时，在电弧高温下分解出大量气体，有助于灭弧。RW3 型户外跌落式高压熔断器的技术数据见表 6-32。

表 6-32　RW3 型户外跌落式高压熔断器的技术数据

型号	额定电压/kV	最高工作电压/kV	额定电流/A	断流容量/(MV·A)		熔体额定电流/A	质量/kg
				上限	下限		
RW3-10Ⅰ/100	10	11.5	100	75	15	7.5、10、15、20、30、40、50、75、100	6.22
RW3-10Ⅱ/100	10	11.5	100	100	10	7.5、10、15、20、30、40、50、75、100	7.55
RW3-10Ⅲ/200	10	11.5	200	150	30	10、15、20、30、40、50、75、100、125、150、175、200	8.07

第八节　电力电容器

一、电力电容器的分类

电力电容器是一种在电力系统、工业生产设备中应用十分广泛的电气元件，可以分为并联电容器、串联电容器、耦合电容器、保护电容器等。电力电容器按安装地点可分为户内式和户外式；按相数可分为单相式和三相式；按额定电压可分为高压式（1.05kV 及以上）和低压式（0.525kV 及以下）；按外壳材料可分为金属外壳、瓷外壳和胶木外壳。另外，还可按产品系列和采用的不同电介质进行分类。

二、并联电容器的特点

并联电容器又称移相电容器，它在 50Hz 供配电系统中用以补偿电力系统感性负荷的无功功率，提高功率因数，改善电压质量和降低线路损耗，它具有以下几个特点：

（1）耐压高、容量大、体积大。用在低压电容补偿装置中的并联电容器，额定电压为0.4～0.66kV，额定无功容量为10、16、25、50kvar等多种，电容量一般有几百微法。因此，并联电容器体积都比较大，也比较重。

（2）并联电容器由外壳和芯子组成。外壳采用铝拉伸成型，去除了传统的外壳焊接工艺，避免了电容漏油现象。

（3）损耗低。并联电容器采用性能优异的聚丙烯薄膜作介质，实际损耗在0.1%以下，工作时发热少、温升低、使用寿命长。

（4）具有良好的自愈能力。由于采用先进的薄膜金属化工艺，并联电容器具有良好的自恢复性，即由于过电压引起的电击穿，能在瞬间恢复到原来的完好状态，使并联电容器抗过电压能力和工作可靠性大为提高。

（5）内装防爆安全装置。并联电容器发生故障时，内部安装的压力开关动作，自动切断电源，防止爆炸起火，使运行安全可靠。

（6）内装放电电阻。并联电容器运行时，电容器上的电压可以达到电源电压峰值乃至更高。当电源切断时，电容器上还有电压，而且不能立即下降，如果电容器很快再接进电源，可能会产生严重的过电压和涌流问题。另外，停电后如果电容器较长时间保持较高电压，对设备操作和维修也会构成危险。因此，必须设法使电容器脱离电源后能很快放电，为此在电容器内部装有放电电阻，能保证电源断开后，电容器极间电压在3min内降至50V以下。

（7）为了减小并联电容器的个数和体积，往往把3个电容器装在一个外壳中，做成并联电容器。3个电容器进行三角形联结，引出3个电极。为了确保安全，并联电容器外壳必须接地。

三、并联电容器的结构及技术数据

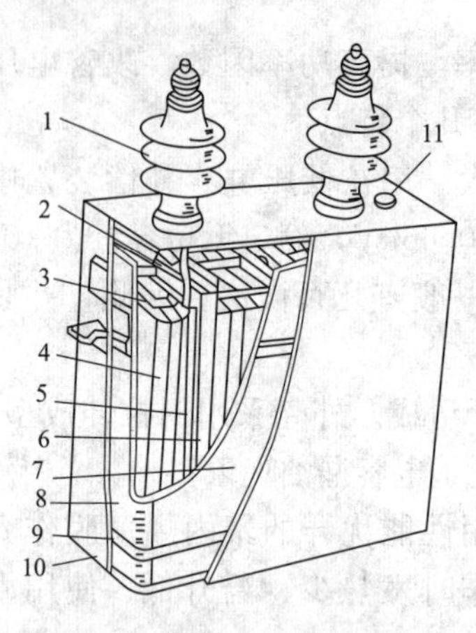

图 6-27　并联电容器基本结构

1—出线套管；2—出线连接片；3—连接片；4—元件；5—出线连接片固定板；6—组间绝缘；7—包封件；8—夹板；9—紧箍；10—外壳；11—封口盖

并联电容器基本结构如图 6-27 所示，它是在平行板电容器的基础上制成的。为了增大电容量，除减少极板间距离，并选用介电系数较大的电介质外，最常用的方法是增大极板的有效截面积，所以实际使用的并联电容器是由铺有铝箔的电容器纸、纸膜复合或全聚丙乙烯薄膜作为固体介质，采用无感绕法卷绕后压成的扁平状元件组成的。

从 20 世纪 80 年代至今，全膜电容器逐渐替代纸膜复合介质电容器，并引进了国外低压金属化膜并联电容器的生产设备和制造技术，低压金属化膜并联电容器已成为并联电容器的主要产品。CBB 型自愈式并联电容器采用金属化膜为材料，广泛应用于电风扇、洗衣机、电冰箱、空调、脱排油烟机、吸尘器等家用电器，其主要技术数据见表 6-33。BAM（BFM）全膜高压并联电容器采用双面粗化聚丙烯薄膜作固体介质，苄基甲苯或苯基乙烷作液体介质，适用于 1kV 以上工频交流电力系统中，用于提高功率因数、改善电压质量、降低线路损耗。根据需要，内部可装设熔丝、放电电阻，其主要技术数据见表 6-34。

表 6-33　CBB 型自愈式并联电容器的主要技术数据

项目	参数
额定电压/V	AC 230、250、300、400、450
容量允差	0～5%
损耗角正切值（$\tan\delta$）	≤0.2%(20℃)

续表

项目	参数
最高允许过电流	1.3倍额定电流
耐电压	极间：1.75倍额定电压，10s；极壳间：AC 3kV，10s
绝缘性能	极壳间：DC 500kV，1min：$R \geqslant 1000M\Omega$
最高允许过电压	1.1倍额定电压
使用条件	环境温度：－25～50℃，湿度≤85%，海拔≤2000m

表 6-34　BAM（BFM）全膜高压并联电容器的主要技术数据

项目	参数
额定电压/kV	AC 1～12kV，50Hz 或 60Hz
额定容量	30～200kvar
电容偏差	－5%～10%
介质损耗角正切值（$\tan\delta$）	≤0.0003
最高允许过电压	$1.1U_N$
最大允许过电流	$1.3I_N$
使用条件	环境温度－40～45℃，海拔≤1000m
内装放电电阻的自放电特性	断电后10min内从$2U_N$降至75V以下

第九节　高压开关柜

一、一次设备和二次设备

在变电站中直接生产、输送和分配电能的设备，如变压器、高压断路器、隔离开关、电抗器、并联补偿电力电容器、电力电缆、送电线路以及母线等，属于一次设备，由这些设备构成的电路称为变电站的主接线或一次接线。

要实现电力系统的正常稳定经济运行，除了一次设备外，还必须有相应的二次设备。二次设备是由控制、监视、测量、操作信号和继电保护、自动控制装置、自动调整装置等低压电气设备所组成，由二次设备按一定要求构成的电路称为二次接线或二次回路。

二次回路一般包括控制回路、继电保护回路、测量回路、信号回路、自动装置回路、计算机监控回路等，由机构、元件和连接导线组成。机构包括测量机构（如测量电流、电压、频率、功率、温度等的机构）、操动机构、命令机构、执行机构（如传动装置、接触器的线圈等）和传动机构（如中间继电器、时间继电器等）；元件包括接线端子、熔断器、控制按钮、控制开关、刀开关、电阻器、连接片（压板）、试验盒、各类信号元件（如指示灯、发光字牌、蜂鸣器）、信号辅助触头、端子标号牌及标签柜等。因此，在电气回路中，二次回路虽非主体，但它却是保证生产过程能协调、安全、可靠运行的重要因素。

二、高压开关柜的分类

高压开关柜是按一定的线路方案来组装有关的一、二次设备的一种高压成套配电装置，其中安装有高压开关设备、保护电器、测量仪表、母线和绝缘子等，常用于发电厂、变电站和工矿企业变、配电站中，作为对发电机、变压器和高压线路的控制、保护、测量等，也可作为高压电动机的启动和保护开关设备。

高压开关柜根据高压断路器接入主电路的工艺过程的不同，可分为固定式、手车式及活动式 3 种，根据结构形式，可分为开启式和封闭式。固定式高压开关柜具有结构比较简单、制造成本较低的优点，但主要设备如断路器发生故障或需要检修试验时则必须中断供电，直到故障消除或检修试验完成后才能恢复供电，因此这类高压开关柜主要用在企业的中小变配电所及负荷不是很重要的场所。手车式高压开关柜具有安全、方便、缩短停电时间的优点，柜内的主要电器设备，在故障时可拉出屏外检修，并同时推入备用手车，从而可保证继续供电，它适用于负荷较重要的场合。活动式是前两种的过渡形式。

市场上高压开关柜大多数都有完善的联锁方式，国家标准 GB 3906—2006 对高压开关柜提出了具有简单、可靠的“五防”

功能要求，即防止误分、误合断路器，防止带负荷分、合隔离开关，防止带电合接接地闸刀，防止接地闸刀在合闸状态下送电，防止误入带电间隔。

三、常用高压开关柜的结构及技术数据

1. GG-1A（F）型高压开关柜

GG-1A（F）是封闭型固定式高压开关柜，适用于交流额定电压3～10kV，额定电流最大至3000A，额定开断电流最大至31.5kA的单母线电力系统中，作为接受或分配电能的户内成套开关设备，是在GG-1A型高压开关柜的基础上增加“五防”后的改进派生产品。该开关柜防误程序功能齐全、运行可靠、可频繁操作，真空断路器的真空绝缘度高、灭弧性强、使用寿命长、维护方便，柜体宽敞、内部空间大、间隙合理、安全，主回路方案完整，可以满足各种供配电系统接受与分配电能的需要。GG-1A（F）型高压开关柜结构如图6-28所示，其主要技术数据见表6-35。

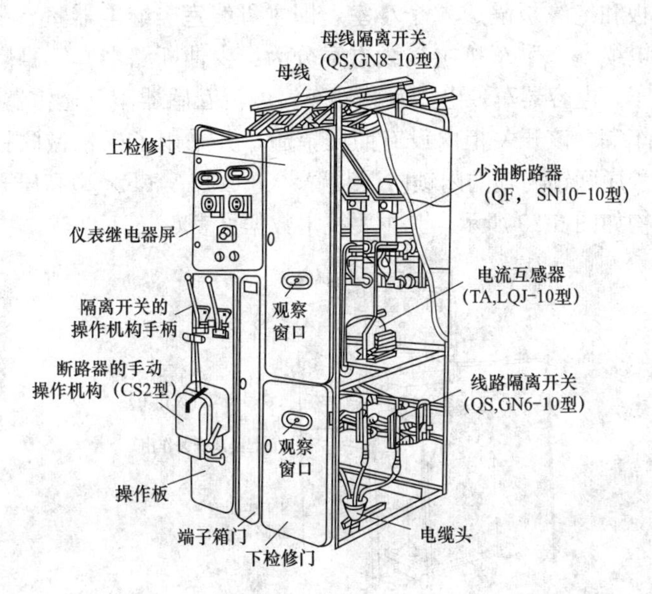

图6-28 GG-1A（F）型高压开关柜结构

表 6-35　GG-1A（F）型高压开关柜的主要技术数据

项目	参数	
额定电压/kV	3、6、10	
最高工作电压/kV	3.6、7.2、11.5	
额定电流/A	630、1000、1250、2000、3000	
动稳定电流（峰值）/kA	40、80	125
热稳定电流/kA	16(4s)、31.5(2s)	40(4s)
外形尺寸（宽×深×高）/(mm×mm×mm)	1200×1225×3100	1540×1425×3100

2. GFC-15A（F）型高压开关柜

GFC-15A（F）是封闭型手车式高压开关柜，适用于交流额定电压 3～10kV，额定电流最大至 3000A 的单母线电力系统中，作为一般接受和分配电能的户内开关设备，可满足通用使用条件以及工矿企业和变电站各种接线的组合要求，并有较完善的防误功能。该开关柜内由封闭式钢板外壳及手车组成，其外壳用钢板和绝缘板隔成 4 个小室，即主母线室、继电器室、手车室和电缆室。手车按主接线方案分为：少油断路器车，真空断路器车，电容器车，电压互感器车，电流互感器车，避雷器车、隔离车等。该开关柜内设有照明措施，并采用了以机械联锁为主，程序联锁为辅的闭锁防误装置。GFC-15A（F）型高压开关柜结构如图 6-29 所示，其主要技术数据见表 6-36。

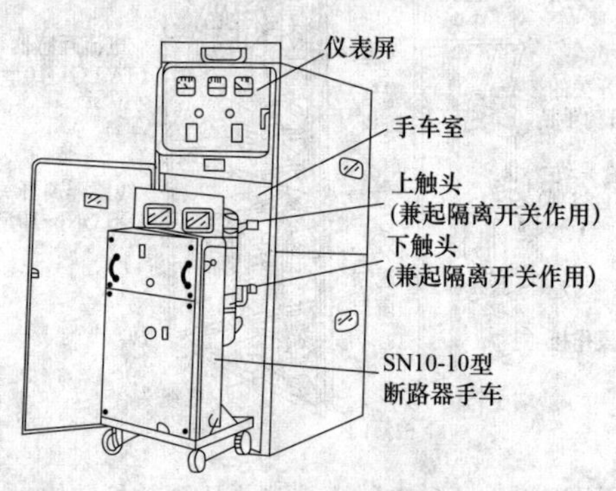

图 6-29　GFC-15A（F）型高压开关柜结构

表 6-36　GFC-15A (F) 型高压开关柜的主要技术数据

<table>
<tr><td rowspan="5">主母线</td><td>额定电压/kV</td><td colspan="7">3、6、10</td></tr>
<tr><td>额定电流/A</td><td colspan="2">600</td><td colspan="2">1000</td><td colspan="2">1200</td><td>1500、2000、3000</td></tr>
<tr><td>额定动稳定电流/kA</td><td>22</td><td>50</td><td>50</td><td>80</td><td>80</td><td>125</td><td>125</td></tr>
<tr><td>额定热稳定电流/(kA/4s)</td><td>8.7～4</td><td>20～4</td><td>20～4</td><td>31.5～4</td><td>31.5～2</td><td>40～2</td><td>40～4</td></tr>
<tr><td>型号规格</td><td>LMY 60×6</td><td>LMY 80×8</td><td colspan="2">LMY80×10</td><td colspan="2">LMY100×10</td><td>LMY2(80×10)
2(100×12.5)
TMY2(100×12.5)</td></tr>
<tr><td>断路器</td><td>型号规格</td><td>ZN3-10</td><td>SN10-10Ⅰ</td><td>ZN5B-10</td><td>SN10-10Ⅱ</td><td>ZN7-10 1250A</td><td>SN10-10 Ⅲ1250A</td><td>SN10-10Ⅲ (3000A)</td></tr>
<tr><td rowspan="4">外形尺寸宽×高×深/(mm×mm×mm)</td><td>GFC-15A(F)</td><td colspan="3" rowspan="2">800×2200×1500</td><td colspan="4" rowspan="2">1000×2200×1550</td></tr>
<tr><td>GFC-15A(F)Z</td></tr>
<tr><td>GFC-15A(F)P</td><td colspan="3" rowspan="2">800×2200×2150</td><td colspan="4" rowspan="2">1000×2200×2150</td></tr>
<tr><td>GFC-15A(F)Z</td></tr>
</table>

四、低压开关柜

低压开关柜是按一定的线路方案来组装有关的一、二次设备的一种低压成套配电装置，它由受电柜（进线柜）、计量柜、联络柜、双电源互投柜、馈电柜和电动机控制中心等组成，由于他功能多、使用效果好而被广泛应用于发电厂、石油、化工、冶金、纺织、高层建筑等行业，主要用于低压照明和动力配电。

1. 低压开关柜的使用条件

(1) 周围空气温度－5～40℃，一昼夜的平均温度不超过35℃。

(2) 安装使用地点的海拔高度不高于 2000m。当使用地点海拔超过 2000m 时，要经过特殊设计，如主要的电气元件要降容使用等。

(3) 周围空气湿度，在最高温度为 40℃时，相对湿度不超过 50％；在较低温度时，允许有较大的相对湿度（如＋20℃时允许为 90%），但要考虑到由于温度变化可能产生的凝露。在这种情况下，一般应采取措施，如柜内装设防凝露装置。

（4）设备安装时与垂直面的倾斜度不超过 5°。

（5）安装场所应无火灾、爆炸危险，没有足以破坏绝缘的腐蚀性气体，没有剧烈振动和冲击。如安装场所有爆炸危险，应采用防爆电器。如安装场所污染较严重，设计时要加以特殊考虑。

2. 低压开关柜的主要技术指标

（1）额定电压。大多数为交流 380V，少数为交流 660V、220V。

（2）电源频率。50Hz，有些国家的电源频率为 60Hz，故某些出口产品电源频率设计为 60Hz。

（3）额定电流。分为两种，一种是水平母线额定电流，这是指受电柜的工作电流，最小的几百安，最大的可达 5000～7000A；另一种为垂直母线额定电流，指受电柜以外其他柜子垂直母线的工作电流，小于水平母线电流。抽屉单元额定电流，一般较小，较大的有 400A、630A 等。

（4）短路分断能力。指在规定条件下，包括开关电器接线端短路在内的分断能力，一般均有几十千安，最高可达 100kA 左右。

（5）防护等级。指外壳防止外界固体异物进入壳内触及带电部分或运动部件，以及防止水进入壳内的防护能力。一般用 IPXY 表示，X、Y 为数字，X 取值从 0 到 6，Y 从 0 到 8。数字越大，防护等级越高。对低压开关柜，一般应达到 IP30，要求高的可达到 IP43、IP54 等。

3. 常用低压开关柜

（1）PGL 系列低压开关柜。PGL 系列低压开关柜具有结构合理、电路配置安全、防护性能好、分段能力高、动热稳定性好、运行安全可靠等优点，适用于发电厂、变电站、厂矿企业的交流额定工作电压不超过 380V、额定工作电流 1500～3150A

的低压配电系统中作为动力、配电、照明之用。

PGL 系列低压开关柜有 PGL1、PGL2、PGL3 型，主电路均采用了标准化方案，每一个主电路方案对应一个或数个辅助电路方案，使用户在选取主电路方案后，可方便地从对应的辅助电路方案中选取合适的电器原理图，从而减轻了用户的设计工作量，提高了工作效率。PGL1 型低压开关柜主电路选用 DW10、DZ10 型断路器、HD13 和 HS13 型刀开关，RT0 型熔断器和 CJ12 型接触器等电器元件，辅助电路保护元件则改用圆柱形有填料高分断能力的 GF1 型熔断器，保证了 15KA 的分断能力。

PGL1 型低压开关柜结构如图 6-30 所示，其结构形式为户内开启式、双面维护（离墙安装），屏架用钢板和角钢焊接而成（焊接式结构不如组装式方便，不适于规模生产），具有良好的防护接地系统，主接地点焊接在骨架的下方，仪表门也有接地点与壳体互连。屏的前面有门，屏面上方是仪表板（为开启式小门），上装指示仪表，维护方便。组合并列拼装的屏，屏与屏之间加装隔板，可减少因某屏内故障而扩大事故的可能。始端屏和终端屏的左右两侧，可加装防护板。屏后骨架上方有安装于绝缘框上的主母线，中性线母线安装在屏下方的绝缘子上，并设有母线防护罩，可防止上方坠落金属物而使主母线短路的严重事故。

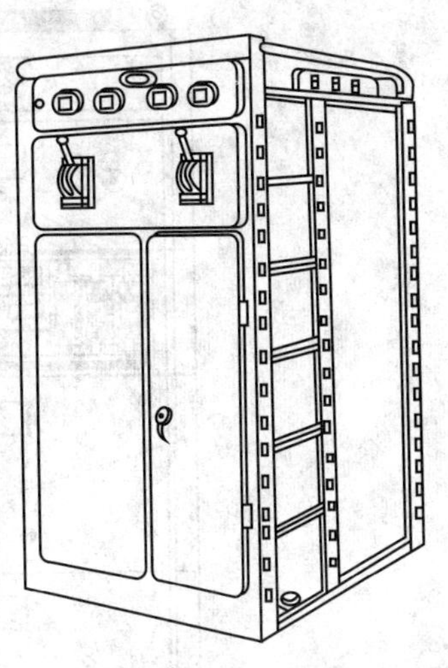

图 6-30 PGL1 型低压开关柜结构

（2）BFC 型低压开关柜。BFC 型低压开关柜又称配电中心，而专门用来控制电动机的则称为电动机控制中心，它在工矿企业和变电站作为额定交流电压不超过 500V 的动力配电、照明配电和控制之用。

BFC 型低压开关柜结构如图 6-31 所示，它采用封闭式结构、离墙安装，元件装配方式有固定式、抽屉式和手车式几种。其主要特点为各单元的主要电器设备均安装在一个特制的抽屉中或手车中，当某一回路单元发生故障时，可以使用备用抽屉或手车，以便迅速恢复供电。而且，由于每个单元为抽屉式，密封性好，不会扩大事故，便于维护，提高了运行可靠性。开关柜的主电器在抽屉或手车上均为插入式结构，抽屉或手车上均设有联锁装置，以防止误操作。

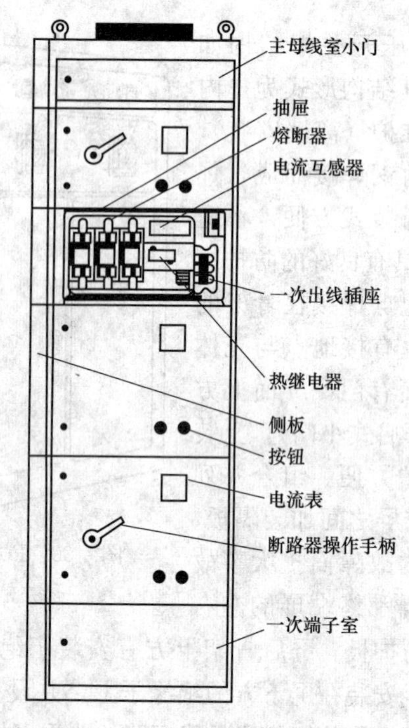

图 6-31　BFC 型低压开关柜结构

（3）GGD 型低压开关柜。GGD 型低压开关柜是本着安全、经济、合理、可靠的原则设计的新型低压配电柜，具有分断能力高、动热稳定性好、电气方案灵活、组合方便，系列性、实用性强，结构新颖、防护等级高等特点，可作为低压成套开关设备的更新换代产品。它适用于发电厂、变电站、工矿企业等电力用户，作为交流额定工作电压380V、额定工作电流至3150A、主变压器容量不大于2000kV·A及以下的配电系统中，作为动力、照明及配电设备的电能转换、分配与控制之用。

GGD型低压开关柜结构如图6-32所示，其柜体采用通用柜的形式，用冷弯型钢材局部焊接拼装而成，系封闭式焊接组装式结构。设计时充分考虑了散热问题，柜体上下两端均有不同数量的散热槽孔。柜子运行时柜内电器元件发热，热量经上端槽孔排出，而冷空气从下端槽孔不断补充进柜，达到散热目的。柜门采用整门或双门结构，用镀锌转轴式活动铰链与构架相连，便于安装、拆卸。装有电器元件的仪表门用多股软铜线与构架相连，整个柜子构成完整的接地保护电路。

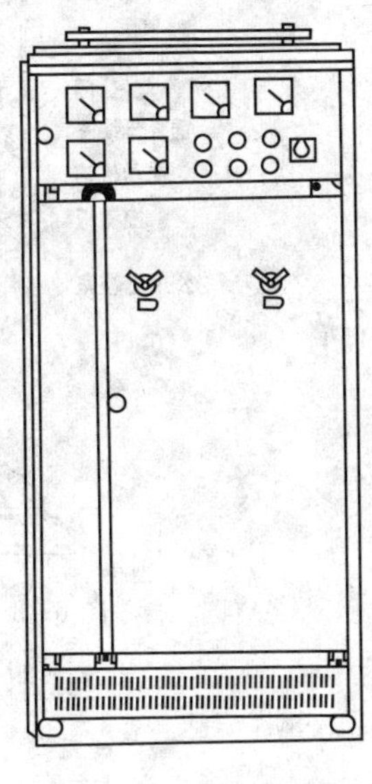

图6-32 GGD型低压开关柜结构

（4）GCK型低压开关柜。GCK型低压开关柜是一种工矿企业动力配电、照明配电与电动机控制用的新型低压配电装置，它是20世纪80年代末期由天津电气传动研究所组织联合设计的，各项技术参数达到了当时的国际标准。

GCK型低压开关柜结构如图6-33所示，它根据功能特征分为JX（进线型）和KD（馈线型）两类，为全封闭功能单元独立式结构。这种控制中心保护设备完善，保护特性好，所有功能单元均可通过接口与可编程序控制器或微处理机连接，作为自动控制系统的执行单元。

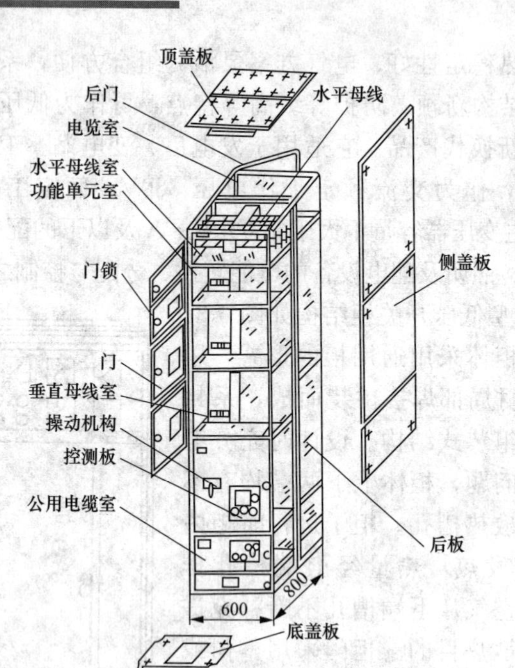

图 6-33　GCK 型低压开关柜结构

第七章

室内配线与电气照明

第一节　低压进户与室内配线方式

一、低压进户方式

1. 接户线

由架空线路的电杆到用户室外的第一支持物（如曲脚绝缘子）之间的一段引线，叫接户线，接户线分为单相接户线和三相接户线两种。

单相接户线一般供住宅用小容量电气负荷，由电杆经保险装置引下，其中性线与相线同截面积；三相接户线一般供给动力负载之用，由电杆上引下时不设保险装置，其中性线截面积一般为相线截面积的50%～80%。

接户线应采用耐压为500V以上的绝缘导线，并且不应有接头。接户线的导线截面积可根据用电负荷大小来确定，但其最小截面积不小于下列数值；铜线为2.5mm²，多股铝绝缘导线为10mm²。接户线的档距不宜超过25m，对于偏僻地区不应超过40m。接户线不得从档距中间悬空连线，接户线的中性线与相线交叉时，应采用绝缘套隔离。

2. 进户线

由用户室外第一支持物到用户室内第一支持物之间的一段引线叫进户线，又称表外线，同一用电单位只应设一条进户线。

安装进户线时，要合理地选择进户点，使其尽量接近供电线路，并应明显易见，便于维护和检修。进户线的长度不应超过15m，并且不应有接头。计费方式不同的进户线不应穿入同一根管内，当电能表装有互感器时，也可在互感器外套接。进户线穿墙时，应套上保护套管（如瓷管、硬塑料管或竹管等），并应防止相间短路或对地短路。绝缘套管露出墙外部分不应小于10mm，其外端应较低。进户线与接户线连接时，多股线应做成“倒人字”接法。

3. 低压进户方式

低压进户方式包括进户供电的相数、进户装置的结构形式。

（1）进户相数。电业部门根据低压用户的用电申请，将根据用户所在地的低压供电线路容量和用户分布等情况决定给以单相两线、两相三线、三相三线或三相四线制的供电方式。凡兼有单相和三相用电设备的用户，以三相四线制供电，能分别为单相220V的和三相380V的用电设备提供电源。凡只有单相设备的用户，在一般情况下，申请用电量在30A及以下的（申请临时用电为50A及以下）通常均以单相两线制供电；若申请用电量在30A以上的（申请临时用电为50A以上）应以三相四线制供电。因为这样能避免公共配电变压器出现严重的三相负载不平衡，所以用户必须把单相负载平均分接3个单相回路上。

（2）进户装置的结构形式（也称进户方式）。进户方式由用户建筑结构、供电相数和供电线路状况等因素决定，几种常用的进户方式如图7-1所示。

1）进户点离地垂直高度等于或高于2.7m，用绝缘电线穿套瓷管进户，如图7-1（a）所示。

2）进户点离地垂直高度低于2.7m，而接户点高于2.7m，用绝缘电线穿套线管或用塑料护套线穿套瓷管进户，如图7-1（b）所示。

3）进户点离地垂直高度低于2.7m，接户点加装进户杆后高于2.7m，用绝缘电线穿线管或用塑料护套线穿瓷管进户，如图7-1（c）所示。

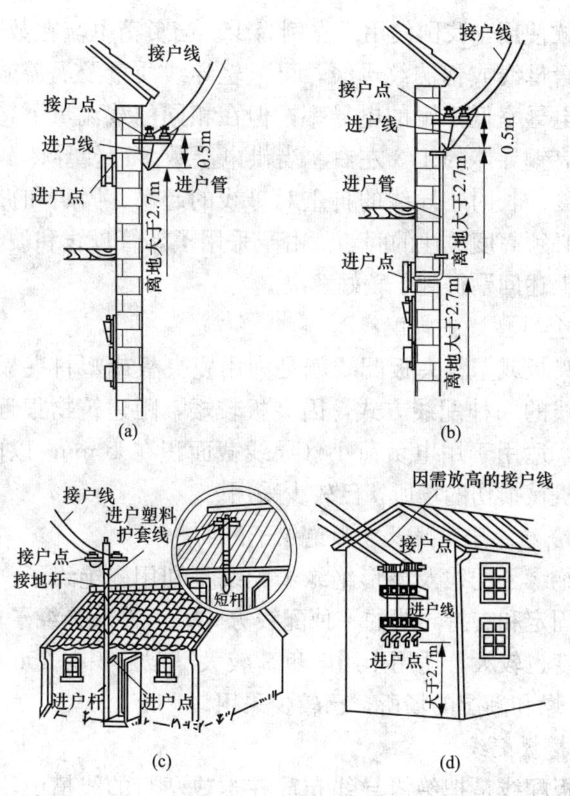

图 7-1　低压进户方式

(a) 进户点离地较高；(b) 进户点离地较低；(c) 加装进户杆；(d) 进户线加固进户

4）进户点离地垂直高度高于 2.7m，而接户线因需跨越路面、河道或其他障碍物而放高，进户点与接户点之间的距离拉长，进户线需作固定安装进户，如图 7-1（d）所示。

二、室内配线方式

室内配线方式通常有瓷（塑）夹板配线、瓷绝缘子配线、鼓形绝缘子配线、槽板配线、管配线、铝片卡配线、钢索配线、吊车滑触线、电缆沟配线、电缆桥架配线、电缆槽道配线及插接式绝缘母线槽。

另外，导管母线和波纹母线在国外超高层大负荷的大厦中早已投放使用，我国使用的先例尚少。当负荷电流在数千安时，采用铝管母线或铝波纹母线，可减轻导线质量及涡流效应。尽管铝的电导率低于铜的电导率，但在相同的载流量下，铝导体质量只有铜导体的1/3左右。当供电层数多而使导体截面积加大、长度加长时，导线的自重对母线的起吊、固定和拆换等成了一个必须高度关注的问题。由于采用了导管母线和波纹导线，从而使上述问题得到了较好解决。

1．瓷（塑）夹板配线

瓷夹板或塑料夹板配线就是利用瓷夹板或塑料夹板固定和支持导线的一种配线方式，因夹板较矮，距建筑物很近，机械强度小，适用于用电负荷小（导线截面积在10mm^{2}以内）、干燥和无机械损伤的场所，已较少采用。

2．瓷绝缘子配线及鼓形绝缘子配线

瓷绝缘子配线及鼓形绝缘子配线是利用瓷绝缘子、鼓形绝缘子来固定和支持导线的一种配线方式，因鼓形绝缘子比较高，机械强度也较大，适用于用电负荷较大（截面积在25mm^{2}及以下）、干燥和潮湿的场所，已较少采用。

3．槽板配线

槽板配线是把绝缘导线布放在木或塑料的线槽内，上部用盖板把导线盖住的配线方式，该配线方式较瓷夹板配线整齐、美观，又比钢管配线便宜，一般适用于干燥的室内，如办公室、生活间等，多用于照明电路，线槽有二线的和三线的，绝缘导线截面积一般不超过4mm^2。

4．管配线

管配线是将绝缘导线穿于管内的配线方式，适用于潮湿、易腐蚀、易遭受机械损伤和重要的照明场所，具有安全可靠、整洁美观等优点，在工业与民用建筑中使用最为广泛。管配线分为明配和暗配两种，一般来说，明配线安装施工和检查维修较方便，但室内美观受影响，人能触摸到的地方不十分安全；暗配线安装施工要求高，检查和维护较困难。

5. 铝片卡配线

铝片卡配线是对于比较潮湿和有腐蚀性的特殊场所，采用塑料护套线或铅皮线用铝片卡作为导线支持物，将导线直接敷设在空心板、墙壁以及其他建筑物表面的配线方式。

6. 钢索配线

除有化学腐蚀、易发生火灾及爆炸危险的场所外，一般的生产厂房屋架较高，跨距较大，而灯具安装要求较低时，常用钢索配线，对于生产设备随工艺改变而变动的车间照明也适用。

7. 吊车滑触线

在工厂的车间内，常用的起重设备有电动葫芦、梁式吊车和桥式吊车等，为加工和检修需要，往往要安装一台或几台吊车，吊车的电源一般由滑触线供电。但在有爆炸危险和火灾危险的厂房，以及对滑触线有严重腐蚀的厂房，不能采用裸滑触线，而应采用软电缆供电。

8. 电缆槽道配线

在厂房车间里采用电缆槽道架设在空中来配送电缆的方式，称为电缆槽道配线。将各路配电电缆，引至钢板制作的线槽内，线槽用角钢固定于柱上、盘上或用圆钢吊挂在屋架上，电缆在槽道内排列布放，至用电设备处引下，它适用于电缆配送根数多、室内无电缆沟、走线较为困难的场所。

第二节 室内配线施工

一、室内配线概况

室内配线就是常称的内线工程，是工厂车间及其他建筑物内用来给各种用电设备供电或起控制作用的线路，它应用广泛、涉及面广、方法较多，是经常遇到的安装工程。

室内配线分为明配线和暗配线两种，通常是明配线对应于明配电箱、盒、盘，暗配线对应于暗装箱、盘。导线沿墙壁、天花板、房梁及柱子等明敷设的配线，称为明配线；导线穿入管中并埋设于墙内、地坪内或装设于顶棚内的暗敷设的配线，称为暗配线。随着科学技术水平的提高，高层建筑不断增多，民用建筑装饰美观标准提高，使得暗配线工程增多，且暗配线工程日趋复杂、要求高，需与土建施工密切配合，而且与土建结构、配电箱、盘、柜的安装方式有关。如何进行室内配线，必须按设计要求进行施工，如设计与实际不符，可提出修改意见。

二、线管配线施工

1. 线管配线概况

线管配线是把绝缘导线穿入保护管内敷设，它具有安全可靠、耐潮、耐腐、导线不易受机械损伤等优点，但安装和维修不便，且造价较高，适用于车间厂房、民用建筑及建筑物顶棚的照明和动力线路的配线，但金属管有严重腐蚀的场所不应使用。

线管配线通常有明配和暗配两种。明配时，要求横平竖直、整齐美观、牢固可靠且固定点间距均匀。暗配时，要求管路短，弯曲少，不外露，以便穿线。为了使导线不被损坏，也便于日后维修、更换，一般把导线穿在管子里。

线管配线使用的线管有钢管和塑料管两大类，钢管有薄壁电线管（TC）、厚壁电线管（SC）和水煤气钢管（RC），塑料管材包括聚氯乙烯半硬质电线管（FPC）、硬质电线管（PC）、波纹管（KPC）和改性硬质管（PVC）。钢管有镀锌和不镀锌两种，管壁较厚的钢管（壁厚3mm，管径以外径计），适用于潮湿和有腐蚀气体场所的明敷或埋地；管壁较薄的钢管（壁厚1.5mm，管径以内径计）适用于干燥场所明敷和暗敷。塑料管有硬塑料管和半硬塑料管两种，硬塑料管耐腐蚀性较好，但机械强度不如钢管，适用于腐蚀性较大的场所明敷或暗敷，但不得在高温和易受机械损伤的场所敷设；半硬塑料管适用于一般民用建筑的照明线路暗敷，但不得在高温场所和顶棚内敷设。

2. 线管配线施工方法

线管配线如图 7-2 所示，其施工方法如下：

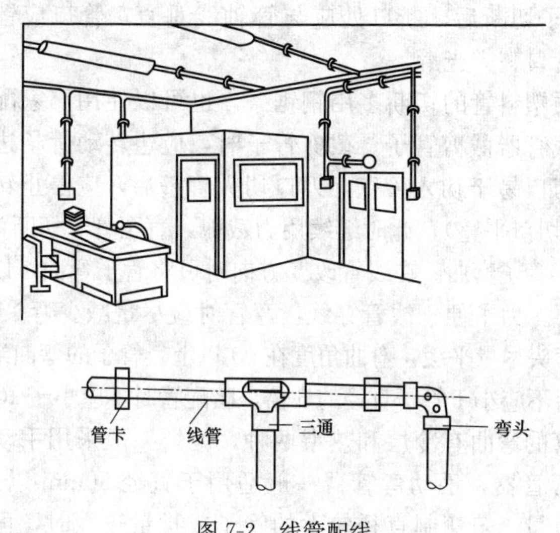

图 7-2 线管配线

（1）线管选择。线管选择包含线管类型选择和线管直径选择。潮湿和有腐蚀性气体的场所内明敷或埋地一般采用管壁较厚的钢管；干燥场所内明敷或暗敷一般采用管壁较薄的电线管；腐蚀性较大的场所一般采用硬塑料管。选择线管直径的依据是导线的截面和根数，一般要求穿管导线的总截面积（包括绝缘层）不超过线管内径截面积的 40％。

（2）落料。落料前应检查线管质量，有裂缝、凹陷、锋口、杂物等均不能使用，线管的内壁和管口都应光滑。然后根据线路弯曲转角情况，确定每个线段由几根线管接成一个线段。

（3）防腐处理。对于非镀锌钢管，为防止生锈，在配管前应对管子的内壁、外壁除锈。除锈后，将管子的内外表面涂以防腐漆。电线管一般因为已刷防腐黑漆，故只需在管子焊接处、连接处以及漆脱落处补刷同样色漆。

（4）管子切割。在配管前，应根据所需实际长度对管子进行切割。钢管的切割方法很多，管子批量较大时，可以使用型钢切割机（无齿锯）。批量较小时可使用钢锯或割管器（管子割刀）。管子切断后，断口处应与管轴线垂直，管口应锉平、刮光，使管口整齐光滑。

硬质塑料管的切断多用钢锯条，也可以使用厂家配套供应的专用截管器截剪管子。截剪管子时，应边转动管子边进行裁剪，使刀口易于切入管壁，刀口切入管壁后，应停止转动管子（以保证切口平整），此时继续用力裁剪，直至管子切断为止。

（5）管子弯曲。在线管改变方向时可将管子弯曲，以满足敷设的需要。为了便于线管穿线，弯管时应尽量减少弯头的数量，同时使弯头尽量平缓，弯曲角度在90°以上。管子的弯曲半径，在明配管时不应小于管子直径的6倍，暗配管时不应小于10倍。

钢管的弯曲有冷煨和热煨两种，冷煨一般采用手动弯管器或电动弯管器，手动弯管器一般适用于直径50mm以下钢管，且为小批量。若弯制直径较大的管子或批量较大时，可使用滑轮弯管器或电动（或液压）弯管机。热煨一般采用加热弯管，只限于管径较大的黑铁管。

硬塑料管弯曲时，可采用热弯法，即先将塑料管用电炉或喷灯加热至柔软状态，然后放到木坯具上弯曲成型，再浇水冷却。

（6）管子套丝。钢管敷设过程中管子与管子的连接，管子与器具以及与盒（箱）的连接，均需在管子端部套丝。水煤气钢管套丝可用管子绞板或电动套丝机，电线管套丝，可用圆丝板。套完丝扣后，应随即清理管口，将管子端面毛刺处理光，使管口保持光滑，以免割破导线绝缘。

（7）钢管的连接。钢管与钢管的连接有螺纹连接（管箍连接）、套管连接和紧定螺钉连接等方法，如图7-3所示。采用螺纹连接时，管端螺纹长度不应小于管接头长度的1/2；连接后，其螺纹宜外露2～3扣；螺纹表面应光滑、无缺损。采用套管连接时，套管长度宜为管外径的1.5～3倍，管与管的对口处应位于套管的中心。采用紧定螺钉连接时，螺钉应拧紧。在振动的场所，紧定螺钉应有防松措施。

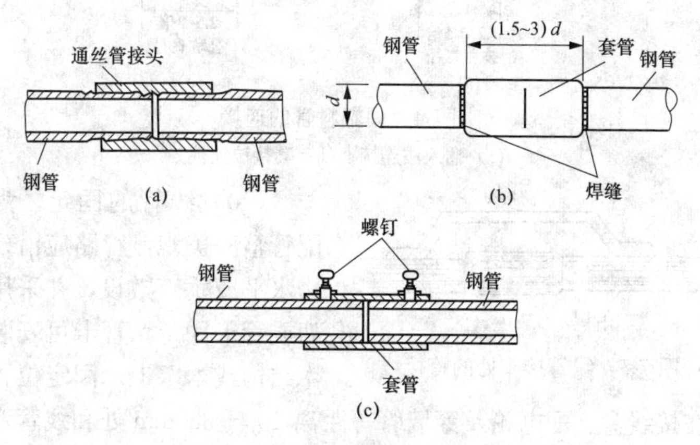

图 7-3 钢管的连接

(a) 螺纹连接；(b) 套管连接；(c) 紧定螺钉连接

(8) 硬质塑料管的连接。可用插入法或套接法连接，如图 7-4 所示。插入法连接时，先将连接的两根管子管口内、外进行倒角，然后用汽油或酒精把管子插接段的油污等擦干净，接着将“阴管”插接段（长度为 1.2～1.5 倍的管子公称直径）放在电炉或喷灯上加热至 145℃左右，呈柔软状态时，将“阳管”插入部分涂一层胶粘剂（过氧乙烯胶）后，迅速插入“阴管”，并立即用湿布冷却，使管子恢复原来硬度。套接法连接时，将同直径的硬塑料管加热扩大成套管，套管的长度为其自身内径的 2.5～3 倍，也可用与其相配的套管。先将两管端连接部位用汽油或酒精擦拭干净，然后涂上黏结剂，并迅速插入套管中，将两管管子粘住。

(9) 管子接地。线管配线的钢管必须可靠接地。为此，在钢管与钢管、钢管与配电箱及接线盒等连接处均应做系统接地（接零）。管路中如有接头，在接头处必须焊上直径 6～10mm 的圆钢作为跨接线，如图 7-5 所示，以保证线管可靠接地。

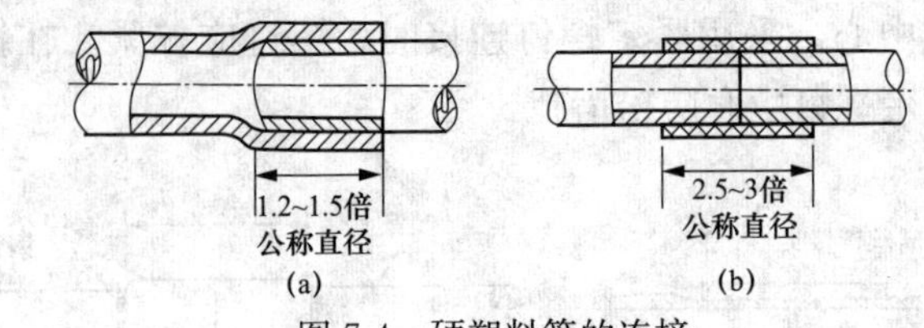

图 7-4　硬塑料管的连接

（a）插入法连接；（b）套接法连接

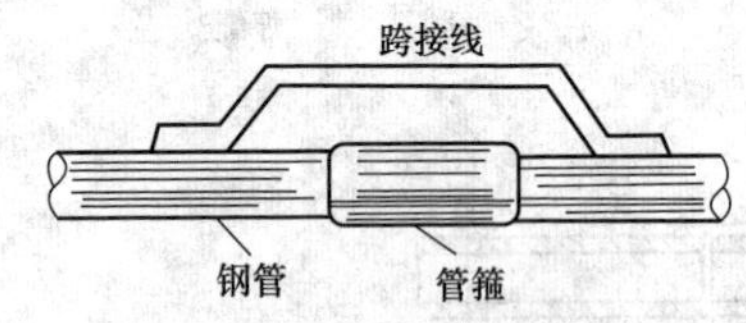

图 7-5　线管接头处的跨接线

（10）线管的固定。为使配管整齐美观，管路应沿建筑物水平或垂直敷设，并采用支架或管卡固定，管卡可安装在木结构或木塞上。固定位置一般在接线盒、配电箱及穿墙管等距离 100～300mm 处和线管弯头的两边，根据线管的直径和壁厚的不同，直线上的管卡间距为 1～3.5m，管卡与盒边距 0.2～0.3m，线管的固定如图 7-6 所示。

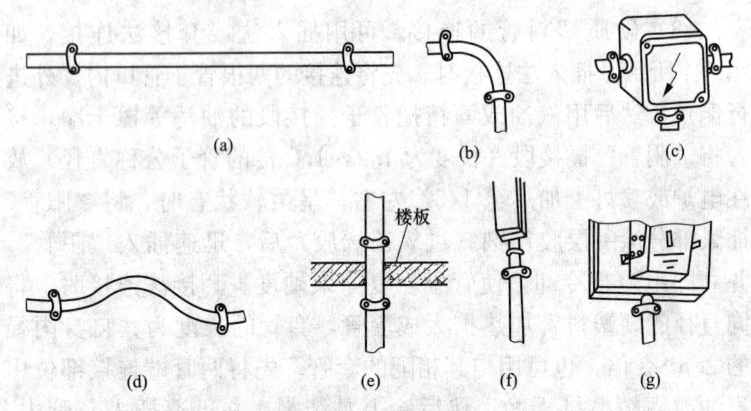

图 7-6　线管的固定

（a）直线部分；（b）转弯部分；（c）进入接线盒；（d）跨越部分；（e）穿越楼板；（f）与槽板连接；（g）进入木台

（11）清管穿线。管内穿线工作一般应在管子全部敷设完毕及建筑物抹灰、粉刷及地面工程结束后进行，钢丝穿线方法如图 7-7 所示。

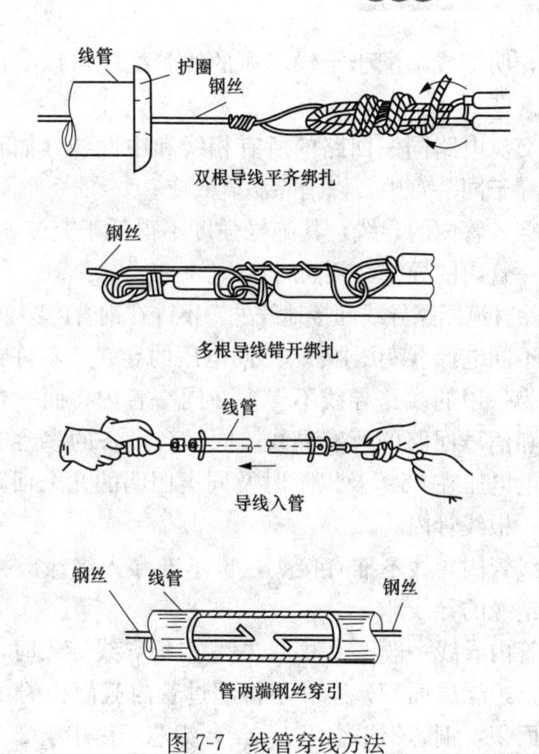

图 7-7 线管穿线方法

穿线前应先清扫管路，用压缩空气或在钢丝上绑擦布，将管内杂物和水分清除。然后在线管口上套上橡皮或塑料护圈，按线管长度加上两端余量截取导线，剥切导线端部绝缘层，绑扎好引线和导线头。穿线时，通常选用直径 1.2mm 的钢丝作引线，当管路短而直时，钢丝可从一端穿向另一端，再将导线绑扎在钢丝的一端，牵引钢丝，将导线穿过线管。当管路较长或弯头较多，引线有困难时，可从管的两端同时穿入钢丝引线，引线端弯成小钩，当钢丝引线在管中相遇时，用手转动引线使其钩在一起，然后把一根引线拉出，再将导线牵引入管。穿线过程中，应一端拉，一端送，两端互相配合。

3. 线管配线施工规范要求

（1）明配潮湿场所或埋地铺设的线管配线，应该采用水、煤气钢管，明配或暗配于干燥场所的线管配线可以采用塑料或金属线管。

（2）交流电路同一回路的所有相线和中性线（如有中性线时）应将穿于同一管中，以消除涡流效应。

（3）穿入管内的导线，其绝缘强度不得低于交流500V。穿线时，同一管内的导线必须同时穿入。

（4）除直流回路导线和接地线外，不许在钢管内穿单根导线。

（5）不同电源（变压器）、不同电压的导线，不许穿在同一管内。互为备用的线路导线不得穿在同一管内。而一台电动机包括控制和信号回路的所有导线，同一台设备的多台电动机线路，或供电电压在65V及以下时及同类照明的几个回路等，允许穿在同一根线管内。

（6）线管内导线不准有接头，也不准穿入绝缘破损后经过包缠恢复绝缘的导线。

（7）管内导线一般不超过10根，多根导线穿入时，导线截面积（包括绝缘层面积）总和不得超过管内截面积的40%。导线最小截面积，铜芯不得小于$1mm^2$，铝芯不得小于$2.5mm^2$。

（8）控制线和动力线共管时，若线路较长或弯头较多，控制线截面积应不小于动力线截面积的10%。

（9）线管配线应尽可能少转角或弯曲，因转角越多，穿线越困难。为便于穿线，规定线管超过下列长度，必须加装接线盒：无弯曲转角时，不超过45m；有一个弯曲转角时，不超过30m；有两个弯曲转角时，不超过20m；有三个弯曲转角时，不超过12m。

（10）在混凝土内暗线敷设的线管，必须使用壁厚为3mm的线管；当线管的外径如果超过混凝土厚度的1/3时，不准将电线管埋在混凝土内，以免影响混凝土的强度。

三、桥架配线施工

1. 桥架配线概况

桥架配线是指将电缆或绝缘导线敷设在电缆托盘、梯架或线槽中的配线方式，他可以直接敷设大量放射式电缆、控制电缆、监控信号电缆等，通过桥架把他们从配电室（或控制室）送到用电设备，特别适用于用电设备多、安装位置分散、安装高度参差不齐的某些生产场所或须敷设大量动力线和控制线不宜采用一般绝缘导线明敷或埋地敷设时，如石油化工、钢铁、轻工等大型联合企业。

桥架配线由支架、托臂、梯架（或托盘、线槽）及盖板组成，如图 7-8 所示。桥架安装主要有沿顶板安装、沿墙水平和垂直安装、沿竖井安装、沿地面安装、沿电缆沟及管道支架安装等，安装所用支（吊）架可选用成品或自制，支（吊）架的固定方式主要有预埋铁件上焊接、膨胀螺栓固定等。桥架配线托臂间距一般为 2m，桥架荷载 125kg/m。

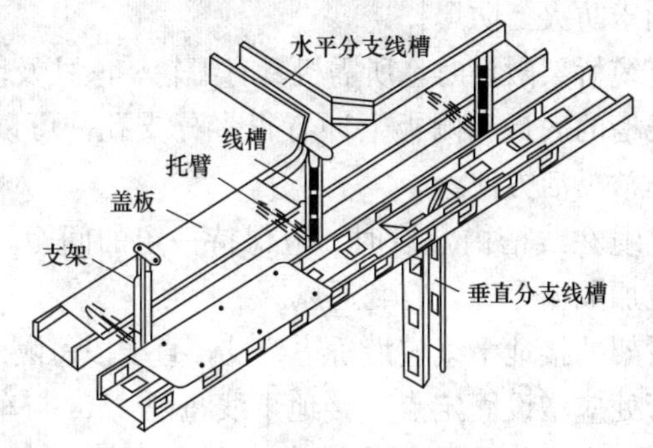

图 7-8　桥架配线构成

2. 桥架配线施工方法

桥架配线如图 7-9 所示，其施工方法如下：

（1）桥架的固定常用膨胀螺栓，把主柱、底座、引出管的底座或吊挂支架等部件固定在混凝土构架上或砖墙上。

（2）桥架的所有零部件都做成标准定型件，由专业化工厂生产，这些标准定型件运到现场即可组合安装。零部件是镀锌的或粉末（环氧树脂）静电喷涂，具有良好的防锈性能和轻度防腐性能。在重腐蚀环境中，可采用铝合金、阻燃性塑料等防腐材料。

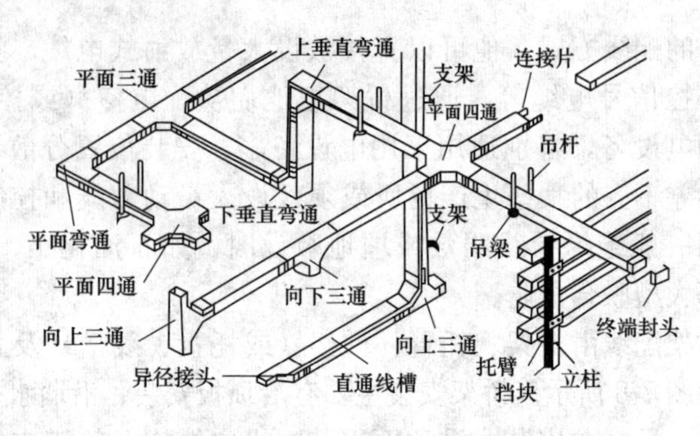

图 7-9　桥架配线

（3）电缆桥架在户内、户外均可采用。电缆在托盘上敷设是单层布置，用塑料卡带固定，整齐美观，维护方便，封闭式槽架还有利于防火、防爆。

（4）电缆桥架敷设时，所需机具有滑轮、滚柱及牵引头等。

（5）线槽的底板和侧板上冲有很多分支孔，可以方便地分支，敷设非常灵活方便。

（6）电缆在线槽内敷设时，应保持一定的间距，多层敷设时，层间应加隔栅分离，有利通风。

（7）桥架的接地干线应沿桥边架设，直线段每隔 1.5m 固定一次，转弯处应增设固定点。接地干线每隔 25m 与车间接地干线连接一次。当桥架有数层线槽时，接地干线只架设在顶层的桥边上（装在桥的哪一边由工程设计决定），并每隔 6m 与下面各层跨接一次。

3. 桥架配线施工规范要求

（1）桥架应敷设在干燥和不易受机械损伤的场所。

（2）直线段钢制桥架长度超过 30m、铝合金或玻璃钢制桥架长度超过 15m 要设伸缩节，桥架跨越建筑物变形缝处设置补偿装置。

（3）桥架转弯处弯曲半径不小于桥架内电缆的最小允许弯曲半径。电缆最小允许弯曲半径：无铅包钢铠装护套的橡皮绝缘电力电缆为 10D（D 为电缆外径），有钢铠装护套的橡皮绝缘电力电缆为 20D，聚氯乙烯绝缘电力电缆、多芯控制电缆为 10D，交联聚氯乙烯绝缘电力电缆为 15D。

（4）当设计无要求时，桥架水平安装的支架间距为 1.5～3m，垂直安装的不大于 2m。

（5）桥架水平安装时距地高度一般不宜低于 2.5m，垂直安装时距地面 1.8m 以下部分应加金属盖板保护，但敷设在电气专用间（如配电室、电气竖井等）内除外。

（6）同一回路的所有相线和中性线应敷设在同一线槽内，同一路径无防干扰要求的线路可敷设于同一金属线槽内。

（7）桥架与支架间螺栓、桥架连接板固定螺栓不得遗漏，螺母位于桥架外侧。当铝合金桥架与钢支架固定时，应有相互间绝缘的防电化腐蚀措施。

（8）桥架敷设在易燃易爆气体管道和热力管道的下方，当设计无要求时，与管道的最小净距为 0.5m。

（9）敷设在竖井内和穿越不同防火区的桥架，按设计要求采取防火隔堵措施。

（10）金属支架与预埋件焊接固定时焊缝应饱满，膨胀螺栓固定时，防松零件应适配，连接应齐全。

（11）强电、弱电线路应分槽敷设，如受条件限制需在同一层桥架上时，应用隔板隔开。

（12）桥架不得用气焰切割，最好使用钢锯切割，切割口要平整。开孔应使用电钻，不得使用气焊、电焊。

4. 桥架内电缆敷设规范要求

（1）在桥架上可以无间距敷设电缆，电缆在桥架内横断面的填充率，电力电缆应不大于 40%，控制电缆应不大于 50%。

（2）大于 45°倾斜敷设的电缆，应每隔 2m 设固定点。

（3）电缆出入电缆沟、竖井、建筑物、配电柜（盘）处以及管子管口处，应做密封处理。

（4）电缆敷设排列应整齐，水平敷设的电缆首尾两端、转弯两侧及每隔5～10m应设固定点。垂直桥架内的电缆固定点间距不大于下列规定：控制电缆、电力电缆（全塑型）为1m，其他为1.5m。

（5）电缆的首端、末端和分支处应设标志牌。

（6）由桥架（线槽）引出的线路，可用金属管、PVC管、金属软管等配线，电缆引出部分不得受损。

（7）在桥架内（线槽），电缆与电缆之间和电缆与桥架（接地）之间的绝缘电阻必须大于0.5MΩ。

（8）有盖板的桥架，在电缆敷设结束要将盖板盖好。

四、钢索配线施工

1.钢索配线概况

钢索配线就是借助钢索的支持，在钢索上吊装护套线线路或钢管等线路的一种配线方法，适用于一般性厂房内。当厂房较高、跨距较大时，须降低灯具安装高度，以提高被照面照度，或按照某些电气器具安装高度的要求的场所。

钢索配线分鼓形绝缘子钢索配线、塑料护套线钢索配线两种，其结构特点是在建筑物两边用花篮螺栓把钢索拉紧，再将导线和灯具悬挂在钢索上。钢索的材质有钢绞线及圆钢，采用钢绞线作为钢索时，其截面积应根据实际跨距、荷重及机械强度选择，截面积应不小于$10mm^2$，且不得有背扣、松股、断股、抽筋等现象。如采用镀锌圆钢作为钢索时，其直径应不小于10mm。

2.钢索配线施工方法

钢索配线如图7-10所示，施工流程：预制加工埋件→预埋铁件→弹线定位→固定支架→组装钢索→保护地线安装→钢索吊金属（塑料）管/钢索吊瓷柱（珠）/钢索吊护套线→钢索配线→线路检查、绝缘遥测。施工方法与步骤如下：

（1）根据设计图纸，在墙、柱或梁等处埋设支架、抱箍、紧固件以及拉环等物件；

（2）根据设计图纸的要求，将一定型号、规格与长度的钢索组装好；

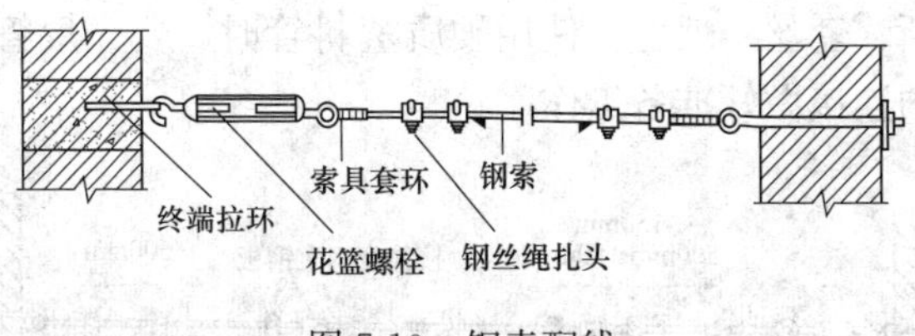

图 7-10 钢索配线

(3) 将钢索架设到固定点处，并用花篮螺栓将钢索拉紧；

(4) 将塑料护套线或穿管导线等不同配线方式的导线吊装并固定在钢索上；

(5) 安装灯具或其他电气器具。

3. 钢索吊装塑料护套线的安装

钢索吊装塑料护套线的安装，采用铝片线卡将塑料护套线固定在钢索上，使用塑料接线盒与接线盒安装钢板将照明灯具吊装在钢索上，如图 7-11 所示。钢索吊装塑料护套线布线时，照明灯具一般使用吊链灯，灯具吊链可用螺栓与接线盒固定钢板下端的螺栓连接固定。当采用双链吊链灯时，另一根吊链可用 20mm×1mm 的扁钢吊卡和 M6×20 的螺栓固定。

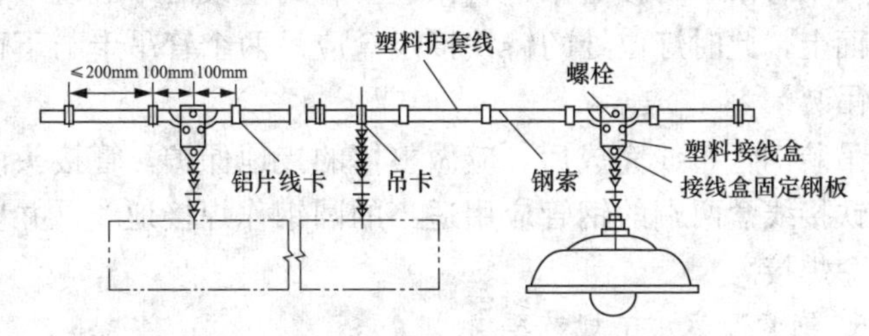

图 7-11 钢索吊装塑料护套线

4. 钢索吊装线管线路的安装

钢索吊装线管线路是采用扁钢吊卡将钢管或硬质塑料管以及灯具吊装在钢索上，并在灯具上装好铸铁吊灯接线盒，如图 7-12 所示。

钢索吊装线管线路安装使用的钢管或电线管，应先按设计要求确定好灯具的位置，测量出每段管子的长度，然后进行校直、切断、套丝、煨弯。使用硬质塑料管时，要先煨管、切断，为布管的连接做好准备工作。

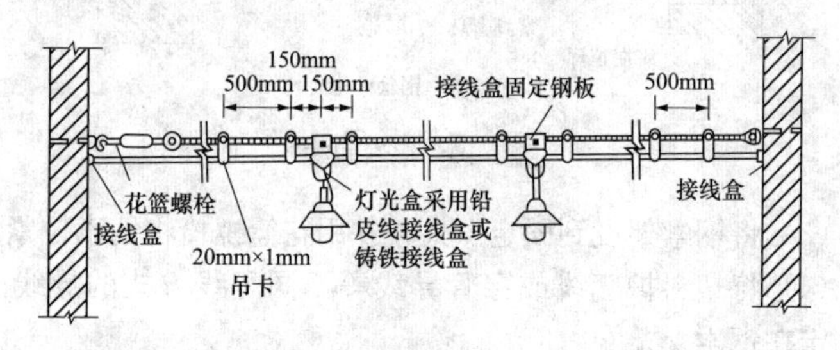

图 7-12　钢索吊装线管

扁钢吊卡的安装应垂直，平整牢固，间距均匀，每个灯位铸铁接线盒应用两个吊卡固定，钢管上的吊卡距接线盒间的最大距离应不大于 200mm，吊卡之间的间距应不大于 1500mm。

在吊装线管时，应按照先干线后支线的顺序进行，把加工好的管子从始端到终端按顺序连接，并逐段用扁钢卡子与钢索固定，管与铸铁接线盒的丝扣应拧牢固。当双管平行吊装时，可将两个管吊卡对接起来进行吊装，管与钢索的中心线应在同一平面上，此时灯位处的铸铁接线盒应吊两个管吊卡与下面的布管吊装。

吊装钢管布线完成后，应做整体的接地保护，管接头两端和铸铁接线盒两端的钢管应用适当的圆钢作焊接地线，并应与接线盒焊接。

5. 钢索配线施工规范要求

（1）钢索的型号、规格，必须严格按照设计图纸的规定。

（2）当钢索长度为 50m 及以下时，可在其一端装花篮螺栓；当钢索长度大于 50m 时，两端均应装设花篮螺栓。

（3）钢索两端应固定牢固，弛度应适当，不得过松或过紧。若弛度大于 100mm，则会影响美观，此时应增设中间吊钩（用不小于 8mm 直径的圆钢制成），中间吊钩固定点间的距离，应不大于 12m。

（4）钢索上绝缘导线至地面的距离，在室内时为 2.5m。

（5）室内的钢索布线用绝缘导线明敷时，应采用瓷（塑料）夹或鼓形绝缘子、针式绝缘子固定；用护套线、金属管或硬质塑料管布线时，可直接固定在钢索上。

（6）吊装接线盒和管路的扁钢卡子的宽度不应小于 20mm，吊装接线盒卡子的数量应不少于两个。

（7）用铝卡子直敷在钢索上时，其支持点间距应不大于 500mm，卡子距接线盒的距离应不大于 100mm。

（8）用橡胶或塑料护套线时，接线盒应采用塑料制品。

（9）钢索两端应可靠接地。

第三节　配电导线的选择及连接

一、配电导线的选择

1. 配电导线的选择原则

电气线路担负着输送电能的作用，为各种用电器具提供安全、优质、可靠的电能，且线路力求布置合理、整齐美观，因此选择导线时应着重考虑导线的型号和截面积。选择导线必须满足以下几个原则：

（1）近距离和小负荷按发热条件选择导线截面积（安全载流量），发热的温度要在合理范围，截面积越小，散热越好，单位面积内通过的电流越大。

（2）远距离和中等负荷在安全载流量的基础上，按电压损失条件选择导线截面积。远距离和中负荷仅仅不发热是不够的，还要考虑电压损失，要保证到负荷点的电压在合格范围，电器设备才能正常工作。

（3）大档距和小负荷还要根据导线受力情况，考虑机械强度问题，要保证导线能承受拉力。

（4）大负荷在安全载流量和电压降合格的基础上，按经济电流密度选择，还要考虑，电能损失和资金投入在最合理范围。

2. 配电导线种类的选择

配电导线常用的是绝缘导线，按绝缘材料可分为橡皮绝缘线和塑料绝缘线；按线芯材料可分为铜芯线和铝芯线；按线芯根数可分为单股线和多股线；按绝缘层外有无保护层可分为有保护套线和无保护套线；按绝缘导线的柔软程度又可分为软线和硬线等几种。常用绝缘导线的外形如图 7-13 所示，其型号、名称及主要用途见表 7-1。

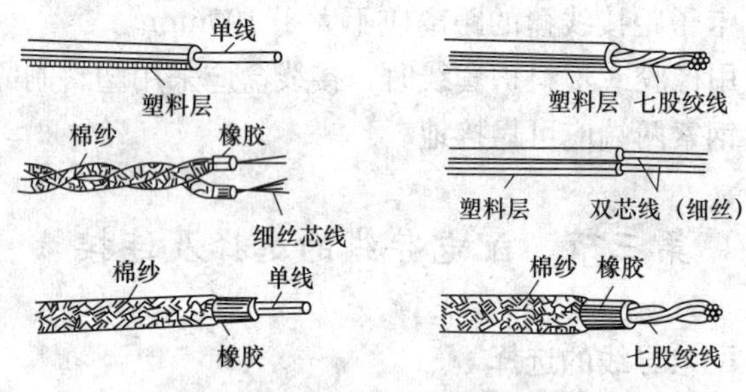

图 7-13　常用绝缘导线的外形

表 7-1　　常用绝缘导线型号、名称及主要用途

<table>
<tr><th colspan="2">型号</th><th rowspan="2">名称</th><th rowspan="2">主要用途</th></tr>
<tr><th>铜芯</th><th>铝芯</th></tr>
<tr><td>BX</td><td>BLX</td><td>棉纱纺编织橡皮绝缘导线</td><td>固定敷设用，可明敷、暗敷</td></tr>
<tr><td>BXF</td><td>BLXF</td><td>氯丁橡皮绝缘导线</td><td>固定敷设用，可明敷、暗敷，尤其适用于户外</td></tr>
<tr><td>BV</td><td>BLV</td><td>聚氯乙烯绝缘导线</td><td>室内外电器、动力及照明固定敷设</td></tr>
<tr><td></td><td>NLV</td><td>农用地下直埋铅芯聚乙烯绝缘导线</td><td rowspan="3">直埋地下最低敷设温度不低于−15℃</td></tr>
<tr><td></td><td>NLVV</td><td>农用地下直埋铅芯聚氯乙烯绝缘和护套导线</td></tr>
<tr><td></td><td>NLYV</td><td>农用地下直埋铅芯聚乙烯绝缘聚氯乙烯护套导线</td></tr>
<tr><td>BXR</td><td></td><td>棉纱编织橡皮绝缘软线</td><td>室内安装，要求较柔软时用</td></tr>
<tr><td>BVR</td><td></td><td>聚氯乙烯软导线</td><td>同 BV 型，安装要求较柔软时用</td></tr>
</table>

续表

型号		名称	主要用途
铜芯	铝芯		
RXS		棉纱编织橡皮绝缘双绞软导线	室内干燥场所的日用电器用
RX		棉纱编织橡皮绝缘软导线	
RV		聚氯乙烯绝缘软导线	日用电器、无线电设备和照明灯火连接
RVB		聚氯乙烯绝缘平型软导线	
RVS		聚氯乙烯绝缘绞型软导线	

注 凡聚氯乙烯绝缘导线安装温度均不应低于－15℃。

配电导线种类主要根据使用环境和使用条件来选择。

(1) 镀锌、酸洗等有腐蚀性气体的厂房内和水泵房等潮湿的室内，均应采用塑料绝缘导线，以便提高绝缘水平和抗腐蚀能力。

(2) 教室、办公室等比较干燥的室内，可以采用橡皮绝缘导线。但对于温差变化不大的室内，在日光不直接照射的地方，也可采用塑料绝缘导线。

(3) 电动机的室内配线，一般采用橡皮导线，但在地下敷设时，应采用地埋塑料电力导线。

(4) 经常移动的导线，如移动电器的引线、吊灯线等，应采用多股软线。

3. 配电导线截面积的选择

配电导线的截面积应根据导线的允许载流量、线路的允许电压损失值、导线的机械强度等条件选择。一般先按允许载流量选定导线截面积，再以其他条件进行校验。如果该截面积满足不了某校验条件的要求，则应按能满足该条件的最小允许截面积来选择。

(1) 按允许载流量选择。导线的允许载流量也叫导线的安全载流量或导线的安全电流值。一般导线的最高允许工作温度为65℃，若超过这个温度时，导线的绝缘层就会加速老化，甚至变质损坏而引起火灾。导线的允许载流量就是导线的工作温度不超过65℃时可长期通过的最大电流值。

由于导线的工作温度除与导线通过电流有关外，还与导线的散热条件和环境温度有关，所以导线的允许载流量并非某一固定值。同一导线采用不同的敷设方式或处于不同的环境温度时，其允许载流量也不相同。在选择导线截面积时，应留有余量。室内使用的导线通常是小截面积导线，为了减少导线本身的电能耗损，降低导线温升，防止导线绝缘过早老化及为今后用电发展留有余量，常以计算电流的 1.5～2 倍的数值作为安全载流量来选择导线的截面积。

塑料绝缘导线的允许载流量见表 7-2，橡皮绝缘导线的允许载流量见表 7-3。

表 7-2　　塑料绝缘导线的允许载流量　　单位：A

标准截面积/mm²	明线敷设		穿管敷线						护套线			
			二根		三根		四根		二芯		三及四芯	
	铜	铝	铜	铝	铜	铝	铜	铝	铜	铝	铜	铝
0.2	3								3		2	
0.3	5								4.5		3	
0.4	7								6		4	
0.5	8								7.5		5	
0.6	10								8.5		6	
0.7	12								10		8	
0.8	15								11.5		10	
1	18		15		14		13		14		11	
1.5	22	17	18	13	16	12	15	11	18	14	12	10
2	26	30	20	15	17	13	16	12	20	16	14	12
2.5	30	23	26	20	25	19	23	17	22	19	19	15
3	32	24	29	22	27	20	25	19	25	21	22	17
4	40	30	38	29	33	25	30	23	33	25	25	20
5	45	34	42	31	37	28	34	25	37	28	28	22
6	50	39	44	34	41	31	37	28	41	31	31	24
8	63	48	56	43	49	39	43	34	51	39	40	30
10	75	55	68	51	56	42	49	37	63	48	48	37
16	100	75	80	61	72	55	64	49				
20	110	85	90	70	80	65	74	56				
25	130	100	100	80	90	75	85	65				
35	160	125	125	96	110	84	105	75				
50	200	155	163	125	142	109	120	89				
70	255	200	202	156	187	141	161	125				
95	310	240	243	187	227	175	197	152				

表 7-3　　橡皮绝缘导线的允许载流量　　单位：A

标准截面积/mm²	明线敷设		穿管敷线						护套线			
			二根		三根		四根		二芯		三及四芯	
	铜	铝	铜	铝	铜	铝	铜	铝	铜	铝	铜	铝
0.2									3		2	
0.3									4		3	
0.4									5.5		3.5	
0.5									7		4.5	
0.6									8		5.5	
0.7									9		7.5	
0.8									10.5		9	
1.0	17		14		13		12		12		10	
1.5	20	15	16	12	15	11	14	10	15	12	11	8
2	24	18	18	14	16	12	15	11	17	15	12	10
2.5	28	21	24	18	23	17	21	16	19	16	16	13
3	30	22	27	20	25	18	23	17	21	18	19	14
4	37	28	35	26	30	23	27	21	28	21	21	17
5	41	31	39	28	34	26	30	23	33	24	24	19
6	46	36	40	31	38	29	34	26	35	26	26	21
8	58	44	50	40	45	36	40	31	44	33	34	26
10	69	51	63	47	50	39	45	34	54	41	41	32
16	92	69	74	56	66	50	59	45				
20	100	78	83	65	74	60	68	52				
25	120	92	92	74	83	69	78	60				
35	148	115	115	88	100	78	97	70				
50	185	143	150	115	130	100	110	82				
70	230	185	186	144	168	130	149	115				
95	290	225	220	170	210	160	180	140				
120	355	270	260	200	220	173	210	165				
150	400	310	290	230	260	207	240	188				

（2）按机械强度选择。当负荷太小时，按允许载流量计算选择的导线截面积将太小，往往不能满足机械强度的要求，容易发生断线事故。为了不使导线发生断线事故，选择导线截面

积时要考虑是否具有足够的机械强度。配电导线的最小允许截面积见表7-4，当按允许载流量计算选择的导线截面积小于表7-4中规定的截面积时，则应按表7-4中的最小允许截面积选择。

表7-4　　配电导线的最小允许截面积

用途	敷设地点	导线最小截面积/mm^2		
		铜芯软线	铜芯硬线	铝芯线
灯头引线	室内	0.4	0.5	—
	室外	1.0	1.0	2.5
移动设备引线	生活用 生产用	0.2 1.0	不宜使用	不宜使用
档距：1m以内 2m以内 6m以内 12m以内	室内 室外 室外 室外	—	1.0 1.5 2.5 2.5	2.5 2.5 4.0 6.0
穿管敷设的绝缘导线	—	1.0	1.0	2.5
塑料护套线沿墙明敷	室内	—	1.0	2.5

（3）按线路允许电压损耗选择。室内配线电压损失允许值，要根据电源引入处的电压值而定。若电源从配电变压器的低压母线直接引入，室内配线的允许电压损耗为4%（城市）或7%（农村）。若电源经过较长距离的架空线路引入室内，则室内配线的允许电压损耗为1%～2%。

二、配电导线的连接

在室内线路配线和维修时，常会遇到导线的连接问题。导线的连接是室内电气安装的重要环节，也是电工基本操作技能之一，导线的连接质量直接关系到线路的安全运行。在配电系统中，导线连接点是故障率发生较高的部位，轻者会使连接点发热损坏绝缘和设备，重者可能引发火灾事故。

导线连接应按规定操作，才能保证接头的机械强度、导电性能和绝缘要求。导线连接的基本要求：导线接头处的电阻，不得大于导线本身的电阻值；接头处的机械强度，不得低于原导线机械强度的80%；若是绝缘导线，接头处的绝缘不得降低；接头处运行时应不受腐蚀。

1. 单股导线的连接

(1) 单股导线的直线连接。先将两线头的绝缘层剥切出长度为芯线直径70倍左右的芯线，并清除芯线表面氧化层，纠直芯线，连接方法如图7-14所示。双芯导线的连接方法和单股导线相同，连接时应特别注意将连接点的位置错开，如图7-15所示。

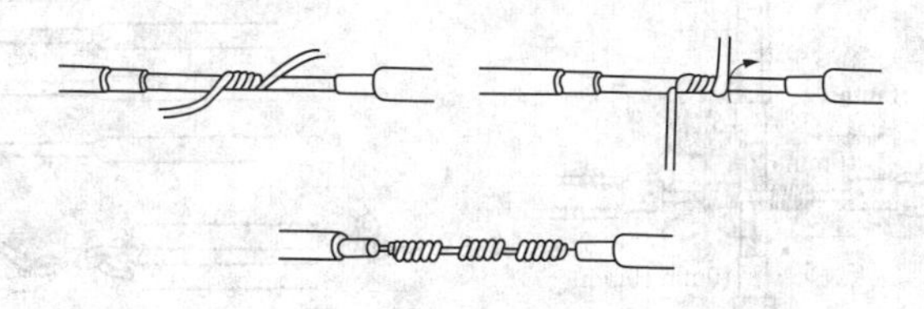

图7-14 单股导线的直线连接

(2) 单股导线的丁字连接。将支路芯线的线头与干线芯线十字相交，在支路芯线根部留出5mm，然后按顺时针方向往主线的线芯上缠绕6~8圈，用钢丝钳切去余下的芯线，并钳平芯线末端，连接方法如图7-16 (a) 所示。如果连接导线截面积较大，两芯线十字交叉后，第一圈需将线芯本身打结扣牢，然后在干线上再紧密缠绕6~8圈，连接方法如图7-16 (b) 所示。

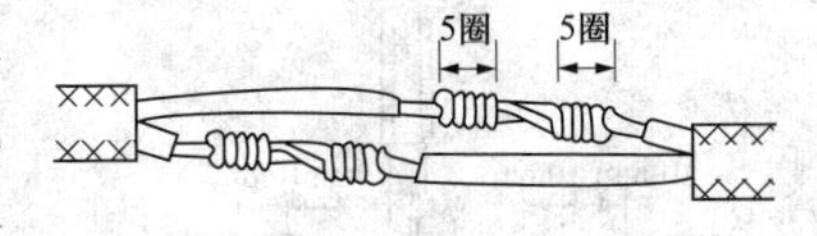

图7-15 双芯导线的直线连接

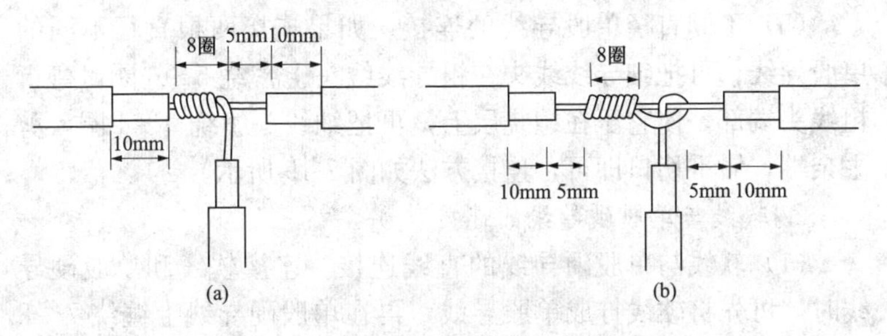

图7-16 单股导线的丁字连接

(a) 方法一；(b) 方法二

（3）单股导线的十字连接。用两根分支导线的线芯，在主线上双线并绕 5～10 圈，或向两边各绕 5～6 圈，连接方法如图 7-17 所示。

（4）单股导线的终端连接（并头连接）。把绝缘层剥去约 30mm，并整理成束状，用钢丝钳按顺时针方向绞紧呈麻花状，剪齐后在芯线 1/2 处折弯，用钢丝钳钳紧，连接方法如图 7-18 所示。

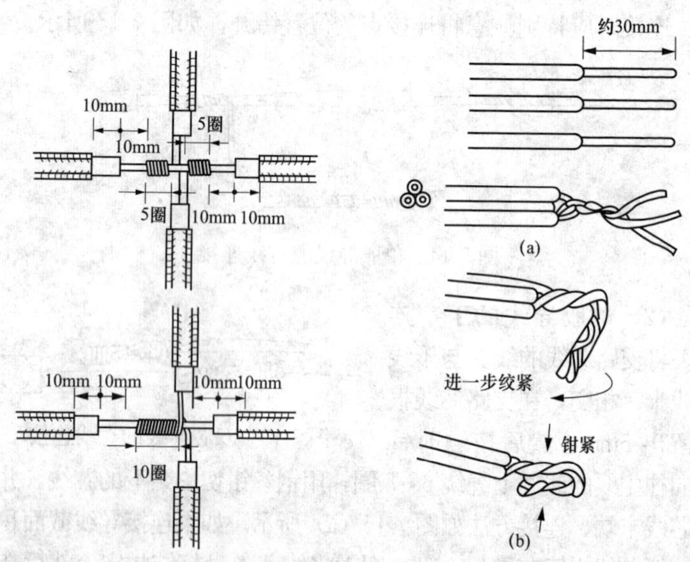

图 7-17　单股导线的十字连接

图 7-18　单股导线的终端连接
(a) 步骤一；(b) 步骤二

（5）不同直径单股导线的连接。如果连接两根直径不同的单股导线，可把细导线线头在粗导线线头上密绕 5～6 圈，弯折粗线头端部，使它压在缠绕层上，再把细线头缠绕 3～4 圈，剪去余端，钳平切口即可，连接方法如图 7-19 所示。

2. 软线与单股硬导线的连接

（1）软线与单股硬导线的直线连接。连接软线和单股硬导线时，可先将软线拧成单股导线，再在单股硬导线上缠绕 7～8 圈，最后将单股硬导线向后弯曲，以防止绑线脱落，连接方法如图 7-20 所示。

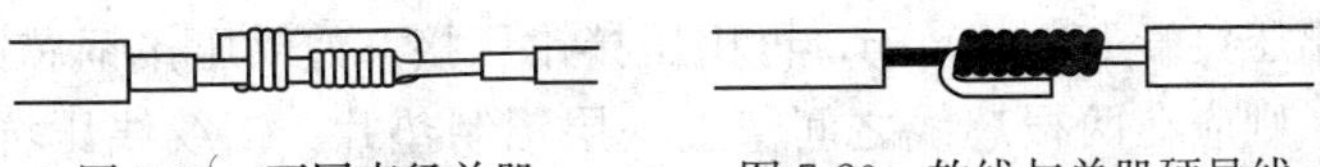

图 7-19 不同直径单股导线的连接　　图 7-20 软线与单股硬导线的直线连接

（2）软线与单股硬导线的丁字连接。软线与单股硬导线的丁字连接方法如图 7-21 所示。步骤一，在离软线左端绝缘层剥口 5mm 处的芯线上，用平口螺丝刀把软线较均匀地分开。步骤二，把单股导线插入软线芯线中间，单股导线绝缘层剥口距软线芯线 5mm 左右，以便于包扎绝缘。步骤三，用钢丝钳把软线的插缝钳平钳紧，然后将单股导线芯线按顺时针方向密绕 10 圈，再剪去余端，钳平切口。

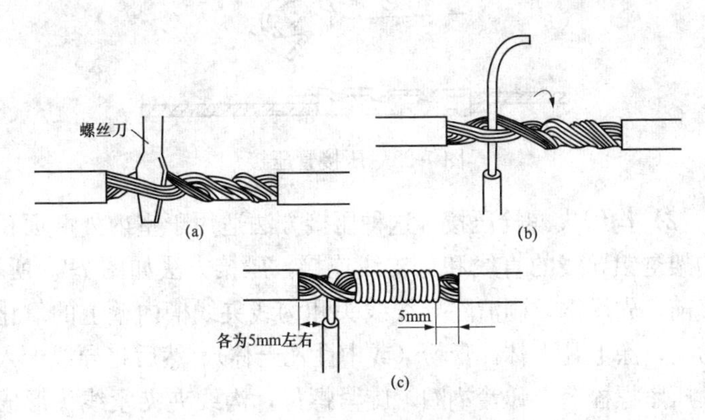

图 7-21 软线与单股硬导线的丁字分支连接

（a）步骤一；（b）步骤二；（c）步骤三

3. 铝导线的连接

由于铝的表面极易氧化，而氧化铝薄膜的电阻率又很高，所以铝芯导线的连接主要采用压接管压接和沟线夹螺栓压接。

（1）压接管压接。压接管压接又称套管压接，这种压接方法适用于室内外负载较大的多根铝导线的直接连接，压接方法如图 7-22 所示。接线前，先选好合适的压接管，清除线头表面和压接管内壁上的氧化层和污物，然后将两根线头相向插入并穿出压接管 25～30mm，再用压接钳压接。如果压接钢芯铝绞线，则应在两根芯线之间垫上一层铝制垫片。铝绞线压坑数：截面积 16～35mm² 的为 6 个，50～70mm² 的为 10 个。钢芯铝绞线压坑数：截面积 16mm² 的为 12 个，25～35mm² 的为 14 个，50～70mm² 的为 16 个，95mm² 的为 20 个，125～150mm² 的为 24 个。

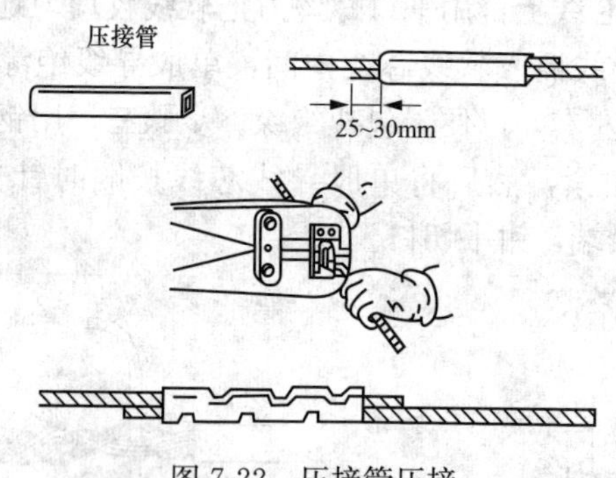

图 7-22　压接管压接

（2）沟线夹螺栓压接。这种压接方法适用于室内外截面积较大的架空铝导线的直线和分支线连接，压接方法如图 7-23 所示。连接前，先用钢丝刷清除导线线头和沟线夹线槽内壁上的氧化层和污物，涂上凡士林锌膏粉（或中性凡士林），然后将导线卡入线槽，压紧螺栓套上弹簧垫圈，旋紧螺母，沟线夹夹紧线头形成连接。沟线夹的大小和使用数量与导线截面积大小有关，通常截面积 70mm² 及以下的铝线，用一副小型沟线夹；截面积 70mm² 以上的铝线，用两副大型沟线夹，二者之间相距 300～400mm。

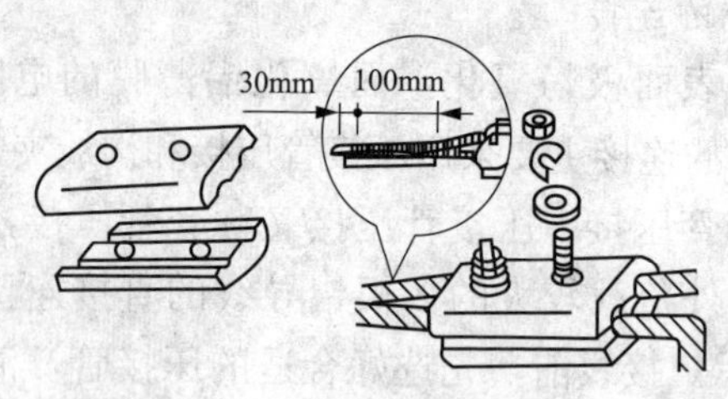

图 7-23　沟线夹螺栓压接

三、配电导线绝缘的恢复

导线绝缘层破损或导线接头连接后都要包扎绝缘胶布，这就是导线绝缘的恢复。恢复后的绝缘层的绝缘强度不得低于原有绝缘层的绝缘强度。恢复导线绝缘层通常采用黑胶布带、塑料胶带、黄蜡带、自黏性橡胶带等绝缘带缠绕包扎，以及用热收缩管恢复绝缘，其中选用的黄蜡带和黑胶布带的规格以 20mm 宽的较为适宜，这样缠绕时比较方便。

1. 采用绝缘带恢复导线绝缘层

（1）导线直线连接后的绝缘包扎。导线直线连接后的绝缘包扎方法如图 7-24 所示。包扎时，在左边距绝缘切口两根带宽处起头，先用自黏性橡胶带包扎两层，便于密封，防止进水。包缠两个带宽后进入连接处的芯线部分，当继续包扎至连接处的另一端时，也同样应将完整绝缘层上包扎两个带宽的距离。包扎时，绝缘带与导线应保持 45°～55°的倾斜角，每圈包扎压叠带宽的 1/2。包扎一层自黏性橡胶带后，将黑胶带接在自黏性橡胶带的尾端，从另一斜叠方向往回包扎一层黑胶带，每圈压叠也是带宽的 1/2，以保证导线接头处有四层绝缘胶布，且接缝错开。

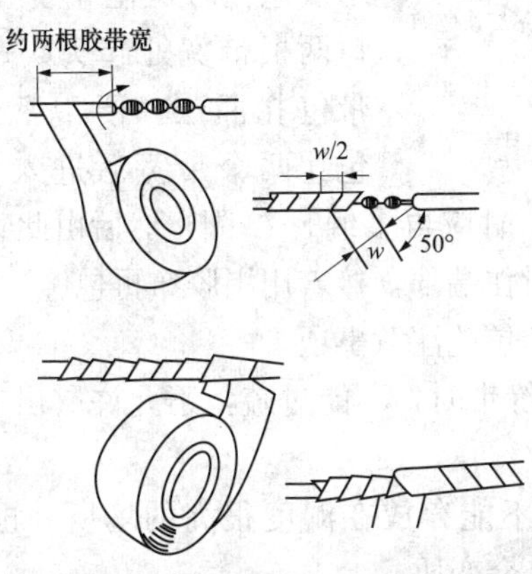

图 7-24　导线直线连接后的绝缘包扎

（2）导线分支连接后的绝缘包扎。导线分支连接后的绝缘包扎方法如图 7-25 所示。在主线距绝缘切口两根带宽处开始起头，先用自黏性橡胶带包扎两层，便于密封，防止进水。包扎到分支线处时，用一只手指顶住左边接头的直角处，使胶带贴紧弯角处的导线，并使胶带尽量向右倾斜缠绕。当缠绕右侧时，用手顶住右边接头直角处，胶带向左缠，与下边的胶带呈“×”状态，然后向右开始在支线上缠绕。在支线上包扎好两层绝缘后，回到主线接头处，贴紧接头直角处向导线右侧包扎绝缘。包扎至主线的另一端后，再用黑胶布按上述的方法往回包扎即可。

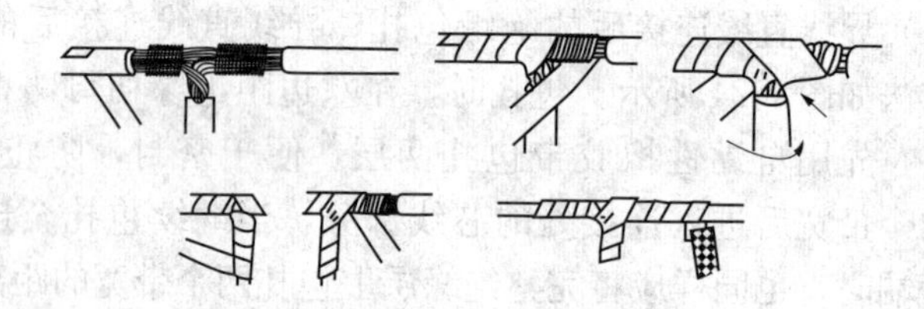

图 7-25　导线分支连接后的绝缘包扎

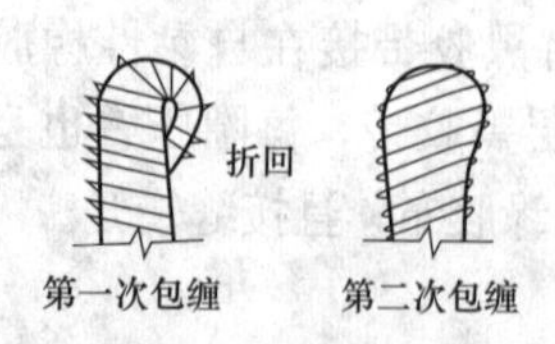

图 7-26　导线并接头的绝缘包扎

（3）导线并接头的绝缘包扎。导线并接头的绝缘包扎方法如图 7-26 所示。包扎时，在导线并接头距绝缘切口两根带宽处起头，先用自黏性橡胶带包扎两层，便于密封，防止进水。包扎两个带宽后进入导线的并接头，继续包缠到端部时应再多缠1～2 圈，然后由此处折回，反缠压在里面并紧密封住端部，接着用黑胶布再包缠一次。

（4）绝缘带包扎注意事项：

1）包扎绝缘带时，不能过疏，不允许露出芯线，以免发生短路或触电事故。

2）绝缘带不能存放在湿度很高的场所，也不能被油脂浸染，否则绝缘带会变质。

3）当包扎电压为 380V 的线路导线绝缘时，应先用塑料带紧缠绕两层，再用黑胶布缠绕两层。

4）包扎时绝缘带要拉紧，缠绕紧密、结实，黏接在一起无缝隙，以免潮气侵入，造成接头氧化。

2. 采用热收缩管恢复导线绝缘层

热收缩管是一种用高分子材料制成的橡塑新产品，具有弹性记忆效应，即受热后可以重新收缩恢复原来的形状，并具有优良的阻燃、绝缘性能，且操作方便，柔软有弹性，受热（70～90℃）会收缩，适应性强，耐老化等，可广泛应用于电线的连接、电线端部处理、焊点保护、线束标识、电子元件的绝缘保护、金属棒或管材的防腐蚀保护、天线的保护等。

热收缩管外形如图 7-27 所示，其恢复导线绝缘层操作方法如下：

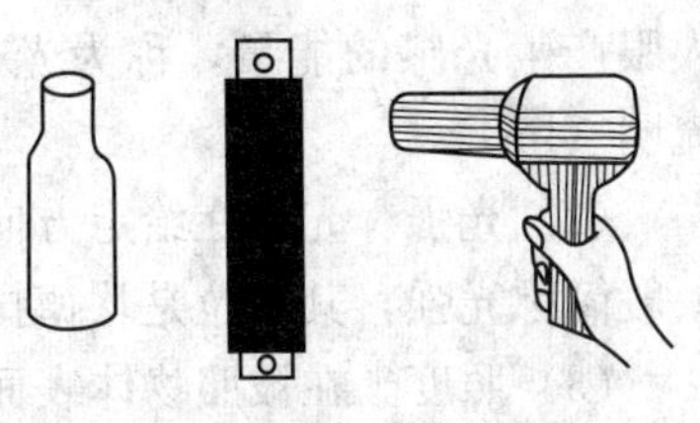

图 7-27　热收缩管外形

（1）选用外形圆、表面光滑、无砂眼裂纹、比导线接头长 200mm 左右、直径大于绝缘线直径一倍的热收缩管。

（2）在导线连接前，应先将热收缩管套入。

（3）将接头处两端线芯绝缘表面 50mm 处打毛，再用清洁抹布或纸擦干净，以增加绝缘线外护层和热收缩管的黏合程度。

（4）用自黏性塑料带将连接不平之处包缠 3～4 层，也可用填充胶填平。

（5）将热收缩管套到导线接头位置，并在其两端的内壁上放一圈热缩胶（形状像胶质线，呈黄色），以提高热收缩管与绝缘线的绝缘层间的黏合强度。

（6）将加热源慢慢靠近热缩管，加热距离要合适，不能停顿，应从中间向两端延伸，或从一端向另一端逐步加热收缩固定。四周加热要均匀，直到完全收缩。

（7）收缩后的管子表面，应光滑无裂纹、无气泡。热收缩管在加热未冷却前，不要马上拉动导线，要等自然冷却 10min 后才能拉动。

第四节 电 气 照 明

一、电气照明基本知识

1. 电气照明的光学概念

电气照明是一种人工照明，它具有灯光稳定、易于控制、调节及安全、经济等优点，成为现代人工照明中应用最为广泛的一种照明方式。与电气照明相关的光学概念有如下几个：

（1）光通。光源在单位时间内向周围空间所辐射出的能使人眼产生光感的能量，称为光通量，一般简称光通，其单位是流明（lm）。

（2）光强。光源在给定方向上的辐射强度，称为发光强度，一般简称光强，其单位是坎德拉（cd）。

（3）照度。在被照物体表面上，单位面积所投射的光通量，称为照度，其单位是勒克斯（lx）。

（4）亮度。发光体在视线方向单位投影面上的发光强度，称为亮度，其单位是（cd/m^2）。这里所指的发光体不只是光源，由于所有受照物体都要反射光线，因此对于人眼来说均可视为间接发光体。发光体的亮度值实际上与视线无关。

（5）光源的显色性。光源对受照物体颜色显现的性质，称为光源的显色性。

（6）光源的显色指数。光源的显色指数是指在待测光源照射下物体的颜色与日光照射下该物体颜色相符合的程度，而将日光或与日光相当的参考光源（标准光源）的显色指数定为100。因此被测光源的显色指数越高，说明光源的显色性越好，也就是物体颜色的失真度越小。

2. 电气照明的方式

电气照明方式是指照明设备按其安装部位或光的分布而构成的基本方式。按安装部位可分为一般照明（包括分区一般照明）、局部照明和混合照明等；按光的分布和照明效果可分为直接照明和间接照明。选择合理的照明方式，对改善照明质量、提高经济效益和节约能源等有重要作用。

（1）一般照明。一般照明是不考虑局部的特殊需要，为照亮整个室内而采用的照明方式，它适用于无固定工作区或工作区分布密度较大的房间，以及照度要求不高但又不会出现不能适应的眩光和不利光方向的场所，如大型厂房、办公室、教室等。一般照明由对称排列在顶棚上的若干照明灯具组成，室内可获得较好的亮度分布和照度均匀度，所采用的光源功率较大，而且有较高的照明效率。这种照明方式耗电大，布灯形式较呆板。

（2）分区一般照明。分区一般照明是为了提高特定工作区照度的照明方式，适用于某一部分或几部分需要有较高照度的室内工作区，并且工作区是相对稳定的，如旅馆大门厅中的总服务台、客房以及图书馆中的书库等。分区一般照明根据室内工作区布置的情况，将照明灯具集中或分区集中设置在工作区的上方，以保证工作区的照度，并将非工作区的照度适当降低为工作区的1/5～1/3。这种照明不仅可以改善照明质量，使室内获得较好的光环境，而且还能节约能源。

（3）局部照明。局部照明是为了满足室内某些部位的特殊需要，在一定范围内设置照明灯具的照明方式，适用于局部需要有较高照度、由于遮挡而使一般照明照射不到某些范围、需要减小工作区内反射眩光、为加强某方向光照以增强建筑物质感的场合。局部照明通常将照明灯具装设在靠近工作面的上方，在局部范围内以较小的光源功率获得较高的照度，同时也易于调整和改变光的方向。

（4）混合照明。混合照明是由一般照明和局部照明组成的照明方式，适用于有固定的工作区、照度要求较高并需要有一定可变光的方向照明的房间，如医院的检查室、牙科治疗室，缝纫车间等。良好的混合照明方式可以做到增加工作区的照度、减少工作面上的阴影和光斑、在垂直面和倾斜面上获得较高的照度、减少照明设施总功率、节约能源，但不足之处是视野内亮度分布不匀。为了减少光环境中的不舒适程度，混合照明照度中的一般照明的照度应占该等级混合照明总照度的5%～10%，且不宜低于20lx。

（5）照明方式选用原则：

1）当不适合装设局部照明或采用混合照明不合理时，宜采用一般照明。

2）当某一工作区需要高于一般照明照度时，可采用分区一般照明。

3）对于照度要求较高、工作位置密度不大且单独装设一般照明不合理的场所，宜采用混合照明。

4）在一个工作场所内不应只装设局部照明。

3. 电气照明的种类

电气照明的种类有正常照明、应急照明（曾称事故照明）、值班照明、警卫照明、障碍照明和景观照明。

（1）正常照明。正常情况下的室内外照明，对电源控制无特殊要求。所有居住房间、工作场所、运输场地、人行车道以及室内外小区和场地等，都应设置正常照明。

（2）应急照明。当正常照明因故障而中断时，能继续提供合适照度的照明，它一般设置在容易发生事故的场所和主要通道的出入口。应急照明包括备用照明（供给继续工作或暂时继续工作的照明）、疏散照明和安全照明，所有应急照明必须采用能瞬时可靠点燃的照明光源，一般采用白炽灯和卤钨灯。

（3）值班照明。供正常工作时间以外的值班人员使用的照明，宜利用正常照明中能单独控制的一部分或应急照明的一部分或全部。

（4）警卫照明。用于警卫地区和周界附近的照明，如用于警戒及配合闭路电视监控而配备的照明，通常要求较高的照度和较远的照明距离。

（5）障碍照明。装设在建筑物上、构筑物上以及正在修筑和翻修的道路上，作为航空障碍标志灯或障碍标志的照明。

（6）景观照明。布置在建筑的轮廓、周边以烘托环境和气氛的照明。

4. 电气照明的一般要求

（1）在照明设计时，应根据视觉要求、作业性质和环境条件，使工作区或空间获得良好的视觉功效、合理的照度和显色性、适宜的亮度分布以及舒适的视觉环境。

（2）在确定照明方案时，应考虑不同类型的建筑对照明的特殊要求，处理好电气照明与自然采光的关系、合理使用建设资金，尽可能地采用节能高效的灯具，充分注意技术与经济效益的关系。

（3）电气照明设计时，还应考虑以下要素：

1）应有利于人的活动安全、确保舒适度以及能够正确识别周围环境，注意人与周围环境的协调性。

2）应重视空间的清晰度，消除不必要的阴影，控制光热和紫外辐射产生的不利影响。

3）应有适宜的亮度分布和照度水平，尽可能地限制眩光，以减少人的烦躁和不安。

4）处理好光源色温与显色性的关系以及一般显色指数与特殊显色指数的色差关系，避免产生心理上的不平衡和不和谐感。

5）有效利用自然光，合理地选择照明方式和控制照明区域，降低电能消耗指标。

6）电气照明设计还应符合相关的国家标准和规程规定。

二、电气照明常用电光源

1. 电光源的分类

利用电能产生可见光的光源称为电光源，利用电光源照明就被称为电照明。随着科学的发展和生产工艺的不断提高，各种照明光源相继诞生，成为人类生活必不可少的一种日用品。室内外照明除了天然采光外，基本上都是采用电照明的方式。电光源按照发光原理的不同，可分为热辐射光源和气体放电光源两类。

热辐射光源是利用加热时辐射发光的原理所制成的光源，

常见的有白炽灯、卤钨灯（含碘钨灯、溴钨灯）等，这类光源可以瞬时点燃、无频闪效应、显色性好，但其发光效率（单位功率发出的光通量）低，寿命短。气体放电光源是利用气体放电时发光的原理所制成的光源，如荧光灯、高压汞灯、高压钠灯、金属卤化物灯和氙灯等。这类光源不能瞬时点燃，而且具有频闪效应，显色性较差，但发光效率较高、寿命较长。常用电光源的特点及适用场合见表 7-5。

表 7-5　常用电光源的特点及适用场合

种类		优点	缺点	适用场合
白炽灯		结构简单，价格低廉，使用维修方便	光效低，寿命短，不耐振	用于室内、外照度要求不高，而开、关频繁且要求瞬间启动的场合
碘钨灯		光效较高，比白炽灯高30%左右，构造简单，使用和维修方便，光色好，体积小	灯管必须水平安装，倾斜度小于4°，灯管表面温度可达500～700℃，不耐振	广场、体育场、游泳池、车间、仓库等照度要求高、照射距离远的场合
荧光灯		光效较高，比白炽灯高4倍，寿命长，光色好	功率因数低，所需附件多，安装维修比白炽灯复杂	广泛用于办公室、会议室、教室和商场等场合
高压汞灯	外附镇流器式	光效高，寿命长，耐振	功率因数低，需附件，价格高，启动时间长，初启动4～8min，再启动5～10min	用于照度要求较高，但对光色无特别要求的大中型厂房、仓库、动力站、广场、厂区道路及城市一般道路等
	自镇式	光效高，寿命长，无镇流器附件，使用方便，光色较好，初启动无延时	价格高，不耐振，再启动要延时3～6min	用于照度要求较高，但对光色无特别要求的大中型厂房、仓库、动力站、广场、厂区道路及城市一般道路等，但不适用有振动的场合

续表

种类	优点	缺点	适用场合
高压钠灯	光效很高，省电，寿命长，紫外线辐射少，透雾性好	分辨颜色的性能差，启动时间 4～8min，再启动需 10～20min	用于高大厂房，照度要求高但对光色无特别要求，有振动及多烟尘的场所
氙灯	光效极高，光色接近日光，功率可达几十万瓦	启动装置复杂，需用触发器启动。灯在点燃时有大量紫外线辐射	用于广场、体育场，公园，适用于大面积照明

2. 白炽灯

白炽灯又称灯泡，在所有的照明光源中，白炽灯的光效是最低的，在发光的过程中大多数能量都以热能的形式散失，只有很少一部分能量转化为光能，而且白炽灯的使用寿命也比较短，通常不会超过 1000h。但是白炽灯的光色、集光性能好，同时造价低廉，因而应用也是非常广泛。随着各种节能灯泡的出现，传统的白炽灯泡将逐步被取代。

白炽灯的结构简单，主要由灯头、灯丝和玻璃壳制成，其他还有玻璃支架和引线，如图 7-28 所示。灯头部分又分为螺旋式和卡口式两种，后者由于灯头与灯座接触面较小，为防止温度过高，仅适用于功率较小的灯泡。一般 25W 及以下的灯泡只需将玻璃泡抽成真空，而 25W 以上的灯泡除抽真空外，还要充入氮气或其他惰性气体（氦、氩、氪等）。灯泡内装有金属钨制成的灯丝，当钨丝通过电流时，就会燃至白炽而发光。白炽灯泡的玻璃壳一般是用透明玻璃制成的，但也可磨砂制成乳白色灯泡，这样会使光线漫射，减少目眩，但同时光通量会下降。磨砂玻璃外壳白炽灯的光通量要降低 3%，内涂白色玻璃壳白炽灯的光通量要降低

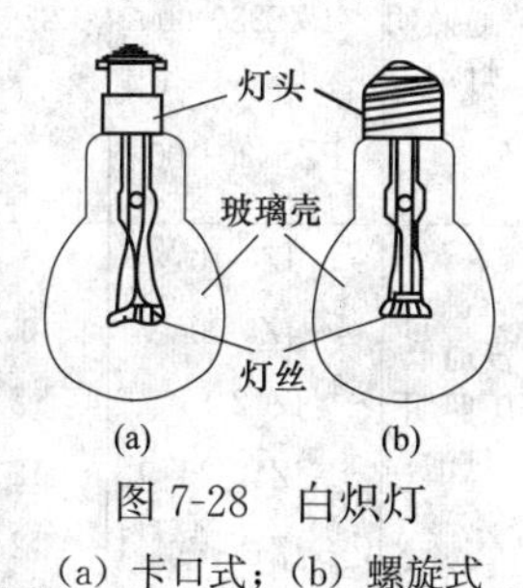

图 7-28 白炽灯

(a) 卡口式；(b) 螺旋式

15%，乳白色玻璃壳白炽灯的光通量要降低25%。

白炽灯的种类很多，按其工作电压有6、12、24、36、110、220V等几种，其中36V以下的属于低压灯泡，多用作移动式的安全作业灯和隧道内的照明灯。电压220V的按其功率有15、25、40、60、100、150、200、300、500W等几种，电压36V的有36、40、55、60、94、100W等几种。白炽灯上注有额定电压和额定功率，如“220V，40W”“36V，40W”等，使用时一定要辨别清楚。各种白炽灯的技术数据及特性见表7-6。

表7-6　白炽灯的技术数据及特性

灯泡名称	灯泡型号	电压/V	功率/W	光通量/lm	平均寿命/h	特性
普通照明灯泡	PZ220-15	220	15	110	1000	显色性好，但其发光效率低，每瓦仅7.3～18.6lm，色温为2560～3050K，色表不够好，广泛应用于工业与民用建筑及日常生活的照明
	PZ220-25		25	220		
	PZ220-40		40	350		
	PZ220-60		60	630		
	PZ220-100		100	1250		
	PZ220-150		150	2090		
	PZ220-200		200	2920		
	PZ220-300		300	4610		
	PZ220-500		500	8300		
	PZ220-1000		1000	18600		
双螺旋普通照明灯泡	PZS220-40	220	40	415	1000	双螺旋就是把单螺旋灯丝再绕成螺旋状，因工艺较复杂，价格稍高，规格较少，广泛应用于工农业生产和日常生活中
	PZS220-60		60	715		
	PZS220-100		100	1350		
普通低压照明灯泡	JZ6-10	6	10	120	1000	电压低，使用安全，供工业与民用建筑作为局部照明用
	JZ6-20	6	20	260		
	JZ12-15	12	15	180		
	JZ12-25	12	25	325		
	JZ12-40	12	40	550		

续表

灯泡名称	灯泡型号	电压/V	功率/W	光通量/lm	平均寿命/h	特性
普通低压照明灯泡	JZ12-60	12	60	850	1000	电压低，使用安全，供工业与民用建筑作为局部照明用
	JZ6-100	12	100	1600		
	JZ12-15	36	15	135		
	JZ36-25	36	25	250		
	JZ36-40	36	40	500		
	JZ36-60	36	60	800		
	JZ36-100	36	100	1550		
特殊供电普通照明灯泡	PZ110-15	110	15	125	1000	供矿山地区110V和127V电路照明用，外形尺寸和普通照明灯泡相同，功率规格一致
	PZ110-25	110	25	225		
	PZ110-40	110	40	445		
	PZ110-60	110	60	770		
	PZ110-100	110	100	1420		
	PZ127-15	127	15	120		
	PZ127-25	127	25	225		
	PZ127-40	127	40	425		
	PZ127-60	127	60	750		
	PZ127-100	127	100	1380		
	KZ127-40	127	40	368		
	KZ127-60	127	60	654		
	KZ127-100	127	100	1275		
反射型普通照明灯泡	PZF220-15	220	15	—	1000	采用聚光型玻壳制造，玻壳圆锥部分的表面蒸镀有一层反射性很好的镜面铝膜，因而灯光集中，适用于灯光广告牌、商店、橱窗、展览馆、工地等需要光线集中照射的场合
	PZF220-25		25	—		
	PZF220-40		40	—		
	PZF220-100		100	925		
	PZF220-300		300	3410		
	PZF220-500		500	6140		

续表

灯泡名称	灯泡型号	电压/V	功率/W	光通量/lm	平均寿命/h	特性
装饰灯泡	ZSQ220-10	220	10	70	1000	采用各种彩色玻壳制成，其种类有磨砂、彩色透明、彩色瓷料及内涂式等，颜色可分为红、黄、蓝、绿、白、紫等，色彩均匀鲜艳，可在建筑物、商店、橱窗等处作为装饰照明用
	ZSGL220-10		10	70		
	ZSGL220-15		15	110		
	ZSNG220-10		10	70		
聚光灯泡	JG220-300	220	300	4850	400	具有亮度高、光线集中、使用方便等优点，其中反射型聚光灯泡是玻壳内部镀有反射层的强光灯泡，可发出高强度的光辐射，适用于舞台照明、电影摄影及工地、大型厂房、公共场所、探照设备等作强光照明
	JG220-500		500	8700	400	
	JG220-1000		1000	195071	400	
	JGF220-500		500	7120	100	
	JGF220-1000		1000	17000	100	
蘑菇形普通照明灯泡	PZM220-15	220	15	107	1000	用全磨砂或乳白色的玻壳制造，外形呈蘑菇状，玻璃壳内壁镀反射层，以反射光照明，透光部分可以是透明的，也可以涂白色，后者光线柔和，不眩光，适用于日常生活照明或局部照明，如台灯、床头灯等，也可作装饰照明
	PZM220-25		25	213		
	PZM220-40		40	326		
	PZM220-60		60	630		

续表

灯泡名称	灯泡型号	电压/V	功率/W	光通量/lm	平均寿命/h	特性
红外线灯泡	HW110-250	110	250	1700		玻壳内壁有反射涂层，能将辐射出来的红外线集中向一个方向辐射，受热均匀，具有卫生、寿命长、成本低、使用方便等优点，适用于直流或交流电路，作烘干、医疗、家畜饲养及灯光孵化
	HW110-400	110	400	2720		
	HW220-125	220	125	850		
	HW220-250	220	250	1700		
	HW220-500	220	500	3400		
水下灯泡	SX110-1000	110	1000	19000	600	用各种彩色玻壳制成的灯泡，可作为水下照明或灯光诱鱼的光源。还可安装于喷泉、瀑布等处作为装饰用
	SX110-1500	110	1500	30000	400	
	SX220-1000	220	1000	18600	600	
	SX220-1500	220	1500	26100	400	

3. 荧光灯

荧光灯（日光灯）是一种低压汞蒸气放电光源，具有结构简单、光线柔和、发光效率高、灯管寿命长等优点，广泛应用于车间及办公室等。荧光灯发光效率比白炽灯高约 4 倍，且光线柔和、温度低，使用寿命也比白炽灯长。但荧光灯价格高，配件多，安装及维修均比白炽灯复杂，环境温度太低或太高时对发光效率都有影响。但总的来说，荧光灯的经济价值仍比白炽灯高约 2 倍。由电子镇流器组装的荧光灯，基本上克服了上述缺点。

荧光灯由荧光灯管、镇流器和启辉器 3 个部件组成。荧光灯管主要由灯丝、玻璃管、灯头等组成，玻璃管内充有稀薄的惰性气体（如氩

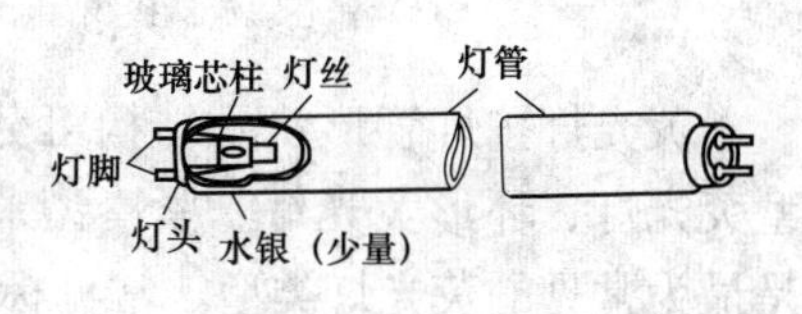

图 7-29 荧光灯管外形

气）及水银蒸气，其外形如图 7-29 所示。铁芯镇流器是由带气隙的铁芯电感线圈组成，电子镇流器是采用电子技术将工频交流电源转换成高频交流电源驱动荧光灯管，并兼具启辉器功能，故无需加装启辉器，因而应用非常广泛。启辉器主要由内充惰性气体、装有 U 形双金属片触头的玻璃泡和小电容器组成。一般的荧光灯管不能单独使用，必须与镇流器、启辉器等配合使用。不同规格的荧光灯管，需配用相应规格的镇流器和启辉器，不能随意搭配，荧光灯的接线如图 7-30 所示。

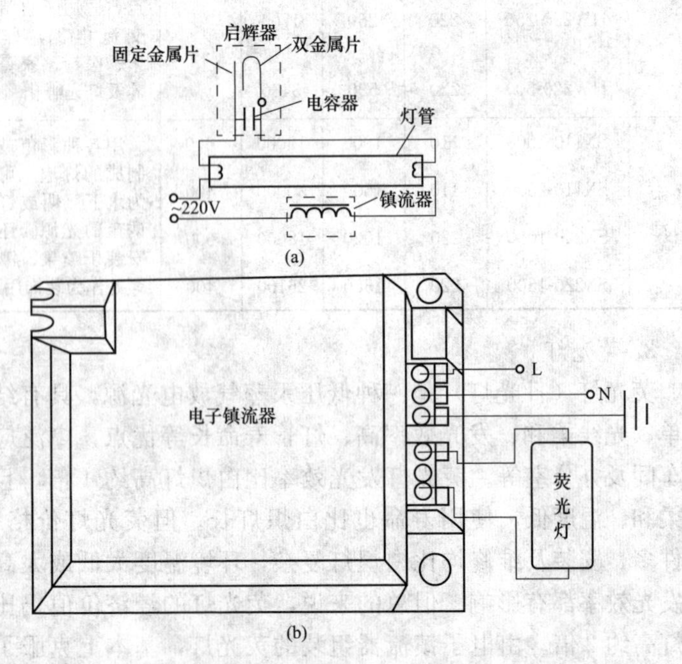

图 7-30　荧光灯的接线

(a) 铁芯镇流器接线；(b) 电子镇流器接线

荧光灯按灯管形状及结构可分为直管形荧光灯、彩色直管型荧光灯、环形荧光灯、紧凑型节能荧光灯等。直管形荧光灯是最为常见的荧光灯类型，常见标称功率有 4～125W 多种。彩色直管型荧光灯常见标称功率有 20、30、40W。环形荧光灯，有U形、H形、双H形、双D形、球形、SL形等各种形状，除形状不同外，环形荧光灯与直管形荧光灯没有太大差别。紧凑型节能荧光灯，又称节能灯，其灯管、镇流器和灯头紧密地连成一体无法拆卸，故称紧凑型，可直接替换白炽灯。这种荧光灯结构紧凑，耗电小，一支9W的H形荧光灯的照度在非严格情况下相当于60W的白炽灯。常见荧光灯的技术数据见表7-7。

表7-7　　常见荧光灯的技术数据

类型	型号	额定功率/W	灯管工作电压/V	工作电流/A	光通量/lm	寿命/h	特性
直管形荧光灯	YZ4	4	35	0.11	70	700	内壁涂以不同的荧光粉，根据需要可做成不同的光色，发出白光、冷白光、暖白光及各种彩色的光线，适用于工厂、学校、机关、商店及家庭作室内照明用
	YZ6	6	55	0.135	150	1000	
	YZ8	8	65	0.145	250		
	YZ15	15	50	0.32	635	3000	
	YZ20	20	60	0.35	1000		
	YZ30	30	81	0.35	1700		
	YZ40	40	108	0.41	2640		
	YZ100	100	87	1.5	6100	2000	
环形荧光灯	YH20	20	60	0.35	970	2000	除了有一般荧光灯的优点外，还有照度集中、照明均匀及造型优美等优点，适用于作装饰展览会、机车车厢及仪器照明等光源
	YH30	30	95	0.35	1550		
	YH40	40	108	0.41	2200		
	YU30	30	89	0.35	1550		
	YU40	40	108	0.41	2200		
细管(T8型)直管形高效荧光灯	TLD18W/33	18	57	0.37	1150	8000	T8型色光、亮度、节能、寿命都较佳，适用于宾馆、办公室、商店、医院、图书馆及家庭等色彩朴素但要求亮度高的场合使用
	TLD18W/54				1050		
	TLD36W/33	36	103	0.43	3000		
	TLD36W/54				2500		

续表

类型	型号	额定功率/W	灯管工作电压/V	工作电流/A	光通量/lm	寿命/h	特性
紧凑型节能荧光灯	2D（双D形）	10	100±5	0.16	600	6000	由于无须外加镇流器，驱动电路也在镇流器内，故这种荧光灯属于自镇流和内启动荧光灯，灯管大都使用稀土元素三基色荧光粉，因而可实现小型化，适用于进行较精细的工作、需要正确识别色彩、照度要求较高或进行长时间紧张视力工作的场所，悬挂高度在4m以下为宜
		16	103±10	0.195	1050		
		28	108±10	0.32	1800		
		38	110±10	0.43	2600		
	2U（双U形）	8	54～66	0.17	500		
		7	45	0.18	350		
		9	60	0.17	500		
		11	90	0.155	650		
	H（H形）	7	45	0.18	350		
		9	60	0.17	500		
		11	90	0.155	650		
		36	109	0.430	2500		
	HU（HU形）	11	90	0.140	650		
		13	97	0.155	780		

4. 卤钨灯

卤钨灯也称卤素灯，是在白炽灯的基础上进行技术改进后的新型照明电光源，它与白炽灯相比具有体积小、寿命长、发光效率高、亮度强、光衰小、光色好、使用方便、价格便宜等优点，但对电压波动比较敏感，耐振性也较差，适用于宾馆、商场、舞厅、医院、电影院等场所。

卤钨灯的发光原理和白炽灯完全相同，也是由灯丝作发光体，所不同的是灯管内不但被抽成真空，充入了适量的惰性气体（氩气、氮），而且还充入了一定比例的微量卤素物质（碘、溴、溴化氢）。因为卤钨灯的管壁温度要比普通白炽灯高得多，所以必须使用耐高温的石英玻璃或硬玻璃，其接线方式与白炽灯相同。管形卤钨灯在圆柱状石英管的两端设灯脚，管中心的螺旋状灯丝安装在灯丝架上，其外形如图7-31所示。

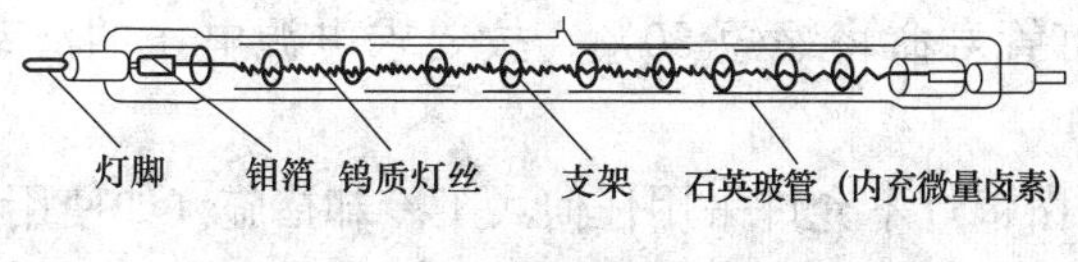

图 7-31　管形卤钨灯

卤钨灯分为主电压卤钨灯（可直接接入 220～240V 电源）及低电压卤钨灯（需配相应的变压器）两种。低电压卤钨灯具有寿命长、安全性能高等优点。根据卤钨灯内充入的卤素不同，可分为碘钨灯和溴钨灯。溴钨灯的光效比碘钨灯高 4%～5%，色温也有所提高。碘钨灯和溴钨灯的结构、尺寸完全相同，因此，各生产厂家对两灯的出厂数据均不做区别。管形卤钨灯的技术数据见表 7-8。

表 7-8　　管形卤钨灯的技术数据

<table>
<tr><th>型号</th><th>额定电压/V</th><th>功率/W</th><th>光通量/lm</th><th>显色指数 Ra</th><th>色温/K</th><th>平均寿命/h</th><th>外形尺寸/(mm×mm)</th></tr>
<tr><td>LZG36-300</td><td>36</td><td>300</td><td>6000</td><td rowspan="14">95～99</td><td rowspan="14">2800±50</td><td>600</td><td>φ13×88±2</td></tr>
<tr><td>LZG110-500</td><td>110</td><td>500</td><td>10250</td><td>1500</td><td>φ12×123±2</td></tr>
<tr><td>LZG220-300</td><td rowspan="12">220</td><td>300</td><td>5000</td><td>1000</td><td>φ12×140±2</td></tr>
<tr><td rowspan="3">LZG220-500</td><td rowspan="3">500</td><td rowspan="3">9750</td><td rowspan="11">1500</td><td>φ12×151±3</td></tr>
<tr><td>φ12×155±3</td></tr>
<tr><td>φ12×175±3</td></tr>
<tr><td rowspan="3">LZG220-1000</td><td rowspan="3">1000</td><td rowspan="3">21000</td><td>φ13×222±3</td></tr>
<tr><td>φ13×232±3</td></tr>
<tr><td>φ13×208±3</td></tr>
<tr><td rowspan="3">LZG220-1500</td><td rowspan="3">1500</td><td rowspan="3">31500</td><td>φ13×262±3</td></tr>
<tr><td>φ13×293±3</td></tr>
<tr><td>φ13×297±3</td></tr>
<tr><td rowspan="2">LZG220-2000</td><td rowspan="2">2000</td><td rowspan="2">42000</td><td>φ13×310±3</td></tr>
<tr><td>φ13×293±3</td></tr>
</table>

卤钨灯使用注意事项如下：

（1）电源电压对灯管寿命影响很大。当电压超过额定值的

5%时，灯管寿命将缩短50%，故要求电源电压的波动不大于±2.5%。

（2）卤钨灯不允许采用任何人工冷却措施（如使用风扇）。

（3）卤钨灯发光热量很高，正常工作时灯管壁有近600℃的高温，不能与易燃物接近，因此安装时必须装在专用的隔热装置金属灯架上，切忌安装在易燃的木质灯架上，以防火灾。

（4）卤钨灯使用前要用酒精擦去灯管外壁的油污，避免在高温下形成污点而降低透明度。

（5）卤钨灯工作时需要水平安装，倾斜角不得超过4°，否则将严重影响灯管寿命。

（6）卤钨灯的灯脚引入线应采用耐高温导线，电源线与灯线的连接需用良好的瓷接头，灯床与灯脚之间需接触良好。

（7）卤钨灯耐振特性较差，不应在振动性强的场所使用，也不能作为移动光源使用。

5. 高压汞灯

高压汞灯又名高压水银荧光灯，主要依赖高压汞蒸气放电而发光。这里所谓的“高压”是指灯管内在工作状态下的气体压力（1～5个大气压），以区别一般低气压荧光灯（普通荧光灯只有0.003个大气压）。高压汞灯具有光效高、使用时间长、耐振、省电等特点，适用于工厂、工地、街道、广场、车站、码头和运动场等的照明。

高压汞灯外形及接线如图7-32所示，它主要由灯头、石英放电管和玻璃外壳等组成，放电管里面装有两个主电极和一个辅助电极，管内充有汞和氩气，玻璃壳的内壁上涂有荧光粉，它与普通荧光灯一样，也需配镇流器来限制流过灯泡内的电流。还有一种不用镇流器的自镇流式高压汞灯，其结构不同之处在于其内有一根限流钨丝与石英放电管串联，限流钨丝不仅能起到镇流作用，还有光输出。这种高压汞灯具有无需外接镇流器、光色好、启辉点燃快、使用方便等优点。高压汞灯的技术数据见表7-9，自镇流式高压汞灯的技术数据见表7-10。

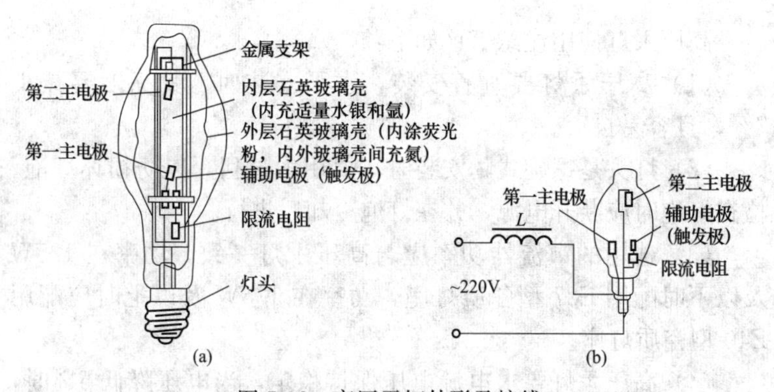

图 7-32 高压汞灯外形及接线
（a）外形；（b）接线

表 7-9 高压汞灯的技术数据

型号	额定电压/V	额定功率/W	工作电压/V	启动电压/V	启动电流/A	工作电流/A	稳定时间/min	光通量/lm
GGY50	220	50	95+15	≤180	1.0	0.62	5～10	1500
GGY80		80	110+15		1.3	0.85		2800
GGY125		125	115+15		1.8	1.25	4～8	4750
GGY175		175	130+15		2.3	1.50		7000
GGY250		250	130+15		3.7	2.15		10500
GGY400		400	135+15		5.7	3.25		20000
GGY700		700	140+15		10.0	5.45		35000
GGY1000		1000	145+15		13.7	7.50		50000

表 7-10 自镇流式高压汞灯的技术数据

型号	电压/V	功率/W	工作电流/A	启动电压/V	启动电流/A	再启动时间/min	光通量/lm	主要尺寸/mm		平均寿命/h
								直径 D	全长 L	
GYZ100	220	100	0.46	180	0.56	3～6	1150	60	154	2500
GYZ160		160	0.75		0.95		2560	81	184	2500
GYZ250		250	1.20		1.70		4900	91	227	3000
GYZ400		400	1.90		2.70		9200	122	310	3000
GYZ450		450	2.25		3.50		11000	122	292	3000
GYZ750		750	3.55		6.00		22500	152	370	3000

高压汞灯使用注意事项如下：

（1）高压汞灯要垂直安装，水平安装时，其亮度要减少7%，且容易自灭。

（2）灯头是螺旋式，安装时不要用力过猛，以防损坏灯泡。检查灯泡时应断开电源，并在灯泡冷却后进行。

（3）选用的镇流器功率应与高压汞灯一致，功率在125W及以下时配用E27型瓷质灯座，功率在175W及以上时应配用E40型瓷质灯座。

（4）高压汞灯要求电源电压保持稳定，当电压降低5%时，容易自灭，而且再启辉点燃所需的时间较长。

（5）高压汞灯关闭后不能立即通电点燃，要等5～10min冷却后，管内气压下降，才能再通电点燃，否则将因启动电压不够而不能引弧。

（6）如果电源电压正常，又无电路接触不良，灯泡仍有熄灭和自行点燃现象且反复出现，说明灯泡损坏，应更换。

（7）高压汞灯的外玻璃壳破裂后，虽然仍能发光，但有大量的紫外线漏出，对人体有害，须立即更换。

（8）灯泡启辉后4～8min才能正常发光。

6. 高压钠灯

高压钠灯是利用高压钠蒸气放电发光的高强度气体放电光源，它工作时发出金黄色的光，发光效率很高，是所有高强度气体放电近白色电光源中发光效率最高的，节能效果显著且寿命长（可达24000h），但显色性差。高压钠灯需要3000V左右的启动电压，整个启动过程约需10min，广泛用于道路、机场、码头车站、广场及厂矿企业的照明。

高压钠灯外形及接线如图7-33所示，核心部件是一根半透明的多晶氧化铝陶瓷管（称放电管或发光管），管内充有钠气及少量汞和氙气，放电管固定在玻璃壳内。当电源通入高压钠灯后，电流经过镇流器、热电阻、热继电器动断触头形成通路，热电阻发热，使热继电器动断触头断开，在断开瞬间，在镇流器线圈两端产生约3000V的自感电动势，它和电源电压合在一起加在放电管两端，将放电管点燃。从放电管内的氙气和汞放电过渡到钠蒸气放电，需6～8min才趋于稳定。灯启动后，放电的热量使热继电器的动断触头保持断开状态。如果电源中断，灯管熄灭后，即使立即恢复供电，灯管也不能马上再点燃，需待温度下降，热继电器动断触头复位闭合后，才能再次启动，这个再启动时间大约需要10min。高压钠灯的技术数据见表7-11。

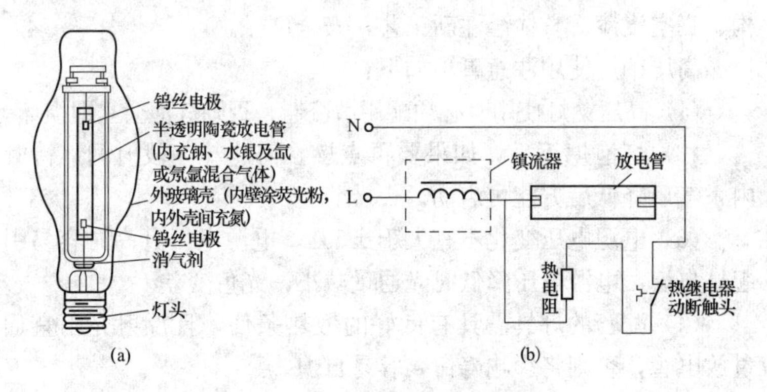

图7-33 高压钠灯外形及接线
(a) 外形；(b) 接线

表7-11 高压钠灯的技术数据

型号	额定功率/W	额定电压/V	工作电压/V	工作电流/A	启动电压/V	启动电流/A	稳定时间/min	光通量/lm	主要尺寸/mm		灯座型号	功率因数
									直径 D	全长 L		
G215	215	220	100+20	2.45	190	3.7	4～8	16125	62	280	E40/45-1	0.44
G250	250		100+20 −10	3.0		5.0		20000				
G360	360		100+20	3.85		5.7		32400		260		
G400	400		100+20	4.60		6.5		3800				

高压钠灯配套器件有以下3种类型：

(1) 通用型高压钠灯电子启动器。供70、100、215、250、360、400W高压钠灯启动用，其特点是体积小、启动快、使用寿命长、允许在长时间空载情况下工作。

（2）NZW 系列高压钠灯外启动镇流器。供高压钠灯启动和镇流用，其特点是采用启动器和镇流器一体结构，因此使用安装方便、启动快、使用寿命长、功耗省、温升低、线性阻抗好，延长了钠灯使用寿命。

（3）DK 系列高压钠灯镇流器。供 70、100、150、250、400W 高压钠灯和启动器配套使用，其特点是采用 C 形铁芯结构、真空浸漆、整体灌注新工艺，安全可靠。

高压钠灯使用注意事项如下：

（1）高压钠灯使用时必须配用镇流器，否则灯泡会立即损坏。

（2）灯泡熄灭后，如果要再点燃，需冷却一段时间，待管内汞气压降低后方能再启动。

（3）电源电压变化不宜大于±5%，电源电压升高时容易引起灯自熄，电源电压降低时光通量减小，光色变差。

（4）配套的灯具需具有良好的散热条件，且反射光不宜通过放电管，否则将影响寿命，容易自熄。

（5）灯泡破碎后要及时妥善处理，以防止汞害。

7. 金属卤化物灯

金属卤化物灯简称金卤灯，是在高压汞灯和卤钨灯工作原理的基础上发展起来的新型高效光源，它是通过激发金属原子（汞和稀有金属的卤化物混合蒸气）产生电弧放电而发光的，是最复杂的高压气体放电灯。金卤灯具有发光效率高、显色性能好、寿命长（可达 20000h）等特点，是一种接近日光色的节能新光源，广泛应用于体育场馆、展览中心、大型商场、工业厂房、街道广场、车站、码头等场所。

金卤灯的电弧管的制作材料有两种：一种用石英，称石英金卤灯；另一种用半透明氧化铝陶瓷，称陶瓷金卤灯。石英电弧管内装两个主电极和一个启动电极，外面套一个硬质玻壳（有直管形和椭球形两种），这类灯主要用于体育场、道路、厂房等处的普通照明。直管形电弧管内装一对电极，不带外玻壳，可代替直管形卤钨灯，用于体育场等地区泛光照明。不带外玻壳的短弧球形、单端或双端椭球形，主要用于电影放映和电影、电视的拍摄照明。

常用的金卤灯有镝灯，其电弧管内充有镝、汞和碘化汞、碘化铊等，其外形及接线如图 7-34 所示。使用中除了要配专用镇流器外，1kW 及以上的还应配专用的触发器才能点燃。镝灯的最大功率为 10kW，最小可低到 25W，供家庭照明使用。镝灯的技术数据见表 7-12，镝灯配套的镇流器及触发器的技术数据见表 7-13。

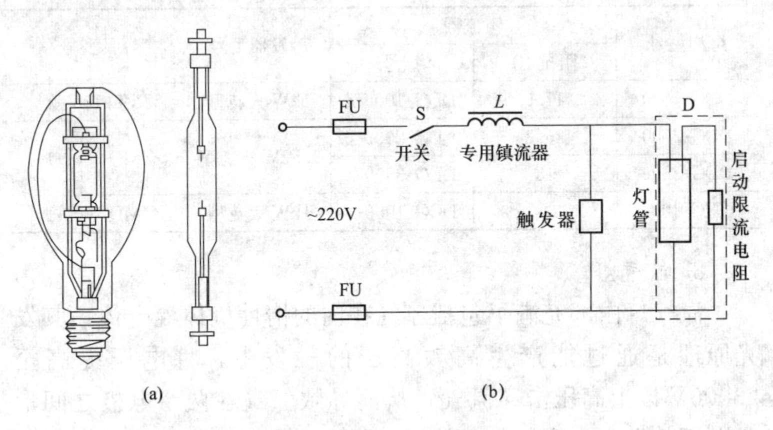

图 7-34　镝灯外形及接线

（a）外形；（b）接线

表 7-12　　　　镝灯的技术数据

灯泡型号	电压/V	功率/W	工作电压/V	工作电流/A	光通量/lm	色温/K	显色指数	主要尺寸/mm 直径 D	主要尺寸/mm 全长 L	燃点位置	平均寿命/h
DDG-1000	220	1000	130	8.3	70000	5000～7000	70	91	370	水平±15°	500
DDG-2000	380	2000	220	10.3	150000		75	111	450		
DDG-3500		3500		18.0	280000		80	122	485		
DDG-3500A						4500～6500	70			倾斜45±15°	

续表

<table>
<tr><th rowspan="2">灯泡型号</th><th rowspan="2">电压/V</th><th rowspan="2">功率/W</th><th rowspan="2">工作电压/V</th><th rowspan="2">工作电流/A</th><th rowspan="2">光通量/lm</th><th rowspan="2">色温/K</th><th rowspan="2">显色指数</th><th colspan="2">主要尺寸/mm</th><th rowspan="2">燃点位置</th><th rowspan="2">平均寿命/h</th></tr>
<tr><th>直径 D</th><th>全长 L</th></tr>
<tr><td>DDG-250</td><td rowspan="4">380/220</td><td>250</td><td rowspan="4">220</td><td>1.25</td><td>17500</td><td rowspan="2">6000±1000</td><td>80</td><td>91</td><td>230</td><td rowspan="4">垂直±15°
水平±30°</td><td>1000</td></tr>
<tr><td>DDG-400</td><td>480</td><td>2.75</td><td>33600</td><td>80</td><td>122</td><td>292</td><td rowspan="2">1500</td></tr>
<tr><td>DDF-250</td><td>250</td><td>1.25</td><td></td><td>46000</td><td rowspan="2">175</td><td rowspan="2">180</td><td rowspan="2">257</td></tr>
<tr><td>DDF-400</td><td>480</td><td>2.75</td><td></td><td>95000</td><td>1000</td></tr>
</table>

表 7-13　镝灯配套的镇流器及触发器的技术数据

灯泡型号	镇流器		触发器型号	灯具型号
	阻抗/Ω	型号		
DDG-1000	17.6	DDG-1000-Z	1kW 火花型	ZMD-1000-1
DDG-2000	26.8	DDG-2000-Z	3.5kW 火花型	ZMD-3500-1
DDG-3500	15	DDG-3500-Z		
KNG-1000		DDG-1000-Z	1kW 火花型	ZMD-1000-1

8. 氙气灯

氙气灯内部充满了包括氙气在内的惰性气体混合体，其发光原理是通过能产生高频高压的触发器，将电压提高至23000V以上高压击穿氙气，从而导致氙气在两个电极之间形成电弧并发光。高压氙气放电时能产生很强的白色电弧光，和太阳光十分相似。氙气灯亮度是传统卤素灯泡的3倍，使用寿命比传统卤素灯泡长10倍。氙气灯分为汽车用氙气灯和户外照明用氙气灯，适用于海港、机场、广场照明以及作为汽车的车灯。

氙气灯由灯头、管座、透光管及发光管等组成，其外形及接线如图7-35所示。灯头以纯钨、钍钨、钡钨等材料作电极，两端用钼箔（片）封结，由于没有灯丝，所以不存在钨丝烧断的问题。透光管通常由耐热、耐压的透明石英玻璃制成，内抽高真空，充入一定量的高纯度氙气。氙气灯启动灯管时，应配用相应的触发器。触发器通电后产生一个瞬间23kV的高压对灯头进行点火，且点亮后为灯头维持 85V 左右的交流工作电压。管形氙气灯的技术数据见表 7-14。

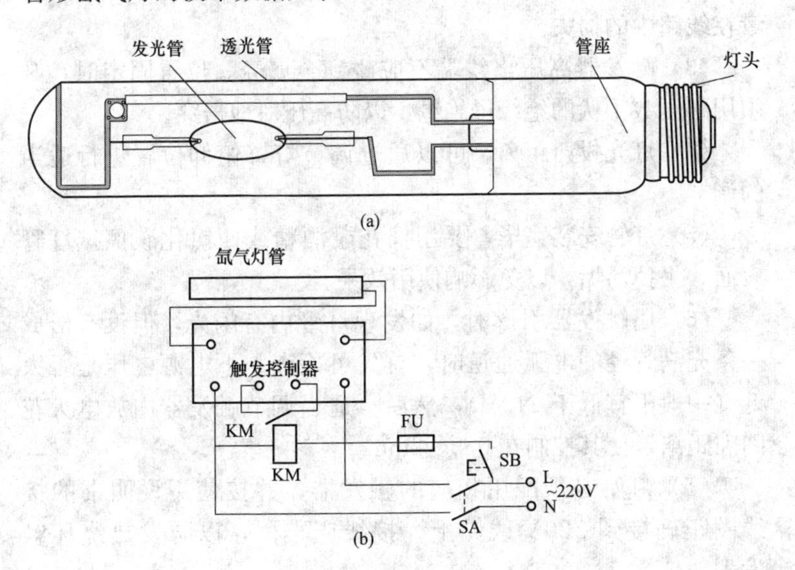

图 7-35 氙气灯外形及接线
(a) 外形；(b) 接线

表 7-14 管形氙气灯的技术数据

型号	额定电压/V	功率/W	灯电压/V	灯电流/A	光通量/lm	平均寿命/h	外形尺寸/(mm×mm)
XG1500	220	1500	60	14	30000	1000	ϕ22×350
XG3000		3000		20	60000	500	ϕ15×720
XG6000		6000		27	120000	1000	ϕ21×1070
XG10000		10000		46	250000	500	ϕ25×1420
XG20000		20000		91	540000		ϕ38×1700
XSG6000（水冷）		6000		27	120000		ϕ9×425

氙气灯使用注意事项如下：

(1) 灯管的悬挂高度视功率大小而定，一般为了达到均匀和大面积照明的目的，10kW 的不宜低于 20m，20kW 的不宜低于25m。

（2）触发器与灯管的距离不宜超过3m，这样可减小高频能量在线路中的损失。

（3）触发器高压出线端不应碰到金属壳。位置固定时，必须用耐压数千伏的绝缘子绝缘，以防高压对地击穿。

（4）灯光投射距离，可以通过调节灯罩俯仰位置进行适当的调节。

（5）灯管安装完毕，要用棉花蘸酒精或四氯化碳擦拭灯管表面，去掉污垢，以免影响使用效果。

（6）用触发器引燃时，如发现灯管内有闪光，但没有形成一条充满管径的电弧通道时，首先可检查一下电源电压是否太低（一般不宜低于210V），然后再适当调节触发器内放电火花间隙距离，使其控制在0.5～2mm。

（7）灯管必须配用相应的触发器，并按使用说明书的接线图正确接到220V线路上。接线应牢固，以防发热烧坏触发器。

（8）灯在高频高压下点燃，因此高压端配线对地应有良好的绝缘性能，其绝缘强度不应小于30kV。

（9）灯在点燃时有大量的紫外线辐射，因此人身不要长时间近距离接触，以免紫外线伤害。

9. LED节能灯

LED节能灯直接用电能使高亮度白色发光二极管发出可见光，是最新型的节能灯。由于LED是一种半导体固体发光器件，具有冷性发光、不产生热、体积小、质量轻、亮度高、能耗低、寿命长、安全性高、色纯度高、方向性好、维护成本低、环保无污染等优点，所以LED照明产品能提供优质的光环境，提升照明系统的光效，它既能提供令人舒适的光照空间，又能很好地满足人的生理健康需求，是环保的健康光源，被称为第四代照明光源或绿色光源。

LED节能灯现已有成品的路灯、隧道灯、小区灯、嵌入灯、筒灯、层板灯、日光灯、射灯、草坪灯等，其外形如图 7-36 所示。白光 LED 节能灯的发热小，90%的电能能够直接转化为可见光，所以其能耗仅为白炽灯的 1/10，普通节能灯的 1/4。同时 LED 节能灯可以无故障工作达到 100000h 以上，长时间工作也不会出现问题。它工作电压低、性能稳定、抗冲击、耐振动性强；没有红外和紫外的成分，显色性高并且具有很强的发光方向性；它可以频繁快速开关，在使用时不会出现频闪，不会使眼睛产生疲劳现象。LED 节能灯存在的不足是它对温度比较敏感，如果温度上升 5℃，光通量就会下降 3%左右。LED 节能灯的技术数据见表 7-15。

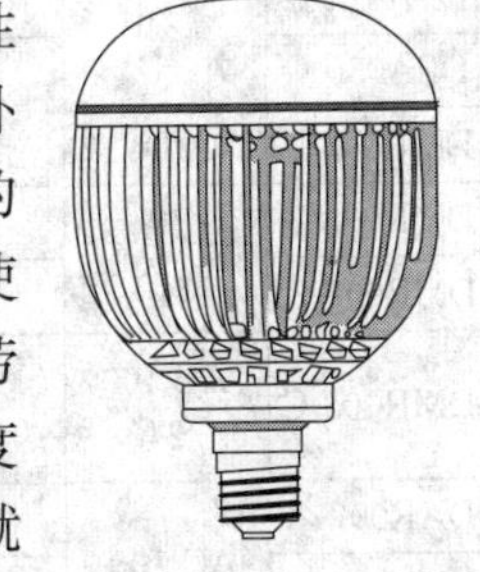

图 7-36 LED 节能灯外形

表 7-15 LED 节能灯的技术数据

型号	电源电压/V	LED 颗数/个	色温/K	光通量/lm	功率/W	发光角度/(°)	类型
DTL045-C	AC 85-264	36	5000/3000	2800	45	135	隧道灯
DTL065-C		54		4300	65		
DTL110-C		72		6700	100		
DST045-C/W-/Y	AC 85-264	36	5000/3000	2500	45	130	小区灯
DST055-D/W-/Y		48		3400	55		
DST065-C/W-/Y		54		3800	65		
DRL004-B	AC 100/240	20	6000/3800	100	4	140	嵌入灯
DRL006-B		40		230	8		
DRL015-C		120		550	15		
DCL003-B	AC 100/240	20	6000/3800	100	3	140	筒灯
DCL006-B		40		230	6		
DCL015-D		60		700	15		

续表

型号	电源电压/V	LED颗数/个	色温/K	光通量/lm	功率/W	发光角度/(°)	类型
DPA015-C	AC 100/240	24	6000/3800	600	15	140	层板灯
DPA024-C		36		950	24		
DPA030-C		48		1300	30		
DMR003-C	AC/DC12	3	6000/3800	250	3.5	30/60	平面射灯
DMR003-E	AC 100/240	1		130		6	
DMR003-K		3		250		130/45/60	
DMR003-C	AC 100/240	1	6000/3800	130	3.5	45	球面射灯
DAR007-A	AC 100-240	5	600/3800	400	7	30/45/60	PAR射灯
DAR010-B		7		600	10		
DAR015-A		12		1000	15		
DCL004-C	AC 100-240	3	600/3800	240	4	150	球泡灯
DCL006-D		5		380	6		
DCL008-A		6		420	8		
DCL004-H	AC 100/240	3	600/3800	165	4	150	蜡烛灯
DGL050	AC 100/240	360	6500/4200	2000	45	120	格栅灯
DLA101	AC 100/220	2	RGB	—	8	360	草坪灯
DLA201		3			12		
DLA301		1			6		

三、照明电光源的选择

照明电光源品种很多，应根据照明的要求和使用场所的特点进行选择，而且应尽量选择高效、长寿的电光源。为了正确选择和使用照明电光源，就必须对各种常用电光源的特性有所了解，了解的特性主要有光量特性、光质特性、电气特性、机械特性、经济特性、心理特性以及其他匹配特性等，常用照明电光源的主要特性见表7-16。

表 7-16　　常用照明电光源的主要特性

光源名称	普通照明灯泡	卤钨灯	荧光灯	荧光高压汞灯	管形氙灯	高压钠灯	金属卤化物灯
额定功率范围/W	15～1000	500～2000	6～200	50～1000	1500～100000	250、400	250～3500
光效/(lm/W)	7～19	19.5～21	27～67	32～53	20～37	90、100	72～80
平均寿命/h	1000	1500	1500～5000	3500～6000	500～1000	3000	1000～1500
一般显色指数	95～99	95～99	70～80	30～40	90～94	20～25	65～80
启动稳定时间	瞬时		1～3s	4～8s	1～2s	4～8min	4～10min
再启动时间	瞬时			5～10min	瞬时	10～20min	10～15min
功率因数 cosφ	1	1	0.32～0.7	0.44～0.67	0.4～0.9	0.44	0.5～0.61
频闪效应	不明显		明显				
表面亮度	大	大	小	较大	大	较大	大
电压变化对光通量的影响	大	大	较大	较大	较大	大	较大
温度变化对光通量的影响	小	小	大	较小	小	较小	较小
耐震性能	较差	差	较好	好	好	较好	好
所需附件	无	无	镇流器、启辉器	镇流器	镇流器、触发器	镇流器	镇流器、触发器

照明电光源的选择原则如下：

（1）灯的开关频繁、需要及时点亮或需要调光的场所或者不能有频闪效应及需防止电磁波干扰的场所，宜采用白炽灯，如要求高照度亦可采用卤钨灯。

（2）悬挂高度在 4m 以下的一般工作场所，考虑到电能的节约，宜优先选用荧光灯。

（3）要求视觉精密和区分颜色的场所，可采用荧光灯；若需要避免灯具布置过密的场所，可采用双管、三管或多管荧光灯。

（4）悬挂高度在 4m 以上的场所，宜采用高压汞灯或高压钠灯；有高挂条件并且需大面积照明的场所，宜采用金属卤化物灯或氙灯。

（5）对于一般生产车间、辅助车间、仓库、动力站房以及非生产性建筑物、办公楼、宿舍、厂区通路等，应优先选用简便价廉的白炽灯和荧光灯。

（6）在同一场所，当采用一种光源的显色性较差时，可考虑采用两种或多种光源的混合照明，以改善光色。例如采用高压钠灯和日光色荧光灯混合使用时，既可发挥高压钠灯效率高的特点，又可显现日光色荧光灯显色性较好的长处。

（7）需局部加强照明的地方，按具体情况装设局部照明灯。仪表盘、控制盘可采用斜口罩灯，小型检验平台可装荧光灯、碘钨灯、工作台灯等。大面积检验场地，可采用投光灯、碘钨灯。

（8）在有旋转体的车间，不宜采用气体放电型灯具。

（9）室外场所和一般厂区道路可采用马路弯灯，较宽的道路可采用拉杆式路灯，交通量较大的主干道须装高压水银灯或高压钠灯。

（10）室外大面积照明可采用金属卤化物灯。

第五节　照明装置及安装

一、照明装置的类型

1. 国际照明委员会（CIE）分类法

根据国际照明委员会（CIE）的建议，照明装置按光通量在上、下空间分布的比例分为五类：直接照明型、半直接照明型、均匀漫射型（包括水平方向光线很少的直接—间接型）、半间接照明型和间接照明型。

（1）直接照明型。照明装置绝大部分光通量（90%～100%）直接投照下方，所以灯具的光通量的利用率最高。

（2）半直接照明型。照明装置大部分光通量（60%～90%）射向下半球空间，少部分射向上方，射向上方的分量将减少照明环境所产生的阴影并改善其各表面的亮度比。

（3）均匀漫射型。照明装置将光线均匀地投向四面八方，向上、向下的光通量几乎相同（各占40%～50%），因此光通利用率较低。最常见的是乳白玻璃球形灯罩，其他各种形状漫射透光的封闭灯罩也有类似的配光。

（4）半间接照明型。照明装置向下光通占10%～40%，它的向下分量往往只用来产生与天棚相称的亮度，此分量过多或分配不适当也会产生直接或间接眩光等缺陷。上面敞口的半透明罩属于这一类，它们主要作为建筑装饰照明，由于大部分光线投向顶棚和上部墙面，增加了室内的间接光，光线更为柔和宜人。

（5）间接照明型。照明装置的小部分光通（10%以下）向下，光通利用率比前面四种都低。设计得好时，全部天棚成为一个照明光源，达到柔和无阴影的照明效果，由于照明装置向下光通很少，只要布置合理，直接眩光与反射眩光都很小。

2. 传统分类法

传统分类是根据照明装置的配光曲线（为了表示光源加装灯罩后，光强在各个方向的分布情况而绘制在对称轴平面上的曲线）进行分类，它可分为正弦分布型、广照型、漫射型、配照型、深照型（特深照型）。

（1）正弦分布型。光强是角度的正弦函数，当角度＝90°时光强为最大。

（2）广照型。最大光强分布在50°～90°之间，可在较广的面积上形成均匀的照度。

（3）漫射型。各个角度的光强是基本一致的。

（4）配照型。光强是角度的余弦函数，当角度＝0°时光强为最大。

（5）深照型。光通量和最大光强值集中在0°～30°间的立体角内。

（6）特深照型。光通量和最大光强值集中在0°～15°的狭小立体角内。

3．结构特点分类法

（1）开启型。光源与照明装置外界的空间相通，如一般的配照灯、广照灯、深照灯等。

（2）闭合型。光源被透明罩包合，但内外空气仍能流通，如圆球灯、吸顶灯等。

（3）密闭型。光源被透明罩密封，内外空气不能对流，如防潮灯、防水防尘灯等。

（4）增安型。光源被高强度透明罩密封，且灯具能承受足够的压力，或称为防爆型。

（5）隔爆型。光源被高强度透明罩封闭，隔爆型灯应用在有爆炸危险介质的场所。

二、照明装置的选择

照明装置应按工作环境和生产要求，尽可能做到注意美观大方、与建筑格调相协调、符合经济合理性、选用效率高、利用系数高、配光合理、保持率高。照明装置尚无统一的技术标准和规定，常用照明装置的外形如图 7-37 所示。

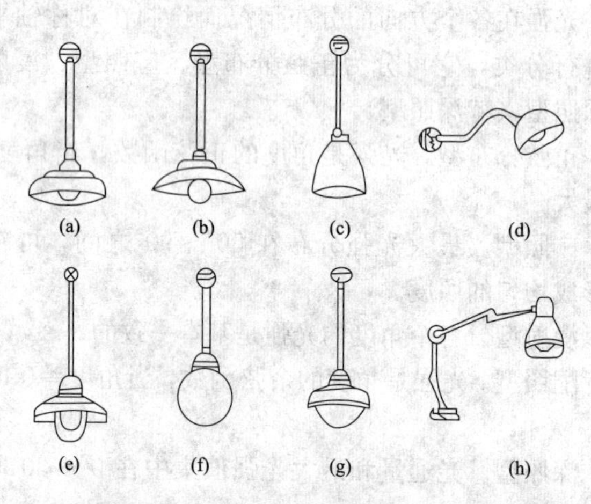

图 7-37　常用照明装置的外形

（a）配照型；（b）广照型；（c）深照型；（d）斜照型；（e）防水防尘广照型；（f）圆球型；（g）双罩型；（h）机床工作灯

(1) 普通较干燥的工业厂房，广泛采用配照型、广照型、深照型灯具，至于采用什么型灯具，则依车间建筑的高度、生产设备的布置及照明的要求而定。13m 以上较高厂房可采用镜面深照型灯；一些辅助设施如控制室、操作室，也可采用圆球形灯、乳白球链吊灯、吸顶灯、天棚座灯或荧光灯；变压器室、开关室，可采用壁灯。

(2) 尘埃较多或既有尘埃又潮湿的场所，可采用防水防尘灯，如考虑节能、经济，当悬挂点又较高时，可采用防水灯头的配照型、深照型灯，局部加投光灯。

(3) 潮湿场所、地下水泵房、隧道，可采用防潮灯；水蒸气密度太大的场所，可采用散照型防水防尘灯、圆球形工厂灯；特别潮湿的场所，如浴池，可采用带反射镜加装密封玻璃板、墙孔内安装灯具的方式。

(4) 有腐蚀性气体房间，可采用耐腐蚀的防潮灯或密闭式照明装置。当厂房较高，光强达不到要求时，亦可采用防水灯头配照型或深照型照明装置。

(5) 有爆炸危险物的场所，按防爆等级选用防爆灯，如隔爆型、增安型照明装置等。

(6) 易发生火灾的场所，如润滑油库、储存可燃性物质的房间，可采用各种密闭式照明装置。

(7) 高温车间，可采用投光灯斜照，加其他照明装置混合照明。

(8) 门厅、走廊等处，一般选用闭合型的各种吊灯或吸顶灯。

(9) 室外广场和露天工作场所，可采用露天用高压汞灯或高压钠灯，必要时可采用投光灯或氙气灯等防水型照明装置。

(10) 工厂的室外道路，亦宜采用防水型高压汞灯或高压钠灯。

三、照明装置的安装

1. 照明装置的总体安装要求

照明以电光源最为普遍，而电光源所需的电气装置称为照明装置，它包括灯具、灯座、开关、插座及所有附件等。照明装置的总体安装要求是：正规、合理、牢固和整齐，确保使用功能。在安装的过程中，还要注意保持建筑物顶棚、墙壁、地面不被污染和损伤等。

（1）正规。各种器具必须按照有关规范、规程和工艺标准进行安装，达到质量标准的规定。

（2）合理。选用的各种照明装置必须适用、经济、可靠，安装的地点位置应符合实际需要，使用要方便。

（3）牢固。各照明装置安装应牢固、可靠，达到安全运行和使用功能。

（4）整齐。同一使用环境和统一要求的照明装置，要安装得横平竖直，品种规格要整齐统一，以达到型色协调和美观的要求。

2. 普通照明装置的安装要求

（1）照明装置质量大于3kg时，固定在螺栓或预埋吊钩上。

（2）软线吊灯，质量在0.5kg及以下时，采用软线自身吊装；大于0.5kg的采用吊链，且软线编叉在吊链内，使导线不受力。

（3）照明装置固定应牢固可靠，不使用木楔。每个照明装置固定螺钉或螺栓不少于2个，当绝缘台直径在75mm及以下时，用1个螺钉或螺栓固定。

（4）用钢管做灯杆时，钢管内径不应小于10mm，厚度不应小于1.5mm。

（5）固定照明装置带电部件的绝缘材料以及提供防触电保护的绝缘材料，应耐燃烧和防明火。

（6）设计无要求时照明装置安装高度和使用电压等级的规定是：①一般敞开式照明装置，灯头对地面距离不小于下列数值（采用安全电压时除外）：室外2.5m（室外墙上安装），室内2m，厂房2.5m，软线带升降器的照明装置在吊线展开后为0.8m；②危险性较大及特殊危险场所，当照明装置距地面高度小于2.4m时，使用额定电压为36V及以下的照明装置或有专门保护措施。

(7) 当照明装置距地面高度小于2.4m时，照明装置的可触及裸露导体必须可靠接地（PE）或接零（PEN），并应有专用接地螺栓且有标识。

(8) 照明装置的外形、灯头及接线的规定是：①照明装置及其配件应齐全，无机械损伤、变形、涂层剥落和破裂等缺陷；②软线吊灯的软线两端做保护扣，两端芯线搪锡；③装升降器时，套塑料软管，采用安全灯头；④除敞开式灯具外，其他各类灯具灯泡功率100W及以上者采用瓷质灯头；⑤连接照明装置的软线应盘扣、搪锡压线，采用螺口灯头时火线接于螺口灯头中间的端子上；⑥灯头的绝缘外壳无破损和漏电，带有开关的灯头，开关手柄无裸露的金属部分。

(9) 变电站内，高低压配电设备及裸母线的正上方不应安装照明装置。

(10) 装有白炽灯的吸顶灯具，灯泡不应紧贴灯罩。灯泡与绝缘台间距离小于5mm时，它们之间应采取隔热措施。

(11) 安装在重要场所的大型灯具的玻璃罩，应采取防止玻璃罩碎裂后向下溅落的措施。

3. 车间行灯（行车用）的安装要求

(1) 行灯电压不大于36V，在特殊潮湿场所或导电良好的地面上，以及工作地点狭窄、行动不便的场所，行灯电压不大于12V。

(2) 变压器外壳、铁芯和低压侧的任意一端或中性点，接地或接零应可靠。

(3) 行灯变压器为双线圈变压器，其电源侧和负载侧有熔断器保护，其熔丝额定电流分别不应大于变压器一次绕组、二次绕组的额定电流。

(4) 行灯灯体及手柄绝缘良好，坚固、耐热、耐潮湿。灯头与灯体结合紧固，灯头无开关，灯泡外部有金属保护网、反光罩及悬吊挂钩，挂钩固定在灯具的绝缘手柄上。

（5）行灯变压器的固定支架应牢固，油漆应完整。

（6）携带式局部照明用的行灯导线应采用橡套软线。

4. 应急照明装置的安装要求

（1）应急照明装置的电源除正常电源外，还应另有一路电源供电，或由独立于正常电源的柴油发电机组供电，或由蓄电池供电，或选用自带电源的应急照明装置。

（2）应急照明装置在正常电源断电后，电源转换时间为：疏散照明应小于或等于 15s；备用照明应小于或等于 15s；金融机构、商店、交易所应小于或等于 1.5s；安全照明应小于或等于 0.5s。

（3）疏散照明装置由安全出口标志灯和疏散标志灯组成，安全出口标志灯距地面高度不低于 2m，且安装在疏散出口和楼梯口里侧的上方。

（4）疏散标志灯安装在安全出口的顶部、楼梯间、疏散走道及其转角处，应安装在距地面 1m 以下的墙面上，不易安装的部位可安装在上部。疏散通道上的标志灯间距应不大于 20m，人防工程应不大于 10m。

（5）疏散标志灯的设置，不应影响正常通行，且不应在其周围设置容易混同疏散标志灯的其他标志牌等。

（6）使用中温度超过 60℃的应急照明装置，当靠近可燃物时，应采取隔热、散热等防火措施。当采用白炽灯、卤钨灯等光源时，不应直接安装在可燃装修材料或可燃物件上。

（7）应急照明装置在每个防火分区有独立的应急线路，穿越不同防火分区的线路有防火隔堵措施。

（8）疏散照明装置线路采用耐火导线，穿管明敷设或穿非燃刚性导管暗敷设，暗敷设保护层厚度应不小于 30mm，导线应采用额定电压不低于 750V 的铜芯绝缘线。

（9）疏散照明装置采用荧光灯或白炽灯，安全照明装置采用卤钨灯或瞬时可靠点燃的荧光灯。

（10）安全出口标志灯和疏散标志灯装有玻璃或非燃材料的

保护罩，其面板亮度均匀度为 1∶10（最低∶最高），保护罩应完整、无裂纹。

5. 防爆照明装置的安装要求

（1）照明装置的防爆标志、外壳防护等级和温度组别应与爆炸危险环境相适配，当设计无要求时，照明装置的种类和防爆结构的选型应符合规定。

（2）防爆照明装置配件应齐全，不用非防爆配件替代防爆配件（金属护网、灯罩、接线盒等）。

（3）防爆照明装置的安装位置应离开释放源，且不在各种管道的泄压口及排放口上下方安装照明装置。

（4）防爆照明装置及开关安装牢固可靠，照明装置吊管及开关与接线盒螺纹啮合扣数不少于 5 扣，螺纹光滑、完整、无锈蚀，并在螺纹上涂以电力复合脂或导电防锈脂。

（5）开关安装位置要便于操作，离地面高度 1.3m。

（6）防爆照明装置及开关的外壳完整，无损伤或凹陷、沟槽，灯罩无裂纹，金属护网无扭曲变形，防爆标志清晰。

（7）防爆照明装置及开关的紧固螺栓无松动、锈蚀，密封垫圈完好。

第八章

交流电动机与直流电动机

第一节　交流电动机的基本知识

交流电动机是根据电磁感应原理生产的一种动力机械，具有结构简单、工作可靠、坚固耐用、价格便宜等优点，广泛应用于工农业生产和其他国民经济部门，作为驱动机床、水泵、风机、压缩机、起重机械、运输机械、矿山机械、农业机械以及其他机械的动力。

一、交流电动机的分类及型号

1. 交流电动机的分类

交流电动机一般为系列产品，其系列、品种、规格繁多，通常可按以下几个方面进行分类：

（1）按转子结构形式分类。可分为笼型和绕线转子交流电动机。笼型交流电动机由于结构简单、价格低廉、工作可靠、维护方便，已成为生产上应用得最广泛的一种电动机。绕线转子交流电动机由于结构较复杂、价格较高，一般只用在要求调速和启动性能好的场合，如桥式起重机上。

（2）按尺寸大小分类。可分为大、中、小型交流电动机。大型交流电动机定子铁芯外径 $D>1000$mm，机座中心高 $H>630$mm；中型交流电动机 $D=500\sim1000$mm，$H=350\sim630$mm；小型交流电动机 $D=120\sim500$mm，$H=80\sim315$mm。

（3）按防护形式分类。可分为开启式交流电动机（IP11）、防护式交流电动机（IP22、IP23）和封闭式交流电动机（IP44）。开启式交流电动机价格便宜，散热条件最好，由于转子和绕组暴露在空气中，只能用于干燥、灰尘很少又无腐蚀性和爆炸性气体的环境。防护式交流电动机通风散热条件也较好，可防止水滴、铁屑等外界杂物落入交流电动机内部，只适用于较干燥且灰尘不多又无腐蚀性和爆炸性气体的环境。封闭式交流电动机适用于潮湿、多尘、易受风雨侵蚀、有腐蚀性气体等较恶劣的工作环境，应用最普遍。

(4) 按通风冷却方式分类。可分为自冷式交流电动机、自扇冷式交流电动机、他扇冷式交流电动机、管道通风式交流电动机。

(5) 按安装结构形式分类。可分为卧式交流电动机、立式交流电动机、带底脚交流电动机、带凸缘交流电动机。

(6) 按绝缘等级（绝缘等级是指交流电动机所用绝缘材料的耐热等级）分类。可分为Y级（90℃）、A级（105℃）、E级（120℃）、B级（130℃）、F级（155℃）、H级（180℃）和C级（180℃以上）交流电动机，括号内的数值是交流电动机允许工作的最高温度。

(7) 按运行工作制分类。可分为连续工作制S1、短时工作制S2、周期性工作制S3交流电动机。

(8) 按使用环境分类。可分为普通式、干湿热式、船用式、化工用户式、户外式和高原式交流电动机等。

2. 交流电动机的型号

为了满足工农业生产的不同需要，我国生产的交流电动机有多种型号，这是为了区别每一产品的名称、规格、形式、用途和结构特征等而引用的一种代号。每一种型号代表一系列交流电动机的产品，同一系列产品的结构、形状基本相同，零部件通用性很强，容量是按一定比例递增的。

交流电动机产品型号由产品代号、规格代号、特殊环境代号、补充代号等几部分组成。产品代号是选用产品名称中最具代表含义的汉语拼音的第一个大写字母来表示的，如“Y”表示异步交流电动机，“YR”表示绕线转子交流电动机，“YD”表示多速交流电动机等。规格代号是用中心高、铁芯外径、机座号、机壳外径、轴伸直径、机座长度、铁芯长度、转速、极数等表示的。对于小型交流电动机，用中心高（mm）、机座长度（字母）、铁芯长度（数字）、极数（数字）表示；对于大中型交流电动机，用中心高（mm）、铁芯长度（数字代号）、极数（数字）表示。其中，机座长度以“S”表示短机座，“M”表示中机座，“L”表示长机座。特殊环境代号是用英文字母表示的，如：“G”表示“高”原用，“H”表示“船”（海）用，“W”表示户“外”用，“F”表示化工防“腐”用，“T”表示“热”带用，“TH”表示“湿热”带用，“TA”表示“干热”带用。补充代号是由生产厂家在产品标准中规定的。

二、交流电动机的安装结构形式及防护

1. 交流电动机的安装结构形式

交流电动机的结构形式是表示其固定用构件、轴承装置和轴伸等部件的组成情况，而电动机的安装形式则是用轴线方向及固定用构件的状况来全面表示交流电动机的安装情况。交流电动机的安装结构形式由“国际安装”的缩写字母“IM”表示，并以“B”代表卧式，“V”代表立式，结合第1位或第2位的数字组成安装结构形式的代号。卧式电动机有IMB3、IMB5、IMB6、IMB7、IMB8、IMB9、IMB10、IMB14、IMB15、IMB20、IMB30、IMB34、IMB35等，立式电动机有IMV1、IMV3、IMV15、IMV36等。

2. 交流电动机的防护

交流电动机的外壳防护一般包括防止人体触及或接近机壳内带电及转动部件（光滑的旋转轴和类似部件除外），以及防止固体异物进入交流电动机的防护（即第1种防护）和防止交流电动机进水的防护（即第2种防护）。交流电动机外壳防护等级的标志是采用国际通用的标志系统，由“国际防护”的缩写“IP”和两个数字组成。第1位数字代表第1种防护（即防触及和固体进入）的等级，第2位数字代表第2种防护（防水进入）的等级。如只需单独标志一种防护形式的等级，则可略去数字

的位置而以X补充，如IPX3、IP5X等。

三、交流电动机的绝缘、温升及冷却方式

1. 交流电动机的绝缘

交流电动机的绝缘等级是由其所采用绝缘材料的耐热等级决定的。若一台交流电动机主要部件的绝缘结构是采用不同耐热等级的绝缘材料，则其绝缘等级应按绝缘材料的最低耐热等级考核。

交流电动机绕组的各种线圈都是由绝缘导线或裸线匝间包垫绝缘材料组成。因此，在交流电动机绕组与铁芯槽间、线匝间、相间以及励磁线圈和导电部件均要进行可靠的绝缘。绝缘的优劣是决定交流电动机可靠性和寿命的关键，并且也直接关系到交流电动机性能和技术经济指标。交流电动机不同的绝缘结构有着不同的耐热限度，不同绝缘等级规定了其最高工作温度。如果在规定的限度内长期使用，可保证交流电动机的安全运行，否则将会严重影响其使用寿命。

2. 交流电动机的温升

所谓“温升”是交流电动机温度与周围环境温度之差，周围环境温度的标准值定为40℃。交流电动机运行时的损耗转变为热能，使交流电动机各部分温度升高。交流电动机允许温度主要决定于电动机所用绝缘材料的耐热等级。根据耐热程度的不同．一般情况下，交流电动机常用绝缘材料分为A、E、B、F、H等5个级别，每个绝缘等级对应一个最高允许温度。

3. 交流电动机冷却方式

交流电动机在进行能量转换过程中总有少部分损耗被转变成热，该热量必须通过交流电动机外壳向周围介质不断地散发出去，这个散发热量的过程就称为冷却。

交流电动机冷却方法代号主要由冷却方法标志（IC）、冷却介质代号（英文字母）、冷却介质布置方式代号（数字）、冷却介质循环所需动力的提供方式代号（数字）所组成，中小型交流电动机常用空气进行冷却，所以其冷却介质代号A均可不予

标注。比较常用的冷却方式有 IC01（开启式，自带同轴风扇冷却）、IC411（全封闭，自带同轴风扇冷却）、IC06（强风冷却，自带鼓风机的外通风）、IC416（内循环风冷，外循环风冷，强迫风冷）、IC81W（内循环风冷，外循环水冷）等。

四、交流电动机的运行工作制

交流电动机一般有持续（长期）运转、断续周期运转和短时运转 3 种工作制。

1. 持续（长期）运转

交流电动机在铭牌规定的额定值下能够长期运行。在长期运行过程中，交流电动机输出额定功率、发热程度则不超过许可限度，但不允许交流电动机长期过载运行。这种工作制适合拖动持续（长期）运转的工作机械，如水泵、胶带运输机、破碎机、混凝土搅拌机和多斗挖掘机等。

2. 断续周期运转

交流电动机在铭牌规定的额定值下，只能断续周期性运行，工作周期很短，间歇停止或者空载周期交替。每一工作周期和每一间歇的总持续时间一般不超过 10min。在这种工作制下，交流电动机能达到稳定温升，但不应超过额定稳定温升。断续周期运转的交流电动机，其负载持续率（额定负载时间与整个工作周期之比称为负载持续率，用百分数表示）主要有 15%、25%、40%和 60%等 4 种，这种工作制适合拖动断续周期运转的工作机械，如起重机、卷扬机和单斗挖土机等。负载持续率大于 60%时，须采用按持续（长期）运转工作制设计制造的交流电动机。

3. 短时运转

交流电动机在铭牌规定的额定值下，只能在限定的时间内短时运转，工作周期短，而停止周期长。在工作过程中，交流电动机运转和停止依次交替。交流电动机短时运转的持续时间标准有 10、30、60、90min 等 4 种，这种工作制适合拖动短时运转的工作机械，如推料机、出料机、闸门等。

第二节 三相交流异步电动机

一、三相交流异步电动机的结构

三相交流异步电动机主要由外壳、定子、转子、转轴和轴承等5部分组成，其结构如图8-1所示。定子是静止不动的部分，转子是旋转部分，在定子与转子之间有一定的气隙。

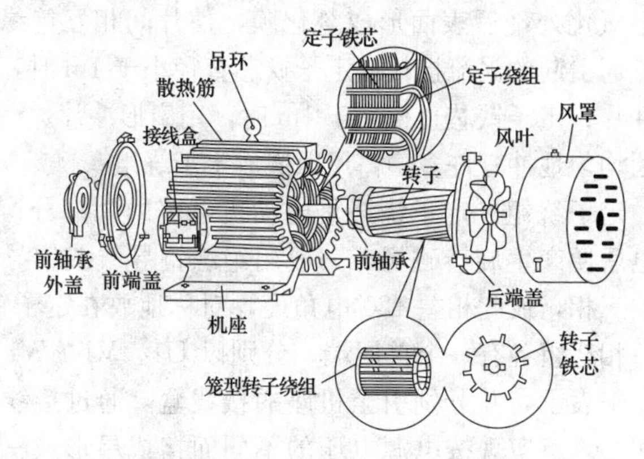

图8-1 三相交流异步电动机的结构

1. 外壳

三相交流异步电动机的外壳包括机座、端盖、轴承盖、风叶、风罩、接线盒以及吊环等零部件。

(1) 机座。由铸铁浇铸而成，其作用是用以支持和保护电动机的定子。

(2) 端盖。由铸铁浇铸而成，其作用是把转于支承在定于内腔的中心。

(3) 轴承盖。由铸铁浇铸而成，其作用是保护轴承，防止轴承内的润滑脂外溢，同时限制转子轴向移动。

(4) 风叶。一般用硬质塑料制成，其作用主要是排风散热。

(5) 风罩。由铁皮制成，主要起保护风叶和定向排风的作用。

(6) 接线盒。用铸铁或铁皮制成，其作用是固定和保护定子绕组的引出线头。

（7）吊环。一般是用低碳钢锻制而成，其位于机座上端，起着方便移动电动机的作用。

2. 定子

定子由定子铁芯和定子绕组两部分组成。

（1）定子铁芯。定子铁芯是电动机磁路的一部分，一般用0.5mm厚的硅钢片叠压而成。定子硅钢片的表面涂有绝缘漆或硅钢片经氧化处理后表面形成氧化膜，使片间相互绝缘，以减小交变磁通引起的涡流损耗。定子铁芯直径小于1m时，用整片圆硅钢冲片；定子铁芯直径大于1m时，用扇形冲片。在定子冲片的内圆均匀地冲有许多槽，用以嵌放定子绕组。

（2）定子绕组。定子绕组是电动机电路的一部分，通入三相交流电后便产生旋转磁场，一般用绝缘铜导线或铝导线绕制而成，共三相，彼此相差120°电角度，对称地放在定子铁芯内。定子的每相绕组各有一个首尾端，分别以U1、V1、W1和U2、V2、W2来表示，并分别引至机座的接线盒。通过接线盒首尾端子的切换，可实现按电源电压的不同而接成星形或三角形联结的要求，如图8-2所示。

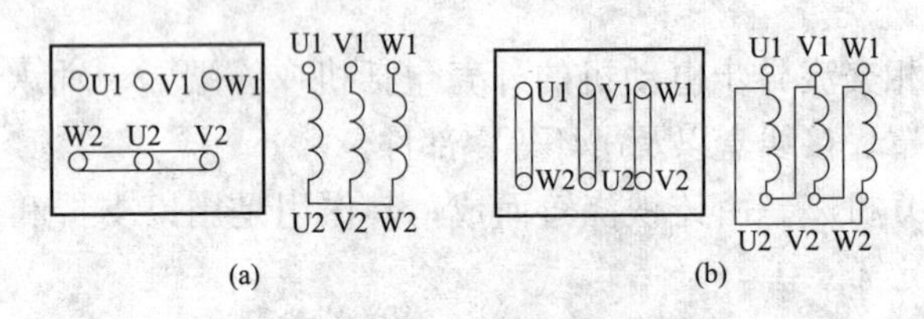

图8-2　三相交流异步电动机定子绕组联结方式

（a）星形联结；（b）三角形联结

3. 转子

三相交流异步电动机的转子分为笼型和绕线式两种，它由转子铁芯、转子绕组、转轴等部分组成，是电动机输出机械功率的部分。

（1）转子铁芯。转子铁芯和定子铁芯共同组成电动机的磁路，两铁芯的空气隙也是电动机磁路的一部分。转子铁芯由厚0.5mm硅钢片叠压而成，冲片外圆上有槽，槽内嵌放转子绕组，铁芯压装在转轴上。

（2）转子绕组。它是电动机电路的一部分，其作用是切割定子旋转磁场产生感应电流，在磁场的作用下，转子受力旋转，转子绕组有笼型和绕线式两种。

笼型转子绕组有铸铝与铜条两种结构，其外形如图8-3所示。铸铝绕组由浇铸在转子铁芯槽内的铝条和两端的铝环组成，适用于功率100kW以下的电动机。铜条绕组是在转子铁芯槽里插入铜条，再将全部铜条两端焊在两个铜环上而组成，适用于功率100kW以上的电动机。如果去掉转子铁芯，转子绕组的形状就像一个鼠笼子，故称笼型转子绕组。

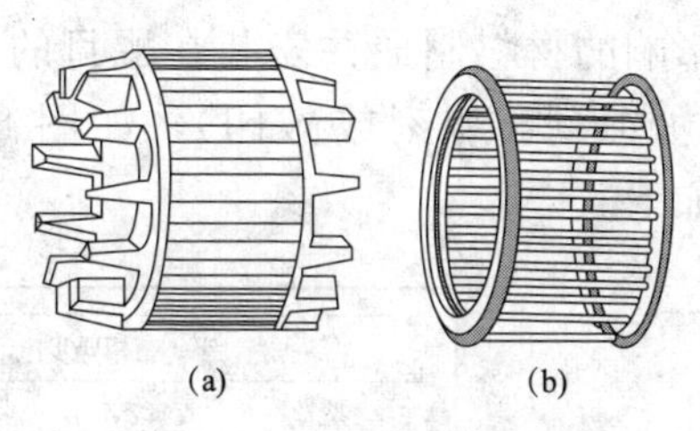

图8-3 笼型转子绕组

（a）铸铝绕组；（b）铜条绕组

绕线式转子绕组与定子绕组一样，也是一个用绝缘导线绕成的三相对称绕组，被嵌放在转子铁芯槽中，一般采用星形联结。绕组的3个引出线通过转轴内孔分别接到与转轴固定的3个互相绝缘的铜制集电环（俗称滑环）上，转子绕组可以通过集电环和电刷与外接变阻器（用以改善电动机的启动性能或调节电动机的转速）相连，故绕线式转子绕组又称滑环式转子绕组。绕线式与笼型转子绕组虽然结构不一样，但工作原理是一样的。

4. 转轴

转轴一般用中碳钢材加工而成。转子铁芯被套在转轴上，转轴支撑着转子的重量，使转子在定子内腔均匀地旋转，并传递电动机的输出转矩。

5. 轴承

转承由外圈、内圈和滚珠组成，它套在转子的轴上，承受电动机运行负荷，使转子在摩擦力较小的状况下旋转。

二、三相交流异步电动机的主要技术性能

三相交流异步电动机的铭牌是该电动机的简单说明书，它较为全面地介绍了该电动机的主要技术性能和一般技术要求，为使用和维修电动机提供了必要的信息。铭牌要求用不受气候影响的材料制成并安装在醒目的位置，所有项目应牢固刻出（如蚀刻、雕刻或敲印），如图 8-4 所示，现将其含义简述如下。

图 8-4 三相交流异步电动机的铭牌

（1）型号。电动机的型号由汉语拼音大写字母与阿拉伯数字组成，按书写顺序包括产品名称代号、中心高度及其他规格代号。如 Y112M-4 型中的“Y”表示“异步”电动机，“112”代表中心高为 112mm，“M”表示中机座（L 为长机座，S 为短机座），“4”表示 4 个磁极。有些电动机型号在机座代号后面还有 1 位数字表示铁芯号，如 Y132S2-2 型中“S”后面的“2”表示 2 号铁芯。

（2）额定功率。电动机在额定状态下运行时，其轴上所能输出的机械功率称为额定功率，单位是 kW。

（3）额定转速。电动机在额定状态下运行时，每分钟的转子转速称为额定转速，单位是 r/min。

（4）额定电压。电动机在额定运行状态下，电动机定子绕组上应加的电压值，Y 系列电动机的额定电压为 380V。

（5）额定电流。电动机加以额定电压，其轴上输出额定功率时，在定子绕组中流过的线电流称为额定电流，单位是 A。

（6）防护等级。指防止人体接触电动机转动部分、电动机内带电体和防止固体异物进入电动机内的防护等级。防护标志 IP44 含义："IP" 表示特征字母，为"国际防护"的缩写，"44" 表示 4 级防固体（防止大于 1mm 固体进入电动机）和 4 级防水（任何方向溅水应无有害影响）。

（7）LW 值。指电动机的总噪声等级，单位为分贝（dB），LW 越小表示电动机运行时的噪声越低。

（8）工作制。指电动机的运行方式，一般在铭牌上标注"连续"（代号为 S1）、"短时"（代号为 S2）或"断续周期"（代号为 S3）3 种工作制。对 S2 工作制的电动机，短时运行的持续时间有 10、30、60、90min 4 种，故铭牌上应在代号 S2 后加工作时限，如 S2-60min。对 S3 工作制的电动机，负载持续率（暂载率）有 15%、25%、40%、60% 4 种，故铭牌上应在代号 S3 后加负载持续率，如 S3-40%。

（9）额定频率。电动机在额定运行状态下，定子绕组所接电源的频率叫额定频率，我国规定电源频率为 50Hz。

（10）联结方式。联结方式表示电动机在额定电压下，定子绕组的联结方式（星形或三角形），一般功率小于及等于 3kW 的电动机，其定子绕组均为星形联结，4kW 及以上都为三角形联结。

当电压不变时，若将星形联结错接为三角形联结，那么线圈所承受的电压为原线圈电压的$\sqrt{3}$倍，这样就会使电动机电流过大而发热。若把三角形联结的电动机错接为星形联结，那么线圈所承受的电压为原线圈的$\frac{1}{\sqrt{3}}$倍，这样电动机的输出功率就会降低，因此按照铭牌规定连接电动机绕组是很重要的。

（11）绝缘等级。指电动机在正常状态下工作时，电动机内部所用绝缘材料可承受的允许温度的最高值，Y 系列电动机采用 B 级绝缘，最高允许工作温度为 130℃，高压和大容量电动机采用 H 级绝缘，最高允许工作温度为 180℃。

三、三相交流异步电动机的技术数据

1. Y2 系列三相交流异步电动机

Y2 系列三相交流异步电动机是我国统一设计的取代原 Y 系列的封闭自冷式笼型三相交流异步电动机，适用于驱动无特殊要求的各种机械设备，在同功率和同转速下，可与 Y 系列电动机互换使用。本系列电动机采用更为完美的防护等级（整机防护等级为 IP54，接线盒的防护等级为 IP55），机座采用平行、垂直分布的散热片结构，接线盒置于机座顶部，使电动机的接线更加方便，散热效果更好。本系列电动机的额定电压为 380V，频率为 50Hz，3kW 及以下的为星形联结，大于 3kW 的为三角形联结。Y2 系列（IP54）三相交流异步电动机的技术数据见表 8-1。

表 8-1　Y2 系列（IP54）三相交流异步电动机的技术数据

型号	额定功率/kW	额定转速/(r/min)	额定电流/A	效率/%	功率因数	启动电流/额定电流	启动转矩/额定转矩	最大转矩/额定转矩	质量/kg
Y2-63M1-2	0.18	2730	0.53	65	0.8	5.5	2.2	2.2	9
Y2-63M2-2	0.25	2730	0.69	68	0.81	5.5	2.2	2.2	10
Y2-71M1-2	0.37	2760	0.99	70	0.81	6.1	2.2	2.2	14
Y2-71M2-2	0.55	2790	1.4	73	0.82	6.1	2.2	2.3	15
Y2-801-2	0.75	2845	1.8	75	0.83	6.1	2.2	2.3	16
Y2-802-2	1.1	2840	2.5	77	0.84	7.0	2.2	2.3	17
Y2-90S-2	1.5	2840	3.4	79	0.84	7	2.2	2.3	22
Y2-90L-2	2.2	2840	4.9	81	0.85	7	2.2	2.3	25
Y2-100L-2	3	2860	6.3	83	0.87	7.5	2.2	2.3	33
Y2-112M-2	4	2880	8.2	85	0.88	7.5	2.2	2.3	45
Y2-132S1-2	5.5	2900	11.2	86	0.88	7.5	2.2	2.3	64

续表

型号	额定功率/kW	额定转速/(r/min)	额定电流/A	效率/%	功率因数	启动电流/额定电流	启动转矩/额定转矩	最大转矩/额定转矩	质量/kg
Y2-132S2-2	7.5	2900	15.1	87	0.88	7.5	2.2	2.3	70
Y2-160M1-2	11	2930	21.3	88	0.89	7.5	2.2	2.2	117
Y2-160M2-2	15	2930	28.8	89	0.89	7.5	2.2	2.3	125
Y2-160L-2	18.5	2930	34.7	90	0.90	7.5	2.2	2.3	147
Y2-180M-2	22	2940	41	90	0.90	7.5	2.0	2.3	180
Y2-200L1-2	30	2950	55.5	91.2	0.90	7.5	2.0	2.3	240
Y2-200L2-2	37	2950	67.9	92	0.90	7.5	2.0	2.3	255
Y2-225M-2	45	2965	82.3	92.3	0.90	7.5	2.0	2.3	309
Y2-250M-2	55	2965	100	92.5	0.90	7.5	2.0	2.3	403
Y2-280S-2	75	2970	134	93	0.90	7.5	2.0	2.3	544
Y2-280M-2	90	2970	160.2	93.8	0.91	7.5	2.0	2.3	620
Y2-315S-2	110	2975	195.4	94	0.91	7.1	1.8	2.2	980
Y2-315M-2	132	2975	233.2	94.5	0.91	7.1	1.8	2.2	1080
Y2-315L1-2	160	2975	279.3	94.6	0.92	7.1	1.8	2.2	1160
Y2-315L2-2	200	2975	348.4	94.8	0.92	7.1	1.8	2.2	1190
Y2-355M-2	250	2980	432.3	95.3	0.92	7.1	1.6	2.2	1760
Y2-355L-2	315	2980	543	95.6	0.92	7.1	1.6	2.2	1850
Y2-63M1-4	0.12	1320	0.44	57	0.72	4.4	2.1	2.2	9
Y2-63M2-4	0.18	1320	0.62	60	0.73	4.4	2.1	2.2	10
Y2-71M1-4	0.25	1345	0.79	65	0.74	5.2	2.1	2.2	13
Y2-71M2-4	0.37	1345	1.1	67	0.75	5.2	2.1	2.2	14
Y2-80M1-4	0.55	1390	1.6	71	0.75	5.2	2.4	2.3	17
Y2-80M2-4	0.75	1380	2.0	73	0.76	6	2.3	2.3	18
Y2-90S-4	1.1	1390	2.9	75	0.77	6	2.3	2.3	22
Y2-90L-4	1.5	1390	3.7	78	0.79	6	2.3	2.3	27
Y2-100L1-4	2.2	1410	5.2	80	0.81	7	2.3	2.3	34
Y2-100L2-4	3	1410	6.8	82	0.82	7	2.3	2.3	38
Y2-112M-4	4	1435	8.8	84	0.82	7	2.3	2.3	43
Y2-132S-4	5.5	1440	11.8	85	0.83	7	2.3	2.3	68
Y2-132M-4	7.5	1440	15.6	87	0.84	7	2.3	2.3	81
Y2-160M-4	11	1460	22.3	88	0.84	7.0	2.2	2.3	123
Y2-160L-4	15	1460	30.1	89	0.85	7.5	2.2	2.3	144

续表

型号	额定功率/kW	额定转速/(r/min)	额定电流/A	效率/%	功率因数	启动电流/额定电流	启动转矩/额定转矩	最大转矩/额定转矩	质量/kg
Y2-180M-4	18.5	1470	36.5	90.5	0.86	7.5	2.2	2.3	182
Y2-180L-4	22	1470	43.2	91	0.86	7.5	2.2	2.3	190
Y2-200L-4	30	1470	57.6	92	0.86	7.2	2.2	2.3	270
Y2-225S-4	37	1475	69.9	92.5	0.87	7.2	2.2	2.3	284
Y2-225M-4	45	1475	84.7	92.8	0.87	7.2	2.2	2.3	320
Y2-250M-4	55	1480	103	93	0.87	7.2	2.2	2.3	427
Y2-280S-4	75	1480	140	93.8	0.87	7.2	2.2	2.3	562
Y2-280M-4	90	1480	167.2	94.2	0.87	7.2	2.2	2.3	667
Y2-315S-4	110	1480	201	94.5	0.88	6.9	2.1	2.2	1000
Y2-315M-4	132	1480	240.4	94.8	0.88	6.9	2.1	2.2	1100
Y2-315L1-4	160	1480	287.8	94.9	0.89	6.9	2.1	2.2	1160
Y2-315L2-4	200	1480	359.4	95	0.89	6.9	2.1	2.2	1270
Y2-355M-4	250	1490	441.9	95.3	0.9	6.9	2.1	2.2	1700
Y2-355L-4	315	1490	555.1	95.6	0.9	6.9	2.1	2.2	1850
Y2-71M1-6	0.18	865	0.74	56	0.66	4.0	1.9	2.0	13
Y2-71M2-6	0.25	865	0.95	59	0.68	4.0	1.9	2.0	14
Y2-80M1-6	0.37	885	1.3	62	0.7	4.7	1.9	2.0	17
Y2-80M2-6	0.55	885	1.8	65	0.72	4.7	1.9	2.1	19
Y2-90S-6	0.75	910	2.3	69	0.72	5.5	2.0	2.1	23
Y2-90L-6	1.1	910	3.2	72	0.73	5.5	2.0	2.1	25
Y2-100L-6	1.5	920	4.0	76	0.75	5.5	2.0	2.1	33
Y2-112M-6	2.2	935	5.6	79	0.76	6.5	2.0	2.1	45
Y2-132S-6	3	960	7.4	81	0.76	6.5	2.1	2.1	63
Y2-132M1-6	4	960	9.6	82	0.76	6.5	2.1	2.1	73
Y2-132M2-6	5.5	960	12.9	84	0.77	6.5	2.1	2.1	84
Y2-160M-6	7.5	970	17	86	0.77	6.5	2.0	2.1	119
Y2-160L-6	11	970	24.2	87.5	0.78	6.5	2.0	2.1	147
Y2-180L-6	15	970	31.6	89	0.81	7.0	2.0	2.1	195
Y2-200L1-6	18.5	980	38.6	90	0.81	7.0	2.1	2.1	220
Y2-200L2-6	22	980	44.8	90	0.83	7.0	2.1	2.1	250

续表

型号	额定功率/kW	额定转速/(r/min)	额定电流/A	效率/%	功率因数	启动电流/额定电流	启动转矩/额定转矩	最大转矩/额定转矩	质量/kg
Y2-225M-6	30	985	59.3	91.5	0.84	7.0	2.0	2.1	292
Y2-250M-6	37	980	71	92	0.86	7.0	2.1	2.1	408
Y2-280S-6	45	980	86	92.5	0.86	7.0	2.1	2.0	536
Y2-280M-6	55	980	105	92.8	0.86	7.0	2.1	2.0	595
Y2-315S-6	75	935	141.7	93.5	0.86	7.0	2.0	2.0	990
Y2-315M-6	90	935	169.5	93.8	0.86	7.0	2.0	2.0	1080
Y2-315L1-6	110	935	206.7	94	0.86	6.7	2.0	2.0	1150
Y2-315L2-6	132	935	244.7	94.2	0.87	6.7	2.0	2.0	1210
Y2-355M1-6	160	990	291.4	94.5	0.88	6.7	1.9	2.0	1600
Y2-355M2-6	200	990	363.5	94.7	0.88	6.7	1.9	2.0	1700
Y2-355L-6	250	990	453.4	94.9	0.88	6.7	1.9	2.0	1800
Y2-801-8	0.18	645	0.9	51	0.61	3.3	1.8	1.9	17
Y2-802-8	0.25	645	1.1	54	0.61	3.3	1.8	1.9	19
Y2-90S-8	0.37	670	1.5	62	0.61	4	1.8	1.9	23
Y2-90L-8	0.55	670	2.2	63	0.61	4	1.8	2.0	25
Y2-100L1-8	0.75	680	2.4	71	0.67	4.0	1.8	2.0	33
Y2-100L2-8	1.1	680	3.3	73	0.69	5.0	1.8	2.0	38
Y2-112M-8	1.5	690	4.5	75	0.69	5	1.8	2.0	50
Y2-132S-8	2.2	705	6	78	0.71	6.0	1.8	2.0	63
Y2-132M-8	3	705	7.9	79	0.73	6.0	1.8	2.0	79
Y2-160M1-8	4	720	10.3	81	0.73	6.0	1.9	2.0	118
Y2-160M2-8	5.5	720	13.6	83	0.74	6.0	2.0	2.0	119
Y2-160L-8	7.5	720	17.8	85.5	0.75	6.0	2.0	2.0	145
Y2-180L-8	11	730	25.1	87.5	0.76	6.6	2.0	2.0	184
Y2-200L-8	15	730	34.1	88	0.76	6.6	2.0	2.0	250
Y2-225S-8	18.5	735	41.1	90	0.76	6.6	1.9	2.0	266
Y2-225M-8	22	735	47.4	90.5	0.78	6.6	1.9	2.0	292
Y2-250M-8	30	735	63.4	91	0.79	6.6	1.9	2.0	405
Y2-280S-8	37	735	76.8	91.5	0.79	6.6	1.9	2.0	520
Y2-280M-8	45	735	92.9	92	0.79	6.6	1.9	2.0	595
Y2-315S-8	55	735	111.2	92.8	0.81	6.6	1.8	2.0	1000

续表

型号	额定功率/kW	额定转速/(r/min)	额定电流/A	效率/%	功率因数	启动电流/额定电流	启动转矩/额定转矩	最大转矩/额定转矩	质量/kg
Y2-315M-8	75	735	151.3	93	0.81	6.6	1.8	2.0	1100
Y2-315L1-8	90	735	177.8	93.8	0.82	6.6	1.8	2.0	1160
Y2-315L2-8	110	735	216.8	94	0.82	6.4	1.8	2.0	1230
Y2-355M1-8	132	740	260.2	93.7	0.82	6.4	1.8	2.0	1600
Y2-355M2-8	160	740	313.7	94.2	0.82	6.4	1.8	2.0	1700
Y2-355L-8	200	740	386.2	94.5	0.83	6.4	1.8	2.0	1800
Y2-315S-10	45	590	99.6	91.5	0.75	6.2	1.5	2.0	810
Y2-315M-10	55	590	121.1	92	0.75	6.2	1.5	2.0	930
Y2-315L1-10	75	590	162.1	92.5	0.76	6.2	1.5	2.0	1045
Y2-315L2-10	90	590	191.0	93	0.77	6.2	1.5	2.0	1115
Y2-315M1-10	110	590	229.9	93.2	0.78	6.0	1.3	2.0	1500
Y2-315M2-10	132	590	275	93.5	0.78	6.0	1.3	2.0	1600
Y2-315L-10	160	590	333.3	93.5	0.78	6.0	1.3	2.0	1700

2. YR 系列三相交流异步电动机

YR 系列电动机为一般用途绕线转子三相交流异步电动机，是我国设计的更新换代产品，具有效率高、过载能力强、启动转矩大、结构可靠、外形美观等优点。特别是机座等基本结构件与 Y2（IP54）基本系列电动机通用，定子、转子参数全国统一，给用户配套互换带来了方便。

本系列电动机安装尺寸和功率等级符合国际电工委员会（IEC）旋转电机标准，采用 B 级绝缘，外壳防护等级分为 IP23 和 IP44 两种，定子绕组为星形联结，采用全压启动（转子回路需接入启动装置），安装形式为 IMB3。本系列电动机能在较小的启动电流下提供较大的启动转矩，并能在一定范围内调节速度，它广泛应用于：①需要比笼型转子电动机更大的启动转矩；②馈电线路容量不足以启动笼型转子电动机；③需要小范围调速。YR 系列（IP44）三相交流异步电动机的技术数据见表 8-2。

表 8-2　　YR 系列（IP44）三相交流异步电动机的技术数据

型号	额定功率/kW	满载时				转子		最大转矩/额定转矩	质量/kg
		转速/(r/min)	电流/A	效率/%	功率因数	电压/V	电流/A		
YR132M1-4	4	1400	9.3	84.5	0.77	230	11.5	3.0	83
YR132M2-4	5.5		12.6	86		272	13		91
YR160M-4	7.5	1460	15.7	87.5	0.83	250	19.5		130
YR160L-4	11		22.5	89.5		276	25		155
YR180L-4	15	1465	30		0.85	278	34		205
YR200L1-4	18.5		36.7	89	0.86	247	47.5		240
YR200L2-4	22	1475	43.2	90		293	47		255
YR225M2-4	30		57.6	91	0.87	360	51.5		350
YR250M1-4	37	1480	71.4	91.5	0.86	289	79		440
YR250M2-4	45		85.9	91.5	0.87	340	81		490
YR280S-4	55		93.8		0.88	485	70		615
YR280M-4	75		140	92.5	0.88	354	128		715
YR132M1-6	3	955	8.2	80.5	0.69	206	9.5	2.8	85
YR132M2-6	4		10.7	82		230	11		95
YR160M-6	5.5	970	13.4	84.5	0.74	244	14.5		135
YR160L-6	7.5		17.9	86		266	18		155
YR180L-6	11	975	23.6	87.5	0.81	310	22.5		203
YR200L1-6	15		31.8	88.5		198	48		245
YR225M1-6	18.5	980	38.3	88.5	0.83	187	62.5		305
YR225M2-6	22	980	45	89.5	0.83	224	61	2.8	330
YR250M1-6	30		60.3	90	0.84	282	66		450
YR250M2-6	37		73.9	90.5		331	69		490
YR280S-6	45	985	87.9	76	0.85	362	76		620
YR280M-6	55		106.9	92		423	80		720
YR160M-8	4	715	10.7	82.5	0.69	216	12	2.4	135
YR160L-8	5.5	715	14.2	83	0.71	230	15.5		155
YR180L-8	7.5	725	18.4	85	0.73	255	19		190
YR200L1-8	11	735	26.6	86		152	46		245
YR225M1-8	15		34.5	88	0.75	169	56		325
YR225M2-8	18.5		42.1	89		211	54		355
YR250M1-8	22		48.7	88	0.78	210	65.5		450
YR250M2-8	30	735	66.1	89.5	0.77	270	69		490
YR280S-8	37		78.2	91	0.79	281	81.5		615
YR280M-8	45		92.9	92	0.80	359	76		705

四、三相交流异步电动机的选型

三相交流异步电动机应用广泛，是一种主要的动力源。由于电动机所消耗的电量很大，所以合理选择相当重要，它直接关系到生产机械的运用安全和投资效益。电动机的选择内容包括额定功率、类型、防护等级、额定电压、额定频率及各项性能等。

1. 类型的选择

我国生产的异步电动机约有一百多个系列，五百多个品种和五千多个规格。产品以3级能效的Y、Y2系列和2级能效的Y2E、YX3系列为主，其中Y系列是20世纪80年代产品，Y2系列是20世纪90年代产品，平均效率为89.3%。我国正积极推广使用高效率的Y2E、YX3系列电动机，平均效率可达94%。一般情况下，如果机械的启动力矩不是很大，要求转速比较平稳，宜选用笼型电动机；如果要求启动力矩较大，宜选用线绕转子或其他专用形式的电动机。

2. 容量的选择

如果电动机容量选得太小，就不能保证生产机械正常运行，降低生产率，电动机还会过载而过分发热，缩短电动机的使用年限，甚至会使电动机烧毁。如果电动机容量选得太大，首先增加了设备的投资，也会使电动机的铁耗和机械损耗增大、功率因数降低，不利于电力网的稳定。

一般根据生产设备的功率、运行情况选择电动机的容量，以保证电动机在运行过程中不至于过热而损坏。对长时间运行而负载稳定的电动机，其容量应略大于生产机械的功率；对长时间运行而负载常变动的机械，其电动机的容量应以等效的恒定负载（电动机发热情况相同的稳定负载）为准来选择；对短时、重复工作的负载，应选择专用的电动机，其容量也要大于等值负载所需的功率。

此外，还要根据负载转速和变速器的变比选择电动机的转速，或根据负载转速和电动机转速（选高转速较经济）选择变速装置，根据安装条件、环境情况，选择相应安装方式和适用环境的电动机。

3. 引线截面积的选择

电动机的引线一般都处在电动机结构的外部，同铁芯与绕组一起浸漆和烘干。选用引线必须考虑与其配套的耐热等级相适应，绝缘电阻要求高而稳定。引线在安装时会受到刮、挤、弯折等机械外力，因此要有一定的机械强度。电动机的引线截面积根据电动机的额定电流来选用，见表 8-3。

表 8-3　　电动机引线截面积选择

额定电流/A	引线截面积/mm^2	额定电流/A	引线截面积/mm^2	额定电流/A	引线截面积/mm^2
<6	1.0	31～45	6.0	121～150	35
6～10	1.5	46～60	10	151～190	50
11～20	2.5	61～90	16	191～240	70
21～30	4.0	91～120	25	241～290	90

五、三相交流异步电动机的维护

1. 异步电动机的保养

为了保证电动机正常工作，确保生产任务的顺利完成，除了按操作规程正常使用、运行过程中正常监视和维护外，还应该进行日常和定期的检查与保养。这样可以及时发现和消除一些隐患，预防事故的发生，保证电机安全可靠地运行。

电动机的保养分为日常保养、定期保养和年检 3 个阶段，定期保养的时间间隔可根据电动机的形式及使用环境决定（如按月），保养的主要内容如下：

（1）维护好电动机的工作环境，避免油污、潮气及有害气体进入电动机，不能让水滴、杂物落入电动机。

（2）及时清除电动机机座外部的灰尘、油泥。如使用环境灰尘较多，最好每天清扫一次。

（3）检查接线盒接线螺丝是否松动、烧伤。检查各固定部分螺栓，包括地脚螺栓、端盖螺栓、轴承盖螺栓等是否松动，将松动的螺栓拧紧。

（4）检查传动装置、皮带轮或联轴器有无损坏、安装是否牢固、皮带及其联结扣是否完好。

（5）检查电动机的通风冷却系统、启动设备和热保护装置的工作状态，要及时擦拭外部灰尘和触头，检查各接线部位是否有烧伤痕迹，接地线是否良好。

（6）轴承在使用一段时间后应清洗、更换润滑脂或润滑油。清洗和换油的时间，应随电动机的工作情况、工作环境、清洁程度、润滑剂种类而定，一般每工作3～6个月，应该清洗一次并换油。在油温较高、环境条件差、灰尘较多时应经常清洗、换油。

（7）检查电动机的绝缘情况并认真做好检查记录，由于绝缘材料的绝缘能力因干燥程度不同而异，所以检查电动机绕组的干燥是非常重要的。电动机工作环境潮湿、工作场所有腐蚀性气体等因素存在，都会破坏电绝缘。最常见的是绕组接地故障，即绝缘损坏，使带电部分与机壳等不应带电的金属部分相碰。发生这种故障，不仅影响电动机正常工作，还会危及人身安全。

2. 异步电动机运行前检查项目

对即将启动运行的异步电动机进行检查，是保证稳定、可靠、经济运行的重要措施。正常检查能有效减少电动机的故障，发生故障时，也可以从平时的维护记录中找到有关资料，作为处理故障和修理的依据。

（1）电动机绝缘电阻测定。对新安装或停用3个月以上的异步电动机，使用前都要用兆欧表测定绝缘电阻，测定内容应包括三相绕组相间绝缘电阻和三相绕组对地绝缘电阻。测得绝缘电阻大于1MΩ为合格，最低限度不能低于0.5MΩ。若相间或对地绝缘电阻不合格，则应烘干后重新测定，达到合格后才能使用。

（2）检查电源是否符合要求。异步电动机是对电源电压波动敏感的设备，电源电压过高，会使电动机绕组迅速发热，甚至烧毁；电压过低，使电动机输出力矩减小，转速下降、停转，甚至烧毁。因此当电压波动超出额定值＋10％及－5％时，电动机应在改善电源条件后再投入使用。

(3) 检查电动机的启动、保护设备是否合乎要求。检查内容有：启动设备的接线是否正确（直接启动的除外）；电动机所配熔断器熔丝的规格是否符合规定；电动机外壳接地是否良好。

(4) 检查电动机安装是否符合规定。检查内容包括：电动机装配后转动是否灵活；螺栓是否拧紧；轴承是否缺油；联轴器中心是否校准、安装是否正确；机组转动是否灵活，转动时有无卡阻和异响。

以上各项检查无误后，方可合闸启动。

3. 异步电动机启动时注意事项

(1) 使用闸刀开关启动的，合闸动作要迅速。合闸后应密切监视电动机有无异常。合闸后若电动机不转，必须立即拉闸断电，若不及时断电，电动机将在短时间内烧毁。拉闸后，检查电动机不转的原因，排除故障后再投入运行。电动机转动后，注意它的噪声、振动情况及相应电压、电流表指示，若有异常应停机，判明原因并进行处理。

(2) 电动机连续启动次数不能过多。电动机空载连续启动次数不能超过3～5次；经长时间工作、处于热状态下的电动机，连续启动不能超过2～3次，否则，电动机将可能过热损坏。

(3) 注意启动电动机与电源容量的配合。一台变压器同时为几台较大容量的电动机供电时，应对各台电动机的启动时间和顺序进行安排。多台电动机不能同时启动，应由容量大到容量小的逐台启动。

4. 异步电动机运行中的监视与维护

(1) 用钳形表监视电动机的三相电流是否正常。如果电动机长时间在大电流下工作，会使电动机的温度升高，绝缘性能下降，影响电动机的使用寿命，甚至烧毁电动机。引起电流增大的原因除电源电压过高外，还可能是电动机过载或绕组方面的故障。同时还要注意三相电流是否平衡，任意两相电流的差值不得超过额定电流的10%。电动机由于三相电压不平衡，或由于定子三相绕组的阻抗不平衡，均会造成三相电流的不平衡。

（2）注意电源电压的变化。如果电源电压太高，电动机电流则会增大，致使电动机过热；电源电压过低，若电动机负载不变，必然导致电动机电流增大，时间长了也会烧毁。因此，要求电源电压变化范围应在要求范围内。注意电源电压变化的同时，也要注意三相电压是否平衡。

（3）注意观察电动机有无发生缺相运行。正在运行的三相异步电动机，如果发生一相断电，则形成两相供电，称为缺相运行。缺相运行的电动机会发出沉闷的“嗡嗡”声，转速下降，绕组急剧发热，如不及时断开电源，很快就会烧毁电动机。造成电动机缺相运行的原因为进入电动机的三相电源缺一相或电动机三相定子绕组有一相断线。

（4）监视电动机的温升。电动机大部分故障都会使定子电流增大，温度升高。因此检查电动机温升是监视电动机运行情况的直接、可靠的办法。测量时将电动机的吊环拆下，用0～100℃的棒式酒精温度计插入吊环孔内，再用棉纱等隔热材料塞好吊环孔。等温度计的读数不再上升时，温度计测得的温度再加上10℃，就近似等于电动机铁芯温度。不可使用水银温度计测温，这是因为水银是良导体，当处在电动机内部时，会产生涡流，从而使温度上升，造成测量误差。

监视电动机温升最简便方法是在机壳上洒几滴水，如果水只冒热气而无声音，说明电动机没有过热；如果水即冒热气又发出“咝咝”声，说明电动机已过热，温升已超过允许值。

（5）注意电动机的振动、声音和气味有无异常。电动机的一些故障，特别是机械故障，常常从振动和异常声响反映出来。若发现电动机振动加大，应认真检查地基是否稳固，底脚螺栓有无松动，传动机构连接是否可靠。另外转子不平衡也会引起电动机振动。若电动机发出很大的“嗡嗡”声，可能是由超负荷或电流不平衡引起，缺相运行时“嗡嗡”声更大。电动机的轴承损坏或缺油也会发出异常声音。电动机绕组温度过高时，会散发出较强的绝缘漆气味或绝缘材料烧焦味，严重时会冒烟。

(6) 要保持电动机的清洁与干燥。防止尘土、水、油等脏物进入电动机，电动机周围不要放置杂乱的东西。要经常清洁电动机和清扫其周围场所。

(7) 对于绕线式电动机，要注意电刷的工作情况，应及时更换磨损严重的电刷。运行时发现电刷冒火花，应检查滑环是否脏污和不光滑，电刷弹簧压力是否不足。

(8) 在发生以下严重故障情况时，应立即停机处理：人身触电事故；电动机冒烟；电动机剧烈振动；电动机轴承剧烈发热；电动机转速突然下降；温度迅速升高。

5. 电动机的定期检修

为了保证电动机正常工作，除了在电动机运行过程中注意对电动机的监视和维护外，还应进行定期的检修，定期检修分为小检修和大检修。定期检修的间隔时间可根据电动机的类型和使用状况决定，一般情况下，小检修约半年一次，大检修约一年一次。小检修主要对电动机外部机械部分及内部易损部分进行检修，而大检修主要对电动机内部部件进行大的检修。

六、三相交流异步电动机的故障分析

1. 合上电源开关后电动机没有反应

(1) 电源没电。检查电源是否有电。

(2) 熔丝 2 根以上熔断。检查熔丝是否熔断，分析熔断原因。

(3) 一相以上接线柱或开关接触不良。检查各接线端子是否接触良好。

(4) 控制设备接线错误。检查控制设备的接线，并改正错误的接线。

(5) 热继电器动作后没有复位。检查热继电器是否已复位。

(6) 一相以上定子绕组断路。用万用电表检查三相绕组是否断路。

2. 合闸后熔丝立即熔断

(1) 定子绕组接地短路或绕组相间短路。用万用电表或绝缘电阻表检查定子绕组是否接地、相间短路。

(2) 电源缺一相。检查三相电源是否都有电。

(3) 一相定子绕组接反。检查定子绕组是否一相接反。

3. 合闸后电动机有“嗡嗡”声，但不能启动

(1) 一相电源缺电或熔丝熔断。用万用电表测电源电压及电动机接线端的电压，排除熔丝熔断故障。

(2) 电源电压太低。调高电源电压。

(3) 负载过重或转子、生产机械卡阻。减轻负载，用手盘动转子，看转子能否转动，如不能盘动，则卸下负载，再检查能否转动，以判断故障所在。

(4) 星形接法中一相绕组断相或三角形接法中一相或两相绕组断路。分别检查三相绕组，判断是否存在断相。

(5) 轴承损坏。更换轴承。

4. 空载时，启动、运行正常；加负载后，转速急速下降；带负载不能启动

(1) 电源电压过低。测量空载和带负载后的电源电压，如果两者相差较多，说明电网供电不足。

(2) 将三角形接法误接为星形接法。对照铭牌检查电动机绕组的接法。

(3) 负载过重。减载或卸载后重新启动，以判断是否过载。

(4) 定子绕组局部接错或接反。检查定子绕组接法，并予以改正。

(5) 鼠笼式转子开焊或断条。检查并修复笼条。

5. 能启动运行，但三相电流不平衡

(1) 三相电源电压不平衡。检查电源和电动机接线端电压是否平衡，找出不平衡的原因。

(2) 部分绕组匝间短路。检查绕组。

(3) 绕组重绕时，三相匝数不等或某相绕组首末端接错。检查绕组。

(4) 多路并联的绕组，个别绕组断路或个别支路、绕组极性接反。检查绕组。

6. 空载时，三相电流平衡，但数值过大

(1) 电源电压过高。测量电源电压。

(2) 把星形接法误接为三角形。对照铭牌检查绕组接法是否有错，并改正。

(3) 电动机过载。检查负载，发现负载过重或不正常，应予以改正。

(4) 大修后，绕组串联匝数较原设计数少。核对绕组数据，有错时要重新绕制。

(5) 装配时，定子、转子铁芯没有对齐。拆开电动机，若铁芯没有对齐要重新装配。

7. 电流正常，温度超过温升限度

(1) 环境温度太高。设法降低环境温度。

(2) 端部通风孔堵塞。清理风道。

(3) 正、反转启动过于频繁。适当减少正、反转次数。

(4) 轴承磨损。更换轴承。

8. 电流和温度都超过额定值

(1) 电源电压过高。测量电源电压，可能情况下调低电源电压。

(2) 负载过重。减轻负载。

(3) 把星形接法接成三角形接法。检查绕组接法是否有误。

9. 轴承端温度过高

(1) 润滑油过多、过少或变质干涸。加适量润滑油（约占容积的 1/3～2/3）。

(2) 润滑油内有铁屑等异物。更换润滑油。

(3) 端盖或轴承盖没有装平。重新调整端盖或轴承盖。

(4) 轴承滚珠的滚槽有明显斑痕或保持架磨损。更换轴承。

10. 机壳带电

(1) 接线盒绝缘损坏。检查接线盒，必要时套上绝缘套或绝缘布。

(2) 绕组槽口导线绝缘损坏。检查绕组的两端槽口，并在接地点处垫上绝缘纸，涂上绝缘漆。

(3) 槽内有铁屑等杂物，使导线嵌入后受损接地。找出接地线圈的位置，并垫上绝缘纸。

(4) 电源相线与中线接错。检查接线。

11. 绝缘电阻下降

(1) 潮气或雨水浸入电动机内。烘干绕组后用绝缘电阻表检查。

(2) 绕组上有灰尘或污垢。清除绕组上的污垢。

(3) 电动机过热后使绕组绝缘损坏。对绕组、电动机进行重新浸漆处理，或更换受损绕组。

12. 空载时振动

(1) 电动机基础不稳固。加固基础。

(2) 与生产机械连接处未校准。重新校准传动连接装置。

(3) 转轴弯曲。校正或更换转轴。

(4) 风扇叶片部分损坏造成转子不平衡。更换风扇。

(5) 电动机单相运行。在接线盒处检查电源电压，测量三相绕组电阻是否一致。

(6) 绕组短路、接地，并联支路断路。检查绕组是否接地。

(7) 笼式转子铜条有较多的断裂或开焊。重新焊接铜条或更换转子。

(8) 轴承破碎或严重磨损。更换轴承。

13. 加负载后发生振动

电动机与拖动机械的中心没有对好。重新调校轴中心。

14. 运行中突然发生振动

绕组突然断相，电动机缺相运行。立即停机，检查是否断相。

15. 绕线转子集电环上火花过大

(1) 集电环上有污物。清理集电环上的污物。

(2) 电刷压力太小。调整电刷压力。

(3) 电刷牌号或尺寸不符合要求。更换电刷。

第三节 单相交流异步电动机

单相交流异步电动机由单相交流电源供电，其优点是结构简单、成本低廉、运行可靠、维修方便，但与同容量的三相异步电动机相比，其体积较大、运行性能较差。因此，它虽在工农业生产及家用电器等方面用得很广，但却只工作在小容量的场合，常被用于小功率鼓风机、电动工具、搅拌机、电风扇等家用电器上。

一、单相交流异步电动机的结构

单相交流异步电动机的结构如图 8-5 所示，一般由机壳、定子、转子、端盖、转轴、风扇等组成，有的还有启动元件。单相交流异步电动机与三相交流异步电动机相比，其机座、端盖等部件大同小异，笼型转子也完全相同，差别主要在于定子铁芯结构、定子绕组结构及一些启动元件上。

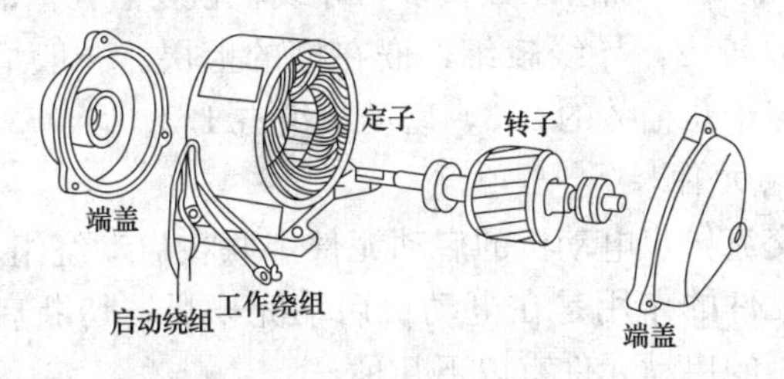

图 8-5 单相交流异步电动机的结构

1. 定子铁芯

单相交流异步电动机定子铁芯形式有隐极和凸极两种，如图 8-6 所示。隐极式铁芯与三相交流异步电动机的定子铁芯相同，其绕组为分布式绕组，即在铁芯圆周上均匀设置的槽中嵌入运行绕组和启动绕组。凸极式铁芯其运行绕组为集中式绕组，它由导线绕制成一个集中的线包后，再套在凸极上构成，启动绕组一般采用罩极线圈（短路环）。

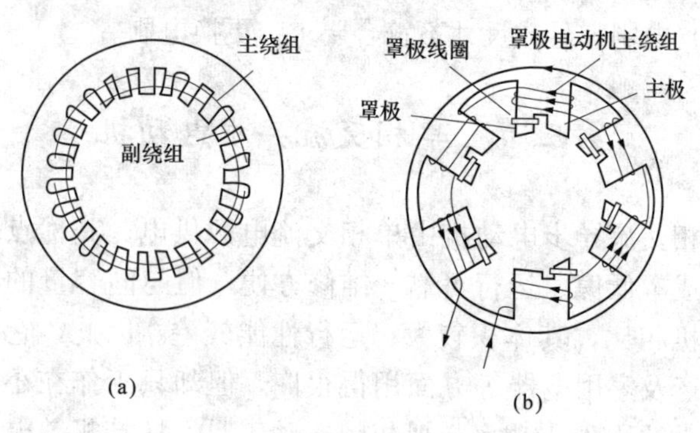

图 8-6　定子铁芯形式
（a）隐极式铁芯；（b）凸极式铁芯

2. 定子绕组

单相交流异步电动机定子有两套绕组，一套是主绕组（运行绕组），在电动机的运行中起主导作用；另一套是副绕组（启动绕组），是为电动机的启动而设置的。启动绕组与运行绕组在沿圆周上错开 90°的空间角度，其在隐极式定子铁芯中的布置如图 8-7 所示。运行绕组匝数较多，导线较粗，嵌在槽的下层。启动绕组匝数较少，导线较细，嵌在槽的上层。一般情况下，运行绕组占定子总槽数的 2/3，启动绕组占 1/3。

3. 启动元件

单相交流异步电动机的启动元件串联在启动绕组（副绕组）中，启动元件的作用是在电动机启动完毕后，切断启动绕组的电源，常用的启动元件有以下几种：

（1）离心式开关。离心式开关位于电动机端盖里面，包括静止和旋转两部分，如图 8-8 所示。旋转部分安装在电动机的转轴上，其 3 个指形铜触片（动触头）受弹簧拉力的作用，紧压在静止部分上。静止部分由两个半圆形铜环（静触头）组成，这两个半圆形铜环中间用绝缘材料隔开，装在电动机的前端盖内。

当电动机静止时，无论旋转部分在什么位置，总有一个铜触片与静止部分的两个半圆形铜环同时接触，使启动绕组接入电动机电路。电动机启动后转速达到额定转速的70%～80%时，离心力克服弹簧的拉力，使动触头与静触头脱离接触，启动绕组断电。

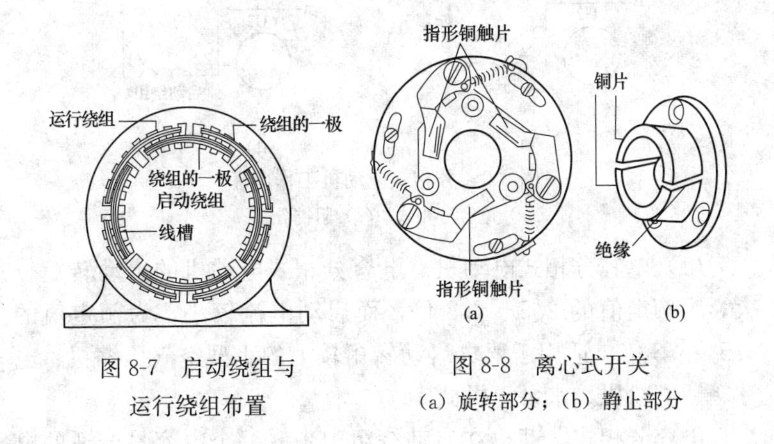

图8-7 启动绕组与运行绕组布置

图8-8 离心式开关

(a) 旋转部分；(b) 静止部分

(2) 启动继电器。利用流过继电器线圈的电动机启动电流大小的变化，使继电器动作，将触头闭合或断开，从而达到接通或切断启动绕组电源的目的。常用的有电流型启动继电器，其工作线圈串联在运行绕组中，启动时运行绕组的启动电流较大，使继电器动作，电动机的启动绕组通过触头接到电源上。随着转速升高，运行绕组中的电流减小，减小到一定程度时（视具体应用而定），继电器复位，启动绕组的触头断开，脱离电源。

二、单相交流异步电动机的类型

按照产生启动转矩方法的不同，单相交流异步电动机一般分为分相式电动机、电容式电动机和罩极式电动机3种。

1. 分相式电动机

分相式电动机可分为电容分相式与阻抗分相式2种，其中电容分相式电动机较为常用。分相式电动机工作原理如图8-9所示，如要改变电动机的转动方向，只要把两绕组之一的出线端对调连接即可。分相式电动机在定子上嵌有运行绕组和启动绕组，两个绕组在定子上相差90°电角度，并且都接到同一个单相电源上。

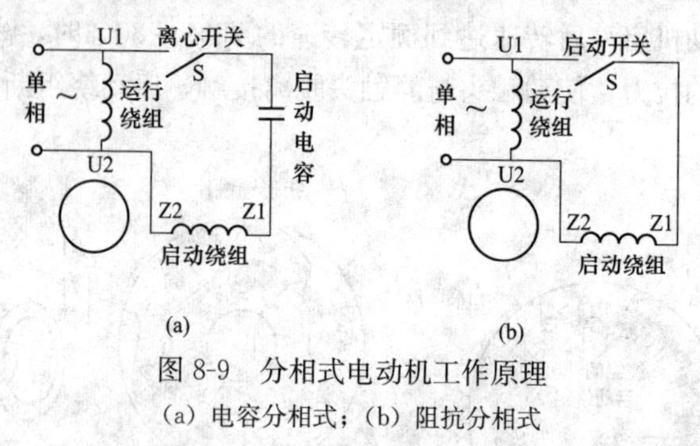

图 8-9　分相式电动机工作原理

（a）电容分相式；（b）阻抗分相式

（1）电容分相式电动机。电容分相式电动机的启动转矩较大，为额定值的 2.5～2.8 倍，而启动电流较小，为额定值的 4.5～6.5 倍，适用于要求启动转矩较大的小型空气压缩机、电冰箱、磨粉机、水泵等机械。

电容分相式电动机在启动绕组中串联一个电容量合适的电容器，使两个绕组中的电流有 90°的相位差。这样单相交流电流流入两个绕组时，就能产生旋转磁场，在旋转磁场的作用下，转子得到启动转矩而转动。当转速达到额定值的 70%～80%时，通过离心开关 S 切断启动绕组的电源。

（2）阻抗分相式电动机。阻抗分相式电动机具有中等启动转矩和过载能力，启动转矩是额定转矩的 1.1～1.6 倍，而启动电流较大，是额定值的 6～9 倍。这种电动机结构简单，成本低，适用于不经常启动、负载可变而速度基本不变的负载，如小型车床、鼓风机、医疗机械、电冰箱、搅拌机等。

阻抗分相式电动机定子绕组的结构与电容分相式电动机基本相同，但阻抗分相式电动机是利用运行绕组、启动绕组匝数与线径的不同，使两者的电阻、电感不同而分相的。通常运行绕组线径较粗，匝数较多，故电阻小而电感较大；启动绕组线径较细、匝数少，故电阻较大而电感较小。在同一个电源电压作用下，两个绕组的电流有一定的相位差（小于 90°），故就能产生椭圆形旋转磁场，转子得到启动转矩而转动。启动结束后，启动绕组断电。阻抗分相式电动机的启动元件除了启动开关 S 外，还可装电流继电器、PTC 热敏电阻等。

2. 电容式电动机

电容式电动机把电容分相式电动机中的电容器与启动绕组设计成可以长时间接入电路中使用，实际上变成了一台两相感应电动机，其运行性能、功率因数、过载能力与效率都比分相式电动机好，而且在电动机运行过程中，电容器不必从电路中切除，因此不必使用离心开关，结构简单。这种电动机运行性能好、振动小、噪声低，功率因数达 0.8～0.95，但启动转矩只有额定值的 35%～70%，所以适合于洗衣机、电风扇、空调器、电子仪器等空载或轻载启动的机械。

电容式电动机可分为电容运行式、电容启动电容运行式电动机两种，其工作原理如图 8-10 所示。如要改变电动机的转动方向，只要把两绕组之一的两根出线端对调连接即可。电容启动电容运行式电动机采用两只电容器并联后与启动绕组相连，电动机启动后，电容量较大的一只电容器在离心开关作用下与电路断开，电容量较小的一只电容器仍然接在电路中运行。

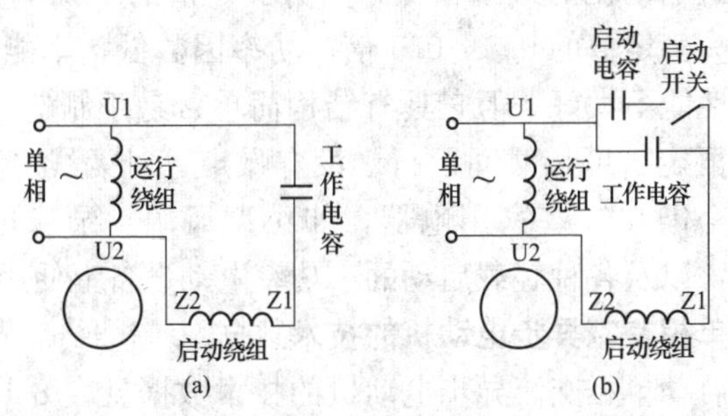

图 8-10　电容式电动机工作原理

（a）电容运行式；（b）电容启动电容运行式

3. 罩极式电动机

罩极式电动机的结构如图 8-11 所示，其转子也是笼型，定子铁芯上有凸出的磁极，磁极由硅钢片叠压而成，每个极上套有一个运行绕组，在磁极表面1/4～1/3的部分开一个小槽，小槽内嵌入一个短路铜环，称为罩极绕组。这样磁极被分成两部分，即被短路环罩住部分和未被短路环罩住部分。当运行绕组通入交流电时便产生磁通，磁通穿过短路环而产生感应电流，此电流总是阻止被短路环罩住部分磁通的变化，这就使得磁极被罩住部分的磁通与未被罩住部分的磁通不仅在数量上不同，而且在时间上又有一定相位差，从而形成旋转磁场，产生启动转矩，使转子从被未罩住部分向被罩住部分的方向旋转。

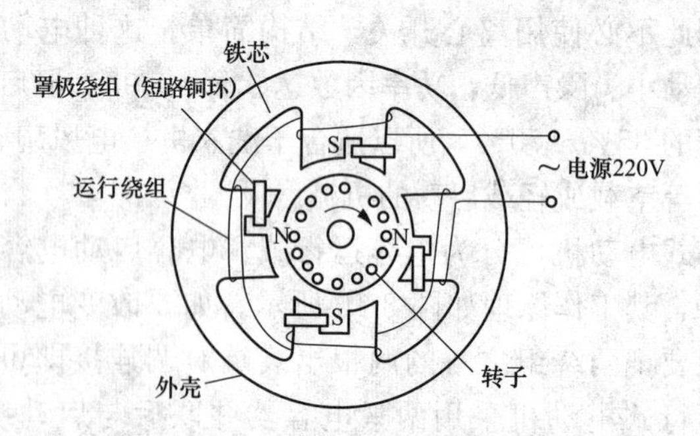

图8-11　罩极式电动机的结构

罩极式电动机的效率很低，仅为额定值的50%，启动转矩较小，仅为额定值的0.3～0.5倍，功率因数低，不能反转，因此其电气性能不大好。但它具有结构简单、易于制造、成本低、转速基本恒定、可长时间运行、没有噪声、对无线电无干扰等优点，至今仍在一些家用电器，如小型风扇、录音机、电钟、电动模型，以及各种轻载启动的小功率电动设备上使用。

三、单相交流异步电动机的技术数据

电阻启动单相交流异步电动机的技术数据见表8-4，电容启动单相交流异步电动机的技术数据见表8-5，电容运转单相交流异步电动机的技术数据见表8-6，电容启动与运转单相交流异步电动机的技术数据见表8-7，罩极式方型单相交流异步电动机的技术数据见表8-8。

表 8-4　　电阻启动单相交流异步电动机的技术数据

型号	额定功率/W	转速/(r/min)	额定电流/A	效率/%	功率因数	堵转转矩/额定转矩
YU6312	90	2800	1.09	56	0.67	1.5
YU6322	120	2800	1.36	58	0.69	1.4
YU6314	60	1400	1.23	39	0.57	1.7
YU6324	90	1400	1.64	43	0.58	1.5
YU7112	180	2800	1.89	60	0.72	1.3
YU7122	250	2800	2.40	64	0.74	1.1
YU7132	370	2800	3.36	65	0.77	1.1
YU7114	120	1400	1.88	50	0.578	1.5
YU7124	180	1400	2.49	53	0.62	1.4
YU7134	250	1400	3.11	58	0.63	1.2
YU8012	370	2800	3.36	65	0.77	1.1
YU8022	550	2800	4.65	68	0.79	1.0
YU8032	750	2800	6.09	70	0.80	0.8
YU8014	250	1400	3.11	58	0.63	1.2
YU8024	370	1400	4.24	62	0.64	1.2
YU8034	550	1400	5.49	66	0.69	1.0
YU90S2	750	2800	6.09	70	0.80	0.8
YU90L2	1100	2800	8.68	72	0.80	0.8
YU90LX2	1500	2800	11.38	74	0.81	0.6
YU90S4	550	1400	5.49	66	0.69	1.0
YU90L4	750	1400	6.87	68	0.73	1.0
YU90LX4	1100	1400	9.52	71	0.74	0.8
YU90S6	250	950	4.21	54	0.50	0.6
YU90L6	370	950	5.27	58	0.55	0.6
YU90LX6	550	950	6.94	60	0.60	0.6
YU100L1-2	1500	2800	11.38	74	0.81	0.6
YU100L2-2	2200	2800	16.46	75	0.81	0.6
UY100L1-4	1100	1400	9.52	71	0.74	0.8
YU100L2-4	1500	1400	12.45	73	0.75	0.8
YU100L1-6	550	950	6.94	60	0.60	0.6
YU100L2-6	750	950	9.01	61	0.62	0.6
YU112M2	3000	2800	21.88	76	0.82	0.6
YU112M4	2200	1400	17.78	74	0.76	0.6
YU112M6	1100	950	12.21	63	0.65	0.6

表 8-5　　电容启动单相交流异步电动机的技术数据

型号	额定功率/W	转速/(r/min)	额定电流/A	效率/%	功率因数	堵转转矩/额定转矩
YC7112	180	2800	1.89	60	0.72	3.0
YC7122	250	2800	2.40	64	0.74	3.0
YC7132	370	2800	3.36	65	0.77	2.8
YC7114	120	1400	1.88	50	0.58	3.0
YC7124	180	1400	2.49	53	0.62	2.8
YC7134	250	1400	3.11	58	0.63	2.8
YC8012	370	2800	3.36	65	0.77	2.8
YC8022	550	2800	4.65	68	0.79	2.8
YC8032	750	2800	6.09	70	0.80	2.5
YC8014	250	1400	3.11	58	0.63	2.8
YC8024	370	1400	4.24	62	0.64	2.5
YC8034	550	1400	5.49	66	0.69	2.5
YC90S2	750	2800	6.09	70	0.80	2.5
YC90L2	1100	2800	8.68	72	0.80	2.5
YC90LX2	1500	2800	11.38	74	0.81	2.5
YC90S4	550	1400	5.49	66	0.69	2.5
YC90L4	750	1400	6.87	68	0.73	2.5
YC90LX4	1100	1400	9.52	71	0.74	2.5
YC90S6	250	950	4.21	54	0.50	2.5
YC90L6	370	950	5.27	58	0.55	2.5
YC90LX6	550	950	6.94	60	0.60	2.5
YC100L1-2	1500	2800	11.38	74	0.81	2.5
YC100L2-2	2200	2800	16.46	75	0.81	2.2
YC100L1-4	1100	1400	9.52	71	0.74	2.5
YC100L2-4	1500	1400	12.45	73	0.75	2.5
YC100L1-6	750	950	9.01	61	0.62	2.2
YC100L2-6	550	950	6.94	60	0.60	2.5
YC112M2	3000	2800	21.88	76	0.82	2.2
YC112M4	2200	1400	17.8	74	0.76	2.2
YC112M6	1100	950	12.21	63	0.65	2.2

表 8-6　　电容运转单相交流异步电动机的技术数据

型号	额定功率/W	转速/(r/min)	额定电流/A	效率/%	功率因数	堵转转矩/额定转矩
YY4512	16	2800	0.23	35	0.90	0.60
YY4522	25	2800	0.32	40	0.90	0.60
YY4532	40	2800	0.43	47	0.90	0.50
YY4514	10	1400	0.22	24	0.85	0.55
YY4524	16	1400	0.26	33	0.85	0.55
YY4534	25	1400	0.35	38	0.85	0.55
YY5012	40	2800	0.43	47	0.90	0.50
YY5022	60	2800	0.57	53	0.90	0.50
YY5032	90	2800	0.79	56	0.92	0.50
YY5014	25	1400	0.35	38	0.85	0.55
YY5024	40	1400	0.48	45	0.85	0.55
YY5034	60	1400	0.61	50	0.90	0.45
YY5612	90	2800	0.79	56	0.92	0.50
YY5622	120	2800	0.99	60	0.92	0.50
YY5632	180	2800	1.37	65	0.92	0.40
YY5614	60	1400	0.61	50	0.90	0.45
YY5624	90	1400	0.87	52	0.90	0.45
YY5634	120	1400	1.06	57	0.90	0.40
YY6312	180	2800	1.37	65	0.92	0.40
YY6322	250	2800	1.87	66	0.92	0.40
YY6332	370	2800	2.73	67	0.92	0.35
YY6342	450	2800	3.18	70	0.92	0.35
YY6314	120	1400	1.06	57	0.90	0.40
YY6324	180	1400	1.54	59	0.90	0.40
YY6334	250	1400	2.02	61	0.92	0.35
YY6344	370	1400	2.95	62	0.92	0.35
YY7112	370	2800	2.73	67	0.92	0.35
YY7122	550	2800	3.88	70	0.92	0.35
YY7132	750	2800	5.15	72	0.92	0.33
YY7142	1100	2800	7.02	75	0.95	0.33
YY7114	250	1400	2.02	61	0.92	0.35
YY7124	370	1400	2.95	62	0.92	0.35
YY7134	550	1400	4.25	64	0.92	0.35
YY7144	750	1400	5.45	68	0.92	0.32
YY8012	750	2800	4.98	72	0.95	0.33
YY8022	1100	2800	7.02	75	0.95	0.33

续表

型号	额定功率/W	转速/(r/min)	额定电流/A	效率/%	功率因数	堵转转矩/额定转矩
YY8032	1500	2800	9.44	76	0.95	0.30
YY8014	550	1400	4.45	64	0.92	0.35
YY8024	750	1400	5.45	68	0.92	0.32
YY8034	1100	1400	7.41	71	0.95	0.32
YY90S2	1500	2800	9.44	76	0.95	0.30
YY90L2	2200	2800	13.67	77	0.95	0.30
YY90S4	1100	1400	7.41	71	0.95	0.32
YY90L4	1500	1400	9.83	73	0.95	0.30

表 8-7　电容启动与运转单相交流异步电动机的技术数据

型号	额定功率/W	转速/(r/min)	额定电流/A	效率/%	功率因数	堵转转矩/额定转矩
YL7112	370	2800	2.73	67	0.92	1.8
YL7122	550	2800	3.88	70	0.92	1.8
YL7114	250	1400	1.99	62	0.92	1.8
YL7124	370	1400	2.81	65	0.92	1.8
YL8012	750	2800	5.15	72	0.92	1.8
YL8022	1100	2800	7.02	75	0.95	1.8
YL8032	1500	2800	9.44	76	0.95	1.7
YL8014	550	1400	4.00	68	0.92	1.7
YL8024	750	1400	5.22	71	0.92	1.8
YL8034	1100	1400	7.21	73	0.95	1.7
YL90S2	1500	2800	9.44	76	0.95	1.7
YL90L2	2200	2800	13.67	77	0.95	1.7
YL90S4	1100	1400	7.21	73	0.95	1.7
YL90L4	1500	1400	9.57	75	0.95	1.7
YL90S6	750	930	5.13	70	0.95	1.7
YL90L6	1100	930	7.31	72	0.95	1.7
YL100L1-2	3000	2800	18.17	79	0.95	1.7
YL100L1-4	2200	1400	13.85	76	0.95	1.7
YL100L2-4	3000	1400	18.64	77	0.95	1.7
YL100L1-6	1100	950	7.31	72	0.95	1.7
YL100L2-6	1500	950	9.83	73	0.95	1.7

表 8-8　罩极式方型单相交流异步电动机的技术数据

型号	电压/V	频率/Hz	输出功率/W	效率/%	同步转速/(r/min)
YJF-0.4	220/110	50/60	0.4	5	3000/3600
YJF-0.6	220/110	50/60	0.6	7	3000/3600
YJF-1.0	220/110	50/60	1.0	8	3000/3600
YJF-1.6	220/110	50/60	1.6	10	3000/3600
YJF-2			2	11	
YJF-2.5	220/110	50/60	2.5	12	3000/3600
YJF-3			3	13	
YJF-4	220/110	50/60	4	14	3000/3600
YJF-5			5	15	
YJF-6	220/110	50/60	6	16	3000/3600
YJF-7			7	16.5	
YJF-8	220/110	50/60	8	17	3000/3600
YJF-9			9	17.5	
YJF-10			10	18	
YJF-4804	220/110	50/60	0.4	5	3000/3600
YJF-4808			0.8	5	
YJF-4810			1.0	8.3	
YJF-4820			2.0	9.7	

第四节　直流电动机的基本知识

直流电动机是机械能和直流电能互相转换的旋转机械装置，它可以将电能转换为机械能。直流电动机虽然比三相异步电动机的结构复杂、价格昂贵、制造工艺麻烦、维护不方便，但是由于它具有良好的启动性能，且启动转矩较大，过载能力较高，并能在较宽的范围内平滑地调速，同时还具有可靠的制动特性。因此，对调速要求较高的生产机械（龙门刨床、镗床、轧钢机、矿井机械等）或者需要较大启动转矩的生产机械（起重机械、机车、电车、船舶等）往往采用直流电动机来驱动。

一、直流电动机的分类及结构

1. 直流电动机的分类

直流电动机的分类方法很多，按用途可分为直流电动机和直流发电机；按励磁方式可分为永磁、并励、他励、串励和复励；按防护形式可分为开启式、防护式和封闭式等；按冷却方式可分为自通风、强迫通风（径向配有骑式鼓风机或冷却器）和管道通风等；按结构类型可分为卧式、立式，机座带底脚或不带底脚、端盖带凸缘或不带凸缘等。

2. 直流电动机的结构

直流电动机的结构如图 8-12 所示，主要由定子和转子两大部分组成，在转子与定子之间留有一定的间隙，称为气隙。定子是固定不动的部分，主要作用是产生磁场并作为磁路的组成部分，在机械方面作为电动机的机械支架，它包括主磁极、换向极、补偿绕组、电刷装置、机座等。转子是转动的部分，通常又称为电枢，主要作用是产生感应电动势、电流、电磁转矩，实现能量的转换，它包括电枢铁芯、电枢绕组、换向器、风扇、转轴等。

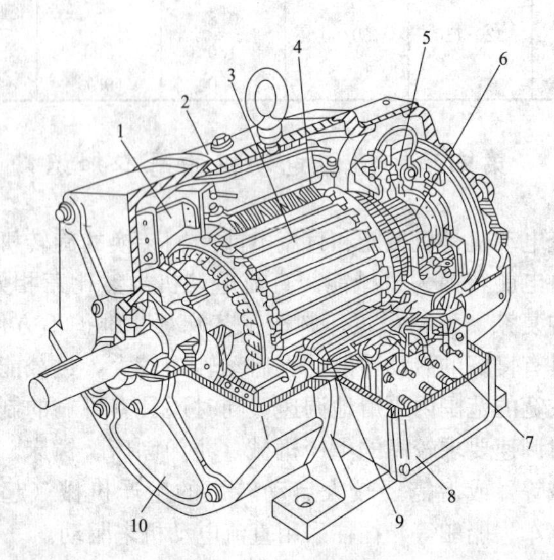

图 8-12　直流电动机结构

1—风扇；2—机座；3—电枢；4—主磁极；5—刷架；6—换向器；7—接线板；8—出线盒；9—换向极；10—端盖

（1）主磁极。主磁极简称主极，其作用是通入直流励磁电流，产生主磁场，以便电枢电流在此磁场中产生电磁转矩使电枢转动。主磁场有两种形式，一种是永久磁铁，一种是电磁铁，绝大部分直流电动机采用电磁铁方式。

电磁铁由主磁极铁芯和主磁极绕组组成，通过螺钉固定在机座上。主磁极铁芯作为电动机磁路的一部分，为了减少涡流损耗，一般采用1～2mm厚的低碳钢板经冲压成型后进行叠装，然后用铆钉铆紧成一个整体。主磁极绕组套在铁芯外面，其作用是通入直流电，产生励磁磁通势。主磁极总是成对出现，各主磁极上的绕组连接时要保证相邻磁极的极性按N极和S极依次排列。

（2）换向极。换向极是位于两个主磁极之间中性线上的小磁极，又称为附加磁极，它也是由换向极铁芯和换向极绕组组成的。铁芯多采用整块扁钢，绕组采用截面积大的矩形导线。换向极绕组套在换向极铁芯上与电枢绕组串联，而且极性不能接反，一般换向极的数量与主磁极相同。换向极的作用是产生换向磁场，用以改善电动机的换向性能，减小电动机运行时电刷与换向器之间可能产生的火花。

（3）补偿绕组。在大、中型电动机和过载较大且换向困难的小型电动机中都装有补偿绕组，它通常由裸扁铜线弯制并经绝缘后安放在主磁极的极靴上冲出的槽中，其作用是用它和电枢绕组、换向磁极绕组串联，用来消除气隙磁场畸变和改善换向。

（4）电刷装置。电刷装置一般由电刷、刷握、刷杆、刷杆座、压力弹簧等组成，电刷放在刷握中的电刷盒内，并用压力弹簧把电刷压紧在换向器上。刷握固定在刷杆上，借铜丝辫把电流从电刷引到刷杆上再由导线接到接线盒中的端子上。通常，刷杆是用绝缘材料制作的，刷杆固定在刷杆座上，成为一个相互绝缘的整体部件。对电刷的要求是既要有良好的导电性，又要有良好的耐磨性，因此电刷一般用石墨粉压制而成。电刷装置的作用是通过电刷与换向器表面的滑动接触，可以把外电路的电压、电流引入到电枢绕组。

(5) 电枢铁芯。由于电枢铁芯和磁场之间有相对运动，为了减小电枢铁芯中产生的涡流损耗和磁滞损耗，电枢铁芯一般用0.5mm厚的表面有绝缘层的硅钢片叠压而成。电枢铁芯有两个作用，它即是电动机主磁路的主要部分，又是电枢绕组嵌放的位置。

(6) 电枢绕组。电枢绕组由若干个线圈组成，这些线圈按一定的要求均匀地分布在电枢铁芯槽中，并按一定的规律连接到换向器。电枢绕组的作用是通过电流产生电磁转矩，使电动机实现机电能量转换。

(7) 换向器。换向器又称整流子，由多个彼此互相绝缘的换向片组成，换向片之间用云母绝缘。换向器的作用是将电刷两端的直流电流和电动势转换成电枢绕组内的交变电流和电动势，以产生恒定方向的电磁转矩。

(8) 转轴。转轴起转子旋转的支撑作用，需要一定的机械强度，一般由圆钢加工而成。

(9) 风扇。风扇用来降低电动机运行中的温升。

(10) 机座。电动机定子部分的外壳称为机座，它一般用导磁性能较好的铸钢件或钢板焊接而成，也可直接用无缝钢管加工制成。机座有两方面的作用：一方面起导磁作用，作为电机磁路的一部分；另一方面起支撑作用，用来安装主磁极和换向磁极，并通过端盖支撑转子部分。

二、直流电动机的主要技术性能

每台直流电动机的机座上都有一块铭牌，如图8-13所示，它载明了直流电动机的各项主要技术性能，现将其含义简述如下。

(1) 型号。直流电动机的型号包含电动机的系列、机座号、铁芯长度、设计次数、极数等，由汉语拼音大写字母与阿拉伯数字组成。如中小型直流电动机的型号Z4-112/2-1，其中“Z”表示直流电动机，“4”表示第4次系列设计，“112”表示机座中心高（mm），“2”表示2个磁极，“1”表示电枢铁芯长度代号。

直流电动机			
型号	Z4-112/2-1	励磁方式	他励
容量	3kW	励磁电压	180V
电压	440V	定额	S1
电流	8.6A	绝缘等级	F级
转速	1500/3000r/min	质量	10kg
技术条件	JB/DQ3162	出厂日期	
出厂编号		励磁电流	1.8A
	×××电机厂		

图 8-13　直流电动机的铭牌

(2) 额定功率（容量）。指在额定状态下运行时，其轴上所能输出的机械功率称为额定功率，单位是 kW。

(3) 额定电压。指在额定条件下运行时，从电刷两端施加给直流电动机的输入电压，单位是 V。

(4) 额定电流。指直流电动机在额定电压下输出额定功率时，长期运转允许输入的工作电流，单位是 A。

(5) 额定转速。当直流电动机在额定工况下运转时，每分钟的转子转速为额定转速，单位是 r/min。直流电动机铭牌往往有低、高两种转速，低转速是基本转速，高转速是弱磁转速。直流电动机在基本转速以下，采用改变电枢端电压的恒转矩调速，在基本转速以上，采用弱磁恒功率调速。

(6) 励磁方式。指励磁绕组的供电方式，通常有自励、串励、他励和复励 4 种。

(7) 励磁电压。指励磁绕组供电的电压值，一般有 110、180、220V 等。

(8) 励磁电流。指直流电动机在基本转速时，励磁绕组所流过的电流，单位是 A。

(9) 定额（工作制）。指直流电动机的工作方式，一般分为连续制（S1）、短时制（S2）和断续制（S3）。

(10) 绝缘等级。指直流电动机制造时所用绝缘材料的耐热等级，一般有B级、F级、H级和C级。

（11）温升。电动机在额定运行状态下，各部件产生的温升应不超过其绝缘等级所规定的限值。

（12）技术条件。指直流电动机的国家标准编号。

（13）换向火花。在电动机的技术标准（或技术条件）中，对直流电动机在额定运行状态下允许换向火花等级作出明确规定，一般直流电动机规定换向火花不超过1.5级。

（14）调速。最常用的有弱磁调速和降压调速两种。

（15）可逆性。直流电动机具有可逆性，既可以作电动机状态运行，也可以作发电机状态运行。如将直流发电机当作直流电动机使用时，电动机的转速比铭牌上的额定转速要低，可稍降低励磁电流来提高电动机转速。如将直流电动机当作直流发电机使用时，电动机的输出电压比铭牌上的额定电压要低，在温升不超过限值的前提下，可增加励磁电流来提高电动机输出电压。

三、直流电动机绕组出线端标记

为了正确安装使用直流电动机，在直流电动机的出线端都标有明确的标记，以备接线，其标记是用汉语拼音字母标在引出线的金属标签上。直流电动机绕组出线端标记见表8-9。

表8-9　　直流电动机绕组出线端标记

绕组名称	出线端标记		绕组名称	出线端标记	
	始端（或）	末端（或）		始端（或）	末端（或）
电枢绕组	A1(S1)	A2(S2)	并励绕组	E1(B1)	E2(B2)
换向极绕组	B1(H1)	B2(H2)	他励绕组	F1(T1)	F2(T2)
串励绕组	D1(C1)	D2(C2)	补偿绕组	C1(BC1)	C2(BC2)

四、直流电动机的励磁方式

直流电动机励磁绕组的供电方式称为励磁方式，按照励磁方式的不同，直流电动机分为他励、并励、串励和复励4大类。直流电动机的性能与它的励磁方式密切相关，其机械特性也有明显的区别，因而可适用于不同场合。

1. 他励直流电动机

励磁绕组和电枢回路各自分开，励磁绕组由单独直流电源供电，如图 8-14 所示。他励直流电动机的机械特性曲线是一条随负载转矩增加，转速略微下降的直线，因为它从空载到额定负载，转速下降不多，故属于硬特性，一般用于拖动要求转速恒定的场合，如金属切削机床、通风机、鼓风机、印刷及印染机械等。

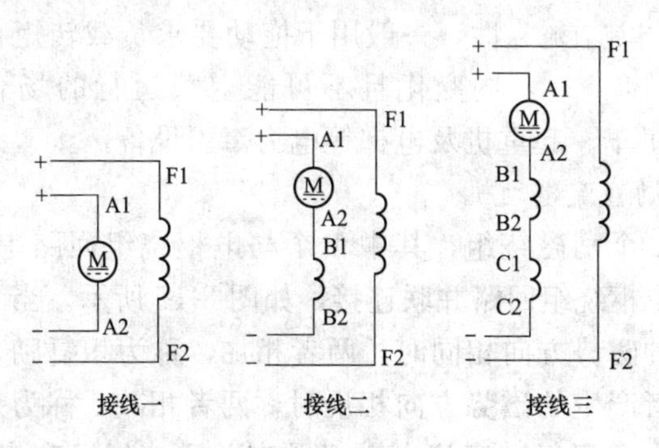

图 8-14　他励直流电动机

2. 并励直流电动机

励磁绕组和电枢绕组回路并联连接，励磁绕组所加的电压就是电枢绕组所加的电压，如图 8-15 所示。由于他励和并励直流电动机均是他励式，没有接法上的差别，所以并励直流电动机和他励直流电动机的机械特性相同。

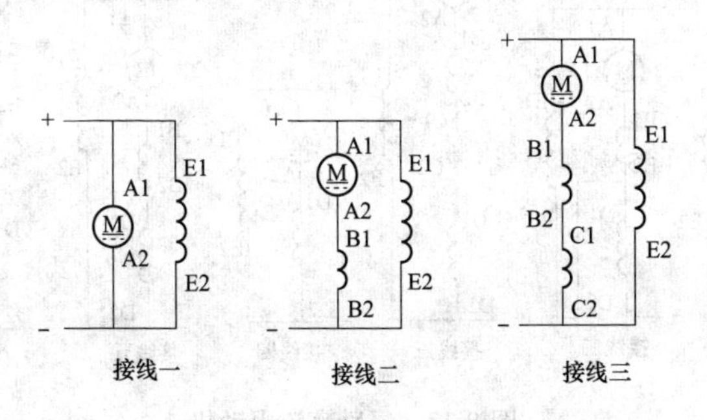

图 8-15　并励直流电动机

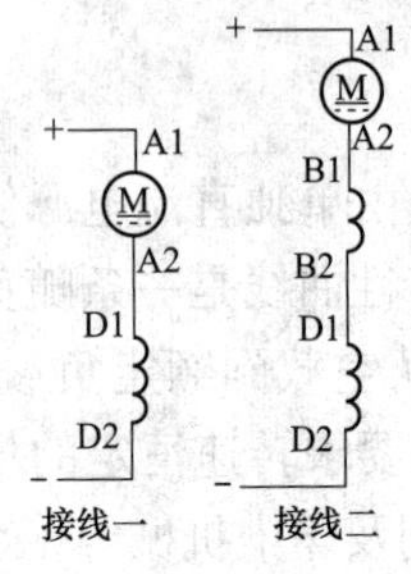

图 8-16　串励直流电动机

3. 串励直流电动机

励磁绕组和电枢绕组回路串联连接，励磁绕组的电流等于电枢绕组回路的电流，如图 8-16 所示。串励直流电动机的机械特性曲线是一条随负载转矩的变化，转速有很大变化的曲线，因为它从空载到额定负载，转速下降非常多，故属于软特性，一般用于拖动要求负载转矩在大范围内变化且不可能空载运行的场合，如电车、电力机车、起重机及电梯等电力牵引设备。

4. 复励直流电动机

它有 2 个励磁绕组，其中 1 个与电枢绕组回路串联连接，另 1 个与电枢绕组回路并联连接，如图 8-17 所示。当 2 个励磁绕组产生的磁势方向相同时，两者相加，称为积复励直流电动机；当两者产生的磁势方向相反时，两者相减，称为差复励直流电动机。由于复励直流电动机既有并励绕组又有串励绕组，所以它的机械特性介于并励和串励直流电动机两者之间，一般用于拖动要求高转矩和在大范围内调速的场合，如轮船、无轨电车、起重采矿设备中。

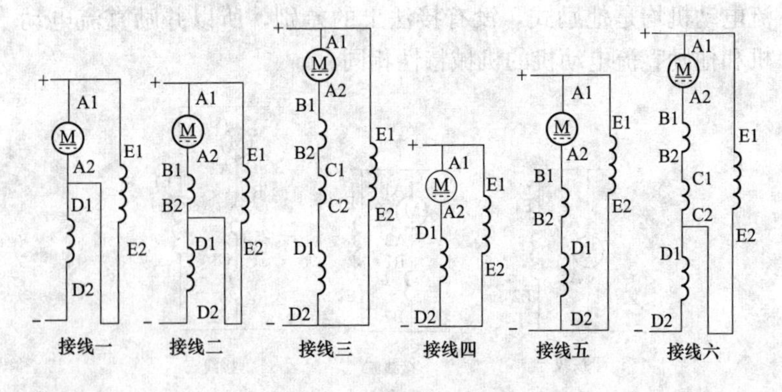

图 8-17　复励直流电动机

第五节　直流电动机的技术数据

直流电动机常用系列有 Z2、Z3 和 Z4，其中 Z4 系列是引进德国技术的产品，比 Z2、Z3 系列具有更大的优越性，它不仅可用直流机组电源供电，更适用于静止整流电源供电，而且转动惯量小，具有较好的动态性能，并能承受较高的负载变化率，特别适用于需要平滑调速、效率高、自动稳速、反应灵敏的控制系统，可广泛应用于冶金工业轧机、金属切削机床、造纸、染织、印刷、水泥、塑料挤出机械等各类工业部门，是首先考虑选用的直流电动机。Z4 系列直流电动机的技术数据见表 8-10，Z4 系列直流电动机的特点如下：

(1) 体积小、性能好、重量轻、输出功率大、效率高及可靠性高。

(2) 绝缘等级为 F 级，采用可靠的绝缘结构及浸渍工序，绝缘性能稳定。

(3) 全系列中心高 100～355mm，共 12 个机座号，功率范围 1～500kW，输出转矩 9～6000N·m。

(4) 定子磁轭采用叠片式结构，适应整流器电源供电。三相整流电源供电可不带平波电抗器长期运行，能承受脉动电流与电流急剧变化的运行状况。

(5) 基本系列励磁方式为他励，标准励磁电压 180V。

(6) 基本系列冷却方式为强迫通风（径向骑式鼓风机），也可制成单管道通风或双管道通风冷却方式，此时电动机防护等级可达全封闭（IP44）。

Z4 系列直流电动机的型号含义如下：

(1) 以中小型的型号 Z4-112/2-1 为例，其中“Z”表示直流电动机，“4”表示第 4 次系列设计，“112”表示机座中心高（mm），“2”表示 2 个磁极，“1”表示电枢铁芯长度代号。

表 8-10　　Z4 系列直流电动机的技术数据

型号	额定功率/kW	额定转速/(r/min)			弱磁转速/(r/min)	电枢电流/A	励磁功率/W	20℃时电枢回路电阻/Ω	电枢回路电感/mH	磁场电感/H	外接电感/mH	效率/%	转动惯量/(kg·m²)	质量/kg
		160V	400V	440V										
Z4-100-1	2.2	1490			3000	17.9	315	1.19	11.2	22	15	67.8	0.044	72
	1.5	955			2000	13.3		2.17	21.4	13	15	58.5		
	4		2630		4000	12		2.82	26	18		78.9		
	4			2960	4000	10.7						80.1		
	2		1310		3000	6.6		9.15	86	18		68.4		
	2.2			1480	3000	6.5						70.6		
	1.4		860		2000	5.1		16.76	163	18		60.3		
	1.5			990	2000	4.77						63.2		
Z4-112/2-1	3	1540			3000	24	320	0.785	7.1	14	20	69.1	0.072	100
	2.2	975			2000	19.6		1.498	14.1	13	20	62.1		
	5.5		2630		4000	16.4		1.933	17.9	17		79.9		
	5.5			2940	4000	14.7						81.1		
	2.8		1340		3000	9.1		6	59	17		71.2		
	3			1500	3000	8.6						72.8		
	1.9		855		2000	6.9		11.67	110	13		61.1		
	2.2			965	2000	7.1						63.5		

续表

型号	额定功率/kW	额定转速/(r/min)			弱磁转速/(r/min)	电枢电流/A	励磁功率/W	20℃时电枢回路电阻/Ω	电枢回路电感/mH	磁场电感/H	外接电感/mH	效率/%	转动惯量/(kg·m²)	质量/kg
		160V	400V	440V										
Z4-112/2-2	4	1450			3000	31.3	350	0.567	6.2	14	12	72.6	0.088	107
	3	1070			2000	24.8		0.934	10.3	14	10	66.8		
	7		2660		4000	20.4		1.305	14	19		82.4		
	7.5			2980	4000	19.7						83.5		
	3.7		1320		3000	11.7		4.24	48.5	19		74.1		
	4			1500	3000	11.2						76		
	2.6		895		2000	9		7.62	83	14		65.1		
	3			1010	2000	9.1						67.3		
Z4-112/4-1	5.5	1520			3000	42.5	500	0.38	3.85	6.8	6.5	73	0.128	106
	4	990			2000	33.7		0.741	7.7	6.7	4.5	64.9		
	10		2680		4000	29		0.89	9	6.8		82.7		
	11			2950	4000	28.8						83.3		
	5		1340		2200	15.7		3.01	30.5	6.8		74.3		
	5.5			1480	2200	15.4						75.7		
	3.7		855		1400	13		5.78	60	6.7		65.2		
	4			980	1400	12.2						68.7		

续表

型号	额定功率/kW	额定转速/(r/min)			弱磁转速/(r/min)	电枢电流/A	励磁功率/W	20℃时电枢回路电阻/Ω	电枢回路电感/mH	磁场电感/H	外接电感/mH	效率/%	转动惯量/(kg·m²)	质量/kg
		160V	400V	440V										
Z4-112/4-2	5.5	1090			2000	43.5	570	0.441	5.1	7.8	6	69.5	0.156	114
	13		2740		4000	37		0.574	6.4	5.8		84.4		
	15			3035	4000	38.6						85.4		
	6.7		1330		2200	20.6		2.12	24.1	7.8		76.8		
	7.5			1480	2200	20.6						78.4		
	5		955		1500	16.1		3.46	40.5	5.8		71.1		
	5.5			1025	1500	15.7						71.9		
Z4-132-1	18.5		2610		4000	52.2	650	0.368	5.3	6.5		85	0.32	140
	18.5			2850	4000	47.1						85.9		
	10		1330		2400	30.1		1.309	18.9	8.9		79.4		
	11			1480	2500	29.6						80.9		
	7		865		1600	22.7		2.56	37.5	6.3		71.9		
	7.5			975	1600	21.4						74.5		

续表

型号	额定功率/kW	额定转速/(r/min)		弱磁转速/(r/min)	电枢电流/A	励磁功率/W	20℃时电枢回路电阻/Ω	电枢回路电感/mH	磁场电感/H	效率/%	转动惯量/(kg·m²)	质量/kg
		400V	440V									
Z4-132-2	20	2800		3600	55.4	730	0.226	3.65	10	87.8	0.4	160
	22		3090	3600	55.3					88.3		
	15	1360		2500	44.5		0.811	13.5	7.7	81.2		
	15		1510	2500	39.5					83.4		
	10	905		1600	31.1		1.565	26	6	75.6		
	11		995	1600	30.5					77.7		
Z4-132-3	27	2720		3600	74.5	800	0.1905	3.4	21	88.2	0.48	180
	30		3000	3600	75					88.6		
	18.5	1390		2800	53.2		0.531	9.8	6.6	83.6		
	18.5		1540	3000	47.6					84.7		
	15.5	945		1600	40.5		0.976	19.4	6.5	79.4		
	15		1050	1600	40.5					80.5		
Z4-160-11	33	2710		3500	93.4	820	0.1835	3.15	10	87.4	0.64	220
	37		3000							88.5		
	19.5	1350		3000	58.8	820	0.593	10.4	7.7	80.4	0.64	220
	22		1500							82.6		

续表

型号	额定功率/kW	额定转速/(r/min)		弱磁转速/(r/min)	电枢电流/A	励磁功率/W	20℃时电枢回路电阻/Ω	电枢回路电感/mH	磁场电感/H	效率/%	转动惯量/(kg·m²)	质量/kg
		400V	440V									
Z4-160-22 21	40.5	2710		3500	113	920	0.1426	2.7	10	88.2	0.76	242
	45		3000							89.1		
	16.5	900		2000	50.5		0.862	17.7	6	77.9		
	18.5		1000							79.4		
32 Z4-160-31 31	49.5	2710		3500	137	1050	0.097	2.07	11	89.1	0.88	68
	55		3010							90.2		
	27	1350		3000	77.8		0.376	8.3	10	84.7		
	30		1500							85.7		
	19.5	900		2000	59.1		0.675	15.2	6.3	79.1		
	22		1000							81.7		
Z4-180-11	33	1350		3000	95.4	1200	0.29	5.8	7.1	84.7	1.52	326
	37		1500							86.5		
	16.5	670		1900	51.4		0.947	17.6	5.6	75.5		
	18.5		750							78.1		
	13	540		2000	42.4		1.264	25	5.6	73		
	15		600							74.1		
Z4-180-22	67	2710		3400	185	1400	0.0555	1.16	6.9	89.5	1.72	350
	75		3000							90.7		

续表

型号	额定功率/kW	额定转速/(r/min)		弱磁转速/(r/min)	电枢电流/A	励磁功率/W	20℃时电枢回路电阻/Ω	电枢回路电感/mH	磁场电感/H	效率/%	转动惯量/(kg·m²)	质量/kg
		400V	440V									
Z4-180-21	40.5	1350		2800	115	1400	0.2125	4.65	6.6	85.8	1.72	350
	45		1500							87		
	27	900		2000	78.7		0.419	9.3	7.3	82.2		
	30		1000							83.7		
	19.5	670		1400	60.3		0.756	15.7	7.1	77.3		
	22		750							79.7		
	16.5	540		1600	52		1.003	21.9	5	73.8		
	18.5		600							76.8		
Z4-180-31	33	900		2000	96.6	1500	0.332	7.7	6.6	82.8	1.92	380
	37		1000							83.6		
	19.5	540		1250	61.8		0.801	19	6.6	74.8		
	22		600							76.6		
Z4-180-42	81	2710		3200	221	1700	0.051	1.16	12	91	2.2	410
	90		3000							91.3		
Z4-180-41	50	1350		3000	139		0.1417	3.2	5.7	87.5		
	55		1500							87.7		
	27	670		2250	79.5		0.459	10.4	6.3	80.4		
	30		750							81.1		

续表

型号	额定功率/kW	额定转速/(r/min)		弱磁转速/(r/min)	电枢电流/A	励磁功率/W	20℃时电枢回路电阻/Ω	电枢回路电感/mH	磁场电感/H	效率/%	转动惯量/(kg·m²)	质量/kg
		400V	440V									
Z4-200-12	99	2710		3000	271	1400	0.0373	0.83	7.62	90.2	3.68	485
	110		3000							91.6		
	40.5	900		2000	118	1400	0.2653	8.4	7.01	83.4	3.68	485
	45		1000							85.5		
11 Z4-200-11 11	33	670		2000	99		0.369	10.6	7.77	80.9		
	37		750							83.5		
	19.5	450		1350	63.5		0.93	21.9	7.3	73.5		
	22		500							78.6		
Z4-200-21	67	1350		3000	188	1500	0.0885	2.8	6.78	88.7	4.2	530
	75		1500							89.6		
	27	540		1000	82		0.535	14	9.64	78.8		
	30		600							80.4		
	119	2710		3200	322	1750	0.0266	0.79	10.9	91.7	4.8	580
	132		3000							92.4		
32 31 Z4-200-31 31 31	81	1350		2800	224		0.0771	2.6	5.61	88.7		
	90		1500							90		
	49.5	900		2000	141		0.1751	4.8	8.54	85.6		
	55		1000							87.1		
	40.5	670		1400	119		0.283	8.5	8.35	82.5		

续表

型号	额定功率/kW	额定转速/(r/min)		弱磁转速/(r/min)	电枢电流/A	励磁功率/W	20℃时电枢回路电阻/Ω	电枢回路电感/mH	磁场电感/H	效率/%	转动惯量/(kg·m²)	质量/kg
		400V	440V									
32 31	45		750	1400	119		0.283	8.5	8.35	84.1		
Z4-200-31	33	540		1600	101	1750	0.42	12.2	8.42	79.6	4.8	580
31 31	37		600							82		
Z4-200-31	27	450		750	83.5	1750	0.598	17.1	8.4	77.5	4.8	580
	30		500							79.5		
	99	1360		3000	276		0.0664	2.1	4.45	87.9		
	110		1500							89.4		
	67	900		2000	193		0.1406	4.9	4.28	84.4		
	75		1000							86.5		
Z4-225-11	49	680		1600	146	2300	0.2433	8.7	5.77	81.2	5	680
	55		750							84		
	40	540		1800	123		0.356	9.5	6.38	78.2		
	45		600							80.8		
	33	450		1600	103		0.476	15.2	6.10	76.5		
	37		500							78.8		

续表

型号	额定功率/kW	额定转速/(r/min)		弱磁转速/(r/min)	电枢电流/A	励磁功率/W	20℃时电枢回路电阻/Ω	电枢回路电感/mH	磁场电感/H	效率/%	转动惯量/(kg·m²)	质量/kg
		400V	440V									
Z4-225-21	49	540		1200	148	2470	0.2648	9.5	4.14	79.3	5.6	740
	55		600							82.4		
	40	450		1400	125		0.397	13.7	5.41	76.6		
	45		500							78.9		
Z4-225-31	119	1360		2400	327	2580	0.0454	1.5	5.33	89.3	6.2	800
	132		1500							90.5		
	81	900		2000	227		0.093	3.4	5.3	86.9		
	90		1000							88		
	67	680		2250	197		0.167	5.1	5.44	82.5		
	75		750							85.1		
Z4-250-12/11	144	1360		2100	399	2500	0.0444	1.3	4.29	88.8	8.8	890
	160		1500							89.9		
	99	900		2000	281		0.0911	2.4	4.55	86.2		
	110		1000							88.1		
Z4-250-21	167	1360		2200	459	2750	0.0325	0.91	4.28	89.8	10	970
	185		1500							90.5		
	81	680		2250	234		0.1306	3.9	5.41	84.3		
	90		750							86.3		

续表

型号	额定功率/kW	额定转速/(r/min)		弱磁转速/(r/min)	电枢电流/A	励磁功率/W	20℃时电枢回路电阻/Ω	电枢回路电感/mH	磁场电感/H	效率/%	转动惯量/(kg·m²)	质量/kg
		400V	440V									
Z4-250-21	67	540		2000	202	2750	0.198	4.4	4.4	80.5	10	970
	75		600							84.1		
	49	450		1000	150		0.294	7.9	5.44	78.4		
	55		500							82.2		
Z4-250-31	180	1360		2400	493	2850	0.0281	0.87	5.32	90.4	11.2	1070
	200		1500							91.5		
	119	900		2000	334		0.0668	1.7	5.46	87.4		
	132		1000							89.1		
	99	680		1900	283		0.0987	2.8	5.58	85.3		
	110		750							86.9		
41 Z4-250-42 41	198	1360		2400	539	3000	0.0237	0.93	6.19	91	12.8	1180
	220		1500							91.7		
	144	900		2000	401		0.0485	1.9	4.53	88.3		
	160		1000							89.4		
	81	540		2000	236		0.141	4.7	6.36	83.4		
	90		600							85		
	67	450		1900	201		0.195	5.1	4.97	80		
	75		500							83.5		

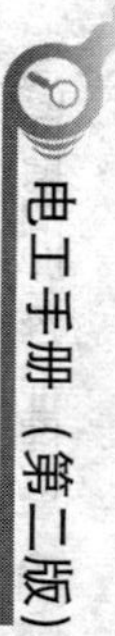

续表

型号	额定功率/kW	额定转速/(r/min)		弱磁转速/(r/min)	电枢电流/A	励磁功率/W	20℃时电枢回路电阻/Ω	电枢回路电感/mH	磁场电感/H	效率/%	转动惯量/(kg·m²)	质量/kg
		400V	440V									
Z4-280-11	226	1355		2000	614	3100	0.02134	0.69	4.58	90.9	16.4	1280
	250		1500							91.6		
Z4-280- 22 21 21 21	253	1355		1800	684	3500	0.01796	0.77	5.3	91.5	18.4	1400
	280		1500							92.1		
	180	900		2000	498		0.0373	1.2	4.46	89.1		
	200		1000							90.1		
	119	675		1600	333		0.0662	2.3	4.37	87.1		
	132		750							88.6		
	99	540		1500	281		0.093	3.1	4.57	85.3		
	110		600							86.6		
Z4-280-32	284	1360		1800	768	3600	0.01493	0.59	6.94	91.7	21.2	1550
	315		1500							92.6		
Z4-280-32 31 31	198	900		2000	545	3600	0.0314	1.1	5.54	89.7	21.2	1550
	220		1000							90.6		
	144	675		1700	402		0.0532	2	5.47	87.8		
	160		750							89.1		
	118	540		1200	339		0.0839	2.6	5.77	85.4		
	132		600							86.8		
	80	450		1800	234		0.1377	5.3	9.03	84.1		
	90		500							85.4		

续表

型号	额定功率/kW	额定转速/(r/min)		弱磁转速/(r/min)	电枢电流/A	励磁功率/W	20℃时电枢回路电阻/Ω	电枢回路电感/mH	磁场电感/H	效率/%	转动惯量/(kg·m²)	质量/kg
		400V	440V									
Z4-280-42	321	1360		1800	863	4000	0.01336	0.77	5.67	92.1	24	1700
	355		1500							92.6		
Z4-280-42	225	900		1800	616		0.02545	0.96	5.29	90.2		
	250		1000							91.1		
Z4-280-41	166	675		1900	464		0.0457	1.7	5.19	88.1		
	185		750							89.4		
Z4-280-41	98	450		1200	282		0.0993	3.7	6.86	85.1		
	110		500							86.9		
Z4-315-12	253	990		1600	690	3850	0.02355	0.46	5.06	90.4	21.2	1890
	280		1000							91.6		
	180	680		1900	500		0.04371	0.83	4.97	88.4		
	200		750							89.4		
Z4-315-11	144	540		1900	409	3850	0.06919	1.3	7.6	86.4	21.2	1890
	160		600							87.4		
	118	450		1600	344		0.1	2.3	9.43	84.4		
	132		500							86.3		
	98	360		1200	294		0.1415	2.9	9.96	81.7		
	110		400							84.3		

续表

型号	额定功率/kW	额定转速/(r/min)		弱磁转速/(r/min)	电枢电流/A	励磁功率/W	20℃时电枢回路电阻/Ω	电枢回路电感/mH	磁场电感/H	效率/%	转动惯量/(kg·m²)	质量/kg
		400V	440V									
Z4-315-22	284	900		1600	772	4350	0.02034	0.49	5.91	91	24	2080
	315		1000							91.5		
	225	680		1600	624		0.03392	0.74	18.8	88.7		
	250		750							89.6		
Z4-315-21	166	540		1600	468		0.05382	1.2	25	87.2		
	185		600							88.5		
	143	450		1500	413		0.076	1.5	19	84.7		
	160		500							86		
Z4-315-32	320	900		1600	867	4650	0.01658	0.39	23.1	91.3	27.2	2290
	355		1000							92.3		
	252	680		1600	698		0.03043	0.82	21.5	89.1		
	280		750							89.8		
	180	540		1500	501		0.04536	0.95	31.6	88.2		
	220		600							89.4		
Z4-315-31	118	360		1200	344	4650	0.1002	2.1	23.3	83.2	27.2	2290
	132		400							85.3		

续表

型号	额定功率/kW	额定转速/(r/min)		弱磁转速/(r/min)	电枢电流/A	励磁功率/W	20℃时电枢回路电阻/Ω	电枢回路电感/mH	磁场电感/H	效率/%	转动惯量/(kg·m²)	质量/kg
		400V	440V									
Z4-315-42	361	900		1600	971	5200	0.01302	0.33	29	92.1	30.8	2520
	400		1000							92.7		
	284	680		1600	778		0.02364	0.67	20.8	90		
	315		750							90.7		
	225	540		1600	626		0.03554	0.87	21.9	88.3		
	250		600							89		
Z4-315-41	166	450		1500	468		0.055	1.4	37.4	87.3		
	185		500							88.3		
	143	360		1200	416		0.0803	1.8	22.2	84		
	160		400							85.3		
Z4-355-12	406	900		1500	1094	5400	0.01259	0.36	37.6	91.8	42	2890
	450		1000							92.8		
	321	680		1500	877		0.02087	0.59	28.1	90.4		
	355		750							91.2		
Z4-355-11	253	540		1600	697		0.02952	0.91	22	89.2		
	280		600							90.2		
	180	450		1500	506		0.0502	1.5	8.91	87.6		
	200		500							88.9		
Z4-355-11	166	360		1200	478	5400	0.066	1.8	22.4	84.9	42	2890
	185		400							85.9		

续表

型号	额定功率/kW	额定转速/(r/min)		弱磁转速/(r/min)	电枢电流/A	励磁功率/W	20℃时电枢回路电阻/Ω	电枢回路电感/mH	磁场电感/H	效率/%	转动惯量/(kg·m²)	质量/kg
		400V	440V									
Z4-355-22	361	680		1600	978	5900	0.01583	0.44	15.6	90.8	46	3170
	400		750							91.7		
	284	540		1500	783		0.02676	0.81	34.7	89.5		
	315		600							90.5		
	225	450		1600	624		0.03462	1.0	20.5	88.4		
	250		500							89.5		
Z4-355-21	180	360		1200	511		0.05642	1.6	35.5	86.3		
	200		400							87.5		
Z4-355-32	406	680		1500	1098	6200	0.01362	0.39	19	91.3	52	3490
	450		750							92.1		
	320	540		1600	877		0.02153	0.7	24.3	89.9		
	355		600							91		
	284	450		1500	789		0.0293	0.91	18.5	88.3		
	315		500							89.5		
Z4-355-31	197	360		1200	559		0.04957	1.3	34.6	86.6		
	220		400							88.4		
Z4-355-42	361	540		1600	985	6700	0.01836	0.64	29.6	90.5	60	3840
	400		600							91.2		
	320	450		1600	882		0.02361	0.76	17.7	88.9		
	355		500							89.2		
	225	360		1200	627		0.0358	1.2	17.7	87.5		
	250		400							88.8		

(2) 以大型的型号 Z4-280-12 为例，“Z”表示直流电动机，“4”表示第 4 次系列设计，“280”表示机座中心高（mm），“1”表示电枢铁芯长度代号，“2”表示前端盖序号（1 为短端盖，2 为长端盖）。

第六节 直流电动机的选型及故障分析

一、直流电动机的选型

1. 直流电动机规格的选择

直流电动机的规格主要有额定功率、额定电压、额定转速和励磁方式、励磁电压，其中额定功率和额定转速两个参数最为重要，因为电机输出转矩与功率成正比，与转速成反比。

(1) 额定功率的选择。根据负载大小选择直流电动机的额定功率，额定功率一般要比负载的功率稍大一些，以免电动机过载，但也不能大太多，以免造成浪费。

(2) 额定转速的选择。根据负载转速正确选择直流电动机的额定转速，选择的原则是电动机和负载都在额定转速下运行。用户在确定额定转速后，可根据负载大小确定所需功率，再从产品手册上查阅电动机型号。

(3) 额定电压的选择。直流电动机额定电压的选择与供电方式有关。额定电压 220V 的电动机由机组（机组中直流发电机为 230V）供电，额定电压 160V 的电动机由单相桥式整流器（整流器的进线电压为单相交流 220V）供电（电动机容量一般为 4kW 以下）。额定电压 400V 或 440V 的电动机由三相桥式整流器（整流器的进线电压为三相交流 380V）供电，其中额定电压 400V 的电动机适用于需作正、反转的场合，额定电压 440V 的电动机适用于单一转向的场合。

(4) 励磁方式的选择。励磁方式的选择应结合工况来确定，对需要做正、反转的电动机，应选用纯他励直流电动机；对要求过载能力大的电动机，应选用复励直流电动机；要求转速恒定的机械应采用并励直流电动机；起重及运输机械应采用串励直流电动机。

2. 直流电动机类型的选择

应根据负载的特点和应用场所合理选择直流电动机的类型。若在露天使用应采用构造上具备防风沙、防雨水性能的直流电动机；若在矿井内使用应采用具有防爆性能的直流电动机。用户可根据安装方式和使用环境来选择直流电动机结构等。直流电动机可以很方便地调速，最经济的调速方法有恒功率调速和恒转矩调速。对恒转矩调速的直流电动机，其冷却方式应选择强迫外通风冷却，而不能选择自带风扇冷却，这是因为在低速时，风扇冷却效果差，从而导致电动机温度升高而烧毁绕组。

二、直流电动机的故障分析

1. 直流电动机不能启动

（1）因电路发生故障，使电动机未通电。检查电源电压是否正常、开关触头是否完好、熔断器是否良好，针对原因予以排除。

（2）电枢绕组断路。查出断路点并修复。

（3）励磁回路断路或接错。检查励磁绕组和磁场变阻器有无断点、回路直流电阻值是否正常、各磁极的极性是否正确，针对原因予以消除。

（4）电刷与换向器接触不良或换向器表面不清洁。清理换向器表面，修磨电刷，调整电刷弹簧压力。

（5）换向极或串励绕组接反，使电动机在负载下不能启动，空载下启动后工作也不稳定。检查换向极和串励绕组极性，发现接错予以调换。

（6）启动器故障。检查启动器是否接线有错误或装配不良、启动器接点是否被烧坏、电阻丝是否烧断，针对原因重新接线或整修。

（7）电动机过载。检查负载机械是否被卡住，使负载转矩大于电动机堵转转矩或者负载是否过重，针对原因予以消除。

(8) 启动电流太小。检查启动电阻是否太大，更换合适的启动器或改接启动器内部接线。

(9) 直流电源容量太小。启动时如果电路电压明显下降，应更换直流电源。

(10) 电刷不在中性线上。调整电刷位置，使之接近中性线。

2. 直流电动机转速过高

(1) 电源电压过高。调节电源电压。

(2) 励磁电流太小。检查磁场调节电阻是否过大、该电阻接点是否接触不良、励磁绕组有无匝间短路而使励磁磁动势减小，针对原因予以消除。

(3) 励磁绕组断线，使励磁电流为零，电动机飞速。查出断线处，予以修复。

(4) 串励电动机空载或轻载。避免空载或轻载运行。

(5) 电枢绕组短路。查出短路点，予以修复。

(6) 复励电动机串励绕组极性接错。查出接错处，重新连接。

3. 直流电动机励磁绕组过热

(1) 励磁绕组匝间短路。测量每一磁极的绕组电阻，判断有无匝间短路。

(2) 发电机气隙太大，导致励磁电流过大。拆开电机，调整气隙。

(3) 电动机长期过压运行。恢复正常额定电压运行。

4. 直流电动机电枢绕组过热

(1) 电枢绕组严重受潮。进行烘干，恢复绝缘。

(2) 电枢绕组或换向片间短路。查出短路点，予以修复或重绕。

(3) 电枢绕组中，部分绕组元件的引线接反。查出绕组元件引线接反处，调整接线。

(4) 定子、转子铁芯相擦。检查定子磁极螺栓是否松脱、轴承是否松动或磨损、气隙是否均匀，针对原因予以修复或更换。

(5) 电机的气隙相差过大，造成绕组电流不均衡。应调整气隙，使气隙均匀。

（6）电枢绕组中均压线接错。查出接错处，重新连接。

（7）电动机负载短路。应迅速排除短路故障。

（8）电动机端电压过低。应提高电源电压，直至额定值。

（9）电动机长期过载。恢复额定负载下运行。

（10）电动机频繁启动或改变转向。应避免启动、变向过于频繁。

5. 直流电动机电刷与换向器之间火花过大

（1）电刷磨得过短，弹簧压力不足。更换电刷，调整弹簧压力。

（2）电刷与换向器接触不良。研磨电刷与换向器表面，研磨后轻载运行一段时间进行磨合。

（3）换向器云母凸出。重新下刻云母后对换向器进行槽边倒角、研磨。

（4）电刷牌号不符合要求。更换与原牌号相同的电刷。

（5）刷握松动。紧固刷握螺栓，并使刷握与换向器表面平行。

（6）刷杆装置不等分。可根据换向片的数目，重新调整刷杆间的距离。

（7）刷握与换向器表面之间的距离过大。一般调到 2～3mm。

（8）电刷与刷握配合不当。不能过松或过紧，要保证在热态时，电刷在刷握中能自由滑动。

（9）刷杆偏斜。调整刷杆与换向器的平行度。

（10）换向器表面粗糙、不圆。研磨或车削换向器外圆。

（11）换向器表面有电刷粉、油污等。清洁换向器表面。

（12）换向片间绝缘损坏或片间嵌入金属颗粒造成短路。查出短路点，消除短路故障。

（13）电刷偏离中性线过多。调整电刷位置，减小火花。

（14）换向极绕组接反。检查换向极极性。

（15）换向极绕组短路。查出短路点，恢复绝缘。

（16）电枢绕组断路。查出断路元件，予以修复。

（17）电枢绕组和换向片脱焊。查出脱焊处，并重新焊接。

（18）电枢绕组或换向器短路。查出短路点，并予以消除。

（19）电枢绕组中，有部分绕组元件接反。查出接错的绕组元件，并重新连接。

（20）电动机过载。恢复正常负载。

（21）电压过高。调整电源电压为额定值。

6. 电动机轴承发热

（1）润滑脂变质或混有杂质。清洗后更换质量好的润滑脂。

（2）轴承室内润滑脂加得过多或过少。适量加入润滑脂（一般为轴承室容积的1/3）。

（3）轴承磨损过大或轴承内圈、外圈破裂。更换轴承。

（4）轴承与轴或与轴承室配合过松。调整到合适的配合精度。

（5）传动带过紧。在不影响转速的情况下，适当放松传动带。

7. 电动机漏电

（1）电刷灰和其他灰尘堆积。刷杆及线头与机座轴承盖附近易堆积灰尘，需定期清理。

（2）引出线碰壳。进行相应的绝缘处理。

（3）电动机受潮，绝缘电阻下降。进行烘干处理。

（4）电动机绝缘结构老化。拆除绕组，更换绝缘结构。

第九章

电动机基本电气控制线路

第一节 三相交流电动机基本电气控制线路

一、三相交流电动机全压启动控制

对于小容量交流电动机或变压器容量允许的情况下，交流电动机可采用全压直接启动。由于交流电动机在额定电压下进行全压直接启动，其启动电流为额定电流的4～7倍，对电网冲击比较大。为了不影响其他电气设备的正常工作，对允许全压直接启动的交流电动机容量相应的规定如下，若不满足这些条件，应采取降压启动。

（1）由公用低压网络供电时，功率在10kW及以下的可直接启动。

（2）由小区配电室供电时，功率在14kW及以下的可直接启动。

（3）由专用变压器供电时，电压损失值不超过下列数值的可直接启动：经常启动时线路压降不超过10%，偶尔启动时线路压降不超过15%。

1. 电动机单向点动控制线路

在生产过程中，大部分时间要求机械设备连续运行（长动），但在一些特殊工艺要求或精细加工时，要求机械设备间断运行（点动），以满足工作的需要。点动控制电路中只有按下按钮电动机才会运行，而松开按钮即停行。

电动机的单向点动控制线路如图9-1所示。当电动机需要单向点动控制时，先合上电源开关QS，然后按下启动按钮SB，接触器 KM 线圈得电吸合，KM 主触头闭合，电动机 M 启动运转。当松开按钮 SB 时，接触器 KM 线圈断电释放，KM 主触头断开，电动机 M 断电停转。

2. 电动机单向长动控制线路

长动与点动运行的主要区别在于是否接入自锁触点，点动控制加入自锁后就可以实现长动运行。依靠接触器自身辅助动合触头使其线圈保持通电的现象称为自锁，起自锁作用的动合触头称为自锁触头，具有自锁的控制电路还具有欠电压、失电压保护作用。

电动机的单向长动控制线路如图 9-2 所示。合上电源开关 QS 后，按下启动按钮 SB2，接触器 KM 线圈得电吸合，KM 的 3 对主触头闭合，电动机 M 得电启动，同时又使与 SB2 并联的 1 对动合触头闭合，这对触头称为自锁触头。松开 SB2，控制线路通过 KM 自锁触头使线圈仍保持得电吸合。如需电动机停转，只需按一下停止按钮 SB1，接触器 KM 线圈断电释放，KM 的 3 对主触头断开，电动机 M 断电停转，同时 KM 自锁触头也断开。所以电动机停转后，若要再次运行，需重新启动。

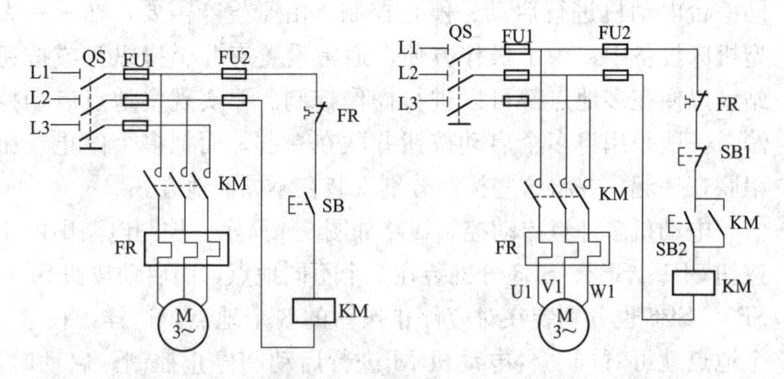

图 9-1 电动机单向点动控制线路　　图 9-2 电动机单向长动控制线路

3. 电动机单向点动和长动混合控制线路

电动机的单向点动和长动混合控制线路如图 9-3 所示。合上电源开关 QS 后，若按下启动按钮 SB2（连续用），接触器 KM

线圈得电吸合并自锁，电动机 M 启动运转。若按下启动按钮 SB3（点动用），接触器 KM 线圈得电吸合，电动机 M 启动运转，由于启动按钮 SB3 的动断触头断开接触器 KM 的自锁回路，所以是点动控制。

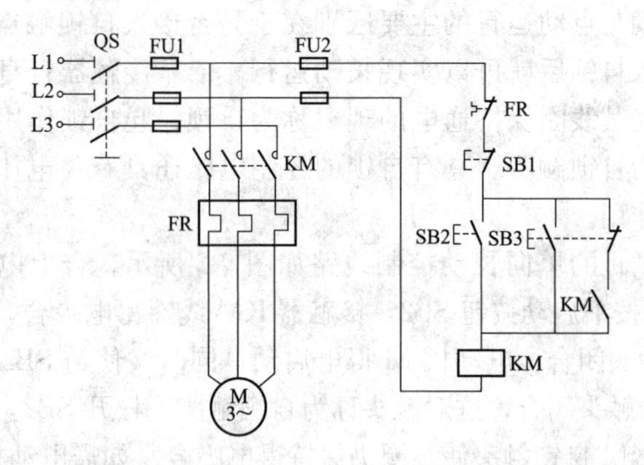

图 9-3　电动机单向点动和长动混合控制线路

4. 电动机多地点启动控制线路

多地点控制是指能够在两个或两个以上不同的地方都能对同一台电动机进行启动、停止控制。由于生产需要，在一些大型机床设备中，为了操作方便，通常设置有几个操纵盘或按钮站，以便在多地点都可以进行操作控制。要实现多地点启动控制，一般采用将多个启动按钮并联在一起，而把多个停止按钮串联在一起，并将这些按钮分别安装在不同的地方。

电动机多地点启动控制线路如图 9-4 所示。控制电路中停止按钮 SB1、SB2、SB3 分别装在 3 个不同地点，而启动按钮 SB4、SB5、SB6 也分别装在对应停止按钮的 3 个地点。这样，在这 3 个地点就可对同一台电动机 M 进行启动和停止控制。启动时，在任一个地点按下启动按钮 SB4 或 SB5 或 SB6（以操作方便为原则），接触器 KM 线圈得电，主电路中的 KM 主触头闭合，电动机 M 接通三相电源开始全压启动运行。同时，接通 KM 的辅助动合触头，形成自锁回路，实现连续运行。停止时，在任一个地点按下停止按钮 SB1 或 SB2 或 SB3（以操作方便为原则），接触器 KM 线圈失电，主电路中的 KM 主触头断开，电动机停止运行。

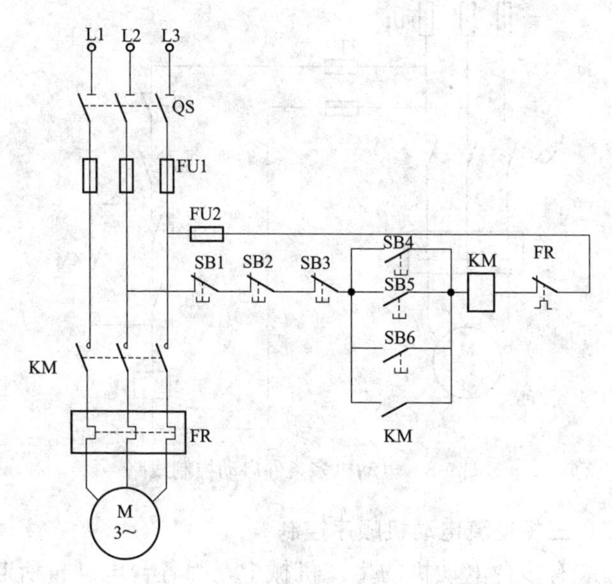

图 9-4 电动机多地点启动控制线路

5. 电动机多条件启动控制线路

在某些机械设备上，为了保证人员和设备的安全，往往要求两处或多处几个人同时操作才能发出主令信号，即同时按下启动按钮，设备才能开始工作，这就是多条件满足下的启动控制。实现这样的启动控制，可通过在控制电路中将多个启动按钮的动合触点进行串联。

电动机多条件启动控制线路如图 9-5 所示。启动时，必须同时按下启动按钮 SB2 和 SB3，只有这样启动多条件全部满足后，接触器 KM 线圈才能得电吸合并自锁，主电路中的 KM 主触头闭合，电动机 M 全压启动运行。电动机 M 需要停止时，可按下停止按钮 SB1，接触器 KM 线圈失电，主电路中的 KM 主触头断开，电动机停止运行。

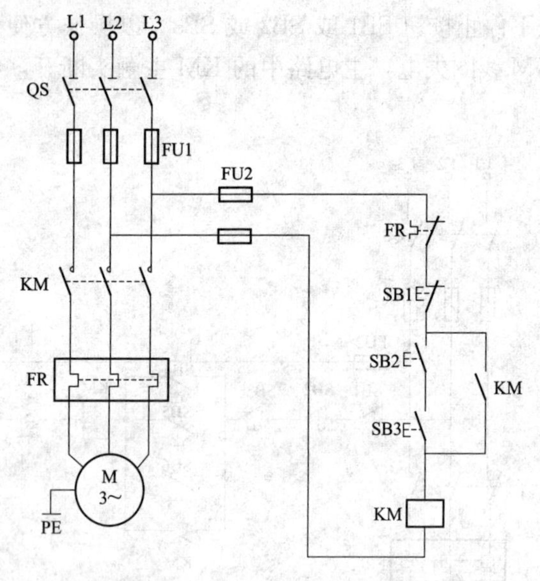

图 9-5　电动机多条件启动控制线路

二、三相交流电动机顺序控制

在装有多台电动机的生产机械上，因各台电动机所起的作用不同，有时必须按一定的顺序启动。多台电动机的启动或停止必须按一定的先后顺序来完成的控制方式，称为电动机的顺序控制，它可以通过主电路联锁也可以通过控制电路联锁来实现，其目的是保证操作过程的合理性和工作的安全可靠。

1. 电动机顺序控制线路（顺序启动，单独停车）

电动机顺序控制电路（顺序启动，单独停车）如图 9-6 所示，电路特点是 M1 先启动 M2 后启动，M1、M2 只能单独停车且不能同时停车。

当按下启动按钮 SB1 时，接触器 KM1 线圈得电吸合并自锁，主电路中的 KM1 主触头闭合，电动机 M1 全压启动运行。同时并联在启动按钮 SB1 两端的自锁动合触头 KM1 闭合，为电动机 M2 的启动做好准备。此时再按下启动按钮 SB4，接触器 KM2 线圈得电吸合并自锁，主电路中的 KM2 主触头闭合，电动机 M2 全压启动，至此完成了两台电动机的顺序（M1 先 M2 后）全压启动运行。

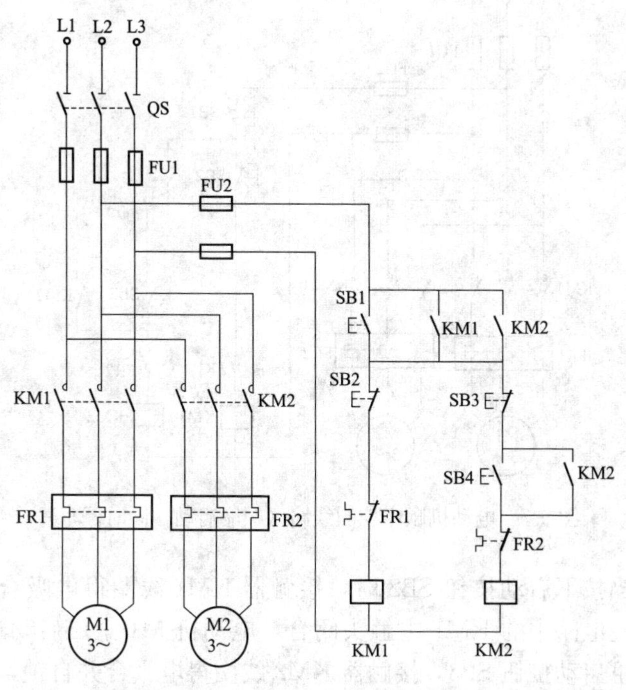

图 9-6 电动机顺序控制线路（顺序启动，单独停车）

如果在电动机 M1 启动之前，误按下按钮 SB4，因自锁触头 KM1 没有闭合，接触器 KM2 线圈不会得电，故电动机 M2 不会启动，也就满足了 M1 先启动 M2 后启动的要求。当按下停止按钮 SB2 时，电动机 M1 可单独停止运行。当按下停止按钮 SB3 时，电动机 M2 可单独停止运行。

2. 电动机顺序控制线路（顺序启动，同时停车）

电动机顺序控制线路（顺序启动，同时停车）如图 9-7 所示，电路特点是 M1 先启动 M2 后启动，M1、M2 只能同时停车且不能单独停车。

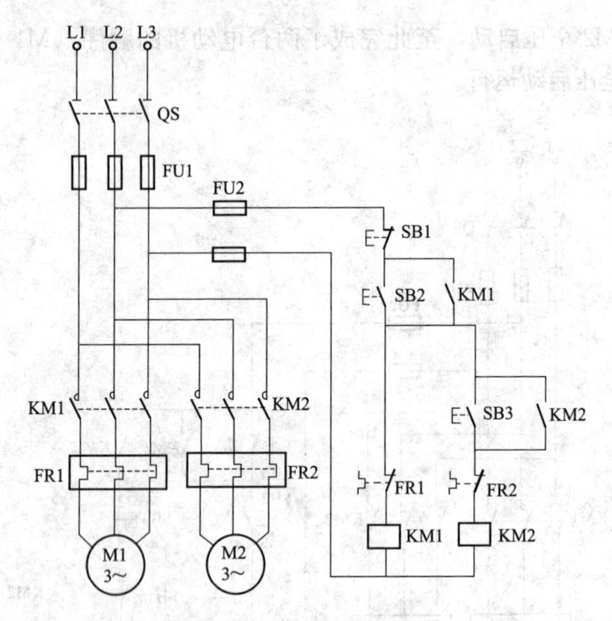

图 9-7　电动机顺序控制线路（顺序启动，同时停车）

当按下启动按钮 SB2 时，接触器 KM1 线圈得电吸合并自锁，主电路中的 KM1 主触头闭合，电动机 M1 全压启动运行。再按下启动按钮 SB3，接触器 KM2 线圈得电吸合并自锁，主电路中的 KM2 主触头闭合，电动机 M2 全压启动，至此完成了两台电动机的顺序（M1 先 M2 后）全压启动运行。

如果在电动机 M1 启动之前，误按下按钮 SB3，因接触器 KM1 的自锁动合触头没有闭合，接触器 KM2 线圈不会得电，故电动机 M2 不会启动，也就满足了 M1 先启动 M2 后启动的要求。当按下停止按钮 SB1 时，电动机 M1、M2 同时停止运行。

3. 电动机顺序控制线路（顺序启动，逆序停车）

电动机顺序控制线路（顺序启动，逆序停车）如图 9-8 所示，电路特点是 M1 先启动 M2 后启动，M2 先停车 M1 后停车且不能同时停车。

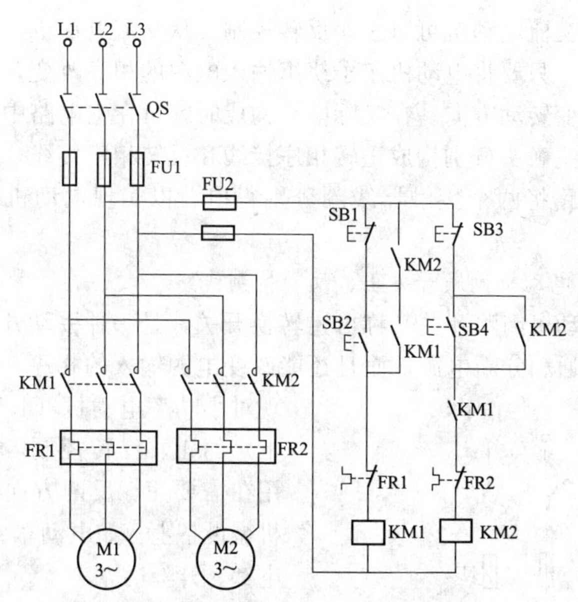

图 9-8 电动机顺序控制线路（顺序启动，逆序停车）

当按下启动按钮 SB2 时，接触器 KM1 线圈得电吸合并自锁，KM1 主触头闭合，电动机 M1 启动，同时串接在电动机 M2 控制线路中的 KM1 的动合触头闭合，为电动机 M2 启动做好启动准备。此时再按下启动按钮 SB4，接触器 KM1 线圈得电吸合并自锁，KM2 主触头闭合，电动机 M2 启动，满足了 M1 先启动、M2 后启动的要求。

停车时，由于接触器 KM2 线圈得电吸合，KM2 的动合触头闭合，这时即使按下停止按钮 SB1，接触器 KM1 线圈也不会失电释放，电动机 M1 也不会停止运行。只有先按下停止按钮 SB3，接触器 KM2 线圈失电释放，电动机 M2 停止运行；同时接触器 KM2 动合触头复位，此时再按下停止按钮 SB1，接触器 KM1 线圈才会失电释放，电动机 M1 才能停止运行，也就满足了 M2 先停车 M1 后停车要求。

三、三相交流电动机正、反转控制

生产机械往往要求运动部件可以两个相反的方向运行，这就要求交流电动机可以正、反转控制。从交流电动机的工作原理可知，只要将电动机定子绕组输入电源的相序改变，电动机就可改变转动方向。在实际电路构成时，可在主电路中用两个接触器主触头分别构成正转相序接线和反转相序接线，并通过控制电路将两个接触器线圈分别得电，以实现电动机正转和反转。

1. 电动机倒顺开关正、反转控制线路

电动机倒顺开关又称可逆转换开关，是一种手动开关，不但能接通和分断电源，而且还能改变电源输入的相序，直接实现对小功率电动机（4.5kW 以下）的正、反转控制，主要应用在需要正、反两方向运行的机械设备上，如电动车、吊车、电梯、升降机等。

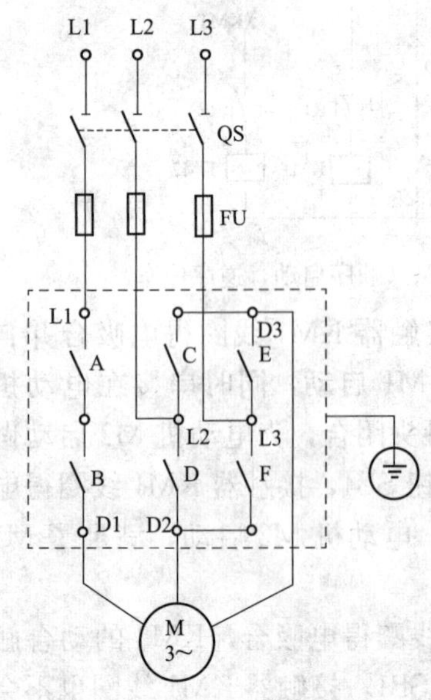

图 9-9　电动机倒顺开关正、反转控制线路

电动机倒顺开关正、反转控制线路如图 9-9 所示。倒顺开关有 6 个接线柱：L1、L2 和 L3 分别接三相电源，D1、D2 和 D3 分别接电动机。倒顺开关的手柄有 3 个位置："顺""停""倒"，内部有 6 个动合触头：A、B、C、D、E、F。当手柄处于"停"位置时，倒顺开关的 6 个动合触头均断开，所以线路不通，电动机不转。当手柄拨到"顺"位置时，动合触头 A、B、D、E 闭合，线路接通，电动机正转。当手柄拨到"倒"位置时，动合触头 A、B、C、F 闭合，线路接通，但将电源两相（L2、L3）相序改变，电动机反转。

倒顺开关在使用过程中，电动机处于正转（或反转）状态时欲使它反转（或正转），必须先将手柄拨至“停”位置，使电动机停转，然后再将手柄拨至“倒”（或“顺”）位置，使电动机反转（正转）。

2. 电动机接触器联锁的正、反转控制线路

电动机接触器联锁的正、反转控制线路如图 9-10 所示。主电路采用 2 个接触器，即正转用的接触器 KM1 和反转用的接触器 KM2。当接触器 KM1 的 3 对主触头接通时，三相电源的相序按 L1、L2、L3 接入电动机。而当 KM2 的 3 对主触头接通时，三相电源的相序按 L3、L2、L1 接人电动机，电动机即反转。本线路要求接触器 KM1 和 KM2 不能同时通电，否则它们的主触头就会一起闭合，造成 L1 和 L3 两相电源短路，为此在 KM1 和 KM2 线圈各自支路中相互串联 1 对动断辅助触头，以保证接触器 KM1 和 KM2 的线圈不会同时通电。KM1 和 KM2 这 2 对动断辅助触头在线路中所起的作用称为联锁作用，这 2 对动断触头就叫联锁触头。

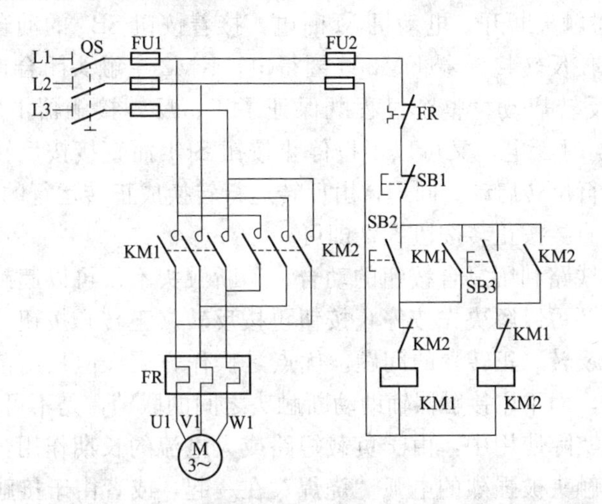

图 9-10 电动机接触器联锁的正、反转控制线路

正转控制时，按下按钮 SB2，接触器 KM1 线圈得电吸合，KM1 主触头闭合，电动机 M 启动正转，同时 KM1 的自锁触头

闭合，联锁触头断开。

反转控制时，必须先按停止按钮 SB1，接触器 KM1 线圈断电释放，KM1 触头复位，电动机 M 断开，然后按下反转按钮 SB3，接触器 KM2 线圈得电吸合，KM2 主触头闭合，电动机 M 启动反转，同时 KM2 自锁触头闭合，联锁触头断开。

本线路的优点是不论接触器发生什么原因的故障，只要一个接触器是吸合状态，它的联锁辅助动断触头就必定将另一个接触器线圈的电路切断，避免发生相间短路故障。缺点是操作不方便，因为要改变电动机的转向，必须先按停止按钮 SB1，再按反转按钮 SB3 才能使电动机反转。

3. 电动机按钮联锁的正、反转控制线路

电动机按钮联锁的正、反转控制线路如图 9-11 所示。本线路的动作原理与接触器联锁的正、反转控制线路基本相似，但由于采用了复合按钮，当按下反转按钮 SB3 时，接在正转控制线路中的 SB3 动断触头先断开，正转接触器 KM1 线圈断电，KM1 主触头断开，电动机 M 断电，接着按钮 SB3 的动合触头闭合，使反转接触器 KM2 线圈得电，KM2 主触头闭合，电动机 M 反转启动。整个过程既保证了正、反转接触器 KM1 和 KM2 同时断电，又可以不按停止按钮 SB1 而直接按反转按钮 SB3 进行反转启动。同理，由反转运行转换成正转运行的情况，也只要直接按正转按钮 SB2 即可。

本线路利用复合按钮的动合、动断触头不仅可以起到联锁作用，还可以解决先按停止按钮再按反转（正转）按钮才能使电动机反转（正转）的问题，优点是操作方便。但只用按钮进行联锁，而不用接触器辅助动断触头之间的联锁，是不可靠的。因为在实际使用中，由于负载短路或大电流的长期作用，接触器的主触头被强烈的电弧“烧焊”在一起，或者由于接触器机构失灵，使主触头不能断开，这时若进行换向操作，则会产生短路故障。

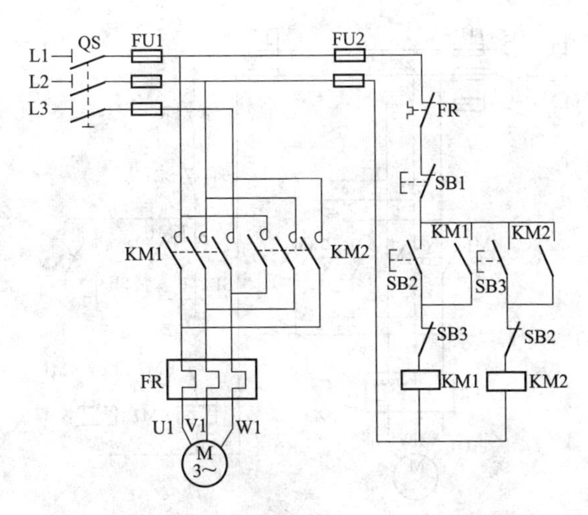

图 9-11　电动机按钮联锁的正、反转控制线路

4. 电动机按钮、接触器双重联锁的正、反转控制线路

电动机按钮、接触器双重联锁的正、反转控制线路如图 9-12 所示。本线路集中了按钮联锁、接触器联锁的优点，它既可以实现当电动机正转（反转）时不按停止按钮而直接按反转（正转）按钮进行反向（正向）启动，又可避免接触器主触头发生熔焊无法分断时，发生相间短路故障。这种双重联锁的正、反转控制线路安全可靠、操作方便，是最常用的电动机正、反转控制线路。

正转控制时，按下正转按钮 SB2，一方面其动断触头分断，接触器 KM2 线圈不得电，起到按钮联锁作用；另一方面接触器 KM1 线圈得电吸合，主电路中 KM1 主触头闭合，电动机 M 启动正转。同时，KM1 的辅助动合触头闭合，起到自锁作用；KM1 的辅助动断触头断开，KM2 线圈不得电，起到接触器联锁作用。

反转控制时，可直接按下反转按钮 SB3，一方面其动断触头分断，接触器 KM1 线圈失电，起到按钮联锁作用，同时，主电路中 KM1 主触头断开，电动机正转运行停止。另一方面按钮

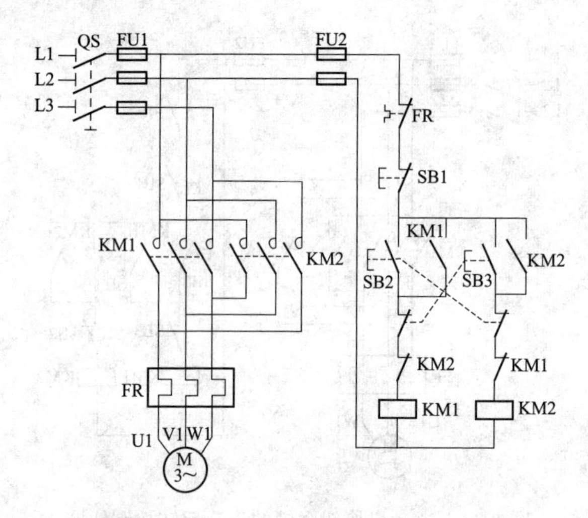

图 9-12　电动机按钮、接触器双重联锁的正、反转控制线路

SB3 动合触头闭合，接触器 KM2 线圈得电吸合，主电路中 KM2 主触头闭合，电动机 M 启动反转。同时，KM2 的辅助动合触头闭合，起到自锁作用；KM2 的辅助动断触头断开，KM1 线圈不得电，起到接触器联锁作用。

四、三相交流电动机降压启动控制

由于大容量交流电动机的启动电流很大，可达几百安培，这样大的电流不仅对线路有很大的影响，会造成线路电压的下降，使交流电动机转矩减小，甚至启动困难，而且还会影响同一供电网络中其他设备的正常工作，所以大容量交流电动机的启动不允许直接启动，而应采用降压启动。

交流电动机的降压启动，是依据降低启动电压可以减小启动电流的原理，其方法是利用一定的设备先行降低加在电动机定子绕组上的电压，待电动机启动后且转速达到一定值时，再将电压恢复到额定值运行，以达到降低启动电流的目的。由于电动机的转矩与电压的平方成正比，所以降压启动使电动机的启动转矩也大为降低，因此降压启动只适用于对启动转矩要求不高或空载、轻载的机械设备。常用的减压启动方式有定子绕组串电阻降压启动、Y-△（星形-三角形）降压启动和串自耦变压器降压启动。

1. 电动机串电阻降压启动控制线路

电动机串电阻降压启动控制线路如图 9-13 所示。当按下启动按钮 SB2 时，接触器 KM1 和时间继电器 KT 的线圈同时得电吸合，KM1 辅助动合触头闭合自锁，主电路中的 KM1 主触头闭合，电动机定子绕组串入电阻 R_{ST} 降压启动。同时，时间继电器 KT 开始延时。当电动机转速上升到接近额定转速时，延时设定时间到，延时动合触头 KT 闭合，接触器 KM2 线圈得电吸合并自锁，一方面主电路中的 KM2 主触头闭合，启动电阻 R_{ST} 被短接，电动机全压运行；另一方面 KM2 的辅助动断触头断开，时间继电器 KT 线圈失电释放。启动电阻 R_{ST} 电阻值相等，一般采用 ZX1、ZX2 系列铸铁电阻，铸铁电阻功率大，能够通过较大电流。

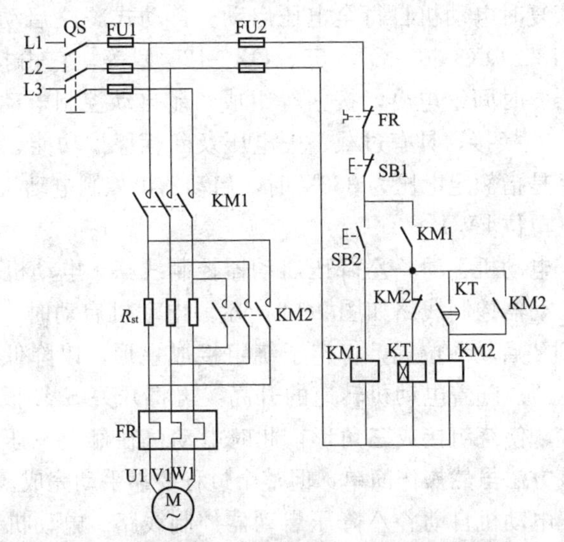

图 9-13 电动机串电阻降压启动控制线路

2. 电动机Y-△降压启动控制线路

大容量电动机在正常运行时，其定子绕组通常是接成三角形接法。当进行启动时，可将定子绕组临时接成星形接法，以降低各相绕组上的电压，待电动机接近额定转速时，再将定子绕组恢复成三角形接法，使电动机在额定电压下运行，这种启动方法称为Y-△降压启动，它适用于电动机铭牌上标注的接线方式为三角形的情况。实现Y-△降压启动可手动操作，也可自动控制，这种方法简便且经济，所以使用较普遍。由于启动时定子绕组的电压只有正常运行电压的$\frac{1}{\sqrt{3}}$，启动力矩只有全压启动力矩的1/3，所以这种启动方法常用于电动机功率为13～55kW的轻载或空载的启动。

电动机Y-△启动器是用于电动机降压启动的设备，分为手动式、自动式两类。手动式Y-△启动器有QX1、QX2系列产品，它不带任何保护，所以要与断路器、熔断器等配合使用。当电动机因失电压停转后，应立即将手柄扳到停止位置上，以免电压恢复时电动机自行全电压启动。自动式Y-△启动器产品有QX3-13、QX3-30、QX3-55、QX3-125型等，它由接触器、热继电器、时间继电器，按钮等组成，能自动控制电动机定子绕组的Y-△换接，具有过载、失电压及断相保护功能。QX3后面的数字是指额定电压为380V时，启动器可控制电动机的最大功率值（单位kW）。

（1）电动机手动Y-△降压启动器控制线路。电动机手动Y-△降压启动器控制线路如图9-14所示。电动机启动时，将开关SA2扳到“启动”位置，将定子绕组接成星形，以降低各相绕组上的电压。随着电动机转速的升高，再将开关SA2扳到“运行”位置，使绕组接成三角形，此时电动机在额定电压下正常运行。该方法虽然操作简单，但整个过程要靠手动完成。

（2）电动机自动Y-△降压启动器控制线路。电动机自动Y-△降压启动器控制线路如图9-15所示。电动机启动时，按下启动按钮SB2，接触器KM、KM1的线圈同时得电吸合并自锁，主电路中的KM主触头闭合接通电动机定子三相绕组的首端

(U1、V1、W1)，主电路中的 KM1 主触头将定子绕组尾端(U2、V2、W2) 连在一起，电动机三相绕组接成星形降压启动。与此同时，时间继电器 KT 的线圈得电，开始延时。

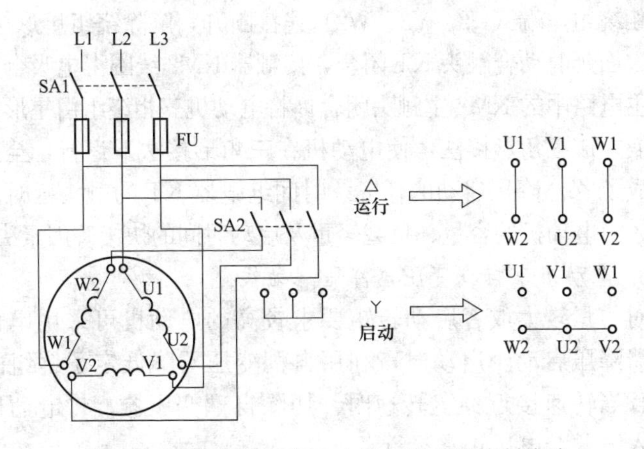

图 9-14 电动机手动Y-△降压启动器控制线路

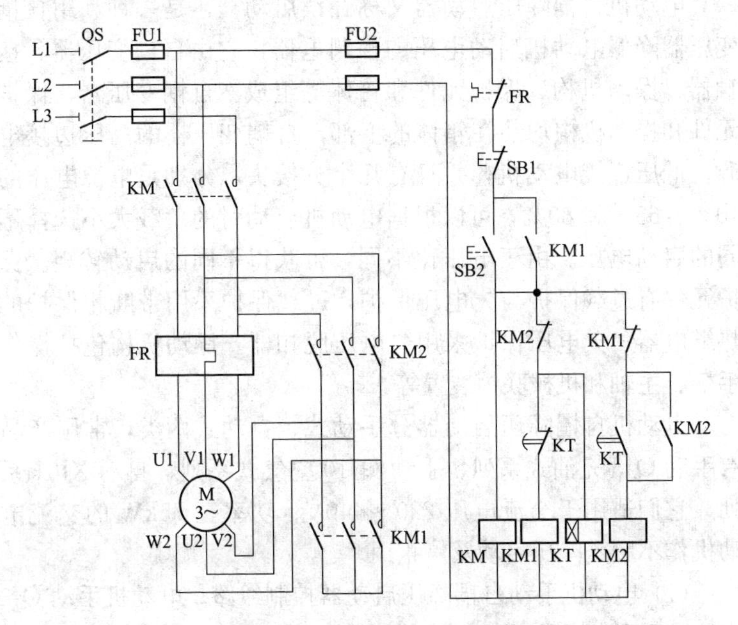

图 9-15 电动机自动Y-△降压启动器控制线路

当电动机转速上升到接近额定转速时，延时设定时间到，一方面延时动断触头KT断开接触器KM1线圈的回路，KM1线圈失电，KM1的辅助动断触头复位闭合，主电路中的KM1主触头将三相绕组尾端（U2、V2、W2）连接断开，解除绕组星形接法；另一方面延时动合触头KT闭合，接触器KM2线圈得电吸合并自锁，主电路中的KM2主触头闭合，将电动机三相绕组由星形接法自动换接成三角形接法，使电动机在三角形接法下运行，至此自动完成了Y-△降压启动的任务。时间继电器KT的触头延时动作时间，由电动机的容量、负载轻重及启动时间的快慢等因素决定。

3. 电动机串自耦变压器降压启动线路

对容量较大或者启动转矩要求较高的电动机可采用串自耦变压器降压启动。启动时，利用自耦变压器降低定子绕组的端电压，当转速接近额定转速时，切除自耦变压器，将电动机直接接入电源全电压正常运行。

电动机自耦降压启动器又称补偿启动器，是一种利用自耦变压器降低电动机启动电压的控制电器，它由自耦变压器、接触器、操动机构、保护元件和箱体等组成。自耦变压器、保护元件和操动机构均装在箱体的上部，自耦变压器的高压边接电源，低压边接电动机，并且有几个分接头，分别是电源电压的40%、65%和80%，可以根据电动机启动时的负载大小选择不同的启动电压。由于电压比不同，可获得不同的启动转矩。保护元件有过载保护与欠电压保护，过载保护采用带断相保护的热继电器，欠电压保护采用欠电压脱扣器。操动机构包括操作手柄、主轴和机械联锁装置等。

电动机自耦降压启动器分手动式、自动式两类，常用产品有手动QJ3充油式系列、手动QJ10空气式系列、自动XJ01系列，它们适用于交流电压220～440V、功率至75kW的交流电动机作不频繁降压启动及停止用。

（1）电动机手动自耦降压启动器控制线路。电动机手动QJ3充油式系列自耦降压启动器由金属外壳、接触系统（触头浸在油箱里)、启动用自耦变压器、操动机构、保护元件等组成。在绕组上配有额定电压的65%、80%的两组抽头，出厂时一般接在65%的抽头上，如需要较大的启动转矩，可改接在80%的抽头上。

电动机手动自耦降压启动器控制线路如图9-16所示。当手柄向前推到“启动”位置时，动触头与上面一排启动静触头接触，电源通过3副软金属带、动触头、启动静触头、自耦变压器接至电动机，电动机降压启动。当电动机转速上升到一定值时，将手柄向后迅速扳到“运行”位置，此时动触头与下面一排运行静触头接触，电源通过3副软金属带、动触头、运行静触头、热继电器热元件至电动机，电动机在额定电压下全压运行。如要停止，只要按下按钮SB，失电压脱扣器KV线圈断电，衔铁释放，通过机械机构使手柄回到“停止”位置，电动机停转。如误将手柄直接推向“运行”位置，机械连锁装置就会挡住手柄，防止误操作。

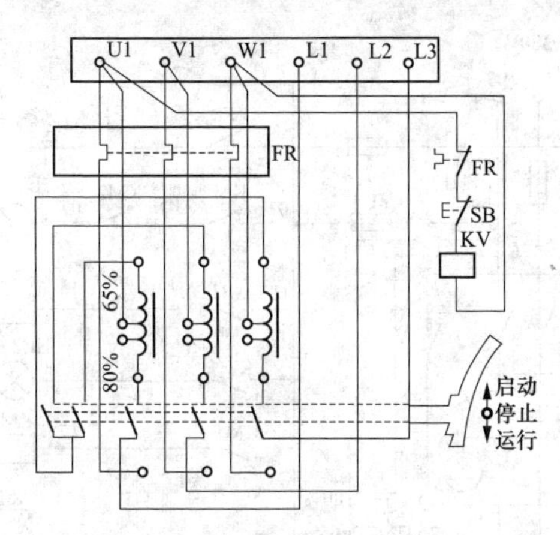

图9-16　电动机手动自耦降压启动器控制线路

（2）电动机自动自耦降压启动器控制线路。电动机自动XJ01自耦降压启动器为箱式防护结构，它由启动用自耦变压器、交流接触器、时间继电器、热继电器、中间继电器、控制按钮等元件组成。在绕组上配有额定电压的65%、80%的两组抽头，出厂时一般接在65%的抽头上，如需要较大的启动转矩，可改接在80%的抽头上。

电动机自动自耦降压启动器控制线路如图9-17所示。合上电源开关，HL1（红色）指示灯亮，表明电源电压正常。按下启动按钮SB1，接触器KM1、KM2、时间继电器KT线圈同时通电并自锁，将自耦变压器T接入，电动机定子绕组经自耦变压器T供电作减压启动，同时指示灯HL1（红色）熄灭，HL2（黄色）指示灯亮，显示电动机正作减压启动。当电动机转速接近额定转速时，时间继电器整定时间到，其延时动合触头闭合，使中间继电器KA线圈通电并自锁。一方面KA动断触头断开，使KM1、KM2、KT线圈失电释放，将自耦变压器T切除，同时指示灯HL2（黄色）熄灭；另一方面KA动合触头闭合，使KM线圈通电吸合，电动机在额定电压下正常运转。同时HL3（绿色）指示灯亮，显示电动机正在正常运转。

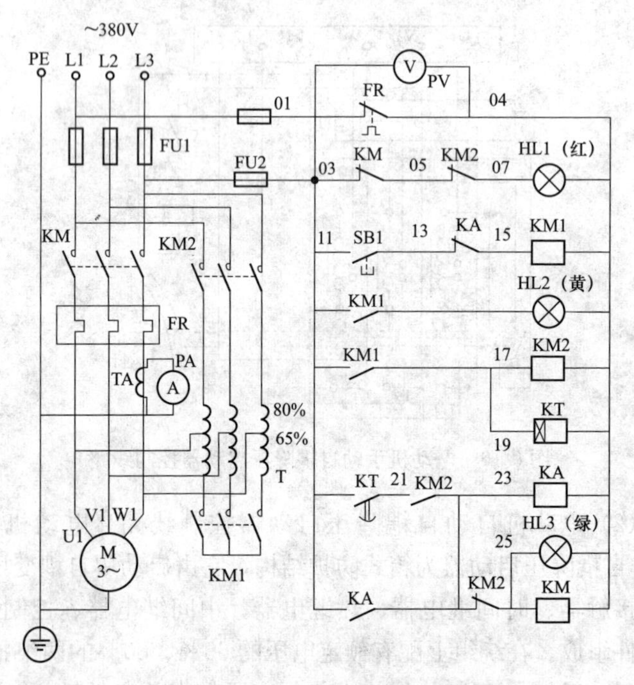

图9-17 电动机自动自耦降压启动器控制线路

五、三相交流电动机制动控制

交流电动机从定子绕组断电到完全停转，由于惯性总要运转一段时间。为了适应某些生产机械工艺要求，为了缩短辅助时间，提高生产效率，要求电动机能制动停转。三相异步电动机的制动方法一般有机械制动和电气制动。机械制动是利用机械装置，使电动机在切断电源后迅速停转的方法，较普遍应用的机械制动装置是电磁制动器。在电气制动中又有反接制动、能耗制动与再生发电制动，反接制动和能耗制动能够使电动机转子速度迅速下降至零，而再生发电制动仅限制电动机的转速。

1. 机械制动

机械制动较普遍应用的是电磁抱闸，它是一种由交流电磁铁操纵的制动器，可使电动机在切断电源后迅速停转，广泛应用在起重机械中用来控制物件升降以及吸收运动物体的惯性能量。电磁抱闸具有制动力强、安全可靠的优点，不会因突然断电而发生事故，但缺点是体积较大、制动器磨损严重、快速制动时会产生振动。

电磁抱闸主要由制动电磁铁和闸瓦制动器两部分组成。制动电磁铁由铁芯、衔铁和线圈组成，有单相和三相之分。闸瓦制动器包括闸轮、闸瓦、杠杆和弹簧等，闸轮与电动机装在同一根转轴上，制动强度可通过调整机械结构来改变。电磁抱闸一般为常闭式，在未通电时制动器在弹簧力作用下紧紧地抱住与电动机同轴的闸轮，使电动机不能转动。当电动机得电启动时，制动电磁铁也得电吸合衔铁，衔铁克服弹簧力使闸瓦与闸轮分开，电动机启动正常运转。当电动机失电时，制动电磁铁也失电，在弹簧力的作用下，衔铁与铁芯又分开，闸瓦紧紧抱住闸轮，电动机制动而立即停转。

由于电磁铁线圈和电动机由同一电源同时供电，因此只要电动机不通电，电磁铁线圈也不会通电，闸瓦总是抱住闸轮，电动机总是被制动。这一特性特别适用于起重机械的制动，因为当重物吊到一定高处时，如果供电线路发生故障突然停电，电动机和制动电磁铁也同时断电，此时闸瓦立即抱住闸轮使电动机迅速制动停转，可防止重物掉下。另外，也可利用这一特性将重物停留在空中某个位置。

电动机电磁抱闸制动控制线路如图 9-18 所示。当按下启动按钮 SB2 后，接触器 KM1 线圈得电吸合，电磁抱闸制动器电路中 KM1 主触头闭合，电磁铁线圈 YB 得电，衔铁被铁芯吸合，通过弹簧、杠杆使闸瓦松开闸轮，为电动机启动运转做好准备。与此同时，接触器 KM1 的辅助动合触头闭合，接触器 KM2 线圈得电吸合并自锁，主电路中 KM2 主触头闭合，电动机启动运转。停机时，按下停止按钮 SB1，接触器 KM1、KM2 线圈失电，其主触头断开，电动机和电磁铁线圈同时断电，衔铁释放，在弹簧拉力的作用下，使闸瓦紧紧抱着闸轮，电动机迅速被制动停转。

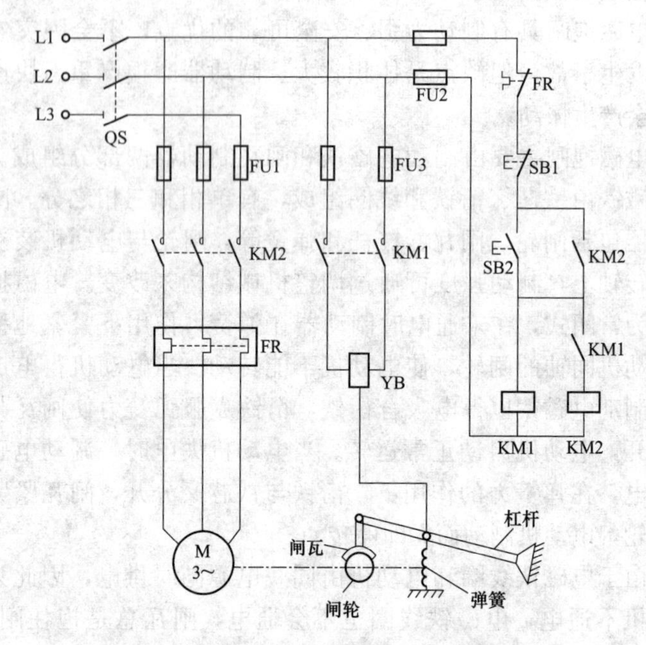

图 9-18　电动机电磁抱闸制动控制线路

2. 电气制动

电动机的电气制动就是给电动机输入一个与电动机实际旋转方向相反的电磁转矩（制动转矩），使电动机迅速制动停转，电气制动常用的有反接制动和能耗制动。

（1）电动机反接制动控制线路。反接制动的方法就是改变电动机定子绕组中的三相电源相序，产生与转子转动方向相反的转矩，起到制动作用。当电动机转速接近零时，应将电源切除，以免引起电动机反转。反接制动有制动力大、制动迅速、制动效果显著、控制电路简单、设备投资少等优点，但制动时有冲击、制动不平稳、制动准确性差、易损坏传动部件、能量消耗大，因此适用于 10kW 以下小功率的电动机，以及制动要求迅速、系统惯性大、不经常启动与制动的设备。

反接制动时，转子与旋转磁场的相对速度接近于 2 倍的同步转速，定子绕组中的电流相当于全压启动时的 2 倍，为了防止绕组过热和减小制动冲击，一般功率在 10kW 以上的电动机，定子回路中应串入限流电阻，以限制反接制动电流，这个电阻称为反接制动电阻，它有三相对称和三相不对称两种接法。

电动机反接制动控制线路如图 9-19 所示。速度继电器的轴与电动机转轴同轴相连，并随电动机的旋转而一起旋转，当电动机转速上升超过速度继电器的动作转速（130r/min）时，速度继电器的动断触头断开而动合触头闭合；当电动机转速度下降到低于速度继电器的复位转速（100r/min）时，速度继电器的触头复位，即动断触头闭合、动合触头断开。

正常运行时，当按下启动按钮 SB2 后，接触器 KM1 线圈得电吸合并自锁，KM1 的辅助动断触头断开，实现联锁；与此同时，主电路中 KM1 主触头闭合，电动机 M 启动运行。当电动机转速上升到速度继电器动作转速（130r/min）时，速度继电器动合触头 KS 闭合，为电动机制动做好准备。

当停车反接制动时，按下停止（兼反接制动）按钮 SB1，一方面 SB1 动断触头断开，接触器 KM1 线圈失电，其辅助动断

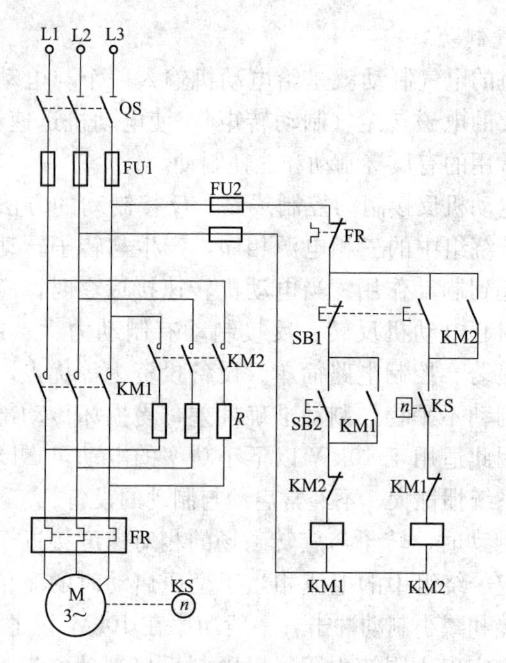

图 9-19　电动机反接制动控制线路

触头、辅助动合触头复位，解除自锁和联锁；与此同时，主电路中 KM1 主触头断开，电动机 M 断电，但仍靠惯性高速旋转以保持速度继电器动合触头 KS 的闭合；另一方面 SB1 动合触头闭合，接触器 KM2 线圈得电吸合并自锁，KM2 的辅助动断触头断开，实现联锁；与此同时，主电路中 KM2 主触头闭合，电源完成换相并串接电阻，电动机反接制动开始，迫使电动机转速迅速下降。

当电动机转速度下降到低于速度继电器的复位转速（100r/min）时，速度继电器动合触头 KS 复位断开，接触器 KM2 线圈失电，其辅助动断触头、辅助动合触头复位，解除自锁和联锁；与此同时，主电路中 KM2 主触头断开，电动机 M 断电，反接制动结束，并防止了反向启动。

（2）电动机能耗制动控制线路。电动机脱离三相交流电源后，立即给定子绕组接入直流电源，以产生恒定的静止磁场，此时电动机的转子由于惯性沿原来的方向旋转切割直流磁场，在转子导体中产生感应电流，并与恒定剩磁场相互作用形成一个与惯性转动方向相反的制动转矩，阻止转子旋转，使电动机迅速减速，以达到制动的目的，制动结束后切除直流电源。这种制动方法将转子惯性转动的机械能转换成电能，又消耗在转子的制动上，因此称为能耗制动。

能耗制动与反接制动相比较，具有耗能少、制动电流小，制动平滑、准确等优点，但制动转矩较弱，特别是在低速电动机中制动效果较差，且需配置直流电源，因此能耗制动适用于电动机容量较大、要求制动平稳、准确和制动频繁的场合。实际使用中，可根据设备的制动要求及实际情况选用合适的制动方式。

根据直流电源的整流方式，能耗制动分为半波整流能耗制动和全波整流能耗制动。能耗制动的制动转矩大小与通入电动机定子绕组直流电流的大小及电动机的转速有关，一般接入的直流电流可取 1.5 倍电动机的额定电流，过大会烧坏电动机的定子绕组。通常采用在直流电源回路中串接可调电阻的方法，调节制动电流的大小。

1）电动机全波整流能耗制动控制线路。电动机全波整流能耗制动控制线路如图 9-20 所示。按下启动按钮 SB2，接触器 KM1 线圈得电吸合并自锁、联锁，主电路中 KM1 主触头闭合，电动机 M 启动运行。停车制动时，按下停止（兼能耗制动）按钮 SB1，一方面 SB1 动断触头断开，接触器 KM1 线圈失电，其辅助触头复位，解除自锁和联锁，主电路中 KM1 主触头断开，电动机脱离三相交流电源，失电惯性运转；另一方面 SB1 动合触头闭合，接触器 KM2、KT 线圈得电，并通过 KM2 的辅助动合触头和 KT 的瞬动动合触头自锁，主电路中 KM2 的主触头闭合将直流电源接入三相定子绕组进行能耗制动；与此同时，时间继电器 KT 开始延时。电动机在能耗制动作用下转速迅速下降，当接近零时，延时设定时间到，其延时动断触头 KT 断开，KM2、KT 线圈相继失电，切除直流电源，能耗制动结束。

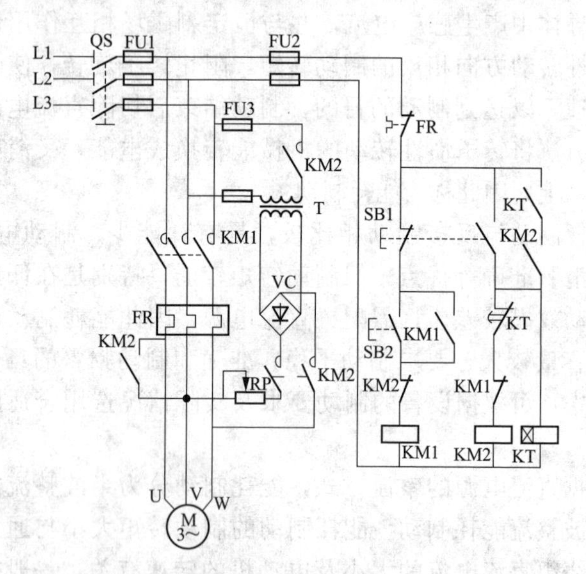

图 9-20　电动机全波整流能耗制动控制线路

控制电路中将时间继电器 KT 的瞬动动合触头与接触器 KM2 的自锁触头串接，是考虑若当 KT 线圈断线或机械卡阻时，在设定时间到后其触头不能动作，而使 KM2 线圈长时间通电，造成电动机定子绕组长时间通入直流电流过热损毁。引入 KT 的瞬动动合触头后，即先行检验了时间继电器是否能正常工作，避免了上述故障的发生。

2）电动机半波整流能耗制动控制线路。带变压器的全波整流能耗制动方式，其制动直流电流的脉动比半波整流时小，因此制动过程相对平稳，制动效果较好，但所需设备多，成本高。当电动机功率在 10kW 以下，且制动要求不高时，为了简化能耗制动电路，减少附加设备，可采用无变压器的半波整流能耗制动方式及时间继电器对制动时间进行控制，这种制动方式电路简单、成本低，适用于中性点接地的三相四线制供电系统。

电动机半波整流能耗制动控制线路如图 9-21 所示。无变压器的半波整流电路可以提供半波直流电源，由单相交流电源供电，工作电压为 220V，其相线接 KM2 的两副主触头，触头闭合后接至电动机二相定子绕组，并由另一相绕组、KM2 的另一副主触头，再经整流二极管 VD 和限流电阻 R_P 接至零线，构成工作回路。本电路的控制线路部分与图 9-20 相同，读者可参照前面的叙述，自行分析该线路的工作过程。

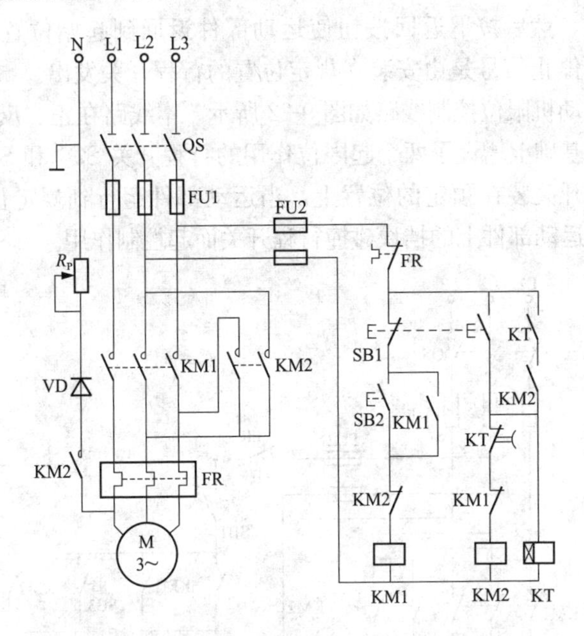

图 9-21 电动机半波整流能耗制动控制线路

六、三相交流电动机行程控制

生产中由于工艺和安全的要求，常常需要控制某些机械的行程和位置，例如，某些运动部件（如机床工作台）在工艺上要求进行往返运动加工产品，这就要对其进行位置和行程、自动换向、往复循环、终端限位保护等控制。因此，电动机行程控制就是按运动部件移动的距离通过行程开关发出指令的一种控制方式，是机械设备应用较广泛的控制方式之一。

行程控制分为限位控制和自动往返运动控制，它们都是借助行程开关来实现的。将行程开关安装在事先安排好的地点，当生产机械运动部件上的撞块压合行程开关时，行程开关的触头动作，以达到控制行程的目的。

1. 电动机限位控制线路

限位控制线路常用于吊车的上限位、下限位控制，它能按要求的空间限位使电动机所拖动的运动部件到达规定位置后自动停止，然后按下返回按钮使运动部件返回到起始位置后自动停止，停止信号是由安装在规定位置的行程开关发出。

电动机限位控制线路如图 9-22 所示。本线路在正、反转控制线路的基础上增设了两个起限位作用的行程开关 SQ1 和 SQ2，限位行程开关装在预定的位置上，当运动部件运行到规定位置时，由装在运动部件上的挡块碰撞行程开关而起控制作用。

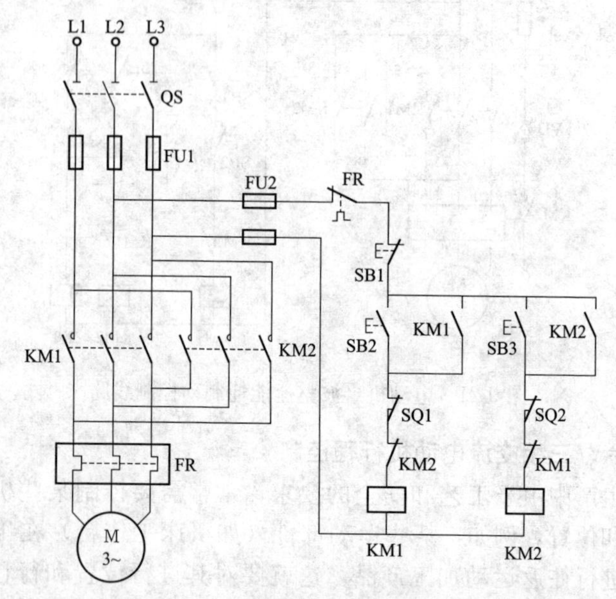

图 9-22 电动机限位控制线路

正转控制时，按下正转按钮 SB2，接触器 KM1 线圈得电吸合，主电路中 KM1 主触头闭合，电动机 M 正向运行。同时，KM1 的辅助动合触头闭合，起到自锁作用；KM1 的辅助动断触头断开，起到接触器联锁作用。当运动部件向前或向上运动到预定位置时，装在运动部件上的挡块碰压行程开关 SQ1，使其动断触头 SQ1 断开，接触器 KM1 线圈失电，主电路中 KM1 主触头断开，电动机断电停转。同时，KM1 的辅助触头复位，解除自锁联锁，这时若再按正转按钮 SB2 就没有作用了。

反转控制时，按下反转按钮 SB3，接触器 KM2 线圈得电吸合，主电路中 KM2 主触头闭合，电动机 M 反向运行。同时，KM2 的辅助动合触头闭合，起到自锁作用；KM2 的辅助动断触头断开，起到接触器联锁作用。当运动部件向后或向下运动到预定位置时，装在运动部件上的挡块碰压行程开关 SQ2，使其动断触头 SQ2 断开，接触器 KM2 线圈失电，主电路中 KM2 主触头断开，电动机断电停转。同时，KM2 的辅助触头复位，解除自锁联锁。

2. 电动机自动往返循环控制线路

在有些生产机械中，如组合机床、龙门刨床、铣床等，要求工作台在一定的距离内能自动往返循环移动，以便对工件进行连续加工。要实现这一目的，可通过两个行程开关（SQ1、SQ2）组成的自动往返运动的电动机正、反转控制线路，控制电动机拖动运动部件在规定的两个位置之间自动往返循环。为了防止 SQ1 或 SQ2 故障或失效造成工作台继续运动不停的事故，在运动部件循环运动的方向上还安装了另外两个行程开关 SQ3、SQ4，它们装在运动部件正常循环的行程之外，即在行程开关 SQ1、SQ2 的外端，起限位保护作用。

电动机自动往返循环控制线路如图 9-23 所示。按下正向启动按钮 SB2，接触器 KM1 线圈得电吸合，主电路中 KM1 主触头闭合，电动机 M 正向运行，拖动工作台向左移动。同时，KM1 的辅助动合触头闭合，起到自锁作用；KM1 的辅助动断触头断开，起到接触器联锁作用。

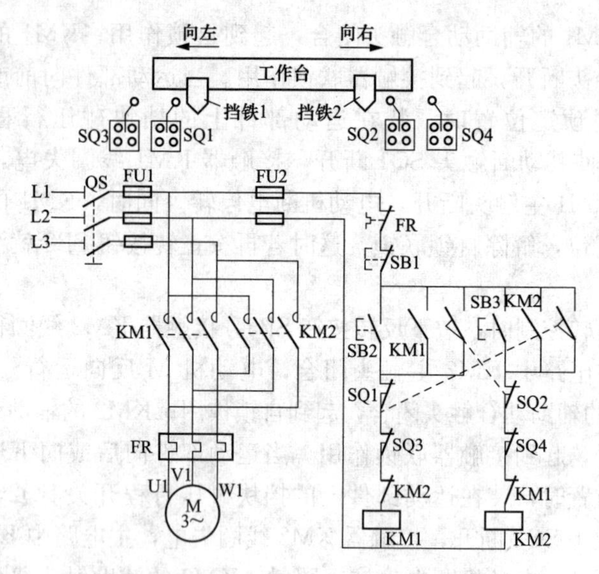

图 9-23　电动机自动往返循环控制线路

当工作向左台移动到一定位置时，挡铁 1 碰撞行程开关 SQ1，使其动断触头断开，接触器 KM1 线圈失电，主电路中 KM1 主触头断开，电动机断电停转。与此同时，SQ1 的动合触头闭合，接触器 KM2 线圈得电吸合，一方面主电路中 KM2 主触头闭合，电动机 M 反向运行，拖动工作台向右移动；另一方面 KM2 的辅助动合触头闭合，起到自锁作用；KM2 的辅助动断触头断开，起到接触器联锁作用。此时行程开关 SQ1 虽复位，但接触器 KM2 的自锁触头已闭合，故电动机 M 继续拖动工作台向右移动。

当工作台向右移动到一定位置时，挡铁 2 碰撞行程开关 SQ2，使其动断触头断开，接触器 KM2 线圈失电，主电路中 KM2 主触头断开，电动机断电停转。与此同时，SQ2 的动合触头闭合，接触器 KM1 线圈又得电吸合并自锁和联锁，主电路中 KM1 主触头闭合，电动机 M 又开始正向运行，拖动工作台向左移动。此时行程开关 SQ2 虽复位，但接触器 KM1 的自锁触头已闭合，故电动机 M 继续拖动工作台向左移动。如此周而复始，工作台在预定的距离内自动往复运动。

七、三相交流电动机节电控制

电动机节电技术主要包括选用合适的电动机、采用高效率的电动机、采用先进的控制方式和控制设备、加强电动机的运行管理和维修等。电动机的负荷为额定负荷的 70％～100％时，效率最高；负荷小时，功率因数小，效率低。因此，应避免电动机长期处于轻负荷运行状态。

1. 车床电动机空载自停控制线路

车床电动机空载自停控制线路如图 9-24 所示。本线路采用时间继电器对电动机空载时间进行计时，在以下两种情况下若空载时间超过设定时间均会自动停机，可避免车床电动机长时间的空载运行，以节约用电，是节能降耗的一个有效措施。一是启动电动机后有加工操作，但进入短暂加工停止，电动机空载运行；二是启动电动机后无加工操作，电动机空载运行。电动机空载设定时间可根据车床操作要求来定，图中 SQ 为限位开关，它受主轴操纵杠的控制。

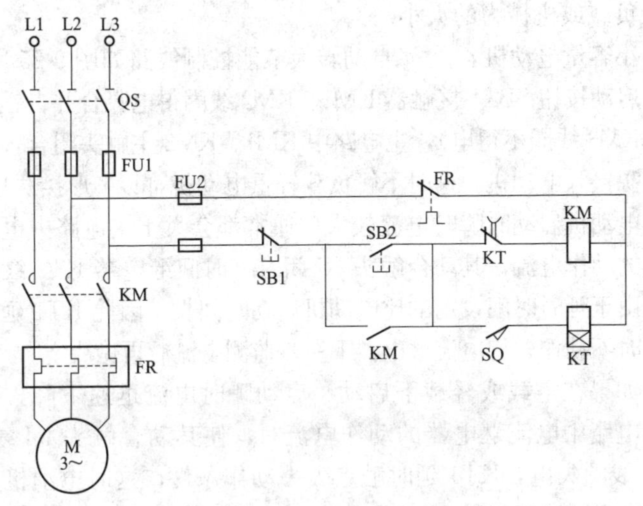

图 9-24 车床电动机空载自停控制线路

按下启动按钮 SB2，接触器 KM 得电吸合并自锁，主电路中 KM 主触头闭合，车床电动机 M 启动运转。这时车工可操作操纵杆进行加工操作，在加工时连动杆碰触不到限位开关 SQ 的动合触头。在加工停止时，车工将控制操纵杆转到空挡位置，此时连动杆便压下限位开关 SQ 的动合触头，使其闭合导致时间继电器 KT 线圈得电，开始延时。如果在设定的延时时间内，限位开关 SQ 没有复位，则延时时间一到，其延时动断触头 KT 断开，使 KM 线圈失电解除自锁，主电路中 KM 主触头断开，车床电动机 M 停转。

2. 小容量电动机Y-△-Y自动转换节能控制线路

电动机Y-△-Y接法转换，就是根据电动机负载变化的情况，用改变定子绕组接线的方式来调整绕组电压。当电动机重负载（负载率大于 40%）时采用三角形接法，使电动机做全电压运行；轻负载（负载率小于 40%）时改为星形接法，使电动机作低电压节电运行，这种方法适用于长时间轻载运行或重载/轻载交替运行的电动机。根据机械负载或机械力在交流电动机中往往与定子绕组电流成正比的特性，因此通过测量电流值，就能反映负载或机械力的大小。

小容量电动机Y-△-Y自动转换节能控制线路如图 9-25 所示。按下启动按钮 SB2，接触器 KM1、KM2 线圈得电吸合并自锁、联锁（KM3 线圈不得电），主电路中 KM1、KM2 主触头闭合，将三相电源接入电动机，这时不管负载轻重电动机都以Y形接法启动。由于电动机启动时瞬时电流较大，通常都会大于主电路中电流继电器的动作电流，其动合触头 KI 闭合，时间继电器 KT1 线圈得电，由于延时时间设定的比电动机启动时间长，因此 KT1 延时触点暂时不动作，待电流继电器下一步监测电流后再做决定。

如果在空载或轻载下启动，启动瞬时电流迅速下降，当低于主电路中电流继电器的动作电流时，使其动合触头 KI 复位，KT1 线圈失电，KT1 延时触点失去动作条件，这时电动机延续Y形接法继续运行。

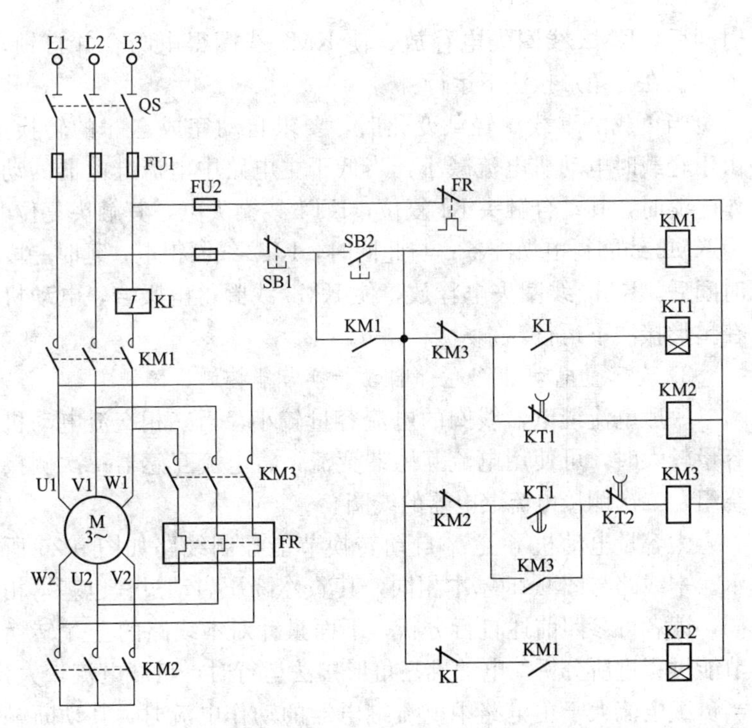

图 9-25 小容量电动机Y-△-Y自动转换节能控制线路

如果在重载下启动，启动瞬时电流虽迅速下降但仍然很大，当大于主电路中电流继电器的动作电流时，其动合触头 KI 仍保持闭合。这样，当 KT1 设定的延时时间一到，其延时动断触头 KT1 断开，使 KM2 线圈失电，其主电路中的 KM2 主触头断开，解除电动机的星形接法；与此同时，KM2 动断触头复位，KT1 延时动合触头闭合，使 KM3 线圈得电吸合并自锁、联锁（KT1、KM2 线圈不得电），其主电路中的 KM3 主触头闭合，使电动机在三角形接法下运行。

当负载由轻载→重载变化时，要求自动完成Y-△的转换。由于重载时电动机电流增大，当大于主电路中电流继电器的动作电流时，其动断触头 KI 断开，KT2 线圈失电，其触头复位，为 KM3 线圈得电做准备；与此同时，KT1 线圈得电，延时一段时间后，KM2 线圈失电释放，使 KM3 线圈得电吸合并自锁，电动机在三角形接法下运行。

当负载由重载→轻载变化时，要求自动完成△-Y的转换。由于轻载时电动机电流减小，当低于主电路中电流继电器的动作电流时，其动合触头 KI 复位，KT1 线圈失电，其触头复位，为 KM2 线圈得电做准备；与此同时，KT2 线圈得电，延时一段时间后，KM3 线圈失电释放，使 KM2 线圈得电吸合，电动机在星形接法下运行。

3. 大容量电动机Y-△-Y自动转换节能控制线路

一般电流继电器线圈的电流容量较小，当三相交流电动机容量较大时，可使用电流互感器变流，将电流互感器一次侧接绕组，二次侧接电流继电器的线圈。

大容量电动机Y-△-Y自动转换节能控制线路如图 9-26 所示。本线路与图 9-25 基本相同，其Y-△降压启动过程也基本相同，读者可参照前述自行分析，下面只针对本线路的△-Y转换节能过程进所分析。电动机三角形接法运行时，负载电流较大，当负载电流大于主电路中电流继电器的动作电流时，其动断触头 KI 断开，时间继电器 KT2 线圈失电，电动机仍维持三角形接法运行。当负载由重载→轻载变化时，负载电流下降，当负载电流小于主电路中电流继电器的动作电流时，其动断触头 KI 复位，时间继电器 KT2 得电吸合，开始延时。待延时时间一到，KT2 延时动断触头断开，使接触器 KM3、KT1 线圈失电，接触器 KM2 线圈自动得电，电动机的定子绕组由三角形接法改为星形接法，达到节能运行的目的。

如果电动机带动的工作机械需要在较硬的机械特性下运行，那么不管其负载电流多大，均应维持在三角形接法下运行，此时可按一下按钮 SB4，使接触器 KM4 得电吸合并自锁，通过 KM4 主触头将电流继电器 KI 短路，便可使三相交流电动机一直维持在三角形接法下运行。如再需做Y-△-Y转换节能运行，可按一下按钮 SB3，将电流继电器 KI 解除短路即可。

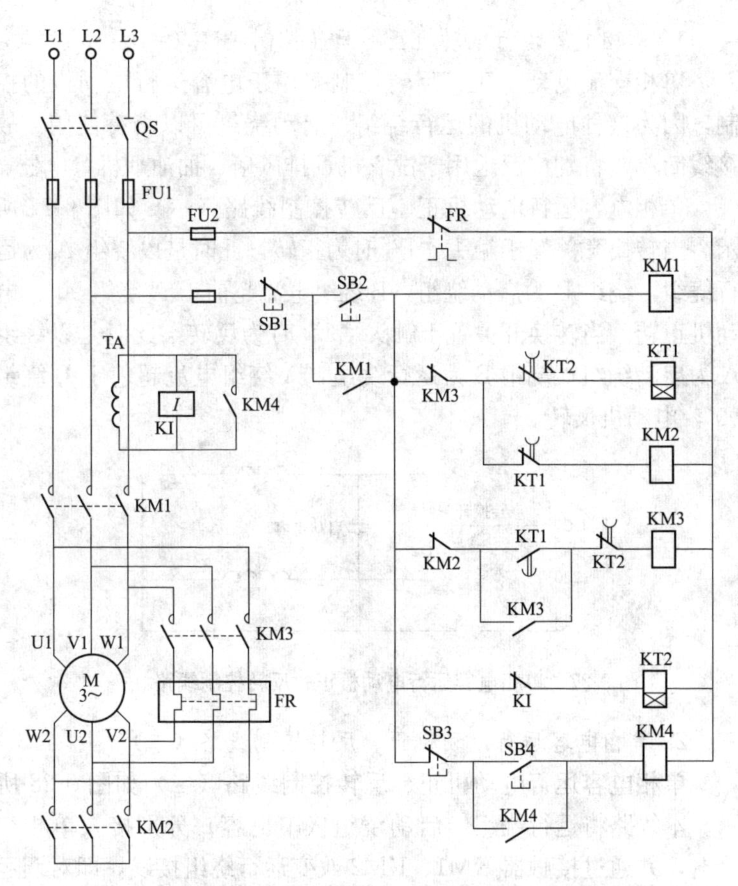

图 9-26　大容量电动机Y-△-Y自动转换节能控制线路

第二节　单相交流电动机基本电气控制线路

一、单相交流电动机正、反转控制

当单相交流电动机外加一个单相正弦交流电后，在气隙中就会产生旋转磁场。要改变单相交流电动机的旋转方向，可对调运行绕组或启动绕组的两个接线端，此时产生的旋转磁场的旋转方向改变，所以电动机的转向也跟着改变，也就是反转了。

1. 单相电容运行电动机正、反转控制线路（一）

单相交流电动机正、反转控制多用于电容运行电动机的控制，因为这种电动机的运行绕组、启动绕组可以交替使用，故接线简单，特别广泛地用于洗衣机、排风扇、抽油烟机等电器。

单相电容运行电动机正、反转控制线路（一）如图 9-27 所示。当转换开关置于触头“1”时为正转，此时是以绕组 A 为运行绕组，绕组 B 为启动绕组，B 绕组电流超前于 A 绕组 90°，电动机正转。当转换开关置于触头“2”时为反转，此时是以绕组 A 为启动绕组，绕组 B 为运行绕组，A 绕组电流超前于 B 绕组 90°，电动机反转。

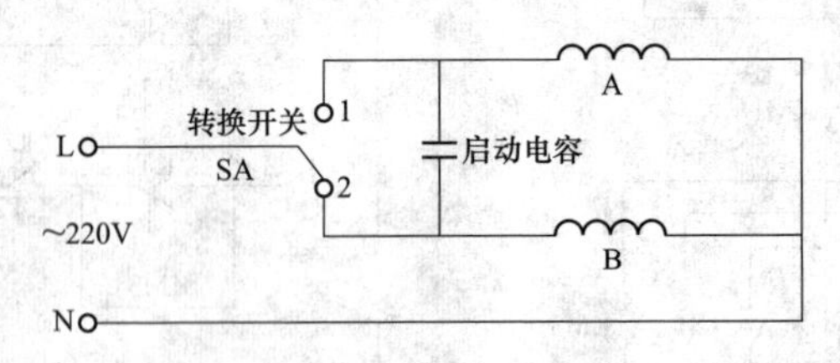

图 9-27 单相电容运行电动机正、反转控制线路（一）

2. 单相电容运行电动机正、反转控制线路（二）

单相电容运行电动机正、反转控制线路（二）如图 9-28 所示。本线路将运行绕组、启动绕组（串电容）分别接入单相交流电，并通过接触器 KM1、KM2 改变运行绕组接线，即对调运行绕组的两个接线端，以实现正、反转控制的目的。

正转控制时，按下正转按钮 SB3，接触器 KM1 线圈得电吸合并自锁、联锁，主电路中 KM1 主触头闭合，单相电动机 M 启动正转。反转控制时，按下反转按钮 SB2，首先接触器 KM1 线圈失电，主电路中 KM1 主触头断开，电动机 M 脱离电源；然后 KM2 线圈得电吸合并自锁、联锁，主电路中 KM2 主触头闭合，将运行绕组的两个接线端对调接入电源，单相电动机 M 开始反转。当按下停止按钮 SB1 时，控制线路断电，接触器线圈失电，单相电动机 M 停止运行。

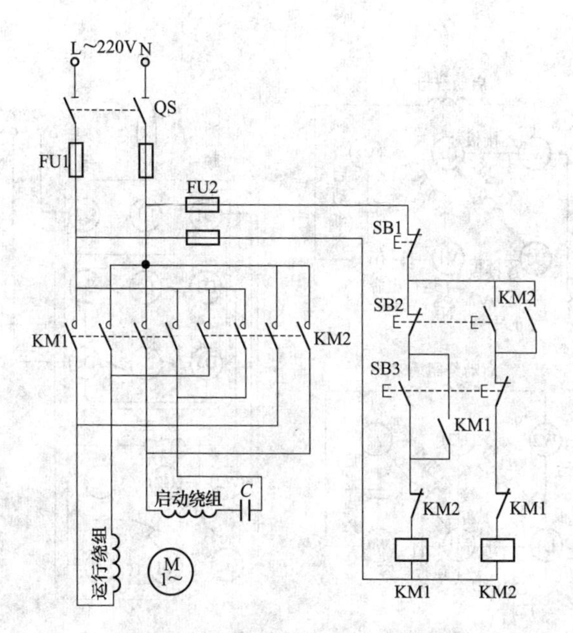

图 9-28 单相电容运行电动机正、反转控制线路（二）

3. 单相电容启动与运行电动机正、反转控制线路（一）

单相电容启动与运行电动机正、反转控制比较复杂，不像电容运行电动机接线那样简单。通常单相电动机将正转和反转的接法标在铭牌上，它的接线盒有 6 个接线端子，其中 U1、U2 接运行绕组两端，W1、W2 接启动绕组两端，V1、V2 接启动开关两端，利用两个连接板构成不同的接法可实现电动机的正转和反转运行。

单相电容启动与运行电动机正、反转控制线路（一）如图 9-29 所示。倒顺开关的手柄有 3 个位置："顺""停""倒"，内部有 6 个动合触头 D1～D6。当手柄处于"停"位置时，倒顺开关的 6 个动合触头均断开，所以线路不通，电动机不转；当扳到左边"顺"时，L1、L2、L3 分别与 D1、D3、D5 相连，电动机右转；当扳到右边"倒"时，L1、L2、L3 分别与 D2、D4、D6 相连，电动机左转。

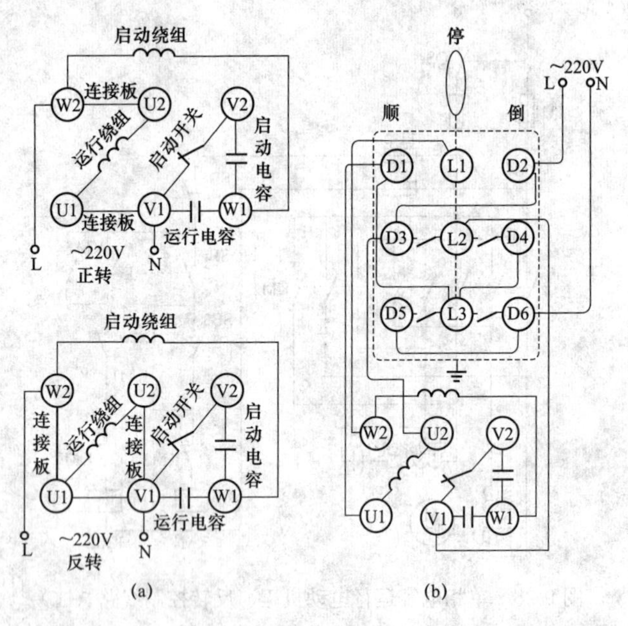

图 9-29　单相电容启动与运行电动机正、反转控制线路（一）
（a）正、反转接线；（b）正、反转控制

4. 单相电容启动与运行电动机正、反转控制线路（二）

单相电容启动与运行电动机正、反转控制线路（二）如图 9-30 所示。接线时，需要将电动机接线盒内的连接板拆除，再通过接触器的连接以实现正、反转运行。由于需要利用接触器的触头改变连接板的接法，热继电器 FR 的热元件不应安装在接触器的后面，要装在接触器的前面，这样接线比较简单。本电路的控制线路是典型的接触器联锁的正、反转控制线路，工作过程读者可参照前述自行分析。主电路中 KM1 主触头吸合时电动机左转运行，其 U1、V1 通过一个主触头接通，Z2、U2 通过两个主触头接通；KM2 主触头吸合时电动机右转运行，V1、U2 通过一个主触头接通，U1、Z2 通过两个主触头接通。

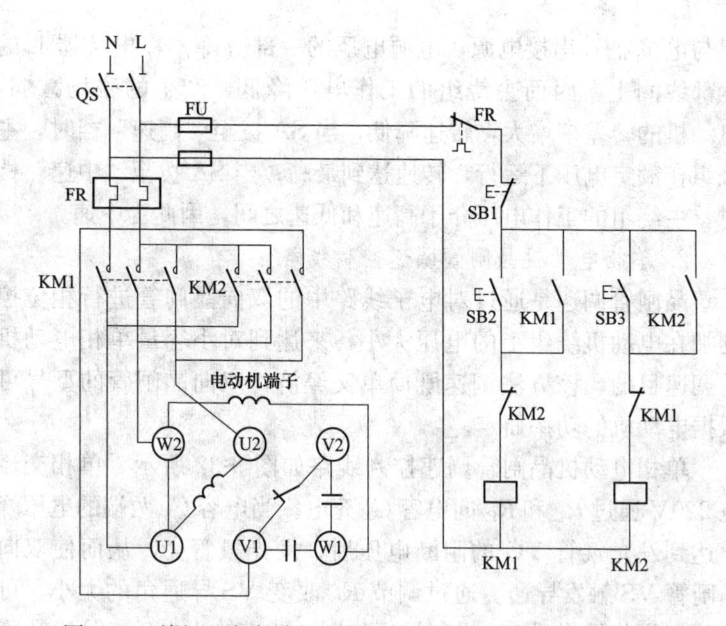

图 9-30 单相电容启动与运行电动机正、反转控制线路（二）

二、单相交流电动机调速控制

单相交流电动机的转速与电动机绕组所加的电压有直接关系，其调速方法一般都是设法采用不同的手段，通过改变绕组电压的大小来调节电动机的转速。

1. 单相电动机电抗器调速控制线路

电抗器调速是将电抗器串接到电动机的单相电源电路中，通过切换电抗器的线圈抽头来实现绕组降压调速。电抗器可根据电动机在低速、中速时的工作电压和电流，来确定电抗器的端电压和电流等参数。

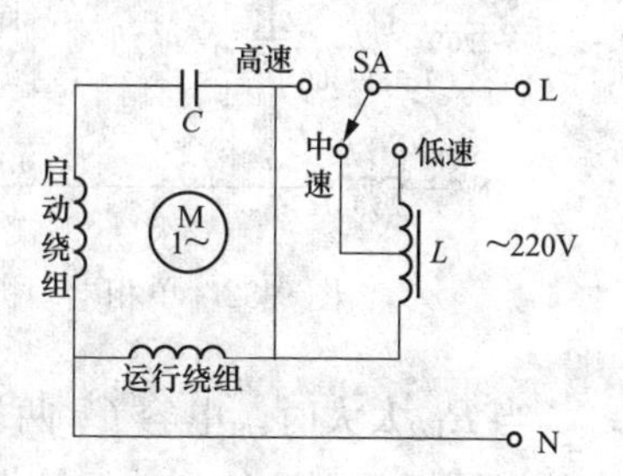

图 9-31 单相电动机电抗器调速控制线路

单相电动机电抗器调速控制线路如图 9-31 所示。当调速开关 SA 拨到“低速”档时，主绕组与电抗器L串接电源，电源电压的一部分降落在电抗器L的全部线圈上，因而主绕组的工作电压降低，产生的磁场减弱，电动机的转差率增大，转速降低；当SA拨至“高速”档时，主绕组在额定电压下运行，转速达到最高；当SA拨至“中速”档时，主绕组的工作电压介于高速和低速之间，因此为中速。

2. 单相电动机晶闸管调速控制线路

晶闸管调速是通过对电子线路中的双向晶闸管进行相位控制加在电动机绕组上的电压大小，来达到对小容量单相电动机的调速目的，该方法调速既简单又经济，双向晶闸管的型号可根据电动机的功率而定。

单相电动机晶闸管调速控制线路如图9-32所示。单相交流电220V通过R_1和R_{P2}向电容C_3充电。当电容C_3两端的电压峰值达到发光氖管VG的阻断电压后，发光氖管亮，从而使双向晶闸管VS触发导通。通过调节R_{P2}改变VS导通角的大小，可在某相位范围内对VS进行导通控制，改变输出电压，从而达到无级调节电动机转速的目的。R_P阻值小，VS导通角度大，输出电压高，电动机转速高；反之，R_P阻值大，电动机则转速低。

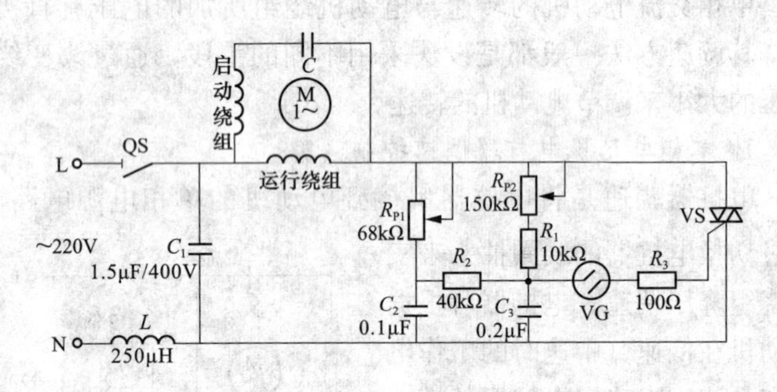

图9-32　单相电动机晶闸管调速控制线路

当R_{P2}太大时，电容C_3两端电压上升缓慢，在整个电源正或负半周期间无法达到使氖管发亮的状态，VS不能导通，即通过改变R_{P2}大小来控制电动机转速时，会有某一极限值。为避免出现这种现象，采用调节 R_{P1} 或 C_2 使 C_3 两端电压上升（即 C_2 上的电压可经 R_2 向 C_3 充电），使其达到氖管 VG 的阻断电压。由此可知，R_{P2} 是用来控制负载的平均电流，即控制电动机的最高转速，而调节 R_{P1} 可调节电动机的最低转速。线路中增设 L 与 C_1 组成的滤波电路，可适当抑制高次谐波对电网的影响。

3. 单相电动机改变绕组接线调速控制线路

单相电动机改变绕组接线调速控制线路如图 9-33 所示。一般单相电容式电动机高速运行时的线路如图 9-33（a）所示，为了使运行绕组电压降低，可采用启动绕组与运行绕组串联的接法，这相当于在电路中串接了一只电抗器，吊扇电动机常采用这种接线方法进行调速。当要求单相电动机低速运行时，可把电动机两个绕组接线由原先的并联改为串联，如图 9-33（b）所示。这时运行绕组、启动绕组中的电压就比并联时相对降低，电动机转速自然就下降了。如果想得到两种转速，可在电路中加装一只双刀双掷开关，通过开关变换接线成为双速电动机，如图 9-33（c）所示。当开关拨到左边时，电动机接线为（a），高速运行；当开关拨到右边时，电动机接线为（b），低速运行。

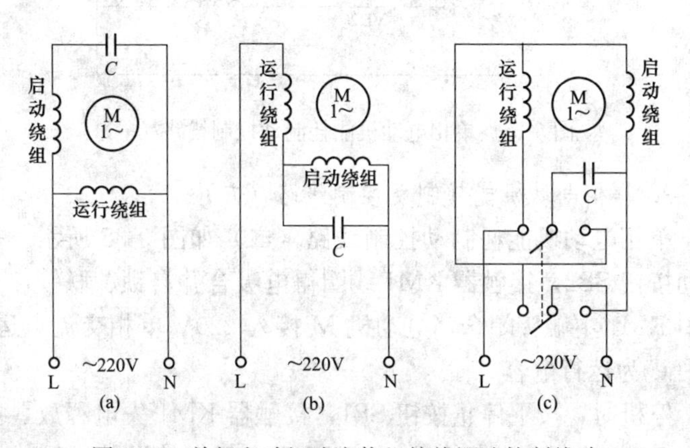

图 9-33 单相电动机改变绕组接线调速控制线路

（a）高速运行；（b）低速运行；（c）双速运行

三、单相交流电动机制动控制

单相电动机能耗制动就是在电动机断电瞬间，立即向电动机绕组通入较大直流电流（一般为电动机额定电流6～10倍），并短时持续0.2s左右，使单相电动机形成一个静止强磁场，电动机转子旋转切割静止强磁场，产生与转子运动方向相反的电磁转矩，使转子迅速制动停止。

1. 单相电动机能耗制动控制线路（一）

单相电动机能耗制动控制线路（一）如图9-34所示。线路图中，Z和F是电动机正转和反转控制端，ZD为制动控制端，T为停止端（悬空端），VD1和VD2为整流二极管，L1和L2为电动机对称绕组，*C*为启动电容。当正转或反转结束后，将开关短时切换到ZD端，单相交流电压经整流二极管D1、D2形成直流电流加载到运行绕组和启动绕组上，电动机定子形成一个静止强磁场，实现快速制动。

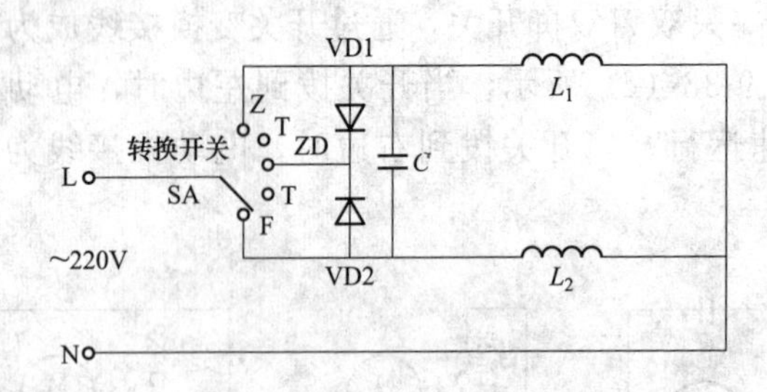

图9-34　单相电动机能耗制动控制线路（一）

2. 单相电动机能耗制动控制线路（二）

单相电动机能耗制动控制线路（二）如图9-35所示。按下启动按钮SB2，接触器KM1线圈得电吸合并自锁、联锁，主电路中KM1主触头闭合，电动机M接入220V单相交流电运转，图中*C*为运行电容。

停机时，按下停止按钮SB1，接触器KM1失电释放，主电路中KM1主触头断开，电动机M失电靠惯性继续运转；接触器KM1辅助动断触头复位，接触器KM2线圈得电吸合并自锁、

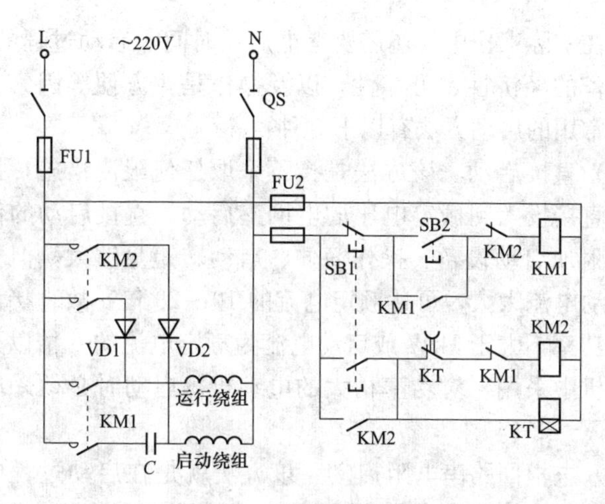

图 9-35 单相电动机能耗制动控制线路（二）

联锁，主电路中 KM2 主触头闭合，220V 单相交流电经二极管 VD1、VD2 整流后，向电动机运行绕组、启动绕组提供直流制动电流，电动机进入能耗制动状态。在 KM2 线圈得电时，时间继电器 KT 线圈也得电，经过一段延时后（约 0.2～1s 可调），其延时动断触头断开，KM2 失电释放，同时 KT 也失电释放，断开电源，电动机制动过程结束。

第三节 直流电动机基本电气控制线路

一、直流电动机启动控制

直流电动机启动瞬间，电动机转速为零，反电动势（即电枢感应电动势）也为零，因为电枢绕组电阻很小，故启动电流要比额定电流大得多，以致电网电压突然降低，影响电网上其他用户的正常用电。但从电磁转矩来看，则要求启动电流大一些，才能获得较大的启动转矩，由此可见上述两方面的要求是互相矛盾的。工程上对直流电动机启动性能的一般要求是：在保证足够大的启动转矩前提下，尽量减小启动电流，并且平稳启动。在实际工作中，还需要考虑启动时间，启动过程的能耗，启动设备的经济性、可靠性，以及操作是否方便等因素。直流电动机常用的启动方法有以下 3 种：

（1）直接启动。该方法是指不采取任何限流措施，把静止的电枢直接投入到额定电压的电网上启动。直接启动的优点是不需要附加启动设备、操作简便、启动转矩足够大，但主要缺点是启动电流太大，可达额定电流的 10～20 倍。故直接启动只允许在功率不大于 1kW 或启动电流为额定电流的 6 倍以下的直流电动机中采用，对功率稍大的电动机，启动时必须采取限流措施。

（2）电枢回路串电阻启动。该方法就是在启动过程中在电枢回路串接电阻（称为启动电阻），以限制启动电流，但启动电流也不能太小，应控制在 2～2.5 倍额定电流的范围内，并使启动转矩大于额定转矩，使电动机能迅速完成启动过程。启动电阻通常是一只能分级的可变电阻，在启动过程中应及时地逐级短接。一般不允许将启动电阻在电动机正常运行时接入电路使用，因为长时间通过电流不仅会烧坏电阻，而且还要消耗电能。这种启动方法广泛应用于各种规格的直流电动机，但由于它在启动过程中能量消耗较大、经济性差、启动电阻十分笨重，因此，经常频繁启动和大、中型直流电动机不宜采用。

（3）降压启动。该方法在电动机有专用电源时才能采用，为使电动机的励磁不受电源电压的影响，电动机应采用他励。启动时，先把加于电枢绕组的专用电源电压降低，以限制启动电流。随着转速的上升，逐步提高电枢电压，并使启动电流限制在一定范围以内。这种启动方法启动电流小、能量消耗少、启动平稳，但需配有专用的电源设备，设备投资较高，所以多数用于要求经常频繁启动和大、中型直流电动机。

1. 并励直流电动机串电阻启动控制线路

并励直流电动机串电阻启动控制线路如图 9-36 所示。图中 JM-KM 为并励直流电动机的励磁绕组，在其两端并联电阻 R 和二极管 VD，目的是当励磁绕组正常工作时，依靠二极管 VD 进行截流，电阻 R 上无电流通过。当电动机停转时，R 用作励磁绕组的放电电阻。串联在励磁绕组回路中的 KI2 为欠电流继电器又称零励磁继电器，作为电动机正常运行时，突遇励磁绕组电路断电或接触不良，导致转速急剧上升（通常叫“飞车”）的保护，以免发生“飞车”事故。电枢绕组回路中串接启动电阻 R_{ST}，KI1 为过电流继电器，对电动机进行过载和短路保护。

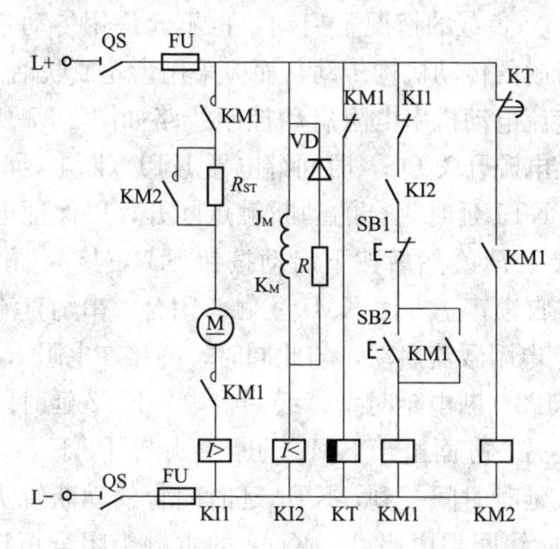

图 9-36　并励直流电动机串电阻启动控制线路

启动时，先合上电源开关 QS，励磁绕组 JM-KM 得电励磁，欠电流继电器 KI2 线圈得电吸合，KI2 动合触头闭合，时间继电器（断电延时型）KT 线圈得电吸合，KT 延时闭合的动断触头断开，以保证电阻 R_{ST}串在电枢回路中启动。然后按下启动按钮 SB2，接触器 KM1 线圈得电吸合并自锁，KM1 主触头闭合，并励直流电动机 M 串电阻 R_{ST} 限流启动。与此同时，接触器 KM1 的动断触头断开，KT 线圈失电，开始延时。延时时间一到，KT 延时闭合的动断触头闭合，接触器 KM2 线圈得电吸合，KM2 主触头闭合将 R_{ST}短接，电动机 M 正常运行。当按下停止按钮 SB1 时，控制线路断电，接触器线圈失电，并励直流电动机 M 停止运行。

2. 串励直流电动机串电阻启动控制线路

串励直流电动机在启动时，常采用多级启动的方法，即在启动过程中，将电枢回路中串入的电阻逐级切除。串励直流电动机重载时转速低，而在轻载时转速极高，会使电枢受到极大的离心力作用而损坏，易造成“飞车”事故。因此，对功率较大的串励直流电动机不允许空载或轻载下启动和运行，应在带有 20%～25%负载的情况下启动，也不允许用传动带等容易发生断裂或滑脱的传动机构传动，而应采用齿轮或联轴器传动。

串励直流电动机串电阻启动控制线路如图 9-37 所示。启动时，先合上电源开关 QS，时间继电器 KT1（断电延时型）线圈得电吸合，KT1 延时闭合的动断触点断开，以保证电动机串入全部电阻 R_1、R_2。然后按下启动按钮 SB2，接触器 KM1 线圈得电吸合并自锁，一方面 KM1 主触头闭合，串励直流电动机 M 串 R_1 和 R_2 电阻限流启动，与此同时，并接在电阻 R_1 两端的时间继电器 KT2（断电延时型）线圈得电，KT2 延时闭合的动断触头断开。另一方面由于 KM1 动断触头断开，KT1 线圈失电，开始延时。延时时间一到，KT1 延时闭合的动断触头闭合，使接触器 KM2 线圈得电吸合，KM2 的主触头闭合短接电阻 R_1，电动机加速运转，与此同时，KT2 线圈失电，开始延时。延时时间一到，KT2 延时闭合的动断触头闭合，使接触器 KM3 线圈得电吸合，KM3 主触头闭合短接电阻 R_2，电动机正常运行。当按下停止按钮 SB1 时，控制线路断电，接触器线圈失电，串励直流电动机 M 停止运行。

3. 他励直流电动机串电阻启动控制线路

他励直流电动机串电阻启动控制线路如图 9-38 所示。图中励磁绕组由独立的直流电源供电。启动时，先合上电源开关 QS1，励磁绕组 JM-KM 得电励磁，随即合上 QS2，时间继电器 KT1 和 KT2（均为断电延时型，设定的延时时间 KT2 大于 KT1）线圈同时得电吸合，KT1 和 KT2 延时闭合的动断触头断

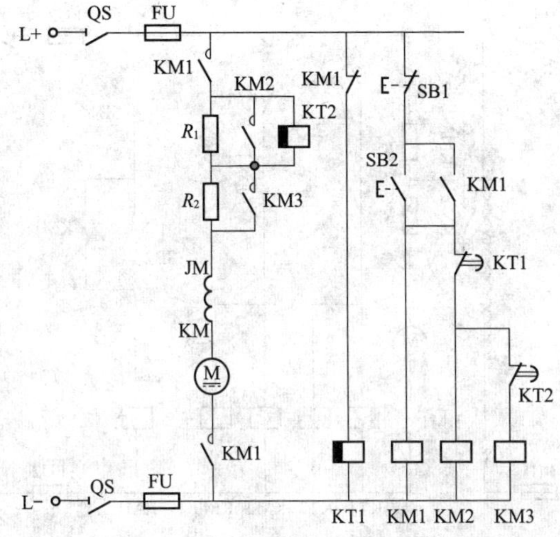

图 9-37　串励直流电动机串电阻启动控制线路

开，以保证电动机串入全部电阻 R_1、R_2。然后按下启动按钮 SB2，接触器 KM1 线圈得电吸合并自锁，一方面 KM1 主触头闭合，他励直流电动机 M 串 R_1 和 R_2 电阻限流启动；另一方面由于 KM1 动断触头断开，KT1 和 KT2 线圈同时失电，开始延时。当延时时间一到，KT1 延时闭合的动断触头闭合，使接触器 KM2 线圈得电吸合，KM2 的主触头闭合短接电阻 R_1，电动机加速运转；当 KT2 延时时间一到，KT2 延时闭合的动断触头闭合，使接触器 KM3 线圈得电吸合，KM3 主触头闭合短接电阻 R_2，电动机正常运行。

二、直流电动机正、反转控制

直流电动机的正、反转控制，可通过改变电枢供电电压极性（电枢反接法）或改变励磁绕组供电电压极性（励磁绕组反接法）来实现。电枢反接法，即保持励磁绕组的端电压极性不变，通过改变电枢绕组端电压的极性使电动机反转。励磁绕组反接法，即保持电枢绕组端电压的极性不变，通过改变励磁绕组端电压的极性使电动机反转。当两种方法的电压极性同时改变时，电动机的旋转方向不变。

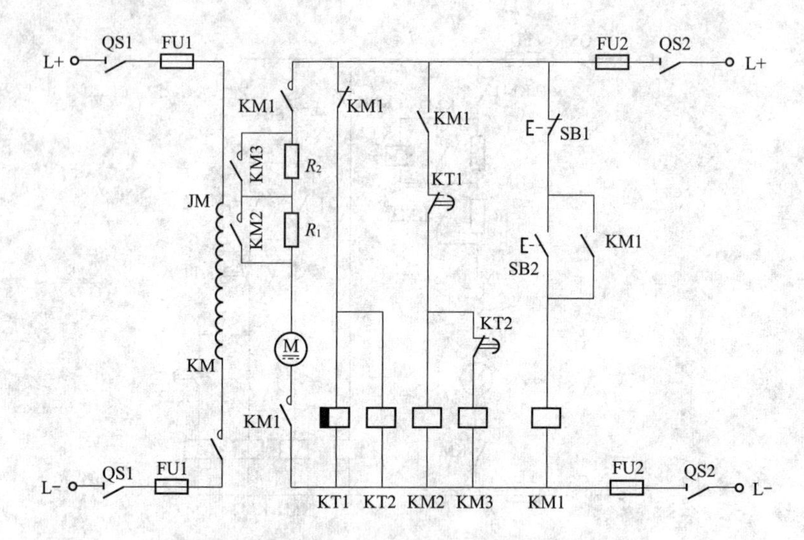

图 9-38 他励直流电动机串电阻启动控制线路

他励和并励直流电动机一般采用电枢反接法来实现正、反转控制，不宜采用励磁绕组反接法。这是因为它们的励磁绕组匝数较多，电感量较大，当励磁绕组反接时，存在磁场过零，电动机可能发生“飞车”事故，同时还会在励磁绕组中产生很大的感生电动势，将会损坏励磁绕组的绝缘，并在切换开关处产生很大的火花电弧，烧损开关。

串励直流电动机既可采用电枢反接法（优先采用），又可采用励磁绕组反接法，来实现正、反转控制，这是因为串励直流电动机的电枢两端电压较高，而励磁绕组两端电压很低，反接容易。优先采用电枢反接法是由于电枢绕组在加电压之前必须由励磁绕组先建立稳定、可靠的磁场，因此电磁惯性大，不宜频繁地改变励磁极性。值得注意的是，串励直流电动机的励磁绕组和电枢绕组两者是串联的，如果只调换总电源的正、负极性，电动机转向不会改变。

1. 并励直流电动机正、反转控制线路

并励直流电动机正、反转控制线路如图 9-39 所示。并励直流电动机常采用电枢反接法来实现正、反转控制，电动机从一种转向变为另一种转向时，必须先按下停止按钮，电动机停转后，再按下相应的启动按钮。

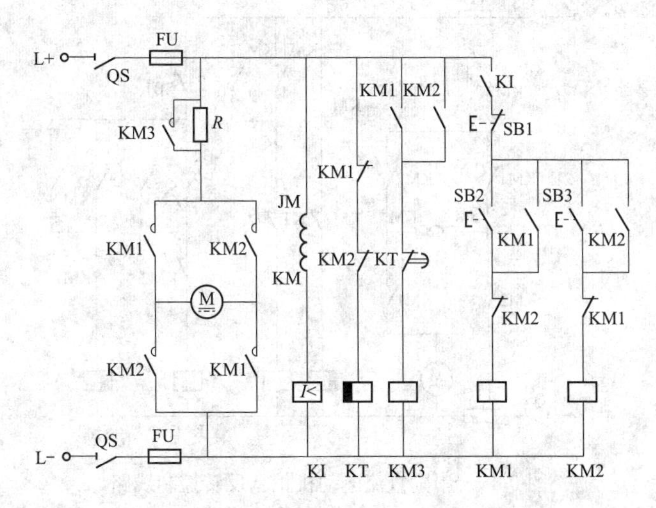

图 9-39 并励直流电动机正、反转控制线路

启动时，先合上电源开关 QS，励磁绕组 JM-KM 得电励磁，时间继电器 KT（断电延时型）线圈得电吸合，KT 延时闭合的动断触头断开，以保证电动机串入电阻 R。然后按下正转按钮 SB2，接触器 KM1 线圈得电吸合并自锁、联锁，一方面 KM1 主触头闭合，并励直流电动机 M 串电阻 R 限流启动；另一方面由于 KM1 动断触头断开，KT 线圈失电，开始延时。当延时时间一到，KT 延时闭合的动断触头闭合，使接触器 KM3 线圈得电吸合，KM3 的主触头闭合短接电阻 R，电动机正转运行。若要反转，则需先按下停止按钮 SB1，使 KM1 线圈失电，KM1 联锁动断触头闭合。这时再按下反转按钮 SB3，其后的工作原理与正转相似，电动机反转运行。

2. 串励直流电动机正、反转控制线路

串励直流电动机正、反转控制线路如图 9-40 所示。串励直流电动机常采用励磁绕组反接法来实现正、反转控制，电动机从一种转向变为另一种转向时，必须先按下停止按钮，使电动机停转后，再按下相应的启动按钮。

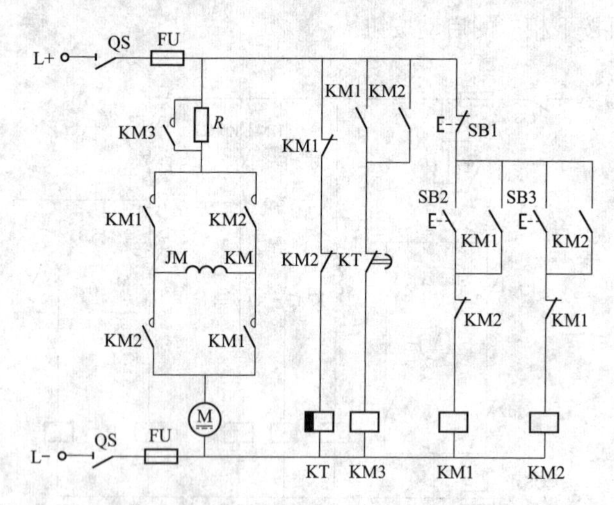

图 9-40　串励直流电动机正、反转控制线路

启动时，先合上电源开关 QS，时间继电器 KT（断电延时型）线圈得电吸合，KT 延时闭合的动断触头断开，以保证电动机串入电阻 R。然后按下正转按钮 SB2，接触器 KM1 线圈得电吸合并自锁、联锁，一方面 KM1 主触头闭合，励磁绕组电流从 JM 端流向 KM 端，串励直流电动机 M 串电阻 R 限流启动；另一方面由于 KM1 动断触头断开，KT 线圈失电，开始延时。当延时时间一到，KT 延时闭合的动断触头闭合，使接触器 KM3 线圈得电吸合，KM3 的主触头闭合短接电阻 R，电动机正转运行。若要反转，则需先按下停止按钮 SB1，使 KM1 线圈失电，KM1 联锁动断触头闭合。这时再按下反转按钮 SB3，接触器 KM2 线圈得电吸合并自锁、联锁，KM2 主触头闭合，励磁绕组电流从 KM 端流向 JM 端，其后的工作原理与正转相似，电动机反转运行。

3. 他励直流电动机的正、反转控制线路

他励直流电动机正、反转控制线路如图 9-41 所示。他励直流电动机常采用电枢反接法来实现正、反转控制，电动机从一种转向变为另一种转向时，必须先按下停止按钮，使电动机停转后，再按下相应的启动按钮。图中励磁绕组由独立的直流电源供电，电阻 R_3 和二极管 VD 构成励磁绕组断开电源时的放电回路，避免发生过电压，R_3 的阻值一般为励磁绕组阻值的 5～8 倍。

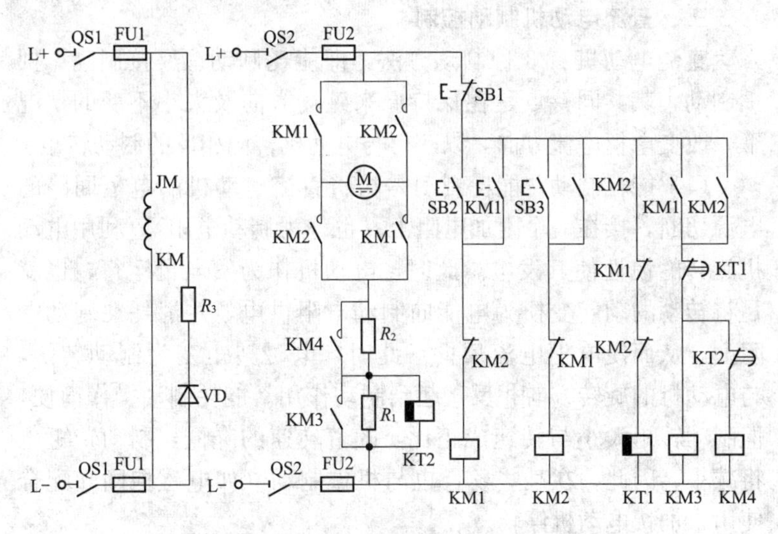

图 9-41　他励直流电动机正、反转控制线路

启动时，先合上电源开关 QS1，励磁绕组 JM-KM 得电励磁，随即合上电源开关 QS2，时间继电器 KT1（断电延时型）线圈得电吸合，KT1 延时闭合的动断触头断开，以保证电动机串入全部电阻 R_1、R_2。然后按下正转按钮 SB2，接触器 KM1 线圈得电吸合并自锁、联锁，一方面 KM1 主触头闭合，电动机 M 串 R_1 和 R_2 电阻限流正转启动；与此同时，电阻 R_1 两端电压降使时间继电器 KT2（断电延时型）线圈得电，KT2 延时闭合的动断触头断开；另一方面由于 KM1 动断触点断开，KT1 线圈失电，开始延时。延时时间一到，KT1 延时闭合的动断触头闭合，使接触器 KM3 线圈得电吸合，KM2 的主触头闭合短接电阻 R_1，电动机加速运转。与此同时，KT2 线圈失电，开始延

时。延时时间一到，KT2 延时闭合的动断触头闭合，使接触器 KM4 线圈得电吸合，KM4 主触头闭合短接电阻 R_2，电动机正转运行。需要反转运行时，按下 SB1 停机，然后再按反转按钮 SB3，KM2 得电动作，其后的工作原理与正转相似，电动机反转运行。

三、直流电动机制动控制

直流电动机有 3 种制动方法，即能耗制动、反接制动、回馈制动，其共同特点是在保持原来磁场方向及大小不变的情况下，改变电枢电流方向，以获得与电动机转向相反的制动转矩。

(1) 能耗制动。能耗制动是指将直流电动机的电枢回路的电源切断，接在一个附加电阻上（也称为制动电阻），利用电动机旋转的惯性使其发电。此时，电动机作为发电机运行，也就是将转动的动能变换为电能向制动电阻供电，并消耗在制动电阻上，从而使电枢电流反向。此时，电磁转矩变为制动转矩，与电动机的旋转方向相反，起到制动作用。能耗制动操作简便，但制动转矩大小与转速成正比，随着转速的降低，制动转矩也将减小，因此，在某些场合也与机械制动（如电磁抱闸）配合使用，加快电动机停转。

(2) 反接制动。在直流电动机正常运行时，不改变励磁回路的方向而将电枢绕组电压极性经一限流电阻突然反接。由于电枢端电压的极性改变，使电枢回路产生一个较大的反接电流，从而产生一个与电动机旋转方向相反的制动转矩实现制动。反接制动的优点是，反接电流和制动转矩都较大，因此制动作用很强，能很快使电动机停转，缺点是电枢电流过大，会引起电网电压降低。为此，反接时必须串入足够大的电阻，使电枢电流限制在允许值之内。此外，当转速下降到零时，必须及时断开电源，否则电动机将反转。

(3) 回馈制动。直流电动机的实际转速超过了理想的空载转速，当转速升高到危险数值时，电源电压小于电枢反电势，使电流改变方向，电动机作为发电机运行。相应地，电磁转矩将变为制动转矩，限制转速继续上升，使电动机加速的位能转化为电能向电网回馈，故称为回馈制动（又称反馈制动）。回馈制动的特点在于制动时电动机的转速不为零，当电磁转矩（当制动转矩用）与负载加速转矩相等时，电动机便在一个稳定的转速下运行。

1. 并励直流电动机能耗制动控制线路

并励直流电动机能耗制动控制线路如图 9-42 所示。能耗制动时先将直流电动机的电枢回路的电源切断，利用电枢旋转的惯性使其发电，然后通过并接在电枢两端的中间继电器 KA 线圈得电导致 KM2 线圈得电，使制动电阻接在电枢的两端，将电能消耗在制动电阻上。

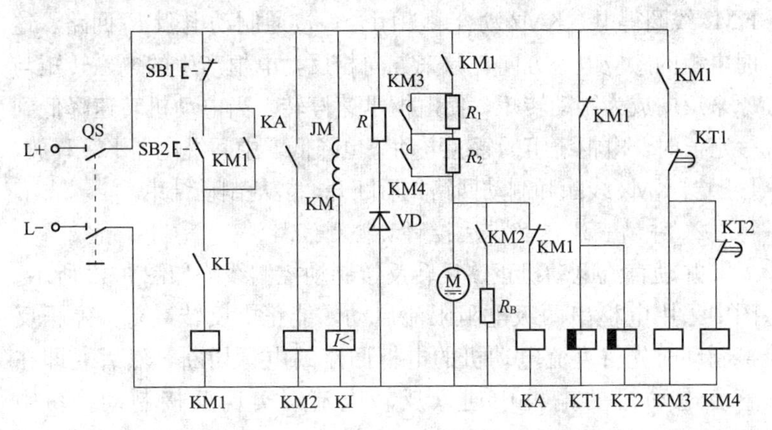

图 9-42　并励直流电动机能耗制动控制线路

启动时，合上电源开关 QS，励磁绕组得电励磁，欠电流继电器 KI 线圈得电吸合，KI 动合触头闭合，为接触器 KM1 线圈得电做准备。同时，时间继电器 KT1 和 KT2（均为断电延时型，设定的延时时间 KT2 大于 KT1）线圈得电吸合，其延时闭合的动断触头断开，保证启动电阻 R_1 和 R_2 串入电枢回路中启动。

按下启动按钮 SB2，接触器 KM1 线圈得电吸合并自锁、联锁，KM1 动合触头闭合，电动机 M 串 R_1 和 R_2 电阻限流启动。

与此同时，KM1 的两对动断触头分别断开时间继电器 KT1、KT2 和中间继电器 KA 线圈回路，使 KT1、KT2 线圈失电，开始延时。延时时间一到，KT1 和 KT2 延时闭合的动断触头先后延时闭合，接触器 KM3 和 KM4 线圈先后得电吸合，启动电阻 R_1 和 R_2 先后被短接，电动机正常运行。

停转制动时，按下停止按钮 SB1，接触器 KM1 线圈失电释放，KM1 动合触头断开，使电枢回路断电，电枢惯性运转。与此同时，KM1 动断触头闭合，使 KT1、KT2 线圈重新得电，为下一次启动做准备。由于惯性运转的电枢切割磁力线（励磁绕组仍接在电源上），在电枢绕组中产生感应电动势，使并接在电枢两端的中间继电器 KA 线圈得电吸合，KA 动合触头闭合，接触器 KM2 线圈得电，KM2 动合触头闭合，接通制动电阻 R_B 回路。这时电枢的感应电流方向与原来方向相反，电枢产生的电磁转矩与原来反向成为制动转矩，使电枢迅速停转。当电动机转速降低到一定值时，电枢绕组的感应电动势也降低，中间继电器 KA 释放，接触器 KM2 线圈和制动回路先后断开，能耗制动结束。

2. 并励直流电动机反接制动控制线路

并励直流电动机正、反转反接制动控制线路如图 9-43 所示。图中采用电枢串两级电阻限流启动，能正、反转运行，停止反接制动时先将直流电动机的电枢回路的电源切断，然后立即在直流电动机的电枢中通入反转电流，实现反接制动。图中 KMF、KMR 为正、反转接触器，KM4、KM5 为启动接触器，KM1 为反接制动接触器，KT1、KT2 均为断电延时型时间继电器，设定的延时时间 KT2 大于 KT1。

启动时，合上断路器 QF，励磁绕组得电开始励磁，同时欠电流继电器 KI 线圈得电吸合，KI 动合触头闭合，为接触器 KML 线圈得电做准备；同时，时间继电器 KT1 和 KT2（均为断电延时型，设定的延时时间 KT2 大于 KT1）线圈得电吸合，其延时闭合的动断触头断开，使接触器 KM4 和 KM5 线圈处于断电状态，以保证电动机串电阻 R_1、R_2 限流启动。

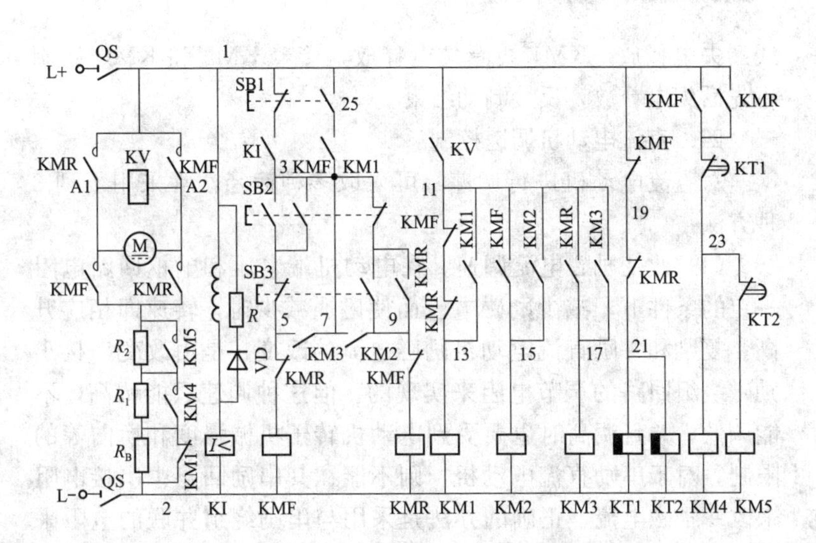

图 9-43 并励直流电动机反接制动控制线路

按下正转启动按钮 SB2，接触器 KMF 线圈得电吸合，KMF 主触头闭合，电动机串电阻 R_1 和 R_2 限流启动，KMF 动断触头断开，时间继电器 KT1 和 KT2 线圈失电，开始延时。延时时间一到，KT1 和 KT2 延时闭合的动断触头先后延时闭合，使接触器 KM4 和 KM5 线圈先后得电吸合，限流电阻 R_1 和 R_2 先后被短接，电动机正常运行。随着电动机转速的升高，电枢两端的反电动势也增大，当增大到一定值后，电压继电器 KV 得电吸合，KV 动合触头闭合，使接触器 KM2 线圈得电吸合，KM2 的动合触头闭合，为接触器 KMR 线圈得电进入反接制动做准备。

停转制动时，按下停止按钮 SB1，接触器 KMF 线圈失电释放，电动机作惯性运转，反电动势仍很高，使电压继电器 KV 仍吸合，接触器 KM1 线圈得电吸合，KM1 动断触头断开，使制动电阻 R_B 接入电枢回路，KM1 的动合触头闭合，使接触器 KMR 线圈得电吸合，电枢通入反向电流，产生制动转矩，电动机进行反接制动而迅速停转。待转速接近零时，电压继电器 KV

线圈失电释放，KM1 线圈失电释放，接着 KM2 和 KMR 线圈也先后失电释放，反接制动结束。

四、直流电动机调速控制

对直流电动机进行调速，可采取多种途径，常采用下列 3 种方法。

（1）改变励磁电流调速。在电动机端电压和电枢回路电阻一定的条件下，减少励磁电流而使磁通减少时，转速即相应升高。复励和并励直流电动机励磁电流的改变，是由改变串接于励磁绕组回路的调节电阻来实现的。但这种调速只能调高，不能调低，并且调高时也要受到电动机转子机械强度和换向等的限制。对于串励直流电动机，则不能在其串励回路中串接电阻来改变励磁电流，正确的办法是采用与串励绕组并联的电阻来把电流分路，从而改变电动机的励磁电流，以达到调速的目的。这种调速方法在重载下不能使用，否则易过载，一般可在轻载时减少磁通，使转速上升（简称弱磁升速），以提高生产设备的效率。

（2）改变串入电枢回路的电阻调速。在电源电压和磁通不变的条件下，增大串入电枢回路中的调节电阻时，转速即相应下降。这种调速方法设备简单，操作方便，调速电阻又可作启动电阻用。但是，由于电枢电流流经调节电阻，故调速时能量损耗大、效率低，同时要求调节电阻的功率也大，且只能调低，不能调高，调速范围随负载大小而变化，轻载时调速范围变小，因此这种调速方法仅适用于中小容量、短时工作的生产机械。

（3）改变电枢端电压调速。对于他励直流电动机来说，当励磁电流不变（即磁通不变）、电枢回路电阻一定时，只要改变电枢端电压，即可改变电动机的转速，电枢端电压提高，电动机的转速便升高。这种调速方法的特点是调速范围宽、调速平滑，也没有在电枢或励磁电路中串电阻调速那样的功率损耗，但由于生活、生产用电都是交流电，因此必须采用变流装置把交流变为独立供电的可调直流电源。近年来，由于电力电子技术的发展，现已趋向采用晶闸管整流装置，通过改变晶闸管的导通角，改变输出的直流电压，以达到调压调速的目的。

1. 他励直流电动机调速控制线路

他励直流电动机调速控制线路如图 9-44 所示。本线路是通过改变他励直流电动机的电枢电压来进行调速的，这种调速方法调速范围很广，但必须要有专用的直流电源调压设备，通常采用他励直流发电机作为他励电动机的电枢电源，这种组合称为发电机-电动机组拖动系统（简称 G-M 调速系统）。图中 M1 是他励直流电动机，拖动生产机械旋转；G2 是他励直流发电机，发出电压 U 供直流电动机 M1 作为电枢电源电压；G1 为并励励磁发电机，发出直流电压 U_1，供直流发电机和直流电动机的励磁电源电压，同时供给控制电路直流电源；M2 为三相电动机，拖动同轴连接的直流发电机 G2 和励磁直流发电机 G1 旋转；E1G-E2G、F1G-F2G、F1M-F2M 分别为励磁发电机、直流发电机和直流电动机的励磁绕组两端。

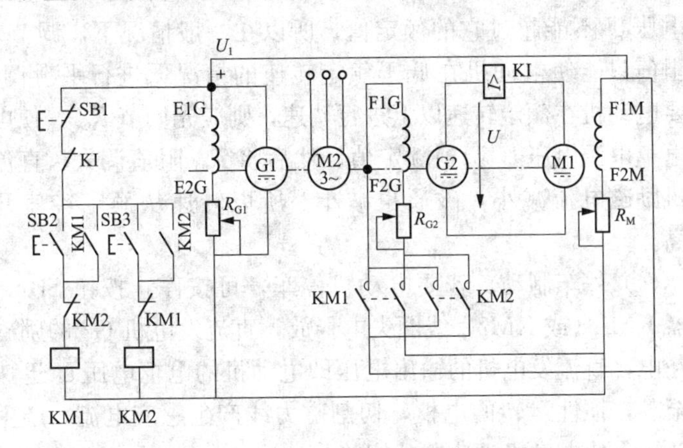

图 9-44 他励直流电动机调速控制线路

(1) 励磁。先启动三相电动机 M2，拖动励磁发电机 G1 和直流发电机 G2 旋转，励磁发电机 G1 切割剩磁磁力线，输出直流电压 U_1，除供给自励磁电源外，还分别供 G-M 机组励磁电源和控制电路电源。

（2）正反转启动控制。按下启动按钮 SB2（或 SB3），接触器 KM1（或 KM2）线圈得电吸合，其动合触头闭合，接通发电机 G2 的励磁绕组励磁。因发电机 G2 的励磁绕组有较大的电感，故励磁电流上升得较慢，产生的感应电动势和输出电压 U 也从零逐渐升高，使直流电动机启动时，可避免较大的启动电流的冲击。所以不需在电枢电路中串入启动电阻，直流电动机就可很平滑地启动。

（3）调速。R_{M} 和 R_{G2} 分别是直流电动机 M1 和直流发电机 G2 的励磁绕组的调节电阻器，启动前应将 R_{M} 调到较小值，而将 R_{G2} 调到较大值。当直流电动机启动后需要调速时，可先将 R_{G2} 阻值调小，使直流发电机 G2 的励磁电流增大，于是直流发电机的输出电压即电动机电枢电源电压 U 增加，电动机转速升高。可见调节 R_{G2} 的阻值能升降直流发电机的输出电压 U，就可达到调节直流电动机转速的目的。不过加在直流电动机电枢上的电压 U 不能超过它的额定值，所以在一般情况下，调节 R_{G2} 的阻值只能使电动机在低于额定转速的情况下进行平滑调速。若要电动机在额定转速以上进行调速，则应先调节 R_{G2}，使电动机电枢电源电压 U 调到额定值，然后将 R_{M} 阻值调大，直流电动机励磁电流减小，磁通也减小，所以转速从额定转速开始升高。

（4）停车制动。若要电动机停车，可按停止按钮 SB1，接触器 KM1（或 KM2）线圈失电释放，直流发电机 G2 的励磁绕组断电，直流发电机的输出电压即电动机的电枢电压 U 迅速下降至零，惯性运转的电枢，切割磁力线产生感应电流，产生制动转矩，使电动机迅速制动停转。

2. 直流电动机晶闸管脉冲调速控制线路

直流电动机晶闸管脉冲调速控制线路如图 9-45 所示。本线路由方波发生器、倒相器和主控线路 3 部分构成，采用晶闸管作为主线路开关，控制功率大，可应用于蓄电池铲车及搬运车等大功率电动车辆上。工作时，在每一周期的 U_A 为高电平期间，电动机有电流；在 U_A 为低电平期间，电动机无电流，电动机中得到的是单向脉动电流。调节 U_A 信号的占空比，可改变电动机电流的平均值，从而达到电动机调速的目的。

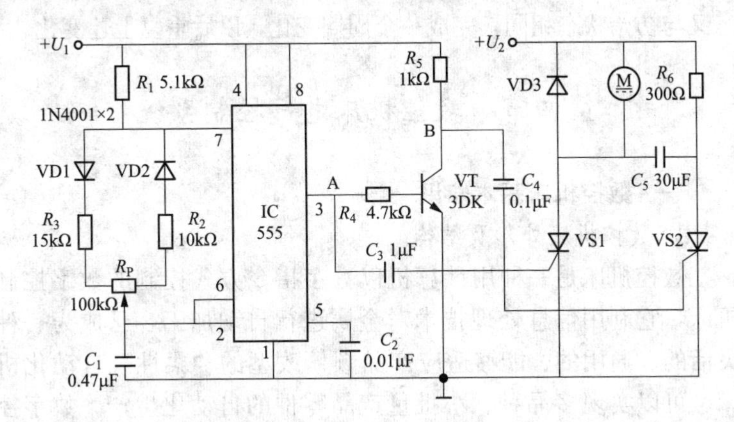

图 9-45 直流电动机晶闸管脉冲调速控制线路

方波信号发生器由 555 时基 IC 组成，占空比可调，IC 的③脚输出方波信号 U_A，调节 R_P 可改变输出方波信号的占空比（振荡频率不变）。晶体管 VT 组成倒相器，将方波信号 U_A 倒相后在其集电极输出另一方波信号 U_B。U_A、U_B 两信号分别经 C_3 和 C_4 送到由 VS1、VS2、C_5、R_6 和 VD3 组成的主控线路，它们是晶闸管调速的控制信号，其中 U_A 为开通信号，U_B 为关断信号。

当 U_A 为高电平时，U_B 变为低电平，U_A 通过 C_3 给 VS1 控制极一个正向触发脉冲，使 VS1 导通，直流电动机 M 得电。同时 C_5 通过 R_6 和 VS1 充电，充电电压为左负右正。由于 U_B 为低电平，VS2 无触发信号，保持关断状态。

当 U_A 开始变为低电平时，U_B 变为高电平，U_B 通过 C_4 给 VS2 控制极一个正向脉冲，VS2 被触发导通，此时 C_5 上的电压经 VS2 反向加在导通的 VS1 上，使 VS1 截止。同时 C_5 又经电动机和 VS2 反向充电，充电电压为左正右负。因此在 U_A 低电平期间，VS2 导通、VS1 截止，电动机中无电流。

当U_A重新变为高电平，U_B变为低电平时，U_A通过C_3再次给VS1控制极一个正向触发脉冲使其导通。同时C_5上的电压经VS1反向加在VS2上使其截止。当VS1导通、VS2截止后，C_5再次通过R_6和VS1充电，充电电压为左负右正，主控线路状态又与初始状态相同，完成一个周期变化，以后重复上述变化。

第四节　数控机床电气控制系统

一、数控机床基本知识

1. 数控机床外形及结构

数控机床是一种用计算机以数字指令方式控制的数字控制机床，它利用信息处理技术对金属进行自动加工，已成为一种灵活的、通用的、能够适应产品频繁改型的“柔性”自动化机床，可以实现多品种、小批量产品零件的自动化生产。数字控制简称数控（NC），近年来已发展为计算机数控（简称CNC）。数控机床外形及结构如图9-46所示，其组成框图如图9-47所示，它由程序输入介质、人机界面、计算机数控系统、进给伺服驱动系统、主轴伺服驱动系统、辅助装置、可编程控制器反馈装置和适应控制装置、机床机械等部分组成。

（1）程序输入介质。要对数控机床进行控制，就必须有人与数控机床之间的联系，这种联系通过信息载体送入计算机控制装置中，通常是用软盘、硬盘或网络下载到本站计算机存储器中。这样，计算机数控装置按照编程好的加工指令对机床的主轴、进给等驱动系统进行控制。

（2）人机界面。数控机床在加工运行过程中，常常需要操作人员对数控系统进行状态修正，并对输入的加工程序进行编辑、修改和调试，同时操作人员也需了解数控机床的运动、加工等状态及参数。所以，数控机床的人机界面设备是必不可少的，一般人机界面设备有键盘、光驱、软驱、通信端口和显示器、打印机等。

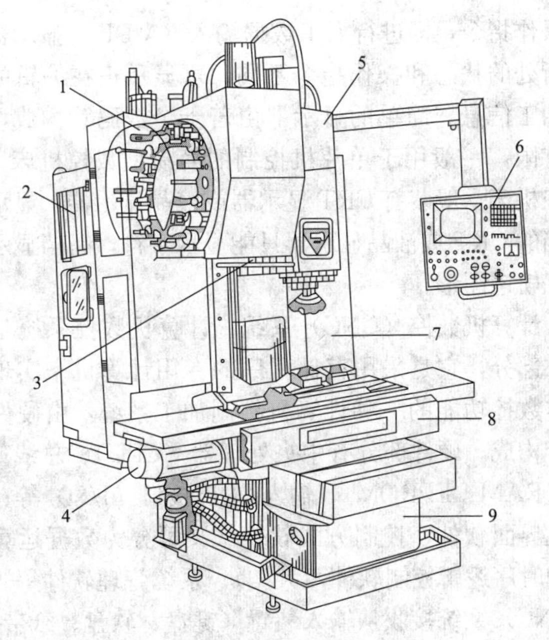

图 9-46　数控机床外形及结构

1—刀库；2—数控柜；3—换刀机械手；4—X 轴进给伺服电动机；
5—主轴箱；6—操纵台；7—驱动电源柜；8—滑座；9—床身

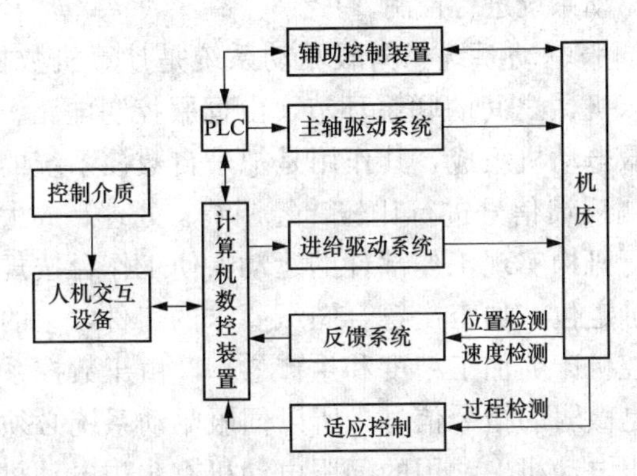

图 9-47　数控机床组成框图

键盘和显示器是数控系统不可缺少的人机界面设备，操作人员可通过键盘和显示器输入简单的加工程序、编辑修改程序和发送操作指令，即进行人工数据输入（MDI）。显示器根据数控系统所处的状态和操作指令不同，可显示正在编辑的程序或机床的加工信息。简单的显示器由若干个数码管构成，能显示的信息有限，一般用于单片机控制的简易型数控机床。中、高档的数控机床一般装有CRT显示器或液晶显示器，显示信息丰富。低档的CRT或液晶显示器只能显示字符，高档显示器还能显示加工轨迹图形。

（3）计算机数控（CNC）系统。计算机数控系统是数控机床的核心部分，它是采用存储程序的专用计算机来实现部分或全部基本数控功能的一种计算机控制加工系统，由硬件和软件两大部分构成。硬件部分有中央处理器（CPU）、总线（BUS）、存储器（RAM、EPROM）、输入/输出接口（I/O）等；软件部分有人机界面软件、控制方式软件（又可分为数据运算处理控制软件和时序逻辑控制软件两大类）、系统管理软件等。计算机数控（CNC）系统接收从输入装置（键盘、软盘、纸带阅读机、磁带机等）输入的控制信号代码，经过输入、缓存、译码、寄存、运算、存储等转变成控制指令，直接或通过可编程序控制器对伺服驱动系统进行控制。

（4）伺服驱动系统。伺服驱动系统是计算机数控（CNC）系统与机床机械之间的联系环节，由伺服控制电路、功率放大电路和伺服电动机组成，其作用是把来自数控系统的位移脉冲信号与检测反馈信号进行比较，经调节、处理、放大后，驱动机床的执行机构实现工作部件的运动，使工作台按规定的轨迹移动或精确定位，加工出符合图纸要求的工件，它的性能好坏决定了数控机床的加工精度和生产效率。由于数控系统送来的脉冲信号是微弱的指令信号，所以伺服驱动系统必须将其放大来驱动伺服电动机。常用的伺服电动机有步进电动机、直流伺服电动机和交流伺服电动机。根据接收指令的不同，伺服驱动有脉冲式和模拟式，脉冲式适用于步进电动机，模拟式适用于交、直流伺服电动机。

（5）主轴驱动系统。主轴驱动系统与进给伺服驱动系统最大的差别是主轴系统是机床主轴的旋转，而进给伺服驱动系统是位移运动。因此，对主轴驱动系统要求无级调速、功率大、能正、反转。大部分数控机床采用变频调速的三相异步电动机。

（6）辅助控制装置。辅助控制装置包括刀库的转位换刀、液压泵、冷却泵等辅助功能控制，常采用可编程序控制器来对其进行控制。

（7）可编程序控制器（PLC）。可编程序控制器对数控机床进行辅助控制，其作用是把计算机送来的辅助控制指令，经可编程序控制器处理和辅助接口电路转换成强电信号，用来控制数控机床的顺序动作、定时计数、主轴电动机的启动和停止、主轴转速调速、冷却泵电动机的启动和停止、转位换刀等动作。

数控机床使用的 PLC 可以分成两类：一类是生产厂家为实现数控机床的顺序动作控制等辅助功能，将 CNC 系统和 PLC 综合起来设计，称为内装式 PLC，它是 CNC 系统的一部分，在硬件、软件整体结构上合理，实用性能好，没有多余的连线，故障率比较低，自诊断能力比较强；另一类外装式就成了 CNC 系统的下位机，通过通信接口来交换信息，它适用于数控功能的扩展和变更。

（8）检测反馈系统。检测反馈系统由脉冲编码器、旋转变压器、光栅尺、感应同步器等传感器组成，其作用是通过传感器将机床移动的实际位置、速度参数检测出来，经相应的电路处理后转换成电信号，并反馈到 CNC 系统或伺服驱动系统中，使其能随时判断机床的实际位置和速度是否与指令一致，并发出相应指令，纠正所产生的误差。检测装置安装在数控机床的工作台或丝杆上，相当于普通机床的刻度盘和人的眼睛。

（9）自适应控制。数控机床工作台的位移量和速度等过程参数可在编写程序时用指令确定，但一些因素在编写程序时无法预测，如加工材料机械特性的变化引起切削力变化、加工现场的温度等，这些随机变化的因素也会影响数控机床的加工精度和生产效率。为此，中、高档数控机床引入了自适应控制，采用各种传感器测量出加工过程的温度、转矩、振动、摩擦、切削力等因素的变化，与最佳参数比较，若有偏差，及时给予补偿，以提高加工精度和生产效率。

（10）机床机械。数控机床机械部分一般由主轴部件、进给部件、回转工作台和刀库及换刀系统构成。

2. 数控机床工作过程

数控机床的工作过程是将加工零件的几何信息和工艺信息进行数字化处理，即所有的操作步骤（如机床的启动或停止、主轴的变速、工件的夹紧或松开、刀具的选择和交换、切削液的开或关等）、刀具与工件之间的相对位移，以及进给速度等都用数字化的代码表示。在加工前由编程人员按规定的代码将零件的图纸编制成程序，然后通过程序载体（如穿孔带、磁存储器和半导体存储器等）或手工直接输入（MDI）方式将数字信息送入数控系统的计算机中进行寄存、运算和处理，最后通过驱动电路由伺服装置控制机床实现自动加工。

数控机床最大的特点是当改变加工零件时，原则上只需要向数控系统输入新的加工程序，而不需要对机床进行人工调整和直接参与操作，就可以自动完成整个加工过程。数控机床使传统的加工工艺发生了改变，提高了加工的精度。数控系统的编程可以直接将图纸转化为加工程序，大大降低了工艺编排的复杂性，降低了工艺难度。数控设备优越于普通设备的重要特性是它有很高的定位功能，其定位精度为μm级，而其定位和加工完全是自动的。一旦程序、刀具调试完毕，其每一个加工步骤的定位及运行都会十分精确和稳定，一般只要抽检即可，大大提高了生产效率，同时也降低了重复调整、检测的劳动强度。

3. 数控机床应用范围

（1）金属切削加工方面。应用在车、铣、铰、钻、刨、磨等各种切削工艺的机床上，包括普通型数控机床、加工中心、数控专用加工机床等。

（2）金属成型方面。应用在挤、冲、压、拉等成型工艺的机床，包括数控冲剪机、数控压力机、数控折弯机、数控弯管机、数控旋压机等。

（3）特种加工方面。常用的有数控电火花切割机、数控电火花成型机、数控火焰切割机、数控激光加工机等。

（4）测量绘图方面。有三坐标测量机、数控专用测量机、数控对刀仪、数控绘图仪等。

在以上各种数控机床中，数控钻床、数控冲床等设备只要求控制点到点之间的准确定位，而对移动的轨迹没有要求，这些机床一般采用点位控制方式。数控磨床、数控专用加工机等除了要控制点与点之间的准确定位外，还要控制两点间的移动速度和路线，但只需要对一个坐标轴的位移和速度进行控制，不需要有插补功能，因此，这类机床一般采用直线控制方式。而数控车床、数控铣床、加工中心、数控线切割机、数控绘图仪等设备需要对两个或两个以上运动坐标轴的位移和速度进行相关的控制，按照程序要求的运动速度走出各种斜线、圆弧和曲线来，只能采用轮廓控制方式，根据不同的需要，采用两轴联动、三轴联动、四轴联动等。数控机床在应用中，除了标准型数控以外，还有一些价格便宜、功能简单、档次较低的数控机床，称为经济型数控机床。

二、数控机床电气控制系统

1. 数控机床控制面板基本操作方法

各种数控机床的控制面板是不相同的，但大多数是有共性和相近的，典型的数控机床控制面板如图 9-48 所示。

（1）电源开/关按钮。用于开启、关闭系统电源。

（2）CRT 字符显示器。用于显示数控系统的操作、循环、报警、诊断、程序、设置、参数等各种信息。

（3）光标键。用于移动光标。

（4）翻页键。用于显示当前页的前一页或后一页。

（5）功能键。各功能键功能如下：

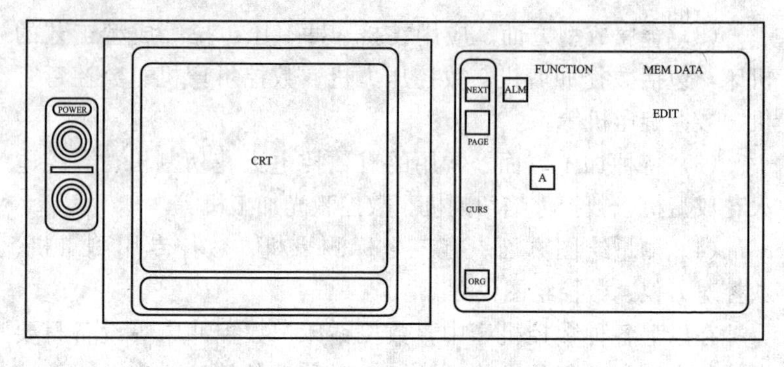

图 9-48　数控机床控制面板

“ALM”（报警）键，显示报警信息及状态码；

“DGN”（诊断）键，显示输入/输出状态；

“PRM”（参数）键，参数的显示与写入；

“SET”（设置）键，设置数据的显示与写入；

“COM”（命令）键，指令数据的显示与写入；

“PROG”（程序）键，加工程序的显示与写入；

“POS”（位置）键，当前不同位置的显示；

“OFS”（偏置）键，刀具偏置值的显示与写入。

（6）存储数据键。通过纸带机或数据 I/O 接口将内存中的数据进行存储和比较。

（7）复位键。用来复位系统。

（8）编辑键。编辑已存储的加 T 程序。

（9）数据键。用于所有数据的输入（如刀偏、设置、参数、附加指令等）。

（10）地址键。定义一个待写入数据的地址字符。

（11）初始化。设置刀具当前位置为参考坐标零点。

2. 数控机床操作面板基本操作方法

对于不同的数控机床，操作面板也不同，但大部分是相似的，典型的数控机床操作面板如图 9-49 所示，各部分名称或功能在面板上都有标识，操作很方便。

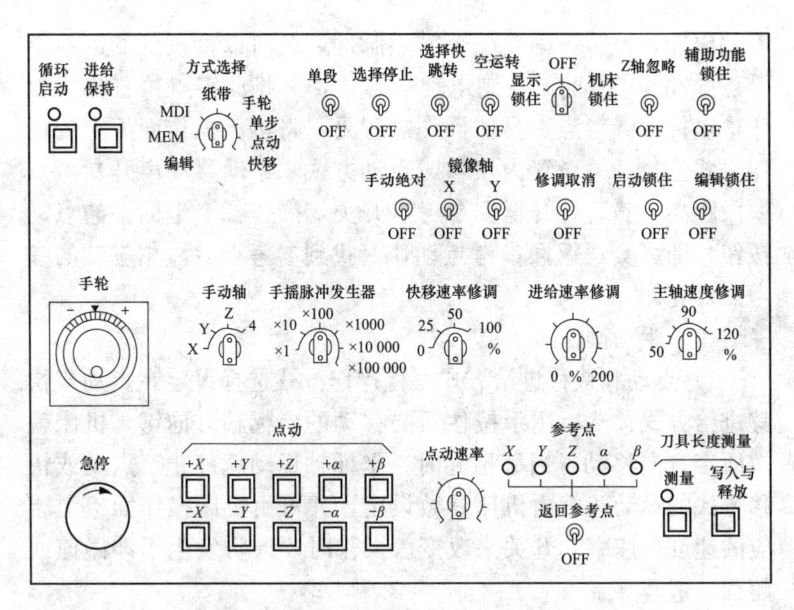

图 9-49　数控机床操作面板

(1) 机床操作面板上包括操作方式选择开关，可选择快移、点动、单步、手轮（手摇脉冲编码器进给）、纸带（纸带控制）、MDI（命令控制）、MEM（程序控制）、编辑等操作方式。还包括各个轴方向的点动按钮及相应的速率开关，手摇脉冲发生器进给方式的手轮以及轴选择、脉冲当量（脉冲最小设定单位）倍率开关。还有循环进给控制、回参考点、加工程序调试（单段、块跳转、空运转等）以及其他一些辅助功能的操作开关和按钮。

(2) 机床回参考点。数控机床开机前必须先回机床参考点，以建立机床坐标系。由于行程开关的定位精度不可能很高，因此，机床回参考点时需通过 3 级降速定位的方式来实现。当手动或自动回机床参考点时，进给坐标轴首先快速趋近到机床某一固定位置，挡块碰上行程开关，回参考点动合触头接触，速度下降。当行程开关脱离挡块时，回参考点动合触头又脱开，系统进一步降速。当走到位置检测装置中的绝对零点（对于角度编码器，每转一圈发一个零点脉冲，此时以接收到的第一个零点脉冲为准）时，控制电动机停止，并将此零点位置作为机床该坐标的参考点。具体操作过程是：将机床操作面板上的操作方式选择开关设置为快移或点动方式，手动移动离开参考点一段距离，然后打开返回参考点开关，操作各个坐标轴的点动按钮，即可实现返回参考点动作。找到参考点后，相应轴的参考点灯亮。

（3）手动操作。

1）点动和快移进给方式。将操作方式选择设定在点动或快移进给方式，然后用手按住所要移动的坐标轴方向键，机床就按所定方向移动。当手抬起时，坐标轴运动就停止。点动或快移方式的运动速度由机床参数设定，并可由机床操作面板上相应的速度（速率）开关来改变。操作时要谨防发生干涉碰撞或超程。

2）单步增量点动方式。将操作方式选择设定在单步增量点动方式和所要求的进给增量值状态下，然后用手按动所要移动的坐标轴方向键，每按一次移动一段增量值的距离（增量值由手摇脉冲发生器每步值确定）。

3）手摇脉冲发生器方式。它能模拟传统机床的手轮，位移方向由手轮摇动的转向决定。手轮每转一格所走的距离由增量值倍率选择开关决定。

（4）参数的显示、设定及修改。

1）显示及修改机床数据。机床数据储存在接口模块的RAM存储器中，在NC断电时，由电池来防止RAM中的数据丢失，按要求手动存储或更换机床数据。

2）显示及设定数控系统的参数。先按规定操作，使参数显示在荧光屏的画面上，然后进行手动设定参数及修改。

三、数控机床程序构成

数控机床编程是一项很严格的工作，除了必须严格遵守相关的标准外，还必须掌握一些基础知识，才能掌握编程的方法并编出正确的程序。一台性能良好的数控机床仅仅只具备了硬件基础，对于工件而言，加工程序便是软件基础，编程是否合理直接关系到是否可以加工出合格工件，同时也影响到机床的性能及刀具的使用寿命，因此数控机床程序也是非常重要的。

一个简单的数控机床程序由程序头、程序段、程序尾构成，如下所示。

程序头　%1234　LF

程序段　N10　G0X10.0　Z20.0　LF

N20　G01　S1500　X15　Z10.0　F20.0　LF

N30　G0X12.0　Z25.0　LF

N40　M05　LF

程序尾　N50　M30　LF

说明：①程序头一般是1个程序号，由O、P或%开始，后面为1个数字符。数字位数的多少，对于不同的系统有不同的定义，许多用户将加工工件的零件号作为程序号以便识别；②LF为程序段结束符号；③程序段由程序号、功能语句和程序块结束符构成，其中程序号之间有5或10的间隔，以方便程序的修改；④程序尾由M30或M02结束，执行该指令后，程序返回起始位置，主轴停止，冷却关闭，控制系统复位。

由此可以看出，程序主要是由功能语句组成的程序段，因而我们对其中的功能指令必须要有足够的了解，同时也必须对编程所使用的坐标系统有一定认识，因为坐标系统的设定是编程的基础，没有合适的坐标系，所有加工参数都无法确立。

四、数控机床编程步骤与指令

1. 数控机床编程步骤

在数控机床上加工零件时，必须对零件进行工艺分析，制定工艺规程，同时要将工艺参数、几何图形数据等按规定的信息格式记录在控制介质上，将此控制介质上的信息输入到数控机床的数控装置，由数控装置控制机床完成零件的全部加工。

我们将从零件图样到制作数控机床的控制介质并校核的全部过程称为数控加工的程序编制，简称数控编程。数控编程是数控加工的重要步骤，理想的加工程序不仅应保证加工出符合图样要求的合格零件，同时应能使数控机床的功能得到合理的利用与充分的发挥，以使数控机床能安全可靠及高效地工作。一般来讲，数控编程的主要内容包括：分析零件图样、工艺处理、数值计算、编写加工程序单、制作控制介质、程序校验和首件试加工。

（1）分析零件图。首先要分析零件的材料、形状、尺寸、精度、批量、毛坯形状和热处理要求等，以便确定该零件是否适合在数控机床上加工，或适合在哪种数控机床上加工，同时要明确加工的内容和要求。

（2）工艺处理。在分析零件图的基础上，进行工艺分析，确定零件的加工方法（如采用的加工夹具、装夹定位方法等）、加工路线（如对刀点、换刀点、进给路线）及切削用量（如主轴转速、进给速度和背吃刀量等）等工艺参数。数控加工工艺分析与处理是数控编程的前提和依据，而数控编程就是将数控加工工艺内容程序化。

（3）数值计算。根据零件图的几何尺寸、确定的工艺路线及设定的坐标系，计算零件粗、精加工运动的轨迹，得到刀位数据。对于形状比较简单的零件（如由直线和圆弧组成的零件）的轮廓加工，要计算出几何元素的起点、终点、圆弧的圆心、几何元素的交点或切点的坐标值，如果数控装置无刀具补偿功能，还要计算刀具中心的运动轨迹坐标值。对于形状比较复杂的零件（如由非圆曲线、曲面组成的零件），需要用直线段或圆弧段逼近，根据加工精度的要求计算出节点坐标值，这种数值计算一般要用计算机来完成。

（4）编写加工程序单。根据加工路线、切削用量、刀具号码、刀具补偿量、机床辅助动作及刀具运动轨迹，按照数控系统使用的指令代码和程序段的格式编写零件加工的程序单，并校核上述两个步骤的内容，纠正其中的错误。

(5) 制作控制介质。把编制好的程序单上的内容记录在控制介质上，作为数控装置的输入信息，通过程序的手工输入或通信传输送入数控系统。

(6) 程序校验与首件试切。编写好的程序单和制备好的控制介质，必须经过校验和试切才能正式使用。校验的方法是直接将控制介质上的内容输入到数控系统中，让机床空运转，以检查机床的运动轨迹是否正确。在有 CRT 图形显示的数控机床上，用模拟刀具与工件切削过程的方法进行检验更为方便，但这些方法只能检验运动是否正确，不能检验被加工零件的加工精度。因此，要进行零件的首件试切。当发现有加工误差时，分析误差产生的原因，找出问题所在，加以修正，直至达到零件图纸的要求。

2. 数控机床编程方法

数控机床编程方法一般可分为手工编程和自动编程两种。

(1) 手工编程。手工编程是指从零件图分析、工艺处理、数值计算、编写程序单、制作控制介质到程序校验等各步骤均由人工完成，它主要用于几何形状简单、计算量不大、程序不长的零件。在点位直线加工或直线、圆弧构成的平面轮廓加工中，使用手工编程比较经济，因此，手工编程得到了广泛应用。但对于几何形状复杂，尤其是非圆曲面及曲面与曲面连接组成的零件，使用手工编程使得数值计算烦琐、编程时间长、容易出错，这时就可以采用自动编程的方法编制程序，大大地降低了编程人员的劳动强度。

(2) 自动编程。自动编程是利用计算机软件编制数控加工程序，它主要用于几何形状复杂、计算量大的非圆曲线及非圆曲面零件的加工。编程人员根据加工零件图纸的要求，进行参数选择和设置，由计算机自动地进行数值计算、后置处理、编写出零件加工程序单，然后将加工程序送人数控装置，控制数控机床自动进行加工。根据编程信息输入与计算机对信息的处理方式不同，自动编程分为以自动编程语言（APT 语言）为基础的自动编程方法和以计算机绘图（CAD/CAM 软件）为基础的自动编程方法。

3. 数控机床编程指令

（1）准备功能 G 指令。G 指令是使机床建立起（准备好）某种工作方式的指令，如命令机床走直线或圆弧运动、刀具补偿、固定循环运动等。G 指令是程序的主要内容，由地址 G 及其后的 2 位数字组成，从 G00～G99 共 100 种。

（2）辅助功能 M 指令。辅助功能是控制机床某一辅助动作通-断（开—关）的指令，如主轴的开与停、切削液的开与关、转位部件的夹紧与松开等。

（3）其他指令。

1）进给功能指令 F。指定切削进给速度，单位为（mm/min）或（mm/r），分别用 G94 与 G95 指定。

2）主轴转速功能指令 S。用以指定主轴转速（r/min），S 地址后的数值有直接指定法与代码法之分，现今数控机床的主轴都用高性能的伺服驱动，可用直接法指定任何一种转速。

3）刀具功能指令 T。用以指定刀号及其补偿号，地址 T 后跟的数字有 2 位（如 T10）和 4 位（如 T0101）之分。对于 4 位数字，前 2 位为刀号，后 2 位为刀补寄存器号，如 T0102，其中 01 为 1 号刀，02 为从 1 号刀补寄存器取出事先存入的补偿数据进行刀具补偿，编程时常取刀号与补偿号的数字相同（如 T0101），显得直观。若后两位为 00，则无补偿或注销补偿。

第十章

电　动　工　具

第一节　电动工具的基本知识

电动工具是一种手持式或可移动式的机械化工具，它运用小容量旋转式或往复式电动机或电磁铁作为动力，通过传动机构驱动工作头进行作业。电动工具结构简单轻巧，携带和使用方便，易于维修，广泛应用于机械制造业、建筑业、采矿业、铁道、公路、桥梁、农牧业及家居装潢服务等。相比手工工具，电动工具可提高生产效率数倍到数十倍，同时，它比风动工具耗能少（仅为风动工具的1/10～1/4)、使用费用低、振动噪声小并易于自动控制，为提高劳动生产率、减轻劳动强度、改善工作条件和提高加工质量均带来了明显的效果，深受人们的欢迎。

一、电动工具的基本结构

电动工具的基本结构如图 10-1 所示，它由电动机、外壳、传动机构、工作头、手柄、电源开关及电源连接装置等组成。

1. 电动机

电动工具用电动机主要有单相串励型、交直流两用型、三相工频异步鼠笼型、中频（150～400Hz）异步鼠笼型和永磁直流型等 5 种。中小容量电动工具大多采用单相串励电动机，它有转速高、体积小、启动转矩大、机械特性软、能适应多数工具的工作特性，而且能设计成交直流电源两用电动机使用在直流电源上。较大容量电动工具大多采用三相工频异步鼠笼型电动机，它结构简单、制造维修方便、转速稳定、运行可靠、经久耐用、机械特性硬。微型和小型电动工具用于家用，大多

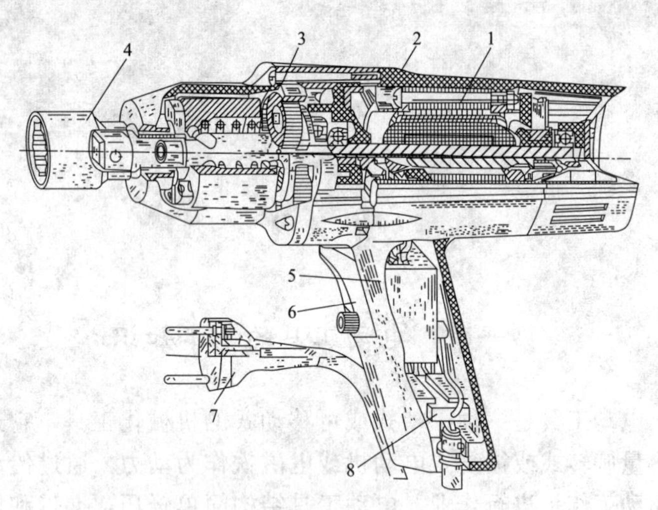

图 10-1 电动工具的基本结构

1—电动机；2—外壳；3—传动机构；4—工作头；5—手柄；
6—电源开关；7—电源连接装置；8—干扰抑制器

采用永磁直流电动机，并制成无电源线形式，直接用镍镉电池供电，它效率高、启动电流小、结构简单，但功率较小，如配备高能电池、还可应用在高空、水下、农林牧等野外作业。三相中频异步鼠笼型电动机既有三相工频异步鼠笼型电动机的优点，又有单相串励电动机转速高、体积小的优点，但需配备中频电源，这使它的发展和应用受到一定的限制。

2. 外壳

外壳起支承和保护作用，要求强度高、质量轻、耐热、色泽谐调悦目、造型匀称大方，一般用工程塑料或铝合金制造。工程塑料的应用既减轻了工具的质量，又提高了使用安全性，并且使工具外形美观。

3. 传动机构

传动机构主要用来传递能量、减速和改变运动方向。为适应各种不同的加工作业需要，电动工具的工作头运动方式有旋转、往复、冲击和振动等，还有冲击和旋转兼有的复合运动，因此电动工具的传动机构中应用了机械传动的大部分结构和原理。

4. 工作头

电动工具的工作头是对工件进行各种加工的刀具、刃具、磨具、抛具及夹持部分。刀具、刃具有各种钻头、丝锥、钎子、锯条等；磨具有各种形状和尺寸的砂轮、砂布、磨头等；抛具有各种抛轮；另外还有螺母套筒、螺丝刀、胀管器等。

5. 手柄

手柄形式根据使用要求和结构的不同有双横手柄、后托式手柄、手枪式手柄、后直手柄等。有些小型、微型电动工具，如电冲剪、电动剪刀、微型螺丝刀等无专设手柄，须直握外壳操作。有些电动工具前端还设置辅助手柄，以减轻操作者的劳动强度。

6. 电源开关

电动工具用的开关大多装在手柄中，要求其体积小、结构紧凑、安全可靠，一般不宜采用普通的开关。电动工具用开关有两类，一类是用作工具与电源闭合或断开的电源开关；另一类是既有闭合和断开工具与电源的连接功能，又有调节工具转速功能的电子调速开关。电源开关结构大多采用二极桥式双断触头，有瞬时动作机构使触头快速通断。手按式开关能自动复位切断电源，有的还设有自锁装置。正、反转作业的电动工具采用正、反转电源开关，电子调速开关一般采用晶闸管电子线路，以达到调速和开关电源的目的。

7. 干扰抑制器

干扰抑制器安装在手柄或外壳内，用于抑制单相串励或交直流两用电动工具对电视和无线电的干扰。

8. 电源连接装置

电源连接装置由电源插头、软电缆或软线以及电缆线护套等组成，用于连接工具和电源。单重绝缘的电动工具软电缆或软线大多采用轻型橡套、橡塑电缆或塑套电缆，软电缆或软线在进入电动工具的入口处要牢固夹紧，设置护套，护套用橡胶等绝缘材料制成。双重绝缘的电动工具必须采用加强型绝缘电源插头，且为电源插头与软电缆或软线压塑成一体的不可重接的电源插头。

二、电动工具的分类

世界上电动工具已有手持式、可移动式和电池充电式3大类，共500多个品种、1000多种规格，已被广泛应用于国民经济各领域，并进入了家庭使用，是一种量大面广的机械化工具。

1. 按用途分类

（1）金属切削电动工具。如电钻、电动刮刀、电剪刀、电动往复锯、电动攻丝机、电动型材切割机等。

（2）装配电动工具。如电动扳手、电动螺丝刀、电动胀管机、电动液压扳手、电动拉铆枪等。

（3）砂磨电动工具。如电动砂轮机、电动砂光机、电动抛光机等。

（4）建筑、道路电动工具。如电动混凝土振动器、电锤、锤钻、冲击电钻、电动锯割机、电动地板抛光机、石材切割机、电动夯实机、湿式磨光机、电动钢筋切割机、混凝土钻机等。

（5）矿山电动工具。如电动凿岩机、岩石电钻、煤电钻等。

（6）铁道电动工具。如铁道螺钉电动扳手、枕木电钻、枕木电镐等。

（7）农牧业电动工具。如电动剪毛剪、电动采茶机、电动剪枝机、电动喷洒机、电动粮食拣样机等。

（8）林木加工电动工具。如木工多用工具、电动开槽机、电动曲线锯、电木铣、电圆锯、电木钻等。

（9）其他用途电动工具。如塑料电焊枪、电动裁布机、电动卷花机、电喷枪、电动除锈机、电动骨钻、电动牙钻等。

2. 按使用电源种类分类

（1）交直流两用电动工具。

（2）单相串励电动工具。

（3）三相工频电动工具。

（4）三相中频电动工具。

（5）永磁直流电动工具。

3. 按电气安全保护分类

（1）Ⅰ类电动工具。Ⅰ类电动工具即普通型电动工具，一般采用铝合金外壳，是一种单重绝缘电动工具，其额定电压超过50V，一般为220V或380V。Ⅰ类电动工具在防止触电的保护方面不仅依靠基本绝缘，而且包含一个附加的安全预防措施，其方法是将可触及的可导电的零件与已安装在固定线路中的保护（接地）导线连接起来，使可触及导电零件在基本绝缘损坏的事故中不成为带电体。单相供电的Ⅰ类电动工具的电源线采用3芯软电缆或软线，其中一根为保护接地线。电源接头用三极插头，在接地插脚附近应标记接地符号。三相供电的Ⅰ类电动工具的电源线采用4芯软电缆或软线，其中一根为保护接地线。电源插头用四极插头，在接地插脚附近应标记接地符号。

（2）Ⅱ类电动工具。Ⅱ类电动工具的绝缘结构全部为双重绝缘结构，且不允许设置保护接地线，其额定电压超过50V，一般为220V。Ⅱ类电动工具具有双重独立的保护系统，并且通过结构设计和绝缘材料的选用，保证在故障状态下，当基本绝缘损坏失效时，由附加绝缘和加强绝缘提供触电保护。Ⅱ类电动工具可制造成塑料外壳、金属外壳或金属和塑料兼有的外壳，其外壳标志着一个醒目的特殊符号“回”。Ⅱ类电动工具的电源线采用2芯软电缆或软线与具有加强绝缘的插头压制成一体的不可重接的电源线组件。

（3）Ⅲ类电动工具。Ⅲ类电动工具，即特低安全电压电动工具，其额定电压不超过50V，且不允许设置保护接地装置。Ⅲ类工具的特低安全电压由工具内部电源或其他独立电源（如电池、小型内燃发电机组）供给，当电网供电时，必须通过由安全隔离变压器或具有同等隔离程度的单相绕组的变流器。Ⅲ类电动工具的触电保护为“三重保护”，即采用可靠的基本绝缘、电源对地绝缘和选用 50V 以下的特低电压，这使得电动工具具有较高的使用安全性能。Ⅲ类电动工具采用经过专门设计的电源插头，三相供电的电动工具规定采用 3 芯软电缆或软线与三极专门设计插头压制成一体的电源线组件；单相供电的电动工具规定采用 2 芯软电缆或软线与二极专门设计插头压制成一体的电源线组件。

三、电动工具的安全保护特性

1. 电击保护

当电动工具的绝缘破坏时，由于故障电流经外壳流入大地，外壳对地即呈现“故障电压”。此时，如果人体触及外壳，一部分对地电压就作用于人体，使人体遭受电击。电击分为直接接触和间接接触两个类型，相应电击保护也分为两种类型，但不是决然分开的。

（1）直接接触保护。电动工具直接接触的保护一般采用下述几种方法：①绝缘保护，将带电部分用绝缘材料包封起来，使其不可能被人体直接触及；②结构保护，将带电部分用外壳、罩盖等机械结构部分包封起来，不能使人体直接触及带电部分；③采用安全电压，使电动工具的工作电压不论在正常工作情况或故障情况下，都低于交流 50V，采用高于 24V 的安全电压时，还必须采用其他直接接触保护措施。

（2）间接接触保护。电动工具间接接触的保护一般采用下述两种措施：①自动切断电源的保护，当电动工具绝缘失效时，如果在可触及的金属部分上呈现的故障电压，可通过过流保护器或电流保护器来切断电源，这些保护措施必须与低压配电系统的运行方式相配合；②采用附加绝缘和加强绝缘，当基本绝缘失效时，由附加绝缘来提供电击保护。

2. 电气安全措施

常见的电动工具电气安全措施有以下几种。

（1）保护接地。即在故障情况下将可能出现危险的对地电压的可触及金属零件与大地可靠地连接起来。采用保护接地后，保持完好和正确连接的接地回路和小的保护接地电阻，是Ⅰ类电动工具安全使用的关键。

（2）双重绝缘结构。即以改善电动工具的电气绝缘结构的方法来提高电动工具的使用安全性。当基本绝缘损坏时，用附加绝缘将人体与带电体隔开，从而杜绝电击事故。

（3）采用特低安全电压。即将电动工具设计制造成Ⅲ类电动工具，使电动工具采用特低安全电压供电，但对带电体仍采用基本绝缘或外壳防护，以防止人体直接接触带电体。

3. 电击保护用电器

安全隔离变压器是一种单独供电设备，它能有效地避免在中性点直接接地的电网中由于单相电击所造成的危险性。在接地系统的低压回路中接入安全隔离变压器（1∶1）或降压安全隔离变压器，构成非接地系统回路。当人体触及非接地系统的带电体时，人体不会有大的电流通过，从而保证电动工具的安全使用。安全隔离变压器（1∶1）一般用于Ⅰ类电动工具，降压安全隔离变压器用于Ⅲ类电动工具。与电动工具配套使用的剩余电流动作保护器（又称漏电保护器或漏电开关），当接地电流过大时能自动切断电源，其额定动作电流值应为30～50mA，不动作电流为15mA，额定动作时间不超过0.1s。

第二节 常用电动工具

一、手电钻

手电钻是手持式电动工具，它可在金属、非金属、塑料及类似材料构件上钻孔加工，其品种多、规格齐、携带方便、操作简单及使用灵活，是使用最广泛的电动工具。因受空间、场地限制，加工件形状或加工部位不能用钻床等设备加工时，一般多用各种手电钻进行钻孔。手电钻适当地变换齿轮传动机构或增加一些简易的附件就成为双速手电钻、角向手电钻、软轴手电钻、台架手电钻等，以适应不同作业场所的钻孔要求。

1．手电钻的结构

手电钻的外形如图 10-2 所示，它由电动机、减速箱、手柄、钻夹头或圆锥套筒、电源连接装置等组成。

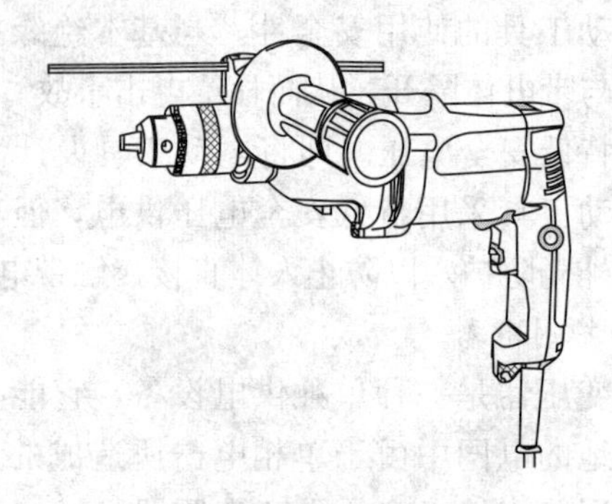

图 10-2　手电钻的外形

（1）电动机。手电钻按其选用的不同类型电动机可分为单相串励手电钻、三相工频手电钻、三相中频手电钻等品种，其中三相中频手电钻因需要相应的中频电源供电，在国内应用很少。除此之外，还有一种适用于野外作业，由内装电池供电，以永磁直流电动机作动力的小型轻巧的直流永磁手电钻。

（2）减速箱。手电钻的减速箱由前罩壳和齿轮组成，用以减速或既能减速又能改变转动方向。前罩经中间盖与电动机外壳用螺钉连接。齿轮材料选用 40Cr 钢或 45 号钢，并经热处理，壳体内充填适量的润滑脂予以润滑。传动轴由滚珠轴承或含油轴承支承，在滚珠轴承处设置油封零件，以防止润滑油漏出。齿轮强度不但要考虑在满载时长期运转，亦要考虑在过载时的强度，甚至还要考虑在钻孔时一旦钻头卡住，产生比满载大几倍的制动转矩所需要的强度。但是，使用手电钻钻孔时应尽可能减少过载和卡转现象，以使齿轮有足够的使用寿命。

（3）齿轮变速。双速手电钻有两挡转速的齿轮机构，常见的双速齿轮机构有双联滑动齿轮，它与轴用花键进行连接。双联齿轮在轴上能自由滑动，中间轴的齿轮是固定的，移动双联齿轮，变换与中间轴啮合的齿轮，即可改变传速比。

（4）电气变速。在单相串激电动机的定子铁芯上设置两组线圈，用换接开关将两组线圈接成串联或并联，以改变励磁安匝及定子阻抗压降，从而获得两挡转速。

（5）电子变速。无级调速手电钻中装有由晶闸管、集成电路、动触头、静触头及外壳等组成的无级调速开关。无级调速开关串接在电动机电路中，既作电源开关又兼作控制器。调速时，调节调速开关的按钮，以控制晶闸管的导通角，从而调节电动机的端电压，实现无级调压调速。

（6）冷却装置。电动机轴上装有冷却风扇，风扇大多采用离心式，冷却方式有自扇内冷式和自扇外冷式。自扇内冷式在电动机内部予以风冷，在外壳上设置进风口和出风口，大多数手电钻采用自扇内冷结构。自扇外冷式在电动机外部予以风冷，不需要进出风口。为了增加散热效果，在外壳上设置散热片，以增加散热面积，自扇外冷结构一般应用在大规格的三相手电钻上。

（7）手柄。手电钻工作时要施加一定的轴向压力，该力借助于手电钻的手柄来实现。手柄的结构随手电钻的规格大小有所不同，规格为 4mm 手电钻一般采用直筒式；规格为 6mm 多用手枪式结构；规格为 10～13mm 手电钻采用后直手柄，有的在手电钻左侧再加一个辅助手柄；规格为 13～23mm 手电钻采用双横手柄，并设计有后托架（板）；规格为 32mm 以上手电钻采用双横手柄，并带有进给装置，以获得更大的推压力。

（8）钻夹头。手电钻用钻夹头或圆锥套筒夹持钻头，进行钻孔作业，钻夹头均为扳手夹紧式。规格为 19mm 以下的手电钻多采用三爪式钻夹头，一般手电钻采用专门设计制造的电动工具钻夹头，钻夹头与手电钻主轴的连接形式有螺纹连接和锥孔连接两种。

（9）电源连接装置。电源连接装置用作通断电源，它由开关、电源线、电源插头等组成。Ⅰ类单相串励手电钻用 3 极电源插头；三相手电钻用 4 极电源插头，其中截面积最大的一极为接地极。Ⅱ类单相串励手电钻用2极电源插头，并且电源线与插头必须压制成一体。Ⅲ类单相串励手电钻用2极电源插头；Ⅲ类三相手电钻用3极电源插头；Ⅲ类手电钻的电源插头均不允许设置接地极。

2. 手电钻的规格

手电钻规格指手电钻在钻削钢材时所允许使用的最大钻头直径，它按实际使用需要、切削效率、重量等因素予以分级。手电钻规格的分级有4、6、8、10、13、16、19、23、32、38、49mm等，由于大规格的单相串励手电钻的质量已接近三相手电钻，所以单相手电钻最大的规格为23mm，三相手电钻的规格范围为13～49mm。Ⅱ类J1Z系列单相串励手电钻的技术数据见表10-1，Ⅰ类J3Z系列三相串励手电钻的技术数据见表10-2。

表10-1　Ⅱ类J1Z系列单相串励手电钻的技术数据

型号	规格/mm	额定电压/V	额定电流/A	额定功率/W	额定转矩/Nm	额定转速/(r/min)	质量/kg	钻头夹持方式
J1Z-4	4	220～	1.2	≥80	≥0.35	≥2200	1.2	钻夹头
J1Z-6	6	220～	1.2	≥120	≥0.85	≥1300	1.3	钻夹头
J1Z-8	8	220～	—	≥160	≥1.60	≥950	—	钻夹头
J1Z-10	10	220～	2.1	≥180	≥2.2	≥780	3.2	钻夹头
J1Z-13	13	220～	2.1	≥230	≥4.00	≥550	3.5	钻夹头
J1Z-16	16	220～	4.0	≥320	≥7.00	≥430	5.9	2#莫氏锥柄
J1Z-19	19	220～	4.0	≥400	≥12.00	≥320	6.0	2#莫氏锥柄
J1Z-23	23	220～	4.0	≥400	≥16.00	≥240		2#莫氏锥柄

表10-2　Ⅰ类J3Z系列三相串励手电钻的技术数据

型号	规格/mm	额定电压/V	额定功率/W	额定转矩/Nm	额定转速/(r/min)	负载持续率	质量/kg	钻头夹持方式
J3Z-13	13	380～	270	4.9	530	连续	6.8	钻夹头
J3Z-19	19	380～	400	12.7	290	60%	8.2	2#莫氏锥柄
J3Z-23	23	380～	500	19.6	235	60%	9.8	2#莫氏锥柄
J3Z-32	32	380～	900	45	190	60%	19	2#莫氏锥柄
J3Z-38	38	380～	1100	72.6	145	60%	21	2#莫氏锥柄
J3Z-49	49	380～	1100	110	120	60%	24	2#莫氏锥柄

同一规格的手电钻，根据参数不同又可分为A型、B型和C型手电钻。A型手电钻主要用于普通钢材的钻孔，如25～45号钢、A3钢等。A型手电钻规格齐全，大多采用二级变速。B型手电钻主要用于优质钢材及各种钢材的钻孔，具有很高的钻削生产效率。B型手电钻的额定输出功率和转矩比A型手电钻大，持续和过载能力强，转速与A型手电钻相仿，以二级变速为主。C型手电钻主要用于铜等有色金属及其合金、塑料和铸铁等材料的钻孔，同时能用于普通钢材的钻孔。C型手电钻的额定输出功率和转矩比A型手电钻小，转速较高，以一级变速为主，并具有轻便和结构简单的特点，钻孔时不能施以强力。

3. 手电钻的使用方法

使用手电钻钻孔时，不同的钻孔直径应该尽可能选用相应规格的手电钻，以充分发挥手电钻的钻削性能及结构特点，达到良好的钻削效果。应避免用小规格手电钻钻大孔而造成灼伤钻头和手电钻过热，甚至烧毁钻头和手电钻。用大规格手电钻钻小孔则造成钻孔效率降低，且增加劳动强度。

手电钻使用时，钻头必须锋利。钻孔时，在手电钻上应施加适当的轴向压力，并不宜用力过猛，以免过载。在钻孔中，当转速突然下降时，应立即降低轴向压力。当钻孔时突然卡转，必须立即切断电源。当钻削的孔即将钻通时，施加的轴向压力应适当减小。

二、冲击电钻

冲击电钻是一种旋转带冲击的手持式电动工具，它以电动机为动力对工件进行旋转钻削，工作时一方面靠冲击凿冲，一方面靠钻头钻入。冲击电钻一般为可调式结构，当调节在旋转无冲击位置时，装上普通麻花钻就能在金属上钻孔；当调节在旋转带冲击位置时，装上镶有硬质合金片的钻头，就能在砖石、轻质混凝土等脆性材料上钻孔。冲击电钻具有重量轻、外形美观、结构紧凑合理、工作效率高、操作轻便等特点，广泛应用于水电安装、电信线路、机械施工等领域，并可提高建筑物的装饰质量，以及设备、管道等的安装质量。

1. 冲击电钻的结构

冲击电钻的外形如图 10-3 所示，它由电动机、变速装置、冲击装置、调节环、钻夹头、辅助手柄、电源开关及电源连接装置等组成。

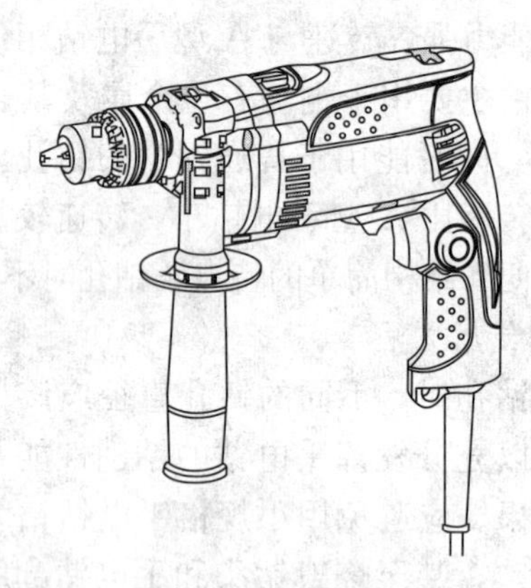

图 10-3　冲击电钻的外形

（1）电动机。冲击电钻的电动机采用双重绝缘的单相串励电动机，其安置在塑料外壳内。塑料外壳既作支承电动机的结构件，又是电动机定子铁芯的附加绝缘。转子附加绝缘采用转轴绝缘，以使转子铁芯与外露的钻夹头、前罩壳等金属零件在电气上隔离。

（2）变速装置。根据不同规格对转速和冲击次数的要求，变速装置可以是一级变速也可以是二级变速，国产冲击电钻大多是二级变速，进口冲击电钻大多是一级变速。变速齿轮为变位齿轮，由优质合金制成，并经高频热处理，变速箱箱体由合金铝压铸而成。

（3）冲击装置。冲击装置是由一对犬牙状的动冲击块和静冲击块组成齿形离合器，静冲击块固定在变速箱体的前部，动冲击块装在主轴中间部位，它们之间装有压缩弹簧。当电动机旋转时，动冲击块也随之一起旋转。由于操作者施加轴向压力，克服弹簧力使齿形离合器啮合，而主轴的输出转矩使齿形离合器脱啮。当操作者继续施加轴向压力时，齿形离合器又重新啮合。这样，齿形离合器不断脱开与啮合，产生轴向往复位移，由此主轴就产生旋转带冲击的复合运动。冲击电钻的冲击力大小取决于电动机的输出转矩、转速及操作者施加的轴向压力大小。

（4）调节环。冲击电钻前端头部置有调节环，调节环上设有“钻头”和“锤子”的标志。当调节环的“钻头”标志调到前罩壳上的定位标记时，齿形离合器运动件脱离齿形离合器静止件，电动机的旋转运动经齿轮减速器后，主轴上的钻夹头夹持钻头作单一旋转运动。当调节环上的“锤子”标志调到前罩壳上定位标记时，齿形离合器运动件与齿形离合器静止件啮合，电动机的旋转运动经齿轮减速器后带动齿形离合器，主轴上的钻夹头夹持钻头在外施轴向力的作用下作旋转带冲击的复合运动。

（5）钻夹头。冲击电钻钻头用钻夹头夹持，钻夹头与主轴用短圆锥或螺纹连接，螺纹连接钻夹头能保证在较强振动情况下工作的钻夹头不易从冲击电钻脱落。

（6）辅助手柄。冲击电钻设有辅助手柄，便于操作，辅助手柄与冲击电钻用螺纹连接，可以根据操作的需要进行装卸。

（7）电源开关。冲击电钻的电源开关采用耐振带自锁的自动复位开关，双速、无级调速冲击电钻采用双速、无级调速电源开关，打大孔时用低速，打小孔时用高速，电源开关安装在外壳的手柄型腔内。

（8）电源连接装置。冲击电钻的电源线采用2芯氯丁橡胶护套的软电缆，电源插头与软电缆压塑成一体，为不可重接电源插头。

2. 冲击电钻的规格

冲击电钻按加工砖石、轻质混凝土等材料时的最大钻孔直径划分规格，Ⅱ类Z1J系列单相串励冲击电钻的技术数据见表10-3。

表 10-3　Ⅱ类 Z1J 系列单相串励冲击电钻的技术数据

型号	最大成孔直径/mm		安装金属膨胀螺栓最大尺寸/mm	额定电压/V	输入功率/W	额定冲击频率/(min^{-1})	额定转矩/(N·m)	质量/kg
	钢	砖石						
Z1J-10	6	10	M6	220～	280	18000	1.02	1.8
Z1J-12	8	12	M8	220～	350	11250	2.3	2.8
Z1J-16	10	16	M10	220～	400	12000	2.9	2.5
Z1J-20	13	20	M14	220～	570	8400	4.56	1.0

3. 冲击电钻的使用方法

(1) 冲击电钻使用的钻头有普通直柄麻花钻头和冲击钻头两种。钻削钢、有色金属、塑料和类似材料时应使用麻花钻头，并将调节环转到有“钻孔”标记的位置；钻凿红砖、瓷砖和轻质混凝土时应使用冲击钻头，并将调节环转到有“锤击”标记的位置。钻头尾部的夹持部分直径不大于 13mm 的钻头装入钻夹头内时，必须在钻夹头钥匙定位孔中用力旋转，以夹紧钻头尾部。钻头应保持锋利，对于冲击钻，一般 10mm 以下的钻头冲凿成孔 25 个左右后要进行修磨，10～20mm 的钻头冲凿 15 个孔后要进行修磨。

(2) 冲击电钻在钻孔前要先用铅笔或粉笔在墙上标出孔的位置，用中心冲子冲击孔的圆心，然后选择笔直、锋利、无损、与孔径相同的钻头。

(3) 打开冲击电钻的卡头，将钻头插到底，用卡头钥匙将卡头拧紧。

(4) 选择适当的钻速，孔径大时用低速，孔径小时用高速。

(5) 使用时双手要紧握冲击电钻，将钻尖抵在中心冲子冲击的凹坑内，使钻头与墙面成 90°。

(6) 启动冲击电钻，朝着钻孔方向均匀用力，并使钻头始终保持着与墙面的垂直。

4. 冲击电钻的使用注意事项

(1) 一般情况下，冲击电钻不能替代手电钻使用。因为冲击电钻在使用时方向不易把握，容易出现误操作，开孔偏大。即使上面有转换开关，也尽量不用来替代手电钻钻孔，因为冲击电钻的转速很快，很容易使开孔处发黑并使钻头发热，从而影响钻头的使用寿命。

(2) 冲击电钻在钻孔前应空载运转1min左右。运转时声音应均匀，无异常的周期性杂声，手握工具无明显麻感。然后将调节环转到“锤击”位置，让钻夹头顶在硬木上，此时应有明显而强烈的冲击感；转到“钻孔”位置，则应无冲击现象。

(3) 冲击电钻的冲击力是借助于操作者的轴向进给压力而产生的，但压力不宜过大。过大时不仅会降低冲击频率，还会引起电动机过载而损坏冲击电钻。对10、12mm规格的冲击电钻，一般轴向进给力在150～200N为宜；对16、20mm规格的冲击电钻，一般轴向进给力在250～300N。

(4) 在钻孔深度有要求的场所打孔，可使用辅助手柄上的定位杆来控制钻孔深度。使用时只要将蝶形螺母拧松，将定位杆调节到所需长度，再拧紧螺母即可。

(5) 在脆性建筑材料上钻凿较深或较大孔时，应注意经常把钻头退出凿孔几次，以防止出屑困难而造成钻头发热磨损，钻孔效率降低甚至堵转的现象。

(6) 冲击电钻由下向上钻孔时，必须带防护眼镜。此外，冲击电钻工作时有较强的振动，内部的电气结点易脱落，因此尽可能选用Ⅱ类冲击电钻。

三、电锤

电锤是一种冲击带旋转的手持式电动工具，其冲击能量大。国内外生产与使用的电锤，基本上采用“电转气垫原理”，利用活塞与气缸的相对运动，不断压缩与释放气体（利用压力差）推动冲锤打击钻头，完成钻孔动作。电锤具有结构可靠、冲击力大、冲击效率高、钻孔孔径大、钻进深度长等特点，主要用来在混凝土、楼板、砖墙和石材上钻孔。

1. 电锤的结构

电锤的外形如图 10-4 所示，它由电动机、变速装置、冲击机构、转钎机构、钻卡装置、辅助手柄、过载保护装置、电源开关及电源连接装置等组成。

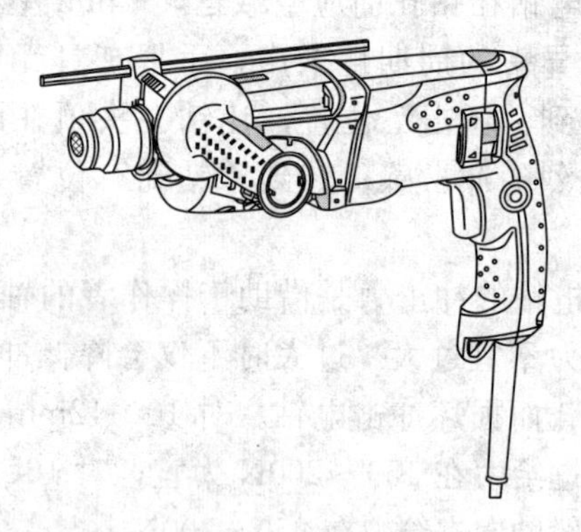

图 10-4　电锤的外形

（1）电动机。电锤的电动机采用双重绝缘的单相串励电动机，其安置在塑料外壳或铝合金外壳内。对于定子的附加绝缘，大规格的电锤（26mm 以上）采用铝合金外壳结构，所以在外壳与定子铁芯之间设置绝缘衬套，小规格电锤（18mm 以下）采用塑料外壳结构。对于转子的附加绝缘，均采用转轴绝缘结构。

（2）变速装置。根据不同规格对转速和冲击次数的要求，变速装置可以是一级变速也可以是二级变速，国产电锤大多是二级变速。变速齿轮为变位齿轮，由优质合金制成，并经高频热处理，变速箱箱体由合金铝压铸而成。

（3）冲击机构。冲击运动由电动机旋转运动通过齿轮带动偏心连杆，使压气活塞在汽缸套内作往复运动，同时压气活塞与冲击活塞间产生气垫。因冲击活塞随压气活塞同步往复而锤击钻杆尾部，从而使钻头凿孔。由于气垫的形成，又起着整机受力回跳时的缓冲作用。

（4）转钎机构。转钎运动由电动机通过齿轮带动一对直齿锥齿轮，使汽缸套经过载保护装置与六方套一起旋转，并传递转矩给钻杆。这样，与冲击机构同时形成了冲击带旋转的复合运动。冲击为主，旋转为辅，又锤又转，从而使钻头推进，逐渐打成所需的圆孔。

（5）钻卡装置。电锤设计有钻卡，它是一种可供快速拆装钻头的装置。装电锤钻头时，只需将钻头杆向孔内一塞，滚柱后退即能装入。此时钻头套由弹簧自动复位，滚柱被推入钻杆小直径处，将钻杆卡住。拆卸电锤钻头时，将钻头套向后一拉，即可把钻头退出。

（6）辅助手柄。电锤设有辅助手柄，便于操作，辅助手柄与电锤用螺纹连接，可以根据操作的需要进行装卸。

（7）过载保护装置。在电锤使用中，由于混凝土软硬不一、松实不均或因使用不当导致钻头被卡住时，有可能造成操作者的手腕扭伤，并使电动机堵转，甚至将电动机烧坏。电锤的过载保护装置就是用来保护操作者的安全和保护电动机的，它由弹簧、钢球、碗形垫圈等组成。当阻力矩超过一定范围时，传递转矩的转套通过 6 个半圆凹孔挤压钢球，使钢球径向弹出，经碗形垫圈压缩弹簧到一定距离，使转套与汽缸套脱开。这时，电动机虽在旋转，但钻头已不旋转，这样可以避免扭伤操作者的手腕，也可为电动机提供保护。

（8）电源开关。电锤电源开关采用耐振、手揿式带自锁的复位开关。

（9）电源连接装置。电锤的电源线采用 2 芯氯丁橡胶护套的软电缆，电源插头与软电缆压塑成一体，为不可重接电源插头。

2. 电锤的规格

电锤按加工 300＃混凝土（抗压强度为 3000～3500N/cm^2）时最大凿孔直径划分规格，Ⅱ类 Z1C 系列单相串励电锤的技术数据见表 10-4。

表 10-4　Ⅱ类 Z1C 系列单相串励电锤的技术数据

型号	最大成孔直径/mm	安装金属膨胀螺栓最大尺寸/mm	额定电压/V	输入功率/W	额定冲击频率/(min^{-1})	钻削率/(cm^3/min)	质量/kg
Z1C-16	16	M10	220～	480	3000	≥15	4.0
Z1C-18	18	M12	220～	500	3680	≥18	2.5
Z1C-22	22	M16	220～	520	2850	≥24	5.3
Z1C-26	26	M20	220～	560	3000	≥30	6.5
Z1C-38	38	M32	220～	780	3200	≥50	6.6

3. 电锤的使用方法

（1）带冲击钻孔作业。①将工作方式旋钮拨至“冲击转孔”位置；②把钻头放到需钻孔的位置上，然后拨动开关触发器；③只需轻微推压电锤，让切屑能自由排出即可，不用使劲推压。

（2）凿平、破碎作业。①将工作方式旋钮拨至“单捶击”位置；②利用电锤自重进行作业，不必用力推压。

（3）钻孔作业。①将工作方式旋钮拨至“钻孔”（不锤击）位置；②把钻头放到需钻孔的位置上，然后拨动开关触发器；③只需轻微推压电锤，让切屑能自由排出即可，不用使劲推压。

4. 电锤的使用注意事项

（1）电锤是冲击类工具，工作过程中振动较大，负载较重。因此，使用前应检查各连接部的紧固可靠性后才能操作作业。

（2）电锤在钻孔前应空载运转 1min 左右，运转时声音应均匀，无异常的周期性杂声，手握工具无明显麻感。待检查正常后，再装上电锤钻。

（3）电锤在凿孔前，必须探查凿孔的作业处内部是否有钢筋，在确认无钢筋后才能凿孔，以避免电锤钻的硬质合金刀片在凿孔中冲撞钢筋而崩裂刃口。

（4）电锤在凿孔时应将电锤钻顶住作业面后再启动操作，以避免电锤空打而影响使用寿命。

（5）电锤不仅能向下钻孔，也能向各个方向钻孔。在向下凿孔时，只要双手分别紧握手柄和辅助手柄，利用其自重进给，不需施加轴向压力。向其他方向凿孔时，只要稍许加力即可。如果用力过大，对凿孔速度、电锤及电锤钻的使用寿命反而不利。

（6）电锤凿孔时，电锤应垂直于作业面，不允许电锤钻在孔内左、右摆动，以免影响成孔的尺寸和损坏电锤钻。在凿深孔时，应注意电锤钻的排屑情况，要及时将电锤钻退出排屑。

（7）电锤凿孔时，应反复掘进，不要猛进，以防止电锤钻发热磨损和降低凿孔效率。

（8）对钻孔深度有要求时，可以使用定位杆来控制凿孔深度，操作方法和冲击电钻相同。

（9）用电锤来进行开槽作业时，应将电锤调节在“单捶击”的位置，或将六方钻杆的电锤钻调换成圆柱直柄电锤钻。

（10）电锤装上扩孔钻进行扩孔作业时，应将电锤调节在“钻孔”（不锤击）的位置，然后才能进行扩孔作业。

（11）电锤凿孔时，尤其在由下向上和向侧面凿孔时必须戴防护眼镜和防尘面罩。

（12）电锤活塞转套和活塞之间摩擦面大，配合间隙小，如果没有供给足够的润滑油则会产生高温和磨损，将严重影响电锤的使用寿命和性能，所以电锤每工作 4h，至少需加油一次。

（13）电锤累计工作约 70h 时，应加一次润滑脂，将润滑脂注入活塞转套内和滚珠轴承处。

（14）电锤使用一定时间后，由于灰尘和磨损的金属屑等与油污混杂会卡住冲击活塞，产生不冲击现象或其他故障，因此需定期将机械部分拆开清洗。重新装配时，所有零部件应按原来位置装好。活塞、转套等配合面都要加润滑油，并注意不要将冲击活塞揿压到压气活塞的底部，否则排除了气垫，电锤将不能工作。

四、电动往复锯

电动往复锯是手持式电动工具，它采用高速、小行程以往复运动的锯条进行锯割，因此效率较高，广泛用于锯割金属管材、板材或在钢管上切割斜口，也可切割电缆或其他非金属材料。

1. 电动往复锯的结构

电动往复锯的外形如图 10-5 所示，它由电动机、减速箱、传动机构、抬刀机构、、锯条、电源开关及管钳等组成。

（1）电动机。电动往复锯的电动机有单相串励电动机和三相工频电动机两个品种。

（2）锯条往复运动。锯条的往复锯割运动采用最常见的曲柄连杆机构传动，它是将曲柄的转动转化为往复杆在直线上的往复运动。轴承与大齿轮构成曲柄，连杆的一端通过万向接头与往复杆连接，连杆的另一端与曲柄连接。电动机带动大齿轮旋转，通过连杆，带动往复杆做前后的往复运动。

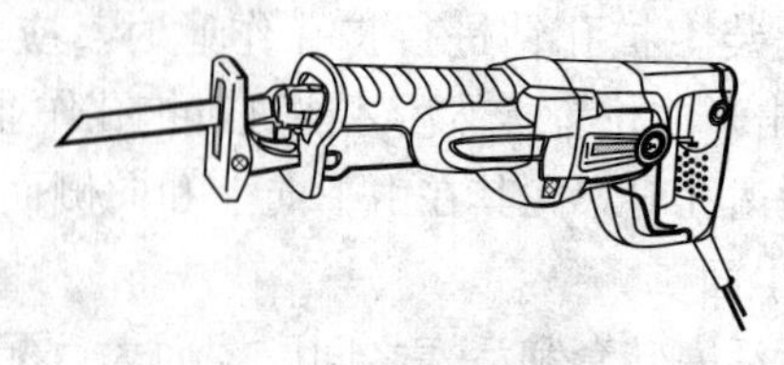

图 10-5　电动往复锯的外形

（3）抬刀机构。为适应锯割如木材、塑料等非金属材料需要，电动往复锯设置抬刀机构，以增加散热面。抬刀机构由偏心齿轮、轴承和活动套杆等组成。当偏心齿轮旋转一周时，锯条则随滑杆摆动一次。

（4）锯条摆动运动。锯条摆动运动通过一个翘板机构来实现多级摆动调节，模仿使用者在切割时上下移动锯条，使用户在切割材料时更加快速和省力。当锯条往复运动时，抬刀弯钩也同时在做前后往复移动，抬刀支架被弯钩钩住一起动作，从而带动活动块和往复杆做上下的摆动运动。抬刀轴上加工有不同的端面，通过调节抬刀轴端面，可以得到不同的摆动幅度。

（5）锯条夹紧机构。锯条夹紧机构有普通型和快速型两种，它是通过压板和固定螺钉将锯条夹住，固定在往复杆头部上。往复杆端面上有一个定位销，将锯条钩住，防止锯条脱出。

（6）锯条。常用的锯条材料一般选用优质高速工具钢制造，锯条工作部分的齿面硬度达 HRC62（洛式硬度），而根部却有较好的韧性。锯条齿形呈倒向，锯割时锯条承受拉力，不受压力，以使锯条不易折断，延长使用寿命并保证操作的安全。锯条对锯割性能的影响很大，锯条锯齿的形状，锋利程度和耐磨性是锯割性能的决定性因素之一。针对不同的锯割对象，宜选用不同硬度、齿距、角度的锯条，以提高锯割效率。

（7）锯条行程。锯条行程是指电动往复锯在锯割过程中，锯条前后移动的最大间距，它对锯割效率有很重要的影响。锯条行程越长，则锯条在每次往复切割过程中，参与切割的齿数就越多，切割就越快；锯条行程越短，参与切割的齿数就越少，切割就越慢。

（8）管钳。当工件为金属管子时，可用管钳夹持工件，以便于锯割。

2. 电动往复锯的规格

电动往复锯有单相串励往复锯和三相工频往复锯两个品种。单相串励往复锯（J1F-26）输入功率 385W，额定电压交流 220V，额定电流 2.71A，锯条额定往复次数 1520（1/min），锯条行程 26mm，质量 4kg。三相工频往复锯（J3F-26）输入功率 500W，额定电压交流 380V，额定电流 1.32A，锯条额定往复次数 930（1/min），锯条行程 26mm，质量 7.5kg。

3. 电动往复锯的使用方法

在锯割工件前，应将工件固定，然后将电动往复锯刀架紧紧靠在工件上，才能进行锯割。不允许工件与刀架间有间距，否则在锯割过程中容易折断锯条。锯割金属材料时，将抬刀机构手柄放在垂直位置，不允许锯条上、下摆动；锯割非金属材料时，将抬刀机构手柄放在横向位置，锯条能上、下摆动。锯割金属管子时，可将电动往复锯的管钳夹持在工件上进行锯割。

为便于操作和自动进给，可反装锯条，从工件下面开始向上锯割。通常用电动往复锯自身质量达到自动进给，如果需要增加锯割量时，可按压手柄来达到，但不允许超过电动机的额定功率。使用电动往复锯时，应注意锯条夹紧要牢固、可靠，以免产生较大的振动。

五、电动型材切割机

电动型材切割机是可移动式电动工具，用于切割铸铁管、钢管、角钢、槽钢和扁钢等各种型材，且能切割不锈钢、合金钢及淬火后硬度较高的钢材等，具有安全可靠、劳动强度低、生产效率高、切断面平整光洁等优点。电动型材切割机通用性强，已广泛用于建筑五金、石油化工、冶金、船舶修造、装潢等施工现场。

1. 电动型材切割机的结构

电动型材切割机的外形如图 10-6 所示，它由电动机、支架、支架座、底盘、可转夹钳、增强树脂砂轮片、砂轮片保护罩、操作手柄、电源开关和电源连接装置等组成。

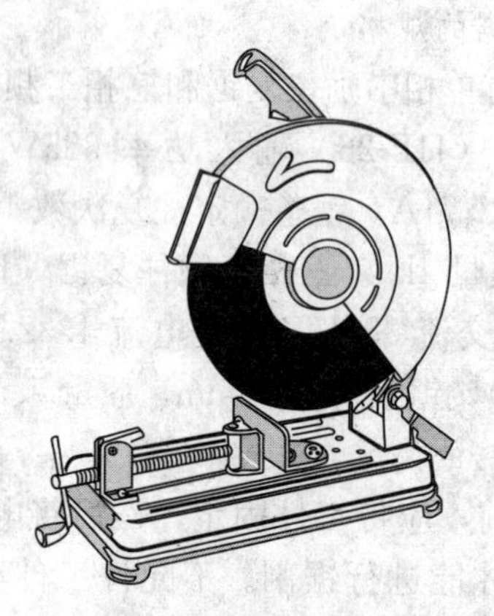

图 10-6　电动型材切割机的外形

（1）电动机。电动型材切割机采用的电动机有三相异步电动机、单相双电容异步电动机、单相串励电动机。电动机的旋转运动由传动带通过砂轮轴驱动砂轮片高速旋转进行切割作业。

(2) 支架。支架上装有电动机、传动带、罩壳、砂轮片、砂轮片保护罩、操作手柄等。传动带由罩壳保护，砂轮片由砂轮片保护罩保护，罩壳和砂轮片保护罩均用厚度为2mm的钢板制造。

(3) 支架座。支架座安装在底盘上，支架由支架座支承，并能绕支点转动。

(4) 砂轮片保护罩。砂轮片保护罩由固定罩壳和罩盖构成，专门用于防止使用者在正常使用中无意碰到砂轮片或防止万一砂轮片破裂而飞溅出来的碎片。砂轮片在砂轮片保护罩下，其外露部分的角度不得大于120°，并要将砂轮片旋转方向的箭头清晰耐久地标记在固定罩壳上。

(5) 可转夹钳。可转夹钳由固定钳口、活动钳口、传动螺杆、手柄等组成，活动钳口用2只螺栓固定在底盘上。活动钳口上有两个安装孔，一个为月亮槽，另一个安装孔旁标记有零位线，在底盘上设置有标尺。松开两只螺栓就能在±45°内调节固定钳口与砂轮片之间的夹角，以切割出不同角度的断面。传动螺杆一端与活动钳口用圆柱销连接，圆柱销为活动钳口转动的支点，另一端与手柄连接。

(6) 底盘。底盘用于固定传动螺杆的螺母，这样，操作手柄就能使活动钳口以任意角度进行夹紧或松开工件。底盘上还设置切割火花导向罩，以阻挡切割火花四处飞溅，避免引起灼伤事故。底盘下装有4只滚轮，使得型材切割机移动十分方便。

(7) 砂轮片。砂轮片是切割作业的工具，它采用纤维增强树脂圆平形砂轮片，其直径不大于406mm，安全线速度不大于80m/s。砂轮片的中间凹陷部分通过夹紧压板由螺母锁紧在砂轮轴上，靠近电动机一端的夹紧压板为定压板，与砂轮轴不能相对转动。砂轮轴的螺纹直径不小于14mm，夹紧压板的直径不小于40mm。

(8) 电源开关。电源开关置于操作手柄内，借助操作手柄不但能控制电动机的电源，还能操作砂轮片上、下运动作切割作业。电源开关采用双线4断点手揿式自动复位开关，对于三相异步电动机只能通、断其中两相，另一相直接接电源。

（9）电源连接装置。三相型材切割机的电源线用4芯电缆，配用4极电源插头；Ⅰ类单相型材切割机的电源线用3芯软电缆，配用3极电源插头；Ⅱ类单相型材切割机的电源线配用2芯不可重接电源插头。4芯、3芯软电缆中的绿黄双色线为保护接地线，应与电动型材切割机的接地装置可靠的连接。

2. 电动型材切割机的规格

电动型材切割机以砂轮片的直径划分规格，国内生产的电动型材切割机有三相异步电动机型材切割机（J3GZ-400、J3GX-400）、单相电容异步电动机型材切割机（J1G-400、J1GX-400）和单相串励电动机型材切割机（J1GP-300）等品种。电动型材切割机的技术数据见表10-5。

表10-5　电动型材切割机的技术数据

性能参数		J1GP-300	J3GZ-400	J3GX-400	J1G-400	J1GX-400
额定电压/V		220～	380～	380	220～	220～
输出功率/W		1450	2200	2200	2200	2200
频率/Hz		50/60	50	50	50	50
主轴空载转速/(r/min)		3800	2880	2880	2900	2900
砂轮片规格（外径×厚度×孔径）/mm		ϕ300×3×ϕ25	ϕ400×3×ϕ32	ϕ400×3×ϕ32	ϕ400×3×ϕ25.4	ϕ400×3×ϕ25.4
砂轮片安全线速度/(m/s)		80	80	80	80	80
可转夹钳的可转角		0～45°	0～45°	0～45°	0～45°	0～45°
切割能力/mm	钢管	ϕ100×6	ϕ135×6	ϕ135×6	ϕ135×6	ϕ135×6
	角钢	80×10	100×10	100×6	100×10	100×6
	槽钢	—	120×53	120×53	120×53	120×53
	圆钢	ϕ30	ϕ50	ϕ50	ϕ50	ϕ50
质量/kg		17	80	80	100	100

3. 电动型材切割机的使用注意事项

（1）电动型材切割机要放置在地上使用，不得安装在工作台上使用。

（2）禁止在含有易燃和腐蚀性气体及潮湿或受雨淋的场所使用，要保证操作场所光线充足。

（3）保持底盘工作台面的整洁，不乱堆物品，防止引起事故。

（4）在调换砂轮片或检查电动型材切割机前应拔掉电源插头，启动切割机前应先检查扳手是否从砂轮片夹紧装置上取下。

（5）操作时不得穿着宽大的衣服，以防止被高速旋转的砂轮片卷住。

（6）操作时必须戴上护目眼镜等防护用品。

（7）不得使用大于所用的电动型材切割机规格的最大允许尺寸的砂轮片，必须采用增强树脂砂轮片，其安全线速度不能大于 80m/s。

（8）不允许拆除砂轮保护罩及传动带罩壳进行操作。

（9）工作必须夹紧，否则会因工件扫动而发生危险。

（10）电动型材切割机操作时，无关人员应与切割机保持一定距离，不要靠近。

（11）操作电动型材切割机时，姿势要正确，身体要始终保持平衡，切勿站立在切割机底盘台面上，以防意外接通电源而发生伤害事故。

（12）电源线不得与砂轮片接触。

（13）Ⅰ类电动型材切割机使用时必须进行可靠的保护接地。

（14）操作者不要在无人看管电动型材切割机的情况下离开切割现场，如果要离开，则必须切断切割机电源，完全停机后才能离开。

（15）电动型材切割机使用完毕后，不允许用拖拉电源线的方式来移动切割机。

（16）电动型材切割机应存放在干燥、无腐蚀性气体的场所。存放前用布擦去切割机上的屑末和灰尘，轴和钳口的转动部位、钳口的滑道等处应注入润滑油。

4. 砂轮片的使用注意事项

（1）砂轮片的安全线速度不能大于规定的安全线速度。

（2）砂轮片的直径必须与电动型材切割机的规格一致。

（3）砂轮片的厚、薄应一致，砂粒分布应均匀，用木槌轻击砂轮应无破裂声。

（4）砂轮片的出厂日期应在一年以内，超过一年后，由于增强树脂性能改变，应重新进行回转试验，合格后方可使用，以保证使用安全。

（5）砂轮片安装时，压板不得压得太松，否则会发生危险。但也不宜压得太紧，否则会损坏砂轮片。

（6）砂轮片必须存放在干燥的地方，否则砂轮片容易吸潮，使其强度明显下降而不能使用。

5. 切割工件的注意事项

（1）启动电动型材切割机空载运转 1min，如果调换新砂轮片，则应空载运行 3min。

（2）转动砂轮片，检查其偏斜。如果发现明显晃摆，则会引起电动型材切割机运转不稳，振动大，影响使用。

（3）检查砂轮片的旋转方向，应与砂轮片保护罩上标记的箭头方向一致。如果不符，应停机调换电源线相序，以调整旋转方向。

（4）按被切割工件的要求，将工件牢固地夹在钳口中，并将控制工件长度的挡板进行调整、固定。

（5）启动电动型材切割机，待砂轮片运转稳定后，操作手柄就能进行切割作业。

（6）切割时，应使砂轮片平稳接近工件，切入用力不要过大，要根据工件的不同形状、材质，控制适当的进给速度。不能用砂轮片冲击工件，以免过载或砂轮片爆裂。

（7）切割工件时，如果发现砂轮片转速下降，应及时减小对操作手柄的压力。如砂轮片被卡住，应立即切断电源检查。最后即将切断工件时，应降低进给速度，减小压力。

(8) 工件完成切割后，把操作手柄退回原来位置，然后将电源开关断开。取出工件后再做下一次切割的准备。

六、电动角向磨光机

电动角向磨光机是手持式电动工具，它利用高速旋转的薄片砂轮修磨金属零部件的飞边、毛刺、焊缝的坡口与砂磨以及薄壁管材和小型钢材的切割等，换上专用石材切割刀片还可切割砖、石、石棉波纹板等建筑材料，换上圆盘钢丝刷、砂盘可用于除锈、砂光金属表面，换上百页轮、抛光轮则可抛光各种材料的表面。电动角向磨光机具有结构轻巧、携带方便、操作简单、效率高、加工质量好及劳动强度低等优点，广泛应用于建筑、汽修、机械、道路等领域。

1. 电动角向磨光机的结构

电动角向磨光机的外形如图 10-7 所示，它由电动机、减速箱、手柄（辅助手柄）、电源开关、纤维增强砂轮片及砂轮片夹紧装置等组成。

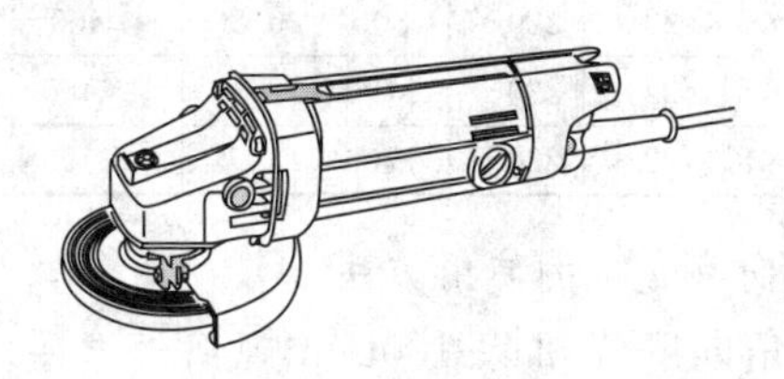

图 10-7　电动角向磨光机的外形

(1) 电动机。电动角向磨光机采用的电动机有单相串励电动机和三相中频电动机两种。

(2) 减速箱。减速箱内装置一对螺旋锥齿轮，箱壳一端与电动机的机壳用螺钉连接，另一端通过砂轮片接盘与砂轮和圆螺母紧固在一起。

(3) 辅助手柄。砂轮片直径在 115mm 以上的电动角向磨光机的减速箱一侧还设有一只辅助手柄，便于操作，辅助手柄与电动角向磨光机用螺纹连接，可以根据操作的需要进行装卸。

(4) 砂轮片。砂轮片是用一个专用的弹性圆盘作支承体，在其上可设置棉织物或圆盘式砂布、砂纸。砂轮轴的上端采用滚针轴承，以减小砂轮片的径向摆动。

（5）砂轮片保护罩。砂轮片保护罩固定在减速箱壳体的下端，组成了砂轮装置。

2. 电动角向磨光机的规格

电动角向磨光机有单相串励角向磨光机和三相中频角向磨光机，它们按砂轮片直径分级，规格有100、115、125、150、180、230mm等，均采用安全线速度为80m/s的纤维增强树脂砂轮片。Ⅱ类S1M系列单相串励角向磨光机的技术数据见表10-6。

表10-6　Ⅱ类S1M系列单相串励角向磨光机的技术数据

型号	砂轮片规格（外径×厚度×孔径）/mm	额定电压/V	输入功率/W	额定转矩/Nm	额定转速/(r/min)	最高空载转速/(r/min)	质量/kg
S1M-100	ϕ100×5×ϕ16	220～	370	0.38	≥5700	≤15000	1.9
S1M-115	ϕ115×5×ϕ22(16)	220～	530	0.50	—	≤13200	2
S1M-125	ϕ125×5×ϕ22	220～	530	0.63	≥5700	≤12500	3.0
S1M-150	ϕ150×5×ϕ22	220～	800	0.80	≥400	≤10000	4.5
S1M-180	ϕ180×5×ϕ22	220～	1700	2.50	≥4100	≤8500	6.5
S1M-230	ϕ230×5×ϕ22	220～	1700	3.55	≥3100	≤6600	8.0

3. 电动角向磨光机的使用方法

（1）电动角向磨光机除100mm规格外，还应装上辅助手柄，两手紧握工具以实现稳定控制。

（2）角磨机刚启动时，启动扭矩会使工具出现短暂的较大摆动，要用力握稳，并要等待砂轮片转动稳定后才能工作。

（3）操作开始时应先启动电动角向磨光机，后接触工件。操作结束时应先离开工件，后切断电源。

（4）为保证磨削效率，磨削时应使砂轮片平面与工件表面成15°～30°，使砂轮片边缘在约2.5cm的表面接触工件。如用于切割，则应使电动角向磨光机沿切割砂轮片平面推进，不要左右移动导致砂轮片损坏。

（5）磨削不同材料的工件时，为提高磨削效率，应选用不同粒度和硬度的砂轮片。

（6）操作时应戴好防护眼镜，无关人员不要接近作业现场。砂磨或切割工件时应均匀施加压力，不要用力过大，防止电动角向磨光机过载。当发现转速明显下降时，应减小压力以免损坏电动角向磨光机。

（7）进行砂光作业应先卸下砂轮片，装上专用的弹性圆盘和圆盘式砂布或砂纸。

（8）进行抛光作业应先卸下砂轮片和防护罩，装上抛盘，但抛盘的直径应比砂轮片直径小。抛光常用的磨料有氧化铬、氧化铁、硅藻石或由这些磨料组成的各种混合物等。氧化铬磨料主要是作硬度高的金属抛光用，氧化铁磨料供镍、钢、铜抛光用，硅藻石供软金属抛光用。

（9）进行除锈作业时，应先卸下砂轮片和防护罩，装上钢丝刷。换装的钢丝刷的外径一般应比砂轮片小，以免过载。

4. 电动角向磨光机的使用注意事项

（1）使用前一定要检查角向磨光机是否有防护罩，防护罩是否安装稳固。

（2）使用前要检查砂轮片，砂轮片厚薄应一致，用木槌轻击砂轮片应无破裂声，严禁使用残缺的砂轮片。

（3）砂轮片出厂日期应在一年之内，如超过一年，由于增强树脂性能改变，应重新进行回转强度试验，以保证使用安全。

（4）在启动电动角向磨光机进行磨削或切割前，应检查砂轮片的旋转方向，应与减速箱头部标记的旋转方向的箭头方向一致。

（5）不得使用大于电动角向磨光机的最大允许尺寸的砂轮片，必须采用增强树脂砂轮片，其安全线速度不能大于80m/s。

（6）操作电动角向磨光机不要用力过猛或冲撞工件，以免砂轮片受冲击爆裂而引起伤亡事故。

（7）切割方向不能向着人，应防止火星溅到他人，并远离易燃易爆物品。

（8）操作电动角向磨光机要戴保护眼罩，穿好合适的工作服，不可穿过于宽松的工作服，更不要戴首饰或留长发，严禁戴手套及袖口不扣而进行操作。

（9）连续工作半小时后要停15min，待其散热后再用。

（10）不能用手抓住小工件对角向磨光机进行加工。

（11）出现不正常声音或过大振动及漏电，应立刻停止检查。维修或更换配件前必须先切断电源，并等砂轮片完全停止旋转。

（12）在潮湿地方使用电动角向磨光机时，必须站在绝缘垫或干燥的木板上，登高或在防爆等危险区域内使用时必须做好安全防护措施。

（13）停电、休息或离开工作场地时，应立即切断电源。

七、电动平板摆动式砂光机

电动平板摆动式砂光机是手持式电动工具，它利用摆动平板上的砂纸对木结构件进行精磨砂平、打蜡上光及内外墙面装饰的砂平、砂光作业，也能用于汽车、造船等部门用作除锈、油漆工序中的打光腻子等，它既能用作平面的砂光，又能砂光略带弧形的凿面。电动平板摆动式砂光机具有使用方便、安全可靠、工作效率高等特点，在建筑装潢，房屋、商场装修、家具制造等场所获得广泛的应用。

1. 电动平板摆动式砂光机的结构

电动平板摆动式砂光机的外形如图10-8所示，它由电动机、摆动机构、夹紧装置、电源开关及电源连接装置等组成。

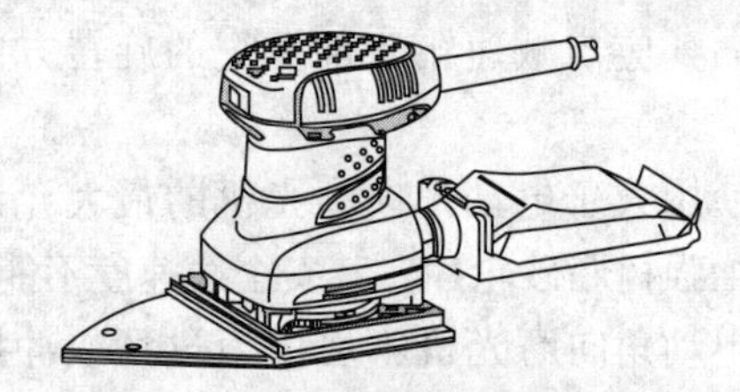

图10-8　电动平板摆动式砂光机的外形

（1）电动机。电动平板摆动式砂光机采用的电动机有单相串励式电动机和单相电容式电动机两种。单相串励式的平板摆动砂光机体积小、质量轻，但其换向装置在振动的状态下工作可靠性差，导致电动机故障率高，并且噪声较大。单相电容式的平板摆动砂光机由于转子结构简单、运行可靠、寿命长、噪声低，在砂磨工件的负载发生变化时，摆动次数变化甚小，工作效率比较稳定，加工质量较好。

（2）摆动机构。摆动机构由偏心轴、摆动平板、橡胶海绵垫、橡胶柱等构成，橡皮海绵垫贴附在用铝合金压制的摆动平板上，摆动平板由 4 只橡胶柱与外壳用螺钉相连接，橡胶柱在平板摆动时起吸振作用。电动机的旋转运动带动偏心轴驱动摆动平板作轨道圆摆动，对作业面进行砂光。

（3）夹紧装置。砂纸或砂布由平板两端的弹簧等零件组成的夹紧装置牢固而平整地夹紧，并安置在橡胶海绵垫上。

（4）电源开关。电源开关选用带自锁的自动复位开关，该开关输出端有 4 只接线端子，可供电动机主、副绕组引出线作接线端子用。

（5）电源连接装置。平板摆动式砂光机是Ⅱ类电动工具，其塑料外壳为对开式全止口结构。电动机、摆动机构等部件全部装置壳内，结构简单，装配维修方便。为消除平板摆动式砂光机工作时对收音机、电视机的电磁干扰，机内装置了抑制电磁干扰的基本抑制器和附加抑制器。

2. 电动平板摆动式砂光机的规格

电动砂光机品种有带式、盘式、平板摆动式等，其中电动平板摆动式砂光机以平板面积划分规格，国内生产的电动平板摆动式砂光机有Ⅱ类单相电容式（S1GB-250）和Ⅱ类单相串励式（S1GB-110）两个品种，它们的技术数据见表 10-7。

表 10-7　Ⅱ类电动平板摆动式砂光机的技术数据

型号	平板尺寸/mm	额定电压/V	额定输出功率/(W)	额定电流/A	额定频率/Hz	额定摆动次数/(min^{-1})	质量/kg
S1GB-250	250×100	220～	175	0.78	50	≥5500	3.0
S1GB-110	110×100	220～	180	—	50	≥24000	1.3

3. 电动平板摆动式砂光机的使用方法

（1）装置砂纸或砂布时应先按压压紧杠杆（单相电容式砂光机）或拉出压板杆（单相串励式砂光机）。将砂纸或砂布的边缘插入压板内并解除外施力，让压紧杠杆或压板杆复位，由压板上的锯齿将砂纸或砂布压紧定位。然后，使砂纸或砂布保持适当的张力平覆在衬垫上。按上述操作方法再将砂纸或砂布的另一端插入压板内，由压板的锯齿牢固地咬住砂纸或砂布，使其在砂磨时不松动、不打滑，以免影响作业面的加工质量。

（2）启动砂光机，先空载运行 1min。检查火花是否正常。如发现环火、电动机抖动、转速明显下降、有异常杂音，应立即停止使用。

（3）砂磨时应在砂光机上施加径向正压力，但加压要适当、均匀，不要加压过猛而造成砂光机过载和损伤作业面。一般操作时，砂光机应均匀地在作业面上移动，一次只能磨削少量材料，以获得光滑平整的加工质量面。

（4）砂光机平板上如果装置绒布块，可对家具、地板等打蜡上光。

（5）砂光机平板上如果没有砂纸、砂布、绒布块等作业工具时不允许使用，以免损坏平板衬垫。

4. 电动平板摆动式砂光机的使用注意事项

（1）电源电压应符合砂光机的铭牌标志，且不允许超过额定值的 10%。

（2）各机械、电气连接应牢固、可靠、无松动。砂光机运转正常，无异常杂声。

（3）砂光机电源插头插入插座前应检查电源开关是否处于关断位置。

（4）操作砂光机时，应戴防护用品，如防尘罩、护目眼镜等。

（5）砂光机应使用标准规格的砂纸或砂布，砂磨不同材质的工件应选用不同磨料制成的砂纸或砂布。砂磨金属制件应采用 365 或 464 磨料制成的砂布；砂光木制件应采用以刚玉作磨料的砂纸。所用砂纸尺寸，刚好可将一般市售的大张砂纸（标准尺寸 228mm×280mm）等分 3 张。

（6）选用最合适工作需要的磨料粒度的砂纸，粒度为 60 的是粗砂纸，粒度为 100 的是中砂纸，粒度为 150 的是细砂纸。

（7）操作砂光机时，注意不得用手掌或手指盖住通风孔。

八、电动扳手

电动扳手是手持式电动工具，它以电动机为动力，对螺栓及螺母进行拧紧和旋松，具有输出扭力平稳、定扭精确及对螺栓的损坏很小等特点，广泛应用于汽车、拖拉机、电机电器、动力机械、阀门、水泵、纺织机械等行业的制造、装配工作中，也可用在铁道、桥梁、建筑等工程中作水泥轨枕、桁架节点、角钢脚手架等结构的安装、检修和拆换工作。

1. 电动扳手的结构

电动扳手有安全离合器式和冲击式两种结构型式。安全离合器式采用达到一定力矩时就脱扣的安全离合器机构，来完成装拆螺纹件的结构型式，由于其结构简单，输出力矩较小，且存在一定的反作用力矩，一般仅适于制造 M8 及以下规格的电动扳手。冲击式则是采用冲击机构，以其冲击力矩完成装拆螺纹件的结构型式，由于其结构较复杂，制造工艺要求高，输出力矩大，且反作用力矩甚小，一般适于制造较大规格的电动扳手。

冲击式电动扳手的外形如图 10-9 所示，它由电动机、行星齿轮减速器、滚珠螺旋槽冲击机构、正反转电源开关、电源连接装置和机动套筒等组成。

（1）电动机。冲击式电动扳手采用的电动机有单相串励电动机和三相电动机。单相串励电动扳手的电动机装置在塑料外壳内，塑料外壳既用作支承电动机的结构件，又是电动机定子的附加绝缘。

（2）行星齿轮减速器。由于冲击式电动扳手的结构安排和大速比的要求，多采用行星齿轮减速装置。

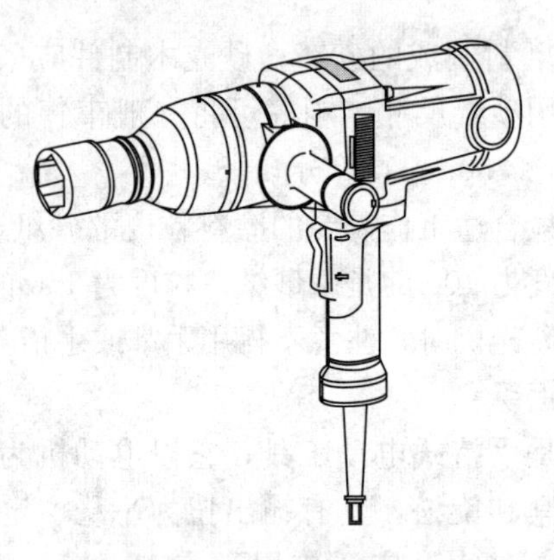

图 10-9 冲击式电动扳手的外形

（3）滚珠螺旋槽冲击机构。电动机的旋转运动经行星减速器带动主轴旋转，通过夹于两螺旋槽的滚珠带动主动冲击块旋转。由于工作弹簧的压力使主动冲击块和从动冲击块的牙处于啮合状态，从动冲击块即随着旋转，带动套筒使螺母迅速地拧紧。当螺母的端面与工件端面接触后，阻力矩急剧上升，转动的螺旋槽使滚珠带着主动冲击块克服摩擦力和工作弹簧压力向后移动，主动冲击块和从动冲击块互相啮合的牙脱离啮合。此时，从动冲击块不移动，而主动冲击块继续移动。在转过从动冲击块的牙后，由于工作弹簧的作用使主动冲击块瞬时前移，并沿螺旋槽产生一个角加速度，主动冲击块撞击从动冲击块，两牙产生碰撞。然后螺旋槽又使滚珠和主动冲击块后移，脱离啮合。这样周而复始产生一次又一次的碰撞，获得所需的冲击力矩，使螺母紧固。

（4）正反转电源开关。电动扳手具有装卸螺纹的功能，因此在手柄上装有两只开关。一只用作电源开关，以操作电动机的启动和停转；另一只用作改变转子的旋转方向，由于该开关的通断能力较小，不宜在接通电源时使用。一般情况下，当需要改变旋转方向时，应先用电源开关切断电流，然后再转动改变旋转方向的开关。在单相串励电动扳手中，两只开关多制成一体，称为正反转开关。

(5) 机动套筒。套筒是紧固或拆卸六角头螺栓、六角螺母的作业工具，电动扳手采用机动四方传动套筒。套筒与电动扳手用四方联接，方孔与电动扳手的连接采用弹性销或O形橡胶圈两种结构形式。套筒用机械性能不低于40Cr钢的合金结构钢制造，套筒的硬度不大于HRC48，套筒的外表面有电镀金属覆盖层或进行氧化处理。

2. 电动扳手的规格

电动扳手以拧紧和拆卸螺栓、螺母的公称直径划分规格，通常有M8、M12、M16、M20、M24、M30等。Ⅱ类P1B系列单相串励电动扳手的技术数据见表10-8。

表10-8　Ⅱ类P1B系列单相串励电动扳手的技术数据

型号	装拆螺纹件的最大规格/mm	最适用范围/mm	结构型式	额定电压/V	额定力矩/(N·m)	冲击次数/(min^{-1})	方头公称尺寸/mm	边心距/mm	质量/kg
P1B-8	M8	M6～M8	安全离合器式	220～	0.4～15	≥1500		≤22	1.7
P1B-12	M12	M10～M12	冲击式	220～	15～60	≥1500	12.5×12.5	≤36	2.0
P1B-16	M16	M14～M16	冲击式	220～	50～150	≥1300	12.5×12.5	≤40	4.0
P1B-20	M20	M18～M20	冲击式	220～	120～220	≥1500	20×20	≤50	5.7
P1B-24	M24	M22～M24	冲击式	220～	220～400	≥1300	20×20	≤50	6.5
P1B-30	M30	M28～M30	冲击式	220～	600～800	≥1500	20×20	≤50	6.8

(1) 额定力矩。指在额定电压、额定拧紧时间为5s，以该电动扳手最适用范围的由45号或35号钢制造的螺栓为试件，采用刚性衬垫时电动扳手应达到的力矩，它与螺纹连接件的尺

寸、材料、衬垫系统和拧紧时间均有关系。

（2）边心距。指电动扳手工作头主轴中线与外形边缘平行线之间的距离。

3. 电动扳手的使用方法

（1）启动电动扳手，观察主轴旋转方向是否符合装配或拆卸螺纹件所需的方向。如果不符，应切断电源，待电动扳手停转后再旋转换向开关，然后再重新启动电动扳手。对有控制器的电动扳手，应将控制器上的“手控/自控”手柄拨到“手控”位置，然后启动电动扳手观察主轴旋转方向。

（2）根据被装配或拆卸螺栓、螺母的对边尺寸选择合适的机动套筒，并与主轴方头连接成一体。

（3）根据螺纹件的拧紧力矩要求选择合适的紧固（冲击）时间。有控制器的电动扳手将控制器“手控/自控”手柄拨到“自控”位置，调整控制器的时间控制旋钮来选择螺纹连接件紧固（冲击）时间。一般装配一个螺纹件的冲击时间为2～3s，不应超过5s，以避免由于过高的螺纹夹紧力而损伤甚至破坏螺纹。间歇时间一般为7～10s。因此，操作时控制螺纹件的冲击时间可获得定值的拧紧力矩，从而达到定扭矩的要求。

（4）将螺栓、螺母的六角头部套入套筒内，扶正电动扳手，使其轴线与螺纹件轴线对准，用手扶稳，按下电源开关即可实现拧紧作业。操作时不需对电动扳手施加轴向压力，只要将电动扳手扶持托稳即可。

（5）电动扳手在操作中应认真执行25%的工作持续率，冲击时间不超过5s。

（6）使用时发现电动机碳火花异常时，应立即停止工作，进行检查处理，排除故障。

4. 电动扳手的使用注意事项

（1）电源电压不得超过电动扳手铭牌上额定电压的10%。

（2）电动扳手使用的套筒应采用机动套筒，不应使用手动套筒，以免由于强度不够而造成套筒爆裂飞溅，引起事故。

（3）三相电动扳手在使用前必须进行可靠保护接地后才能操作，如果使用控制器则必须将控制器可靠接地后，才能将电动扳手的电源插头插到控制器上。

（4）电动扳手使用的电源插座必须与电动扳手上的电源插头相匹配，输入侧电源（拖线盘）必须装有漏电保护器。

（5）在高处作业时，电动扳手必须系好安全绳。

（6）不得在潮湿或被雨淋到的地方使用，不得在存放易燃、易爆气体的地方使用。

（7）正确选用合适的机动套筒。

九、电圆锯

电圆锯是手持式木工专用电动工具，若将其安装在台架上即能作为小型台锯使用，它以电动机为动力驱动圆锯片锯割木材和在木材上开锯缺口，也可用来锯割与木材硬度接近的其他材料，如纤维板、石棉板和塑料板等。电圆锯具有安全可靠、结构合理、工作效率高等特点，广泛应用于房屋建筑、住房装潢、木工车间、野外木工等场所。

1. 电圆锯的结构

电圆锯的外形如图 10-10 所示，它由电动机、保护罩、变速装置、调节底板、圆锯片、电源开关和电源连接装置等组成。

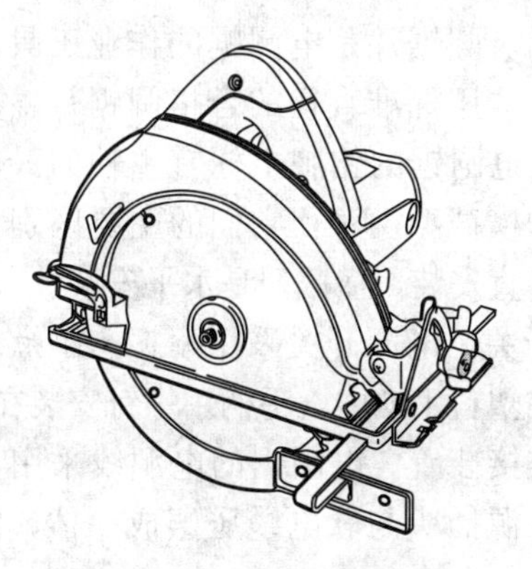

图 10-10 电圆锯的外形

（1）电动机。电圆锯采用单相串励电动机，电动机置于塑料机壳内。塑料机壳既是结构件，又是电动机定子铁芯的附加绝缘。转子附加绝缘采用转轴绝缘，以使转子铁芯与外露的罩壳、底板、圆锯片等金属零件在电气上隔离。

（2）保护罩。电圆锯的保护罩有静罩壳和动罩壳，用来保护圆锯片和防止操作时的伤害事故。静罩壳与机壳连接，动罩壳沿圆锯片一起转动，并靠弹簧压力自动覆盖锯片，动罩壳上还标有醒目、耐久的表示圆锯片旋转方向的箭头。保护罩用2mm厚的钢板制造，不允许采用脆性材料制造。

（3）变速装置。电圆锯的变速装置是二级变速，变速齿轮为变位齿轮，由优质合金制成，并经高频热处理，变速箱箱体由合金铝压铸而成。

（4）调节底板。调节底板用作支承机体，并借以调节锯割深度和锯割角度。锯割深度超过18mm的电圆锯还设置一个用抗弯曲材料制成、厚度不小于圆锯片厚度，但不大于锯缝宽度的锯口导板。当锯割材料时，它处于锯割缝内，起着导向作用。电圆锯固定使用时，应设置一个在锯割时能防止圆木、圆棒及类似材料在圆锯片两侧滚动的保护装置和一个纵向停止器，并设置有防反冲力的措施。圆锯片直径大于250mm的则应设置防护板。

（5）圆锯片。圆锯片是电圆锯的作业工具，由夹紧压板紧固在主轴上。应选用标准直径的合格圆锯片，安全线速度不得大于60m/s，在电圆锯的铭牌上标有主轴的最高空载转速。圆锯片有纵割型和横截型两种，它们的主要区别在于安装方式不同，纵割型是竖直安装，横截型是水平安装。

（6）电源开关。电源开关采用耐振、手揿式带自锁的复位开关，开关装在塑料手柄内，手柄用螺钉安装在机壳上。

（7）电源连接装置。电圆锯的电源线采用2芯氯丁橡胶护套的软电缆，电源插头与软电缆压塑成一体，为不可重接电源插头。

2. 电圆锯的规格

电圆锯按圆锯片的直径划分规格，Ⅱ类 M1Y 系列单相串励电圆锯的技术数据见表 10-9。

表 10-9　Ⅱ类 M1Y 系列单相串励电圆锯的技术数据

型号	圆锯片尺寸（外径×厚度×孔径）/mm	锯割深度/mm	锯片倾斜角度	额定电压/V	输入功率/W	圆锯片转速/(r/min)	质量/kg
M1Y-160	ϕ160×1.2×ϕ25	15～45	0°～45°	220～	750	3910	6.1
M1Y-200	ϕ200×1.2×ϕ25	15～65	0°～45°	220～	950	3890	6.1
M1Y-250	ϕ250×1.5×ϕ30	15～90	0°～45°	220～	1200	3850	7.1
M1Y-315	ϕ315×1.5×ϕ30	15～155	0°～45°	220～	1500	3130	—

3. 电圆锯的使用方法

（1）在锯割材料前应检查动罩壳转动是否灵活，锯口导板的尺寸是否与使用的圆锯片相配合，并作如下调整：锯口导板与锯割深度范围内的圆锯片齿圈的距离应不超过 5mm；锯口导板低于圆锯片的最高点应不超过 3mm。

（2）电圆锯启动后，要等转速稳定后才能开始锯割。由于电圆锯的技术性能参数是以锯割中硬木（白松）推进速度为 1m/min 来确定的，因此，锯割时要注意根据不同硬度、不同纤维方向的木材来控制推进速度。推力不要过猛，发现转速明显降低时，应减慢推进速度，以免电圆锯严重超载而损坏。

（3）电圆锯锯割结束时，不允许用压迫圆锯片侧平面的方法来制动。

（4）用电圆锯纵向锯割宽度小于 80mm 的材料时，应在纵向挡板旁设置一个滑杆或类似装置，使被锯割完的工件能及时地抛脱。

（5）为保证电圆锯锯割时的锯缝与木材边平行，可调节底板上装置的纵向挡板，将平整的木材边紧靠挡板，以此导向进行锯割。所要锯割的木材宽度从连接挡板的滑尺上读出。

4. 电圆锯的使用注意事项

（1）电圆锯启动后应空载运转 1min 左右，观察锯片运转是否正常，是否有左右摆动的现象，电圆锯是否振动过大，噪声是否正常。

（2）不允许使用高速钢制成的锯片和有裂纹或已变形的圆锯片。新锯片的齿通常是平的，使用前一般应磨削锯齿，修正锯路，锯路视需要在 5°～20°范围内选择。

（3）安装锯片时，务必让锯齿方向与锯片旋转方向相同。

（4）动罩壳为保护圆锯片用，也可防止人身事故发生，严禁拆除动罩壳使用电圆锯。

（5）各机械、电气连接应牢固、可靠，无松动。

（6）电圆锯电源插头插入插座前，应检查电源开关是否处于关断位置。

（7）电圆锯在操作过程中一定要注意其电缆的位置，防止被割断造成触电或短路事故。电缆要绕过身后再接入电源，身体不要与电缆接触。

（8）操作时不要穿宽松服装，以免被圆锯片卷入而导致事故。还应戴上防护用品，例如防尘罩、护目眼镜等。

（9）锯割之前，务必检查并清除木料中的所有铁钉。

（10）不得在高过头顶的位置使用电圆锯，防止电圆锯或被切割工件脱落造成事故。

（11）切勿用夹钳或其他方法将电圆锯倒置固定进行锯割，这样做十分危险，可能导致重大事故。

（12）电圆锯作台锯使用时，应设置防冲力措施和防止在锯割圆木类材料时被割锯物向圆锯片两边滚动的保护装置。

（13）电圆锯在进行切割操作时，双手一定要紧握设备的手柄和侧手柄。手指切不可接近高速旋转的锯片，操作者的身体必须与设备保持适当的距离。

（14）停电、休息或离开工作场地时应关闭电圆锯电源。

十、手电刨

手电刨是手持式木工专用电动工具，但也可装置在台架上作为小型台刨使用，它以电动机为动力驱动刨刀对各种木材进行平面刨削、倒棱和裁口等作业，具有生产效率高、刨削表面平整、光滑等特点，广泛用于房屋建筑、住房装潢、木工车间、野外木工作业及车辆、船舶、桥梁施工等场合。

1. 手电刨的结构

手电刨的外形如图 10-11 所示，它由电动机、底板、刀腔机构、刨削深度调节机构、刨刀、附件、电源开关和电源连接装置等组成。

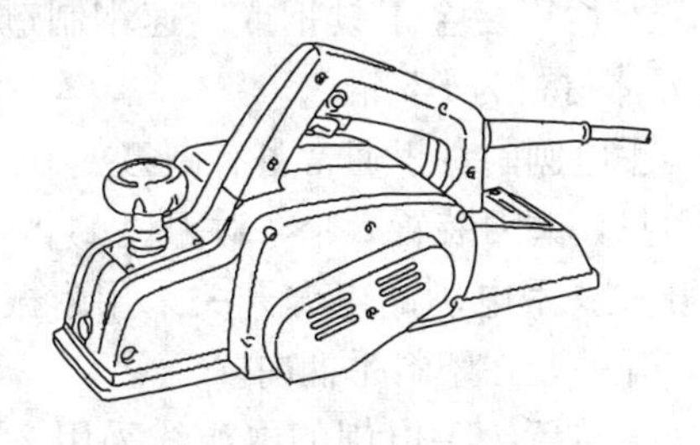

图 10-11 手电刨的外形

（1）电动机。手电刨采用单相串励电动机，塑料外壳是手电刨的结构件，又是定子铁芯的附加绝缘。转子的附加绝缘采用转轴绝缘，使转子铁芯与外露金属零件在电气上隔离，手电刨的尼龙传动带不允许作为附加绝缘。

（2）底板。底板由铝合金压铸的前底板和后底板构成，底板的长短与刨削后的木材表面的光滑、平整程度有关，一般长底板用作木材的精刨。

（3）刀腔机构。刀腔机构有上、下两层，上层为排屑室，它通过壁口与电动机内腔相通，由此往外排屑。排屑内壁呈特种曲面，当刨削由下往上顺着壁面形成涡流时，借电动机风扇吹进来的冷却风进行排屑。下层为刨刀片室，刨刀片安装在圆形刀轴上，刀轴由电动机输出轴上的尼龙传动带驱动，刀轴的不使用部分应始终处于外壳遮住状态。刨刀片在径向突出刀轴的最大尺寸不能超过1mm，刀片的轨道圆迹与底板口之间的距离不能大于5mm。

(4) 刨削深度调节机构。刨削深度调节机构由调节手柄、刻度环、防松弹簧、前底板等组成。当拧动调节手柄时，使它与用螺纹连接的前底板作上、下移动，使前底板面与后底板面（或刃口）之间产生位移差，其数值在刻度环上标记，并且用弹簧螺柱装置予以锁定，以防止在使用过程中引起松动和变化。

(5) 刨刀。刨刀是作业工具，由刀片和刀体构成，用焊接方法形成一体。刀片用合金工具钢或高速钢制造，硬度一般在HRC56～65，刀体材料为A3钢。

(6) 附件。手电刨附件里通常备有刨刀1副，尼龙传动带2根，专用扳手1只，磨刀装置1个，对刀块1个。

(7) 电源开关。手电刨的电源开关采用耐振、手揿式带自锁的复位开关，开关装在塑料手柄内。

(8) 电源连接装置。手电刨的电源线采用2芯氯丁橡胶护套的软电缆，电源插头与软电缆压塑成一体，为不可重接电源插头。

2. 手电刨的规格

手电刨按刨削木材的最大宽度和刨削深度来划分规格，国产手电刨的刨刀均为双面刨刀，其类型有A型、B型、C型、D型和E型5种（如图10-12所示），进口手电刨常用单面刨刀，刨刀长度有60、80、90、100mm等。Ⅱ类M1B系列单相串励手电刨的技术数据见表10-10。

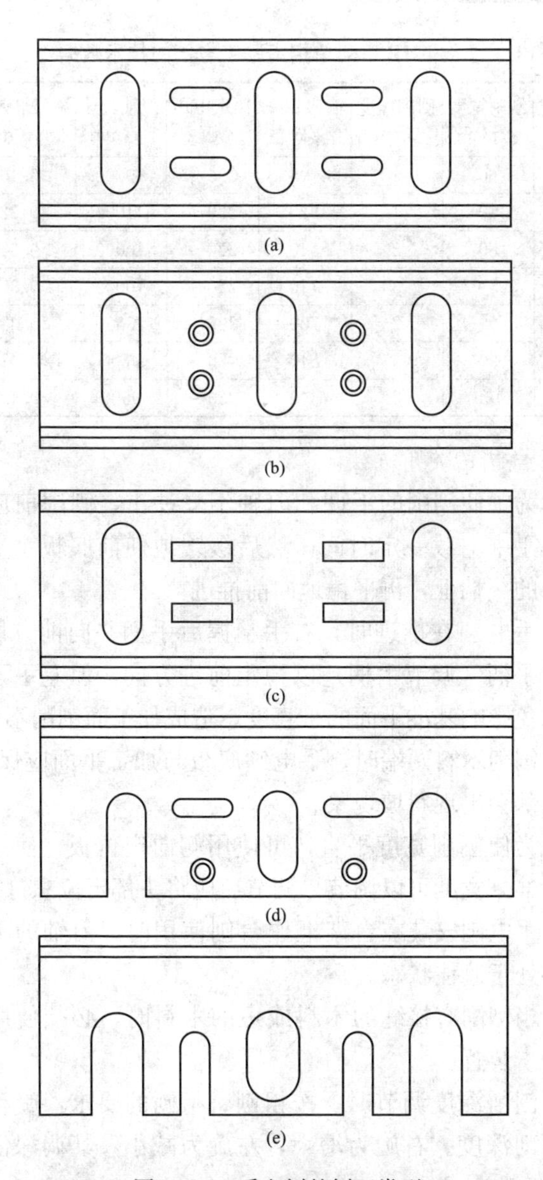

图 10-12　手电刨的刨刀类型

(a) A 型；(b) B 型；(c) C 型；
(d) D 型；(e) E 型

表 10-10　Ⅱ类 M1B 系列单相串励手电刨的技术数据

型号	刨削宽度/mm	刨削深度/mm	输入功率/W	额定电压/V	刀轴转速/(r/min)	额定转矩/(N·m)	质量/kg
M1B-60/1	60	1	395	220～	10000	≥0.16	2.5
M1B-80/1	80	1	520	220～	11000	≥0.22	3.0
M1B-80/2	80	2	640	220～	10000	≥0.30	3.5
M1B-80/3	80	3	720	220～	10000	≥0.35	—
M1B-90/2	90	2	700	220～	13000	≥0.35	5.4
M1B-90/3	90	3	840	220～	9500	≥0.42	—
M1B-100/2	100	2	840	220～	9500	≥0.42	—

3. 手电刨的使用方法

（1）为了使刨削的工件和刀轴不受冲击，刨削前应先将手电刨提在手中空载一定时间，然后缓缓地使前底板水平放在待加工木料的一端上，再平稳地向前推进。

（2）手电刨在推进时，右手掌握后手柄并向前方用力，左手轻扶前手柄（调节手柄）以稳定前进方向，但左手不得加垂直力，以免影响基准平面的平直度，造成加工面刨削不平。

（3）刨削木料两端时，手电刨底板与加工平面应保持平行，否则两端部会出现斜坡现象。

（4）为使刨削宽度平直，可使用侧向定位板，使用时以侧平面为基准。宽度可以调节，调节后应将头部定位螺钉拧紧。

（5）手电刨安装在台架上作台刨使用时，刀轴的不使用部分应始终处于遮住状态。

（6）当刨削有接缝的木料或短的木料时，必须使用送料装置和防冲击装置。

（7）刨削深度调节时，按粗刨、精刨的要求，旋动调节手柄调节刨削深度。右旋为增大，左旋为减小，其调深值在刻度盘上读出。

（8）刨刀的刃口必须锋利，以减小操作时的反作用力和提高加工面的质量。刨刀两端均有刃口，可调换使用。

(9) 更换刨刀或修磨刨刀时，必须使两片刨刀的宽度一致，否则会引起较大的振动。同时，两片刨刀刃口位置必须调节好，即要求刃口和电刨后底板保持在同一水平面上，否则不能刨削。

(10) 使用磨刀装置时，将两块刀片装夹在磨刀架的上、下两边，刃口紧靠斜面，放上压板，旋紧螺钉即可磨刀。

(11) 刀片刃磨完后，应放在装刀架上校正，将刀刃一边紧贴胶木挡块，定位板一侧放在刀片上面，另侧紧贴装刀架，拧紧螺钉即可，然后再固定在刀轴上。

(12) 手电刨使用时，应设置刨削排出的保护措施。

(13) 手电刨每次使用后，应及时清除木屑、灰尘等污积物。

4. 手电刨的使用注意事项

(1) 电源电压应符合手电刨铭牌标记的电压，且不允许大于10%。

(2) 使用前应检查手电刨的外壳、手柄、插头、开关、电源线、防护罩、刨刃及电气连接等是否完好，经确认完好后方可使用。

(3) 手电刨电源插头插入插座前，应检查电源开关是否处于关断位置。

(4) 手电刨的技术性能参数按刨削中硬木材（松木）、推进速度为2m/min来确定，为了不使手电刨经常过载操作而影响使用寿命，刨削范围应严格按说明书的规定，严禁超范围使用。

(5) 操作人员应了解手电刨的性能及主要构造，操作时握持要稳，用力要均匀适度。

(6) 手电刨在使用时，操作人员要经常观察手电刨的工作状态，一旦发现有异常声响、异味或其他故障应立即停机检查，检修时必须将插头拔下以免发生人员伤害。

(7) 手电刨连续使用时间不宜过长，否则电动机容易过热损坏甚至烧毁，一般连续使用2h左右应停止操作，待其自然冷却后再行使用。

(8) 操作手电刨时应戴防护用品，如防尘罩、护目眼镜等。

（9）工作完毕将电源插头拔下，将手电刨放置在通风干燥处保管。

第三节 电动工具的选型及故障处理

一、电动工具的选型

1. 电动工具按工作场所选型

电动工具的工作场所大致可分为一般工作场所、危险工作场所和特别危险工作场所3类。

（1）一般工作场所。指空气湿度小于75%的干燥和有采暖设备的场所、导电粉尘少或有绝缘地板（干燥木地板、沥青地面等）的场所，此类工作场所可选用Ⅰ类或Ⅱ类电动工具。

选用Ⅰ类电动工具必须同时采取其他安全保护措施，如剩余电流保护器、剩余电流保护插头、安全隔离变压器等。否则，使用者必须戴绝缘手套、穿绝缘鞋或站立在绝缘垫上。从使用安全的角度考虑，在露天作业场所不应使用Ⅰ类电动工具。此外，Ⅰ类电动工具的电源线不允许任意接长或拆换，以防止保护接地线与相线可能出现的错接而造成事故。

选用Ⅱ类电动工具在规定的使用条件下，能充分保障使用安全。然而，Ⅱ类电动工具有通风散热等结构要求，外壳上设有进出风口，工具的密封性差。在露天使用时，如遇到潮湿或天气不好，绝缘易吸潮而降低其介质强度，使用时应注意不要在有雨、雪的露天使用Ⅱ类电动工具。

（2）危险工作场所。指地面或墙面可导电的场所（由易导电体造成或由潮湿所致）、潮湿场所、干燥但不温暖的场所、炎热或高温场所、导电粉尘较多的场所，此类工作场所必须选用Ⅱ类电动工具或由安全隔离变压器供电的Ⅲ类电动工具，严禁使用Ⅰ类电动工具。

选用Ⅲ类电动工具在所有情况下，均能保证操作者不受电击的危险。在使用Ⅲ类电动工具时，要满足如下要求：①安全隔离变压器或变流机组应具有防溅结构；②Ⅲ类电动工具的额定电压要与安全隔离变压器或变流机组的额定输出电压相匹配。

（3）特别危险工作场所。指设备内腔、容器、管道等狭窄的场所、人体各部位很容易与导电体接触的场所、特别潮湿的场所、有腐蚀性气体或蒸汽的场所，此类工作场所必须选用由安全隔离变压器供电的Ⅲ类电动工具。

为充分保障操作者的安全，Ⅲ类电动工具的额定电压应设计为24V、12V。为减小电压降和电源线的长度，安全隔离变压器或变流机组应尽可能靠近电动工具。在设备内腔、容器、管道、锅炉等狭窄场所使用Ⅲ类电动工具时，其开关箱和安全隔离变压器应设置在场所外面，并连接PE线，使用过程中应有人在外面监护。Ⅲ类电动工具开关箱中的漏电保护器应按潮湿场所对漏电保护的要求配置，其负荷电缆线应采用耐气候型橡皮护套铜芯软电缆，并且不得有接头。

2. 电动工具的选购

（1）根据需要区别家庭用还是专业用。通常专业电动工具与家用电动工具的差别在功率上，大多数电动工具是针对专业人员设计，所以功率较大，以方便专业人士减轻工作量。一般家庭用的工程较小，工作量也相对较小，因此用到的电动工具不需要很大功率。

（2）电动工具的外包装应图案清晰，没有破损，塑料盒坚固，开启塑料盒的搭扣应牢固耐用。

（3）电动工具的外观应色泽均匀，塑料件表面无明显凹痕，外壳零件之间的装配错位小于等于0.5mm，铝铸件涂料光滑美观无缺损，整机表面应无油污和污渍。

（4）电动工具外部不应有锐边和锋利凸出部分。

（5）电动工具的绝缘电阻应达到如下要求：Ⅰ类电动工具不小于2MΩ，Ⅱ类电动工具不小于7MΩ，Ⅲ类电动工具不小于1MΩ。

（6）电动工具通电运行1min，运行时用手握持，手应无明显不正常颤动感。观察换向火花，其换向火花不应超过 3/2 级（电刷边缘绝大部分或全部有轻微的火花），一般从工具的进风口处往里看，在换向器表面应无明显的弧光。

（7）不可能从电动工具外壳的开口处触及工具内部的运动零件。

（8）危险的电动工具应具有可靠有效的防护，如砂轮、圆锯片都应有合适的保护罩。保护罩应有足够的机械强度，如砂轮保护罩即使在砂轮碎裂情况下也能防止碎块伤害操作者。

（9）电动工具夹持机构应能保证正确、有效地夹持作业工具。砂轮夹持螺母的螺纹旋向应是使工具在正常运行中螺纹被拧紧而不是相反，电锤等具有往复冲击机构的工具应具有防止作业工具脱落的装置。

（10）电动工具上的各种防护器件只能用工具才能拆除。

（11）旋转方向的改变会造成伤害的电动工具如砂轮机、电圆锯、电动型材切割机等，应标有永久的旋转方向的标记（箭头）。

（12）用手握持时，电源开关的手柄应平整，电缆线的长度一般应不小于 2m。电源开关的位置和操作方式应使得电动工具在不正常运行时能方便地、及时地切断电源。

（13）电动工具外形和重心具有足够稳定性，放置在地面、支架、托架、台座上时不会倾倒或跌落。

二、电动工具的故障处理

电动工具由电动机部分和机械传动部分组成，电动机通过机械部分的传动带或齿轮传动机构去完成不同的任务与功能，所以不同功能的电动工具的机械部分是不一样的，而其电动机部分的原理和结构是完全相同的。因此，电动工具的故障可分为电气类故障和机械类故障。

1. 电动工具电气类故障

（1）导线及电源开关故障。导线接触不良是最常见的故障之一，主要故障部位在插头出线端和机器入线端，导线线芯接触不良或线芯断路。电源开关是工具中使用最频繁的器件，内部触头接触不良及开路也是最常见故障。所以对于接触不良的故障，先查电源线及开关是否良好，再查其他部位。

（2）换向器部分故障。故障原因：电刷磨损严重、电刷弹簧压力小、换向器表面粘有污物或磨损严重。电刷与换向器接触不良，会使换向器与电刷之间产生较大火花，甚至环火，会造成换向器表面烧伤，严重影响电动机的正常运行。如电刷磨损严重、电刷弹簧压力小则要更换新的，更换时要注意电刷的规格、软硬度及弹簧的长短度。如换向器表面粘有污物，造成换向片间漏电，先用利器刮去换向片间的残存物，再用细砂纸研磨光滑。如换向器表面损伤严重，表面凹凸不平，最好用刨床刨平后再用细砂纸研磨光滑。

（3）定子绕组（励磁绕组）故障（断路、通地、短路）。

1）励磁绕组断路。断路故障常见于电动工具长时间不使用，定子绕组潮湿发霉引起，或重新绕制时安装不当引起，此时可测量定子绕组两个引线端的阻值进行判断。

2）励磁绕组通地。通地是指绕组线圈与定子铁芯相通，电动机壳体带电，带来触电危险。通地后，一定要找出通地的原因，如受潮造成，要烘干、浸漆后再检测绝缘阻值，若是绝缘层造成的通地，必须更换或重新绕制。

3）励磁绕组短路。励磁绕组轻微短路会引起电动机转速过高、电流过大、铜头火花大、定子和转子温度升高，严重时损毁转子。励磁绕组短路只能换新或重绕，市场上规格合适的定子及励磁绕组套件较少，因易于绕制，所以多数采用重新绕制的维修方法。在绕制前，先要登记原始数据（如线径大小、绕制匝数、绕制方向），然后要选用绝缘系数较大的复合漆包线绕制，安装时要注意线圈端部不要碰触到定子铁芯和转子。

（4）电枢绕组（转子绕组）故障。电枢绕组故障情况：通地，绕组线圈断路、短路，铜头损坏或磨损过大，轴芯损坏变形，轴芯传动齿轮磨损过大或齿轮裂。电枢绕组通地、短路故障都会引起电动机空载时能启动，负载时转速低，换向器火花大，机器发热厉害，短路严重时电动机不工作。

1）电枢绕组通地。通地是指电枢绕组的线圈与轴芯相通，可用万用表测铜头换向片与铁芯的阻值，若有一定阻值，说明通地。

2）电枢绕组断路。电枢绕组的线圈是通过换向相互串联的，可测铜头换向片间的阻值，若测得某两片间阻值为无穷大，说明该绕组内部断路。

3）电枢绕组短路。严重短路者，可通过观察线圈的颜色（黑色或黑褐色）来判断。如是局部轻微短路，较难观察，可通过自制的绕组短路检测器测量。

对于电枢绕组以上几种故障情况，都必须换新或重新绕制。市场上各型号的电枢绕组多且型号较齐全，更换方便，价格也较为经济，所以电枢绕组的维修多以换新为主，对于较特殊的市场较缺的电枢绕组必须重新绕制。

2. 电动工具机械类故障

电动工具机械类故障原因：电枢动平衡精度太低；电机轴承磨损、间隙过大，缺少滑润油；风扇扇页变形；传动齿轮损坏或啮合不好；机器装配工艺不符合精度标准。电动工具工作时，转速很高（转速可达 4000r/min），出现以上情况，会使电动机产生强烈的振荡，或异常的噪声，温升过高，严重时会引起电枢擦伤、烧毁定子或电枢绕组。

三、电动工具的定期检查及保养

电动工具需要用手紧握手柄不断移动，并且工作时振动较大，其内部绝缘容易损坏，比其他电器更容易发生触电危险，所以在电气安全方面有其特殊性要求，因此电动工具必须制定以时间（或使用次数）为基准的定期检查及保养制度。

1. 电动工具的定期检查

（1）对所使用的电动工具，应至少每季度全面检查一次。在温热带和温差变化大的地区要缩短检查周期，在梅雨季节则更应及时进行检查。

(2) 用500V兆欧表测量电动工具的绝缘电阻，Ⅰ类电动工具的绝缘电阻值不小于2MΩ，Ⅱ类电动工具不小于7MΩ，Ⅲ类电动工具不小于1MΩ，否则应进行干燥处理和维修。

(3) 单相串励电动工具的电刷长度如果小于4mm，则必须更换，更换时必须成对地调换。

(4) 不可任意改变原设计参数，不允许采用低于原用材料性能的代用材料和与原有规格不符的零部件。

(5) 电动工具绝缘衬垫、套管等不得任意拆除、调换和漏装。

2. 电动工具的保养

(1) 定期拆卸检查减速箱润滑油及齿轮啮合情况，以免温升过高。

(2) 检查轴承滑润油，防止轴承在工作中温升过高而烧毁轴承机座，造成位置误差过大，引起转动不平衡。

(3) 检查轴承磨损情况及轴承室的精度，防止转子转动晃动碰擦定子铁芯。

(4) 定期观察电刷的使用磨损情况、弹簧的压力情况及铜头的表面光滑情况，以免产生过大的火花烧伤铜头

(5) 如通过传动带（如手电刨）或传动齿轮（如冲击电钻）带动负载的电动机，还要定时检查传动机构的轴承、齿轮及传动带，以免负载过重引起电流过大导致烧毁定子励磁绕组和电枢绕组。

(6) 电动工具的安装工艺对电动机的使用寿命起到至为关键的作用，对拆开维修或保养后的电动工具，在安装时一定要严格精度要求，做到每个安装环节都要细心正确，严禁在有异常情况下通电拭机。

第十一章

可编程序控制器

第一节　可编程序控制器的基本知识

一、可编程序控制器的基本特性

1. 可编程序控制器的定义

可编程序控制器（Programmable Logic Control，PLC），是一种以微处理器为基础，综合了计算机技术、自动控制技术和通信技术的数字运算操作电子系统。早期的 PLC 主要用来代替继电器实现逻辑控制，仅有逻辑运算、定时、计数等功能，所以人们将可编程序控制器称为 PLC。随着电子科学技术的发展，这种采用微型计算机技术的控制装置已大大超出了逻辑控制的范畴，特别是以 16 位和 32 位微处理器为核心的 PLC 具有了高速计数、中断、PID 调节和数据通信功能，从而使 PLC 的应用范围和应用领域不断扩大。

根据国际电工委员会（IEC）于 1987 年对 PLC 作出的定义可表述为：PLC 是以中央处理器为核心，综合了计算机和自动控制等先进技术发展起来的专为工业环境应用而设计的专用计算机，其作用是用于控制各种类型的生产机械或生产过程，它所有的相关设备都应按易于与工业控制系统形成一个整体、易于扩充其功能的原则设计。

可编程序控制器利用它模拟量或数字量的输入与输出，可以实现逻辑、顺序、定时、计数等控制功能，而且还能进行数字运算、数据处理、模拟量调节、系统监控、联网与通信等，广泛应用于冶金、水泥、石油、化工、电力、机械制造、汽车、造纸、纺织、环保等各行各业，已成为工业电气控制的重要手段。

2. 可编程序控制器的特点

(1) 可靠性高、抗干扰能力强。在PLC系统中，大量的开关动作是由无触头的半导体电路来完成的，所有的I/O接口电路均采用光电隔离措施，加上充分考虑了工业生产环境中电磁、粉尘、温度等各种干扰，在硬件和软件上采取了一系列屏蔽和滤波等抗干扰措施，有极高的可靠性。它的平均故障间隔为3万～5万小时，大型PLC还采用2CPU（双中央处理器）构成的冗余系统，或由3CPU（多中央处理器）构成的表决系统。

(2) 通用性强、使用灵活。PLC多数采用标准积木块式硬件结构，组合和扩展方便，外部接线简单，且产品均成系列化生产，品种齐全，能适用于各种电压等级，用户可根据自己的需要灵活选用，以满足系统大小不同及功能繁简各异的控制要求。控制功能由软件完成，改变控制方案和工艺流程时，只需修改用户程序，使用非常方便。

(3) 编程简单、易于掌握。PLC的编程采用简单易学的梯形图和指令语句表语言编程，梯形图使用了和继电器控制线路中极为相似的图形符号和定义，非常直观清晰，对于熟悉继电器控制的电气操作人员来说很容易掌握，不存在现代计算机技术和传统电气控制技术之间的专业鸿沟，深受现场电气技术人员的欢迎。近年来各生产厂家都加强了通用计算机运行的编程软件的制作，使用户的编程及下载工作更加方便。

(4) 功能齐全、接口方便。PLC可轻松地实现大规模的开关量逻辑控制，具有逻辑运算、定时、计数、比例、积分、微分（简称PID）控制及显示、故障诊断等功能，高档PLC还具有通信联网、打印输出等功能，它可以方便地与各种类型的I/O接口实现D/A、A/D转换及控制。PLC不仅可以控制一台单机、一条生产线，还可以控制一个机群、多条生产线。它不但可以进行现场控制，还可以用于远程监控。

(5) 控制系统设计、安装、调试方便。PLC系统中含有数量巨大的用于开关量处理的类似继电器的“软元件”，如中间继电器、时间继电器、计数器等，又用程序（软接线）代替硬接线，因此安装接线工作量少，设计人员只要在实验室就可进行控制系统的设计及模拟调试，缩短现场调试的时间。

（6）故障率低、维修方便。PLC 有完善的自诊断、履历情报存储及监视功能，便于故障的迅速地处理。其内部工作状态、通信状态、异常状态和 I/O 点的状态均有显示，工作人员可以通过这些显示功能查找故障原因，通过更换某个模块或单元迅速排除故障。

（7）体积小、重量轻。PLC 常采用箱体式结构、体积及重量只有通常的接触器大小，易于安装在控制箱中或安装在运动物体中。

3. 可编程序控制器的主要技术性能指标

可编程序控制器的主要技术性能指标通常有以下几种，另外，生产厂家还提供 PLC 的外形尺寸、质量、保护等级、适用温度、相对湿度、大气压等性能指标参数，供用户参考。

（1）I/O 点数。指 PLC 的外部输入和输出端子数（点数），这是一项重要技术指标，通常小型机有几十个点数，中型机有几百个点数，大型机超过千点数。

（2）用户程序存储容量。指衡量 PLC 所能存储用户程序的多少，在 PLC 中，程序指令是按“步”存储的，一步占用一个地址单元，一条指令有的往往不止一步。一个地址单元一般占 2 个字节（约定 16 位二进制数为 1 个字，即 2 个 8 位的字节）。例如，一个内存容量为 1000 步的 PLC，其用户程序存储容量为 2K 字节。

（3）扫描速度。指扫描 1000 步用户程序所需的时间，以 ms/千步为单位，有时也可用扫描一步指令的时间计，如 μs/步。

（4）指令系统条数。PLC 具有基本指令和高级指令，指令的种类和数量越多，其软件功能越强。

（5）编程元件种类和数量。编程元件是指输入继电器、输出继电器、辅助继电器、定时器、计数器、通用“字”寄存器、数据寄存器及特殊功能继电器等，其种类和数量的多少关系到编程是否方便灵活，也是衡量 PLC 硬件功能强弱的一个指标。

(6) 可扩展性。小型 PLC 的基本单元（主机）多为开关量 I/O 接口，各厂家在 PLC 基本单元的基础上大力发展模拟量处理、高速处理、温度控制、通信等智能扩展模块，智能扩展模块的多少及性能也已成为衡量 PLC 产品水平的标志。

(7) 通信功能。通信有 PLC 之间的通信和 PLC 与计算机或其他设备之间的通信，主要涉及通信模块、通信接口、通信协议、通信指令等内容。

4. 可编程序控制器的分类

我国 PLC 的分类还没有一个统一的标准，根据性能、结构、应用范围可将其进行如下分类。

(1) 按结构形式分类。根据 PLC 的结构形式，可将 PLC 分为整体式、模块式和叠装式 3 类。

1) 整体式 PLC。整体式 PLC 如图 11-1 所示，它将电源、CPU、I/O 接口等部件都集中装在一个机箱内，其特点是结构紧凑、体积小、价格低，小型 PLC 一般采用这种整体式结构。整体式 PLC 由不同 I/O 点数的基本单元（又称主机）和扩展单元组成，它们之间一般用扁平电缆连接。基本单元内有 CPU、I/O 接口、与 I/O 扩展单元相连接的扩展口、与编程器或 EPROM 写入器相连接的接口等；扩展单元内只有 I/O 和电源等，没有 CPU。编程器和主机是分离的，程序编写完毕后即可拔下编程器。整体式 PLC 一般还可配备特殊功能单元，如模拟量单元、位置控制单元等，使其功能得以扩展。

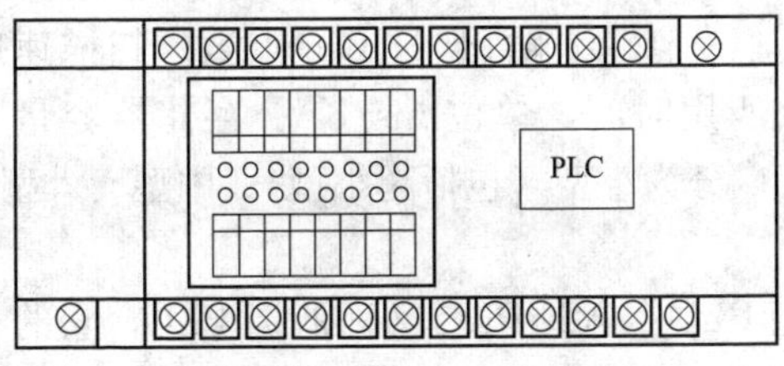

图 11-1 整体式 PLC

2）模块式 PLC。模块式 PLC 如图 11-2 所示，它将 PLC 各组成部分分别做成若干个单独的模块，如 CPU 模块、I/O 模块、电源模块（有的含在 CPU 模块中）以及各种功能模块，模块装在框架或基板的插座上，各模块通过总线连接，其特点是配置灵活，可以根据需要选配不同规模的系统，而且装配方便，便于扩展和维修，大、中型 PLC 一般采用这种模块式结构。

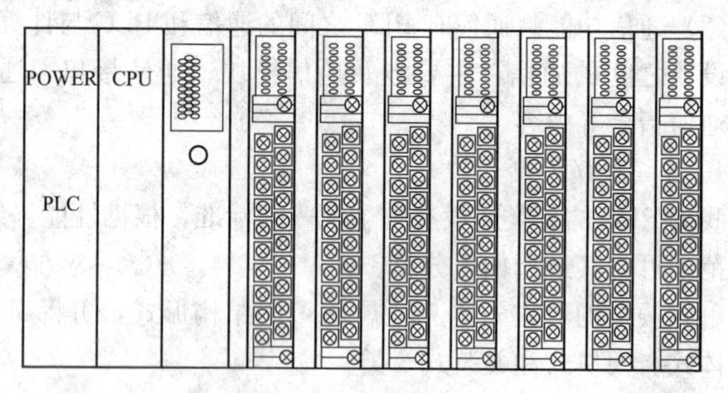

图 11-2　模块式 PLC

3）叠装式 PLC。上述两种结构的 PLC 各有特色，但整体式 PLC 有时系统所配置的输入、输出点不能被充分利用，且不同型号 PLC 的尺寸大小不一致，不易安装整齐；模块式 PLC 尺寸较大，很难与小型设备连成一体。为此开发出了叠装式 PLC，它将整体式和模块式的特点结合起来，其 CPU、电源、I/O 接口等也是各自独立的模块，且等高等宽，可以一层层地叠装。叠装式 PLC 不用基板，仅用扁平电缆连接，紧密拼装后组成一个整齐的体积小巧的长方体，而且输入、输出点数的配置也相当灵活。

（2）按性能分类。为了适应各行各业的需要，在众多的 PLC 机型中，按照输入输出（I/O）点数、扫描速度（每执行 1000 步指令所用时间，单位 ms/K）、存储器容量、指令功能等，可将 PLC 分为小型（包括超小型）、中型、大型（包括超大型）3 类。

1）小型 PLC。小型 PLC 又称低档 PLC，它的 I/O 点数一般为 6～128 点，用户程序存储器容量在 2K 字节以下，具有单

CPU及8位或16位处理器，功能简单，以开关量控制为主，可实现条件控制、顺序控制、定时记数控制，适用于单机或较小规模的生产过程控制，在日常应用中最普及。

2）中型PLC。中型PLC又称中档PLC，它的I/O点数一般为128～512点，用户程序存储器容量为2～8K字节，具有双CPU及16位处理器，功能比较丰富，兼有开关量和模拟量的控制能力，具有浮点数运算、数字转换、中断控制、通信联网和PID调节等功能，适用于较复杂和较大规模生产过程控制。

3）大型PLC。大型PLC又称高档PLC，它的I/O点数一般大于512点，用户存储器容量在8K字节以上，具有多CPU及16位或32位处理器，控制功能完善，在中档机的基础上扩大和增加了函数运算、数据库、监视、记录、打印及中断控制、智能控制、远程控制的功能，适用于大规模生产过程控制。

（3）按应用范围分类。根据应用范围的不同，可将PLC分为通用型和专用型两类。通用型PLC作为标准工业控制装置可在各个领域使用，而专用型PLC是为了某类控制要求专门设计的PLC，如数控机床专用型、锅炉设备专用型、报警监视专用型等，由于应用的专一性，使其控制质量大大提高。

二、可编程序控制器的基本结构

可编程序控制器是为工业环境应用而设计的专用计算机，有着与通用计算机相类似的结构，其基本结构都是由硬件系统和软件系统两大部分组成。

1. 可编程序控制器的硬件系统

可编程序控制器的硬件系统如图11-3所示，它由中央处理器（CPU）、存储器、I/O接口电路、电源以及外接编程器等部分构成。对于整体式PLC，这些部件都在同一个机壳内；而对于模块式PLC，各部件独立封装，称为模块，各模块通过机架和电缆连接在一起。主机内的各个部分均通过电源总线、控制总线、地址总线和数据总线连接。PLC根据实际控制对象的需要配备一定的外部设备（如编程器、打印机、EPROM写入器等），可以构成不同的PLC控制系统。PLC可以配置通信模块与上位机及其他的PLC进行通信，构成PLC的分布式控制系统。

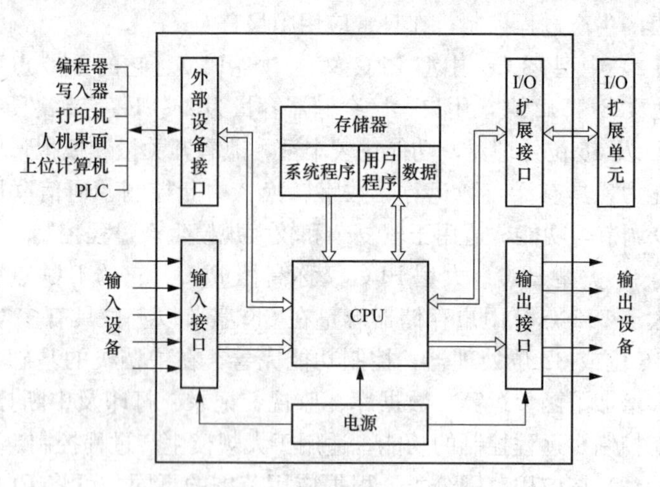

图 11-3　可编程序控制器的硬件系统

（1）中央处理器。中央处理器（CPU）是PLC的核心部件，它通过数据总线、地址总线和控制总线与存储器、I/O接口电路相连接，其主要作用是在系统程序和用户程序指挥下，利用循环扫描工作方式，采集输入信号，进行逻辑运算、数据处理，并将结果送到输出接口电路，去控制执行元件，同时还要进行故障诊断、系统管理等工作。PLC常用的中央处理器（CPU）有通用微处理器（如280等）、单片计算机（如MCS-48系列、MCS-51系列等）和位片式微处理器（如AMD2900系列等）。

（2）存储器。存储器是用来存放系统程序、用户程序和工作数据的，存放系统程序的存储器称为系统程序存储器，存放用户程序和工作数据的存储器称为用户程序存储器。

系统程序是由PLC生产厂家编制并已固化到只读存储器（ROM）、紫外线可擦除只读存储器（EPROM）、电可擦除只读存储器（E^2PROM）中，用户不能直接存取其中的信息，它一般包括系统管理程序、指令解释程序、输入输出操作程序、逻辑运算程序、通信联网程序、故障检测程序、内部继电器功能程序等，这些程序编制水平的高低，决定了PLC功能的强弱。

用户程序是用户为了实现某一控制系统的所有控制任务而由用户编制的程序，它通过编程器的键盘输入到PLC内部的用户程序存储器，其内容可以由用户任意修改或增删。用户程序存储器包括程序存储区和数据存储区两部分，程序存储区用来存放（记忆）用户编制的程序，数据存储区是用来存放（记忆）用户程序中使用器件的状态（ON/OFF）、数值、数据等。

用户程序存储器一般采用附加备用锂电池的随机存储器（RAM）、紫外线可擦除只读存储器（EPROM）、电可擦除只读存储器（E^2PROM），当PLC开机时，操作系统和应用程序的所有正在运行的数据和程序都会放置在随机存储器RAM中，并且随时可以对存放在里面的数据进行修改和存取。随机存储器RAM的工作需要由持续的电力提供，一旦系统断电，存放在里面的所有数据和程序都会自动清空，并且再也无法恢复。

（3）I/O接口。I/O接口的主要功能是与外部设备联系，I/O接口技术对PLC能否在恶劣的工业环境中可靠工作起着关键的作用。I/O接口通常做成模块，每种模块由一定数量的I/O通道组成，且这些模块在设计时采取了光电隔离、滤波等抗干扰措施，提高了PLC的可靠性，用户可以根据实际需要合理地选择和配置。PLC的I/O接口模块有多种类型，如开关量（数字量）输入模块、开关量（数字量）输出模块、模拟量输入模块、模拟量输出模块等，其中较常用的为开关量接口模块。PLC以开关量顺序控制见长，任何一个生产设备或过程的控制与管理，几乎都是按步骤顺序进行的，工业控制中80%以上的工作都可由开关量控制完成。

（4）I/O扩展接口。I/O扩展接口用于将扩展单元以及功能模块与基本单元相连，使PLC的配置更加灵活，以满足不同控制系统的需要。

（5）电源模块。电源模块将交流电转换为直流电，为主机和I/O模块提供工作电源，它的性能好坏直接影响到PLC工作的可靠性。PLC均采用高性能开关稳压电源供电，一般都允许有很宽的输入电压范围（交流100～240V），有很强的抗干扰能力，它一方面为CPU、I/O接口及扩展单元提供DC 5V、DC±12V、DC 24V电源，另一方面可为外部输入元件（接近开关或传感器）提供DC 24V电源，但驱动PLC外部负载的电源由用户自己提供。PLC电源模块还配有锂电池作交流电停电时的备用电源，其作用是保持用户程序和数据不丢失。

（6）编程器。编程器是用来将用户所编的用户程序输入PLC中，并可对PLC中的用户程序进行编辑、检查、修改和对运行中的PLC进行监控，编程器可分为3大类，即智能型编程器（高级编程器）、手持式编程器（简易编程器）及专用编程器。

2. 可编程序控制器的软件系统

可编程序控制器的软件系统分为系统软件和应用软件。

（1）系统软件。系统软件是PLC有节奏地完成循环扫描过程中各环节内容的程序，它由系统管理程序、用户指令解释程序、标准程序模块及系统调用程序组成，由PLC生产厂商采用汇编语言编写完成，并驻留在规定的存储器内，是不允许用户介入的（用户不可直接读/写与更改）。由于PLC是实时处理系统，所以系统软件的基础是操作系统，由它统一管理PLC的各种资源，协调各部分之间的关系，使整个系统能最大限度发挥其效率。系统软件与硬件一起作为完整的PLC产品出售，一般用户不必顾及它，也不要求掌握它。

（2）应用软件。应用软件是为完成一个特定控制任务而编写的应用程序，通常由用户根据任务的内容，按照PLC生产厂商所提供的语言和规定的法则编写而成。由于PLC是专门为工业控制而开发的装置，因此其主要使用者是广大电气技术人员，为了满足他们的传统习惯和掌握能力，PLC的编程语言采用比计算机语言相对简单、易懂、形象的专用语言（梯形图和指令语句表），对于PLC的用户来说，编写、修改、调试和运行应用程序是最主要的工作之一。

三、可编程序控制器的工作原理

1. 可编程序控制器的扫描周期

PLC 在本质上虽然是一台微型计算机，其工作原理与普通计算机类似，但是 PLC 的工作方式却与计算机有很大的不同。计算机一般采用等待输入→响应（运算和处理）→输出的工作方式，如果没有输入，就一直处于等待状态。PLC 采用的是周期性循环扫描工作方式，每一个周期要按部就班地执行完全相同的工作，与是否有输入或输出及是否变化无关。

PLC 执行一次扫描操作所用的时间即为一个扫描周期，典型值为 1～100ms，它包含输入采样、程序执行、输出刷新 3 个阶段。扫描周期大小与 CPU 运行速度、PLC 硬件配置、用户程序长短、扫描速度及程序的种类有很大关系，当用户程序较长时，程序执行时间在扫描周期中占相当大的比例。有的编程软件或编程器可以提供扫描周期的当前值，有的还可以提供扫描周期的最大值和最小值。

2. 可编程序控制器的工作原理

PLC 的工作原理就是通过 CPU 周期性不断地循环扫描，并采用集中采样和集中输出的方式，实现了对生产过程和设备的连续控制。由于 CPU 不能同时处理多个操作任务，而只能每一时刻执行一个操作，一个操作完成后再接着执行下一个操作，所以 PLC 是采用“顺序扫描、不断循环”的方式进行工作的。PLC 运行时，CPU 根据用户按控制要求编制好并存于用户存储器中的程序，按指令步序号（或地址号）做周期性循环扫描。如果无跳转指令，则从第一条指令开始逐条顺序执行用户程序，直到程序结束，然后重新返回第一条指令，开始下一轮新的扫描。在每次扫描过程中，还要完成对输入信号的采样和对输出状态的刷新等工作，如此周而复始。

3. 可编程序控制器的工作过程

可编程序控制器是一种实时控制计算机，其工作过程实质上是循环的扫描过程，如图 11-4 所示。PLC 通电后，立即进入自诊断查错阶段，以确定自身的完好性。随后进入输入采样阶段，以扫描方式将输入端的状态采样后存入输入信号数据寄存器。然后进入程序执行阶段，从第一条程序开始先上后下、先左后右逐条扫描并执行。接着进入输出刷新阶段，将输出寄存器中与输出有关的状态进行输出处理，并通过一定方式输出，驱动外部负载。

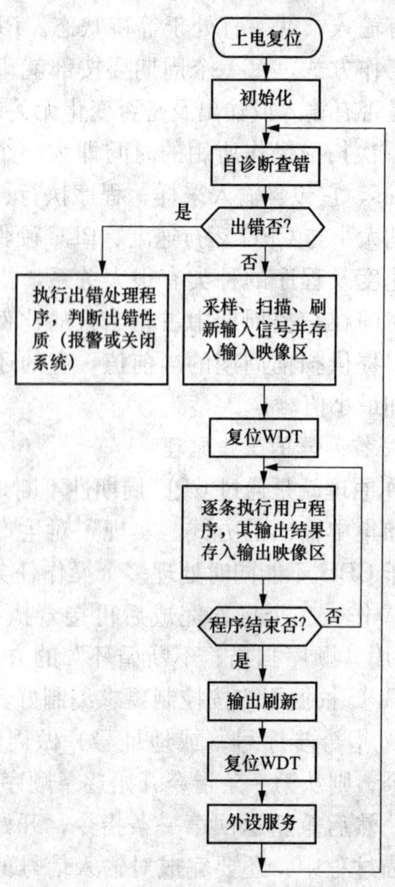

图 11-4　可编程序控制器工作过程

（1）自诊断查错。接通电源经过初始化程序后，PLC 开始进入正常的循环扫描工作。随后 PLC 进行自诊断查错，检查系统硬件和用户程序存储器。若发现错误，PLC 进入出错处理，判断错误的性质。如果是严重错误，PLC 将切断一切输出，停止运行用户程序，并通过指示灯发出警报；如果属于一般性错误，则只发出警报，等待处理，但不停机。

（2）输入采样。当检查未发现错误时，PLC 将进入输入采样阶段。首先以扫描方式按顺序将所有暂存在输入锁存器中的输入端子的通断状态或输入数据读入，并将其存入（写入）各对应的输入映像寄存器中，即刷新输入。随即关闭输入端口，进入程序执行阶段。在程序执行阶段，即使输入状态有变化，输入映像寄存器的内容也不会改变，变化了的输入信号状态只能在下一个扫描周期的输入采样阶段被读入。

（3）复位 WDT①。监控定时器（WDT）是用来监视程序执行是否正常，因此在程序执行前 PLC 会自动复位监控定时器，以清除各元件状态的随机性及数据清零，为执行程序做好准备并开始计时。在此阶段，CPU 还会检查其硬件和所有 I/O 模块的状态，若在 RUN 模式下，还要检查用户程序存储器。

（4）程序执行。PLC 在程序执行阶段，按用户程序指令存放的先后顺序扫描执行每条指令，所需的执行条件可从输入映像寄存器和当前输出映像寄存器中读入，经过相应的运算和处理后，其结果再写入输出映像寄存器中。所以，输出映像寄存器中所有的内容随着程序的执行而改变。当执行输出指令时，CPU 只是将输出值存放在输出映像寄存器中，并不会真正输出。

（5）输出刷新。PLC 在输出刷新阶段，CPU 将存放在输出映像寄存器中所有输出继电器的通断状态集中输出到输出锁存器中，并通过一定方式（继电器、晶体管或晶闸管）输出，驱动相应输出设备工作，这才是 PLC 的实际输出。

（6）复位 WDT②。监控定时器（WDT）可对每次扫描的时间进行计时，PLC 执行用户程序所用的时间一般不会超过监控定时器的设定值。当程序执行完毕后，监控定时器会立即自动复位，表示系统正常工作。如果在设定的时间内，监控定时器不能被复位，则表示在程序执行过程中因某种干扰使扫描失控进入死循环，此时故障指示灯点亮并发出超时报警信号，同时停止 PLC 的运行，从而避免了死循环的故障。

（7）外设服务。最后，PLC 进入外设服务命令的操作。CPU 将处理从通信端口接收到的任何信息，完成数据通信任务，即检查是否有计算机、编程器的通信请求。若有，则进行相应的处理。设置外设服务是为了方便操作人员的介入，有利于系统的控制和管理，但并不影响系统的正常工作。若没有外设命令或外设命令处理完毕后，PLC 自动再次进入自诊断操作，自动循环扫描运行。

经过这几个阶段，完成一个扫描周期。对于小型 PLC，由于采用这种集中采样、集中输出的方式，使得在每一个扫描周期中，只对输入状态采样一次，对输出状态刷新一次，在一定程度上降低了系统的响应速度，即存在输入输出滞后的现象。但从另外一个角度看，却大大提高了系统的抗干扰能力，使可靠性增强。另外，PLC 几毫秒至几十毫秒的响应延迟对一般工业系统的控制来讲是无关紧要的。

四、可编程序控制器的核心单元

1. CPU 单元

PLC 同一般的微型计算机一样，CPU 单元是核心，它主要由运算器、控制器、寄存器及实现它们之间联系的数据、控制及状态总线构成，CPU 单元还包括外围芯片、总线接口及有关电路，内存主要用于存储程序及数据，是 PLC 不可缺少的组成单元。PLC 中所配置的 CPU 随机型不同而不同，常用的有三类：通用微处理器（280、8086、80286、80386 等）、单片微处理器（8031、8096 等）及位片式微处理器（AMD29W 等）。小型 PLC 大多采用 8 位通用微处理器和单片微处理器，中型 PLC 大多采用 16 位通用微处理器或单片微处理器，大型 PLC 大多采用 32 位高速位片式微处理器。

小型 PLC 为单 CPU 系统，而中、大型 PLC 则大多为双 CPU 系统，甚至有些 PLC 中多达 8 个 CPU。对于双 CPU 系统，其中一个为主处理器，称为字处理器，通常采用8位或16位通用微处理器，用于执行编程器接口功能、监视内部定时器、监视扫描时间、处理字节指令及对系统总线和位处理器进行控制等。另外一个为从处理器，称为位处理器，通常采用由各厂家设计制造的专用芯片，主要用于处理位操作指令和实现PLC编程语言向机器语言的转换。位处理器的采用，提高了PLC的速度，使PLC更好地满足实时控制要求。

在PLC中CPU按系统程序赋予的功能，指挥PLC有条不紊地进行工作，归纳起来主要有以下几个方面：

（1）接收从编程器或微型计算机输入的用户程序和数据。

（2）诊断电源、内部电路的工作故障和编程中的语法错误等。

（3）通过输入接口接收现场的状态或数据，并存入输入映像寄存器或数据寄存器中。

（4）从存储器逐条读取用户程序，经过编译解释后执行。

（5）根据执行的结果，更新有关标志位的状态和输出映像寄存器的内容，通过输出单元实现输出控制。

2. 存储器单元

PLC的存储器单元主要有两种：一种是可读/写操作的随机存储器RAM，另一种是只读存储器ROM、PROM、EPROM和E^2PROM。在PLC中，存储器主要用于存放系统程序、用户程序及工作数据。

（1）系统程序是由PLC的制造厂家编写的，和PLC的硬件组成有关，完成系统诊断、命令解释、功能子程序调用管理、逻辑运算、通信及各种参数设定等功能，提供PLC运行的平台。系统程序关系到PLC的性能，而且在PLC使用过程中不会变动，所以是由制造厂家直接固化在只读存储器ROM、PROM或EPROM中，用户不能访问和修改的。

（2）用户程序是随PLC的控制对象而定的，由用户根据对象生产工艺的控制要求而编制的应用程序。为了便于读出、检查和修改，用户程序一般存于CMOS静态RAM中，用锂电池作为后备电源，以保证断电时不会丢失信息。为了防止干扰对RAM中程序的破坏，当用户程序运行正常，不需要改变时，可将其固化在只读存储器EPROM中，现在有许多PLC直接采用E^2PROM作为用户存储器。

（3）工作数据是PLC运行过程中经常变化、经常存取的一些数据，存放在RAM中，以适应随机存取的要求。在PLC的工作数据存储器中，设有存放输入输出继电器、辅助继电器、定时器、计数器等逻辑器件的存储区，这些器件的状态都是由用户程序的初始设置和运行情况而确定的。根据需要，部分数据在掉电时用后备电池维持其现有的状态，这部分在掉电时可保存数据的存储区域称为保持数据区。

3. 编程器单元

编程器单元是PLC的外部设备，是人机对话的窗口，它将用户所编的用户程序输入PLC中，并可对PLC中的用户程序进行编辑、检查、修改和对运行中的PLC进行监控，但它不直接参与现场控制运行。编程器可分为智能型编程器（高级编程器）、手持式编程器（简易编程器）及专用编程器。

智能型编程器配有编程软件包，通过微型计算机设备，用助记符、梯形图和高级语言进行编程，它对PLC的监视信息量大，具有很好的人机界面，其最大的优点是高效，能较好地满足各种控制系统的需要，应用最为广泛，用户只要购买PLC厂家提供的编程软件和相应的硬件接口装置，就可以得到高性能的PLC程序开发系统。

手持式编程器具有简单、易学、便于携带的特点，但是编译与校验等工作均由CPU完成，所以编程时必须要有PLC参与，同时所用的语言也受到限制，不能使用编程比较方便形象、直观的图形，只能使用指令语句表输入，因此手持式编程器只适用在小规模的PLC系统中。

专用编程器是专供PLC厂商生产的某些产品使用，使用范围有限，价格较高。

4. 光耦合器单元

PLC 的外部 I/O 设备所需的电平信号与 PLC 内部 CPU 的标准电平是不同的，所以对于 I/O 接口还需要实现另外一个重要的功能就是电平信号转换，产生能被 CPU 处理的标准电平信号。为了保证 I/O 接口所传递的信息平稳、准确，提高 PLC 的抗干扰能力，I/O 单元一般都具有光电隔离和滤波功能。

PLC 中光耦合器可以提高抗干扰能力和安全性能，其基本结构如图 11-5 所示，主要由电源电路、发光二极管和光电晶体管组成。当输入端开关接通输入高电平信号时，光耦合器导通，输出低电平信号经过反相器进入 PLC 的内部电路，供 CPU 进行处理。若 PLC 的输入形式是 NPN 型（漏型输入），则各个输入开关的公共点接电源负极，有效输入电平形式是低电平（如三菱 FX_{2N}型 PLC）；若 PLC 的输入形式是 PNP 型（源型输入），则各个输入开关的公共点接电源正极，有效输入电平形式是高电平（如西门子 S7 型 PLC）。

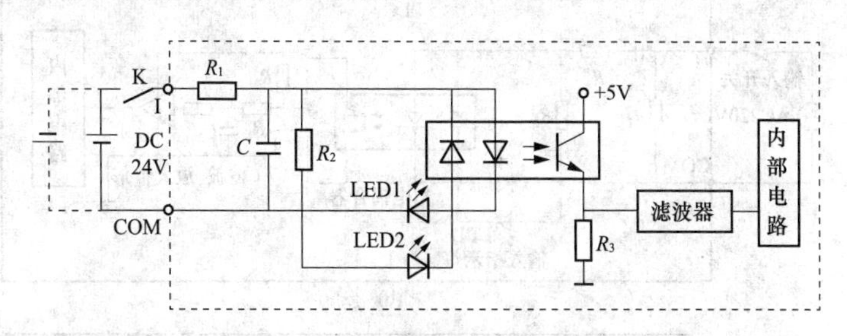

图 11-5 PLC 光耦合器基本结构

5. 输入接口单元

输入接口单元的作用是将用户输入设备产生的信号（开关量输入或模拟量输入），经过光电隔离、滤波和电平转换等处理，变成 CPU 能够接收和处理的信号，并送给输入映像寄存器，以实现外部现场的各种信号与系统内部信号的匹配及信号的正确传递。为了满足生产现场抗干扰的要求，输入接口电路一般都要采取光电隔离技术，由 *RC* 滤波器消除输入触头的抖动和外部噪声干扰。

输入接口电路接受的外信号电源可以由外部提供，也可以由 PLC 内部提供，其中外部提供的直流电源极性可以为任意极性。外信号电源电压等级为 DC 5、12、24、48、60，AC 48、115、220V 等，DC 24V 以下输入接口的点密度较高。输入接口电路按其使用的电源不同可分为直流输入型、交流输入型、交/直流混合输入型，其基本电路如图 11-6 所示。

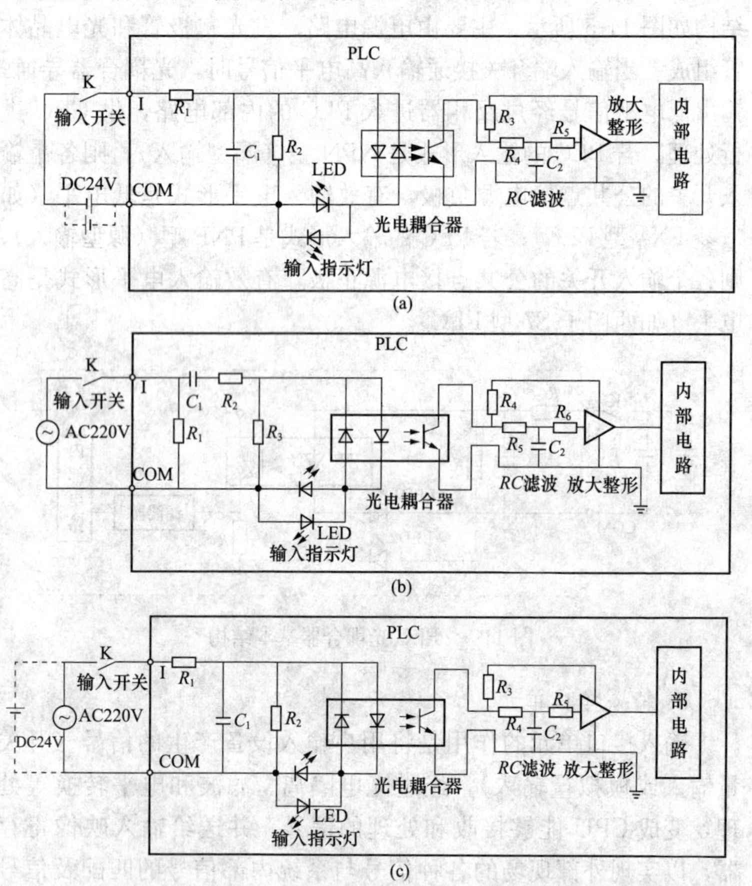

图 11-6 PLC 输入接口基本电路

（a）直流输入型；（b）交流输入型；（c）交/直流混合输入型

在基本电路中，K为输入通断控制按钮，当K闭合时，双向光耦合器中的发光二极管导通发光，使得光电三极管接收到光线，由截止变为导通，输出的高电平经*RC*滤波、放大整形后送入PLC内部电路中，同时该输入端的输入指示发光二极管LED导通发光，表示该输入端有信号输入。当CPU在循环的输入阶段输入该信号时，将该输入点对应的映像寄存器状态置“1”。当S断开时，将该输入点对应的映像寄存器状态置“0”，同时该输入端的输入指示发光二极管LED熄灭，表示该输入端无信号输入。由于双向光耦合器中的发光二极管是电流驱动元件，要有足够的能量才能驱动。因此，干扰信号（能量较小）难以进入PLC内部，从而实现了抗干扰。

6. 输出接口单元

输出接口单元的作用是将经过CPU处理的信号通过光电隔离和功率放大等处理，转换成外部设备所需要的驱动信号（数字量输出或模拟量输出），驱动接触器、指示灯、报警器、电磁阀、电磁铁、调节阀、调速装置等各种执行机构。输出接口电路就是PLC的负载驱动回路，为适应不同的控制要求，输出接口电路按输出开关器件不同分为继电器输出型、晶体管输出型及双向晶闸管输出型，其基本电路如图11-7所示。为提高PLC抗干扰能力，每种输出接口电路都采用了光电或电气隔离技术。

（1）继电器输出型。继电器输出型为有触头的输出方式，采用电气隔离技术，其优点是适用的电压范围比较宽、导通压降小、承受瞬时过电压和过电流的能力强，但动作速度较慢、响应时间长、动作频率低、不能用于高速脉冲的输出。它既可驱动直流负载，又可驱动交流负载，驱动负载的能力是每一个输出点为2A左右，建议在输出量变化不频繁时优先选用。

在基本电路中，当内部电路的状态为“1”时，继电器线圈KA得电，所产生的电磁吸力将触头KA吸合，负载回路闭合，同时该输出端的输出指示发光二极管LED导通发光，表示该输出端有信号输出。当内部电路的状态为“0”时，继电器线圈

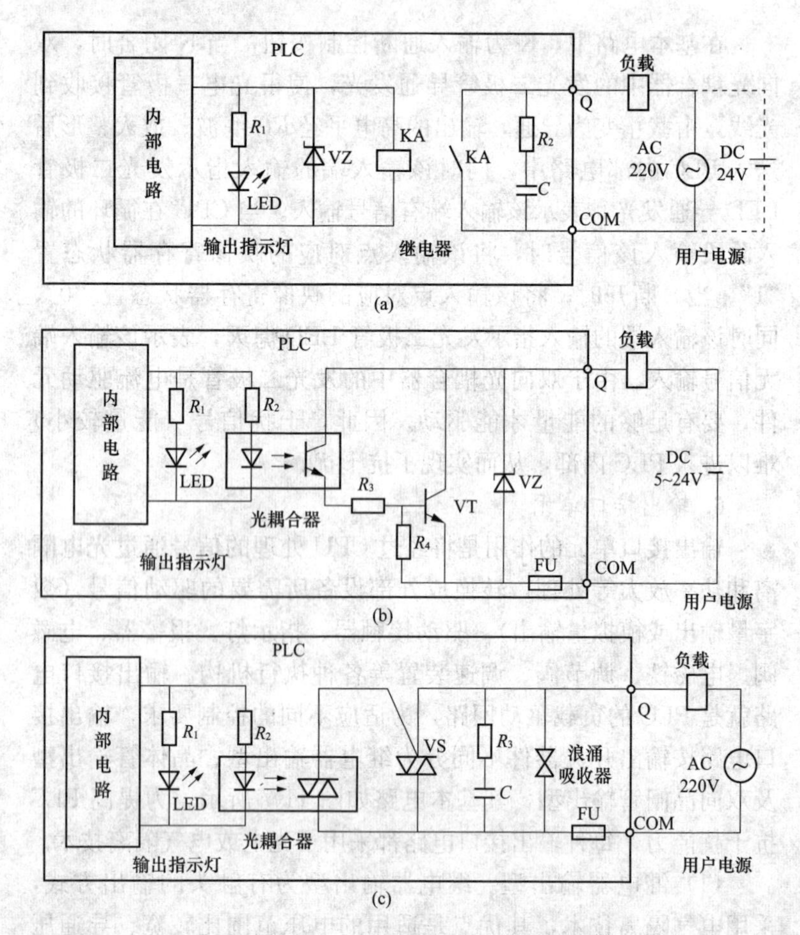

图 11-7　PLC 输出接口基本电路

（a）继电器输出型；（b）晶体管输出型；（c）双向晶闸管输出型

KA 失电，电磁吸力消失使触头 KA 释放，负载回路断开，同时该输出端的输出指示发光二极管 LED 熄灭，表示该输出端无信号输出。

（2）晶体管输出型。晶体管输出型为无触头的输出方式，采用光电隔离技术，其优点是可靠性强、执行速度快、寿命长，但过载能力差。它只可驱动直流负载，驱动负载的能力是每一个输出点为750mA左右，适用于高速（可达20kHz）小功率直流负载。

在基本电路中，当内部电路的状态为“1”时，光耦合器中的发光二极管导通发光，使得光电三极管接收到光线，由截止变为导通，从而晶体管VT导通，负载回路闭合，同时该输出端的输出指示发光二极管LED导通发光，表示该输出端有信号输出。当内部电路的状态为“0”时，光电三极管由导通变为截止，从而晶体管VT截止，负载回路断开，同时该输出端的输出指示发光二极管LED熄灭，表示该输出端无信号输出。稳压管VZ用来抑制关断过电压和外部的浪涌电压，以保护晶体管VT。

（3）双向晶闸管输出型。双向晶闸管输出型为无触头的输出方式，采用光电隔离技术，其优缺点与晶体管输出型相似，它只可驱动交流负载，驱动负载的能力是每一个输出点为1A左右，适用于高速（可达20kHz）大功率交流负载。

在基本电路中，当内部电路的状态为“1”时，光耦合器中的发光二极管导通发光，使得光电双向二极管接收到光线而导通，从而双向晶闸管VS获得了触发信号，无论外接电源的极性如何，双向晶闸管VS均导通，负载回路闭合，同时该输出端的输出指示发光二极管LED导通发光，表示该输出端有信号输出。当内部电路的状态为“0”时，光电双向二极管由导通变为截止，从而双向晶闸管VS失去触发信号，双向晶闸管VS截止，负载回路断开，同时该输出端的输出指示发光二极管LED熄灭，表示该输出端无信号输出。

第二节　可编程序控制器（三菱FX_{2N}）的整机配置

日本三菱电机公司是全球PLC的主要生产厂商之一，其产品具有系统配置灵活、性能高、编程简单、品种丰富、高速运算、可使用于多种特殊用途、外部设备通信简单等特点，特别是小型PLC在国内用户中占有较大比重。三菱PLC的应用领域覆盖了所有与自动检测、自动化控制有关的工业及民用领域，包括各种汽车工业、环境技术、采矿、纺织机械、包装机械、通用机械、楼宇自动化、食品加工、冲压机床、磨床、印刷机械、橡胶化工机械、中央空调、电梯控制、运动系统、环境保护设备等。

三菱 FX_{2N} 系列可编程序控制器是一种深受市场欢迎的小型模块化 PLC，它由基本单元（主机单元）、扩展单元、扩展模块、特殊功能模块、编程器、编程软件、通信电缆等构成，其中扩展单元、扩展模块、特殊功能模块可以根据实际需要灵活配置，再加上强大的指令系统可以近乎完美地满足小规模系统的控制要求。

一、三菱 FX_{2N} 系列 PLC 的技术特点

三菱 FX_{2N} 系列 PLC 的主要技术指标见表 11-1，其主要技术特点如下。

表 11-1　　三菱 FX_{2N} 系列 PLC 的主要技术指标

项目		FX_{2N} 系列
运算控制方式		重复执行保存的程序的运算方式（专用 LSD）、有中断指令
输入输出控制方式		批次处理方式（END 指令执行时）、但是有输入输出刷新指令、脉冲捕捉功能
编程语言		继电器符号方式＋步进梯形图方式（可表现为 SFC）
程序内存	最大储存器容量	16000 步（包括注释、文件寄存器）
	内置存储器容量、形式	8000 步 RAM（由内置的锂电池支持），有密码保护功能，电池寿命约 5 年，使用 RAM 储存卡盒时约 3 年（保证 1 年）
	储存器盒	（1）RAM16000 步（也可支持 2000/4000/8000 步）； （2）EPROM16000 步（也可支持 2000/4000/8000 步）； （3）E^2PROM4000 步（也可支持 2000 步）； （4）E^2PROM8000 步（也可支持 2000/4000 步）； （5）E^2PROM16000 步（也可支持 2000/4000/8000 步）； （6）不可以使用带实时时钟功能的卡盒
	RUN 中写入功能	有（在可编程控制器 RUN 中，可以更改程序）

续表

项目		FX_{2N}系列
指令的种类	顺控、步进梯形图	顺控指令 27 个，步进梯形图指令 2 个
	应用指令	132 种 309 个
运算处理速度	基本指令	0.08μs/指令
	应用指令	1.52～100μs/指令
输入信号电压		DC(24+10%)V
输入信号电流	X001～007	DC24V/7mA
	X010 以后	DC24V/5mA
输入响应时间		10ms
可调节输入响应时间		X001～X017，0～60ms
输出信号	继电器输出	电阻负载 2A/点，8A/COM；感性负载 80VA，AC120/240V；灯负载 100W
	晶闸管输出	电阻负载 0.3A/点，0.8A/COM；感性负载 36VA，AC240V；灯负载 30W
	晶体管输出	电阻负载 0.5A/点，0.8A/COM；感性负载 12W，DC24V；灯负载 1.5W，DC24V
电源电压		AC100～240V，50/60Hz
允许瞬间断电时间		对于 10ms 以下的瞬间断电，控制动作不受影响

（1）采用一体化箱体结构，其基本单元将 CPU、存储器、I/O 接口及电源等都集成在一个模块内，结构紧凑，体积小巧，成本低，安装方便。

（2）功能强，运行速度快，基本指令执行时间高达 0.08μs，超过了许多大、中型 PLC。

（3）用户存储器容量可扩展到 16KB，其 I/O 点数最大可扩展到 256 点。

（4）有多种特殊功能的模块，如模拟量 I/O 模块、高速计数器模块、脉冲输出模块、位置控制模块、RS-232C/RS-422/RS-485 串行通信模块或功能扩展板、模拟定时器扩展板等。

（5）有 3000 多点辅助继电器、1000 点状态继电器、200 多点定时器、200 点 16 位加计数器、35 点 32 位加/减计数器、8000 多点 16 位数据寄存器、128 点跳步指针及 15 点中断指针。

（6）有 128 种功能指令，具有中断输入处理、修改输入滤波器常数、数学运算、浮点数运算、数据检索、数据排序、PID 运算、开平方、三角函数运算、脉冲输出、脉宽调制、串行数据传送、校验码及比较触点等功能指令。

（7）有矩阵输入、10 键输入、16 键输入、数字开关、方向开关、7 段显示器扫描显示等指令。

二、三菱 FX_{2N} 系列 PLC 的基本单元

1. 基本单元型号的组成

三菱 FX_{2N} 系列 PLC 基本单元型号的组成为 FX_{2N}-①M②-③，其中“FX_{2N}”表示系列序号，“M”表示基本单元。

①—表示输入输出合计点数，范围为 16～128，输入和输出点数相同（各 1 半）。

②—表示输出形式，R（继电器输出）、T（晶体管输出）、S（晶闸管输出）。

③—表示特殊品种区别，无符号（AC 电源，DC 输入）、D（DC 电源，DC 输入）、AI（AC 电源，AC 输入）、H（大电流输出扩展单元）、V（立式端子排扩展单元）、C（接插口输入/输出方式）、F（输入滤波器时间常数为 1ms 的扩展单元）、L（TFL 输入型扩展单元）、S（独立端子，无公共端扩展单元）。

2. 基本单元的结构

基本单元又称为 PLC 的主机或 CPU 模块，它在紧凑的外壳内集成了微处理器、集成电源、数字量 I/O 端子等，其本身就可以构成了一个功能强大的独立控制系统。三菱 FX_{2N} 系列 PLC 的基本单元有 FX_{2N}-16、FX_{2N}-32、FX_{2N}-48、FX_{2N}-64、FX_{2N}-80、FX_{2N}-128 共 6 个品种，其 FX_{2N}-32MR 基本单元的外形如图 11-8 所示。

（1）电源端子。每一种型号的基本单元只有一种电源供电形式，交流供电型可接受 AC 120～240V 作为工作电源，直流

供电型可接受DC24 V作为工作电源，其电源类型在基本单元模块上会进行标注，如图11-9所示。若基本单元上标注的是“FX_{2N}-MR”，则表示交流220V供电，其中端子“N”为电源零线、“L”为电源相线，交流电压范围为120～240V。若标注的是“FX_{2N}-MR-D”，则表示直流24V供电，其中端子“⊕”为电源正极、“⊖”为电源负极。

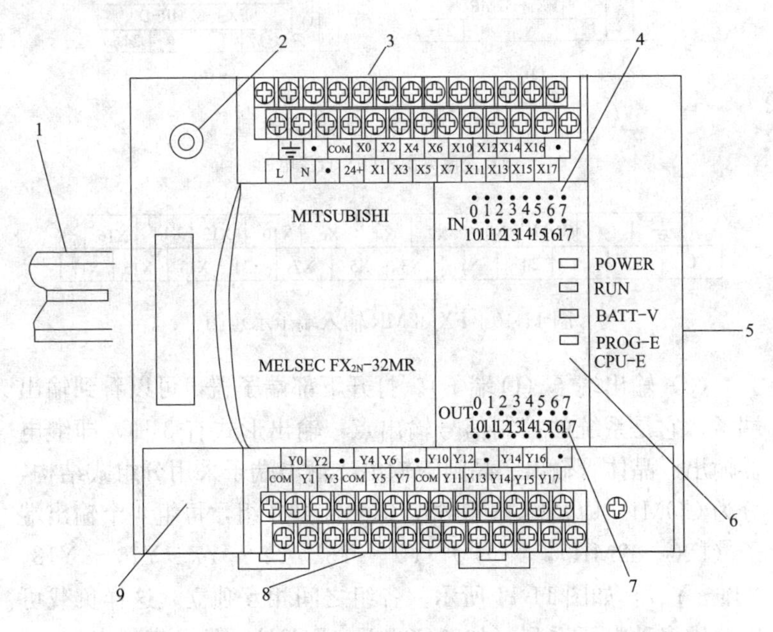

图11-8 FX_{2N}-32MR基本单元的外形

1—DIN导轨；2—上面板盖；3—输入端子排（带盖板）；4—输入LED指示灯；5—连接扩展单元等的接口盖板；6—状态LED指示灯；7—输出LED指示灯；8—输出端子排（带盖板）；9—连接外围设备的接口盖板

（2）输入端子（I端子）。打开上部端子盖板，可以看到输入端子，它是系统的控制信号输入点，输入形式一般为直流，用DC表示。输入端子共16个（FX_{2N}-32MR），分别为X0～X7、X10～X17，如图11-10所示。带黑点“·”的为空位端子，任何情况下都不能使用，否则会损坏产品。

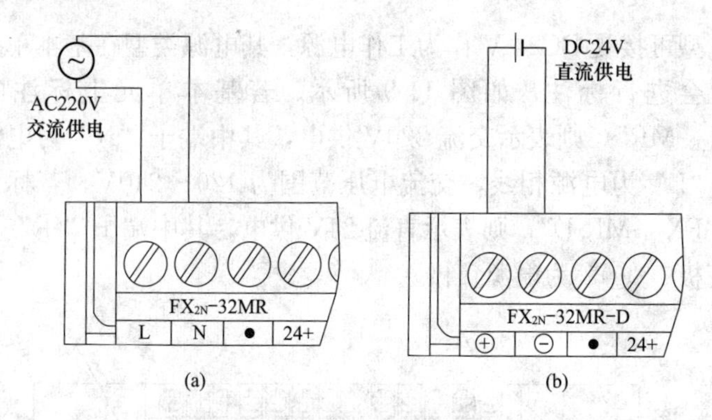

图 11-9　基本单元的电源类型

（a）交流电源；（b）直流电源

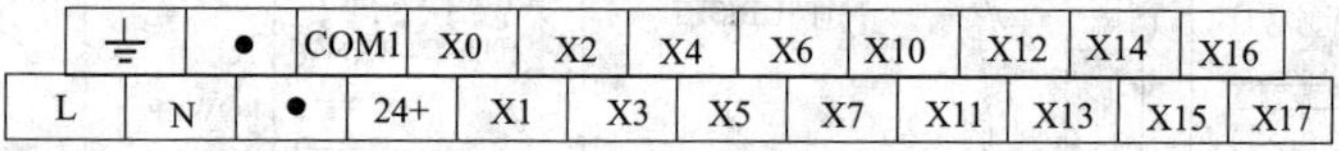

⏚	•	COM1	X0	X2	X4	X6	X10	X12	X14	X16	
L	N	•	24+	X1	X3	X5	X7	X11	X13	X15	X17

图 11-10　FX-32MR 输入端子示意图

（3）输出端子（O 端子）。打开下部端子盖，可以看到输出端子，它是系统的控制信号输出点，输出形式有 3 种，即继电器输出、晶体管输出、晶闸管输出。输出端子采用分组式结构，分为 COM1、COM2、COM3、COM4 共 4 组，每组 4 个输出端子（FX_{2N}-32MR），编号为 Y0～Y3、Y4～Y7、Y10～Y13、Y14～Y17，如图 11-11 所示。各组之间相互独立，这样负载可以使用多种电压系列（如 AC220V、DC24V 等）。带黑点"·"的为空位端子，任何情况下都不能使用，否则会损坏产品。

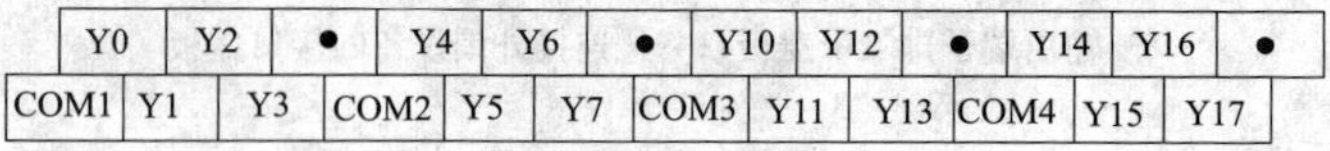

Y0	Y2	•	Y4	Y6	•	Y10	Y12	•	Y14	Y16	•
COM1	Y1	Y3	COM2	Y5	Y7	COM3	Y11	Y13	COM4	Y15	Y17

图 11-11　FX_{2N}-32MR 输出端子示意图

（4）工作模式选择开关。打开左边下面板盖，可以看到工作模式选择开关，它有两个转换位置，即 RUN、STOP。当开关拨到 RUN 时，基本单元才会执行用户编写的程序。当开关拨到 STOP 时，基本单元停止执行用户程序，此时可以利用编程设备向 PLC 写入程序，也可以利用编程设备检查用户存储器的内容、改变存储器的内容、改变 PLC 的各种设置。

（5）工作状态 LED 指示灯。基本单元面板上有 4 个工作状态 LED 指示灯，其作用如下：

1）POWER（绿）。电源指示灯，运行正常时电源接通点亮，电源断开熄灭。若电源接通时指示灯不亮，可将“24＋”端子配线拔出，如果指示灯正常亮起，表示 PLC 的 DC 负载过大，此时不要使用 PLC“24＋”端子的 DC 电源，需要另外准备 DC 24V 电源供电器。若将“24＋”端子配线拔出后，指示灯仍然不亮，有可能 PLC 内部保险丝已经烧断，此时需要联系供货商进行修理，对于非专业人员一般不建议自行拆装 PLC。

2）RUN（绿）。运行状态指示灯，PLC 处于运行或监控状态时点亮，处于编程状态或运行异常时熄灭。

3）BATT-V（红）。内部电池电量指示灯，点亮时表示 PLC 内的锂电池寿命将至（约剩 1 个月），此时请尽快更换新的锂电池，否则可能会造成 PLC 内的程序（当使用 RAM 时）自动丢失。若更换新的锂电池之后，此红色 LED 灯仍然亮着，那很可能这台 PLC 的 CPU 板已经出现故障了，此时需要联系供货商进行修理。

4）PROG-E/CPU-E（红）。程序错误或 CPU 错误共用指示灯，程序错误时灯闪烁，CPU 出现错误时灯点亮，运行正常时灯熄灭。

（6）I/O 状态 LED 指示灯。在基本单元面板上有上、下两排 I/O 状态 LED 指示灯，分别指示输入和输出的逻辑状态。当输入或输出为“ON”时灯点亮，为“OFF”时熄灭。

（7）串行通信端口。打开左边下面板盖，可以看到 RS-485 的串行通信端口，它是连接编程器、打印机、显示器或其他外部设备的端口。

（8）扩展 I/O 端口。打开右边侧面盖板，可以看到扩展 I/O

端口，它是基本单元与扩展单元、扩展模块、特殊模块的连接端口。随着控制系统规模和功能的增加，一个基本单元往往满足不了需要，这时可以通过扩展 I/O 端口进行扩展，以提升 PLC 的控制能力和通信能力。扩展模块由 DIN（35mm 宽）导轨固定，并用扩展电缆连接。

（9）存储卡接口。打开左边上面板盖，可以看到安装存储卡盒选件用的接口。存储卡提供 EEPROM 存储单元，在 CPU 模块上插入存储卡后，就可以将卡内的内容复制到 CPU 模块中，也可将 PLC 内的程序及重要参数复制到外接 EEPROM 卡内作为备份。用存储卡传递程序时，被写入的基本单元必须与提供程序来源的基本单元相同或更高型号。

三、三菱 FX_{2N} 系列 PLC 的机外单元

1. 扩展单元

为了完成比较复杂的控制功能，更好地满足应用要求，三菱 FX_{2N} 系列 PLC 还配置了扩展单元，由于它本身没有自带 CPU，故只能与基本单元通过导轨固定连接使用，用于扩展 I/O 点数（输入、输出点数同时扩展）。扩展单元有单独的输入电源端子，还可以对外供电，扩展点数比较大，一般为 32 点或 48 点。三菱 FX_{2N} 系列 PLC 扩展单元型号的组成为 FX_{2N}-①E②-③，其中“FX_{2N}”表示系列序号，“E”表示扩展单元，①、②、③表示的含义与基本单元相同。

2. 扩展模块

三菱 FX_{2N} 系列 PLC 还配置了扩展模块，由于它本身没有自带 CPU，故只能与基本单元通过导轨固定连接使用，用于扩展 I/O 点数（输入、输出点数不能同时扩展）。扩展模块从基本单元或扩展单元上取电，没有单独的输入电源端子，不可以对外供电，扩展点数比较少，一般为 8 点或 16 点。三菱 FX_{2N} 系列 PLC 扩展模块型号的组成为 FX_{2N}-①EX（Y）②-③，其中“FX_{2N}”表示系列序号，“E”表示扩展模块，“X”表示输入模块，“Y”表示输出模块，①、②、③表示的含义与基本单元相同。

3. 特殊模块

特殊模块是特殊的扩展智能模块，品种有模拟量模块、高速计数模块、位置控制模块、温度传感器模块、通信模块等。特殊模块具有自己的CPU、存储器和控制逻辑，与I/O接口电路及总线接口电路组成一个完整的微型计算机系统。一方面，它可以在自己的CPU和控制程序的控制下，通过I/O接口完成相应的输入输出和控制功能；另一方面，它可以通过总线接口与CPU进行数据交换，接收主CPU发来的命令和参数，并将执行结果和运行状态返回主CPU。这样，既实现了特殊I/O单元的独立运行，减轻了主CPU的负担，又实现了主CPU模块对整个系统的控制与协调，从而大幅度增强了系统的处理能力和运行速度。

四、三菱 FX_{2N} 系列 PLC 的编程器

编程器（HPP）是PLC重要的外围设备，它的作用是通过编辑语言，把用户程序送到PLC的用户程序存储器中去，即写入程序。除此之外，编程器还能对程序进行读出、插入、删除、修改、检查，也能对PLC的运行状况进行监控。编程器主要有智能型编程器（高级编程器）和手持式（简易编程器）编程器。

智能型编程器是高效型的，它将专用的编程软件包装入计算机，采用计算机进行编程操作，可直接采用助记符、梯形图和高级语言进行编程，具有友好的人机界面、直观、功能强大、监视信息量大等特点，能较好地满足各种控制系统的需要。

手持式编程器是袖珍型的，它具有简单实用、价格低廉、易学、便于携带等特点，是一种很好的现场编程及监测工具，在现场调试时更显其优越性。但是编译与校验等工作均由基本单元完成，所以编程时必须要有基本单元参与，同时所用的语言也受到限制，不能使用编程比较方便形象、直观的图形，只能使用指令语句表输入，使用不够方便，所以它只适宜在小规模的PLC系统中应用。

三菱 FX_{2N} 系列 PLC 使用的手持式编程器有FX-10P型和FX-20P型（主流型号）2种，它们的使用方法基本相同，所不同的是 FX-10P 型的液晶显示屏只有 2 行，而 FX-20P 型有 4 行，每行 16 个字符。另外，FX-10P 型只有在线编程功能，而 FX-20P 型除了有在线编程功能外，还有离线编程功能。在线编程也称为联机编程，编程器和 PLC 直接相连，并对 PLC 用户程序存储器进行直接操作。在离线编程方式下，编制的程序先写入编程器内部的 RAM，再成批地传送到 PLC 的存储器，也可以在编程器和 ROM 写入器之间进行程序传送。

三菱 FX-20P 型手持式编程器外形如图 11-12 所示，其操作面板如图 11-13 所示，它可用于三菱 FX_2、FX_0、FX_{0N}、FX_{2C}、FX_{2N}系列 PLC，也可以通过 FX-20P-FKIT 转换器用于三菱 F1、F2 系列 PLC。编程器主要包括编程器机体、电缆、写入器模块、电源适配器几个部件，其中编程器机体与电缆是标配件，其他部分是选配件。

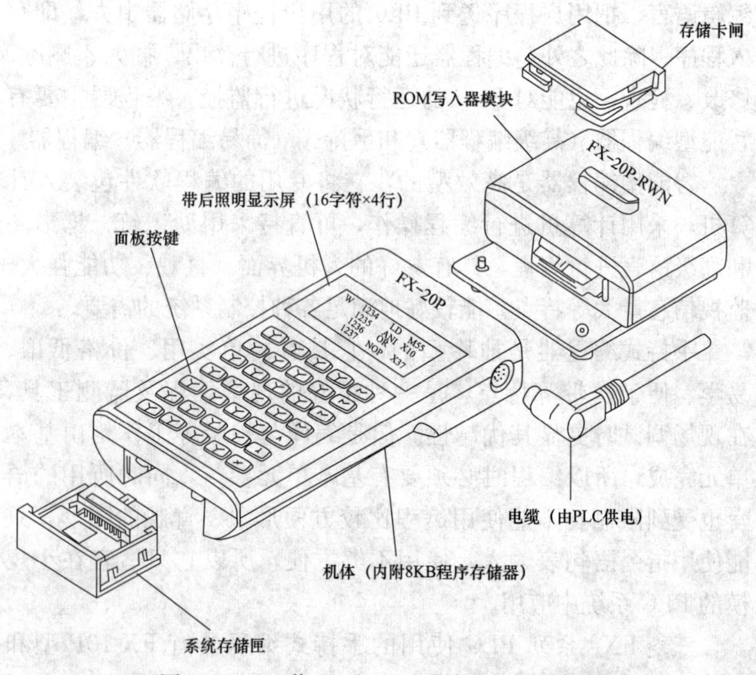

图 11-12　三菱 FX-20P 型手持式编程器外形

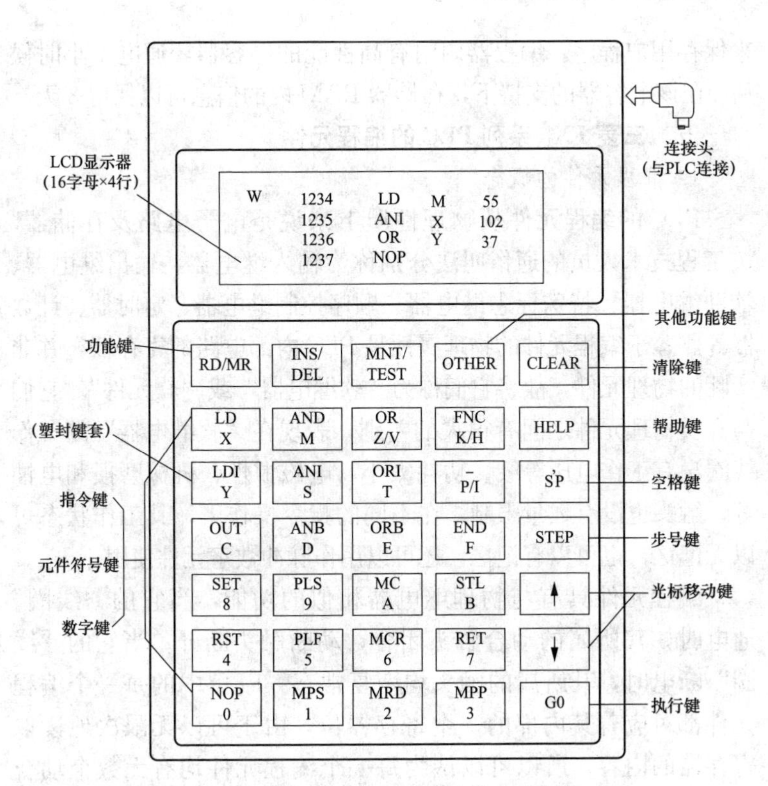

图 11-13　三菱 FX-20P 型手持式编程器操作面板

编程器操作面板的上方是一个 4 行，每行 16 个字符的液晶显示器（带背光照明），面板的下方共有 35 个按键，最上面 1 行和最右边 1 列为 11 个功能按键，其余的 24 个按键为指令按键和数字按键。编程器右侧面的上方有一个插座，将电缆的一端插入插座内，电缆的另一端插到 FX 系列 PLC 的 RS-422 编程器插座内。编程器的顶部有一个插座，可以连接 FX-20P-RWM 型 ROM 型写入器。编程器底部插有系统程序存储器卡盒，需要将编程器的系统程序更新时，只要更换系统程序存储器即可。

在编程器与 PLC 不相连的情况下（脱机或离线方式），需要用编程器编制用户程序时，可以使用 FX-20P-ADP 型电源适配器对编程器供电。编程器内附有 8KB 的 RAM 存储器，在脱机方式时用来保存用户程序。编程器内附有高性能的电容器，通电1小时候后，在该电容器的支持下，存储器RAM内的信息可以保留3天。

五、三菱FX_{2N}系列PLC的编程元件

1. 编程元件的概念

PLC的编程元件从物理性质上来说是电子电路及存储器，按工程技术人员的通俗叫法分别称为输入继电器、输出继电器、辅助继电器、特殊标志继电器、顺序控制继电器、定时器、计数器等。鉴于编程元件的物理属性是PLC内部电路的寄存器，并非实际的物理元件，故将它们称为“软继电器”或“软元件”。它们与真实物理元件之间有很大的差别，表现在“软继电器”的工作线圈没有工作电压等级、功耗太小、电磁惯性、机械磨损和电蚀等，触头也没有数量限制，在不同的指令操作下，其工作状态可以无记忆，也可以有记忆，还可以用作脉冲数字元件使用。

编程元件具有与物理继电器相似的功能，当它的“线圈”通电时，其所属的动合触头闭合，动断触头断开；当它的“线圈”断电时，其所属的触头均恢复常态。PLC中的每一个编程元件都对应着其内部的一个寄存器位，由于可以无限次地读取寄存器的内容，所以可以认为每一个编程元件均有无数个动合触头和动断触头。为了区分它们的功能，通常给编程元件编上号码，这些号码就是CPU存储器单元的地址。

2. 编程元件的分类及编号

三菱FX_{2N}系列PLC将编程元件统一归为存储器单元，存储器单元按字节进行编址，无论寻址的是何种数据类型，通常应指出它所在的存储区域和在区域内的字节地址。每个存储器单元都有唯一的地址，地址由名称和编号两部分组成。名称部分用英文字母表示，如输入继电器用“X”表示，输出继电器用“Y”表示，编号部分用数字表示。输入继电器和输出继电器的编号为8进制排序，遵循“逢8进1”的排序规则，其余编程元件的编号为10进制排序。三菱FX_{2N}系列PLC编程元件的分类及编号见表11-2。

表 11-2　三菱 FX_{2N} 系列 PLC 编程元件的分类及编号

编程元件		编号及功能
输入继电器（X）	扩展并用时的合计最大点数 256 点	X0～X77，64 点（八进制编号）
输出继电器（Y）		X0～X77，64 点（八进制编号）
辅助继电器（M）	一般用	M000～M499，500 点
	保持用	M500～M1023，524 点，电池保持区域，区域特性可以改变
	保持用	M1024～M3071，2048 点，电池保持区域，区域特性不可以改变
	特殊用	M8000～M8255，256 点
状态继电器（S）	初始化用	S0～S9，10 点
	回零用	S10～S19，10 点
	一般用	S20～S499，480 点
	保持用	S500～S899，400 点
	信号报警用	S900～S999，100 点
定时器（T）	100ms	T0～T199，200 点（0.1～3276.7s）
	100ms	T200～T245，46 点（0.01～327.67s）
	1ms（积算型）	T246～T249，4 点（0.001～32.767s）
	100ms（积算型）	T250～T255，6 点（0.1～3276.7s）
计数器（C）	16 位增计数（一般用）	C0～C99，100 点（0～32，767 的计数），非电池保持区域，区域特性可以改变
	16 位增计数（保持用）	C100～C199，100 点（0～32，767 的计数），电池保持区域，区域特性可以改变
	32 位增减计数（一般用）	C200～C219，20 点（－2，147，483，648～＋2，147，483，647 的计数），非电池保持区域，区域特性可以改变
	32 位增减计数（保持用）	C200～C234，15 点（－2，147，483，648～＋2，147，483，647 的计数），电池保持区域，区域特性可以改变
	32 位高速增减计数	C235～C255 中的 6 点，包含单相 60kHz 两点，10kHz 四点或双相 30kHz 一点，5kHz 一点

续表

编程元件		编号及功能
数据寄存器（D、V、Z）	16位一般用	D0～D199，200点
	16位保持用	D200～D511，312点，电池保持区域，区域特性可以改变
	16位文件用	D512～D7999，7488点（以500点为单位，将D1000以后的软元件设定为文件寄存器），电池保持的固定区域，区域特性不可以改变
	16位特殊用	D8000～D8195，196点
	16位变址用	V0～V7、Z0～Z7，16点
指针（P、I）	跳转、子程序用	P0～P127，128点
	输入中断用	I00□～I50□，6点
	计时中断用	I6□□～I8□□，3点
	计数中断用	I010～I060，6点
常数（K、H）	十进制数（K）	16位—32768～32767；32位—2147483648～2147483647
	十六进制数（H）	16位0～FFFF；32位0～FFFFFFFF

3. 编程元件的功能

（1）输入继电器（X）。是PLC存储系统中的输入映像寄存器，通过输入继电器，将PLC的存储系统与外部输入端子建立明确的对应关系。PLC的输入端子是从外部接受输入信号的窗口，每一个输入端子与输入继电器的相应位相对应。输入点的状态，在每次扫描周期开始（或结束）时进行采样，故输入信号的持续时间应大于PLC的扫描周期，如果不满足这一条件，可能会丢失输入信号。采集到的信号存于输入继电器，作为程序处理时输入点状态的依据。

输入继电器的状态只能由外部输入信号驱动，而不能在内部由程序指令来改变，所以在程序中绝不能出现其线圈，线圈的吸合或释放只取决于外部输入信号的状态（ON或OFF）。输入继电器内部有动断、动合两种触头供编程时随时使用，且使用次数不限。

三菱 FX_{2N} 系列 PLC 提供了 64 个输入映像寄存器，它一般按 X“编号”的编址方式来读取每一个输入继电器的状态，如地址格式为“X1”。编号为 8 进制排序，遵循“逢 8 进 1”的排序规则，输入继电器的编号与接线端子的编号一致。

(2) 输出继电器（Y）。是 PLC 存储系统中的输出映像寄存器，通过输出继电器，将 PLC 的存储系统与外部输出端子建立明确的对应关系。PLC 的输出端子是向外部输出信号的窗口，每一个输出端子与输出继电器的相应位相对应。在扫描周期的末尾，CPU 将存放在输出继电器中的输出判断结果以批处理方式复制到相应的输出端子上，通过输出端将输出信号传送给外部负载（用户设备）。输出继电器线圈的吸合或释放由程序指令控制，内部的动断、动合两种触头供编程时随时使用，且使用次数不限。

三菱 FX_{2N} 系列 PLC 提供了 64 个输出映像寄存器，它一般按 Y“编号”的编址方式来读取每一个输出继电器的状态，如地址格式为“Y1”。编号为 8 进制排序，遵循“逢 8 进 1”的排序规则，输入继电器的编号与接线端子的编号一致。

(3) 辅助继电器（M）。又称内部线圈，通常以位为单位使用，故又称位存储器，它是模拟传统继电器控制系统中的中间继电器的功能，用于存放中间控制状态或存储其他相关的数据，只供内部编程使用，并只能由程序驱动。辅助继电器与外部没有任何联系，不能直接驱动外部负载，且其内部的动断、动合两种触头使用次数不受限制。

三菱 FX_{2N} 系列 PLC 的辅助继电器包括通用辅助继电器、断电保持辅助继电器和特殊辅助继电器 3 种，它们一般按 M“编号”的编址方式来读取每一个辅助继电器的状态，如地址格式为“M0”。编号为 10 进制排序规则，遵循“逢 10 进 1”的排序规则。

(4) 状态继电器（S）。是用于编制顺序控制程序或步进控制程序的一种编程元件，它与步进顺控指令（提供控制程序的逻辑分段）配合使用，对顺序控制状态进行描述和初始化，可以在小型 PLC 上编制复杂的顺序控制程序。当不对状态继电器使用步进顺控指令时，可以把它当作辅助继电器（M）使用。

三菱 FX_{2N} 系列 PLC 提供了 1000 个状态继电器，它一般按 S“编号”的编址方式来读取每一个状态继电器的状态，如地址格式为“S1”。编号为 10 进制排序规则，遵循“逢 10 进 1”的排序规则。

（5）定时器（T）。是累计时间增量的编程元件，其作用相当于一个继电器控制系统中的通电延时型时间继电器，在自动控制的大部分领域都需要用定时器进行延时控制，灵活地使用定时器可以编制出工艺要求复杂的控制程序。定时器的设定值可由用户程序存储器内的常数设定，必要时也可以由外部设定。当定时器的工作条件满足时，计时开始，从当前值 0 开始按一定的时间单位（定时精度）增加。当定时器的当前值达到设定值时，定时器发生动作，发出中断请求信号，以便 PLC 响应做出相应的处理。定时器内部有动断、动合两种延时触头供编程时随时使用，且使用次数不限。

根据定时器的定时时间是否可以累计，可分为通用（非积算型）定时器和积算器型定时器。通用定时器没有保持功能，在输入电路断开或停电时被复位，原计时值被清零。积算器型定时器在输入电路断开或停电时不会复位，原计时值不被清零可保持，当输入电路再接通或复电时，计时值在原有值的基础上继续累计。

三菱 FX_{2N} 系列 PLC 提供了 256 个定时器，全部为通电延时型，其中通用定时器 246 个，积算定时器 10 个，它们一般按 T“编号”的编址方式来读取每一个定时器的状态，如地址格式为“T24”。编号为 10 进制排序规则，遵循“逢 10 进 1”的排序规则。

（6）计数器（C）。用于计数某一输入端（X、Y、M、S）输入脉冲电平由低到高的次数，可实现对产品的计数操作，但这种计数操作是在扫描周期内进行的，因此计数的频率受扫描周期制约，即需要计数的触点输入脉冲信号相邻的两个上升沿的时间必须大于PLC的扫描周期，否则将出现计数误差。计数器的设定值可由用户程序存储器内的常数设定，必要时也可以由外部设定。当计数器的工作条件满足时，开始累计某一输入端的输入脉冲电平上升沿（正跳变）的次数。当计数的当前值达到设定值时，计数器发生动作，发出中断请求信号，以便PLC响应做出相应的处理。计数器内部有动断、动合两种触头供编程时随时使用，且使用次数不限。

根据计数器的计数是否可以累计，可分为通用型计数器和断电保持型计数器。通用型计数器没有保持功能，在输入电路断开或停电时，停止计数，原计数值被复位清零。断电保持型计数器在输入电路断开或停电时，停止计数，原计数值不被清零可保持，当输入电路再接通或复电时，计数值在原有值的基础上继续累计。只有在复位信号到来时，计数器当前值被复位清零。

三菱FX_{2N}系列PLC提供了256个计数器，其中16位（2字节寻址）增计数器有200个，32位（4字节寻址）增减计数器有35个，32位（4字节寻址）高速增减计数器有21个，它们一般按C“编号”的编址方式来读取每一个计数器的状态，如地址格式为“C3”。编号为10进制排序规则，遵循“逢10进1”的排序规则。

（7）数据寄存器（D、V、Z）。是暂时存放PLC控制系统中的操作数、运算结果和运算的中间结果，以减少访问存储器的次数，或者存放从存储器读取的数据以及写入存储器的数据，然后将其传送至其他设备以配合CPU完成对PLC的指令操作。

三菱FX_{2N}系列PLC提供了8212个数据寄存器，均为16位（2字节寻址）数据寄存器，其中通用数据寄存器有200个，断电保持数据寄存器有312个，文件寄存器有7488个，特殊寄存器有196个，变址寄存器有16个，它们一般按D（V、Z）“编号”的编址方式来读取每一个数据寄存器的状态，如地址格式为“D45”。编号为10进制排序规则，遵循“逢10进1”的排序规则。

（8）指针（P、I）。PLC在执行子程序、中断程序或者发生跳转时，需要有标号来指明跳转的入口地址，这个标号就是指针，它是用来指示分支指令的跳转目标和中断程序的入口标号。

三菱FX_{2N}系列PLC提供了143个指针，其中用于程序分支用的指针有128个，用于中断的指针有15个，它们一般按P(I)“编号”的编址方式来读取每一个指针的状态，如地址格式为“P15”。

（9）常数（K、H）。也可作为元件处理，因为它占用一定的存储空间。符号K用来表示10进制整数常数，如10进制常数123表示为“K123”，它主要用来指定定时器或计数器的设定值及应用功能指令操作数中的数值。符号H用来表示16进制整数常数，它包括0～9和A～F这16个数字（A-10、B-11、C-12、D-13、E-14、F-15），如16进制常数345表示为“H159”，它主要用来表示应用功能指令的操作数值。

第三节　可编程序控制器的用户程序

一、用户程序的种类

可编程序控制器的用户程序有主程序、子程序和中断程序3个种类，其中主程序必须进行编写，且位于程序的最前面，随后是子程序与中断程序，子程序和中断程序可以根据需要进行选用与编写，它们的相互关系如图11-14所示。

1. 主程序

主程序是程序的主体，只有1个，它通过指令控制整个应用程序的执行，每次CPU扫描都要执行一次主程序，它可以调用子程序和中断程序。

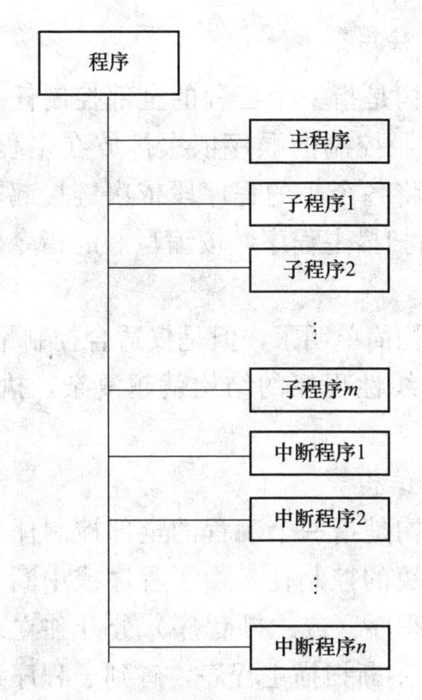

图 11-14 用户程序种类的相互关系

2. 子程序

子程序是一个可选指令的集合，可以有多个，它仅在被另一子程序或中断程序调用时执行，同一个子程序可以在不同的地方被多次调用。子程序可以编写也可以不编写，并非每次 CPU 扫描都需要执行全部子程序。

3. 中断程序

中断程序是一个可选指令的集合，可以有多个，它在中断事件发生时由主程序调用时执行。中断事件有输入中断、定时中断、高速计数中断、通信中断等，当 CPU 响应中断时，可以执行中断程序。因为不能预知何时会出现中断事件，所以不允许中断程序改写可能在其他程序中使用的存储器。中断程序可以编写也可以不编写，并非每次 CPU 扫描都需要执行全部中断程序。

二、用户程序的结构

由主程序、子程序和中断程序可以组成线性程序结构和分块程序结构。

1. 线性程序结构

线性程序结构是指一个工程的全部控制任务被分成若干个小的程序段，按照控制的顺序依次排放在主程序中。编程时，用程序控制指令将各个小的程序段依次链接起来。程序执行过程中，CPU 不断扫描主程序，按编写好的指令代码顺序地执行控制工作。

线性程序结构简单明了，但是仅适合控制量比较小的场合，控制任务越大，线性程序的结构就越复杂，执行效率就越低，系统越不稳定。

2. 分块程序结构

分块程序结构是指一个工程的全部控制任务被分成多个任务模块，每个模块的控制任务由子程序或中断程序完成，编程时，主程序与子程序（或中断程序）分开独立编写。在程序执行过程中，CPU 不断扫描主程序，碰到子程序调用指令就转移到相应的子程序中去执行，遇到中断请求就调用相应的中断程序。

分块程序结构虽然复杂一点，但是可以把一个复杂的控制任务分解成多个简单的控制任务，这样有利于程序编写，而且程序调试也比较简单。所以，对于一些相对复杂的工程控制，分块程序的优势是十分明显的。

三、用户程序的编程语言

可编程序控制器的编程语言主要有梯形图、指令语句表（或称指令助记符语言）、逻辑功能图和高级编程语言 4 种，其中梯形图和指令语句表是较常用的编程语言，而且两者经常联合使用。

1. 梯形图

梯形图是一种从继电器控制电路图演变而来的图形语言，它借助类似于继电器的动合触头、动断触头、线圈以及串联与并联等术语和符号，根据控制要求连接而成的表示 PLC 输入和输出之间逻辑关系的图形，具有形象、直观、实用和逻辑关系明显等特点，是电气工作者易于掌握的一种编程语言。

用梯形图替代继电器控制系统，其实就是替代控制电路部分，而主电路部分基本保持不变。尽管 PLC 与继电器控制系统的逻辑部分组成元件不同，但在控制系统中所起的逻辑控制条件作用是一致的。梯形图与继电器控制电路图虽然相呼应，但绝不是一一对应的。

梯形图的基本结构如图 11-15 所示，通常用图形符号⊣ ⊢表示编程元件的动合触头、用图形符号⊣/⊢表示编程元件的动断触头，用图形符号⊣ ⊢或-( )-表示它们的线圈，梯形图中编程元件的种类用图形符号及标注的字母或数字加以区别。

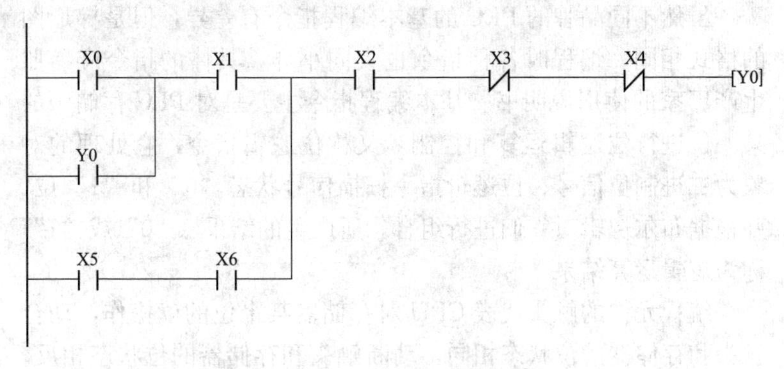

图 11-15　梯形图的基本结构

2. 指令语句表

指令语句表简称语句表，是 PLC 的命令语句表达式。用梯形图编程虽然直观、简便，但要求 PLC 配置较大的显示器方可输入图形符号，这在有些小型机上常难以满足，特别是在生产现场编写调试程序时，常要借助于编程器，它显示屏小，采用的就是指令语句表语言。编程时，一般先根据要求编制梯形图语言，然后再将梯形图转换成指令语句表语言。

指令语句表的基本结构如图 11-16 所示，它是由若干条语句组成的程序，语句是程序的最小独立单元，每个操作功能由一条或几条语句来执行。指令语句表语言类似于计算机的汇编语

步序号	指令	元件号
0	LD	X0
1	OR	X5
2	AND	X1
3	LD	X6
4	AND	X7
5	ORB	
6	AND	X2
7	AND	X3
8	AND	X4
9	OUT	Y0

图 11-16　指令语句表的基本结构

言，也是由操作码和操作数两个部分组成。操作码用助记符（如 LD、A 等）表示，用来告诉 CPU 要执行什么功能，如逻辑运算的与、或、非，算术运算的加、减、乘、除，时间或条件控制中的计时、计数、移位等功能，操作数一般由编程元件代号（如 X、Y 等）和参数组成，参数可以是地址（如 2、7 等），也可以是一个常数（预先设定值）。

四、基本编程指令

虽然不同品牌的 PLC 的基本编程指令有差异，但是梯形图的格式相同，编程时各种指令也大同小异，具体的指令应参照生产厂家的使用说明书。基本编程指令主要是对 PLC 存储中的某一位进行位逻辑运算和控制，又称位逻辑指令，它处理的对象为二进制位信号、位逻辑指令扫描信号状态“0”和“1”位，并根据布尔逻辑对它们进行组合，所产生的结果（“0”或“1”）称为逻辑运算结果。

编程元件的触头代表 CPU 对存储器某个位的读操作，动合触头和存储器的位状态相同，动断触头和存储器的位状态相反。编程元件的线圈代表 CPU 对存储器某个位的写操作，若程序中逻辑运算结果“1”，表示 CPU 将该线圈对应的存储器位置“1”；若程序中逻辑运算结果为“0”，表示 CPU 将该线圈对应的存储器位置“0”。

1. “取”“取反”“输出”指令

(1) 指令操作码及功能。

1）“取”指令（LD）——起始指令，用于梯级的开始是动合触头。

2）“取反”指令（LDI）——起始指令，用于梯级的开始是动断触头。

3）“输出”指令（OUT）——又称“赋值”指令，用于线圈驱动的输出。

（2）指令说明。

1）“LD”“LDI”“OUT”指令使用方法如图 11-17 所示。

2）“取”“取反”指令对应的触头一般与梯形图左侧母线相连，也可用于分支电路的开始。

3）“输出”指令对应的输出线圈应放在梯形图的最右边，输出线圈不带负载时，输出端应使用辅助继电器 M 或其他，而不能使用输出继电器 Y。

4）“输出”指令只可以并联使用且无限次，但不能串联使用，在一个程序中应避免重复使用同一编号的继电器线圈。

5）“取”“取反”“输出”指令均可以用于输入继电器 X（仅“输出”指令不可用）、输出继电器 Y、辅助继电器 M、状态继电器 S、定时器 T、计数器 C，当“输出”指令的操作元件是定时器 T 和计数器 C 时，必须设置常数 *K*。

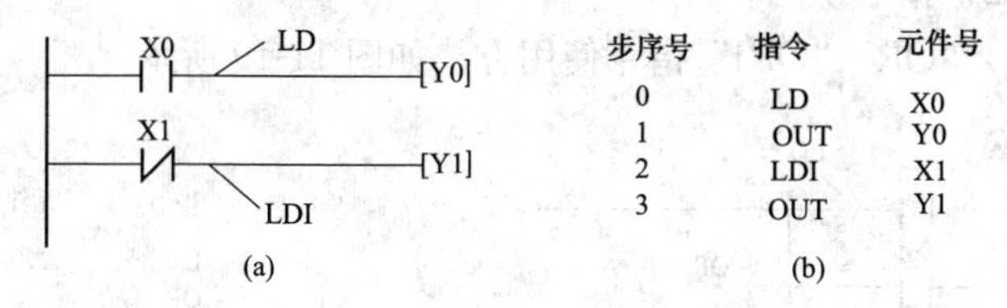

步序号	指令	元件号
0	LD	X0
1	OUT	Y0
2	LDI	X1
3	OUT	Y1

(b)

图 11-17 “LD”“LDI”“OUT”指令使用方法
（a）梯形图；（b）指令语句表

2.“与”“与非”指令

（1）指令操作码及功能。

1）“与”指令（AND）——用于串联单个动合触头。

2）“与非”指令（ANI）——用于串联单个动断触头。

（2）指令说明。

1）“AND”“ANI”指令使用方法如图 11-18 所示。

2）串联触头的个数没有限制，可连续使用。

3）“与”“与非”指令均可以用于输入继电器 X、输出继电器 Y、辅助继电器 M、状态继电器 S、定时器 T、计数器 C。

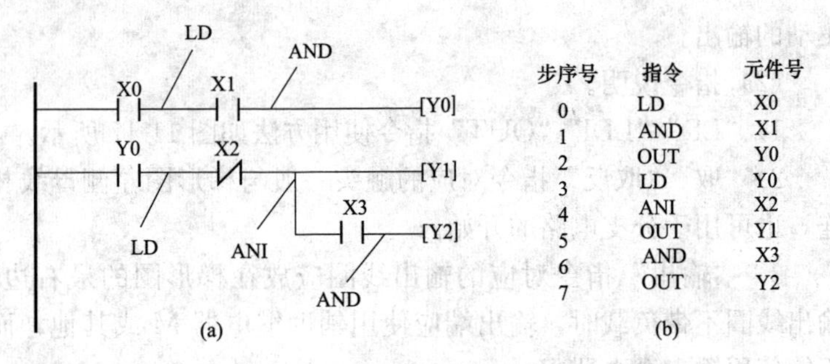

图 11-18 “AND”“ANI” 指令使用方法

（a）梯形图；（b）指令语句表

3. “或”“或非” 指令

（1）指令操作码及功能。

1）“或”指令（OR）——用于并联单个动合触头。

2）“或非” 指令（ORI）——用于并联单个动断触头。

（2）指令说明。

1）“OR”“ORI” 指令使用方法如图 11-19 所示。

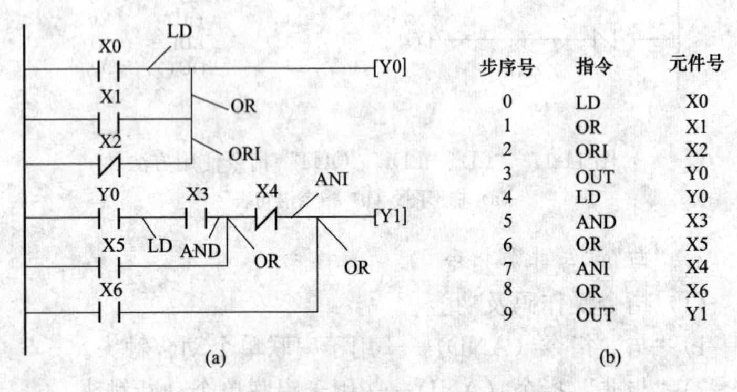

图 11-19 “OR”“ORI” 指令使用方法

（a）梯形图；（b）指令语句表

2）并联触头的个数没有限制，可连续使用。

3）“或”“或非” 指令均可以用于输入继电器 X、输出继电器 Y、辅助继电器 M、状态继电器 S、定时器 T、计数器 C。

4. “复位”“置位”指令

（1）指令操作码及功能。

1）“置位”指令（SET）——用于线圈接通，使操作对象被置位（变为“1”）并维持接通状态。

2）“复位”指令（RST）——用于线圈断开，使操作对象被复位（变为“0”）并维持断开状态。

（2）指令说明。

1）“RST”“SET”指令使用方法如图11-20所示。

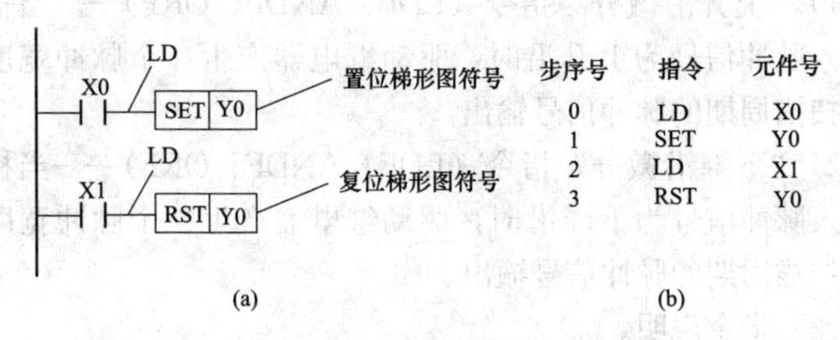

图11-20 “RST”“SET”指令使用方法

（a）梯形图；（b）指令语句表

2）“复位”“置位”指令也是线圈的输出指令，当“置位”指令执行时，线圈置“1”（接通），即使“置位”指令的输入逻辑断开后，被置位的线圈仍然保持接通状态，只有当“复位”指令执行时，线圈才置“0”（断开）。

3）对同一元件可反复使用“复位”“置位”指令，顺序可任意，但在最后执行的1条才有效。

4）“复位”“置位”指令通常是成对使用。

5）“复位”“置位”指令均可用于输出继电器Y、辅助继电器M、状态继电器S、数据寄存器（D、V、Z）、定时器T、计数器C。

5. “上升沿微分”“下降沿微分”指令

（1）指令操作码及功能。

“上升沿微分”“下降沿微分”指令见表11-3。

表 11-3 “上升沿微分”“下降沿微分”指令

指令助记符	指令名称	指令功能
LDP	取脉冲上升沿	上升沿检测运算开始
LDF	取脉冲下降沿	下降沿检测运算开始
ANDP	与脉冲上升沿	上升沿检测串联连接
ANDF	与脉冲下降沿	下降沿检测串联连接
ORP	或脉冲上升沿	上升沿检测并联连接
ORF	或脉冲下降沿	下降沿检测并联连接

1）“上升沿微分”指令（LDP、ANDP、ORP）——当检测到输入脉冲信号为上升沿时，驱动继电器产生一个脉冲宽度为一个扫描周期的脉冲信号输出。

2）“下降沿微分”指令（LDF、ANDF、ORF）——当检测到输入脉冲信号为下降沿时，驱动继电器产生一个脉冲宽度为一个扫描周期的脉冲信号输出。

（2）指令说明。

1）“上升沿微分”“下降沿微分”指令使用方法如图 11-21 所示。

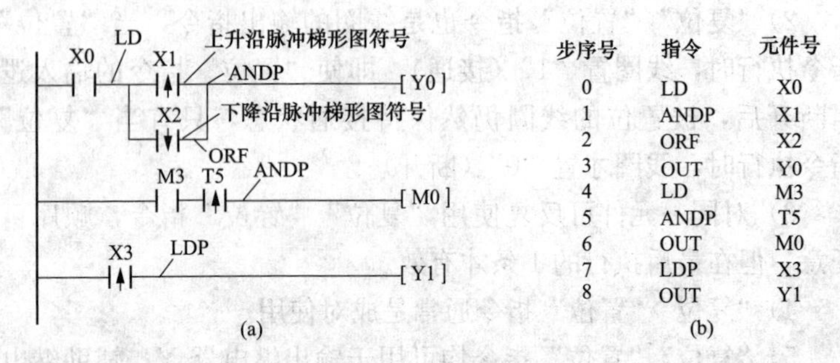

图 11-21 “上升沿微分”“下降沿微分”指令使用方法

（a）梯形图；（b）指令语句表

2）“上升沿微分”“下降沿微分”指令无操作数。

3）继电器产生的脉冲宽度为一个扫描周期的脉冲信号输出仅为 1 个。

4）继电器的脉冲信号输出可用于启动或结束一个控制程序、一个运算过程，也可用于计数器和存储器的复位脉冲等。

5）使用“上升沿微分”指令，可以将输入的宽脉冲信号变成脉宽等于扫描周期的触发脉冲信号，并保持原信号的周期不变。

6）“上升沿微分”“下降沿微分”指令均可用于输入继电器X、输出继电器Y、辅助继电器M、状态继电器S、定时器T、计数器C。

6. “块或”“块与”指令

（1）指令操作码及功能。

1）“块或”指令（ORB）——用于触头串联电路块与其前电路的并联连接。

2）“块与”指令（ANB）——用于触头并联电路块与其前电路的串联连接。

（2）指令说明。

1）“ORB”“ANB”指令使用方法如图11-22所示。

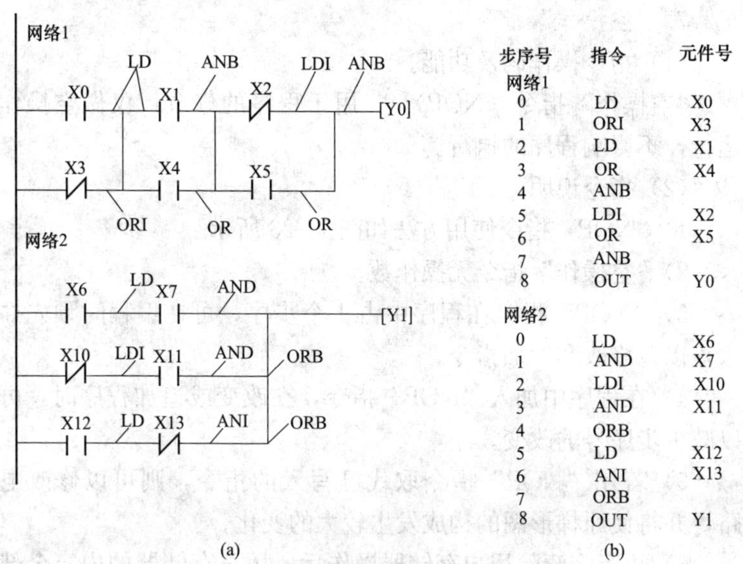

步序号	指令	元件号
网络1		
0	LD	X0
1	ORI	X3
2	LD	X1
3	OR	X4
4	ANB	
5	LDI	X2
6	OR	X5
7	ANB	
8	OUT	Y0
网络2		
0	LD	X6
1	AND	X7
2	LDI	X10
3	AND	X11
4	ORB	
5	LD	X12
6	ANI	X13
7	ORB	
8	OUT	Y1

图11-22 “ORB”“ANB”指令使用方法

（a）梯形图；（b）指令语句表

2）“块或”“块与”指令无操作数。

3）触头串联电路块是指含有2个或2个以上触头串联形成的电路。

4）触头并联电路块是指含有2个或2个以上触头并联形成的电路。

5）有多个触头串联电路块并联连接时，每个触头串联电路块开始时应该用“LD”或“LDI”指令，使用次数不得超过8次。

6）有多个触头并联电路块串联连接时，每个触头并联电路块开始时应该用“LD”或“LDI”指令，使用次数不得超过8次。

7）有多个触头串联电路块并联连接时，如对每个电路块使用“ORB”指令，则并联的电路块使用次数不得超过8次。

8）有多个触头并联电路块串联连接时，如对每个电路块使用“ANB”指令，则串联的电路块使用次数不得超过8次。

7.“空操作”指令

（1）指令操作码及功能。

“空操作”指令（NOP）——用于程序的修改，仅做空操作运行，不影响程序的执行。

（2）指令说明。

1）“NOP”指令使用方法如图11-23所示。

2）“空操作”指令无操作数。

3）“NOP”指令在程序中占1个步序，可在编程时预先插入，以备修改和增加指令。

4）在程序中加入“NOP”指令，在改变或追加程序时，可以减少步序号的改变。

5）若用“NOP”指令取代已写入的指令，则可以修改电路，并将使原梯形图的构成发生较大的变化。

6）执行完清除用户存储器操作后，用户存储器的内容全部变为“空操作”指令。

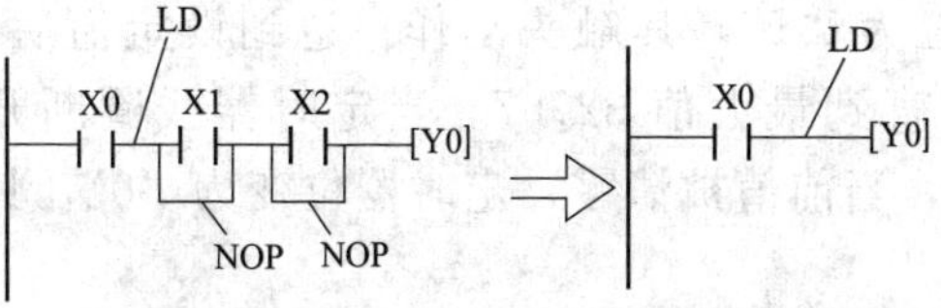

步序号	指令	元件号
0	LD	X0
1	NOP	
2	NOP	
3	OUT	Y0

(a)

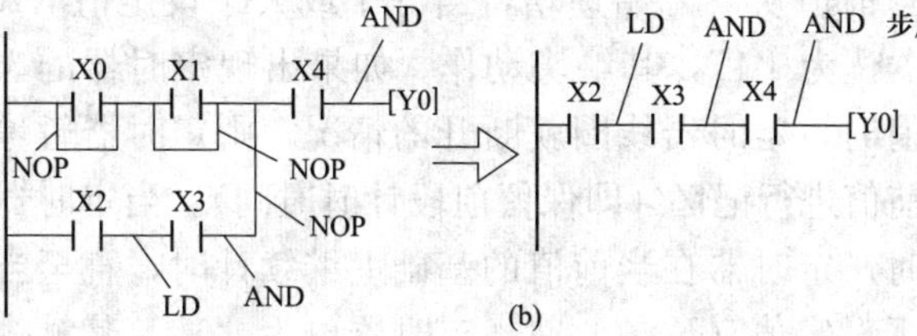

步序号	指令	元件号
0	NOP	
1	NOP	
2	LD	X2
3	AND	X3
4	NOP	
5	AND	X4
6	OUT	Y0

(b)

图 11-23 “NOP”指令使用方法

(a) 短接触头；(b) 删除触头

8. “定时器”指令

(1) 指令操作码及功能。

PLC 没有专门的“定时器”指令，而是用“OUT”指令驱动定时器线圈，其设定值可以直接用常数 K 设定，也可以间接通过指定某个数据寄存器中存放的数据来设定。

(2) 指令说明。

1)“定时器”指令使用方法如图 11-24 所示。

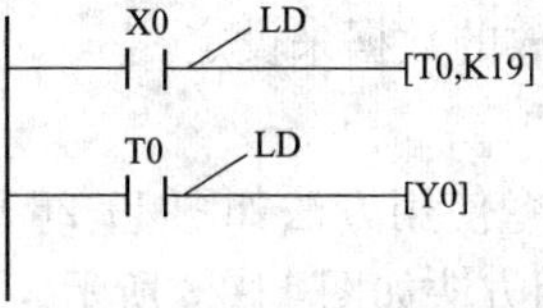

(a)

步序号	指令	元件号
0	LD	X0
1	OUT	T0
		K19
2	LD	T0
3	OUT	Y0

(b)

图 11-24 “定时器”指令使用方法

(a) 梯形图；(b) 指令语句表

2) 延时通用定时器。无记忆功能，定时器线圈接通时定时器开始计时，当前值从 0 开始递增，当等于或大于设定值

（K 值）时，定时器位为“1”，其触头动作。达到设定值后，当前值仍继续计数，直到最大值 32767。当定时器线圈断开时，定时器自动复位，当前值被清零，定时器位变为“0”，其触头复原。

3）延时积算定时器。有记忆功能，定时器线圈接通时定时器开始计时，当前值从 0 开始递增，当等于或大于设定值（K 值）时，定时器位为“1”，其触头动作。如果出现定时器的当前值小于设定值时，定时器线圈就断开的情况，则定时器暂停计时，并对当前值进行记忆（即保留前段计时时间）。当定时器线圈再次接通时，定时器在当前值的基础上继续计时，直至当前值等于或大于设定值（K 值）时，定时器位为“1”，其触头动作，该功能可实现定时器线圈分段接通的累积时间。定时器线圈断开时定时器不会自动复位，必须用单独的复位指令“RST”使其复位。复位后，当前值被清零，定时器位变为“0”，其触头复原。

4）定时器总数为 256 个，每个定时器都有唯一的编号 T0～T255，定时器定时时间等于设定值与精度的乘积。

9.“计数器”指令

（1）指令操作码及功能。

PLC 没有专门的“计数器”指令，而是用“OUT”指令驱动计数器线圈，其设定值可以直接用常数 K 设定，也可以间接通过指定某个数据寄存器中存放的数据来设定。

（2）指令说明。

1）“计数器”递增计数指令使用方法如图 11-25 所示，“计数器”递增/递减计数指令使用方法如图 11-26 所示。

2）递增计数。计数器使用两条指令完成计数任务，第 1 条为 RST 指令将计数器清零，第 2 条为计数脉冲输入，脉冲的上升沿有效。当等于或大于设定值（K）时，计数器位为“1”，其触头动作。当复位输入端（RST）接通时，当前值被清零，计数器位变为“0”，其触头复原。

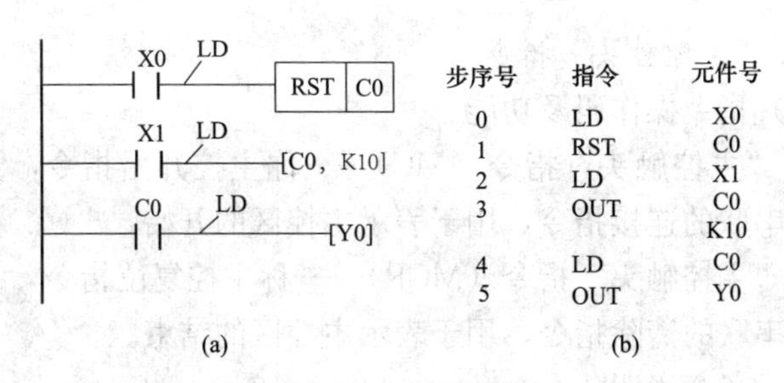

图 11-25 “计数器”递增计数指令使用方法

（a）梯形图；（b）指令语句表

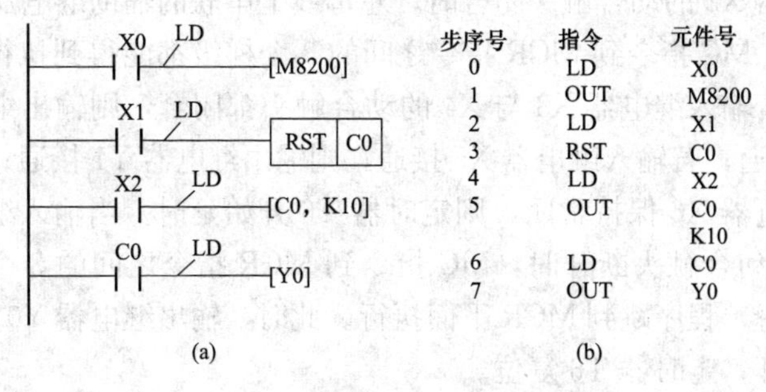

图 11-26 “计数器”递增/递减计数指令使用方法

（a）梯形图；（b）指令语句表

3）递增/递减计数。计数器使用三条指令完成计数任务，第 1 条为增减计数方式控制指令，增减计数方式由特殊辅助继电器 M8200～M8234 设定，特殊辅助继电器为“ON”时，对应的计数器为减计数；特殊辅助继电器为“OFF”时，对应的计数器为增计数。第 2 条为 RST 指令将计数器清零。第 3 条为计数脉冲输入，脉冲的上升沿有效。当等于或大于设定值（*K* 值）时，计数器位为“1”，其触头动作。当复位输入端（RST）接通时，当前值被清零，计数器位变为“0”，其触头复原。

4）递增计数是从 0 开始，累加到设定值，计数器触头动作。递减计数是从设定值开始，累减到 0，计数器触头动作。

5）计数器总数为 256 个，每个计数器都有唯一的编号 C0～C255。

10. “主控触头”指令

（1）指令操作码及功能。

1）“主控触头”指令（MC）——称主控开始指令，又称公共触头串联的连接指令，用于表示主控区的开始。

2）“主控触头”指令（MCR）——称主控复位指令，又称公共触头串联的清除指令，用于表示主控区的结束。

（2）指令说明。

1）“MC”“MCR”指令使用方法如图 11-27 所示。当输入继电器 X2 的动合触头闭合时，左母线上串联的辅助继电器 M10 接通，MC 指令到 MCR 指令之间的 3 个梯级都能得到执行。此时，若输入继电器 X3 与 X4 的动合触头都闭合，则输出继电器 Y0 接通；若输入继电器 X5 接通，则输出继电器 Y1 接通；若输入继电器 X6 保持常闭，则定时器 T6 开始延时。当输入继电器 X2 的动合触头断开时，MC 指令到 MCR 指令之间的 3 个梯级不执行，程序跳到 MCR 下面执行。此时，输出继电器 Y0 和 Y1 均断开，定时器 T6 复位。

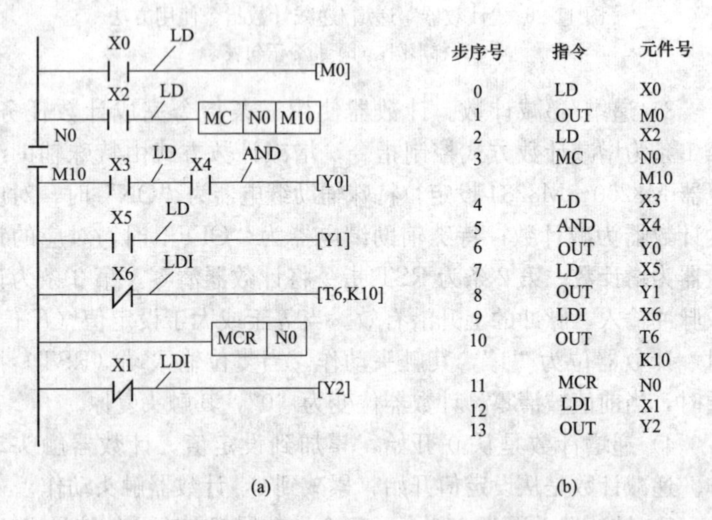

步序号	指令	元件号
0	LD	X0
1	OUT	M0
2	LD	X2
3	MC	N0 M10
4	LD	X3
5	AND	X4
6	OUT	Y0
7	LD	X5
8	OUT	Y1
9	LDI	X6
10	OUT	T6 K10
11	MCR	N0
12	LDI	X1
13	OUT	Y2

(b)

图 11-27 “MC”“MCR”指令使用方法

（a）梯形图；（b）指令语句表

2）使用主控指令的触头称为主控触头，当PLC在编程时，常会出现多个触头或多个线圈同时受1个或1组触头控制的情况，若此时使用“主控触头”指令，可以简化电路。

3）主控触头在梯形图中与一般的触头垂直，它是与母线相连的动合触头，是控制1组电路的总开关。

4）与主控触头相连的触头必须用LD或LDI指令。

5）使用MC指令后，相当于母线移到主控触头的后面，使用MCR指令后，母线回到原来的位置。

6）“MC”指令只能用于输出继电器Y、辅助继电器M（不包括特殊辅助继电器），“MCR”指令只能用于主控指令的使用次数N（$N0$～$N7$）。

11.“子程序调用”指令

（1）指令操作码及功能。

1）“子程序调用”指令（CALL）——指令编号为FNC01，用于调用子程序。

2）“子程序调用”指令（SRET）——指令编号为FNC02，用于子程序返回。

（2）指令说明。

1）“子程序调用”指令使用方法如图11-28所示。当X0为“ON时”，执行“CALL，P10”指令，程序转到执行P10所指向的子程序。在子程序中执行结束后，通过“SRET”指令返回到“CALL”指令的下一条指令处，继续执行X1。若X0为“OFF”时，则程序按顺序执行。

2）“CALL”指令的操作数只能用于指针P0～P127，“SRET”指令无操作数。

3）“CALL”指令必须与“FEND”和“SRET”指令一起使用。

4）子程序标号要写在主程序结束指令“FEND”之后。

5）标号P0和子程序返回指令“SRET”间的程序构成了P0子程序的内容。

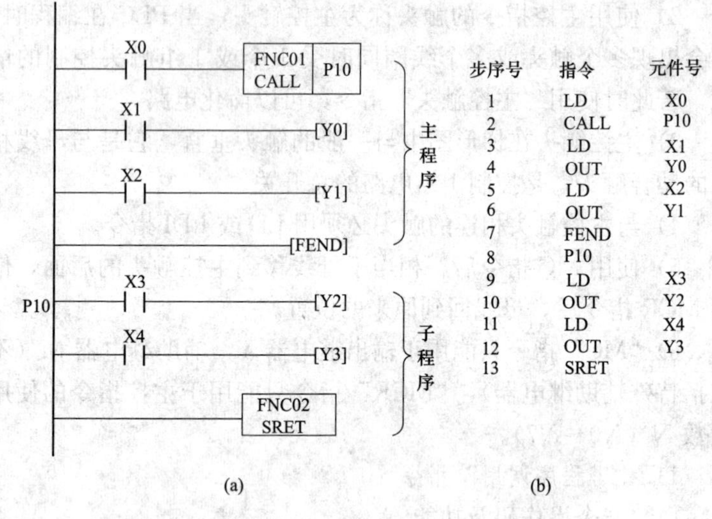

图 11-28 “子程序调用”指令使用方法

（a）梯形图；（b）指令语句表

6）当主程序带有多个子程序时，子程序要依次放在主程序结束指令“FEND”之后，并用不同的标号加以区分。

7）子程序标号范围为 P0～P127，这些标号与条件转移中所用的标号相同，而且在条件转移中已经使用的标号，子程序不能再用。

8）同一标号只能使用一次，而不同的“CALL”指令可以多次调用同一标号的子程序。

12. “程序结束”指令

（1）指令操作码及功能。

“程序结束”指令（END）——用于表示程序结束，可强制结束当前的扫描执行程序。

（2）指令说明。

1）“END”指令无操作数。

2）PLC 在循环扫描的工作过程中，对“END”指令以后的程序不再执行，而直接进入输出处理阶段。

3）在调试程序过程中，可利用“END”指令对程序进行分段调试，调试好以后必须依次删去程序中间的“END”指令。

4）在程序输入完毕后，必须写入“END”指令，否则程序不能运行。

第四节 可编程序控制器应用实例

一、可编程序控制器的编程规则

1. 继电控制电路与梯形图的关系

（1）用PLC的梯形图替代继电器控制系统，其实就是替代控制电路部分，而主电路部分基本保持不变。在PLC组成的控制电路中大致可分为3个部分：输入部分、逻辑部分、输出部分，这与继电器控制系统很相似。其中输入部分、输出部分与继电器控制系统所用的电器大致相同，所不同的是PLC中输入、输出部分为输入、输出单元，增加了光电耦合、电平转换、功率放大等电路。PLC的逻辑部分是由微处理器、存储器组成的，由计算机软件替代继电器控制电路，实现“软接线”，可以灵活编程。尽管PLC与继电器控制系统的逻辑部分组成元件不同，但在控制系统中所起的逻辑控制条件作用是一致的。

（2）继电器控制电路中使用的继电器是物理电器，继电器与其他控制电器之间的连接必须通过硬接线来完成；PLC的继电器不是物理电器，它是PLC内部电路的寄存器，常称之为“软继电器”，它具有与物理继电器相似的功能。当它的“线圈”通电时，其所属的动合触头闭合，动断触头断开；当它的“线圈”断电时，其所属触头均恢复常态。物理继电器触点是机械触头，其触头个数是有限的；而PLC中的每一个继电器都对应着其内部的一个寄存器位，由于可以无限次地读取寄存器的内容，所以可以认为PLC的每一个继电器均有无数个动合、动断触头。

（3）继电器控制电路的两条母线必须与电源相连接，其每一行（也称梯级）在满足一定条件时通过两条母线形成电流通路，使继电器、接触器线圈通电动作。而PLC梯形图的左右两根母线（右母线通常可以省略不画）并不接电源，它只表示每一个梯级的起始与终了，每一个梯级中并没有实际的电流通过。通常说PLC的线圈接通与断开，只不过是为了分析问题的方便而假设的逻辑概念上的接通与断开，可以假想为逻辑电流从左母线流向右母线，这是PLC梯形图与继电器控制电路的本质区别。

（4）继电器控制是依靠硬接线的变换来实现各种控制功能的，实际是各个主令电器发出的动作信号直接控制各个继电器、接触器线圈的通断；而PLC是通过程序来实现各种控制的，实际是PLC的CPU不断读取现场各个主令电器发出的动作信号，根据用户程序的编排，CPU经过分析处理得出结果发出动作信号到输出单元，由输出单元驱动各个（包括继电器，接触器线圈在内的）执行元件。

（5）PLC梯形图与继电器控制电路图相呼应，但绝不是一一对应的，继电器电气图与PLC梯形图的关系如图11-29所示。图中I0.0和I0.1分别表示PLC输入继电器的两个触头，它们分别与停止按钮SB1和启动按钮SB2相对应；Q0.0表示输出继电器的线圈和动合触头，它与接触器KM相对应。输入端的直流电源E通常是由PLC内部提供的，也可用外接电源，输出端的交流电源是外接的，“1M、1L”是两边各自的公共端子。

（6）在外部接线时，停止按钮SB1有2种接法：一种按照图11-29（b）的接法，SB1在PLC输入继电器的I0.0端子上仍接成动断触头形式，则在编制梯形图时，用的是动合触头X0。因SB1闭合，对应的输入继电器接通，这时它的动合触头X0是闭合的。按下SB1，断开输入继电器，Y0才断开。

另一种按照图11-29（c）的接法，将SB1在PLC输入继电器的X0端子上接成动合触头形式，则在编制梯形图时，用的是动断触头X0。因SB1断开，对应的输入继电器断开，其动断触头 X0 仍然闭合。当按下 SB1 时，接通输入继电器，X0 才断开。为了使梯形图和继电器控制电路一一对应，PLC 输入设备的触头应尽可能地接成动合触头形式。

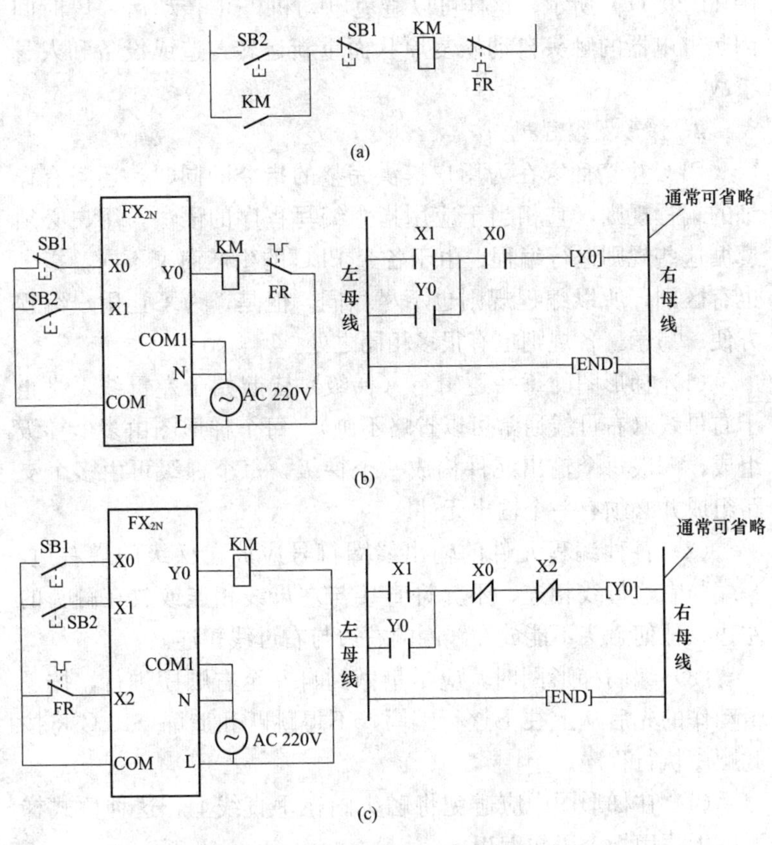

图 11-29　电气图与梯形图的关系

(a) 电气图；(b) 梯形图（形式一）；(c) 梯形图（形式二）

(7) 手动复位式热继电器 FR 的动断触头可以将其直接接在 PLC 的输出回路中，仍然与接触器的线圈串联，依靠硬件实现过载保护，通常不作为 PLC 的输入信号，这样可以节约 PLC 的一个输入点，如图 11-29（b）所示。

自动复位式热继电器FR则不可采用上述接法，必须将它的触头接在PLC的输入端（可接动合触头或动断触头），作为PLC的输入信号，依靠梯形图程序软件来实现过载保护，如图11-29（c）所示。这样可以避免电动机停止转动后一段时间因热继电器的触头自动恢复原状而重新运转，造成设备和人身事故。

2. 梯形图编程规则

PLC生产商家在为用户提供完整的指令的同时，还附有详细的编程规则，它相当于应用指令编写程序的语法，用户必须遵循这些规则进行编程。由于各个PLC的生产商家不同，指令也有区别，所以编程规则也不尽相同。但是，为了让用户编程方便、易学，各规则也有很多相同之处。

（1）梯形图的每一逻辑行（梯级）皆起始于左母线，终止于右母线（右母线通常可以省略不画）。每个梯形图由多个梯级组成，一般每个输出元件构成一个梯级，每个梯级可由多个支路组成并必须有一个输出元件。

（2）各种编程元件的输出线圈符号应放在梯级的最右边，一端与右边母线相连，不允许直接与左母线相连或放在触头的左边，任何触头不能放在线圈的右边与右母线相连。

（3）编制梯形图时，应尽量做到自左至右顺序进行，按逻辑动作的先后从上往下逐行编写，不得跳跃和遗漏，PLC将按此顺序执行程序。

（4）在梯形图中应避免将触头画在垂直线上，这种桥式梯形图无法用指令语句编程。

（5）PLC编程元件的触头在编制程序时的使用次数是无限制的，这是由于每一触头的状态存入PLC内的存储单元，可以反复读写，但在一个程序中应避免重复使用同一编号的继电器线圈。

（6）每一逻辑行内的触头可以串联、并联，但输出继电器线圈之间只可以并联，不能串联。

（7）计数器和定时器有两个输入端（计数端和计时端，置位端和复位端），编程时应按具体要求决定此两个输入端信号出现的次序，否则会造成误动作。

（8）程序较为复杂时，可采用子程序，子程序可以为多个，但主程序只有一个。

3. 指令语句表编程规则

（1）指令语句表编程与梯形图编程，两者相互对应，并可以相互转换。

（2）指令语句表是按语句排列顺序（步序）编程的，也必须符合顺序执行原则。指令语句的顺序与控制逻辑有密切关系，不能随意颠倒、插入或删除，以免引起程序错误或控制逻辑错误。

（3）指令语句表中各语句的操作数（编程元件号）必须是PLC允许范围内的参数，否则将引起程序出错。

（4）指令语句表的步序号应从用户存储器的起始地址开始，连续不断地编制。

4. 程序编程步骤

（1）分析被控对象的工艺过程和系统的控制要求，明确动作的顺序和条件，画出控制系统流程图（或状态转移图），如果控制系统较简单，可省略这一步。

（2）将所有的现场输入信号和输出控制对象分别列出，并按PLC内部可编程元件号的范围，给每个输入和输出分配一个确定的I/O端编号，编制出PLC的I/O端的分配表，或绘制出PLC的I/O接线图。

（3）设计梯形图程序，编写指令语句表。在有通用编程器的情况下，可以直接在编程器上编好梯形图，下载到PLC即可运行。若用PLC指令根据梯形图按一定的规则编写出程序，则应与梯形图一一对应。值得注意的是，在梯形图和语句表程序中，没有输入继电器的线圈。

（4）用编程器将程序输入到PLC的用户存储器中，详细的输入步骤及方法应按编程器说明书的规定进行，以保证程序语法等的正确。

（5）调试程序，直到达到系统的控制要求为止。调试是一项重要的工作，其基本原则：先简单后复杂，先软件后硬件，先单机后整体，先空载后负载。调试期间注意随时拷贝程序、随机修改图样、随时完善系统。调试时，应先对组成系统的各个单元进行单独的调试，当各个单元调试通过后，再在实验室的条件下（不与实际设备相连接）进行总体实验室联调。对于简单的系统，实验室联调也可在生产现场进行。联调所需的输入信号可通过模拟方法解决，但一定注意不能与实际设备连接。

5. 梯形图编程技巧

（1）绘制等效电路。如果梯形图构成的电路结构比较复杂，用块指令“ANB”“ORB”等难以解决，可重复使用一些触头画出它的等效电路，然后再进行编程，如图 11-30 所示。这样处理可能会多用一些指令，但不会增加硬件成本，对系统的运行也不会有什么影响。

（2）设置中间单元。在梯形图中，如果多个线圈都受同一触头串并联电路控制，那么为了简化程序，可以在编程过程中设置一个用该电路控制的辅助继电器，辅助继电器类似于继电器电路中的中间继电器，如图 11-31 所示。图中 M0 即为辅助继电器，当动合触头 M0 断开时，使输出继电器 Y0、Y1、Y3 线圈都断开。

（3）尽量减少输入、输出信号。PLC 的价格与 I/O 点数有关，因此减少 I/O 点数是降低硬件费用的最主要措施。如果几个输入器件触头的串并联电路总是作为一个整体出现，则可以将它们视为同一个输入信号，只占 PLC 的一个输入点。

（4）输入端尽量用动合触头表达。在继电器控制电路中，停止按钮和热继电器均用动断触头来表达，而在 PLC 输入端它们均要转换成动合触头形式，这样一来，在梯形图程序中，它们则要用动断触头形式来表达。

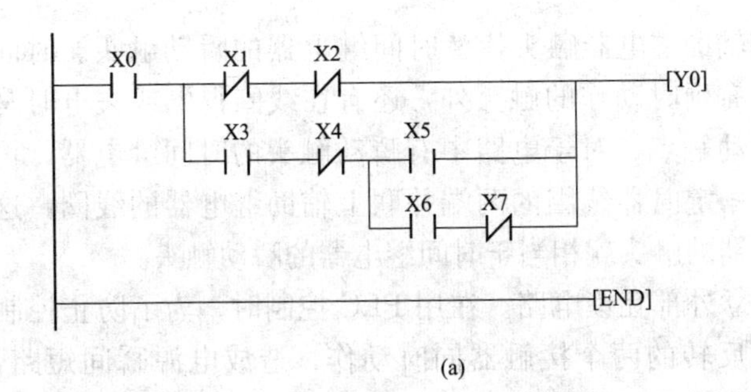

(a)

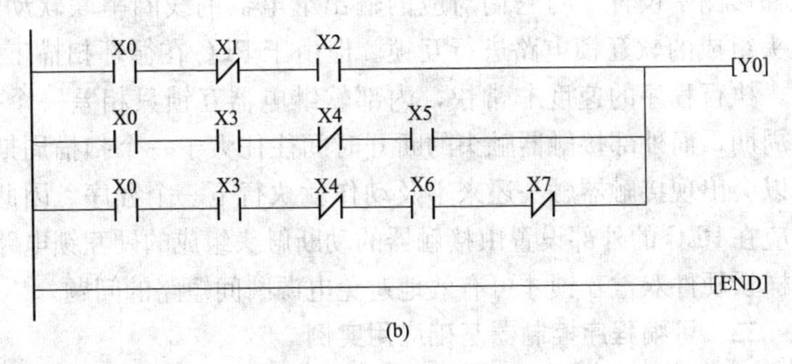

(b)

图 11-30 绘制等效电路

(a) 复杂电路；(b) 等效电路

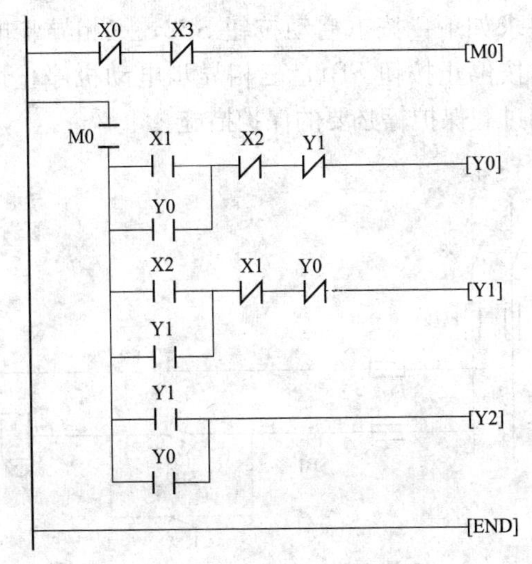

图 11-31 设置中间单元

（5）用辅助继电器触头代替时间继电器的瞬动触头。时间继电器除了有延时动作的触头外，还有在线圈得电或失电时马上动作的瞬动触点。对于电路中有瞬动触头的时间继电器，可以在梯形图中定时器线圈的两端并联上辅助继电器的线圈，这样辅助继电器的触头就相当于时间继电器的瞬动触头。

（6）设立外部互锁电路。在用 PLC 控制时，为了防止控制电动机正、反转的两个接触器同时动作，造成电源瞬间短路，在梯形图中设置了与它们对应的输出继电器的线圈串联软动断触头组成的软互锁电路进行互锁。但由于 PLC 在循环扫描工作时，执行程序的速度非常快，内部软继电器互锁只相差一个扫描周期，而外部接触器触头的断开时间往往大于一个扫描周期，所以会出现接触器触头还来不及动作就执行下一个程序。因此，还应在 PLC 的外部设置由接触器的动断触头组成的硬互锁电路，这样软硬件双重互锁才可有效地避免电源瞬间短路的问题。

二、可编程序控制器基础应用实例

1. PLC 控制电动机连续运行

（1）项目描述。电动机连续运行控制电路如图 11-32 所示，电路控制要求如下：按下启动按钮 SB2，三相异步电动机单向连续运行；按停止按钮 SB1，三相异步电动机停止运行；具有短路保护和过载保护等必要的保护措施。

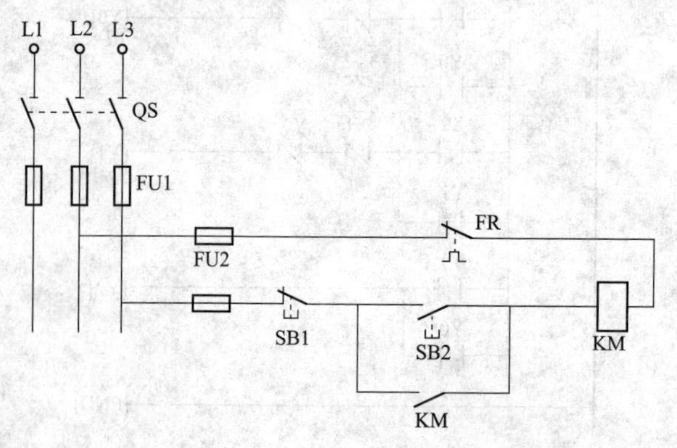

图 11-32　电动机连续运行控制电路

(2) 确定I/O点数及分配。启动按钮SB2、停止按钮SB1、热继电器触头FR这3个外部器件需接在PLC的3个输入端子上，可分配为X0、X1、X2输入点；接触器线圈KM需接在输出端子上，可分配为Y0输出点。由此可知为了实现PLC控制电动机连续运行，共需要I/O为3个输入点、1个输出点，至于自锁和互锁触头是内部的“软”触头，不占用I/O点。PLC控制电动机连续运行的I/O接线图如图11-33所示。

(3) 编制梯形图。PLC控制电动机连续运行的梯形图如图11-34所示。

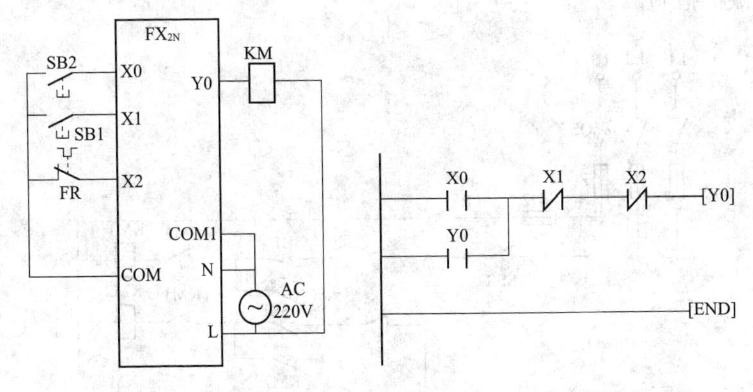

图11-33 PLC控制电动机连续运行的I/O接线图

图11-34 PLC控制电动机连续运行的梯形图

(4) PLC控制过程。

1) 按下启动按钮SB2时，输入继电器X0得电。

2) 动合触头X0闭合，输出继电器Y0线圈接通并自锁，接触器KM线圈得电吸合，其主触头闭合，电动机启动连续稳定运行。

3) 停机时，按下停止按钮SB1，输入继电器X1得电。

4) 动断触头X1断开，使输出继电器Y0线圈断开，接触器KM线圈失电释放，其主触头断开，电动机停止运行。

5) 过载时，热继电器触头FR动作，输入继电器X2得电。

6）动断触头 X2 断开，使输出继电器 Y0 线圈断开，接触器 KM 线圈失电释放，其主触头断开，切断电动机交流供电电源，从而达到过载保护的目的。

2. PLC 控制电动机正反转运行

（1）项目描述。电动机正反转运行控制电路如图 11-35 所示，电路控制要求如下：按下正转启动按钮 SB1，三相异步电动机正向连续运行；按下反转启动按钮 SB2，三相异步电动机反向连续运行；无论是正转还是反转，一旦按下停止按钮，三相异步电动机都停止运行；具有短路保护和过载保护等必要的保护措施。

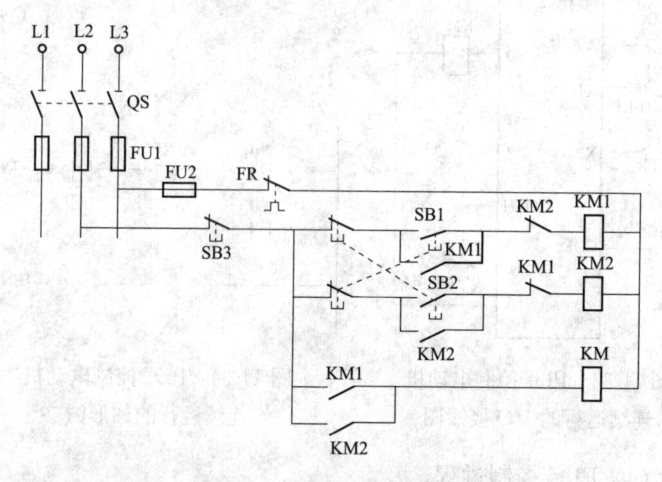

图 11-35　电动机正反转运行控制电路

（2）确定 I/O 点数及分配。正转按钮 SB1、反转按钮 SB2、停止按钮 SB3、热继电器触头 FR 这 4 个外部器件需接在 PLC 的 4 个输入端子上，可分配为 X0、X1、X2、X3 输入点；接触器线圈 KM、KM1、KM2 需接在 3 个输出端子上，可分配为 Y0、Y1、Y2 输出点。由此可知为了实现 PLC 控制电动机正反转运行，共需要 I/O 为 4 个输入点、3 个输出点。至于自锁和互锁触头是内部的“软”触头，不占用 I/O 点。PLC 控制电动机正反转运行的 I/O 接线图如图 11-36 所示。

（3）编制梯形图。PLC 控制电动机正反转运行的梯形图如图 11-37 所示。在用 PLC 控制时，为了防止控制电动机正反转的两个接触器同时动作，造成电源瞬间短路，在梯形图中设置了与它们对应的输出继电器的线圈串联软动断触头 Y1、Y2 组成的软互锁电路进行互锁。但由于 PLC 在循环扫描工作时，执行程序的速度非常快，内部软继电器互锁只相差一个扫描周期，而外部接触器触头的断开时间往往大于一个扫描周期，所以会出现接触器触头还来不及动作就执行下一个程序。因此，还应在 PLC 的外部设置由接触器的动断触头 KM1 和 KM2 组成的硬互锁电路，这样软硬件双重互锁才可有效地避免电源瞬间短路的问题。

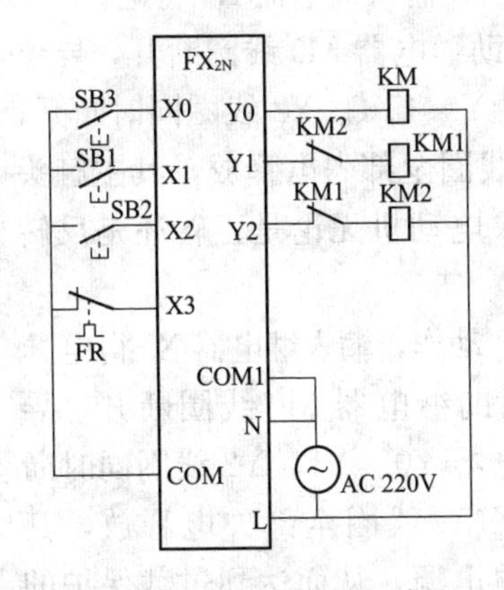

图 11-36　PLC 控制电动机正反转运行的 I/O 接线图

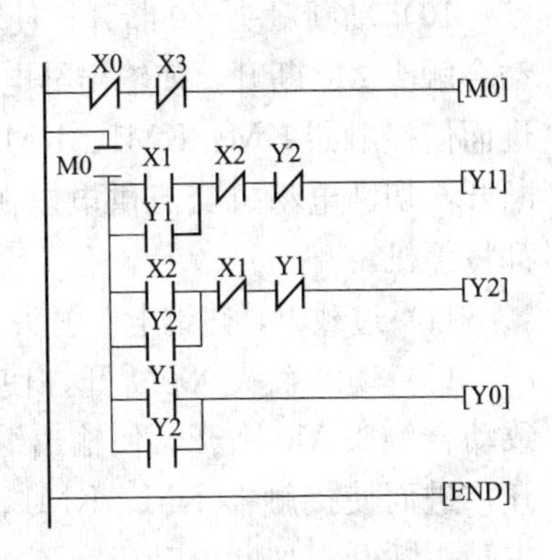

图 11-37　PLC 控制电动机正反转运行的梯形图

（4）PLC 控制过程。

1）按下正向启动按钮 SB1 时，输入继电器 X1 得电。

2）动合触头 X1 闭合，使输出继电器 Y1 线圈接通并自锁，接触器 KM1 线圈得电吸合，其主触头闭合。

3）动合触头 Y1 闭合，使输出继电器 Y0 线圈接通，接触器 KM 线圈得电吸合，其主触头闭合，电动机正向启动运行。

4）按下反转启动按钮 SB2 时，输入继电器 X2 得电。

5）一方面动断触头 X2 断开，使输出继电器 Y1 线圈断开，KM1 线圈失电释放，其主触头断开。

6）同时动合触头 Y1 断开，使输出继电器 Y0 线圈断开，接触器 KM 线圈也失电释放，其主触头断开，因此可有效地熄灭电弧，防止电动机换向时相间短路。

7）另一方面动合触头 X2 闭合，使输出继电器 Y2 线圈接通并自锁，接触器 KM2 线圈得电吸合，其主触头闭合。

8）同时动合触头 Y2 闭合，使输出继电器 Y0 线圈接通，接触器 KM 线圈重新得电吸合，其主触头闭合，电动机反向启动运行。

9）停机时，按下停机按钮 SB3，输入继电器 X0 得电。

10）动断触头 X0 断开，使辅助继电器 M0 线圈断开，导致动合触头 M0 断开，使输出继电器 Y0、Y1、Y2 线圈同时断开，进而使接触器 KM、KM1、KM2 线圈全部失电释放，其主触头断开，切断电动机交流供电电源，电动机无论是正转还是反转都将停机。

11）过载时，热继电器触头 FR 动作，输入继电器 X3 得电。

12）动断触头 X3 断开，使辅助继电器 M0 线圈断开，导致动合触头 M0 断开，使输出继电器 Y0、Y1、Y2 线圈同时断开，进而使接触器 KM、KM1、KM2 线圈全部失电释放，其主触头断开，切断电动机交流供电电源，从而达到过载保护的目的。

3. PLC 控制电动机Y-△降压启动运行

(1) 项目描述。电动机Y-△降压启动运行控制电路如图 11-38 所示，电路控制要求如下：按下启动按钮 SB2，电动机三相绕组在Y接法下低压启动；由通电延时型时间继电器自动完成绕组Y-△接法的切换控制；电动机在绕组△接法下连续运行；具有短路保护和过载保护等必要的保护措施。

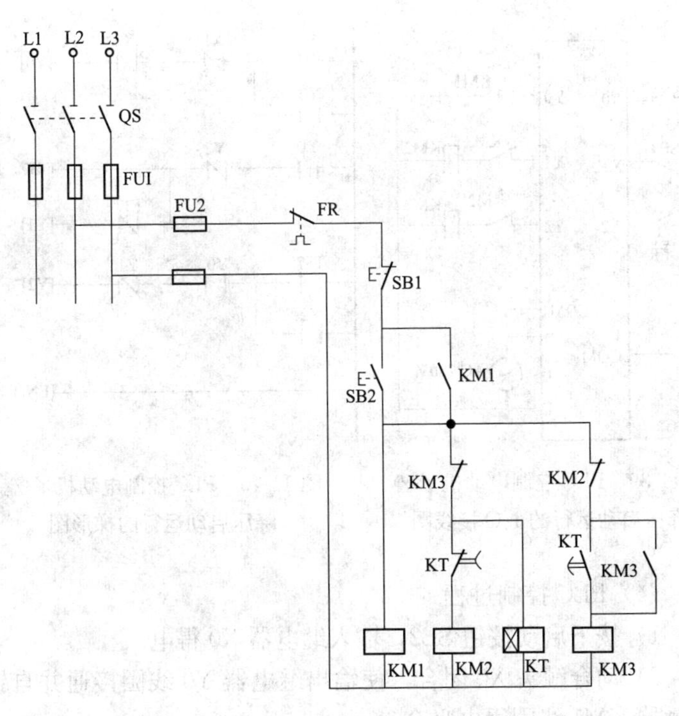

图 11-38 电动机Y-△降压启动运行控制电路

（2）确定 I/O 点数及分配。启动按钮 SB2、停止按钮 SB1、热继电器触头 FR 这 3 个外部器件需接在 PLC 的 3 个输入端子上，可分配为 X0、X1、X2 输入点；主接触器线圈 KM1、Y接法接触器线圈 KM2、△接法接触器线圈 KM3 需接在 3 个输出端子上，可分配为 Y0、Y1、Y2 输出点。由此可知为了实现 PLC 控制电动机Y-△降压启动运行，共需要 I/O 为 3 个输入点、3 个输出点。至于自锁和互锁触头是内部的“软”触头，不占用 I/O 点。PLC 控制电动机Y-△降压启动运行的 I/O 接线图如图 11-39 所示。

（3）编制梯形图。PLC 控制电动机Y-△降压启动运行的梯形图如图 11-40 所示。

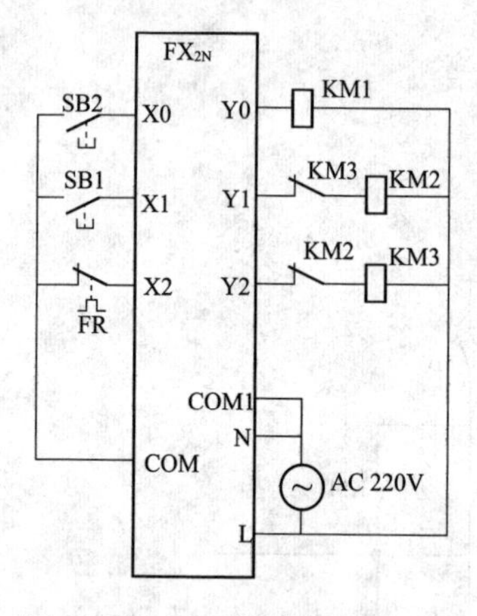

图 11-39　PLC 控制电动机Y-△降压启动运行的 I/O 接线图

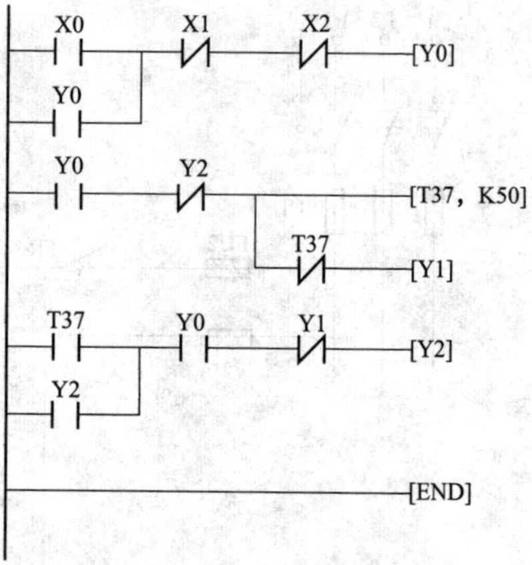

图 11-40　PLC 控制电动机Y-△降压启动运行的梯形图

（4）PLC 控制过程

1）按下启动按钮 SB2，输入继电器 X0 得电。

2）动合触头 X0 闭合，使输出继电器 Y0 线圈接通并自锁，接触器 KM1 线圈得电吸合。

3）与此同时输出继电器 Y1 线圈接通，接触器 KM2 线圈得电吸合。

4）至此，接触器 KM1、KM2 线圈均得电吸合，其主触头闭合，将电动机绕组连接成 Y 接法开始启动。

5）动合触头 X0 闭合，使通电延时型定时器 T37 接通，计时开始。

6）当计时时间到 $K(50\times100\text{ms}=5\text{s})$ 值时，定时器设定时间到，电动机转速上升到接近额定转速。

7）动断触头 T37 断开，使输出继电器 Y1 线圈断开，接触器 KM2 线圈失电释放，其主触头断开，解除电动机绕组Y接法连接。

8）同时动合触头 T37 接通，使输出继电器 Y2 线圈接通并自锁，接触器 KM3 线圈得电吸合。

9）至此，接触器KM1、KM3线圈均得电吸合，其主触头闭合，电动机绕组自动连接成△接法投入稳定运行。

10）停机时，按下停止按钮SB1，输入继电器X1得电。

11）动断触头X1断开，使输出继电器Y0线圈断开，接触器KM1线圈失电释放，其主触头断开，切断电动机交流供电电源，电动机无论是在启动阶段还是运行阶段都将停机。

12）过载时，热继电器触头FR动作，输入继电器X2得电。

13）动断触头X2断开，使输出继电器Y0线圈断开，接触器KM1线圈失电释放，其主触头断开，切断电动机交流供电电源，从而达到过载保护的目的。

4. PLC控制电动机自动往返循环运行

(1) 项目描述。电动机自动往返循环运行控制电路如图11-41所示，电路控制要求如下：按下正转（或反转）启动按钮，电动机启动全压连续运行，带动工作台左移（或右移），当运动到指定位置时，压动限位开关，电动机反转（或正转）运行，带动工作台右移（或左移），当运动到指定位置时，压动限位开关，电动机正转（或反转）运行，带动工作台左移（或右移），如此周而复始，在指定的两个位置之间自动往返循环运行；按下停止按钮，电动机无论是正转还是反转都将停机；具有短路保护和过载保护等必要的保护措施。

(2) 确定I/O点数及分配。正转按钮SB2、反转按钮SB3、停止按钮SB1、热继电器触头FR、限位开关SQ1、SQ2、SQ3、SQ4这8个外部器件需接在PLC的8个输入端子上，可分配为X0、X1、X2、X3、X4、X5、X6、X7输入点；接触器线圈KM1、KM2需接在2个输出端子上，可分配为Y0、Y1输出点。由此可知为了实现PLC控制电动机自动往返循环运行，共需要I/O为8个输入点、2个输出点。至于自锁和互锁触头是内部的“软”触头，不占用I/O点。PLC控制电动机自动往返循环运行的I/O接线图如图11-42所示。

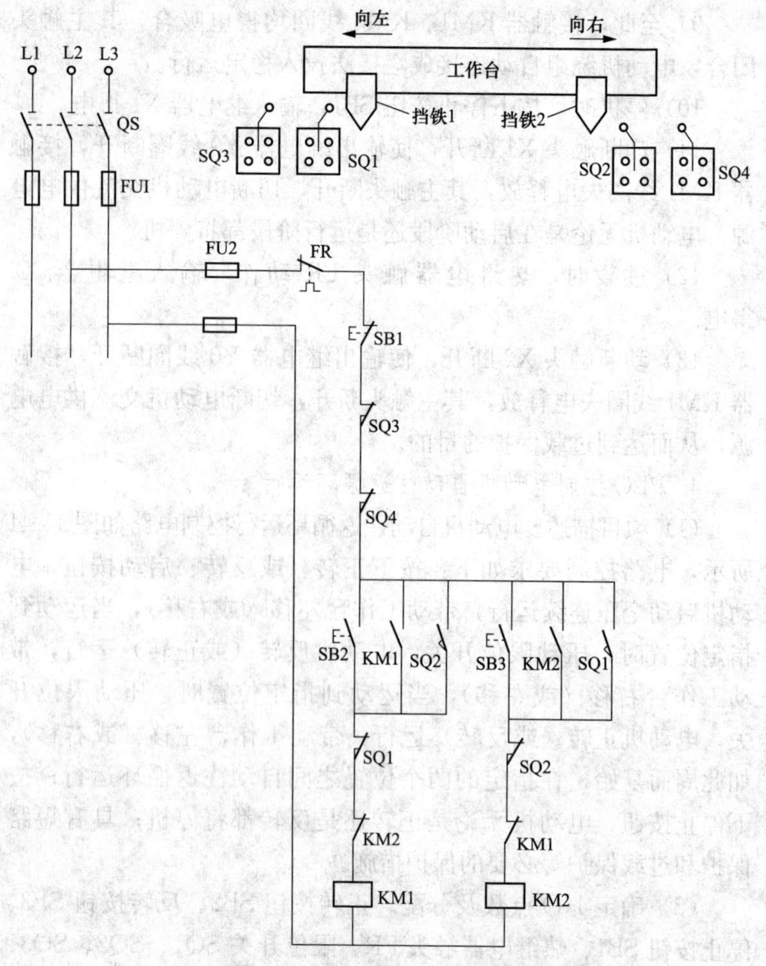

图 11-41　电动机自动往返循环运行控制电路

（3）编制梯形图。PLC 控制电动机自动往返循环运行的梯形图如图 11-43 所示。

（4）PLC 控制过程。

1）启动时，按下正转启动按钮 SB2（按下反转启动按钮 SB3 的工作过程相同，不再另述），输入继电器 X0 得电。

FX2N
SB2
SB3
SB1
FR
SQ1
SQ2
SQ3
SQ4
X0
X1
X2
X3
X4
X5
X6
X7
COM
Y0
Y1
COM1
N
L
KM2
KM1
KM1
KM2
AC 220V

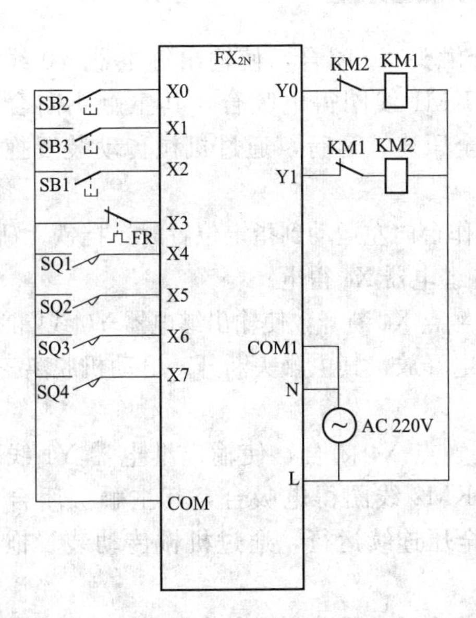

图 11-42 PLC 控制电动机自动往返循环运行的 I/O 接线图

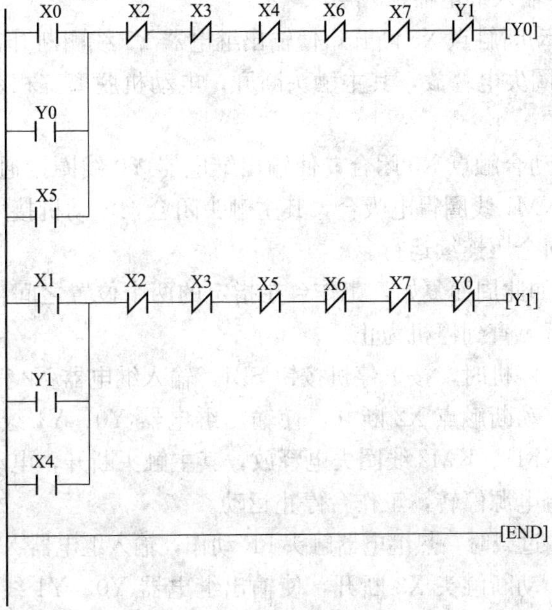

X0
X2
X3
X4
X6
X7
Y1
[Y0]
Y0
X5
X1
X2
X3
X5
X6
X7
Y0
[Y1]
Y1
X4
[END]

图 11-43 PLC 控制电动机自动往返循环运行的梯形图

2）动合触头 X0 闭合，使输出继电器 Y0 线圈接通并自锁，接触器 KM1 线圈得电吸合，其主触头闭合，电动机接入电源正向全压连续运行，通过机械传动装置拖动工作台向左运动。

3）当工作台向左运动到指定位置时，挡铁 1 碰撞限位开关 SQ1，使输入继电器 X4 得电。

4）动断触点 X4 断开，使输出继电器 Y0 线圈断开，接触器 KM1 线圈失电释放，其主触头断开，电动机脱离三相交流电源惯性运转。

5）动合触点 X4 闭合，使输出继电器 Y1 线圈接通并自锁，接触器 KM2 线圈得电吸合，其主触头闭合，电动机接入电源反向全压连续运行，通过机械传动装置拖动工作台向右运动。

6）当工作台向右运动到指定位置时，挡铁 2 碰撞限位开关 SQ2，使输入继电器 X5 得电。

7）动断触点 X5 断开，使输出继电器 Y1 线圈断开，接触器 KM2 线圈失电释放，其主触头断开，电动机脱离三相交流电源惯性运转。

8）动合触点 X5 闭合，使输出继电器 Y0 线圈接通并自锁，接触器 KM1 线圈得电吸合，其主触头闭合，电动机接入电源又开始正向全压连续运行。

9）如此周而复始，工作台在指定的两个位置之间自动往返循环运行，直到停机为止。

10）停机时，按下停机按钮 SB1，输入继电器 X2 得电。

11）动断触点 X2 断开，使输出继电器 Y0、Y1 线圈断开，接触器 KM1、KM2 线圈失电释放，其主触头断开，电动机脱离三相交流电源停转，工作台停止运动。

12）过载时，热继电器触头 FR 动作，输入继电器 X3 得电。

13）动断触头 X3 断开，使输出继电器 Y0、Y1 线圈断开，接触器 KM1、KM2 线圈失电释放，其主触头断开，切断电动机交流供电电源，起到过载保护作用。

14）限位开关SQ3、SQ4安装在工作台正常的循环指定位置之外，当限位开关SQ1或SQ2失效时，挡铁1或2碰撞到限位开关SQ3或SQ4，使输入继电器X6或X7得电。

15）动断触头X6或X7断开，使输出继电器Y0或Y1线圈断开，接触器KM1或KM2线圈失电释放，其主触头断开，切断电动机交流供电电源，起到终端保护作用。

5. PLC控制电动机顺序启动、逆序停车运行

（1）项目描述。电动机顺序启动、逆序停车运行控制电路如图11-44所示。电路控制要求如下：两条顺序相连的传送带（1号、2号），为了避免运送的物料在2号传送带上堆积，工作时，按下2号传送带（电动机M2）的启动按钮后，2号传送带开始运行；1号传送带（电动机M1）在2号传送带启动5s后自行启动；停机时，按下1号传送带（电动机M1）的停止按钮后，1号传送带停止运行；2号传送带（电动机M2）在1号传送带停止10s后自行停止；由通电延时型时间继电器自动控制时间；具有短路保护和过载保护等必要的保护措施。

（2）确定I/O点数及分配。启动按钮SB1、停止按钮SB2、热继电器触头FR1、热继电器触头FR2这4个外部器件需接在PLC的4个输入端子上，可分配为X0、X1、X2、X3输入点；接触器线圈KM1、KM2、中间继电器KA1、KA2需接在4个输出端子上，可分配为Y0、Y1、Y2、Y3输出点。由此可知为了实现PLC控制电动机顺序启动、逆序停车运行，共需要I/O为4个输入点、4个输出点。至于自锁和互锁触头是内部的“软”触头，不占用I/O点。PLC控制电动机顺序启动、逆序停车运行的I/O接线图如图11-45所示。

（3）编制梯形图。PLC控制电动机顺序启动、逆序停车运行的梯形图如图11-46所示。

（4）PLC控制过程。

1）按下启动按钮SB1，输入继电器X0得电。

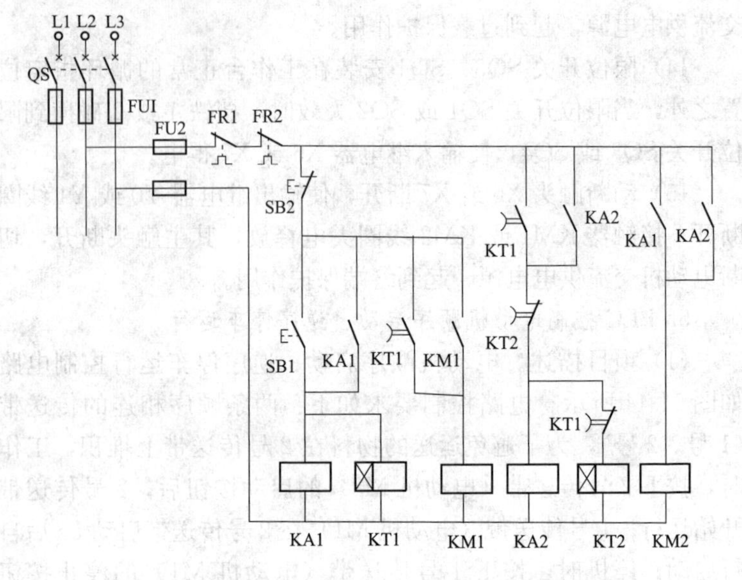

图 11-44　电动机顺序启动、逆序停车运行控制电路

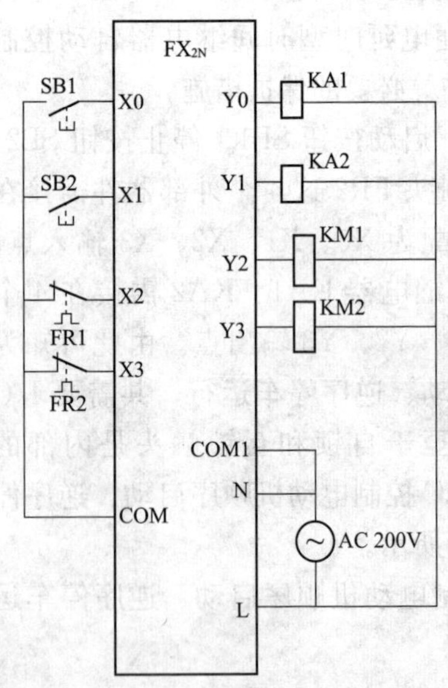

图 11-45　PLC 控制电动机顺序启动、逆序停车运行的 I/O 接线图

2）动合触头 X0 闭合，使输出继电器 Y0 线圈接通并自锁，中间继电器 KA1 线圈得电吸合，其动合触头闭合，使接触器 KM2 线圈得电吸合，其主触头闭合，电动机 M2（2 号传送带）启动运行。

3）同时，通电延时型定时器 T37 接通，计时开始。

4）当计时时间到 K（50×100ms＝5s）值时，定时器设定时间到。

5）其中一个延时动合触头 T37 闭合，一方面输出继电器 Y2 线圈接通并自锁，使接触器 KM1 线圈得电吸合，其主触头闭合，电动机 M1（1 号传送带）启动运行。

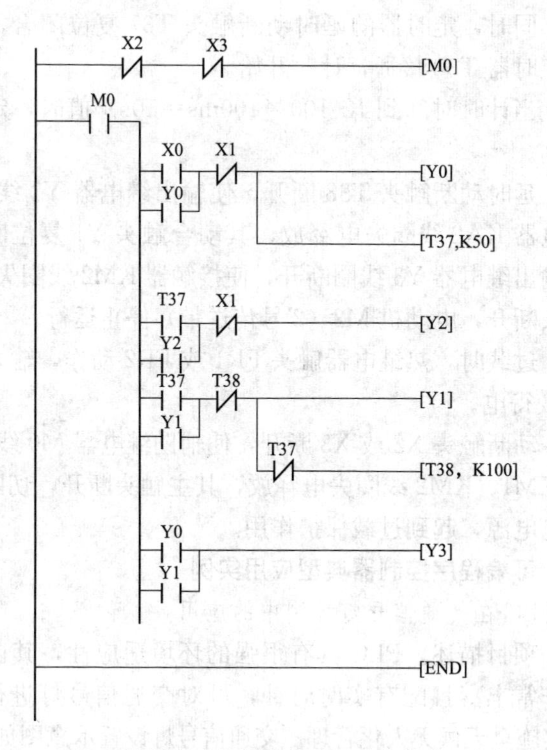

图 11-46　PLC 控制电动机顺序启动、逆序停车运行的梯形图

6）另一个延时动合触头 T37 闭合，使输出继电器 Y1 线圈接通并自锁，中间继电器 KA2 线圈得电吸合，其动合触头闭合，为后续控制做好准备。

7）按下停止按钮 SB2 时，输入继电器 X1 得电。

8）动断触头 X1 断开，使输出继电器 Y0、Y2 线圈断开，中间继电器 KA1、接触器 KM1、通电延时型定时器 T37 线圈同时失电释放，接触器 KM1 主触头断开，电动机 M1（1 号传送带）停止运行。

9）虽然中间继电器 KA1 的动合触头 Y0 断开，但由于中间继电器KA2的动合触头Y1仍闭合形成自锁，使输出继电器Y3线圈仍保持接通，故此时电动机M2（2号传送带）仍在运行。

10）同时，定时器的延时动断触头T37复位闭合，使通电延时型定时器T38接通，计时开始。

11）当计时时间到K（100×100ms＝10s）值时，定时器设定时间到。

12）延时动断触头T38断开，使输出继电器Y1线圈断开，中间继电器KA2线圈失电释放，其动合触头Y1复位断开解除自锁，输出继电器Y3线圈断开，使接触器KM2线圈失电释放，其主触头断开，电动机M2（2号传送带）停止运行。

13）过载时，热继电器触头FR1或FR2动作，输入继电器X2或X3得电。

14）动断触头X2或X3断开，使辅助继电器M0线圈断开，接触器KM1、KM2线圈失电释放，其主触头断开，切断电动机交流供电电源，起到过载保护作用。

三、可编程序控制器典型应用实例

1. PLC在交通信号灯控制中的应用

（1）项目描述。PLC具有很强的环境适应性，其内部定时器资源非常丰富且配有实时时钟，可对交通信号灯进行精确控制，并实施全天候无人化管理。交通信号灯设置示意图如图11-47所示，在东、西、南、北4个方向都有红、绿、黄3种交通信号灯，所以交通信号灯共有12盏。在交通信号灯控制系统工作时，所有信号灯受一个启动开关控制，直至按下停止按钮，系统停止工作。对交通信号灯的控制按照一定的时序要求进行，具体时序如图11-48所示。

交通信号灯正常循环运行的具体控制要求如下：

1）接通启动按钮后，信号灯开始工作，初始状态为南北红灯亮、东西绿灯亮。

2）南北红灯亮并维持35s，在此期间东西绿灯也亮并维持30s。

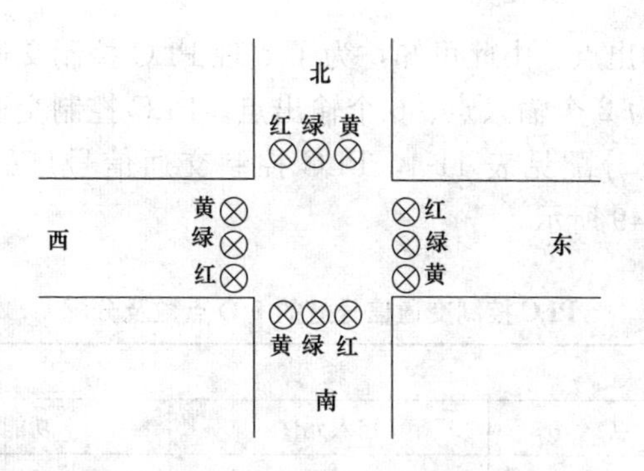

图 11-47　交通信号灯设置示意图

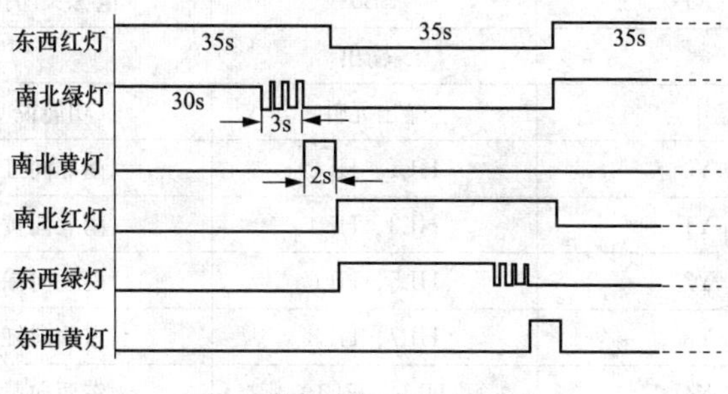

图 11-48　交通信号灯时序

3）东西绿灯亮 30s 后，闪亮 3 次（3s）后熄灭，接着东西黄灯亮并维持 2s 后熄灭。

4）东西红灯亮并维持 35s，在此期间南北绿灯也亮并维持 30s。

5）南北绿灯亮 30s 后，闪亮 3 次（3s）后熄灭，接着南北黄灯亮并维持 2s 后熄灭。

6）上述交通信号灯状态不断循环，直至停止工作。

（2）确定 I/O 点数及分配。启动按钮 SB1、停止按钮 SB2 这 2 个外部器件需接在 PLC 的 2 个输入端子上，可分配为 X0、X1 输入点；由于每一个方向的信号灯中，同种颜色的信号灯同时工作，为节省输出点数，可以采用并联输出方法，因此 12 盏信号灯需接在 6 个输出端子上，可分配为 Y0、Y1、Y2、Y3、

Y4、Y5 输出点。由此可知，为了实现 PLC 控制交通信号灯共需要 I/O 为 2 个输入点、6 个输出点。PLC 控制交通信号灯的 I/O 点数及分配见表 11-4，PLC 控制交通信号灯的 I/O 接线图如图 11-49 所示。

表 11-4　PLC 控制交通信号灯的 I/O 点数及分配

输入		
输入点	输入元件	功能说明
X0	SB1	电源接通按钮
X1	SB2	电源关闭按钮
输出		
输出点	输出元件	功能说明
Y0	HL1、HL2	南北向红灯
Y1	HL3、HL4	南北向黄灯
Y2	HL5、HL6	南北向绿灯
Y3	HL7、HL8	东西向红灯
Y4	HL9、HL10	东西向黄灯
Y5	HL11、HL12	东西向绿灯

（3）编制梯形图。PLC 控制交通信号灯的梯形图如图 11-50 所示。

（4）PLC 控制过程。

1）按下启动按钮 SB1，输入继电器 X0 接通，使辅助继电器 M0、M1 置“1”，初始状态为南北红灯亮，东西绿灯亮。

2）通电延时型定时器 T37 接通，对南北红灯亮进行 35s 计时；通电延时型定时器 T38 接通，对东西绿灯亮进行 30s 计时。

3）东西绿灯熄灭，通电延时型定时器 T39、T40 接通，对东西绿灯进行亮 0.5s、熄灭 0.5s 计时。同时执行比较指令 CMP（指令代码为 FNC10），功能是当递增计数器 C0 的计数大于 3 时，辅助继电器 M12 接通。

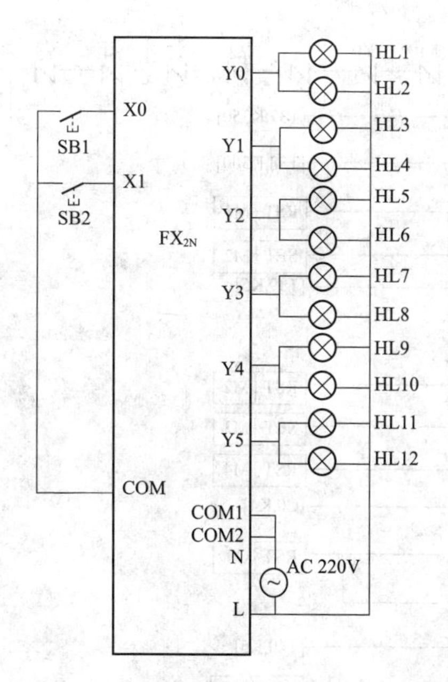

图 11-49 PLC 控制交通信号灯的 I/O 接线图

4）递增计数器 C0 接通，对东西绿灯闪亮次数进行计数；当东西绿灯闪亮 3 次后，东西黄灯亮。

5）通电延时型定时器 T41 接通，对东西黄灯亮进行 2s 计时。

6）东西黄灯熄灭，东西红灯亮，通电延时型定时器 T42 接通，对东西红灯亮进行 35s 计时；通电延时型定时器 T43 接通，对南北绿灯亮进行 30s 计时。

7）南北绿灯熄灭，通电延时型定时器 T44、T45 接通，对南北绿灯进行亮 0.5s、熄灭 0.5s 计时。同时执行比较指令 CMP（指令代码为 FNC10），其功能是当递增计数器 C1 的计数大于 3 时，辅助继电器 M15 接通。

8）递增计数器 C1 接通，对南北绿灯闪亮次数进行计数。当南北绿灯闪亮 3 次后，南北黄灯亮。

9）通电延时型定时器 T46 接通，对南北黄灯亮进行 2s 计时。

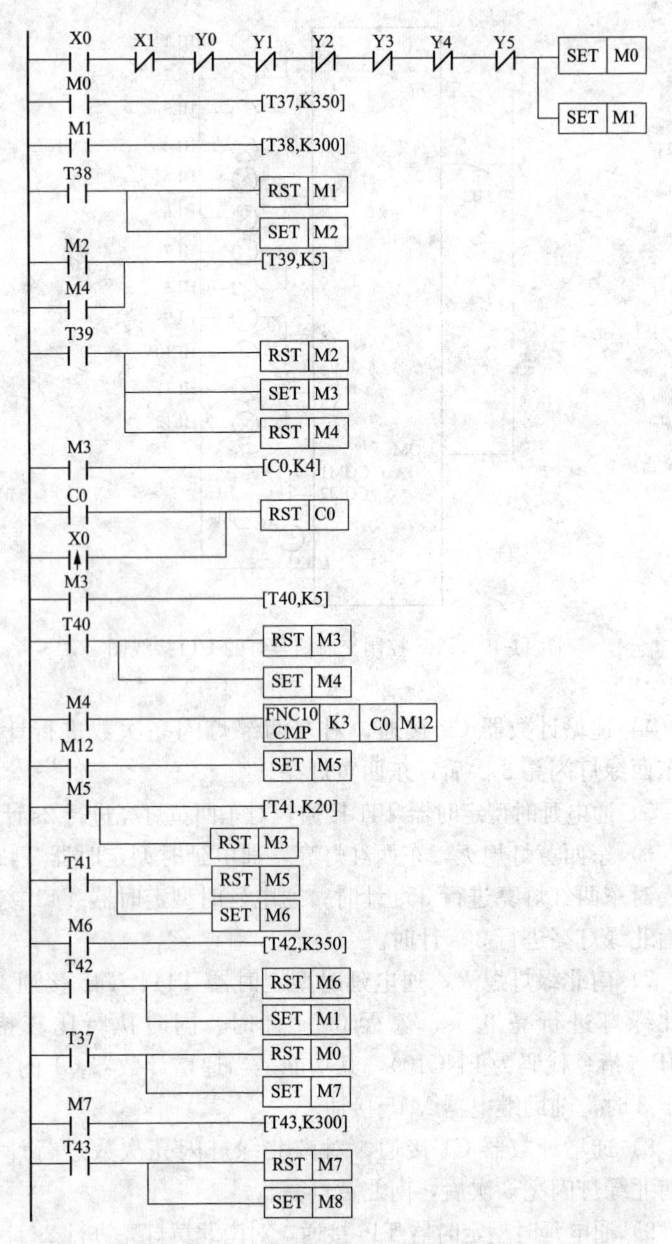

图 11-50　PLC 控制交通信号灯的梯形图（一）

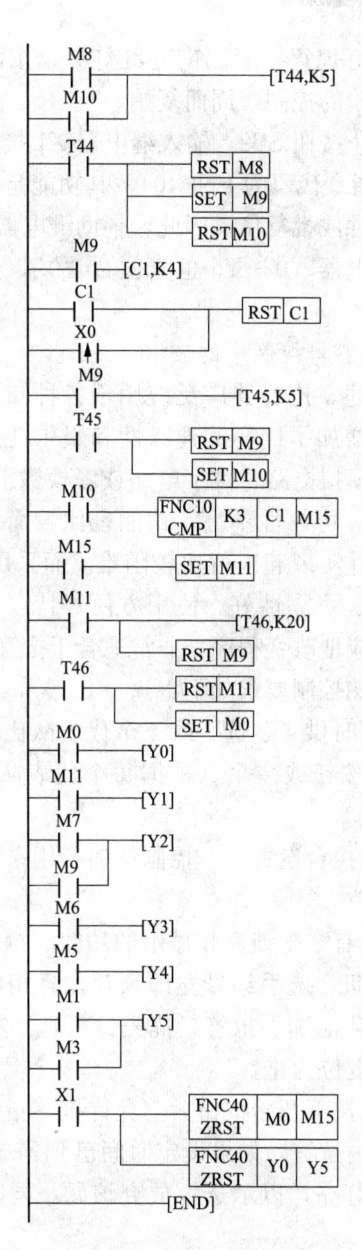

图 11-50　PLC 控制交通信号灯的梯形图（二）

10）南北黄灯熄灭，返回南北红灯亮，东西绿灯亮的初始状态，进入新一轮的控制，周而复始。

11）按下停止按钮SB2，输入继电器X1接通，执行区间复位指令ZRST（指令代码为FNC40），其功能是将指定的元件号范围内的同类元件成批复位。因此，辅助继电器M0～M15复位置“0”，输出继电器Y0～Y5也复位置“0”，交通信号灯全部熄灭，停止工作。

2. PLC在抢答器控制中的应用

（1）项目描述。抢答器广泛应用于各种知识竞赛中，不仅承担着比赛，还增加了比赛的趣味性和娱乐性。传统的抢答器大部分都是基于模拟电路、数字电路或者模数混合电路组成的，其系统线路复杂，可靠性不高，功能也比较简单，特别是当抢答路数多时，硬件实现起来就比较困难。而采用PLC制作抢答器具有结构简单、可靠性好、使用方便等特点，当改变控制要求时，只需要相应地改变程序，非常适合于抢答器的制作。

四路抢答器的控制要求如下：

1）抢答器同时供4名选手或4个代表队比赛，每个参赛台上设有1个抢答按钮或多个（根据每个代表队参赛人数而定）并联的抢答按钮。

2）主持人主控台设置2个控制按钮，用来控制抢答的开始和系统电路的复位。

3）抢答器具有数据锁存和显示的功能。抢答开始后，若有选手按下抢答按钮，选手编号立即锁存，且相应的编组指示灯点亮，同时禁止其他选手抢答，优先抢答选手的编号一直保持到主持人将系统复位为止。

4）当主持人按下开始按钮后，允许抢答指示灯亮，参赛选手应在设定时间内抢答。如果设定时间已到，却没有选手抢答，则无人抢答指示灯亮，以示选手放弃该题，同时禁止选手超时后抢答。

5）如果主持人未按下开始抢答按钮，选手就开始抢答，则属违例，这时违规指示灯亮，并点亮编组指示灯。

6）选手抢答成功后必须在设定的时间内完成答题，设定时间到，答题超时指示灯亮，选手应马上停止回答问题。

7）在允许抢答、正常抢答、违规抢答、无人抢答、答题超时情况下，蜂鸣器都应发出声响，以提示选手和主持人。

（2）确定 I/O 点数及分配。根据以上的控制要求，为了实现 PLC 控制四路抢答器共需要 I/O 为 6 个输入点、13 个输出点。PLC 控制四路抢答器的 I/O 点数及分配见表 11-5，PLC 控制四路抢答器的 I/O 接线图如图 11-51 所示。

表 11-5　PLC 控制四路抢答器的 I/O 点数及分配

输入		
输入点	输入元件	功能说明
X0	SB1	抢答开始按钮
X1	SB2	第 1 组抢答按钮
X2	SB3	第 2 组抢答按钮
X3	SB4	第 3 组抢答按钮
X4	SB5	第 4 组抢答按钮
X5	SB6	抢答复位按钮
输出		
输出点	输出元件	功能说明
Y0	HL1	允许抢答指示灯
Y1	HL2	正常抢答指示灯
Y2	HL3	违规抢答指示灯
Y3	HL4	无人抢答指示灯
Y4	HL5	答题超时指示灯
Y5	BL	音响
Y6	HL6	第 1 组抢答指示灯
Y7	HL7	第 2 组抢答指示灯
Y10	HL8	第 3 组抢答指示灯
Y11	HL9	第 4 组抢答指示灯

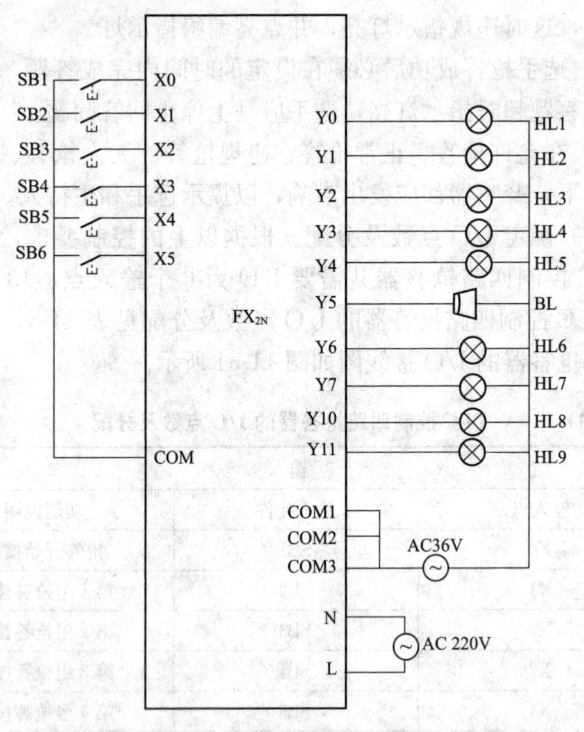

图 11-51　PLC 控制四路抢答器的 I/O 接线图

(3) 编制梯形图。PLC 控制四路抢答器的梯形图如图 11-52 所示。

(4) PLC 控制过程。

1）主持人按下抢答开始按钮 X0 后，输出继电器 Y0 接通，允许抢答指示灯亮。

2）抢答限时通电延时型定时器 T37 接通，开始 10s 计时。当有抢答按钮按下时，抢答辅助继电器 M0 接通。

3）在主持人允许抢答且有选手抢答时，输出继电器 Y0 动合触头闭合情况下，抢答辅助继电器 M0 动合触头闭合，则为正常抢答，这时输出继电器 Y1 接通，正常抢答指示灯亮。

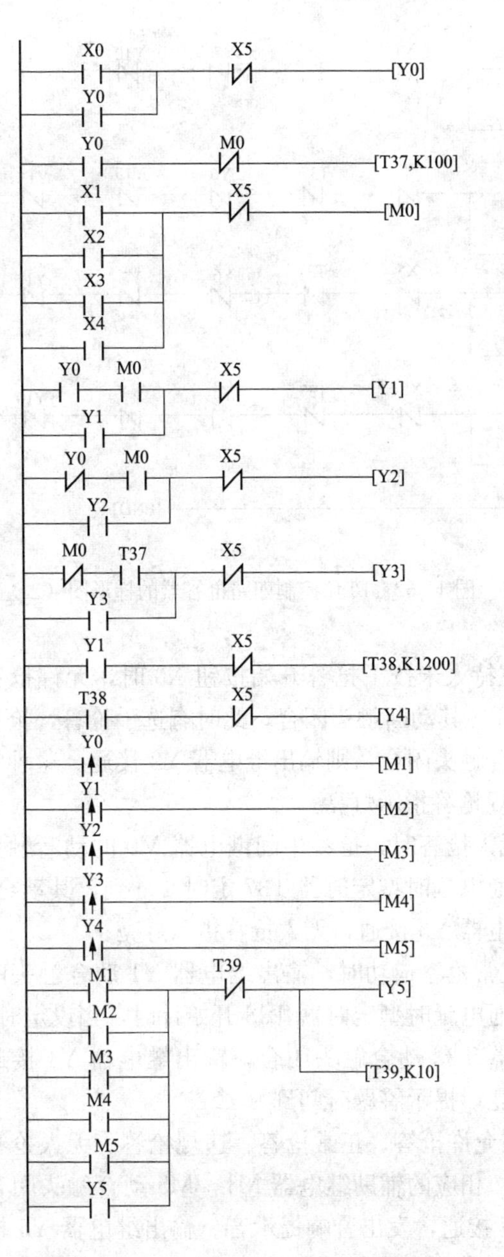

图 11-52　PLC 控制四路抢答器的梯形图（一）

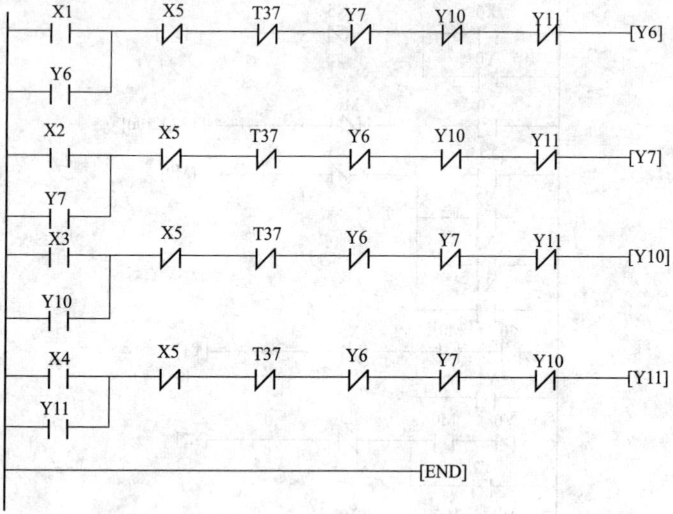

图 11-52　PLC 控制四路抢答器的梯形图（二）

4）主持人未按下抢答开始按钮 X0 时，允许抢答输出继电器 Y0 断开，其动断触头闭合，此时有选手抢答，抢答中间继电器 M0 动合触头闭合，则输出继电器 Y2 接通。这种情况为违规抢答，违规抢答指示灯亮。

5）无人抢答时，抢答中间继电器 M0 的动断触头闭合，当抢答限时通电延时型定时器 T37 定时 10s 到，其动合触头闭合，则输出继电器 Y3 接通，无人抢答指示灯亮。

6）正常抢答成功时，输出继电器 Y1 动合触头闭合，这时答题限时通电延时型定时器 T38 开始计时，当设定时间 2min 到后，定时器 T38 动合触头闭合，输出继电器 Y4 接通，答题超时指示灯亮，提示答题时间到。

7）在允许抢答、正常抢答、违规抢答、无人抢答和答题超时情况下，相应的辅助继电器 M1～M5 动合触头闭合，使输出继电器 Y5 接通，发出音响提示音。输出继电器 Y5 接通时间只有 1s，由通电延时型定时器 T39 控制。

8）在抢答限时时间内，如果某组选手抢先按下抢答按钮，则相应的输出继电器 Y6、Y7、Y10、Y11 接通并自锁，且某组抢答指示灯亮。同时，将相应的输出继电器的动断触头串入其他抢答回路中，实现电路互锁，其他选手再按下抢答按钮将不会起作用。

9）在某个题目抢答结束后，主持人按下抢答复位按钮，指示灯复位，抢答器恢复原来的状态，为下一轮抢答做好准备。

3. PLC 在多种物料混合控制中的应用

（1）项目描述。物料的混合操作是一些企业在生产过程中十分重要的组成部分，尤其在炼油、化工、制药等行业中，经常需要将两种或两种以上的液体按照一定的比例混合，然后再做相应的处理和加工。对物料混合装置的要求是物料的混合质量高、生产效率和自动化程度高、适应范围广、抗恶劣工作环境等，采用 PLC 来控制多种物料混合装置，完全能满足物料混合控制的工艺要求，并对各种成分含量能进行有效控制，提高生产效率，因此 PLC 控制多种物料混合具有广泛的应用。

多种液体按一定比例进行混合是物料混合的一种典型形式，三种液体自动混合装置如图 11-53 所示。图中电动机 M 用来搅拌混合液体，电磁阀 YV1、YV2、YV3、YV4 分别控制液体 A、B、C 的流入及混合液的流出，液面传感器 SQ1、SQ2、SQ3、SQ4 用来感应液体流入量，当液体流入量达到传感器液位时，传感器就会发出相应指令。液面传感器 SQ4 只有在电磁阀 YV4 打开时才有信号感应，这是为了避免在流入液体时产生错误指令。

三种液体自动混合装置的控制要求如下：

电磁阀的工作状态由电源控制，当接通电源时阀门处于打开的状态，当断开电源时阀门处于闭合状态。

1）初始状态。电动机 M 处于停机状态，电磁阀 YV1、YV2、YV3 处于关闭状态，电磁阀 YV4 处于接通状态，延时 20s 后自动处于闭合状态，使容器内残余液体放空，液面传感器均无信号。

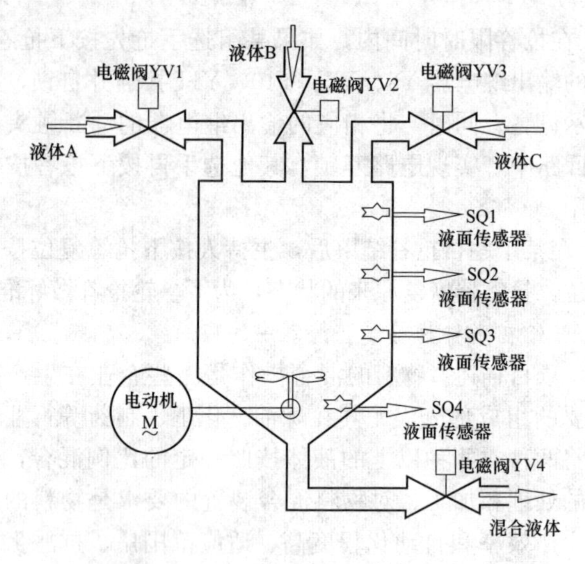

图 11-53　三种液体自动混合装置

2）启动操作。

① 按下启动按钮 SB1，电磁阀 YV1 接通，液体 A 流入容器。

② 当容器内液体的液面到达水平面 SQ3 时，电磁阀 YV1 断开，液体 A 停止流入。同时，电磁阀 YV2 接通，液体 B 流入容器。

③ 当容器内液体的液面到达水平面 SQ2 时，电磁阀 YV2 断开，液体 B 停止流入。同时，电磁阀 YV3 接通，液体 C 流入容器。

④ 当容器内液体的液面到达水平面 SQ1 时，电磁阀 YV3 断开，液体 C 停止流入。同时，电动机 M 接通启动，开始进行液体的搅匀工作。

⑤ 当电动机 M 工作 1min 后自动停机，搅匀工作停止。同时，电磁阀 YV4 接通，混合液开始放出。

⑥ 当容器内液面下降到水平面 SQ4 时，电磁阀 YV4 延时 20s 后断开，混合液体停止流出，并自动开始新一轮的工作周期。

3）停止操作。按下停止按钮 SB2 后，要求工作过程不要立即停止，而是要将当前容器内的混合液体的工作处理完毕后（当前周期循环结束），才能停止工作，否则会造成原料的浪费。

（2）确定 I/O 点数及分配。根据以上的控制要求，为了实现 PLC 控制三种液体自动混合装置共需要 I/O 为 6 个输入点、5 个输出点。PLC 控制三种液体自动混合装置的 I/O 点数及分配见表 11-6，PLC 控制三种液体自动混合装置的 I/O 接线图如图 11-54 所示。

表 11-6　PLC 控制三种液体自动混合装置的 I/O 点数及分配

输入		
输入点	输入元件	功能说明
X0	SB1	启动按钮
X1	SQ1	液体传感器（高位）
X2	SQ2	液体传感器（中位）
X3	SQ3	液体传感器（低位）
X4	SQ4	液体传感器（底位）
X5	SB2	停止按钮
输出		
输出点	输出元件	功能说明
Y0	YV1	液体 A 注入电磁阀
Y1	YV2	液体 B 注入电磁阀
Y2	YV3	液体 C 注入电磁阀
Y3	YV4	混合液体流出电磁阀
Y4	M	搅拌机

（3）编制梯形图。PLC 控制三种液体自动混合装置的梯形图如图 11-55 所示。

（4）PLC 控制过程。

1）初始状态控制。混合装置投入运行时，电磁阀 YV1、YV2、YV3 关闭，特殊辅助继电器 M8002（功能：初始脉冲，PLC 由 STOP 转为 RUN 时，ON 一个扫描周期）接通初次扫描周期，使电磁阀 YV4 阀门打开 20s 将容器内残余液体放空，液面传感器 SQ1～SQ4 无信号，搅拌电动机 M 未启动。

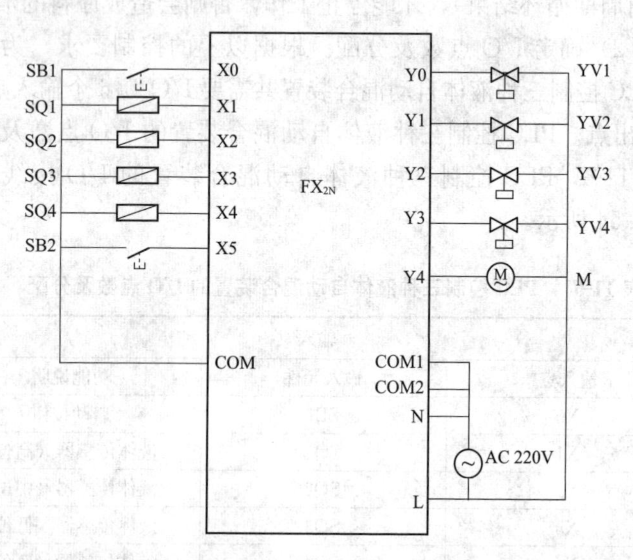

图 11-54　PLC 控制三种液体自动混合装置的 I/O 接线图

2）液体 A 注入控制。按下启动按钮 SB1，输入继电器 X0 接通，使辅助继电器 M0 接通并置位“1”，其动合触头闭合，为下一个周期连续运行做好准备。输出继电器 Y0 接通并置位“1”，电磁阀 YV1 得电打开，液体 A 开始注入混合容器。

3）液体 A 停止注入控制。当混合容器中的液面到达水平面 SQ3 时，液面传感器 SQ3 动作，输入继电器 X3 接通产生 1 个上升沿脉冲，使辅助继电器 M1 接通，其动合触头闭合，输出继电器 Y0 复位置“0”，电磁阀 YV1 失电闭合，液体 A 停止注入混合容器。

4）液体 B 注入控制。辅助继电器 M1 动合触头闭合，使输出继电器 Y1 接通并置位“1”，电磁阀 YV2 得电打开，液体 B 开始注入混合容器。

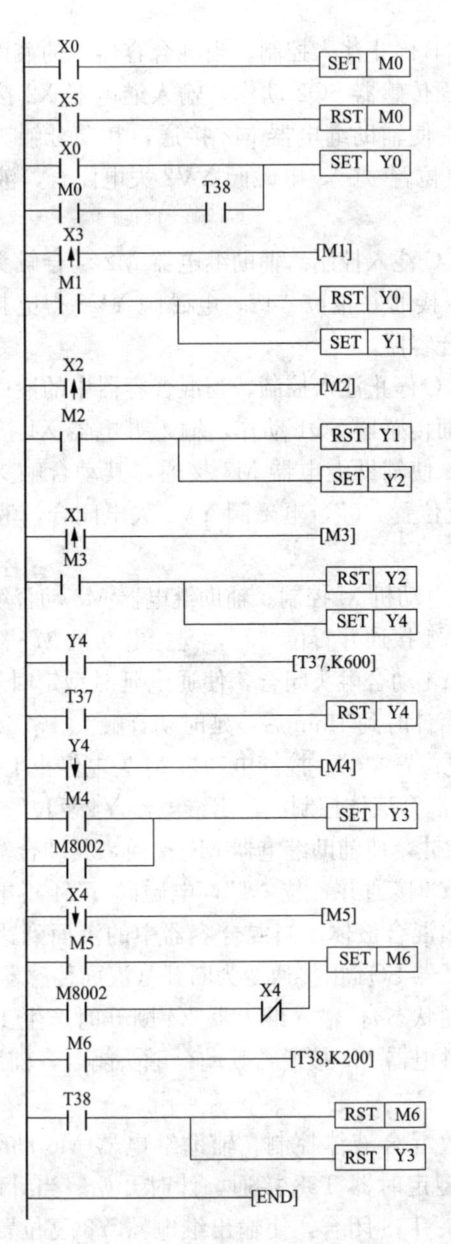

图 11-55 PLC 控制三种液体自动混合装置的梯形图

5）液体B停止注入控制。当混合容器中的液面到达水平面SQ2时，液面传感器SQ2动作，输入继电器X2接通产生1个上升沿脉冲，使辅助继电器M2接通，其动合触头闭合，输出继电器Y1复位置“0”，电磁阀YV2失电闭合，液体B停止注入混合容器。

6）液体C注入控制。辅助继电器M2动合触头闭合，使输出继电器Y2接通并置位“1”，电磁阀YV3得电打开，液体C开始注入混合容器。

7）液体C停止注入控制。当混合容器中的液面到达水平面SQ1时，液面传感器SQ1动作，输入继电器X1接通产生1个上升沿脉冲，使辅助继电器M3接通，其动合触头闭合，输出继电器Y2复位置“0”，电磁阀YV3失电闭合，液体C停止注入混合容器。

8）搅拌电动机M控制。辅助继电器M3动合触头闭合，使输出继电器Y4接通并置位“1”，搅拌电动机M得电开始工作；输出继电器Y4动合触头闭合，使通电延时型定时器T37接通，计时开始。当计时到1min后，延时动合触头T37闭合，使输出继电器Y4复位置“0”，搅拌电动机M失电停止工作。

9）放出混合液体控制。输出继电器Y4复位置“0”时产生1个下降沿脉冲，使辅助继电器M4接通，其动合触头闭合，使输出继电器Y3接通并置位“1”，电磁阀YV4得电打开，混合容器开始放出混合液体。当混合容器中的液面到达水平面SQ4时，液面传感器SQ4由接通变为断开（液面传感器SQ4在液面淹没时为接通状态），输入继电器X4断开时产生1个下降沿脉冲，使辅助继电器M5接通，其动合触头闭合，辅助继电器M6接通并置位“1”。

10）停放混合液体控制。辅助继电器M6动合触头闭合，使通电延时型定时器T38接通，计时开始。当计时到20s后，延时动合触头T38闭合，使输出继电器Y3复位置“0”，电磁阀YV4失电闭合，混合液体停止流出混合容器。

11）返回初始状态控制。延时动合触头 T38 闭合，与之串联的辅助继电器动合触头 M0 在按下启动按钮 SB1 时已闭合，使输出继电器 Y0 再次接通并置位“1”，电磁阀 YV1 得电再次打开，液体 A 开始再次注入混合容器，开始新一轮的工作周期。

12）停止控制。按下停止按钮 SB2，输入继电器 X5 接通，使辅助继电器 M0 复位置“0”，其动合触头断开，使与之串联的延时动合触头 T38 即使闭合（当前工作周期循环结束后）也无法将输出继电器 Y0 再次接通并置位“1”，即停止运行，不再循环。

第五节 可编程序控制器的选型及维护

一、可编程序控制器的选型

为了获得最优的性价比，我们在选择 PLC 时要考虑众多的因素，这些因素包括 PLC 的品牌、性能、价格、产品在各行各业的使用情况、产品的开放性、公司新产品的开发能力和持久竞争力、自己对这个产品的熟悉程度和售后服务的了解等。随着科技的不断进步，PLC 的种类日益繁多，功能也逐渐增强，PLC 的选型还要根据实际情况做出适当的调整，以便设计出满足要求的控制系统。

1. 可编程序控制器品牌的选择

品牌产品不仅意味着占有大的市场份额，使用面广，而且在技术上具有代表性和先进性，所以选择一款在相应行业应用广泛、具有良好口碑的产品也就为控制系统的可靠性和先进性打下了软硬件基础。

PLC 的性能则是多方面的综合体现，它包括 I/O 点数的多少、用户存储器（含程序存储器和数据存储器）容量的大小、CPU 的运行速度、指令的种类及条数、内部器件的种类和数量及扩展模块的种类、功能的强弱等，选择一种能满足现在情况并充分考虑将来扩展的 PCL 产品是至关重要的。

当各种品牌的PLC产品的性能相当时，价格的因素就凸显出来。而选择一款在行业中得到广泛应用的产品也会给你的工作带来不少益处，因为不用考虑产品的适用性，不用一切都从头开始，有前人积累的经验可供借鉴，这样可以大大提高工程的进度或缩短研发的周期。

2. 可编程序控制器机型的选择

PLC机型的选择要以满足系统功能需要为宗旨，不要盲目贪大求全，以免造成投资和设备资源的浪费。由于模块式PLC的配置灵活、装配和维修方便，因此，从长远来看，提倡选择模块式PLC。在工艺过程比较固定、环境条件较好（维修量较小）的场合，建议选用整体式结构的PLC，其他情况则最好选用模块式结构的PLC。

（1）对于替代继电器-接触器控制电路或生产过程控制、上下限报警、时序控制和条件控制等，则应选用内部功能一般的PLC。

（2）若需要进行模拟量控制，则应选用具有模拟量I/O模块、内部还具有数字运算功能的PLC。

（3）若需进行数据处理和信息管理，则应选用具有图表传送、数据库生成等功能的PLC。

（4）若需要进行高速计数，则应选用具有可扩展高速计数模块的PLC。

（5）若需要进行联网通信、连接打印机或显示器，则应选用具有相应接口及接口程序的PLC。

（6）对于以开关量控制为主、带少量模拟量控制的工程项目中，选用带A/D转换、D/A转换、加减运算、数据传送功能的低档PLC就能满足要求。

（7）在控制比较复杂，控制功能要求比较高的工程项目中（如要实现PID运算、闭环控制、通信联网等），可视控制规模及复杂程度来选用中档或高档的PLC。

（8）对于要将PLC纳入自动控制网络的场合，应选用具有通信联网功能的 PLC。

3. 可编程序控制器点数的估算

PLC 的 I/O 点数是 PLC 的基本参数之一，对于同一个控制对象，由于采用的控制方法不同，PLC 点数也会有所不同。在一般情况下，I/O 点数应该有适当的余量，以便随时增加控制功能。通常根据控制设备所需的 I/O 点数的总和再增加 10%～20%的可扩展余量后，作为 I/O 点数估算的数据。

PLC 的 I/O 点数对价格有直接影响，如果备用的 I/O 点的数量太多，就会使成本增加。当点数增加到某一数值后，相应的存储器容量、机架、母板等也要相应增加。因此，I/O 点数的增加对 CPU、存储器容量、控制功能范围等选择都有影响，在估算和选用 I/O 点数时应充分考虑，使得整个控制系统有较合理的性能价格比。

4. 可编程序控制器模块的选择

PLC 与工业生产过程的联系是通过 I/O 接口模块来实现的，PLC 有许多 I/O 接口模块，包括数字量输入模块、数字量输出模块、模拟量输入模块、模拟量输出模块以及其他一些特殊功能模块，不同的模块其电路和性能不同，它直接影响着 PLC 的应用范围和价格，使用时应根据它们的特点结合实际情况进行合理选择。

(1) 数字量 I/O 模块的选择。对于数字量输入模块，应考虑输入信号电平、信号传输距离、信号隔离、信号供电方式等应用要求。对于数字量输出模块应考虑其种类的特性，如继电器触头输出型、AC 120V/230V 双晶闸管输出型、DC 24V 晶体管输出型等的特性。通常继电器触头输出型模块具有价格低廉、电压等级范围大、负载电压灵活（可直流、可交流）、隔离作用好等特点，但是使用寿命较短、响应时间较长，适用于动作不频繁的交、直流负载，在用于感性负载时需要增加浪涌吸收电路。双向晶闸管输出型模块响应时间较快，适用于开关频繁、电感性低功率因数负荷场合，但价格较贵，过载能力较差。另外，数字量 I/O 模块按照 I/O 点数又可分为 8 点、16 点、32 点等规格，选择时也要根据实际的需要合理配备。

（2）模拟量 I/O 模块的选择。模拟量输入模块按照输入信号可分为电流输入型、电压输入型、热电偶输入型等。电流输入型通常信号等级为 4～20mA 或 0～20mA；电压型输入模块通常信号等级为 0～10V、－5～＋5V 等，有些模拟量输入模块可以兼容电压或电流输入信号。模拟量输出模块同样分为电压输出型和电流输出型，电流输出型的信号通常有 1～20mA、4～20mA，电压输出型的信号通常有 1～10V、－10～＋10V 等。对于模拟量 I/O 模块，按照 I/O 通道数可以分为 2 通道、4 通道、8 通道等规格。

（3）功能模块的选择。功能模块包括通讯模块、定位模块、脉冲输出模块、高速计数模块、PID 控制模块、温度控制模块等，选择 PLC 时应考虑到功能模块配套的可能性。硬件方面应考虑功能模块是否可以方便地和 PLC 相连接，PLC 是否有相关的连接、安装位置与接口、连接电缆等附件。软件方面应考虑 PLC 是否具有对应的控制功能，是否可以方便地对功能模块进行编程。

5. 可编程序控制器存储器容量的选择

PLC 系统所用的存储器基本上由 PROM（可编程只读存储器）、EPROM（紫外线可擦写存储器）、EEPROM（电可擦写存储器）、RAM（随机存储器）这几种类型组成，存储器容量则随机型的大小变化，一般小型机的最大存储能力低于 6KB 字节，中型机的最大存储能力可达 64KB 字节，大型机的最大存储能力可达兆字节。使用时可以根据程序及数据的存储需要来选用合适的机型，必要时也可专门进行存储器的扩充设计。

存储器容量是指 PLC 本身能提供的用户程序存储单元的大小，因此它应大于程序容量，为了使用方便，存储器容量一般应留有 25％～30％的扩展余量。PLC 的存储器容量通常与 I/O 的类型和数量有关系，选择存储器容量之前必须先对用户程序的大小有所了解。用户程序的大小有两种计算方法，第一种方法是先编写程序，然后根据程序使用了多少步来精确计算存储器的实际使用容量，如1000步的程序需占用存储器2K字节的容量（1步占用1个地址单元，1个地址单元占用2个字节），这种方法的优点是计算精确，缺点是要编写完程序之后才能计算。第二种方法为估算法，较为常用，用户可根据控制规模和应用目的，按照如下经验公式进行估算：

（1）对于数字量输入，存储容量字节数（B）=数字量输入点数×(10～15)。

（2）对于数字量输出，存储容量字节数（B）=数字量输出点数×(5～10)。

（3）对于模拟量输入，存储容量字节数（B）=模拟量输入路数×100。

（4）对于模拟量输出，存储容量字节数（B）=模拟量输出路数×260。

（5）对于定时器和计数器，存储容量字节数（B）=总个数×(3～5)。

将上述估算后的字节数相加，并另外再加25%的扩展余量，所得之数即为存储器容量的总字节数。

6. 可编程序控制器电源的选择

PLC的供电电源，应根据产品说明书的要求选用，一般应选用与电网电压一致的AC220V电源。重要的应用场合，应采用不间断电源或稳压电源供电。如果PLC本身带有可使用的电源时，应核对PLC系统所需电流是否在电源限定电流之内，否则应设计外接供电电源。在选择PLC所用电源的容量时，应核对电源提供的电流是否大于CPU模块、I/O模块、专用模块等消耗电流的总和，如果满足不了这个条件，解决的办法有更换电源、调整PLC模块、更换PLC机型。如果电源干扰特别严重，可以选择安装一个变比为1∶1的隔离变压器，以减少设备与地之间的干扰。

7. 可编程序控制器扫描速度的选择

PLC采用扫描方式工作，从实时性要求来看，扫描速度应越快越好，如果信号持续时间小于扫描速度，则PLC将扫描不到该信号，造成信号数据的丢失。扫描速度与用户程序的长度、CPU处理速度、软件质量等有关，选择扫描速度（处理器扫描速度）应满足小型PLC的扫描速度不大于0.5ms/千步，大中型PLC的扫描速度不大于0.2ms/千步。PLC接点的响应快、速度高，每条二进制指令执行时间约0.2μs～0.4μs，因此能满足控制要求高、响应要求快的应用需要。

8. 可编程序控制器支撑技术条件的选择

选用PLC时，有无支撑技术条件同样是重要的选择依据，支撑技术条件包括下列内容：

(1) 编程工具。小型PLC控制规模小、程序简单，不需要运行监控功能时，可用便携式简易手持编程器。而CRT（彩色显像管监视器）编程器适用于大中型PLC，除了可用于编制和输入程序外，还具备编辑和打印程序文本、实时监控运行状况等功能。由于微机已得到普及推广，微机及其兼容机的编程软件包是PLC很好的编程工具。PLC厂商都在致力于开发适用于自己机型的、功能日趋完善的微机及其兼容机编程软件包，并获得了成功。

(2) 程序文本处理。是否具有简单程序文本处理、梯形图打印以及参量状态和位置的处理等功能；是否具有程序注释，包括触头和线圈的赋值名、网络注释等，这些对用户或软件工程师阅读和调试程序非常有用。

(3) 程序储存方式。作为技术资料档案和备用资料，程序的储存方法有磁带、软磁盘或EEPROM存储程序盒等方式，具体选用哪种储存方式，取决于所选机型的技术条件。

(4) 通信软件包。对于网络控制结构或需用上位计算机管理的控制系统，有无通信软件包是选用PLC的主要依据，通信软件包往往和通信硬件（如调制解调器等）一起使用。

二、可编程序控制器的维护

1. 可编程序控制器的使用注意事项

(1) 技术指标规定PLC的工作环境温度为0～55℃，相对湿度为85%RH以下（无结霜）。因此，不要把PLC安装在高温、结霜、雨淋的场所，也不宜安装在多尘、多油烟、有腐蚀性气体和可燃性气体的场所，也不要将其安装在振动、冲击强烈的地方。如果环境条件恶劣，应采取相应的通风、防尘、防振措施，必要时可将其安装在控制室内。

(2) PLC不能与高压电器安装在一起，控制柜中应远离强干扰和动力线，如大功率可控装置、高频焊机、大型动力设备等，二者间距应大于200mm。

(3) PLC的I/O连接线与控制线应分开布线，并保持一定距离，如不得已要在同一线槽中布线应使用屏蔽线。

(4) 交流线与直流线、输入线与输出线最好分开布线，传送模拟量的信号可采用屏蔽线，其屏蔽层应在模拟量模块一端接地。

(5) 干扰往往通过电源进入PLC，在干扰较强或可靠性要求高的场合，动力部分、控制部分、PLC自身电源及I/O回路的电源应分开配线。另外，PLC电源线截面积一般情况下不能小于2mm²。

(6) 根据负载性质并结合输出点的要求，确定负载电源的种类及电压等级，能用交流的就不选直流，交流220V可行的不选24V。

(7) 负载电源即便是交流220V，也不宜直接取自电网，应采取屏蔽隔离措施，如安装一个变比为1∶1的隔离变压器，而且同一系统的基本单元、扩展单元的电源与其输出电源应取自同一相。

(8) PLC一般可直接驱动接触器、继电器和电磁阀等负载，但是，在环境恶劣、输出回路接地短路故障较多的场所，最好在输出回路上加装熔断器作短路保护。

（9）PLC 接感性负载时，应在负载两端并接 RC 浪涌电流抑制器。PLC 接直流负载时，应在负载两端并接续流二极管。

（10）用户程序宜存储在 EPROM 或 EEPROM 存储器中，当后备电池失电时程序不丢失。若程序存在 RAM 存储器中，应时常注意 PLC 的后备电池异常信号 BATT. V。

（11）当后备电池异常时，必须在一周内更换，且更换时间不超过 3min，否则会造成存储器 RAM 数据丢失，同时还应做好程序备份工作。

（12）对大中型 PLC 系统，应制定维护保养制度，做好运行、维护、保养记录。定期对系统进行检查保养，时间间隔为半年，最长不超过一年，特殊场合应缩短时间间隔。

2. 可编程序控制器的维护

（1）检查供电电源。供电电源的质量直接影响 PLC 的使用可靠性，对于故障率较高的部件，应检查工作电压是否满足其额定值的 85%～110%，若电压波动频繁，建议加装稳压电源。对于使用 10 多年的 PLC 系统，若经常出现程序执行错误，首先应考虑电源模块供电质量。

（2）检查运行环境温度（0～55℃）。温度过高将会使 PLC 内部元件性能恶化和故障增加，尤其是 CPU 会因“电子迁移”现象的加速而降低 PLC 的使用寿命。温度偏低，模拟电路的安全系数也会变小，超低温时可能引起控制系统动作不正常，解决的方法是在控制柜中安装合适的轴流风扇或加装空调，并经常检查。

（3）检查环境相对湿度（5%～85% RH）。在湿度较大的环境中，水分容易通过模块上集成电路 IC 的金属表面缺陷而侵入内部，引起内部元件性能的恶化，使内部绝缘性能降低，从而会因高压或浪涌电压而引起短路。在极其干燥的环境下，CMOS 集成电路会因静电而引起击穿。

（4）检查指示灯。PLC 一般设置电源指示灯（POWER，红色）、运行指示灯（RUN，绿色）、报警指示灯（ALAM）、出错指示灯（ERROR）。若PLC运行时，红色电源指示灯亮，绿色运行指示灯亮，其他指示灯皆不亮，说明系统运行正常。若电源指示灯亮，报警指示灯闪烁，说明PLC存在异常，如电池寿命将尽、循环超时等（但非原则性错误，一般不会中断程序运行），可用编程器清除异常，修正错误，令系统重新运行。若出现错误指示灯亮，说明存在原则性错误，系统将中断运行。若此程序较简短，可用编程器核查或重新输入程序。若程序复杂，可直接更换备品或单元。

（5）检查安装场所。PLC应远离有强烈振动源的场所，防止振动频率为0～55Hz的频繁或连续振动。当使用环境不可避免有振动时，必须采取减振措施，如采用减振胶、减振垫等。

（6）检查安装状态。检查PLC各单元固定是否牢固、各种I/O模块端子是否松动、PLC通信电缆的子母连接器是否完全插入并旋紧、外部连接线有无损伤等。

（7）除尘防尘。要定期吹扫内部灰尘，以保证风道的畅通和元件的绝缘性能。对于空气中有较多粉尘或腐蚀性气体的环境，可将PLC安装在封闭性较好的控制室或控制柜中，并且进风口和出风口加装滤清器，可阻挡绝大部分灰尘的进入。

（8）定期检查。PLC系统内有些设备或部件使用寿命有限，应根据产品制造商提供的数据建立定期更换设备一览表。例如，PLC内的锂电池一般使用寿命是3～5年，输出继电器的机械触头使用寿命是100万～500万次，电解电容的使用寿命是3～5年等。

3. 可编程序控制器的维护注意事项

（1）拆装模块一定要断电，否则会损坏模块。

（2）PLC的控制电路中使用了许多CMOS芯片，用手指直接触摸电路板将会使这些芯片因静电作用而损坏。

（3）控制柜要有整洁干燥的环境，内部应安放吸湿干燥物，并防止冷却液、油雾的飞溅。

（4）无论系统工作或者停机，控制柜门要始终处于关闭状态，保持部件有良好的密封性。

(5) 保持控制柜风机的通风良好，通风口要避开冷却液、油雾飞溅的区域，保持进风口清洁与干燥。

(6) 按规定要求，定期检查、清洗或更换风机过滤、防尘网。

(7) 定期清洁控制柜内部与电器元件的灰尘，保持电器元件处于良好的工作环境与工作状态。

(8) 电缆、电线进出口保持密封状态，防止杂物、灰尘侵入。

(9) 对于通断大功率部件的触头，应定期检查触头的接触状态，清理触头表面，防止氧化。

(10) 定期检查安装于设备上的检测元件，随时清洁其上的铁屑、灰尘等污物，保证动作可靠。

第十二章

变 频 器

第一节 变频器的基本知识

一、变频器的基本特性

1. 变频器的作用

变频器是集高压大功率晶体管技术和电子控制技术于一体的控制装置，它利用电力电子器件的通断特性，将固定频率的电源变换为另一频率（连续可调）的交流电，其作用是改变交流电动机供电的频率和幅值，因而改变其运动磁场的周期，以达到平滑控制交流电动机转速的目的，如图 12-1 所示。

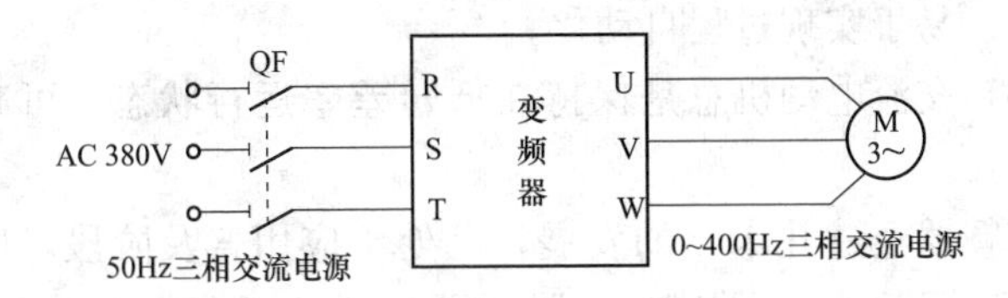

图 12-1 变频器的作用

变频器具有明显的智能化特征，能实现对交流电动机的软启动、变频调速，可提高运转精度、改变功率因数，并具有过流、过压和过载保护。变频器与交流电动机相结合，可实现对生产机械的传动控制，称为变频器传动。变频器传动已成为实现工业自动化的主要手段之一，在各种生产机械（如风机、水泵、生产线、机床、纺织机械、塑料机械、造纸机械、食品机械、石化设备、工程机械、矿山机械、钢铁机械等）中有着广泛的应用，它可以提高自动化水平，提高机械性能，提高生产效率，提高产品质量和节能等，它缩小了体积，降低了维修率，使传动技术发展到新阶段。

变频器的出现，使得交流电动机复杂的调速控制变为简单，它可替代大部分原先只能用直流电动机完成的工作，在调速性能方面完全可与直流电力拖动相媲美，是现代电动机调速运行的发展方向之一。从调速特性上看，变频调速的任何一个速度段的机械特性都较硬，且调速范围宽，能实现真正的无级调速，在交流电动机多种调速方式（变极调速、串电阻调速、降压调速、串级调速）中具有绝对优势。归纳起来，变频调速具有以下优点：

（1）调速时平滑性好，效率高。交流电动机低速运行时，相对稳定性好。

（2）调速范围大，精度高。

（3）可实现交流电动机软启动，且启动电流低，对系统及电网无冲击，节电效果明显。

（4）变频器体积小，便于安装、调试、维修简便。

（5）易于实现过程自动化。

（6）交流电动机总是保持在低转差率运行状态，可减小转子损耗。

变频器经过几十年的发展，已处于应用普及阶段，但许多企业的工程技术人员对变频器的了解还处于非常初级的阶段。因此，我们有必要学习变频器的有关知识。

2. 变频器的分类

（1）按电路结构形式分类。变频器按主电路结构形式不同可分为交-交变频器和交-直-交变频器两大类，主电路中没有直流中间环节的称为交-交变频器，有直流中间环节的称为交-直-交变频器。

1）交-交变频器可将工频交流电直接转换成可控频率的电压的交流电，由于没有直流中间环节，因此又称为直接式变压变频器。这类变频器的优点是过载能力强、效率高、输出波形较好，缺点是输出频率只有电源频率的1/3～1/2、功率因数低，一般只用于低速大功率拖动系统。

2）交-直-交变频器先将工频交流电整流换成直流电，在通过逆变器将直流电变成可控的频率和交流电压，由于有直流中间环节，因此又称为间接式变压变频器。这类变频器是通用变频器的主要形式，能实现平滑的无级调速、变频范围可达0～400Hz、效率高，广泛应用于一般交流异步电动机的变频调速控制。

交-直-交变频器根据直流中间电路的储能元件是电容性还是电感性，还可分为电压型变频器和电流型变频器两种。

① 电压型变频器储能元件为电容器，被控量为电压，动态响应较慢，其特性是输出电压恒定、电压波形为方波、电流波形为正弦波、允许多台电动机并联运行、过流及短路保护复杂，适宜一台变频器对多台电动机供电的运行方式。

② 电流型变频器储能元件为电抗器，被控量为电流，动态响应快，其特性是输出电流恒定、电流波形为方波、电压波形为正弦波、不允许多台电动机并联运行、过流及短路保护简单，适宜一台变频器对一台电动机供电的单机运行方式。

（2）按电压调制方式分类。变频器按输出电压调制方式不同可分为PAM控制方式变频器、PWM控制方式变频器和SP-WM控制方式变频器3种。

1）脉冲幅值调制（PAM）控制方式变频器是通过改变直流电压的幅值进行调压，在变频器中，逆变器只负责调节输出频率，而输出电压的幅值调节则由相控整流器或直流斩波器通过调节直流电压的幅值实现。此种方式下，系统低速运行时谐波与噪声都比较大，所以几乎不采用，只有与高速电动机配套的高速变频器中才采用。

2）脉冲宽度调制（PWM）控制方式变频器是通过逆变器同时对输出电压的幅值和频率按PWM方式进行调节，其特点是变频器在改变输出频率的同时，也改变输出电压的脉冲占空比（幅值不变）。此种方式下，具有谐波影响少、输出转矩波动小、控制电路简单（与 PAM 相比）、成本低等特点，是通用变频器中广泛采用的一种逆变器控制方式。

3）正弦波脉宽调制（SPWM）控制方式变频器是通过对 PWM 输出的脉冲系列的占空比宽度按正弦规律来安排，使输出电压（电流）的平均值接近于正弦波。此种方式下，电压的脉冲系列可以使负载电流中的谐波成分大为减小，使电动机在进行调速运行时能够更加平滑。

（3）按逆变器控制方式分类。变频器按逆变器控制方式不同可分为 U/f 控制方式变频器、转差频率控制方式变频器、矢量控制方式变频器和直接转矩控制方式变频器等几种。

1）U/f 控制方式是早期变频器采用的控制方式，在这种控制方式中，为了得到比较满意的转矩特性，变频器的输出电压频率 f 和输出电压幅值 U 同时得到控制，并基本保持 U/f 恒定。

2）转差频率控制方式是在若基本保持 U/f 恒定，则电动机的转矩基本上与转差率 s 成正比的基础上所建立的控制方式，它通过调节变频器的输出频率就可以使电动机具有某一所需的转差频率，即可得到电动机所需的输出转矩。

3）矢量控制方式的基本原理是通过测量和控制电动机定子电流矢量，根据磁场定向原理分别对电动机的励磁电流和转矩电流进行控制，从而达到控制电动机转矩的目的。

4）直接转矩控制方式也称为“直接自控制”，它是建立在精确的电动机模型基础上的控制方式，电动机模型是在电动机参数自动辨识程序运行中建立的。通过简单地检测电动机定子电压和电流，借助瞬时空间矢量理论计算电动机磁链和转矩，并根据与给定值比较所得差值，实现磁链和转矩的直接控制。

（4）按性能和用途分类。变频器根据性能和用途的不同可分为通用型变频器和专用型变频器。通用型是变频器的基本类型，具有变频器的基本特征，它包含节能型变频器和高性能变频器两大类，可应用于各种场合；专用型变频器是针对某一种特定的应用场合而设计的变频器，其在某一特定方面具有优良的性能，如风机、水泵、空调专用变频器，注塑机专用、纺织机械专用变频器、电梯、起重机专用变频器等。

（5）其他分类。变频器按供电电压的不同可分为低压变频器（440V 以下）、中压变频器（600V～1kV）、高压变频器（1kV 以上）；按供电电源的相数不同可分为单相输入变频器、三相输入变频器；按输出功率的大小不同可分为小功率变频器（7.5kW 以下）、中大功率变频器（11kW 以上）；按主开关器件不同可分为 IGBT 变频器、GTO 变频器、GTR 变频器等。

二、变频器的基本结构

交-直-交变频器称为通用变频器（简称变频器），它先将工频交流电源通过整流器变换成直流电，然后再经过逆变器将直流电变换成电压和频率可调的交流电源，变频器的变换环节大多采用交-直-交变频方式。交-直-交变频器的基本结构是整流电路和无源逆变电路的组合，它由主电路、控制电路、检测电路、保护电路、操作电路、显示电路等组成，其中主电路和控制电路是变频器的核心，如图 12-2 所示。

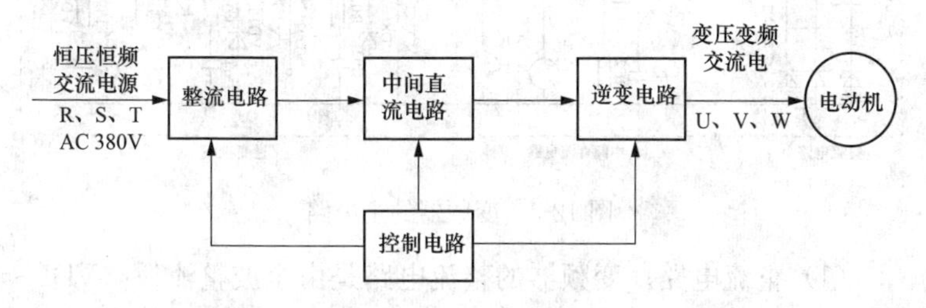

图 12-2　变频器的基本结构

变频器主电路又包括整流电路、中间直流电路和逆变电路 3 部分。整流电路可将三相（也可以是单相）交流电转换成直流电，逆变电路可将直流电转换成任意频率的交流电，中间直流电路又称为中间直流储能环节，由于逆变器的负载为异步电动机，属于感性负载，无论电动机处于电动还是发电制动状态，其功率因数都不会为1，因此在中间直流电路和电动机之间总会有无功功率的交换，这种无功能量要靠中间直流电路的储能元件（电容器或电抗器）进行缓冲。

变频器控制电路为主电路提供控制信号，通常由运算电路、检测电路、控制信号的I/O电路及驱动电路等组成，其主要任务是完成对逆变电路开关元件的开关控制、对整流电路的电压控制及各种保护功能等。控制方式有模拟控制和数字控制两种，另外，高性能的变频器已经采用微型计算机进行全数字控制，采用尽可能简单的硬件电路，主要靠软件来完成各种功能。由于软件的灵活性，因此数字控制方式常可以完成模拟控制方式难以实现的功能。

1. 主电路

变频器的主电路如图12-3所示。

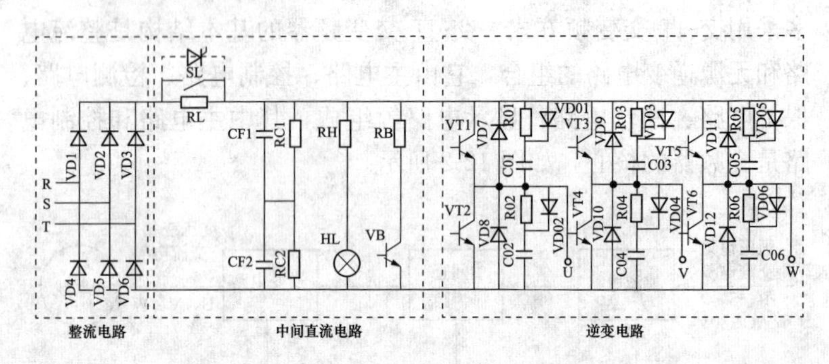

图12-3　变频器的主电路

（1）整流电路。变频器的整流电路是由全波整流桥（VD1～VD6）组成，其主要作用是对工频电源进行整流，经中间直流电路平滑滤波后为逆变电路和控制电路提供所需要的直流电源。整流电路可分为可控整流和不可控整流，根据输入电源的相数可分为单相（小型变频器）和三相桥式整流，可控整流使用的器件通常为普通晶闸管，不可控整流使用的器件通常为普通整流二极管。

(2) 中间直流电路。

1) 限流电路。由限流电阻 RL 和短路开关 SL 组成的并联电路，短路开关 SL 大多由晶闸管构成，在容量较小的变频器中，也常由继电器的触头构成。变频器刚接入电源的瞬间，将产生很大的冲击电流经整流电路流向滤波电容器 CF1、CF2，使整流桥可能因此而受到损坏，将限流电阻 RL 串接在整流桥和滤波电容器之间，就是为了削弱该冲击电流，并将其限制在允许的范围内，避免整流桥受到损坏。但限流电阻 RL 不能长期接在电路内，否则会影响直流电压和变频器输出电压的大小，并消耗能量。所以当直流电压增大到一定程度时，令短路开关 SL 接通，将限流电阻 RL 短路（切出限流电路）。

2) 滤波电路。滤波器可分为电容和电感两种，采用电容滤流具有电压不能突变的特点，可使直流电的电压波动比较小，输出阻抗比较小，相当于直流恒压源，因此这种变频器也称为电压型变频器。电感滤波具有电流不能突变的特点，可使直流电流波动比较小，由于串在回路中，其输出阻抗比较大，相当于直流恒流源，因此这种变频器也称为电流型变频器。

电容滤波电路通常由若干个电解电容串联成一组（CF1、CF2），以滤除桥式整流后的电压纹波，保持直流电压平稳。由于电解电容的容量有较大的离散性，可能使各电容的电压不相等，为了解决 CF1 和 CF2 的均压问题，在两电容旁并联一个阻值相等的均压电阻 RC1 和 RC2。

3) 电源指示电路。电源指示灯 HL 除了表示电源是否接通外，还具有提示保护的作用，即在变频器切断电源后，提示滤波电容器 CF 上的电荷是否已经释放完毕。由于 CF 的容量较大，而切断电源又必须在逆变电路停止工作的状态下进行，所以 CF 没有快速放电的回路，其放电时间往往长达数分钟。又由于 CF 的电压较高，如不放完，对人身安全将构成威胁。故在维修变频器时，必须等指示灯 HL 完全熄灭后才能接触变频器内部的导电部分，以保证安全。

4）能耗制动电路。能耗制动电路是为了满足异步电动机制动的需要而设置的，它由制动电阻 RB、制动三极管 VB 构成。电动机在停机或降速过程中，输出频率将下降，电动机将处于再生制动状态，此时必须将再生到直流电路的能量消耗掉，制动电阻 RB 就是用来以热能形式消耗这部分能量的。制动三极管 VB 由 GTR 或 IGBT 及其驱动电路构成，其功能是为放电电流流经 R_B 提供通路。

新型变频器都有内部制动功能，并有交流制动和直流制动两种方式。一般来讲，7.5kW 及以下的小容量通用变频器都采用内部制动功能，7.5kW 以上的大、中容量的通用变频器可采用外接制动电阻、制动单元和电源再生电路。

（3）逆变电路。

1）三相逆变桥。三相逆变桥是通用变频器核心部件之一，其输出就是变频器的输出，它通过 6 个功率开关器件（V1～V6）按一定规律轮流导通或截止，将中间直流电路输出的直流电源转换为频率和电压都任意可调的三相交流电源。常用的功率开关器件有门极关断晶闸管（GTO）、电力晶体管（GTR 或 BJT）、功率场效应晶体管（P-MOSFET）以及绝缘栅双极型晶体管（IGBT）等，在使用时可查有关使用手册。

2）续流电路。续流电路由续流二极管（VD7～VD12）构成，其主要功能：电动机的绕组是电感性的，其电流具有无功分量，VD7～VD12 为无功电流返回直流电源时提供通道；当频率下降、电动机处于再生制动状态时，再生电流将通过 VD7～VD12 整流后返回给直流电路；同一桥臂的两个功率开关器件在不停地交替导通和截止的换相过程中，需要 VD7～VD12 为电流提供通路。

3）缓冲电路。功率开关器件在关断和导通的瞬间，其电压和电流的变化率是很大的，有可能使功率开关器件受到损害。因此，每个功率开关器件旁还应接入缓冲电路，以减缓电压和电流的变化率。缓冲电路的结构因功率开关器件的特性和容量等的不同而有较大差异，其比较典型的一种是由 C01～C06、

R01～R06、VD01～VD06 构成。

C01～C06 的功能。功率开关器件 V1～V6 每次由导通状态切换成截止状态的关断瞬间，集电极（c 极）和发射极（e 极）间的电压将极为迅速地由近乎 0V 上升至直流电压值，过高的电压增长率将导致功率开关器件的损坏。因此，C01～C06 的功能是减小 V1～V6 在每次关断时的电压增长率。

R01～R06 的功能。功率开关器件 V1～V6 每次由截止状态切换成导通状态的接通瞬间，C01～C06 上所充的电压将向 V1～V6 放电。此放电电流的初始值将是很大的，并且将叠加到负载电流上，导致 V1～V6 的损坏。因此，R01～R06 的功能是限制功率开关器件在接通瞬间 C01～C06 的放电电流。

VD01～VD06 的功能。由于 R01～R06 的接入，又会影响 C01～C06 在功率开关器件 V1～V6 关断时减小电压增长率的效果。因此，VD01～VD06 的功能是在 V1～V6 的关断过程中，使 R01～R06 不起作用；而在 V1～V6 的接通过程中，又迫使 C01～C06 的放电电流流经 R01～R06。

2. 控制电路

变频器的控制电路框图如图 12-4 所示。各厂家的变频器主电路大同小异，而控制电路却多种多样。依据电动机的调速特性和运转特性，可对供电电压、电流、频率进行控制。变频器的控制电路都采用微机控制，与一般微机控制系统没有本质区别，是专用型的。

（1）运算电路。其作用是将变频器外部负载的非电量信号如压力、速度、转矩等指令信号同检测电路的电流、电压信号进行比较，其差值作为驱动电路的输入信号，决定变频器的输出频率和电压。

（2）输出电压、电流检测电路。采用电隔离检测技术检测主回路的电压、电流并将变频器和电动机的工作状态反馈至运算电路，然后由运算电路按事先的算法进行处理后为各部分电路提供所需的控制信号或保护信号。

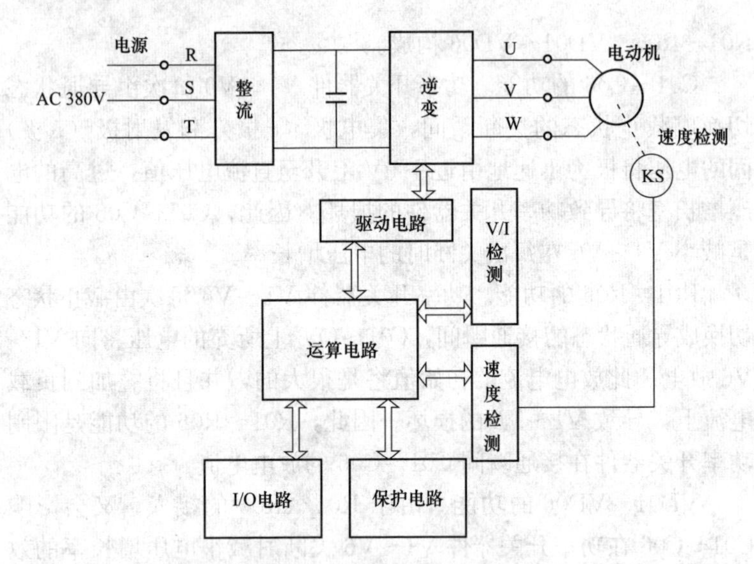

图 12-4　变频器的控制电路框图

(3) 速度检测电路。以装在异步电动机轴上的速度检测器为核心，将检测到的电动机速度信号进行处理和转换并输入运算电路，变频调速系统可根据信号处理电路设置的参数运行。

(4) 驱动电路。其作用是在控制电路的控制下，产生足够功率的驱动信号使逆变电路中的开关器件导通或关断。

(5) 保护电路。其主要作用是对检测电路得到的各种信号进行运算处理，以判断变频器本身或系统是否出现异常。当检测出现异常时，进行各种必要的处理，如变频器停止工作或抑制电流、电压值等。

(6) I/O 电路。I/O 电路的功能是为了使变频器更好地实现人机对话，变频器可对外界输出多种输入信号（如运行、多段速度运行等），还有各种内部参数的输出信号（如电流、频率、保护动作驱动等）及故障报警输出信号等。

三、变频器的工作原理

1. 变频器的调速原理

由电动机理论可知，电动机的转速 n 与三相交流电源的频

率 f、电动机极对数 P、电动机转差率 s 之间的关系为

$$n=\frac{60f}{P}\times(1-s)$$

从上式可以看出，影响电动机转速的因素有电动机的磁极对数 P、转差率 s 和电源频率 f。对于一个定型的电动机来说，磁极对数 P 一般是固定的，通常情况下，转差率 s 对于特定的负载来说是基本不变的，并且其可以调节的范围较小，加之转差率不易被直接测量，调节转差率来调速在工程上并未得到广泛应用。因此，只有通过改变电动机的供电频率 f 来实现电动机的调速运行，这就是变频器调速的原理。

2. 变频器的工作原理

从表面上看，只要改变三相交流电源的频率 f，就可以调节电动机转速的高低。事实上，只改变 f 并不能正常调速，因为会出现转速非线性变化，而且很可能会引起电动机因过流而烧毁，这是由异步电动机的特性决定的。因此，进行调速控制时，必须保持电动机的主磁通恒定。

若磁通太弱，铁芯利用不充分，在同样的转子电流下，电磁转矩小，电动机带负载能力下降。要想带负载能力恒定，就得加大转子电流，这就会引起电动机因过电流发热而烧毁。若磁通太强，则电动机处于过励磁状态，励磁电流过大，同样会引起电动机因过电流而发热。所以，变频调速一定要保持磁通恒定。

为了保证电动机调速过程中磁通保持恒定，由感应电动势的基本公式 $E=4.44fN\Phi_m$ 可知，磁通最大值 $\Phi_m=\frac{E}{4.44fN}$，由于式中 N（定子绕组匝数）对某一台电动机而言是一个固定常数，所以只要对 E（感应电动势）和 f（频率）进行适当的控制，就可以使磁通 Φ_m 保持额定值不变。恒磁通变频调速实质上就是调速时，要保证电动机的电磁转矩恒定不变，这是因为电磁转矩与磁通是成正比的关系。

由上面的分析可知，异步电动机的变频调速必须按照一定的规律且同时改变感应电动势 E 和频率 f，即必须通过变频装置获得电压和频率均可调节的供电电源，从而实现调速控制，这就是变频器的工作原理。下面分基频以下与基频以上两种调速情况进行分析。

3. 由基频（电动机额定频率）开始向下变频调速

为了保持电动机的带负载能力，应控制气隙主磁通 Φ_m 保持不变，这就要求频率由额定值 f 向下减小的同时应降低感应电动势，以保持 E/f 为常数，即保持电动势与频率之比为常数。这种控制又称为恒磁通变频调速，属于恒转矩调速方式。

但是，E 难于直接检测和直接控制。当 E 和 f 的值较高时，定子的漏阻抗电压降相对比较小，如忽略不计，则可以近似的保持定子绕组相电压 U 和频率 f 的比值为常数，即认为 $U=E$，这就是恒压频比控制方式，是近似的恒磁通控制。

当频率较低时，U 和 E 都变得很小，此时定子电流却基本不变，所以定子的阻抗压降，特别是电阻压降相对此时的 U 来说是不能忽略的。因此可想办法在低速时人为地提高定子相电压 U 以补偿定子阻抗压降的影响，使气隙主磁通 Φ_m 额定值基本保持不变，

4. 由基频（电动机额定频率）开始向上变频调速

频率由额定值 f 向上增大的同时，如果按照 E/f 为常数的规律控制，电压也必须由额定值向上增大，但电压受额定电压的限制不能再升高，只能保持不变。根据公式 $E=4.44fN\Phi_m$ 可知，随着 f 的升高，即电动机转速升高，主磁通 Φ_m 必须相应地随着 f 的上升而减小才能保持 E/f 为常数，此时相当于直流电动机弱磁调速的情况，属于近似的恒功率调速方式。也就是说，随着转速的提高（f 增大），电压恒定，磁通就自然下降，当转子电流不变时，电磁转矩就会减小，电磁功率却保持恒定不变。

四、变频器的核心元器件

1. 电力半导体开关器件

电力半导体开关器件本质上都是大容量的无触点电流开关，因它在电气传动中主要用于开关工作而得名，其基本性能要求是能耐大的工作电流、有高的阻断电压和开关频率，变频器主电路中的整流电路和逆变电路就是由电力半导体开关器件构成的。以下简单介绍几种常用的电力半导体开关器件，并对其性能及其应用进行简单的说明。

（1）晶闸管（SCR）。晶闸管是一种不具有自身关断能力的半控型电力半导体开关器件，从外形上可分为平板型和螺栓型两种。应用于变频器时，由于需要强迫换流电路，使得控制电路复杂、庞大、工作频率低、效率低，并提高了变频器的成本。但是，从生产工艺和制造技术上来说，大容量、高电压、大电流的晶闸管器件更容易制造，而且和其他电力半导体开关器件相比，晶闸管具有更好的耐过电流特性，故仍广泛应用于大容量交-交变频器中的可控整流电路和变流电路中。

（2）门极可关断晶闸管（GTO）。门极可关断晶闸管顾名思义是一种可以通过门极信号进行开通和关断的晶闸管，属于电流控制型元件，它的基本结构和普通晶闸管相同，只是采取了特殊的工艺，使得十几个甚至数百个共阳极的小 GTO 单元集成在一个芯片里，具有高阻断电压和低导通损失率的特性。应用于变频器时，主电路组件少、结构简单、体积变小、成本低、不需要强迫换流装装、开关损耗少，由于是脉冲换流，所以噪声小、容易实现 PWM 脉宽调制控制，在大功率、高电压变频调速领域应用范围广。

（3）电力晶体管（GTR、BJT）。在电力电子器件中，常将大功率的开关器件和高击穿电压大容量的双极型晶体管称为电力晶体管，我国和日本常称之为 GTR，欧美国家常称之为 BJT。应用于变频器时，一般是采用模块型电力晶体管，其内部结构既有单管型，也有达林顿复合型（将 2、4、6 只电力晶体管封装在一个管壳内），这样的结构是为了实现大电流、耐高压。电力晶体管具有开关速度快、饱和压降低、功耗小、安全工作区宽等特点，并具有自关断能力（切断基极电流即可切断集电极电流的特性），但工作频率较低，一般为5～10kHz，驱动功率大，驱动电路复杂，耐冲击能力差，易受二次击穿损坏。电力晶体管的应用一般被绝缘栅双极晶体管（IGBT）所替代。

（4）绝缘栅双极晶体管（IGBT）。绝缘栅双极晶体管是一种新型复合电力半导体开关器件，它集合了场效应晶体管和电力晶体管的优点，具有可靠性高、功率大、输入阻抗高、输出特性好、开关速度快、工作频率高（达20kHz以上）、通态电压低、耐压高、驱动电路简单、保护容易等特点。产品也有多种形式，主要有模块型和芯片型，模块型结构有一单元（一个IGBT与一个续流二极管反向并联）、二单元、四单元、六单元及七单元等。一单元的绝缘栅双极晶体管模块指标已达到最高电压4000V、最高电流1800A、关断时间已缩短到40ns，工作频率可达40kHz，在中小容量变频器电路中，绝缘栅双极晶体管的应用处于绝对的优势。

2. 智能功率模块（IPM）

智能功率模块是一种输出功率大于1W的混合集成电路，它由大功率开关器件（IGBT）、门极驱动电路、保护电路、检测电路等构成，不但具有一定功率输出的能力，而且还具有逻辑、控制、传感、检测、保护和自诊断等功能，从而将智能赋予功率器件，通过智能作用对功率器件状态进行监控。

智能功率模块从电流、电压、容量来划分可分为3种，即低压大电流、高压小电流和高压大电流。高压大电流智能功率模块主要用于电动机控制、家用电器等，其他的智能功率模块主要应用于电视机、音响等家用电器和计算机、复印机等办公设备及汽车、飞机等交通工具。变频器中常用的智能功率模块的工作电压已达到1500V，工作电流达700A，特别适用于逆变器高频化发展方向的需要，在中小容量变频器中广泛应用。

3. 脉宽调制 SPWM 波形处理芯片

（1）HEF4752 系列。HEF4752 输出的调制频率范围比较窄，为 1～200Hz，开关频率也较低，一般不超过 2kHz，2 路 6 相 SPWM 波输出电路，既可用于强迫换流的三相晶闸管逆变器，也可用于由全控型开关器件构成的逆变器。对于后者，可输出三相对称 SPWM 波控制信号，在实际应用中开关频率在 1kHz 以下，所以较适于 GTR 或 GTO 为开关器件的逆变器，在早期的通用变频器中应用较为广泛，已不适合采用 IGBT 逆变器的通用变频器。

（2）SLE4520 系列。SLE4520 是一种大规模全数字化 CMOS 集成电路，它产生波形的基本原理是利用同步脉冲触发 3 个可预置数的 8 位减法计数器，预置数对应脉冲宽度，因此 SLE4520 调制方式为单缘调制。理论上它的正弦波输出频率为 0～2.6KHz，开关频率可达 23.4KHz，与中央处理器及相应的软件配合后，就可以产生三相逆变器所需要的 6 路控制信号。

（3）MA818 系列。MA818（828/838）是一种新型的三相 PWM 专用集成芯片，其工作频率范围宽，三角波载波频率可选，最高可达 24KHz，输出调制频率最高可达 4KHz。该芯片与 SLE4520 相似，但功能比 SLE4520 要强大得多，特别适用于控制 IGBT 为开关器件的逆变器，其输出波形为纯正弦波。

（4）8XC196Mx 系列。8XC196Mx 系列微处理器芯片是新型通用变频器中广泛应用的芯片，该系列包括 8XC196MC/8XC196MD/8XC196MH 等，是三相电动机变频调速控制专用高性能 16 位微处理器。8XC196Mx 载波调制频率由输入到重装寄存器 RELOAD 中的数值决定，三相脉宽调制由软件编程计算，并分别送到其内部的三相 SPWM 发生器的比较输出寄存器进行控制。因为 8XC196Mx 是把 CPU 与 PWM 波发生器等功能集成在一起，硬件电路大大简化，进一步提高了系统的抗干扰能力和可靠性。

（5）TMS320DSP 系列。MS320DSP 芯片是专为实时数字信号处理而设计的，芯片包含定点运算 DSP、浮点运算 DSP、多处理器DSP和定点DSP控制器等，在变频器中应用较多的是TMS320C24x、TMS320C28x系列定点DSP或DSP控制器。

4. 电动机控制芯片8XC196Mx

8XC196Mx系列有3种型号，即80C196MC、80C196MD、80C196MH，该系列芯片内部除了具有一般16位微处理器的功能外，还集成了专用于电动机控制的外围部件，如三相互补SPWM波形发生器WG、PWM调制器、事件管理器EPA、频率发生器FG、串行SIO、I/O口、A/D转换通道及监视定时器（看门狗时钟）WDT等。波形发生器WG、PWM调制器可以编程产生中心对称的三相SPWM波形和脉宽调制PWM波形，通过P6口可直接输出六路SPWM信号，在用于逆变器的驱动时，每个引脚的驱动电流可达20mA。

5. 数字信号处理器芯片DSP

DSP芯片按执行速度可分为低速产品、中速产品、高速产品。低速产品一般为20～50MIPS（每百万条指令/s），能维持适量存储和功耗，提供了较好的性能价格比，适用于仪器仪表和精密控制等，在变频器中应用的TMS320C24x、TMS320C28x、ADMCx等系列定点DSP芯片就属于这一类。DSP芯片具有实时算术运算能力，减少了查表的数量，节省了内存空间、并集成了电动机控制外围部件，减少了系统中传感器的数量，依据控制算法控制电源的开关频率，从而产生SPWM波形控制信号，在电动机控制方面，具有其他控制器无法比拟的优越性，以TMS320C24x芯片为例，他采用高性能静态CMOS技术，塑壳扁平封装，其特征是将高性能的DSP内核和丰富的微处理器外设功能集成在一体。

6. 矢量控制处理器芯片AD2S100

AD2S100是矢量控制专用处理器，它是根据Park变换原理构成的矢量变换控制器，可实现正交矢量旋转变换，从而用于异步电动机和永磁无刷电动机的矢量控制。大多数变频器都采用微处理器或数字信号处理器，以软件来实现，而采用

AD2S100硬件来代替软件处理中的Park变换算法，处理时间可由典型的微处理器的100μs或数字信号处理器的40μs降低到2μs，它不但使系统带宽增加，而且可使中央处理器CPU附加更多性能。因此，在一些高动态性能的变频器中得到应用。

第二节　变频器（三菱FR-A740）的整机配置

三菱变频器产品在市场上用量最多的是FR-(A、E、S、F)700系列，它完全取代了早期的FR-(A、E、S、F) 500系列，FR-700系列共同的特点如下：

(1) 采用三菱最新的柔性PWM控制技术，使噪声减少，加强了抑制射频干扰能力。

(2) 采用直接监视并控制主回路的智能驱动回路，使低速性能提高。

(3) 具有可拆卸型冷却风扇、控制端子和漏、源型逻辑转换端子，输入/输出端子可在漏、源型逻辑之间转换。

(4) 输入/输出信号类型包括模拟信号、数字信号、脉冲串和网络连接。

(5) 输入电压范围宽，三相输入电压范围为323～528V，单相输入电压范围170～264V。

(6) 过载能力为150％(60s)、200％(0.5s)，具有反时限特性。

(7) 所有的产品均内置PID控制器和RS-485通信接口，也可通过可选件实现与现场总线通信。

(8) 将操作面板拆下后即可与计算机连接，通过计算机可设置参数和监控运行。

一、三菱FR-A740变频器的技术特点

三菱变频器的型号格式为FR-A740-0.75K-CHT，其中“FR”代表三菱变频器产品，字母“A”代表类别，数字“7”代表版本，数字“40”代表电压级别为400V，“0.75K”代表变

频器适用的电动机最大功率为 0.75kW，“CHT”代表中国区域使用。三菱 FR-A740 变频器的外形如图 12-5 所示。

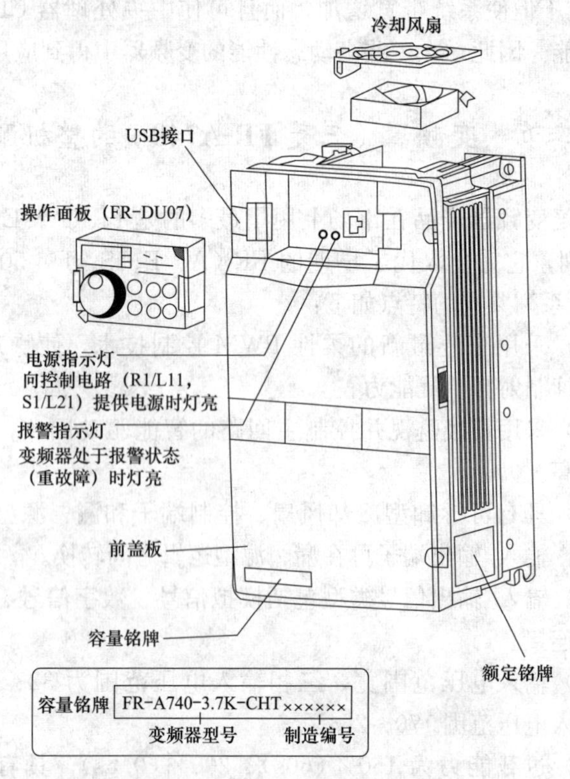

图 12-5　三菱 FR-A740 变频器外形

1. 三菱 FR-A740 变频器的特点

（1）三菱 FR-A740 变频器集成了以往具有代表性产品的特点于一身。常规控制性能方面吸取了 A500 的特点（过载能力强、控制功能多、适合大多数通用场合）；矢量控制方面与 V500 相当（工作于多种模式，如速度、转矩、位置及各模式的切换，用途更广泛、更专业）；外形结构和辅助功能与 F700 相同（通信功能强、信号调整方面近似工业仪表的特点，调节余地大、使用更为方便）。

（2）三菱 FR-A740 变频器充分发挥普通电机的最佳性能。驱动无编码器的普通电动机实现高精度和快速度响应运行的无传感器矢量控制，在 0.3Hz 的超低频率下最高可实现 200%的输出转矩，响应水平进一步提高，速度响应 120rad/s，速度控制范围 1∶200。

（3）三菱 FR-A740 变频器驱动带编码器的电机实现高性能的矢量控制。闭环矢量控制下，变频器可达到比无传感器矢量控制时更高精度和更快速度响应的性能。速度控制范围 1∶1500；速度波动率 0.01%，速度响应 300rad/s。转矩控制范围 1∶50，并具有零速控制和伺服锁定功能。位置控制中，内置 15 段预设位置段，并且可与 PLC 或脉冲单元连接后可构成通用伺服系统，实现定位操作。

（4）三菱 FR-A740 变频器简易、实用的 PLC 功能（可选）。内置的 PLC 编程功能使操作人员方便地利用编程软件 GX-Developer 进行编制程序，即除了变频器正常使用外附加了 PLC 的运行功能，进行相关的电气控制，做到一机多用，用户使用此功能时可以简化结构、降低成本。

（5）三菱 FR-A740 变频器强大的网络通信功能。内置 USB 通信接口，方便连接 FR-Configurator 变频器设置软件。除内置的基本 RS-485 通信方式外，通过选用各种总线适配器，可链接于 CC-Link、Profibus-DP、Device-NET、LonWorks、CANopen、EtherNET、SSCNETⅢ，高效、快速地实现设备网络化。

（6）三菱 FR-A740 变频器内置 EMC 滤波器。有效地抑制电磁噪声，无需外部配置，节省安装空间。

（7）三菱 FR-A740 变频器长寿命设计。主回路电容、控制回路电容、新设计的冷却风扇设计寿命均为十年。

2. 三菱 FR-A740 变频器的性能指标

（1）额定指标。

1）额定过载能力。超轻型负载（SLD，环境温度 40℃）110%，60s；120%，3s。轻型负载（LD，环境温度 50℃）120%，60s；

150%，3s。一般负载（ND，环境温度50℃）150%，60s；200%，3s。重型负载（HD，环境温度50℃）200%，60s；250%，3s。

2）额定输入交流电压、频率。三相380～480V，50Hz/60Hz；交流电压允许波动范围：323～528V，50Hz/60Hz；允许频率波动范围：±5%。

3）再生制动转矩、最大值允许使用率。使用电动机容量0.4～7.5kW时，100%转矩、2%ED；添加使用外置制动电阻时，100%转矩、10%ED；使用电动机容量11～22kW时，20%转矩、连续；添加使用外置制动电阻时，100%转矩、6%ED；使用电动机容量30～55kW时，20%转矩、连续。

4）保护结构。使用电动机容量0.4～22kW时，封闭型（IP20）；使用电动机容量大于22kW时，开放型（IP00）。

5）冷却方式。使用电动机容量0.4～1.5kW时，自冷（无风扇）；使用电动机容量大于1.5kW时，强制风冷（带风扇）。

（2）控制特性。

1）控制方式。柔性PWM控制、高载波频率PWM控制（可选U/f控制、先进磁通矢量控制、实时无传感器矢量控制）、带编码器的矢量控制（需选件FR-A7AP）。

2）频率。输出频率范围：0.2～400Hz。

3）频率设定分辨率（模拟输入）。0.015Hz/0～60Hz（端子2、4：0～10V/12位）；0.03Hz/0～60Hz（端子2、4：0～5V/11位，0～20mA/11位；端子1：0～±10V/12位）；0.06Hz/0～60Hz（端子1：0～±5V/11位）。

4）频率设定分辨率（数字输入）。0.01Hz。

5）频率精度（模拟输入）。最大输出频率的±0.2%以内（25℃+10℃）。

6）频率精度（数字输入）。设定输出频率的0.01%以内。

7）频率设定信号（模拟量输入）。端子2、4：可在0～10V、0～5V、4～20mA间选择；端子1：可在−10～+10V、−5～+5V间选择。

8）频率设定信号（数字量输入）。用操作面板的M转盘、参数单元及BCD4位或者16位二进制数（使用选件FR-A7AX时）。

9）电压/频率特性。基准频率可以在0～400Hz之间任意设定，可以选择恒转矩曲线、变转矩曲线、U/f可调整（5点）。

10）启动转矩（实时无传感器矢量控制或矢量控制）。200%，0.3Hz（0.4～3.7kW）；150%，0.3Hz（5.5kW及以上）。

11）加/减速时间设定。0～3600s（可分别设定加速与减速时间），可以选择直线或S形加减速模式。

12）直流制动。动作频率（0～120Hz）、动作时间（0～10s）、动作电压（0%～30%）可变。

13）失速防止动作水平。动作电流水平可以设定（0%～220%可变），可以选择有或无。

（3）运行特性。

1）启动信号。正转、反转分别控制，启动信号自动保持，输入（3线输入）可以选择。

2）输入信号。多段速选择，第2、3功能选择，端子4输入选择，点动运行选择，瞬间停电再启动选择，外部热保护输入，HC连接（变频器运行许可信号），HC选择（瞬间停电检测），PU操作外部信号，PID控制有效端子，PU操作，外部操作切换、输出停止，启动自保持，正转指令，反转指令，复位变频器，PTC热电阻输入，PID热电阻输入，PID正反转动作切换，PU-NET操作，NET-外部操作切换，指令权切换中可以用Pr.178～Pr.189（输入端子功能选择）选择任意的12种。

3）脉冲串输入。100kpp/s（每秒脉冲数）。

4）运行功能。上下限频率设定，频率跳变，外部热保护输入选择，极性可逆操作，瞬间停电再启动运行，瞬间停电运行继续，工频切换运行，防止正转或反转，操作模式选择，PID控制，计算机通信操作（RS-485），在线自整定，离线自整定，电动机轴定位，机械轴定位，预励磁，机械共振抑制滤波器，机械分析器，简单增益调整，速度前置反馈和转矩偏置等。

5）模拟输出。输出频率，电动机电流（平均值或峰值），输出电压，异常显示，频率设定值，运行速度，电动机转矩，直流侧电压（平均值或峰值），电子过电流保护负载率，输入功率，输出功率，负荷表，基准电压输出，电动机负载率，再生制动使用率，省电效果，PID 目标值，PID 测定值，电动机输出，转矩命令，转矩电流指令和转矩监视。

（4）显示特性。

1）显示运行状态。输出频率，电动机电流（平均值或峰值），输出电压，异常显示，频率设定值，运行速度，电动机转矩，负载，直流侧电压（平均值或峰值），电子过电流保护负载率，输入功率，输出功率，负载大小，电动机励磁电流，累计通电时间，运行时间，电动机负载率，累计电量，省电效果，累计省电，再生制动使用率，PID 目标值，PID 测定值，PID 偏差，变频器输出端子监视器，输入端子可选监视器，输出端子可选监视器，选件安装状态，端子安装状态，转矩指令，转矩电流指令，反馈脉冲，电动机输出。

2）显示报警记录。保护功能启动时显示报警记录，可以监视保护功能启动前的输出电压、电流、频率、累计通电时间，记录最近 8 次异常内容。

3）显示对话式引导。借助于帮助功能进行操作指南。

二、三菱 FR-A740 变频器的接线端子

不同系列的变频器都有其标准的接线端子，接线时，要根据使用说明书进行连接。变频器的接线主要有两部分：一部分是主电路，用于电源及电动机的连接；另一部分是控制线路，用于控制电路及监测电路的连接。

1. 三菱 FR-A740 变频器的主电路接线端子

（1）主电路接线端子。主电路是完成电能转换（整流、逆变），给电动机提供变压变频交流电源的部分，它由整流电路、逆变电路、电容滤波电路、能耗制动单元电路等构成。主电路由输入的单相或三相恒频恒压的交流电源，经整流电路转换成

恒定的直流电压，供给逆变电路。逆变电路在 CPU 的控制下，将恒定的直流电压逆变成电压和频率均可调的三相交流电供给电动机负载。由于变频器中间直流环节是通过电容器进行滤波的，因此属于电压型交-直-交变频器。三菱 FR-A740 变频器的主电路接线端子如图 12-6 所示，其端子排列如图 12-7 所示。

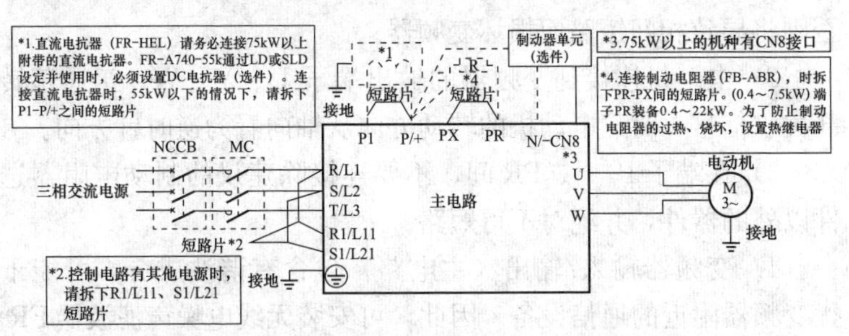

图 12-6　三菱 FR-A740 变频器的主电路接线端子

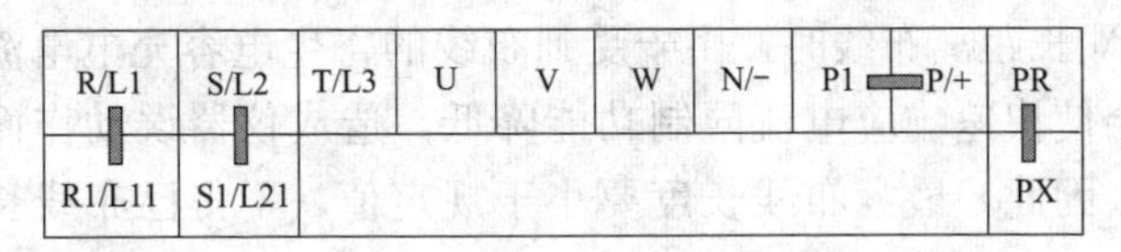

R/L1	S/L2	T/L3	U	V	W	N/−	P1 — P/+	PR
R1/L11	S1/L21							PX

图 12-7　三菱 FR-A740 变频器的主电路接线端子排列

1）端子 R/L1、S/L2、T/L3。作为变频器的交流电源输入端子，接工频电源。

2）端子 U、V、W。作为变频器的输出端子，接电动机。

3）端子 R1/L11、S1/L21。作为控制电路的输入电源端子，它与交流电源输入端子 R/L1、S/L2 通过短路片相连。

4）端子 P/＋、P1。作为连接提高功率因数的直流电抗器端子，对于 55kW 以下产品，可卸下短路片，并外接上直流电抗器；对于 75kW 以上产品，由于已内置标准的直流电抗器，故必须连接短路片。

5）端子 P/＋、PR。作为外接制动电阻端子，对于 7.5kW 以下产品，可卸下端子 PR-PX 之间的短路片，并在端子 P/＋、PR 上外接制动电阻器。

6）端子 P/＋、N/－。作为制动器单元的接入端。

7）端子 PR、PX。作为内置制动器回路连接端子，当短路片相连时，内置的制动器回路为有效。

（2）主电路接线端子使用说明。

1）三相电源线必须连接至 R/L1、S/L2、T/L3（没有必要考虑相序），绝对不允许连接至变频器的输出端子 U、V、W，否则将导致相间短路而损坏变频器。

2）电动机连接到变频器的输出端子 U、V、W，接通正转开关（信号）时，电动机的转动方向从轴向看为逆时针方向。

3）在端子 P/+、PR 间，不要连接除建议的制动电阻器选件以外的器件，并绝对不得短路。

4）变频器输入/输出（主电路）包含有谐波成分，可能干扰变频器附近的通信设备。因此，可安装无线电噪声滤波器 FR-BIF、FR-BSF01、FR-BLF（选件），使干扰降到最小。

5）长距离布线时，由于受到布线的寄生电容充电电流的影响，会使快速响应电流限制功能降低，造成仪器误动作而产生故障。因此，最大布线长度要小于规定值，不得已布线长度超过时，要把 Pr. 156 设为 1。

6）在变频器输出端子不要安装电力电容器、浪涌抑制器、无线电噪声滤波器，否则将导致变频器故障或电容和浪涌抑制器的损坏。

7）变频器和电动机间的接线距离较长时，特别是低频率输出情况下，会由于主电路电缆的电压下降而导致电动机的转矩下降。为使电压降在 2%以内，应使用适当型号的粗电缆接线，电缆最佳长度控制在 20m 以内。

8）由于在变频器内有漏电流，为了防止触电，变频器和电动机必须接地。接地电缆应尽量采用专用接地线，线径必须等于或大于规定标准，接地点尽量靠近变频器，接地线越短越好。

2. 三菱 FR-A740 变频器的控制电路接线端子

（1）变频器控制电路接线端子。变频器控制电路分为内部控制电路和外部控制电路，是信息的收集、变换、处理和传输的电路，它由主控板（CPU）、控制电源板、模拟量输入/输出、数字量输入/输出、输出继电器触头、操作面板等构成。三菱FR-A740变频器的控制电路接线端子如图12-8所示，其端子排列如图12-9所示。

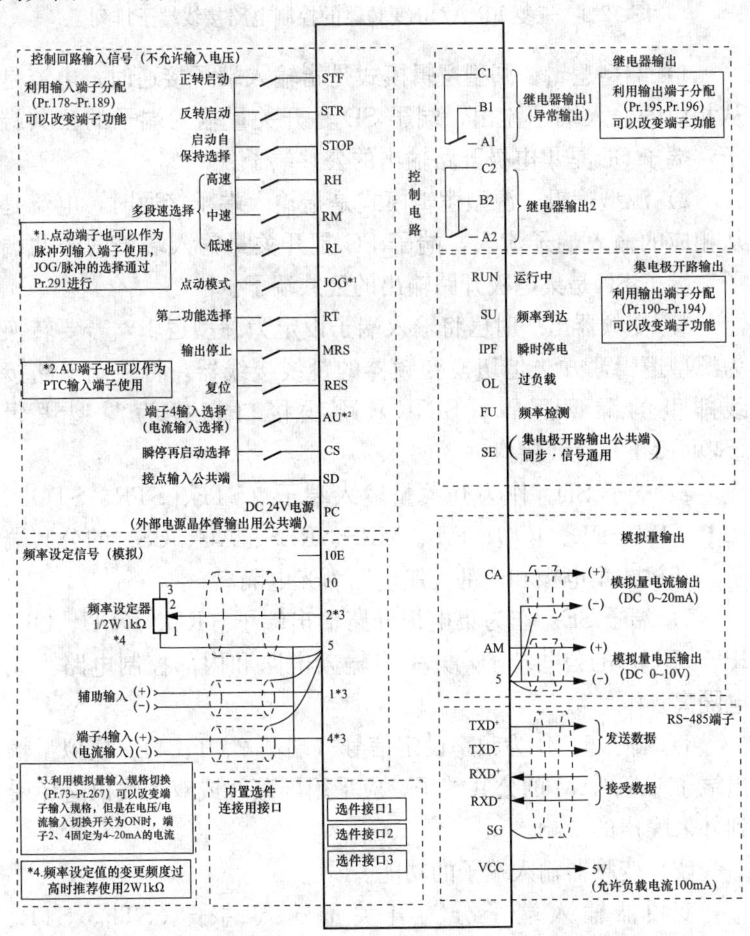

图12-8 三菱FR-A740变频器的控制电路接线端子

变频器控制电路端子主要包括输入端子、输出端子、通信端子3个部分，其中端子SE、SD、5是公共端子（0V），各个公共端子相互绝缘，不得接大地，使用时应注意其不同的功能。

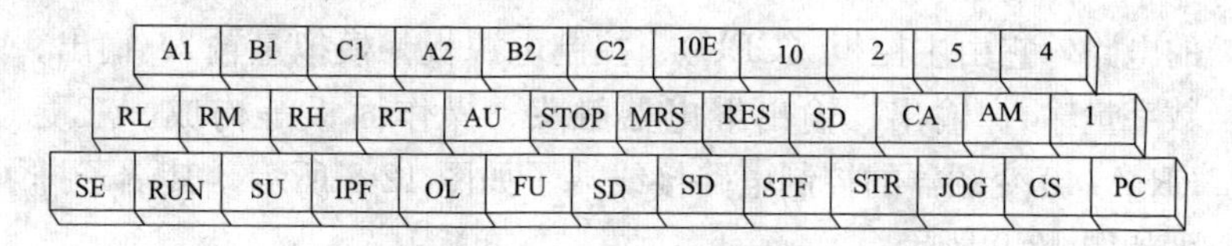

图 12-9　三菱 FR-A740 变频器的控制电路接线端子排列

1）漏型逻辑。漏型逻辑模式是指输入端子接通时，电流是从相应的输入端子流出，端子 SD 是开关量输入端子的公共端子，端子 SE 是集电极开路输出的公共端子。

2）源型逻辑。源型逻辑模式是指输入端子接通时，电流是从相应的输入端子流入，端子 PC 是开关量输入端子的公共端子，端子 SE 是集电极开路输出的公共端子。

3）变频器出厂时已将输入端子设定为漏型逻辑，若要转换为源型逻辑，方法是切换变频器的跳线接线器，将控制电路接线排里的漏型逻辑（SINK）跳线接口切换为源型逻辑（SOURCE）跳线接口。

4）端子 SD。作为开关量输入端子（STF、STR、STOP、RH、RM、RL、JOG、RT、MRS、RES、AU、CS）的公共端子，开放式集电极和内部控制电路为光电隔离。

5）端子 SE。作为集电极开路输出端子（RUN、SU、OL、IPF、FU）的公共端子，开关量输入电路和内部控制电路为光电隔离。

6）端子 5。作为频率设定信号（端子 2、1、4）、模拟量输出端子 CA、AM 的公共端子，应采用屏蔽线或双绞线以避免受到外来噪声的影响。

（2）变频器输入端子的功能。

变频器输入端子分为开关量输入端子（STF、STR、STOP、RH、RM、RL、JOG、RT、MRS、RES、AU、CS、SD、PC）、模拟量输入端子（10E、10、2、5、1、4），前者用于输入控制指令，后者用于频率的给定，它们的具体功能说明见表 12-1。

表 12-1 三菱 FR-A740 变频器输入端子的功能说明

端子类别	端子记号	端子名称	端子功能说明	
开关量输入端子	STF	正转启动	STF 信号为 ON 时正转，为 OFF 时停止	STF、STR 信号同时为 ON 时为停止指令
	STR	反转启动	STR 信号为 ON 时反转，为 OFF 时停止	
	STOP	启动自保持选择	STOP 信号为 ON 时，可以选择启动信号自保持	
	RL RM RH	多段速选择	用 RL、RM、RH 信号的组合可以选择多段速度	
	JOG	点动模式选择	JOG 信号为 ON 时选择点动运行（初始设定），用启动信号 STF 或 STR 可以点动运行	
		脉冲列输入	JOG 端子也可以作为脉冲列输入端子使用，作为脉冲列输入端子使用时，有必要对 Pr. 291 进行变更（最大输入脉冲数为 100kpp/s）	
	RT	第二功能选择	RT 信号为 ON 时，第二功能被选择，设定了（第二转矩提升、第二 U/f 基准频率）时也可以用 RT 信号为 ON 时选择这些功能	
	MRS	输出停止	MRS 信号为 ON（保持 20ms 以上）时，变频器输出停止，用电磁制动停止电动机时用于断开变频器的输出	
	RES	复位	在保护电器动作时的报警输出复位时使用，端子 RES 信号为 ON（保持 0.1s 以上），然后断开。工厂出厂时，通常设置为复位，根据 Pr. 75 的设定，仅在变频器报警发生时可能复位，复位解除后约 1s 恢复	
	AU	端子 4 输入选择	只有把 AU 信号设置为 ON 时端子 4 才能使用（频率设定信号在 DC 4～20mA 可以操作），AU 信号置为 ON 时端子 2（电压输入）的功能将无效	
	CS	瞬停再启动选择	CS 信号预先处于 ON，瞬时停电再恢复时变频器便可以自动启动，但用这种运行必须设定有关参数，因为出厂设定为不能再启动	

续表

端子类别	端子记号	端子名称	端子功能说明
开关量输入端子	SD	公共输入端子（漏型）	接点输入端子（漏型）的公共端子，DC 24V/0.1A 电源（PC 端子）的公共输出端子，与端子 5 及端子 SE 绝缘
	PC	外部晶体管公共端（漏型）、输入端子公共端（源型）、DC24V 电源	漏型时当连接晶体管输出（集电极开路输出），如可编程控制器（PLC）时，将晶体管输出用的外部电源公共端接到该端子时，可以防止因漏电引起的误动作，可以作为 DC 24V/0.1A 的电源使用。当选择源型时，该端子作为输入端子的公共端
频率设定	10E 10	频率设定用电源	按出厂状态连接频率设定电位器时，与端子 10 连接。当连接到端子 10E 时，请改变端子 2 的输入规格（参照 Pr. 73 模拟输入选择）
	2	频率设定（电压）	输入 DC 0～5V（或者 0～10V、4～20mA），当 5V 时最大输出频率（10V、20mA），输出、输入成正比，输入 DC 0～5V（初始设定）和 DC 0～10V、4～20mA 的切换。在电压/电流输入切换开关设为 OFF（初始设定为 OFF）时通过 Pr. 73 进行，当电压/电流输入切换开关设为 ON 时，电流输入固定不变（Pr. 73 必须设定电流输入）
	4	频率设定（电流）	输入 DC 4～20mA（或 0～5V、0～10V），当 20mA 时为最大输出频率，输出频率与输入成正比。只有 AU 信号置为 ON 时此输入信号才会有效（端子 2 的输入将无效）。4～20mA（出厂值）、DC 0～5V、DC 0～10V 的输入切换在电压/电流输入切换开关设为 OFF（初始设定为 ON）时通过 Pr. 267 进行设定，当电压/电流输入切换开关设为 ON 时，电流输入固定不变（Pr. 267 必须设定电流输入），端子功能的切换通过 Pr. 858 进行设定
	1	辅助频率设定	输入 DC 0～±5V 或 DC 0～±10V 时，端子 2 或 4 的频率设定信号与这个信号相加，用参数单元 Pr. 73 进行输入 DC 0～±5V 和 DC 0～±10V（初始设定）的切换。端子功能的切换通过 Pr. 868 进行设定
	5	频率设定公共端	频率设定信号（端子 2、1 或 4）和模拟输出端子 CA、AM 的公共端子，请不要接大地

变频器输入端子使用说明如下：

1）端子SD、5是公共端子（0V），不得将5-SD或5-SE互相连接。

2）输入端子的接线必须与主电路，强电路（含200V继电器程序回路）分开布线。

3）开关量输入端子与外部接口方式非常灵活，主要有干接点方式、源极方式、漏极方式。

4）模拟量输入信号容易受外部干扰，配线时必须使用屏蔽线或双绞线，并良好接地，配线长度应尽可能短。

5）由于控制电路的频率输入信号是微小电流，所以在接点输入的场合，为了防止接触不良，微小信号接点应使用两个并联的节点或使用双生接点。

6）使用模拟量输入时，可在输入端子和模拟地之间安装滤波电容或共模电感。

7）常见的模拟量输入信号为电流信号和电压信号，对于有些模拟量输入端子，既可以接收电流信号，也可以接收电压信号，因此必须对硬件跳线或拨码开关进行设置，同时也在相关的参数中进行电压或电流信号型号的选择。

8）输入端子的接线一般选用0.3～0.75mm^{2}的屏蔽线或双绞聚乙烯线。

（3）变频器输出端子的功能。变频器输出端子分为模拟量输出端子（CA、AM）、开关量输出端子（A1、B1、C1、A2、B2、C2、RUN、SU、OL、IPF、FU、SE），前者用于外接测量仪表，输出与被测量成正比的直流电压或电流信号，后者用于报警输出、状态信号输出，它们的具体功能说明见表12-2。

变频器输出端子使用说明如下：

1）报警输出端子是专用的，不能再做其他用途，不需要进行功能预置。

2）报警输出为继电器输出时，可直接接至交流电压为250V的电路中，继电器触点容量为1～3A。

表 12-2　　三菱 FR-A740 变频器输出端子的功能说明

<table>
<tr><th>端子类别</th><th>端子记号</th><th>端子名称</th><th colspan="2">端子功能说明</th></tr>
<tr><td rowspan="2">开关量输出端子</td><td>A1
B1
C1</td><td>继电器输出 1（异常输出）</td><td colspan="2">提示变频器因保护功能动作时输出停止的转换端子。故障时：B-C 间不导通（A-C 间导通）；正常时：B-C 间导通（A-C 间不导通）</td></tr>
<tr><td>A2
B2
C2</td><td>继电器输出 2</td><td colspan="2">继电器输出（动合/动断）</td></tr>
<tr><td rowspan="6">集电极开路输出端子</td><td>RUN</td><td>变频器正在运行</td><td colspan="2">变频器输出频率为启动频率（初始值 0.5Hz）以上时为低电平，正在停止或正在直流制动时为高电平</td></tr>
<tr><td>SU</td><td>频率到达</td><td>输出频率达到设定频率的 ±10%（初始值）时为低电平，正在加/减速或停止时为高电平</td><td rowspan="4">集电极开路输出用的晶体管低电平表示为 ON（导通状态），高电平表示为 OFF（不导通状态）。
报警代码（4 位）输出</td></tr>
<tr><td>OL</td><td>过负载报警</td><td>当失速保护功能动作时为低电平，失速保护解除时为高低平</td></tr>
<tr><td>IPF</td><td>瞬时停电</td><td>瞬时停电，电压不足保护动作时为低电平</td></tr>
<tr><td>FU</td><td>频率检测</td><td>输出频率为任意设定的检测频率以上时为低电平，未达到时为高电平</td></tr>
<tr><td>SE</td><td>集电极开路输出公共端</td><td colspan="2">端子 RUN、SU、OL、IPF、FU、的公共端子</td></tr>
<tr><td rowspan="2">模拟端子</td><td>CA</td><td>模拟电流输出</td><td rowspan="2">可以从输出频率等多种监视项目中选一种作为输出（变频器复位中不被输出），输出信号与监视项目的大小成比例</td><td rowspan="2">输出项目：输出频率（初始值设定）</td></tr>
<tr><td>AM</td><td>模拟电压输出</td></tr>
</table>

3）报警输出端子通常都配置一个动断触头、一个动合触头。

4）通过对测量信号输出端的预置，可提供模拟量或数字量测量信号。

5）外接测量信号输出端通常有两个，用于测量频率和电流。但除此之外，还可以通过功能预置测量其他运行数据，如电压、转矩、负荷率、功率以及PID控制时的目标值和反馈值等。

6）测量信号输出端的输出信号有电压信号（输出信号范围有0～1V、0～5V、0～10V），一般变频器是直接由模拟量给出信号电压的大小，但也有的变频器输出的是占空比与信号电压成正比的脉冲信号；电流信号（输出信号范围有0～20mA、4～20mA、0～1mA）；脉冲信号（输出信号为与被测量成比例的脉冲信号，脉冲高度通常为8～24V），脉冲信号输出方式主要用于测量变频器的输出频率。

7）集电极开路输出端子连接控制继电器时，可在励磁线圈的两端连接吸收电涌的二极管。

三、三菱 FR-A740 变频器的面板操作方法

三菱 FR-A740 变频器在标准供货方式出厂时机上配有专用操作面板 FR-DU07，它具有深受好评的旋转式数字转盘及对话式LED显示参数单元，对于很多用户来说，利用 FR-DU07 和厂家的默认设定值，就可以使变频器在很多应用场合成功地投入运行。如果厂家的默认设定值不适合设备的运行条件，则也可以利用操作面板 FR-DU07 修改参数，使其匹配。

1. 操作面板 FR-DU07 的按键功能

使用变频器之前，首先要熟悉它的操作面板显示单元和键盘操作单元，并且按照使用现场的要求合理设置参数。操作面板 FR-DU07 的外形如图 12-10 所示，操作面板的上半部分为4位LCD显示器及状态显示LED灯，下半部分为各种按键及旋转式数字转盘（M），其功能说明如下。

（1）4位LCD显示器。用于显示参数的序号（P.×××）、故障号（Er××）、报警号（E×××）、参数的物理量数值（A、V、Hz等）、各种运行状态。

（2）旋转式数字转盘“**M**”。用于设置频率、改变参数的设定值。

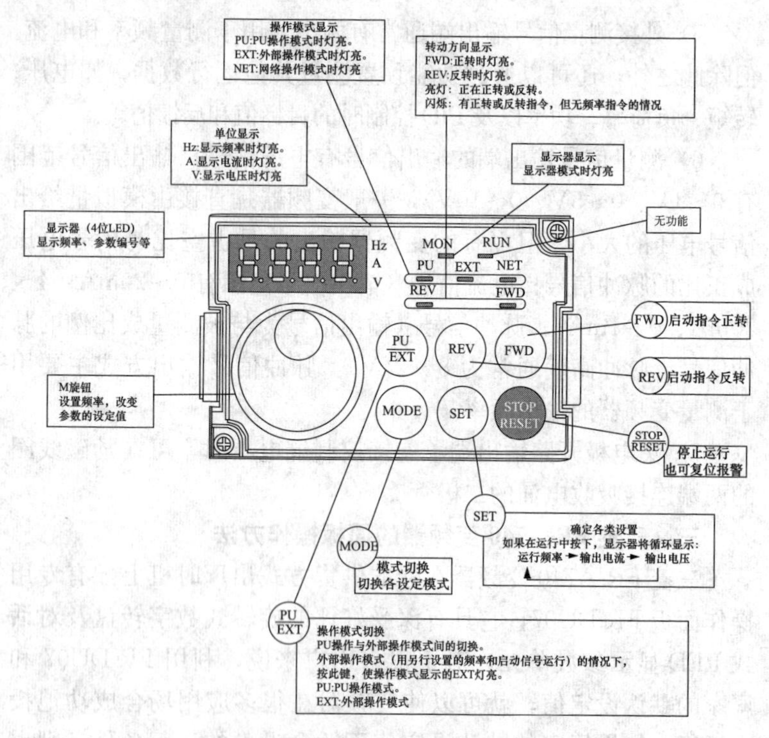

图 12-10　操作面板 FR-DU07 的外形

（3）正转键“**FWD**”。用于发出电动机正转指令。

（4）反转键“**REV**”。用于发出电动机反转指令。

（5）模式键“**MODE**”。用于切换选择各设定模式（显示器模式、频率设定模式、参数设定模式、报警历史模式）。

（6）设定键“**SET**”。用于确定各类设定，如果在运行中按下，显示器将循环显示运行频率→输出电流→输出电压。

（7）操作模式切换键“$\frac{\textbf{PU}}{\textbf{EXT}}$”。用于 PU 操作模式（PU）与外部操作模式（EXT）之间的切换，在外部操作模式（另行设定的频率和启动信号运行）的情况下，按此键使操作模式显示的“**EXT**”灯点亮。

(8) 停止及复位键"$\frac{\textbf{STOP}}{\textbf{RESET}}$"。用于发出电动机停止运行指令，且在保护功能动作输出停止时，复位变频器。

(9) 单位显示LED灯"**Hz、A、V**"。用于显示物理量单位，显示频率时，"**Hz**"灯点亮；显示电流时，"**A**"灯点亮；显示电压时，"**V**"灯点亮。

(10) 显示器模式显示LED灯"**MON**"。显示器模式时，"**MON**"灯点亮。

(11) 操作模式显示LED灯"**PU、EXT、NET**"。PU操作模式时，"**PU**"灯点亮；外部操作模式时，"**EXT**"灯点亮；网络操作模式时，"**NET**"灯点亮。

(12) 组合操作模式显示LED灯"**PU＋EXT**"。组合操作模式时，"**PU＋EXT**"灯同时点亮。

(13) 转动方向显示LED灯"**FWD、REV**"。电动机正转时，"**FWD**"灯点亮；电动机反转时，"**REV**"灯点亮；电动机有正转或反转指令但无频率指令时，"**FWD、REV**"灯闪烁。

(14) 运行显示LED灯"**RUN**"。变频器运行时，"**RUN**"灯点亮。

2. 操作面板FR-DU07的操作方法

当变频器接通电源后（又称上电），自动进入"显示器模式"，"**MON**"灯点亮，同时默认操作模式为外部操作模式（EXT），"**EXT**"灯点亮，显示屏为"－0.00"，"**Hz**"灯点亮。

(1) 操作模式切换的操作方法。操作模式用来设定变频器的运行方式，在操作面板上可以设定外部操作模式（EXT）、PU操作模式（PU）、PU点动操作模式（JOG）3种。外部操作模式是指控制信号由控制端子外接的开关（或继电器等）输入的运行方式；PU操作模式是指控制信号由PU接口输入的运行方式，如面板操作、计算机通信操作都是PU操作方式；PU点动操作模式是指通过PU接口输入点动控制信号的运行方式。

1）变频器上电后，显示屏为“－0.00”，“**Hz**”灯点亮，“**MON**”灯点亮，同时默认运行模式为外部操作模式（EXT），“**EXT**”灯点亮。

2）按下操作模式切换键“$\frac{\textbf{PU}}{\textbf{EXT}}$”，进入PU操作模式（PU），此时显示屏为“－0.00”，“**EXT**”灯熄灭，“**PU**”灯点亮。

3）再按1次操作模式切换键“$\frac{\textbf{PU}}{\textbf{EXT}}$”，进入PU点动操作模式（JOG），此时显示屏为“－JOG”，“**PU**”灯仍然点亮。

4）继续再按1次操作模式切换键“$\frac{\textbf{PU}}{\textbf{EXT}}$”，返回外部操作模式（EXT），此时显示屏为“－0.00”，“**PU**”灯熄灭，“**EXT**”灯点亮，如此循环切换。

（2）频率设定的操作方法。频率设定用来设定变频器的工作频率，也就是设定变频器逆变电路输出电源的频率。

1）变频器上电后，显示屏为“－0.00”，“**Hz**”灯点亮，“**MON**”灯点亮，同时默认运行模式为外部操作模式（EXT），“**EXT**”灯点亮。

2）按下操作模式切换键“$\frac{\textbf{PU}}{\textbf{EXT}}$”，进入PU操作模式（PU），此时显示屏为“－0.00”，“**EXT**”灯熄灭，“**PU**”灯点亮。

3）按下（注意不是转动）旋转式数字转盘“**M**”，显示屏为“80.00”，表示当前机内原来的频率设定值为80Hz。

4）转动旋转式数字转盘“**M**”，可增减设定值，确定变更后的设定值后（如60Hz），显示屏为“60.00”。

5）按下设定键“**SET**”，此时显示屏为“F---”与“60.00”交替闪烁，表示设定成功，F＝60Hz。

（3）参数设定的操作方法。参数设定模式用来设定变频器的各种工作参数，每种参数又可以设定不同的值，如第79号参数Pr.79用来设定操作模式，若将Pr.79的参数值设定为1，通常记作Pr.79＝1。

1）变频器上电后，显示屏为“－0.00”，“**Hz**”灯点亮，“**MON**”灯点亮，同时默认操作模式为外部操作模式（EXT），“**EXT**”灯点亮。

2）按下操作模式切换键“$\frac{\textbf{PU}}{\textbf{EXT}}$”，进入PU操作模式（PU），此时显示屏为“－0.00”，“**EXT**”灯熄灭，“**PU**”灯点亮。

3）按下模式键“**MODE**”，进入参数设定模式，“**Hz**”灯熄灭，此时显示屏为“P.—0”，表示以前读取的参数编号为Pr.0。

4）转动旋转式数字转盘“**M**”，调出当前要设定的参数编号（如Pr.79），此时显示屏为“P.－79”。

5）按下设定键“**SET**”，此时显示屏为“---0”，表示当前机内原来的设定值为Pr.79＝0。

6）转动旋转式数字转盘“**M**”，可增减设定值，确定变更后的设定值后（如2），显示屏为“---2”。

7）按下设定键“**SET**”，此时显示屏为“P.－79”与“---2”交替闪烁，表示设定成功，设定值为Pr.79＝2。

（4）查阅报警历史的操作方法。

1）变频器上电后，显示屏为“－0.00”，“**Hz**”灯点亮，“**MON**”灯点亮，同时默认操作模式为外部操作模式（EXT），“**EXT**”灯点亮。

2）按下操作模式切换键“$\frac{\textbf{PU}}{\textbf{EXT}}$”，进入PU操作模式（PU），此时显示屏为“－0.00”，“**EXT**”灯熄灭，“**PU**”灯点亮。

3）按下模式键“**MODE**”，进入参数设定模式，“**Hz**”灯熄灭，此时显示屏为“P.--0”，表示以前读取的参数编号为Pr.0。

4）再按一次模式键“**MODE**”，进入查阅报警历史模式，此时显示屏为“E---”，若无报警历史，显示屏为“E--0”。

5）旋转式数字转盘“**M**”，可依次查阅最近8次的报警历史。

6）按下（注意不是转动）旋转式数字转盘“**M**”，显示屏为“1---”，表示最近第一次报警。

（5）参数清除、报警历史清除的操作方法。设定参数 Pr. CL=1 时，参数部分清除（用于校正的参数无法清除），设定参数 ALLC=1 时，参数全部清除，参数清除后恢复到初始值。设定参数 Er. CL=1 时，报警历史全部清除。

1）变频器上电后，显示屏为“－0.00”，“**Hz**”灯点亮，“**MON**”灯点亮，同时默认操作模式为外部操作模式（EXT），“**EXT**”灯点亮。

2）按下操作模式切换键“$\frac{\textbf{PU}}{\textbf{EXT}}$”，进入 PU 操作模式（PU），此时显示屏为“－0.00”，“**EXT**”灯熄灭，“**PU**”灯点亮。

3）按下模式键“**MODE**”，进入参数设定模式，“**Hz**”灯熄灭，此时显示屏为“P.--0”，表示以前读取的参数编号为 Pr. 0。

4）转动旋转式数字转盘“**M**”，调出当前要设定的参数编号（如 Pr. CL、ALLC、Er. CL），此时显示屏为“Pr. CL”或“ALLC”或“Er. CL”。

5）按照参数设定的操作方法，将参数设定为 Pr. CL＝1、ALLC=1、Er. CL=1。

（6）显示器模式的操作方法。

1）变频器上电后，显示屏为“－0.00”，“**Hz**”灯点亮，“**MONP**”灯点亮，同时默认操作模式为外部操作模式（EXT），“**EXT**”灯点亮。

2）按下操作模式切换键“$\frac{\textbf{PU}}{\textbf{EXT}}$”，进入 PU 操作模式（PU），此时显示屏为“－0.00”，“**EXT**”灯熄灭，“**PU**”灯点亮。

3）按下设定键“**SET**”，“**A**”灯点亮，“**Hz**”灯熄灭，表示显示屏为电流读数。

4）再按一下设定键“**SET**”，“**V**”灯点亮，“**A**”灯熄灭，表示显示屏为电压读数。

5）再按一下设定键“**SET**”，“**Hz**”灯点亮，“**V**”灯熄灭，表示显示屏为频率读数，如此循环显示。

第三节 变频器主要参数的设定及调试

一、变频器主要参数的设定

供用户选择的变频器参数数量一般都有数十个甚至数百个，不同的参数都定义着不同的功能，它通常分为基本参数、运行参数、端子参数、附加参数、运行模式参数等。在实际应用中，没必要对每一个参数都进行设定和调试，多数只要采用出厂设定值即可。但有些参数，由于与实际使用情况有很大关系，且有些互相关联，因此需要根据实际情况进行设定。

1. 操作模式选择 Pr. 79

操作模式是设定了变频器的命令给定源及频率给定源的给定场所，选择不同的操作模式也就规定了不同的给定场所。

(1) 命令给定源。命令给定源是指采用何种方式控制变频器的基本运行功能，这些功能包括启动、停止、正转、反转、正向点动、反向点动及复位等。常用的变频器命令给定源有操作面板给定、端子控制给定、通信控制给定 3 种。这些命令给定源必须按照实际的需要进行选择设定，同时也可以根据功能进行给定源之间的相互切换。

1) 操作面板命令给定。操作面板命令给定是变频器最简单的命令给定方式，其最大特点就是方便实用，用户可以通过变频器操作键盘上的启动键、停止键、点动键、增减键直接控制变频器的运转。操作面板通常可以通过延长线放置在用户容易操作的 20m 以内的空间范围，同时又能够将变频器是否正常运行、是否出现报警（过载、超温、堵转等）及故障类型告知用户。

2) 端子控制命令给定。端子控制命令给定是由变频器的外接输入端子从外部输入开关信号（或电平信号）发出运转指令对变频器进行控制，其最大特点就是可以远距离控制变频器的运转，用户可选择按钮、开关、继电器、PLC 等替代操作面板上的启动键、停止键、点动键、增减键等。

3）通信控制命令给定。通信控制命令给定是在不增加线路的情况下，只需对上位机给变频器的传输数据改一下即可对变频器进行正转、反转、点动、复位等控制。通信端子是变频器最基本的控制端子，通常配置 RS-232 或 RS-485 接口，接线方式因变频器的通信协议不同而不同。

（2）频率给定源。频率给定源是指调节变频器输出频率的具体方法，也就是提供给定信号的方式。在使用一台变频器时，必须先向变频器提供一个改变频率的信号，改变变频器的输出频率，从而改变电动机的转速，这个信号就被称为频率给定信号。变频器常见的频率给定源主要有操作面板给定、外接信号给定及通信方式给定等，这些频率给定源各有优缺点，必须按照实际的需要进行选择参数设定，同时也可以根据功能选择不同频率给定源之间的叠加和切换。

1）操作面板给定。操作面板给定是通过操作面板上的键盘或电位器进行频率给定（即调节频率），键盘给定频率的大小通过键盘上的升、降键进行给定，它属于数字量给定，精度较高，电位器给定是部分变频器在面板上设置了电位器，频率的大小也可以通过电位器来调节，它属于模拟量给定，精度稍低。

2）外接信号给定。外接信号给定是通过外接输入端子输入频率给定信号，调节变频器输出频率的大小，它有两种给定方式。第一种方式是外接输入数字量端子给定，通过外接变频器数字量端子的通、断控制变频器的频率给定，该方式包含频率升、降给定和多段速给定。第二种方式是外接模拟量端子给定，通过模拟量端子从变频器外部输入模拟量信号（电压或电流）进行给定，并通过调节给定信号的大小调节变频器的输出频率。

3）通信方式给定。通信方式给定是由 PLC 或计算机通过通信接口进行频率给定，大部分变频器所提供的都是 RS-485 接口，如果上位机的通信是 RS-232 接口，则需要接一个 RS-485 与 RS-232 的转换器。

(3) 选择频率给定源的一般原则。

1) 面板给定与外接给定比较。优先选择面板给定，因为变频器的操作面板包括键盘和显示屏。显示屏的显示功能十分齐全，如可显示运行过程中的各种参数及故障代码等，但由于受到连接线长度的限制，因此控制面板与变频器之间的距离不能过长。

2) 数字量给定与模拟量给定比较。优先选择数字量给定，因为数字量给定时的频率精度较高，且通常用触头操作，非但不易损坏，而且抗干扰能力强。

3) 电压信号与电流信号比较。优先选择电流信号，因为电流信号在传输过程中，不受线路电压降、接触电阻及其压降、杂散的热电效应和感应噪声等的影响，抗干扰能力较强。由于电流信号电路比较复杂，故在距离不远的情况下，仍以选用电压给定方式居多。

(4) 操作模式选择。变频器常用的操作模式有外部操作模式（EXT）、PU操作模式（PU）、组合操作模式、程序运行模式、通信操作模式（使用RS-485端子及通信选件时）共5种，选择何种操作模式需通过参数Pr.79来设定，其可能的设定值如下。

1)"Pr.79=0"。变频器上电后，默认为选择外部操作模式(EXT)，但可用操作面板切换键"$\frac{\textbf{PU}}{\textbf{EXT}}$"切换为PU操作模式(PU)，该模式适用于需要频繁修改参数下的外部操作模式运行(因为只有在PU操作模式下才可修改参数)。

2)"Pr.79=1"。变频器上电后，选择单一的PU操作模式(PU)，且无法切换到其他模式。该模式下命令给定源、频率给定源仅为操作面板FR-DU07。

3)"Pr.79=2"。选择单一的外部操作模式（EXT)，但可以通过网络切换到通信操作模式。该模式下命令给定源为开关、继电器等，频率给定源为外部电位器或来自外部的DC 0～5V、0～

10V、4～20mA 模拟信号以及多段速端子等，适用于固定参数下的外部操作模式运行（因为在 EXT 操作模式下不可修改参数）。

4）“Pr. 79＝3”。选择单一的组合操作模式【1】，且无法切换到其他模式。该模式下命令给定源为外部输入端子 STF、STR，频率给定源为操作面板 FR-DU07、外部多段速端子（仅限）。

5）“Pr. 79＝4”。选择单一的组合操作模式【2】，且无法切换到其他模式。该模式下命令给定源为操作面板 FR-DU07，频率给定源为外部多段速端子及 2、4、1、JOG 端子。

6）“Pr. 79＝5”。选择程序运行模式，可设定 10 个不同的运行启动时间、旋转方向和运行频率各 3 组，并定义端子 STF 的功能为运行开始，端子 STR 的功能为定时器复位，端子 RH、RM、RL 的功能为组数选择。

7）“Pr. 79＝6”。选择切换模式，该模式下在连续运行状态时，操作模式可在 PU 操作模式、外部操作模式、通信操作模式之间互相切换。

8）“Pr. 79＝7”。选择 PU 操作模式互锁，该模式下 MRS 端子作为 PU 互锁信号端子使用。当 MRS 端子为 ON 时，操作模式可在 PU 操作模式、外部操作模式、通信操作模式之间互相切换。当 MRS 信号为 OFF 时，禁止切换到 PU 操作模式，仅强制切换到外部操作模式。

2. 基准频率 Pr. 3

当使用标准电动机运行时，一般将基准频率 Pr. 3 设定为电动机的额定频率，若电动机额定铭牌上标注的频率为 60Hz 时，基准频率 Pr. 3 必须设定为 60Hz。当需要电动机在工频电源和变频器中切换运行时，应将基准频率 Pr. 3 设定为与电源频率相同（通常为 50Hz）。

3. 基准频率电压 Pr. 19

基准频率电压 Pr. 19 是对基准电压（电动机的额定电压）进行设定，所设定的值如果低于电源电压，则变频器的最大输出电压是 Pr. 19 中设定的电压。在电源电压波动较大时，或者是想要在基准频率以下扩大恒定转矩输出范围时，可以通过在Pr.19中设定比电源电压大的值来实现。

4. 转矩提升Pr.0、Pr.46、Pr.112

当变频器输出频率较低时，其输出电压也较低，使得电动机的转矩不足。通过设定转矩提升Pr.0、Pr.46、Pr.112参数，可以补偿电动机绕组上的电压降，提升电动机启动时的转矩，从而改善电动机低速运行时的转矩性能。转矩提升参数有3个，其中Pr.0为转矩提升，Pr.46为第2转矩提升，Pr.112为第3转矩提升，当根据用途需要更改转矩提升时，或是用1台变频器通过切换驱动多台电动机时，可使用第2、第3转矩提升。第2、第3转矩提升参数需要通过外部输入控制端子来分别来激活，当端子RT为ON时，第2转矩提升有效，当X9信号端子（输入端子功能选择设定为9时）为ON时，第3转矩提升有效。

转矩提升主要是通过在低频时提升变频器的输出电压来实现，如果没有转矩提升，则变频器输出频率为0Hz时，对应的输出电压也为0V。若设定了转矩提升，则对应的输出电压不为0V，实现了低频时的转矩提升。以设定转矩提升参数Pr.0为例，其设定范围为0%～30%，假定基准频率对应的基准频率电压值（Pr.19的设定值）定为100%，则用百分数在Pr.0中设定0Hz时的输出电压值，通常最大设定值为10%，设定过大会导致电动机过热，设定过小会使启动力矩提升不足。

5. 适用负荷选择Pr.14

为了满足最佳的U/f输出特性，必须对适用负荷选择参数Pr.14进行设定，其可能的设定值如下。

（1）“Pr.14=0”。选择恒转矩负荷，适用于基准频率以下，输出电压相对于输出频率成直线变化的情况，对于运输机械、行车、辊驱动等转速变化但负载转矩恒定的设备进行驱动时设定。

（2）“Pr.14=1”。选择变转矩负荷，适用于基准频率以下，输出电压相对于输出频率按二次方曲线变化的情况，对于风机、泵等负载转矩与转速的二次方成比例变化的设备进行驱动时设定。

（3）“Pr. 14＝2”。选择恒转矩升降，适用于正转时运行负荷、反转时再生负荷的情况，正转时 Pr. 0 转矩提升有效，反转时转矩提升自动成为“0%”。

（4）“Pr. 14＝3”。选择恒转矩升降，适用于反转时运行负荷、正转时再生负荷的情况，反转时 Pr. 0 转矩提升有效，正转时转矩提升自动成为“0%”。

（5）“Pr. 14＝4”。选择外部端子 RT 切换适用负荷选择，当 RT 信号为 ON 时，恒转矩负荷用，当 RT 信号为 OFF 时，恒转矩升降用反转时提升 0%。

（6）“Pr. 14＝5”。选择外部端子 RT 切换适用负荷选择，当 RT 信号为 ON 时，恒转矩负荷用，当 RT 信号为 OFF 时，恒转矩升降用正转时提升 0%。

6. 上限频率 Pr. 1 与下限频率 Pr. 2

电动机在一定的场合应用时，其转速应该在一定的范围内，超出此范围会造成事故或损失，为了避免由于错误操作造成电动机的转速超出应用范围，变频器具有设定上限频率和下限频率的功能。

上限频率与下限频率是根据生产机械的要求来设定的正反转最低转速与最高转速时相对应的频率，设定值的范围为 0Hz～120Hz，当达到这一设定值时，电动机的运行速度将与频率的设定值无关。当给定频率高于上限频率或小于下限频率时，变频器将被限制在上限频率或下限频率上运行，若上限频率小于最高频率，则上限频率具有优先权。

7. 斜坡上升时间 Pr. 7 与斜坡下降时间 Pr. 8

变频器驱动的电动机采用低频启动，为了保证电动机正常启动而又不产生过流保护，变频器需设定斜坡上升时间，它表示变频器输出频率从 0Hz 上升到基本频率所需要的时间，设定值的范围为 0s～360s（最小设定单位 0.01s）、0s～3600s（最小设定单位 0.1s），其大小与电动机拖动的负载有关。如果斜坡上升时间设定过小，通常会出现变频器过流报警。

有些负载对减速停车的时间有严格的要求，因此变频器需设定斜坡下降时间，它表示变频器输出频率从基本频率下降到0Hz所需要的时间，设定值的范围为0～360s（最小设定单位0.01s)、0～3600s（最小设定单位0.1s)，其大小与电动机拖动的负载惯性大小有关。在一般情况下，惯性越大，斜坡下降时间越长。如果斜坡下降时间设定太小，通常会出现变频器过流或过压报警。

基本频率（简称基频）表示变频器的最大输出电压所对应的频率，在大多数情况下，它等于电动机的额定频率。当基频与设定的工作频率不一致时，变频器的实际斜坡上升时间和斜坡下降时间与设定的值不相等，如图12-11所示。

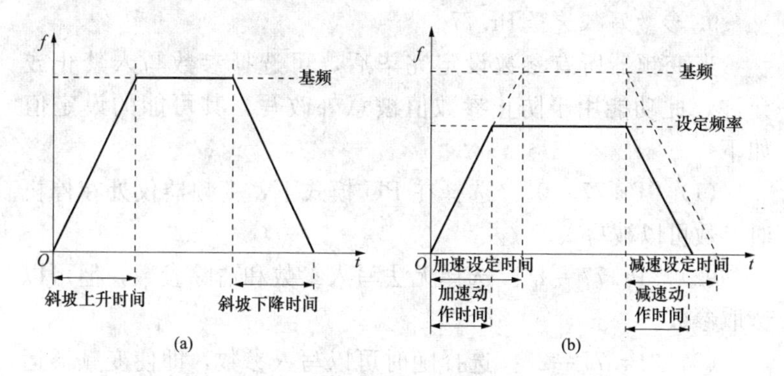

图12-11 斜坡上升时间与斜坡下降时间

(a) 基频；(b) 设定频率

8. MRS输入选择Pr.17

(1) 使用场合。MRS端子的信号可以使变频器停止输出(端子U、V、W停止输出电压)，其在以下场合中使用。

1) 在通过机械制动（电磁制动）使电动机停止的情况下，切断变频器的电压输出。

2) 为了使变频器无法运行（锁定），可预先设定MRS端子的信号为ON，此时即使向变频器输入启动信号，变频器也无法运行。

3）当MRS端子的信号为OFF时，电动机按照设定的斜坡下降时间减速至停转；当MRS端子的信号为ON时，电动机按照惯性自由减速至停转。

（2）参数设定。MRS端子的输入信号逻辑功能可通过参数Pr.17来选择，其可能的设定值如下。

1）“Pr.17=0”。选择MRS端子外接触头闭合时为ON，断开时为OFF，ON时变频器停止输出。

2）“Pr.17=2”。选择MRS端子外接触头断开时为ON，闭合时为OFF，ON时变频器停止输出。

3）“Pr.17=4”。使用外部端子方式输入MRS的信号时采用2）逻辑，使用通信方式输入MRS的信号时采用1）逻辑。

9. 参数写入选择Pr.77

当变频器所有参数设定完毕后，可选择参数写入禁止或允许，此功能用于防止参数值被意外改写，其可能的设定值如下。

（1）“Pr.77=0”。选择在PU模式下，变频器仅处在停机时参数可以被写入。

（2）“Pr.77=1”。选择无法写入参数和清除参数，但可以读取参数。

（3）“Pr.77=2”。选择随时可以写入参数，即使变频器运行时也可以写入参数。

10. 反转防止选择Pr.78

若要求电动机的运行只能正转，不能反转则可设定反转防止选择参数Pr.78，它可以防止由于启动信号的误动作产生的反转事故，通常在电动机旋转方向仅限制为一个方向的机械时设定，如风机、水泵等，其可能的设定值如下。

（1）“Pr.78=0”。选择正转和反转均可。

（2）“Pr.78=1”。选择不允许反转。

（3）“Pr.78=2”。选择不允许正转。

11. 启动频率 Pr. 13

启动频率是指电动机开始启动时的频率，对于惯性较大或摩擦力较大的负载，为了容易启动，可设定合适的启动频率以增大启动转矩。启动频率参数 Pr. 13 出厂设定值为 0. 5Hz，设定范围为 0. 01～60Hz，启动频率设定时需注意以下几点。

（1）如果设定运行频率小于启动频率 Pr. 13 的设定值，变频器将不能启动，如当启动频率 Pr. 13 设定为 5Hz 时，只有当设定运行频率达到 5Hz 以上时，电动机才能启动运行。

（2）当启动频率 Pr. 13 的设定值小于下限频率 Pr. 2 的设定值时，即使没有频率指令输入，只要启动信号为 ON，电动机也可在设定频率下旋转。

（3）启动频率的保持时间由启动频率保持时间参数 Pr. 571 设定，设定范围为 0～10s。

（4）正反转切换运行时，启动频率仍有效，但启动频率保持功能无效。

12. 输入端子功能选择 Pr. 178～Pr. 189

变频器有 12 个数字输入端子，每个数字输入端子的功能很多，用户可根据需要通过参数 Pr. 178～Pr. 189 进行设定，以达到变更端子功能的目的，输入端子的出厂值及所对应的功能见表 12-3。12 个数字输入端子，哪个作为电动机运行、停止控制，哪个作为多段频率控制等，都是由用户任意确定的。一旦确定了某一数字输入端子的控制功能，其内部参数的设定值必须与端子的控制功能相对应。

表 12-3　　输入端子的出厂值所对应的功能

参数号	名称	出厂值	功能说明
Pr. 178	STF 端子功能选择	60	STF（正转指令）
Pr. 179	STR 端子功能选择	61	STR（反转指令）
Pr. 180	RL 端子功能选择	0	RL（低速运行指令）

续表

参数号	名称	出厂值	功能说明
Pr. 181	RM 端子功能选择	1	RM（中速运行指令）
Pr. 182	RH 端子功能选择	2	RH（高速运行指令）
Pr. 183	RT 端子功能选择	3	RT（第二功能选择）
Pr. 184	AU 端子功能选择	4	AU（端子 4 输入选择）
Pr. 185	JOG 端子功能选择	5	JOG（点动运行选择）
Pr. 186	CS 端子功能选择	6	CS（瞬时停止再启动选择）
Pr. 187	MRS 端子功能选择	24	MAS（输出停止）
Pr. 188	STOP 端子功能选择	25	STOP（启动信号自保持选择）
Pr. 189	RES 端子功能选择	62	RES（变频器复位）

二、变频器参数的调试

变频器控制电动机运行，其各种性能和运行方式均是通过许多参数设定来实现的，若变频器只用于单纯变速运行时，按出厂时的参数默认值不做任何改变即可运行。但由于电动机负载种类繁多，为了让变频器在驱动不同电动机负载时具有良好的性能，应根据需要使用变频器相关的控制功能，并且对有关的参数进行设定。通常，一台新的变频器一般需要经过以下 3 个步骤进行参数调试，即参数复位、参数设定、快速调试。

（1）变频器参数复位。变频器参数复位是将变频器的参数恢复到出厂时的参数初始值，一般在变频器初次调试或者参数设定混乱时，需要执行该操作，以便于将变频器的参数值恢复到一个确定的初始状态。为了参数调试能够顺利进行，在开始设定参数前要进行 1 次“参数全部清除”操作，其操作方法如下。

1）变频器上电后，显示屏为“－0.00”，“**Hz**”灯点亮，“**MON**”灯点亮，同时默认操作模式为外部操作模式（EXT），“**EXT**”灯点亮。

2）按下操作模式切换键“$\frac{\textbf{PU}}{\textbf{EXT}}$”，进入 PU 操作模式（PU），此时显示屏为“－0.00”，“**EXT**”灯熄灭，“**PU**”灯点亮；

3）按下模式键“**MODE**”，进入参数设定模式，“**Hz**”灯熄灭，此时显示屏为“P.---0”，表示以前读取的参数编号为 Pr.0。

4）转动旋转式数字转盘“**M**”，调出当前要设定的参数编号 ALLC，此时显示屏为“ALLC”。

5）按下设定键“**SET**”，此时显示屏为“---0”，表示当前机内原来的设定值为 ALLC=0。

6）转动旋转式数字转盘“**M**”，确定变更后的设定值为 1 后，显示屏为“---1”。

7）按下设定键“**SET**”，此时显示屏为“ALLC”与“---1”交替闪烁，表示设定成功，设定值为 ALLC=1，此时参数恢复到初始值。

（2）参数设定。参数设定需要用户输入电动机相关的参数和一些基本驱动控制参数，使变频器可以良好的驱动电动机运转，一般在参数复位操作后，或者更换电动机后需要进行此操作。变频器出厂时，已按相同额定功率的 4 极标准电动机的基本参数进行设定，如果用户采用的是其他型号的电动机，为了获得最优性能就必须输入电动机铭牌上的规格数据。

各种变频器都具有许多可供用户选择的功能，用户在使用前，必须根据生产机械的特点和要求对各种功能进行控制参数设定。准确地设定变频器的各项控制参数，可使变频调速系统的工作过程尽可能与生产机械的特性和要求相吻合，使变频调速系统运行在最佳状态。控制参数设置包含两方面，一方面是根据电动机和负载的具体特性，以及变频器的控制方式等信息进行必要的设定，另一方面是对电动机的参数、变频器的命令源及频率的给定源进行设定，从而达到简单快速地驱动电动机工作。

用户一般都是通过操作面板 FR-DU07 来修改参数，因此，参数设定必须在“参数设定模式”下进行。尽管各种变频器的参数设定各不相同，但基本方法和步骤十分类似，大致如下：

1）进入“参数设定模式”。

2）查阅参数编号表，找出需要设定的参数编号。

3）在“参数设定模式”下，读出该参数编号的原设定值。

4）修改原设定值，输入新设定值。

5）进行新设定值输入成功确认。

6）进入变频器运行模式。

（3）快速调试。快速调试是指用户按照具体生产工艺的需要进行的设定操作，这一部分的调试工作比较复杂，常常需要在现场多次调试。变频器参数设定完成后，可先在输出端不接电动机的情况下，就几个容易观察的项目（如升速和降速时间、点动频率等）检查变频器的执行情况是否与设定值相符合，并检查三相输出电压是否平衡。

第四节　变频器应用实例

一、变频器基础应用实例

1. 变频器的连续正反转及变频控制（PU 操作模式）

（1）项目描述。由 PU 操作模式实现 1 台三相交流电动机的启动、连续正反转、停止及变频运行。电动机参数：额定功率 1.5kW，额定电流 3.7A，额定电压 380V，额定频率 50Hz，额定转速 1400r/min（4 极）。

（2）变频器控制电路接线。变频器控制电路接线如图 12-12 所示，将 380V 三相交流电源连接至变频器的输入端“R/L1、S/L2、T/L3”，将变频器的输出端“U、V、W”连接至三相电动机，同时还要进行相应的短路片连接（R/L1-R1/L11、S/L2-S1/L21、P1-P/＋、PR-PX）及接地保护连接。检查线路正确后，合上断路器 QF，向变频器送电。

（3）变频器参数复位。为了参数调试能够顺利进行，在开始设定参数前要进行 1 次“参数全部清除（ALLC）”操作。在操作面板 FR-DU07 上进入参数设定模式后，设定参数 ALLC＝1，并按下设定键“**SET**”确认写入，此时将变频器的所有参数复位为出厂时的默认设定值。

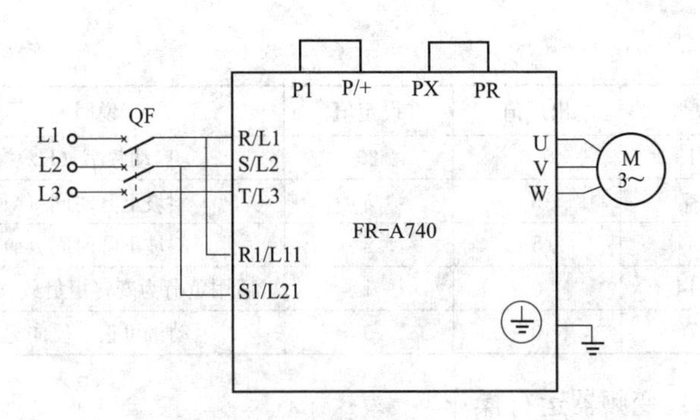

图 12-12　变频器的连续正反转及变频控制电路

（4）设定电动机参数。为了使电动机与变频器相匹配以获得最优性能，就必须输入电动机铭牌上的参数，令变频器识别控制对象，具体参数设定见表 12-4。电动机参数设定完成后，变频器当前处于准备状态，可正常运行。

表 12-4　　　　电动机参数设定

参数号	出厂值	设定值	说明
Pr. 80	9999	1.5	电动机额定功率（kW）
Pr. 81	9999	4	电动机极数
Pr. 82	9999	3.7	电动机额定电流（A）
Pr. 83	200/400	380	电动机额定电压（V）
Pr. 84	50	50	电动机额定频率（Hz）

（5）设定变频器连续正反转及变频控制参数。变频器连续正反转及变频控制参数设定见表 12-5。

表 12-5　　变频器连续正反转及变频控制参数设定

参数号	出厂值	设定值	说明
Pr. 1	120	50	上限频率（Hz）
Pr. 2	0	0	下限频率（Hz）
Pr. 3	50	50	基准频率（Hz）
Pr. 79	0	1	选择单一的 PU 操作模式
Pr. 77	0	2	无论是否运行随时都可以写入参数

续表

参数号	出厂值	设定值	说明
Pr. 13	0.5	20	启动频率（Hz）
Pr. 7	5	5	斜坡上升时间（s）
Pr. 8	5	5	斜坡下降时间（s）
Pr. 14	0	1	适用负荷为变转矩负载（风机）
Pr. 78	0	0	电动机可正、反向运转

（6）变频器运行操作。

1）变频器上电后，自动进入 PU 操作模式（PU），此时 **“PU”** 灯点亮。

2）按下操作面板 FR-DU07 的正转键 **“FWD”**，变频器开始输出 20Hz（启动频率）的三相电压，电动机启动正向运转升速，经过由 Pr. 7 所设定的 5s 斜坡上升时间后，最后稳定运行在由 Pr. 1 所设定的 50Hz 频率对应的转速上。

3）按下操作面板 FR-DU07 的反转键 **“REV”**，变频器开始输出 20Hz（启动频率）的三相电压，电动机启动反向运转升速，经过由 Pr. 7 所设定的 5s 斜坡上升时间后，最后稳定运行在由 Pr. 1 所设定的 50Hz 频率对应的转速上。

4）在电动机运行时，转动操作面板 FR-DU07 上的旋转式数字转盘 **“M”**，可在 0～50Hz 范围内修改运行频率（改变转速）。

5）无论电动机是正转还是反转，只要按下操作面板 FR-DU07 的停止及复位键“$\frac{\textbf{STOP}}{\textbf{RESET}}$”，变频器即切断输出 50Hz 的三相电压，电动机经过由 Pr. 8 所设定的 5s 斜坡下降时间后停止运行。

2. 变频器的连续正反转及点动控制（EXT 操作模式）

在实际生产中，采用操作面板 FR-DU07 对变频器的控制只能是本地控制，一些需要远程控制的场合就需要采用外部操作模式的方法，此时电动机的启动、停止、正反转、正反转点动及改变运行频率等都是由按钮、开关、继电器等通过与变频器控制端子上的外部接线控制，这种方法可大大提高生产自动化水平。

（1）项目描述。由 EXT 操作模式实现 1 台三相交流电动机的连续正反转及点动运行。电动机参数：额定功率 1.5kW，额定电流 3.7A，额定电压 380V，额定频率 50Hz，额定转速 1400r/min。

（2）变频器控制电路接线。变频器控制电路接线如图 12-13 所示，将 380V 三相交流电源连接至变频器的输入端“R/L1、S/L2、T/L3”，将变频器的输出端“U、V、W”连接至三相电动机，同时还要进行相应的短路片连接（R/L1-R1/L11、S/L2-S1/L21、P1-P/+、PR-PX）及接地保护连接。

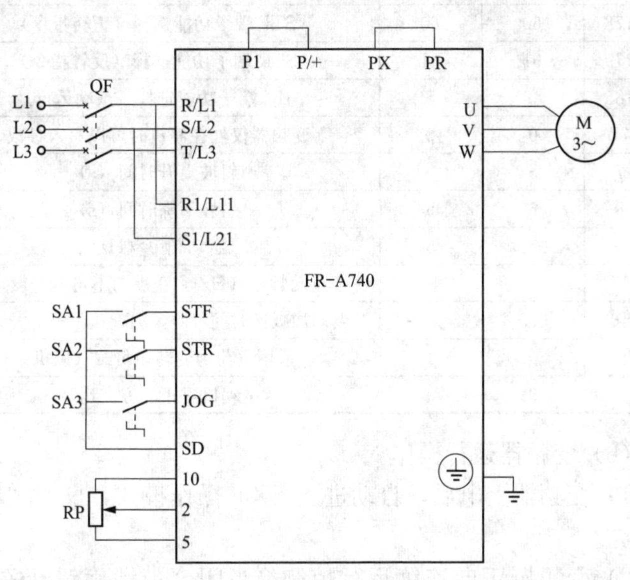

图 12-13 变频器的连续正反转及点动控制电路

外部开关量输入端子选用 STF、STR、JOG，其中端子 STF 设为正转控制，端子 STR 设为反转控制，端子 JOG 设为点动控制，所对应的功能通过 Pr. 178、Pr. 179、Pr. 185 的参数值设定。端子 10、2、5 连接多圈电位器 RP，用于频率参数的设定及调节。检查线路正确后，合上断路器 QF，向变频器送电。

（3）变频器参数复位。参见上述内容。

（4）设定电动机参数。参见上述内容及表 12-4。

（5）设定变频器连续正反转及点动控制参数。

变频器连续正反转及点动控制参数设定见表 12-6。

表 12-6　　变频器连续正反转及点动控制参数设定

参数号	出厂值	设定值	说明
Pr. 1	120	50	上限频率（Hz）
Pr. 2	0	0	下限频率（Hz）
Pr. 3	50	50	基准频率（Hz）
Pr. 79	0	2	选择单一的 EXT 操作模式
Pr. 178	60	60	STF 端子功能选择（正转指令）
Pr. 179	61	61	STR 端子功能选择（反转指令）
Pr. 185	5	5	JIG 端子功能选择（点动运行）
Pr. 77	0	0	变频器仅处在停机时可以写入参数
Pr. 7	5	5	斜坡上升时间（s）
Pr. 8	5	5	斜坡下降时间（s）
Pr. 13	0.5	5	启动频率（Hz）
Pr. 15	5	10	点动频率（Hz），正反向不可分开设定
Pr. 16	0.5	3	点动加减速时间（s），加减速不可分开设定
Pr. 14	0	1	适用负荷为变转矩负载（风机）
Pr. 78	0	0	电动机可正、方向运转

（6）变频器运行操作。

1）变频器上电后，自动进入 EXT 操作模式，此时 **"EXT"** 灯点亮。

2）变频器正向连续运行控制。当闭合带锁旋钮开关 SA1 时，变频器的端子 STF 为 ON，变频器开始输出 5Hz（启动频率）的三相电压，电动机启动正向运转升速，经过由 Pr. 7 所设定的 5s 斜坡上升时间后，最后稳定运行在由 Pr. 1 所设定的 50Hz 频率对应的转速上。

3）当断开带锁旋钮开关 SA1 时，变频器的端子 STF 为

OFF，电动机经过由 Pr. 8 所设定的 5s 斜坡下降时间后停止运行。

4）变频器反向连续运行控制。当闭合带锁旋钮开关 SA2 时，变频器的端子 STR 为 ON，变频器开始输出 5Hz（启动频率）的三相电压，电动机启动反向运转升速，经过由 Pr. 7 所设定的 5s 斜坡上升时间后，最后稳定运行在由 Pr. 1 所设定的 50Hz 频率对应的转速上。

5）当断开带锁旋钮开关 SA2 时，变频器的端子 STR 为 OFF，电动机经过由 Pr. 8 所设定的 5s 斜坡下降时间后停止运行。

6）正转点动运行控制。当同时闭合带锁旋钮开关 SA1、SA3 时，变频器的端子 STF、JOG 为 ON，变频器开始输出 5Hz（启动频率）的三相电压，电动机启动正向运转升速，经过由 Pr. 16 所设定的 3s 点动加/减速时间后，最后稳定运行在由 Pr. 15 所设定的 10Hz 点动频率对应的转速上。

7）当断开带锁旋钮开关 SA1 时，变频器的端子 STF 为 OFF，电动机经过由 Pr. 16 所设定的 3s 点动加/减速时间后停止运行。

8）反转点动运行控制。当同时闭合带锁旋钮开关 SA2、SA3 时，变频器的端子 STR、JOG 为 ON，变频器开始输出 5Hz（启动频率）的三相电压，电动机启动反向运转升速，经过由 Pr. 16 所设定的 3s 点动加/减速时间后，最后稳定运行在由 Pr. 15 所设定的 10Hz 点动频率对应的转速上。

9）当断开带锁旋钮开关 SA2 时，变频器的端子 STR 为 OFF，电动机经过由 Pr. 16 所设定的 3s 点动加/减速时间后停止运行。

10）电动机的速度调节。电动机连续正反向运行中，可旋转多圈电位器 RP 实时调节变频器的输出频率（0～50Hz），从而改变电动机连续正反向运行速度。电动机点动运行中，不可更改运行频率及其他参数，若需要更改参数时，须先停机，然后进入操作面板 FR-DU07 的参数设定模式进行设定。当改变 Pr. 15 的值后（只能由多圈电位器 RP 设定），按上述操作过程，

就可以改变电动机正反转点动运行速度

二、变频器典型应用实例

1. 变频器在多段速控制中的应用

由于工艺上的要求，很多生产机械设备在不同的阶段需要电动机在不同的转速下运行。为了便于这种负载的控制，工业生产中多采用变频器以实现多段速控制。变频器的多段速控制也称为固定频率控制，三菱 FR-A740 变频器内部置有若干个自由功能块及固定频率设定功能，可以实现 3 段速控制功能、7 段速控制功能、15 段速控制功能，它具有强大的可编辑性，从而使整个控制系统接线简单、设备简化及投资减少。

（1）多段速的固定频率值设定。

1）多段速的输入端子。三菱 FR-A740 变频器有 3 个专用于多段速控制的输入端子 RH、RM、RL，用户可通过这 3 个输入端子的多种 ON、OFF 组合，在完成相关参数的设定后，即可选择不同的运行频率值实现变频器的 3 段速、7 段速控制功能。若再增加 1 个信号端子 REX，用户可通过 RH、RM、RL、REX 这 4 个输入端子的多种 ON、OFF 组合，在完成相关参数的设定后，则可选择不同的运行频率值实现变频器的 15 段速控制功能。输入端子 RH、RM、RL、REX 的状态与多段速序列见表 12-7，其电路原理接线如图 12-14 所示。

表 12-7　输入端子的状态与多段速序列

输入端子的状态				多段速序列
RH	RM	RL	REX	
ON	OFF	OFF	OFF	速度 1（高速）
OFF	ON	OFF	OFF	速度 2（中速）
OFF	OFF	ON	OFF	速度 3（低速）
OFF	ON	ON	OFF	速度 4
ON	OFF	ON	OFF	速度 5
ON	ON	OFF	OFF	速度 6
ON	ON	ON	OFF	速度 7

续表

输入端子的状态				多段速序列
RH	RM	RL	REX	
OFF	OFF	OFF	ON	速度 8
OFF	OFF	ON	ON	速度 9
OFF	ON	OFF	ON	速度 10
OFF	ON	ON	ON	速度 11
ON	OFF	OFF	ON	速度 12
ON	OFF	ON	ON	速度 13
ON	ON	OFF	ON	速度 14
ON	ON	ON	ON	速度 15

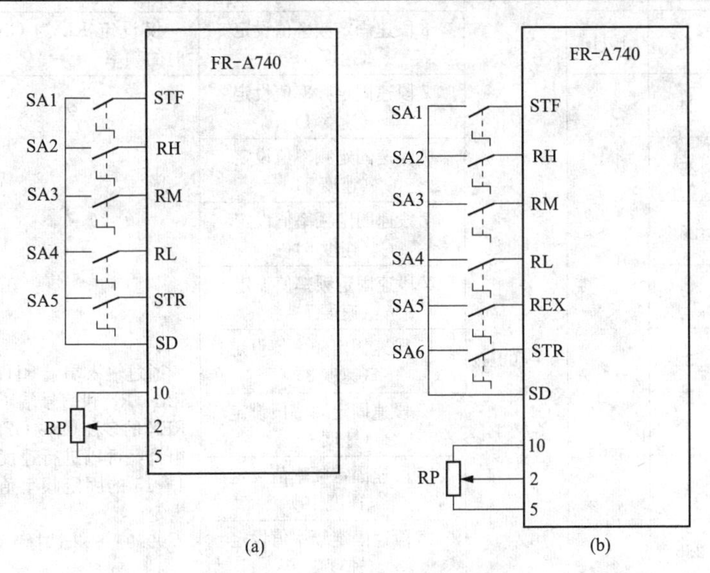

图 12-14 多段速控制电路原理接线图

(a) 7 段速控制；(b) 15 段速控制

2）多段速的固定频率值设定。如果要实现 3 段速控制，就把 3 段速的固定运行频率值设定在 Pr. 4～Pr. 6 这 3 个参数上，其他参数设定为 9999；如果要实现 7 段速控制，就把 7 段速的固定运行频率值设定在 Pr. 4～Pr. 6、Pr. 24～Pr. 27 这 7

个参数上，其他参数设定为9999；如果要实现15段速控制，就把15段速的固定运行频率值设定在Pr.4～Pr.6、Pr.24～Pr.27和Pr.232～Pr.239这15个参数上。多段速的固定频率值设定见表12-8。

表12-8　多段速的固定频率值设定

参数号（Pr.）	出厂值	设定范围	名称	说明
4	50Hz	0～400Hz	3段速固定频率值设定（速度1）	仅设定RH为ON时的频率
5	30Hz	0～400Hz	3段速固定频率值设定（速度2）	仅设定RM为ON时的频率
6	10Hz	0～400Hz	3段速固定频率值设定（速度3）	仅设定RL为ON时的频率
24	9999	0～400Hz	7段速固定频率值设定（速度4）	通过输入端子RH、RM、RL和信号端子REX的多种ON、OFF组合，可以进行速度4～15的固定频率值设定。9999——未选择
25	9999	0～400Hz	7段速固定频率值设定（速度5）	通过输入端子RH、RM、RL和信号端子REX的多种ON、OFF组合，可以进行速度4～15的固定频率值设定。9999——未选择
26	9999	0～400Hz	7段速固定频率值设定（速度6）	通过输入端子RH、RM、RL和信号端子REX的多种ON、OFF组合，可以进行速度4～15的固定频率值设定。9999——未选择
27	9999	0～400Hz	7段速固定频率值设定（速度7）	通过输入端子RH、RM、RL和信号端子REX的多种ON、OFF组合，可以进行速度4～15的固定频率值设定。9999——未选择
232	9999	0～400Hz	15段速固定频率值设定（速度8）	通过输入端子RH、RM、RL和信号端子REX的多种ON、OFF组合，可以进行速度4～15的固定频率值设定。9999——未选择
233	9999	0～400Hz	15段速固定频率值设定（速度9）	通过输入端子RH、RM、RL和信号端子REX的多种ON、OFF组合，可以进行速度4～15的固定频率值设定。9999——未选择
234	9999	0～400Hz	15段速固定频率值设定（速度10）	通过输入端子RH、RM、RL和信号端子REX的多种ON、OFF组合，可以进行速度4～15的固定频率值设定。9999——未选择
235	9999	0～400Hz	15段速固定频率值设定（速度11）	通过输入端子RH、RM、RL和信号端子REX的多种ON、OFF组合，可以进行速度4～15的固定频率值设定。9999——未选择
236	9999	0～400Hz	15段速固定频率值设定（速度12）	通过输入端子RH、RM、RL和信号端子REX的多种ON、OFF组合，可以进行速度4～15的固定频率值设定。9999——未选择
237	9999	0～400Hz	15段速固定频率值设定（速度13）	通过输入端子RH、RM、RL和信号端子REX的多种ON、OFF组合，可以进行速度4～15的固定频率值设定。9999——未选择
238	9999	0～400Hz	15段速固定频率值设定（速度14）	通过输入端子RH、RM、RL和信号端子REX的多种ON、OFF组合，可以进行速度4～15的固定频率值设定。9999——未选择
239	9999	0～400Hz	15段速固定频率值设定（速度15）	通过输入端子RH、RM、RL和信号端子REX的多种ON、OFF组合，可以进行速度4～15的固定频率值设定。9999——未选择

3）多段速参数设定的注意事项。

① 多段速控制在 EXT 操作模式（Pr. 79＝2）或 PU/EXT 组合操作模式（Pr. 79＝3 或 4）才有效。

② 多段速参数在 PU 操作模式和 EXT 操作模式中（设定 Pr. 77＝0 时）都可以设定及修改。

③ 信号端子 REX 在变频器的输入端子中是不存在的，需要用参数 Pr. 183～Pr. 189 的设定（设定值为 8）对输入端子 RT、AU、JOG、CS、MRS、STOP、RES 中的任一个安排用于 REX 信号的输入，如 Pr. 185＝8，即将输入端子 JOG 作为信号端子 REX 使用。

④ 出厂值的状态为不可以使用 4～15 多段速的固定频率值设定。

⑤ 在 3 段速控制场合，2 段速以上同时被选择时，低速信号的设定频率优先。

⑥ 参数 Pr. 24～Pr. 27、Pr. 232～Pr. 239 的固定频率设定值不存在先后顺序。

⑦ 在上述各段频率的切换过程中，所有的加、减速时间和加、减速方式都是一样的。

（2）变频器的 3 段速控制。

1）项目描述。由 EXT 操作模式实现实现 1 台三相交流电动机的 3 段速固定频率正向运行。电动机参数：额定功率 1. 5kW，额定电流 3. 7A，额定电压 380V，额定频率 50Hz，额定转速 2800r/min。

第 1 段速：输出固定频率为 20Hz，正向运行。

第 2 段速：输出固定频率为 35Hz，正向运行。

第 3 段速：输出固定频率为 50Hz，正向运行。

2）变频器控制电路接线。变频器控制电路接线如图 12-15 所示，将 380V 三相交流电源连接至变频器的输入端“R/L1、S/L2、T/L3”，将变频器的输出端“U、V、W”连接至三相电动机，同时还要进行相应的短路片连接（R/L1-R1/L11、S/L2-S1/L21、P1-P/＋、PR-PX）及接地保护连接。

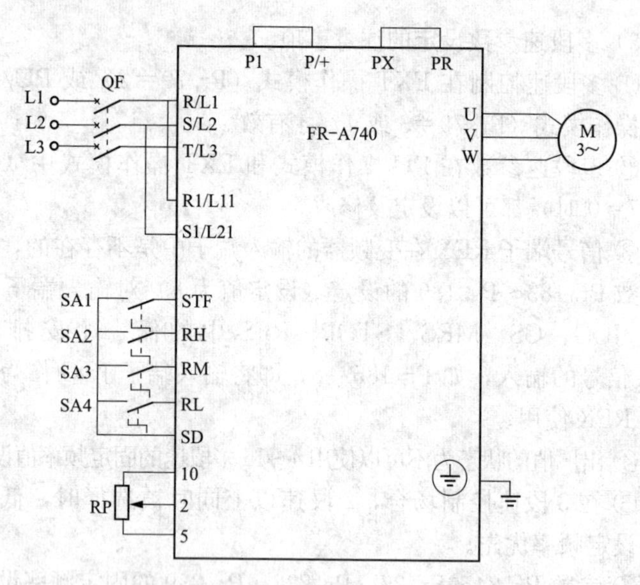

图 12-15　变频器 3 段速控制电路接线

外部开关量输入端子选用 STF、RH、RM、RL，其中端子 STF 设为正转控制，端子 RH（第 3 段速）、RM（第 2 段速）、RL（第 1 段速）设为多段速控制，所对应的固定频率值通过 Pr. 4、Pr. 5、Pr. 6 的参数值设定。端子 10、2、5 连接多圈电位器 RP，用于频率参数的设定及调节。检查线路正确后，合上断路器 QF，向变频器送电。

3）变频器参数复位。为了参数调试能够顺利进行，在开始设定参数前要进行 1 次“参数全部清除（ALLC）”操作。在操作面板 FR-DU07 上进入参数设定模式后，设定参数 ALLC=1，并按下设置键“**SET**”确认写入，此时将变频器的所有参数复位为出厂时的默认设置值。

4）设定电动机参数。为了使电动机与变频器相匹配以获得最优性能，就必须输入电动机铭牌上的参数，令变频器识别控制对象，具体参数设定见表 12-9。电动机参数设定完成后，变频器当前处于准备状态，可正常运行。

表 12-9 电动机参数设定

参数号	出厂值	设定值	说明
Pr. 80	9999	1.5	电动机额定功率（kW）
Pr. 81	9999	2	电动机极数
Pr. 82	9999	3.7	电动机额定电流（A）
Pr. 83	200/400	380	电动机额定电压（V）
Pr. 84	50	50	电动机额定频率（Hz）

5）设定变频器 3 段速控制参数。变频器 3 段速控制参数设定见表 12-10。

表 12-10 变频器 3 段速控制参数设定

参数号	出厂值	设定值	说明
Pr. 1	120	50	上限频率（Hz）
Pr. 2	0	0	下限频率（Hz）
Pr. 3	50	50	基准频率（Hz）
Pr. 79	0	2	选择单一的 EXT 操作模式
Pr. 178	60	60	STF 端子功能选择（正转指令）
Pr. 180	0	0	RL 端子功能选择（低速运行指令）
Pr. 181	1	1	RM 端子功能选择（中速运行指令）
Pr. 182	2	2	RH 端子功能选择（高速运行指令）
Pr. 4	50	50	RH 端子固定频率值设定（高速）（Hz）
Pr. 5	30	35	RM 端子固定频率值设定（中速）（Hz）
Pr. 6	10	20	RL 端子固定频率值设定（低速）（Hz）
Pr. 77	0	0	变速器仅处在停机时可以写入参数
Pr. 7	5	5	斜坡上升时间（s）
Pr. 8	5	5	斜坡下降时间（s）
Pr. 13	0.5	5	启动频率（Hz）
Pr. 14	0	1	适用负荷为变转矩负载（风机）
Pr. 78	0	0	电动机可正、反向运转

6）变频器运行操作。

① 变频器上电后，自动进入 EXT 操作模式，此时“EXT”灯点亮。

② 第1段速控制。当闭合带锁按钮开关SA1、SA4时，变频器的端子STF、RL为ON，变频器开始输出5Hz（启动频率）的三相电压，电动机启动正向运转升速，经过由Pr.7所设定的5s斜坡上升时间后，最后稳定运行在由Pr.6所设定的20Hz频率对应的转速上（低速）。

③ 第2段速控制。当闭合带锁按钮开关SA1、SA3时，变频器的端子STF、RM为ON，变频器开始输出5Hz（启动频率）的三相电压，电动机启动正向运转升速，经过由Pr.7所设定的5s斜坡上升时间后，最后稳定运行在由Pr.5所设定的35Hz频率对应的转速上（中速）。

④ 第3段速控制。当闭合带锁按钮开关SA1、SA2时，变频器的端子STF、RH为ON，变频器开始输出5Hz（启动频率）的三相电压，电动机启动正向运转升速，经过由Pr.7所设定的5s斜坡上升时间后，最后稳定运行在由Pr.4所设定的50Hz频率对应的转速上（高速）。

⑤ 电动机停止运行。在电动机正常运行的任何段速，当断开带锁旋钮开关SA1时，变频器的端子STF为OFF，电动机经过由Pr.8所设定的5s斜坡下降时间后停止运行。

(3) 变频器的10段速控制。

1) 项目描述。由EXT操作模式实现1台三相交流电动机的10段速固定频率正、反向运行。电动机参数：额定功率1.5kW，额定电流3.7A，额定电压380V，额定频率50Hz，额定转速2800r/min。

第1段速：输出频率为5Hz，正反向运行。

第2段速：输出频率为10Hz，正反向运行。

第3段速：输出频率为15Hz，正反向运行。

第4段速：输出频率为20Hz，正反向运行。

第5段速：输出频率为25Hz，正反向运行。

第6段速：输出频率为30Hz，正反向运行。

第7段速：输出频率为35Hz，正反向运行。

第 8 段速：输出频率为 40Hz，正反向运行。

第 9 段速：输出频率为 45Hz，正反向运行。

第 10 段速：输出频率为 50Hz，正反向运行。

2）变频器控制电路接线。变频器控制电路接线如图 12-16 所示，将 380V 三相交流电源连接至变频器的输入端“R/L1、S/L2、T/L3”，将变频器的输出端“U、V、W”连接至三相电动机，同时还要进行相应的短路片连接（R/L1-R1/L11、S/L2-S1/L21、P1-P/＋、PR-PX）及接地保护连接。

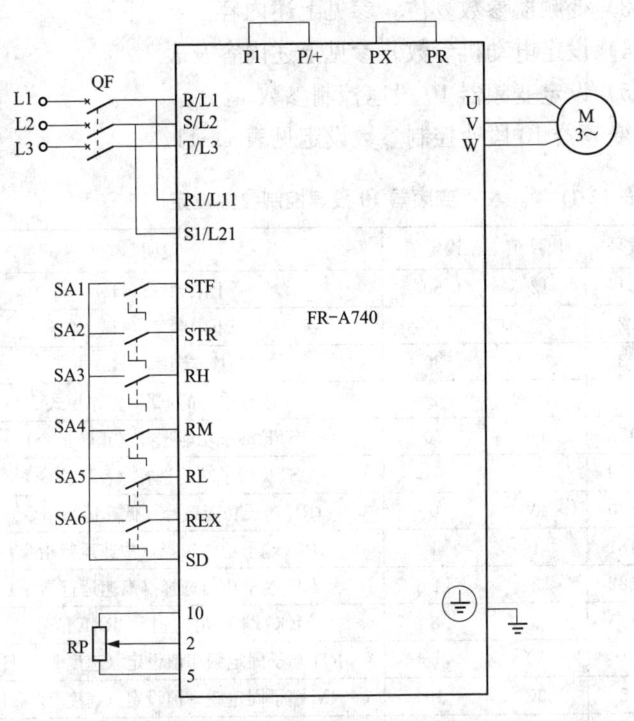

图 12-16　变频器 10 段速控制电路接线

外部开关量输入端子选用 STF、STR、RH、RM、RL、JOG（设为 RXE 信号端子），其中端子 STF 设为正转控制，端子 STR 设为反转控制。端子 RH、RM、RL 设为多段速控制，通过这3个端子的多种ON、OFF组合，实现变频器的7段速控制功能，其所对应的固定频率值通过Pr.4～Pr.6、Pr.24～Pr.27的参数值设定。端子JOG通过设定参数Pr.185=8，将端子JOG作为信号端子REX使用，它与RH、RM、RL端子联合构成多种ON、OFF组合，实现变频器的8～10段速控制功能，其所对应的固定频率值通过Pr.232～Pr.234的参数值设定。端子10、2、5连接多圈电位器RP，用于频率参数的设定及调节。检查线路正确后，合上断路器QF，向变频器送电。

3）变频器参数复位。参见上述内容。

4）设定电动机参数。参见上述内容及表12-9。

5）设定变频器10段速控制参数。

变频器10段速控制参数设定见表12-11。

表12-11　　变频器10段速控制参数设定

参数号	出厂值	设定值	说明
Pr.1	120	50	上限频率（Hz）
Pr.2	0	0	下限频率（Hz）
Pr.3	50	50	基准频率（Hz）
Pr.79	0	2	选择单一的EXT操作模式
Pr.178	60	60	STF端子功能选择（正转指令）
Pr.179	61	61	STR端子功能选择（反转指令）
Pr.180	0	0	RL端子功能选择（低速运行指令）
Pr.181	1	1	RM端子功能选择（中速运行指令）
Pr.182	2	2	RH端子功能选择（高速运行指令）
Pr.185	5	8	JOG端子功能选择（RXE信号）
Pr.4	50	5	RH端子固定频率值设定（速度1）（Hz）
Pr.5	30	10	RM端子固定频率值设定（速度2）（Hz）
Pr.6	10	15	RL端子固定频率值设定（速度3）（Hz）
Pr.24	9999	20	多段速固定频率值设定（速度4）（Hz）
Pr.25	9999	25	多段速固定频率值设定（速度5）（Hz）
Pr.26	9999	30	多段速固定频率值设定（速度6）（Hz）
Pr.27	9999	35	多段速固定频率值设定（速度7）（Hz）

续表

参数号	出厂值	设定值	说明
Pr. 232	9999	40	多段速固定频率值设定（速度 8）（Hz）
Pr. 233	9999	45	多段速固定频率值设定（速度 9）（Hz）
Pr. 234	9999	50	多段速固定频率值设定（速度 10）（Hz）
Pr. 77	0	0	变频器仅处在停机时间可以写入参数
Pr. 7	5	5	斜坡上升时间（s）
Pr. 8	5	5	斜坡下降时间（s）
Pr. 13	0.5	2	启动频率（Hz）
Pr. 14	0	1	适用负荷为变转矩负载（风机）
Pr. 78	0	0	电动机可正、反向运转

6）变频器运行操作。

① 变频器上电后，自动进入 EXT 操作模式，此时“**EXT**”灯点亮。

② 第 1 段速控制。当闭合带锁按钮开关 SA1、SA3 时，变频器的端子 STF、RH 为 ON，变频器开始输出 2Hz（启动频率）的三相电压，电动机启动正向运转升速，经过由 Pr. 7 所设定的 5s 斜坡上升时间后，最后稳定运行在由 Pr. 4 所设定的 5Hz 频率对应的转速上。

③ 第 2 段速控制。当闭合带锁按钮开关 SA1、SA4 时，变频器的端子 STF、RM 为 ON，变频器开始输出 2Hz（启动频率）的三相电压，电动机启动正向运转升速，经过由 Pr. 7 所设定的 5s 斜坡上升时间后，最后稳定运行在由 Pr. 5 所设定的 10Hz 频率对应的转速上。

④ 第 3 段速控制。当闭合带锁按钮开关 SA1、SA5 时，变频器的端子 STF、RL 为 ON，变频器开始输出 2Hz（启动频率）的三相电压，电动机启动正向运转升速，经过由 Pr. 7 所设定的 5s 斜坡上升时间后，最后稳定运行在由 Pr. 6 所设定的 15Hz 频率对应的转速上。

⑤ 第 4 段速控制。当闭合带锁按钮开关 SA1、SA4、SA5 时，变频器的端子 STF、RM、RL 为 ON，变频器开始输出

2Hz（启动频率）的三相电压，电动机启动正向运转升速，经过由 Pr. 7 所设定的 5s 斜坡上升时间后，最后稳定运行在由 Pr. 24 所设定的 20Hz 频率对应的转速上。

⑥ 第 5 段速控制。当闭合带锁按钮开关 SA1、SA3、SA5 时，变频器的端子 STF、RH、RL 为 ON，变频器开始输出 2Hz（启动频率）的三相电压，电动机启动正向运转升速，经过由 Pr. 7 所设定的 5s 斜坡上升时间后，最后稳定运行在由 Pr. 25 所设定的 25Hz 频率对应的转速上。

⑦ 第 6 段速控制。当闭合带锁按钮开关 SA1、SA3、SA4 时，变频器的端子 STF、RH、RM 为 ON，变频器开始输出 2Hz（启动频率）的三相电压，电动机启动正向运转升速，经过由 Pr. 7 所设定的 5s 斜坡上升时间后，最后稳定运行在由 Pr. 26 所设定的 30Hz 频率对应的转速上。

⑧ 第 7 段速控制。当闭合带锁按钮开关 SA1、SA3、SA4、SA5 时，变频器的端子 STF、RH、RM、RL 为 ON，变频器开始输出 2Hz（启动频率）的三相电压，电动机启动正向运转升速，经过由 Pr. 7 所设定的 5s 斜坡上升时间后，最后稳定运行在由 Pr. 27 所设定的 35Hz 频率对应的转速上。

⑨ 第 8 段速控制。当闭合带锁按钮开关 SA1、SA6 时，变频器的端子 STF、REX 为 ON，变频器开始输出 2Hz（启动频率）的三相电压，电动机启动正向运转升速，经过由 Pr. 7 所设定的 5s 斜坡上升时间后，最后稳定运行在由 Pr. 232 所设定的 40Hz 频率对应的转速上。

⑩ 第 9 段速控制。当闭合带锁按钮开关 SA1、SA5、SA6 时，变频器的端子 STF、RL、REX 为 ON，变频器开始输出 2Hz（启动频率）的三相电压，电动机启动正向运转升速，经过由 Pr. 7 所设定的 5s 斜坡上升时间后，最后稳定运行在由 Pr. 233 所设定的 45Hz 频率对应的转速上。

⑪ 第 10 段速控制。当闭合带锁按钮开关 SA1、SA4、SA6 时，变频器的端子 STF、RM、REX 为 ON，变频器开始输出

2Hz（启动频率）的三相电压，电动机启动正向运转升速，经过由 Pr. 7 所设定的 5s 斜坡上升时间后，最后稳定运行在由 Pr. 234 所设定的 50Hz 频率对应的转速上。

⑫ 电动机停止运行。在电动机正常运行的任何段速，当断开带锁旋钮开关 SA1 时，变频器的端子 STF 为 OFF，电动机经过由 Pr. 8 所设定的 5s 斜坡下降时间后停止运行。

⑬ 电动机反转运行及停止的段速控制与电动机正转运行及停止的段速控制相同，只要将上述的 SA1（正转开关）换成 SA2（反转开关）即可，读者可自行分析。

2. 变频器在自动正反转控制中的应用

(1) 项目描述。由变频器 EXT 操作模式和继电控制电路实现 1 台三相交流电动机的自动正反转控制。电动机参数：额定功率 1.1kW，额定电流 2.7A，额定电压 380V，额定频率 50Hz，额定转速 1400r/min。运行的具体要求如下：

1）正向启动 2s 后能够达到 10Hz 运行频率，在此频率上运行 8s 后自动停车，停车时间为 1s。

2）自动反向启动，运行频率为 30Hz。

3）自动停车，在 35s 时停止运行。

(2) 项目分析。

1）斜坡上升时间的确定。变频器斜坡上升时间参数由 Pr. 7 设定，它指电动机从静止加速到最大频率（50Hz）所需的时间，由正向启动 2s 后能够达到 10Hz 运行频率可计算出 Pr. 7＝10s。

2）斜坡下降时间的确定。变频器斜坡下降时间参数由 Pr. 8 设定，它指电动机从最大频率（50Hz）减速到静止所需的时间，由 10Hz 运行频率至停车所需时间为 1s 可计算出 Pr. 8＝5s。

3）反向启动时间的确定。由斜坡上升时间参数 Pr. 7＝10s 可计算出反向启动达到 30Hz 运行频率时所需时间为 6s。

4）反向停车时间的确定。由斜坡下降时间参数 Pr. 8＝5s 可计算出由 30Hz 反向运行频率至停车所需时间为 3s。

5）综上所述，变频器自动正反转控制流程如图 12-17 所示。

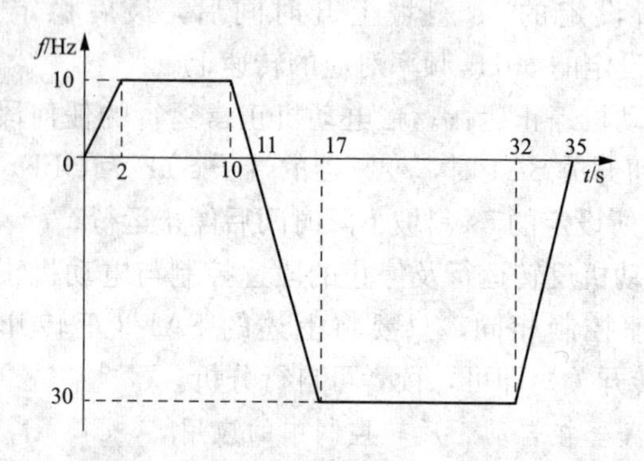

图 12-17　变频器自动正反转控制流程

（3）变频器控制电路接线。变频器自动正反转控制电路如图 12-18 所示。

1）将 380V 三相交流电源连接至变频器的输入端“R/L1、S/L2、T/L3”，将变频器的输出端“U、V、W”连接至三相电动机，同时还要进行相应的短路片连接（R/L1-R1/L11、S/L2-S1/L21、P1-P/＋、PR-PX）及接地保护连接。

外部开关量输入端子选用 STF、STR、RM、RL，其中端子 STF 设为正转控制，端子 STR 设为反转控制，端子 RM（第 2 段速）、RL（第 1 段速）设为 2 段速控制，所对应的固定频率值通过 Pr. 5、Pr. 6 的参数值设定。端子 10、2、5 连接多圈电位器 RP，用于频率参数的设定及调节。检查线路正确后，合上断路器 QF，向变频器送电。

2）继电控制电路接线。交流接触器 KM2 的动合触头接在端子 STF 上，用于控制电动机的正向启动与停车，交流接触器 KM3 的动合触头接在端子 STR 上，用于控制电动机的反向启动与停车，交流接触器 KM4 的动合触头接在端子 RL 上，用于控制电动机的第 1 段速（10Hz）运行，交流接触器 KM5 的动合触头接在端子 RM 上，用于控制电动机的第 2 段速（30Hz）运行。

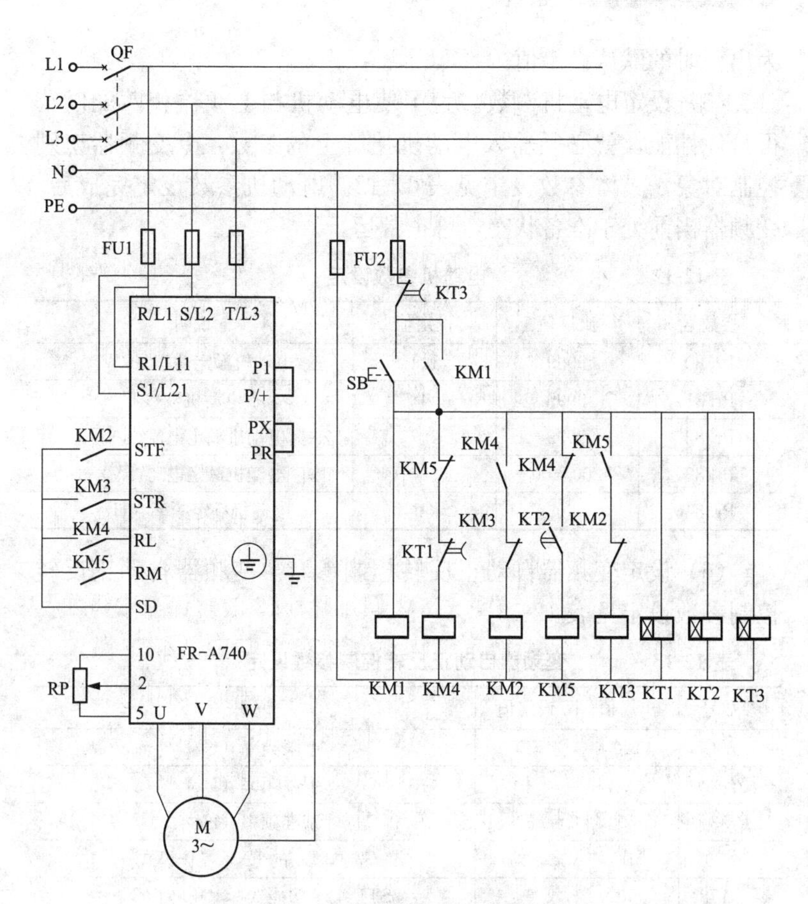

图 12-18　变频器自动正反转控制电路

时间继电器 KT1、KT2、KT3 均为通电延时型，其中 KT1 用于控制电动机正向运行时间（整定为 10s），KT2 用于控制电动机正向停车时间（整定为 1s）、KT3 用于控制电动机反向运行时间（整定为 32s）。

（4）变频器参数复位。为了参数调试能够顺利进行，在开始设定参数前要进行 1 次“参数全部清除（ALLC）”操作。在操作面板 FR-DU07 上进入参数设定模式后，设定参数 ALLC=1，并按下设定键**“SET”**确认写入，此时将变频器的所有参数复位为出厂时的默认设定值。

（5）设定电动机参数。为了使电动机与变频器相匹配以获得最优性能，就必须输入电动机铭牌上的参数，令变频器识别控制对象，具体参数设定见表 12-12。电动机参数设定完成后，变频器当前处于准备状态，可正常运行。

表 12-12　电动机参数设定

参数号	出厂值	设定值	说明
Pr. 80	9999	1.1	电动机额定功率（kW）
Pr. 81	9999	4	电动机极数
Pr. 82	9999	2.7	电动机额定电流（A）
Pr. 83	200/400	380	电动机额定电压（V）
Pr. 84	50	50	电动机额定频率（Hz）

（6）设定变频器自动正反转控制参数。变频器自动正反转控制参数设定见表 12-13。

表 12-13　变频器自动正反转控制参数设定

参数号	出厂值	设定值	说明
Pr. 1	120	50	上限频率（Hz）
Pr. 2	0	0	下限频率（Hz）
Pr. 3	50	50	基准频率（Hz）
Pr. 79	0	2	选择单一的 EXT 操作模式
Pr. 178	60	60	STF 端子功能选择（正转指令）
Pr. 179	61	61	STR 端子功能选择（反转指令）
Pr. 180	0	0	RL 端子功能选择（低速运行指令）
Pr. 181	1	1	RM 端子功能选择（中速运行指令）
Pr. 5	30	30	RM 端子固定频率值设定（Hz）
Pr. 6	10	10	RL 端子固定频率值设定（Hz）
Pr. 77	0	0	变频器仅处在停机时可以写入参数
Pr. 7	5	10	斜坡上升时间（s）
Pr. 8	5	5	斜坡下降时间（s）
Pr. 14	0	1	适用负荷为变转矩负载（风机）
Pr. 78	0	0	电动机可正、反向运转

（7）变频器运行操作。

1）按下继电控制电路中的启动按钮 SB，交流接触器 KM1 线圈得电，其动合触头 KM1 闭合，完成自锁。时间继电器 KT1、KT2、KT3 同时得电，计时开始。

2）同时，交流接触器 KM4 线圈得电，其动合触头 KM4 闭合，使得交流接触器 KM2 线圈得电，其动合触头 KM2 闭合。

3）变频器输入端子 STF、RL 得到信号 NO，电动机开始启动正向升速，经过 2s 后在 10Hz 频率对应的转速上运行 8s。

4）时间继电器 KT1 整定时间为 10s，当延时时间一到，其延时动断触头 KT1 断开，交流接触器 KM4 线圈失电，其动合触头 KM4 复位断开，使得交流接触器 KM2 线圈失电，其动合触头 KM2 复位断开。

5）变频器输入端子 STF、RL 得到信号 OFF，电动机开始正向减速，在 1s 内停车。

6）时间继电器 KT2 整定时间为 11s，当延时时间一到，其延时动合触头 KT2 闭合，交流接触器 KM5 线圈得电，其动合触头 KM5 闭合，使得交流接触器 KM3 线圈得电，其动合触头 KM3 闭合。

7）变频器输入端子 STR、RM 得到信号 NO，电动机开始启动反向升速，经过 6s 后在 30Hz 频率对应的转速上运行 15s。

8）时间继电器 KT3 整定时间为 32s，当延时时间一到，其延时动断触头 KT3 断开，整个控制电路失电。同时，交流接触器 KM5、KM3 线圈失电，其动合触头 KM5、KM3 复位断开。

9）变频器输入端子 STR、RM 得到信号 OFF，电动机开始反向减速，在 3s 内停车。

10）控制过程结束，电动机整个运行过程为 35s，满足项目要求。

第五节　变频器的选型及维护

一、变频器的选型

在选择变频器时生产厂商会向用户提供产品样本，这些产品样本包含有变频器的系列型号、功能特点及各项性能指标，用户可根据所得到的产品样本和性能指标进行比较、筛选，选择最合适的变频器。

1. 变频器类型的选择

选择变频器的类型时自然应以负载特性为基本依据，恒转矩负载特性的变频器可以用于风机、水泵类负载，反过来，降转矩负载特性的变频器不能用于恒转矩特性的负载。对于恒功率负载特性是依靠 U/f 控制方式来实现的，并没有恒功率特性的变频器。有些变频器对这 3 种负载都可适用。

（1）恒转矩负载选择变频器。

1）在调速范围不大、对机械特性的硬度要求也不高的情况下，可以考虑普通功能型 U/f 控制方式的变频器或无反馈的矢量控制方式。当调速很大时，应考虑采用有反馈的矢量控制方式。

2）对于转矩变动范围不大的负载，首先应考虑选择普通功能型 U/f 控制方式的变频器。为了实现恒转矩调速，常采用加大电动机和变频器容量的方法，以提高低速转矩。对于转矩变动范围较大的负载，可以考虑选择具有转矩控制功能的高功能型 U/f 控制方式的变频器，以实现负载的调速运行。此外，恒转矩负载下的传动电动机，如果采用通用型标准电动机，还应考虑低速下的强迫通风制冷问题。

3）如负载对机械特性要求不是很高，则可以考虑选择普通功能型 U/f 控制方式的变频器；而在要求较高的场合，则必须采用矢量控制方式。如果负载对动态响应性能也有较高要求，还应考虑采用有反馈的矢量控制方式。

4）当负载向下调速到15Hz以下时，电动机的输出转矩会下降，温升会升高，严重时可换用变频器专用电动机或改用6、8极电动机。变频器专用电动机与普通电动机相比，其绕组线径较粗，铁芯较长或大一号，且自身带有独立的冷却风扇，能保证在5～50Hz频率变化范围内运行时，均能输出100%的额定转矩。

5）对于升降性恒转矩负载，如提升机、电梯等，在其下降过程中需要一定制动转矩。但是变频器本身并不能提供很大的制动转矩，仅仅依靠其内部大电容可短时提供相当于电动机额定转矩20%的制动转矩。所以，对于要求频繁提供较大制动转矩的场合，变频器必须外加制动单元。

6）由于恒转矩负载类设备都存在一定静摩擦力，有时负载的惯量又很大，往往负载在启动时要求较大的启动转矩，而这只能靠提高低速电压补偿（即改变U/f模式）及变频器本身短时间的过流能力来提供。但是，低速电压补偿提高得过高，又往往容易引起过流保护。在这种情况下，有时不得不要求将变频器的容量提高1个档次，或者采用具有矢量控制或直接转矩控制的变频器，它们可以在不过流的情况下提供较大的启动转矩。

（2）恒功率负载选择变频器。

1）恒功率负载可以选择通用型的变频器，采用U/f控制方式的变频器已经够用。但对动态性能和精确度有较高要求的卷取机械，则必须采用有矢量控制功能的变频器。

2）对于在恒功率负载的交流传动设备上采用变频调速时，为了不过分增大变频器的容量，又能满足恒功率的要求，一般采用以下两种方法：

第一种方法：当在整个调速范围内可以分段进行调速时，可以采用变极电动机与变频器相结合或者机械有级调速与变频器相结合的办法。

第二种方法：当在整个调速范围内要求不间断地连续改变

转速时，则在电动机的额定转速选择上应慎重考虑，一般尽量采用6极、8极电动机。这样，在低转速时，电动机的输出转矩会相应提高。也就是说在高速区，如果电动机的机械强度和输出转矩能满足要求，则应将基底频率（也称为转折频率或弱磁频率）与尽量低的转速相对应（如1000r/min或750r/min）。

（3）降转矩负载选择变频器。

1）降转矩负载通常可以选用第1类普通功能型变频器，此类变频器在技术上完全可以满足实际需要，而没有必要选择第2类、第3类变频器，从而可避免由此带来的技术上的复杂性和更高的成本费用。

2）对于风机、泵类降转矩负载应选用风机、泵类专用变频器，也可选用具有降转矩特性的变频器，但要注意风机、泵类专用变频器的过载能力较小，一般为额定电流×120%（1min）。

3）对于空压机、深井水泵、泥沙泵、音乐喷泉等负载需加大变频器容量。

4）变频器的上限频率不能超过50Hz，否则会引起功率消耗急剧增加，失去应用变频器节能运行的意义，同时，风机、泵类负载和电动机的机械强度及变频器的容量都将不符合安全运行要求。

5）一般风机、泵类负载不宜在15Hz低频以下运行，以免发生逆流、喘振等现象。如果确需要在15Hz低频以下长期运行，应在确保不发生逆流、喘振等现象的前提下，使电动机的温升不超出允许值，必要时应采用强迫冷却措施。

6）如果电动机的启动转矩满足要求，变频器的U/f模式应尽量采用减转矩模式，以获得更大的节能效果。

7）对于转动惯量较大的离心风机负载，应适当加大加减速时间，以避免在加减速过程中过电流保护或过电压保护动作，影响正常运行。

2. 变频器容量的选择

大多数变频器的产品说明书中给出了额定电流、可配用电动机功率、额定容量3个主要参数，其中唯有额定电流是一个能确切反映变频器带负载能力的关键参数，其余两项参数通常是根据本国或本公司生产的标准电动机给出的，不能确切表达变频器实际的带负载能力，只是一种辅助表达形式。因此，以电动机的额定电流不超过变频器的额定电流为依据是选择变频器容量的基本原则，电动机的额定功率、变频器的额定容量只能作为参考。变频器的容量选择不能以电动机额定功率为依据，这是因为工业用电动机常常在50％～60％额定负荷下运行。若以电动机额定功率为依据来选择变频器的容量，则留有余量太大，造成经济上的浪费，而可靠性并没有因此得到提高。所以，以变频器能连续提供的最大电流作为变频器容量大小的依据也就合情合理，甚至更为实用。

变频器容量的选择是一个重要且复杂的过程，除了要考虑变频器容量与电动机容量的匹配外，还应考虑3个方面的因素：一是用变频器供电时，电动机电流的脉动相对工频供电时要大些；二是电动机的启动要求，即是由低频、低压启动，还是在额定电压、额定频率下直接启动；三是变频器使用说明书中的相关数据是用该公司的标准电动机测试出来的，要注意按常规设计生产的电动机在性能上可能有一定差异，故计算变频器的容量时要留适当余量。容量偏小会影响电动机有效转矩的输出，影响系统的正常运行，甚至损坏装置；而容量偏大则电流的谐波分量会增大，也增加了设备投资。

生产实际中，确定变频器容量前应仔细了解设备的工艺情况及电动机参数，还需要针对具体生产机械的特殊要求灵活处理，很多情况下，也可根据经验或供应商提供的建议选择变频器容量。对于鼠笼式电动机，变频器的容量选择应以变频器的额定电流大于或等于单台电动机或多台电动机连续运行总电流的1.1倍为原则，这样可以最大限度地节约资金。在重载启动、高温环境、绕线式电动机、同步电动机等条件下，变频器的容量应适当加大。在为现场原有电动机选配变频器时，切不可盲目根据铭牌上变频器参数和电动机的匹配关系来进行选择，应事先计算分析确认合适的容量，从而确保调速系统连续运行时电流不超过变频器额定电流。

3. 变频器选型的注意事项

（1）在选型和使用变频器前，应仔细阅读产品样本和使用说明书，有不当之处应及时调整，然后再依次进行选型、购买、安装、接线、设置参数、试车和投入运行。

（2）变频器输出端允许连接的电缆长度（小于 30m）是有限制的，若要长电缆运行时，或控制几台电动机时，应采取措施抑制对地耦合电容的影响，并应放大 1～2 挡选择变频器容量或在变频器的输出端选择安装输出电抗器。另外，在此种情况下变频器的控制方式只能为 U/f 控制方式，并且变频器无法实现对电动机的保护，需在每台电动机上加装热继电器实现保护。

（3）对于一些特殊的应用场合，如环境温度高、海拔高于 1000m 等，会引起变频器过电流，选择的变频器容量需放大 1 挡。

（4）变频器用于驱动高速电动机时，由于高速电动机的电抗小，会产生较多的谐波，这些谐波会使变频器的输出电流值增加。因此，选择的变频器容量应比拖动普通电动机的变频器容量稍大一些。

（5）变频器用于驱动变极电动机时，应充分注意选择变频器的容量，使电动机的最大运行电流小于变频器的额定输出电流。另外，在运行中进行极数转换时，应先停止电动机工作，否则会造成电动机空载加速，严重时会造成变频器损坏。

（6）变频器用于驱动防爆电动机时，由于变频器没有防爆性能，应考虑是否能将变频器设置在危险场所之外。

（7）变频器用于驱动齿轮减速电动机时，使用范围受到齿轮转动部分润滑方式的制约。润滑油润滑时，在低速范围内没有限制；在超过额定转速以上的高速范围内，有可能发生润滑油欠供的情况，因此，要考虑最高转速容许值。

（8）变频器用于驱动绕线转子异步电动机时，应注意绕线转子异步电动机绕组的阻抗小，因此容易发生由于谐波电流而引起的过电流跳闸现象，应选择比通常容量稍大的变频器。

(9) 变频器用于驱动同步电动机时，与工频电源相比会降低输出容量10%～20%，变频器的连续输出电流要大于同步电动机额定电流。

(10) 变频器用于驱动压缩机、振动机等转矩波动大的负载及油压泵等有功率峰值的负载时，按照电动机的额定电流选择变频器可能发生因峰值电流使过电流保护动作的情况。因此，应选择比在工频运行下的最大电流更大的运行电流作为选择变频器容量的依据。

(11) 变频器用于驱动潜水泵电动机时，因为潜水泵电动机的额定电流比通常电动机的额定电流大，所以选择变频器时，其额定电流要大于潜水泵电动机的额定电流。

(12) 变频器用于驱动罗茨风机或特种风机时，由于其启动电流很大，所以选择变频器时一定要注意变频器的容量是否足够大。

(13) 变频器不适用于驱动单相异步电动机，当变频器作为变频电源用途时，应在变频器输出侧加装特殊制作的隔离变压器。

(14) 选择的变频器的防护等级要符合现场环境，否则会影响变频器的运行。

二、变频器的维护

1. 变频器的使用注意事项

变频器使用不当，不但不能很好地发挥其优良的功能，而且还有可能损坏变频器及其设备，因此在使用中应注意以下注意事项：

(1) 变频器是节能设备，但并不适用于所有设备的驱动。在进行工程设计或设备改造时，应在熟悉所驱动设备的负载性质、了解各种变频器的性能和质量的基础上进行变频器的选型。

(2) 认真阅读变频器产品的使用说明书，并按说明书的要求接线、安装和使用。

（3）变频器应牢固安装在控制柜的金属背板上，尽量避免与PLC、传感器等设备紧靠。

（4）变频器应垂直安装在符合标准要求（温度、湿度、振动、尘埃）的场所，并留有通风空间。

（5）变频器及电动机应可靠接地，以抑制射频干扰，防止变频器内因漏电而引起电击。

（6）变频器电源侧应安装同容量以下的断路器或交流接触器，电控系统的急停控制应使变频器电源侧的交流接触器断开，彻底切断变频器的电源供给，保证设备及人身安全。

（7）变频器与电动机之间一般不宜加装交流接触器，以免断流瞬间产生过电压而损坏变频器。

（8）变频器内电路板及其他装置有高电压，切勿以手触摸。切断电源后因变频器内高电压需要一定时间泄放，维修检查时，需确认主控板上高压指示灯（HV）完全熄灭后方可进行。

（9）用变频器控制电动机转速时，电机的温升及噪声会比用电网（工频）时高；在低速运转时，因电动机风叶转速低，应注意通风冷却或适当减低负载，以免电机温升超过允许值。

（10）当变频器使用50Hz以上的输出频率时，电动机产生的转矩与频率成反比的线性关系下降，此时，必须考虑电动机负载的大小，以防止电动机输出转矩的不足。

（11）不能为了提高功率因数而在变频器进线侧和出线侧装设并联补偿电容器，否则会使线路阻抗下降，产生过流而损坏变频器。为了减少谐波，可以在变频器的进线侧和出线侧串联电抗器。

（12）变频器和电动机之间的接线应在30m以内，当接线超长时，其分布电容明显增大，从而造成变频器输出的容性尖峰电流过大引起变频器跳闸保护。

（13）绝不能长期使变频器过载运转，否则有可能损坏变频器，降低其使用性能。

(14) 变频器若较长时间不使用，务必切断变频器的供电电源。

2. 变频器的维护

变频器的使用环境对其正常功能的发挥及使用寿命有直接的影响，为了延长使用寿命、减少故障率和提高节能效果，必须对变频器进行定期的维护和部分零部件的更换。由于变频器的结构较复杂，工作电压很高，要求维护者必须熟悉变频器的工作原理、基本结构和运行特点。

(1) 日常检查维护。日常检查维护包括不停止变频器运行或不拆卸其盖板进行通电和启动试验，通过目测变频器的运行状况，确认有无异常情况，通常检查内容如下：

1) 键盘面板显示是否正常，有无缺少字符。仪表指示是否正确、是否有振动、振荡等现象。

2) 冷却风扇部分是否运转正常，是否有异常声音等。

3) 变频器及引出电缆是否有过热、变色、变形、异味、噪声、振动等异常情况。

4) 变频器的散热器温度是否正常，电动机是否有过热、异味、噪声、振动等异常情况。

5) 变频器控制系统是否有聚集尘埃、各连接线及外围电器元件是否有松动等异常现象。

6) 变频器的进线电压是否正常、电源开关是否有电火花、缺相、引线压接螺栓是否松动等。

7) 变频器周围环境是否符合标准规范，温度与湿度是否正常。变频器只能垂直并列安装，上下间隙不小于100mm。

(2) 定期检查维护。定期检查维护的范围主要有检查不停止运转而无法检查到的地方或日常检查难以发现问题的地方，以及电气特性的检查、调整等。检查周期根据系统的重要性、使用环境及设备的统一检修计划等综合情况来决定，通常为6～12个月。

定期检查维护时要切断电源，停止变频器运行，并卸下变频器的外盖。维护前必须确认变频器内部的大容量滤波电容已充分放电（充电指示灯熄灭），并用电压表测试充电电压低于DC25V以下后才能开始检查维护。每次检查维护完毕后，要认真清点有无遗漏的工具、螺钉及导线等金属物留在变频器内部，然后才能将外盖盖好，恢复原状，做好通电准备。

1）内部清扫。对变频器内部进行自上而下的清扫，主电路元器件的引线、绝缘端子以及电容器的端部应该用软布小心地擦拭。冷却风扇系统及通风道部分应仔细清扫，保持变频器内部的清洁及风道的畅通。如果是故障维修前的清扫，应一边清扫一边观察可疑的故障部位，对于可疑的故障点应做好标记，保留故障印迹，以便进一步判断故障。

2）紧固检查。由于变频器运行过程中温度上升、振动等原因常常引起主回路器件、控制回路各端子及引线松动，从而发生腐蚀、氧化、接触不良、断线等，所以要特别注意进行紧固检查。对于有锡焊的部分、压接端子处应检查有无脱落、松弛、断线、腐蚀等现象，对于框架结构件应检查有无松动、导体、导线有无破损、变异等。检查时可用起子、小锤轻轻地叩击给以振动，检查有无异常情况产生，对于可疑地点应采用万用表测试。

3）电容器检查。检查滤波电容器有无漏液，电容量是否降低。高性能的变频器带有自动指示滤波电容容量的功能，由面板可显示出电容量及出厂时该电容器的容量初始值，并显示容量降低率，推算的电容器寿命等。若变频器无此功能，则需要采用电容测量仪测量电容量，测出的电容量应大于初始电容量的85%，否则应予以更换。对于浪涌吸收回路的浪涌吸收电容器、电阻器应检查有无异常，二极管限幅器、非线性电阻等有无变色、变形等。

4）控制电路板检查。对于控制电路板的检查应注意连接有无松动、电容器有无漏液、板上线条有无锈蚀、断裂等。控制电路板上的电容器，一般是无法测量其实际容量的，只能按照其表面情况、运行情况及表面温升推断其性能优劣和寿命。若电容器表面无异常现象发生，则可判定为正常。控制电路板上的电阻、电感线圈、继电器、接触器的检查，主要看有无松动和断线。

5）保护回路动作检查。在上述检查项目完成后，应进行保护回路动作检查，使保护回路经常处于安全工作状态。

① 过电流保护功能的检测。过电流保护是通用变频器控制系统发生故障动作最多的回路，也是保护主回路元件和装置的最重要的回路。一般是通过模拟过载，调整动作值，试验在设定过电流值下能可靠动作并切断输出。

② 缺相、欠电压保护功能的检测。电源缺相或电压非正常降低时，将会引起功率单元换流失败，导致过电流故障，因此必须瞬时检测出缺相、欠电压信号，切断控制触发信号进行保护。可在变频器电源输入端通过调压器供电给变频器，模拟缺相、欠电压等故障，观察变频器的缺相、欠电压等相关的保护功能动作是否正确。

3. 变频器维护的注意事项

（1）在出厂前，生产厂家都已对变频器进行了初始设定，一般不能任意改变这些设定。而在改变了初始设定后又希望恢复初始设定值时，一般需进行初始化操作。

（2）在新型变频器的控制电路中使用了许多 CMOS 芯片，用手指直接触摸电路板将会使这些芯片因静电作用而损坏。

（3）在通电状态下不允许进行改变接线或拔插连接件等操作。

（4）在变频器工作过程中不允许对电路信号进行检查，这是因为连接测量仪表时所出现的噪声以及误操作可能会使变频器出现故障。

（5）当变频器发生故障而无故障显示时，注意不能再轻易通电，以免引起更大的故障。这时应对断电做电阻特性参数测试，初步查找故障原因。

第十三章

小型发电设备

第一节 柴油发电机组

柴油发电机组是一种小型发电设备，它以柴油机为动力，驱动同步交流发电机发电。柴油发电机组具有效率高、体积小、重量轻、启动及停机时间短、成套性好、建站速度快、操作方便、维护简单等优点，但存在着电能成本高、机组振动和噪声大、操作人员工作条件较差等缺点。柴油发电机组容量范围为自几千瓦至几千千瓦，在农村小型发电设备中，75kW 以下自励恒压的发电机应用最广。在大电网供电范围以内的用电单位通常采用柴油发电机组作为应急备用电源，而在大电网电力不能输送的地方以及一些流动单位则采用柴油发电机组作为正常照明或动力电源。

一、柴油发电机组的构成

1. 成套柴油机组的构成

成套柴油发电机组主要由柴油机、发电机、联轴器、底盘、控制屏、燃油箱、蓄电池以及备件工具箱等构成，有的机组还装有消声器和外罩，其外形如图 13-1 所示。为了便于移动和在野外条件下使用，有的机组还固定安装在汽车或拖车上，作为移动电站使用。

(1) 柴油机。柴油发电机组的原动机，通过燃烧柴油产生的热能带动曲轴旋转，从而输出机械能。

(2) 发电机。将机械能转换为电能的设备，通常采用卧式、防滴式、风扇自冷的三相或单相同步交流发电机。

（3）控制屏。控制屏上装有柴油发电机组的操作系统、测量仪表、指示灯及各种保护装置，用户通过操作和监视控制屏向用电设备输出并进行分配电能。控制屏的结构形式有箱式和柜式，小容量机组的控制屏一般为箱式结构，通过支架直接固定在底盘上，大容量机组的控制屏一般为柜式结构，单独落地安装在机组旁。

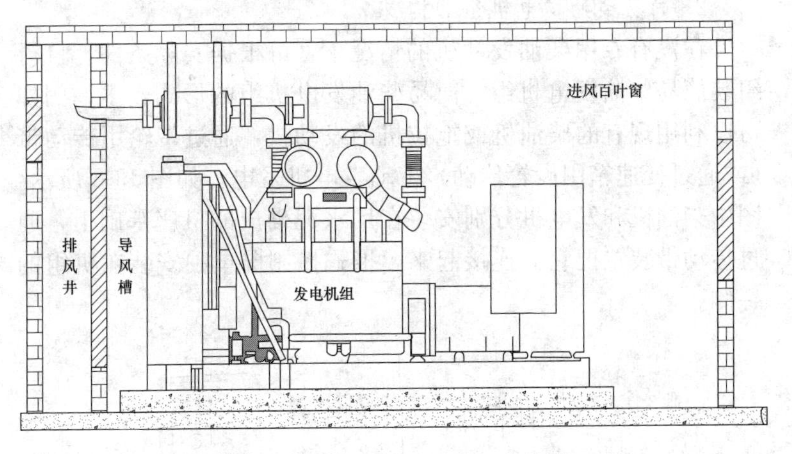

图 13-1　成套柴油发电机组的外形

（4）联轴器。柴油机与发电机之间通过联轴器直接传动或用传动带传动。联轴器一般采用弹性联轴器或刚性联轴器，其中弹性联轴器用得较多。弹性联轴器对柴油机和发电机轴的校正中心要求较低，并具有缓冲和吸振的能力，可以在一定程度内减轻和消除由于负荷波动所引起的冲击或振动。

（5）底盘。小型发电机组的柴油机、发电机及控制屏、油箱等均装在底盘上，底盘一般用型钢和钢板焊接而成，形似雪橇，以便于滑行移动和安装。

（6）燃油箱。储存燃油的容器，一般安装在机组的上方或水箱前方，其容量可以保证机组连续运行 4～6h。燃油箱的加油口处装有滤网，对燃油进行初步过滤。加油口盖上有通气孔，以保持燃油箱内压力与大气压力相同。

（7）蓄电池。一般采用铅酸蓄电池。其作用是给启动电动机供电，停机时作为站房的照明电源。此外，还可供发电机充磁和机组预热用。

（8）备件工具箱。供存放维修保养用的备件及工具用。

2. 简易柴油发电机组的构成

在没有专用柴油发动机的情况下，可根据实际条件，自行组装简易柴油发电机组。简易柴油发电机组的形式较多，例如可以利用现有的柴油机或拖拉机的发动机，通过带轮用传动带（或通过变速箱用齿轮传动）带动发电机发电，如图 13-2 所示。图中柴油机和发电机分别安装在用水泥砌成的机座基础上，通过传动带装置把它们连接起来，柜式控制屏单独安装在机组的一侧。

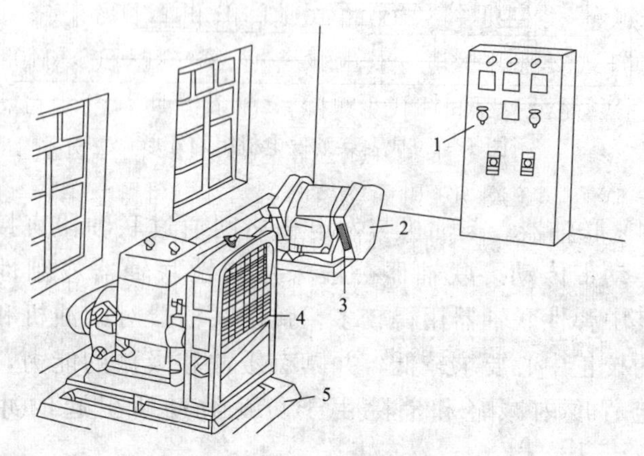

图 13-2　简易柴油发电机组的构成

1—控制屏；2—同步发电机；3—发电机机座；4—柴油机；5—柴油机机座

二、柴油发电机组的性能指标

1. 柴油发电机组的工作条件

柴油发电机组的工作条件是指在规定的使用环境条件下能

输出额定功率，并能可靠地进行连续工作。国家标准规定的电站（机组）工作条件，主要按海拔、环境温度、相对湿度、有无霉菌、盐雾以及放置的倾斜度等情况确定。电站（机组）在下列条件下应能可靠地工作，即海拔不超过4000m，环境温度上限值为40～45℃、下限值为5～－40℃，相对湿度为60%～95%。

2. 柴油发电机组的性能指标

柴油发电机组的性能指标是指在机组功率因数为0.8～1.0、三相对称负载在0%～100%额定值范围内渐变或突变的情况下应达到的性能。

(1) 空载电压整定范围。指机组整定电压应能在额定值的90%～105%范围内调节和稳定工作。例如额定电压为400V的机组，其空载电压可在380～420V之间调整。

(2) 在三相不对称负载下运行线电压的稳定度。指机组供电在三相不对称负载下运行时，如果每相电流都不超过额定值，而且各相电流之差不超过额定值的25%，则各线电压与三相电压平均值之差应不超过三相线电压平均值的5%。

(3) 机组的并机性能。指两台规格型号完全相同的三相机组，在额定功率因数下，应能在20%～100%额定功率范围内稳定并联运行。为了提高有功功率和无功功率合理分配精度和运行的稳定性，要求机组中柴油机调速器具有稳态调速率在2%～5%范围内调节的装置。在控制箱（屏）内的调压装置可使稳态电压调整率在5%范围内调整。

另外，还有稳态电压调整率、稳态频率调整率、电压稳定时间、频率稳定时间、频率波动率、超载运行时限、瞬态电压及直接启动空载异步电动机的能力等性能。

3. 柴油发电机组功率的标定

柴油发电机组是由柴油机和交流同步发电机组合而成的。柴油机允许使用的最大功率受零部件的机械负载和热负载的限制，因此，需规定连续运转的最大功率，称为标定功率。柴油机不能超过标定功率使用，否则会缩短使用寿命，甚至可能造成事故。

(1) 柴油机的标定功率。柴油机的标定功率是内燃机的主要性能指标之一，我国根据内燃机的不同用途规定有 4 种标定功率，其名称定义和主要用途如下。

1) 15min 功率。即内燃机允许连续运转 15min 的最大有效功率，是短时间内可能超负荷运转和要求具有加速性能的标定功率，例如汽车、摩托车等内燃机的功率标定。

2) 1h 功率。即内燃机允许连续运转 1h 的最大有效功率，例如轮式拖拉机、机车、船舶等内燃机的功率标定。

3) 12h 功率。即内燃机允许连续运转 12h 的最大有效功率，适用于电站、机组、工程机械等内燃机的功率标定。

4) 持续功率。即内燃机允许长期连续运转的最大有效功率。

在标定任一功率时，必须同时标出相应的转速。对于 1 台机组，柴油机输出的功率是指它的曲轴输出的机械功率。根据规定，电站、机组用柴油机的功率标定为 12h 功率，即柴油机以额定转速连续 12h 正常运转时达到的有效功率。

(2) 交流同步发电机的额定功率。交流同步发电机的额定功率是指在额定转速下长期连续运转时输出的额定功率。柴油机输出的额定功率与交流同步发电机输出的额定功率之比称为匹配比，用 K 表示。K 值的大小受当地大气压力、环境温度和相对湿度等多种因素的影响，对于在平原上使用的一般要求的机组，通常 K 值取 1.6；对使用要求较高的机组，K 值应取 2。

三、柴油发电机组的技术数据

单相柴油发电机组的技术数据见表 13-1，三相柴油发电机组的技术数据见表 13-2。

表 13-1　　单相柴油发电机组的技术数据

机组型号	相数	额定值						传动方式	发动机型号	柴油机型号	启动方式
		功率/kW	电压/V	电流/A	转速/(r/min)	效率/%	功率因数				
2GF	单相	2	230/115	8.7	3000	73	1.0	V带	SB-DT-2	R175AN	手启动
3GF		3	230/115	13	3000	76	1.0		SB-DT-3	R175AN	
4GF		4	230/115	17.4	3000	80	1.0		SB-DT-4	S195	
5GF		5	230/115	21.7	3000	80	1.0		SB-DT-5	S195	
7.5GF		7.5	230/115	32.6	3000	81	1.0		SB-DT-7.5	S195	

表 13-2　　三相柴油发电机组的技术数据

型号	相数	额定值					稳定电压调整率/%	电压波动率/%	发电机型号	柴油机型号	柴油机功率/hp
		功率/kW	电压/V	电流/A	功率因数	转速/(r/min)					
20GF46	三相	20	400/230	36	0.8	1500	±3	1	T2S-20	4100D	44
24GF70		24	400/230	43.3	0.8	1500	±3	1	T2S-24	4100D	44
30GF59		30	400/230	54	0.8	1500	±3	1	T2S-30	4115DH	55
40GF		40	400/230	72.2	0.8	1500	±3	1	TFW-40TH TZH-40TH	A4135D	80
50GF		50	400/230	90.2	0.8	1500	±3	1	T2S-50	4135D	80
64GF		64	400/230	115	0.8	1500	±3	1	TFW-64TH TZH-64TH	6135D-3	120

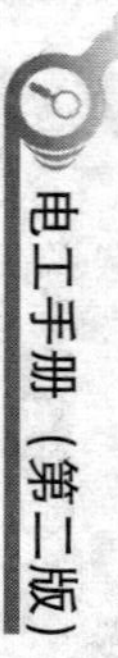

续表

型号	相数	额定值					稳定电压调整率/%	电压波动率/%	发电机型号	柴油机型号	柴油机功率/hp
		功率/kW	电压/V	电流/A	功率因数	转速/(r/min)					
75GF	三相	75	400/230	135	0.8	1500	±3	1	T2S-75	6135D-3	120
90GF		90	400/230	162	0.8	1500	±3	1	T2S-90	6135AD	190
120GF		120	400/230	217	0.8	1500	±3	1	T2S-120	6135AZD	190
160GF		160	400/230	289	0.8	1500	±2.5 ±3	1	TZH160-6 TZH160-4	6160A-6 12V135D	250 300
200GF		200	400/230	361	0.8	1500	±2.5 ±3	0.5	TFW-200TH TZH-200TH	12V1352D	380
250GF		250	400/230	451	0.8	1500	±2.5 ±3	0.5 1	TFW-250 TZH-250	KTA-855-G2	339
320GF		320	400/230	577	0.8	1500	±2.5 ±3	0.5 1	TFW-320-6 TZH-320-6	8190ZP-2 6200Z-7	530 600
400GF		400	400/230	722	0.8	1500	±2.5 ±3	0.5 1	TFW-400 TZH-400	P28V190	860
500GF		500	400/230	902	0.8	1500	±2.5 ±3	0.5 1	TFW-500-6 TZH-500	P28V190 P212V-1908	800 1200
630GF		630	400/230	1137	0.8	1500	±2.5 ±3	0.51	TFW-630 TZH-630	P212V1908	1200
800GF		800	400/230	1443	0.8	1500	±2.5 ±3	0.5 1	TFW-800-4 TZH-800-4	KTA50-G1	1087
1000GF		1000	400/230	1805	0.8	1500	±2.5 ±3	0.5 1	TFW1000-TH TZH1000-TH	12V20127	1632

四、柴油发电机组的选型

为了有利于电站的维护、操作与管理，便于备件的互换，在发电机组选型时，同一个电站内的机组型号、容量、规格应尽可能一致。为了减小磨损，增加发电机组的使用寿命，常用电站宜选用额定转速不大于1000r/min的中、低速柴油机，备用电站可选用中、高速柴油机。

1. 柴油发电站总容量的选择

电站总容量应能满足全部用电设备的需要，电站的实际输出功率应有一定的富裕容量，以适应负载的变化，富裕容量一般为实际运行容量的10%～15%。

2. 柴油发电机组台数的选择

机组台数应根据负载的大小、用户对供电连续性和可靠性的需求以及远景规划等条件决定。农村小型柴油发电机组的台数一般为1～2台，同时并列运行的台数不宜超过4～5台。

3. 柴油发电机组形式的选择

(1) 电源类型的选择。

1）单相发电机组。适用于用电量较少，且集中在一处用电又不需要三相电源的场合。家用电器的电压一般为交流220V，故家用发电机组多选用单相发电机组。

2）三相发电机组。适用于用电量较大，且用电地点分布在相邻的几个地方（如一个院内或一栋楼房）及需要使用三相交流电的场合。

(2) 发电机组结构形式的选择。

1）无刷与有刷发电机组。无刷与有刷是相对发电机内部有无配备集电环和电刷而言，前者适用于国防、邮电、通信、计算机等对防无线电干扰要求高的部门和场所，后者适用于除上述部门以外的各行业。

2）低噪声与一般型机组。低噪声机组适用于地处城镇及对环境噪声污染有较高要求的部门，一般型机组由于结构简单、价格低廉，适用于对噪声污染无特殊要求的部门和场所。

3）罩式和开启式机组。罩式机组适用于室外及有沙尘、风雪的场所，开启式机组适用于室内及无污染的场所。

4）湿热型与普通型机组。湿热型机组适用于化工、轻工、医药、冶炼、海上作业等对防潮、防霉有要求的部门和场所，普通型机组适用于其他部门和场所。

4. 柴油发电机组单机容量的选择

选择柴油发电机组的单机容量时，应考虑当地环境条件对柴油机功率的影响。国家标准规定柴油机的标定功率，也就是柴油机铭牌上标注的功率，是指柴油机连续运行 12h 的最大功率。持续长期运行的功率是标定功率的 90%，超过标定功率 10%运行时，可超载运行 1h（包括在 12h 以内）。

5. 柴油机与发电机的功率匹配

农用柴油机一般功率较小，结构较简单。一定功率的柴油机只能拖动一定大小的发电机，不能匹配错，否则会造成浪费或超负荷。柴油机功率与发电机功率之比称为匹配比，对于在平原上使用的一般要求的机组（如固定电站等），匹配比可取为 1.6∶1；对于要求较高的机组（如移动电站等），匹配比可取为 2∶1。

6. 柴油机与发电机的转速匹配

同步发电机的额定转速有 3000、1500、1000、750、600r/min 等，组装柴油发电机组时，应使柴油机的转速与发电机的转速一致。如果两者的转速不一致，可通过变速器使发电机的转速变为额定转速。变速器可以是带传动装置或齿轮变速箱。如果采用带传动方式，应考虑因传动带打滑而产生的转速比的变化。

五、柴油发电机组的使用方法

1. 柴油发电机组柴油、机油、冷却水的选用

（1）柴油的选用。柴油机使用的燃油分轻柴油和重柴油两类，轻柴油适用于高速柴油机，重柴油适用于中、低速柴油机。与柴油发电机组配套的柴油机转速较高，通常采用轻柴油。

柴油的黏度随温度下降而增大，当温度下降到某一值时，柴油中含有的高分子碳氢化合物便开始结晶，使柴油失去流动性，此时的温度值称为凝固点。轻柴油按其凝固点温度的不同，分为10＃、0＃、－10＃、－20＃、－35＃5种牌号，牌号的数字表示其凝固点的温度数值。凝固点较高的轻柴油在温度较低的环境下工作时很容易引起油路和滤清器阻塞，导致供油不足，甚至中断供油。因此，必须根据环境气温条件选用适当牌号的轻柴油。

重柴油按其凝固点温度的不同，分为10＃、20＃、30＃3种牌号，10＃重柴油适用于500～1000r/min的中速柴油机，20＃重柴油适用于300～700r/min的柴油机，30＃重柴油适用于300r/min以下的低速柴油机。

（2）机油的选用。柴油机机油（润滑油）有8＃、11＃、14＃3种牌号，机油牌号的数字越大，油越黏稠。一般在夏季可用14＃柴油机机油，在冬季可用11＃或8＃柴油机机油。选用时亦应根据当地气温来决定，选用的原则是气温高选用高牌号机油，气温低选用低牌号机油。

（3）冷却水的选用。柴油机冷却系统中所用的冷却水并不是随意取用的，因为自然界的水中往往含有各种矿物质和混有许多杂质，它将影响柴油机冷却系统的正常工作。柴油机所用的冷却水必须符合以下要求。

1）冷却水必须清洁。因为水中的杂质会引起冷却系统堵塞及系统中零件的严重磨损，如水泵叶轮的磨损。

2）冷却水必须采用软水。柴油机冷却系统中应采用软水，如自然界中的雨水和雪水等，但应注意这些水中不同程度地混有各种杂质，使用时应进行过滤。硬水是指含有较多矿物质的水，如江水、河水、湖水、井水、泉水、海水等，这些水不能直接用作冷却水，必须经过软化处理后才可以使用。

2. 柴油发电机组使用前的准备工作

柴油机在静止状态下不能自行开始运转，必须借助外力矩创造一定条件，才能开始工作。要使柴油发电机组正常工作，就必须认真做好开机前的各项准备工作，在准备过程中，对所发现的不正常现象应予排除。准备工作的主要内容如下。

（1）检查发电机绕组冷态绝缘电阻，用500V兆欧表在常温下测量，发电机绕组对机壳之间的绝缘电阻应不低于2MΩ。对采用由电子元件构成自动电压调节器的发电机，在测量绝缘电阻之前，应将电压调节器和整流器等与发电机绕组间的电器连接点断开，以免电子元件损坏。

（2）检查柴油机、发电机、控制屏以及各附件的固定和连接是否牢靠，尤其应注意各电气接头、油管接头、水管接头、地脚螺栓、接地装置等的连接是否牢靠，电刷与集电环（或换向器）的接触是否良好，电刷在刷握中的活动是否正常。

（3）检查控制屏上的仪表、开关和熔断器是否完好，发电机的总开关和分路开关均应断开，将手动/自动转换开关置于手动位置，将励磁电压调节手柄转到启动位置。

（4）检查传动装置各运动部件的转动是否灵活，联轴器的连接是否正常，传动带松紧程度是否适当（用手在传动带中部推进时，以传动带被压下10～15mm为适宜）。

（5）检查机油油位是否在规定范围，并按日常保养要求向各人工加油点加注润滑油。

（6）按规定加足经过沉淀过滤的柴油，检查燃油箱上部的通气孔，使其通畅。打开油箱开关，依次排出油路中的空气，并检查油路系统中有无漏油现象。

（7）检查调速器和喷油泵齿杆的连接是否可靠，工作是否灵活。

（8）水箱加满冷却水，并检查各水管接头处有无漏水现象。

（9）对于在冬季气温较低环境下工作的机组，还应采取防冻及预热措施，根据机组使用的环境温度换用适当牌号的柴油和机油，检查、调整和安装好预热装置，冷却系统应灌注热水或防冻液。

3. 柴油发电机组的启动

柴油机由停止转化为工作，必须具备 3 个基本条件：供给适当的燃料、转动曲轴、使燃料着火燃烧。因各种类型的柴油机在结构上各有不同，所以在启动的具体步骤上也有其特殊性，但上述 3 条是基本的、共同的、缺一不可的。对于已经工作着的柴油机，只要停止供给燃料，就会由工作转化为停止。

（1）柴油机手摇启动步骤。

1）将调速把手置于转速指示牌的中间位置。

2）左手打开减速器，右手摇动柴油机启动柄，并逐渐加快，当摇到最高转速时，迅速放松左手，但右手仍应握住启动手柄继续全力摇动，柴油机即能启动。注意：柴油机一经启动，启动手柄凭借启动轴斜面的推力会自行滑出。因此，仍需握紧启动手柄，以防止启动手柄甩出伤人。

3）启动后关小油门，再检查一次机油压力指示阀红色标志是否升起，并倾听柴油机有无不正常响声。

4）启动柴油机后，必须空负荷低转速运转 3～5min，然后逐渐将转速增高和加上负荷，严禁启动后立即高速高负荷运转。

5）柴油机正常运转转速应与标定转速相接近。转速过高，会影响使用寿命，转速过低，则功率不足。

（2）柴油机电启动步骤。

1）打开燃油箱的供油阀门。

2）扳动输油泵上的手泵数次，以排除燃油系统内的空气，同时将调速器的油量控制手柄置于启动的位置上。

3）用钥匙接通启动电路，按下启动按钮，使柴油机启动。待柴油机着火后随即松开按钮。如果按钮已按下经 10s 柴油机仍不能运转，则应立即松开按钮，在柴油机曲轴还没有完全停止转动时绝不能再按启动按钮，否则会损坏启动机上的齿轮。如果连续 4 次启动失败，应查明原因，待故障排除后再启动。

4）柴油机启动后，检查油压表、充电电流表的指示是否正常，监听机组运转声音是否正常，检查冷却水泵的工作是否正常。特别应注意的是：如果启动 1min 后油压表仍无油压指示，应立即停车并查明原因。

5）先在低速下运转 3～5min 暖机，在冬季暖机时间还应稍长一些。当柴油机运转正常，水温和机油温度上升后，逐渐增加转速至额定转速，再空载运行几分钟。

6）当柴油机的水温在 50℃以上，机油温度在 45℃以上，机油压力为 0.15～0.30MPa，并且机组各部分工作情况均为正常后，才允许接通主开关，逐渐地增加负载。与此同时，应调节发电机的电压，即转动励磁电压调节手柄，使电压表读数逐渐升高到额定电压。然后将手动/自动转换开关扳到自动位置。对于有励磁开关的励磁系统，应先接通励磁开关后再调节发电机的电压。

在紧急情况下，才允许启动后立即将转速均匀加快到额定转速，因这样运动机件磨损很大，严重影响柴油机寿命。新柴油机在开始工作的 60h 内，应降低功率使用，最好不超过额定功率的 80%，以改善磨合情况，提高使用寿命。

4. 柴油发电机组运行中的监视

（1）注意观察机油压力、机油温度、冷却水温度、充电电流等仪表指示是否正常，其值应在规定的范围内（各种发电机组不完全一样）。一般为机油压力 0.15～0.40MPa，机油温度 75～90℃，冷却水温度 75～85℃。

（2）观察排气颜色是否正常。正常情况下的排气颜色为无色或淡灰色，工作不正常时排气颜色变成深灰色，超负载时排气呈黑色。

（3）观察集电环、换向器有无不正常的火花。

（4）观察机组各部位的固定和连接情况，注意有无松动或剧烈振动现象。

（5）检查机组有无漏油、漏水、漏风、漏气、漏电现象，注意燃油、机油、冷却水的消耗情况，不足时应及时按规定的牌号添加，各人工加油点应按规定时间加油。

(6) 观察发电机及励磁装置，电气线路接头等处的工作情况。

(7) 观察机组的保护装置和信号装置是否正常。

(8) 监听机组运转声音是否正常，发现不正常的敲击声应查明原因。

(9) 注意机组各处有无异常气味，尤其是电气装置有无烧焦气味。

(10) 用手触摸发电机外壳和轴承盖，检查其温度是否过高。

(11) 严格防止机组在低温低速、高温超速或长期超负载情况下运行。柴油机长期连续运行时，应以90%额定功率为宜。柴油机以额定功率运行时，连续运行时间不允许超过12h。

(12) 注意观察发电机的电压、电流及频率的指示值。在负载正常时，发电机电压应为额定值，频率为50Hz，三相电流不平衡量应不超过允许值。

(13) 不能让水、油或金属碎屑进入发电机或控制屏内部。

(14) 使用过程中应有记录，记载有关数据以及停机时间、原因、故障的检查及修理结果等。

5. 柴油发电机组的停机

(1) 柴油发电机组的正常停机。

1) 在机组停机前应进行一次全面的检查，了解有无不正常现象或故障，以便停机后进行修理。

2) 停机前，应将蓄电池充足电（若采用压缩空气启动，应将储气瓶内充足压缩空气），供下次启动时用。

3) 逐渐卸去负荷，减小柴油机油门，使转速降低，然后将调速器上的油量控制手柄推到停机位置，关闭油门，使柴油机停止运转。

4) 用钥匙断开电启动系统。

5) 柴油机停转后，将控制屏上的所有开关和手柄恢复到启动前的准备位置。

6）如果停机时间较长，或在冬季工作，环境温度为0℃以下时，停机后必须将冷却系统中所有冷却水放出，如采用防冻剂时可以不放水。

7）清扫现场，擦拭机组各部位，以便下次开机。

（2）机组的紧急停机。在一般情况下，应不采用紧急停机，只有当机组发生下列情况之一时才可采取紧急停机。

1）机油压力过低或无压力。

2）柴油机转速突然升高，超过最高空转转速。

3）柴油机发出异常敲击声。

4）发电机发出异常声音和烧焦气味。

5）发电机集电环上火花很大。

6）轴承严重磨损，机组螺钉松动，振动很剧烈。

7）有些运动的零部件发生卡死。

8）传动机构的工作有重大的不正常情况。

9）发生人身安全事故。

紧急停机的方法：对单缸柴油机可采取拆除高压油管或用布捂住空气滤清器的方法，对双缸柴油机可将两只喷油泵的开关手柄向逆时针方向转至极限位置，切断燃油的供给，柴油机便立即停止转动。

6. 柴油发电机组使用注意事项

（1）水冷蒸发式柴油机，冷却水应该在工作时沸腾蒸发，不必一出现“水开”就加水。但当冷却水不断蒸发减少至水箱浮子红色标志降到漏斗口时，必须立即加水。采用自然对流冷却的柴油机，要经常观察有无漏水现象，如有漏水应立即排除，以免柴油机过热而损坏。

（2）经常检查机油压力指示阀的红色标志是否升起，若发现下降，则应立即停机检查排除。

（3）当油箱里的柴油剩下不多时，应及时加足，防止柴油用完时将空气吸入油路中。

（4）柴油机正常工作时，排出的废气应是无色或淡灰色的。若出现排气管冒黑烟、白烟或蓝烟的情况，说明柴油机工作不正常，应停机检查、排除，不允许在冒黑烟的情况下长期运行。

（5）要经常倾听柴油机有无不正常的响声，若听到有异常声音时，应立即停机检查处理。

（6）柴油机启动后，首先以中速空载运转 10～20min，然后逐渐加大油门，使转速升高至额定转速，待柴油机运转稳定正常后才能加上负荷。

（7）采用电动机启动的柴油机，应注意观察电流表的读数。柴油机正常运转时，电流表的指针应指向“＋”的一边。

六、柴油发电机组的维护与保养

一般柴油机的保养分为日常保养（每班或每日工作完毕时）、一级技术保养（柴油机累计运行 100h 后）和二极技术保养（柴油机累计运行 500h 后）。

1. 柴油发电机组的日常保养

（1）检查机油油位，油量不足时应按规定添加机油。

（2）检查并排除漏油、漏水和漏气现象。

（3）检查地脚螺栓及各部件连接螺栓有无松动。

（4）检查柴油机与发电机的连接情况，对采用带传动的机组，应检查传动带的接头是否牢靠。

（5）检查电气线路及仪表装置的连接是否可靠。

（6）擦拭设备，清除油污、水迹及尘土，尤其要注意燃油系统和电气系统的清洁。

（7）在尘土多的地区，应于每班后清洗空气滤清器。

（8）检查燃油箱内燃油是否足够。

（9）排除所发现的故障及不正常现象。

2. 柴油发电机组的一级技术保养

（1）完成日常保养的各项工作。

（2）清洗机油滤清器，并更换机油（若机油比较清洁，可延长到 200h 再换油）。

（3）清洗空气滤清器，并更换油池内的机油。若滤芯是纸质的，应更换新的滤芯。

（4）清洗燃油箱和燃油滤清器（如使用经过沉淀及滤清的燃油，可每隔 200h 清洗一次）。

（5）检查蓄电池电压及电解液密度，并检查电解液面是否高出极板 10～15mm，不足时添加蒸馏水补充。

（6）检查风扇及充电发电机的传动带的松紧程度，并进行调整。

（7）检查喷油泵机油存量，需要时添注机油。

（8）按规定要求向各注油嘴处注入润滑脂或润滑油。

（9）检查调整气门间隙。

（10）重新装配因保养工作而拆卸的零部件时，应确保安装位置正确无误。

（11）完成保养工作后启动柴油机，检查运转情况，排除所存在的故障和不正常现象。

3. 柴油发电机组的二级技术保养

（1）完成一级技术保养的各项工作。

（2）检查喷油器的喷油压力及喷雾情况，必要时清洗喷油器并进行调整。

（3）检查喷油泵工作情况和喷油提前角是否正确，必要时加以调整。

（4）拆下汽缸盖，清除积灰，并检查进气门、排气门与气门座的密封是否良好，必要时用气门砂进行研磨。清除活塞、活塞环、汽缸壁的积灰，活塞环间隙过大时，应予以更换。

（5）检查连杆轴承间隙是否过大、活塞销是否空旷，必要时予以更换。检查连杆螺栓、主轴承螺栓的紧固及锁定情况，必要时重新紧固、锁定或更换。

（6）清洗油底壳和机油冷却器芯子。

（7）检查冷却系统结垢情况，如结垢严重，可放净冷却系统的存水，加入清洗液（清洗液由每升水加入 150g 烧碱的比例配成），静置8～12h后启动柴油机，当水温达到工作温度后停车，放出清洗液，并用清水清洗。对于用铝合金制成的机体，可用弱碱水清洗液（由每升水加入15g水玻璃和2g液体肥皂配成），加入冷却系统后启动柴油机，运转至正常温度后再运转1h，放出清洗液，并用清水冲洗。

（8）每累计工作1000h后，将充电发电机及启动机拆下，洗掉旧的轴承油并换新的，同时检查和清洗启动机的齿轮传动装置。

（9）普遍检查机组各主要零部件，并进行必要的调整和修理。

（10）拆洗和重新装配后，全面检查安装位置的正确性和紧固情况，擦拭干净并启动柴油机，检查运转情况，排除存在的故障及不正常现象。

第二节 小型风力发电机

风能是一种清洁无公害的可再生能源能源，取之不尽，用之不竭。对于缺水、缺燃料和交通不便的沿海岛屿、草原牧区、山区和高原地带，因地制宜地利用风力发电，非常适合，大有可为。风力发电是可再生能源发展的重要领域，是推动风力发电技术进步和产业升级的重要力量，是促进能源结构调整的重要措施。加快风力发电项目建设，对于治理大气雾霾、调整能源结构和转变经济发展方式具有重要意义。

一、风能的基本特性

1. 风能的形成

太阳的辐射造成地球表面受热不均，引起大气层中压力分布不均，空气沿水平方向运动形成风。所以，风就是水平运动的空气。地球大气运动除受气压梯度力外，还要受地球偏向力的影响，大气真实运动是这两种力综合影响的结果。实际上，地面风不仅受上述两种力的支配，而且在很大程度上还受海洋、地形的影响。山隘和海峡能改变气流运动的方向，还能使风速增大。而丘陵、山地由于摩擦力大，会使风速减小。因此，风向和风速的时空分布较为复杂。

因为空气流动具有一定的动能，所以风是一种可供利用的自然能源，称为风能。由于风能不会因人类的开发利用而枯竭，因此风能是一种可再生能源，取之不竭，用之不尽。风能又是过程性能源，不能直接储存，需要转化成其他可储存的能量形式才能储存。按照不同的需要，风能可以被转化成其他不同的能量形式，如机械能、电能，热能等，以实现泵水灌溉、发电、风帆助航等。

风能资源的形成受多种自然因素的复杂影响，特别是气候背景及地形和海陆的影响。各地风能资源的多少，主要取决于该地每年刮风的时间长短和风的强度如何。风能在空间分布上是分散的，在时间分布上是不稳定和不连续的，因为风对天气情况非常敏感，时有时无，时大时小。所以，风在时间上和空间上存在着很强的地域性和季节性。

2. 风向与风速

风向和风速是描述风特性的两个重要参数。风向是指风吹来的方向，如果风是从北方吹来就称为北风，风从东方吹来就称为东风。风速是表示风移动的速度，即单位时间空气流动所经过的距离。

风向和风速随时、随地都不同。风随时间的变化包括每日的变化和各季节的变化。季节不同，太阳和地球的相对位置就不同。地球上的季节性温差形成风向和风速的季节性变化。我国大部分地区风的季节性变化情况是春季最强，冬季次之，夏季最弱，当然也有部分地区例外。

风的大小常用风速来衡量，风速是风速仪在一个极短时间内测到的瞬时风速。若在指定的一段时间内测得多次瞬时风速，将它平均计算，就得到平均风速。专门测量风速的仪器有旋转式风速计、散热式风速计和声学风速计等。当然，风速仪设置的高度不同，所测得风速结果也不同，它是随高度升高而增强的，通常测风高度为10m。

3. 风能密度

风能可用风能密度来描述，单位时间垂直穿过单位面积的流动空气所具有的动能称为风能密度，它决定了风能潜力的大小。风能密度与空气的密度有直接的关系，而空气的密度则取决于气压和温度。因此，不同地方、不同条件的风能密度是不同的。一般来说，海边地势低，气压高，空气密度大，风能密度也就高。在这种情况下，若有适当的风速，风能潜力自然大。高山气压低，空气稀薄，风能密度就小一些。但是，如果高山风速大，仍然会有相当的风能潜力。因此，风能密度大，风速又大，则风能潜力好。

在实际的风能利用中，风力机械只是在一定的风速范围内运转，对一定风速范围内的风能密度视为有效风能密度，我国有效风能密度所对应的风速范围是3～20m/s。

二、风力发电的特点

风能利用就是将风的动能转换为机械能，再转换成其他形式能量。风能利用有很多种形式，最直接的用途是风车磨坊，风车提水，但最主要的用途是风力发电。风力发电是将风的动能先通过风力机（又称风轮机）转换成机械能，再带动发电机发电，将机械能转换成电能。风力发电之所以获得快速发展，是因为风力发电本身具有以下优点：

（1）风能资源丰富。据统计，全球风能潜力约为全球用电量的5倍。

（2）风能是可再生能源。

（3）风能清洁、无污染。

（4）风力发电场地处理比较简单，安装施工期很短。

（5）投资少、回收快。风电可大可小，一户一村可投资兴建微型或小型风电场，大型风电场可由国家建造。

（6）实际占地少，对土地要求低。风电场机组与监控、变电设备等建筑仅占风电场的1%，其余场地仍可供农、牧、渔使用，而且在山丘、海边、河堤、荒漠等地形条件下均可建设。

（7）风电场运行简单。在生产管理的全过程中自动化程度较高，完全可以做到无人值守。

（8）风力发电技术已比较成熟。

（9）风力发电比油、气发电成本低。

但是，风力发电受到其风能的限制，也存在一定的局限，主要有以下几个方面：

（1）风能的能量密度小。为了获得相同的发电容量，风力发电机的风轮尺寸比相应的水轮机叶轮尺寸大几十倍。

（2）波动性和间歇性。风速具有波动性和间歇性，并难以准确预测，因此风力发电机组的输出也具有随机性的特点。

（3）风力机的单机容量小，效率较低。风力机在理论上的最大风能利用率为59%，而实际上最高只能达到40%左右。

（4）对生态环境有影响。要考虑阴影闪烁，视觉效果，与周围环境的协调等，有机械和电磁噪声，不宜安装在居民区。

（5）接入电网时，对电网稳定运行和电能质量等有不利的影响。

（6）原动力不可控。风力发电以自然风为原动力，自然风不可控。一般风力发电机的启动风速为3m/s，停机风速为25m/s，即3～25m/s为有效风力区。为得到稳定的风力，调节控制十分困难。

（7）风能不能大量储存。小型风力发电机可配置蓄电池，大型风力发电机必须和大电网并网运行。

三、风力发电系统的组成及类型

1. 风力发电系统的组成

风力发电的能量转换过程如图13-3所示，先由风力机采集风能（动能）转换成转动的机械能，经传动装置把机械能传递给发电机，再由发电机把机械能转换为电能。风力发电系统主要由风力机和发电机两大核心系统以及传动装置、控制装置、蓄能装置、备用电源等组成，如图 13-4 所示。

图 13-3　风力发电的能量转换过程

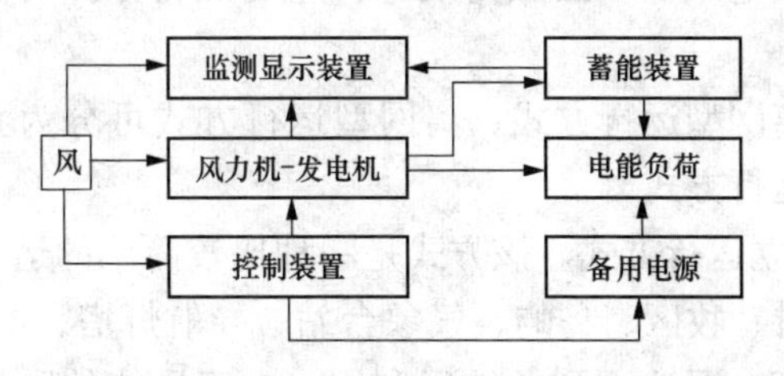

图 13-4　风力发电系统的组成

(1) 风力机。风力机是实现由风能到机械能转换的机械，风力机系统包括桨叶、轮毂、主轴、调桨机构（液压或电动伺服机构）、偏航机构（电动伺服机构）、刹车及制动机构、风速传感器等。

(2) 发电机。发电机是实现由机械能到电能转换的机械，发电机系统包括发电机、励磁调节器、电力电子变换器、并网开关、无功补偿器、主变压器和转速传感器等。

(3) 传动装置。传动装置是联系风力机和发电机的桥梁，它将风轮转速（20～30r/min）升速至发电机转速（1500r/min），升速比在 50～75 之间。

(4) 控制装置。控制装置的作用是根据风力大小及电能需要量的变化及时实现对风力发电机组的启动、调节（转速、电压、频率）、停机、故障保护（超速、振动、过负荷等）以及对电能用户所接负荷的接通、调整及断开等的控制。在小容量的风力发电系统中，一般采用由继电器、接触器及传感元件组成的控制装置。在容量较大的风力发电系统中，现在普遍采用微机控制。

(5) 蓄能装置。蓄能装置一方面保证电能用户在无风期间内可以不间断获得电能；另一方面，在有风期间，当风能急剧增加时，可以吸收多余的风电。为了实现不间断供电，有的风力发电系统配备了备用电源，如柴油发电机等。

2. 风力发电系统的类型

风力发电系统根据风力发电机组的运行方式可分为离网型和并网型。

(1) 离网型运行方式。离网型运行方式可分为独立运行方式和互补运行方式。

1) 独立运行方式。该方式是一种比较简单的运行方式，可供边远农村、牧区、岛屿、气象台站、导航灯塔、电视差转台、边防哨所等电网达不到的地区利用。由于风能的随机性和不稳定性以及负载情况的变化，风力发电机组在独立运行时要解决包括电能供求的平衡以及电能的质量等技术问题。

2) 互补运行方式。该方式主要有风力发电机与柴油发电机、光伏发电以及小型水力发电等的联合运行。联合发电系统旨在充分发挥各自的优势，实现优势互补，它们可以分别各自独立地运行，也可并列运行。要解决的关键技术有联合发电系统的协调控制技术、能量管理中最优功率匹配技术、改善电能品质的技术等。

(2) 并网型运行方式。并网型运行方式是风力发电机与电网连接，向电网输送电能的运行方式。大中型风力发电机都可接入电力系统运行，此时风能的随机性和不稳定性以及负载情况的变化主要由大电网补偿，电力系统为风电场提供辅助服务。并网运行又可分为以下两种运行方式。

1) 恒速恒频方式。该方式中风力发电机的转速不随风速的波动而变化，维持恒速运转，从而输出恒定频率的交流电。这种方式最先被采用，具有简单可靠的优点，但是对风能的利用不充分。

2) 变速恒频方式。该方式中风力发电机组的转速随风速的波动变速运行，但仍输出恒定频率的交流电。这种方式可提高风能的利用率，但是需要增加实现恒频输出的电力电子设备，从而增加了成本。

四、小型风力发电机的工作原理

小型风力发电机的基本结构如图 13-5 所示，大中型风力发电机的基本结构如图 13-6 所示。小型风力发电机一般由风轮（又称叶轮）、发电机、传动装置、调向器（尾翼）、塔架、限速安全机构和储能装置等组成。小型风力发电机的工作原理比较简单，风轮在风力的作用下旋转，它把风的动能变为风轮轴的机械能。发电机在风轮轴的带动下旋转发电，把机械能转换为电能。

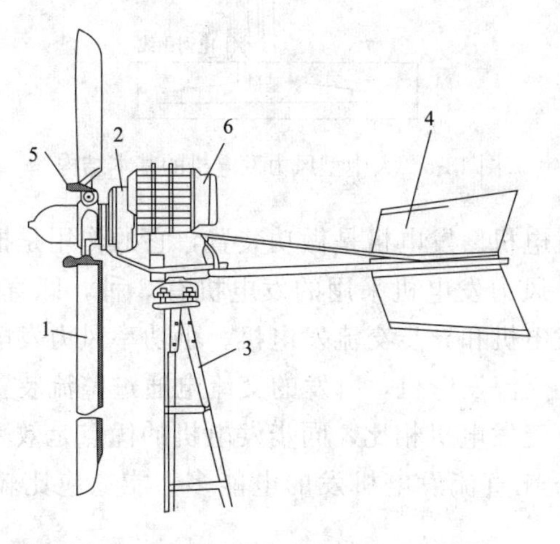

图 13-5 小型风力发电机的基本结构

1—风轮（集风装置）；2—传动装置；3—塔架；4—调向器（尾翼）；5—限速安全机构；6—发电机

（1）风轮。风轮是集风装置，它的作用是把流动空气具有的动能转变为风轮旋转的机械能。一般风力发电机的风轮由 2 或 3 个叶片构成。叶片在风的作用下产生升力和阻力，设计优良的叶片可获得大的升力和小的阻力。风轮叶片的材料因风力发电机的型号和功率的大小而定，如有玻璃钢、尼龙等。

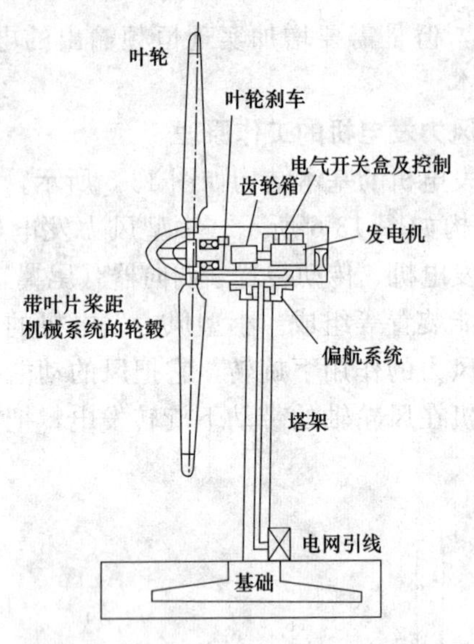

图 13-6　大中型风力发电机的基本结构

（2）发电机。发电机是做功装置，它的作用是把机械能转换为电能。风力发电机采用的发电机有 3 种，即直流发电机、同步交流发电机和异步交流发电机。小功率风力发电机多采用同步或异步交流发电机，所发的交流电通过整流装置转换成直流电。与直流发电机相比，同步发电机的优点是效率高，而且在低风速下比直流发电机发的电能多，能适应比较宽的风速范围。

（3）调向器。调向器的功能是尽量使风力发电机的风轮随时都迎着风向，从而能最大限度地获取风能。除了下风式风力发电机外，一般风力发电机几乎全部都是利用尾翼（材料通常采用镀锌薄钢板）来控制风轮的迎风方向的。尾翼一般都设在风轮的尾端，处在风轮的尾流区里。只有个别风力发电机的尾翼安装在比较高的位置上，这样可以避开风轮尾流对它的影响。

（4）限速安全机构。限速安全机构是用来保证风力发电机安全运行的，它可以使风力发电机风轮的转速在一定的风速范围内保持基本不变。风力发电机风轮的转速和功率随着风速的提高而增加，风速过高会导致风轮转速过高和发电机超负荷，会危及风力发电机的运行安全。限速安全机构的设置除了限速装置外，风力发电机一般还设有专门的停车制动装置，当保养、修理时或风速过高时，可以使风轮停转，以保证风力发电机在特大风速下的安全。

（5）塔架。塔架是风力发电机的机架，用以支撑风力发电机的各部分结构，它把风力发电机架设在不受周围障碍物影响的高空中，从而有较大的风速。塔架的结构有支柱式和桁架式，一般为钢铁结构，小型风力发电机也有采用木结构的。

（6）储能装置。由于自然界的风速是极不稳定的，风力发电机的输出功率也极不稳定。因此，风力发电机发出的电能一般是不能直接用在电器上的，先要储存起来。蓄电池是风力发电机采用的最为普遍的储能装置，即把风力发电机发出的电能先储存在蓄电池内，然后通过蓄电池向直流电器供电，或通过逆变器把蓄电池的直流电转变为交流电后再向交流电器供电。考虑到成本问题，风力发电机用的蓄电池多为铅酸蓄电池。

五、小型风力发电机的特点及技术数据

1. 小型风力发电机的特点

小型风力发电机一般没有调速装置或只具有比较简单的单级调速装置。离心增阻式制动翼或旋转叶尖调节等都是通过改变风轮叶片转动阻力实现调速的，而机头壳体偏心调速法或侧翼调速法都是通过改变风轮的迎风面积实现调速的。

小型风力发电机的迎风调向装置（对风装置）一般采用尾舵（尾翼）法，尾舵采用薄钢板制造，对风效果较好。

由于风具有不恒定性，发电机的输出也是不断变化的。为了保证无风或风小时的用电质量，小型风力发电机都必须配有相当容量的蓄电池，用户的用电均需通过蓄电池取得。

小型风力发电机按风力机与发电机连接方式分类，可分为

变速连接和直接连接两种。

（1）变速连接。对于风轮叶片高速性不佳的风力机，每分钟转速不过数百转，而发电机转速很高，可达1000～3000r/min。这时必须采用变速机构，把低速轴（即风力机主轴，又称风轮轴）和高速轴（即发电机转轴）连接起来。变速装置有采用齿轮传动的，也有采用传动带传动的。

（2）直接连接。直接连接的小型风力发电机由于中间减少了变速机构，风力机直接套在发电机轴上，使整个机组具有更简单的结构，它具有以下特点：

1）采用了高速性能好的薄翼型叶片，风力机风轮转速较高。

2）采用了低速发电机，发电机转速较低。

2. 小型风力发电机的技术数据

小型风力发电机的技术数据见表13-3。

表13-3　　小型风力发电机的技术数据

型号及名称	风轮直径/m	额定功率/W	额定风速/(m/s)	启动风速/(m/s)	工作风速/(m/s)	叶片数	最大抗风能力/(m/s)	塔架高度/m	质量/kg
FD2.2-0.2/7风力发电机	2.2	200	7	3.5		2	40	6	88
FD2.5-0.3/8风力发电机	2.5	300	8	3.5		3	40	6.2	120
FD3.0-0.5/8风力发电机	3	500	8	3.5		3	40	7	140
FD2-200风力发电机	2	200	8	3	3～25	2	40	5.5～7	85
FD2.2-300风力发电机	2.2	300	8	3	3～25	3	40	5.5～7	96
FD2.5-500风力发电机	2.5	500	8	3	3～25	3	40	5.5～7	125
FD2.8-1000风力发电机	2.8	1000	9	3	3～25	2	40	3.5～7	175
FD4-200风力发电机	4	2000	10	3	3～25	2	40	9～12	330

六、小型风力发电机的安装及维护

1. 小型风力发电机的安装

（1）基础准备。安装前必须首先详细阅读使用说明书，并对照实物了解使用说明书中所说明的细节，然后再进行基础准备工作。基础准备工作是十分重要的，如果忽视这一工作，将会造成机组倒下、摔坏风力发电机等事故。

基础工作必须按照说明书中的要求去施工，尤其对水泥基础，必须有保养期。对于四周有拉索的风力发电机，对拉索的基础应予以特别注意。因为它承担了风压的力量，一旦松脱，则会倒机。特别是地表比较松散的地区，往往拉索的基础需要比说明书中的要求更要坚固。有些小型风力发电机，例如50W、100W机型，没有专门的预制基础，一般用地脚螺钉和地锚直接打入地下。这些零件的长度设计是从一般地质状态来考虑的，如遇到岩石就必须按水泥地基的情况进行，如遇到松软的沙质土壤就必须作加深或其他加固处理。

（2）机组的安装。机组的安装必须严格遵守说明书中的安装程序，否则会造成安装中的倒机事故。在机组的安装过程中必须特别注意叶片的安装，安装叶片时必须对准有关标记，认真清理结合面，以保证叶片安装角的精度。

在机体与塔杆连接时，要保证安装正确和螺栓的紧固，务必保证其中的弹簧垫圈平整。机组竖立起来时，要特别注意找正塔杆的垂直度。

机组的安装工作必须在5级风以下进行，最好是风速在5～8m/s之间，这样既比较安全，又能及时了解安装后机组的运行情况。安装完毕后，必须观察机组在各风速下的运行情况。主要是启动时风速大小，在额定风速下是否达到额定功率，机组在运行中的振动情况如何等。

一般质量正常的风力发电机应能达到说明书中的技术指标。如果各数据与说明书中的规定有较大差异，首先应检查叶片的安装是否正确，因为叶片的安装位置正确与否直接影响机组的大部分技术参数。如果各部件均安装正确，则可与制造厂家联系，以进一步检查机组的制造质量。

若机组在运行中出现强烈振动，可以适当调整拉索的松紧度。一般希望振动出现在低风速情况下，即出现在5m/s左右的风速时。在风速较大时希望机组能平稳运转，放松拉索可改变机组的固有频率，否则在强烈振动下运行的机组很容易损坏。

（3）电气控制箱及蓄电池的安装。电气控制箱及蓄电池的安装与当地的地形、使用者到风力发电机的距离以及风力发电机的电压等级有直接关系。一般对于输出电压为24V、12V的机组，希望电气控制箱及蓄电池装在离机组5m的距离之内，因为距离太长会造成线路压降太大，影响使用。因此，选择机组时必须注意风力发电机的电压等级。例如海岛上居民都居住在无风的山下，而风力发电机必须安装在有风的山顶，两者距离常有300～500m，选用24V电压的机组就有困难，而选用110V或220V电压的机组则比较合适。

2. 小型风力发电机组的运行

一般小型风力发电机组的结构比较简单，价格便宜，因此各种保护装置比较少，而稍大一些的机型因设备较大，价格较贵，所以都备有较多的保护装置，如制动停止机构、防止蓄电池过充过放装置等。对于没有这些保护装置的机组，则靠加强管理手段来弥补装置上的不足。

（1）建立运行技术档案。对于小型风力发电机组，建立运行技术档案是十分必要的。运行技术档案一般每周进行一次记录，遇到特殊情况可以随时记录。如此常年的记录，可以制订检修计划，这样就不至于等风力发电机损坏后才修理。因此，这些资料对预防风力发电机的早期损坏很有好处。运行技术档案应包括以下内容：

1）生产厂家所提供的机组使用说明书。

2）记录风力发电机在规定风速内的运行状况是否正常。

3）记录在超过最大风速时风力发电机的状况。

4）对于北方高寒地区还应记录覆雪结冰等情况。

5）对于电气控制箱应作一定的观测，记录电压、电流等参数。

6）详细记录风力发电机组各次大、中、小修的情况及更换零部件情况。

（2）加强运行管理。

1）使用者必须注意每天的天气预报，尤其是有大风警报的天气时，更应注意是否会出现超过工作风速范围的情况，如果出现这种天气应采取措施，即停机或放倒风力机。

2）要经常观测机组的运行情况，如机组是否有异常响声和振动、电压值是否正常、蓄电池接头有无异常等。

3）在机组运行中禁止攀登塔杆，更要注意防止牲畜将机组撞倒。

3. 小型风力发电机的维护。

（1）定期检查与加油。风力发电设备暴露在大自然中，终日受到风吹、日晒、雨淋，设备的外面虽然有一定的防护层，但仍不能抵御长期的自然侵袭，必须定期加以清理。例如在北方干旱地区风沙较多，风力发电机的缝隙间会残留沙子，将增加机组转动部分的磨损和阻力；草原上的草尖也会像风沙一样给机组带来危害，因此也必须定期清除；而在沿海的各个小岛，对机组的腐蚀往往十分严重，因此需要定期加涂油漆。

机组旋转部分的轴承的润滑油在暴晒下容易干固，因此也要定期加油，以保证运转部分的磨损和阻力减少，使得机组能够正常工作。在定期检查中，对一些紧固件，如螺栓、螺母、法兰、螺钉等，均应给予注意，发现松动、移位、锈蚀等应及时调整和更换，以免造成更大的事故。检查中还要注意基础的情况，尤其是拉线基础。当出现基础松动的情况时，应予以加固。尤其是大风到来之前，更应着重检查。

（2）对电气控制器及其线路的检查与维护。风力发电机发出的交流电通过整流器变为直流电，并经过电气控制器送到蓄电池，使蓄电池得以充电，同时用电器也通过电气控制器得到稳定的直流电压。因此，从发电机到电气控制器再到蓄电池这一线路，是必须加强维护的。

由于一般机组的寿命往往比较长，而其他电气元件、线路的寿命比较短，因此对电气控制器及其线路必须经常检查。最好备有一定数量的备品，作维护时更换旧件之用。由于外线的自然侵蚀，线路容易损坏，因此应及时维护，遇损后也应及时更换。

（3）蓄电池的维护。蓄电池是风力发电机组中投资较大的部件，它仅次于风力发电机本身，但它的寿命又远小于风力发电机组。因此，在风力发电机组寿命期限内，蓄电池要更换几次，投资数的总和要大于风力发电机的购置费用，这也是发电成本增加的重要因素。为了尽量延长蓄电池的使用寿命，平时应加强对蓄电池的维护工作。

第三节 太阳能光伏发电

太阳能光伏发电是根据光生伏特效应原理，利用太阳能电池将太阳光能直接转化为电能，它发电过程简单，没有机械转动部件，不消耗燃料，不排放包括温室气体在内的任何物质，无噪声、无污染，且太阳能资源分布广泛且取之不尽、用之不竭。因此，与风力发电、生物质能发电和核电等新型发电技术相比，太阳能光伏发电是一种最具可持续发展理想特征的可再生能源发电技术。

一、太阳能的基本特性

太阳是一个高温、高压和高密度的球体，内部具备很大的能量。太阳能是由太阳的氢经过核聚变而产生的一种能源。太阳是以光辐射形式向太空发射能量的，到达地球的能量中约30%反射到宇宙，剩下的70%的能量被地球接收。太阳照射地球1h的能量相当于全世界一年总消耗的能量。

太阳能可以说是取之不尽、用之不竭的能源。随着地球上蕴藏的自然能源的不断减少，人们越来越重视对太阳能的研究和利用。利用太阳能发电，不仅没有污染，而且不受原料供应和地理条件等因素的限制，尤其适用于地理条件差、交通又不发达的偏远地区。总之，太阳能是一种非常理想的清洁能源，如果合理地利用太阳能，将会给人类提供充足的能源。

太阳能利用的形式多种多样，如热利用、照明、电力等。热利用就是将太阳能转换成热能，供热水器、冷热空调系统等使用。在照明方面的应用主要是利用太阳光给室内照明，或通过光导纤维将太阳光引入地下室等进行照明。在电力方面的应用主要是利用太阳的热能和光能，故太阳能发电可分为热能发电和光能发电。

热能发电是将太阳的热能收集起来，用以驱动汽轮机或其他热力机来带动发电机发电。这种发电系统的规模一般为数十千瓦到数兆瓦。它不仅可以供给居民生活之用，还可用于工厂供电。而且，采用不同类型的发电机，可以产生三相交流、单相交流或直流电。

光能发电是通过太阳能电池将太阳的光能直接转换成电能，称为太阳能光伏发电。这种发电系统的特点是结构简单、无可动部分、无噪声、无机械磨损、无废气、无污染、使用安全、易于维护。另外，由于它的重量轻、携带方便，可以作为活动设备的供电电源。

二、太阳能光伏发电系统的基本构成

太阳能光伏发电系统根据应用领域可分为住宅用、公共设施用以及产业设施用 3 种类型。住宅用太阳能光伏发电系统可以用于一家一户，也可以用于集合住宅以及由许多集合住宅构成的小区等。公共设施用太阳能光伏发电系统主要用于学校、道路、广场以及其他公用设施。产业设施用太阳能光伏发电系统主要用于工厂、营业所以及加油站等设施。

住宅用太阳能光伏发电系统如图 13-7 所示，它主要由太阳能电池阵列、功率调节器（包含逆变器和并网保护装置等）、蓄电池（根据情况可不用）、负载以及控制保护装置等构成。太阳能电池产生直流电、直流电通过功率调节器转换为交流电后并入电网，可以与电力公司提供的交流电一起使用。太阳能光伏发电系统的装置在实际应用时会根据系统的种类和用途而有所不同。

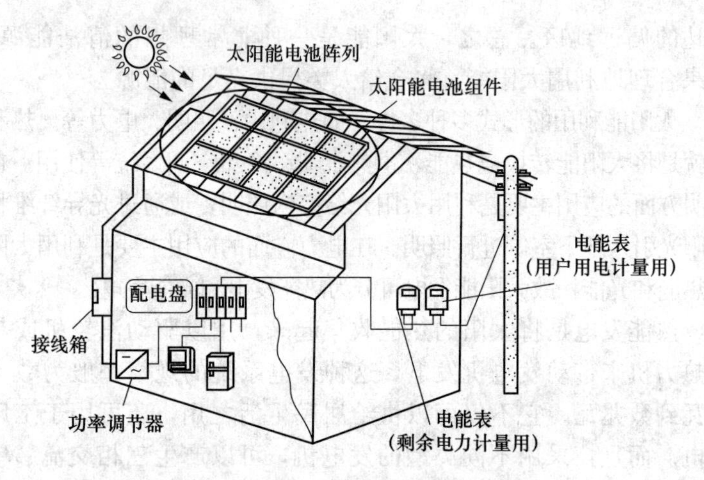

图 13-7　住宅用太阳能光伏发电系统

1. 太阳能电池阵列

将太阳光能直接转变成电能，就是太阳能光发电。此发电过程有两种类型，一种是太阳能电池，另一种是光化学电池。太阳能电池已经进入商品化实用阶段，应用相当广泛，光化学电池仍处于探索实验阶段。太阳能电池是太阳能光伏发电的基础和核心，是一种利用光生伏打效应把光能转变为电能的器件，故又称为光伏电池（或光伏器件），太阳能电池的构成如图 13-8 所示。

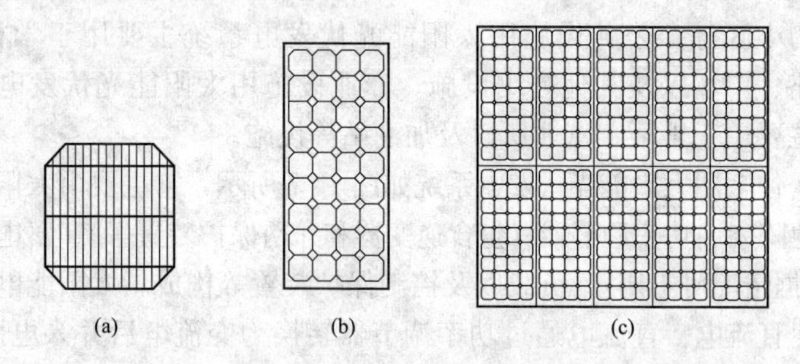

图 13-8　太阳能电池的构成

（a）太阳能电池单元；（b）太阳能电池组件；（c）太阳能电池阵列

太阳能电池单元是光能转换成电能的最小单元（又称为太阳能电池单体），它一般由边长为 10～15cm 的板状硅片形成的 PN 结半导体器件构成。因为太阳能电池单元本身产生的电压约为 0.5V，所以除特殊情况外太阳能电池单元一般不单独使用。

单独的太阳能电池单元的发电量很小，所以使用时必须连接起来作为电池组件使用。太阳能电池组件由数十个太阳能电池单元构成，把太阳能电池组件内的太阳能电池单元以适当的方式串联、并联后，可以得到规定的电压和输出功率。

对太阳能电池组件进行必要的组合，然后安装在房顶等处而构成的太阳能电池全体称为太阳能电池阵列（又称为太阳能电池方阵）。太阳能电池阵列由若干个太阳能电池组件经串联、并联组成的组件群以及支撑这些组件群的台架构成。

太阳能电池阵列的电路如图 13-9 所示，它由太阳能电池组件构成的太阳能电池组件串（又称纵列组件）、逆流防止元件（二极管）VD_S、旁路元件（二极管）VD_B 和接线箱等构成。纵列组件是根据所需输出电压将太阳能电池组件串联而成的电路。各纵列组件经逆流防止元件并联。

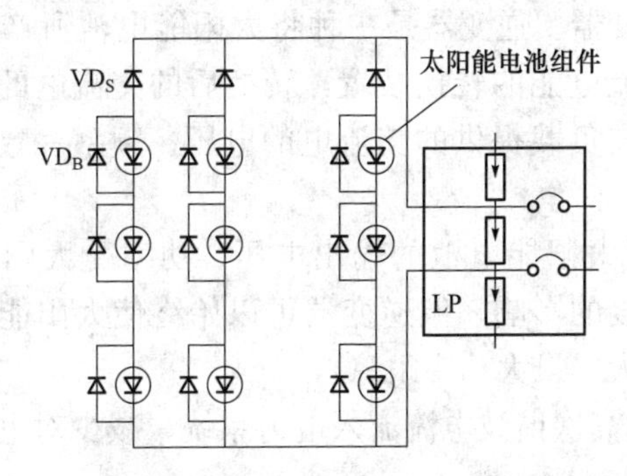

图 13-9 太阳能电池阵列的电路

VD_S—逆流防止元件；VD_B—旁路元件；LP—避雷元件

当太阳能电池组件被鸟类、树叶、日影覆盖时，太阳能电池组件几乎不能发电。此时，各纵列组件之间的电压会出现不相等的情况，使各纵列组件之间的电压失去平衡，导致各纵列组件间以及阵列间出现环流以及逆变器等设备的电流流向阵列的情况。为了防止逆流现象的发生，需在各纵列组件中串联逆流防止二极管。

另外，各太阳能电池组件都并联了旁路二极管。这样，当太阳能电池阵列的一部分被日影遮盖或组件的某部分出现故障时，可以使电流不流过未发电的组件而流经旁路二极管，并为负载提供电力。如果不接旁路二极管，纵列组件的输出电压的合成电压将对未发电的组件形成反向电压，出现过热现象，还会使全阵列的输出下降。

2. 功率调节器

功率调节器由逆变器、控制装置和保护装置等构成的，其中，逆变器是功率调节器的主要部分。逆变器的功率转换部分将太阳能电池阵列产生的直流电转换成与电力公司（电网）供给的电压和频率均相同的交流电，控制装置由电子电路构成，其作用是控制功率转换部分，保护装置也是由电子电路构成，其作用是对内部故障进行处理。

（1）逆变器。逆变器是一种将太阳能电池所产生的直流电能转换成交流电能的转换装置，转换后的交流电的电压、频率与电力系统向负载提供的交流电的电压、频率一致，它具有以下功能：

1）尽管太阳能电池的输出电压、功率受太阳能电池的温度、日照强度的影响，但逆变器可以始终使太阳能电池的输出功率保持最大（最大功率跟踪）。

2）抑制高次谐波电流流入电力系统，减少对电力系统的不利影响。

3）在并网系统中，当剩余电能流向电力系统时，能对电压进行自动调整，使住宅内（即负载端）的电压维持在规定的范围内。

（2）控制装置。控制装置具有使太阳能电池最大限度地发挥其性能以及出现异常和故障时保护太阳能光伏发电系统的功能等，主要有以下几个方面：

1）最大功率跟踪控制。为了有效地取出受天气变化影响的太阳能电池的输出功率，控制装置采用实时检测太阳能电池阵列的输出功率，通过一定的控制算法预测当前工况下阵列可能的最大功率输出，从而改变当前的阻抗情况，来满足最大功率输出的要求。这样，即使太阳能电池因结温升高使得太阳能电池阵列的输出功率减少，系统仍然可以运行在当前工况下的最佳状态。

2）自动运行停止控制。当太阳冉冉升起，日照强度不断增大，使太阳能电池达到可以输出功率的条件时，控制装置便开始自动运行。一旦开始运行，控制装置就监视太阳能电池的输出功率，并自动调整，只要满足输出功率的条件就连续运行。如果出现阴天，太阳能电池的输出电压变小，当输出电压接近 0V 时，控制装置就进入待机状态，日落时控制装置自动停止运行。

3）自动电压调整控制。一般的家庭所使用的是电压为 220V 的交流电，这样可以使电气设备安全、稳定地工作。但是，在并网系统中，当太阳能光伏发电系统与商用电力系统的并网系统在运行状态时，如果连接点处的电压超过电力系统的允许范围，则会对其他的用户造成影响。因此，需要设置自动电压调整控制，以防止连接点的电压上升。对于小容量的太阳能光伏发电系统来说，由于几乎不会引起电压上升，所以自动电压调整控制可以省略。

4）单独（孤岛）运行防止控制。由于太阳能光伏发电系统与电力系统的配电线并网运行，当电力系统由于某种原因发生异常而停电时，如果不使太阳能光伏发电系统停止工作，太阳能光伏发电系统就会向配电线继续供电，这种运行状态被称为单独（孤岛）运行状态。

如果电力系统停电时太阳能光伏发电系统继续向配电线供电，将会给电力公司的维护检修人员带来危险。因此，必须使太阳能光伏发电系统与电力系统自动分离或使太阳能光伏发电系统停止运行。

检测出单独运行状态的功能称为单独运行检测，检测出单独运行状态并具有使太阳能光伏发电系统停止运行的功能称为单独运行防止控制。一般来说，控制装置内置有被动式和主动式这两种单独运行检测功能。被动式单独运行检测方式是通过检测从并网到单独运行过渡时的电压波形和相位等变化，从而检测出单独运行状态。主动式单独运行检测方式是通过检测功率调节器发出的频率、输出功率的变化量，根据出现的状态变化检测出单独运行状态。

5）滤波器。功率调节器运行时，逆变器将直流电转换成 50Hz 的正弦交流电。实际上逆变器输出的交流电波形中除了基波成分外还含有一系列高次谐波，为了滤掉这些高次谐波而得到 50Hz 的正弦波，通常使用由电感线圈和电容器构成的低通滤波器。

（3）保护装置。太阳能光伏发电系统与电力系统并网时，若逆变器控制部分异常，将导致电压上升或下降，并导致交流电波形中的谐波含量增加等，因此会使电力系统的电能品质降低，给其他的用户带来影响。若电力系统发生异常而停电时，可能会发生单独（孤岛）运行，危害人身安全。

为了避免上述情况的出现，在逆变器侧或电力系统侧发生异常时，应迅速停止逆变器工作，确保电力系统侧的安全。为此，必须安装系统并网保护装置（或者具有同等功能的电路），它可以自动检测出电力系统侧或逆变器侧的事故，迅速将太阳能光伏发电系统与电力系统分离，使其运行停止。并网保护装置一般内置在功率调节器内部，住宅用太阳能光伏发电系统一般通过低压配电线并网，系统并网保护装置如下：

1）过电压继电器。

2）低电压（欠电压）继电器。

3）频率上升继电器。

4）频率下降继电器。

5）主动式单独运行防止装置。

6）被动式单独运行防止装置。

3. 其他相关设备和部件

（1）蓄电池与光伏充放电控制器。储能是太阳能光伏发电系统的重要功能，尤其是当太阳能光伏发电系统作为独立系统运行时，储能环节更是不可缺少的组成部分，储能部分主要由蓄电池、充放电控制器等构成。

（2）接线箱。接线箱主要由直流开关、避雷装置、逆流防止元件及端子板等构成。直流开关用来断开、闭合来自太阳能电池的电能，一般设有太阳能电池阵列侧开关（又称输入侧开关）和主开关（又称输出侧开关）。太阳能电池阵列侧开关是为了在维护、检查太阳能电池阵列或在部分太阳能电池组件发生异常时从回路把异常的组件切断而设置的，应能切断来自太阳能电池的最大直流（太阳能电池阵列的短路电流）。主开关应满足太阳能电池阵列的最大使用电压以及最大通过电流，并且可以关断最大通过电流。

避雷装置用来保护电气设备免遭雷击。通常，在接线箱内，为了保护太阳能电池阵列、功率调节器，每个纵列组件（组件串）都要安装避雷装置。有些场合，在太阳能电池阵列的总输出端也设置避雷装置。另外，对有可能遭受雷击的地方，对地间以及线间需设置避雷装置。

逆流防止元件一般采用逆流防止二极管，通常安装在接线箱内，也有的安装在太阳能电池组件端子箱内。

（3）配电盘与电能表。在并网系统的场合，配电盘内包含将功率调节器的输出与电力系统连接的断路器。住宅用太阳能光伏发电系统一般通过配电盘与电力系统并网，太阳能电池所产生的电能无论是在家庭内使用还是将剩余电能送往电力系统都必须通过配电盘。

电能表用来记录所使用的电量。太阳能光伏系统的剩余电力出售给电力系统时，应分别设置带有防逆转功能的卖电用电能表和买电用电能表。卖电用电能表一般安装在用户侧。如果买、卖电的价格相同，也可利用电能表可逆转的原理，使电量抵消，在这种情况下使用一块电能表即可。

三、太阳能光伏发电系统的安装

太阳能光伏发电系统的安装包括太阳能电池阵列的安装、电气设备的安装、配线以及接地等，其中太阳能电池阵列的安装方式根据太阳能电池阵列的设置场所的不同而不同，主要有柱上安装方式、地上安装方式、建筑物屋上安装方式以及壁面安装方式等。

1. 太阳能电池阵列在斜屋顶上的安装方法

对于住宅用太阳能光伏发电系统，太阳能电池阵列在斜屋顶上的安装方式有两种：一种是在斜屋顶已有的瓦或金属屋顶上固定台架，然后在其上安装太阳能电池阵列，称为屋顶安装型（或称为屋顶直接放置型）。另一种是将建材一体型太阳电池组件直接安装在斜屋顶上，称为建材一体型（或称为屋顶建材型）。

（1）斜屋顶安装方法。

1）支撑金具方式。在已使用的斜屋顶材料上用螺钉将支撑部分用金具固定，然后在其上固定台架，如图 13-10 所示。

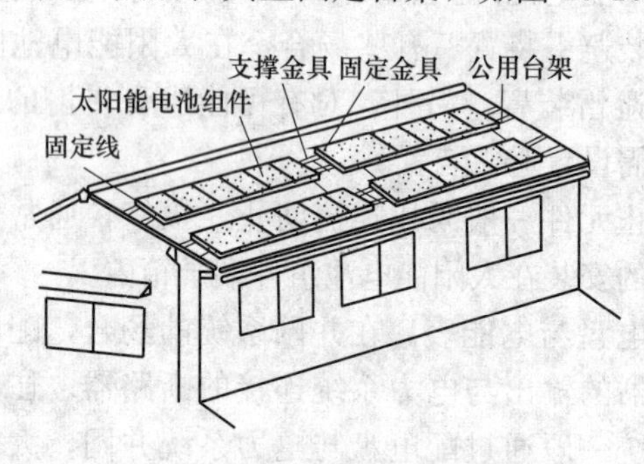

图 13-10　支撑金具方式的安装方法

2）紧拉固定线方式。在斜屋顶的瓦上放置台架，将太阳能电池阵列放在台架上，然后用数根铁丝将台架拉紧固定，如图 13-11 所示。

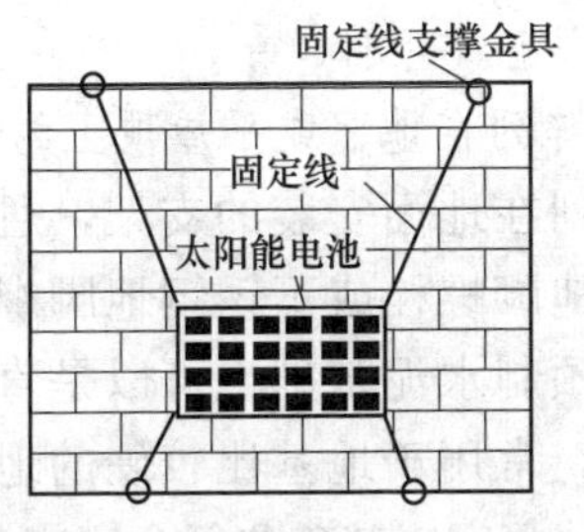

图 13-11　紧拉固定线方式的安装方法

3）建材一体型的安装方法。建材一体型太阳能电池组件的构成如图 13-12 所示，它一般在新建的住宅以及屋顶翻新时使用比较合适。通常采用在房顶构件上设置通气孔，通气孔可以使太阳能电池组件周围的空气与外面的空气对流，使太阳能电池的温升降低，从而提高太阳能电池的转换效率。

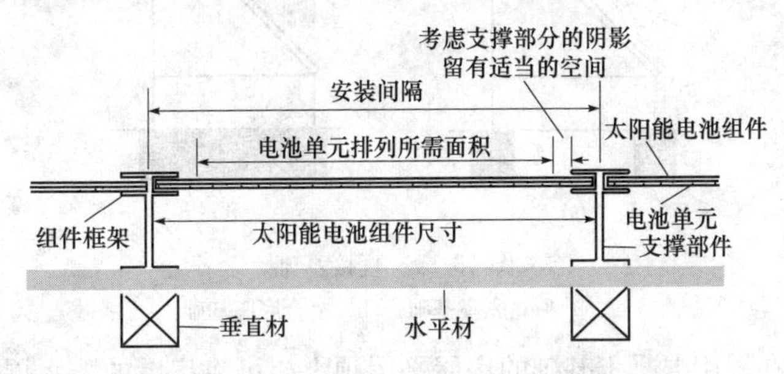

图 13-12　建材一体型太阳能电池组件的构成

（2）斜屋顶安装的注意事项。

1）斜屋顶作为安装太阳能电池的场所，要有荷重（自重，积雪、风压等）的承受能力。

2）支架、支撑金属件和其他的安装材料，必须由能在室外长期使用的耐用材料构成，在有盐雾的区域安装时，应采取必要的措施。

3）对于斜屋顶构造材料和支撑金属件的结合部位进行防水处理，确保住宅屋顶的防水性。

4）从太阳能电池组件到室内的配线性能及保护方法，必须满足电气设备技术规定。

2. 太阳能电池阵列在地面或平屋顶上的安装方法

太阳能电池阵列在地面安装的支架，通常由直接基础中伸出的钢制热浸镀锌地脚螺栓或不锈钢地脚螺栓固定。直接基础的施工方法可以是预制水泥基础也可以是直接浇筑基础，它构造简单、价格低廉，常用于地基比较硬的地面。直接基础由于形式不同，又分为独立底座基础和复合底座基础，如图 13-13 所示。独立底座基础为前后支架分开放置在混凝土底座上，柱体形状分为方形柱、圆形柱。复合底座基础也称条形基础，将前后支架连接为一体，它具有更好的承载能力。

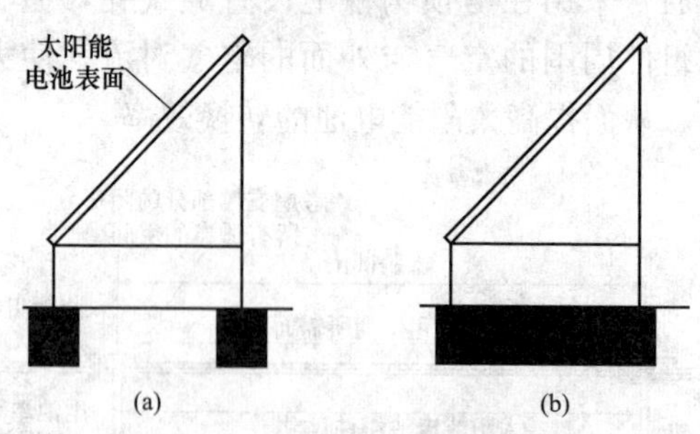

图 13-13　直接基础
(a) 独立底座基础；(b) 复合底座基础

在采用混凝土基础的房屋平屋顶上，可将房屋的防水层揭开一部分，剥掉混凝土表面，在其钢筋上把太阳能电池阵列用的混凝土座的钢筋焊接在一起。若不能焊接钢筋时，为了借助混凝土的附着力和自重对抗风压，应使混凝土底座表面凹凸不平，以使其附着力加大。然后，用防水填充剂进行二次防水处理。

如果上述方法不能实施时，可制作重量大的热浸镀锌的钢骨架，然后再在钢骨架上固定太阳能电池阵列支架。将钢骨架用螺栓连接在房上周围凸出的压檐墙上，这样，风压不致使太阳能电池阵列及钢骨架移动，起辅助强化作用。

3. 电气设备的安装、配线以及接地

(1) 电气设备的安装。电气设备的安装除了前面所述的太阳能电池阵列之外，还有功率调节器、配电盘、接线盒（接线箱）、买电电能表，卖电电能表等。

功率调节器一般应安装在环境条件较好的地方。住宅用太阳能光伏发电系统用功率调节器如果安装在室内，一般安装在配电盘附近的墙壁上；如果安装在户外，则应安装在满足户外条件的箱体内。此时，要考虑周围温度、湿度、浸水、尘埃、换气、安装空间等因素。

安装配电盘时，首先应检查已有的配电盘中是否有漏电断路器，是否有太阳能光伏发电系统中专用的配电用断路器。如果没有，则要对配电盘进行必要的改造，若已有的配电盘没有富余的空间，则应准备另一个配电盘安装在现有的配电盘旁边。

接线盒一般安装在太阳能电池阵列附近。接线盒的安装地点可能受到建筑物的构造、美观等条件的限制，但是应考虑以后的检查、电气设备部件的更换等因素，将接线盒安装在比较合适的地方。

卖电电能表一般应安装在电力公司安装的买电电能表的旁边。电能表一般采用户外式，室内式电能表一般应安装在带有开窗的户外用箱中。

（2）电气设备之间的配线。进行太阳能电池组件与功率调节器之间的配线时，所使用的导线截面积应符合短路电流的要求。功率调节器的输出部分的电气接线方式一般为单相接线，注意不要将交流侧的地线接错。

从太阳能电池组件里面引出两根线，接线时一定要注意电线的极性不要接错。先将太阳能电池组件串所需的数枚太阳能电池组件串联，再将串联后的引出线接到接线盒进行配线，在接线盒内将其并联。

太阳能电池阵列配线结束后，需要检查各组件的极性、电压、短路电流等是否与技术说明书一致。

（3）接地。太阳能光伏发电系统一般不需要接地，但必须将台架、接线盒、功率调节器外壳等电气设备、金属配线管等与地线相连接，然后通过接地电极接地，以保证人身、电气设备的安全。

（4）防雷。由于太阳能电池阵列安装在户外，阵列的面积大，而且其周围一般无其他建筑物，因此容易受到雷电的影响而产生过电压。所以必须根据太阳能光伏发电系统的安装地点以及供电的要求等采用防雷措施。

通常采用的防雷措施：在太阳能电池阵列的主回路分散安装避雷装置；在功率调节器、接线盒内安装避雷装置；在配电盘内安装避雷装置以防止雷电从低压配电线侵入。在雷电较多的地区应考虑更加有效的防雷措施，如在交流电源侧设置防雷变压器等，使太阳能光伏发电系统与电力系统绝缘，避免雷电侵入太阳能光伏发电系统。

四、太阳能电池的技术数据

1. 单晶硅太阳能电池

单晶硅太阳能电池的光电转换效率为15%左右，最高的达到24%，这是所有种类的太阳能电池中光电转换效率最高的，但制作成本很大，以致于它还不能被普遍地使用。由于单晶硅一般采用钢化玻璃以及防水树脂进行封装，因此其坚固耐用，使用寿命一般可达15年，最高可达25年。单晶硅太阳能电池的技术数据见表13-4。

表13-4　单晶硅太阳能电池的技术数据

型号	转换效率/%	最大功率/W	最佳工作电压/mV	最佳工作电流/A	开路电压/mV	短路电流/A
STP103S-M/A	15.5	1.63	503	3.228	605	3.522
STP103S-M/A	15	1.57	500	3.14	600	3.443
STP103S-M/B	14.5	1.52	495	3.071	598	3.367
STP103S-M/C	14	1.47	490	3	595	3.294
STP103S-M/D	13.5	1.42	485	2.928	592	3.220
STP103S-M/E	13	1.36	480	2.833	590	3.115
STP103S-M/F	12.5	1.31	475	2.758	585	3.047
STP103S-M/G	12	1.26	470	2.681	580	2.976

2. 多晶硅太阳能电池

多晶硅太阳能电池的制作工艺与单晶硅太阳能电池差不多，但是多晶硅太阳能电池的光电转换效率则要降低不少，其光电转换效率约12%左右，但制作成本比单晶硅太阳能电池低，材料制造简，因此得到大量发展。此外，多晶硅太阳能电池的使用寿命比单晶硅太阳能电池短。从性能价格比来讲，单晶硅太阳能电池略好。多晶硅太阳能电池的技术数据见表13-5。

表13-5 多晶硅太阳能电池的技术数据

参数	STPO75-12/B	STPO80-12/B	STPO85-12/B
	典型值		
开路电压/V	21.6	21.6	21.6
最佳工作电压/V	17.2	17.2	17.6
短路电流/A	4.87	5	5
最佳工作电流/A	4.36	4.65	4.82
最大功率/W	75	80	85
组件实际效率/%	13.3	14	14.8

五、太阳能光伏发电系统的使用与维护

1. 太阳能光伏发电系统的使用注意事项

(1) 负载总功率的大小不应超过太阳能电池或功率调节器的输出功率。

(2) 应根据蓄电池的容量来选择负载功率，其基本要求是在正常日照时，蓄电池每天能贮存的电能能满足负载一天使用的电能或有盈余。

(3) 对交流负载，应选择能适用逆变器的输出波形特性的负载。如负载要求使用正弦波输出的电源，应选择有正弦波输出的逆变器。

(4) 严格避免各种家用电器及导线短路。

(5) 太阳能电池支架安装必须牢固、稳定。太阳能电池必须按正确方位角及倾斜角安装，避免尘垢污染，箱体避免水浸湿。

（6）当电压指示在11V以下警示区时（红色区或听到报警声），表明蓄电池充电不足，应立即关断开关，停止使用，再次充电至正常使用区（或绿色区）以上方可使用（具有自动控制功能的产品除外）。

（7）太阳能电池或功率调节器、逆变器接好后不宜经常插拔。

（8）蓄电池箱体切勿倾斜，更不可倒置，以免电解液溢出，损坏设备或伤及人体。

（9）蓄电池两极切不可短路，否则将损坏蓄电池。

（10）灯具必须用配备专用高效节能灯，不可使用其他灯具，切勿触摸灯头电极，不可擅自加长电线或其他用电器连线。

（11）严禁将直流电源及用电器接入交流电源。

2. 太阳能光伏发电系统的检查

太阳能光伏发电系统的检查可分为系统安装完成时的检查、日常检查以及定期检查3种。

（1）系统安装完成时的检查。太阳能光伏发电系统安装结束后，应对系统进行全面检查。检查内容除外观检查外，还应对太阳能电池阵列的开路电压、各部分的绝缘电阻及接地电阻等进行测量。进行检查和测量时，应将检查结果和测量结果记录下来，为以后的日常检查和定期检查提供参考。

（2）日常检查。日常检查主要是外观检查，一般一个月进行1次检查。在检查时，如果发现有异常现象，应尽快与有关部门联系，以便尽早解决问题。

（3）定期检查。定期检查一般一年进行1次，在一般家庭中安装的小型太阳能光伏发电系统可根据实际需要自主决定定期检查时间和检查项目。若发现异常，应及时向生产厂家和专业技术人员咨询。

3. 太阳能光伏发电系统的维护

（1）太阳能电池阵列应放置在周围没有高大建筑物、树木、电杆等遮挡太阳光的地方，以便于太阳光的接收。

（2）应随季节的变化调整太阳能电池阵列与地面的夹角，

以便太阳能电池阵列更充分地接收太阳光。

(3) 太阳能电池阵列在安装和使用中都要轻拿轻放，严禁碰撞、敲击，以免损坏封装玻璃，影响性能，缩短寿命。

(4) 遇有大风、暴雨、冰雹、大雪、地震等情况，应采取措施，对太阳能电池阵列加以保护，以免损坏。

(5) 应保持太阳能电池阵列采光面的清洁。如有尘土，应先用清水冲洗，然后再用干净的纱布将水迹轻轻擦干，切勿用硬物或腐蚀性溶剂冲洗、擦拭。

(6) 太阳能电池阵列的引出线带有电源“+”“-”极性的标志，使用时应加以注意，切勿接反。

(7) 太阳能电池阵列与蓄电池匹配使用时，太阳能电池阵列应串联逆流防止二极管，然后再与蓄电池连接。

(8) 与太阳能电池匹配使用的蓄电池，应严格按照蓄电池的使用与维护方法使用。

(9) 带有向日跟踪装置的太阳能电池方阵，应经常检查维护跟踪装置，以保证其正常工作。

(10) 应定期检查，如发现问题，应及时加以解决，以确保系统不间断地正常供电。

第十四章

电气安全技术

第一节 电气安全基本知识

一、接地系统

1.“地”的概念

当外壳接地的电气设备发生碰壳短路或带电的相线断线触及地面时，很大的接地短路电流就由电气设备的接地体或相线触地点向大地做半球形流散，使其附近的地表面产生跨步电压，如图 14-1 所示。

在距离触地点较近的地方，其球面较小、电阻较大，当接地短路电流通过时，电压降就较大，所以电位就高；相反，在距离触地点越远的地方，由于其球面越大，电阻越小，所以电位就越低。通常在距离触地点 20m 以外的地方，电阻已经趋近于零，即电位趋近于零。平时，人们把这一电位趋近于零的地方称之为电气上的“地”或大地。

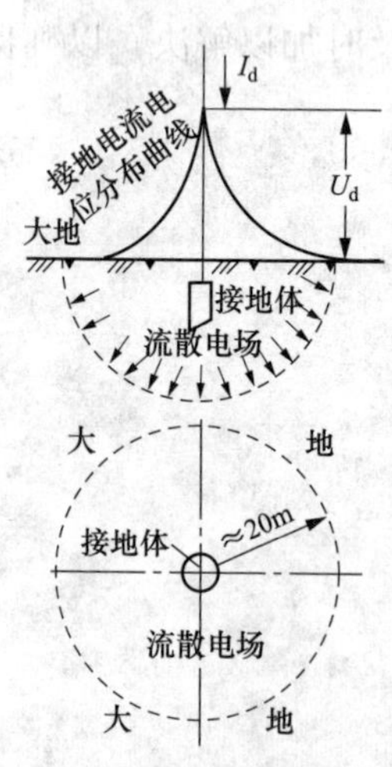

图 14-1 电气“地”的流散电场分布

在电力行业中，通常所讲的地都是指电气上的“地”。电气设备上的接地部分，如接地的外壳、接地体和接地线等，与零电位的“大地”之间的电位差，就叫作接地部分的对地电压。

2. 接地系统

大地是可导电的，其电位通常取为零。将电力系统或电气装置的中性点、电气设备的外露可导电部分和装置外导电部分，通过导电体与大地相连接的系统一般称为接地系统。接地的目的之一是使人可能触及到的导电部分的电位，基本降低到接近于地电位，以减少电击的危险；其另一目的是使电力系统或电气设备能稳定地工作。典型的接地系统如图 14-2 所示，它一般由下列几部分或其中一部分组成：接地体 T、总接地端子 B、接地线 G，保护线 PE 等。

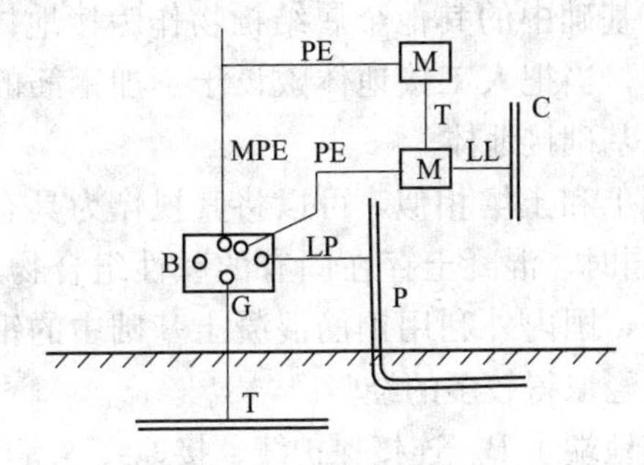

图 14-2 典型的接地系统

(1) 接地体。与大地紧密接触并与大地形成电气连接的一个或一组导电体称为接地体。接地体分为自然接地体、人工接地体和基础接地体。

1) 自然接地体。凡与大地有可靠接触的金属物体，均可作为自然接地体。如埋设在地下的金属管道（有可燃或爆炸介质的除外）、直埋电缆的金属外皮等。自然接地体一般较长，与土壤接触面积大、流散电阻小，有时能够达到采用专门接地体所不能达到的效果。另外，自然接地体在地下交错纵横，作为接地体可以等化电位。

在一般工厂企业或乡镇中，经过测量，自然接地体如能满足所要求的接地电阻值，而要求又不甚严格或不具备另设人工接地体的条件时，可优先考虑采用自然接地体。但由于电缆金属外皮易腐蚀、易折断，所以一般应采用两条以上的电缆。另外金属管道的接头必须用导体跨接。

2）人工接地体。利用人工方法将专门的金属物体埋设于土壤中，以满足接地要求的接地体。人工接地体又分为垂直接地体和水平接地体，多采用钢管、角钢、扁钢、圆钢等制作，接地线应采用相应截面积的扁钢或铜线。人工接地体机械强度高、施工简单且接地电阻值稳定，也便于检查。

3）基础接地体。接地体埋设在地面以下的混凝土基础的接地体，它又分为自然基础接地体和人工基础接地体两种。当利用钢筋混凝土基础中的其他金属结构物作为接地体时，称为自然基础接地体；当把人工接地体敷设于不加钢筋的混凝土基础时，称为人工基础接地体。

由于混凝土和土壤相似，可以将其视作为具有均匀电阻率的“大地”，同时，混凝土存在固有的碱性组合物及吸水特性。所以，近年来，国内外利用钢筋混凝土基础中的钢筋作为自然基础接地体已经取得较多的经验。

(2) 总接地端子 B。连接保护线、接地线、等电位连接线等用以接地目的的多个端子的组合。

(3) 接地线 G。与接地体相连、只起接地作用的导体。一般从总接地端子连接到接地体的导体称为接地线，而连接多条接地线并与总接地端子相连的导体，称为接地干线 MPE。

(4) 保护线 PE。所有用于电击保护，将外露可导电部分 M、装置外可导电部分 C、总接地端子 B、接地体 T、电源接地点或人工中性点中任何部分恰当地连接起来的导体，均称为保护线。

从广义上讲，接地线、用作总等电位连接用的总等电位连接线 LP、用作局部等电位连接的局部等电位连接线 LL 以及设备的外露可导电部分和装置外导电部分，直接或间接地与接地干线相连接的导体，均可视为保护线。从狭义上讲，保护线 PE 通常指设备外露可导电部分和装置外导电部分，直接或间接地与地在电气上相连接的导体。

二、等电位连接系统

等电位连接是使电气设备各外露可导电部分和装置外导电部分的电位基本相等的电气连接，是近年来国际上大力推广的一种电气安全措施。在高压系统中，由于流入大地电流很大，为了保证人身安全，尽可能地降低接触电压，一般均采用人工等电位网；而在低压系统中，入地电流相对较小，而且在工业与民用建筑物中电气设备较多，各种金属管道纵横交错，金属构件比比皆是，为了保证人身和设备的安全，将其从电气上可靠地连接起来，以构成一个等电位空间，按照国家标准通常称其为等电位连接。

等电位连接可分为总等电位连接（又称主等电位连接）和局部等电位连接（又称辅助等电位连接）两种，其连接系统如图 14-3 所示。

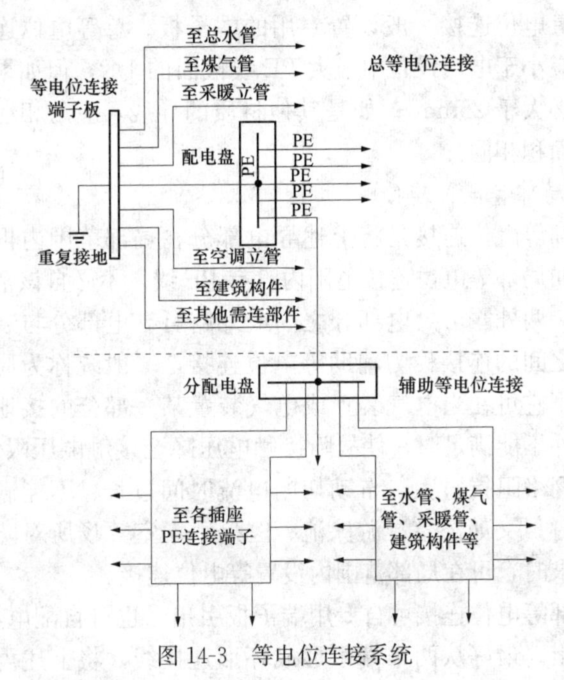

图 14-3　等电位连接系统

1. 总等电位连接

总等电位连接是接地故障保护的一项基本措施，它将建筑物内进线配电箱的PE（保护接地线或保护零线）母排、接地干线、上下水管、煤气管道、暖气管道、空调管路、电缆槽道以及各种金属构件等汇接到进线配电箱近旁的接地母排（总接地端子）上并相互连接，可以在发生接地故障时显著降低电气装置外露导电部分的预期接触电压，减少保护电器动作不可靠的危险性，消除或降低从建筑物外窜入电气装置外露导电部分上的危险电压的影响。

由户外引入的上述管道应尽量在建筑物内靠近入口处进行连接。应该指出，煤气管和暖气管应列入总等电位连接，但不允许用作接地极。因此，煤气管在入户后应插入一段绝缘部分，并跨接一过电压保护器；户外地下暖气管因包有隔热材料，可不另行采取措施。

总等电位连接一般设置专用的端子板。总等电位连接线的截面不应小于电气设备中最大PE线截面的1/2，但如果是铜导线则不必大于$25mm^2$；如是其他材质的导线，应与相应的铜导线的截面积相同。

2. 局部等电位连接

局部等电位连接是将上述导电部分在局部范围内再做一次连接，如局部等电位连接范围内没有PE线，不必自该范围外特意引入。两外露可导电部分之间或外露可导电部分与装置外导电部分之间的连接称为辅助等电位连接，一般统称为局部等电位连接。它可在当电气装置或电气装置某一部分的接地故障保护的条件不能满足时，使故障接触电压降至接触电压限值以下。如电源网络阻抗过大、自动切断电流时间过长、不能满足防电击要求时；又如浴室、游泳池、医疗手术室等场所对防电击有特殊要求时，可在局部范围内设置等电位连接。

局部等电位连接可自专用端子板引出，也可自配电盘内PE干线引出。最好从两个端子形成环形连接线，将上述需要连接的线路和部件连接到环形接地线上，也可将电气设备的外露可导电部分与邻边的水暖管道、建筑物金属构件直接连接，形成局部等电位。

自 PE 干线或专用端子板引出的连接线的截面积不应小于 PE 干线截面积的 1/2。电气设备之间的连接线的截面积不应小于其中较小的 PE 线截面积。电气设备与水暖管道、建筑物金属构件的连接线的截面积不应小于该设备 PE 线的 1/2。需要说明，这里所讲的“连接”，并非用于电气载流，而只是一种用于取得相等电位的一种电气连接。

三、低压配电系统的接地方式

低压配电系统的接地方式根据我国新的标准采用了与国际上相同的方式，即 IT、TT 和 TN，其中 TN 系统又分为 TN-S、TN-C、TN-C-S，其系统代号的含义如下。

（1）第 1 位字母表示系统和地之间的关系。I 表示系统所有带电的零部件均与地绝缘或由一点经过一定的阻抗接地；T 表示系统有一点直接接地。

（2）第 2 位字母表示成套设备中外露可导电部件与地的关系。T 表示外露可导电部件与地之间有直接电连接，这种连接和电源系统中的接地点无关（即不是通过接地点接地）；N 表示外露可导电部件与电源系统接地点（交流系统通常为中性点）之间有直接电连接。

（3）第 3 位和第 4 位字母是用来表示中性导体（即工作零线）和保护导体（即保护零线）的布置形式。S 表示中性导体和保护导体各自独立；C 表示中性导体和保护导体合用一根导体（PEN）。

1. IT 系统的接地方式

IT 系统的接地方式如图 14-4 所示，其电力系统中性点不接地或经过高阻抗接地，用电设备的外露可导电部分经过各自的 PE 线接地。该系统多用于希望尽量少停电的厂矿用电系统，同时，各设备的 PE 线是分开的，相互间无干扰，电磁适应性也比较好。

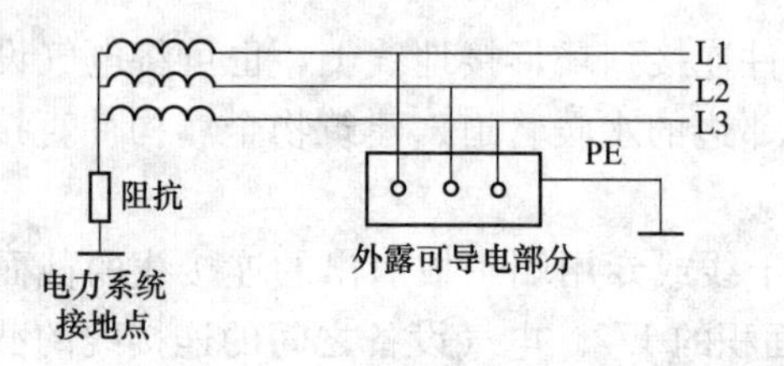

图 14-4　IT 系统的接地方式

当任一相发生故障接地时，大地即作为相线工作，系统仍能够继续运行。但是，如果另一相又接地，则形成相间短路而出现危险。所以，采用 IT 系统必须装设单相接地检测装置，一旦发生单相接地就发出警报，以便维护人员及时处理。

采取这种措施后，IT 系统就极为可靠，停电的概率很小。

2. TT 系统的接地方式

TT 系统的接地方式如图 14-5 所示，其电力系统中性点直接接地，用电设备的外露可导电部分采用各自的 PE 线接地。该系统多用于低压公共电网及农村集体小负荷电网等，由于各自的 PE 线互不相关，因此电磁适应性较好。

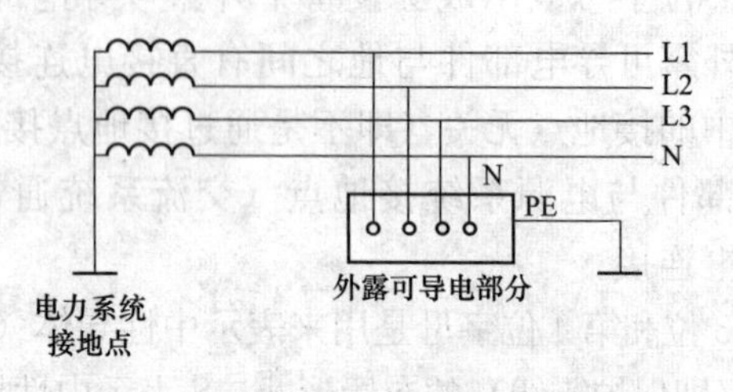

图 14-5　TT 系统的接地方式

在这种系统中，故障电流取决于电力系统的接地电阻和 PE 线的电阻，由于分流作用，使得通过人体的电流仅为故障电流的一部分，从而可以减少电击的危险程度。如接地电阻很小，使得流过人体的电流降至安全电流以下，对人体就是安全的。但是，故障电流往往很小，不足以使具有一定容量的电气设备的保护开关动作，因此故障电流将一直存在下去，无疑将危及人身安全。为了保护人身安全，必须采用残余电流开关作为线路和用电设备的保护装置。否则，只适用于小负荷系统。

3. TN系统的接地方式

在TN系统中，一般将电气设备的外露可导电部分直接接到系统的PE线或PEN线上。当发生相线碰壳故障时，故障电流经设备外露可导电部分和PE线或PEN线形成闭合通路。由于回路阻抗较小，短路电流很大，从而可以使保护装置快速动作而切除故障，起到保护的作用。

TN系统结构简单，具有一定的安全性与可靠性，被我国及许多国家所采用，并被认为是一种较好的配电方式。但是，随着用电负荷的增加，电网容量的扩大，使得供电系统的结构发生了很大的变化。长期运行经验证明，TN系统，尤其是TN-C系统还不很完善，尚存在以下许多不安全因素和缺陷：不能可靠地切除所有的单相故障；正常运行中电气设备的外露可导电部分带电；PEN线断线使得设备外露可导电部分带电。实践证明，解决这些不安全因素和缺陷的一种较好的防护措施是安装剩余电流保护器。

（1）TN-S系统的接地方式。如图14-6所示，其电力系统中性点直接接地，中性线与保护线是分开的，通常称为三相五线制系统（三根相线A、B、C，一根中性线N和一根保护线PE），仅电力系统一点接地，用电设备的外露可导电部分接到PE线上。该系统安全可靠，多用于环境条件比较差的场所及高压用户在低压电网中采用保护接零的系统中。

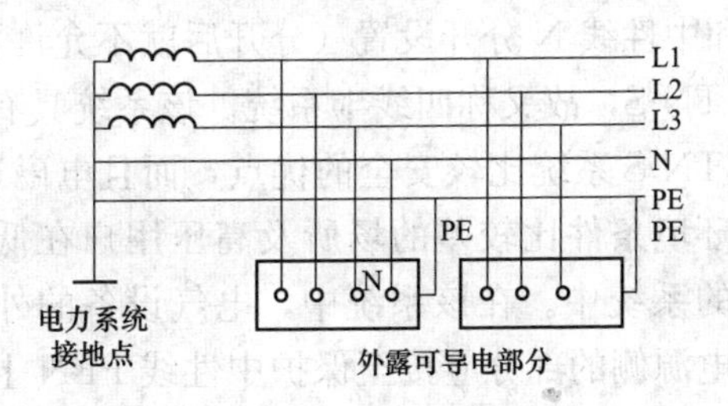

图14-6　TN-S系统的接地方式

在这种系统中，自电源处将保护线 PE 和中性线 N 分开设置，且分开后也不允许再次相接，中性线 N 仅作为单相用电设备的回路。当电力系统正常工作时，PE 线上不出现电流，因此用电设备的外露可导电部分也不出现对地电压，发生事故时容易切断电源，比较安全。

（2）TN-C 系统的接地方式。如图 14-7 所示，其电力系统中性点直接接地，他与 TN-S 系统的差别在于将 N 线与 PE 线合并成一根 PEN 线，通常称为三相四线制系统，国内多采用这种系统用于高压用户在低压电网中采用保护接零的系统中。当三相负载不平衡或仅有单相负载时，PEN 线上有电流通过。在一般情况下，如果开关保护装置和导线截面积选用适当，也能满足安全要求。

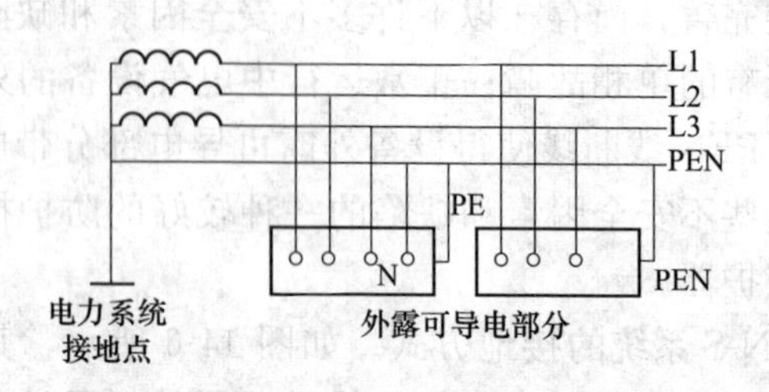

图 14-7　TN-C 系统的接地方式

（3）TN-C-S 系统的接地方式。如图 14-8 所示，其电力系统中性点直接接地，在靠近电源侧的部分将保护线 PE 和中性线 N 合二为一，实际上接成了 TN-C；而在靠近负荷侧的部分又将保护线 PE 和中性线 N 分开设置（分开后就不允许再合并），实际上接成了 TN-S，故又称四线半系统。该系统具有 TN-C 系统费用较少和 TN-S 系统比较安全的优点，而且电磁适应性较好，多用于末端环境条件比较差的场所及高压用户在低压电网中采用保护接零的系统中。在该系统中，电气设备的外露可导电部分，在靠近电源侧的部分应接至保护中性线 PEN 上，而在靠近负荷侧的部分应接至保护线 PE 上。

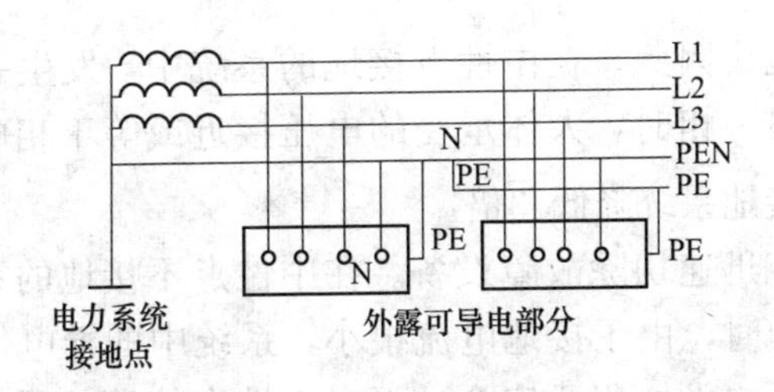

图 14-8 TN-C-S 系统的接地方式

第二节 电气接地与接零技术

一、工作接地

工作接地又称为系统接地，是为了保证电力系统和电气设备在正常运行或发生事故情况下能可靠地工作、防止系统振荡和保证保护装置动作而将电力系统中某一点（交流一般为中性点）通过接地装置使之与大地可靠地连接起来的一种接地，其原理如图 14-9 所示。

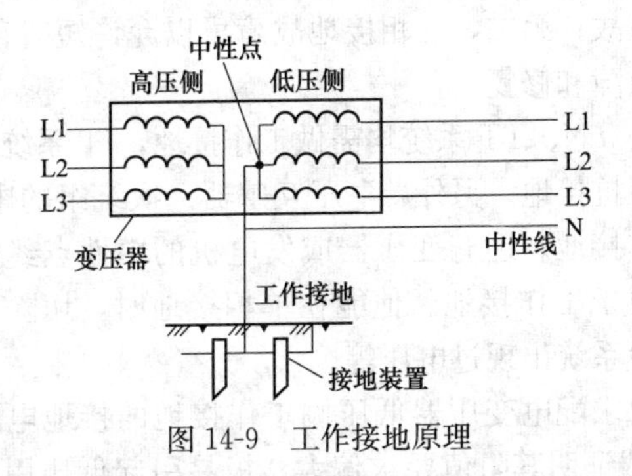

图 14-9 工作接地原理

工作接地的作用主要有以下几个方面：

(1) 降低人体的接触电压。在中性点不接地的系统中，当发生一相接地，且站在地面上的工作人员又触及到另一相时，那么人体所承受的电压将为相电压的$\sqrt{3}$倍，即线电压值。而在中性点接地的系统中，因中性点接地电阻很小，地与中性点接近于等电位。因此，在中性点接地的系统中，发生一相接地而人又触及另一相时，人体承受的电压接近或等于相电压，将比中性点不接地系统降低$\sqrt{3}$倍。

(2) 能迅速切除故障设备。在中性点不接地的系统中，发生一相接地时，由于接地电流很小，系统中的继电保护不能迅速动作切断电源，很不安全。而在中性点接地的系统中，发生一相接地时，因单相接地短路电流很大，将使继电保护迅速动作，并以最短的时间切除故障设备。

(3) 降低电气设备对地的绝缘水平。在中性点不接地的系统中，一相接地时将使另外两相的对地电压升高到线电压。而在中性点接地的系统中，则接近于相电压，故可降低电气设备和输电线的绝缘水平，节省投资。

(4) 防止中性点位移。当三相负荷不平衡时能防止中性点位移，从而避免三相电压不平衡。

但是，中性点不接地也有好处。第一，一相接地往往是瞬时的，能自动消除，在中性点不接地的系统中，就不会跳闸而发生停电事故；第二，一相接地故障可以允许短时存在，这样，便于寻找故障和修复。

常用的 TN、TT 系统均需做工作接地，IT 系统电源侧对地绝缘或经阻抗接地。另外，电压互感器一次绕组的中性点接地，也属于工作接地。还有变压器或发电机的中性点经消弧线圈的接地，也属于工作接地。他能在单相接地时，切除接地点的电弧，以避免系统出现过电压等。

现时要求配电变压器低压侧工作接地的接地电阻值不大于4Ω，但实践证明其阻值要求偏大，极易引起低压用户的种种电气危险，在具体实施时，此电阻值以不大于2Ω为宜。

二、保护接地

保护接地就是将电气设备的金属外壳或金属支架等与接地装置连接，使电气设备不带电部分与大地保持相同的电位（大地的电位在正常时等于零），从而有效地防止触电事故的发生，保障人身安全，其原理如图 14-10 所示，它适用于电源中性点不接地的低压电网。

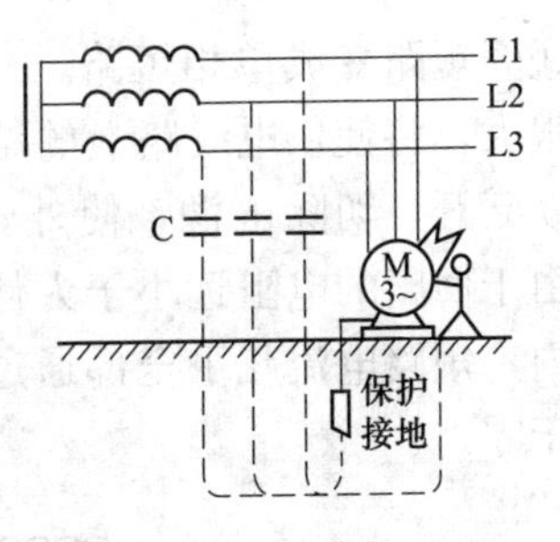

图 14-10 保护接地原理

保护接地的作用：如果未采用保护接地，当电动机某一相绕组的绝缘损坏使外壳带电时，人体站在地上触及外壳，相当于单相触电。由于输电线与地之间分布电容的存在，这时火线、人体、地、分布电容形成一闭合回路。接地电流（经过故障点流入地中的电流）的大小取决于人体电阻，若数值很小，就有触电的危险。如果采用了保护接地，当人体站在地上触及带电外壳时，由于人体电阻与接地电阻并联，而通常接地电阻都小于 4Ω，而人体电阻一般在 1000Ω 以上，比接地电阻大得多，所以通过人体的电流很小，从而保证了人身安全。

对于中性点接地的三相四线制供电系统，采用保护接地措施是不能起保护作用的。因为人体电阻比接地电阻大很多，所以事故时流经人体的电流可达 100mA 以上，这么大的电流对人体来说是非常危险的。

需要进行保护接地的对象主要有变压器、电动机、电器以及携带式或移动式电器具的金属外壳，电气设备的传动装置，户内、外配电装置，控制台的金属框架或外壳，配线的钢管和电缆的金属外皮等。

三、保护接零

当中性点接地时，该点称为零点，由中性点引出的导线，称为中性线，由零点引出的导线，称为零线。保护接零就是将电气设备的外壳及金属支架等与电网的零线可靠地连接起来，其原理如图 14-11 所示，它适用于三相四线制中性点直接接地的电力系统中有专用变压器的用户以及配电小区。

保护接零的作用：当电气设备发生某一相碰壳故障时，由于存在保护接零导线，因此短路电流经零线而成闭合回路，将碰壳短路变成单相短路。又由于零线电阻很小，所以短路电流很大，将使供电线路上的熔断器或低压断路器以最短的时间自动断开，切除电源，使外壳不带电，以消除触电危险。同时，由于回路的电阻远小于人体电阻，在回路未断开之前的短时间内，短路电流几乎全部通过接零回路，而通过人体的电流接近于零。

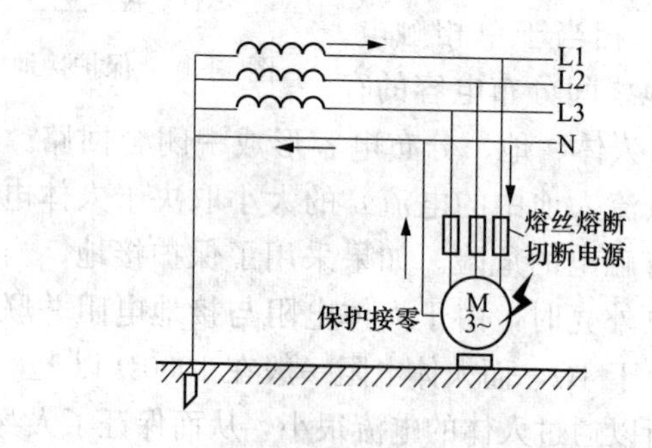

图 14-11　保护接零原理

保护接零必须要有良好的工作接地和重复接地，在中性点未接地系统中，采用保护接零是绝对不允许的。因为当电网一相接地时，人如果触及电动机的外壳，电网的接地电流由电网、地、人、电动机外壳到零线形成回路，由于回路电阻很小，所以回路电流会很大，因而是非常危险的。不仅如此，由于此时零线对地形成一定的电压，会使所有接在零线上的电气设备金属外壳上呈现出近于相电压的电压，这对人体也是十分危险的。

在保护接零系统中，零线起着十分重要的作用，对零线有以下要求：

（1）对零线截面积的要求。保护接零所用的导线，从节约和机械强度两方面考虑，其截面积不应小于相线截面积的 1/2。对于裸铜线最小截面积为 $4mm^2$，铁线为 $12mm^2$。

（2）对零线的连接要求。零线（或零线的连接线）的连接应牢固可靠、接触良好。零线与电气设备的连接线应实行螺栓压接，必要时要加弹簧垫圈。钢质零线（或钢质零线的连接线）

本身的连接应实行焊接。采用自然导体作为零线时，对连接不可靠的部位要另装跨接线。

(3) 采用裸导线作为零线时，应涂以棕色漆作为色标；采用绝缘导线作为零线时，应与相线有明显区别。

(4) 各设备的保护接零线不允许串联，必须各自直接与零线干线相接，更不允许简单地在单相三线插座中将保护零线与工作零线直接连接。

(5) 在有腐蚀性物质的环境中，为防止零线腐蚀，在零线表面上应涂以防腐涂料。

必须注意的是，保护接地和保护接零的概念和保护原理是不同的，有必要将两者加以区分，以减少实际工作中的误解。保护接地是指电气设备外露可导电部分对地直接的电气连接，从而限制漏电设备外壳对地电压，使其不超过允许的安全范围。保护接零是指电气设备外露可导电部分通过零线使漏电电流形成单相短路，引起保护装置动作，从而切断故障设备的电源。

四、重复接地

当低压供电系统采用保护接零时，除电源变压器的中性点必须进行系统接地外，还必须在零线（应为PEN线）上的一处或多处通过接地体再次与大地做良好的连接，这种接地就叫作重复接地，其原理如图14-12所示。重复接地既可以从零线上直接接地，也可以从接零设备外壳上接地。

重复接地的作用主要有以下几个方面：

(1) 降低漏电设备外壳的对地电压。在没有重复接地的保护接零系统中，当电气设备外壳单相碰壳时，在短路到保护装置动作切断电源的这段时间里，设备外壳是带电的，如果保护装置因

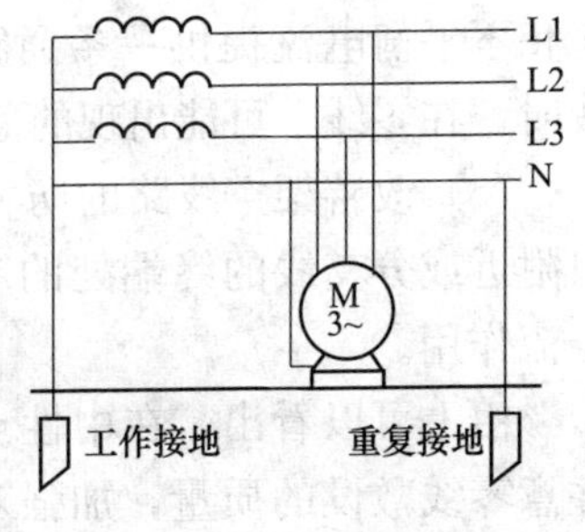

图14-12 重复接地原理

某种原因未动作不能切断电源，则设备外壳将长期带电，对地近似等于相电压。有了重复接地后，就可降低漏电设备外壳的对地电压，而且重复接地点越多，对降低零线对地电压越有效，对人体也越安全。

（2）减轻零线断线时的触电危险和避免烧毁单相电气设备。在没有重复接地时，如果零线断线，且断线点后面的电气设备单相碰壳，那么断线点后零线及所有接零设备的外壳都存在接近相电压的对地电压，可能烧毁用电设备。而且此时接地电流较小，不足以使保护装置动作而切断电源，很容易危及人身安全。在有重复接地的保护接零系统中，当发生零线断线时，断线点后的零线及所有接零设备外壳对地电压要低得多，虽然还有危险，但是危险程度已大大降低。

（3）缩短保护装置的动作时间。在三相四线制供电系统中，保护接零与重复接地配合使用，一旦发生短路故障，重复接地电阻与工作接地电阻便形成并联电路，线路阻值减小，加大了短路电流，使保护装置更快动作，缩短故障时间。重复接地越多，总的接地电阻越小，短路电流就越大，保护装置的动作时间就越快。

（4）当三相负荷严重不平衡时，可减轻或消除零线上可能出现的对地电压。当零线断线时，电源的中性点将位移，会导致三相电压不平衡，从而造成三相电流的不平衡，使得零线电位升高，即呈现出危险的对地电压。如果有了重复接地，将给三相不平衡电流提供一条通路。因此，可以减轻或消除零线断线时，在零线上可能出现的危险电压。

（5）改善架空线路的防雷性能。如在架空线路进户线的入口附近或分支线的终端处的零线上实行重复接地，对雷电流有分流作用。

由上可以看出，在中性点直接接地的供电系统中，应特别注意零线敷设的质量，加强对零线的巡视检查，防止零线断线故障。基于上述理由，在三相四线制系统中，在零线上不允许装设开关和熔断器。

五、工作零线与保护零线

在三相四线制系统中，由于负载不对称，零线中有电流，因而零线对地电压不为零，距电源越远，电压越高，但一般在安全值以下，无危险性。为了确保设备外壳对地电压为零，专设保护零线，其原理如图 14-13 所示。工作零线在进建筑物入口处要接地，进户后再设一保护零线。这样就成为三相五线制。所有的电气设备都要通过三孔插座接到保护零线上。正常工作时，工作零线中有电流，保护零线中不应有电流。

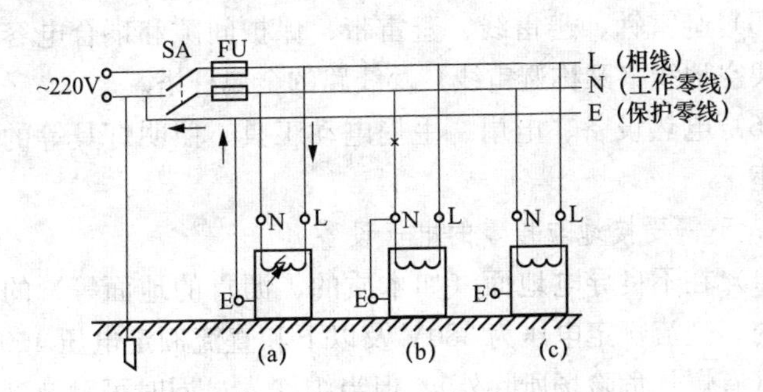

图 14-13　工作零线与保护零线原理

（a）接零正确；（b）接零不正确；（c）忽视接零

正确连接如图 14-13（a）所示，当绝缘损坏，外壳带电时，短路电流经过保护零线，由熔断器熔断，切断电源，消除触电事故。不正确连接如图 14-13（b）所示，因为如果在“×”处断开，绝缘损坏后外壳便带电，将会发生触电事故。忽视接零如图 14-13（c）所示，有的用户在使用日用电器（如电冰箱、洗衣机、台式电扇、手电钻等）时，插上单相电源就用，忽视外壳的接零保护，这是十分不安全的，因一旦绝缘损坏，外壳也就带电。

为了确保安全，零干线必须连接牢固，开关和熔断器不允许装在零干线上。但引入住宅和办公室的一根相线和一根零线上一般都装有二极开关，并都装有熔断器以增加短路时熔断的机会。

六、电气设备接地与接零的范围

1. 需要接地与接零的电气设备

（1）电动机、变压器、电器的外壳及其操作机械。

（2）配电盘、控制屏等的金属架构和护栏。

（3）电焊用变压器、互感器二次线圈一端与铁芯、局部照明变压器的二次线圈。

（4）电线、电力电缆的金属包皮和保护管，电缆终端头与中间头的金属包皮以及母线的外罩与保护罩。

（5）避雷针、避雷线、避雷带、保护间隙和耦合电容器底座，架空地线（又称避雷线）及线路的金属杆塔。

（6）电热设备、电扇、手提电动工具、照明灯具等的外壳或底座。

2. 不需要接地与接零的电气设备

（1）在不良导电地面（如木质的、沥青的地面等）的干燥房间内，交流额定电压为 380V 及以下和直流额定电压 400V 及以下（有爆炸危险场所除外）。但当维修人员同时可触及到其他电气设备和已接地的其他电气设备，则仍应接地。

（2）在干燥地方，当交流额定电压为 127V 及以下和直流额定电压为 110V 及以下（有爆炸危险的电气设备除外）。

（3）安装在控制盘、配电柜及配电装置间隔墙壁上的电气测量仪表、继电器和其他低压电器的外壳。

（4）安装在已接地的金属架构上的电气设备及金属外皮两端已接地的电力电缆的架构。

（5）发电厂和变电站区域内的钢道，电压为 220V 及以下蓄电池室内的金属框架。

（6）如电气设备与机床的机座之间能可靠地接触，只要将机床的机座接地，机床上的电气设备不必接地。

（7）在一定的高度人接触不到的地方，工作时需用木梯进行操作的电气设备，以及在绝缘台上工作的电气设备。

七、电气设备接地与接零的选用

1. 电气设备接地与接零的选用

电气设备采用保护接地还是保护接零，要依据电网中性点是否接地来定。一般来说，两种保护装置都有一定的工作可靠性。只要接地保护装置的供电线路中所用的熔断器的额定电流值在11A及以下，或断路器跳闸的整定电流值在22A及以下，接地保护装置就能起保护作用。但是，他的保护范围较小，工作的可靠性有一定的限制。而保护接零装置产生的相中短路电流则要大得多，保护的范围要比保护接地大得多，其工作可靠性所受到的限制要小得多。

对于大型及公用输配电来讲，凡由低压公用电网和农村集体电网供电的低压用户的电气装置必须采用保护接地装置；凡由高压电网或终端降压变压器独立供电的高压用户的电气装置应采用保护接零装置。另外，还可按地区或地方电力法规正确选用保护装置。对于小型及家用输配电来讲，可考虑按下述原则采取保护措施。

(1) 凡有专用配变电供电的低压电网单位，应采用保护接零措施。即将电器或家用电器的金属外壳引线与插头内的专用接零（地）桩头相连，而将插座内的专用接零（地）桩头引线直接与电源的零干线相接。注意：切不可在插座内就近与直通电源的零线桩头相连。这样做很危险，因为一旦火线与零线接反，火线就接到电器外壳上了；即使没有接反，一旦零线断开，电器外壳就可能带有220V电压。此外，有条件时也可以将家用电器等的金属外壳另用一导线与专用地线或金属水管相接，起到重复接地作用。

(2) 在小工厂、加工场坊、居民住宅等凡由公共配变供电的低压电网范围内，应一律采用保护接地措施。即将电器的金属外壳引线与插头内的专用接零（地）接头相连，而将插座内的专用接零（地）接头引线直接与金属水管相接（水管应进行引焊接或加跨接线）。在没有专用接地线的情况下，可利用配电线钢管、金属水管等作为自然接地体。

2. 电气设备接地与接零的注意事项

（1）电压1000V以上的电气装置中，在各种情况下，均应采取保护接地。电压1000V以下的电气装置，若中性点直接接地时，应采用保护接零；若中性点不接地时，应采用保护接地。

（2）同一台变压器供电的线路中，不允许一部分电气设备采用接地保护措施，而另一部分电气设备却采用接零保护措施。这是因为当保护接地的电气设备一相碰壳短路时，可能由于接地电阻较大，故障电流不足以使熔断器或低压断路器断开，造成电源中性点电位升高，以致使所有接零的电气设备外壳都带有危险电压，反而增加了触电的危险性。

（3）由低压公用电网供电的电气设备，只能采用保护接地，不能采用保护接零。因为采用了接零措施后，一旦接零的电气设备一相碰壳短路时，将造成公用电网供电系统的严重不平衡。

（4）除单相回路的工作零线外，三相四线制线路的零干线不得装设开关或熔断器，以免造成零干线断线。

（5）所有用电设备的保护接零不得串联，应当分别直接接至电源零干线。接线错误将造成触电伤亡事故，切不可疏忽大意。

（6）采用保护接零装置时，凡变压器中性点接地系统中的系统接地必须有可靠的连接，其接地电阻和接地装置须符合安全技术要求。否则，当系统接地断开而三相负荷又不平衡或一相接地时，零线上将带有危险的对地电压，使所有保护接零的电气设备外壳都带电，增加触电危险。

（7）保护接零必须具有可靠的短路保护或过电流保护装置（如熔断器或自动空气断路器）相配合。各种保护装置必须按照安全要求选择和整定，以提高保护接零的可靠性。保护装置动作后，必须查清故障原因，特别应注意检查接零及其连接处在故障短路时是否受到损坏。

（8）对于装在高2.2m以上的绝缘建筑材料上的和不易接触到的电气设备，或对于铺有木制地板或铺有橡胶地板的干燥的室内的电气设备，触电的危险性很小，如果采用接零或接地，反而会将大地电位引入室内，增加了触电的可能性，因此在这种场合，一般可不采取接地或接零。

(9) 为了防止零干线断线而失去保护接零作用，按照要求，中性点直接接地的低压电网中，在架空线路的干线和分支线的终端及沿线每千米处，零线都应重复接地。每一重复接地装置的接地电阻不应大于10Ω；工作接地电阻允许为10Ω的场合，每一重复接地电阻可不大于30Ω，但重复接地不得少于3处。

(10) 必须加强对零线的监视，及时排除断线故障的隐患。重复接地虽然可以提高接地保护的可靠性水平，但并不能从根本上消除零线断线的触电危险。这是因为当重复接地电阻较大和离故障点较远，或者故障短路电流较小，保护装置不能动作而使故障长期存在时，触电危险还是很大的。

(11) 为防止触电危险，在低压电网中，严禁将大地作为相线。

第三节 电气防雷技术

一、雷电的危害

1. 雷电的特性

雷电是自然界中一种自然放电的现象，他是由带电荷的雷云引起的。雷云的底部大多数带负电荷，他在地面上会感应出大量的正电荷。在带有大量不同极性的雷云之间或雷云与大地之间形成强大的电场，其电位差可达数兆伏甚至数十兆伏。随着雷云的发展和运动，一旦空间电场强度超过大气游离放电的临界电场强度，就会发生云间或对大地的火花放电，即雷电。雷电的放电电压可达几十万伏甚至几百万伏，放电电流可达几十千安甚至几百千安，放电时的温度高达几万度，而放电时间却极短，一般约为几十微秒。

雷电多分布在热而潮湿的季节和地区，山区多于平原。从山区来看，土壤电阻率较小，电阻率突变的地区容易落雷；岩石山的山脚容易落雷；土山的山顶容易落雷。从地物来看，空旷地中的建筑物、建筑群中的高耸建筑、排出导电尘埃的厂房、屋顶为金属结构而内部又有大量金属构件的厂房等都容易受雷击；在建筑群中特别潮湿、尖顶建筑（如水塔、烟囱、旗杆等）、屋旁的大树、天线等也都容易受雷击；对于建筑物，屋角与檐角、屋顶坡度大的屋脊、坡度小的山墙等都容易受雷击。

发生雷电的地方将产生强烈的光和热，使空气急剧膨胀震动，发生霹雳轰鸣，并可能引起火灾、爆炸，造成建筑物、电气设备的破坏和人畜伤亡。为了预防雷害，必须根据需要装设防雷装置，以保证安全。

2. 雷电的危害

（1）雷电的破坏作用。雷电有很大的破坏力，他会造成设备或设施的损坏，造成大面积停电或生命财产的损失。就其破坏因素来分，有如下3方面的破坏作用：

1）电性质的破坏作用。数十万至数百万伏的冲击电压可能会毁坏发电机、电力变压器、断路器、绝缘子等电气设备的绝缘，烧断电线或劈裂电杆，造成大面积停电；绝缘损坏可能引起短路，导致火灾或爆炸事故；还会造成高压窜入低压，引起严重触电事故；极大的雷电流流入地下时，会在雷击点及其连接的金属部分产生很高的接触电压或跨步电压，造成触电危险。

2）热性质的破坏作用。巨大的雷电流通过导体，会在极短的时间内产生大量热量，造成易燃品燃烧或金属熔化、飞溅，引起火灾或爆炸；如果易燃物品直接遭到雷击，则容易引起火灾或爆炸事故。

3）机械性质的破坏作用。被击物遭到破坏，甚至爆裂成碎片。这是因雷电流通过被击物时，在被击物缝隙中的气体剧烈膨胀，缝隙中的水分也急剧蒸发为大量气体，致使被击物破坏或爆炸，同时雷击时的气浪也有很大的破坏作用。

（2）雷电的危害方式。雷电的危害方式可分为直击雷、感应雷、雷电入侵波和球形雷4种。

1）直击雷。指大气中带有电荷的雷云对地产生的高电位，使得雷云与地面凸起物体之间产生的放电现象。放电的途径直接经过的建筑物或其他地面物体，在高压大电流产生的破坏性的高温热效应和机械效应的作用下，引起这些物体的燃烧或爆炸，如果架空线路（如输电线路、通信线路等）遭直击雷，不仅线路本身遭到损坏，雷电还会沿着线路向两端传播，毁坏两端的电气设备。

2）感应雷。物体附近落雷时，因静电感应或电磁感应在物体上产生的高电压所引起的放电现象。当带电云层在另一地方对地放电后，建筑物上的感应电荷不能立刻入地，其顶部对地形成很大的电位，造成建筑物内部电线、金属物体等设备的放电，引起爆炸、火灾等危害人身和建筑物的严重后果。

3）雷电入侵波。由于雷击，在架空导线（或金属管道）上产生的雷电冲击电压沿架空线、金属管道等管线迅速传播的雷电波，同样会造成设备或人员的损害。

4）球形雷（滚地雷）。是一个呈圆球形的闪电球，通常发生在枝状闪电之后，产生于闪电通路的急转弯处。球形雷自天空垂直下降后，有时在距地面1m左右的高度，沿水平方向以每秒1～2m的速度上下跳跃；有时在距地面0.5～1m的高处滚动，或突然升起2～3m。球形雷常常沿着建筑物的孔洞或未关闭的门窗进入室内，或沿垂直的建筑竖井滚进楼房，遇人遇物后即发生惊人的爆炸，造成建筑物倒塌和火灾等事故。

二、防雷装置及保护范围

常见的防雷装置有避雷针、避雷线、避雷带、避雷网、避雷器等类型，不同类型的防雷装置有着不同的保护对象。避雷针主要用于保护建筑物、构筑物和变配电设备；避雷线主要用于保护电力线路；避雷网和避雷带主要用于保护建筑物；避雷器主要用于保护电力设备。

1. 避雷针

避雷针是装在被保护物顶端高出顶部一定高度的竖立的金

属导体，它利用其本身高出被保护物的有利地位，引导雷电向避雷针放电，并通过引下线、接地装置把雷电流引入大地，从而使被保护物免遭雷击。装设避雷针是防护直击雷危害的有效方法，可以用它来防护露天的变配电设备、输电线和比较高大的建筑物。避雷针的保护范围是按保护概率99.9%确定的，即保护范围不是绝对保险的，是有限的，其保护半径与避雷针的高度、数量及其相互位置有关。

避雷针是由接闪器（避雷针的针尖）、接地线和接地体3部分组成，如图14-14所示。避雷针各个部分要可靠焊接，不可断开，否则会招致雷击。同时在装有避雷针的建筑物上严禁架设低压线、电信线、广播线。避雷针的接地体应与保护装置的接地体相距10m以上，防止发生危险。

接闪器是避雷针的顶上部分，由针尖和不同直径的针管套接而成。针体是用圆钢或钢管组成，圆钢直径大于25mm，钢管直径大于40mm，管壁厚不小于3mm，针长1～2m，上端做成尖锥形。接地线将接闪器与接地体相连，它一般采用截面积不小于35mm^{2}的镀锌圆钢、扁钢或镀锌钢绞线。接地体一般采用角钢或钢管，埋入地下0.5～1m深，接地电阻要求在10Ω以下。角钢长度约3m，截面尺寸50mm×50mm×5mm；钢管长度约2.5m，外径35～50mm，管壁厚度应不小于3.5mm。

2. 避雷线

避雷线又称架空地线，它与架空线路同杆架设，并架设在杆塔的顶部被保护线路的上方，如图14-15所示。避雷线主要作用是防止雷击架空导线，并在架空导线遭到雷击时将雷电引向自己，然后通过接地线使雷电流入地。避雷线不仅能保护架空导线，也能保护被保护线路以下周围一定范围内的户外配电装置和其他建筑物。由于其保护范围与避雷线的高度、数量及其相互位置有关，因此可沿被保护物的顶端结构延伸，易于实现大面积的遮蔽，且外观紧凑整齐，所以由避雷线（或避雷带）代替避雷针的做法已相当普遍。

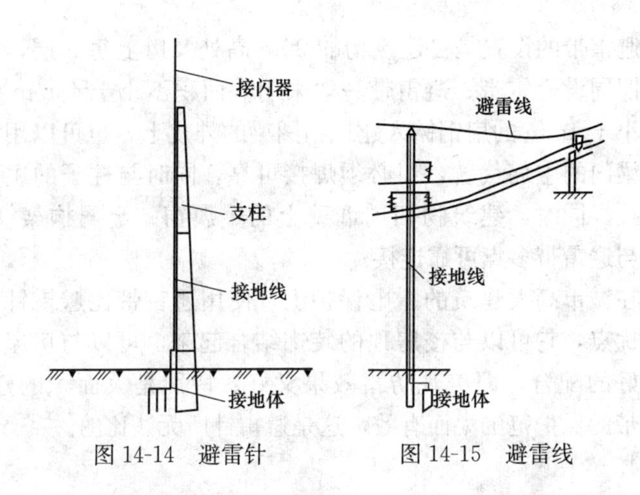

图 14-14 避雷针　　图 14-15 避雷线

避雷线通常用直径为 25～50mm 的镀锌钢绞线，它与接地体的连接可利用混凝土杆的主筋或用镀锌圆钢或扁钢沿杆而下，也可用塔身金属件本身引下，并与接地装置可靠连接。

3. 避雷带

避雷带又称均压环，由沿建筑物屋顶四周易受雷击部位明设的金属带、沿外墙安装的引下线及接地装置构成，如图 14-16 所示。避雷带与屋顶的避雷网或避雷针一起组成了完整的避雷系统，主要用来保护建筑物，特别是山区的建筑物免遭直击雷的危害。

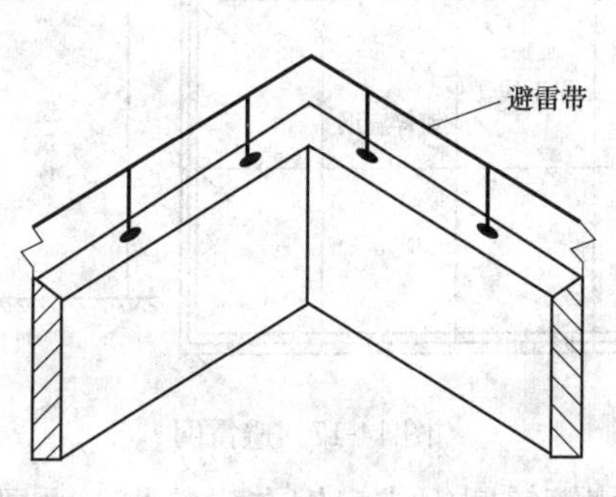

图 14-16 避雷带

避雷带的设置是自建筑物的30m高处及以上每3层，沿建筑物四周设避雷带。避雷带一般采用截面积不小于48mm²、厚度不小于4mm的扁钢铸入建筑物圈梁的外皮上，也可以用建筑物圈梁内的主筋代替，但必须焊接可靠，同时与柱子的主筋可靠焊接。同时，建筑物四周墙壁上的金属窗、金属构架（物）必须与避雷带多点可靠连接。

在城市高大建筑的雷电保护上，使用避雷带比避雷针有较多的优点，它可以与楼房顶的装饰结合起来，可以与房屋的外形较好的配合，即美观防雷效果又好。特别是大面积的建筑，避雷带的保护范围大而有效，这是避雷针所无法比的。

4. 避雷网

避雷网实际上相当于纵横交错的避雷带叠加在一起，它分为明装避雷网和笼式避雷网两类，主要用来保护建筑物免遭直击雷的危害。沿建筑物屋顶上部明敷金属网格作为接闪器，沿外墙装引下线接到接地体的称为明装避雷网，如图14-17所示。把整个建筑物中的钢筋结构连成一体，构成一个大的网笼，称为笼式避雷网。笼式避雷网又分为笼式明装避雷网、笼式暗装避雷网和部分明装部分暗装笼式避雷网3种。如果高层建筑中结构钢筋较多，把这些钢筋从上到下以及屋内的上下水管、电气设备及变压器中性点连接起来，形成一个等电位的整体，即为笼式暗装避雷网。

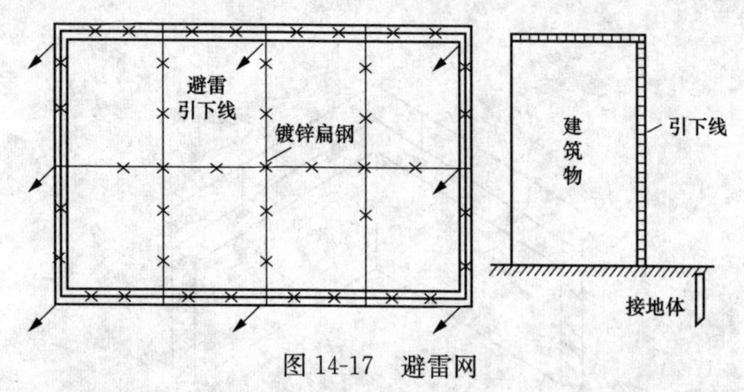

图14-17　避雷网

避雷网是用镀锌圆钢或扁钢在建筑物上沿屋顶边缘及凸出物、屋面凸出物的边缘制成的网格。圆钢一般用直径12～16mm

的镀锌圆钢，并用同径圆钢或专用卡子支持，卡子间距一般为600～800mm，专用卡子预先沿屋顶边缘及凸出物边缘埋设。扁钢的最小尺寸为截面积不小于48mm²、厚度不小于4mm。对于工业建筑，一般采用6m×6m、6m×10m和10m×10m的网格，对于民用建筑物，一般采用6m×10m的网格。

建筑物顶上往往有许多突出物，如金属旗杆、透气管、钢爬梯、金属烟囱、风窗、金属天沟等，都必须与避雷网焊成一体做接闪装置。避雷网的保护范围一般是自身，不必计算。在设置避雷网的建筑物周围较之低的建筑也在保护范围内，因此，建筑群内较低的建筑物一般可不设避雷网。

5. 避雷器

避雷器是并联在被保护的电力设备或设施上的防雷专用装置，用以防止雷电流通过输电线路传入建筑物及用电设备而造成危害，其接线如图14-18所示。当雷电未侵入或工作电压正常时，装置与地是绝缘的；当雷电侵入或电压增高时，装置与地由绝缘变成导通并击穿放电，将雷电流或过电压引入到大地，限制电压或电流，起到保护作用。雷电过后或过电压正常时，避雷器迅速恢复原来对地绝缘的状态，准备再次起保护作用。使用时，避雷器的额定电压必须与被保护装置的额定电压相符。避雷器有保护间隙避雷器、管式避雷器、阀式避雷器（有间隙）、金属氧化物避雷器等多种形式，如图14-19所示。

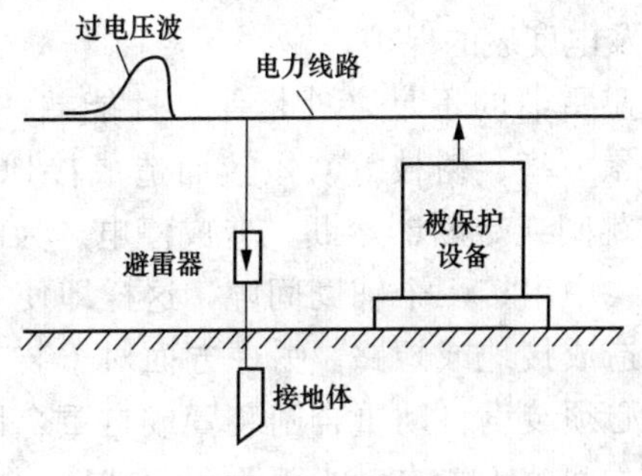

图14-18　避雷器接线

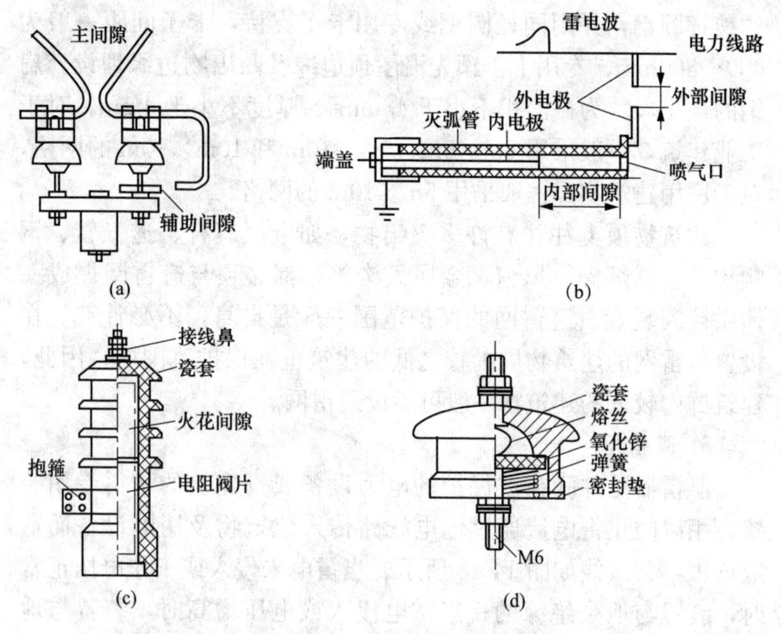

图 14-19　避雷器

（a）保护间隙避雷器；（b）管式避雷器；

（c）阀式避雷器（有间隙）；（d）金属氧化物避雷器

（1）保护间隙避雷器。它又称羊角间隙避雷器，结构简单、成本低、安装容易、维护方便，是最简单、经济的防雷设备，一般用于电压不高且不太重要的线路上或农村线路上，可用作变压器高压侧及电度表的保护。

保护间隙避雷器的不足之处是保护性能差、灭弧能力小，易于被外物（鼠、鸟、树枝等）短接而造成接地故障或短路，引起线路开关跳闸或熔断器熔断，造成停电。为此，一方面可在其接地引下线中串接一个辅助间隙，这样即使主间隙被外物短接，也不致造成接地或短路。另一方面对于装有保护间隙避雷器的线路，必须装设自动重合闸装置或自重合熔断器与之配合，以防止因主间隙不能自动灭弧而引起线路停电事故，提高供电可靠性。

(2) 管式避雷器。它又称排气式避雷器，实际上是具有良好灭弧能力的保护间隙，由灭弧管、内部间隙（或称灭弧间隙）和外部间隙（或称隔离间隙）3 部分组成。

当线路出现雷电过电压时，管式避雷器的外部和内部间隙都被击穿放电，强大的雷电流通过接地装置泄放到大地。放电时，避雷器的内阻很小，残压（雷电流通过电阻时形成的电压降）也很小，但是这种小内阻对电力系统的续流很大。当雷电流过后，电力系统的续流就会使管子内部间隙产生强烈的电弧，使管内壁材料被电弧燃烧产生大量气体，形成管内高压，气体迅速向管口外喷出，形成纵吹灭弧，电弧约在 0.01～0.02s 内熄灭。同时外部间隙空气恢复绝缘状态，避雷器与线路电压隔离，系统恢复正常运行。

管式避雷器结构较复杂，常用于 10kV 的配电线路，作为变压器、开关、电容器、电缆头、套管等电气设备的防雷保护，也可用于保护线路中的绝缘弱点（特高杆塔、大档距交叉跨越杆塔等）和发电厂、变电站的进线段，以及雷雨季节中经常断开而其线路侧又有电压的隔离开关或断路器。选用管式避雷器应注意除了其额定电压要与线路的电压相符合外，还要核算安装处的短路电流是否在额定断流范围之内。如短路电流比断流能力的上限值大，避雷器可能爆炸；若比下限值小，则避雷器不能灭弧。

(3) 阀式避雷器（有间隙）。它由火花间隙和碳化硅电阻阀片串联叠装在密封的瓷套内而成，火花间隙用黄铜片冲制而成，每对为 1 个间隙，中间用云母垫圈隔开。由于阀式避雷器结构复杂，常用于 3～550kV 的电气线路、变配电设备、电动机、开关等的防雷保护，也适用于工业系统中的变配电所、电气设备及线路，不受容量、线路长短、短路电流的限制。

阀式避雷器（有间隙）的作用相当于在电气设备上装了一个安全阀，在正常情况下，电阻阀片的电阻很大，火花间隙不放电，可阻止线路工频电流通过。当被它保护的设备上出现雷电过电压时，火花间隙就击穿放电，在高压下电阻阀片的电阻变得很小，使雷电流畅通无阻地流入大地，避免高压加到电气设备上。当雷电流流入大地后，电阻阀片的电阻增高，使火花间隙绝缘迅速恢复而限制工频续流，保证线路恢复正常运行。

（4）阀式避雷器（无间隙）。它又称金属氧化物避雷器，只有电阻阀片，其主要材料是氧化锌和其他金属氧化物，故动作迅速、可靠性高，无放电延时、大气过电压作用后无工频续流、可经受多重雷击、残压低、通流容量大、体积小、重量轻、寿命长、维护简便，是国际最先进的避雷器，常用于0.25～550kV的电气系统及电气设备的防雷及过电压保护，也适用于低压侧的过电压保护。

正常工作电压下氧化锌阀片的电阻很高，相当于一个绝缘体，因此可不用火花间隙来隔离工作电压，直接将阀式避雷器（无间隙）接到电力系统上运行也不致烧坏阀片。在雷电过电压下阀片的电阻急剧下降，能畅通无阻地泄放雷电流，达到保护的效果。

阀式避雷器（无间隙）由于其核心元件采用氧化锌阀片，与传统碳化硅阀片相比，改善了避雷器的伏安特性，提高了过电压通流能力，从而带来了避雷器特征的根本变化，是更新换代的首选产品。国际上主要研制高性能的高压型、低压型阀式避雷器（无间隙），其高压型可用来保护高压电机或变电站电气设备或电容器组，低压型可用于380V及以下设备，如配电变压器（低压侧）、低压电机、电能表等的防雷。

第四节　电气防火与防爆技术

因电气原因形成火源而引起的火灾和爆炸称为电气火灾和电气爆炸。配电线路、高低压开关电器、熔断器、插座、照明器具、电动机、电热器具等电气设备均可能引起火灾；电力电容器、电力变压器、电力电缆、多油断路器等电气装置除可能引起火灾外，本身还可能发生爆炸。电气火灾火势凶猛，如不及时扑灭，势必迅速蔓延，除可能造成人身伤亡和设备损坏外，还可能造成大规模或长时间停电，给国家财产造成重大损失。由于存在触电的危险，使电气火灾和爆炸的扑救更加困难，因此，做好电气防火防爆意义十分重大，必须引起高度重视。

一、电气线路的防火技术

电气线路架设不正确或在使用时违反安全规程而形成线路短路、导线过负荷和局部因接触电阻过大而产生大量的热量，都会引起线路的火灾危险。

1. 防止短路和过负荷的措施

认真检查线路的安装是否符合电气装置规程，如导线之间的距离，前后支持物的距离等均应符合安全设计规程；定期测试线路的绝缘性能，如发现线路相间或对地的绝缘电阻小于规定值，必须找出绝缘破损的地方，并及时加以修理；导线与熔断器的选择应相互配合，严禁任意调大熔体截面积或用其他金属导体随意代替；加强对户内外配电线路的定期巡视检查，严禁乱拉、乱接临时线路，杜绝过载或短路的隐患。

2. 防止线路接触电阻过大的措施

连接导线时，应将线芯擦干净，并按正确方法连接；接头要紧密牢固，间隙越小越好；导线接到断路器、熔断器、电动机和其他电气设备时，导线端必须焊

上特制的接头；单股导线或截面积较小的多股导线可不用接头，应将已削去绝缘层的线头弯成小圆环，套在接线端子上，加垫圈后再用螺帽旋紧，必要时加用弹簧垫圈等防振措施；定期进行户内外明线的巡视检查，如发现接头有松动或发热现象，应及时处理。

二、电气设备的防火技术

1. 电动机起火原因及防火措施

(1) 电动机起火原因。由于一相断线，其余两相电流升高

$\sqrt{3}$倍，使电动机过负荷，引起线圈升温，绝缘损坏，造成起火；定子绕组发生匝间短路，使线圈局部过热，绝缘破坏，可能引起对外壳放电而引起电弧和火花，造成起火；由于机械原因，转子被卡，不能转动，使电动机形成短路，而导致火灾；接线端子处接头松动，接触电阻过大引起发热，产生高温或火花而造成起火。

（2）电动机防火措施。安装在潮湿、多尘场所的电动机，应选用封闭式的电动机；在干燥、清洁的场所，可选用防护型电动机，在易燃易爆的场所应采用防爆型电动机；电动机不允许安装在可燃的基础上或结构内，电动机与可燃物应保持一定的安全距离；电动机应安装短路、过载、过电流、断相等保护装置；电动机的机械转动部分应保持润滑和良好状态。

2. 油浸变压器起火原因及防火措施

（1）油浸变压器起火原因。绕组短路，绝缘油分解，产生可燃性气体，遇到火花就会发生燃烧和爆炸；局部连接处接触电阻过大，造成局部升温，使变压器油燃烧而起火；铁芯由于间隙大，引起涡流而使铁芯发热升温，造成绝缘油燃烧；变压器油受潮变脏，劣化变质，油的绝缘性能降低，可能引起闪络，发生电弧，使油燃烧；外部线路短路，高低压熔断器选择配合不当，故障时不能熔断，而引起内部起火。

（2）油浸变压器防火措施。变压器上层油温达到或超过85℃时，应立即减轻负荷，若温度继续上升，则表明内部有故障，应断开电源，进行检查；应装设继电器保护装置；变压器室应符合防火要求，装在室外的变压器油量超过600kg以上时，应有卵石层作为贮油池；两台变压器之间应有防火隔墙，不能连通；加强运行管理和检修测试工作。

3. 油断路器起火原因及防火措施

（1）油断路器起火原因。油断路器的遮断容量不够，发生短路电流时，电弧不能及时熄灭而引起燃烧和爆炸；油面过低或过高，分断电弧时产生的气体，会引起油断路器的燃烧和爆炸；套管有污垢或潮湿，引起相间或相对地击穿，发生闪络而造成油断路器燃烧和爆炸。

（2）油断路器防火措施。选用速断容量与电力系统短路容量相适应的油断路器；加强油断路器的运行管理和检修工作，定期做好预防性试验；发现油质老化、污秽或绝缘强度不够时，应及时滤油或调换；油断路器因短路故障在断开多次后，应提前检修；在有条件情况下，少油断路器可以用真空断路器代替，这样既可减少维护的工作量，又可以防止漏油和因油燃烧而起火。

4. 电力电容器起火原因及防火措施

（1）电力电容器起火原因。由于电容器极间或对外壳绝缘击穿，在电弧和高温的作用下，产生大量气体，使其压力急剧上升，最后使电容器外壳胀破，爆炸起火；电容器室温度过高（一般不允许超过 40℃），通风散热不良，又不及时采取安全措施，会使电容器膨胀爆炸起火。

（2）电力电容器防火措施。装设防止电容器内部故障的保护装置，如采用有熔丝保护的高低压电容器；应对电容器室（或柜）定期清扫、巡视检查，尤其是电压、电流和环境温度不得超过制造厂和安全规程规定的范围，发现元件有故障应及时更换或处理；电容器室应符合防火要求，并备有防火设施。

5. 低压配电柜防火措施

配电柜应固定安装在干燥清洁的地方，便于操作和确保安全；配电柜上的电气设备应根据电压等级、负荷容量、用电场所和防火要求等进行设计或选定；配电柜中的配线，应采用绝缘导线和合适的截面积；配电柜的金属支架和电气设备的金属外壳，必须进行保护接地或接零。

6. 照明和加热设备防火措施

照明装置和加热设备的安装，必须符合低压安全规程要求；导线的安全载流量与熔断器的额定电流应相配合：根据环境的特点，应安装适合的灯具和开关；仓库里不能装高温灯具，易燃易爆的场所应装防爆灯具和开关；加热设备应按规定使用，要有专人负责保管，不能擅自使用大功率的电加热设备，否则会超出导线的安全载流量。

三、电气灭火方法

火灾发生后，电气设备和电气线路可能是带电的，如不注意，可能会引起触电事故。根据现场条件，可以断电的应断电灭火；无法断电的则带电灭火。电力变压器、多油断路器等电气设备充有大量的油，着火后可能发生喷油甚至爆炸事故，造成火焰蔓延，扩大火灾范围，这是必须要加以注意的。

1. 断电灭火方法

电气设备或线路一旦发生火灾，首先应想到的是迅速切断电源，再进行灭火。断电灭火时应注意以下几点。

(1) 切断电源的位置要选择适当，防止切断电源后影响灭火扑救工作。

(2) 剪断电源导线的位置应选择在电源方向且有支持物的附近，以防止导线剪断后跌落在救火场所，造成短路或使救火人员引发跨步电压触电。

(3) 剪断电源的导线时，相线（火线）和中线（地线）应选择不同的部位处分别剪断，以防止剪断导线时，两线相碰而发生短路。

(4) 刀开关拉闸时应用绝缘操作棒或戴绝缘手套。

(5) 若燃烧场地及火势对附近运行中的电气设备有严重威胁时，也应迅速对相应的断路器和隔离开关进行拉闸。

2. 带电灭火方法

电气设备发生火灾，一般都应先断电后再灭火。若情况特别紧急，如等断电后再扑救会使火势迅速蔓延或断电后会严重影响生产，为争取灭火时间，有效控制火势以扑灭火灾，只好带电灭火。带电灭火时应注意下列几点：

(1) 必须在保证灭火人员安全的情况下进行带电灭火。

(2) 带电灭火要使用不导电的（如二氧化碳、1211、干粉等）灭火剂进行灭火，严禁使用导电的灭火剂（如喷射水流、泡沫灭火器等）。

(3) 必须注意周围环境，防止身体、手、足或者使用的消防器材等过于接近带电体而造成触电事故。

(4) 带电灭火时，应戴绝缘手套和穿绝缘鞋（靴），防止跨步电压触电。

(5) 对有油的电气设备，如变压器、油断路器等发生燃烧时，可用不导电灭火剂带电灭火，也可用干燥的黄沙盖住火焰，使火熄灭。如火势较大或内部故障起火则必须切断电源后再扑救。断电后，可以用水灭火。若油箱爆裂，油料外泄，可用泡沫灭火剂或带沙扑灭地上面或贮油池内的燃油火焰，注意防止燃油蔓延。

3. 发电机和电动机的灭火方法

为了防止发电机和电动机的轴和轴承灭火后变形，在灭火时，可用喷雾水流扑救，也可用二氧化碳、1211 灭火器扑救。但必须注意，绝对不能用黄沙扑救，以免灭火后发电机或电动机损坏严重，不能修复。

4. 变电站的灭火方法

变电站一旦发生火灾，值班人员一方面应按规定切断起火区域及邻近受威胁的电气设备的电源，迅速遏制火势。如值班人员发觉无法自行扑救时，应立即联系消防队，不能拖延时间。消防人员到达现场后，值班人员应向消防队负责人介绍周围的环境情况，明确交代带电设备的位置，并按消防队负责人的要求，做好安全措施。并坚持在现场进行严密监护，及时提醒或阻止消防人员的不正确行动。

四、电气防爆技术

1. 防爆电气设备

爆炸危险场所可按爆炸性物质的物态分为两类：气体爆炸危险场所和粉尘爆炸危险场所，爆炸危险场所的分级，原则是按爆炸性物质出现的频度、持续时间和危险程度划分的。

气体爆炸危险场所分为3个等级：0级区域，在正常情况下，爆炸性气体混合物连续地、短时间频繁地出现或长时间存在的场所；1级区域，在正常情况下，爆炸性气体混合物有可能出现的场所；2级区域，在正常情况下，爆炸性气体混合物不能出现，仅在不正常情况下偶尔短时间出现的场所。

粉尘爆炸危险场所分为两个等级：10级区域，在正常情况下，爆炸性粉尘或可燃纤维与空气的混合物可能连续地、短时间频繁地出现或长时间存在的场所；11级区域，在正常情况下，爆炸性粉尘或可燃纤维与空气的混合物不能出现，仅在不正常情况下偶尔短时间出现的场所。

防爆电气设备按照使用环境分成两类：Ⅰ类，煤矿井下用电气设备；Ⅱ类，工厂用电气设备；按防爆结构形式，防爆电气设备分为8种类型：隔爆型（d）；增安型（e）；充油型（o）；充砂型（q）；本质安全型（分为ia级和ib级）；正压型（p）；无火花型（n）；特殊型（s）。

防爆电气设备的标志是"EX"，例如，EXdⅠ表示矿用隔爆型电气设备；EXibⅡ表示工厂用本质安全电气设备。在防爆型电气设备的外壳明显处须设置清晰的永久性凸纹标志"EX"，小型电气设备及仪器仪表可采用标志牌铆在或焊在外壳上，也可采用凹纹标志。

2. 电气防爆措施

（1）消除或减少爆炸性混合物。如采取封闭式作业，防止爆炸性混合物泄露；清理现场积尘，防止爆炸性混合物积累；设计正压室，防止爆炸性混合物侵入等。

（2）保持必要的安全间距。隔离室将电气设备分室安装，并在隔墙上采取封堵措施，以防止爆炸性混合物侵入；10kV及其以下的变、配电室不得设在爆炸、火灾危险的环境的正上方或正下方；室外变配电室与建筑物、堆场、储罐应保持规定的防火间距。

(3) 消除引燃源。根据爆炸危险环境的特征和危险物的级别和组别选用电气设备和电气线路，保持电气设备和电气线路安全运行。

(4) 爆炸危险环境接地和接零。在爆炸危险环境，必须将所有设备的金属部分、金属管道、以及建筑物的金属结构全部接地（或接零）并连接成连续整体，以保持电流途径不中断。单相设备的工作零线应与保护零线分开，相线和工作零线均应装有短路保护元件，并装设双极开关同时操作相线和工作零线。

(5) 具有爆炸危险场所应按规范选择防爆电气设备。

第五节 人体触电及预防

随着电气化程度的不断提高，电能的使用越来越广泛，人们接触各种电气设备的机会也越来越多，触电事故的概率也会增加。因此，必须了解安全用电的知识，采取必要的措施，避免发生触电事故。

一、安全电流与安全电压

1. 人体电阻

人体也有电阻，它由两部分组成：一是体内电阻，二是皮肤电阻。由于人体皮肤的角质外层具有一定的绝缘性能，因此，决定人体电阻的主要是皮肤的角质外层，人的外表面角质外层的厚薄不同，电阻值也不相同。人体体内电阻一般可以认为是恒定的，其数值为500Ω左右，并与接触电压无关；而皮肤电阻则随着皮肤表面的干燥或潮湿状态而变化，且也随着接触电压的大小而变化，如电压升高，人体皮肤电阻则随之下降。在干燥环境中，人体皮肤电阻大约在1000～2000Ω范围内；皮肤出汗时，约为1000Ω左右；皮肤有伤口时，约为800Ω左右。人体触电时，相当于一电路元件被接入回路，皮肤与带电体的接触面积越大，人体电阻越小。

2. 安全电流

触电时直接危害人体的因素并不是电压，而是电流，而通过人体的电流大小与触电电压和人体电阻有关。电流对人体的伤害程度主要由电流的大小决定，电流在30mA以下时，对人体的损害较小；大于这个数值时，就会使人感到明显的麻痹和剧痛，并且呼吸困难，甚至因不能摆脱电源而危及生命；当电流达到100mA及以上时，只要在很短时间内就会使人呼吸窒息、心跳停止而死亡。电流的危害还与电流频率有关，40～60Hz的工频交流电最为危险，通电时间越长，危险也越大。电流的危害还与通过人体的途径有关，以从手到脚最危险，其次是从手到手。因此，我们在规定和制定安全保护措施时，还必须考虑电流。

安全电流是指电流通过人体时，对人体无有害的生理效应，并能自动摆脱带电体的最大电流值。人们习惯于用安全电流这个概念来确定电流对人的伤害，要简明地给出一个电流数值来划定安全与不安全的界限，是很困难的。因为当电流通过人体时，究竟会有危险还是无危险，除了这一电流的强度大小因素外，还与其他诸多因素有关。其中，最重要的因素是通电时间的长短，另外还与电流通过人体时的路径、电流的种类、人体体质、年龄、性别、人体接触导体的面积、紧密程度、接触面的湿度等因素有关，因此很难简单地定出一个针对人体安全的安全电流标准值。

我国还没有安全电流的标准，为了便于设计保护装置和制定安全规程、规范，一方面根据电流作用下人体表现的特征，另一方面根据国际电工委员会在（IEC）标准中的提议，无保护状态下的安全电流不分男女老少，一律确定为50～60Hz的交流电为10mA、直流电为20mA，即电流小于安全电流时对人体是安全的。

3. 安全电压

从安全角度来看，确定对人的安全条件，不用安全电流而用安全电压，因为影响电流变化的因素很多，而电力系统的电压通常是较恒定的。

安全电压是指当人体持续接触带电体时，不会造成致死或致残危害的电压。这是从人身安全的意义来讲的，在理论上要确定一个安全电压的数值范围，必须根据人体在不同的接触状态下，由人体自身的电阻值和环境状态以及使用方式、与带电体的接触面积等诸多因素来决定，它并不是一个恒定的数值，但都必须具备 3 个基本条件：电压值要很低；要由特定的电源供电（双线圈隔离变压器）；工作在安全低电压的电路必须与其他任何无关的电气系统（包括大地）实行电气上的隔离。

当人体接触电压后，随着电压的升高，人体的电阻会降低，电流随之增大。根据我国 GB/T 3805—2008《特低电压（ELV）限值》规定，安全电压等级分为 42、36、24、12、6V 几种。一般情况下以 36V 电压作为安全电压上限，在潮湿或金属容器内工作时，其安全电压降低为 24V 或 12V。当人体在水中工作时，应采用 6V 安全电压。

二、人体触电的伤害

1. 人体触电的伤害

人体由于不慎触及带电体，以致电流通过人体，产生触电事故，人体内部器官组织受到损伤。如果受害者不能迅速摆脱带电体，则会造成死亡事故。人体触电所受的伤害主要有电击和电伤两种。

（1）电击。电击时，电流通过人体所造成的伤害为内伤，是最危险的。因为电击时电流作用于控制心脏工作的神经中枢，因而破坏了正常的生理活动。触电时如果人的肌肉强烈收缩’可将人摔向一边。此时，如果尚未脱离电源，则后果严重，易造成死亡；如果触电人体脱离了电源，可能不会引起严重的后果。

（2）电伤。电伤也叫电灼，是另一种触电伤害，触电时电流直接经过人体或不经过人体。当人体与带电设备之间的距离小于或等于放电距离时，人体与带电设备之间发生电弧，此电弧通过人体，形成一个回路，使人受到电流热效应而被电灼伤，使皮肤发肿或形成一层坚硬的膜。如触电人接触的是铜或铅，电伤致使这些物质侵入皮肤，使皮肤粗糙、硬化，局部皮肤变为绿色或暗黄色。

2. 影响触电伤害程度的因素

根据大量人体触电事故资料分析和实验，证实电击所引起的人体伤害程度与下列因素有关：

（1）人体电阻的大小。人体的电阻愈大，通过的电流愈小，伤害程度也就愈轻。当皮肤角质外层破损或出汗时，人体的电阻则降到800～1000Ω，此时若触及40V的电压，对人体已是很危险的了。

（2）电流通过时间的长短。电流通过人体的时间愈长，则伤害愈严重。一般认为，触电电流的毫安数乘以触电持续时间的秒数若超过50mA·s，人就有生命危险。

（3）电流的大小。电流是触电伤害的直接因素，电流越大，伤害越严重。如果通过人体的电流在50mA以上时，就有生命危险，触电人不易自已脱离电源。一般接触36V以下的电压时，通过人体的电流不会超过50mA。

（4）电流通过人体的途径。电流通过呼吸器官、神经中枢时危险性较大，通过心脏时最危险。两手之间或从左手到左脚之间的触电，电流都可能通过心脏，因此，在维修带电的电气设备时，除使用安全用具外，还应尽可能单手操作，万一触电可减轻伤害的程度。

（5）人的精神状态。人的生理和精神的好坏对触电后果也有影响。心脏病、内分泌失调病、肺病等患者触电时比较危险。

三、人体触电的类型与急救

1. 人体触电的类型

（1）变配电装置引起的触电。一般都发生于对变配电装置进行检修时，由于没有设置安全措施、没有办理工作许可和操作票、没有监护人监护、误登并触及带电体、没有切断电源就清扫绝缘子或检查开关元件以及拆修电气设备，或虽切断电源但未进行放电、验电、挂接临时地线等引起的触电。

(2) 架空线路上引起的触电。由于登杆作业时未切断电源，切断电源后未挂接临时地线或开关上未挂警示牌导致误送电；多层横杆或与通信线路同杆架设混线或穿越横杆作业时触及未停电线路、线间或对地安全距离不够；低压绝缘导线绝缘损坏引起严重漏电、低压线路上带电作业未采取防护措施，或脚扣或绝缘鞋绝缘损坏等引起的触电。

(3) 室内或室外低压线路上引起的触电。由于架设高度不够或误触绝缘损坏的导线；带电作业没有安全措施或技术不熟练；线路陈旧或混线；线路暗设时由于相线和零线接线错误、工作零线断线或保护线断线；现场潮湿导线或低压电器漏电；接地线松脱或接地电阻太大等引起的触电。

(4) 电缆线路上引起的触电。由于电缆绝缘受损或击穿；带电拆装或移动电缆；停电后作业无安全措施导致误送电或误操作；电缆头击穿；井内作业无安全措施；现场潮湿等引起的触电。

(5) 低压电器上引起的触电。由于外壳破损、接地线松动开脱；接线错误、绝缘损坏、带电修理或更换时无保护措施；双手触及不同相或绝缘鞋损坏、工具破损、试电笔损坏引起的错误判断；地面潮湿、带电更换熔丝等原因引起的触电。

(6) 照明装置上引起的触电。由于带电或湿手更换灯泡、修理灯具或灯盒时未站在绝缘物上或未穿绝缘鞋；金属灯座或罩网未接地或地线松脱呈现带电；灯具安装的高度不够、导线绝缘低劣等原因引起的触电。

(7) 低压配电装置上引起的触电。由于接地线松脱或未良好接地、接地电阻很大、接线错误（特别是二次线）、制造缺陷并使带电部位触及外壳；导线或设备元件瓷件破损、绝缘降低，致使严重漏电等原因引起的触电。

（8）由于在锅炉、金属容器、烟道、井道、潮湿场所、电缆隧道、金属结构等特殊环境内作业时使用的特低安全电压有误或接线错误、接地不良、特低电压安全灯变压器破损、绝缘损坏等引起的触电。

（9）手持电动工具或移动电器上引起的触电。由于接线错误、接地线松脱断开、绝缘破损、电源插座接地螺栓未接地、线路中无保护线、手柄开关破裂漏电、环境及地面潮湿、未断电就移动电器等引起的触电。

（10）电焊设备上引起的触电。由于电焊机接线错误或一次、二次绕组反接、接地不良、接地电阻太大、容器内或潮湿环境作业、导线漏电严重或电源线漏电、未穿绝缘鞋等原因引起的触电。

（11）起重机、天车上引起的触电。由于带电修理电器、导轨接地不良、滑线或电缆绝缘破裂触及金属部分、电气元件破损或绝缘损坏漏电、避雷针高度不够、误登或误触带电部分、环境太潮湿、管内导线绝缘降低或破损等原因引起的触电。

（12）由于特殊环境内金属管道、钢索、金属构架、井道、金属电缆桥架、母线金属外壳等因接地不良或电气设备线路漏电等引起的触电。

（13）由于电杆倒落、架空线路断线落地、私拉乱接、安装不符合规范、放风筝或超高杆件触及高压线、儿童触及电器、避雷系统故障、隐蔽或暗设电气管线严重漏电、变配电装置防护装置不符合规定使人误入或误触、跨步电压、护套线或绝缘导线直接入墙壁地下等原因引起的触电。

2. 人体触电的急救

触电急救必须分秒必争，立即就地迅速用心肺复苏法进行抢救，并坚持不断地进行，同时及早与医疗部门联系，争取医务人员接替救治。在医务人员未接替救治前，不应放弃现场抢救，更不能只根据没有呼吸或脉搏擅自判定伤员死亡，放弃抢救。只有医生有权做出伤员死亡的诊断。

（1）脱离电源。触电急救，首先要使触电者迅速脱离电源，越快越好，以免由于触电时间稍长难于挽救。脱离电源就是要把触电者接触的那一部分带电设备的开关、刀闸或其他断路设备断开；或设法将触电者与带电设备脱离。在脱离电源中，救护人员既要救人，也要注意保护自己。

1）触电者未脱离电源前，救护人员不准直接用手触及伤员，因为有触电的危险。

2）如触电者处于高处，解脱电源后会自高处坠落，因此，要采取预防措施。

3）触电者触及低压带电设备，救护人员应设法迅速切断电源。若电源开关或刀闸距触电者较近，则尽快切断开关或刀闸、拔除电源插头等；若电源较远时，可用绝缘钳子或带有干燥木柄的斧子、铁铣等将电源线剪断，剪断电源线时要分相一根一根地剪断，并尽可能站在绝缘物体或干木板上。

4）如果电流通过触电者入地，并且触电者紧握电源线，可设法用干木板塞到其身下，使其与地隔离；也可使用绝缘工具，干燥的木棒、木板、绳索等不导电的东西挑开电源线；也可抓住触电者干燥而不贴身的衣服，将其拖开，切记要避免碰到金属物体和触电者的裸露身躯；也可戴绝缘手套或将手用干燥衣物等包起绝缘后解脱触电者。

5）救护触电伤员切除电源时，有时会同时使照明失电，因此应考虑事故照明、应急灯等临时照明。临时照明要符合使用场所防火、防爆的要求，但不能因此延误切除电源和进行急救。

（2）脱离电源后的处理。

1）当触电者脱离电源后，如神志尚清醒，仅感到心慌、四肢麻木、全身无力或曾一度昏迷，但未失去知觉时，可将触电者平躺于空气畅通而保温的地方，并严密观察，暂时不要站立或走动。

2）触电者脱离电源后，如神志不清，应就地仰面躺平，且确保气道通畅，并用5s时间呼叫触电者或轻拍其肩部，以判定触电者是否意知丧失，禁止摇动触电者头部呼叫。

3）需要抢救的触电者，应立即就地坚持正确抢救，并设法联系医疗部门接替救治。

（3）触电者呼吸、心跳情况的判定。

1）触电者如意识丧失，应在10s内用看、听、试的方法判定伤员呼吸心跳的情况。看—看触电者的胸部、腹部有无起伏动作；听—用耳贴近触电者的口鼻处，听有无呼气声音；试—试测口鼻有无呼气的气流，再用两手指轻试一侧（左或右）喉结旁凹陷处的颈动脉有无搏动。

2）若看、听、试后，既无呼吸又无颈动脉搏动，可判定呼吸、心跳停止。

（4）触电的急救方法。在触电者呼吸、心跳情况的判定之后，视触电者的状态而采用不同的急救方法。

1）当触电者神志不清、有心跳，但呼吸停止或轻微呼吸时，应及时用仰头抬颌法使气道开放，并进行口对口人工呼吸。在进行现场抢救的同时，应立即与附近医院联系，速派医务人员抢救。在医务人员未到现场之前，不得放弃现场抢救。

2）当触电者神智丧失、心跳停止，但有极微弱的呼吸时，应立即用心肺复苏法急救。不能认为还有极微呼吸就只做胸外按压，因为轻微呼吸不能起到气体交换的作用。

3）当触电者心跳和呼吸均停止时，不能就擅自判断触电者已死亡而放弃抢救，应立即采用口对口人工呼吸法或心肺复苏法急救，即使在送往医院的途中也不能停止用心肺复苏法急救。触电者有时会处于“假死”状态（心跳停止，但呼吸存在；呼吸停止，但心跳存在；呼吸与心跳都停止），此时瞳孔扩大，大脑细胞严重缺氧，处于死亡边缘，抢救者不能擅自判断触电者已死亡而放弃抢救，只有医生到现场后才能作出触电者是否死亡的诊断。

4）当触电者心跳和呼吸均停止并有其他伤害时，应先立即进行心肺复苏法急救，然后再进行外伤处理。在抢救过程中，要每隔几分钟进行一次再判断，判断时间不要超过 5～7s。在医务人员未接替抢救前，现场救护人员不得放弃现场抢救。如果经过救护，触电者心跳和呼吸均已恢复，可暂停心肺复苏法，但要严密监护。随时准备再次抢救。恢复初期，触电者可能会出现神志不清、精神恍惚或情绪躁动，应设法使他保持平衡和安静。

四、人体触电的预防及漏电保护

1. 人体触电的预防

预防触电，除了要具备一些用电安全知识和思想上的安全意识之外，还要针对电气设备的特点、使用环境采取某些相应的安全措施是十分必要的。常见的预防措施有以下几种：

(1) 有金属外壳的电气设备，如电动机、电热水器、电风扇、电吹风、电冰箱等要采取保护接地或保护接零措施，或使用三线插头和插座。

(2) 裸露的带电体（如裸导线等）要安装在通常接触不到的地方。在设备周围加设护栏，并用信号、标志等标示牌，必要时对防护门加设联锁装置。

(3) 对各种电工用的用具、工具的绝缘要经常检查。

(4) 广播线、电话线要与电力线分杆架设。电力线在上面时，与广播线等的垂直距离要大于 1.25m。遇到广播线、电话线与电力线相碰时，要及时切断广播开关并用带绝缘棒的利具切断广播、电话线，然后请电工及有关部门修理。

(5) 移动电气设备时，一定要先拉闸停电，然后再移动。家用电气设备供电线路，最好安装剩余电流保护装置。

(6) 发现落地电线，要远离落地点 10m 以外，更不能用手去拿电线. 并请电工或电力部门来处理。

(7) 平时不要走近高压电杆、铁塔，尤其在雷雨时，更不要走近他们以及避雷针的引下线和接地体的周围。

(8) 为抢任务等临时搭拉（如一个月内）的低压电线，最好采用三芯或四芯橡套软线，线路也要有一定的架高（一般不低于2.5m），线路长度也不能过长，所连接的用电设备（如电动机、铁壳开关、配电盘等）要有防雨措施，其金属外壳要取接地或接零保护，雨天或夜间不用电时，应将临时线路电源切断。

（9）维修中短时（如不超过一天）用的搭线，其电源最好从电闸箱熔丝下面引出，导线的绝缘必须良好，并要悬空挂起，线路也不能过长，设备的外壳也必须接地或接零。

（10）配电盘或启动器周围地面应敷上干燥木板或橡胶地毯；更换熔丝或检修电气设备时，应先切断电源；在分支电路检修时，除了应切断总电源开关外，还应在其上挂上“有人工作，不准合闸”等告示牌。

（11）刀开关应垂直安装，电源进线应接在其上桩头；电灯开关应装在相线上，不能把相线接在螺旋灯头的与螺旋套相连的接线桩上。

（12）电器设备拆除后，不应留有可能带电的电线。如果确需保留，应将保留线的裸露部分（如线头等）用绝缘布包裹好，并切断电源。

（13）对电业和从业人员，要建立和遵守各项安全规章制度，并要定期检查。

2. 剩余电流动作保护器

（1）剩余电流动作保护器的特性。剩余电流动作保护器又称漏电保护器、漏电电流保护器，是一种用来防止人体触电的安全保护电器，也可用来防止因线路和电气设备漏电而引起的火灾和电气设备的损坏事故及监视接地故障。剩余电流动作保护器按照动作信号，可分为电压型和电流型两种，性能参数主要有动作电流、动作电压、不动作电流、动作时间，以及接通、分断电流能力等。

电压动作型剩余电流动作保护器在国内外都是最先采用的形式，但它只能用在中性点不接地的低压配电系统中，当人体触电时，零线对地出现一个较高的电压，使保护机构动作，开关跳闸。由于它安全性及可靠性较差，且维修不便、价格偏高，现已淘汰。如今生产的剩余电流动作保护器基本上都是电流动作型的，它使用在中性点接地的低压配电系统中，按有无电子放大环节，可分为电磁式剩余电流动作保护器和电子式剩余电流动作保护器。

电流动作型剩余电流动作保护器正常运行时，各相电流的相量和等于零，零序电流互感器的环形铁芯所感应磁通的相量和也为零，故其二次绕组中没有感应电压输出，因此极化电磁铁线圈没有电流流过，极化电磁铁与衔铁保持在闭合位置，脱扣机构不动作，保持电路正常供电。当因某种原因（如漏电或人体触电）产生剩余电流时，各相电流的相量和不再为零（此时产生的电流称为剩余电流）。这时，零序电流互感器的环形铁芯将有交变磁通产生，故其二次绕组中有感应电压输出，因此极化电磁铁绕圈将有交流电流通过，所产生的交变磁通与极化电磁铁的固有磁通叠加使极化电磁铁磁性减弱，从而使其对衔铁的吸力减小。当极化电磁铁绕圈的电流达到整定值时，衔铁被弹簧的反作用力拉开，脱扣机构动作，断路器断开电源，切断故障电路，从而起到保护作用。

实际上，线路对地有漏电电流，且配电系统三相对地阻抗通常是不平衡的，因此剩余电流动作保护器实际检测到的信号电流是人体触电电流及电网不平衡漏电电流的相量和。当配电系统不平衡漏电电流达到剩余电流动作保护器的动作电流时，线路送不上电；当人体触电电流与配电系统不平衡电流反相时，保护动作的灵敏度下降。

(2) 剩余电流动作保护器的主要参数。我国标准规定剩余电流动作保护器的额定漏电动作电流为 0.006、0.01、0.03、0.05、0.06、0.075、0.1、0.2、0.3、0.5、1、3、5、10、20A，其中，0.05、0.075、0.2A 不推荐优先采用。剩余电流动作保护器的额定电流为 10、16、20、25、32、40、50、63、80、100、125、160、200、250A。

剩余电流动作保护器不仅应在电路中出现规定的漏电电流时，能正确动作，而且还应在漏电电流未达到规定值时，保证不动作，以免误动作使电路无法正常供电。为此，国家标准和现行生产的产品均把额定漏电不动作电流定为不应小于其额定动作电流的1/2。

剩余电流动作保护器的动作时间指最大分断时间，延时型剩余电流动作保护器延时时间的优先值为0.2、0.4、0.8、1、1.5、2s。快速型剩余电流动作保护器动作时间不大于0.2s，与动作电流的乘积不应超过30mA·s。

（3）剩余电流动作保护器的选用。选择剩余电流动作保护器要计算系统内总的负荷电流，同时考虑负荷的特点、安装环境、每条支路漏电不平衡程度、照明线路泄漏电流的大小等因素。

1）以防止人体触电为目的的，应安装在线路末端，选用高灵敏度、快速型剩余电流动作保护器。

2）以防止人体触电为目的的，应安装在分支线路，选用中灵敏度、快速型剩余电流动作保护器。

3）用于保护线路、设备为目的的，应安装在干线，选用中灵敏度、延时型剩余电流动作保护器。

4）保护单相线路（设备）时，应选用单极二线或二极剩余电流动作保护器。

5）保护三相线路（设备）时，应选用三极剩余电流动作保护器。

6）既有三相又有单相时，应选用三极四线或四极剩余电流动作保护器。

7）对于潮湿的场所，如电镀车间、清洗车间、建筑工地或充满蒸汽的地方，由于人体易沾湿或出汗，所以人体电阻将明显下降，危险性远大于干燥场合。因此，这些设备的供电回路中应安装漏电动作电流为15～30mA的剩余电流动作保护器。

8）游泳池等水底供电回路，尽管其工作电压很低，但由于发生触电后有溺死的危险，所以应安装漏电动作电流为15～30mA的剩余电流动作保护器。

9）具有双重绝缘的380V/220V的电气设备一般可不安装剩余电流动作保护器。但如果这些设备经常工作在露天或潮湿场所，并带有移动电缆时，为防止电缆损伤或雨水侵蚀而使绝缘下降造成的触电危险，一般应在其回路中安装10～30mA快速动作型的剩余电流动作保护器。

10）工作人员需站在金属物体上或需要在锅炉、坑道中工作时，由于工作人员人体的大部分极易与导电部件接触，随时有发生触电的危险。所以，当工作电压高于24V时，也应装设漏电动作电流不大于15mA的快速型剩余电流动作保护器。

11）对照明或电热负荷可选用专用型或兼用型的剩余电流动作保护器。

12）对电动机负荷应选用除有漏电保护功能外，还兼有过载保护功能的剩余电流动作保护器，并且应注意其保护功能与电动机过载能力相匹配。

13）对电焊机负荷选用的剩余电流动作保护器，在焊接电流正常时不应脱扣，发生异常情况时应能灵敏脱扣。

14）对电子计算机等负荷，因打印机有泄漏电流，在选型时应注意。

15）用于直接接触触电的防护　一般多选用额定动作电流为6、10、15、30mA的高灵敏度快速动作型剩余电流动作保护器。如手电钻、电锤、手砂轮、振捣棒、吸尘器、脱粒机、潜水泵、鼓风机等手持式电动工具和移动式电气设备以及各种家用电器，如洗衣机、电熨斗、电饭锅、电冰箱等一般应在每户电度表的负荷侧安装30mA及以下高灵敏度快速动作型剩余电流动作保护器。

16）当照明线路较长、绝缘电阻下降、线路泄漏电流较大时，可选用漏电动作电流为50、75、100mA的剩余电流动作保护器。

17）对于病人接触较多的电子医疗设备，宜在其供电回路中装设动作电流为6mA的快速动作型剩余电流动作保护器。

18）尽量选择多功能的剩余电流动作保护器。有些剩余电流动作保护器只有相线对地的漏电保护功能，如果负荷侧出现过载、短路、相电压突然升高等情况，则无法保护。因此，当负载容量较大时，最好选择兼有过载保护的漏电开关。

19）因为线路或设备本身在正常情况下都有一定的泄漏电流，不适当地提高灵敏度，可能引起剩余电流动作保护器的误动作，以致影响供电的可靠性。再有，不管剩余电流动作保护器的灵敏度多高，对于直接接触触电防护来说，快速动作都是重要的。

20）选择延时动作型剩余电流动作保护器。配电系统的总保护，主要是在分路保护或末端保护失去保护功能时进行监督和保护。正常情况下，分路保护或末端保护动作时，总保护不动作，以减少停电面积。一般选用剩余电流动作保护器的延时动作时间为0.4s或0.6s。

21）选择动作电流大的剩余电流动作保护器。总保护的保护范围包含很多分路，总保护的漏电动作电流应高于各分路保护动作电流之和。总保护的额定漏电动作电流一般选择75、100、200、500mA。

22）选择多功能的剩余电流动作保护器。作为总保护的剩余电流动作保护器应选用额定漏电动作电流可调，具有短路保护、过载保护的漏电开关。

参 考 文 献

[1] 万英. 电工手册. 北京：中国电力出版社，2013.

[2] 万英. 袖珍电工技术手册. 北京：中国电力出版社，2015.

[3] 万英. 三菱变频器与 PLC 综合应用入门. 北京：中国电力出版社，2017.

[4] 阮祁忠. 常用机械电气控制手册. 福州：福建科学技术出版社，2009.

[5] 孙克军. 实用小型发电设备的使用与维修. 北京：化学工业出版社，2010.

[6] 辛长平. 电工实用技术问答. 北京：电子工业出版社，2008.

[7] 程周. 电子电工技术手册. 福州：福建科学技术出版社，2008.

[8] 程隆贯. 低压电器应用手册. 福州：福建科学技术出版社，2007.